电 化 学

翟玉春 著

科学出版社

北 京

内 容 简 介

　　本书建立了新的电化学理论体系，将热力学与电化学统一起来，并应用于多个方面。内容包括电池和电解池、不可逆电极过程、电极过程、电极反应中的传质、电化学步骤、阴极过程、金属离子的阴极还原、金属的电结晶、阳极过程、熔盐电池和熔盐电解、铝电解的阴极过程和阳极过程、固态阴极熔盐电解、金属-熔渣间的电化学反应、离子液体、固体电解质电池、固体电解质电解池、一次电池、二次电池。

　　本书可供高等学校化学、化工、冶金、材料、选矿、地质、轻工、食品、能源、制药等学科的本科生、研究生、教师及相关领域的科技人员使用。

图书在版编目（CIP）数据

电化学/翟玉春著. —北京：科学出版社，2023.11

ISBN 978-7-03-076804-9

Ⅰ. ①电… Ⅱ. ①翟… Ⅲ. ①电化学 Ⅳ. ①O646

中国版本图书馆 CIP 数据核字（2023）第 205711 号

责任编辑：张淑晓　李丽娇 / 责任校对：杜子昂
责任印制：徐晓晨 / 封面设计：东方人华

科 学 出 版 社 出版
北京东黄城根北街 16 号
邮政编码：100717
http://www.sciencep.com
北京厚诚则铭印刷科技有限公司 印刷
科学出版社发行　各地新华书店经销

*

2023 年 11 月第 一 版　　开本：720 × 1000　1/16
2023 年 11 月第一次印刷　　印张：49 1/2
字数：1000 000

定价：228.00 元
（如有印装质量问题，我社负责调换）

前　言

电化学是研究有正负电荷参与的化学反应,以及带有正负电荷的粒子体系的物理化学性质,研究带电粒子间发生化学反应过程的热力学和动力学。

传统的电化学描述平衡状态可逆过程的热力学,而将非平衡状态不可逆过程与平衡状态可逆过程相比较,判断非平衡状态不可逆过程的方向和限度。利用过渡状态理论给出描述电极反应速率的公式。

在 20 世纪 50 年代,科学家们就曾想把电化学用热力学统一起来。然而,这一愿望一直没有实现。

本书采用热力学方法,给出了电子化学势与电流密度的关系式,这样就得到了电流密度与电化学过程的吉布斯自由能变化之间的关系。而电流密度与电化学反应的速率直接相关,电化学反应的吉布斯自由能变化与电极电势直接相关,因此,得到了化学反应速率与电极电势的关系,这样就把电化学用热力学统一起来。本书用热力学统一电化学理论,建立了新的电化学理论体系,并应用于多个方面,解决了一些传统电化学没有解决的问题,发展了电化学理论,深化了人们对电化学的认识。

电化学是化工、冶金、材料、选矿、地质、轻工、食品、能源、制药等领域的基础理论和基本知识。发展电化学理论对推动科技进步、促进生产发展、满足社会需求具有重大意义。

本书内容包括伽伐尼电池、可逆电池、不可逆电极过程、水溶液电化学、熔盐电化学、熔渣电化学、离子液体电化学、固体电化学、化学电源等。

我的学生吕晓姝博士录入了本书的全文,于凯硕士作了插图,在此表示衷心感谢!

科学出版社的编辑付出了辛勤的劳动,在此表示衷心感谢!

感谢所有帮助我完成本书的人!尤其感谢我的妻子李桂兰女士对我的大力支持!

感谢被本书引用的参考文献的作者!

由于著者水平所限,书中难免存在不足之处,敬请读者批评指正。

著　者

2023 年 3 月

目　　录

第1章 电池和电解池

1.1 伽伐尼电池

1791 年，意大利科学家伽伐尼（Galvani）做解剖青蛙的实验时发现，用两种不同的金属接触青蛙腿会产生电流。这种利用化学反应产生电流的装置称为伽伐尼电池，也称伏打电池或原电池。

1799 年，在伽伐尼实验的基础上，意大利物理学家伏打（Vlota）发明了人类历史上第一个电池，将一块锌板和一块银板浸在盐水中，其结构为

$$Zn \mid NaCl \mid Ag$$

这种电池称为伏打电池。

伏打电池必须满足的条件：具有电解质和电极。电解质可以是水溶液电解质、熔盐、离子液体或固体电解质。

可逆电极必须满足下列条件：

（1）电流方向与电极反应的方向一定，即电流方向反向了，电极反应的方向也随着反向；电流停止，电极反应也停止。

（2）在短时间内，电极通过一微小电流，电解质中离子浓度的变化极小，不影响电极电势。

在真空中，一相因吸附了分子或离子，或放出电子而产生静电势 ψ。将一单位正电荷从无穷远处移至体系附近（约 10^{-4}cm）所做的功即为 ψ。这个电势 ψ 称为外电势或伏打电势，是可测定的。要将此正电荷移入相内，需要穿过界面。由于界面上有一层电荷或取向的偶极子，因此需要做功，以克服此层的库仑力。这个电功就是界面电势 χ。χ 和 ψ 两电势之和称为伽伐尼电势或内电势，以 φ 表示，有

$$\varphi = \chi + \psi \tag{1.1}$$

由于不能测量 χ，所以也不能测量 φ。

1.2 电 化 学 势

一个不带电的组元的化学势由温度、压力和化学组成决定。而带电组元的化学势除温度、压力和化学组成三者外，还与其带电状态有关。例如，一种金属带

负电荷越多，从金属中取走电子所需要的功越小。为了表示带电组元的这一特性，古根海姆（Guggenheim）提出一个新的状态函数——电化学势 $\tilde{\mu}_i$：

$$\tilde{\mu}_i = \mu_i + z_i F \varphi \tag{1.2}$$

式中，μ_i 为组元 i 不带电荷的化学势，可看作化学因素部分；$z_i F$ 为 z_i 摩尔组元 i 的电荷；F 为法拉第（Faraday）常量，$F = 96500\text{C} \cdot \text{mol}^{-1}$。因此，$z_i F \varphi$ 是电势 φ 所产生的贡献，可看作电学因素部分。

将电化学势分为化学因素部分和电学因素部分虽然有助于理解，但有些武断。因为将电荷和物质截然分开是没有物理意义的。之所以给带电组元的化学势一个新的名称和新的符号是为了强调其与不带电组元的不同。

对于不带电组元，决定其在 α 和 β 两相间平衡的是化学势

$$\mu_i^\alpha = \mu_i^\beta \tag{1.3}$$

对于带电组元，决定其在 α 和 β 两相间平衡的是电化学势

$$\tilde{\mu}_i^\alpha = \tilde{\mu}_i^\beta \tag{1.4}$$

并有

$$\mu_i^\alpha - \mu_i^\beta = z_i F(\varphi^\beta - \varphi^\alpha) \tag{1.5}$$

如果 α 相和 β 相的化学组成完全相同，则

$$\chi = 0, \quad \varphi = \psi$$
$$\mu_i^\alpha - \mu_i^\beta = z_i F(\psi^\beta - \psi^\alpha) \tag{1.6}$$

1.3　电池的电动势和吉布斯自由能变化

电池结构为

$$\text{Cu} \mid \text{Zn} \mid \text{ZnCl}_2(m) \mid \text{AgCl} \mid \text{Ag} \mid \text{Cu}$$
$$1 \qquad 2 \qquad 3 \qquad\quad 4 \qquad 5 \qquad 6$$

由于在两相界面有双电层结构，因此：

在 1、2 两相界面，有

$$e(2) \Longrightarrow e(1)$$
$$\varphi_{1,2} = \varphi(1) - \varphi(2)$$

在 2、3 两相界面，有

$$\text{Zn}(2) \Longrightarrow \text{Zn}^{2+}(3) + 2e(2)$$
$$\varphi_{2,3} = \varphi(2) - \varphi(3)$$

在 3、4 两相界面，有

$$\text{AgCl}(4) \Longrightarrow \text{Cl}^-(3) + \text{Ag}^+(4)$$

$$\varphi_{3,4} = \varphi(3) - \varphi(4)$$

在 4、5 两相界面，有

$$2Ag^+(4) + 2e(5) \Longrightarrow 2Ag(5)$$

$$\varphi_{4,5} = \varphi(4) - \varphi(5)$$

在 5、6 两相界面，有

$$e(6) \Longrightarrow e(5)$$

$$\varphi_{5,6} = \varphi(5) - \varphi(6)$$

将这些电势差相加，得

$$\varphi_{1,2} + \varphi_{2,3} + \varphi_{3,4} + \varphi_{4,5} + \varphi_{5,6} = \varphi(1) - \varphi(6) = \varphi_{1,6}$$

相 1 和相 6 的化学成分相同，用 Cu 线将相 1 和相 6 联结不产生新的界面。因此，有

$$\varphi(1) - \varphi(6) = \psi(1) - \psi(6)$$

这是可以测量的电势差。

1899 年，吉布斯（Gibbs）指出，相的化学组成完全相同，才能测量其电势差。而 $\varphi_{1,2}$、$\varphi_{2,3}$、$\varphi_{3,4}$、$\varphi_{4,5}$、$\varphi_{5,6}$ 是不能测量的。因此 Cu(6)是正极、Cu(1)是负极，所以 $\psi(6) - \psi(1)$ 称为这个电池的电动势（emf），以 E 表示，有

$$E = \psi(6) - \psi(1) \tag{1.7}$$

上面的电池有下列平衡：

（1）$2e(2) \Longrightarrow 2e(1)$

（2）$Zn(2) \Longrightarrow Zn^{2+}(3) + 2e(2)$

（3）$2AgCl(4) \Longrightarrow 2Cl^-(3) + 2Ag^+(4)$

（4）$2Ag^+(4) + 2e(5) \Longrightarrow 2Ag(5)$

（5）$2e(6) \Longrightarrow 2e(5)$

各式相加，得

$$Zn(2) + 2AgCl(4) + 2e(6) \Longrightarrow Zn^{2+}(3) + 2Cl^-(3) + 2Ag(5) + 2e(1)$$

$$\mu_{Zn(2)} + 2\mu_{AgCl(4)} + 2\mu_{e(6)} = \mu_{Zn^{2+}(3)} + 2\mu_{Cl^-(3)} + 2\mu_{Ag(5)} + 2\mu_{e(1)}$$

移项，得

$$\mu_{Zn^{2+}} + 2\mu_{Cl^-} + 2\mu_{Ag} - \mu_{Zn} - 2\mu_{AgCl} = 2[\mu_{e(6)} - \mu_{e(1)}]$$

即

$$\Delta G_m = 2[\mu_{e(6)} - \mu_{e(1)}]$$

在电势为 ψ 的电场中，1 个电子的电荷为 e 的 1mol 电子的化学势为

$$\mu_e = \mu_e^\ominus - N_A e\psi = \mu_e^\ominus - F\psi \tag{1.8}$$

式中，$\mu_e^{\ominus}$ 为标准状态电子的化学势（摩尔吉布斯自由能）；N_A 为阿伏伽德罗（Avogadro）常量；F 为法拉第常量。

$$\mu_{e(6)} - \mu_{e(1)} = -F[\psi_{(6)} - \psi_{(1)}] = -FE$$

所以

$$\psi_{(6)} - \psi_{(1)} = E$$

即

$$\Delta G_m = -2FE \tag{1.9}$$

推广到任一电池，有

$$\Delta G_m = \sum_{i=1}^{n} \nu_i \mu_i = -2FE \tag{1.10}$$

式中，ν_i 为化学反应方程式中组元 i 的化学计量系数，产物 ν_i 为正，反应物 ν_i 为负；μ_i 为组元 i 的化学势。

对于电池

$$Cu \mid Zn \mid ZnCl_2(m) \mid AgCl \mid Ag \mid Cu$$
$$1 \quad 2 \quad\quad 3 \quad\quad\quad 4 \quad\quad 5 \quad\quad 6$$

阴极反应为

$$2AgCl + 2e \Longleftrightarrow 2Cl^- + 2Ag$$

阳极反应为

$$Zn - 2e \Longleftrightarrow Zn^{2+}$$

电池反应为

$$Zn + 2AgCl \Longleftrightarrow Zn^{2+} + 2Cl^- + 2Ag$$

阴极反应的两相界面有

$$AgCl(4) \Longleftrightarrow Cl^-(3) + Ag^+(4)$$
$$\varphi_{3,4} = \varphi(3) - \varphi(4)$$
$$Ag^+(4) + e(5) \Longleftrightarrow Ag(5)$$
$$\varphi_{4,5} = \varphi(4) - \varphi(5)$$
$$e(6) \Longleftrightarrow e(5)$$
$$\varphi_{5,6} = \varphi(5) - \varphi(6)$$

将这些电势相加，得

$$\varphi_{3,4} + \varphi_{4,5} + \varphi_{5,6} = \varphi(3) - \varphi(6) = \varphi_{3,6} = -\varphi_{阴}$$

阴极有下列平衡

$$2AgCl(4) \Longleftrightarrow 2Cl^-(3) + 2Ag^+(4)$$

$$2\mathrm{Ag}^+(4) + 2\mathrm{e}(5) \Longrightarrow 2\mathrm{Ag}(5)$$

$$2\mathrm{e}(6) \Longrightarrow 2\mathrm{e}(5)$$

各式相加，得

$$2\mathrm{AgCl}(4) + 2\mathrm{e}(6) \Longrightarrow 2\mathrm{Cl}^-(3) + 2\mathrm{Ag}(5)$$

有

$$2\mu_{\mathrm{AgCl}} + 2\mu_{\mathrm{e}} = 2\mu_{\mathrm{Cl}^-} + 2\mu_{\mathrm{Ag}}$$

式中，

$$\mu_{\mathrm{AgCl}} = \mu_{\mathrm{AgCl}}^{\ominus}$$

$$\mu_{\mathrm{e}} = \mu_{\mathrm{e}}^{\ominus} - N_{\mathrm{A}}e\varphi_{\text{阴}} = \mu_{\mathrm{e}}^{\ominus} - F\varphi_{\text{阴}}$$

$$\mu_{\mathrm{Cl}^-} = \mu_{\mathrm{Cl}^-}^{\ominus} + RT\ln a_{\mathrm{Cl}^-}$$

$$\mu_{\mathrm{Ag}} = \mu_{\mathrm{Ag}}^{\ominus}$$

上角标 "$\ominus$" 表示标准化学势。代入上式，得

$$2\mu_{\mathrm{AgCl}}^{\ominus} + 2\mu_{\mathrm{e}}^{\ominus} - 2F\varphi_{\text{阴}} = 2\mu_{\mathrm{Cl}^-}^{\ominus} + 2RT\ln a_{\mathrm{Cl}^-} + 2\mu_{\mathrm{Ag}}^{\ominus}$$

移项，得

$$-2F\varphi_{\text{阴}} = 2\mu_{\mathrm{Cl}^-}^{\ominus} + 2RT\ln a_{\mathrm{Cl}^-} + 2\mu_{\mathrm{Ag}}^{\ominus} - 2\mu_{\mathrm{AgCl}}^{\ominus} - 2\mu_{\mathrm{e}}^{\ominus} \tag{1.11}$$

$$\varphi_{\text{阴}} = -\frac{2\mu_{\mathrm{Cl}^-}^{\ominus} + 2\mu_{\mathrm{Ag}}^{\ominus} - 2\mu_{\mathrm{AgCl}}^{\ominus} - 2\mu_{\mathrm{e}}^{\ominus}}{2F} - \frac{RT}{2F}\ln a_{\mathrm{Cl}^-}^2 = \varphi_{\text{阴}}^{\ominus} - \frac{RT}{2F}\ln a_{\mathrm{Cl}^-}^2 \tag{1.12}$$

式中，

$$\varphi_{\text{阴}}^{\ominus} = -\frac{2\mu_{\mathrm{Cl}^-}^{\ominus} + 2\mu_{\mathrm{Ag}}^{\ominus} - 2\mu_{\mathrm{AgCl}}^{\ominus} - 2\mu_{\mathrm{e}}^{\ominus}}{2F}$$

$$\Delta G_{\mathrm{m},\text{阴}}^{\ominus} = 2\mu_{\mathrm{Cl}^-}^{\ominus} + 2\mu_{\mathrm{Ag}}^{\ominus} - 2\mu_{\mathrm{AgCl}}^{\ominus} - 2\mu_{\mathrm{e}}^{\ominus}$$

$$\varphi_{\text{阴}}^{\ominus} = -\frac{\Delta G_{\mathrm{m},\text{阴}}^{\ominus}}{2F}$$

阳极反应两相界面有

$$\mathrm{e}(2) \Longrightarrow \mathrm{e}(1)$$

$$\varphi_{1,2} = \varphi(1) - \varphi(2)$$

$$\mathrm{Zn}(2) \Longrightarrow \mathrm{Zn}^{2+}(3) + 2\mathrm{e}(2)$$

$$\varphi_{2,3} = \varphi(2) - \varphi(3)$$

将这些电势相加，得

$$\varphi_{1,2} + \varphi_{2,3} = \varphi(1) - \varphi(3) = \varphi_{1,3} = \varphi_{\text{阳}}$$

阳极有下列平衡：

$$2e(2) \Longrightarrow 2e(1)$$

$$Zn(2) \Longrightarrow Zn^{2+}(3) + 2e(2)$$

各项相加，得

$$Zn(2) \Longrightarrow Zn^{2+}(3) + 2e(1)$$

有

$$\mu_{Zn} = 2\mu_e + \mu_{Zn^{2+}}$$

式中，

$$\mu_{Zn} = \mu_{Zn}^{\ominus}$$

$$\mu_{Zn} = \mu_e = \mu_e^{\ominus} - N_A e\varphi_{阳} = \mu_e^{\ominus} - F\varphi_{阳}$$

$$\mu_{Zn^{2+}} = \mu_{Zn^{2+}}^{\ominus} + RT\ln a_{Zn^{2+}}$$

代入上式，得

$$\mu_{Zn}^{\ominus} = 2\mu_e^{\ominus} - 2F\varphi_{阳} + \mu_{Zn^{2+}}^{\ominus} + RT\ln a_{Zn^{2+}} \tag{1.13}$$

移项，得

$$2F\varphi_{阳} = \mu_{Zn^{2+}}^{\ominus} - \mu_{Zn}^{\ominus} + 2\mu_e^{\ominus} + RT\ln a_{Zn^{2+}}$$

$$\varphi_{阳} = \frac{\mu_{Zn^{2+}}^{\ominus} - \mu_{Zn}^{\ominus} + 2\mu_e^{\ominus}}{2F} + \frac{RT}{2F}\ln a_{Zn^{2+}} = \varphi_{阳}^{\ominus} + \frac{RT}{2F}\ln a_{Zn^{2+}} \tag{1.14}$$

式中，

$$\varphi_{阳}^{\ominus} = \frac{\mu_{Zn^{2+}}^{\ominus} - \mu_{Zn}^{\ominus} + 2\mu_e^{\ominus}}{2F} = \frac{\Delta G_{m,阳}^{\ominus}}{2F}$$

$$\Delta G_{m,阳}^{\ominus} = \mu_{Zn^{2+}}^{\ominus} - \mu_{Zn}^{\ominus} + 2\mu_e^{\ominus}$$

式（1.11）+式（1.13），得

$$2\mu_{AgCl}^{\ominus} + 2\mu_e^{\ominus} - 2F\varphi_{阴} + \mu_{Zn}^{\ominus}$$

$$= 2\mu_{Cl^-}^{\ominus} + 2RT\ln a_{Cl^-} + 2\mu_{Ag}^{\ominus} + 2\mu_e^{\ominus} - 2F\varphi_{阳} + \mu_{Zn^{2+}}^{\ominus} + RT\ln a_{Zn^{2+}}$$

移项，得

$$-2F\varphi_{阴} + 2F\varphi_{阳} = 2\mu_{Cl^-}^{\ominus} + 2RT\ln a_{Cl^-} + 2\mu_{Ag}^{\ominus} + \mu_{Zn^{2+}}^{\ominus} + RT\ln a_{Zn^{2+}} - 2\mu_{AgCl}^{\ominus} - \mu_{Zn}^{\ominus}$$

即

$$-2F(\varphi_{阴} - \varphi_{阳}) = \mu_{Zn^{2+}}^{\ominus} + 2\mu_{Cl^-}^{\ominus} + 2\mu_{Ag}^{\ominus} - 2\mu_{AgCl}^{\ominus} - \mu_{Zn}^{\ominus} + RT\ln(a_{Zn^{2+}} a_{Cl^-}^2)$$

得

$$-2FE = \Delta G_m \tag{1.15}$$

式中，

$$E = \varphi_{阴} - \varphi_{阳}$$

$$\Delta G_m = \mu_{Zn^{2+}}^{\ominus} + 2\mu_{Cl^-}^{\ominus} + 2\mu_{Ag}^{\ominus} - 2\mu_{AgCl}^{\ominus} - \mu_{Zn}^{\ominus} + RT\ln(a_{Zn^{2+}} a_{Cl^-}^2)$$
$$= \Delta G_m^{\ominus} + RT\ln(a_{Zn^{2+}} a_{Cl^-}^2) \tag{1.16}$$

$$E = \varphi_{阴} - \varphi_{阳} = \varphi_{阴}^{\ominus} - \varphi_{阳}^{\ominus} + \frac{RT}{2F}\ln\frac{1}{a_{Zn^{2+}} a_{Cl^-}^2} = E^{\ominus} + \frac{RT}{2F}\ln\frac{1}{a_{Zn^{2+}} a_{Cl^-}^2} \tag{1.17}$$

式中，

$$E^{\ominus} = \varphi_{阴}^{\ominus} - \varphi_{阳}^{\ominus}$$

将式（1.16）和式（1.17）代入式（1.15），得

$$-2F\left(E^{\ominus} + \frac{RT}{2F}\ln\frac{1}{a_{Zn^{2+}} a_{Cl^-}^2}\right) = \Delta G_m^{\ominus} + RT\ln(a_{Zn^{2+}} a_{Cl^-}^2)$$

有

$$-2FE^{\ominus} = \Delta G_m^{\ominus} \tag{1.18}$$

$$\Delta G_m = 2\mu_{Cl^-}^{\ominus} + 2\mu_{Ag}^{\ominus} + RT\ln a_{Cl^-}^2 - 2\mu_{AgCl}^{\ominus} - 2\mu_e^{\ominus}$$
$$+ \mu_{Zn^{2+}}^{\ominus} - \mu_{Zn}^{\ominus} + 2\mu_e^{\ominus} + RT\ln a_{Zn^{2+}}$$
$$= \Delta G_{m,阴} + \Delta G_{m,阳}$$
$$= \Delta G_{m,阴}^{\ominus} + RT\ln a_{Cl^-}^2 + \Delta G_{m,阳}^{\ominus} + RT\ln a_{Zn^{2+}}$$
$$= \Delta G_m^{\ominus} + RT\ln(a_{Zn^{2+}} a_{Cl^-}^2)$$

式中，

$$\Delta G_m = \Delta G_{m,阴} + \Delta G_{m,阳}$$

$$\Delta G_m^{\ominus} = \Delta G_{m,阴}^{\ominus} + \Delta G_{m,阳}^{\ominus}$$

$$\Delta G_{m,阴} = \Delta G_{m,阴}^{\ominus} + RT\ln a_{Cl^-}^2$$

$$\Delta G_{m,阳} = \Delta G_{m,阳}^{\ominus} + RT\ln a_{Zn^{2+}}$$

$$\Delta G_{m,阴}^{\ominus} = 2\mu_{Cl^-}^{\ominus} + 2\mu_{Ag}^{\ominus} - 2\mu_{AgCl}^{\ominus} - 2\mu_e^{\ominus}$$

$$\Delta G_{m,阳}^{\ominus} = \mu_{Zn^{2+}}^{\ominus} - \mu_{Zn}^{\ominus} + 2\mu_e^{\ominus}$$

1.4　电池反应方向的规定

对于电池反应的方向采用如下规定：电池反应发生时，正电荷在电池内从左边流向右边，电子在电池外从左边流向右边，即电流从右极流向左极。例如，电池

$$Cu \mid Zn \mid ZnCl_2 \mid AgCl \mid Ag \mid Cu \tag{I}$$

放电时，必须 Ag 为正极，Zn 为负极，即只有进行如下反应：

$$Zn \Longrightarrow Zn^{2+} + 2e \quad (放出电子)$$

$$2AgCl + 2e \Longrightarrow 2Cl^- + 2Ag \quad (接受电子)$$

才能满足上述要求。因此，电池（Ⅰ）的反应是

$$Zn + 2AgCl \Longrightarrow Zn^{2+} + 2Cl^- + 2Ag$$

如果电池是

$$Cu \mid Ag \mid AgCl \mid ZnCl_2 \mid Zn \mid Cu \qquad (Ⅱ)$$

以 Zn 为放电时的正极，则电池反应为

$$ZnCl_2 + 2Ag \Longrightarrow Zn + 2AgCl$$

刚好与电池（Ⅰ）相反。实验表明，电池（Ⅰ）的电动势为正，电池（Ⅱ）的电动势为负。电池（Ⅰ）的电池反应可以自发进行，电池（Ⅱ）的反应不能自发进行。

1.5 电解池的电动势和吉布斯自由能变化

电解池结构为

$$Cu \mid Ag \mid AgCl \mid ZnCl_2 \mid Zn \mid Cu$$
$$ 1 \quad\ 2 \quad\ \ 3 \quad\quad\ 4 \quad\ \ 5 \quad\ 6$$

由于在两相界面有双电层结构，因此：

在 1、2 两相界面，有

$$e(2) \Longrightarrow e(1)$$
$$\varphi_{1,2} = \varphi(1) - \varphi(2)$$

在 2、3 两相界面，有

$$2Ag(2) \Longrightarrow 2Ag^+(3) + 2e(2)$$
$$\varphi_{2,3} = \varphi(2) - \varphi(3)$$

在 3、4 两相界面，有

$$2Ag^+(3) + 2Cl^-(4) \Longrightarrow 2AgCl(3)$$
$$\varphi_{3,4} = \varphi(3) - \varphi(4)$$

在 4、5 两相界面，有

$$Zn^{2+}(4) + 2e(5) \Longrightarrow Zn(5)$$
$$\varphi_{4,5} = \varphi(4) - \varphi(5)$$

在 5、6 两相界面，有

$$e(6) \Longrightarrow e(5)$$
$$\varphi_{5,6} = \varphi(5) - \varphi(6)$$

将这些电势差相加, 得

$$\varphi_{1,2} + \varphi_{2,3} + \varphi_{3,4} + \varphi_{4,5} + \varphi_{5,6} = \varphi(1) - \varphi(6) = \varphi_{1,6}$$

$$\varphi(1) - \varphi(6) = \psi(1) - \psi(6) = E$$

式中, E 为负值, 电池反应不能自发进行。

上面的电解池有下列平衡:

(1) $2e(2) \Longrightarrow 2e(1)$

(2) $2Ag(2) \Longrightarrow 2Ag^+(3) + 2e(2)$

(3) $2Ag^+(3) + 2Cl^-(4) \Longrightarrow 2AgCl(3)$

(4) $Zn^{2+}(4) + 2e(5) \Longrightarrow Zn(5)$

(5) $2e(6) \Longrightarrow 2e(5)$

各式相加, 得

$$2Ag(2) + 2Cl^-(4) + Zn^{2+}(4) + 2e(6) \Longrightarrow 2e(1) + 2AgCl(3) + Zn \qquad (1.19)$$

有

$$2\mu_{Ag} + 2\mu_{Cl^-} + \mu_{Zn^{2+}} + 2\mu_{e(6)} = 2\mu_{e(1)} + 2\mu_{AgCl} + \mu_{Zn}$$

移项, 得

$$2\mu_{AgCl} + \mu_{Zn} - 2\mu_{Ag} - 2\mu_{Cl^-} - \mu_{Zn^{2+}} = 2[\mu_{e(6)} - \mu_{e(1)}]$$

即

$$\Delta G_m = 2[\mu_{e(6)} - \mu_{e(1)}]$$

在电势为 ψ 的电场中, 1 个电子的电荷为 e 的 1mol 电子的化学势为

$$\mu_e = \mu_e^{\ominus} - N_A e\psi = \mu_e^{\ominus} - F\psi$$

$$\mu_{e(6)} - \mu_{e(1)} = -F[\psi_{(6)} - \psi_{(1)}] = -FE$$

得

$$\Delta G_m = -2FE$$

式中, E 为负值, $\Delta G_m > 0$, 该过程不能自发。需外加电压, 等于电动势 E, 过程才能达到平衡状态。外加电压大于电动势进行电解。

对于电解池

$$Cu \mid Ag \mid AgCl \mid ZnCl_2 \mid Zn \mid Cu$$
$$1 \qquad 2 \qquad 3 \qquad 4 \qquad 5 \qquad 6$$

阴极反应为

$$Zn^{2+} + 2e \Longrightarrow Zn$$

阳极反应为

$$2Ag + 2Cl^- \Longrightarrow 2AgCl + 2e$$

电解池反应为

$$Zn^{2+} + 2Ag + 2Cl^- \Longrightarrow Zn + 2AgCl$$

阴极反应的两相界面有

$$Zn^{2+}(4) + 2e(5) \Longrightarrow Zn(5)$$

$$\varphi_{4,5} = \varphi(4) - \varphi(5)$$

$$2e(6) \Longrightarrow 2e(5)$$

$$\varphi_{5,6} = \varphi(5) - \varphi(6)$$

将这些电势差相加，得

$$\varphi_{4,5} + \varphi_{5,6} = \varphi(4) - \varphi(6) = \varphi_{4,6}$$

阴极有下列平衡：

$$Zn^{2+}(4) + 2e(5) \Longrightarrow Zn(5)$$

$$2e(6) \Longrightarrow 2e(5)$$

各式相加，得

$$Zn^{2+}(4) + 2e(6) \Longrightarrow Zn(5)$$

有

$$\mu_{Zn^{2+}} + 2\mu_{e(6)} = \mu_{Zn}$$

式中，

$$\mu_{Zn^{2+}} = \mu_{Zn^{2+}}^{\ominus} + RT \ln a_{Zn^{2+}}$$

$$\mu_e = \mu_e^{\ominus} - N_A e\varphi_{阴} = \mu_e^{\ominus} - F\varphi_{阴}$$

$$\mu_{Zn} = \mu_{Zn}^{\ominus}$$

代入上式，得

$$\mu_{Zn^{2+}}^{\ominus} + 2\mu_e^{\ominus} - 2F\varphi_{阴} + RT \ln a_{Zn^{2+}} = \mu_{Zn}^{\ominus} \qquad (1.20)$$

移项，得

$$-2F\varphi_{阴} = \mu_{Zn}^{\ominus} - \mu_{Zn^{2+}}^{\ominus} - 2\mu_e^{\ominus} - RT \ln a_{Zn^{2+}}$$

$$\varphi_{阴} = -\frac{\mu_{Zn}^{\ominus} - \mu_{Zn^{2+}}^{\ominus} - 2\mu_e^{\ominus}}{2F} + \frac{RT}{2F} \ln a_{Zn^{2+}} = \varphi_{阴}^{\ominus} + \frac{RT}{2F} \ln a_{Zn^{2+}} \qquad (1.21)$$

式中，

$$\varphi_{阴}^{\ominus} = -\frac{\mu_{Zn}^{\ominus} - \mu_{Zn^{2+}}^{\ominus} - 2\mu_e^{\ominus}}{2F} = -\frac{\Delta G_{m,阴}^{\ominus}}{2F}$$

$$\Delta G_{m,阴}^{\ominus} = \mu_{Zn}^{\ominus} - \mu_{Zn^{2+}}^{\ominus} - 2\mu_e^{\ominus}$$

对于阳极反应两相界面有：

在 1、2 两相界面，有

$$2e(2) \Longrightarrow 2e(1)$$

$$\varphi_{1,2} = \varphi(1) - \varphi(2)$$

在 2、3 两相界面，有

$$2Ag(2) \Longrightarrow Ag^+(3) + 2e(2)$$

$$\varphi_{2,3} = \varphi(2) - \varphi(3)$$

在 3、4 两相界面，有

$$2Ag^+(3) + 2Cl^-(4) \Longrightarrow 2AgCl(3)$$

$$\varphi_{3,4} = \varphi(3) - \varphi(4)$$

将这些电势相加，得

$$\varphi_{1,2} + \varphi_{2,3} + \varphi_{3,4} = \varphi(1) - \varphi(4) = \varphi_{1,4}$$

阳极有下列平衡：

$$2e(2) \Longrightarrow 2e(1)$$

$$2Ag(2) \Longrightarrow 2Ag^+(3) + 2e(2)$$

$$2Ag^+(3) + 2Cl^-(4) \Longrightarrow 2AgCl(3)$$

各项相加，得

$$2Ag(2) + 2Cl^-(4) \Longrightarrow 2e(1) + 2AgCl(3)$$

有

$$2\mu_{Ag} + 2\mu_{Cl^-} = 2\mu_e + 2\mu_{AgCl}$$

式中，

$$\mu_{Ag} = \mu_{Ag}^{\ominus}$$

$$\mu_{Cl^-} = \mu_{Cl^-}^{\ominus} + RT \ln a_{Cl^-}$$

$$\mu_e = \mu_e^{\ominus} - N_A e \varphi_{阳} = \mu_e^{\ominus} - F \varphi_{阳}$$

$$\mu_{AgCl} = \mu_{AgCl}^{\ominus}$$

代入上式，得

$$2\mu_{Ag}^{\ominus} + 2\mu_{Cl^-}^{\ominus} + 2RT \ln a_{Cl^-} = 2\mu_e^{\ominus} - 2F\varphi_{阳} + 2\mu_{AgCl}^{\ominus} \tag{1.22}$$

$$2F\varphi_{阳} = 2\mu_e^{\ominus} + 2\mu_{AgCl}^{\ominus} - 2\mu_{Ag}^{\ominus} - 2\mu_{Cl^-}^{\ominus} - RT \ln a_{Cl^-}^2$$

$$\varphi_{阳} = \frac{2\mu_e^{\ominus} + 2\mu_{AgCl}^{\ominus} - 2\mu_{Ag}^{\ominus} - 2\mu_{Cl^-}^{\ominus}}{2F} + \frac{RT}{2F} \ln \frac{1}{a_{Cl^-}} = \varphi_{阳}^{\ominus} + \frac{RT}{2F} \ln \frac{1}{a_{Cl^-}} \tag{1.23}$$

式中，

$$\varphi_{阳}^{\ominus} = \frac{2\mu_{e}^{\ominus} + 2\mu_{AgCl}^{\ominus} - 2\mu_{Ag}^{\ominus} - 2\mu_{Cl^-}^{\ominus}}{2F} = \frac{\Delta G_{m,阳}^{\ominus}}{2F}$$

$$\Delta G_{m,阳}^{\ominus} = 2\mu_{e}^{\ominus} + 2\mu_{AgCl}^{\ominus} - 2\mu_{Ag}^{\ominus} - 2\mu_{Cl^-}^{\ominus}$$

式（1.20）+式（1.22），得

$$\mu_{Zn^{2+}}^{\ominus} + 2\mu_{e}^{\ominus} - 2F\varphi_{阴} + RT\ln a_{Zn^{2+}} + 2\mu_{Ag}^{\ominus} + 2\mu_{Cl^-}^{\ominus} + 2RT\ln a_{Cl^-}$$
$$= \mu_{Zn}^{\ominus} + 2\mu_{e}^{\ominus} - 2F\varphi_{阳} + 2\mu_{AgCl}^{\ominus}$$

移项，得

$$-2F\varphi_{阴} + 2F\varphi_{阳} = \mu_{Zn}^{\ominus} + 2\mu_{AgCl}^{\ominus} - \mu_{Zn^{2+}}^{\ominus} - 2\mu_{Ag}^{\ominus} - 2\mu_{Cl^-}^{\ominus} - RT\ln a_{Zn^{2+}} - 2RT\ln a_{Cl^-}$$

$$-2F(\varphi_{阴} - \varphi_{阳}) = \mu_{Zn}^{\ominus} + 2\mu_{AgCl}^{\ominus} - \mu_{Zn^{2+}}^{\ominus} - 2\mu_{Ag}^{\ominus} - 2\mu_{Cl^-}^{\ominus} - RT\ln(a_{Zn^{2+}}a_{Cl^-}^{2})$$

$$-2FE = \Delta G_{m}^{\ominus} - RT\ln(a_{Zn^{2+}}a_{Cl^-}^{2}) = \Delta G_{m}$$

则

$$E = -\frac{\Delta G_{m}}{2F}$$

$$E = -\frac{\Delta G_{m}^{\ominus}}{2F} + \frac{RT}{2F}\ln(a_{Zn^{2+}}a_{Cl^-}^{2})$$

$$E = E^{\ominus} + \frac{RT}{2F}\ln(a_{Zn^{2+}}a_{Cl^-}^{2})$$

式中，

$$E = \varphi_{阴} - \varphi_{阳} \qquad\qquad\qquad (1.24)$$

$$E^{\ominus} = -\frac{\Delta G_{m}^{\ominus}}{2F} \qquad\qquad\qquad (1.25)$$

$$\Delta G_{m} = \Delta G_{m}^{\ominus} - RT\ln(a_{Zn^{2+}}a_{Cl^-}^{2}) = \Delta G_{m}^{\ominus} + RT\ln\frac{1}{a_{Zn^{2+}}a_{Cl^-}^{2}}$$

$$\Delta G_{m}^{\ominus} = \mu_{Zn}^{\ominus} + 2\mu_{AgCl}^{\ominus} - \mu_{Zn^{2+}}^{\ominus} - 2\mu_{Ag}^{\ominus} - 2\mu_{Cl^-}^{\ominus}$$

根据式（1.25），有

$$E^{\ominus} = -\frac{\mu_{Zn}^{\ominus} + 2\mu_{AgCl}^{\ominus} - \mu_{Zn^{2+}}^{\ominus} - 2\mu_{Ag}^{\ominus} - 2\mu_{Cl^-}^{\ominus}}{2F}$$

$$\Delta G_{m} = \mu_{Zn} + 2\mu_{e} + \mu_{AgCl} - \mu_{Zn^{2+}} - 2\mu_{e} - 2\mu_{Ag} - 2\mu_{Cl^-}$$
$$= \mu_{Zn}^{\ominus} + 2\mu_{e}^{\ominus} + \mu_{AgCl}^{\ominus} - \mu_{Zn^{2+}}^{\ominus} - 2\mu_{e}^{\ominus} - 2\mu_{Ag}^{\ominus} - 2\mu_{Cl^-}^{\ominus} - RT\ln a_{Zn^{2+}} - 2RT\ln a_{Cl^-}$$
$$= \Delta G_{m,阴,e} + \Delta G_{m,阳,e}$$
$$= \Delta G_{m,阴}^{\ominus} - RT\ln a_{Zn^{2+}} + \Delta G_{m,阳}^{\ominus} - RT\ln a_{Cl^-}^{2}$$
$$= \Delta G_{m}^{\ominus} - RT\ln(a_{Zn^{2+}}a_{Cl^-}^{2}) \qquad\qquad (1.26)$$

式中，

$$\Delta G_m = \Delta G_{m,阴} + \Delta G_{m,阳}$$

$$\Delta G_m^\ominus = \Delta G_{m,阴}^\ominus + \Delta G_{m,阳}^\ominus$$

$$\Delta G_{m,阴} = \Delta G_{m,阴}^\ominus - RT \ln a_{Zn^{2+}}$$

$$\Delta G_{m,阳} = \Delta G_{m,阳}^\ominus - RT \ln a_{Cl^-}^2$$

$$\Delta G_{m,阴} = \mu_{Zn} - \mu_{Zn^{2+}} - 2\mu_e$$

$$\Delta G_{m,阳} = \mu_{AgCl} + 2\mu_e - 2\mu_{Ag} - 2\mu_{Cl^-}$$

$$\Delta G_{m,阴}^\ominus = \mu_{Zn^{2+}}^\ominus - \mu_{Zn}^\ominus - 2\mu_e^\ominus$$

$$\Delta G_{m,阳}^\ominus = 2\mu_{AgCl}^\ominus + 2\mu_e^\ominus - 2\mu_{Ag}^\ominus - 2\mu_{Cl^-}^\ominus$$

$E < 0$，$\Delta G_m > 0$，过程不能自发进行，需外加电压。

$$V' > E' = -E = -(\varphi_阴 - \varphi_阳) = \varphi_阳 - \varphi_阴$$

$\varphi_阴 < 0$，$\varphi_阳 > 0$，电解池反应才能进行，即电解。其中，E' 为外加电动势，$\varphi_阴$、$\varphi_阳$ 分别为外加的阴极电势和阳极电势。

本章的电势和电动势的符号都表示平衡状态。

第 2 章　不可逆电极过程

2.1　不可逆的电化学装置

2.1.1　化学装置的端电压

　　将两个可逆电极浸在同一溶液中，构成一个电化学装置。当电流趋于零时，电化学反应是可逆的，两极间的电势差等于它们的平衡电极电势之差。如果有电流——哪怕是很小的电流——通过该装置，两个电极的电极反应都是不可逆的，其电极电势将偏离平衡电势。而且，即使电极电势不变，电化学装置中的一系列由电阻（主要是溶液的电阻）引起的电势降也会引起两极间电势差的变化。对电池来说，两极间的电势差变小；对电解池来说，两极间的电势差变大。两极间的电势差包括两个电极电势之差，两极间溶液的欧姆电势降，以及电极本身和各连接点的欧姆电势降等几个部分。

$$V = \varphi_K - \varphi_A - IR \tag{2.1}$$

　　电解池端点的电势差可以表示为

$$V' = \varphi_A - \varphi_K + IR \tag{2.2}$$

式中，φ_A 为阳极电势；φ_K 为阴极电势；I 为通过电极的电流；R 为电化学装置系统中的电阻。

　　一般情况下，电子导体的电阻比离子导体的电阻小得多，所以电极本身和各连接点的欧姆电势降常可忽略不计。上式中的 R 则是溶液的电阻。

2.1.2　电极的极化

　　若没有电流通过电化学装置，$I = 0$，$IR = 0$，由式（2.1）和式（2.2）得

$$V = \varphi_{K,e} - \varphi_{A,e} \tag{2.3}$$

$$V' = \varphi_{A,e} - \varphi_{K,e} \tag{2.4}$$

式中，$\varphi_{K,e}$ 和 $\varphi_{A,e}$ 分别表示阴极和阳极的平衡电势。

　　若有电流通过电化学装置，$I > 0$，$IR > 0$，则

$$V < \varphi_{K,e} - \varphi_{A,e} \tag{2.5}$$

$$V' > \varphi_{A,e} - \varphi_{K,e} \tag{2.6}$$

但

$$V \neq \varphi_{\mathrm{K,e}} - \varphi_{\mathrm{A,e}} - IR \tag{2.7}$$

$$V' \neq \varphi_{\mathrm{A,e}} - \varphi_{\mathrm{K,e}} + IR \tag{2.8}$$

实际上 V 的减小值和 V' 的增大值都超过 IR。这表明，在有电流通过电化学装置时，其阴极电势和阳极电势都偏离其平衡值，即

$$\varphi_{\mathrm{K}} \neq \varphi_{\mathrm{K,e}} \tag{2.9}$$

$$\varphi_{\mathrm{A}} \neq \varphi_{\mathrm{A,e}} \tag{2.10}$$

而且，随着电极上通过的电流大小不同，φ_{K} 和 φ_{A} 的变化也不一样。将这种电流通过电极时，电极偏离其平衡值的现象称为电极的极化。

实验表明，阴极极化其电极电势比平衡电势更负，阳极极化其电极电势比平衡电势更正。而且，随着电流的增大，电极电势离平衡电极电势更远。由实验测得电流 I 与电极电势 φ 的关系曲线称为极化曲线，如图 2.1 所示。

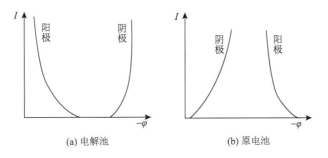

(a) 电解池   (b) 原电池

图 2.1 极化曲线

2.2 稳态极化曲线

电极上通过的电流和电极电势都不随时间改变的状态就是稳态。为了消除电极面积大小对极化曲线的影响，通常用电流密度 i 代替电流 I。在某一电流密度的电极电势 φ 与其平衡电极电势 φ_{e} 之差称为过电势，以 $\Delta\varphi$ 表示

$$\Delta\varphi = \varphi - \varphi_{\mathrm{e}} \tag{2.11}$$

阴极极化时，$\varphi < \varphi_{\mathrm{e}}$，$\Delta\varphi < 0$；阳极极化时，$\psi > \varphi_{\mathrm{e}}$，$\Delta\varphi > 0$。通常过电势的大小都用其绝对值表示。由式（2.11）可见，对于组成确定的溶液，$\Delta\varphi$ 与 φ 只相差一个常数，所以也可以用 $\Delta\varphi$ 与 i 或 $\Delta\varphi$ 与 $\lg i$ 的关系表示极化曲线，如图 2.2 所示。

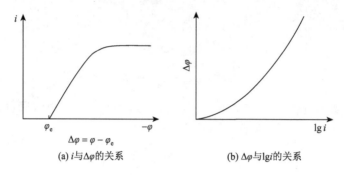

(a) i 与 $\Delta\varphi$ 的关系　　　　　　　　　(b) $\Delta\varphi$ 与 $\lg i$ 的关系

图 2.2　极化曲线

2.2.1　阴极过程

1. 阴极电势与电流密度的关系

阴极上有电流通过，阴极反应为

$$A^{z+} + ze \Longrightarrow A$$

摩尔吉布斯自由能变化为

$$\Delta G_{m,阴} = \mu_A - \mu_{A^{z+}} - z\mu_e = \Delta G_{m,阴}^{\ominus} + RT\ln\frac{a_A}{a_{A^{z+}}} + zRT\ln i$$

式中，

$$\Delta G_{m,阴}^{\ominus} = \mu_A^{\ominus} - \mu_{A^{z+}}^{\ominus} - z\mu_e^{\ominus}$$

$$\mu_A = \mu_A^{\ominus} + RT\ln a_A$$

$$\mu_{A^{z+}} = \mu_{A^{z+}}^{\ominus} + RT\ln a_{A^{z+}}$$

$$\mu_e = \mu_e^{\ominus} - RT\ln i$$

由

$$\varphi_{阴} = -\frac{\Delta G_{m,阴}}{zF}$$

得

$$\varphi_{阴} = \varphi_{阴}^{\ominus} + \frac{RT}{zF}\ln\frac{a_{A^{z+}}}{a_A} - \frac{RT}{F}\ln i \qquad （2.12）$$

式中，

$$\varphi_{阴}^{\ominus} = -\frac{\Delta G_{m,阴}^{\ominus}}{zF} = -\frac{\mu_A^{\ominus} - \mu_{A^{z+}}^{\ominus} - z\mu_e^{\ominus}}{zF}$$

由式（2.12）得

$$\ln i = -\frac{F\varphi_{阴}}{RT} + \frac{F\varphi_{阴}^{\ominus}}{RT} + \frac{1}{z}\ln\frac{a_{A^{z+}}}{a_A} \tag{2.13}$$

$$\lg i = -\frac{F\varphi_{阴}}{2.303RT} + \frac{F\varphi_{阴}^{\ominus}}{2.303RT} + \frac{1}{z}\ln\frac{a_{A^{z+}}}{a_A} \tag{2.14}$$

由式（2.13）得

$$i = \left(\frac{a_{A^{z+}}}{a_A}\right)^{1/z}\exp\left(-\frac{F\varphi_{阴}}{RT}\right)\exp\left(\frac{F\varphi_{阴}^{\ominus}}{RT}\right) = k_+\exp\left(-\frac{F\varphi_{阴}}{RT}\right) \tag{2.15}$$

式中，

$$k_+ = \left(\frac{a_{A^{z+}}}{a_A}\right)^{1/z}\exp\left(\frac{F\varphi_{阴}^{\ominus}}{RT}\right) \approx \left(\frac{c_{A^{z+}}}{c_A}\right)^{1/z}\exp\left(\frac{F\varphi_{阴}^{\ominus}}{RT}\right)$$

2. 过电势与电流密度的关系

阴极反应达平衡，没有电流通过

$$A^{z+} + ze \Longrightarrow A$$

摩尔吉布斯自由能变化为

$$\Delta G_{m,阴,e} = \mu_A - \mu_{A^{z+}} - z\mu_e = \Delta G_{m,阴}^{\ominus} + RT\ln\frac{a_{A,e}}{a_{A^{z+},e}}$$

式中，

$$\Delta G_{m,阴}^{\ominus} = \mu_A^{\ominus} - \mu_{A^{z+}}^{\ominus} - z\mu_e^{\ominus}$$

$$\mu_A = \mu_A^{\ominus} + RT\ln a_{A,e}$$

$$\mu_{A^{z+}} = \mu_{A^{z+}}^{\ominus} + RT\ln a_{A^{z+},e}$$

$$\mu_e = \mu_e^{\ominus}$$

由

$$\varphi_{阴,e} = -\frac{\Delta G_{m,阴,e}}{zF}$$

得

$$\varphi_{阴,e} = \varphi_{阴}^{\ominus} + \frac{RT}{zF}\ln\frac{a_{A^{z+},e}}{a_{A,e}} \tag{2.16}$$

式中，

$$\varphi_{阴}^{\ominus} = -\frac{\Delta G_{m,阴}^{\ominus}}{zF} = -\frac{\mu_A^{\ominus} - \mu_{A^{z+}}^{\ominus} - z\mu_e^{\ominus}}{zF}$$

式（2.12）–式（2.16），得

$$\Delta\varphi_{阴} = \varphi_{阴} - \varphi_{阴,e} = \frac{RT}{zF}\ln\frac{a_{A^{z+}}a_{A,e}}{a_A a_{A^{z+},e}} - \frac{RT}{F}\ln i \tag{2.17}$$

移项，得

$$\ln i = -\frac{F\Delta\varphi_{阴}}{RT} + \frac{1}{z}\ln\frac{a_{A^{z+}}a_{A,e}}{a_A a_{A^{z+},e}} \tag{2.18}$$

及

$$\lg i = -\frac{F\Delta\varphi_{阴}}{2.303RT} + \frac{1}{z}\lg\frac{a_{A^{z+}}a_{A,e}}{a_A a_{A^{z+},e}} \tag{2.19}$$

由式（2.18）得

$$i = \left(\frac{a_{A^{z+}}a_{A,e}}{a_A a_{A^{z+},e}}\right)^{1/z}\exp\left(-\frac{F\Delta\varphi_{阴}}{RT}\right) = k'_+\exp\left(-\frac{F\Delta\varphi_{阴}}{RT}\right) \tag{2.20}$$

式中，

$$k'_+ = \left(\frac{a_{A^{z+}}a_{A,e}}{a_A a_{A^{z+},e}}\right)^{1/z} \approx \left(\frac{c_{A^{z+}}c_{A,e}}{c_A c_{A^{z+},e}}\right)^{1/z}$$

2.2.2　阳极过程

1. 阳极电势与电流密度的关系

阳极上有电流通过，阳极反应为

$$B^{z-} - ze \Longrightarrow B$$

摩尔吉布斯自由能变化为

$$\Delta G_{m,阳} = \mu_B - \mu_{B^{z-}} + z\mu_e = \Delta G_{m,阳}^{\ominus} + RT\ln\frac{a_B}{a_{B^{z-}}} + zRT\ln i$$

式中，

$$\Delta G_{m,阳}^{\ominus} = \mu_B^{\ominus} - \mu_{B^{z-}}^{\ominus} + z\mu_e^{\ominus}$$

$$\mu_B = \mu_B^{\ominus} + RT\ln a_B$$

$$\mu_{B^{z-}} = \mu_{B^{z-}}^{\ominus} + RT\ln a_{B^{z-}}$$

$$\mu_e = \mu_e^{\ominus} + RT\ln i$$

由

$$\varphi_{阳} = \frac{\Delta G_{m,阳}}{zF}$$

得

$$\varphi_{\text{阳}} = \varphi_{\text{阳}}^{\ominus} + \frac{RT}{zF}\ln\frac{a_{\text{B}}}{a_{\text{B}^{z-}}} + \frac{RT}{F}\ln i \qquad (2.21)$$

式中，

$$\varphi_{\text{阳}}^{\ominus} = \frac{\Delta G_{\text{m,阳}}^{\ominus}}{zF} = \frac{\mu_{\text{B}}^{\ominus} - \mu_{\text{B}^{z-}}^{\ominus} + z\mu_{\text{e}}^{\ominus}}{zF}$$

由式（2.21）得

$$\ln i = \frac{F\varphi_{\text{阳}}}{RT} - \frac{F\varphi_{\text{阳}}^{\ominus}}{RT} - \frac{1}{z}\ln\frac{a_{\text{B}}}{a_{\text{B}^{z-}}} \qquad (2.22)$$

$$\lg i = \frac{F\varphi_{\text{阳}}}{2.303RT} - \frac{F\varphi_{\text{阳}}^{\ominus}}{2.303RT} - \frac{1}{z}\ln\frac{a_{\text{B}}}{a_{\text{B}^{z-}}} \qquad (2.23)$$

由式（2.22）得

$$i = \left(\frac{a_{\text{B}^{z-}}}{a_{\text{B}}}\right)^{1/z}\exp\left(\frac{F\varphi_{\text{阳}}}{RT}\right)\exp\left(-\frac{F\varphi_{\text{阳}}^{\ominus}}{RT}\right) = k_{-}\exp\left(\frac{F\varphi_{\text{阳}}}{RT}\right) \qquad (2.24)$$

式中，

$$k_{-} = \left(\frac{a_{\text{B}^{z-}}}{a_{\text{B}}}\right)^{1/z}\exp\left(-\frac{F\varphi_{\text{阳}}^{\ominus}}{RT}\right) \approx \left(\frac{c_{\text{B}^{z-}}}{c_{\text{B}}}\right)^{1/z}\exp\left(-\frac{F\varphi_{\text{阳}}^{\ominus}}{RT}\right)$$

2. 过电势与电流密度的关系

阳极反应达平衡，有

$$\text{B}^{z-} - z\text{e} \Longrightarrow \text{B}$$

摩尔吉布斯自由能变化为

$$\Delta G_{\text{m,阳,e}} = \mu_{\text{B}} - \mu_{\text{B}^{z-}} + z\mu_{\text{e}} = \Delta G_{\text{m,阳}}^{\ominus} + RT\ln\frac{a_{\text{B,e}}}{a_{\text{B}^{z-},\text{e}}}$$

式中，

$$\Delta G_{\text{m,阳}}^{\ominus} = \mu_{\text{B}}^{\ominus} - \mu_{\text{B}^{z-}}^{\ominus} + z\mu_{\text{e}}^{\ominus}$$

$$\mu_{\text{B}} = \mu_{\text{B}}^{\ominus} + RT\ln a_{\text{B,e}}$$

$$\mu_{\text{B}^{z-}} = \mu_{\text{B}^{z-}}^{\ominus} + RT\ln a_{\text{B}^{z-},\text{e}}$$

$$\mu_{\text{e}} = \mu_{\text{e}}^{\ominus}$$

由

$$\varphi_{\text{阳,e}} = \frac{\Delta G_{\text{m,阳,e}}}{zF}$$

得

$$\varphi_{阳,e} = \varphi_阳^\ominus + \frac{RT}{zF} \ln \frac{a_{B,e}}{a_{B^{z-},e}} \tag{2.25}$$

式中，

$$\varphi_阳^\ominus = -\frac{\Delta G_{m,阳}^\ominus}{zF} = -\frac{\mu_B^\ominus - \mu_{B^{z-}}^\ominus - z\mu_e^\ominus}{zF}$$

式（2.21）–式（2.25），得

$$\Delta \varphi_阳 = \varphi_阳 - \varphi_{阳,e} = \frac{RT}{zF} \ln \frac{a_B a_{B^{z-},e}}{a_{B^{z-}} a_{B,e}} + \frac{RT}{F} \ln i \tag{2.26}$$

移项，得

$$\ln i = \frac{F\Delta \varphi_阳}{RT} + \frac{1}{z} \ln \frac{a_{B^{z-}} a_{B,e}}{a_B a_{B^{z-},e}} \tag{2.27}$$

及

$$\lg i = \frac{F\Delta \varphi_阳}{2.303RT} + \frac{1}{z} \lg \frac{a_{B^{z-}} a_{B,e}}{a_B a_{B^{z-},e}} \tag{2.28}$$

由式（2.27）得

$$i = \left(\frac{a_{B^{z-}} a_{B,e}}{a_B a_{B^{z-},e}} \right)^{1/z} \exp\left(\frac{F\Delta \varphi_阳}{RT} \right) = k_-' \exp\left(-\frac{F\Delta \varphi_阳}{RT} \right) \tag{2.29}$$

式中，

$$k_-' = \left(\frac{a_{B^{z-}} a_{B,e}}{a_B a_{B^{z-},e}} \right)^{1/z} \approx \left(\frac{c_{B^{z-}} c_{B,e}}{c_B c_{B^{z-},e}} \right)^{1/z}$$

2.3 塔费尔公式

1905 年，塔费尔（Tafel）从实验中总结出电极极化的经验公式——塔费尔公式。

$$|\Delta \varphi| = a + b \lg |i| \tag{2.30}$$

对于阴极，有

$$-\Delta \varphi_阴 = a + b \lg i \tag{2.31}$$

对于阳极，有

$$\Delta \varphi_阳 = a + b \lg i \tag{2.32}$$

对于确定的体系，a、b 都是常数。极化电流密度与过电势呈线性关系。

由式（2.17）得

$$-\Delta\varphi_{阴} = -\frac{2.303RT}{zF}\lg\frac{a_{A^{z+}}a_{A,e}}{a_A a_{A^{z+},e}} + \frac{2.303RT}{F}\lg i \approx -\frac{2.303RT}{zF}\lg\frac{c_{A^{z+}}c_{A,e}}{c_A c_{A^{z+},e}} + \frac{2.303RT}{F}\lg i$$

（2.33）

与塔费尔公式（2.31）比较，得

$$a = -\frac{2.303RT}{zF}\lg\frac{a_{A^{z+}}a_{A,e}}{a_A a_{A^{z+},e}} \approx -\frac{2.303RT}{zF}\lg\frac{c_{A^{z+}}c_{A,e}}{c_A c_{A^{z+},e}}$$

（2.34）

$$b = \frac{2.303RT}{F}$$

（2.35）

由式（2.26）得

$$\Delta\varphi_{阳} = \frac{2.303RT}{zF}\lg\frac{a_B a_{B^{z-},e}}{a_{B^{z-}} a_{B,e}} + \frac{2.303RT}{F}\lg i \approx \frac{2.303RT}{zF}\lg\frac{c_B c_{B^{z-},e}}{c_{B^{z-}} c_{B,e}} + \frac{2.303RT}{F}\lg i$$

（2.36）

与塔费尔公式（2.32）比较，得

$$a = \frac{2.303RT}{zF}\lg\frac{a_B a_{B^{z-},e}}{a_{B^{z-}} a_{B,e}} \approx \frac{2.303RT}{zF}\lg\frac{c_B c_{B^{z-},e}}{c_{B^{z-}} c_{B,e}}$$

$$b = \frac{2.303RT}{F}$$

第3章 电极过程

3.1 电极过程的特点

电化学反应是在电极界面区发生的有电子参与的氧化或还原反应。电流通过电极界面发生的一系列变化总和称为电极过程。

电极过程具有异相催化反应的性质：

（1）反应在两相界面发生，反应速率与界面面积和界面性质有关。

（2）反应速率与电极表面附近薄层中的产物和反应物的传质有关。

（3）电极反应与新相生成有关。

此外，电极过程还有自身的特点：双电层结构和界面区的电场对电极过程的速率有重大影响。

3.2 电极过程的步骤

电极过程由一系列单元步骤组成。这些单元步骤有接续进行的和平行进行的。依电极过程不同，其步骤不尽相同。但是，一定有下列三个必不可少的接续进行的步骤。

（1）液相传质，反应物粒子从电解质本体或电极内部向电极表面传输。

（2）电子转移，反应物粒子在电极界面得失电子。

（3）产物粒子从电极界面向电解质内部或电极内部迁移，或者电极反应生成新相——气体或固体。

有些电极过程，在步骤（1）和步骤（2）之间存在反应物粒子在得失电子之前，在界面区发生没有电子参与的变化，称为前置表面转化步骤。例如，高配位数的络离子在阴极还原前，先电离成低配位数的络离子，然后再与电子结合。

有些电极过程，在步骤（2）和步骤（3）之间存在产物进一步转化为其他物质的步骤，称为后继表面转化步骤。例如，氢离子在电极上得到电子变成氢原子后，又进一步复合成氢分子。

反应物在电极上同时获得两个电子的概率很小。一般情况下，多个电子反应和电子转移步骤往往不止一个，而且前置表面转化步骤和后继表面转化步骤也不止一个，电子转移步骤与前后表面转化步骤一起构成总的电极过程。

3.3　有前置表面转化反应的电极过程

3.3.1　阴极反应

（1）没有前置转化反应。

反应为

$$(MeL_n)^{z+} + ze \Longrightarrow Me + nL$$

摩尔吉布斯自由能变化为

$$\Delta G_{m,阴} = \mu_{Me} + n\mu_L - \mu_{(MeL_n)^{z+}} - z\mu_e = \Delta G_{m,阴}^{\ominus} + RT\ln\frac{a_L^n}{a_{(MeL_n)^{z+}}} + zRT\ln i$$

式中，

$$\Delta G_{m,阴}^{\ominus} = \mu_{Me}^{\ominus} + n\mu_L^{\ominus} - \mu_{(MeL_n)^{z+}}^{\ominus} - z\mu_e^{\ominus}$$

$$\mu_{Me} = \mu_{Me}^{\ominus}$$

$$\mu_L = \mu_L^{\ominus} + RT\ln a_L$$

$$\mu_{(MeL_n)^{z+}} = \mu_{(MeL_n)^{z+}}^{\ominus} + RT\ln a_{(MeL_n)^{z+}}$$

$$\mu_e = \mu_e^{\ominus} - RT\ln i$$

阴极电势：由

$$\varphi_阴 = -\frac{\Delta G_{m,阴}}{zF}$$

得

$$\varphi_阴 = \varphi_阴^{\ominus} + \frac{RT}{zF}\ln\frac{a_{(MeL_n)^{z+}}}{a_L^n} - \frac{RT}{F}\ln i \tag{3.1}$$

式中，

$$\varphi_阴^{\ominus} = -\frac{\Delta G_{m,阴}^{\ominus}}{zF} = -\frac{\mu_{Me}^{\ominus} + n\mu_L^{\ominus} - \mu_{(MeL_n)^{z+}}^{\ominus} - z\mu_e^{\ominus}}{zF}$$

由式（3.1）得

$$\ln i = -\frac{F\varphi_阴}{RT} + \frac{F\varphi_阴^{\ominus}}{RT} + \frac{1}{z}\ln\frac{a_{(MeL_n)^{z+}}}{a_L^n}$$

$$i = \left(\frac{a_{(MeL_n)^{z+}}}{a_L^n}\right)^{1/z}\exp\left(-\frac{F\varphi_阴}{RT}\right)\exp\left(\frac{F\varphi_阴^{\ominus}}{RT}\right) = k_阴\exp\left(-\frac{F\varphi_阴}{RT}\right) \tag{3.2}$$

式中，

$$k_{\text{阴}} = \left(\frac{a_{(\mathrm{MeL}_n)^{z+}}}{a_{\mathrm{L}}^n} \right)^{1/z} = \left(\frac{c_{(\mathrm{MeL}_n)^{z+}}}{c_{\mathrm{L}}^n} \right)^{1/z} \exp\left(\frac{F\varphi_{\text{阴}}^{\ominus}}{RT} \right)$$

（2）有前置转化反应。

反应为

$$(\mathrm{MeL}_n)^{z+} = (\mathrm{MeL}_m)^{z+} + (n-m)\mathrm{L}$$

高配位数络离子转化为低配位数的络离子。低配位数的络离子在阴极还原，有

$$(\mathrm{MeL}_m)^{z+} + z\mathrm{e} = \mathrm{Me} + m\mathrm{L}$$

摩尔吉布斯自由能变化为

$$\Delta G_{\mathrm{m,阴,q}} = \mu_{\mathrm{Me}} + m\mu_{\mathrm{L}} - \mu_{(\mathrm{MeL}_m)^{z+}} - z\mu_{\mathrm{e}} = \Delta G_{\mathrm{m,阴,q}}^{\ominus} + RT\ln\frac{a_{\mathrm{L}}^m}{a_{(\mathrm{MeL}_m)^{z+}}} + zRT\ln i_{\mathrm{q}}$$

式中，

$$\Delta G_{\mathrm{m,阴,q}}^{\ominus} = \mu_{\mathrm{Me}}^{\ominus} + m\mu_{\mathrm{L}}^{\ominus} - \mu_{(\mathrm{MeL}_m)^{z+}}^{\ominus} - z\mu_{\mathrm{e}}^{\ominus}$$

$$\mu_{\mathrm{Me}} = \mu_{\mathrm{Me}}^{\ominus}$$

$$\mu_{\mathrm{L}} = \mu_{\mathrm{L}}^{\ominus} + RT\ln a_{\mathrm{L}}$$

$$\mu_{(\mathrm{MeL}_m)^{z+}} = \mu_{(\mathrm{MeL}_m)^{z+}}^{\ominus} + RT\ln a_{(\mathrm{MeL}_m)^{z+}}$$

$$\mu_{\mathrm{e}} = \mu_{\mathrm{e}}^{\ominus} - RT\ln i_{\mathrm{q}}$$

阴极电势：由

$$\varphi_{\text{阴,q}} = -\frac{\Delta G_{\mathrm{m,阴,q}}}{zF}$$

得

$$\varphi_{\text{阴,q}} = \varphi_{\text{阴,q}}^{\ominus} + \frac{RT}{zF}\ln\frac{a_{(\mathrm{MeL}_m)^{z+}}}{a_{\mathrm{L}}^m} - \frac{RT}{F}\ln i_{\mathrm{q}} \tag{3.3}$$

式中，

$$\varphi_{\text{阴,q}}^{\ominus} = -\frac{\Delta G_{\mathrm{m,阴,q}}^{\ominus}}{zF} = -\frac{\mu_{\mathrm{Me}}^{\ominus} + m\mu_{\mathrm{L}}^{\ominus} - \mu_{(\mathrm{MeL}_m)^{z+}}^{\ominus} - z\mu_{\mathrm{e}}^{\ominus}}{zF}$$

由式（3.3）得

$$\ln i_{\mathrm{q}} = -\frac{F\varphi_{\text{阴,q}}}{RT} + \frac{F\varphi_{\text{阴,q}}^{\ominus}}{RT} + \frac{1}{z}\ln\frac{a_{(\mathrm{MeL}_m)^{z+}}}{a_{\mathrm{L}}^m}$$

则

$$i_{\mathrm{q}} = \left(\frac{a_{(\mathrm{MeL}_m)^{z+}}}{a_{\mathrm{L}}^m} \right)^{1/z} \exp\left(-\frac{F\varphi_{\text{阴,q}}}{RT} \right)\exp\left(\frac{F\varphi_{\text{阴,q}}^{\ominus}}{RT} \right) = k_{\text{阴,q}}\exp\left(-\frac{F\varphi_{\text{阴,q}}}{RT} \right) \tag{3.4}$$

式中,

$$k_{阴,q} = \left(\frac{a_{(MeL_m)^{z+}}}{a_L^m} \right)^{1/z} \exp\left(\frac{F\varphi_{阴,q}^{\ominus}}{RT} \right) \approx \left(\frac{c_{(MeL_m)^{z+}}}{c_L^m} \right)^{1/z} \exp\left(\frac{F\varphi_{阴,q}^{\ominus}}{RT} \right)$$

（3）阴极前置转化反应过电势。

式（3.3）−式（3.1），得

$$\Delta\varphi_{阴,q} = \varphi_{阴,q} - \varphi_{阴}$$

$$= \left(\varphi_{阴,q}^{\ominus} + \frac{RT}{zF}\ln\frac{a_{(MeL_m)^{z+}}}{a_L^m} - \frac{RT}{F}\ln i_q \right) - \left(\varphi_{阴}^{\ominus} + \frac{RT}{zF}\ln\frac{a_{(MeL_n)^{z+}}}{a_L^n} - \frac{RT}{F}\ln i \right)$$

$$= (\varphi_{阴,q}^{\ominus} - \varphi_{阴}^{\ominus}) + \frac{RT}{zF}\ln\frac{a_{(MeL_m)^{z+}}a_L^n}{a_L^m a_{(MeL_n)^{z+}}} - \frac{RT}{F}\ln\frac{i_q}{i}$$

$$= \frac{(n-m)\mu_L^{\ominus} + \mu_{(MeL_m)^{z+}}^{\ominus} - \mu_{(MeL_n)^{z+}}^{\ominus}}{zF} + \frac{RT}{F}\ln\frac{a_{(MeL_m)^{z+}}a_L^n}{a_L^m a_{(MeL_n)^{z+}}} - \frac{RT}{F}\ln\frac{i_q}{i} \quad (3.5)$$

由上式得

$$\ln\frac{i_q}{i} = -\frac{F\Delta\varphi_{阴,q}}{RT} + \frac{(n-m)\mu_L^{\ominus} + \mu_{(MeL_m)^{z+}}^{\ominus} - \mu_{(MeL_n)^{z+}}^{\ominus}}{RT} + \ln\frac{a_{(MeL_m)^{z+}}a_L^{(n-m)}}{a_{(MeL_n)^{z+}}}$$

则

$$\frac{i_q}{i} = \frac{a_{(MeL_m)^{z+}}a_L^{(n-m)}}{a_{(MeL_n)^{z+}}}\exp\left(-\frac{F\Delta\varphi_{阴,q}}{RT} \right)\exp\left(\frac{(n-m)\mu_L^{\ominus} + \mu_{(MeL_m)^{z+}}^{\ominus} - \mu_{(MeL_n)^{z+}}^{\ominus}}{RT} \right)$$

$$= k_{阴,q}\exp\left(-\frac{F\Delta\varphi_{阴,q}}{RT} \right) \quad (3.6)$$

式中,

$$k_{阴,q} = \frac{a_{(MeL_m)^{z+}}a_L^{(n-m)}}{a_{(MeL_n)^{z+}}}\exp\left(\frac{(n-m)\mu_L^{\ominus} + \mu_{(MeL_m)^{z+}}^{\ominus} - \mu_{(MeL_n)^{z+}}^{\ominus}}{RT} \right)$$

$$\approx \frac{c_{(MeL_m)^{z+}}c_L^{(n-m)}}{c_{(MeL_n)^{z+}}}\exp\left(\frac{(n-m)\mu_L^{\ominus} + \mu_{(MeL_m)^{z+}}^{\ominus} - \mu_{(MeL_n)^{z+}}^{\ominus}}{RT} \right)$$

3.3.2　阳极反应

（1）没有前置反应，阳极反应为

$$M^{z-} - ze = M$$

摩尔吉布斯自由能变化为

$$\Delta G_{m,阳} = \mu_M - \mu_{M^{z-}} + z\mu_e = \Delta G_{m,阳}^{\ominus} + RT \ln \frac{1}{a_{M^{z-}}} + zRT \ln i$$

式中,

$$\Delta G_{m,阳}^{\ominus} = \mu_M^{\ominus} - \mu_{M^{z-}}^{\ominus} + z\mu_e^{\ominus}$$

$$\mu_{M^{z-}} = \mu_{M^{z-}}^{\ominus} + RT \ln a_{M^{z-}}$$

$$\mu_M = \mu_M^{\ominus}$$

$$\mu_e = \mu_e^{\ominus} + RT \ln i$$

阳极电势:由

$$\varphi_阳 = \frac{\Delta G_{m,阳}}{zF}$$

得

$$\varphi_阳 = \varphi_阳^{\ominus} + \frac{RT}{zF} \ln \frac{1}{a_{M^{z-}}} + \frac{RT}{F} \ln i \tag{3.7}$$

式中,

$$\varphi_阳^{\ominus} = \frac{\Delta G_{m,阳}^{\ominus}}{zF} = \frac{\mu_M^{\ominus} - \mu_{M^{z-}}^{\ominus} + z\mu_e^{\ominus}}{zF}$$

由式(3.7)得

$$\ln i = \frac{F\varphi_阳}{RT} - \frac{F\varphi_阳^{\ominus}}{RT} - \frac{1}{z} \ln \frac{1}{a_{M^{z-}}}$$

则

$$i = a_{M^{z-}}^{1/z} \exp\left(\frac{F\varphi_阳}{RT}\right) \exp\left(-\frac{F\varphi_阳^{\ominus}}{RT}\right) = k_阳 \exp\left(\frac{F\varphi_阳}{RT}\right) \tag{3.8}$$

式中,

$$k_阳 = a_{M^{z-}}^{1/z} \exp\left(-\frac{F\varphi_阳^{\ominus}}{RT}\right) \approx a_{M^{z-}}^{1/z} \exp\left(-\frac{F\varphi_阳^{\ominus}}{RT}\right)$$

(2)有前置转化反应。

反应为

$$M^{z-} + nB \Longrightarrow (MB_n)^{z-}$$

然后,阳极氧化

$$(MB_n)^{z-} - ze \Longrightarrow M + nB$$

该过程的摩尔吉布斯自由能变化为

$$\Delta G_{m,阳,q} = \mu_M + n\mu_B - \mu_{(MB_n)^{z-}} + z\mu_e = \Delta G_{m,阳,q}^{\ominus} + RT \ln \frac{a_{B,q}^n}{a_{(MB_n)^{z-},q}} + \ln i_q$$

式中,

$$\Delta G_{m,阳,q}^{\ominus} = \mu_M^{\ominus} + n\mu_B^{\ominus} - \mu_{(MB_n)^{z-}}^{\ominus} + z\mu_e^{\ominus}$$

$$\mu_M = \mu_M^{\ominus}$$

$$\mu_B = \mu_B^{\ominus} + RT \ln a_{B,q}$$

$$\mu_{(MB_n)^{z-}} = \mu_{(MB_n)^{z-}}^{\ominus} + RT \ln a_{(MB_n)^{z-},q}$$

$$\mu_e = \mu_e^{\ominus} + RT \ln i_q$$

阳极电势:由

$$\varphi_{阳,q} = \frac{\Delta G_{m,阳,q}}{zF}$$

得

$$\varphi_{阳,q} = \varphi_{阳,q}^{\ominus} + \frac{RT}{zF} \ln \frac{a_{B,q}^n}{a_{(MB_n)^{z-},q}} + \frac{RT}{F} \ln i_q \qquad (3.9)$$

式中,

$$\varphi_{阳,q}^{\ominus} = \frac{\Delta G_{m,阳,q}^{\ominus}}{zF} = \frac{\mu_M^{\ominus} + n\mu_B^{\ominus} - \mu_{(MB_n)^{z-}}^{\ominus} + z\mu_e^{\ominus}}{zF}$$

由式(3.9)得

$$\ln i_q = \frac{F\varphi_{阳,q}}{RT} - \frac{F\varphi_{阳,q}^{\ominus}}{RT} - \frac{1}{z} \ln \frac{a_{B,q}^n}{a_{(MB_n)^{z-},q}}$$

则

$$i_q = \left(\frac{a_{(MB_n)^{z-},q}}{a_{B,q}^n} \right)^{1/z} \exp\left(\frac{F\varphi_{阳,q}}{RT} \right) \exp\left(-\frac{F\varphi_{阳,q}^{\ominus}}{RT} \right) = k_q \exp\left(\frac{F\varphi_{阳,q}}{RT} \right) \qquad (3.10)$$

式中,

$$k_q = \left(\frac{a_{(MB_n)^{z-},q}}{a_{B,q}^n} \right)^{1/z} \exp\left(-\frac{F\varphi_{阳,q}^{\ominus}}{RT} \right) \approx \left(\frac{c_{(MB_n)^{z-},q}}{c_{B,q}^n} \right)^{1/z} \exp\left(-\frac{F\varphi_{阳,q}^{\ominus}}{RT} \right)$$

(3)阳极转化反应的过电势。

式(3.9)−式(3.7),得

$$\Delta\varphi_{阳,q} = \varphi_{阳,q} - \varphi_{阳}$$

$$= \frac{n\mu_{B}^{\ominus} - \mu_{(MB_n)^{z-}}^{\ominus} + \mu_{M^{z-}}^{\ominus}}{zF} + \frac{RT}{zF}\ln\frac{a_{M^{z-}}a_{B,q}^{n}}{a_{(MB_n)^{z-},q}} + \frac{RT}{F}\ln i_q - \frac{RT}{F}\ln i \qquad (3.11)$$

由上式得

$$\ln\frac{i_q}{i} = \frac{F\Delta\varphi_{阳,q}}{RT} - \frac{n\mu_{B}^{\ominus} - \mu_{(MB_n)^{z-}}^{\ominus} + \mu_{M^{z-}}^{\ominus}}{zRF} - \frac{1}{z}\ln\frac{a_{M^{z-}}a_{B,q}^{n}}{a_{(MB_n)^{z-},q}}$$

则

$$\frac{i_q}{i} = \left(\frac{a_{(MB_n)^{z-},q}}{a_{M^{z-}}a_{B,q}^{n}}\right)^{1/z} \exp\left(\frac{F\Delta\varphi_{阳,q}}{RT}\right)\exp\left(-\frac{n\mu_{B}^{\ominus} - \mu_{(MB_n)^{z-}}^{\ominus} + \mu_{M^{z-}}^{\ominus}}{zRF}\right) = k_{阳,q}\exp\left(\frac{F\Delta\varphi_{阳,q}}{RT}\right)$$

$$(3.12)$$

式中，

$$k_{阳,q} = \left(\frac{a_{(MB_n)^{z-},q}}{a_{M^{z-}}a_{B,q}^{n}}\right)^{1/z}\exp\left(-\frac{n\mu_{B}^{\ominus} - \mu_{(MB_n)^{z-}}^{\ominus} + \mu_{M^{z-}}^{\ominus}}{zRF}\right)$$

$$\approx \left(\frac{c_{(MB_n)^{z-},q}}{c_{M^{z-}}c_{B,q}^{n}}\right)^{1/z}\exp\left(-\frac{n\mu_{B}^{\ominus} - \mu_{(MB_n)^{z-}}^{\ominus} + \mu_{M^{z-}}^{\ominus}}{zRF}\right)$$

3.4 有后继表面转化反应的电极过程

3.4.1 阴极反应

（1）没有后继转化反应。

阴极反应为

$$Me^{z+} + ze \Longleftarrow Me$$

摩尔吉布斯自由能变化为

$$\Delta G_{m,阴} = \mu_{Me} - \mu_{Me^{z+}} - z\mu_{e} = \Delta G_{m,阴}^{\ominus} + RT\ln\frac{1}{a_{Me^{z+}}} + zRT\ln i$$

式中，

$$\Delta G_{m,阴}^{\ominus} = \mu_{Me}^{\ominus} - \mu_{Me^{z+}}^{\ominus} - z\mu_{e}^{\ominus}$$

$$\mu_{Me} = \mu_{Me}^{\ominus}$$

$$\mu_{Me^{z+}} = \mu_{Me^{z+}}^{\ominus} + RT\ln a_{Me^{z+}}$$

$$\mu_{e} = \mu_{e}^{\ominus} - RT\ln i$$

阴极电势：由

$$\varphi_{阴} = -\frac{\Delta G_{m,阴}}{zF}$$

得

$$\varphi_{阴} = \varphi_{阴}^{\ominus} + \frac{RT}{zF}\ln a_{Me^{z+}} - \frac{RT}{F}\ln i \qquad (3.13)$$

式中，

$$\varphi_{阴}^{\ominus} = -\frac{\Delta G_{m,阴}^{\ominus}}{zF} = -\frac{\mu_{Me}^{\ominus} - \mu_{Me^{z+}}^{\ominus} - z\mu_{e}^{\ominus}}{zF}$$

由式（3.13）得

$$\ln i = -\frac{F\varphi_{阴}}{RT} + \frac{F\varphi_{阴}^{\ominus}}{RT} + \frac{1}{z}\ln a_{Me^{z+}}$$

$$i = a_{Me^{z+}}^{1/z}\exp\left(-\frac{F\varphi_{阴}}{RT}\right)\exp\left(\frac{F\varphi_{阴}^{\ominus}}{RT}\right) = k_{阴}\exp\left(-\frac{F\varphi_{阴}}{RT}\right) \qquad (3.14)$$

式中，

$$k_{阴} = a_{Me^{z+}}^{1/z}\exp\left(\frac{F\varphi_{阴}^{\ominus}}{RT}\right) \approx c_{Me^{z+}}^{1/z}\exp\left(\frac{F\varphi_{阴}^{\ominus}}{RT}\right)$$

（2）有后继转化反应。后继转化反应为

$$Me + B \rightleftharpoons MeB$$

总反应为

$$Me^{z+} + ze \rightleftharpoons Me$$
$$+ \qquad Me + B \rightleftharpoons MeB$$
$$\overline{\qquad Me^{z+} + ze + B \rightleftharpoons MeB \qquad}$$

摩尔吉布斯自由能变化为

$$\Delta G_{m,阴,h} = \mu_{MeB} - \mu_{Me^{z+}} - z\mu_{e} - \mu_{B} = \Delta G_{m,阴,h}^{\ominus} + RT\ln\frac{1}{a_{Me^{z+},h}a_{B,h}} + zRT\ln i_{h}$$

式中，

$$\Delta G_{m,阴,h}^{\ominus} = \mu_{MeB}^{\ominus} - \mu_{Me^{z+}}^{\ominus} - z\mu_{e}^{\ominus} - \mu_{B}^{\ominus}$$

$$\mu_{MeB} = \mu_{MeB}^{\ominus}$$

$$\mu_{Me^{z+}} = \mu_{Me^{+}}^{\ominus} + RT\ln a_{Me^{z+},h}$$

$$\mu_{e} = \mu_{e}^{\ominus} - RT\ln i_{h}$$

$$\mu_{B} = \mu_{B}^{\ominus} + RT\ln a_{B,h}$$

阴极电势：由

$$\varphi_{阴,h} = -\frac{\Delta G_{m,阴,h}}{zF}$$

得

$$\varphi_{阴,h} = \varphi_{阴,h}^{\ominus} + \frac{RT}{zF}\ln(a_{Me^{z+},h}a_{B,h}) - \frac{RT}{F}\ln i_h \qquad (3.15)$$

式中，

$$\varphi_{阴,h}^{\ominus} = -\frac{\Delta G_{m,阴,h}^{\ominus}}{zF} = -\frac{\mu_{MeB}^{\ominus} - \mu_{Me^{z+}}^{\ominus} - z\mu_e^{\ominus} - \mu_B^{\ominus}}{zF}$$

由式（3.15）得

$$\ln i_h = -\frac{F\varphi_{阴,h}}{RT} + \frac{F\varphi_{阴,h}^{\ominus}}{RT} + \frac{1}{z}\ln(a_{Me^{z+},h}a_{B,h})$$

$$i_h = (a_{Me^{z+},h}a_{B,h})^{1/z}\exp\left(-\frac{F\varphi_{阴,h}}{RT}\right)\exp\left(\frac{F\varphi_{阴,h}^{\ominus}}{RT}\right) = k_{阴,h}\exp\left(-\frac{F\varphi_{阴,h}}{RT}\right) \qquad (3.16)$$

式中，

$$k_{阴,h} = (a_{Me^{z+},h}a_{B,h})^{1/z}\exp\left(\frac{F\varphi_{阴,h}^{\ominus}}{RT}\right) \approx (c_{Me^{z+},h}c_{B,h})^{1/z}\exp\left(\frac{F\varphi_{阴,h}^{\ominus}}{RT}\right)$$

阴极后继转化反应过电势：

式（3.15）−式（3.13），得

$$\Delta\varphi_{阴,h} = \varphi_{阴,h} - \varphi_{阴} = -\frac{\mu_{MeB}^{\ominus} - \mu_{Me}^{\ominus} - \mu_B^{\ominus}}{zF} + \frac{RT}{zF}\ln\frac{a_{Me^{z+},h}a_{B,h}}{a_{Me^{z+}}} - \frac{RT}{F}\ln\frac{i_h}{i} \qquad (3.17)$$

由上式得

$$\ln\frac{i_h}{i} = -\frac{F\Delta\varphi_{阴,h}}{RT} - \frac{\mu_{MeB}^{\ominus} - \mu_{Me}^{\ominus} - \mu_B^{\ominus}}{zRT} + \frac{1}{z}\ln\frac{a_{Me^{z+},h}a_{B,h}}{a_{Me^{z+}}}$$

则

$$\frac{i_h}{i} = \left(\frac{a_{Me^{z+},h}a_{B,h}}{a_{Me^{z+}}}\right)^{1/z}\exp\left(-\frac{F\Delta\varphi_{阴,h}}{RT}\right)\exp\left(-\frac{\mu_{MeB}^{\ominus} - \mu_{Me}^{\ominus} - \mu_B^{\ominus}}{zRF}\right) = k_{阴,h}\exp\left(-\frac{F\Delta\varphi_{阴,h}}{RT}\right)$$

$$(3.18)$$

式中，

$$k_{阴,h} = \left(\frac{a_{Me^{z+},h}a_{B,h}}{a_{Me^{z+}}}\right)^{1/z}\exp\left(-\frac{\mu_{MeB}^{\ominus} - \mu_{Me}^{\ominus} - \mu_B^{\ominus}}{zRF}\right) \approx \left(\frac{c_{Me^{z+},h}c_{B,h}}{c_{Me^{z+}}}\right)^{1/z}\exp\left(-\frac{\mu_{MeB}^{\ominus} - \mu_{Me}^{\ominus} - \mu_B^{\ominus}}{zRF}\right)$$

3.4.2　阳极过程

（1）没有后继转化反应。

$$M^{z-} - ze \Longrightarrow M$$

摩尔吉布斯自由能变化为

$$\Delta G_{m,阳} = \mu_M - \mu_{M^{z-}} + z\mu_e = \Delta G_{m,阳}^{\ominus} + RT\ln\frac{1}{a_{M^{z-}}} + zRT\ln i$$

式中,

$$\Delta G_{m,阳}^{\ominus} = \mu_M^{\ominus} - \mu_{M^{z-}}^{\ominus} + z\mu_e^{\ominus}$$

$$\mu_M = \mu_M^{\ominus}$$

$$\mu_{M^{z-}} = \mu_{M^{z-}}^{\ominus} + RT\ln a_{M^{z-}}$$

$$\mu_e = \mu_e^{\ominus} + RT\ln i$$

阳极电势:由

$$\varphi_{阳} = \frac{\Delta G_{m,阳}}{zF}$$

得

$$\varphi_{阳} = \Delta\varphi_{阳}^{\ominus} + \frac{RT}{zF}\ln\frac{1}{a_{M^{z-}}} + \frac{RT}{F}\ln i \qquad (3.19)$$

式中,

$$\varphi_{阳}^{\ominus} = \frac{\Delta G_{m,阳}^{\ominus}}{zF} = \frac{\mu_M^{\ominus} - \mu_{M^{z-}}^{\ominus} + z\mu_e^{\ominus}}{zF}$$

由式（3.19）得

$$\ln i = \frac{F\varphi_{阳}}{RT} - \frac{F\varphi_{阳}^{\ominus}}{RT} - \frac{1}{z}\ln\frac{1}{a_{M^{z-}}}$$

则

$$i = a_{M^{z-}}^{1/z}\exp\left(\frac{F\varphi_{阳}}{RT}\right)\exp\left(-\frac{F\varphi_{阳}^{\ominus}}{RT}\right) = k_{阳}\exp\left(\frac{F\varphi_{阳}}{RT}\right) \qquad (3.20)$$

式中,

$$k_{阳} = a_{M^{z-}}^{1/z}\exp\left(-\frac{F\varphi_{阳}^{\ominus}}{RT}\right) \approx c_{M^{z-}}^{1/z}\exp\left(-\frac{F\varphi_{阳}^{\ominus}}{RT}\right)$$

（2）有后继转化反应。后继转化反应为

$$M + D \Longrightarrow MD$$

电子转移反应为

$$M^{z-} - ze =\!\!= M$$

总反应　　　　　　　　$$M^{z-} - ze + D =\!\!= MD$$

摩尔吉布斯自由能变化为

$$\Delta G_{m,阳,h} = \mu_{MD} - \mu_{M^{z-}} + z\mu_e - \mu_D = \Delta G_{m,阳,h}^{\ominus} + RT\ln\frac{1}{a_{M^{z-},h}a_{D,h}} + zRT\ln i_h$$

式中，

$$\Delta G_{m,阳,h}^{\ominus} = \mu_{MD}^{\ominus} - \mu_{M^{z-}}^{\ominus} + z\mu_e^{\ominus} - \mu_D^{\ominus}$$

$$\mu_{MD} = \mu_{MD}^{\ominus}$$

$$\mu_{M^{z-}} = \mu_{M^{z-}}^{\ominus} + RT\ln a_{M^{z-},h}$$

$$\mu_e = \mu_e^{\ominus} + RT\ln i_h$$

$$\mu_D = \mu_D^{\ominus} + RT\ln a_{D,h}$$

阳极电势：由

$$\varphi_{阳,h} = \frac{\Delta G_{m,阳,h}}{zF}$$

得

$$\varphi_{阳,h} = \Delta\varphi_{阳,h}^{\ominus} + \frac{RT}{zF}\ln\frac{1}{a_{M^{z-},h}a_{D,h}} + \frac{RT}{F}\ln i_h \tag{3.21}$$

式中，

$$\varphi_{阳,h}^{\ominus} = \frac{\Delta G_{m,阳,h}^{\ominus}}{zF} = \frac{\mu_{MD}^{\ominus} - \mu_{M^{z-}}^{\ominus} + z\mu_e^{\ominus} - \mu_D^{\ominus}}{zF}$$

由式（3.21）得

$$\ln i_h = \frac{F\varphi_{阳,h}}{RT} - \frac{F\varphi_{阳,h}^{\ominus}}{RT} - \frac{1}{z}\ln\frac{1}{a_{M^{z-},h}a_{D,h}}$$

则

$$i_h = (a_{M^{z-},h}a_{D,h})^{1/z}\exp\left(\frac{F\varphi_{阳,h}}{RT}\right)\exp\left(-\frac{F\varphi_{阳,h}^{\ominus}}{RT}\right) = k_{阳,h}\exp\left(\frac{F\varphi_{阳,h}}{RT}\right) \tag{3.22}$$

式中，

$$k_{阳,h} = (a_{M^{z-},h}a_{D,h})^{1/z}\exp\left(-\frac{F\varphi_{阳,h}^{\ominus}}{RT}\right) \approx (c_{M^{z-},h}c_{D,h})^{1/z}\exp\left(-\frac{F\varphi_{阳,h}^{\ominus}}{RT}\right)$$

阳极后继反应过电势：

式（3.21）–式（3.19），得

$$\Delta\varphi_{\text{阳,h}} = \varphi_{\text{阳,h}} - \varphi_{\text{阳}} = \frac{\mu_{\text{MD}}^{\ominus} - \mu_{\text{M}} - \mu_{\text{D}}^{\ominus}}{zF} + \frac{RT}{zF}\ln\frac{a_{\text{M}^{z-}}}{a_{\text{M}^{z-},\text{h}}a_{\text{D,h}}} + \frac{RT}{F}\ln i_{\text{h}} - \frac{RT}{F}\ln i$$

得

$$\ln\frac{i_{\text{h}}}{i} = \frac{F\Delta\varphi_{\text{阳,h}}}{RT} - \frac{\mu_{\text{MD}}^{\ominus} - \mu_{\text{M}}^{\ominus} - \mu_{\text{D}}^{\ominus}}{zRT} - \frac{1}{z}\ln\frac{a_{\text{M}^{z-}}}{a_{\text{M}^{z-},\text{h}}a_{\text{D,h}}}$$

则

$$\frac{i_{\text{h}}}{i} = \left(\frac{a_{\text{M}^{z-},\text{h}}a_{\text{D,h}}}{a_{\text{M}^{z-}}}\right)^{1/z}\exp\left(\frac{F\Delta\varphi_{\text{阳,h}}}{RT}\right)\exp\left(-\frac{\mu_{\text{MD}}^{\ominus} - \mu_{\text{M}}^{\ominus} - \mu_{\text{D}}^{\ominus}}{zRF}\right) = k_{\text{阳,h}}\exp\left(\frac{F\Delta\varphi_{\text{阳,h}}}{RT}\right)$$

$$（3.23）$$

式中，

$$k_{\text{阳,h}} = \left(\frac{a_{\text{M}^{z-},\text{h}}a_{\text{D,h}}}{a_{\text{M}^{z-}}}\right)^{1/z}\exp\left(-\frac{\mu_{\text{MD}}^{\ominus} - \mu_{\text{M}}^{\ominus} - \mu_{\text{D}}^{\ominus}}{zRF}\right) \approx \left(\frac{c_{\text{M}^{z-},\text{h}}c_{\text{D,h}}}{c_{\text{M}^{z-}}}\right)^{1/z}\exp\left(-\frac{\mu_{\text{MD}}^{\ominus} - \mu_{\text{M}}^{\ominus} - \mu_{\text{D}}^{\ominus}}{zRF}\right)$$

3.5 既有前置表面转化反应，又有后继表面转化反应的电极过程

3.5.1 阴极反应

（1）没有前置反应，也没有后继反应。

$$\text{Me}^{z+} + ze = \text{Me}$$

摩尔吉布斯自由能变化为

$$\Delta G_{\text{m,阴}} = \mu_{\text{Me}} - \mu_{\text{Me}^{z+}} - z\mu_{\text{e}} = \Delta G_{\text{m,阴}}^{\ominus} + RT\ln\frac{1}{a_{\text{Me}^{z+}}} + zRT\ln i$$

式中，

$$\Delta G_{\text{m,阴}}^{\ominus} = \mu_{\text{Me}}^{\ominus} - \mu_{\text{Me}^{z+}}^{\ominus} - z\mu_{\text{e}}^{\ominus}$$

$$\mu_{\text{Me}} = \mu_{\text{Me}}^{\ominus}$$

$$\mu_{\text{Me}^{z+}} = \mu_{\text{Me}^{z+}}^{\ominus} + RT\ln a_{\text{Me}^{z+}}$$

$$\mu_{\text{e}} = \mu_{\text{e}}^{\ominus} - RT\ln i$$

阴极电势：由

$$\varphi_{\text{阴}} - \frac{\Delta G_{\text{m,阴}}}{zF}$$

得

$$\varphi_{\text{阴}} = \varphi_{\text{阴}}^{\ominus} + \frac{RT}{zF}\ln a_{\text{Me}^{z+}} - \frac{RT}{zF}\ln i \qquad （3.24）$$

式中，

$$\varphi_{阴}^{\ominus} = -\frac{\Delta G_{m,阴}^{\ominus}}{zF} = -\frac{\mu_{Me}^{\ominus} - \mu_{Me^{z+}}^{\ominus} - z\mu_{e}^{\ominus}}{zF}$$

由式（3.24）得

$$\ln i = -\frac{F\varphi_{阴}}{RT} + \frac{F\varphi_{阴}^{\ominus}}{RT} + \frac{1}{z}\ln a_{Me^{z+}}$$

$$i = (a_{Me^{z+}})^{1/z}\exp\left(-\frac{F\varphi_{阴}}{RT}\right)\exp\left(\frac{F\varphi_{阴}^{\ominus}}{RT}\right) = k_{阴}\exp\left(-\frac{F\varphi_{阴}}{RT}\right) \qquad (3.25)$$

式中，

$$k_{阴} = (a_{Me^{z+}})^{1/z}\exp\left(\frac{F\varphi_{阴}^{\ominus}}{RT}\right) \approx (c_{Me^{z+}})^{1/z}\exp\left(\frac{F\varphi_{阴}^{\ominus}}{RT}\right)$$

（2）有前置转化反应，又有后继转化反应。

前置转化反应为

$$Me^{z+} + nB \Longrightarrow (MeB_n)^{z+}$$

电子转移反应为

$$(MeB_n)^{z+} + ze \Longrightarrow Me + nB$$

后继反应为

$$Me + D \Longrightarrow MeD$$

总反应为

$$(MeB_n)^{z+} + ze + D \Longrightarrow MeD + nB$$

摩尔吉布斯自由能变化为

$$\Delta G_{m,阴,qh} = \mu_{MeD} + n\mu_{B} - \mu_{(MeB_n)^{z+}} - z\mu_{e} - \mu_{D}$$

$$= \Delta G_{m,阴,qh}^{\ominus} + RT\ln\frac{a_{B,qh}^{n}}{a_{(MeB_n)^{z+},qh}a_{D,qh}} + zRT\ln i_{qh}$$

式中，

$$\Delta G_{m,阴,qh}^{\ominus} = \mu_{MeD}^{\ominus} + n\mu_{B}^{\ominus} - \mu_{(MeB_n)^{z+}}^{\ominus} - z\mu_{e}^{\ominus} - \mu_{D}^{\ominus}$$

$$\mu_{MeD} = \mu_{MeD}^{\ominus}$$

$$\mu_{B} = \mu_{B}^{\ominus} + RT\ln a_{B,qh}$$

$$\mu_{(MeB_n)^{z+}} = \mu_{(MeB_n)^{z+}}^{\ominus} + RT\ln a_{(MeB_n)^{z+},qh}$$

$$\mu_{e} = \mu_{e}^{\ominus} - RT\ln i_{qh}$$

$$\mu_{D} = \mu_{D}^{\ominus} + RT\ln a_{D,qh}$$

阴极电势：由

$$\varphi_{\text{阴},qh} = -\frac{\Delta G_{m,\text{阴},qh}}{zF}$$

得

$$\varphi_{\text{阴},qh} = \varphi_{\text{阴},qh}^{\ominus} + \frac{RT}{zF}\ln\left(\frac{a_{(\text{MeB}_n)^{z+},qh}\,a_{\text{D},qh}}{a_{\text{B},qh}^{n}}\right) - \frac{RT}{F}\ln i_{qh} \tag{3.26}$$

式中,

$$\varphi_{\text{阴},qh}^{\ominus} = -\frac{\Delta G_{m,\text{阴},qh}^{\ominus}}{zF} = -\frac{\mu_{\text{MeD}}^{\ominus} + n\mu_{\text{B}}^{\ominus} - \mu_{(\text{MeB}_n)^{z+}}^{\ominus} - z\mu_{\text{e}}^{\ominus} - \mu_{\text{D}}^{\ominus}}{zF}$$

由式 (3.26) 得

$$\ln i_{qh} = -\frac{F\varphi_{\text{阴},qh}}{RT} + \frac{F\varphi_{\text{阴},qh}^{\ominus}}{RT} + \frac{1}{z}\ln\left(\frac{a_{(\text{MeB}_n)^{z+},qh}\,a_{\text{D},qh}}{a_{\text{B},qh}^{n}}\right)$$

$$i_{qh} = \left(\frac{a_{(\text{MeB}_n)^{z+},qh}\,a_{\text{D},qh}}{a_{\text{B},qh}^{n}}\right)^{1/z}\exp\left(-\frac{F\varphi_{\text{阴},qh}}{RT}\right)\exp\left(\frac{F\varphi_{\text{阴},qh}^{\ominus}}{RT}\right) = k_{qh}\exp\left(-\frac{F\varphi_{\text{阴},qh}}{RT}\right) \tag{3.27}$$

式中, $k_{qh} = \left(\dfrac{a_{(\text{MeB}_n)^{z+},qh}\,a_{\text{D},qh}}{a_{\text{B},qh}^{n}}\right)^{1/z}\exp\left(\dfrac{F\varphi_{\text{阴},qh}^{\ominus}}{RT}\right) \approx \left(\dfrac{c_{(\text{MeB}_n)^{z+},qh}\,c_{\text{D},qh}}{c_{\text{B},qh}^{n}}\right)^{1/z}\exp\left(\dfrac{F\varphi_{\text{阴},qh}^{\ominus}}{RT}\right)$

(3) 有前置反应, 又有后继反应的过电势。

式 (3.26) -式 (3.24), 得

$$\Delta\varphi_{\text{阴},qh} = \varphi_{\text{阴},qh} - \varphi_{\text{阴}} = -\frac{\mu_{\text{MeD}}^{\ominus} + n\mu_{\text{B}}^{\ominus} - \mu_{(\text{MeB}_n)^{z+}}^{\ominus} - \mu_{\text{D}}^{\ominus} - \mu_{\text{Me}}^{\ominus} + \mu_{\text{Me}^{z+}}^{\ominus}}{zF}$$
$$+ \frac{RT}{zF}\ln\frac{a_{(\text{MeB}_n)^{z+},qh}\,a_{\text{D},qh}}{a_{\text{B},qh}^{n}\,a_{\text{Me}^{z+}}} - \frac{RT}{F}\ln i_{qh} + \frac{RT}{F}\ln i \tag{3.28}$$

由上式得

$$\ln\frac{i_{qh}}{i} = -\frac{F\Delta\varphi_{\text{阴},qh}}{RT} - \frac{\mu_{\text{MeD}}^{\ominus} + n\mu_{\text{B}}^{\ominus} - \mu_{(\text{MeB}_n)^{z+}}^{\ominus} - \mu_{\text{D}}^{\ominus} - \mu_{\text{Me}}^{\ominus} + \mu_{\text{Me}^{z+}}^{\ominus}}{zRT} + \frac{1}{z}\ln\frac{a_{(\text{MeB}_n)^{z+},qh}\,a_{\text{D},qh}}{a_{\text{B},qh}^{n}\,a_{\text{Me}^{z+}}}$$

则

$$\frac{i_{qh}}{i} = \left(\frac{a_{(\text{MeB}_n)^{z+},qh}\,a_{\text{D},qh}}{a_{\text{B},qh}^{n}\,a_{\text{Me}^{z+}}}\right)^{1/z}\exp\left(-\frac{F\Delta\varphi_{\text{阴},qh}}{RT}\right)$$

$$\exp\left(-\frac{\mu_{\text{MeD}}^{\ominus} + n\mu_{\text{B}}^{\ominus} - \mu_{(\text{MeB}_n)^{z+}}^{\ominus} - \mu_{\text{D}}^{\ominus} - \mu_{\text{Me}}^{\ominus} + \mu_{\text{Me}^{z+}}^{\ominus}}{zRT}\right) = k_{\text{阴},qh}\exp\left(-\frac{F\Delta\varphi_{\text{阴},qh}}{RT}\right) \tag{3.29}$$

式中，

$$k_{\text{阴,qh}} = \left(\frac{a_{(\text{MeB}_n)^{z+},\text{qh}} a_{\text{D,qh}}}{a_{\text{B,qh}}^n a_{\text{Me}^{z+}}} \right)^{1/z} \exp\left(-\frac{\mu_{\text{MeD}}^{\ominus} + n\mu_{\text{B}}^{\ominus} - \mu_{(\text{MeB}_n)^{z+}}^{\ominus} - \mu_{\text{D}}^{\ominus} - \mu_{\text{Me}}^{\ominus} + \mu_{\text{Me}^{z+}}^{\ominus}}{zRT} \right)$$

$$\approx \left(\frac{c_{(\text{MeB}_n)^{z+},\text{qh}} c_{\text{D,qh}}}{c_{\text{B,qh}}^n c_{\text{Me}^{z+}}} \right)^{1/z} \exp\left(-\frac{\mu_{\text{MeD}}^{\ominus} + n\mu_{\text{B}}^{\ominus} - \mu_{(\text{MeB}_n)^{z+}}^{\ominus} - \mu_{\text{D}}^{\ominus} - \mu_{\text{Me}}^{\ominus} + \mu_{\text{Me}^{z+}}^{\ominus}}{zRT} \right)$$

3.5.2 阳极反应

（1）没有前置反应，也没有后继转化反应。

$$M^{z-} - ze \Longrightarrow M$$

与 3.4.2（1）相同。

（2）有前置反应，又有后继转化反应。

前置转化反应为

$$M^{z-} + nB \Longrightarrow (MB_n)^{z-}$$

阳极氧化为

$$(MB_n)^{z-} - ze \Longrightarrow M + nB$$

后继反应为

$$M + D \Longrightarrow MD$$

总反应为

$$(MB_n)^{z-} - ze + D \Longrightarrow MD + nB$$

摩尔吉布斯自由能变化为

$$\Delta G_{\text{m,阳,qh}} = \mu_{\text{MD}} + n\mu_{\text{B}} - \mu_{(\text{MB}_n)^{z-}} + z\mu_e - \mu_{\text{D}}$$

$$= \Delta G_{\text{m,阳,qh}}^{\ominus} + RT \ln \frac{a_{\text{B,qh}}^n}{a_{(\text{MB}_n)^{z-},\text{qh}} a_{\text{D,qh}}} + zRT \ln i_{\text{qh}}$$

式中，

$$\Delta G_{\text{m,阳,qh}}^{\ominus} = \mu_{\text{MD}}^{\ominus} + n\mu_{\text{B}}^{\ominus} - \mu_{(\text{MB}_n)^{z-}}^{\ominus} + z\mu_e^{\ominus} - \mu_{\text{D}}^{\ominus}$$

$$\mu_{\text{MD}} = \mu_{\text{MD}}^{\ominus}$$

$$\mu_{\text{B}} = \mu_{\text{B}}^{\ominus} + RT \ln a_{\text{B,qh}}$$

$$\mu_{(\text{MB}_n)^{z-}} = \mu_{(\text{MB}_n)^{z-}}^{\ominus} + RT \ln a_{(\text{MB}_n)^{z-},\text{qh}}$$

$$\mu_e = \mu_e^{\ominus} + RT \ln i_{\text{qh}}$$

$$\mu_{\text{D}} = \mu_{\text{D}}^{\ominus} + RT \ln a_{\text{D,qh}}$$

阳极电势：由

$$\varphi_{阳,qh} = \frac{\Delta G_{m,阳,qh}}{zF} = \Delta\varphi_{阳,qh}^{\ominus} + \frac{RT}{zF}\ln\frac{a_{B,qh}^{n}}{a_{(MB_n)^{z-},qh}a_{D,qh}} + \frac{RT}{F}\ln i_{qh} \quad (3.30)$$

式中，

$$\varphi_{阳,qh}^{\ominus} = \frac{\Delta G_{m,阳,qh}^{\ominus}}{zF} = \frac{\mu_{MD}^{\ominus} + n\mu_{B}^{\ominus} - \mu_{(MB_n)^{z-}}^{\ominus} + z\mu_{e}^{\ominus} - \mu_{D}^{\ominus}}{zF}$$

由式（3.30）得

$$\ln i_{qh} = \frac{F\varphi_{阳,qh}}{RT} - \frac{F\varphi_{阳,qh}^{\ominus}}{RT} - \frac{1}{z}\ln\frac{a_{B,qh}^{n}}{a_{(MB_n)^{z-},qh}a_{D,qh}}$$

则

$$i_{qh} = \left(\frac{a_{(MB_n)^{z-},qh}a_{D,qh}}{a_{B,qh}^{n}}\right)^{1/z}\exp\left(\frac{F\varphi_{阳,qh}}{RT}\right)\exp\left(-\frac{F\varphi_{阳,qh}^{\ominus}}{RT}\right) = k_{阳,qh}\exp\left(\frac{F\varphi_{阳,qh}}{RT}\right)$$

$$(3.31)$$

式中，

$$k_{阳,qh} = \left(\frac{a_{(MB_n)^{z-},qh}a_{D,qh}}{a_{B,qh}^{n}}\right)^{1/z}\exp\left(-\frac{F\varphi_{阳,qh}^{\ominus}}{RT}\right) \approx \left(\frac{c_{(MB_n)^{z-},qh}c_{D,qh}}{c_{B,qh}^{n}}\right)^{1/z}\exp\left(-\frac{F\varphi_{阳,qh}^{\ominus}}{RT}\right)$$

（3）有前置转化反应，又有后继转化反应的过电势。

式（3.30）–式（3.19），得

$$\Delta\varphi_{阳,qh} = \varphi_{阳,qh} - \varphi_{阳}$$

$$= \frac{\mu_{MD}^{\ominus} + n\mu_{B}^{\ominus} - \mu_{(MB_n)^{z-}}^{\ominus} - \mu_{D}^{\ominus} - \mu_{M}^{\ominus} + \mu_{M^{z+}}^{\ominus}}{zF}$$

$$+ \frac{RT}{zF}\ln\frac{a_{B,qh}^{n}a_{M^{z-}}}{a_{(MB_n)^{z-},qh}a_{D,qh}} + \frac{RT}{F}\ln i_{qh} - \frac{RT}{F}\ln i \quad (3.32)$$

移项，得

$$\ln\frac{i_{qh}}{i} = \frac{F\Delta\varphi_{阳,qh}}{RT} - \frac{\mu_{MD}^{\ominus} + n\mu_{B}^{\ominus} - \mu_{(MB_n)^{z-}}^{\ominus} - \mu_{D}^{\ominus} - \mu_{M}^{\ominus} + \mu_{M^{z+}}^{\ominus}}{zRF} - \frac{1}{z}\ln\frac{a_{B,qh}^{n}a_{M^{z-}}}{a_{(MB_n)^{z-},qh}a_{D,qh}}$$

则

$$\frac{i_{qh}}{i} = \left(\frac{a_{(MB_n)^{z-},qh}a_{D,qh}}{a_{B,qh}^{n}a_{M^{z-}}}\right)^{1/z}\exp\left(\frac{F\Delta\varphi_{阳,qh}}{RT}\right)\exp\left(-\frac{\mu_{MD}^{\ominus} + n\mu_{B}^{\ominus} - \mu_{(MB_n)^{z-}}^{\ominus} - \mu_{D}^{\ominus} - \mu_{M}^{\ominus} + \mu_{M^{z+}}^{\ominus}}{zRF}\right)$$

$$(3.33)$$

第4章 电极反应中的传质

4.1 三种传质方式

在电化学过程中，液相传质有三种方式，即扩散、对流和电迁移。

电极上有电流通过时会发生电极反应，电极反应的结果使得溶液中某组元在电极和溶液界面区域的浓度不同于溶液本体的浓度，于是发生扩散。稳态条件下，第 k 种组元沿 x 轴的扩散流量服从菲克定律，为

$$J_{k,d} = -D_k \frac{dc_k}{dx} \tag{4.1}$$

式中，$J_{k,d}$ 为第 k 种组元的扩散流量；D_k 为第 k 种组元的扩散系数；c_k 为第 k 种组元的浓度。

电极反应的进行，会引起溶液中局部浓度和温度的变化，使得溶液中各浓度密度出现差别，引起溶液流动，此即对流。电极反应有气体生成时，气体放出会扰动液体，引起对流。这两种对流为自然对流。如果对溶液进行机械搅拌，则形成的对流为强制对流。第 k 种组元垂直流向电极表面的对流流量为

$$J_{k,c} = \upsilon_x c_k \tag{4.2}$$

式中，υ_x 为 k 组元与电极垂直方向的流量；c_k 为第 k 种组元的浓度。

电极上有电流通过时，溶液中各种离子在电场作用下均沿着一定的方向移动，此即电迁移。如果溶液中单位截面积上通过的总电流为 j，则第 k 种组元的离子（以下简称 k 离子）的电迁移流量为

$$J_{k,e} = \frac{j t_k}{z_k F} \tag{4.3}$$

式中，$J_{k,e}$ 为 k 离子的电迁移流量；t_k 为 k 离子的电迁移；z_k 为 k 离子的电荷数；F 为法拉第常量。

电流通过电极时，三种传质过程同时存在。但在电极附近，若没有气体生成，则以电迁移和扩散传质为主，而在溶液本体中，则以对流传质为主。

4.2 稳 态 扩 散

电极反应进行过程中，反应物粒子的反应消耗量等于扩散流量，电极表面附

近的扩散层中各点的浓度不随时间变化，达到稳定状态，称为稳态扩散。稳态扩散时，流量恒定，即

$$J_{k,d} = -D_k \frac{\mathrm{d}c_k}{\mathrm{d}x} = 常数 \tag{4.4}$$

则

$$\frac{\mathrm{d}c_k}{\mathrm{d}x} = 常数 \tag{4.5}$$

在扩散层内 c_k 与 x 呈线性关系。式（4.4）可写作

$$J_{k,d} = -D_k \frac{c_k^b - c_k^s}{l} = 常数 \tag{4.6}$$

式中，c_k^b 为溶液本体反应物组元 k 的浓度；c_k^s 为电极表面液层中组元的浓度；l 为扩散区厚度。

若电极反应为

$$A + z\mathrm{e} \Longrightarrow D$$

则以电流密度表示的扩散流量为

$$i = zF(-q_{k,d}) = zFD_k \frac{\mathrm{d}c_k}{\mathrm{d}x} = zFD_k \frac{c_k^b - c_k^s}{l} \tag{4.7}$$

式中，i 为电流密度，以还原电流密度为正值。溶液中反应物粒子向着电极方向运动，与 x 轴方向相反（x 轴指向溶液本体）。

通电前，$i = 0$，$c_k^b = c_k^s$。随着 i 增大，c_k^s 减小。在极限情况下，$c_k^s = 0$，电流密度 i 达最大值，称为极限电流密度，以 i_d 表示，即

$$i_d = zFD_k \frac{c_k^b}{l} \tag{4.8}$$

将式（4.8）代入式（4.7），得

$$i = i_d \left(1 - \frac{c_k^s}{c_k^b} \right) \tag{4.9}$$

或

$$c_k^s = c_k^b \left(1 - \frac{i}{i_d} \right) \tag{4.10}$$

4.3 对 流 扩 散

在实际的电极过程中，对流扩散总是存在的。由于自然对流理论处理很困难，这里只讨论机械搅拌下的稳态扩散。

溶液流动时，在电极表面存在着具有浓度梯度的液层，即边界层，其厚度以 δ_B

表示。δ_B 的厚度与流体流速 υ_0、运动黏度 $\nu(\nu = \eta / \rho_S$，其中 η 为黏度，ρ_S 为密度) 及距液流冲击点的距离 y 的关系如图 4.1 所示。

$$\delta_B \approx \sqrt{\frac{\nu y}{\upsilon_0}} \tag{4.11}$$

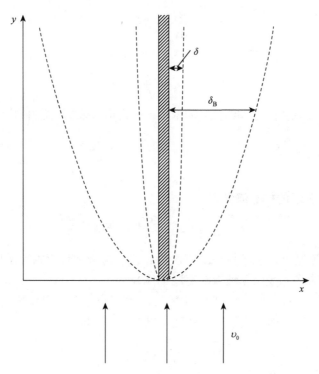

图 4.1　边界层厚度 δ_B 与扩散层厚度 δ 的关系

电极表面附近有扩散层和边界层。扩散层存在浓度梯度，决定物质的传递；边界层存在速度梯度，决定动量的传递。物质的传递取决于扩散系数 D_k，动量的传递取决于运动黏度 ν。两者的量纲都是 m^2/s，但 D_k 比 ν 小几个数量级。扩散层厚度比边界层薄得多，两者间有关系式

$$\frac{\delta}{\delta_B} \approx \left(\frac{D_k}{\nu}\right)^{1/3} \tag{4.12}$$

对于水溶液来说，δ 约为 δ_B 的 1/10。将式（4.11）代入式（4.12），得

$$\delta \approx D_k^{1/3} \nu^{1/6} y^{1/2} \upsilon_0^{-1/2} \tag{4.13}$$

由上式可见，对流扩散条件下的扩散层厚度，不但与扩散物质的本性有关（表现在 D_k 上），而且与流体的运动情况（表现在 υ_0 上）有关。

稳态对流扩散，扩散层的浓度梯度也不是常数。但是，可以根据紧靠电极表面处 $(x=0)$ 液层的浓度梯度 $\left(\dfrac{\mathrm{d}c_k}{\mathrm{d}x}\right)_{x=0}$ 求出 δ 的有效值，即

$$\delta = \frac{c_k^{\mathrm{b}} - c_k^{\mathrm{s}}}{\left(\dfrac{\mathrm{d}c_k}{\mathrm{d}x}\right)_{x=0}} \tag{4.14}$$

使用扩散层的有效厚度 δ，则适用于静止溶液的稳态扩散公式（4.7）和式（4.8）可用于对流扩散，相应的公式为

$$i = zFD_k \frac{c_k^{\mathrm{b}} - c_k^{\mathrm{s}}}{\delta} \tag{4.15}$$

$$i_{\mathrm{d}} = zFD_k \frac{c_k^{\mathrm{b}}}{\delta} \tag{4.16}$$

这就将对流扩散的多种影响因素都包括在有效厚度 δ 中了。

将式（4.13）代入式（4.15），得

$$i \approx zFD_k^{2/3} \upsilon_0^{1/2} \nu^{-1/6} y^{-1/2} (c_k^{\mathrm{b}} - c_k^{\mathrm{s}}) \tag{4.17}$$

由式（4.17）可见，对流扩散的 i 与 $D_k^{2/3}$ 成正比，而不是与 D_k 成正比，这与静止扩散不同。

为使扩散层厚度减小，可以采用搅拌、通入气体、使电解液循环、使电极转动或移动等方法。

4.4 电迁移传质

在电极上有电流通过时，扩散层内除离子扩散外，还存在电迁移。下面讨论一种简单的体系，溶液中只有一种二元电解质，其中 k 离子是反应物，电荷为 z_k，j 离子不参与电极反应，电荷为 z_j。假设还原产物不溶于溶液，离子的迁移数不随浓度变化。在稳态条件下，电极上消耗的反应物离子，由扩散和电迁移两种传质过程提供。因而有

$$\frac{i}{zF} = D_k \frac{c_k^{\mathrm{b}} - c_k^{\mathrm{s}}}{\delta} + \frac{it_k}{z_k F}$$

即

$$i = \frac{z_k FD_k (c_k^{\mathrm{b}} - c_k^{\mathrm{s}})}{\left(\dfrac{z_k}{z} - t_k\right)\delta} \tag{4.18}$$

对于正离子还原，只要 $\dfrac{z_k}{z} > t_k$，则 $\dfrac{z_k}{z_k / z - t_k} > z$，比较式（4.18）和式（4.15）可见，电迁移传质使电流密度增加。

扩散层中各点都是电中性的，假定 k 离子为正，j 离子为负，当 k 离子在扩散层中建立起浓度梯度时，j 离子也建立起同样的浓度梯度。j 离子的电迁移和扩散也在同时进行。稳态下，扩散层中各点的浓度不随时间改变，所以 j 离子的扩散流量与电迁移流量之和为零，即

$$\frac{it_j}{z_j F} + \frac{D_j}{\delta}(c_j^b - c_j^s) = 0 \tag{4.19}$$

考虑到 k 和 j 两种离子的迁移数之比等于它们的离子淌度之比，正负离子迁移电流的方向相反，而有

$$\frac{t_k}{t_j} = -\frac{z_k D_k}{z_j D_j} \tag{4.20}$$

根据电中性条件，溶液中任一点正负离子的电荷数相等，即

$$z_k c_k = -z_j c_j \tag{4.21}$$

将上两式代入式（4.19），得

$$\frac{jt_k}{z_k F} + \frac{z_k D_k}{z_k \delta}(c_k^b - c_k^s) = 0 \tag{4.22}$$

利用式（4.18），得

$$i = z\left(1 - \frac{z_k}{z_j}\right) F \frac{D_k}{\delta}(c_k^b - c_k^s) \tag{4.23}$$

如果两种离子电荷在数值上相等，$z_k = -z_j$，则上式为

$$i = 2zFD_k \frac{c_k^b - c_k^s}{\delta} \tag{4.24}$$

稳态时，三种传质的总电流，即电极上的电流为

$$i_t = i_{扩散} + i_{对流} + i_{电迁移}$$

第 5 章 浓差极化和电化学极化

在电极上发生化学反应，有电流通过，会引起电极极化。这种由电化学反应造成的极化称为电化学极化。由于电极上的化学反应，使电极表面反应物的浓度低于溶液本体的浓度，由此引起的极化称为浓差极化。

如果电极过程的速率由液相传质控制，电子转移、表面转化等步骤看作处于平衡状态，整个电极过程的不可逆由液相传质的不可逆造成。

如果电极过程的速率由液相传质和电子转移步骤共同控制，则表面转化等步骤可以看作处于平衡状态。

5.1 阴 极 过 程

（1）电极上没有电流通过，没有发生浓差极化，阴极反应达到平衡。

阴极反应为

$$A^{z+} + ze \Longrightarrow A$$

该过程的摩尔吉布斯自由能变化为

$$\Delta G_{m,\text{阴},e} = \mu_A - \mu_{A^{z+}} - z\mu_e = \Delta G_{m,\text{阴}}^{\ominus} + RT \ln \frac{a_{A,b,e}}{a_{A^{z+},b,e}}$$

式中，

$$\Delta G_{m,\text{阴}}^{\ominus} = \mu_A^{\ominus} - \mu_{A^{z+}}^{\ominus} - z\mu_e^{\ominus}$$

$$\mu_A = \mu_A^{\ominus} + RT \ln a_{A,b,e}$$

$$\Delta G_{m,H^+}^{\ominus} = \mu_{M-H}^{\ominus} - \mu_{H^+}^{\ominus} - \mu_e^{\ominus} - \mu_M^{\ominus}$$

$$\mu_e = \mu_e^{\ominus}$$

其中，下角标 b 表示溶液本体。

由

$$\varphi_{\text{阴},e} = -\frac{\Delta G_{m,\text{阴},e}}{zF}$$

得

$$\varphi_{\text{阴},e} = \varphi_{\text{阴}}^{\ominus} + \frac{RT}{zF} \ln \frac{a_{A^{z+},b,e}}{a_{A,b,e}} \tag{5.1}$$

式中，

$$\varphi_{阴}^{\ominus} = -\frac{\Delta G_{m,阴}^{\ominus}}{zF} = -\frac{\mu_A^{\ominus} - \mu_{A^{z+}}^{\ominus} - z\mu_e^{\ominus}}{zF}$$

（2）发生浓差极化，电极没有电流通过。阴极反应达到平衡。

$$A^{z+} + ze \Longleftrightarrow A$$

该过程的摩尔吉布斯自由能变化为

$$\Delta G_{m,阴,e} = \mu_A - \mu_{A^{z+}} - z\mu_e = \Delta G_{m,阴}^{\ominus} + RT \ln \frac{a_{A,i,e}}{a_{A^{z+},i,e}}$$

式中，

$$\Delta G_{m,阴}^{\ominus} = \mu_A^{\ominus} - \mu_{A^{z+}}^{\ominus} - z\mu_e^{\ominus}$$

$$\mu_A = \mu_A^{\ominus} + RT \ln a_{A,i,e}$$

$$\mu_{A^{z+}} = \mu_{A^{z+}}^{\ominus} + RT \ln a_{A^{z+},i,e}$$

$$\mu_e = \mu_e^{\ominus}$$

其中，下角标 i 表示电极与溶液界面。

由

$$\varphi_{阴,e}' = -\frac{\Delta G_{m,阴,e}}{zF}$$

得

$$\varphi_{阴}' = \varphi_{阴}^{\ominus} + \frac{RT}{zF} \ln \frac{a_{A^{z+},i,e}}{a_{A,i,e}} \tag{5.2}$$

式中，

$$\varphi_{阴}^{\ominus} = -\frac{\Delta G_{m,阴}^{\ominus}}{zF} = -\frac{\mu_A^{\ominus} - \mu_{A^{z+}}^{\ominus} - z\mu_e^{\ominus}}{zF}$$

式（5.2）-式（5.1），得

$$\Delta \varphi_e = \varphi_{阴,e}' - \varphi_{阴,e} = \frac{RT}{zF} \ln \frac{a_{A^{z+},i,e} a_{A,b,e}}{a_{A,i,e} a_{A^{z+},b,e}} \approx \frac{RT}{zF} \ln \frac{c_{A^{z+},i,e} c_{A,b,e}}{c_{A,i,e} c_{A^{z+},b,e}} \tag{5.3}$$

（3）电化学极化，电极上有电流通过。

$$A^{z+} + ze \Longrightarrow A$$

该过程的摩尔吉布斯自由能变化为

$$\Delta G_{m,阴} = \mu_A - \mu_{A^{z+}} - z\mu_e = \Delta G_{m,阴}^{\ominus} + RT \ln \frac{a_{A,b}}{a_{A^{z+},b}} + zRT \ln i$$

式中，

$$\Delta G_{m,阴}^{\ominus} = \mu_A^{\ominus} - \mu_{A^{z+}}^{\ominus} - z\mu_e^{\ominus}$$

$$\mu_{\mathrm{A}} = \mu_{\mathrm{A}}^{\ominus} + RT \ln a_{\mathrm{A,b}}$$

$$\mu_{\mathrm{A}^{z+}} = \mu_{\mathrm{A}^{z+}}^{\ominus} + RT \ln a_{\mathrm{A}^{z+},\mathrm{b}}$$

$$\mu_{\mathrm{e}} = \mu_{\mathrm{e}}^{\ominus} - RT \ln i$$

由

$$\varphi_{\text{阴}} = -\frac{\Delta G_{\mathrm{m,阴}}}{zF}$$

得

$$\varphi_{\text{阴}} = \varphi_{\text{阴}}^{\ominus} + \frac{RT}{zF} \ln \frac{a_{\mathrm{A}^{z+},\mathrm{b}}}{a_{\mathrm{A,b}}} - \frac{RT}{F} \ln i \qquad (5.4)$$

式中,

$$\varphi_{\text{阴}}^{\ominus} = -\frac{\Delta G_{\mathrm{m,阴}}^{\ominus}}{zF} = -\frac{\mu_{\mathrm{A}}^{\ominus} - \mu_{\mathrm{A}^{z+}}^{\ominus} - z\mu_{\mathrm{e}}^{\ominus}}{zF}$$

$$a_{\mathrm{A,b}} = a_{\mathrm{A,b,e}}$$

$$a_{\mathrm{A}^{z+},\mathrm{b}} = a_{\mathrm{A}^{z+},\mathrm{b,e}}$$

式 (5.4) -式 (5.1),得

$$\Delta\varphi = \varphi_{\text{阴}} - \varphi_{\text{阴,e}} = -\frac{RT}{F} \ln i \qquad (5.5)$$

$$i = \exp\left(-\frac{F\Delta\varphi}{RT}\right) \qquad (5.6)$$

(4) 有浓差极化,又有电化学极化。

阴极反应为

$$\mathrm{A}^{z+} + ze \rightleftharpoons \mathrm{A}$$

该过程的摩尔吉布斯自由能变化为

$$\Delta G_{\mathrm{m,阴}} = \mu_{\mathrm{A}} - \mu_{\mathrm{A}^{z+}} - z\mu_{\mathrm{e}} = \Delta G_{\mathrm{m,阴}}^{\ominus} + RT \ln \frac{a_{\mathrm{A,i}}}{a_{\mathrm{A}^{z+},\mathrm{i}}} + zRT \ln i$$

式中,

$$\Delta G_{\mathrm{m,阴}}^{\ominus} = \mu_{\mathrm{A}}^{\ominus} - \mu_{\mathrm{A}^{z+}}^{\ominus} - z\mu_{\mathrm{e}}^{\ominus}$$

$$\mu_{\mathrm{A}} = \mu_{\mathrm{A}}^{\ominus} + RT \ln a_{\mathrm{A,i}}$$

$$\mu_{\mathrm{A}^{z+}} = \mu_{\mathrm{A}^{z+}}^{\ominus} + RT \ln a_{\mathrm{A}^{z+},\mathrm{i}}$$

$$\mu_{\mathrm{e}} = \mu_{\mathrm{e}}^{\ominus} - RT \ln i$$

由

$$\varphi_{阴} = -\frac{\Delta G_{m,阴}}{zF}$$

得

$$\varphi_{阴} = \varphi_{阴}^{\ominus} + \frac{RT}{zF}\ln\frac{a_{A^{z+},i}}{a_{A,i}} - \frac{RT}{F}\ln i \tag{5.7}$$

式中，

$$\varphi_{阴}^{\ominus} = -\frac{\Delta G_{m,阴}^{\ominus}}{zF} = -\frac{\mu_A^{\ominus} - \mu_{A^{z+}}^{\ominus} - z\mu_e^{\ominus}}{zF}$$

式（5.7）–式（5.1），得

$$\Delta\varphi_{阴} = \varphi_{阴} - \varphi_{阴,e} = \frac{RT}{zF}\ln\frac{a_{A^{z+},i}a_{A,b,e}}{a_{A,i}a_{A^{z+},b,e}} - \frac{RT}{F}\ln i \tag{5.8}$$

由上式得

$$\ln i = -\frac{F\Delta\varphi_{阴}}{RT} + \frac{1}{z}\ln\frac{a_{A^{z+},i}a_{A,b,e}}{a_{A,i}a_{A^{z+},b,e}} \tag{5.9}$$

则

$$i = \left(\frac{a_{A^{z+},i}a_{A,b,e}}{a_{A,i}a_{A^{z+},b,e}}\right)^{1/z}\exp\left(-\frac{F\Delta\varphi_{阴}}{RT}\right) = k_{阴}'\exp\left(-\frac{F\Delta\varphi_{阴}}{RT}\right) \tag{5.10}$$

式中，

$$k_{阴}' = \left(\frac{a_{A^{z+},i}a_{A,b,e}}{a_{A,i}a_{A^{z+},b,e}}\right)^{1/z} \approx \left(\frac{c_{A^{z+},i}c_{A,b,e}}{c_{A,i}c_{A^{z+},b,e}}\right)^{1/z}$$

其中，

$$a_{A,i} = a_{A,i,e}$$

$$a_{A^{z+},i} = a_{A^{z+},i,e}$$

此即又有浓差极化，又有电化学极化的公式。

还可以如下处理。

阴极反应达成平衡，

$$A^{z+} + ze \Longrightarrow A$$

摩尔吉布斯自由能变化为

$$\Delta G_{m,阴,e} = \mu_A - \mu_{A^{z+}} - z\mu_e = \Delta G_{m,阴}^{\ominus} + RT\ln\frac{a_{A,e}}{a_{A^{z+},e}}$$

式中，

$$\Delta G_{m,阴}^{\ominus} = \mu_A^{\ominus} - \mu_{A^{z+}}^{\ominus} - z\mu_e^{\ominus}$$

$$\mu_A = \mu_A^{\ominus} + RT \ln a_{A,e}$$

$$\mu_{A^{z+}} = \mu_{A^{z+}}^{\ominus} + RT \ln a_{A^{z+},e}$$

$$\mu_e = \mu_e^{\ominus}$$

由

$$\varphi_{阴,e} = -\frac{\Delta G_{m,阴,e}}{zF}$$

得

$$\varphi_{阴,e} = \varphi_{阴}^{\ominus} + \frac{RT}{zF} \ln \frac{a_{A^{z+},e}}{a_{A,e}} \tag{5.11}$$

式中，

$$\varphi_{阴}^{\ominus} = -\frac{\Delta G_{m,阴}^{\ominus}}{zF} = -\frac{\mu_A^{\ominus} - \mu_{A^{z+}}^{\ominus} - z\mu_e^{\ominus}}{zF}$$

阴极上有电流通过，阴极反应为

$$A^{z+} + ze \rightleftharpoons A$$

摩尔吉布斯自由能变化为

$$\Delta G_{m,阴,e} = \mu_A - \mu_{A^{z+}} - z\mu_e = \Delta G_{m,阴}^{\ominus} + RT \ln \frac{a_A}{a_{A^{z+}}} + zRT \ln i$$

式中，

$$\Delta G_{m,阴}^{\ominus} = \mu_A^{\ominus} - \mu_{A^{z+}}^{\ominus} - z\mu_e^{\ominus}$$

$$\mu_A = \mu_A^{\ominus} + RT \ln a_A$$

$$\mu_{A^{z+}} = \mu_{A^{z+}}^{\ominus} + RT \ln a_{A^{z+}}$$

$$\mu_e = \mu_e^{\ominus} - RT \ln i$$

由

$$\varphi_{阴} = -\frac{\Delta G_{m,阴}}{zF}$$

得

$$\varphi_{阴} = \varphi_{阴}^{\ominus} + \frac{RT}{zF} \ln \frac{a_{A^{z+}}}{u_A} - \frac{RT}{F} \ln i \tag{5.12}$$

式中，

$$\varphi_{阴}^{\ominus} = -\frac{\Delta G_{m,阴}^{\ominus}}{zF} = -\frac{\mu_A^{\ominus} - \mu_{A^{z+}}^{\ominus} - z\mu_e^{\ominus}}{zF}$$

式（5.12）−式（5.11），如果没有浓差极化，只有电化学极化。

$$a_{A^{z+}} = a_{A^{z+},b,e} = a_{A^{z+},e}$$

$$a_A = a_{A,b,e} = a_{A,e}$$

得

$$\Delta\varphi_{阴} = \varphi_{阴} - \varphi_{阴,e} = -\frac{RT}{F}\ln i \tag{5.13}$$

有

$$\ln i = -\frac{F\Delta\varphi_{阴}}{RT}$$

则

$$i = \exp\left(-\frac{F\Delta\varphi_{阴}}{RT}\right) \tag{5.14}$$

有浓差极化，又有电化学极化。

$$a_{A^{z+}} = a_{A^{z+},i,e} \neq a_{A^{z+},b,e} = a_{A^{z+},e}$$

$$a_A = a_{A,i,e} \neq a_{A,b,e} = a_{A,e}$$

得

$$\Delta\varphi_{阴} = \frac{RT}{zF}\ln\frac{a_{A^{z+}}a_{A,e}}{a_A a_{A^{z+},e}} - \frac{RT}{F}\ln i \tag{5.15}$$

有

$$\ln i = -\frac{F\Delta\varphi_{阴}}{RT} + \frac{1}{z}\ln\frac{a_{A^{z+}}a_{A,e}}{a_A a_{A^{z+},e}}$$

则

$$i = \left(\frac{a_{A^{z+}}a_{A,e}}{a_A a_{A^{z+},e}}\right)^{1/z}\exp\left(-\frac{F\Delta\varphi_{阴}}{RT}\right) = k'_{阴}\exp\left(-\frac{F\Delta\varphi_{阴}}{RT}\right) \tag{5.16}$$

式中，

$$k'_{阴} = \left(\frac{a_{A^{z+}}a_{A,e}}{a_A a_{A^{z+},e}}\right)^{1/z} \approx \left(\frac{c_{A^{z+}}c_{A,e}}{c_A c_{A^{z+},e}}\right)^{1/z}$$

有浓差极化，没有电化学极化。

$$a_{A^{z+}} = a_{A^{z+},i,e} \neq a_{A^{z+},b,e} = a_{A^{z+},e}$$

$$a_A = a_{A,i,e} \neq a_{A,b,e} = a_{A,e}$$

$$i = 0$$

得

$$\Delta\varphi_{阴} = \frac{RT}{zF}\ln\frac{a_{A^{z+}}a_{A,e}}{a_A a_{A^{z+},e}} \approx \frac{RT}{zF}\ln\frac{c_{A^{z+}}c_{A,e}}{c_A c_{A^{z+},e}} \qquad (5.17)$$

5.2　阳　极　过　程

（1）电极上没有电流通过，没有发生浓差极化。

阳极反应为

$$B^{z-} - ze \Longrightarrow B$$

该过程的摩尔吉布斯自由能变化为

$$\Delta G_{m,阳,e} = \mu_B - \mu_{B^{z-}} + z\mu_e = \Delta G_{m,阳}^{\ominus} + RT\ln\frac{a_{B,b,e}}{a_{B^{z-},b,e}}$$

式中，

$$\Delta G_{m,阳}^{\ominus} = \mu_B^{\ominus} - \mu_{B^{z-}}^{\ominus} + z\mu_e^{\ominus}$$

$$\mu_B = \mu_B^{\ominus} + RT\ln a_{B,b,e}$$

$$\mu_{B^{z-}} = \mu_{B^{z-}}^{\ominus} + RT\ln a_{B^{z-},b,e}$$

$$\mu_e = \mu_e^{\ominus}$$

由

$$\varphi_{阳,e} = \frac{\Delta G_{m,阳,e}}{zF}$$

得

$$\varphi_{阳,e} = \varphi_{阳}^{\ominus} + \frac{RT}{zF}\ln\frac{a_{B,b,e}}{a_{B^{z-},b,e}} \qquad (5.18)$$

式中，

$$\varphi_{阳}^{\ominus} = \frac{\Delta G_m^{\ominus}}{zF} = \frac{\mu_B^{\ominus} - \mu_{a_{B^{z-}}}^{\ominus} + z\mu_e^{\ominus}}{zF}$$

（2）发生浓差极化，电极没有电流通过。阳极反应达到平衡。

$$B^{z-} - ze \Longrightarrow B$$

该过程的摩尔吉布斯自由能变化为

$$\Delta G_{m,阳,e}' = \mu_B - \mu_{B^{z-}} + z\mu_e = \Delta G_{m,阳}^{\ominus} + RT\ln\frac{a_{B,i,e}}{a_{B^{z-},i,e}}$$

式中，

$$\Delta G_{m,阴}^{\ominus} = \mu_B^{\ominus} - \mu_{B^{z-}}^{\ominus} + z\mu_e^{\ominus}$$

$$\mu_B = \mu_B^{\ominus} + RT \ln a_{B,i,e}$$

$$\mu_{B^{z-}} = \mu_{B^{z-}}^{\ominus} + RT \ln a_{B^{z-},i,e}$$

$$\mu_e = \mu_e^{\ominus}$$

由

$$\varphi'_{阳,e} = \frac{\Delta G_{m,阳,e}}{zF}$$

得

$$\varphi'_{阳,e} = \varphi_{阳}^{\ominus} + \frac{RT}{zF} \ln \frac{a_{B,i,e}}{a_{B^{z-},i,e}} \tag{5.19}$$

式中，

$$\varphi_{阳}^{\ominus} = \frac{\Delta G_{m,阳}^{\ominus}}{zF} = -\frac{\mu_B^{\ominus} - \mu_{B^{z-}}^{\ominus} + z\mu_e^{\ominus}}{zF}$$

式（5.19）−式（5.18），得

$$\Delta\varphi_e = \varphi'_{阳,e} - \varphi_{阳,e} = \frac{RT}{zF} \ln \frac{a_{B,i,e}a_{B^{z-},b,e}}{a_{B^{z-},i,e}a_{B,b,e}} \tag{5.20}$$

（3）电化学极化，电极上有电流通过。

$$B^{z-} - ze \Longrightarrow B$$

该过程的摩尔吉布斯自由能变化为

$$\Delta G_{m,阳} = \mu_B - \mu_{B^{z-}} + z\mu_e = \Delta G_{m,阳}^{\ominus} + RT \ln \frac{a_{B,b}}{a_{B^{z-},b}} + zRT \ln i$$

式中，

$$\Delta G_{m,阳}^{\ominus} = \mu_B^{\ominus} - \mu_{B^{z-}}^{\ominus} + z\mu_e^{\ominus}$$

$$\mu_B = \mu_B^{\ominus} + RT \ln a_{B,b}$$

$$\mu_{B^{z-}} = \mu_{B^{z-}}^{\ominus} + RT \ln a_{B^{z-},b}$$

$$\mu_e = \mu_e^{\ominus} + RT \ln i$$

由

$$\varphi_{阳} = \frac{\Delta G_{m,阳}}{zF}$$

得

$$\varphi_{阳} = \varphi_{阳}^{\ominus} + \frac{RT}{zF} \ln \frac{a_{B,b}}{a_{B^{z-},b}} + \frac{RT}{F} \ln i \tag{5.21}$$

式中，

$$\varphi_{阳}^{\ominus} = \frac{\Delta G_{m,阳}^{\ominus}}{zF} = \frac{\mu_B^{\ominus} - \mu_{B^{z-}}^{\ominus} + z\mu_e^{\ominus}}{zF}$$

式（5.21）－式（5.19），得

$$\Delta\varphi_{阳} = \varphi_{阳} - \varphi_{阳,e} = \frac{RT}{F}\ln i \tag{5.22}$$

$$i = \exp\left(\frac{F\Delta\varphi_{阳}}{RT}\right) \tag{5.23}$$

式中，

$$a_{B,b} = a_{B,b,e}$$

$$a_{B^{z-},b} = a_{B^{z-},b,e}$$

（4）有浓差极化，又有电化学极化。

阳极反应为

$$B^{z-} - ze \rightleftharpoons B$$

该过程的摩尔吉布斯自由能变化为

$$\Delta G_{m,阳} = \mu_B - \mu_{B^{z-}} + z\mu_e = \Delta G_{m,阳}^{\ominus} + RT\ln\frac{a_{B,i}}{a_{B^{z-},i}} + zRT\ln i$$

式中，

$$\Delta G_{m,阳}^{\ominus} = \mu_B^{\ominus} - \mu_{B^{z-}}^{\ominus} + z\mu_e^{\ominus}$$

$$\mu_B = \mu_B^{\ominus} + RT\ln a_{B,i}$$

$$\mu_{B^{z-}} = \mu_{B^{z-}}^{\ominus} + RT\ln a_{B^{z-},i}$$

$$\mu_e = \mu_e^{\ominus} + RT\ln i$$

由

$$\varphi_{阳} = \frac{\Delta G_{m,阳}}{zF}$$

得

$$\varphi_{阳} = \varphi_{阳}^{\ominus} + \frac{RT}{zF}\ln\frac{a_{B,i}}{a_{B^{z-},i}} + \frac{RT}{F}\ln i \tag{5.24}$$

式中，

$$\varphi_{阳}^{\ominus} = \frac{\Delta G_{m,阳}^{\ominus}}{zF} = \frac{\mu_B^{\ominus} - \mu_{B^{z-}}^{\ominus} + z\mu_e^{\ominus}}{zF}$$

式（5.24）－式（5.18），得

$$\Delta\varphi_{阳} = \varphi_{阳} - \varphi_{阳,e} = \frac{RT}{zF}\ln\frac{a_{B,i}a_{B^{z-},b,e}}{a_{B^{z-},i}a_{B,b,e}} + \frac{RT}{F}\ln i$$

$$\ln i = \frac{F\Delta\varphi_{阳}}{RT} - \frac{1}{z}\ln\frac{a_{B,i}a_{B^{z-},b,e}}{a_{B^{z-},i}a_{B,b,e}} \tag{5.25}$$

$$i = \left(\frac{a_{B^{z-},i}a_{B,b,e}}{a_{B,i}a_{B^{z-},b,e}}\right)^{1/z}\exp\left(\frac{F\Delta\varphi_{阳}}{RT}\right) = k'_{阳}\exp\left(\frac{F\Delta\varphi_{阳}}{RT}\right) \tag{5.26}$$

式中,

$$k'_{阳} = \left(\frac{a_{B^{z-},i}a_{B,b,e}}{a_{B,i}a_{B^{z-},b,e}}\right)^{1/z} \approx \left(\frac{c_{B^{z-},i}c_{B,b,e}}{c_{B,i}c_{B^{z-},b,e}}\right)^{1/z}$$

还可以如下处理。

阳极反应达平衡,

$$B^{z-} - ze \Longrightarrow B$$

该过程的摩尔吉布斯自由能变化为

$$\Delta G_{m,阳,e} = \mu_B - \mu_{B^{z-}} + z\mu_e = \Delta G^{\ominus}_{m,阳} + RT\ln\frac{a_{B,e}}{a_{B^{z-},e}}$$

式中,

$$\Delta G^{\ominus}_{m,阳} = \mu^{\ominus}_B - \mu^{\ominus}_{B^{z-}} + z\mu^{\ominus}_e$$

$$\mu_B = \mu^{\ominus}_B + RT\ln a_{B,e}$$

$$\mu_{B^{z-}} = \mu^{\ominus}_{B^{z-}} + RT\ln a_{B^{z-},e}$$

$$\mu_e = \mu^{\ominus}_e$$

由

$$\varphi_{阳,e} = \frac{\Delta G_{m,阳,e}}{zF}$$

得

$$\varphi_{阳,e} = \varphi^{\ominus}_{阳} + \frac{RT}{zF}\ln\frac{a_{B,e}}{a_{B^{z-},e}} \tag{5.27}$$

式中,

$$\varphi^{\ominus}_{阳} = \frac{\Delta G^{\ominus}_{m,阳}}{zF} = \frac{\mu^{\ominus}_B - \mu^{\ominus}_{B^{z-}} + z\mu^{\ominus}_e}{zF}$$

阳极上有电流通过,阳极反应为

$$B^{z-} - ze \Longrightarrow B$$

摩尔吉布斯自由能变化为

$$\Delta G_{\mathrm{m,阳}} = \mu_{\mathrm{B}} - \mu_{\mathrm{B}^{z-}} + z\mu_{\mathrm{e}} = \Delta G_{\mathrm{m,阳}}^{\ominus} + RT\ln\frac{a_{\mathrm{B}}}{a_{\mathrm{B}^{z-}}} + zRT\ln i$$

式中，

$$\Delta G_{\mathrm{m,阳}}^{\ominus} = \mu_{\mathrm{B}}^{\ominus} - \mu_{\mathrm{B}^{z-}}^{\ominus} + z\mu_{\mathrm{e}}^{\ominus}$$

$$\mu_{\mathrm{B}} = \mu_{\mathrm{B}}^{\ominus} + RT\ln a_{\mathrm{B}}$$

$$\mu_{\mathrm{B}^{z-}} = \mu_{\mathrm{B}^{z-}}^{\ominus} + RT\ln a_{\mathrm{B}^{z-}}$$

$$\mu_{\mathrm{e}} = \mu_{\mathrm{e}}^{\ominus} + RT\ln i$$

由

$$\varphi_{阳} = \frac{\Delta G_{\mathrm{m,阳}}}{zF}$$

得

$$\varphi_{阳} = \varphi_{阳}^{\ominus} + \frac{RT}{zF}\ln\frac{a_{\mathrm{B}}}{a_{\mathrm{B}^{z-}}} + \frac{RT}{F}\ln i \tag{5.28}$$

式中，

$$\varphi_{阳}^{\ominus} = \frac{\Delta G_{\mathrm{m,阳}}^{\ominus}}{zF} = \frac{\mu_{\mathrm{B}}^{\ominus} - \mu_{\mathrm{B}^{z-}}^{\ominus} + z\mu_{\mathrm{e}}^{\ominus}}{zF}$$

式（5.28）−式（5.27），当没有浓差极化时，

$$a_{\mathrm{B}} = a_{\mathrm{B,b,e}} = a_{\mathrm{B,e}}$$

$$a_{\mathrm{B}^{z-}} = a_{\mathrm{B}^{z-},\mathrm{b,e}} = a_{\mathrm{B}^{z-},\mathrm{e}}$$

得

$$\Delta\varphi_{阳} = \varphi_{阳} - \varphi_{阳,\mathrm{e}} = \frac{RT}{F}\ln i \tag{5.29}$$

则

$$i = \exp\left(\frac{F\Delta\varphi_{阳}}{RT}\right) \tag{5.30}$$

当有浓差极化，又有电化学极化时，

$$a_{\mathrm{B}} = a_{\mathrm{B,i,e}} \neq a_{\mathrm{B,b,e}} = a_{\mathrm{B,e}}$$

$$a_{\mathrm{B}^{z-}} = a_{\mathrm{B}^{z-},\mathrm{i,e}} \neq a_{\mathrm{B}^{z-},\mathrm{b,e}} = a_{\mathrm{B}^{z-},\mathrm{e}}$$

得

$$\Delta\varphi_{阳} = \frac{RT}{zF}\ln\frac{a_{\mathrm{B}}a_{\mathrm{B}^{z-},\mathrm{e}}}{a_{\mathrm{B}^{z-}}a_{\mathrm{B,e}}} + \frac{RT}{F}\ln i \tag{5.31}$$

$$\ln i = \frac{F\Delta\varphi}{RT} - \frac{1}{z}\ln\frac{a_{\mathrm{B}}a_{\mathrm{B}^{z-},\mathrm{e}}}{a_{\mathrm{B}^{z-}}a_{\mathrm{B,e}}}$$

$$i = \left(\frac{a_{B^{z-}} a_{B,e}}{a_B a_{B^{z-},e}} \right)^{1/z} \exp\left(\frac{F\Delta\varphi_{阳}}{RT} \right) = k'_{阳} \exp\left(\frac{F\Delta\varphi_{阳}}{RT} \right) \tag{5.32}$$

式中,

$$k'_{阳} = \left(\frac{a_{B^{z-}} a_{B,e}}{a_B a_{B^{z-},e}} \right)^{1/z} \approx \left(\frac{c_{B^{z-}} c_{B,e}}{c_B c_{B^{z-},e}} \right)^{1/z}$$

当有浓差极化,没有电化学极化时,

$$a_B = a_{B,i,e} \neq a_{B,b,e} = a_{B,e}$$

$$a_{B^{z-}} = a_{B^{z-},i,e} \neq a_{B^{z-},b,e} = a_{B^{z-},e}$$

$$i = 0$$

得

$$\Delta\varphi_{阳} = \frac{RT}{zF} \ln \frac{a_B a_{B^{z-},e}}{a_{B^{z-}} a_{B,e}} \approx \frac{RT}{zF} \ln \frac{c_B c_{B^{z-},e}}{c_{B^{z-}} c_{B,e}} \tag{5.33}$$

第6章　电化学步骤

电极过程至少有一个步骤是电子转移步骤。在电子转移步骤进行时，电极上发生化学反应有电流通过。电子转移将电极上的化学反应和电流联系到一起。

在电极上发生的电子转移反应，具有方向性：电极将电子转移给反应物，反应物发生还原反应，电极上有阴极电流，电极为阴极；反应物将电子传给电极，发生氧化反应，电极上有阳极电流，电极为阳极。

6.1　单电子电极反应

阴极反应达到平衡，有

$$Me^+ + e \Longleftrightarrow Me$$

摩尔吉布斯自由能变化为

$$\Delta G_{m,阴,e} = \mu_{Me} - \mu_{Me^+} - \mu_e = \Delta G_{m,阴}^\ominus + RT \ln \frac{1}{a_{Me^+,e}}$$

式中，

$$\Delta G_{m,阴}^\ominus = \mu_{Me}^\ominus - \mu_{Me^+}^\ominus - \mu_e^\ominus$$

$$\mu_{Me} = \mu_{Me}^\ominus$$

$$\mu_{Me^+} = \mu_{Me^+}^\ominus + RT \ln a_{Me^+,e}$$

$$\mu_e = \mu_e^\ominus$$

由

$$\varphi_{阴,e} = -\frac{\Delta G_{m,阴,e}}{F}$$

得

$$\varphi_{阴,e} = \varphi_阴^\ominus + \frac{RT}{F} \ln a_{Me^+,e} \tag{6.1}$$

式中，

$$\varphi_阴^\ominus = -\frac{\Delta G_{m,阴}^\ominus}{F} = -\frac{\mu_{Me}^\ominus - \mu_{Me^+}^\ominus - \mu_e^\ominus}{F}$$

阴极有电流通过，发生极化，阴极反应为

$$Me^+ + e \Longrightarrow Me$$

摩尔吉布斯自由能变化为

$$\Delta G_{m,阴} = \mu_{Me} - \mu_{Me^+} - \mu_e = \Delta G_{m,阴}^{\ominus} + RT \ln a_{Me^+,e} + RT \ln i$$

式中，

$$\Delta G_{m,阴}^{\ominus} = \mu_{Me}^{\ominus} - \mu_{Me^+}^{\ominus} - \mu_e^{\ominus}$$

$$\mu_{Me} = \mu_{Me}^{\ominus}$$

$$\mu_{Me^+} = \mu_{Me^+}^{\ominus} + RT \ln a_{Me^+}$$

$$\mu_e = \mu_e^{\ominus} - RT \ln i$$

由

$$\varphi_{阴} = -\frac{\Delta G_{m,阴}}{F}$$

得

$$\varphi_{阴} = \varphi_{阴}^{\ominus} + \frac{RT}{F} \ln \frac{1}{a_{Me^+}} - \frac{RT}{F} \ln i \qquad (6.2)$$

式中，

$$\varphi_{阴}^{\ominus} = -\frac{\Delta G_{m,阴}^{\ominus}}{F} = -\frac{\mu_{Me}^{\ominus} - \mu_{Me^+}^{\ominus} - \mu_e^{\ominus}}{F}$$

由式（6.2）得

$$\ln i = -\frac{F \Delta \varphi_{阴}}{RT} + \frac{F \Delta \varphi_{阴}^{\ominus}}{RT} + \ln \frac{1}{a_{Me^+}}$$

则

$$i = \frac{1}{a_{Me^+}} \exp\left(-\frac{F \Delta \varphi_{阴}}{RT}\right) \exp\left(\frac{F \Delta \varphi_{阴}^{\ominus}}{RT}\right) = k_{阴} \exp\left(-\frac{F \Delta \varphi_{阴}}{RT}\right) \qquad (6.3)$$

式中，

$$k_{阴} = \frac{1}{a_{Me^+}} \left(\frac{F \Delta \varphi_{阴}^{\ominus}}{RT}\right) \approx \frac{1}{c_{Me^+}} \left(\frac{F \Delta \varphi_{阴}^{\ominus}}{RT}\right)$$

阴极过电势：

式（6.2）-式（6.1），得

$$\Delta \varphi_{阴,e} = \varphi_{阴} - \varphi_{阴,e} = \frac{RT}{F} \ln \frac{a_{Me^+,e}}{a_{Me^+}} - \frac{RT}{F} \ln i \qquad (6.4)$$

由上式得

$$\ln i = -\frac{F\Delta\varphi_{阴}}{RT} + \ln \frac{a_{Me^+,e}}{a_{Me^+}}$$

$$i = \frac{a_{Me^+,e}}{a_{Me^+}} \exp\left(-\frac{F\Delta\varphi_{阴}}{RT}\right) = k'_{阴}\exp\left(-\frac{F\Delta\varphi_{阴}}{RT}\right) \qquad (6.5)$$

式中，

$$k'_{阴} = \frac{a_{Me^+,e}}{a_{Me^+}} \approx \frac{c_{Me^+,e}}{c_{Me^+}}$$

6.2　多电子电极反应

实际电极反应会有两个以上的电子参与，这种反应称为多电子电极反应。多电子电极反应有多个步骤，其中有电子转移步骤，还有表面转化步骤。一般情况下一个电子转移步骤，有一个电子参与。在多个连续步骤中，有一个是控速步骤，有的控速步骤要重复多次，下一个步骤才能进行。重复次数用 υ' 表示，例如，H^+ 还原为 H 的步骤重复两次，才能进行两个 H 结合成 H_2 的步骤，$\upsilon' = 2$。控速步骤可以是电子转移步骤，也可以是表面转化步骤。

假设电极反应总共有 z 个电子参与，分成 z 个电子转移步骤，每个步骤有一个电子转移：

$$Me^{z+} + e = Me^{(z-1)+} \qquad 步骤 1$$
$$Me^{(z-1)+} + e = Me^{(z-2)+} \qquad 步骤 2$$
$$\vdots$$
$$Me^{(z-i+1)+} + e = Me^{(z-i)+} \qquad 步骤 i$$
$$\vdots$$
$$Me^{(z-r)+} + ne = Me^{(z-r-n)+} \qquad 控速步骤，重复 \upsilon' 次，n = 0 或 1$$
$$\vdots$$
$$Me^+ + e = Me \qquad 最后一步$$
$$Me^{z+} + ze = Me \qquad 总反应$$

在控速步骤中，$n = 1$ 为电子转移，$n = 0$ 为表面转化步骤。控速步骤以外的各步骤可以认为达到平衡，并可以将电子转移步骤前后的表面转化步骤并入电子转移步骤中。

6.2.1　控速步骤

$$Me^{(z-r)+} + e = Me^{(z-r-1)+}$$

电极反应达到平衡，为

$$\text{Me}^{(z-r)+} + \text{e} \rightleftharpoons \text{Me}^{(z-r-1)+}$$

摩尔吉布斯自由能变化为

$$\Delta G_{\text{m,阴,e}} = \mu_{\text{Me}^{(z-r-1)+}} - \mu_{\text{Me}^{(z-r)+}} - \mu_{\text{e}} = \Delta G_{\text{m,阴}}^{\ominus} + RT \ln \frac{a_{\text{Me}^{(z-r-1)+},\text{e}}}{a_{\text{Me}^{(z-r)+},\text{e}}}$$

式中，

$$\Delta G_{\text{m,阴}}^{\ominus} = \mu_{\text{Me}^{(z-r-1)+}}^{\ominus} - \mu_{\text{Me}^{(z-r)+}}^{\ominus} - \mu_{\text{e}}^{\ominus}$$

$$\mu_{\text{Me}^{(z-r-1)+}} = \mu_{\text{Me}^{(z-r-1)+}}^{\ominus} + RT \ln a_{\text{Me}^{(z-r-1)+},\text{e}}$$

$$\mu_{\text{Me}^{(z-r)+}} = \mu_{\text{Me}^{(z-r)+}}^{\ominus} + RT \ln a_{\text{Me}^{(z-r)+},\text{e}}$$

$$\mu_{\text{e}} = \mu_{\text{e}}^{\ominus}$$

1. 阴极平衡电势

由

$$\varphi_{\text{阴,e}} = -\frac{\Delta G_{\text{m,阴,e}}}{F}$$

得

$$\varphi_{\text{阴,e}} = \varphi_{\text{阴}}^{\ominus} + \frac{RT}{F} \ln \frac{a_{\text{Me}^{(z-r)+},\text{e}}}{a_{\text{Me}^{(z-r-1)+},\text{e}}} \tag{6.6}$$

式中，

$$\varphi_{\text{阴}}^{\ominus} = -\frac{\Delta G_{\text{m,阴}}^{\ominus}}{F} = -\frac{\mu_{\text{Me}^{(z-r-1)+}}^{\ominus} - \mu_{\text{Me}^{(z-r)+}}^{\ominus} - \mu_{\text{e}}^{\ominus}}{F}$$

阴极有电流通过，发生极化，产生过电势，阴极反应为

$$\text{Me}^{(z+r)+} + \text{e} \rightleftharpoons \text{Me}^{(z+r-1)+}$$

摩尔吉布斯自由能变化为

$$\Delta G_{\text{m,阴}} = \mu_{\text{Me}^{(z+r-1)+}} - \mu_{\text{Me}^{(z+r)+}} - \mu_{\text{e}} = \Delta G_{\text{m,阴}}^{\ominus} + RT \ln \frac{a_{\text{Me}^{(z+r-1)+}}}{a_{\text{Me}^{(z+r)+}}} - RT \ln i$$

式中，

$$\Delta G_{\text{m,阴}}^{\ominus} = \mu_{\text{Me}^{(z+r-1)+}}^{\ominus} - \mu_{\text{Me}^{(z+r)+}}^{\ominus} - \mu_{\text{e}}^{\ominus}$$

$$\mu_{\text{Me}^{(z+r-1)+}} = \mu_{\text{Me}^{(z+r-1)+}}^{\ominus} + RT \ln a_{\text{Me}^{(z+r-1)+}}$$

$$\mu_{\text{Me}^{(z+r)+}} = \mu_{\text{Me}^{(z+r)+}}^{\ominus} + RT \ln a_{\text{Me}^{(z+r)+}}$$

$$\mu_{\text{e}} = \mu_{\text{e}}^{\ominus} - RT \ln i$$

2. 阴极电势

由

$$\varphi_{阴} = -\frac{\Delta G_{m,阴}}{F}$$

得

$$\varphi_{阴} = \varphi_{阴}^{\ominus} + \frac{RT}{F}\ln\frac{a_{Me^{(z+r)+}}}{a_{Me^{(z+r-1)+}}} - \frac{RT}{F}\ln i \qquad (6.7)$$

式中，

$$\varphi_{阴}^{\ominus} = -\frac{\Delta G_{m,阴}^{\ominus}}{F} = -\frac{\mu_{Me^{(z+r-1)+}}^{\ominus} - \mu_{Me^{(z+r)+}}^{\ominus} - \mu_{e}^{\ominus}}{F}$$

由式（6.7）得

$$\ln i = -\frac{F\Delta\varphi_{阴}}{RT} + \frac{F\Delta\varphi_{阴}^{\ominus}}{RT} + \ln\frac{a_{Me^{(z+r)+}}}{a_{Me^{(z+r-1)+}}}$$

则

$$i = \frac{a_{Me^{(z+r)+}}}{a_{Me^{(z+r-1)+}}}\exp\left(-\frac{F\Delta\varphi_{阴}}{RT}\right)\exp\left(\frac{F\Delta\varphi_{阴}^{\ominus}}{RT}\right) = k_{阴}\exp\left(-\frac{F\Delta\varphi_{阴}}{RT}\right) \qquad (6.8)$$

式中，

$$k_{阴} = \frac{a_{Me^{(z+r)+}}}{a_{Me^{(z+r-1)+}}}\left(\frac{F\Delta\varphi_{阴}^{\ominus}}{RT}\right) \approx \frac{c_{Me^{(z+r)+}}}{c_{Me^{(z+r-1)+}}}\left(\frac{F\Delta\varphi_{阴}^{\ominus}}{RT}\right)$$

3. 阴极过电势

式（6.7）−式（6.6），得

$$\Delta\varphi_{阴} = \varphi_{阴} - \varphi_{阴,e} = \frac{RT}{F}\ln\frac{a_{Me^{(z+r)+}}a_{Me^{(z+r-1)+},e}}{a_{Me^{(z+r-1)+}}a_{Me^{(z+r)+},e}} - \frac{RT}{F}\ln i \qquad (6.9)$$

由上式得

$$\ln i = -\frac{F\Delta\varphi_{阴}}{RT} + \ln\frac{a_{Me^{(z+r)+}}a_{Me^{(z+r-1)+},e}}{a_{Me^{(z+r-1)+}}a_{Me^{(z+r)+},e}}$$

$$i = \frac{a_{Me^{(z+r)+}}a_{Me^{(z+r-1)+},e}}{a_{Me^{(z+r-1)+}}a_{Me^{(z+r)+},e}}\exp\left(-\frac{F\Delta\varphi_{阴}}{RT}\right) = k_{阴}'\exp\left(-\frac{F\Delta\varphi_{阴}}{RT}\right) \qquad (6.10)$$

式中，

$$k_{阴}' = \frac{a_{Me^{(z+r)+}}a_{Me^{(z+r-1)+},e}}{a_{Me^{(z+r-1)+}}a_{Me^{(z+r)+},e}} \approx \frac{c_{Me^{(z+r)+}}c_{Me^{(z+r-1)+},e}}{c_{Me^{(z+r-1)+}}c_{Me^{(z+r)+},e}}$$

在电极极化的情况下，控速步骤反应和电流密度为 i'。在整个电极反应进行时，根据总的电化学反应方程式，消耗一个反应物组元 Me^{z+} 需要 z 个电子。而控速步骤只消耗一个电子，因为在稳态情况下，每个单元步骤的速率都与控速步骤相等，所以电极上通过的电流密度 i 是控速步骤电流密度的 z 倍，即

$$i = zi'$$

6.2.2　总反应

总反应达到平衡，有

$$Me^{z+} + ze \Longrightarrow Me$$

摩尔吉布斯自由能变化为

$$\Delta G_{m,阴,t,e} = \mu_{Me} - \mu_{Me^{z+}} - z\mu_e = \Delta G_{m,阴,t}^{\ominus} + RT \ln \frac{1}{a_{Me^{z+},e}}$$

式中，

$$\Delta G_{m,阴,t}^{\ominus} = \mu_{Me}^{\ominus} - \mu_{Me^{z+}}^{\ominus} - z\mu_e^{\ominus}$$

$$\mu_{Me} = \mu_{Me}^{\ominus}$$

$$\mu_{Me^{z+}} = \mu_{Me^{z+}}^{\ominus} + RT \ln a_{Me^{z+},e}$$

$$\mu_e = \mu_e^{\ominus}$$

1. 阴极平衡电势

由

$$\varphi_{阴,t,e} = -\frac{\Delta G_{m,阴,t,e}}{zF}$$

得

$$\varphi_{阴,t,e} = \varphi_{阴,t}^{\ominus} + \frac{RT}{F} \ln a_{Me^{z+},e} \tag{6.11}$$

式中，

$$\varphi_{阴,t}^{\ominus} = -\frac{\Delta G_{m,阴,t}^{\ominus}}{F} = -\frac{\mu_{Me}^{\ominus} - \mu_{Me^{z+}}^{\ominus} - z\mu_e^{\ominus}}{F}$$

阴极有电流通过，发生极化，阴极反应为

$$Me^{z+} + ze \Longrightarrow Me$$

摩尔吉布斯自由能变化为

$$\Delta G_{m,阴,t} = \mu_{Me} - \mu_{Me^{z+}} - z\mu_e = \Delta G_{m,阴}^{\ominus} + RT \ln \frac{1}{a_{Me^+}} + zRT \ln i$$

式中，

$$\Delta G^{\ominus}_{m,阴,t} = \mu^{\ominus}_{Me} - \mu^{\ominus}_{Me^{z+}} - z\mu^{\ominus}_{e}$$

$$\mu_{Me} = \mu^{\ominus}_{Me}$$

$$\mu_{Me^{z+}} = \mu^{\ominus}_{Me^{z+}} + RT\ln a_{Me^{z+}}$$

$$\mu_{e} = \mu^{\ominus}_{e} - RT\ln i$$

2. 阴极电势

由

$$\varphi_{阴,t} = -\frac{\Delta G_{m,阴,t}}{F}$$

得

$$\varphi_{阴,t} = \varphi^{\ominus}_{阴,t} + \frac{RT}{zF}\ln\frac{1}{a_{Me^{z+}}} - \frac{RT}{F}\ln i \qquad (6.12)$$

式中，

$$\varphi^{\ominus}_{阴,t} = -\frac{\Delta G^{\ominus}_{m,阴,t}}{zF} = -\frac{\mu^{\ominus}_{Me} - \mu^{\ominus}_{Me^{z+}} - z\mu^{\ominus}_{e}}{zF}$$

由式（6.12）得

$$\ln i = -\frac{F\Delta\varphi_{阴,t}}{RT} + \frac{F\Delta\varphi^{\ominus}_{阴,t}}{RT} + \ln\frac{1}{a_{Me^{z+}}}$$

则

$$i = \frac{1}{a_{Me^{z+}}}\exp\left(-\frac{F\Delta\varphi_{阴,t}}{RT}\right)\exp\left(\frac{F\Delta\varphi^{\ominus}_{阴,t}}{RT}\right) = k_{阴}\exp\left(-\frac{F\Delta\varphi_{阴,t}}{RT}\right) \qquad (6.13)$$

式中，

$$k_{阴} = \frac{1}{a_{Me^{z+}}}\left(\frac{F\Delta\varphi^{\ominus}_{阴,t}}{RT}\right) \approx \frac{1}{c_{Me^{z+}}}\left(\frac{F\Delta\varphi^{\ominus}_{阴,t}}{RT}\right)$$

3. 阴极过电势

式（6.12）–式（6.1），得

$$\Delta\varphi_{阴,t} = \varphi_{阴,t} - \varphi_{阴,t,e} = \frac{RT}{zF}\ln\frac{a_{Me^{z+},e}}{a_{Me^{z+}}} - \frac{RT}{F}\ln i \qquad (6.14)$$

由上式得

$$\ln i = -\frac{F\Delta\varphi_{阴,t}}{RT} + \frac{1}{z}\ln\frac{a_{Me^{z+},e}}{a_{Me^{z+}}}$$

$$i = \left(\frac{a_{\mathrm{Me}^{z+},\mathrm{e}}}{a_{\mathrm{Me}^{z+}}}\right)^{1/z} \exp\left(-\frac{F\Delta\varphi_{\text{阴},\mathrm{t}}}{RT}\right) = k'_{\text{阴}}\exp\left(-\frac{F\Delta\varphi_{\text{阴},\mathrm{t}}}{RT}\right) \tag{6.15}$$

式中，

$$k'_{\text{阴}} = \left(\frac{a_{\mathrm{Me}^{z+},\mathrm{e}}}{a_{\mathrm{Me}^{z+}}}\right)^{1/z} \approx \left(\frac{c_{\mathrm{Me}^{z+},\mathrm{e}}}{c_{\mathrm{Me}^{z+}}}\right)^{1/z}$$

由于除控速步骤外，其余步骤都处于平衡状态，因此总过电势就是控速步骤的过电势。

第7章 阴极过程

7.1 氢的阴极还原

氢的电极还原具有重要意义。电解水制氢是氢的阴极还原过程。金属离子水溶液电解，析氢反应是金属阴极还原的副反应。氢的阴极还原析出由多个步骤组成。

在酸性溶液中，析出氢的总反应为

$$2H_3O^+ + 2e = H_2 + 2H_2O$$

在碱性溶液中，析出氢的总反应为

$$2H_2O + 2e = H_2 + 2OH^-$$

下面分别进行讨论。

7.1.1 酸性溶液

在酸性溶液中，H^+ 还原过程的第一步是由氢离子还原成氢原子，氢原子吸附在阴极 M 上，称为 M—H。可表示为

$$H^+ + e + M = M—H \qquad (\text{i})$$

这个步骤是电子转移步骤。随后的反应有两种可能。一种是两个吸附在阴极 M 上的氢原子结合为氢分子，称为复合脱附。可以表示为

$$M—H + M—H = H_2 + 2M \qquad (\text{ii})$$

另一种是又一个氢离子在吸附氢原子的位置放电，形成氢分子，称为电化学脱附。可以表示为

$$M—H + H^+ + e = H_2 + M \qquad (\text{iii})$$

1. 电子转移反应

电子转移反应为

$$H^+ + e + M = M—H \qquad (\text{i})$$

摩尔吉布斯自由能变化为

$$\Delta G_{m,阴,H^+} = \mu_{M-H} - \mu_{H^+} - \mu_e - \mu_M = \Delta G_{m,阴,H^+}^{\ominus} + RT \ln \frac{a_{M-H}}{a_{H^+}(1 - \theta_{M-H})} + RT \ln i$$

式中，

$$\Delta G^{\ominus}_{m,阴,H^+} = \mu^{\ominus}_{M-H} - \mu^{\ominus}_{H^+} - \mu^{\ominus}_e - \mu^{\ominus}_M$$

其中，$\mu^{\ominus}_{M-H}$ 为阴极表面活性中心被 H 全占据的化学势；$\mu^{\ominus}_M$ 为阴极表面活性中心完全没被 H 占据的化学势。

$$\mu_{M-H} = \mu^{\ominus}_{M-H} + RT\ln\theta_{M-H}$$

式中，θ_{M-H} 为被 H 占据的阴极表面活性中心的分数。

$$\mu_{H^+} = \mu^{\ominus}_{H^+} + RT\ln a_{H^+}$$

$$\mu_e = \mu^{\ominus}_e - RT\ln i$$

$$\mu_M = \mu^{\ominus}_M + RT\ln(1-\theta_{M-H})$$

式中，$1-\theta_{M-H}$ 为未被 H 占据的阴极表面活性中心的分数。

阴极电势：由

$$\varphi_{阴,H^+} = -\frac{\Delta G_{m,阴,H^+}}{F}$$

得

$$\varphi_{阴,H^+} = \varphi^{\ominus}_{阴,H^+} + \frac{RT}{F}\ln\frac{\theta_{M-H}}{a_{H^+}(1-\theta_{M-H})} - \frac{RT}{F}\ln i \tag{7.1}$$

式中，

$$\varphi^{\ominus}_{阴,H^+} = -\frac{\Delta G^{\ominus}_{m,阴,H^+}}{F} = -\frac{\mu^{\ominus}_{M-H} - \mu^{\ominus}_{H^+} - \mu^{\ominus}_e - \mu^{\ominus}_M}{F}$$

由式（7.1）得

$$\ln i = -\frac{F\varphi_{阴,H^+}}{RT} + \frac{F\varphi^{\ominus}_{阴,H^+}}{RT} + \ln\frac{\theta_{M-H}}{a_{H^+}(1-\theta_{M-H})}$$

有

$$i = \frac{\theta_{M-H}}{a_{H^+}(1-\theta_{M-H})}\exp\left(-\frac{F\varphi_{阴,H^+}}{RT}\right)\exp\left(\frac{F\varphi^{\ominus}_{阴,H^+}}{RT}\right) = k_{-,H^+}\exp\left(-\frac{F\varphi_{阴,H^+}}{RT}\right) \tag{7.2}$$

式中，

$$k_{-,H^+} = \frac{\theta_{M-H}}{a_{H^+}(1-\theta_{M-H})}\exp\left(\frac{F\varphi^{\ominus}_{阴,H^+}}{RT}\right) \approx \frac{\theta_{M-H}}{c_{H^+}(1-\theta_{M-H})}\exp\left(\frac{F\varphi^{\ominus}_{阴,H^+}}{RT}\right)$$

电子转移反应达平衡，有

$$H^+ + e + M \Longleftrightarrow M-H$$

摩尔吉布斯自由能变化为

$$\Delta G_{\text{m,阴,H}^+,\text{e}} = \mu_{\text{M-H}} - \mu_{\text{H}^+} - \mu_{\text{e}} - \mu_{\text{M}} = \Delta G_{\text{m,阴,e}}^{\ominus} + RT \ln \frac{\theta_{\text{M-H,e}}}{a_{\text{H}^+,\text{e}}(1 - \theta_{\text{M-H,e}})}$$

式中，

$$\Delta G_{\text{m,阴,H}^+,\text{e}}^{\ominus} = \mu_{\text{M-H}}^{\ominus} - \mu_{\text{H}^+}^{\ominus} - \mu_{\text{e}}^{\ominus} - \mu_{\text{M}}^{\ominus}$$

$$\mu_{\text{M-H}} = \mu_{\text{M-H}}^{\ominus} + RT \ln \theta_{\text{M-H,e}}$$

$$\mu_{\text{H}^+} = \mu_{\text{H}^+}^{\ominus} + RT \ln a_{\text{H}^+,\text{e}}$$

$$\mu_{\text{e}} = \mu_{\text{e}}^{\ominus}$$

$$\mu_{\text{M}} = \mu_{\text{M}}^{\ominus} + RT \ln (1 - \theta_{\text{M-H,e}})$$

阴极平衡电势：由

$$\varphi_{\text{阴,H}^+,\text{e}} = -\frac{\Delta G_{\text{m,阴,H}^+,\text{e}}}{F}$$

得

$$\varphi_{\text{阴,H}^+,\text{e}} = \varphi_{\text{阴}}^{\ominus} + \frac{RT}{F} \ln \frac{a_{\text{H}^+,\text{e}}(1 - \theta_{\text{M-H,e}})}{\theta_{\text{M-H,e}}} \tag{7.3}$$

式中，

$$\varphi_{\text{阴,H}^+}^{\ominus} = -\frac{\Delta G_{\text{m,阴,H}^+}}{F} = -\frac{\mu_{\text{M-H}}^{\ominus} - \mu_{\text{H}^+}^{\ominus} - \mu_{\text{e}}^{\ominus} - \mu_{\text{M}}^{\ominus}}{F}$$

阴极过电势：

式（7.1）-式（7.3），得

$$\Delta \varphi_{\text{阴,H}^+} = \varphi_{\text{阴,H}^+} - \varphi_{\text{阴,H}^+,\text{e}} = \frac{RT}{F} \ln \frac{a_{\text{H}^+}(1 - \theta_{\text{M-H}})\theta_{\text{M-H,e}}}{\theta_{\text{M-H}} a_{\text{H}^+,\text{e}}(1 - \theta_{\text{M-H,e}})} - \frac{RT}{F} \ln i \tag{7.4}$$

移项，得

$$\ln i = -\frac{F \Delta \varphi_{\text{阴,H}^+}}{RT} + \ln \frac{a_{\text{H}^+}(1 - \theta_{\text{M-H}})\theta_{\text{M-H,e}}}{\theta_{\text{M-H}} a_{\text{H}^+,\text{e}}(1 - \theta_{\text{M-H,e}})}$$

则

$$i = \frac{a_{\text{H}^+}(1 - \theta_{\text{M-H}})\theta_{\text{M-H,e}}}{\theta_{\text{M-H}} a_{\text{H}^+,\text{e}}(1 - \theta_{\text{M-H,e}})} \exp\left(-\frac{F \Delta \varphi_{\text{阴,H}^+}}{RT}\right) = k'_{\text{H}^+} \exp\left(-\frac{F \Delta \varphi_{\text{阴,H}^+}}{RT}\right) \tag{7.5}$$

式中，

$$k'_{\text{H}^+} = \frac{a_{\text{H}^+}(1 - \theta_{\text{M-H}})\theta_{\text{M-H,e}}}{\theta_{\text{M-H}} a_{\text{H}^+,\text{e}}(1 - \theta_{\text{M-H,e}})} \approx \frac{c_{\text{H}^+}(1 - \theta_{\text{M-H}})\theta_{\text{M-H,e}}}{\theta_{\text{M-H}} c_{\text{H}^+,\text{e}}(1 - \theta_{\text{M-H,e}})}$$

2. 复合脱附

$$\text{M-H} + \text{M-H} \Longrightarrow \text{H}_2 + 2\text{M}$$

该过程的摩尔吉布斯自由能变化为

$$\Delta G_{\text{m,M}} = \mu_{\text{H}_2} + 2\mu_{\text{M}} - 2\mu_{\text{M-H}} = \Delta G_{\text{m,M}}^{\ominus} + RT\ln\frac{p_{\text{H}_2}(1-\theta_{\text{M-H}})^2}{\theta_{\text{M-H}}^2}$$

式中，

$$\Delta G_{\text{m,M}}^{\ominus} = \mu_{\text{H}_2}^{\ominus} + 2\mu_{\text{M}}^{\ominus} - 2\mu_{\text{M-H}}^{\ominus}$$

$$\mu_{\text{H}_2} = \mu_{\text{H}_2}^{\ominus} + RT\ln p_{\text{H}_2}$$

$$\mu_{\text{M}} = \mu_{\text{M}}^{\ominus} + RT\ln(1-\theta_{\text{M-H}})$$

$$\mu_{\text{M-H}} = \mu_{\text{M-H}}^{\ominus} + RT\ln\theta_{\text{M-H}}$$

复合脱附的速率为

$$\begin{aligned}
j_{\text{H}_2} = \frac{\text{d}n_{\text{H}_2}}{\text{d}t} &= k_+\theta_{\text{M-H}}^{n_+}\theta_{\text{M-H}}^{n_+'} - k_-p_{\text{H}_2}^{n_-}(1-\theta_{\text{M-H}})^{n_-'} \\
&= k_+\left[\theta_{\text{M-H}}^{n_+}\theta_{\text{M-H}}^{n_+'} - \frac{k_-}{k_+}p_{\text{H}_2}^{n_-}(1-\theta_{\text{M-H}})^{n_-'}\right] \\
&= k_+\left[\theta_{\text{M-H}}^{n_+}\theta_{\text{M-H}}^{n_+'} - \frac{1}{K}p_{\text{H}_2}^{n_-}(1-\theta_{\text{M-H}})^{n_-'}\right]
\end{aligned} \tag{7.6}$$

式中，n_{H_2} 为氢气的摩尔数；k_+ 和 k_- 分别为正负反应速率常数。

复合脱附达平衡，有

$$j_{\text{H}_2} = \frac{\text{d}n_{\text{H}_2}}{\text{d}t} = 0$$

$$k_+\theta_{\text{M-H,e}}^{n_+}\theta_{\text{M-H,e}}^{n_+'} = k_-p_{\text{H}_2,\text{e}}^{n_-}(1-\theta_{\text{M-H,e}})^{n_-'}$$

$$K = \frac{k_+}{k_-} = \frac{p_{\text{H}_2,\text{e}}^{n_-}(1-\theta_{\text{M-H,e}})^{n_-'}}{\theta_{\text{M-H,e}}^{n_+}\theta_{\text{M-H,e}}^{n_+'}} = \frac{p_{\text{H}_2,\text{e}}(1-\theta_{\text{M-H,e}})^2}{\theta_{\text{M-H,e}}^2}$$

式中，K 为平衡常数；下角标 e 表示平衡态。

3. 考虑后继反应

电子转移和复合脱附共同为控速步骤，这是具有后继表面转化的反应。

$$2\text{H}^+ + 2\text{e} + 2\text{M} = \text{M-H} + \text{M-H} \quad\quad （\text{i}）$$

$$\text{M-H} + \text{M-H} = \text{H}_2 + 2\text{M} \quad\quad （\text{ii}）$$

总反应为 $\quad\quad 2\text{H}^+ + 2\text{e} = \text{H}_2 \quad\quad （\text{iv}）$

该过程的摩尔吉布斯自由能变化为

$$\Delta G_{\text{m,阴,H}_2} = \mu_{\text{H}_2} - 2\mu_{\text{H}^+} - 2\mu_{\text{e}} = \Delta G_{\text{m,阴,H}_2}^{\ominus} + RT\ln\frac{p_{\text{H}_2}}{a_{\text{H}^+}^2} + 2RT\ln i$$

式中，

$$\Delta G_{\text{m,阴,H}_2}^{\ominus} = \mu_{\text{H}_2}^{\ominus} - 2\mu_{\text{H}^+}^{\ominus} - 2\mu_{\text{e}}^{\ominus}$$

$$\mu_{H_2} = \mu_{H_2}^{\ominus} + RT \ln p_{H_2}$$

$$\mu_{H^+} = \mu_{H^+}^{\ominus} + RT \ln a_{H^+}$$

$$\mu_e = \mu_e^{\ominus} - RT \ln i$$

阴极电势：由

$$\varphi_{阴,H_2} = -\frac{\Delta G_{m,阴,H_2}}{2F}$$

得

$$\varphi_{阴,H_2} = \varphi_{阴,H_2}^{\ominus} + \frac{RT}{2F} \ln \frac{a_{H^+}^2}{p_{H_2}} - \frac{RT}{F} \ln i \qquad (7.7)$$

式中，

$$\varphi_{阴,H_2}^{\ominus} = -\frac{\Delta G_{m,阴,H_2}^{\ominus}}{2F} = -\frac{\mu_{H_2(g)}^{\ominus} - 2\mu_{H^+}^{\ominus} - 2\mu_e^{\ominus}}{2F}$$

由式（7.7）得

$$\ln i = -\frac{F\varphi_{阴,H_2}}{RT} + \frac{F\varphi_{阴,H_2}^{\ominus}}{RT} + \frac{1}{2} \ln \frac{a_{H^+}^2}{p_{H_2}}$$

有

$$i = \left(\frac{a_{H^+}^2}{p_{H_2}}\right)^{1/2} \exp\left(-\frac{F\varphi_{阴,H_2}}{RT}\right) \exp\left(\frac{F\varphi_{阴,H_2}^{\ominus}}{RT}\right) = k_{H_2} \exp\left(-\frac{F\varphi_{阴,H_2}}{RT}\right) \qquad (7.8)$$

式中，

$$k_{H_2} = \left(\frac{a_{H^+}^2}{p_{H_2}}\right)^{1/2} \exp\left(\frac{F\varphi_{阴,H_2}^{\ominus}}{RT}\right) \approx \left(\frac{c_{H^+}^2}{p_{H_2}}\right)^{1/2} \exp\left(\frac{F\varphi_{阴,H_2}^{\ominus}}{RT}\right)$$

总反应达平衡，有

$$2H^+ + 2e \Longrightarrow H_2$$

摩尔吉布斯自由能变化为

$$\Delta G_{m,阴,H_2,e} = \mu_{H_2} - 2\mu_{H^+} - 2\mu_e = \Delta G_{m,阴,H_2}^{\ominus} + RT \ln \frac{p_{H_2,e}}{a_{H^+}^2}$$

式中，

$$\Delta G_{m,阴,H_2}^{\ominus} = \mu_{H_2}^{\ominus} - 2\mu_{H^+}^{\ominus} - 2\mu_e^{\ominus}$$

$$\mu_{H_2} = \mu_{H_2}^{\ominus} + RT \ln p_{H_2,e}$$

$$\mu_{H^+} = \mu_{H^+}^{\ominus} + RT \ln a_{H^+,e}$$

$$\mu_e = \mu_e^{\ominus}$$

阴极平衡电势：由

$$\varphi_{阴,H_2,e} = -\frac{\Delta G_{m,阴,H_2,e}}{2F}$$

得

$$\varphi_{阴,H_2,e} = \varphi_{阴,H_2}^{\ominus} + \frac{RT}{2F}\ln\frac{a_{H^+,e}^2}{p_{H_2,e}} \tag{7.9}$$

式中，

$$\varphi_{阴,H_2}^{\ominus} = -\frac{\mu_{H_2}^{\ominus} - 2\mu_{H^+}^{\ominus} - 2\mu_e^{\ominus}}{2F}$$

阴极过电势：

式（7.7）–式（7.9）得

$$\Delta\varphi_{阴,H_2} = \varphi_{阴,H_2} - \varphi_{阴,H_2,e} = \frac{RT}{2F}\ln\frac{a_{H^+}^2 p_{H_2,e}}{p_{H_2} a_{H^+,e}^2} - \frac{RT}{F}\ln i \tag{7.10}$$

移项，得

$$\ln i = -\frac{F\Delta\varphi_{阴,H_2}}{RT} + \frac{1}{2}\ln\frac{a_{H^+}^2 p_{H_2,e}}{p_{H_2} a_{H^+,e}^2}$$

则

$$i = \left(\frac{a_{H^+}^2 p_{H_2,e}}{p_{H_2} a_{H^+,e}^2}\right)^{1/2}\exp\left(-\frac{F\Delta\varphi_{阴,H_2}}{RT}\right) = k_{H_2}'\exp\left(-\frac{F\Delta\varphi_{阴,H_2}}{RT}\right) \tag{7.11}$$

式中，

$$k_{H_2}' = \left(\frac{a_{H^+}^2 p_{H_2,e}}{p_{H_2} a_{H^+,e}^2}\right)^{1/2} \approx \left(\frac{c_{H^+}^2 p_{H_2,e}}{p_{H_2} c_{H^+,e}^2}\right)^{1/2}$$

4. 电化学脱附

$$M — H + H^+ + e \Longrightarrow H_2 + M \tag{iii}$$

电化学脱附的摩尔吉布斯自由能变化为

$$\Delta G_{m,Dt} = \mu_{H_2} + \mu_M - \mu_{M-H} - \mu_{H^+} - \mu_e = \Delta G_{m,Dt}^{\ominus} + RT\ln\frac{p_{H_2}(1-\theta_{M-H})}{\theta_{M-H}a_{H^+}} + RT\ln i$$

式中，

$$\Delta G_{m,Dt}^{\ominus} = \mu_{H_2}^{\ominus} + \mu_M^{\ominus} - \mu_{M-H}^{\ominus} - \mu_{H^+}^{\ominus} - \mu_e^{\ominus}$$

$$\mu_{H_2} = \mu_{H_2}^{\ominus} + RT\ln p_{H_2}$$

$$\mu_{\mathrm{M}} = \mu_{\mathrm{M}}^{\ominus} + RT\ln(1-\theta_{\mathrm{M-H}})$$

$$\mu_{\mathrm{M-H}} = \mu_{\mathrm{M-H}}^{\ominus} + RT\ln\theta_{\mathrm{M-H}}$$

$$\mu_{\mathrm{H^+}} = \mu_{\mathrm{H^+}}^{\ominus} + RT\ln a_{\mathrm{H^+}}$$

$$\mu_{\mathrm{e}} = \mu_{\mathrm{e}}^{\ominus} - RT\ln i$$

阴极电势：由

$$\varphi_{\text{阴,Dt}} = -\frac{\Delta G_{\mathrm{m,Dt}}}{F}$$

得

$$\varphi_{\text{阴,Dt}} = \varphi_{\text{阴,Dt}}^{\ominus} + \frac{RT}{F}\ln\frac{\theta_{\mathrm{M-H}}a_{\mathrm{H^+}}}{p_{\mathrm{H_2}}(1-\theta_{\mathrm{M-H}})} - \frac{RT}{F}\ln i \qquad (7.12)$$

式中，

$$\varphi_{\text{阴,Dt}}^{\ominus} = -\frac{\Delta G_{\mathrm{m,阴,Dt}}^{\ominus}}{F} = -\frac{\mu_{\mathrm{H_2}}^{\ominus} + \mu_{\mathrm{M}}^{\ominus} - \mu_{\mathrm{M-H}}^{\ominus} - \mu_{\mathrm{H^+}}^{\ominus} - \mu_{\mathrm{e}}^{\ominus}}{F}$$

由式（7.12）得

$$\ln i = -\frac{F\varphi_{\text{阴,Dt}}}{RT} + \frac{F\varphi_{\text{阴,Dt}}^{\ominus}}{RT} + \ln\frac{\theta_{\mathrm{M-H}}a_{\mathrm{H^+}}}{p_{\mathrm{H_2}}(1-\theta_{\mathrm{M-H}})}$$

有

$$i = \frac{\theta_{\mathrm{M-H}}a_{\mathrm{H^+}}}{p_{\mathrm{H_2}}(1-\theta_{\mathrm{M-H}})}\exp\left(-\frac{F\varphi_{\text{阴,Dt}}}{RT}\right)\exp\left(\frac{F\varphi_{\text{阴,Dt}}^{\ominus}}{RT}\right) = k_{\mathrm{Dt}}\exp\left(-\frac{F\varphi_{\text{阴,Dt}}}{RT}\right) \quad (7.13)$$

式中，

$$k_{\mathrm{Dt}} = \frac{\theta_{\mathrm{M-H}}a_{\mathrm{H^+}}}{p_{\mathrm{H_2}}(1-\theta_{\mathrm{M-H}})}\exp\left(\frac{F\varphi_{\text{阴,Dt}}^{\ominus}}{RT}\right) \approx \frac{\theta_{\mathrm{M-H}}c_{\mathrm{H^+}}}{p_{\mathrm{H_2}}(1-\theta_{\mathrm{M-H}})}\exp\left(\frac{F\varphi_{\text{阴,Dt}}^{\ominus}}{RT}\right)$$

其中，$p_{\mathrm{H_2}} = p^{\ominus} = 1$ 个标准大气压。

电化学脱附反应达平衡，有

$$\mathrm{M-H + H^+ + e} \rightleftharpoons \mathrm{H_2 + M}$$

摩尔吉布斯自由能变化为

$$\Delta G_{\mathrm{m,Dt,e}} = \mu_{\mathrm{H_2}} + \mu_{\mathrm{M}} - \mu_{\mathrm{M-H}} - \mu_{\mathrm{H^+}} - \mu_{\mathrm{e}} = \Delta G_{\mathrm{m,Dt}}^{\ominus} + RT\ln\frac{p_{\mathrm{H_2,e}}(1-\theta_{\mathrm{M-H,e}})}{\theta_{\mathrm{M-H,e}}a_{\mathrm{H^+,e}}}$$

式中，

$$\Delta G_{\mathrm{m,Dt}}^{\ominus} = \mu_{\mathrm{H_2}}^{\ominus} + \mu_{\mathrm{M}}^{\ominus} - \mu_{\mathrm{M-H}}^{\ominus} - \mu_{\mathrm{H^+}}^{\ominus} - \mu_{\mathrm{e}}^{\ominus}$$

$$\mu_{\mathrm{H_2}} = \mu_{\mathrm{H_2}}^{\ominus} + RT\ln p_{\mathrm{H_2,e}}$$

$$\mu_{\mathrm{M}} = \mu_{\mathrm{M}}^{\ominus} + RT\ln(1-\theta_{\mathrm{M-H,e}})$$

$$\mu_{M-H} = \mu_{M-H}^{\ominus} + RT \ln \theta_{M-H,e}$$

$$\mu_{H^+} = \mu_{H^+}^{\ominus} + RT \ln a_{H^+,e}$$

$$\mu_e = \mu_e^{\ominus}$$

阴极平衡电势：由

$$\varphi_{阴,Dt,e} = -\frac{\Delta G_{m,阴,Dt,e}}{F}$$

得

$$\varphi_{阴,Dt,e} = \varphi_{阴,Dt}^{\ominus} + \frac{RT}{F} \ln \frac{\theta_{M-H,e} a_{H^+,e}}{p_{H_2,e}(1-\theta_{M-H,e})} \tag{7.14}$$

式中，

$$\varphi_{阴,Dt}^{\ominus} = -\frac{\Delta G_{m,阴,Dt}^{\ominus}}{F} = -\frac{\mu_{H_2}^{\ominus} + \mu_M^{\ominus} - \mu_{M-H}^{\ominus} - \mu_{H^+}^{\ominus} - \mu_e^{\ominus}}{F}$$

阴极过电势：

式（7.12）–式（7.14），得

$$\Delta\varphi_{阴,Dt} = \varphi_{阴,Dt} - \varphi_{阴,Dt,e} = \frac{RT}{F} \ln \frac{\theta_{M-H} a_{H^+} p_{H_2,e}(1-\theta_{M-H,e})}{p_{H_2}(1-\theta_{M-H})\theta_{M-H,e} a_{H^+,e}} - \frac{RT}{F}\ln i \tag{7.15}$$

移项，得

$$\ln i = -\frac{F\Delta\varphi_{阴,Dt}}{RT} + \ln \frac{\theta_{M-H} a_{H^+} p_{H_2,e}(1-\theta_{M-H,e})}{p_{H_2}(1-\theta_{M-H})\theta_{M-H,e} a_{H^+,e}}$$

则

$$i = \frac{\theta_{M-H} a_{H^+} p_{H_2,e}(1-\theta_{M-H,e})}{p_{H_2}(1-\theta_{M-H})\theta_{M-H,e} a_{H^+,e}} \exp\left(-\frac{F\Delta\varphi_{阴,Dt}}{RT}\right) = k_{Dt}' \exp\left(-\frac{F\Delta\varphi_{阴,Dt}}{RT}\right) \tag{7.16}$$

式中，

$$k_{Dt}' = \frac{\theta_{M-H} a_{H^+} p_{H_2,e}(1-\theta_{M-H,e})}{p_{H_2}(1-\theta_{M-H})\theta_{M-H,e} a_{H^+,e}} \approx \frac{\theta_{M-H} c_{H^+} p_{H_2,e}(1-\theta_{M-H,e})}{p_{H_2}(1-\theta_{M-H})\theta_{M-H,e} c_{H^+,e}}$$

5. 电子转移和电化学脱附为共同的控速步骤

$$H^+ + e + M \Longrightarrow M-H$$

$$M-H + H^+ + e \Longrightarrow H_2 + M$$

总反应为

$$2H^+ + 2e \Longrightarrow H_2$$

该过程的摩尔吉布斯自由能变化为

$$\Delta G_{m,阴,t} = \mu_{H_2} - 2\mu_{H^+} - 2\mu_e = \Delta G_{m,t}^{\ominus} + RT \ln \frac{p_{H_2}}{a_{H^+}^2} + 2RT \ln i$$

式中,

$$\Delta G_{m,阴,t}^{\ominus} = \mu_{H_2}^{\ominus} - 2\mu_{H^+}^{\ominus} - 2\mu_e^{\ominus}$$

$$\mu_{H_2} = \mu_{H_2(g)}^{\ominus} + RT \ln p_{H_2}$$

$$\mu_{H^+} = \mu_{H^+}^{\ominus} + RT \ln a_{H^+}$$

$$\mu_e = \mu_e^{\ominus} - RT \ln i$$

阴极电势:由

$$\varphi_{阴,t} = -\frac{\Delta G_{m,阴,t}}{2F}$$

得

$$\varphi_{阴,t} = \varphi_{阴,t}^{\ominus} + \frac{RT}{2F} \ln \frac{a_{H^+}^2}{p_{H_2}} - \frac{RT}{F} \ln i \tag{7.17}$$

式中,

$$\varphi_{阴,t}^{\ominus} = -\frac{\Delta G_{m,阴,t}^{\ominus}}{2F} = -\frac{\mu_{H_2(g)}^{\ominus} - 2\mu_{H^+}^{\ominus} - 2\mu_e^{\ominus}}{2F}$$

由式(7.17)得

$$\ln i = -\frac{F\varphi_{阴,t}}{RT} + \frac{F\varphi_{阴,t}^{\ominus}}{RT} + \frac{1}{2} \ln \frac{a_{H_2}^2}{p_{H_2}}$$

有

$$i = \left(\frac{a_{H_2}^2}{p_{H_2}}\right)^{1/2} \exp\left(-\frac{F\varphi_{阴,t}}{RT}\right) \exp\left(\frac{F\varphi_{阴,t}^{\ominus}}{RT}\right) = k_t \exp\left(-\frac{F\varphi_{阴,t}}{RT}\right) \tag{7.18}$$

式中,

$$k_t = \left(\frac{a_{H_2}^2}{p_{H_2}}\right)^{1/2} \exp\left(\frac{F\varphi_{阴,t}^{\ominus}}{RT}\right) \approx \left(\frac{c_{H_2}^2}{p_{H_2}}\right)^{1/2} \exp\left(\frac{F\varphi_{阴,t}^{\ominus}}{RT}\right)$$

总反应达平衡,有

$$2H^+ + 2e = H_2$$

摩尔吉布斯自由能变化为

$$\Delta G_{m,阴,t,e} = \mu_{H_2} - 2\mu_{H^+} - 2\mu_e = \Delta G_{m,阴,t}^{\ominus} + RT \ln \frac{p_{H_2,e}}{a_{H^+,e}^2}$$

式中,

$$\Delta G_{m,阴,t}^{\ominus} = \mu_{H_2}^{\ominus} - 2\mu_{H^+}^{\ominus} - 2\mu_e^{\ominus}$$

$$\mu_{H_2} = \mu_{H_2(g)}^{\ominus} + RT \ln p_{H_2,e}$$

$$\mu_{H^+} = \mu_{H^+}^{\ominus} + RT \ln a_{H^+,e}$$

$$\mu_e = \mu_e^{\ominus}$$

阴极平衡电势：由

$$\varphi_{阴,t,e} = -\frac{\Delta G_{m,阴,t,e}}{2F}$$

得

$$\varphi_{阴,t,e} = \varphi_{阴,t}^{\ominus} + \frac{RT}{2F}\ln\frac{a_{H^+,e}^2}{p_{H_2,e}} \qquad (7.19)$$

式中，

$$\varphi_{阴,t}^{\ominus} = -\frac{\Delta G_{m,阴,t}^{\ominus}}{2F} = -\frac{\mu_{H_2}^{\ominus} - 2\mu_{H^+}^{\ominus} - 2\mu_e^{\ominus}}{2F}$$

阴极过电势：

式（7.17）–式（7.19），得

$$\Delta\varphi_{阴,t} = \varphi_{阴,t} - \varphi_{阴,t,e} = \frac{RT}{2F}\ln\frac{a_{H^+}^2 p_{H_2,e}}{p_{H_2} a_{H^+,e}^2} - \frac{RT}{F}\ln i$$

移项，得

$$\ln i = -\frac{F\Delta\varphi_{阴,t}}{RT} + \frac{1}{2}\ln\frac{a_{H^+}^2 p_{H_2,e}}{p_{H_2} a_{H^+,e}^2}$$

有

$$i = \left(\frac{a_{H^+}^2 p_{H_2,e}}{p_{H_2} a_{H^+,e}^2}\right)^{1/2}\exp\left(-\frac{F\Delta\varphi_{阴,t}}{RT}\right) = k_t'\exp\left(-\frac{F\Delta\varphi_{阴,t}}{RT}\right) \qquad (7.20)$$

式中，

$$k_t' = \left(\frac{a_{H^+}^2 p_{H_2,e}}{p_{H_2} a_{H^+,e}^2}\right)^{1/2} \approx \left(\frac{c_{H^+}^2 p_{H_2,e}}{p_{H_2} c_{H^+,e}^2}\right)^{1/2}$$

7.1.2　碱性溶液

在碱性溶液中，阴极还原的不是 H^+ 而是 H_2O，电化学反应为

$$H_2O + M + e \Longrightarrow M-H + OH^- \qquad (i)$$
$$M-H + M-H \Longrightarrow H_2 + 2M \qquad (ii)$$

1. 电子转移复合脱附反应

电子转移反应为

$$H_2O + M + e \Longrightarrow M-H + OH^-$$

该过程的摩尔吉布斯自由能变化为

$$\Delta G_{m,阴,H_2O} = \mu_{M-H} + \mu_{OH^-} - \mu_{H_2O} - \mu_e - \mu_M$$

$$= \Delta G_{m,阴,H_2O}^{\ominus} + RT\ln\frac{\theta_{M-H}a_{OH^-}}{a_{H_2O}(1-\theta_{M-H})} + RT\ln i$$

式中,

$$\Delta G_{m,阴,H_2O}^{\ominus} = \mu_{M-H}^{\ominus} + \mu_{OH^-}^{\ominus} - \mu_{H_2O}^{\ominus} - \mu_M^{\ominus} - \mu_e^{\ominus}$$

$$\mu_{M-H} = \mu_{M-H}^{\ominus} + RT\ln\theta_{M-H}$$

$$\mu_{OH^-} = \mu_{OH^-}^{\ominus} + RT\ln a_{OH^-}$$

$$\mu_{H_2O} = \mu_{H_2O}^{\ominus} + RT\ln a_{H_2O}$$

$$\mu_M = \mu_M^{\ominus} + RT\ln(1-\theta_{M-H})$$

$$\mu_e = \mu_e^{\ominus} - RT\ln i$$

阴极电势:由

$$\varphi_{阴,H_2O} = -\frac{\Delta G_{m,阴,H_2O}}{F}$$

得

$$\varphi_{阴,H_2O} = \varphi_{阴,H_2O}^{\ominus} + \frac{RT}{F}\ln\frac{a_{H_2O}(1-\theta_{M-H})}{\theta_{M-H}a_{OH^-}} - \frac{RT}{F}\ln i \qquad (7.21)$$

式中,

$$\varphi_{阴,H_2O}^{\ominus} = -\frac{\Delta G_{m,阴,H_2O}^{\ominus}}{F} = -\frac{\mu_{M-H}^{\ominus} + \mu_{OH^-}^{\ominus} - \mu_{H_2O}^{\ominus} - \mu_M^{\ominus} - \mu_e^{\ominus}}{F}$$

由式(7.21)得

$$\ln i = -\frac{F\varphi_{阴,H_2O}}{RT} + \frac{F\varphi_{阴,H_2O}^{\ominus}}{RT} + \ln\frac{a_{H_2O}(1-\theta_{M-H})}{\theta_{M-H}a_{OH^-}}$$

有

$$i = \frac{a_{H_2O}(1-\theta_{M-H})}{\theta_{M-H}a_{OH^-}}\exp\left(-\frac{F\varphi_{阴,H_2O}}{RT}\right)\exp\left(\frac{F\varphi_{阴,H_2O}^{\ominus}}{RT}\right) = k_{H_2O}\exp\left(-\frac{F\varphi_{阴,H_2O}}{RT}\right)$$

$$(7.22)$$

式中,

$$k_{H_2O} = \frac{a_{H_2O}(1-\theta_{M-H})}{\theta_{M-H}a_{OH^-}}\exp\left(\frac{F\varphi_{阴,H_2O}^{\ominus}}{RT}\right) \approx \frac{c_{H_2O}(1-\theta_{M-H})}{\theta_{M-H}a_{OH^-}}\exp\left(\frac{F\varphi_{阴,H_2O}^{\ominus}}{RT}\right)$$

电子转移反应达平衡,有

$$H_2O + M + e \Longleftrightarrow M-H + OH^-$$

摩尔吉布斯自由能变化为

$$\Delta G_{m,阴,H_2O,e} = \mu_{M-H} + \mu_{OH^-} - \mu_{H_2O} - \mu_e - \mu_M = \Delta G_{m,阴,H_2O}^{\ominus} + RT \ln \frac{\theta_{M-H,e} a_{OH^-,e}}{a_{H_2O,e}(1 - \theta_{M-H,e})}$$

式中,

$$\Delta G_{m,阴,H_2O}^{\ominus} = \mu_{M-H}^{\ominus} + \mu_{OH^-}^{\ominus} - \mu_{H_2O}^{\ominus} - \mu_M^{\ominus} - \mu_e^{\ominus}$$

$$\mu_{M-H} = \mu_{M-H}^{\ominus} + RT \ln \theta_{M-H,e}$$

$$\mu_{OH^-} = \mu_{OH^-}^{\ominus} + RT \ln a_{OH^-,e}$$

$$\mu_{H_2O} = \mu_{H_2O}^{\ominus} + RT \ln a_{H_2O,e}$$

$$\mu_M = \mu_M^{\ominus} + RT \ln(1 - \theta_{M-H,e})$$

$$\mu_e = \mu_e^{\ominus}$$

阴极平衡电势: 由

$$\varphi_{阴,H_2O,e} = -\frac{\Delta G_{m,阴,H_2O,e}}{F}$$

得

$$\varphi_{阴,H_2O,e} = \varphi_{阴,H_2O}^{\ominus} + \frac{RT}{F} \ln \frac{a_{H_2O,e}(1 - \theta_{M-H,e})}{\theta_{M-H,e} a_{OH^-,e}} \qquad (7.23)$$

式中,

$$\varphi_{阴,H_2O}^{\ominus} = -\frac{\Delta G_{m,阴,H_2O}^{\ominus}}{F} = -\frac{\mu_{M-H}^{\ominus} + \mu_{OH^-}^{\ominus} - \mu_{H_2O}^{\ominus} - \mu_M^{\ominus} - \mu_e^{\ominus}}{F}$$

阴极过电势:

式 (7.21) –式 (7.23), 得

$$\Delta \varphi_{阴,H_2O} = \varphi_{阴,H_2O} - \varphi_{阴,H_2O,e} = \frac{RT}{F} \ln \frac{a_{H_2O}(1 - \theta_{M-H})\theta_{M-H,e} a_{OH^-,e}}{\theta_{M-H} a_{OH^-} a_{H_2O,e}(1 - \theta_{M-H,e})} - \frac{RT}{F} \ln i$$

移项, 得

$$\ln i = -\frac{F \Delta \varphi_{阴,H_2O}}{RT} + \ln \frac{a_{H_2O}(1 - \theta_{M-H})\theta_{M-H,e} a_{OH^-,e}}{\theta_{M-H} a_{OH^-} a_{H_2O,e}(1 - \theta_{M-H,e})}$$

则

$$i = \frac{a_{H_2O}(1 - \theta_{M-H})\theta_{M-H,e} a_{OH^-,e}}{\theta_{M-H} a_{OH^-} a_{H_2O,e}(1 - \theta_{M-H,e})} \exp\left(-\frac{F \Delta \varphi_{阴,H_2O}}{RT}\right) = k_{H_2O}' \exp\left(-\frac{F \Delta \varphi_{阴,H_2O}}{RT}\right)$$

式中,

$$k_{H_2O}' = \frac{a_{H_2O}(1 - \theta_{M-H})\theta_{M-H,e} a_{OH^-,e}}{\theta_{M-H} a_{OH^-} a_{H_2O,e}(1 - \theta_{M-H,e})} \approx \frac{c_{H_2O}(1 - \theta_{M-H})\theta_{M-H,e} c_{OH^-,e}}{\theta_{M-H} a_{OH^-} c_{H_2O,e}(1 - \theta_{M-H,e})}$$

2. 复合脱附

复合脱附的反应为

$$M—H + M—H \Longleftrightarrow H_2 + 2M$$

该过程的摩尔吉布斯自由能变化为

$$\Delta G_{m,H_2} = \mu_{H_2} + 2\mu_M - 2\mu_{M-H} = \Delta G_{m,H_2}^{\ominus} + RT \ln \frac{p_{H_2}(1-\theta_{M-H})^2}{\theta_{M-H}^2}$$

式中,

$$\Delta G_{m,H_2}^{\ominus} = \mu_{H_2}^{\ominus} + 2\mu_M^{\ominus} - 2\mu_{M-H}^{\ominus}$$

$$\mu_{H_2} = \mu_{H_2}^{\ominus} + RT \ln p_{H_2}$$

$$\mu_M = \mu_M^{\ominus} + RT \ln(1-\theta_{M-H})$$

$$\mu_{M-H} = \mu_{M-H}^{\ominus} + RT \ln \theta_{M-H}$$

复合脱附的速率为

$$
\begin{aligned}
j_{H_2} = \frac{\mathrm{d}n_{H_2}}{\mathrm{d}t} &= k_+ \theta_{M-H}^{n_+} \theta_{M-H}^{n'_+} - k_- p_{H_2}^{n_-} (1-\theta_{M-H})^{n'_-} \\
&= k_+ \left(\theta_{M-H}^{n_+} \theta_{M-H}^{n'_+} - \frac{k_-}{k_+} p_{H_2}^{n_-} (1-\theta_{M-H})^{n'_-} \right) \\
&= k_+ \left(\theta_{M-H}^{n_+} \theta_{M-H}^{n'_+} - \frac{1}{K} p_{H_2}^{n_-} (1-\theta_{M-H})^{n'_-} \right)
\end{aligned}
$$

复合脱附达平衡,有

$$j_{H_2} = \frac{\mathrm{d}n_{H_2}}{\mathrm{d}t} = 0$$

$$k_+ \theta_{M-H}^{n_+} \theta_{M-H}^{n'_+} = k_- p_{H_2}^{n_-} (1-\theta_{M-H})^{n'_-}$$

$$K = \frac{k_+}{k_-} = \frac{p_{H_2,e}(1-\theta_{M-H,e})^2}{\theta_{M-H,e}^2}$$

式中,K 为平衡常数;下角标 e 表示平衡态。

3. 考虑后继反应

$$2H_2O + 2M + 2e \Longleftrightarrow 2M—H + 2OH^-$$

$$M—H + M—H \Longleftrightarrow H_2 + 2M$$

总反应为

$$2H_2O + 2e \Longleftrightarrow H_2 + 2OH^-$$

该过程的摩尔吉布斯自由能变化为

$$\Delta G_{m,阴,Dt} = \mu_{H_2} + 2\mu_{OH^-} - 2\mu_{H_2O} - 2\mu_e = \Delta G_{m,阴,Dt}^{\ominus} + RT \ln \frac{a_{OH^-}^2 p_{H_2}}{a_{H_2O}^2} + 2RT \ln i$$

式中，

$$\Delta G_{m,阴,Dt}^{\ominus} = 2\mu_{OH^-}^{\ominus} + \mu_{H_2(g)}^{\ominus} - 2\mu_{H_2O}^{\ominus} - 2\mu_e^{\ominus}$$

$$\mu_{OH^-} = \mu_{OH^-}^{\ominus} + RT\ln a_{OH^-}$$

$$\mu_{H_2} = \mu_{H_2(g)}^{\ominus} + RT\ln p_{H_2}$$

$$\mu_{H_2O} = \mu_{H_2O}^{\ominus} + RT\ln a_{H_2O}$$

$$\mu_e = \mu_e^{\ominus} - RT\ln i$$

由

$$\varphi_{阴,Dt} = -\frac{\Delta G_{m,阴,Dt}}{2F}$$

得

$$\varphi_{阴,Dt} = \varphi_{阴,Dt}^{\ominus} + \frac{RT}{2F}\ln\frac{a_{H_2O}^2}{a_{OH^-}^2 p_{H_2}} - \frac{RT}{F}\ln i \tag{7.24}$$

式中，

$$\varphi_{阴,Dt}^{\ominus} = -\frac{\Delta G_{m,阴,Dt}^{\ominus}}{2F} = -\frac{2\mu_{OH^-}^{\ominus} + \mu_{H_2(g)}^{\ominus} - 2\mu_{H_2O}^{\ominus} - 2\mu_e^{\ominus}}{2F}$$

由式（7.24）得

$$\ln i = -\frac{F\varphi_{阴,Dt}}{RT} + \frac{F\varphi_{阴,Dt}^{\ominus}}{RT} + \frac{1}{2}\ln\frac{a_{H_2O}^2}{a_{OH^-}^2 p_{H_2}}$$

有

$$i = \left(\frac{a_{H_2O}^2}{a_{OH^-}^2 p_{H_2}}\right)^{1/2}\exp\left(-\frac{F\varphi_{阴,Dt}}{RT}\right)\exp\left(\frac{F\varphi_{阴,Dt}^{\ominus}}{RT}\right) = k_{Dt}\exp\left(-\frac{F\varphi_{阴,Df}}{RT}\right) \tag{7.25}$$

式中，

$$k_{Dt} = \left(\frac{a_{H_2O}^2}{a_{OH^-}^2 p_{H_2}}\right)^{1/2}\exp\left(\frac{F\varphi_{阴,Dt}^{\ominus}}{RT}\right) \approx \left(\frac{c_{H_2O}^2}{c_{OH^-}^2 p_{H_2}}\right)^{1/2}\exp\left(\frac{F\varphi_{阴,Dt}^{\ominus}}{RT}\right)$$

总反应达平衡，有

$$2H_2O + 2e \Longrightarrow H_2 + 2OH^-$$

摩尔吉布斯自由能变化为

$$\Delta G_{m,阴,Dt,e} = \mu_{H_2} + 2\mu_{OH^-} - 2\mu_{H_2O} - 2\mu_e = \Delta G_{m,阴,Dt}^{\ominus} + RT\ln\frac{p_{H_2,e}a_{OH^-,e}^2}{a_{H_2O,e}^2}$$

式中，

$$\Delta G_{m,阴,Dt}^{\ominus} = \mu_{H_2}^{\ominus} + 2\mu_{OH^-}^{\ominus} - 2\mu_{H_2O}^{\ominus} - 2\mu_e^{\ominus}$$

$$\mu_{OH^-} = \mu_{OH^-}^{\ominus} + RT \ln a_{OH^-,e}$$

$$\mu_{H_2} = \mu_{H_2}^{\ominus} + RT \ln p_{H_2,e}$$

$$\mu_{H_2O} = \mu_{H_2O}^{\ominus} + RT \ln a_{H_2O,e}$$

$$\mu_e = \mu_e^{\ominus}$$

阴极平衡电势：由

$$\varphi_{阴,Dt,e} = -\frac{\Delta G_{m,阴,Dt,e}}{2F}$$

得

$$\varphi_{阴,Dt,e} = \varphi_{阴,Dt}^{\ominus} + \frac{RT}{2F} \ln \frac{a_{H_2O,e}^2}{a_{OH^-,e}^2 p_{H_2,e}} \tag{7.26}$$

阴极过电势：

式（7.24）-式（7.26），得

$$\Delta\varphi_{阴,Dt} = \varphi_{阴,Dt} - \varphi_{阴,Dt,e} = \frac{RT}{2F} \ln \frac{a_{H_2O}^2 p_{H_2,e} a_{OH^-,e}^2}{p_{H_2} a_{OH^-}^2 a_{H_2O,e}^2} - \frac{RT}{F} \ln i$$

移项，得

$$\ln i = -\frac{F\Delta\varphi_{阴,Dt}}{RT} + \frac{1}{2} \ln \frac{a_{H_2O}^2 p_{H_2,e} a_{OH^-,e}^2}{p_{H_2} a_{OH^-}^2 a_{H_2O,e}^2}$$

则

$$i = \left(\frac{a_{H_2O}^2 p_{H_2,e} a_{OH^-,e}^2}{p_{H_2} a_{OH^-}^2 a_{H_2O,e}^2} \right)^{1/2} \exp\left(-\frac{F\Delta\varphi_{阴,Dt}}{RT} \right) = k_{Dt}' \exp\left(-\frac{F\Delta\varphi_{阴,Dt}}{RT} \right) \tag{7.27}$$

式中，

$$k_{Dt}' = \left(\frac{a_{H_2O}^2 p_{H_2,e} a_{OH^-,e}^2}{p_{H_2} a_{OH^-}^2 a_{H_2O,e}^2} \right)^{1/2} \approx \left(\frac{c_{H_2O}^2 p_{H_2,e} c_{OH^-,e}^2}{p_{H_2} c_{OH^-}^2 c_{H_2O,e}^2} \right)^{1/2}$$

7.2　氧的阴极还原

电解水制氢和氧，阴极析出氧气。用不溶性阳极电沉积金属，阴极副反应析出氧。有些金属腐蚀的阴极反应也是氧的还原。

氧的还原反应有 4 个电子参与，反应历程复杂。不考虑氧还原反应历程的细节，氧的还原反应有两种过程：一种是形成中间产物；另一种是不形成中间产物。在酸性溶液中，中间产物为 H_2O_2；在碱性溶液中，中间产物为 HO_2^-。无论是否形成中间产物，在酸性溶液中，总反应为 $O_2 + 4H^+ + 4e \Longrightarrow 2H_2O$；在碱性溶液中，总反应为 $O_2 + 2H_2O + 4e \Longrightarrow 4OH^-$。下面分别进行介绍。

7.2.1　酸性溶液

先形成中间产物 H_2O_2，

$$O_2 + 2H^+ + 2e \Longrightarrow H_2O_2 \qquad\qquad (\text{i})$$

然后，电化学还原生成 H_2O，

$$H_2O_2 + 2H^+ + 2e \Longrightarrow 2H_2O \qquad\qquad (\text{ii})$$

或者催化分解 H_2O_2 生成 H_2O，

$$H_2O_2 \Longrightarrow \frac{1}{2}O_2 + H_2O \qquad\qquad (\text{iii})$$

总反应为

$$O_2 + 4H^+ + 4e \Longrightarrow 2H_2O$$

1. 形成中间产物 H_2O_2

（1）$\qquad\qquad\qquad O_2 + 2H^+ + 2e \Longrightarrow H_2O_2$

该反应的摩尔吉布斯自由能变化为

$$\Delta G_{m,阴,H_2O_2} = \mu_{H_2O_2} - \mu_{O_2} - 2\mu_{H^+} - 2\mu_e = \Delta G_{m,阴,H_2O_2}^{\ominus} + RT\ln\frac{a_{H_2O_2}}{p_{O_2}a_{H^+}^2} + 2RT\ln i$$

式中，

$$\Delta G_{m,阴,H_2O_2}^{\ominus} = \mu_{H_2O_2}^{\ominus} - \mu_{O_2}^{\ominus} - 2\mu_{H^+}^{\ominus} - 2\mu_e^{\ominus}$$

$$\mu_{H_2O_2} = \mu_{H_2O_2}^{\ominus} + RT\ln a_{H_2O_2}$$

$$\mu_{O_2} = \mu_{O_2}^{\ominus} + RT\ln p_{O_2}$$

$$\mu_{H^+} = \mu_{H^+}^{\ominus} + RT\ln a_{H^+}$$

$$\mu_e = \mu_e^{\ominus} - RT\ln i$$

阴极电势：由

$$\varphi_{阴,H_2O_2} = -\frac{\Delta G_{m,阴,H_2O_2}}{2F}$$

得

$$\varphi_{阴,H_2O_2} = \varphi_{阴,H_2O_2}^{\ominus} + \frac{RT}{2F}\ln\frac{p_{O_2}a_{H^+}^2}{a_{H_2O_2}} - \frac{RT}{F}\ln i \qquad\qquad (7.28)$$

式中，

$$\varphi_{\text{阴,H}_2\text{O}_2}^{\ominus} = -\frac{\Delta G_{\text{m,l}}^{\ominus}}{2F} = -\frac{\mu_{\text{H}_2\text{O}_2}^{\ominus} - \mu_{\text{O}_2}^{\ominus} - 2\mu_{\text{H}^+}^{\ominus} - 2\mu_{\text{e}}^{\ominus}}{2F}$$

由式（7.28）得

$$\ln i = -\frac{F\varphi_{\text{阴,H}_2\text{O}_2}}{RT} + \frac{F\varphi_{\text{阴,H}_2\text{O}_2}^{\ominus}}{RT} + \frac{1}{2}\ln\frac{p_{\text{O}_2}a_{\text{H}^+}^2}{a_{\text{H}_2\text{O}_2}}$$

有

$$i = \left(\frac{p_{\text{O}_2}a_{\text{H}^+}^2}{a_{\text{H}_2\text{O}_2}}\right)^{1/2}\exp\left(-\frac{F\varphi_{\text{阴,H}_2\text{O}_2}}{RT}\right)\exp\left(\frac{F\varphi_{\text{阴,H}_2\text{O}_2}^{\ominus}}{RT}\right) = k_{\text{O}_2}\exp\left(-\frac{F\varphi_{\text{阴,H}_2\text{O}_2}}{RT}\right) \quad (7.29)$$

$$k_{\text{O}_2} = \left(\frac{p_{\text{O}_2}a_{\text{H}^+}^2}{a_{\text{H}_2\text{O}_2}}\right)^{1/2}\exp\left(\frac{F\varphi_{\text{阴,H}_2\text{O}_2}^{\ominus}}{RT}\right) \approx \left(\frac{p_{\text{O}_2}c_{\text{H}^+}^2}{c_{\text{H}_2\text{O}_2}}\right)^{1/2}\exp\left(\frac{F\varphi_{\text{阴,H}_2\text{O}_2}^{\ominus}}{RT}\right)$$

电极反应达平衡，阴极没有电流，电化学反应为

$$\text{O}_2 + 2\text{H}^+ + 2\text{e} =\!=\!= \text{H}_2\text{O}_2$$

该反应的摩尔吉布斯自由能变化为

$$\Delta G_{\text{m,阴,H}_2\text{O}_2,\text{e}} = \mu_{\text{H}_2\text{O}_2} - \mu_{\text{O}_2} - 2\mu_{\text{H}^+} - 2\mu_{\text{e}} = \Delta G_{\text{m,阴,H}_2\text{O}_2}^{\ominus} + RT\ln\frac{a_{\text{H}_2\text{O}_2,\text{e}}}{p_{\text{O}_2,\text{e}}a_{\text{H}^+,\text{e}}^2}$$

式中，

$$\Delta G_{\text{m,阴,H}_2\text{O}_2}^{\ominus} = \mu_{\text{H}_2\text{O}_2}^{\ominus} - \mu_{\text{O}_2}^{\ominus} - 2\mu_{\text{H}^+}^{\ominus} - 2\mu_{\text{e}}^{\ominus}$$

$$\mu_{\text{H}_2\text{O}_2} = \mu_{\text{H}_2\text{O}_2}^{\ominus} + RT\ln a_{\text{H}_2\text{O}_2,\text{e}}$$

$$\mu_{\text{O}_2} = \mu_{\text{O}_2}^{\ominus} + RT\ln p_{\text{O}_2,\text{e}}$$

$$\mu_{\text{H}^+} = \mu_{\text{H}^+}^{\ominus} + RT\ln a_{\text{H}^+,\text{e}}$$

$$\mu_{\text{e}} = \mu_{\text{e}}^{\ominus}$$

阴极平衡电势：由

$$\varphi_{\text{阴,H}_2\text{O}_2,\text{e}} = -\frac{\Delta G_{\text{m,阴,H}_2\text{O}_2,\text{e}}}{2F}$$

得

$$\varphi_{\text{阴,H}_2\text{O}_2,\text{e}} = \varphi_{\text{阴,H}_2\text{O}_2}^{\ominus} + \frac{RT}{2F}\ln\frac{p_{\text{O}_2,\text{e}}a_{\text{H}^+,\text{e}}^2}{a_{\text{H}_2\text{O}_2,\text{e}}} \quad (7.30)$$

式中，

$$\varphi_{\text{阴,H}_2\text{O}_2}^{\ominus} = -\frac{\Delta G_{\text{m,阴,H}_2\text{O}_2}^{\ominus}}{2F} = -\frac{\mu_{\text{H}_2\text{O}_2}^{\ominus} - \mu_{\text{O}_2}^{\ominus} - 2\mu_{\text{H}^+}^{\ominus} - 2\mu_{\text{e}}^{\ominus}}{2F}$$

由式（7.28）–式（7.30），得

$$\Delta\varphi_{\text{阴,H}_2\text{O}_2} = \varphi_{\text{阴,H}_2\text{O}_2} - \varphi_{\text{阴,H}_2\text{O}_2,e} = \frac{RT}{2F}\ln\frac{p_{\text{O}_2}a_{\text{H}^+}^2 a_{\text{H}_2\text{O}_2,e}}{a_{\text{H}_2\text{O}_2}a_{\text{O}_2}a_{\text{H}^+,e}^2} - \frac{RT}{F}\ln i \tag{7.31}$$

由上式得

$$\ln i = -\frac{F\Delta\varphi_{\text{阴,H}_2\text{O}_2}}{RT} + \frac{1}{2}\ln\frac{p_{\text{O}_2}a_{\text{H}^+}^2 a_{\text{H}_2\text{O}_2,e}}{a_{\text{H}_2\text{O}_2}p_{\text{O}_2,e}a_{\text{H}^+,e}^2}$$

有

$$i = \left(\frac{p_{\text{O}_2}a_{\text{H}^+}^2 a_{\text{H}_2\text{O}_2,e}}{a_{\text{H}_2\text{O}_2}p_{\text{O}_2,e}a_{\text{H}^+,e}^2}\right)^{1/2}\exp\left(-\frac{F\Delta\varphi_{\text{阴,H}_2\text{O}_2}}{RT}\right) = k'_{\text{阴}}\exp\left(-\frac{F\Delta\varphi_{\text{阴,H}_2\text{O}_2}}{RT}\right) \tag{7.32}$$

式中,

$$k'_{\text{阴}} = \left(\frac{p_{\text{O}_2}a_{\text{H}^+}^2 a_{\text{H}_2\text{O}_2,e}}{a_{\text{H}_2\text{O}_2}p_{\text{O}_2,e}a_{\text{H}^+,e}^2}\right)^{1/2} \approx \left(\frac{p_{\text{O}_2}c_{\text{H}^+}^2 c_{\text{H}_2\text{O}_2,e}}{c_{\text{H}_2\text{O}_2}p_{\text{O}_2,e}c_{\text{H}^+,e}^2}\right)^{1/2}$$

（2）电化学还原

$$\text{H}_2\text{O}_2 + 2\text{H}^+ + 2\text{e} \Longrightarrow 2\text{H}_2\text{O}$$

该反应的摩尔吉布斯自由能变化为

$$\Delta G_{\text{m,阴,H}_2\text{O}} = 2\mu_{\text{H}_2\text{O}} - \mu_{\text{H}_2\text{O}_2} - 2\mu_{\text{H}^+} - 2\mu_{\text{e}} = \Delta G_{\text{m,阴,H}_2\text{O}}^{\ominus} + RT\ln\frac{a_{\text{H}_2\text{O}}^2}{a_{\text{H}_2\text{O}_2}a_{\text{H}^+}^2} + 2RT\ln i$$

式中,

$$\Delta G_{\text{m,阴,H}_2\text{O}}^{\ominus} = 2\mu_{\text{H}_2\text{O}}^{\ominus} - \mu_{\text{H}_2\text{O}_2}^{\ominus} - 2\mu_{\text{H}^+}^{\ominus} - 2\mu_{\text{e}}^{\ominus}$$

$$\mu_{\text{H}_2\text{O}} = \mu_{\text{H}_2\text{O}}^{\ominus} + RT\ln a_{\text{H}_2\text{O}}$$

$$\mu_{\text{H}_2\text{O}_2} = \mu_{\text{H}_2\text{O}_2}^{\ominus} + RT\ln a_{\text{H}_2\text{O}_2}$$

$$\mu_{\text{H}^+} = \mu_{\text{H}^+}^{\ominus} + RT\ln a_{\text{H}^+}$$

$$\mu_{\text{e}} = \mu_{\text{e}}^{\ominus} - RT\ln i$$

阴极电势：由

$$\varphi_{\text{阴,H}_2\text{O}} = -\frac{\Delta G_{\text{m,阴,H}_2\text{O}}}{2F}$$

得

$$\varphi_{\text{阴,H}_2\text{O}} = \varphi_{\text{阴,H}_2\text{O}}^{\ominus} + \frac{RT}{2F}\ln\frac{a_{\text{H}_2\text{O}_2}a_{\text{H}^+}^2}{a_{\text{H}_2\text{O}}^2} - \frac{RT}{F}\ln i \tag{7.33}$$

式中,

$$\varphi_{\text{阴,H}_2\text{O}}^{\ominus} = -\frac{\Delta G_{\text{m,H}_2\text{O}}^{\ominus}}{2F} = -\frac{2\mu_{\text{H}_2\text{O}}^{\ominus} - \mu_{\text{H}_2\text{O}_2}^{\ominus} - 2\mu_{\text{H}^+}^{\ominus} - 2\mu_{\text{e}}^{\ominus}}{2F}$$

由式（7.33）得

$$\ln i = -\frac{F\varphi_{\text{阴,H}_2\text{O}}}{RT} + \frac{F\varphi_{\text{阴,H}_2\text{O}}^{\ominus}}{RT} + \frac{1}{2}\ln\frac{a_{\text{H}_2\text{O}_2}a_{\text{H}^+}^2}{a_{\text{H}_2\text{O}}^2}$$

有

$$i = \left(\frac{a_{\text{H}_2\text{O}_2}a_{\text{H}^+}^2}{a_{\text{H}_2\text{O}}^2}\right)^{1/2}\exp\left(-\frac{F\varphi_{\text{阴,H}_2\text{O}}}{RT}\right)\exp\left(\frac{F\varphi_{\text{阴,H}_2\text{O}}^{\ominus}}{RT}\right) = k_{\text{H}_2\text{O}}\exp\left(-\frac{F\varphi_{\text{阴,H}_2\text{O}}}{RT}\right)$$

$$(7.34)$$

式中，

$$k_{\text{H}_2\text{O}} = \left(\frac{a_{\text{H}_2\text{O}_2}a_{\text{H}^+}^2}{a_{\text{H}_2\text{O}}^2}\right)^{1/2}\exp\left(\frac{F\varphi_{\text{阴,H}_2\text{O}}^{\ominus}}{RT}\right) \approx \left(\frac{c_{\text{H}_2\text{O}_2}c_{\text{H}^+}^2}{c_{\text{H}_2\text{O}}^2}\right)^{1/2}\exp\left(\frac{F\varphi_{\text{阴,H}_2\text{O}}^{\ominus}}{RT}\right)$$

H_2O_2 的电化学还原反应达平衡，有

$$\text{H}_2\text{O}_2 + 2\text{H}^+ + 2\text{e} \Longrightarrow 2\text{H}_2\text{O}$$

摩尔吉布斯自由能变化为

$$\Delta G_{\text{m,阴,H}_2\text{O,e}} = 2\mu_{\text{H}_2\text{O}} - \mu_{\text{H}_2\text{O}_2} - 2\mu_{\text{H}^+} - 2\mu_{\text{e}} = \Delta G_{\text{m,阴,H}_2\text{O}}^{\ominus} + RT\ln\frac{a_{\text{H}_2\text{O,e}}^2}{a_{\text{H}_2\text{O}_2,\text{e}}a_{\text{H}^+,\text{e}}^2}$$

式中，

$$\Delta G_{\text{m,阴,H}_2\text{O}}^{\ominus} = 2\mu_{\text{H}_2\text{O}}^{\ominus} - \mu_{\text{H}_2\text{O}_2}^{\ominus} - 2\mu_{\text{H}^+}^{\ominus} - 2\mu_{\text{e}}^{\ominus}$$

$$\mu_{\text{H}_2\text{O}} = \mu_{\text{H}_2\text{O}}^{\ominus} + RT\ln a_{\text{H}_2\text{O,e}}$$

$$\mu_{\text{H}_2\text{O}_2} = \mu_{\text{H}_2\text{O}_2}^{\ominus} + RT\ln a_{\text{H}_2\text{O}_2,\text{e}}$$

$$\mu_{\text{H}^+} = \mu_{\text{H}^+}^{\ominus} + RT\ln a_{\text{H}^+,\text{e}}$$

$$\mu_{\text{e}} = \mu_{\text{e}}^{\ominus}$$

阴极平衡电势：由

$$\varphi_{\text{阴,H}_2\text{O,e}} = -\frac{\Delta G_{\text{m,阴,H}_2\text{O,e}}}{2F}$$

得

$$\varphi_{\text{阴,H}_2\text{O,e}} = \varphi_{\text{阴,H}_2\text{O}}^{\ominus} + \frac{RT}{2F}\ln\frac{a_{\text{H}_2\text{O}_2,\text{e}}a_{\text{H}^+,\text{e}}^2}{a_{\text{H}_2\text{O,e}}^2} \qquad (7.35)$$

式中，

$$\varphi_{\text{阴,H}_2\text{O}}^{\ominus} = -\frac{\Delta G_{\text{m,H}_2\text{O}}^{\ominus}}{2F} = -\frac{2\mu_{\text{H}_2\text{O}}^{\ominus} - \mu_{\text{H}_2\text{O}_2}^{\ominus} - 2\mu_{\text{H}^+}^{\ominus} - 2\mu_{\text{e}}^{\ominus}}{2F}$$

阴极过电势：

式（7.33）−式（7.35），得

$$\Delta\varphi_{阴,H_2O} = \varphi_{阴,H_2O} - \varphi_{阴,H_2O,e} = \frac{RT}{2F}\ln\frac{a_{H_2O_2}a_{H^+}^2a_{H_2O,e}^2}{a_{H_2O}^2a_{H_2O_2,e}a_{H^+,e}^2} - \frac{RT}{F}\ln i \qquad (7.36)$$

由上式得

$$\ln i = -\frac{F\Delta\varphi_{阴,H_2O}}{RT} + \frac{1}{2}\ln\frac{a_{H_2O_2}a_{H^+}^2a_{H_2O,e}^2}{a_{H_2O}^2a_{H_2O_2,e}a_{H^+,e}^2}$$

则

$$i = \left(\frac{a_{H_2O_2}a_{H^+}^2a_{H_2O,e}^2}{a_{H_2O}^2a_{H_2O_2,e}a_{H^+,e}^2}\right)^{1/2}\exp\left(-\frac{F\Delta\varphi_{阴,H_2O}}{RT}\right) = k'_{H_2O}\exp\left(-\frac{F\Delta\varphi_{阴,H_2O}}{RT}\right) \qquad (7.37)$$

式中，

$$k'_{H_2O} = \left(\frac{a_{H_2O_2}a_{H^+}^2a_{H_2O,e}^2}{a_{H_2O}^2a_{H_2O_2,e}a_{H^+,e}^2}\right)^{1/2} \approx \left(\frac{c_{H_2O_2}c_{H^+}^2c_{H_2O,e}^2}{c_{H_2O}^2c_{H_2O_2,e}c_{H^+,e}^2}\right)^{1/2}$$

总反应：

式（ⅰ）和式（ⅱ）的总反应为

$$O_2 + 2H^+ + 2e \Longequal H_2O_2$$

$$+ \qquad H_2O_2 + 2H^+ + 2e \Longequal 2H_2O$$

$$\overline{\qquad\qquad O_2 + 4H^+ + 4e \Longequal 2H_2O \qquad\qquad}$$

该反应的摩尔吉布斯自由能变化为

$$\Delta G_{m,阴,t} = 2\mu_{H_2O} - \mu_{O_2} - 4\mu_{H^+} - 4\mu_e = \Delta G_{m,阴,t}^\ominus + RT\ln\frac{a_{H_2O}^2}{p_{O_2}a_{H^+}^4} + 4RT\ln i$$

式中，

$$\Delta G_{m,阴,t}^\ominus = 2\mu_{H_2O}^\ominus - \mu_{O_2}^\ominus - 4\mu_{H^+}^\ominus - 4\mu_e^\ominus$$

$$\mu_{H_2O} = \mu_{H_2O}^\ominus + RT\ln a_{H_2O}$$

$$\mu_{O_2} = \mu_{O_2}^\ominus + RT\ln p_{O_2}$$

$$\mu_{H^+} = \mu_{H^+}^\ominus + RT\ln a_{H^+}$$

$$\mu_e = \mu_e^\ominus - RT\ln i$$

阴极电势：由

$$\varphi_{阴,t} = -\frac{\Delta G_{m,阴,t}}{4F}$$

得

$$\varphi_{阴,t} = \varphi_{阴,t}^\ominus + \frac{RT}{4F}\ln\frac{p_{O_2}a_{H^+}^4}{a_{H_2O}^2} - \frac{RT}{F}\ln i \qquad (7.38)$$

式中,

$$\varphi_{\text{阴},t}^{\ominus} = -\frac{\Delta G_{\text{m},t}^{\ominus}}{4F} = -\frac{2\mu_{\text{H}_2\text{O}}^{\ominus} - \mu_{\text{O}_2}^{\ominus} - 4\mu_{\text{H}^+}^{\ominus} - 4\mu_{\text{e}}^{\ominus}}{4F}$$

由式（7.38）得

$$\ln i = -\frac{F\varphi_{\text{阴},t}}{RT} + \frac{F\varphi_{\text{阴},t}^{\ominus}}{RT} + \frac{1}{4}\ln\frac{p_{\text{O}_2}a_{\text{H}^+}^4}{a_{\text{H}_2\text{O}}^2}$$

有

$$i = \left(\frac{p_{\text{O}_2}a_{\text{H}^+}^4}{a_{\text{H}_2\text{O}}^2}\right)^{1/4}\exp\left(-\frac{F\varphi_{\text{阴},t}}{RT}\right)\exp\left(\frac{F\varphi_{\text{阴},t}^{\ominus}}{RT}\right) = k_t\exp\left(-\frac{F\varphi_{\text{阴},t}}{RT}\right) \quad (7.39)$$

式中,

$$k_t = \left(\frac{p_{\text{O}_2}a_{\text{H}^+}^4}{a_{\text{H}_2\text{O}}^2}\right)^{1/4}\exp\left(\frac{F\varphi_{\text{阴},t}^{\ominus}}{RT}\right) \approx \left(\frac{p_{\text{O}_2}c_{\text{H}^+}^4}{c_{\text{H}_2\text{O}}^2}\right)^{1/4}\exp\left(\frac{F\varphi_{\text{阴},t}^{\ominus}}{RT}\right)$$

总反应达平衡, 阴极反应为

$$\text{O}_2 + 4\text{H}^+ + 4\text{e} \Longrightarrow 2\text{H}_2\text{O}$$

摩尔吉布斯自由能变化为

$$\Delta G_{\text{m},\text{阴},t,e} = 2\mu_{\text{H}_2\text{O}} - \mu_{\text{O}_2} - 4\mu_{\text{H}^+} - 4\mu_{\text{e}} = \Delta G_{\text{m},\text{阴},t}^{\ominus} + RT\ln\frac{a_{\text{H}_2\text{O},e}^2}{p_{\text{O}_2,e}a_{\text{H}^+,e}^4}$$

式中,

$$\Delta G_{\text{m},\text{阴},t}^{\ominus} = 2\mu_{\text{H}_2\text{O}}^{\ominus} - \mu_{\text{O}_2}^{\ominus} - 4\mu_{\text{H}^+}^{\ominus} - 4\mu_{\text{e}}^{\ominus}$$

$$\mu_{\text{H}_2\text{O}} = \mu_{\text{H}_2\text{O}}^{\ominus} + RT\ln a_{\text{H}_2\text{O},e}$$

$$\mu_{\text{O}_2} = \mu_{\text{O}_2}^{\ominus} + RT\ln p_{\text{O}_2,e}$$

$$\mu_{\text{H}^+} = \mu_{\text{H}^+}^{\ominus} + RT\ln a_{\text{H}^+,e}$$

$$\mu_{\text{e}} = \mu_{\text{e}}^{\ominus}$$

阴极平衡电势: 由

$$\varphi_{\text{阴},t,e} = -\frac{\Delta G_{\text{m},\text{阴},t,e}}{4F}$$

得

$$\varphi_{\text{阴},t,e} = \varphi_{\text{阴},t}^{\ominus} + \frac{RT}{4F}\ln\frac{p_{\text{O}_2,e}a_{\text{H}^+,e}^4}{a_{\text{H}_2\text{O},e}^2} \quad (7.40)$$

式中,

$$\varphi_{\text{阴},t}^{\ominus} = -\frac{\Delta G_{\text{m},\text{阴},t}^{\ominus}}{4F} = -\frac{2\mu_{\text{H}_2\text{O}}^{\ominus} - \mu_{\text{O}_2}^{\ominus} - 4\mu_{\text{H}^+}^{\ominus} - 4\mu_{\text{e}}^{\ominus}}{4F}$$

阴极过电势：

式（7.38）-式（7.40），得

$$\Delta\varphi_{阴,t} = \varphi_{阴,t} - \varphi_{阴,t,e} = \frac{RT}{4F}\ln\frac{p_{O_2}a_{H^+}^4 a_{H_2O,e}^2}{a_{H_2O}^2 p_{O_2,e}a_{H^+,e}^4} - \frac{RT}{F}\ln i \qquad (7.41)$$

由上式得

$$\ln i = -\frac{F\Delta\varphi_{阴,t}}{RT} + \frac{1}{4}\ln\frac{p_{O_2}a_{H^+}^4 a_{H_2O,e}^2}{a_{H_2O}^2 p_{O_2,e}a_{H^+,e}^4}$$

则

$$i = \left(\frac{p_{O_2}a_{H^+}^4 a_{H_2O,e}^2}{a_{H_2O}^2 p_{O_2,e}a_{H^+,e}^4}\right)^{1/4}\exp\left(-\frac{F\Delta\varphi_{阴,t}}{RT}\right) = k_t'\exp\left(-\frac{F\Delta\varphi_{阴,t}}{RT}\right) \qquad (7.42)$$

式中，

$$k_t' = \left(\frac{p_{O_2}a_{H^+}^4 a_{H_2O,e}^2}{a_{H_2O}^2 p_{O_2,e}a_{H^+,e}^4}\right)^{1/4} \approx \left(\frac{p_{O_2}c_{H^+}^4 c_{H_2O,e}^2}{c_{H_2O}^2 p_{O_2,e}c_{H^+,e}^4}\right)^{1/4}$$

（3）催化分解：反应为

$$H_2O_2 = \frac{1}{2}O_2 + H_2O$$

该反应的摩尔吉布斯自由能变化为

$$\Delta G_{m,阴,O_2} = \mu_{H_2O} + \frac{1}{2}\mu_{O_2} - \mu_{H_2O_2} = \Delta G_{m,阴,O_2}^{\ominus} + RT\ln\frac{p_{O_2}^{1/2}a_{H_2O}}{a_{H_2O_2}}$$

式中，

$$\Delta G_{m,阴,O_2}^{\ominus} = \mu_{H_2O}^{\ominus} + \frac{1}{2}\mu_{H_2O}^{\ominus} - \mu_{H_2O_2}$$

$$\mu_{O_2} = \mu_{O_2}^{\ominus} + RT\ln p_{O_2}$$

$$\mu_{H_2O} = \mu_{H_2O}^{\ominus} + RT\ln a_{H_2O}$$

$$\mu_{H_2O_2} = \mu_{H_2O_2}^{\ominus} + RT\ln a_{H_2O_2}$$

分解速率为

$$j_{H_2O_2} = \frac{dn_{H_2O_2}}{dt} = k_+ c_{H_2O_2}^{n_+} - k_- p_{O_2}^{n_-} c_{H_2O}^{n'} = k_+\left(c_{H_2O_2}^{n_+} - \frac{1}{K}p_{O_2}^{n_-} c_{H_2O}^{n'}\right) \qquad (7.43)$$

式中，

$$K = \frac{k_+}{k_-} = \frac{p_{O_2}^{n_-} c_{H_2O}^{n'}}{c_{H_2O_2}^{n_+}} = \frac{p_{O_2,e}^{1/2}a_{H_2O,e}}{a_{H_2O_2,e}}$$

形成中间产物 H_2O_2 和催化分解的反应为

$$O_2 + 2H^+ + 2e === H_2O_2 \qquad (\text{i})$$

$$H_2O_2 === \frac{1}{2}O_2 + H_2O \qquad (\text{iii})$$

总反应
$$\frac{1}{2}O_2 + 2H^+ + 2e === H_2O \qquad (\text{iv})$$

写作

$$O_2 + 4H^+ + 4e === 2H_2O$$

与形成中间产物和电化学还原的总反应相同,见 7.2.1 (i)(iv)。

2. 不形成中间产物

不形成中间产物,而是先形成吸附氧,再连续获得四个电子,最终还原为 H_2O 或 OH^-。该过程称为四电子反应途径。

先形成吸附氧
$$O_2 + 2M === 2(M-O) \qquad (\text{i})$$

然后,电化学还原
$$2(M-O) + 4H^+ + 4e === 2H_2O + 2M \qquad (\text{ii})$$

总反应为

$$O_2 + 4H^+ + 4e === 2H_2O \qquad (\text{iii})$$

(1) 形成吸附氧:

$$O_2 + 2M === 2(M-O)$$

该反应的摩尔吉布斯自由能变化为

$$\Delta G_{m,M-O} = 2\mu_{M-O} - \mu_{O_2} - 2\mu_M = \Delta G_{m,M-O}^{\ominus} + RT \ln \frac{\theta_{M-O}^2}{p_{O_2}(1-\theta_{M-O})^2}$$

式中,

$$\Delta G_{m,M-O}^{\ominus} = \mu_{M-O}^{\ominus} - \mu_{O_2}^{\ominus} - 2\mu_M^{\ominus}$$

$$\mu_{M-O} = \mu_{M-O}^{\ominus} + RT \ln \theta_{M-O}$$

$$\mu_{O_2} = \mu_{O_2}^{\ominus} + RT \ln p_{O_2}$$

$$\mu_M = \mu_M^{\ominus} + RT \ln(1-\theta_{M-O})$$

其中,M 为阴极上能够吸附 O_2 的活性质点。

吸附速率为

$$j_{M-O} = k_+ p_{O_2}^{n_+} (1-\theta_{M-O})^{n_+'} - k_- \theta_{M-O}^{n_-} = k_+ \left[p_{O_2}^{n_+} (1-\theta_{M-O})^{n_+'} - \frac{1}{K} \theta_{M-O}^{n_-} \right] \qquad (7.44)$$

式中,

$$K = \frac{k_+}{k_-} = \frac{\theta_{M-O,e}^{n_-}}{p_{O_2,e}^{n_+}(1-\theta_{M-O,e})^{n_+'}} = \frac{\theta_{M-O,e}^2}{p_{O_2,e}(1-\theta_{M-O,e})^2}$$

为平衡常数。

（2）电化学还原：

$$2(M-O) + 4H^+ + 4e = 2H_2O + 2M$$

摩尔吉布斯自由能变化为

$$\Delta G_{m,阴,H_2O} = 2\mu_{H_2O} + 2\mu_M - 2\mu_{M-O} - 4\mu_{H^+} - 4\mu_e$$

$$= \Delta G_{m,阴,H_2O}^{\ominus} + RT\ln\frac{a_{H_2O}^2(1-\theta_{M-O})^2}{\theta_{M-O}^2 a_{H^+}^4} + 4RT\ln i$$

式中,

$$\Delta G_{m,阴,H_2O}^{\ominus} = 2\mu_{H_2O}^{\ominus} + 2\mu_M^{\ominus} - 2\mu_{M-O}^{\ominus} - 4\mu_{H^+}^{\ominus} - 4\mu_e^{\ominus}$$

$$\mu_{H_2O} = \mu_{H_2O}^{\ominus} + RT\ln a_{H_2O}$$

$$\mu_M = \mu_M^{\ominus} + RT\ln a_M$$

$$\mu_{M-O} = \mu_{M-O}^{\ominus} + RT\ln a_{M-O}$$

$$\mu_{H^+} = \mu_{H^+}^{\ominus} + RT\ln a_{H^+}$$

$$\mu_e = \mu_e^{\ominus} - RT\ln i$$

阴极电势：由

$$\varphi_{阴,H_2O} = -\frac{\Delta G_{m,阴,H_2O}}{4F}$$

得

$$\varphi_{阴,H_2O} = \varphi_{阴,H_2O}^{\ominus} + \frac{RT}{4F}\ln\frac{\theta_{M-O}^2 a_{H^+}^4}{a_{H_2O}^2(1-\theta_{M-O})^2} - \frac{RT}{F}\ln i \qquad （7.45）$$

式中,

$$\varphi_{阴,H_2O}^{\ominus} = -\frac{\Delta G_{m,阴,H_2O}^{\ominus}}{4F} = -\frac{2\mu_{H_2O}^{\ominus} + 2\mu_M^{\ominus} - 2\mu_{M-O}^{\ominus} - 4\mu_{H^+}^{\ominus} - 4\mu_e^{\ominus}}{4F}$$

由式（7.45）得

$$\ln i = -\frac{F\varphi_{阴,H_2O}}{RT} + \frac{F\varphi_{阴,H_2O}^{\ominus}}{RT} + \frac{1}{4}\ln\frac{\theta_{M-O}^2 a_{H^+}^4}{a_{H_2O}^2(1-\theta_{M-O})^2}$$

有　$$i = \left[\frac{\theta_{M-O}^2 a_{H^+}^4}{a_{H_2O}^2(1-\theta_{M-O})^2}\right]^{1/4}\exp\left(-\frac{F\varphi_{阴,H_2O}}{RT}\right)\exp\left(\frac{F\varphi_{阴,H_2O}^{\ominus}}{RT}\right) = k_{H_2O}\exp\left(-\frac{F\varphi_{阴,H_2O}}{RT}\right)$$

$$（7.46）$$

式中,

$$k_{H_2O} = \left[\frac{\theta_{M-O}^2 a_{H^+}^4}{a_{H_2O}^2 (1-\theta_{M-O})^2} \right]^{1/4} \exp\left(\frac{F\varphi_{阴,H_2O}^{\ominus}}{RT} \right) \approx \left[\frac{\theta_{M-O}^2 c_{H^+}^4}{c_{H_2O}^2 (1-\theta_{M-O})^2} \right]^{1/4} \exp\left(\frac{F\varphi_{阴,H_2O}^{\ominus}}{RT} \right)$$

电极反应达平衡,阴极没有电流通过。化学反应为

$$2(M{-}O) + 4H^+ + 4e \Longleftrightarrow 2H_2O + 2M$$

摩尔吉布斯自由能变化为

$$\Delta G_{m,阴,H_2O,e} = 2\mu_{H_2O} + 2\mu_M - 2\mu_{M-O} - 4\mu_{H^+} - 4\mu_e = \Delta G_{m,阴,H_2O}^{\ominus} + RT\ln\frac{a_{H_2O,e}^2(1-\theta_{M-O,e})^2}{\theta_{M-O,e}^2 a_{H^+,e}^4}$$

式中,

$$\Delta G_{m,阴,H_2O}^{\ominus} = 2\mu_{H_2O}^{\ominus} + 2\mu_M^{\ominus} - 2\mu_{M-O}^{\ominus} - 4\mu_{H^+}^{\ominus} - 4\mu_e^{\ominus}$$

$$\mu_{H_2O} = \mu_{H_2O}^{\ominus} + RT\ln a_{H_2O,e}$$

$$\mu_M = \mu_M^{\ominus} + RT\ln(1-\theta_{M-O,e})$$

$$\mu_{M-O} = \mu_{M-O}^{\ominus} + RT\ln\theta_{M-O,e}$$

$$\mu_{H^+} = \mu_{H^+}^{\ominus} + RT\ln a_{H^+,e}$$

$$\mu_e = \mu_e^{\ominus}$$

阴极平衡电势:由

$$\varphi_{阴,H_2O,e} = -\frac{\Delta G_{m,阴,H_2O,e}}{4F}$$

得

$$\varphi_{阴,H_2O,e} = \varphi_{阴,H_2O}^{\ominus} + \frac{RT}{4F}\ln\frac{\theta_{M-O,e}^2 a_{H^+,e}^4}{a_{H_2O,e}^2(1-\theta_{M-O,e})^2} \qquad (7.47)$$

式中,

$$\varphi_{阴,H_2O}^{\ominus} = -\frac{\Delta G_{m,阴,H_2O}^{\ominus}}{4F} = -\frac{2\mu_{H_2O}^{\ominus} + 2\mu_M^{\ominus} - 2\mu_{M-O}^{\ominus} - 4\mu_{H^+}^{\ominus} - 4\mu_e^{\ominus}}{4F}$$

阴极过电势:式(7.45)−式(7.47),得

$$\Delta\varphi_{阴,H_2O} = \varphi_{阴,H_2O} - \varphi_{阴,H_2O,e} = \frac{1}{4}\ln\frac{\theta_{M-O}^2 a_{H^+}^4 a_{H_2O,e}^2(1-\theta_{M-O,e})^2}{a_{H_2O}^2(1-\theta_{M-O})^2 \theta_{M-O,e}^2 a_{H^+,e}^4} - \frac{RT}{F}\ln i \qquad (7.48)$$

由上式得

$$\ln i = -\frac{F\Delta\varphi_{阴,H_2O}}{RT} + \frac{1}{4}\ln\frac{\theta_{M-O}^2 a_{H^+}^4 a_{H_2O,e}^2(1-\theta_{M-O,e})^2}{a_{H_2O}^2(1-\theta_{M-O})^2 \theta_{M-O,e}^2 a_{H^+,e}^4}$$

有

$$i = \left[\frac{\theta_{M-O}^2 a_{H^+}^4 a_{H_2O,e}^2 (1-\theta_{M-O,e})^2}{a_{H_2O}^2 (1-\theta_{M-O})^2 \theta_{M-O,e}^2 a_{H^+,e}^4} \right]^{1/4} \exp\left(-\frac{F\Delta\varphi_{阴,H_2O}}{RT} \right) = k'_{H_2O} \exp\left(-\frac{F\Delta\varphi_{阴,H_2O}}{RT} \right)$$

（7.49）

式中,

$$k'_{H_2O} = \left[\frac{\theta_{M-O}^2 a_{H^+}^4 a_{H_2O,e}^2 (1-\theta_{M-O,e})^2}{a_{H_2O}^2 (1-\theta_{M-O})^2 \theta_{M-O,e}^2 a_{H^+,e}^4} \right]^{1/4} \approx \left[\frac{\theta_{M-O}^2 c_{H^+}^4 c_{H_2O,e}^2 (1-\theta_{M-O,e})^2}{c_{H_2O}^2 (1-\theta_{M-O})^2 \theta_{M-O,e}^2 c_{H^+,e}^4} \right]^{1/4}$$

总反应：考虑前置反应，式（ⅰ）和式（ⅱ）的总反应为

$$O_2 + 2M \rightleftharpoons 2(M-O)$$

$$+ \quad\quad 2(M-O) + 4H^+ + 4e \rightleftharpoons 2H_2O + 2M$$

$$\overline{\quad\quad\quad\quad O_2 + 4H^+ + 4e \rightleftharpoons 2H_2O \quad\quad\quad\quad}$$

该反应的摩尔吉布斯自由能变化为

$$\Delta G_{m,阴,t} = 2\mu_{H_2O} - \mu_{O_2} - 4\mu_{H^+} - 4\mu_e = \Delta G_{m,阴,t}^{\ominus} + RT\ln\frac{a_{H_2O}^2}{p_{O_2} a_{H^+}^4} + 4RT\ln i$$

式中,

$$\Delta G_{m,阴,t}^{\ominus} = 2\mu_{H_2O}^{\ominus} - \mu_{O_2}^{\ominus} - 4\mu_{H^+}^{\ominus} - 4\mu_e^{\ominus}$$

$$\mu_{H_2O} = \mu_{H_2O}^{\ominus} + RT\ln a_{H_2O}$$

$$\mu_{O_2} = \mu_{O_2}^{\ominus} + RT\ln p_{O_2}$$

$$\mu_{H^+} = \mu_{H^+}^{\ominus} + RT\ln a_{H^+}$$

$$\mu_e = \mu_e^{\ominus} - RT\ln i$$

阴极电势：由

$$\varphi_{阴,t} = -\frac{\Delta G_{m,阴,t}}{4F}$$

得

$$\varphi_{阴,t} = \varphi_{阴,t}^{\ominus} + \frac{RT}{4F}\ln\frac{p_{O_2} a_{H^+}^4}{a_{H_2O}^2} - \frac{RT}{F}\ln i$$

（7.50）

式中,

$$\varphi_{阴,t}^{\ominus} = -\frac{\Delta G_{m,t}^{\ominus}}{4F} = -\frac{2\mu_{H_2O}^{\ominus} - \mu_{O_2}^{\ominus} - 4\mu_{H^+}^{\ominus} - 4\mu_e^{\ominus}}{4F}$$

由式（7.50）得

$$\ln i = -\frac{F\varphi_{阴,t}}{RT} + \frac{F\varphi_{阴,t}^{\ominus}}{RT} + \frac{1}{4}\ln\frac{p_{O_2} a_{H^+}^4}{a_{H_2O}^2}$$

有

$$i = \left(\frac{p_{O_2} a_{H^+}^4}{a_{H_2O}^2} \right)^{1/4} \exp\left(-\frac{F\varphi_{阴,t}}{RT} \right) \exp\left(\frac{F\varphi_{阴,t}^{\ominus}}{RT} \right) = k_{H_2O}' \exp\left(-\frac{F\varphi_{阴,t}}{RT} \right) \quad (7.51)$$

式中，

$$k_{H_2O}' = \left(\frac{p_{O_2} a_{H^+}^4}{a_{H_2O}^2} \right)^{1/4} \exp\left(\frac{F\varphi_{阴,t}^{\ominus}}{RT} \right) \approx \left(\frac{p_{O_2} c_{H^+}^4}{c_{H_2O}^2} \right)^{1/4} \exp\left(\frac{F\varphi_{阴,t}^{\ominus}}{RT} \right)$$

电极反应达平衡，阴极上没有电流通过，化学反应为

$$O_2 + 4H^+ + 4e \Longleftrightarrow 2H_2O$$

该反应的摩尔吉布斯自由能变化为

$$\Delta G_{m,阴,t,e} = 2\mu_{H_2O} - \mu_{O_2} - 4\mu_{H^+} - 4\mu_e = \Delta G_{m,阴,t}^{\ominus} + RT\ln \frac{a_{H_2O,e}^2}{p_{O_2,e} a_{H^+,e}^4}$$

式中，

$$\Delta G_{m,阴,t}^{\ominus} = 2\mu_{H_2O}^{\ominus} - \mu_{O_2}^{\ominus} - 4\mu_{H^+}^{\ominus} - 4\mu_e^{\ominus}$$

$$\mu_{H_2O} = \mu_{H_2O}^{\ominus} + RT\ln a_{H_2O,e}$$

$$\mu_{O_2} = \mu_{O_2}^{\ominus} + RT\ln p_{O_2,e}$$

$$\mu_{H^+} = \mu_{H^+}^{\ominus} + RT\ln a_{H^+,e}$$

$$\mu_e = \mu_e^{\ominus}$$

阴极平衡电势：由

$$\varphi_{阴,t,e} = -\frac{\Delta G_{m,阴,t,e}}{4F}$$

得

$$\varphi_{阴,t,e} = \varphi_{阴,t}^{\ominus} + \frac{RT}{4F}\ln \frac{p_{O_2,e} a_{H^+,e}^4}{a_{H_2O,e}^2} \quad (7.52)$$

式中，

$$\varphi_{阴,t}^{\ominus} = -\frac{\Delta G_{m,阴,t}^{\ominus}}{4F} = -\frac{2\mu_{H_2O}^{\ominus} - \mu_{O_2}^{\ominus} - 4\mu_{H^+}^{\ominus} - 4\mu_e^{\ominus}}{4F}$$

阴极过电势：式（7.50）-式（7.52），得

$$\Delta\varphi_{阴,t} = \varphi_{阴,t} - \varphi_{阴,t,e} = \frac{RT}{4F}\ln \frac{p_{O_2} a_{H^+}^4 a_{H_2O,e}^2}{a_{H_2O}^2 p_{O_2,e} a_{H^+,e}^4} - \frac{RT}{F}\ln i$$

由上式得

$$\ln i = -\frac{F\Delta\varphi_{阴,t}}{RT} + \frac{1}{4}\ln\frac{p_{O_2}a_{H^+}^4 a_{H_2O,e}^2}{a_{H_2O}^2 p_{O_2,e}a_{H^+,e}^4}$$

有

$$i = \left(\frac{p_{O_2}a_{H^+}^4 a_{H_2O,e}^2}{a_{H_2O}^2 p_{O_2,e}a_{H^+,e}^4}\right)^{1/4}\exp\left(-\frac{F\Delta\varphi_{阴,t}}{RT}\right) = k'_{H_2O}\exp\left(-\frac{F\Delta\varphi_{阴,t}}{RT}\right) \qquad (7.53)$$

式中,

$$k'_{H_2O} = \left(\frac{p_{O_2}a_{H^+}^4 a_{H_2O,e}^2}{a_{H_2O}^2 p_{O_2,e}a_{H^+,e}^4}\right)^{1/4} \approx \left(\frac{p_{O_2}c_{H^+}^4 c_{H_2O,e}^2}{c_{H_2O}^2 p_{O_2,e}c_{H^+,e}^4}\right)^{1/4}$$

7.2.2　碱性溶液

先生成中间产物 HO_2^-,

$$O_2 + H_2O + 2e = HO_2^- + OH^- \qquad （i）$$

然后,中间产物电化学还原,

$$HO_2^- + H_2O + 2e = 3OH^- \qquad （ii）$$

或者中间产物 HO_2^- 催化分解,

$$HO_2^- = \frac{1}{2}O_2 + OH^- \qquad （iii）$$

总反应为

$$O_2 + 2H_2O + 4e = 4OH^- \qquad （iv）$$

1. 形成中间产物

（1）形成中间产物的反应为

$$O_2 + H_2O + 2e = HO_2^- + OH^-$$

该反应的摩尔吉布斯自由能变化为

$$\Delta G_{m,阴,HO_2^-} = \mu_{HO_2^-} + \mu_{OH^-} - \mu_{O_2} - \mu_{H_2O} - 2\mu_e = \Delta G_{m,阴,HO_2^-}^{\ominus} + RT\ln\frac{a_{HO_2^-}a_{OH^-}}{p_{O_2}a_{H_2O}} + 2RT\ln i$$

式中,

$$\Delta G_{m,阴,HO_2^-}^{\ominus} = \mu_{HO_2^-}^{\ominus} + \mu_{OH^-}^{\ominus} - \mu_{O_2}^{\ominus} - \mu_{H_2O}^{\ominus} - 2\mu_e^{\ominus}$$

$$\mu_{HO_2^-} = \mu_{HO_2^-}^{\ominus} + RT\ln a_{HO_2^-}$$

$$\mu_{OH^-} = \mu_{OH^-}^{\ominus} + RT\ln a_{OH^-}$$

$$\mu_{O_2} = \mu_{O_2}^{\ominus} + RT\ln p_{O_2}$$

$$\mu_{H_2O} = \mu_{H_2O}^{\ominus} + RT\ln a_{H_2O}$$

$$\mu_e = \mu_e^{\ominus} - RT\ln i$$

阴极电势：由

$$\varphi_{阴,HO_2^-} = -\frac{\Delta G_{m,阴,HO_2^-}}{2F}$$

得

$$\varphi_{阴,HO_2^-} = \varphi_{阴,HO_2^-}^{\ominus} + \frac{RT}{2F}\ln\frac{p_{O_2}a_{H_2O}}{a_{HO_2^-}a_{OH^-}} - \frac{RT}{F}\ln i \tag{7.54}$$

式中，

$$\varphi_{阴,HO_2^-}^{\ominus} = -\frac{\Delta G_{m,阴,HO_2^-}^{\ominus}}{2F} = -\frac{\mu_{HO_2^-}^{\ominus} + \mu_{OH^-}^{\ominus} - \mu_{O_2}^{\ominus} - \mu_{H_2O}^{\ominus} - 2\mu_e^{\ominus}}{2F}$$

由式（7.54）得

$$\ln i = -\frac{F\varphi_{阴,HO_2^-}}{RT} + \frac{F\varphi_{阴,HO_2^-}^{\ominus}}{RT} + \frac{1}{2}\ln\frac{p_{O_2}a_{H_2O}}{a_{HO_2^-}a_{OH^-}}$$

有

$$i = \left(\frac{p_{O_2}a_{H_2O}}{a_{HO_2^-}a_{OH^-}}\right)^{1/2}\exp\left(-\frac{F\varphi_{阴,HO_2^-}}{RT}\right)\exp\left(\frac{F\varphi_{阴,HO_2^-}^{\ominus}}{RT}\right) = k_{HO_2^-}\exp\left(-\frac{F\varphi_{阴,HO_2^-}}{RT}\right) \tag{7.55}$$

式中，

$$k_{HO_2^-} = \left(\frac{p_{O_2}a_{H_2O}}{a_{HO_2^-}a_{OH^-}}\right)^{1/2}\exp\left(\frac{F\varphi_{阴,HO_2^-}^{\ominus}}{RT}\right) \approx \left(\frac{p_{O_2}c_{H_2O}}{c_{HO_2^-}c_{OH^-}}\right)^{1/2}\exp\left(\frac{F\varphi_{阴,HO_2^-}^{\ominus}}{RT}\right)$$

阴极反应达平衡，阴极没有电流，电化学反应为

$$O_2 + H_2O + 2e \Longleftrightarrow HO_2^- + OH^-$$

该反应的摩尔吉布斯自由能变化为

$$\Delta G_{m,阴,HO_2^-,e} = \mu_{HO_2^-} + \mu_{OH^-} - \mu_{O_2} - \mu_{H_2O} - 2\mu_e = \Delta G_{m,阴,HO_2^-}^{\ominus} + RT\ln\frac{a_{HO_2^-,e}a_{OH^-,e}}{p_{O_2,e}a_{H_2O,e}}$$

式中，

$$\Delta G_{m,阴,HO_2^-}^{\ominus} = \mu_{HO_2^-}^{\ominus} + \mu_{OH^-}^{\ominus} - \mu_{O_2}^{\ominus} - \mu_{H_2O}^{\ominus} - 2\mu_e^{\ominus}$$

$$\mu_{HO_2^-} = \mu_{HO_2^-}^{\ominus} + RT\ln a_{HO_2^-,e}$$

$$\mu_{OH^-} = \mu_{OH^-}^{\ominus} + RT\ln a_{OH^-,e}$$

$$\mu_{O_2} = \mu_{O_2}^{\ominus} + RT\ln p_{O_2,e}$$

$$\mu_{H_2O} = \mu_{H_2O}^{\ominus} + RT \ln a_{H_2O,e}$$

$$\mu_e = \mu_e^{\ominus}$$

阴极平衡电势：由

$$\varphi_{阴,HO_2^-,e} = -\frac{\Delta G_{m,阴,HO_2^-,e}}{2F}$$

得

$$\varphi_{阴,HO_2^-,e} = \varphi_{阴,HO_2^-}^{\ominus} + \frac{RT}{2F} \ln \frac{p_{O_2,e} a_{H_2O,e}}{a_{HO_2^-,e} a_{OH^-,e}} \tag{7.56}$$

式中，

$$\varphi_{阴,HO_2^-}^{\ominus} = -\frac{\Delta G_{m,阴,HO_2^-}^{\ominus}}{2F} = -\frac{\mu_{HO_2^-}^{\ominus} + \mu_{OH^-}^{\ominus} - \mu_{O_2}^{\ominus} - \mu_{H_2O}^{\ominus} - 2\mu_e^{\ominus}}{2F}$$

阴极过电势：

式（7.54）–式（7.56），得

$$\Delta\varphi_{阴,HO_2^-} = \varphi_{阴,HO_2^-} - \varphi_{阴,HO_2^-,e} = \frac{RT}{2F} \ln \frac{p_{O_2} a_{H_2O} a_{HO_2^-,e} a_{OH^-,e}}{a_{HO_2^-} a_{OH^-} p_{O_2,e} a_{H_2O,e}} - \frac{RT}{F} \ln i \tag{7.57}$$

$$\ln i = -\frac{F\Delta\varphi_{阴,HO_2^-}}{RT} + \frac{1}{2} \ln \frac{p_{O_2} a_{H_2O} a_{HO_2^-,e} a_{OH^-,e}}{a_{HO_2^-} a_{OH^-} p_{O_2,e} a_{H_2O,e}}$$

有

$$i = \left(\frac{p_{O_2} a_{H_2O} a_{HO_2^-,e} a_{OH^-,e}}{a_{HO_2^-} a_{OH^-} p_{O_2,e} a_{H_2O,e}}\right)^{1/2} \exp\left(-\frac{F\Delta\varphi_{阴,HO_2^-}}{RT}\right) = k_{HO_2^-} \exp\left(-\frac{F\Delta\varphi_{阴,HO_2^-}}{RT}\right) \tag{7.58}$$

式中，

$$k_{HO_2^-} = \left(\frac{p_{O_2} a_{H_2O} a_{HO_2^-,e} a_{OH^-,e}}{a_{HO_2^-} a_{OH^-} p_{O_2,e} a_{H_2O,e}}\right)^{1/2} \approx \left(\frac{p_{O_2} c_{H_2O} c_{HO_2^-,e} c_{OH^-,e}}{c_{HO_2^-} c_{OH^-} p_{O_2,e} c_{H_2O,e}}\right)^{1/2}$$

（2）中间产物电化学还原：

$$HO_2^- + H_2O + 2e = 3OH^-$$

该反应的摩尔吉布斯自由能变化为

$$\Delta G_{m,阴,OH^-} = 3\mu_{OH^-} - \mu_{HO_2^-} - \mu_{H_2O} - 2\mu_e = \Delta G_{m,阴,OH^-}^{\ominus} + RT \ln \frac{a_{OH^-}^3}{a_{HO_2^-} a_{H_2O}} + 2RT \ln i$$

式中，

$$\Delta G_{m,阴,OH^-}^{\ominus} = 3\mu_{OH^-}^{\ominus} - \mu_{HO_2^-}^{\ominus} - \mu_{H_2O}^{\ominus} - 2\mu_e^{\ominus}$$

$$\mu_{OH^-} = \mu_{OH^-}^{\ominus} + RT \ln a_{OH^-}$$

$$\mu_{HO_2^-} = \mu_{HO_2^-}^{\ominus} + RT \ln a_{HO_2^-}$$

$$\mu_{H_2O} = \mu_{H_2O}^{\ominus} + RT \ln a_{H_2O}$$

$$\mu_e = \mu_e^{\ominus} - RT \ln i$$

阴极电势：由

$$\varphi_{\text{阴},OH^-} = -\frac{\Delta G_{m,\text{阴},OH^-}}{2F}$$

得

$$\varphi_{\text{阴},OH^-} = \varphi_{\text{阴},OH^-}^{\ominus} + \frac{RT}{2F} \ln \frac{a_{HO_2^-} a_{H_2O}}{a_{OH^-}^3} - \frac{RT}{F} \ln i \qquad (7.59)$$

式中，

$$\varphi_{\text{阴},OH^-}^{\ominus} = -\frac{\Delta G_{m,\text{阴},OH^-}^{\ominus}}{2F} = -\frac{3\mu_{OH^-}^{\ominus} - \mu_{HO_2^-}^{\ominus} - \mu_{H_2O}^{\ominus} - 2\mu_e^{\ominus}}{2F}$$

由式（7.59）得

$$\ln i = -\frac{F\varphi_{\text{阴},OH^-}}{RT} + \frac{F\varphi_{\text{阴},OH^-}^{\ominus}}{RT} + \frac{1}{2} \ln \frac{a_{HO_2^-} a_{H_2O}}{a_{OH^-}^3}$$

有

$$i = \left(\frac{a_{HO_2^-} a_{H_2O}}{a_{OH^-}^3}\right)^{1/2} \exp\left(-\frac{F\varphi_{\text{阴},OH^-}}{RT}\right) \exp\left(\frac{F\varphi_{\text{阴},OH^-}^{\ominus}}{RT}\right) = k_{OH^-} \exp\left(-\frac{F\varphi_{\text{阴},OH^-}}{RT}\right) \qquad (7.60)$$

$$k_{OH^-} = \left(\frac{a_{HO_2^-} a_{H_2O}}{a_{OH^-}^3}\right)^{1/2} \exp\left(\frac{F\varphi_{\text{阴},OH^-}^{\ominus}}{RT}\right) \approx \left(\frac{c_{HO_2^-} c_{H_2O}}{c_{OH^-}^3}\right)^{1/2} \exp\left(\frac{F\varphi_{\text{阴},OH^-}^{\ominus}}{RT}\right)$$

电极反应达平衡，阴极上无电流通过。化学反应为

$$HO_2^- + H_2O + 2e \Longleftrightarrow 3OH^-$$

该反应的摩尔吉布斯自由能变化为

$$\Delta G_{m,OH^-,e} = 3\mu_{OH^-} - \mu_{HO_2^-} - \mu_{H_2O} - 2\mu_e = \Delta G_{m,OH^-}^{\ominus} + RT \ln \frac{a_{OH^-,e}^3}{a_{HO_2^-,e} a_{H_2O,e}}$$

式中，

$$\Delta G_{m,OH^-}^{\ominus} = 3\mu_{OH^-}^{\ominus} - \mu_{HO_2^-}^{\ominus} - \mu_{H_2O}^{\ominus} - 2\mu_e^{\ominus}$$

$$\mu_{OH^-} = \mu_{OH^-}^{\ominus} + RT \ln a_{OH^-,e}$$

$$\mu_{HO_2^-} = \mu_{HO_2^-}^{\ominus} + RT \ln a_{HO_2^-,e}$$

$$\mu_{H_2O} = \mu_{H_2O}^{\ominus} + RT \ln a_{H_2O,e}$$

$$\mu_e = \mu_e^{\ominus}$$

阴极平衡电势：由

$$\varphi_{阴,OH^-,e} = -\frac{\Delta G_{m,阴,OH^-,e}}{2F}$$

得

$$\varphi_{阴,OH^-,e} = \varphi_{阴,OH^-}^{\ominus} + \frac{RT}{2F}\ln\frac{a_{HO_2^-,e}a_{H_2O,e}}{a_{OH^-,e}^3} \tag{7.61}$$

式中，

$$\varphi_{阴,OH^-}^{\ominus} = -\frac{\Delta G_{m,阴,OH^-}^{\ominus}}{2F} = -\frac{3\mu_{OH^-}^{\ominus} - \mu_{HO_2^-}^{\ominus} - \mu_{H_2O}^{\ominus} - 2\mu_e^{\ominus}}{2F}$$

阴极过电势：

式（7.59）–式（7.61），得

$$\Delta\varphi_{阴,OH^-} = \varphi_{阴,OH^-} - \varphi_{阴,OH^-,e} = \frac{RT}{2F}\ln\frac{a_{HO_2^-}a_{H_2O}a_{OH^-,e}^3}{a_{OH^-}^3 a_{HO_2^-,e}a_{H_2O,e}} - \frac{RT}{F}\ln i \tag{7.62}$$

由上式得

$$\ln i = -\frac{F\Delta\varphi_{阴,OH^-}}{RT} + \frac{1}{2}\ln\frac{a_{HO_2^-}a_{H_2O}a_{OH^-,e}^3}{a_{OH^-}^3 a_{HO_2^-,e}a_{H_2O,e}}$$

$$i = \left(\frac{a_{HO_2^-}a_{H_2O}a_{OH^-,e}^3}{a_{OH^-}^3 a_{HO_2^-,e}a_{H_2O,e}}\right)^{1/2}\exp\left(-\frac{F\Delta\varphi_{阴,OH^-}}{RT}\right) = k_{OH^-}\exp\left(-\frac{F\Delta\varphi_{阴,OH^-}}{RT}\right) \tag{7.63}$$

式中，

$$k_{OH^-} = \left(\frac{a_{HO_2^-}a_{H_2O}a_{OH^-,e}^3}{a_{OH^-}^3 a_{HO_2^-,e}a_{H_2O,e}}\right)^{1/2} \approx \left(\frac{c_{HO_2^-}c_{H_2O}c_{OH^-,e}^3}{c_{OH^-}^3 c_{HO_2^-,e}c_{H_2O,e}}\right)^{1/2}$$

总反应：式（ⅰ）和式（ⅱ）的总反应为

$$O_2 + H_2O + 2e === HO_2^- + OH^-$$

$$+ \quad\quad HO_2^- + H_2O + 2e === 3OH^-$$

$$\overline{\quad\quad O_2 + 2H_2O + 4e === 4OH^- \quad\quad} \tag{ⅳ}$$

总反应的摩尔吉布斯自由能变化为

$$\Delta G_{m,阴,OH^-} = 4\mu_{OH^-} - \mu_{O_2} - 2\mu_{H_2O} - 4\mu_e = \Delta G_{m,阴,OH^-}^{\ominus} + RT\ln\frac{a_{OH^-}^4}{p_{O_2}a_{H_2O}^2} + 4RT\ln i$$

式中，

$$\Delta G_{m,阴,OH^-}^{\ominus} = 4\mu_{OH^-}^{\ominus} - \mu_{O_2}^{\ominus} - 2\mu_{H_2O}^{\ominus} - 4\mu_e^{\ominus}$$

$$\mu_{OH^-} = \mu_{OH^-}^{\ominus} + RT\ln a_{OH^-}$$

$$\mu_{O_2} = \mu_{O_2}^{\ominus} + RT \ln p_{O_2}$$

$$\mu_{H_2O} = \mu_{H_2O}^{\ominus} + RT \ln a_{H_2O}$$

$$\mu_e = \mu_e^{\ominus} - RT \ln i$$

阴极电势：由

$$\varphi_{阴,OH^-} = -\frac{\Delta G_{m,阴,OH^-}}{4F}$$

得

$$\varphi_{阴,OH^-} = \varphi_{阴,OH^-}^{\ominus} + \frac{RT}{4F} \ln \frac{p_{O_2} a_{H_2O}^2}{a_{OH^-}^4} - \frac{RT}{F} \ln i \qquad (7.64)$$

式中，

$$\varphi_{阴,OH^-}^{\ominus} = -\frac{\Delta G_{m,阴,OH^-}^{\ominus}}{4F} = -\frac{4\mu_{OH^-}^{\ominus} - \mu_{O_2}^{\ominus} - 2\mu_{H_2O}^{\ominus} - 4\mu_e^{\ominus}}{4F}$$

由式（7.64）得

$$\ln i = -\frac{F\varphi_{阴,OH^-}}{RT} + \frac{F\varphi_{阴,OH^-}^{\ominus}}{RT} + \frac{1}{4} \ln \frac{p_{O_2} a_{H_2O}^2}{a_{OH^-}^4}$$

有

$$i = \left(\frac{p_{O_2} a_{H_2O}^2}{a_{OH^-}^4}\right)^{1/4} \exp\left(-\frac{F\varphi_{阴,OH^-}}{RT}\right) \exp\left(\frac{F\varphi_{阴,OH^-}^{\ominus}}{RT}\right) = k_{OH^-}' \exp\left(-\frac{F\varphi_{阴,OH^-}}{RT}\right) \quad (7.65)$$

式中，

$$k_{OH^-}' = \left(\frac{p_{O_2} a_{H_2O}^2}{a_{OH^-}^4}\right)^{1/4} \exp\left(\frac{F\varphi_{阴,OH^-}^{\ominus}}{RT}\right) \approx \left(\frac{p_{O_2} c_{H_2O}^2}{c_{OH^-}^4}\right)^{1/4} \exp\left(\frac{F\varphi_{阴,OH^-}^{\ominus}}{RT}\right)$$

电极反应达平衡，阴极表面没有电流通过。化学反应为

$$O_2 + 2H_2O + 4e \Longrightarrow 4OH^-$$

该反应的摩尔吉布斯自由能变化为

$$\Delta G_{m,阴,OH^-,e} = 4\mu_{OH^-} - \mu_{O_2} - 2\mu_{H_2O} - 4\mu_e = \Delta G_{m,阴,OH^-}^{\ominus} + RT \ln \frac{a_{OH^-,e}^4}{p_{O_2,e} a_{H_2O,e}^2}$$

式中，

$$\Delta G_{m,阴,OH^-}^{\ominus} = 4\mu_{OH^-}^{\ominus} - \mu_{O_2}^{\ominus} - 2\mu_{H_2O}^{\ominus} - 4\mu_e^{\ominus}$$

$$\mu_{OH^-} = \mu_{OH^-}^{\ominus} + RT \ln a_{OH^-,e}$$

$$\mu_{O_2} = \mu_{O_2}^{\ominus} + RT \ln p_{O_2,e}$$

$$\mu_{H_2O} = \mu_{H_2O}^{\ominus} + RT \ln a_{H_2O,e}$$

$$\mu_{\mathrm{e}} = \mu_{\mathrm{e}}^{\ominus}$$

阴极平衡电势：由

$$\varphi_{\text{阴},\mathrm{OH}^-,\mathrm{e}} = -\frac{\Delta G_{\mathrm{m},\text{阴},\mathrm{OH}^-,\mathrm{e}}}{4F}$$

得

$$\varphi_{\text{阴},\mathrm{OH}^-,\mathrm{e}} = \varphi_{\text{阴},\mathrm{OH}^-}^{\ominus} + \frac{RT}{4F}\ln\frac{p_{\mathrm{O}_2,\mathrm{e}}a_{\mathrm{H}_2\mathrm{O},\mathrm{e}}^2}{a_{\mathrm{OH}^-,\mathrm{e}}^4} \qquad (7.66)$$

式中，

$$\varphi_{\text{阴},\mathrm{OH}^-}^{\ominus} = -\frac{\Delta G_{\mathrm{m},\text{阴},\mathrm{OH}^-}^{\ominus}}{4F} = -\frac{4\mu_{\mathrm{OH}^-}^{\ominus} - \mu_{\mathrm{O}_2}^{\ominus} - 2\mu_{\mathrm{H}_2\mathrm{O}}^{\ominus} - 4\mu_{\mathrm{e}}^{\ominus}}{4F}$$

阴极过电势：

式（7.64）–式（7.66），得

$$\Delta\varphi_{\text{阴},\mathrm{OH}^-} = \varphi_{\text{阴},\mathrm{OH}^-} - \varphi_{\text{阴},\mathrm{OH}^-}^{\ominus} = \frac{RT}{4F}\ln\frac{p_{\mathrm{O}_2}a_{\mathrm{H}_2\mathrm{O}}^2 a_{\mathrm{OH}^-,\mathrm{e}}^4}{a_{\mathrm{OH}^-}^4 p_{\mathrm{O}_2,\mathrm{e}}a_{\mathrm{H}_2\mathrm{O},\mathrm{e}}^2} - \frac{RT}{F}\ln i$$

由上式得

$$\ln i = -\frac{F\Delta\varphi_{\text{阴},\mathrm{OH}^-}}{RT} + \frac{1}{4}\ln\frac{p_{\mathrm{O}_2}a_{\mathrm{H}_2\mathrm{O}}^2 a_{\mathrm{OH}^-,\mathrm{e}}^4}{a_{\mathrm{OH}^-}^4 p_{\mathrm{O}_2,\mathrm{e}}a_{\mathrm{H}_2\mathrm{O},\mathrm{e}}^2}$$

$$i = \left(\frac{p_{\mathrm{O}_2}a_{\mathrm{H}_2\mathrm{O}}^2 a_{\mathrm{OH}^-,\mathrm{e}}^4}{a_{\mathrm{OH}^-}^4 p_{\mathrm{O}_2,\mathrm{e}}a_{\mathrm{H}_2\mathrm{O},\mathrm{e}}^2}\right)^{1/4}\exp\left(-\frac{F\Delta\varphi_{\text{阴},\mathrm{OH}^-}}{RT}\right) = k'_{\mathrm{OH}^-}\exp\left(-\frac{F\Delta\varphi_{\text{阴},\mathrm{OH}^-}}{RT}\right) \qquad (7.67)$$

式中，

$$k'_{\mathrm{OH}^-} = \left(\frac{p_{\mathrm{O}_2}a_{\mathrm{H}_2\mathrm{O}}^2 a_{\mathrm{OH}^-,\mathrm{e}}^4}{a_{\mathrm{OH}^-}^4 p_{\mathrm{O}_2,\mathrm{e}}a_{\mathrm{H}_2\mathrm{O},\mathrm{e}}^2}\right)^{1/4} \approx \left(\frac{p_{\mathrm{O}_2}c_{\mathrm{H}_2\mathrm{O}}^2 c_{\mathrm{OH}^-,\mathrm{e}}^4}{c_{\mathrm{OH}^-}^4 p_{\mathrm{O}_2,\mathrm{e}}c_{\mathrm{H}_2\mathrm{O},\mathrm{e}}^2}\right)^{1/4}$$

（3）催化分解：

$$\mathrm{HO}_2^- = \frac{1}{2}\mathrm{O}_2 + \mathrm{OH}^-$$

该反应的摩尔吉布斯自由能变化为

$$\Delta G_{\mathrm{m},\text{阴},\mathrm{OH}^-} = \frac{1}{2}\mu_{\mathrm{O}_2} + \mu_{\mathrm{OH}^-} - \mu_{\mathrm{HO}_2^-} = \Delta G_{\mathrm{m},\text{阴},\mathrm{OH}^-}^{\ominus} + RT\ln\frac{p_{\mathrm{O}_2}^{1/2}a_{\mathrm{OH}^-}}{a_{\mathrm{HO}_2^-}}$$

式中，

$$\Delta G_{\mathrm{m},\text{阴},\mathrm{OH}^-}^{\ominus} = \frac{1}{2}\mu_{\mathrm{O}_2}^{\ominus} - \mu_{\mathrm{OH}^-}^{\ominus} - \mu_{\mathrm{HO}_2^-}^{\ominus}$$

$$\mu_{\mathrm{O}_2} = \mu_{\mathrm{O}_2}^{\ominus} + RT\ln p_{\mathrm{O}_2}$$

$$\mu_{\mathrm{OH}^-} = \mu_{\mathrm{OH}^-}^{\ominus} + RT \ln a_{\mathrm{OH}^-}$$

$$\mu_{\mathrm{HO}_2^-} = \mu_{\mathrm{HO}_2^-}^{\ominus} + RT \ln a_{\mathrm{HO}_2^-}$$

催化分解反应的速率为

$$j_{\mathrm{OH}^-} = -\frac{\mathrm{d}n_{\mathrm{OH}^-}}{\mathrm{d}t} = k_+ c_{\mathrm{HO}_2^-}^{n_+} - k_- p_{\mathrm{O}_2}^{n_-} c_{\mathrm{OH}^-}^{n_-'} = k_+ \left(c_{\mathrm{HO}_2^-}^{n_+} - \frac{1}{k} p_{\mathrm{O}_2}^{n_-} c_{\mathrm{OH}^-}^{n_-'} \right) \tag{7.68}$$

式中，

$$K = \frac{k_+}{k_-} = \frac{p_{\mathrm{O}_2}^{n_-} c_{\mathrm{OH}^-}^{n_-'}}{c_{\mathrm{HO}_2^-}^{n_+}} = \frac{p_{\mathrm{O}_2,\mathrm{e}}^{1/2} a_{\mathrm{OH}^-,\mathrm{e}}}{a_{\mathrm{HO}_2^-,\mathrm{e}}}$$

K 为平衡常数。

考虑后继反应，

$$\mathrm{O}_2 + \mathrm{H}_2\mathrm{O} + 2\mathrm{e} = \mathrm{HO}_2^- + \mathrm{OH}^- \tag{ⅰ}$$

$$\mathrm{HO}_2^- = \frac{1}{2}\mathrm{O}_2 + \mathrm{OH}^- \tag{ⅲ}$$

总反应为

$$\frac{1}{2}\mathrm{O}_2 + \mathrm{H}_2\mathrm{O} + 2\mathrm{e} = 2\mathrm{OH}^-$$

即

$$\mathrm{O}_2 + 2\mathrm{H}_2\mathrm{O} + 4\mathrm{e} = 4\mathrm{OH}^-$$

与形成中间产物和电化学分解的总反应相同。见 7.2.2（1）（ⅳ）。

2. 不形成中间产物

$$\mathrm{O}_2 + 2\mathrm{M} = 2(\mathrm{M}\!\!-\!\!\mathrm{O}) \tag{ⅰ}$$

$$\mathrm{M}\!\!-\!\!\mathrm{O} + \mathrm{H}_2\mathrm{O} + 2\mathrm{e} = 2\mathrm{OH}^- + \mathrm{M} \tag{ⅱ}$$

总反应为

$$\mathrm{O}_2 + 2\mathrm{H}_2\mathrm{O} + 4\mathrm{e} = 4\mathrm{OH}^- \tag{ⅲ}$$

（1）形成吸附氧

$$\mathrm{O}_2 + 2\mathrm{M} = 2(\mathrm{M}\!\!-\!\!\mathrm{O})$$

该过程与在酸性溶液中相同。

（2）电化学还原

$$\mathrm{M}\!\!-\!\!\mathrm{O} + \mathrm{H}_2\mathrm{O} + 2\mathrm{e} = 2\mathrm{OH}^- + \mathrm{M}$$

该反应的摩尔吉布斯自由能变化为

$$\Delta G_{\mathrm{m,阴,OH}^-} = 2\mu_{\mathrm{OH}^-} + \mu_{\mathrm{M}} - \mu_{\mathrm{M}\!\!-\!\!\mathrm{O}} - \mu_{\mathrm{H}_2\mathrm{O}} - 2\mu_{\mathrm{e}}$$

$$= \Delta G_{\mathrm{m,阴,OH}^-}^{\ominus} + RT \ln \frac{a_{\mathrm{OH}^-}^2 (1 - \theta_{\mathrm{M}\!\!-\!\!\mathrm{O}})}{\theta_{\mathrm{M}\!\!-\!\!\mathrm{O}} a_{\mathrm{H}_2\mathrm{O}}} + 2RT \ln i$$

式中，

$$\Delta G_{\mathrm{m,阴,OH}^-}^{\ominus} = 2\mu_{\mathrm{OH}^-}^{\ominus} + \mu_{\mathrm{M}}^{\ominus} - \mu_{\mathrm{M}\!\!-\!\!\mathrm{O}}^{\ominus} - \mu_{\mathrm{H}_2\mathrm{O}}^{\ominus} - 2\mu_{\mathrm{e}}^{\ominus}$$

$$\mu_{OH^-} = \mu_{OH^-}^{\ominus} + RT \ln a_{OH^-}$$

$$\mu_M = \mu_M^{\ominus} + RT \ln(1 - \theta_{M-O})$$

$$\mu_{M-O} = \mu_{M-O}^{\ominus} + RT \ln \theta_{M-O}$$

$$\mu_{H_2O} = \mu_{H_2O}^{\ominus} + RT \ln a_{H_2O}$$

$$\mu_e = \mu_e^{\ominus} - RT \ln i$$

阴极电势：由

$$\varphi_{阴,OH^-} = -\frac{\Delta G_{m,阴,OH^-}}{2F}$$

得

$$\varphi_{阴,OH^-} = \varphi_{阴,OH^-}^{\ominus} + \frac{RT}{2F} \ln \frac{\theta_{M-O} a_{H_2O}}{a_{OH^-}^2 (1 - \theta_{M-O})} - \frac{RT}{F} \ln i \qquad （7.69）$$

式中，

$$\varphi_{阴,OH^-}^{\ominus} = -\frac{\Delta G_{m,阴,OH^-}^{\ominus}}{2F} = -\frac{2\mu_{OH^-}^{\ominus} + \mu_M^{\ominus} - \mu_{M-O}^{\ominus} - \mu_{H_2O}^{\ominus} - 2\mu_e^{\ominus}}{2F}$$

由式（7.69）得

$$\ln i = -\frac{F\varphi_{阴,OH^-}}{RT} + \frac{F\varphi_{阴,OH^-}^{\ominus}}{RT} + \frac{1}{2} \ln \frac{\theta_{M-O} a_{H_2O}}{a_{OH^-}^2 (1 - \theta_{M-O})}$$

有

$$i = \left[\frac{\theta_{M-O} a_{H_2O}}{a_{OH^-}^2 (1 - \theta_{M-O})} \right]^{1/2} \exp\left(-\frac{F\varphi_{阴,OH^-}}{RT} \right) \exp\left(\frac{F\varphi_{阴,OH^-}^{\ominus}}{RT} \right) = k_{OH^-} \exp\left(-\frac{F\varphi_{阴,OH^-}}{RT} \right)$$

$$（7.70）$$

式中，

$$k_{OH^-} = \left[\frac{\theta_{M-O} a_{H_2O}}{a_{OH^-}^2 (1 - \theta_{M-O})} \right]^{1/2} \exp\left(\frac{F\varphi_{阴,OH^-}^{\ominus}}{RT} \right) \approx \left[\frac{\theta_{M-O} c_{H_2O}}{c_{OH^-}^2 (1 - \theta_{M-O})} \right]^{1/2} \exp\left(\frac{F\varphi_{阴,OH^-}^{\ominus}}{RT} \right)$$

电极反应达平衡，阴极没有电流通过。化学反应为

$$M-O + H_2O + 2e \Longrightarrow 2OH^- + M$$

该反应的摩尔吉布斯自由能变化为

$$\Delta G_{m,阴,OH^-,e} = 2\mu_{OH^-} + \mu_M - \mu_{M-O} - \mu_{H_2O} - 2\mu_e = \Delta G_{m,阴,OH^-}^{\ominus} + RT \ln \frac{a_{OH^-,e}^2 (1 - \theta_{M-O,e})}{\theta_{M-O,e} a_{H_2O,e}}$$

式中，

$$\Delta G_{m,阴,OH^-}^{\ominus} = 2\mu_{OH^-}^{\ominus} + \mu_M^{\ominus} - \mu_{M-O}^{\ominus} - \mu_{H_2O}^{\ominus} - 2\mu_e^{\ominus}$$

$$\mu_{OH^-} = \mu_{OH^-}^{\ominus} + RT \ln a_{OH^-,e}$$

$$\mu_M = \mu_M^\ominus + RT\ln(1-\theta_{M-O,e})$$

$$\mu_{M-O} = \mu_{M-O}^\ominus + RT\ln a_{M-O,e}$$

$$\mu_{H_2O} = \mu_{H_2O}^\ominus + RT\ln a_{H_2O,e}$$

$$\mu_e = \mu_e^\ominus$$

阴极平衡电势：由

$$\varphi_{阴,OH^-,e} = -\frac{\Delta G_{m,阴,OH^-,e}}{2F}$$

得

$$\varphi_{阴,OH^-,e} = \varphi_{阴,OH^-}^\ominus + \frac{RT}{2F}\ln\frac{\theta_{M-O,e}a_{H_2O,e}}{a_{OH^-,e}^2(1-\theta_{M-O,e})} \qquad (7.71)$$

式中，

$$\varphi_{阴,OH^-}^\ominus = -\frac{\Delta G_{m,阴,OH^-}^\ominus}{2F} = -\frac{2\mu_{OH^-}^\ominus + \mu_M^\ominus - \mu_{M-O}^\ominus - \mu_{H_2O}^\ominus - 2\mu_e^\ominus}{2F}$$

阴极过电势：

式（7.69）−式（7.71），得

$$\Delta\varphi_{阴,OH^-} = \varphi_{阴,OH^-} - \varphi_{阴,OH^-,e} = \frac{RT}{2F}\ln\frac{\theta_{M-O}a_{H_2O}a_{OH^-,e}^2(1-\theta_{M-O,e})}{a_{OH^-}^2(1-\theta_{M-O})\theta_{M-O,e}a_{H_2O,e}} - \frac{RT}{F}\ln i$$

移项，得

$$\ln i = \frac{1}{2}\ln\frac{\theta_{M-O}a_{H_2O}a_{OH^-,e}^2(1-\theta_{M-O,e})}{a_{OH^-}^2(1-\theta_{M-O})\theta_{M-O,e}a_{H_2O,e}} - \frac{F\Delta\varphi_{阴,OH^-}}{RT}$$

有

$$i = \left[\frac{\theta_{M-O}a_{H_2O}a_{OH^-,e}^2(1-\theta_{M-O,e})}{a_{OH^-}^2(1-\theta_{M-O})\theta_{M-O,e}a_{H_2O,e}}\right]^{1/2}\exp\left(-\frac{F\Delta\varphi_{阴,OH^-}}{RT}\right) = k_{OH^-}'\exp\left(-\frac{F\varphi_{阴,OH^-}}{RT}\right)$$

$$(7.72)$$

式中，

$$k_{OH^-}' = \left[\frac{\theta_{M-O}a_{H_2O}a_{OH^-,e}^2(1-\theta_{M-O,e})}{a_{OH^-}^2(1-\theta_{M-O})\theta_{M-O,e}a_{H_2O,e}}\right]^{1/2} \approx \left[\frac{\theta_{M-O}c_{H_2O}c_{OH^-,e}^2(1-\theta_{M-O,e})}{c_{OH^-}^2(1-\theta_{M-O})\theta_{M-O,e}c_{H_2O,e}}\right]^{1/2}$$

考虑前置反应：

式（ i ）和式（ ii ）的总反应为

$$O_2 + 2M = 2(M-O)$$

$$+ \qquad M-O + H_2O + 2e = 2OH^- + M$$

$$\overline{O_2 + 2H_2O + 4e = 4OH^-} \qquad (iii)$$

该过程的摩尔吉布斯自由能变化为

$$\Delta G_{m,阴,t} = 4\mu_{OH^-} - \mu_{O_2} - 2\mu_{H_2O} - 4\mu_e = \Delta G_{m,阴,t}^{\ominus} + RT\ln\frac{a_{OH^-}^4}{p_{O_2}a_{H_2O}^2} + 4RT\ln i$$

式中,

$$\Delta G_{m,阴,t}^{\ominus} = 4\mu_{OH^-}^{\ominus} - \mu_{O_2}^{\ominus} - 2\mu_{H_2O}^{\ominus} - 4\mu_e^{\ominus}$$

$$\mu_{OH^-} = \mu_{OH^-}^{\ominus} + RT\ln a_{OH^-}$$

$$\mu_{O_2} = \mu_{O_2}^{\ominus} + RT\ln p_{O_2}$$

$$\mu_{H_2O} = \mu_{H_2O}^{\ominus} + RT\ln a_{H_2O}$$

$$\mu_e = \mu_e^{\ominus} - RT\ln i$$

阴极电势: 由

$$\varphi_{阴,t} = -\frac{\Delta G_{m,阴,t}}{2F}$$

得

$$\varphi_{阴,t} = \varphi_{阴,t}^{\ominus} + \frac{RT}{4F}\ln\frac{p_{O_2}a_{H_2O}^2}{a_{OH^-}^4} - \frac{RT}{F}\ln i \tag{7.73}$$

式中,

$$\varphi_{阴,t}^{\ominus} = -\frac{\Delta G_{m,阴,t}^{\ominus}}{4F} = -\frac{4\mu_{OH^-}^{\ominus} - \mu_{O_2}^{\ominus} - 2\mu_{H_2O}^{\ominus} - 4\mu_e^{\ominus}}{2F}$$

由式 (7.73) 得

$$\ln i = -\frac{F\varphi_{阴,t}}{RT} + \frac{F\varphi_{阴,t}^{\ominus}}{RT} + \frac{1}{4}\ln\frac{p_{O_2}a_{H_2O}^2}{a_{OH^-}^4}$$

有

$$i = \left(\frac{p_{O_2}a_{H_2O}^2}{a_{OH^-}^4}\right)^{1/4}\exp\left(-\frac{F\varphi_{阴,t}}{RT}\right)\exp\left(\frac{F\varphi_{阴,t}^{\ominus}}{RT}\right) = k_{OH^-}'\exp\left(-\frac{F\varphi_{阴,t}}{RT}\right) \tag{7.74}$$

式中,

$$k_{OH^-}' = \left(\frac{p_{O_2}a_{H_2O}^2}{a_{OH^-}^4}\right)^{1/4}\exp\left(\frac{F\varphi_{阴,t}^{\ominus}}{RT}\right) \approx \left(\frac{p_{O_2}c_{H_2O}^2}{c_{OH^-}^4}\right)^{1/4}\exp\left(\frac{F\varphi_{阴,t}^{\ominus}}{RT}\right)$$

电极反应达平衡,阴极没有电流通过。化学反应为

$$O_2 + 2M \Longleftrightarrow 2(M\!-\!O)$$

$$\underline{M\!-\!O + H_2O + 2e \Longleftrightarrow 2OH^- + M}$$

$$O_2 + 2H_2O + 4e \Longleftrightarrow 4OH^-$$

该反应的摩尔吉布斯自由能变化为

$$\Delta G_{m,阴,t,e} = 4\mu_{OH^-} - \mu_{O_2} - 2\mu_{H_2O} - 4\mu_e = \Delta G_{m,阴,t}^{\ominus} + RT\ln\frac{a_{OH^-,e}^4}{p_{O_2,e}a_{H_2O,e}^2}$$

式中，

$$\Delta G_{m,阴,t,e}^{\ominus} = 4\mu_{OH^-}^{\ominus} - \mu_{O_2}^{\ominus} - 2\mu_{H_2O}^{\ominus} - 4\mu_e^{\ominus}$$

$$\mu_{OH^-} = \mu_{OH^-}^{\ominus} + RT\ln a_{OH^-}$$

$$\mu_{O_2} = \mu_{O_2}^{\ominus} + RT\ln p_{O_2}$$

$$\mu_{H_2O} = \mu_{H_2O}^{\ominus} + RT\ln a_{H_2O}$$

$$\mu_e = \mu_e^{\ominus}$$

阴极平衡电势：由

$$\varphi_{阴,t,e} = -\frac{\Delta G_{m,阴,t,e}}{4F}$$

得

$$\varphi_{阴,t,e} = \varphi_{阴,t}^{\ominus} + \frac{RT}{4F}\ln\frac{p_{O_2,e}a_{H_2O,e}^2}{a_{OH^-,e}^4} \tag{7.75}$$

式中，

$$\varphi_{阴,t}^{\ominus} = -\frac{\Delta G_{m,阴,t}^{\ominus}}{4F} = -\frac{4\mu_{OH^-}^{\ominus} - \mu_{O_2}^{\ominus} - 2\mu_{H_2O}^{\ominus} - 4\mu_e^{\ominus}}{4F}$$

阴极过电势：

式（7.73）−式（7.75），得

$$\Delta\varphi_{阴,t} = \varphi_{阴,t} - \varphi_{阴,t,e} = \frac{RT}{4F}\ln\frac{p_{O_2}a_{H_2O}^2 a_{OH^-,e}^4}{a_{OH^-}^4 p_{O_2,e}a_{H_2O,e}^2} - \frac{RT}{F}\ln i \tag{7.76}$$

由上式得

$$\ln i = -\frac{F\Delta\varphi_{阴,t}}{RT} + \frac{1}{4}\ln\frac{p_{O_2}a_{H_2O}^2 a_{OH^-,e}^4}{a_{OH^-}^4 p_{O_2,e}a_{H_2O,e}^2}$$

有

$$i = \left(\frac{p_{O_2}a_{H_2O}^2 a_{OH^-,e}^4}{a_{OH^-}^4 p_{O_2,e}a_{H_2O,e}^2}\right)^{1/4}\exp\left(-\frac{F\Delta\varphi_{阴,t}}{RT}\right) = k_t'\exp\left(-\frac{F\Delta\varphi_{阴,t}}{RT}\right) \tag{7.77}$$

式中，

$$k_t' = \left(\frac{p_{O_2}a_{H_2O}^2 a_{OH^-,e}^4}{a_{OH^-}^4 p_{O_2,e}a_{H_2O,e}^2}\right)^{1/4} \approx \left(\frac{p_{O_2}c_{H_2O}^2 c_{OH^-,e}^4}{c_{OH^-}^4 p_{O_2,e}c_{H_2O,e}^2}\right)^{1/4}$$

7.2.3　汞电极

1. O_2 的阴极还原

在酸性溶液中，O_2 在汞电极上还原 H_2O_2，控速步骤为

$$O_2 + e \Longrightarrow O_2^-　　　　　　　　　（i）$$

随后进行的一系列步骤都处于平衡状态：

$$O_2^- + H^+ \Longrightarrow HO_2　　　　　　　（ii）$$

$$HO_2 + e \Longrightarrow HO_2^-　　　　　　　（iii）$$

$$HO_2^- + H^+ \Longrightarrow H_2O_2　　　　　　（iv）$$

反应（i）的摩尔吉布斯自由能变化为

$$\Delta G_{m,阴,O_2^-} = \mu_{O_2^-} - \mu_{O_2} - \mu_e = \Delta G_{m,阴,O_2^-}^{\ominus} + RT \ln \frac{a_{O_2^-}}{p_{O_2}} + RT \ln i$$

式中，

$$\Delta G_{m,阴,O_2^-}^{\ominus} = \mu_{O_2^-}^{\ominus} - \mu_{O_2}^{\ominus} - \mu_e^{\ominus}$$

$$\mu_{O_2^-} = \mu_{O_2^-}^{\ominus} + RT \ln a_{O_2^-}$$

$$\mu_{O_2} = \mu_{O_2}^{\ominus} + RT \ln p_{O_2}$$

$$\mu_e = \mu_e^{\ominus} - RT \ln i$$

阴极电势：由

$$\varphi_{阴,O_2^-} = -\frac{\Delta G_{m,阴,O_2^-}}{F}$$

得

$$\varphi_{阴,O_2^-} = \varphi_{阴,O_2^-}^{\ominus} + \frac{RT}{F} \ln \frac{p_{O_2}}{a_{O_2^-}} - \frac{RT}{F} \ln i　　　　（7.78）$$

式中，

$$\varphi_{阴,O_2^-}^{\ominus} = -\frac{\Delta G_{m,O_2^-}^{\ominus}}{F} = -\frac{\mu_{O_2^-}^{\ominus} - \mu_{O_2}^{\ominus} - \mu_e^{\ominus}}{F}$$

由式（7.78）得

$$\ln i = -\frac{F\varphi_{阴,O_2^-}}{RT} + \frac{F\varphi_{阴,O_2^-}^{\ominus}}{RT} + \ln \frac{p_{O_2}}{a_{O_2^-}}$$

有

$$i = \frac{p_{O_2}}{a_{O_2^-}} \exp\left(-\frac{F\varphi_{\text{阴},O_2^-}}{RT}\right) \exp\left(\frac{F\varphi_{\text{阴},O_2^-}^{\ominus}}{RT}\right) = k_{O_2^-} \exp\left(-\frac{F\varphi_{\text{阴},O_2^-}}{RT}\right) \quad (7.79)$$

式中，

$$k_{O_2^-} = \frac{p_{O_2}}{a_{O_2^-}} \exp\left(\frac{F\varphi_{\text{阴},O_2^-}^{\ominus}}{RT}\right) \approx \frac{p_{O_2}}{c_{O_2^-}} \exp\left(\frac{F\varphi_{\text{阴},O_2^-}^{\ominus}}{RT}\right)$$

阴极反应达平衡，阴极上没有电流通过，化学反应为

$$O_2 + e \Longrightarrow O_2^-$$

该反应的摩尔吉布斯自由能变化为

$$\Delta G_{\text{m},\text{阴},O_2^-,e} = \mu_{O_2^-} - \mu_{O_2} - \mu_e = \Delta G_{\text{m},\text{阴},O_2^-}^{\ominus} + RT \ln \frac{a_{O_2^-,e}}{p_{O_2,e}}$$

式中，

$$\Delta G_{\text{m},\text{阴},O_2^-}^{\ominus} = \mu_{O_2^-}^{\ominus} - \mu_{O_2}^{\ominus} - \mu_e^{\ominus}$$

$$\mu_{O_2^-} = \mu_{O_2^-}^{\ominus} + RT \ln a_{O_2^-,e}$$

$$\mu_{O_2} = \mu_{O_2}^{\ominus} + RT \ln p_{O_2,e}$$

$$\mu_e = \mu_e^{\ominus}$$

阴极平衡电势：由

$$\varphi_{\text{阴},O_2^-,e} = -\frac{\Delta G_{\text{m},\text{阴},O_2^-,e}}{F}$$

得

$$\varphi_{\text{阴},O_2^-,e} = \varphi_{\text{阴},O_2^-}^{\ominus} + \frac{RT}{F} \ln \frac{p_{O_2,e}}{a_{O_2^-,e}} \quad (7.80)$$

式中，

$$\varphi_{\text{阴},O_2^-}^{\ominus} = -\frac{\Delta G_{\text{m},\text{阴},O_2^-}^{\ominus}}{F} = -\frac{\mu_{O_2^-}^{\ominus} - \mu_{O_2}^{\ominus} - \mu_e^{\ominus}}{F}$$

阴极过电势：式（7.78）–式（7.80），得

$$\Delta\varphi_{\text{阴},O_2^-} = \varphi_{\text{阴},O_2^-} - \varphi_{\text{阴},O_2^-,e} = \frac{RT}{F} \ln \frac{p_{O_2} a_{O_2^-,e}}{a_{O_2^-} p_{O_2,e}} - \frac{RT}{F} \ln i \quad (7.81)$$

由上式得

$$\ln i = -\frac{F\Delta\varphi_{\text{阴},O_2^-}}{RT} + \ln \frac{p_{O_2} a_{O_2^-,e}}{a_{O_2^-} p_{O_2,e}}$$

有

$$i = \frac{p_{O_2} a_{O_2^-,e}}{a_{O_2^-} p_{O_2,e}} \exp\left(-\frac{F\Delta\varphi_{阴,O_2^-}}{RT}\right) = k'_{O_2} \exp\left(-\frac{F\Delta\varphi_{阴,O_2^-}}{RT}\right) \tag{7.82}$$

式中,

$$k'_{O_2} = \frac{p_{O_2} a_{O_2^-,e}}{a_{O_2^-} p_{O_2,e}} \approx \frac{p_{O_2} c_{O_2^-,e}}{c_{O_2^-} p_{O_2,e}}$$

考虑后继反应,有

$$O_2 + e \Longrightarrow O_2^-$$
$$O_2^- + H^+ \Longrightarrow HO_2$$
$$HO_2 + e \Longrightarrow HO_2^-$$
$$HO_2^- + H^+ \Longrightarrow H_2O_2$$

总反应　　　　　　$$O_2 + 2H^+ + 2e \Longrightarrow H_2O_2$$

与在酸性溶液中的反应相同,见 7.2.1 的 1.(1)。

2. H_2O_2 在汞电极上的还原

在碱性溶液中,H_2O_2 在汞电极上的还原反应控速步骤为

$$H_2O_2 + e \Longrightarrow OH + OH^- \tag{i}$$

随后的步骤处于平衡状态,为

$$OH + e \Longrightarrow OH^-$$
$$2OH^- + 2H^+ \Longrightarrow 2H_2O$$

式(i)的摩尔吉布斯自由能变化为

$$\Delta G_{m,阴,OH^-} = \mu_{OH} + \mu_{OH^-} - \mu_{H_2O_2} - \mu_e = \Delta G_{m,阴,OH^-}^\ominus + RT\ln\frac{a_{OH}a_{OH^-}}{a_{H_2O_2}} + RT\ln i$$

式中,

$$\Delta G_{m,阴,OH^-}^\ominus = \mu_{OH}^\ominus + \mu_{OH^-}^\ominus - \mu_{H_2O_2}^\ominus - \mu_e^\ominus$$
$$\mu_{OH} = \mu_{OH}^\ominus + RT\ln a_{OH}$$
$$\mu_{OH^-} = \mu_{OH^-}^\ominus + RT\ln a_{OH^-}$$
$$\mu_{H_2O_2} = \mu_{H_2O_2}^\ominus + RT\ln a_{H_2O_2}$$
$$\mu_e = \mu_e^\ominus - RT\ln i$$

阴极电势:由

$$\varphi_{\text{阴},\text{OH}^-} = -\frac{\Delta G_{\text{m},\text{阴},\text{OH}^-}}{F}$$

得

$$\varphi_{\text{阴},\text{OH}^-} = \varphi_{\text{阴},\text{OH}^-}^{\ominus} + \frac{RT}{F}\ln\frac{a_{\text{OH}}a_{\text{OH}^-}}{a_{\text{H}_2\text{O}_2}} - \frac{RT}{F}\ln i \tag{7.83}$$

式中，

$$\varphi_{\text{阴},\text{OH}^-}^{\ominus} = -\frac{\mu_{\text{OH}}^{\ominus} + \mu_{\text{OH}^-}^{\ominus} - \mu_{\text{H}_2\text{O}_2}^{\ominus} - \mu_{\text{e}}^{\ominus}}{F}$$

由式（7.83）得

$$\ln i = -\frac{F\varphi_{\text{阴},\text{OH}^-}}{RT} + \frac{F\varphi_{\text{阴},\text{OH}^-}^{\ominus}}{RT} + \ln\frac{a_{\text{OH}}a_{\text{OH}^-}}{a_{\text{H}_2\text{O}_2}}$$

有

$$i = \frac{a_{\text{OH}}a_{\text{OH}^-}}{a_{\text{H}_2\text{O}_2}}\exp\left(-\frac{F\varphi_{\text{阴},\text{OH}^-}}{RT}\right)\exp\left(\frac{F\varphi_{\text{阴},\text{OH}^-}^{\ominus}}{RT}\right) = k_{\text{OH}}\exp\left(-\frac{F\varphi_{\text{阴},\text{OH}^-}}{RT}\right) \tag{7.84}$$

$$k_{\text{OH}} = \frac{a_{\text{OH}}a_{\text{OH}^-}}{a_{\text{H}_2\text{O}_2}}\exp\left(\frac{F\varphi_{\text{阴},\text{OH}^-}^{\ominus}}{RT}\right)$$

反应（ⅰ）达平衡，阴极没有电流。

$$\text{H}_2\text{O}_2 + \text{e} \Longleftrightarrow \text{OH} + \text{OH}^- \tag{ⅰ}$$

摩尔吉布斯自由能变化为

$$\Delta G_{\text{m},\text{阴},\text{OH}^-,\text{e}} = \mu_{\text{OH}} + \mu_{\text{OH}^-} - \mu_{\text{H}_2\text{O}_2} - \mu_{\text{e}} = \Delta G_{\text{m},\text{阴},\text{OH}^-}^{\ominus} + RT\ln\frac{a_{\text{OH},\text{e}}a_{\text{OH}^-,\text{e}}}{a_{\text{H}_2\text{O}_2,\text{e}}}$$

式中，

$$\Delta G_{\text{m},\text{阴},\text{OH}^-}^{\ominus} = \mu_{\text{OH}}^{\ominus} + \mu_{\text{OH}^-}^{\ominus} - \mu_{\text{H}_2\text{O}_2}^{\ominus} - \mu_{\text{e}}^{\ominus}$$

$$\mu_{\text{OH}} = \mu_{\text{OH}}^{\ominus} + RT\ln a_{\text{OH},\text{e}}$$

$$\mu_{\text{OH}^-} = \mu_{\text{OH}^-}^{\ominus} + RT\ln a_{\text{OH}^-,\text{e}}$$

$$\mu_{\text{H}_2\text{O}_2} = \mu_{\text{H}_2\text{O}_2}^{\ominus} + RT\ln a_{\text{H}_2\text{O}_2,\text{e}}$$

$$\mu_{\text{e}} = \mu_{\text{e}}^{\ominus}$$

阴极平衡电势：由

$$\varphi_{\text{阴},\text{OH}^-,\text{e}} = -\frac{\Delta G_{\text{m},\text{阴},\text{OH}^-,\text{e}}}{F}$$

得

$$\varphi_{阴,OH^-,e} = \varphi_{阴,OH^-}^{\ominus} + \frac{RT}{F}\ln\frac{a_{H_2O_2,e}}{a_{OH,e}a_{OH^-,e}} \tag{7.85}$$

式中，

$$\varphi_{阴,OH^-}^{\ominus} = -\frac{\mu_{OH}^{\ominus} + \mu_{OH^-}^{\ominus} - \mu_{H_2O_2}^{\ominus} - \mu_e^{\ominus}}{F}$$

阴极过电势：

式（7.83）-式（7.85），得

$$\Delta\varphi_{阴,OH^-} = \varphi_{阴,OH^-} - \varphi_{阴,OH^-,e} = \frac{RT}{F}\ln\frac{a_{H_2O_2}a_{OH,e}a_{OH^-,e}}{a_{OH}a_{OH^-}a_{H_2O_2,e}} - \frac{RT}{F}\ln i \tag{7.86}$$

移项，得

$$\ln i = -\frac{F\Delta\varphi_{阴,OH^-}}{RT} + \ln\frac{a_{H_2O_2}a_{OH,e}a_{OH^-,e}}{a_{OH}a_{OH^-}a_{H_2O_2,e}}$$

有

$$i = \frac{a_{H_2O_2}a_{OH,e}a_{OH^-,e}}{a_{OH}a_{OH^-}a_{H_2O_2,e}}\exp\left(-\frac{F\Delta\varphi_{阴,OH^-}}{RT}\right) = k_{OH^-}'\exp\left(-\frac{F\Delta\varphi_{阴,OH^-}}{RT}\right) \tag{7.87}$$

式中，

$$k_{OH^-}' = \frac{a_{H_2O_2}a_{OH,e}a_{OH^-,e}}{a_{OH}a_{OH^-}a_{H_2O_2,e}} \approx \frac{c_{H_2O_2}c_{OH,e}c_{OH^-,e}}{c_{OH}c_{OH^-}c_{H_2O_2,e}}$$

考虑后继反应，有

$$H_2O_2 + e \Longrightarrow OH + OH^-$$

$$OH + e \Longrightarrow OH^-$$

$$2OH^- + 2H^+ \Longrightarrow 2H_2O$$

总反应 $\qquad H_2O_2 + 2H^+ + 2e \Longrightarrow 2H_2O$

与在酸性溶液中 H_2O_2 的电化学还原相同，见 7.2.1 的 1.（2）

7.3 金属的阴极过程

金属的阴极过程是电极反应生成金属的过程。在电解、电镀、电铸、电沉积、电解加工、化学电源等领域具有重要意义。

金属的电极过程有新相生成，其步骤如下：

（1）液相传质步骤。反应物离子由溶液本体向电极表面传递。

（2）电子转移步骤。反应物离子在电极界面得到电子。

（3）电结晶步骤。产生的原子进入晶格。

如果反应产物是液态金属，则步骤（3）不是电结晶，而是产物由电极界面向电极内部扩散。在步骤（1）和（2）之间，有些情况还可能有前置表面转化步骤。

在外电流作用下，金属离子在阴极表面还原生成金属的过程称为金属电沉积。金属离子在阴极还原的电极电势为

$$\varphi_{\text{阴}} = \varphi_{\text{阴,e}} + \Delta\varphi_{\text{阴}}$$

式中，$\varphi_{\text{阴,e}}$ 为阴极平衡电势，决定电极反应能否进行；$\Delta\varphi_{\text{阴}}$ 为过电势，决定电极反应的可逆程度。

7.4 电 催 化

在电极反应中，不被消耗的物质对电极反应所起的加速作用称为电催化。能够催化电极反应的物质称为电催化。电催化与异相化学催化不同。

（1）电催化与电极电势有关。

（2）电极与溶液界面存在的不参与电极反应的离子和溶剂分子对电催化有明显的影响。

（3）电催化的反应温度可以比异相催化的反应温度低几百摄氏度。

电催化剂主要是电极。这是由于电催化常涉及吸附键的形成与断裂。影响电催化剂性能的因素有两类：一类是几何因素，即电催化剂的比表面积和表面形状，以及反应物在电催化剂表面的几何排布；另一类是能量因素，即反应物离子与电催化的相互作用。

电极的电催化作用主要有：

（1）电极与活化络合物间相互作用，决定反应的吉布斯自由能。

（2）电极与被吸附在其上的反应物或中间产物存在相互作用。这样的作用决定了反应物或中间产物的浓度，确定了电极反应的有效面积。

（3）在一定的电极电势下，电极本性与溶剂和不反应的溶质的吸附能力有关，即与双电层的结构有关，会影响电极反应速率。

第 8 章 金属离子的阴极还原

在讨论金属离子阴极还原时，为简化问题，认为液相传质，前置化学反应和电结晶等都不是控速步骤。仅讨论金属离子阴极还原的电化学过程。

8.1 一价金属离子的阴极还原

一价金属离子的阴极还原分为两步：

（1）水化金属离子失去部分水化分子，使得金属离子与电极靠得足够近，金属离子的未成键电子能级升高，与电极上费米能级的电子能量相近，电子容易转移。

（2）电子由电极转移到金属离子上，金属离子成为原子，吸附到电极表面，成为吸附原子。

下面具体讨论。

一价金属离子的还原反应为

$$\text{Me}^+ + \text{e} \Longrightarrow \text{Me}$$

该过程的摩尔吉布斯自由能变化为

$$\Delta G_{\text{m,阴,Me}^+} = \mu_{\text{Me}} - \mu_{\text{Me}^+} - \mu_{\text{e}} = \Delta G_{\text{m,阴,Me}^+}^{\ominus} + RT \ln \frac{1}{a_{\text{Me}^+}} + RT \ln i$$

式中，

$$\Delta G_{\text{m,阴,Me}^+}^{\ominus} = \mu_{\text{Me}}^{\ominus} - \mu_{\text{Me}^+}^{\ominus} - \mu_{\text{e}}^{\ominus}$$

$$\mu_{\text{Me}} = \mu_{\text{Me}}^{\ominus}$$

$$\mu_{\text{Me}^+} = \mu_{\text{Me}^+}^{\ominus} + RT \ln a_{\text{Me}^+}$$

$$\mu_{\text{e}} = \mu_{\text{e}}^{\ominus} - RT \ln i$$

阴极电势：由

$$\varphi_{\text{阴,Me}^+} = -\frac{\Delta G_{\text{m,阴,Me}^+}^{\ominus}}{F}$$

得

$$\varphi_{\text{阴,Me}^+} = \varphi_{\text{阴,Me}^+}^{\ominus} + \frac{RT}{F} \ln a_{\text{Me}^+} - \frac{RT}{F} \ln i \tag{8.1}$$

式中，

$$\varphi_{阴,Me^+}^{\ominus} = -\frac{\Delta G_{m,阴,Me^+}}{F} = -\frac{\mu_{Me}^{\ominus} - \mu_{Me^+}^{\ominus} - \mu_e^{\ominus}}{F}$$

由式（8.1）得

$$\ln i = -\frac{F\varphi_{阴,Me^+}}{RT} + \frac{F\varphi_{阴,Me^+}^{\ominus}}{RT} + \ln a_{Me^+}$$

有

$$i = a_{Me^+}\exp\left(-\frac{F\varphi_{阴,Me^+}}{RT}\right)\exp\left(\frac{F\varphi_{阴,Me^+}^{\ominus}}{RT}\right) = k_{Me^+}\exp\left(-\frac{F\varphi_{阴,Me^+}}{RT}\right) \qquad （8.2）$$

式中，

$$k_{Me^+} = a_{Me^+}\exp\left(\frac{F\varphi_{阴,Me^+}^{\ominus}}{RT}\right) \approx c_{Me^+}\exp\left(\frac{F\varphi_{阴,Me^+}^{\ominus}}{RT}\right)$$

阴极没有电流，电极反应达到平衡。

$$Me^+ + e \Longrightarrow Me$$

该过程的摩尔吉布斯自由能变化为

$$\Delta G_{m,阴,Me^+,e} = \mu_{Me} - \mu_{Me^+} - \mu_e = \Delta G_{m,阴,Me^+}^{\ominus} + RT\ln\frac{1}{a_{Me^+,e}}$$

式中，

$$\Delta G_{m,阴,Me^+}^{\ominus} = \mu_{Me}^{\ominus} - \mu_{Me^+}^{\ominus} - \mu_e^{\ominus}$$

$$\mu_{Me} = \mu_{Me}^{\ominus}$$

$$\mu_{Me^+} = \mu_{Me^+}^{\ominus} + RT\ln a_{Me^+,e}$$

$$\mu_e = \mu_e^{\ominus}$$

阴极平衡电势：由

$$\varphi_{阴,Me^+,e} = -\frac{\Delta G_{m,阴,Me^+,e}}{F}$$

得

$$\varphi_{阴,Me^+,e} = \varphi_{阴,Me^+}^{\ominus} + \frac{RT}{F}\ln a_{Me^+,e} \qquad （8.3）$$

式中，

$$\varphi_{阴,Me^+}^{\ominus} = -\frac{\Delta G_{m,阴,Me^+}^{\ominus}}{F} = -\frac{\mu_{Me}^{\ominus} - \mu_{Me^+}^{\ominus} - \mu_e^{\ominus}}{F}$$

阴极过电势：

式（8.1）–式（8.3），得

$$\Delta\varphi_{\text{阴},\text{Me}^+} = \varphi_{\text{阴},\text{Me}^+} - \varphi_{\text{阴},\text{Me}^+,\text{e}} = \frac{RT}{F}\ln\frac{a_{\text{Me}^+}}{a_{\text{Me}^+,\text{e}}} - \frac{RT}{F}\ln i$$

由上式得

$$\ln i = -\frac{F\Delta\varphi_{\text{阴},\text{Me}^+}}{RT} + \ln\frac{a_{\text{Me}^+}}{a_{\text{Me}^+,\text{e}}}$$

有

$$i = \frac{a_{\text{Me}^+}}{a_{\text{Me}^+,\text{e}}}\exp\left(-\frac{F\Delta\varphi_{\text{阴},\text{Me}^+}}{RT}\right) = k_{\text{Me}^+}\exp\left(-\frac{F\Delta\varphi_{\text{阴},\text{Me}^+}}{RT}\right) \tag{8.4}$$

式中,

$$k_{\text{Me}^+} = \frac{a_{\text{Me}^+}}{a_{\text{Me}^+,\text{e}}} \approx \frac{c_{\text{Me}^+}}{c_{\text{Me}^+,\text{e}}}$$

8.2　多价金属离子的阴极还原

多价金属离子还原的电子转移步骤比一价金属离子复杂。可能有以下四种反应历程:

1) 一步还原

$$\text{Me}^{z+} + z\text{e} =\!=\!= \text{Me}$$

2) 多步还原

$$\text{Me}^{z+} + \text{e} =\!=\!= \text{Me}^{(z-1)+}$$
$$\text{Me}^{(z-1)+} + \text{e} =\!=\!= \text{Me}^{(z-2)+}$$
$$\vdots$$
$$\text{Me}^+ + \text{e} =\!=\!= \text{Me}$$

3) 中间价离子歧化

$$\text{Me}^{z+} + \text{e} =\!=\!= \text{Me}^{(z-1)+}$$
$$2\text{Me}^{(z-1)+} =\!=\!= \text{Me}^{z+} + \text{Me}^{(z-2)+}$$

4) 中间价离子还原

高价金属离子先进行表面转化反应,生成中间价离子 $\text{Me}^{(z/2)+}$,然后进行电子转移反应:

$$\text{Me}^{z+} + \text{Me} =\!=\!= 2\text{Me}^{(z/2)+}$$
$$\text{Me}^{(z/2)+} + \text{e} =\!=\!= \text{Me}^{(z/2-1)+}$$

实验结果表明,电子转移步骤不可能按反应历程 3) 或 4) 进行。因此,这里不予讨论。

8.2.1　一步还原

阴极还原反应为

$$\text{Me}^{z+} + ze \Longrightarrow \text{Me}$$

该过程的摩尔吉布斯自由能变化为

$$\Delta G_{\text{m,阴,Me}^{z+}} = \mu_{\text{Me}} - \mu_{\text{Me}^{z+}} - z\mu_{\text{e}} = \Delta G_{\text{m,阴,Me}^{z+}}^{\ominus} + RT\ln\frac{1}{a_{\text{Me}^{z+}}} + zRT\ln i$$

式中,

$$\Delta G_{\text{m,阴,Me}^{z+}}^{\ominus} = \mu_{\text{Me}}^{\ominus} - \mu_{\text{Me}^{z+}}^{\ominus} - z\mu_{\text{e}}^{\ominus}$$

$$\mu_{\text{Me}} = \mu_{\text{Me}}^{\ominus}$$

$$\mu_{\text{Me}^{z+}} = \mu_{\text{Me}^{z+}}^{\ominus} + RT\ln a_{\text{Me}^{z+}}$$

$$\mu_{\text{e}} = \mu_{\text{e}}^{\ominus} - RT\ln i$$

阴极电势:由

$$\varphi_{\text{阴,Me}^{z+}} = -\frac{\Delta G_{\text{m,阴,Me}^{z+}}}{zF}$$

得

$$\varphi_{\text{阴,Me}^{z+}} = \varphi_{\text{阴,Me}^{z+}}^{\ominus} + \frac{RT}{zF}\ln a_{\text{Me}^{z+}} - \frac{RT}{F}\ln i \tag{8.5}$$

式中,

$$\varphi_{\text{阴,Me}^{z+}}^{\ominus} = -\frac{\Delta G_{\text{m,阴,Me}^{z+}}^{\ominus}}{zF} = -\frac{\mu_{\text{Me}}^{\ominus} - \mu_{\text{Me}^{z+}}^{\ominus} - z\mu_{\text{e}}^{\ominus}}{F}$$

由式(8.5)得

$$\ln i = -\frac{F\varphi_{\text{阴,Me}^{z+}}}{RT} + \frac{F\varphi_{\text{阴,Me}^{z+}}^{\ominus}}{RT} + \frac{1}{z}\ln a_{\text{Me}^{z+}}$$

有

$$i = a_{\text{Me}^{z+}}^{1/z}\exp\left(-\frac{F\varphi_{\text{阴,Me}^{z+}}}{RT}\right)\exp\left(\frac{F\varphi_{\text{阴,Me}^{z+}}^{\ominus}}{RT}\right) = k_{\text{Me}^{z+}}\exp\left(-\frac{F\varphi_{\text{阴,Me}^{z+}}}{RT}\right) \tag{8.6}$$

式中,

$$k_{\text{Me}^{z+}} = a_{\text{Me}^{z+}}^{1/z}\exp\left(\frac{F\varphi_{\text{阴,Me}^{z+}}^{\ominus}}{RT}\right) \approx c_{\text{Me}^{z+}}^{1/z}\exp\left(\frac{F\varphi_{\text{阴,Me}^{z+}}^{\ominus}}{RT}\right)$$

阴极没有电流,反应达到平衡,有

$$\text{Me}^{z+} + ze \Longrightarrow \text{Me}$$

该过程的摩尔吉布斯自由能变化为

$$\Delta G_{m,阴,e} = \mu_{Me} - \mu_{Me^{z+}} - z\mu_e = \Delta G_{m,阴}^{\ominus} + RT\ln\frac{1}{a_{Me^{z+},e}}$$

式中，

$$\Delta G_{m,阴}^{\ominus} = \mu_{Me}^{\ominus} - \mu_{Me^{z+}}^{\ominus} - \mu_e^{\ominus}$$

$$\mu_{Me} = \mu_{Me}^{\ominus}$$

$$\mu_{Me^{z+}} = \mu_{Me^{z+}}^{\ominus} + RT\ln a_{Me^{z+},e}$$

$$\mu_e = \mu_e^{\ominus}$$

阴极平衡电势：由

$$\varphi_{阴,Me^{z+},e} = -\frac{\Delta G_{m,阴,Me^{z+},e}}{zF}$$

得

$$\varphi_{阴,Me^{z+},e} = \varphi_{阴,Me^{z+}}^{\ominus} + \frac{RT}{zF}\ln a_{Me^{z+},e} \tag{8.7}$$

式中，

$$\varphi_{阴,Me^{z+}}^{\ominus} = -\frac{\Delta G_{m,阴,Me^{z+}}^{\ominus}}{zF} = -\frac{\mu_{Me}^{\ominus} - \mu_{Me^{z+}}^{\ominus} - z\mu_e^{\ominus}}{zF}$$

阴极过电势：

式（8.5）-式（8.7），得

$$\Delta\varphi_{阴,Me^{z+}} = \varphi_{阴,Me^{z+}} - \varphi_{阴,Me^{z+},e} = \frac{RT}{zF}\ln\frac{a_{Me^{z+}}}{a_{Me^{z+},e}} - \frac{RT}{F}\ln i$$

由上式得

$$\ln i = -\frac{F\Delta\varphi_{阴,Me^{z+},e}}{RT} + \frac{1}{z}\ln\frac{a_{Me^{z+}}}{a_{Me^{z+},e}}$$

有

$$i = \left(\frac{a_{Me^{z+}}}{a_{Me^{z+},e}}\right)^{1/z}\exp\left(-\frac{F\Delta\varphi_{阴,Me^{z+},e}}{RT}\right) = k_{阴,Me^{z+}}\exp\left(-\frac{F\Delta\varphi_{阴,Me^{z+},e}}{RT}\right) \tag{8.8}$$

式中，

$$k_{阴,Me^{z+}} = \left(\frac{a_{Me^{z+}}}{a_{Me^{z+},e}}\right)^{1/z} \approx \left(\frac{c_{Me^{z+}}}{c_{Me^{z+},e}}\right)^{1/z}$$

8.2.2　多步还原

1. 第一步

阴极反应为

$$\mathrm{Me}^{z+} + \mathrm{e} \Longrightarrow \mathrm{Me}^{(z-1)+}$$

该过程的摩尔吉布斯自由能变化为

$$\Delta G_{\mathrm{m,阴},(z-1)+} = \mu_{\mathrm{Me}^{(z-1)+}} - \mu_{\mathrm{Me}^{z+}} - \mu_{\mathrm{e}} = \Delta G_{\mathrm{m,阴},(z-1)+}^{\ominus} + RT \ln \frac{a_{\mathrm{Me}^{(z-1)+}}}{a_{\mathrm{Me}^{z+}}} + RT \ln i$$

式中，

$$\Delta G_{\mathrm{m,阴},(z-1)+}^{\ominus} = \mu_{\mathrm{Me}^{(z-1)+}}^{\ominus} - \mu_{\mathrm{Me}^{z+}}^{\ominus} - \mu_{\mathrm{e}}^{\ominus}$$

$$\mu_{\mathrm{Me}^{(z-1)+}} = \mu_{\mathrm{Me}^{(z-1)+}}^{\ominus} + RT \ln a_{\mathrm{Me}^{(z-1)+}}$$

$$\mu_{\mathrm{Me}^{z+}} = \mu_{\mathrm{Me}^{z+}}^{\ominus} + RT \ln a_{\mathrm{Me}^{z+}}$$

$$\mu_{\mathrm{e}} = \mu_{\mathrm{e}}^{\ominus} - RT \ln i$$

阴极电势：由

$$\varphi_{阴,(z-1)+} = -\frac{\Delta G_{\mathrm{m,阴},(z-1)+}}{F}$$

得

$$\varphi_{阴,(z-1)+} = \varphi_{阴,(z-1)+}^{\ominus} + \frac{RT}{F} \ln \frac{a_{\mathrm{Me}^{z+}}}{a_{\mathrm{Me}^{(z-1)+}}} - \frac{RT}{F} \ln i \qquad (8.9)$$

由式（8.9）得

$$\ln i = -\frac{F\varphi_{阴,(z-1)+}}{RT} + \frac{F\varphi_{阴,(z-1)+}^{\ominus}}{RT} + \ln \frac{a_{\mathrm{Me}^{z+}}}{a_{\mathrm{Me}^{(z-1)+}}}$$

有

$$i = \frac{a_{\mathrm{Me}^{z+}}}{a_{\mathrm{Me}^{(z-1)+}}} \exp\left(-\frac{F\varphi_{阴,(z-1)+}}{RT}\right) \exp\left(\frac{F\varphi_{阴,(z-1)+}^{\ominus}}{RT}\right) = k_{阴,z-1} \exp\left(-\frac{F\varphi_{阴,(z-1)+}}{RT}\right)$$

$$(8.10)$$

式中，

$$k_{阴,(z-1)+} = \frac{a_{\mathrm{Me}^{z+}}}{a_{\mathrm{Me}^{(z-1)+}}} \exp\left(\frac{F\varphi_{阴,(z-1)+}^{\ominus}}{RT}\right) \approx \frac{c_{\mathrm{Me}^{z+}}}{c_{\mathrm{Me}^{(z-1)+}}} \exp\left(\frac{F\varphi_{阴,(z-1)+}^{\ominus}}{RT}\right)$$

阴极没有电流，反应达平衡，有

$$\mathrm{Me}^{z+} + \mathrm{e} \Longrightarrow \mathrm{Me}^{(z-1)+}$$

该过程的摩尔吉布斯自由能变化为

$$\Delta G_{\mathrm{m,阴},(z-1)+,e} = \mu_{\mathrm{Me}^{(z-1)+}} - \mu_{\mathrm{Me}^{z+}} - \mu_{\mathrm{e}} = \Delta G_{\mathrm{m,阴},(z-1)+}^{\ominus} + RT \ln \frac{a_{\mathrm{Me}^{(z-1)+},e}}{a_{\mathrm{Me}^{z+},e}}$$

式中，

$$\Delta G_{\mathrm{m,阴},(z-1)+,e}^{\ominus} = \mu_{\mathrm{Me}^{(z-1)+}}^{\ominus} - \mu_{\mathrm{Me}^{z+}}^{\ominus} - \mu_{\mathrm{e}}^{\ominus}$$

$$\mu_{\mathrm{Me}^{(z-1)+}} = \mu_{\mathrm{Me}^{(z-1)+}}^{\ominus} + RT \ln a_{\mathrm{Me}^{(z-1)+},e}$$

$$\mu_{\mathrm{Me}^{z+}} = \mu_{\mathrm{Me}^{z+}}^{\ominus} + RT \ln a_{\mathrm{Me}^{z+},e}$$

$$\mu_{\mathrm{e}} = \mu_{\mathrm{e}}^{\ominus}$$

阴极平衡电势：由

$$\varphi_{阴,(z-1)+,e} = -\frac{\Delta G_{\mathrm{m,阴},(z-1)+,e}}{F}$$

得

$$\varphi_{阴,(z-1)+,e} = \varphi_{阴,(z-1)+}^{\ominus} + \frac{RT}{F} \ln \frac{a_{\mathrm{Me}^{z+},e}}{a_{\mathrm{Me}^{(z-1)+},e}} \tag{8.11}$$

式中，

$$\varphi_{阴,(z-1)+}^{\ominus} = -\frac{\mu_{\mathrm{Me}^{(z-1)+}}^{\ominus} - \mu_{\mathrm{Me}^{z+}}^{\ominus} - \mu_{\mathrm{e}}^{\ominus}}{F}$$

阴极过电势：

式（8.9）–式（8.11），得

$$\Delta \varphi_{阴,(z-1)+} = \varphi_{阴,(z-1)+} - \varphi_{阴,(z-1)+,e} = \frac{RT}{F} \ln \frac{a_{\mathrm{Me}^{z+}} a_{\mathrm{Me}^{(z-1)+},e}}{a_{\mathrm{Me}^{(z-1)+}} a_{\mathrm{Me}^{z+},e}} - \frac{RT}{F} \ln i$$

由上式得

$$\ln i = -\frac{F \Delta \varphi_{阴,(z-1)+}}{RT} + \ln \frac{a_{\mathrm{Me}^{z+}} a_{\mathrm{Me}^{(z-1)+},e}}{a_{\mathrm{Me}^{(z-1)+}} a_{\mathrm{Me}^{z+},e}}$$

有

$$i = \frac{a_{\mathrm{Me}^{z+}} a_{\mathrm{Me}^{(z-1)+},e}}{a_{\mathrm{Me}^{(z-1)+}} a_{\mathrm{Me}^{z+},e}} \exp\left(-\frac{F \Delta \varphi_{阴,(z-1)+}}{RT}\right) = k_{(z-1)+} \exp\left(-\frac{F \Delta \varphi_{阴,(z-1)+,e}}{RT}\right) \tag{8.12}$$

式中，

$$k_{(z-1)+} = \frac{a_{\mathrm{Me}^{z+}} a_{\mathrm{Me}^{(z-1)+},e}}{a_{\mathrm{Me}^{(z-1)+}} a_{\mathrm{Me}^{z+},e}} \approx \frac{c_{\mathrm{Me}^{z+}} c_{\mathrm{Me}^{(z-1)+},e}}{c_{\mathrm{Me}^{(z-1)+}} c_{\mathrm{Me}^{z+},e}}$$

2. 第二步

阴极反应为

$$\text{Me}^{(z-1)+} + \text{e} = \text{Me}^{(z-2)+}$$

该过程的摩尔吉布斯自由能变化为

$$\Delta G_{\text{m,阴},(z-2)+} = \mu_{\text{Me}^{(z-2)+}} - \mu_{\text{Me}^{(z-1)+}} - \mu_{\text{e}} = \Delta G_{\text{m,阴},(z-2)+}^{\ominus} + RT \ln \frac{a_{\text{Me}^{(z-2)+}}}{a_{\text{Me}^{(z-1)+}}} + RT \ln i$$

式中，

$$\Delta G_{\text{m,阴},(z-2)+}^{\ominus} = \mu_{\text{Me}^{(z-2)+}}^{\ominus} - \mu_{\text{Me}^{(z-1)+}}^{\ominus} - \mu_{\text{e}}^{\ominus}$$

$$\mu_{\text{Me}^{(z-2)+}} = \mu_{\text{Me}^{(z-2)+}}^{\ominus} + RT \ln a_{\text{Me}^{(z-2)+}}$$

$$\mu_{\text{Me}^{(z-1)+}} = \mu_{\text{Me}^{(z-1)+}}^{\ominus} + RT \ln a_{\text{Me}^{(z-1)+}}$$

$$\mu_{\text{e}} = \mu_{\text{e}}^{\ominus} - RT \ln i$$

阴极电势：由

$$\varphi_{\text{阴},(z-2)+} = -\frac{\Delta G_{\text{m,阴},(z-2)+}}{F}$$

得

$$\varphi_{\text{阴},(z-2)+} = \varphi_{\text{阴},z-2}^{\ominus} + \frac{RT}{F} \ln \frac{a_{\text{Me}^{(z-1)+}}}{a_{\text{Me}^{(z-2)+}}} - \frac{RT}{F} \ln i \qquad (8.13)$$

式中，

$$\varphi_{\text{阴},(z-2)+}^{\ominus} = -\frac{\mu_{\text{Me}^{(z-2)+}}^{\ominus} - \mu_{\text{Me}^{(z-1)+}}^{\ominus} - \mu_{\text{e}}^{\ominus}}{F}$$

由式（8.13）得

$$\ln i = -\frac{F\varphi_{\text{阴},(z-2)+}}{RT} + \frac{F\varphi_{\text{阴},(z-2)+}^{\ominus}}{RT} + \ln \frac{a_{\text{Me}^{(z-1)+}}}{a_{\text{Me}^{(z-2)+}}}$$

有

$$i = \frac{a_{\text{Me}^{(z-1)+}}}{a_{\text{Me}^{(z-2)+}}} \exp\left(-\frac{F\varphi_{\text{阴},(z-2)+}}{RT}\right) \exp\left(\frac{F\varphi_{\text{阴},(z-2)+}^{\ominus}}{RT}\right) = k_{\text{阴},(z-2)+} \exp\left(-\frac{F\varphi_{\text{阴},(z-2)+}}{RT}\right)$$

$$(8.14)$$

式中，

$$k_{\text{阴},(z-2)+} = \frac{a_{\text{Me}^{(z-1)+}}}{a_{\text{Me}^{(z-2)+}}} \exp\left(\frac{F\varphi_{\text{阴},(z-2)+}^{\ominus}}{RT}\right) \approx \frac{c_{\text{Me}^{(z-1)+}}}{c_{\text{Me}^{(z-2)+}}} \exp\left(\frac{F\varphi_{\text{阴},(z-2)+}^{\ominus}}{RT}\right)$$

阴极反应达平衡，阴极没有电流，有

$$\text{Me}^{(z-1)+} + \text{e} \rightleftharpoons \text{Me}^{(z-2)+}$$

该过程的摩尔吉布斯自由能变化为

$$\Delta G_{m,阴,(z-2)+,e} = \mu_{Me^{(z-2)+}} - \mu_{Me^{(z-1)+}} - \mu_e = \Delta G_{m,阴,(z-2)+}^{\ominus} + RT\ln\frac{a_{Me^{(z-2)+},e}}{a_{Me^{(z-1)+},e}}$$

式中，

$$\Delta G_{m,阴,(z-2)+}^{\ominus} = \mu_{Me^{(z-2)+}}^{\ominus} - \mu_{Me^{(z-1)+}}^{\ominus} - \mu_e^{\ominus}$$

$$\mu_{Me^{(z-2)+}} = \mu_{Me^{(z-2)+}}^{\ominus} + RT\ln a_{Me^{(z-2)+},e}$$

$$\mu_{Me^{(z-1)+}} = \mu_{Me^{(z-1)+}}^{\ominus} + RT\ln a_{Me^{(z-1)+},e}$$

$$\mu_e = \mu_e^{\ominus}$$

阴极平衡电势：由

$$\varphi_{阴,(z-2)+,e} = -\frac{\Delta G_{m,阴,(z-2)+,e}}{F}$$

得

$$\varphi_{阴,(z-2)+,e} = \varphi_{阴,(z-2)+}^{\ominus} + \frac{RT}{F}\ln\frac{a_{Me^{(z-1)+},e}}{a_{Me^{(z-2)+},e}} \tag{8.15}$$

式中，

$$\varphi_{阴,(z-2)+}^{\ominus} = -\frac{\Delta G_{m,阴,(z-2)+}^{\ominus}}{F} = -\frac{\mu_{Me^{(z-2)+}}^{\ominus} - \mu_{Me^{(z-1)+}}^{\ominus} - \mu_e^{\ominus}}{F}$$

阴极过电势：

式（8.13）–式（8.15），得

$$\Delta\varphi_{阴,(z-2)+} = \varphi_{阴,(z-2)+} - \varphi_{阴,(z-2)+,e} = \frac{RT}{F}\ln\frac{a_{Me^{(z-1)+}}a_{Me^{(z-2)+},e}}{a_{Me^{(z-2)+}}a_{Me^{(z-1)+},e}} - \frac{RT}{F}\ln i$$

由上式得

$$\ln i = -\frac{F\Delta\varphi_{阴,(z-2)+}}{RT} + \ln\frac{a_{Me^{(z-1)+}}a_{Me^{(z-2)+},e}}{a_{Me^{(z-2)+}}a_{Me^{(z-1)+},e}}$$

有

$$i = \frac{a_{Me^{(z-1)+}}a_{Me^{(z-2)+},e}}{a_{Me^{(z-2)+}}a_{Me^{(z-1)+},e}}\exp\left(-\frac{F\Delta\varphi_{阴,(z-2)+}}{RT}\right) = k_{(z-2)+}\exp\left(-\frac{F\Delta\varphi_{阴,(z-2)+}}{RT}\right) \tag{8.16}$$

式中，

$$k_{(z-2)+} = \frac{a_{Me^{(z-1)+}}a_{Me^{(z-2)+},e}}{a_{Me^{(z-2)+}}a_{Me^{(z-1)+},e}} \approx \frac{c_{Me^{(z-1)+}}c_{Me^{(z-2)+},e}}{c_{Me^{(z-2)+}}c_{Me^{(z-1)+},e}}$$

3. 第 j 步

阴极反应为

$$\mathrm{Me}^{(z-j+1)+} + \mathrm{e} =\!=\!= \mathrm{Me}^{(z-j)+}$$

摩尔吉布斯自由能变化为

$$\Delta G_{\mathrm{m,阴},j} = \mu_{\mathrm{Me}^{(z-j)+}} - \mu_{\mathrm{Me}^{(z-j+1)+}} - \mu_{\mathrm{e}} = \Delta G_{\mathrm{m,阴},j}^{\ominus} + RT \ln \frac{a_{\mathrm{Me}^{(z-j)+}}}{a_{\mathrm{Me}^{(z-j+1)+}}} + RT \ln i$$

式中，

$$\Delta G_{\mathrm{m,阴},j}^{\ominus} = \mu_{\mathrm{Me}^{(z-j)+}}^{\ominus} - \mu_{\mathrm{Me}^{(z-j+1)+}}^{\ominus} - \mu_{\mathrm{e}}^{\ominus}$$

$$\mu_{\mathrm{Me}^{(z-j)+}} = \mu_{\mathrm{Me}^{(z-j)+}}^{\ominus} + RT \ln a_{\mathrm{Me}^{(z-j)+}}$$

$$\mu_{\mathrm{Me}^{(z-j+1)+}} = \mu_{\mathrm{Me}^{(z-j+1)+}}^{\ominus} + RT \ln a_{\mathrm{Me}^{(z-j+1)+}}$$

$$\mu_{\mathrm{e}} = \mu_{\mathrm{e}}^{\ominus} - RT \ln i$$

阴极电势：由

$$\varphi_{\text{阴},j} = -\frac{\Delta G_{\mathrm{m,阴},j}}{F}$$

得

$$\varphi_{\text{阴},j} = \varphi_{\text{阴},j}^{\ominus} + \frac{RT}{F} \ln \frac{a_{\mathrm{Me}^{(z-j+1)+}}}{a_{\mathrm{Me}^{(z-j)+}}} - \frac{RT}{F} \ln i \qquad (8.17)$$

式中，

$$\varphi_{\text{阴},j}^{\ominus} = -\frac{\Delta G_{\mathrm{m,阴},j}^{\ominus}}{F} = -\frac{\mu_{\mathrm{Me}^{(z-j)+}}^{\ominus} - \mu_{\mathrm{Me}^{(z-j+1)+}}^{\ominus} - \mu_{\mathrm{e}}^{\ominus}}{F}$$

由式（8.17）得

$$\ln i = -\frac{F\varphi_{\text{阴},j}}{RT} + \frac{F\varphi_{\text{阴},j}^{\ominus}}{RT} + \ln \frac{a_{\mathrm{Me}^{(z-j+1)+}}}{a_{\mathrm{Me}^{(z-j)+}}}$$

$$i = \frac{a_{\mathrm{Me}^{(z-j+1)+}}}{a_{\mathrm{Me}^{(z-j)+}}} \exp\left(-\frac{F\varphi_{\text{阴},j}}{RT}\right) \exp\left(\frac{F\varphi_{\text{阴},j}^{\ominus}}{RT}\right) = k_{\text{阴},j} \exp\left(-\frac{F\varphi_{\text{阴},j}}{RT}\right) \qquad (8.18)$$

式中，

$$k_{\text{阴},j} = \frac{a_{\mathrm{Me}^{(z-j+1)+}}}{a_{\mathrm{Me}^{(z-j)+}}} \exp\left(\frac{F\varphi_{\text{阴},j}^{\ominus}}{RT}\right) \approx \frac{c_{\mathrm{Me}^{(z-j+1)+}}}{c_{\mathrm{Me}^{(z-j)+}}} \exp\left(\frac{F\varphi_{\text{阴},j}^{\ominus}}{RT}\right)$$

阴极反应达平衡，阴极没有电流。

$$\mathrm{Me}^{(z-j+1)+} + \mathrm{e} \rightleftharpoons \mathrm{Me}^{(z-j)+}$$

摩尔吉布斯自由能变化为

$$\Delta G_{\mathrm{m,阴},j,\mathrm{e}} = \mu_{\mathrm{Me}^{(z-j)+}} - \mu_{\mathrm{Me}^{(z-j+1)+}} - \mu_{\mathrm{e}} = \Delta G_{\mathrm{m,阴},j}^{\ominus} + RT \ln \frac{a_{\mathrm{Me}^{(z-j)+},\mathrm{e}}}{a_{\mathrm{Me}^{(z-j+1)+},\mathrm{e}}}$$

式中，

$$\Delta G_{m,阴,j}^{\ominus} = \mu_{Me^{(z-j)+}}^{\ominus} - \mu_{Me^{(z-j+1)+}}^{\ominus} - \mu_{e}^{\ominus}$$

$$\mu_{Me^{(z-j)+}} = \mu_{Me^{(z-j)+}}^{\ominus} + RT \ln a_{Me^{(z-j)+},e}$$

$$\mu_{Me^{(z-j+1)+}} = \mu_{Me^{(z-j+1)+}}^{\ominus} + RT \ln a_{Me^{(z-j+1)+},e}$$

$$\mu_{e} = \mu_{e}^{\ominus}$$

阴极平衡电势：由

$$\varphi_{阴,j,e} = -\frac{\Delta G_{m,阴,j,e}}{F}$$

得

$$\varphi_{阴,j,e} = \varphi_{阴,j}^{\ominus} + \frac{RT}{F} \ln \frac{a_{Me^{(z-j+1)+},e}}{a_{Me^{(z-j)+},e}} \tag{8.19}$$

式中，

$$\varphi_{阴,j}^{\ominus} = -\frac{\Delta G_{m,阴,j}^{\ominus}}{F} = -\frac{\mu_{Me^{(z-j)+}}^{\ominus} - \mu_{Me^{(z-j+1)+}}^{\ominus} - \mu_{e}^{\ominus}}{F}$$

阴极过电势：

式（8.17）–式（8.19），得

$$\Delta\varphi_{阴,j} = \varphi_{阴,j} - \varphi_{阴,j,e} = \frac{RT}{F} \ln \frac{a_{Me^{(z-j+1)+}} a_{Me^{(z-j)+},e}}{a_{Me^{(z-j)+}} a_{Me^{(z-j+1)+},e}} - \frac{RT}{F} \ln i$$

由上式得

$$\ln i = -\frac{F\Delta\varphi_{阴,j}}{RT} + \ln \frac{a_{Me^{(z-j+1)+}} a_{Me^{(z-j)+},e}}{a_{Me^{(z-j)+}} a_{Me^{(z-j+1)+},e}}$$

有

$$i = \frac{a_{Me^{(z-j+1)+}} a_{Me^{(z-j)+},e}}{a_{Me^{(z-j)+}} a_{Me^{(z-j+1)+},e}} \exp\left(-\frac{F\Delta\varphi_{阴,j}}{RT}\right) = k_{阴,j} \exp\left(-\frac{F\Delta\varphi_{阴,j}}{RT}\right) \tag{8.20}$$

式中，

$$k_{阴,j} = \frac{a_{Me^{(z-j+1)+}} a_{Me^{(z-j)+},e}}{a_{Me^{(z-j)+}} a_{Me^{(z-j+1)+},e}} \approx \frac{c_{Me^{(z-j+1)+}} c_{Me^{(z-j)+},e}}{c_{Me^{(z-j)+}} c_{Me^{(z-j+1)+},e}}$$

4. 第 z 步

阴极反应为

$$Me^{+} + e === Me$$

摩尔吉布斯自由能变化为

$$\Delta G_{m,阴,z} = \mu_{Me} - \mu_{Me^+} - \mu_e = \Delta G_{m,阴,z}^{\ominus} + RT \ln \frac{1}{a_{Me^+}} + RT \ln i$$

式中，

$$\Delta G_{m,阴,z}^{\ominus} = \mu_{Me}^{\ominus} - \mu_{Me^+}^{\ominus} - \mu_e^{\ominus}$$

$$\mu_{Me} = \mu_{Me}^{\ominus}$$

$$\mu_{Me^+} = \mu_{Me^+}^{\ominus} + RT \ln a_{Me^+}$$

$$\mu_e = \mu_e^{\ominus} - RT \ln i$$

阴极电势：由

$$\varphi_{阴,z} = -\frac{\Delta G_{m,阴}}{F}$$

得

$$\varphi_{阴,z} = \varphi_{阴,z}^{\ominus} + \frac{RT}{F} \ln a_{Me^+} - \frac{RT}{F} \ln i \qquad (8.21)$$

式中，

$$\varphi_{阴,z}^{\ominus} = -\frac{\Delta G_{m,阴,z}^{\ominus}}{F} = -\frac{\mu_{Me}^{\ominus} - \mu_{Me^+}^{\ominus} - \mu_e^{\ominus}}{F}$$

由式（8.21）得

$$\ln i = -\frac{F\varphi_{阴,z}}{RT} + \frac{F\varphi_{阴,z}^{\ominus}}{RT} + \ln a_{Me^+} \qquad (8.22)$$

有

$$i = a_{Me^+} \exp\left(-\frac{F\varphi_{阴,z}}{RT}\right) \exp\left(\frac{F\varphi_{阴,z}^{\ominus}}{RT}\right) = k_{阴,z} \exp\left(-\frac{F\varphi_{阴,z}}{RT}\right) \qquad (8.23)$$

式中，

$$k_{阴,z} = a_{Me^+} \exp\left(\frac{F\varphi_{阴,z}^{\ominus}}{RT}\right) \approx c_{Me^+} \exp\left(\frac{F\varphi_{阴,z}^{\ominus}}{RT}\right)$$

阴极反应达平衡，阴极没有电流，阴极反应为

$$Me^+ + e \Longrightarrow Me$$

摩尔吉布斯自由能变化为

$$\Delta G_{m,阴,z,e} = \mu_{Me} - \mu_{Me^+} - \mu_e = \Delta G_{m,阴,z}^{\ominus} + RT \ln \frac{1}{a_{Me^+,e}}$$

式中，

$$\Delta G_{m,阴,z}^{\ominus} = \mu_{Me}^{\ominus} - \mu_{Me^+}^{\ominus} - \mu_e^{\ominus}$$

$$\mu_{Me} = \mu_{Me}^{\ominus}$$

$$\mu_{Me^+} = \mu_{Me^+}^{\ominus} + RT \ln a_{Me^+,e}$$

$$\mu_e = \mu_e^{\ominus}$$

阴极平衡电势：由

$$\varphi_{阴,z,e} = -\frac{\Delta G_{m,阴,z,e}}{F}$$

得

$$\varphi_{阴,z,e} = \varphi_{阴,z}^{\ominus} + \frac{RT}{F} \ln a_{Me^+,e} \tag{8.24}$$

阴极过电势：

式（8.21）–式（8.23），得

$$\Delta\varphi_{阴,z} = \varphi_{阴,z} - \varphi_{阴,z,e} = \frac{RT}{F} \ln \frac{a_{Me^+}}{a_{Me^+,e}} - \frac{RT}{F} \ln i$$

移项，得

$$\ln i = -\frac{F\Delta\varphi_{阴,z}}{RT} + \ln \frac{a_{Me^+}}{a_{Me^+,e}}$$

有

$$i = \frac{a_{Me^+}}{a_{Me^+,e}} \exp\left(-\frac{F\Delta\varphi_{阴,z}}{RT}\right) = k'_{阴,z} \exp\left(-\frac{F\Delta\varphi_{阴,z}}{RT}\right)$$

式中，

$$k'_{阴,z} = \frac{a_{Me^+}}{a_{Me^+,e}} \approx \frac{c_{Me^+}}{c_{Me^+,e}}$$

8.3　金属络离子的阴极还原

在水溶液中，简单金属离子是以水化金属离子的形式存在。在有络合物的水溶液中，金属离子与络合剂形成不同配位数的金属络离子。它们各自具有不同的浓度，存在"络合-解离"平衡。这样，溶液中既有水化金属离子，又有金属络离子。这种溶液的阴极还原反应具有以下几种可能：

（1）金属络离子不直接参与阴极还原反应，而是先转化为水化金属离子，之后水化金属离子在阴极上还原。不稳定常数大的金属络离子，就可能按这种历程进行阴极还原反应。

（2）具有特征配位数的金属络离子在阴极还原。溶液中络合物的浓度大，溶液中金属离子以具有特征配位数的络合子形式存在，就可能是具有特征配位数的金属络离子进行阴极还原反应。

（3）具有较低配位数的金属络离子在阴极还原。由于具有较低配位数的金属络离子阴极还原反应所需活化能小，因此，具有较低配位数的金属络离子容易在阴极还原。

（4）表面络合物进行阴极还原反应。前面三种阴极还原反应的离子是溶液本体中金属离子的存在形态，不是电极与阴极界面上放电的金属离子存在的形态。实际在阴极还原反应的是金属离子的表面络合物，而金属离子的表面络合物在溶液本体中并不存在。例如，在锌酸盐电解液中，在阴极上还原的 Zn^{2+} 络离子是 $Zn(OH)_2$，而在溶液本体中并不存在，只是存在于阴极表面的表面络合物。

金属离子与络合剂形成络离子，金属离子的活度降低，化学势降低，电极电势降低，即平衡电势向负的方向移动。金属络离子的不稳定常数越小，平衡电势越负，还原反应越难进行。

下面分别进行讨论。

8.3.1　金属络离子先转化为水化金属离子再阴极还原

具体反应为金属络离子转化为水化金属离子

$$(MeL_n)^{z+} + nH_2O \Longrightarrow (Me \cdot nH_2O)^{z+} + nL \qquad （ i ）$$

水化金属离子在阴极还原

$$(Me \cdot nH_2O)^{z+} + ze \Longrightarrow Me + nH_2O \qquad （ ii ）$$

1. 金属络离子转化为水化金属离子

该反应的摩尔吉布斯自由能变化为

$$\Delta G_{m,阴,L} = \mu_{(Me \cdot nH_2O)^{z+}} + n\mu_L - \mu_{(MeL_n)^{z+}} - n\mu_{H_2O} = \Delta G_{m,阴,L}^{\ominus} + RT \ln \frac{a_{(Me \cdot nH_2O)^{z+}} a_L^n}{a_{(MeL_n)^{z+}} a_{H_2O}^n}$$

式中，

$$\Delta G_{m,阴,L}^{\ominus} = \mu_{(Me \cdot nH_2O)^{z+}}^{\ominus} + n\mu_L^{\ominus} - \mu_{(MeL_n)^{z+}}^{\ominus} - n\mu_{H_2O}^{\ominus}$$

$$\mu_{(Me \cdot nH_2O)^{z+}} = \mu_{(Me \cdot nH_2O)^{z+}}^{\ominus} + RT \ln a_{(Me \cdot nH_2O)^{z+}}$$

$$\mu_L = \mu_L^{\ominus} + RT \ln a_L$$

$$\mu_{(MeL_n)^{z+}} = \mu_{(MeL_n)^{z+}}^{\ominus} + RT \ln a_{(MeL_n)^{z+}}$$

$$\mu_{H_2O} = \mu_{H_2O}^{\ominus} + RT \ln a_{H_2O}$$

转化反应的速率为

$$\frac{\mathrm{d}n_{(Me \cdot nH_2O)^{z+}}}{\mathrm{d}t} = \frac{1}{n}\frac{\mathrm{d}n_L}{\mathrm{d}t} = -\frac{1}{n}\frac{\mathrm{d}n_{(MeL_n)^{z+}}}{\mathrm{d}t} = -\frac{1}{n}\frac{\mathrm{d}n_{H_2O}}{\mathrm{d}t} = j_L \qquad (8.25)$$

式中,

$$j_L = k_+ c_{(MeL_n)^{z+}}^{n_+} c_{H_2O}^{n'_+} - k_- c_{(Me \cdot nH_2O)^{z+}}^{n_-} c_L^{n'_-} = k_+ \left(c_{(MeL_n)^{z+}}^{n_+} c_{H_2O}^{n'_+} - \frac{1}{K} c_{(Me \cdot nH_2O)^{z+}}^{n_-} c_L^{n'_-} \right)$$

其中,

$$K = \frac{k_-}{k_+} = \frac{c_{(Me \cdot nH_2O)^{z+}}^{n_-} c_L^{n'_-}}{c_{(MeL_n)^{z+}}^{n_+} c_{H_2O}^{n'_+}} = \frac{a_{(Me \cdot nH_2O)^{z+},e} \, a_{L,e}^{n}}{a_{(MeL_n)^{z+},e} \, a_{H_2O,e}^{n}}$$

K 为平衡常数。

2. 水化金属离子的阴极还原

还原反应为

$$(Me \cdot nH_2O)^{z+} + ze \Longrightarrow Me + nH_2O \qquad (\text{ii})$$

该过程的摩尔吉布斯自由能变化为

$$\Delta G_{m,阴,H_2O} = \mu_{Me} + n\mu_{H_2O} - \mu_{(Me \cdot nH_2O)^{z+}} - z\mu_e = \Delta G_{m,阴,H_2O}^{\ominus} + RT \ln \frac{a_{H_2O}^{n}}{a_{(Me \cdot nH_2O)^{z+}}} + zRT \ln i$$

式中,

$$\Delta G_{m,阴,H_2O}^{\ominus} = \mu_{Me}^{\ominus} + n\mu_{H_2O}^{\ominus} - \mu_{(Me \cdot nH_2O)^{z+}}^{\ominus} - z\mu_e^{\ominus}$$

$$\mu_{Me} = \mu_{Me}^{\ominus}$$

$$\mu_{H_2O} = \mu_{H_2O}^{\ominus} + RT \ln a_{H_2O}$$

$$\mu_{(Me \cdot nH_2O)^{z+}} = \mu_{(Me \cdot nH_2O)^{z+}}^{\ominus} + RT \ln a_{(Me \cdot nH_2O)^{z+}}$$

$$\mu_e = \mu_e^{\ominus} - RT \ln i$$

阴极电势:由

$$\varphi_{阴,H_2O} = -\frac{\Delta G_{m,阴,H_2O}}{zF}$$

得

$$\varphi_{阴,H_2O} = \varphi_{阴,H_2O}^{\ominus} + \frac{RT}{zF} \ln \frac{a_{(Me \cdot nH_2O)^{z+}}}{a_{H_2O}^{n}} - \frac{RT}{F} \ln i \qquad (8.26)$$

式中,

$$\varphi_{阴,H_2O}^{\ominus} = -\frac{\Delta G_{m,阴,H_2O}^{\ominus}}{zF} = -\frac{\mu_{Me}^{\ominus} + n\mu_{H_2O}^{\ominus} - \mu_{(Me \cdot nH_2O)^{z+}}^{\ominus} - z\mu_e^{\ominus}}{zF}$$

由式（8.26）得

$$\ln i = -\frac{F\varphi_{阴,\mathrm{H_2O}}}{RT} + \frac{F\varphi_{阴,\mathrm{H_2O}}^{\ominus}}{RT} + \frac{1}{z}\ln\frac{a_{(\mathrm{Me}\cdot n\mathrm{H_2O})^{z+}}}{a_{\mathrm{H_2O}}^{n}}$$

有

$$i = \left(\frac{a_{(\mathrm{Me}\cdot n\mathrm{H_2O})^{z+}}}{a_{\mathrm{H_2O}}^{n}}\right)^{1/z}\exp\left(-\frac{F\varphi_{阴,\mathrm{H_2O}}}{RT}\right)\exp\left(\frac{F\varphi_{阴,\mathrm{H_2O}}^{\ominus}}{RT}\right) = k_{阴,\mathrm{H_2O}}\exp\left(-\frac{F\varphi_{阴,\mathrm{H_2O}}}{RT}\right)$$

$$（8.27）$$

式中，

$$k_{阴,\mathrm{H_2O}} = \left(\frac{a_{(\mathrm{Me}\cdot n\mathrm{H_2O})^{z+}}}{a_{\mathrm{H_2O}}^{n}}\right)^{1/z}\exp\left(\frac{F\varphi_{阴,\mathrm{H_2O}}^{\ominus}}{RT}\right) = \left(\frac{c_{(\mathrm{Me}\cdot n\mathrm{H_2O})^{z+}}}{c_{\mathrm{H_2O}}^{n}}\right)^{1/z}\exp\left(\frac{F\varphi_{阴,\mathrm{H_2O}}^{\ominus}}{RT}\right)$$

电极反应达平衡，阴极没有电流。

$$(\mathrm{Me}\cdot n\mathrm{H_2O})^{z+} + ze \Longrightarrow \mathrm{Me} + n\mathrm{H_2O}$$

该过程的摩尔吉布斯自由能变化为

$$\Delta G_{\mathrm{m,阴,H_2O,e}} = \mu_{\mathrm{Me}} + n\mu_{\mathrm{H_2O}} - \mu_{(\mathrm{Me}\cdot n\mathrm{H_2O})^{z+}} - z\mu_{\mathrm{e}} = \Delta G_{\mathrm{m,阴,H_2O}}^{\ominus} + RT\ln\frac{a_{\mathrm{H_2O,e}}^{n}}{a_{(\mathrm{Me}\cdot n\mathrm{H_2O})^{z+},\mathrm{e}}}$$

式中，

$$\Delta G_{\mathrm{m,阴,H_2O}}^{\ominus} = \mu_{\mathrm{Me}}^{\ominus} + n\mu_{\mathrm{H_2O}}^{\ominus} - \mu_{(\mathrm{Me}\cdot n\mathrm{H_2O})^{z+}}^{\ominus} - z\mu_{\mathrm{e}}^{\ominus}$$

$$\mu_{\mathrm{Me}} = \mu_{\mathrm{Me}}^{\ominus}$$

$$\mu_{\mathrm{H_2O}} = \mu_{\mathrm{H_2O}}^{\ominus} + RT\ln a_{\mathrm{H_2O,e}}$$

$$\mu_{(\mathrm{Me}\cdot n\mathrm{H_2O})^{z+}} = \mu_{(\mathrm{Me}\cdot n\mathrm{H_2O})^{z+}}^{\ominus} + RT\ln a_{(\mathrm{Me}\cdot n\mathrm{H_2O})^{z+},\mathrm{e}}$$

$$\mu_{\mathrm{e}} = \mu_{\mathrm{e}}^{\ominus}$$

阴极平衡电势：由

$$\varphi_{阴,\mathrm{H_2O,e}} = -\frac{\Delta G_{\mathrm{m,阴,H_2O,e}}}{zF}$$

得

$$\varphi_{阴,\mathrm{H_2O,e}} = \varphi_{阴,\mathrm{H_2O}}^{\ominus} + \frac{RT}{zF}\ln\frac{a_{(\mathrm{Me}\cdot n\mathrm{H_2O})^{z+},\mathrm{e}}}{a_{\mathrm{H_2O,e}}^{n}} \qquad （8.28）$$

式中，

$$\varphi_{阴,\mathrm{H_2O}}^{\ominus} = -\frac{\Delta G_{\mathrm{m,阴,H_2O}}^{\ominus}}{zF} = -\frac{\mu_{\mathrm{Me}}^{\ominus} + n\mu_{\mathrm{H_2O}}^{\ominus} - \mu_{(\mathrm{Me}\cdot n\mathrm{H_2O})^{z+}}^{\ominus} - z\mu_{\mathrm{e}}^{\ominus}}{zF}$$

阴极过电势：

式（8.26）−式（8.28），得

$$\Delta\varphi_{\text{阴},\text{H}_2\text{O}} = \varphi_{\text{阴},\text{H}_2\text{O}} - \varphi_{\text{阴},\text{H}_2\text{O,e}} = \frac{RT}{zF}\ln\frac{a_{(\text{Me}\cdot n\text{H}_2\text{O})^{z+}}a_{\text{H}_2\text{O,e}}^n}{a_{\text{H}_2\text{O}}^n a_{(\text{Me}\cdot n\text{H}_2\text{O})^{z+},\text{e}}} - \frac{RT}{F}\ln i$$

由上式得

$$\ln i = -\frac{F\Delta\varphi_{\text{阴},\text{H}_2\text{O}}}{RT} + \frac{1}{z}\ln\frac{a_{(\text{Me}\cdot n\text{H}_2\text{O})^{z+}}a_{\text{H}_2\text{O,e}}^n}{a_{\text{H}_2\text{O}}^n a_{(\text{Me}\cdot n\text{H}_2\text{O})^{z+},\text{e}}}$$

有

$$i = \left(\frac{a_{(\text{Me}\cdot n\text{H}_2\text{O})^{z+}}a_{\text{H}_2\text{O,e}}^n}{a_{\text{H}_2\text{O}}^n a_{(\text{Me}\cdot n\text{H}_2\text{O})^{z+},\text{e}}}\right)^{1/z}\exp\left(-\frac{F\Delta\varphi_{\text{阴},\text{H}_2\text{O}}}{RT}\right) = k'_{\text{阴},\text{H}_2\text{O}}\exp\left(-\frac{F\Delta\varphi_{\text{阴},\text{H}_2\text{O}}}{RT}\right) \quad (8.29)$$

式中，

$$k'_{\text{阴},\text{H}_2\text{O}} = \left(\frac{a_{(\text{Me}\cdot n\text{H}_2\text{O})^{z+}}a_{\text{H}_2\text{O,e}}^n}{a_{\text{H}_2\text{O}}^n a_{(\text{Me}\cdot n\text{H}_2\text{O})^{z+},\text{e}}}\right)^{1/z} \approx \left(\frac{c_{(\text{Me}\cdot n\text{H}_2\text{O})^{z+}}c_{\text{H}_2\text{O,e}}^n}{c_{\text{H}_2\text{O}}^n c_{(\text{Me}\cdot n\text{H}_2\text{O})^{z+},\text{e}}}\right)^{1/z}$$

8.3.2　具有特征配位数的金属离子阴极还原

具有特征配位数的金属离子阴极还原反应为

$$(\text{MeL}_x)^{z+} + z\text{e} \Longrightarrow \text{Me} + x\text{L}$$

该过程的摩尔吉布斯自由能变化为

$$\Delta G_{\text{m},\text{阴},\text{L}_x} = \mu_{\text{Me}} + x\mu_{\text{L}} - \mu_{(\text{MeL}_x)^{z+}} - z\mu_{\text{e}} = \Delta G_{\text{m},\text{阴},\text{L}_x}^{\ominus} + RT\ln\frac{a_{\text{L}}^x}{a_{(\text{MeL}_x)^{z+}}} + zRT\ln i$$

式中，

$$\Delta G_{\text{m},\text{阴},\text{L}_x}^{\ominus} = \mu_{\text{Me}}^{\ominus} + x\mu_{\text{L}}^{\ominus} - \mu_{(\text{MeL}_x)^{z+}}^{\ominus} - z\mu_{\text{e}}^{\ominus}$$

$$\mu_{\text{Me}} = \mu_{\text{Me}}^{\ominus}$$

$$\mu_{\text{L}} = \mu_{\text{L}}^{\ominus} + RT\ln a_{\text{L}}$$

$$\mu_{(\text{MeL}_x)^{z+}} = \mu_{(\text{MeL}_x)^{z+}}^{\ominus} + RT\ln a_{(\text{MeL}_x)^{z+}}$$

$$\mu_{\text{e}} = \mu_{\text{e}}^{\ominus} - RT\ln i$$

阴极电势：由

$$\varphi_{\text{阴},\text{L}_x} = -\frac{\Delta G_{\text{m},\text{阴},\text{L}_x}}{zF}$$

得

$$\varphi_{\text{阴},\text{L}_x} = \varphi_{\text{阴},\text{L}_x}^{\ominus} + \frac{RT}{zF}\ln\frac{a_{(\text{MeL}_x)^{z+}}}{a_{\text{L}}^x} - \frac{RT}{F}\ln i \quad (8.30)$$

式中，

$$\varphi_{\text{阴},\text{L}_x}^{\ominus} = -\frac{\Delta G_{\text{m},\text{阴},\text{L}_x}^{\ominus}}{zF} = -\frac{\mu_{\text{Me}}^{\ominus} + x\mu_{\text{L}}^{\ominus} - \mu_{(\text{MeL}_x)^{z+}}^{\ominus} - z\mu_{\text{e}}^{\ominus}}{zF}$$

由式（8.30）得

$$\ln i = -\frac{F\varphi_{\text{阴},\text{L}_x}}{RT} + \frac{F\varphi_{\text{阴},\text{L}_x}^{\ominus}}{RT} + \frac{1}{z}\ln\frac{a_{(\text{MeL}_x)^{z+}}}{a_{\text{L}}^{x}}$$

有

$$i = \left(\frac{a_{(\text{MeL}_x)^{z+}}}{a_{\text{L}}^{x}}\right)^{1/z} \exp\left(-\frac{F\varphi_{\text{阴},\text{L}_x}}{RT}\right)\exp\left(\frac{F\varphi_{\text{阴},\text{L}_x}^{\ominus}}{RT}\right) = k_{\text{阴},\text{L}_x}\exp\left(-\frac{F\varphi_{\text{阴},\text{L}_x}}{RT}\right) \quad （8.31）$$

式中，

$$k_{\text{阴},\text{L}_x} = \left(\frac{a_{(\text{MeL}_x)^{z+}}}{a_{\text{L}}^{x}}\right)^{1/z}\exp\left(\frac{F\varphi_{\text{阴},\text{L}_x}^{\ominus}}{RT}\right) \approx \left(\frac{c_{(\text{MeL}_x)^{z+}}}{c_{\text{L}}^{x}}\right)^{1/z}\exp\left(\frac{F\varphi_{\text{阴},\text{L}_x}^{\ominus}}{RT}\right)$$

阴极反应达平衡，阴极没有电流，阴极反应为

$$(\text{MeL}_x)^{z+} + z\text{e} \Longrightarrow \text{Me} + x\text{L}$$

该过程的摩尔吉布斯自由能变化为

$$\Delta G_{\text{m},\text{阴},\text{L}_x,\text{e}} = \mu_{\text{Me}} + x\mu_{\text{L}} - \mu_{(\text{MeL}_x)^{z+}} - z\mu_{\text{e}} = \Delta G_{\text{m},\text{阴},\text{L}_x}^{\ominus} + RT\ln\frac{a_{\text{L},\text{e}}^{x}}{a_{(\text{MeL}_x)^{z+},\text{e}}}$$

式中，

$$\Delta G_{\text{m},\text{阴},\text{L}_x}^{\ominus} = \mu_{\text{Me}}^{\ominus} + x\mu_{\text{L}}^{\ominus} - \mu_{(\text{MeL}_x)^{z+}}^{\ominus} - z\mu_{\text{e}}^{\ominus}$$
$$\mu_{\text{Me}} = \mu_{\text{Me}}^{\ominus}$$
$$\mu_{\text{L}} = \mu_{\text{L}}^{\ominus} + RT\ln a_{\text{L},\text{e}}$$
$$\mu_{(\text{MeL}_x)^{z+}} = \mu_{(\text{MeL}_x)^{z+}}^{\ominus} + RT\ln a_{(\text{MeL}_x)^{z+},\text{e}}$$
$$\mu_{\text{e}} = \mu_{\text{e}}^{\ominus}$$

阴极平衡电势：由

$$\varphi_{\text{阴},\text{L}_x,\text{e}} = -\frac{\Delta G_{\text{m},\text{阴},\text{L}_x,\text{e}}}{zF}$$

得

$$\varphi_{\text{阴},\text{L}_x,\text{e}} = \varphi_{\text{阴},\text{L}_x}^{\ominus} + \frac{RT}{zF}\ln\frac{a_{(\text{MeL}_x)^{z+},\text{e}}}{a_{\text{L},\text{e}}^{x}} \quad （8.32）$$

式中，

$$\varphi_{\text{阴},\text{L}_x,\text{e}}^{\ominus} = -\frac{\Delta G_{\text{m},\text{阴},\text{L}_x}^{\ominus}}{zF} = -\frac{\mu_{\text{Me}}^{\ominus} + x\mu_{\text{L}}^{\ominus} - \mu_{(\text{MeL}_x)^{z+}}^{\ominus} - z\mu_{\text{e}}^{\ominus}}{zF}$$

阴极过电势：

式（8.30）–式（8.32），得

$$\Delta\varphi_{阴,L_x} = \varphi_{阴,L_x} - \varphi_{阴,L_x,e} = \frac{RT}{zF}\ln\frac{a_{(MeL_x)^{z+}}a_{L,e}^x}{a_L^x a_{(MeL_x)^{z+},e}} - \frac{RT}{F}\ln i$$

由上式得

$$\ln i = -\frac{F\Delta\varphi_{阴,L_x,e}}{RT} + \frac{1}{z}\ln\frac{a_{(MeL_x)^{z+}}a_{L,e}^x}{a_L^x a_{(MeL_x)^{z+},e}}$$

有

$$i = \left(\frac{a_{(MeL_x)^{z+}}a_{L,e}^x}{a_L^x a_{(MeL_x)^{z+},e}}\right)^{1/z}\exp\left(-\frac{F\Delta\varphi_{阴,L_x}}{RT}\right) = k'_{阴,L_x}\exp\left(-\frac{F\Delta\varphi_{阴,L_x}}{RT}\right) \quad (8.33)$$

式中，

$$k'_{阴,L_x} = \left(\frac{a_{(MeL_x)^{z+}}a_{L,e}^x}{a_L^x a_{(MeL_x)^{z+},e}}\right)^{1/z} \approx \left(\frac{c_{(MeL_x)^{z+}}c_{L,e}^x}{c_L^x c_{(MeL_x)^{z+},e}}\right)^{1/z}$$

8.3.3　具有较低配位数的金属络离子阴极还原

反应可表示为

$$(MeL_m)^{z+} + ze \Longrightarrow Me + mL$$

该过程的摩尔吉布斯自由能变化为

$$\Delta G_{m,阴,L_m} = \mu_{Me} + m\mu_L - \mu_{(MeL_m)^{z+}} - z\mu_e = \Delta G_{m,阴,L_m}^\ominus + RT\ln\frac{a_L^m}{a_{(MeL_m)^{z+}}} + zRT\ln i$$

式中，

$$\Delta G_{m,阴,L_m}^\ominus = \mu_{Me}^\ominus + m\mu_L^\ominus - \mu_{(MeL_m)^{z+}}^\ominus - z\mu_e^\ominus$$

$$\mu_{Me} = \mu_{Me}^\ominus$$

$$\mu_L = \mu_L^\ominus + RT\ln a_L$$

$$\mu_{(MeL_m)^{z+}} = \mu_{(MeL_m)^{z+}}^\ominus + RT\ln a_{(MeL_m)^{z+}}$$

$$\mu_e = \mu_e^\ominus - RT\ln i$$

由

$$\varphi_{阴,L_m} = -\frac{\Delta G_{m,阴,L_m}}{zF}$$

得

$$\varphi_{阴,L_m} = \varphi_{阴,L_m}^{\ominus} + \frac{RT}{zF}\ln\frac{a_{(MeL_m)^{z+}}}{a_L^m} - \frac{RT}{F}\ln i \qquad (8.34)$$

式中，

$$\varphi_{阴,L_m}^{\ominus} = -\frac{\Delta G_{m,阴,L_m}^{\ominus}}{zF} = -\frac{\mu_{Me}^{\ominus} + m\mu_L^{\ominus} - \mu_{(MeL_m)^{z+}}^{\ominus} - z\mu_e^{\ominus}}{zF}$$

由式（8.34）得

$$\ln i = -\frac{F\varphi_{阴,L_m}}{RT} + \frac{F\varphi_{阴,L_m}^{\ominus}}{RT} + \frac{1}{z}\ln\frac{a_{(MeL_m)^{z+}}}{a_L^m}$$

有

$$i = \left(\frac{a_{(MeL_m)^{z+}}}{a_L^m}\right)^{1/z}\exp\left(-\frac{F\varphi_{阴,L_m}}{RT}\right)\exp\left(\frac{F\varphi_{阴,L_m}^{\ominus}}{RT}\right) = k_{阴,L_m}\exp\left(-\frac{F\varphi_{阴,L_m}}{RT}\right) \qquad (8.35)$$

式中，

$$k_{阴,L_m} = \left(\frac{a_{(MeL_m)^{z+}}}{a_L^m}\right)^{1/z}\exp\left(\frac{F\varphi_{阴,L_m}^{\ominus}}{RT}\right) \approx \left(\frac{c_{(MeL_m)^{z+}}}{c_L^m}\right)^{1/z}\exp\left(\frac{F\varphi_{阴,L_m}^{\ominus}}{RT}\right)$$

电极反应达平衡，阴极没有电流，电化学反应为

$$(MeL_m)^{z+} + ze \Longrightarrow Me + mL$$

该过程的摩尔吉布斯自由能变化为

$$\Delta G_{m,阴,L_m,e} = \mu_{Me} + m\mu_L - \mu_{(MeL_m)^{z+}} - z\mu_e = \Delta G_{m,阴,L_m}^{\ominus} + RT\ln\frac{a_{L,e}^m}{a_{(MeL_m)^{z+},e}}$$

式中，

$$\Delta G_{m,阴,L_m}^{\ominus} = \mu_{Me}^{\ominus} + m\mu_L^{\ominus} - \mu_{(MeL_m)^{z+}}^{\ominus} - z\mu_e^{\ominus}$$
$$\mu_{Me} = \mu_{Me}^{\ominus}$$
$$\mu_L = \mu_L^{\ominus} + RT\ln a_{L,e}$$
$$\mu_{(MeL_m)^{z+}} = \mu_{(MeL_m)^{z+}}^{\ominus} + RT\ln a_{(MeL_m)^{z+},e}$$
$$\mu_e = \mu_e^{\ominus}$$

阴极平衡电势：由

$$\varphi_{阴,L_x,e} = -\frac{\Delta G_{m,阴,L_x,e}}{zF}$$

得

$$\varphi_{阴,L_m,e} = \varphi_{阴,L_m}^{\ominus} + \frac{RT}{zF}\ln\frac{a_{(MeL_m)^{z+},e}}{a_{L,e}^m} \qquad (8.36)$$

式中，

$$\varphi_{\text{阴},\text{L}_m}^{\ominus} = -\frac{\Delta G_{\text{m},\text{阴},\text{L}_m}^{\ominus}}{zF} = -\frac{\mu_{\text{Me}}^{\ominus} + m\mu_{\text{L}}^{\ominus} - \mu_{(\text{MeL}_m)^{z+}}^{\ominus} - z\mu_{\text{e}}^{\ominus}}{zF}$$

阴极过电势：

式（8.34）－式（8.36），得

$$\Delta\varphi_{\text{阴},\text{L}_m} = \varphi_{\text{阴},\text{L}_m} - \varphi_{\text{阴},\text{L}_m,\text{e}} = \frac{RT}{zF}\ln\frac{a_{(\text{MeL}_m)^{z+}} a_{\text{L},\text{e}}^m}{a_{\text{L}}^m a_{(\text{MeL}_m)^{z+},\text{e}}} - \frac{RT}{F}\ln i$$

由上式得

$$\ln i = -\frac{F\Delta\varphi_{\text{阴},\text{L}_m}}{RT} + \frac{1}{z}\ln\frac{a_{(\text{MeL}_m)^{z+}} a_{\text{L},\text{e}}^m}{a_{\text{L}}^m a_{(\text{MeL}_m)^{z+},\text{e}}}$$

有

$$i = \left(\frac{a_{(\text{MeL}_m)^{z+}} a_{\text{L},\text{e}}^m}{a_{\text{L}}^m a_{(\text{MeL}_m)^{z+},\text{e}}}\right)^{1/z} \exp\left(-\frac{F\Delta\varphi_{\text{阴},\text{L}_m}}{RT}\right) = k'_{\text{阴},\text{L}_m}\exp\left(-\frac{F\Delta\varphi_{\text{阴},\text{L}_m}}{RT}\right) \tag{8.37}$$

式中，

$$k'_{\text{阴},\text{L}_m} = \left(\frac{a_{(\text{MeL}_m)^{z+}} a_{\text{L},\text{e}}^m}{a_{\text{L}}^m a_{(\text{MeL}_m)^{z+},\text{e}}}\right)^{1/z} \approx \left(\frac{c_{(\text{MeL}_m)^{z+}} c_{\text{L},\text{e}}^m}{c_{\text{L}}^m c_{(\text{MeL}_m)^{z+},\text{e}}}\right)^{1/z}$$

8.3.4　阴极上的表面络合物阴极还原

在锌酸盐电解液中，在阴极上还原的锌络合物是 Zn(OH)_2，阴极反应为

$$\text{Zn(OH)}_2 + 2\text{e} \Longrightarrow \text{Zn} + 2\text{OH}^-$$

该过程的摩尔吉布斯自由能变化为

$$\Delta G_{\text{m},\text{阴},\text{Zn}} = \mu_{\text{Zn}} + 2\mu_{\text{OH}^-} - \mu_{\text{Zn(OH)}_2} - 2\mu_{\text{e}} = \Delta G_{\text{m},\text{阴},\text{Zn}}^{\ominus} + RT\ln\frac{a_{\text{OH}^-}^2}{a_{\text{Zn(OH)}_2}} + 2RT\ln i$$

式中，

$$\Delta G_{\text{m},\text{阴},\text{Zn}}^{\ominus} = \mu_{\text{Zn}}^{\ominus} + 2\mu_{\text{OH}^-}^{\ominus} - \mu_{\text{Zn(OH)}_2}^{\ominus} - 2\mu_{\text{e}}^{\ominus}$$

$$\mu_{\text{Zn}} = \mu_{\text{Zn}}^{\ominus}$$

$$\mu_{\text{OH}^-} = \mu_{\text{OH}^-}^{\ominus} + RT\ln a_{\text{OH}^-}$$

$$\mu_{\text{Zn(OH)}_2} = \mu_{\text{Zn(OH)}_2}^{\ominus} + RT\ln a_{\text{Zn(OH)}_2}$$

$$\mu_{\text{e}} = \mu_{\text{e}}^{\ominus} - RT\ln i$$

阴极电势：由

$$\varphi_{\text{阴},\text{Zn(OH)}_2} = -\frac{\Delta G_{\text{m},\text{阴},\text{Zn(OH)}_2}}{2F}$$

得

$$\varphi_{\text{阴},\text{Zn(OH)}_2} = \varphi_{\text{阴},\text{Zn(OH)}_2}^{\ominus} + \frac{RT}{2F}\ln\frac{a_{\text{Zn(OH)}_2}}{a_{\text{OH}^-}^2} - \frac{RT}{F}\ln i \qquad (8.38)$$

式中，

$$\varphi_{\text{阴},\text{Zn(OH)}_2}^{\ominus} = -\frac{\Delta G_{\text{m},\text{阴},\text{Zn(OH)}_2}^{\ominus}}{2F} = -\frac{\mu_{\text{Zn}}^{\ominus} + 2\mu_{\text{OH}^-}^{\ominus} - \mu_{\text{Zn(OH)}_2}^{\ominus} - 2\mu_{\text{e}}^{\ominus}}{2F}$$

由式（8.38）得

$$\ln i = -\frac{F\varphi_{\text{阴},\text{Zn(OH)}_2}}{RT} + \frac{F\varphi_{\text{阴},\text{Zn(OH)}_2}^{\ominus}}{RT} + \frac{1}{2}\ln\frac{a_{\text{Zn(OH)}_2}}{a_{\text{OH}^-}^2}$$

有

$$i = \left(\frac{a_{\text{Zn(OH)}_2}}{a_{\text{OH}^-}^2}\right)^{1/2}\exp\left(-\frac{F\varphi_{\text{阴},\text{Zn(OH)}_2}}{RT}\right)\exp\left(\frac{F\varphi_{\text{阴},\text{Zn(OH)}_2}^{\ominus}}{RT}\right) = k_{\text{阴}}\exp\left(-\frac{F\varphi_{\text{阴},\text{Zn(OH)}_2}}{RT}\right)$$

$$(8.39)$$

式中，

$$k_{\text{阴}} = \left(\frac{a_{\text{Zn(OH)}_2}}{a_{\text{OII}^-}^2}\right)^{1/2}\exp\left(\frac{F\varphi_{\text{阴},\text{Zn(OH)}_2}^{\ominus}}{RT}\right) \approx \left(\frac{c_{\text{Zn(OH)}_2}}{c_{\text{OH}^-}^2}\right)^{1/2}\exp\left(\frac{F\varphi_{\text{阴},\text{Zn(OH)}_2}^{\ominus}}{RT}\right)$$

阴极反应达平衡，阴极没有电流，电化学反应为

$$\text{Zn(OH)}_2 + 2\text{e} \Longleftrightarrow \text{Zn} + 2\text{OH}^-$$

该过程的摩尔吉布斯自由能变化为

$$\Delta G_{\text{m},\text{阴},\text{Zn,e}} = \mu_{\text{Zn}} + 2\mu_{\text{OH}^-} - \mu_{\text{Zn(OH)}_2} - 2\mu_{\text{e}} = \Delta G_{\text{m},\text{阴},\text{Zn}}^{\ominus} + RT\ln\frac{a_{\text{OH}^-,\text{e}}^2}{a_{\text{Zn(OH)}_2,\text{e}}}$$

式中，

$$\Delta G_{\text{m},\text{阴},\text{Zn}}^{\ominus} = \mu_{\text{Zn}}^{\ominus} + 2\mu_{\text{OH}^-}^{\ominus} - \mu_{\text{Zn(OH)}_2}^{\ominus} - 2\mu_{\text{e}}^{\ominus}$$

$$\mu_{\text{Zn}} = \mu_{\text{Zn}}^{\ominus}$$

$$\mu_{\text{OH}^-} = \mu_{\text{OH}^-}^{\ominus} + RT\ln a_{\text{OH}^-,\text{e}}$$

$$\mu_{\text{Zn(OH)}_2} = \mu_{\text{Zn(OH)}_2}^{\ominus} + RT\ln a_{\text{Zn(OH)}_2,\text{e}}$$

$$\mu_{\text{e}} = \mu_{\text{e}}^{\ominus}$$

阴极平衡电势：由

$$\varphi_{\text{阴},\text{Zn,e}} = -\frac{\Delta G_{\text{m},\text{阴},\text{Zn,e}}}{2F}$$

得

$$\varphi_{\text{阴,Zn,e}} = \varphi_{\text{阴,Zn}}^{\ominus} + \frac{RT}{2F}\ln\frac{a_{\text{Zn(OH)}_2,\text{e}}}{a_{\text{OH}^-,\text{e}}^2} \tag{8.40}$$

式中，

$$\varphi_{\text{阴,Zn}}^{\ominus} = -\frac{\Delta G_{\text{m,阴,Zn}}^{\ominus}}{2F} = -\frac{\mu_{\text{Zn}}^{\ominus} + 2\mu_{\text{OH}^-}^{\ominus} - \mu_{\text{Zn(OH)}_2}^{\ominus} - 2\mu_{\text{e}}^{\ominus}}{2F}$$

阴极过电势：

式（8.38）–式（8.40），得

$$\Delta\varphi_{\text{阴,Zn}} = \varphi_{\text{阴,Zn}} - \varphi_{\text{阴,Zn,e}} = \frac{RT}{2F}\ln\frac{a_{\text{Zn(OH)}_2}a_{\text{OH}^-,\text{e}}^2}{a_{\text{OH}^-}^2 a_{\text{Zn(OH)}_2,\text{e}}} - \frac{RT}{F}\ln i$$

由上式得

$$\ln i = -\frac{F\Delta\varphi_{\text{阴,Zn}}}{RT} + \frac{1}{2}\ln\frac{a_{\text{Zn(OH)}_2}a_{\text{OH}^-,\text{e}}^2}{a_{\text{OH}^-}^2 a_{\text{Zn(OH)}_2,\text{e}}}$$

有

$$i = \left(\frac{a_{\text{Zn(OH)}_2}a_{\text{OH}^-,\text{e}}^2}{a_{\text{OH}^-}^2 a_{\text{Zn(OH)}_2,\text{e}}}\right)^{1/2}\exp\left(-\frac{F\Delta\varphi_{\text{阴,Zn}}}{RT}\right) = k_{\text{阴}}'\exp\left(-\frac{F\Delta\varphi_{\text{阴,Zn}}}{RT}\right) \tag{8.41}$$

式中，

$$k_{\text{阴}}' = \left(\frac{a_{\text{Zn(OH)}_2}a_{\text{OH}^-,\text{e}}^2}{a_{\text{OH}^-}^2 a_{\text{Zn(OH)}_2,\text{e}}}\right)^{1/2} \approx \left(\frac{c_{\text{Zn(OH)}_2}c_{\text{OH}^-,\text{e}}^2}{c_{\text{OH}^-}^2 c_{\text{Zn(OH)}_2,\text{e}}}\right)^{1/2}$$

8.4 几种简单金属离子的共同还原

8.4.1 几种离子共同还原的条件

1. 理想非共轭体系

几种金属离子共同还原时，每种金属离子与单独存在时的还原一样，不受其他金属离子的影响，几种金属离子共同还原的总速率等于单独金属离子单独还原的速率之和。这些离子构成的体系称为理想的非共轭体系。

几种金属离子的还原反应为

$$\text{Me}_1^{z_1+} + z_1\text{e} =\!=\!= \text{Me}_1$$
$$\text{Me}_2^{z_2+} + z_2\text{e} =\!=\!= \text{Me}_2$$
$$\vdots$$

$$\mathrm{Me}_j^{z_j+} + z_j\mathrm{e} =\!=\!= \mathrm{Me}_j$$

$$\vdots$$

$$\mathrm{Me}_n^{z_n+} + z_n\mathrm{e} =\!=\!= \mathrm{Me}_n$$

上面各反应的摩尔吉布斯自由能变化为

$$\Delta G_{\mathrm{m,阴,Me}_j} = \mu_{\mathrm{Me}_j} - \mu_{\mathrm{Me}_j^{z_j+}} - z_j\mu_{\mathrm{e}} = \Delta G_{\mathrm{m,阴,Me}_j}^{\ominus} + RT\ln\frac{1}{a_{\mathrm{Me}_j^{z_j+}}} + z_j RT\ln i_j$$

式中，

$$\Delta G_{\mathrm{m,阴,Me}_j}^{\ominus} = \mu_{\mathrm{Me}_j}^{\ominus} - \mu_{\mathrm{Me}_j^{z_j+}}^{\ominus} - z_j\mu_{\mathrm{e}}^{\ominus}$$

$$\mu_{\mathrm{Me}_j} = \mu_{\mathrm{Me}_j}^{\ominus}$$

$$\mu_{\mathrm{Me}_j^{z_j+}} = \mu_{\mathrm{Me}_j^{z_j+}}^{\ominus} + RT\ln a_{\mathrm{Me}_j^{z_j+}}$$

$$\mu_{\mathrm{e}} = \mu_{\mathrm{e}}^{\ominus} - RT\ln i_j$$

$$j = 1, 2, \cdots, n$$

阴极电势：由

$$\varphi_{\mathrm{阴,Me}_j} = -\frac{\Delta G_{\mathrm{m,阴,Me}_j}}{z_j F}$$

得

$$\varphi_{\mathrm{阴,Me}_j} = \varphi_{\mathrm{阴,Me}_j}^{\ominus} + \frac{RT}{z_j F}\ln a_{\mathrm{Me}_j^{z_j+}} - \frac{RT}{F}\ln i_j \qquad (8.42)$$

式中，

$$\varphi_{\mathrm{阴,Me}_j}^{\ominus} = -\frac{\Delta G_{\mathrm{m,阴,Me}_j}^{\ominus}}{z_j F} = -\frac{\mu_{\mathrm{Me}_j}^{\ominus} - \mu_{\mathrm{Me}_j^{z_j+}}^{\ominus} - z_j\mu_{\mathrm{e}}^{\ominus}}{z_j F}$$

由式（8.42）得

$$\ln i_j = -\frac{F\varphi_{\mathrm{阴,Me}_j}}{RT} + \frac{F\varphi_{\mathrm{阴,Me}_j}^{\ominus}}{RT} + \frac{1}{z_j}\ln a_{\mathrm{Me}_j^{z_j+}}$$

$$i_j = \left(a_{\mathrm{Me}_j^{z_j+}}\right)^{1/z_j}\exp\left(-\frac{F\varphi_{\mathrm{阴,Me}_j}}{RT}\right)\exp\left(\frac{F\varphi_{\mathrm{阴,Me}_j}^{\ominus}}{RT}\right) = k_{\mathrm{阴},j}\exp\left(-\frac{F\varphi_{\mathrm{阴,Me}_j}}{RT}\right) \quad (8.43)$$

式中，

$$k_{\mathrm{阴},j} = \left(a_{\mathrm{Me}_j^{z_j+}}\right)^{1/z_j}\exp\left(\frac{F\varphi_{\mathrm{阴,Me}_j}^{\ominus}}{RT}\right) \approx \left(c_{\mathrm{Me}_j^{z_j+}}\right)^{1/z_j}\exp\left(\frac{F\varphi_{\mathrm{阴,Me}_j}^{\ominus}}{RT}\right)$$

各反应达平衡，阴极没有电流。

$$\text{Me}_j^{z_j+} + z_j\text{e} \Longrightarrow \text{Me}_j$$

该过程的摩尔吉布斯自由能变化为

$$\Delta G_{\text{m,阴,Me}_j,\text{e}} = \mu_{\text{Me}_j} - \mu_{\text{Me}_j^{z_j+}} - z_j\mu_\text{e} = \Delta G_{\text{m,阴,Me}_j}^{\ominus} + RT\ln\frac{1}{a_{\text{Me}_j^{z_j+},\text{e}}}$$

式中，

$$\Delta G_{\text{m,阴,Me}_j}^{\ominus} = \mu_{\text{Me}_j}^{\ominus} - \mu_{\text{Me}_j^{z_j+}}^{\ominus} - z_j\mu_\text{e}^{\ominus}$$

$$\mu_{\text{Me}_j} = \mu_{\text{Me}_j}^{\ominus}$$

$$\mu_{\text{Me}_j^{z_j+}} = \mu_{\text{Me}_j^{z_j+}}^{\ominus} + RT\ln a_{\text{Me}_j^{z_j+},\text{e}}$$

$$\mu_\text{e} = \mu_\text{e}^{\ominus}$$

阴极平衡电势：由

$$\varphi_{\text{阴,Me}_j,\text{e}} = -\frac{\Delta G_{\text{m,阴,Me}_j,\text{e}}}{z_j F}$$

得

$$\varphi_{\text{阴,Me}_j,\text{e}} = \varphi_{\text{阴,Me}_j}^{\ominus} + \frac{RT}{z_j F}\ln a_{\text{Me}_j^{z_j+},\text{e}} \tag{8.44}$$

式中，

$$\varphi_{\text{阴,Me}_j}^{\ominus} = -\frac{\Delta G_{\text{m,阴,Me}_j}^{\ominus}}{z_j F} = -\frac{\mu_{\text{Me}_j}^{\ominus} - \mu_{\text{Me}_j^{z_j+}}^{\ominus} - z_j\mu_\text{e}^{\ominus}}{z_j F}$$

阴极过电势：

式（8.42）–式（8.44），得

$$\Delta\varphi_{\text{阴,Me}_j} = \varphi_{\text{阴,Me}_j} - \varphi_{\text{阴,Me}_j,\text{e}} = \frac{RT}{z_j F}\ln\frac{a_{\text{Me}_j^{z_j+}}}{a_{\text{Me}_j^{z_j+},\text{e}}} - \frac{RT}{F}\ln i \tag{8.45}$$

由上式得

$$\ln i = -\frac{F\Delta\varphi_{\text{阴,Me}_j}}{RT} + \frac{1}{z_j}\ln\frac{a_{\text{Me}_j^{z_j+}}}{a_{\text{Me}_j^{z_j+},\text{e}}}$$

$$i = \left(\frac{a_{\text{Me}_j^{z_j+}}}{a_{\text{Me}_j^{z_j+},\text{e}}}\right)^{1/z_j}\exp\left(-\frac{F\Delta\varphi_{\text{阴,Me}_j}}{RT}\right) = k_{\text{阴},j}'\exp\left(-\frac{F\Delta\varphi_{\text{阴,Me}_j}}{RT}\right) \tag{8.46}$$

式中，

$$k'_{阴,j} = \left(\frac{a_{Me_j^{z_j+}}}{a_{Me_j^{z_j+},e}} \right)^{1/z_j} \approx \left(\frac{c_{Me_j^{z_j+}}}{c_{Me_j^{z_j+},e}} \right)^{1/z_j}$$

几种金属离子共同还原的条件是

$$\varphi_{阴,Me_1} = \varphi_{阴,Me_2} = \cdots = \varphi_{阴,Me_j} = \cdots = \varphi_{阴,Me_n} \tag{8.47}$$

即

$$\begin{aligned}
&\varphi_{阴,Me_1}^{\ominus} + \frac{RT}{z_1 F} \ln a_{Me_1^{z_1+}} - \frac{RT}{F} \ln i \\
&= \varphi_{阴,Me_2}^{\ominus} + \frac{RT}{z_2 F} \ln a_{Me_2^{z_2+}} - \frac{RT}{F} \ln i \\
&= \cdots \\
&= \varphi_{阴,Me_j}^{\ominus} + \frac{RT}{z_j F} \ln a_{Me_j^{z_j+}} - \frac{RT}{F} \ln i \\
&= \cdots \\
&= \varphi_{阴,Me_n}^{\ominus} + \frac{RT}{z_n F} \ln a_{Me_n^{z_n+}} - \frac{RT}{F} \ln i
\end{aligned} \tag{8.48}$$

有

$$\begin{aligned}
&\varphi_{阴,Me_1}^{\ominus} + \frac{RT}{z_1 F} \ln a_{Me_1^{z_1+},e} + \Delta\varphi_{阴,Me_1} \\
&= \varphi_{阴,Me_2}^{\ominus} + \frac{RT}{z_2 F} \ln a_{Me_2^{z_2+},e} + \Delta\varphi_{阴,Me_2} \\
&= \cdots \\
&= \varphi_{阴,Me_j}^{\ominus} + \frac{RT}{z_j F} \ln a_{Me_j^{z_j+},e} + \Delta\varphi_{阴,Me_j} \\
&= \cdots \\
&= \varphi_{阴,Me_n}^{\ominus} + \frac{RT}{z_n F} \ln a_{Me_n^{z_n+},e} + \Delta\varphi_{阴,Me_n}
\end{aligned} \tag{8.49}$$

2. 共同还原的实例

铅和锡的标准电极电势分别为 $\varphi_{Pb/Pb^{2+}}^{\ominus} = -0.126V$ 和 $\varphi_{Sb/Sb^{2+}}^{\ominus} = -0.140V$，两者相近，仅差 0.014V。通过调整溶液中 Pb^{2+} 和 Sb^{2+} 的活度，使其还原电势相近，可以实现共同还原。

阴极反应为

$$Pb^{2+} + 2e = [Pb] \tag{i}$$

$$Sn^{2+} + 2e = [Sn] \tag{ii}$$

式（ⅰ）的摩尔吉布斯自由能变化为

$$\Delta G_{m,阴,Pb} = \mu_{[Pb]} - \mu_{Pb^{2+}} - 2\mu_e = \Delta G_{m,阴,Pb}^{\ominus} + RT\ln\frac{a_{[Pb]}}{a_{Pb^{2+}}} + 2RT\ln i_{Pb}$$

式中，

$$\Delta G_{m,Pb}^{\ominus} = \mu_{Pb}^{\ominus} - \mu_{Pb^{2+}}^{\ominus} - 2\mu_e^{\ominus}$$

$$\mu_{[Pb]} = \mu_{Pb}^{\ominus} + RT\ln a_{[Pb]}$$

$$\mu_{Pb^{2+}} = \mu_{Pb^{2+}}^{\ominus} + RT\ln a_{Pb^{2+}}$$

$$\mu_e = \mu_e^{\ominus} - RT\ln i_{Pb}$$

阴极电势：由

$$\varphi_{阴,Pb} = -\frac{\Delta G_{m,阴,Pb}}{2F}$$

得

$$\varphi_{阴,Pb} = \varphi_{阴,Pb}^{\ominus} + \frac{RT}{2F}\ln\frac{a_{Pb^{2+}}}{a_{[Pb]}} - \frac{RT}{F}\ln i_{Pb} \tag{8.50}$$

式中，

$$\varphi_{阴,Pb}^{\ominus} = -\frac{\Delta G_{m,阴,Pb}^{\ominus}}{2F} = -\frac{\mu_{Pb}^{\ominus} - \mu_{Pb^{2+}}^{\ominus} - 2\mu_e^{\ominus}}{2F}$$

由式（8.50）得

$$\ln i_{Pb} = -\frac{F\varphi_{阴,Pb}}{RT} + \frac{F\varphi_{阴,Pb}^{\ominus}}{RT} + \frac{1}{2}\ln\frac{a_{Pb^{2+}}}{a_{[Pb]}}$$

则

$$i_{Pb} = \left(\frac{a_{Pb^{2+}}}{a_{[Pb]}}\right)^{1/2}\exp\left(-\frac{F\varphi_{阴,Pb}}{RT}\right)\exp\left(\frac{F\varphi_{阴,Pb}^{\ominus}}{RT}\right) = k_{Pb}\exp\left(-\frac{F\varphi_{阴,Pb}}{RT}\right) \tag{8.51}$$

式中，

$$k_{Pb} = \left(\frac{a_{Pb^{2+}}}{a_{[Pb]}}\right)^{1/2}\exp\left(\frac{F\varphi_{阴,Pb}^{\ominus}}{RT}\right) \approx \left(\frac{c_{Pb^{2+}}}{c_{[Pb]}}\right)^{1/2}\exp\left(\frac{F\varphi_{阴,Pb}^{\ominus}}{RT}\right)$$

阴极反应达平衡，有

$$Pb^{2+} + 2e \Longleftrightarrow [Pb]$$

摩尔吉布斯自由能变化为

$$\Delta G_{m,阴,Pb,e} = \mu_{[Pb]} - \mu_{Pb^{2+}} - 2\mu_e = \Delta G_{m,阴,Pb}^{\ominus} - RT\ln\frac{a_{[Pb],e}}{a_{Pb^{2+},e}}$$

式中,

$$\Delta G_{m,阴,Pb}^{\ominus} = \mu_{Pb}^{\ominus} - \mu_{Pb^{2+}}^{\ominus} - 2\mu_{e}^{\ominus}$$

$$\mu_{[Pb]} = \mu_{Pb}^{\ominus} + RT\ln a_{[Pb],e}$$

$$\mu_{Pb^{2+}} = \mu_{Pb^{2+}}^{\ominus} + RT\ln a_{Pb^{2+},e}$$

$$\mu_{e} = \mu_{e}^{\ominus}$$

阴极平衡电势:由

$$\varphi_{阴,Pb,e} = -\frac{\Delta G_{m,阴,Pb,e}}{2F}$$

得

$$\varphi_{阴,Pb,e} = \varphi_{阴,Pb}^{\ominus} + \frac{RT}{2F}\ln\frac{a_{Pb^{2+},e}}{a_{[Pb],e}} \qquad (8.52)$$

式中,

$$\varphi_{阴,Pb}^{\ominus} = -\frac{\Delta G_{m,阴,Pb}^{\ominus}}{2F} = -\frac{\mu_{Pb}^{\ominus} - \mu_{Pb^{2+}}^{\ominus} - 2\mu_{e}^{\ominus}}{2F}$$

阴极过电势:

式(8.50)−式(8.52),得

$$\Delta\varphi_{阴,Pb} = \varphi_{阴,Pb} - \varphi_{阴,Pb,e} = \frac{RT}{2F}\ln\frac{a_{Pb^{2+}}a_{[Pb],e}}{a_{[Pb]}a_{Pb^{2+},e}} - \frac{RT}{F}\ln i_{Pb} \qquad (8.53)$$

移项,得

$$\ln i_{Pb} = -\frac{F\Delta\varphi_{阴,Pb}}{RT} + \frac{1}{2}\ln\frac{a_{Pb^{2+}}a_{[Pb],e}}{a_{[Pb]}a_{Pb^{2+},e}}$$

则

$$i_{Pb} = \left(\frac{a_{Pb^{2+}}a_{[Pb],e}}{a_{[Pb]}a_{Pb^{2+},e}}\right)^{1/2}\exp\left(-\frac{F\Delta\varphi_{阴,Pb}}{RT}\right) = k'_{Pb}\exp\left(-\frac{F\Delta\varphi_{阴,Pb}}{RT}\right) \qquad (8.54)$$

式中,

$$k'_{Pb} = \left(\frac{a_{Pb^{2+}}a_{[Pb],e}}{a_{[Pb]}a_{Pb^{2+},e}}\right)^{1/2} \approx \left(\frac{c_{Pb^{2+}}c_{[Pb],e}}{c_{[Pb]}c_{Pb^{2+},e}}\right)^{1/2}$$

式(ii)的摩尔吉布斯自由能变化为

$$\Delta G_{m,阴,Sn} = \mu_{[Sn]} - \mu_{Sn^{2+}} - 2\mu_{e} = \Delta G_{m,阴,Sn}^{\ominus} - RT\ln\frac{a_{[Sn]}}{a_{Sn^{2+}}} + 2RT\ln i_{Sn}$$

式中,

$$\Delta G_{m,阴,Sn}^{\ominus} = \mu_{Sn}^{\ominus} - \mu_{Sn^{2+}}^{\ominus} - 2\mu_{e}^{\ominus}$$

$$\mu_{[Sn]} = \mu_{Sn}^{\ominus} + RT \ln a_{[Sn]}$$

$$\mu_{Sn^{2+}} = \mu_{Sn^{2+}}^{\ominus} + RT \ln a_{Sn^{2+}}$$

$$\mu_e = \mu_e^{\ominus} - RT \ln i_{Sn}$$

阴极电势：由

$$\varphi_{阴,Sn} = -\frac{\Delta G_{m,阴,Sn}}{2F}$$

得

$$\varphi_{阴,Sn} = \varphi_{阴,Sn}^{\ominus} + \frac{RT}{2F} \ln \frac{a_{Sn^{2+}}}{a_{[Sn]}} - \frac{RT}{F} \ln i_{Sn} \tag{8.55}$$

式中，

$$\varphi_{阴,Sn}^{\ominus} = -\frac{\Delta G_{m,阴,Sn}^{\ominus}}{2F} = -\frac{\mu_{Sn}^{\ominus} - \mu_{Sn^{2+}}^{\ominus} - 2\mu_e^{\ominus}}{2F}$$

由式（8.55）得

$$\ln i_{Sn} = -\frac{F\varphi_{阴,Sn}}{RT} + \frac{F\varphi_{阴,Sn}^{\ominus}}{RT} + \frac{1}{2} \ln \frac{a_{Sn^{2+}}}{a_{[Sn]}}$$

则

$$i_{Sn} = \left(\frac{a_{Sn^{2+}}}{a_{[Sn]}}\right)^{1/2} \exp\left(-\frac{F\varphi_{阴,Sn}}{RT}\right) \exp\left(\frac{F\varphi_{阴,Sn}^{\ominus}}{RT}\right) = k_{Sn} \exp\left(-\frac{F\varphi_{阴,Sn}}{RT}\right) \tag{8.56}$$

式中，

$$k_{Sn} = \left(\frac{a_{Sn^{2+}}}{a_{[Sn]}}\right)^{1/2} \exp\left(\frac{F\varphi_{阴,Sn}^{\ominus}}{RT}\right) \approx \left(\frac{c_{Sn^{2+}}}{c_{[Sn]}}\right)^{1/2} \exp\left(\frac{F\varphi_{阴,Sn}^{\ominus}}{RT}\right)$$

阴极反应达平衡，有

$$Sn^{2+} + 2e \Longrightarrow [Sn]$$

摩尔吉布斯自由能变化为

$$\Delta G_{m,阴,Sn,e} = \mu_{[Sn]} - \mu_{Sn^{2+}} - 2\mu_e = \Delta G_{m,阴,Sn}^{\ominus} - RT \ln \frac{a_{[Sn],e}}{a_{Sn^{2+},e}}$$

式中，

$$\Delta G_{m,阴,Sn}^{\ominus} = \mu_{Sn}^{\ominus} - \mu_{Sn^{2+}}^{\ominus} - 2\mu_e^{\ominus}$$

$$\mu_{[Sn]} = \mu_{Sn}^{\ominus} + RT \ln a_{[Sn],e}$$

$$\mu_{Sn^{2+}} = \mu_{Sn^{2+}}^{\ominus} + RT \ln a_{Sn^{2+},e}$$

$$\mu_e = \mu_e^{\ominus}$$

阴极平衡电势：由

$$\varphi_{阴,Sn,e} = -\frac{\Delta G_{m,阴,Sn,e}}{2F}$$

得

$$\varphi_{阴,Sn,e} = \varphi_{阴,Sn}^{\ominus} + \frac{RT}{2F}\ln\frac{a_{Sn^{2+},e}}{a_{[Sn],e}} \tag{8.57}$$

式中，

$$\varphi_{阴,Sn}^{\ominus} = -\frac{\Delta G_{m,阴,Sn}^{\ominus}}{2F} = -\frac{\mu_{Sn}^{\ominus} - \mu_{Sn^{2+}}^{\ominus} - 2\mu_e^{\ominus}}{2F}$$

阴极过电势：

式（8.55）–式（8.57），得

$$\Delta\varphi_{阴,Sn} = \varphi_{阴,Sn} - \varphi_{阴,Sn,e} = \frac{RT}{2F}\ln\frac{a_{Sn^{2+}}a_{[Sn],e}}{a_{[Sn]}a_{Sn^{2+},e}} - \frac{RT}{F}\ln i_{Sn} \tag{8.58}$$

移项，得

$$\ln i_{Sn} = -\frac{F\Delta\varphi_{阴,Sn}}{RT} + \frac{1}{2}\ln\frac{a_{Sn^{2+}}a_{[Sn],e}}{a_{[Sn]}a_{Sn^{2+},e}}$$

则

$$i_{Sn} = \left(\frac{a_{Sn^{2+}}a_{[Sn],e}}{a_{[Sn]}a_{Sn^{2+},e}}\right)^{1/2}\exp\left(-\frac{F\Delta\varphi_{阴,Sn}}{RT}\right) = k_{Sn}\exp\left(-\frac{F\Delta\varphi_{阴,Sn}}{RT}\right) \tag{8.59}$$

式中，

$$k_{Sn} = \left(\frac{a_{Sn^{2+}}a_{[Sn],e}}{a_{[Sn]}a_{Sn^{2+},e}}\right)^{1/2} \approx \left(\frac{c_{Sn^{2+}}c_{[Sn],e}}{c_{[Sn]}c_{Sn^{2+},e}}\right)^{1/2}$$

Pb 和 Sn 在阴极上沉积的比例为

$$\frac{i_{Pb}}{i_{Sn}} = k_{Pb}/k_{Sn} \tag{8.60}$$

8.4.2　异常共析和诱导共析

在多种金属离子共同还原时，离子间相互影响，每种金属离子的还原情况与其单独还原时不同。几种金属离子共同还原的速率不等于各种金属离子单独还原的速率之和。

1. 异常共析

异常共析是指标准电极电势相差大，而过电势相差不大的金属离子共同还原时，电流密度达到一定值后，电势较正的金属离子的还原速率急剧下降，而电势较负的金属离子的还原速率急剧增加。

例如，铁的标准电极电势比镍负，当溶液中两种金属离子活度相同，共同还原时，两种金属离子的过电势相差不大，但 Fe^{2+} 却比 Ni^{2+} 的还原速率大。

阴极反应为

$$Fe^{2+} + 2e \rule[0.5ex]{1em}{0.4pt} [Fe] \tag{ⅰ}$$

$$Ni^{2+} + 2e \rule[0.5ex]{1em}{0.4pt} [Ni] \tag{ⅱ}$$

式（ⅰ）的摩尔吉布斯自由能变化为

$$\Delta G_{\text{m,阴,Fe}} = \mu_{[Fe]} - \mu_{Fe^{2+}} - 2\mu_e = \Delta G_{\text{m,阴,Fe}}^{\ominus} + RT \ln \frac{a_{[Fe]}}{a_{Fe^{2+}}} + 2RT \ln i_{Fe}$$

式中，

$$\Delta G_{\text{m,阴,Fe}}^{\ominus} = \mu_{Fe}^{\ominus} - \mu_{Fe^{2+}}^{\ominus} - 2\mu_e^{\ominus}$$

$$\mu_{[Fe]} = \mu_{Fe}^{\ominus} + RT \ln a_{[Fe]}$$

$$\mu_{Fe^{2+}} = \mu_{Fe^{2+}}^{\ominus} + RT \ln a_{Fe^{2+}}$$

$$\mu_e = \mu_e^{\ominus} - RT \ln i_{Fe}$$

阴极电势：由

$$\varphi_{\text{阴,Fe}} = -\frac{\Delta G_{\text{m,阴,Fe}}}{2F}$$

得

$$\varphi_{\text{阴,Fe}} = \varphi_{\text{阴,Fe}}^{\ominus} + \frac{RT}{2F} \ln \frac{a_{Fe^{2+}}}{a_{[Fe]}} - \frac{RT}{F} \ln i_{Fe} \tag{8.61}$$

式中，

$$\varphi_{\text{阴,Fe}}^{\ominus} = -\frac{\Delta G_{\text{m,阴,Fe}}^{\ominus}}{2F} = -\frac{\mu_{Fe}^{\ominus} - \mu_{Fe^{2+}}^{\ominus} - 2\mu_e^{\ominus}}{2F}$$

由式（8.61）得

$$\ln i_{Fe} = -\frac{F\varphi_{\text{阴,Fe}}}{RT} + \frac{F\varphi_{\text{阴,Fe}}^{\ominus}}{RT} + \frac{1}{2} \ln \frac{a_{Fe^{2+}}}{a_{[Fe]}}$$

则

$$i_{Fe} = \left(\frac{a_{Fe^{2+}}}{a_{[Fe]}} \right)^{1/2} \exp\left(-\frac{F\varphi_{\text{阴,Fe}}}{RT} \right) \exp\left(\frac{F\varphi_{\text{阴,Fe}}^{\ominus}}{RT} \right) = k_{Fe} \exp\left(-\frac{F\varphi_{\text{阴,Fe}}}{RT} \right) \tag{8.62}$$

式中，

$$k_{Fe} = \left(\frac{a_{Fe^{2+}}}{a_{[Fe]}} \right)^{1/2} \exp\left(\frac{F\varphi_{阴,Fe}^{\ominus}}{RT} \right) \approx \left(\frac{c_{Fe^{2+}}}{c_{[Fe]}} \right)^{1/2} \exp\left(\frac{F\varphi_{阴,Fe}^{\ominus}}{RT} \right)$$

阴极反应达平衡，有

$$Fe^{2+} + 2e \Longleftrightarrow [Fe]$$

摩尔吉布斯自由能变化为

$$\Delta G_{m,阴,Fe,e} = \mu_{[Fe]} - \mu_{Fe^{2+}} - 2\mu_e = \Delta G_{m,阴,Fe}^{\ominus} + RT \ln \frac{a_{[Fe],e}}{a_{Fe^{2+},e}}$$

式中，

$$\Delta G_{m,阴,Fe}^{\ominus} = \mu_{Fe}^{\ominus} - \mu_{Fe^{2+}}^{\ominus} - 2\mu_e^{\ominus}$$

$$\mu_{[Fe]} = \mu_{Fe}^{\ominus} + RT \ln a_{[Fe],e}$$

$$\mu_{Fe^{2+}} = \mu_{Fe^{2+}}^{\ominus} + RT \ln a_{Fe^{2+},e}$$

$$\mu_e = \mu_e^{\ominus}$$

阴极平衡电势：由

$$\varphi_{阴,Fe,e} = -\frac{\Delta G_{m,阴,Fe,e}}{2F}$$

得

$$\varphi_{阴,Fe,e} = \varphi_{阴,Fe}^{\ominus} + \frac{RT}{2F} \ln \frac{a_{Fe^{2+},e}}{a_{[Fe],e}} \tag{8.63}$$

式中，

$$\varphi_{阴,Fe}^{\ominus} = -\frac{\Delta G_{m,阴,Fe}^{\ominus}}{2F} = -\frac{\mu_{Fe}^{\ominus} - \mu_{Fe^{2+}}^{\ominus} - 2\mu_e^{\ominus}}{2F}$$

阴极过电势：

式（8.61）−式（8.63），得

$$\Delta\varphi_{阴,Fe} = \varphi_{阴,Fe} - \varphi_{阴,Fe,e} = \frac{RT}{2F} \ln \frac{a_{Fe^{2+}} a_{[Fe],e}}{a_{[Fe]} a_{Fe^{2+},e}} - \frac{RT}{F} \ln i_{Fe} \tag{8.64}$$

移项，得

$$\ln i_{Fe} = -\frac{F\Delta\varphi_{阴,Fe}}{RT} + \frac{1}{2} \ln \frac{a_{Fe^{2+}} a_{[Fe],e}}{a_{[Fe]} a_{Fe^{2+},e}}$$

则

$$i_{Fe} = \left(\frac{a_{Fe^{2+}} a_{[Fe],e}}{a_{[Fe]} a_{Fe^{2+},e}} \right)^{1/2} \exp\left(-\frac{F\Delta\varphi_{阴,Fe}}{RT} \right) = k_{Fe}' \exp\left(-\frac{F\Delta\varphi_{阴,Fe}}{RT} \right) \tag{8.65}$$

式中，

$$k'_{\text{Fe}} = \left(\frac{a_{\text{Fe}^{2+}} a_{[\text{Fe}],\text{e}}}{a_{[\text{Fe}]} a_{\text{Fe}^{2+},\text{e}}} \right)^{1/2} \approx \left(\frac{c_{\text{Fe}^{2+}} c_{[\text{Fe}],\text{e}}}{c_{[\text{Fe}]} c_{\text{Fe}^{2+},\text{e}}} \right)^{1/2}$$

式（ii）的摩尔吉布斯自由能变化为

$$\Delta G_{\text{m},\text{阴},\text{Ni}} = \mu_{[\text{Ni}]} - \mu_{\text{Ni}^{2+}} - 2\mu_{\text{e}} = \Delta G^{\ominus}_{\text{m},\text{阴},\text{Ni}} + RT \ln \frac{a_{[\text{Ni}]}}{a_{\text{Ni}^{2+}}} + 2RT \ln i_{\text{Ni}}$$

式中，

$$\Delta G^{\ominus}_{\text{m},\text{阴},\text{Ni}} = \mu^{\ominus}_{\text{Ni}} - \mu^{\ominus}_{\text{Ni}^{2+}} - 2\mu^{\ominus}_{\text{e}}$$

$$\mu_{[\text{Ni}]} = \mu^{\ominus}_{\text{Ni}} + RT \ln a_{[\text{Ni}]}$$

$$\mu_{\text{Ni}^{2+}} = \mu^{\ominus}_{\text{Ni}^{2+}} + RT \ln a_{\text{Ni}^{2+}}$$

$$\mu_{\text{e}} = \mu^{\ominus}_{\text{e}} - RT \ln i_{\text{Ni}}$$

阴极电势：由

$$\varphi_{\text{阴},\text{Ni}} = -\frac{\Delta G_{\text{m},\text{阴},\text{Ni}}}{2F}$$

得

$$\varphi_{\text{阴},\text{Ni}} = \varphi^{\ominus}_{\text{阴},\text{Ni}} + \frac{RT}{2F} \ln \frac{a_{\text{Ni}^{2+}}}{a_{[\text{Ni}]}} - \frac{RT}{F} \ln i_{\text{Ni}} \qquad (8.66)$$

式中，

$$\varphi^{\ominus}_{\text{阴},\text{Ni}} = -\frac{\Delta G^{\ominus}_{\text{m},\text{阴},\text{Ni}}}{2F} = -\frac{\mu^{\ominus}_{\text{Ni}} - \mu^{\ominus}_{\text{Ni}^{2+}} - 2\mu^{\ominus}_{\text{e}}}{2F}$$

由式（8.66）得

$$\ln i_{\text{Ni}} = -\frac{F\varphi_{\text{阴},\text{Ni}}}{RT} + \frac{F\varphi^{\ominus}_{\text{阴},\text{Ni}}}{RT} + \frac{1}{2} \ln \frac{a_{\text{Ni}^{2+}}}{a_{[\text{Ni}]}}$$

则

$$i_{\text{Ni}} = \left(\frac{a_{\text{Ni}^{2+}}}{a_{[\text{Ni}]}} \right)^{1/2} \exp\left(-\frac{F\varphi_{\text{阴},\text{Ni}}}{RT} \right) \exp\left(\frac{F\varphi^{\ominus}_{\text{阴},\text{Ni}}}{RT} \right) = k_{\text{Ni}} \exp\left(-\frac{F\varphi_{\text{阴},\text{Ni}}}{RT} \right) \qquad (8.67)$$

式中，

$$k_{\text{Ni}} = \left(\frac{a_{\text{Ni}^{2+}}}{a_{[\text{Ni}]}} \right)^{1/2} \exp\left(\frac{F\varphi^{\ominus}_{\text{阴},\text{Ni}}}{RT} \right) \approx \left(\frac{c_{\text{Ni}^{2+}}}{c_{[\text{Ni}]}} \right)^{1/2} \exp\left(\frac{F\varphi^{\ominus}_{\text{阴},\text{Ni}}}{RT} \right)$$

阴极反应达平衡，有

$$\text{Ni}^{2+} + 2\text{e} \Longrightarrow [\text{Ni}]$$

摩尔吉布斯自由能变化为

$$\Delta G_{m,阴,Ni,e} = \mu_{[Ni]} - \mu_{Ni^{2+}} - 2\mu_e = \Delta G_{m,阴,Ni}^{\ominus} - RT \ln \frac{a_{[Ni],e}}{a_{Ni^{2+},e}}$$

式中,

$$\Delta G_{m,阴,Ni}^{\ominus} = \mu_{Ni}^{\ominus} - \mu_{Ni^{2+}}^{\ominus} - 2\mu_e^{\ominus}$$

$$\mu_{[Ni]} = \mu_{Ni}^{\ominus} + RT \ln a_{[Ni],e}$$

$$\mu_{Ni^{2+}} = \mu_{Ni^{2+}}^{\ominus} + RT \ln a_{Ni^{2+},e}$$

$$\mu_e = \mu_e^{\ominus}$$

阴极平衡电势: 由

$$\varphi_{阴,Ni,e} = -\frac{\Delta G_{m,阴,Ni,e}}{2F}$$

得

$$\varphi_{阴,Ni,e} = \varphi_{阴,Ni}^{\ominus} + \frac{RT}{2F} \ln \frac{a_{Ni^{2+},e}}{a_{[Ni],e}} \qquad (8.68)$$

式中,

$$\varphi_{阴,Ni}^{\ominus} = -\frac{\Delta G_{m,阴,Ni}^{\ominus}}{2F} = -\frac{\mu_{Ni}^{\ominus} - \mu_{Ni^{2+}}^{\ominus} - 2\mu_e^{\ominus}}{2F}$$

阴极过电势:

式 (8.66) −式 (8.68), 得

$$\Delta\varphi_{阴,Ni} = \varphi_{阴,Ni} - \varphi_{阴,Ni,e} = \frac{RT}{2F} \ln \frac{a_{Ni^{2+}} a_{[Ni],e}}{a_{[Ni]} a_{Ni^{2+},e}} - \frac{RT}{F} \ln i_{Ni} \qquad (8.69)$$

移项, 得

$$\ln i_{Ni} = -\frac{F\Delta\varphi_{阴,Ni}}{RT} + \frac{1}{2} \ln \frac{a_{Ni^{2+}} a_{[Ni],e}}{a_{[Ni]} a_{Ni^{2+},e}}$$

则

$$i_{Ni} = \left(\frac{a_{Ni^{2+}} a_{[Ni],e}}{a_{[Ni]} a_{Ni^{2+},e}} \right)^{1/2} \exp\left(-\frac{F\Delta\varphi_{阴,Ni}}{RT} \right) = k'_{Ni} \exp\left(-\frac{F\Delta\varphi_{阴,Ni}}{RT} \right) \qquad (8.70)$$

式中,

$$k'_{Ni} = \left(\frac{a_{Ni^{2+}} a_{[Ni],e}}{a_{[Ni]} a_{Ni^{2+},e}} \right)^{1/2} \approx \left(\frac{c_{Ni^{2+}} c_{[Ni],e}}{c_{[Ni]} c_{Ni^{2+},e}} \right)^{1/2}$$

比较式 (8.62) 和式 (8.67),

$$i_{Fe} > i_{Ni}$$

$$\varphi_{\text{阴,Fe}} = \varphi_{\text{阴,Ni}}$$

$$\varphi_{\text{阴,Fe}}^{\ominus} < \varphi_{\text{阴,Ni}}^{\ominus}$$

$$a_{\text{Fe}^{2+},b} = a_{\text{Ni}^{2+},b}$$

必须

$$\frac{a_{\text{Fe}^{2+}}}{a_{[\text{Fe}]}} > \frac{a_{\text{Ni}^{2+}}}{a_{[\text{Ni}]}}$$

$$a_{\text{Fe}^{2+}} \gg a_{\text{Ni}^{2+}}$$

实际是

$$a_{\text{Fe}^{2+},i} \gg a_{\text{Ni}^{2+},i}$$

Ni^{2+} 有很大的浓差极化,在阴极附近, Ni^{2+} 的浓度远小于 Fe^{2+} 的浓度。同时还原时,

$$\varphi_{\text{阴,Fe}} = \varphi_{\text{阴,Ni}}$$

即

$$\varphi_{\text{阴,Fe}}^{\ominus} + \frac{RT}{2F} \ln \frac{a_{\text{Fe}^{2+},e}}{a_{[\text{Fe}],e}} + \Delta\varphi_{\text{阴,Fe}} = \varphi_{\text{阴,Ni}}^{\ominus} + \frac{RT}{2F} \ln \frac{a_{\text{Ni}^{2+},e}}{a_{[\text{Ni}],e}} + \Delta\varphi_{\text{阴,Ni}}$$

$$\Delta\varphi_{\text{阴,Fe}} \approx \Delta\varphi_{\text{阴,Ni}}$$

$$\varphi_{\text{阴,Fe}}^{\ominus} < \varphi_{\text{阴,Ni}}^{\ominus}$$

$$a_{[\text{Fe}],e} > a_{[\text{Ni}],e}$$

所以,必须

$$a_{\text{Fe}^{2+},e} \gg a_{\text{Ni}^{2+},e}$$

即 Ni^{2+} 有很大的浓差极化,在阴极附近, Ni^{2+} 的浓度远小于 Fe^{2+} 的浓度。

2. 诱导共析

在水溶液中不能单独还原的金属却能和其他某些金属共同还原形成合金的现象称为诱导共析。W、Mo 等不能单独还原的金属称为惰性金属,能诱导惰性金属还原的 Fe、Ni 等金属称为诱导金属。

例如, WO_4^{2-} 不能单独还原为金属钨,但可以与 Ni^{2+} 一起还原形成 Ni-W 合金。还原反应为

$$Ni^{2+} + 2e === [Ni] \tag{i}$$

$$WO_4^{2-} + 8H^+ + 6e === [W] + 4H_2O \tag{ii}$$

1) Ni^{2+} 的阴极还原

$$Ni^{2+} + 2e === [Ni]$$

式(i)的摩尔吉布斯自由能变化为

$$\Delta G_{\mathrm{m,阴,Ni}} = \mu_{\mathrm{[Ni]}} - \mu_{\mathrm{Ni^{2+}}} - 2\mu_{\mathrm{e}} = \Delta G_{\mathrm{m,阴,Ni}}^{\ominus} + RT\ln\frac{a_{\mathrm{[Ni]}}}{a_{\mathrm{Ni^{2+}}}} + 2RT\ln i_{\mathrm{Ni}}$$

式中，

$$\Delta G_{\mathrm{m,阴,Ni}}^{\ominus} = \mu_{\mathrm{Ni}}^{\ominus} - \mu_{\mathrm{Ni^{2+}}}^{\ominus} - 2\mu_{\mathrm{e}}^{\ominus}$$

$$\mu_{\mathrm{[Ni]}} = \mu_{\mathrm{Ni}}^{\ominus} + RT\ln a_{\mathrm{[Ni]}}$$

$$\mu_{\mathrm{Ni^{2+}}} = \mu_{\mathrm{Ni^{2+}}}^{\ominus} + RT\ln a_{\mathrm{Ni^{2+}}}$$

$$\mu_{\mathrm{e}} = \mu_{\mathrm{e}}^{\ominus} - RT\ln i_{\mathrm{Ni}}$$

阴极电势：由

$$\varphi_{\mathrm{阴,Ni}} = -\frac{\Delta G_{\mathrm{m,阴,Ni}}}{2F}$$

得

$$\varphi_{\mathrm{阴,Ni}} = \varphi_{\mathrm{阴,Ni}}^{\ominus} + \frac{RT}{2F}\ln\frac{a_{\mathrm{Ni^{2+}}}}{a_{\mathrm{[Ni]}}} - \frac{RT}{F}\ln i_{\mathrm{Ni}} \qquad (8.71)$$

式中，

$$\varphi_{\mathrm{阴,Ni}}^{\ominus} = -\frac{\Delta G_{\mathrm{m,阴,Ni}}^{\ominus}}{2F} = -\frac{\mu_{\mathrm{Ni}}^{\ominus} - \mu_{\mathrm{Ni^{2+}}}^{\ominus} - 2\mu_{\mathrm{e}}^{\ominus}}{2F}$$

由式（8.71）得

$$\ln i_{\mathrm{Ni}} = -\frac{F\varphi_{\mathrm{阴,Ni}}}{RT} + \frac{F\varphi_{\mathrm{阴,Ni}}^{\ominus}}{RT} + \frac{1}{2}\ln\frac{a_{\mathrm{Ni^{2+}}}}{a_{\mathrm{[Ni]}}}$$

则

$$i_{\mathrm{Ni}} = \left(\frac{a_{\mathrm{Ni^{2+}}}}{a_{\mathrm{[Ni]}}}\right)^{1/2}\exp\left(-\frac{F\varphi_{\mathrm{阴,Ni}}}{RT}\right)\exp\left(\frac{F\varphi_{\mathrm{阴,Ni}}^{\ominus}}{RT}\right) = k_{\mathrm{Ni}}\exp\left(-\frac{F\varphi_{\mathrm{阴,Ni}}}{RT}\right) \qquad (8.72)$$

式中，

$$k_{\mathrm{Ni}} = \left(\frac{a_{\mathrm{Ni^{2+}}}}{a_{\mathrm{[Ni]}}}\right)^{1/2}\exp\left(\frac{F\varphi_{\mathrm{阴,Ni}}^{\ominus}}{RT}\right) \approx \left(\frac{c_{\mathrm{Ni^{2+}}}}{c_{\mathrm{[Ni]}}}\right)^{1/2}\exp\left(\frac{F\varphi_{\mathrm{阴,Ni}}^{\ominus}}{RT}\right)$$

Ni^{2+} 还原反应达平衡，阴极没有电流，则

$$Ni^{2+} + 2e \Longrightarrow [Ni]$$

摩尔吉布斯自由能变化为

$$\Delta G_{\mathrm{m,阴,Ni,e}} = \mu_{\mathrm{[Ni]}} - \mu_{\mathrm{Ni^{2+}}} - 2\mu_{\mathrm{e}} = \Delta G_{\mathrm{m,阴,Ni}}^{\ominus} - RT\ln\frac{a_{\mathrm{[Ni],e}}}{a_{\mathrm{Ni^{2+},e}}}$$

式中，

$$\Delta G_{\mathrm{m,阴,Ni}}^{\ominus} = \mu_{\mathrm{Ni}}^{\ominus} - \mu_{\mathrm{Ni^{2+}}}^{\ominus} - 2\mu_{\mathrm{e}}^{\ominus}$$

$$\mu_{[\mathrm{Ni}]} = \mu_{\mathrm{Ni}}^{\ominus} + RT \ln a_{[\mathrm{Ni}],e}$$

$$\mu_{\mathrm{Ni}^{2+}} = \mu_{\mathrm{Ni}^{2+}}^{\ominus} + RT \ln a_{\mathrm{Ni}^{2+},e}$$

$$\mu_{\mathrm{e}} = \mu_{\mathrm{e}}^{\ominus}$$

阴极平衡电势：由

$$\varphi_{\text{阴},\mathrm{Ni},e} = -\frac{\Delta G_{\mathrm{m},\text{阴},\mathrm{Ni},e}}{2F}$$

得

$$\varphi_{\text{阴},\mathrm{Ni},e} = \varphi_{\text{阴},\mathrm{Ni}}^{\ominus} + \frac{RT}{2F} \ln \frac{a_{\mathrm{Ni}^{2+},e}}{a_{[\mathrm{Ni}],e}} \tag{8.73}$$

阴极过电势：

式（8.71）–式（8.73），得

$$\Delta\varphi_{\text{阴},\mathrm{Ni}} = \varphi_{\text{阴},\mathrm{Ni}} - \varphi_{\text{阴},\mathrm{Ni},e} = \frac{RT}{2F} \ln \frac{a_{\mathrm{Ni}^{2+}} a_{[\mathrm{Ni}],e}}{a_{[\mathrm{Ni}]} a_{\mathrm{Ni}^{2+},e}} - \frac{RT}{F} \ln i_{\mathrm{Ni}}$$

移项，得

$$\ln i_{\mathrm{Ni}} = -\frac{F\Delta\varphi_{\text{阴},\mathrm{Ni}}}{RT} + \frac{1}{2} \ln \frac{a_{\mathrm{Ni}^{2+}} a_{[\mathrm{Ni}],e}}{a_{[\mathrm{Ni}]} a_{\mathrm{Ni}^{2+},e}}$$

则

$$i_{\mathrm{Ni}} = \left(\frac{a_{\mathrm{Ni}^{2+}} a_{[\mathrm{Ni}],e}}{a_{[\mathrm{Ni}]} a_{\mathrm{Ni}^{2+},e}} \right)^{1/2} \exp\left(-\frac{F\Delta\varphi_{\text{阴},\mathrm{Ni}}}{RT} \right) = k_{\mathrm{Ni}}' \exp\left(-\frac{F\Delta\varphi_{\text{阴},\mathrm{Ni}}}{RT} \right) \tag{8.74}$$

式中，

$$k_{\mathrm{Ni}}' = \left(\frac{a_{\mathrm{Ni}^{2+}} a_{[\mathrm{Ni}],e}}{a_{[\mathrm{Ni}]} a_{\mathrm{Ni}^{2+},e}} \right)^{1/2} \approx \left(\frac{c_{\mathrm{Ni}^{2+}} c_{[\mathrm{Ni}],e}}{c_{[\mathrm{Ni}]} c_{\mathrm{Ni}^{2+},e}} \right)^{1/2}$$

2）$\mathrm{WO_4^{2-}}$ 的阴极还原

$$\mathrm{WO_4^{2-}} + 8\mathrm{H^+} + 6\mathrm{e} \Longrightarrow [\mathrm{W}] + 4\mathrm{H_2O}$$

摩尔吉布斯自由能变化为

$$\Delta G_{\mathrm{m},\text{阴},\mathrm{W}} = \mu_{[\mathrm{W}]} + 4\mu_{\mathrm{H_2O}} - \mu_{\mathrm{WO_4^{2-}}} - 8\mu_{\mathrm{H^+}} - 6\mu_{\mathrm{e}} = \Delta G_{\mathrm{m},\text{阴},\mathrm{W}}^{\ominus} + RT \ln \frac{a_{[\mathrm{W}]} a_{\mathrm{H_2O}}^4}{a_{\mathrm{WO_4^{2-}}} a_{\mathrm{H^+}}^8} + 6RT \ln i_{\mathrm{W}}$$

式中，

$$\Delta G_{\mathrm{m},\text{阴},\mathrm{W}}^{\ominus} = \mu_{\mathrm{W}}^{\ominus} + 4\mu_{\mathrm{H_2O}}^{\ominus} - \mu_{\mathrm{WO_4^{2-}}}^{\ominus} - 8\mu_{\mathrm{H^+}}^{\ominus} - 6\mu_{\mathrm{e}}^{\ominus}$$

$$\mu_{[\mathrm{W}]} = \mu_{\mathrm{W}}^{\ominus} + RT \ln a_{[\mathrm{W}]}$$

$$\mu_{\mathrm{H_2O}} = \mu_{\mathrm{H_2O}}^{\ominus} + RT \ln a_{\mathrm{H_2O}}$$

$$\mu_{WO_4^{2-}} = \mu_{WO_4^{2-}}^{\ominus} + RT \ln a_{WO_4^{2-}}$$

$$\mu_{H^+} = \mu_{H^+}^{\ominus} + RT \ln a_{H^+}$$

$$\mu_e = \mu_e^{\ominus} - RT \ln i_W$$

阴极电势：由

$$\varphi_{阴,W} = -\frac{\Delta G_{m,阴,W}}{6F}$$

得

$$\varphi_{阴,W} = \varphi_{阴,W}^{\ominus} + \frac{RT}{6F} \ln \frac{a_{WO_4^{2-}} a_{H^+}^8}{a_{[W]} a_{H_2O}^4} - \frac{RT}{F} \ln i_W \qquad (8.75)$$

式中，

$$\varphi_{阴,W}^{\ominus} = -\frac{\Delta G_{m,阴,W}^{\ominus}}{6F} = -\frac{\mu_W^{\ominus} + 4\mu_{H_2O}^{\ominus} - \mu_{WO_4^{2-}}^{\ominus} - 8\mu_{H^+}^{\ominus} - 6\mu_e^{\ominus}}{6F}$$

由式（8.75）得

$$\ln i_W = -\frac{F\varphi_{阴,W}}{RT} + \frac{F\varphi_{阴,W}^{\ominus}}{RT} + \frac{1}{6} \ln \frac{a_{WO_4^{2-}} a_{H^+}^8}{a_{[W]} a_{H_2O}^4}$$

则

$$i_W = \left(\frac{a_{WO_4^{2-}} a_{H^+}^8}{a_{[W]} a_{H_2O}^4} \right)^{1/6} \exp\left(-\frac{F\varphi_{阴,W}}{RT} \right) \exp\left(\frac{F\varphi_{阴,W}^{\ominus}}{RT} \right) = k_W \exp\left(-\frac{F\varphi_{阴,W}}{RT} \right) \quad (8.76)$$

式中，

$$k_W = \left(\frac{a_{WO_4^{2-}} a_{H^+}^8}{a_{[W]} a_{H_2O}^4} \right)^{1/6} \exp\left(\frac{F\varphi_{阴,W}^{\ominus}}{RT} \right) \approx \left(\frac{c_{WO_4^{2-}} c_{H^+}^8}{c_{[W]} c_{H_2O}^4} \right)^{1/6} \exp\left(\frac{F\varphi_{阴,W}^{\ominus}}{RT} \right)$$

反应（ii）达平衡，阴极没有电流通过，有

$$WO_4^{2-} + 8H^+ + 6e \rightleftharpoons [W] + 4H_2O$$

摩尔吉布斯自由能变化为

$$\Delta G_{m,阴,W,e} = \mu_{[W]} + 4\mu_{H_2O} - \mu_{WO_4^{2-}} - 8\mu_{H^+} + 6\mu_e = \Delta G_{m,阴,W}^{\ominus} + RT \ln \frac{a_{[W],e} a_{H_2O,e}^4}{a_{WO_4^{2-},e} a_{H^+,e}^8}$$

式中，

$$\Delta G_{m,阴,W}^{\ominus} = \mu_W^{\ominus} + 4\mu_{H_2O}^{\ominus} - \mu_{WO_4^{2-}}^{\ominus} - 8\mu_{H^+}^{\ominus} - 6\mu_e^{\ominus}$$

$$\mu_{[W]} = \mu_W^{\ominus} + RT \ln a_{[W],e}$$

$$\mu_{H_2O} = \mu_{H_2O}^{\ominus} + RT \ln a_{H_2O,e}$$

$$\mu_{WO_4^{2-}} = \mu_{WO_4^{2-}}^{\ominus} + RT \ln a_{WO_4^{2-},e}$$

$$\mu_{H^+} = \mu_{H^+}^{\ominus} + RT \ln a_{H^+,e}$$

$$\mu_e = \mu_e^{\ominus}$$

阴极平衡电势：由

$$\varphi_{阴,W,e} = -\frac{\Delta G_{m,阴,W,e}}{6F}$$

得

$$\varphi_{阴,W,e} = \varphi_{阴,W}^{\ominus} + \frac{RT}{6F} \ln \frac{a_{WO_4^{2-},e} a_{H^+,e}^8}{a_{[W],e} a_{H_2O,e}^4} \tag{8.77}$$

阴极过电势：

式（8.75）−式（8.77），得

$$\Delta\varphi_{阴,W} = \varphi_{阴,W} - \varphi_{阴,W,e} = \frac{RT}{2F} \ln \frac{a_{WO_4^{2-}} a_{H^+}^8 a_{[W],e} a_{H_2O,e}^4}{a_{[W]} a_{H_2O}^4 a_{WO_4^{2-},e} a_{H^+,e}^8} - \frac{RT}{F} \ln i_W$$

移项，得

$$\ln i_W = -\frac{F\Delta\varphi_{阴,W}}{RT} + \frac{1}{6} \ln \frac{a_{WO_4^{2-}} a_{H^+}^8 a_{[W],e} a_{H_2O,e}^4}{a_{[W]} a_{H_2O}^4 a_{WO_4^{2-},e} a_{H^+,e}^8}$$

则

$$i_W = \left(\frac{a_{WO_4^{2-}} a_{H^+}^8 a_{[W],e} a_{H_2O,e}^4}{a_{[W]} a_{H_2O}^4 a_{WO_4^{2-},e} a_{H^+,e}^8} \right)^{1/6} \exp\left(-\frac{F\Delta\varphi_{阴,W}}{RT} \right) = k_W' \exp\left(-\frac{F\Delta\varphi_{阴,W}}{RT} \right) \tag{8.78}$$

式中，

$$k_W' = \left(\frac{a_{WO_4^{2-}} a_{H^+}^8 a_{[W],e} a_{H_2O,e}^4}{a_{[W]} a_{H_2O}^4 a_{WO_4^{2-},e} a_{H^+,e}^8} \right)^{1/6} \approx \left(\frac{c_{WO_4^{2-}} c_{H^+}^8 c_{[W],e} c_{H_2O,e}^4}{c_{[W]} c_{H_2O}^4 c_{WO_4^{2-},e} c_{H^+,e}^8} \right)^{1/6}$$

$$\frac{i_{Ni}}{i_W} = \frac{k_{Ni}}{k_W}$$

$$\varphi_{阴,Ni} = \varphi_{阴,W}$$

第9章　金属的电结晶

　　金属的电结晶过程是金属离子完成电子转移步骤进入金属晶格的过程。金属原子可以在原有基体金属的晶格上继续长大，也可以形成新的晶格。

9.1　晶体的生长历程

　　理想晶面是单晶面。如图 9.1 所示，实际的单晶面存在各种各样的缺陷，有台阶、拐角、空位等。台阶称为生长线，拐角、缺口、空位称为生长点。若过电势不大，在晶面上不能形成"新的晶核"，结晶过程在原有晶体的晶格上长大。在这种情况下，晶面生长的可能历程为：一是电子转移步骤紧接结晶步骤，即金属离子得到电子成为金属原子后直接在生长点或生长线上进入晶格。二是金属离子还原成金属原子后吸附在电极表面，然后吸附的金属原子扩散到生长点或生长线后进入晶格。三是金属络离子与电子结合形成部分失水（或配体）的带有部分电荷的吸附离子，随后吸附离子在电极表面扩散，到达生长点或生长线后，金属络离子得到电子，失去剩余的水化膜（或配体）后，进入晶格。

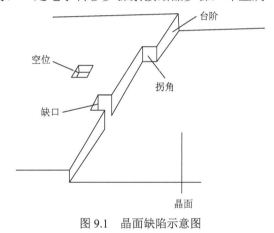

图 9.1　晶面缺陷示意图

9.2　晶 体 生 长

9.2.1　金属离子还原成金属原子，然后进入晶格

　　1. 阴极还原

过电势不大，在晶面上不能形成晶种，金属离子在晶格处还原后进入晶格。阴极反应为

$$\text{Me}^{z+} + ze \Longrightarrow \text{Me}_{(吸附)} \tag{ i }$$

阴极反应的摩尔吉布斯自由能变化为

$$\Delta G_{\text{m,阴,Me}_{(吸附)}} = \mu_{\text{Me}_{(吸附)}} - \mu_{\text{Me}^{z+}} - z\mu_{\text{e}} = \Delta G_{\text{m,阴,Me}}^{\ominus} + RT \ln \frac{a_{\text{Me}_{(吸附)}}}{a_{\text{Me}^{z+}}} + zRT \ln i$$

式中，

$$\Delta G_{\text{m,阴,Me}}^{\ominus} = \mu_{\text{Me}}^{\ominus} - \mu_{\text{Me}^{z+}}^{\ominus} - z\mu_{\text{e}}^{\ominus}$$
$$\mu_{\text{Me}_{(吸附)}} = \mu_{\text{Me}_{(吸附)}}^{\ominus} + RT \ln a_{\text{Me}_{(吸附)}}$$
$$\mu_{\text{Me}^{z+}} = \mu_{\text{Me}^{z+}}^{\ominus} + RT \ln a_{\text{Me}^{z+}}$$
$$\mu_{\text{e}} = \mu_{\text{e}}^{\ominus} - RT \ln i$$

角标"（吸附）"表示表面吸附原子。

阴极电势：由

$$\varphi_{\text{阴,Me}_{(吸附)}} = -\frac{\Delta G_{\text{m,阴,Me}_{(吸附)}}}{zF}$$

得

$$\varphi_{\text{阴,Me}_{(吸附)}} = \varphi_{\text{阴,Me}_{(吸附)}}^{\ominus} + \frac{RT}{zF} \ln \frac{a_{\text{Me}^{z+}}}{a_{\text{Me}_{(吸附)}}} - \frac{RT}{F} \ln i \tag{9.1}$$

式中，

$$\varphi_{\text{阴,Me}}^{\ominus} = -\frac{\Delta G_{\text{m,阴,Me}}^{\ominus}}{zF} = -\frac{\mu_{\text{Me}}^{\ominus} - \mu_{\text{Me}^{z+}}^{\ominus} - z\mu_{\text{e}}^{\ominus}}{zF}$$

由式（9.1）得

$$\ln i = -\frac{F\varphi_{\text{阴,Me}_{(吸附)}}}{RT} + \frac{F\varphi_{\text{阴,Me}}^{\ominus}}{RT} + \frac{1}{z} \ln \frac{a_{\text{Me}^{z+}}}{a_{\text{Me}_{(吸附)}}}$$

有

$$i = \left(\frac{a_{\text{Me}^{z+}}}{a_{\text{Me}_{(吸附)}}}\right)^{1/z} \exp\left(-\frac{F\varphi_{\text{阴,Me}_{(吸附)}}}{RT}\right) \exp\left(\frac{F\varphi_{\text{阴,Me}}^{\ominus}}{RT}\right) = k_{\text{Me}} \exp\left(-\frac{F\varphi_{\text{阴,Me}_{(吸附)}}}{RT}\right) \tag{9.2}$$

式中，

$$k_{\text{Me}} = \left(\frac{a_{\text{Me}^{z+}}}{a_{\text{Me}_{(吸附)}}}\right)^{1/z} \exp\left(\frac{F\varphi_{\text{阴,Me}}^{\ominus}}{RT}\right) \approx \left(\frac{c_{\text{Me}^{z+}}}{c_{\text{Me}_{(吸附)}}}\right)^{1/z} \exp\left(\frac{F\varphi_{\text{阴,Me}}^{\ominus}}{RT}\right)$$

阴极反应达平衡，阴极没有电流，电化学反应为

$$\text{Me}^{z+} + ze \Longrightarrow \text{Me}_{(吸附)}$$

该反应的摩尔吉布斯自由能变化为

$$\Delta G_{m,阴,Me_{(吸附)},e} = \mu_{Me_{(吸附)}} - \mu_{Me^{z+}} - z\mu_e = \Delta G_{m,阴,Me}^{\ominus} + RT \ln \frac{a_{Me_{(吸附)},e}}{a_{Me^{z+},e}}$$

式中，

$$\Delta G_{m,阴,Me}^{\ominus} = \mu_{Me}^{\ominus} - \mu_{Me^{z+}}^{\ominus} - z\mu_e^{\ominus}$$

$$\mu_{Me_{(吸附)}} = \mu_{Me}^{\ominus} + RT \ln a_{Me_{(吸附)},e}$$

$$\mu_{Me^{z+}} = \mu_{Me^{z+}}^{\ominus} + RT \ln a_{Me^{z+},e}$$

$$\mu_e = \mu_e^{\ominus}$$

有

$$\varphi_{阴,Me_{(吸附)},e} = \varphi_{阴,Me}^{\ominus} + \frac{RT}{zF} \ln \frac{a_{Me^{z+},e}}{a_{Me_{(吸附)},e}} \qquad (9.3)$$

式中，

$$\varphi_{阴,Me}^{\ominus} = -\frac{\Delta G_{m,阴,Me}^{\ominus}}{zF} = -\frac{\mu_{Me}^{\ominus} - \mu_{Me^{z+}}^{\ominus} - z\mu_e^{\ominus}}{zF}$$

式（9.1）–式（9.3），得

$$\Delta\varphi_{阴,Me_{(吸附)}} = \varphi_{阴,Me_{(吸附)}} - \varphi_{阴,Me_{(吸附)},e} = \frac{RT}{zF} \ln \frac{a_{Me^{z+}} a_{Me_{(吸附)},e}}{a_{Me_{(吸附)}} a_{Me^{z+},e}} - \frac{RT}{F} \ln i \qquad (9.4)$$

由上式得

$$\ln i = -\frac{F\Delta\varphi_{阴,Me_{(吸附)}}}{RT} + \frac{1}{z} \ln \frac{a_{Me^{z+}} a_{Me_{(吸附)},e}}{a_{Me_{(吸附)}} a_{Me^{z+},e}}$$

有

$$i = \left(\frac{a_{Me^{z+}} a_{Me_{(吸附)},e}}{a_{Me_{(吸附)}} a_{Me^{z+},e}} \right)^{1/z} \exp\left(-\frac{F\Delta\varphi_{阴,Me_{(吸附)}}}{RT} \right) = k_-' \exp\left(-\frac{F\Delta\varphi_{阴,Me_{(吸附)}}}{RT} \right) \qquad (9.5)$$

式中，

$$k_-' = \left(\frac{a_{Me^{z+}} a_{Me_{(吸附)},e}}{a_{Me_{(吸附)}} a_{Me^{z+},e}} \right)^{1/z} \approx \left(\frac{c_{Me^{z+}} c_{Me_{(吸附)},e}}{c_{Me_{(吸附)}} c_{Me^{z+},e}} \right)^{1/z}$$

2. 吸附原子进入晶格

$$Me_{(吸附)} \rightleftharpoons Me_{(晶体)}$$

该过程的摩尔吉布斯自由能变化为

$$\Delta G_{m,阴,晶体} = \mu_{Me_{(晶体)}} - \mu_{Me_{(吸附)}} = \Delta G_{m,阴,晶体}^{\ominus} + RT \ln \frac{1}{a_{Me_{(吸附)}}}$$

式中，

$$\Delta G_{m,阴,晶体}^{\ominus} = \mu_{Me}^{\ominus} - \mu_{Me_{(吸附)}}^{\ominus}$$

$$\mu_{Me_{(晶体)}} = \mu_{Me}^{\ominus}$$

$$\mu_{Me_{(吸附)}} = \mu_{Me}^{\ominus} + RT \ln a_{Me_{(吸附)}}$$

该过程的速率为

$$j = k_+ c_{Me_{(吸附)}}^{n_+} - k_- c_{Me_{(晶体)}}^{n_-} = k_+ \left(c_{Me_{(吸附)}}^{n_+} - \frac{1}{K} c_{Me_{(晶体)}}^{n_-} \right) \tag{9.6}$$

式中，

$$K = \frac{k_+}{k_-} = \frac{c_{Me_{(晶体)}}^{n_-}}{c_{Me_{(吸附)}}^{n_+}} = \frac{1}{a_{Me_{(吸附)},e}}$$

3. 考虑后继反应

过程由电子转移和吸附原子进入晶格共同控制

$$Me^{z+} + ze \Longrightarrow Me_{(吸附)}$$

$$Me_{(吸附)} \Longrightarrow Me_{(晶体)}$$

总反应为

$$Me^{z+} + ze \Longrightarrow Me_{(晶体)}$$

可以看作金属离子在晶格结点处还原后直接进入晶格。

阴极电势：

该过程的摩尔吉布斯自由能变化为

$$\Delta G_{m,阴,Me} = \mu_{Me_{(晶体)}} - \mu_{Me^{z+}} - z\mu_e = \Delta G_{m,阴,Me}^{\ominus} + RT \ln \frac{1}{a_{Me^{z+}}} + zRT \ln i$$

式中，

$$\Delta G_{m,阴,Me}^{\ominus} = \mu_{Me}^{\ominus} - \mu_{Me^{z+}}^{\ominus} - z\mu_e^{\ominus}$$

$$\mu_{Me_{(晶体)}} = \mu_{Me}^{\ominus}$$

$$\mu_{Me^{z+}} = \mu_{Me^{z+}}^{\ominus} + RT \ln a_{Me^{z+}}$$

$$\mu_e = \mu_e^{\ominus} - RT \ln i$$

由

$$\varphi_{阴,Me} = -\frac{\Delta G_{m,阴,Me}}{zF}$$

得

$$\varphi_{阴,Me} = \varphi_{阴,Me}^{\ominus} + \frac{RT}{zF} \ln a_{Me^{z+}} - \frac{RT}{F} \ln i \tag{9.7}$$

式中，

$$\varphi_{\text{阴,Me}}^{\ominus} = -\frac{\Delta G_{\text{m,阴,Me}}^{\ominus}}{zF} = -\frac{\mu_{\text{Me}}^{\ominus} - \mu_{\text{Me}^{z+}}^{\ominus} - z\mu_{\text{e}}^{\ominus}}{zF}$$

由式（9.7）得

$$\ln i = -\frac{F\varphi_{\text{阴,Me}}}{RT} + \frac{F\varphi_{\text{阴,Me}}^{\ominus}}{RT} + \frac{1}{z}\ln a_{\text{Me}^{z+}}$$

有

$$i = (a_{\text{Me}^{z+}})^{1/z}\exp\left(-\frac{F\varphi_{\text{阴,Me}}}{RT}\right)\exp\left(\frac{F\varphi_{\text{阴,Me}}^{\ominus}}{RT}\right) = k_{\text{Me}}\exp\left(-\frac{F\varphi_{\text{阴,Me}}}{RT}\right) \tag{9.8}$$

式中，

$$k_{\text{Me}} = (a_{\text{Me}^{z+}})^{1/z}\exp\left(\frac{F\varphi_{\text{阴,Me}}^{\ominus}}{RT}\right) \approx (c_{\text{Me}^{z+}})^{1/z}\exp\left(\frac{F\varphi_{\text{阴,Me}}^{\ominus}}{RT}\right)$$

总反应达平衡，有

$$\text{Me}^{z+} + ze \Longrightarrow \text{Me}_{\text{(晶体)}}$$

阴极平衡电势：

该过程的摩尔吉布斯自由能变化为

$$\Delta G_{\text{m,阴,Me,e}} = \mu_{\text{Me}} - \mu_{\text{Me}^{z+}} - z\mu_{\text{e}} = \Delta G_{\text{m,阴,Me}}^{\ominus} + RT\ln\frac{1}{a_{\text{Me}^{z+},\text{e}}}$$

式中，

$$\Delta G_{\text{m,阴,Me}}^{\ominus} = \mu_{\text{Me}}^{\ominus} - \mu_{\text{Me}^{z+}}^{\ominus} - z\mu_{\text{e}}^{\ominus}$$

$$\mu_{\text{Me}} = \mu_{\text{Me}}^{\ominus}$$

$$\mu_{\text{Me}^{z+}} = \mu_{\text{Me}^{z+}}^{\ominus} + RT\ln a_{\text{Me}^{z+},\text{e}}$$

$$\mu_{\text{e}} = \mu_{\text{e}}^{\ominus}$$

由

$$\varphi_{\text{阴,Me,e}} = -\frac{\Delta G_{\text{m,阴,Me,e}}}{zF}$$

得

$$\varphi_{\text{阴,Me,e}} = \varphi_{\text{阴,Me,e}}^{\ominus} + \frac{RT}{zF}\ln a_{\text{Me}^{z+},\text{e}} \tag{9.9}$$

式中，

$$\varphi_{\text{阴,Me}}^{\ominus} = -\frac{\Delta G_{\text{m,阴,Me}}^{\ominus}}{zF} = -\frac{\mu_{\text{Me}}^{\ominus} - \mu_{\text{Me}^{z+}}^{\ominus} - z\mu_{\text{e}}^{\ominus}}{zF}$$

阴极过电势：

式（9.7）-式（9.9），得

$$\Delta\varphi_{\text{阴},\text{Me}} = \varphi_{\text{阴},\text{Me}} - \varphi_{\text{阴},\text{Me,e}} = \frac{RT}{zF}\ln\frac{a_{\text{Me}^{z+}}}{a_{\text{Me}^{z+},\text{e}}} - \frac{RT}{F}\ln i \tag{9.10}$$

得

$$\ln i = -\frac{F\Delta\varphi_{\text{阴},\text{Me}}}{RT} + \frac{1}{z}\ln\frac{a_{\text{Me}^{z+}}}{a_{\text{Me}^{z+},\text{e}}}$$

有

$$i = \left(\frac{a_{\text{Me}^{z+}}}{a_{\text{Me}^{z+},\text{e}}}\right)^{1/z}\exp\left(-\frac{F\Delta\varphi_{\text{阴},\text{Me}}}{RT}\right) = k'_{\text{Me}}\exp\left(-\frac{F\Delta\varphi_{\text{阴},\text{Me}}}{RT}\right) \tag{9.11}$$

式中，

$$k'_{\text{Me}} = \left(\frac{a_{\text{Me}^{z+}}}{a_{\text{Me}^{z+},\text{e}}}\right)^{1/z} \approx \left(\frac{c_{\text{Me}^{z+}}}{c_{\text{Me}^{z+},\text{e}}}\right)^{1/z}$$

9.2.2　金属离子还原成金属原子后，扩散进入晶格

金属离子还原为金属原子，金属原子吸附在阴极表面，吸附的金属原子扩散到金属晶格，吸附的金属原子进入金属晶格。

该过程可以表示为

$$\text{Me}^{z+} + z\text{e} =\!=\!= \text{Me}_{(\text{吸附})} \tag{ⅰ}$$

$$\text{Me}_{(\text{吸附}),\text{i}} =\!=\!= \text{Me}_{(\text{吸附}),\text{o}} \tag{ⅱ}$$

$$\text{Me}_{(\text{吸附}),\text{o}} =\!=\!= \text{Me}_{(\text{晶体})} \tag{ⅲ}$$

1. 电子转移反应

阴极电势：

电子转移反应为

$$\text{Me}^{z+} + z\text{e} =\!=\!= \text{Me}_{(\text{吸附})} \tag{ⅰ}$$

该反应的摩尔吉布斯自由能变化为

$$\Delta G_{\text{m},\text{Me}_{(\text{吸附})}} = \mu_{\text{Me}_{(\text{吸附})}} - \mu_{\text{Me}^{z+}} - z\mu_{\text{e}} = \Delta G_{\text{m},\text{Me}}^{\ominus} + RT\ln\frac{a_{\text{Me}_{(\text{吸附})}}}{a_{\text{Me}^{z+}}} + zRT\ln i$$

式中，

$$\Delta G_{\text{m},\text{Me}}^{\ominus} = \mu_{\text{Me}}^{\ominus} - \mu_{\text{Me}^{z+}}^{\ominus} - z\mu_{\text{e}}^{\ominus}$$

$$\mu_{\text{Me}_{(\text{吸附})}} = \mu_{\text{Me}}^{\ominus} + RT\ln a_{\text{Me}_{(\text{吸附})}}$$

$$\mu_{\text{Me}^{z+}} = \mu_{\text{Me}^{z+}}^{\ominus} + RT\ln a_{\text{Me}^{z+}}$$

$$\mu_{e} = \mu_{e}^{\ominus} - RT \ln i$$

由

$$\varphi_{\text{阴},\text{Me}_{(吸附)}} = -\frac{\Delta G_{\text{m},\text{Me}_{(吸附)}}}{zF}$$

得

$$\varphi_{\text{阴},\text{Me}_{(吸附)}} = \varphi_{\text{阴},\text{Me}}^{\ominus} + \frac{RT}{zF} \ln \frac{a_{\text{Me}^{z+}}}{a_{\text{Me}_{(吸附)}}} - \frac{RT}{F} \ln i \qquad (9.12)$$

式中，

$$\varphi_{\text{阴},\text{Me}}^{\ominus} = -\frac{\Delta G_{\text{m},\text{Me}}^{\ominus}}{zF} = -\frac{\mu_{\text{Me}}^{\ominus} - \mu_{\text{Me}^{z+}}^{\ominus} - z\mu_{e}^{\ominus}}{zF}$$

由式（9.12）得

$$\ln i = -\frac{F\varphi_{\text{阴},\text{Me}_{(吸附)}}}{RT} + \frac{F\varphi_{\text{阴},\text{Me}}^{\ominus}}{RT} + \frac{1}{z} \ln \frac{a_{\text{Me}^{z+}}}{a_{\text{Me}_{(吸附)}}}$$

有

$$i = \left(\frac{a_{\text{Me}^{z+}}}{a_{\text{Me}_{(吸附)}}} \right)^{1/z} \exp\left(-\frac{F\varphi_{\text{阴},\text{Me}_{(吸附)}}}{RT} \right) \exp\left(\frac{F\varphi_{\text{阴},\text{Me}}^{\ominus}}{RT} \right) = k_{\text{Me}} \exp\left(-\frac{F\varphi_{\text{阴},\text{Me}_{(吸附)}}}{RT} \right) \qquad (9.13)$$

式中，

$$k_{\text{Me}} = \left(\frac{a_{\text{Me}^{z+}}}{a_{\text{Me}_{(吸附)}}} \right)^{1/z} \exp\left(\frac{F\varphi_{\text{阴},\text{Me}}^{\ominus}}{RT} \right) \approx \left(\frac{c_{\text{Me}^{z+}}}{c_{\text{Me}_{(吸附)}}} \right)^{1/z} \exp\left(\frac{F\varphi_{\text{阴},\text{Me}}^{\ominus}}{RT} \right)$$

阴极反应达平衡，阴极没有电流通过。

$$\text{Me}^{z+} + z\text{e} \Longleftrightarrow \text{Me}_{(吸附)}$$

该反应的摩尔吉布斯自由能变化为

$$\Delta G_{\text{m},\text{Me}_{(吸附)},e} = \mu_{\text{Me}_{(吸附)}} - \mu_{\text{Me}^{z+}} - z\mu_{e} = \Delta G_{\text{m},\text{Me}}^{\ominus} + RT \ln \frac{a_{\text{Me}_{(吸附)},e}}{a_{\text{Me}^{z+},e}}$$

式中，

$$\Delta G_{\text{m},\text{Me}}^{\ominus} = \mu_{\text{Me}}^{\ominus} - \mu_{\text{Me}^{z+}}^{\ominus} - z\mu_{e}^{\ominus}$$

$$\mu_{\text{Me}_{(吸附)}} = \mu_{\text{Me}}^{\ominus} + RT \ln a_{\text{Me}_{(吸附)},e}$$

$$\mu_{\text{Me}^{z+}} = \mu_{\text{Me}^{z+}}^{\ominus} + RT \ln a_{\text{Me}^{z+},e}$$

$$\mu_{e} = \mu_{e}^{\ominus}$$

阴极平衡电势：

由

$$\varphi_{阴,Me_{(吸附)},e} = -\frac{\Delta G_{m,Me_{(吸附)},e}}{zF}$$

得

$$\varphi_{阴,Me_{(吸附)},e} = \varphi_{阴,Me}^{\ominus} + \frac{RT}{zF}\ln\frac{a_{Me^{z+},e}}{a_{Me_{(吸附)},e}} \tag{9.14}$$

式中，

$$\varphi_{阴,Me}^{\ominus} = -\frac{\Delta G_{m,Me}^{\ominus}}{zF} = -\frac{\mu_{Me_{(吸附)}}^{\ominus} - \mu_{Me^{z+}}^{\ominus} - z\mu_{e}^{\ominus}}{zF}$$

阴极过电势：

式（9.12）−式（9.14），得

$$\Delta\varphi_{阴,Me_{(吸附)}} = \varphi_{阴,Me_{(吸附)}} - \varphi_{阴,Me_{(吸附)},e} = \frac{RT}{zF}\ln\frac{a_{Me^{z+}}a_{Me_{(吸附)},e}}{a_{Me_{(吸附)}}a_{Me^{z+},e}} - \frac{RT}{F}\ln i \tag{9.15}$$

由上式得

$$\ln i = -\frac{F\Delta\varphi_{阴,Me_{(吸附)}}}{RT} + \frac{1}{z}\ln\frac{a_{Me^{z+}}a_{Me_{(吸附)},e}}{a_{Me_{(吸附)}}a_{Me^{z+},e}}$$

有

$$i = \left(\frac{a_{Me^{z+}}a_{Me_{(吸附)},e}}{a_{Me_{(吸附)}}a_{Me^{z+},e}}\right)^{1/z}\exp\left(-\frac{F\Delta\varphi_{阴,Me_{(吸附)}}}{RT}\right) = k_{Me}'\exp\left(-\frac{F\Delta\varphi_{阴,Me_{(吸附)}}}{RT}\right) \tag{9.16}$$

式中，

$$k_{Me}' = \left(\frac{a_{Me^{z+}}a_{Me_{(吸附)},e}}{a_{Me_{(吸附)}}a_{Me^{z+},e}}\right)^{1/z} \approx \left(\frac{c_{Me^{z+}}c_{Me_{(吸附)},e}}{c_{Me_{(吸附)}}c_{Me^{z+},e}}\right)^{1/z}$$

2. 吸附原子扩散

吸附原子扩散到晶格，

$$Me_{(吸附),i} == Me_{(吸附),o}$$

扩散过程的摩尔吉布斯自由能变化为

$$\Delta G_{m,扩散} = \mu_{Me_{(吸附),o}} - \mu_{Me_{(吸附),i}} = \Delta G_{m,扩散}^{\ominus} + RT\ln\frac{a_{Me_{(吸附),o}}}{a_{Me_{(吸附),i}}} = RT\ln\frac{a_{Me_{(吸附),o}}}{a_{Me_{(吸附),i}}}$$

式中，

$$\mu_{Me_{(吸附),o}} = \mu_{Me}^{\ominus} + RT\ln a_{Me_{(吸附),o}}$$

$$\mu_{Me_{(吸附),i}} = \mu_{Me}^{\ominus} + RT \ln a_{Me_{(吸附),i}}$$

$$\Delta G_{m,扩散}^{\ominus} = \mu_{Me}^{\ominus} - \mu_{Me}^{\ominus} = 0$$

扩散速率：

$$
\begin{aligned}
J_{Me_{(吸附)},扩散} &= D_{Me_{(吸附)}} \left| \vec{J}_{Me_{(吸附)},扩散} \right| \\
&= D_{Me_{(吸附)}} \left| -\nabla c_{Me_{(吸附)}} \right| \\
&= D_{Me_{(吸附)}} \frac{c_{Me_{(吸附),o}} - c_{Me_{(吸附),i}}}{d_{io}} \\
&= D'_{Me_{(吸附)}} \Delta c_{Me_{(吸附)}}
\end{aligned} \tag{9.17}
$$

式中，$J_{Me_{(吸附)},扩散}$ 和 $\vec{J}_{Me_{(吸附)},扩散}$ 分别为电极表面吸附金属原子 Me 的扩散速率和扩散速度。下角标 i 和 o 分别为金属离子还原位置和金属晶格位置。d_{io} 为金属原子扩散的距离。$D_{Me_{(吸附)}}$ 和 $D'_{Me_{(吸附)}}$ 为金属原子在电极表面的扩散系数。

$$D'_{Me_{(吸附)}} = \frac{D_{Me_{(吸附)}}}{d_{io}}$$

3. 金属原子 $Me_{(吸附)}$ 进入金属晶格

金属原子进入晶格的过程可以表示为

$$Me_{(吸附),o} \Longrightarrow Me_{(晶体)}$$

该过程的摩尔吉布斯自由能变化为

$$\Delta G_{m,Me_{(结晶)}} = \mu_{Me_{(晶体)}} - \mu_{Me_{(吸附),o}} = \Delta G_{m,Me}^{\ominus} + RT \ln \frac{1}{a_{Me_{(吸附),o}}}$$

式中，

$$\Delta G_{m,Me}^{\ominus} = \mu_{Me}^{\ominus} - \mu_{Me}^{\ominus} = 0$$

$$\mu_{Me_{(晶体)}} = \mu_{Me}^{\ominus}$$

$$\mu_{Me_{(吸附),o}} = \mu_{Me}^{\ominus} + RT \ln a_{Me_{(吸附),o}}$$

金属原子进入晶格的速率为

$$J_{Me_{(晶体)}} = k_+ c_{Me_{(吸附),o}} - k_- c_{Me_{(晶体)}} = k_+ \left(c_{Me_{(吸附)}}^{n+} - \frac{1}{K} c_{Me_{(晶体)}}^{n-} \right) \tag{9.18}$$

式中，

$$K = \frac{k_+}{k_-} = \frac{c_{Me_{(晶体),e}}^{n-}}{c_{Me_{(吸附),e}}^{n+}} = \frac{1}{a_{Me_{(吸附),o,e}}} \approx \frac{1}{c_{Me_{(吸附),o,e}}}$$

4. 金属离子还原和吸附原子扩散的总反应

$$Me^{z+} + ze \Longrightarrow Me_{(吸附),i} \qquad （ⅰ）$$

$$Me_{(吸附),i} \xrightarrow{扩散} Me_{(吸附),o} \qquad （ⅱ）$$

总反应为

$$Me^{z+} + ze \Longrightarrow Me_{(吸附),o}$$

该过程的摩尔吉布斯自由能变化为

$$\Delta G_{m,Me} = \Delta G_{m,Me}^{\ominus} + RT \ln \frac{a_{Me_{(吸附),o}}}{a_{Me^{z+}}} + zRT \ln i$$

式中,

$$\Delta G_{m,Me}^{\ominus} = \mu_{Me}^{\ominus} - \mu_{Me^{z+}}^{\ominus} - z\mu_e^{\ominus}$$

$$\mu_{Me_{(吸附),o}} = \mu_{Me}^{\ominus} + RT \ln a_{Me_{(吸附),o}}$$

$$\mu_{Me^{z+}} = \mu_{Me^{z+}}^{\ominus} + RT \ln a_{Me^{z+}}$$

$$\mu_e = \mu_e^{\ominus} - RT \ln i$$

阴极电势: 由

$$\varphi_{阴,Me} = -\frac{\Delta G_{m,阴,Me}}{zF}$$

得

$$\varphi_{阴,Me} = \varphi_{阴,Me}^{\ominus} + \frac{RT}{zF} \ln \frac{a_{Me^{z+}}}{a_{Me_{(吸附),o}}} - \frac{RT}{F} \ln i \qquad (9.19)$$

式中,

$$\varphi_{阴,Me}^{\ominus} = -\frac{\Delta G_{m,阴,Me}^{\ominus}}{zF} = -\frac{\mu_{Me_{(扩散)}}^{\ominus} - \mu_{Me^{z+}}^{\ominus} - \mu_e^{\ominus}}{zF}$$

由式（9.19）得

$$\ln i = -\frac{F\varphi_{阴,Me}}{RT} + \frac{F\varphi_{阴,Me}^{\ominus}}{RT} + \frac{1}{z} \ln \frac{a_{Me^{z+}}}{a_{Me_{(吸附),o}}}$$

有

$$i = \left(\frac{a_{Me^{z+}}}{a_{Me_{(吸附),o}}}\right)^{1/z} \exp\left(-\frac{F\varphi_{阴,Me}}{RT}\right) \exp\left(\frac{F\varphi_{阴,Me}^{\ominus}}{RT}\right) = k_{Me} \exp\left(-\frac{F\varphi_{阴,Me}}{RT}\right) \qquad (9.20)$$

式中，

$$k_{\mathrm{Me}} = \left(\frac{a_{\mathrm{Me}^{z+}}}{a_{\mathrm{Me}_{(吸附),o}}}\right)^{1/z} \exp\left(\frac{F\varphi_{阴,\mathrm{Me}}^{\ominus}}{RT}\right) \approx \left(\frac{c_{\mathrm{Me}^{z+}}}{c_{\mathrm{Me}_{(吸附),o}}}\right)^{1/z} \exp\left(\frac{F\varphi_{阴,\mathrm{Me}}^{\ominus}}{RT}\right)$$

总反应达平衡，阴极没有电流，有

$$\mathrm{Me}^{z+} + ze \Longleftrightarrow \mathrm{Me}_{(吸附),o}$$

该过程的摩尔吉布斯自由能变化为

$$\Delta G_{\mathrm{m},阴,\mathrm{Me,e}} = \mu_{\mathrm{Me}_{(吸附),o}} - \mu_{\mathrm{Me}^{z+}} - z\mu_{\mathrm{e}} = \Delta G_{\mathrm{m},阴,\mathrm{Me}}^{\ominus} + RT\ln\frac{a_{\mathrm{Me}_{(吸附),o,e}}}{a_{\mathrm{Me}^{z+},e}}$$

式中，

$$\Delta G_{\mathrm{m},阴,\mathrm{Me}}^{\ominus} = \mu_{\mathrm{Me}}^{\ominus} - \mu_{\mathrm{Me}^{z+}}^{\ominus} - z\mu_{\mathrm{e}}^{\ominus}$$

$$\mu_{\mathrm{Me}_{(吸附),o}} = \mu_{\mathrm{Me}}^{\ominus} + RT\ln a_{\mathrm{Me}_{(吸附),o,e}}$$

$$\mu_{\mathrm{Me}^{z+}} = \mu_{\mathrm{Me}^{z+}}^{\ominus} + RT\ln a_{\mathrm{Me}^{z+},e}$$

$$\mu_{\mathrm{e}} = \mu_{\mathrm{e}}^{\ominus}$$

阴极平衡电势：由

$$\varphi_{阴,\mathrm{Me,e}} = -\frac{\Delta G_{\mathrm{m},阴,\mathrm{Me,e}}}{zF}$$

得

$$\varphi_{阴,\mathrm{Me,e}} = \varphi_{阴,\mathrm{Me}}^{\ominus} + \frac{RT}{zF}\ln\frac{a_{\mathrm{Me}^{z+},e}}{a_{\mathrm{Me}_{(吸附),o,e}}} \qquad (9.21)$$

式中，

$$\varphi_{阴,\mathrm{Me}}^{\ominus} = -\frac{\Delta G_{\mathrm{m},阴,\mathrm{Me}}^{\ominus}}{zF} = -\frac{\mu_{\mathrm{Me}}^{\ominus} - \mu_{\mathrm{Me}^{z+}}^{\ominus} - z\mu_{\mathrm{e}}^{\ominus}}{zF}$$

阴极过电势：

式（9.19）−式（9.21），得

$$\Delta\varphi_{阴,\mathrm{Me}} = \varphi_{阴,\mathrm{Me}} - \varphi_{阴,\mathrm{Me,e}} = \frac{RT}{zF}\ln\frac{a_{\mathrm{Me}^{z+}}a_{\mathrm{Me}_{(吸附),o,e}}}{a_{\mathrm{Me}_{(吸附),o}}a_{\mathrm{Me}^{z+},e}} - \frac{RT}{F}\ln i$$

由上式得

$$\ln i = -\frac{F\Delta\varphi_{\text{阴,Me}}}{RT} + \frac{1}{z}\ln\frac{a_{\text{Me}^{z+}}a_{\text{Me}_{(\text{吸附}),o,e}}}{a_{\text{Me}_{(\text{吸附}),o}}a_{\text{Me}^{z+},e}}$$

有

$$i = \left(\frac{a_{\text{Me}^{z+}}a_{\text{Me}_{(\text{吸附}),o,e}}}{a_{\text{Me}_{(\text{吸附}),o}}a_{\text{Me}^{z+},e}}\right)^{1/z}\exp\left(-\frac{F\Delta\varphi_{\text{阴,Me}}}{RT}\right) = k'_{\text{Me}}\exp\left(-\frac{F\Delta\varphi_{\text{阴,Me}}}{RT}\right) \quad (9.22)$$

式中，

$$k'_{\text{Me}} = \left(\frac{a_{\text{Me}^{z+}}a_{\text{Me}_{(\text{吸附}),o,e}}}{a_{\text{Me}_{(\text{吸附}),o}}a_{\text{Me}^{z+},e}}\right)^{1/z} \approx \left(\frac{c_{\text{Me}^{z+}}c_{\text{Me}_{(\text{吸附}),o,e}}}{c_{\text{Me}_{(\text{吸附}),o}}c_{\text{Me}^{z+},e}}\right)^{1/z}$$

5. 金属离子还原为吸附原子，吸附原子扩散并进入晶格的总反应

整个过程为

$$\text{Me}^{z+} + z\text{e} =\!=\!= \text{Me}_{(\text{吸附}),i}$$

$$\text{Me}_{(\text{吸附}),i} =\!=\!= \text{Me}_{(\text{吸附}),o}$$

$$\text{Me}_{(\text{吸附}),o} =\!=\!= \text{Me}_{(\text{晶体})}$$

总过程为

$$\text{Me}^{z+} + z\text{e} =\!=\!= \text{Me}_{(\text{晶体})}$$

该过程的摩尔吉布斯自由能变化为

$$\Delta G_{\text{m,阴,t}} = \Delta G_{\text{m,阴,t}}^{\ominus} + RT\ln\frac{1}{a_{\text{Me}^{z+}}} + zRT\ln i$$

式中，

$$\Delta G_{\text{m,阴,t}}^{\ominus} = \mu_{\text{Me}}^{\ominus} - \mu_{\text{Me}^{z+}}^{\ominus} - z\mu_{\text{e}}^{\ominus}$$

$$\mu_{\text{Me}^{z+}} = \mu_{\text{Me}^{z+}}^{\ominus} + RT\ln a_{\text{Me}^{z+}}$$

$$\mu_{\text{Me}} = \mu_{\text{Me}}^{\ominus}$$

$$\mu_{\text{e}} = \mu_{\text{e}}^{\ominus} - RT\ln i$$

阴极电势：由

$$\varphi_{\text{阴,t}} = -\frac{\Delta G_{\text{m,阴,t}}}{zF}$$

得

$$\varphi_{\text{阴,t}} = \varphi_{\text{阴,t}}^{\ominus} + \frac{RT}{zF}\ln a_{\text{Me}^{z+}} - \frac{RT}{F}\ln i \quad (9.23)$$

式中，

$$\varphi_{\text{阴,t}}^{\ominus} = -\frac{\mu_{\text{Me}}^{\ominus} - \mu_{\text{Me}^{z+}}^{\ominus} - z\mu_{\text{e}}^{\ominus}}{zF}$$

由上式得

$$\ln i = -\frac{F\varphi_{\text{阴,t}}}{RT} + \frac{F\varphi_{\text{阴,t}}^{\ominus}}{RT} + \frac{1}{z}\ln a_{\text{Me}^{z+}}$$

有

$$i = (a_{\text{Me}^{z+}})^{1/z}\exp\left(-\frac{F\varphi_{\text{阴,t}}}{RT}\right)\exp\left(\frac{F\varphi_{\text{阴,t}}^{\ominus}}{RT}\right) = k_{\text{t}}\exp\left(-\frac{F\varphi_{\text{阴,t}}}{RT}\right) \tag{9.24}$$

式中,

$$k_{\text{t}} = (a_{\text{Me}^{z+}})^{1/z}\exp\left(\frac{F\varphi_{\text{阴,t}}^{\ominus}}{RT}\right) \approx (c_{\text{Me}^{z+}})^{1/z}\exp\left(\frac{F\varphi_{\text{阴,t}}^{\ominus}}{RT}\right)$$

阴极反应达平衡, 阴极没有电流, 有

$$\text{Me}^{z+} + z\text{e} \Longrightarrow \text{Me}_{(\text{晶体})}$$

该过程的摩尔吉布斯自由能变化为

$$\Delta G_{\text{m,阴,t,e}} = \mu_{\text{Me}} - \mu_{\text{Me}^{z+}} - z\mu_{\text{e}} = \Delta G_{\text{m,阴,t}}^{\ominus} + RT\ln\frac{1}{a_{\text{Me}^{z+},\text{e}}}$$

式中,

$$\Delta G_{\text{m,阴,t}}^{\ominus} = \mu_{\text{Me}}^{\ominus} - \mu_{\text{Me}^{z+}}^{\ominus} - z\mu_{\text{e}}^{\ominus}$$

$$\mu_{\text{Me}} = \mu_{\text{Me}}^{\ominus}$$

$$\mu_{\text{Me}^{z+}} = \mu_{\text{Me}^{z+}}^{\ominus} + RT\ln a_{\text{Me}^{z+},\text{e}}$$

$$\mu_{\text{e}} = \mu_{\text{e}}^{\ominus}$$

阴极平衡电势: 由

$$\varphi_{\text{阴,t,e}} = -\frac{\Delta G_{\text{m,t,e}}}{zF}$$

得

$$\varphi_{\text{阴,t,e}} = \varphi_{\text{阴,t}}^{\ominus} + \frac{RT}{zF}\ln a_{\text{Me}^{z+},\text{e}} \tag{9.25}$$

式中,

$$\varphi_{\text{阴,t}}^{\ominus} = -\frac{\Delta G_{\text{m,阴,t}}^{\ominus}}{zF} = -\frac{\mu_{\text{Me}}^{\cap} - \mu_{\text{Me}^{z+}}^{\cap} - z\mu_{\text{e}}^{\cap}}{zF}$$

阴极过电势:

式 (9.23)–式 (9.25), 得

$$\Delta\varphi_{阴,t} = \varphi_{阴,t} - \varphi_{阴,t,e} = \frac{RT}{zF}\ln\frac{a_{Me^{z+}}}{a_{Me^{z+},e}} - \frac{RT}{zF}\ln i \qquad (9.26)$$

由上式得

$$\ln i = -\frac{F\Delta\varphi_{阴,t}}{RT} + \frac{1}{z}\ln\frac{a_{Me^{z+}}}{a_{Me^{z+},e}}$$

有

$$i = \left(\frac{a_{Me^{z+}}}{a_{Me^{z+},e}}\right)^{1/z}\exp\left(-\frac{F\Delta\varphi_{阴,t}}{RT}\right) = k_t'\exp\left(-\frac{F\Delta\varphi_{阴,t}}{RT}\right) \qquad (9.27)$$

式中，

$$k_t' = \left(\frac{a_{Me^{z+}}}{a_{Me^{z+},e}}\right)^{1/z} \approx \left(\frac{c_{Me^{z+}}}{c_{Me^{z+},e}}\right)^{1/z}$$

9.3　形成晶核

阴极电势：金属离子阴极还原形成晶核，可以表示为

$$Me^{z+} + ze \Longrightarrow Me_{(晶核)}$$

该过程的摩尔吉布斯自由能变化为

$$\Delta G_{m,阴,Me_{(晶核)}} = \mu_{Me_{(晶核)}} - \mu_{Me^{z+}} - z\mu_e = \Delta G_{m,阴,Me}^{\ominus} + RT\ln\frac{a_{Me_{(晶核)}}}{a_{Me^{z+}}} + zRT\ln i$$

式中，

$$\Delta G_{m,阴,Me}^{\ominus} = \mu_{Me}^{\ominus} - \mu_{Me^{z+}}^{\ominus} - z\mu_e^{\ominus}$$

$$\mu_{Me_{(晶核)}} = \mu_{Me}^{\ominus} + RT\ln a_{Me_{(晶核)}}$$

$$\mu_{Me^{z+}} = \mu_{Me^{z+}}^{\ominus} + RT\ln a_{Me^{z+}}$$

$$\mu_e = \mu_e^{\ominus} - RT\ln i$$

阴极电势：由

$$\varphi_{阴,Me_{(晶核)}} = -\frac{\Delta G_{m,Me_{(晶核)}}}{zF}$$

得

$$\varphi_{阴,Me_{(晶核)}} = \varphi_{阴,Me}^{\ominus} + \frac{RT}{zF}\ln\frac{a_{Me^{z+}}}{a_{Me_{(晶核)}}} - \frac{RT}{F}\ln i \qquad (9.28)$$

式中，

$$\varphi_{\text{阴,Me}}^{\ominus} = -\frac{\Delta G_{\text{m,Me}}^{\ominus}}{zF} = -\frac{\mu_{\text{Me}}^{\ominus} - \mu_{\text{Me}^{z+}}^{\ominus} - z\mu_{\text{e}}^{\ominus}}{zF}$$

由式（9.28）得

$$\ln i = -\frac{F\varphi_{\text{阴,Me(晶核)}}}{RT} + \frac{F\varphi_{\text{阴,Me}}^{\ominus}}{RT} + \frac{1}{z}\ln\frac{a_{\text{Me}^{z+}}}{a_{\text{Me(晶核)}}}$$

有

$$i = \left(\frac{a_{\text{Me}^{z+}}}{a_{\text{Me(晶核)}}}\right)^{1/z}\exp\left(-\frac{F\varphi_{\text{阴,Me(晶核)}}}{RT}\right)\exp\left(\frac{F\varphi_{\text{阴,Me}}^{\ominus}}{RT}\right) = k_{\text{Me(晶核)}}\exp\left(-\frac{F\varphi_{\text{阴,Me(晶核)}}}{RT}\right)$$

$$（9.29）$$

式中，

$$k_{\text{Me(晶核)}} = \left(\frac{a_{\text{Me}^{z+}}}{a_{\text{Me(晶核)}}}\right)^{1/z}\exp\left(\frac{F\varphi_{\text{阴,Me}}^{\ominus}}{RT}\right) \approx \left(\frac{c_{\text{Me}^{z+}}}{c_{\text{Me(晶核)}}}\right)^{1/z}\exp\left(\frac{F\varphi_{\text{阴,Me}}^{\ominus}}{RT}\right)$$

阴极反应达平衡，阴极没有电流通过，化学反应为

$$\text{Me}^{z+} + z\text{e} \Longleftrightarrow \text{Me}_{\text{(晶核)}}$$

该过程的摩尔吉布斯自由能变化为

$$\Delta G_{\text{m,阴,Me(晶核),e}} = \mu_{\text{Me(晶核)}} - \mu_{\text{Me}^{z+}} - z\mu_{\text{e}} = \Delta G_{\text{m,阴,Me}}^{\ominus} + RT\ln\frac{a_{\text{Me(晶核),e}}}{a_{\text{Me}^{z+},\text{e}}}$$

式中，

$$\Delta G_{\text{m,阴,Me}}^{\ominus} = \mu_{\text{Me}}^{\ominus} - \mu_{\text{Me}^{z+}}^{\ominus} - z\mu_{\text{e}}^{\ominus}$$

$$\mu_{\text{Me(晶核)}} = \mu_{\text{Me}}^{\ominus} + RT\ln a_{\text{Me(晶核),e}}$$

$$\mu_{\text{Me}^{z+}} = \mu_{\text{Me}^{z+}}^{\ominus} + RT\ln a_{\text{Me}^{z+},\text{e}}$$

$$\mu_{\text{e}} = \mu_{\text{e}}^{\ominus}$$

阴极平衡电势：由

$$\varphi_{\text{阴,Me(晶核),e}} = -\frac{\Delta G_{\text{m,Me(晶核),e}}}{zF}$$

得

$$\varphi_{\text{阴,Me(晶核),e}} = \varphi_{\text{阴,Me}}^{\ominus} + \frac{RT}{zF}\ln\frac{a_{\text{Me}^{z+},\text{e}}}{a_{\text{Me(晶核),e}}}$$

$$（9.30）$$

式中，

$$\varphi_{\text{阴,Me}}^{\ominus} = -\frac{\Delta G_{\text{m,阴,Me}}^{\ominus}}{zF} = -\frac{\mu_{\text{Me}}^{\ominus} - \mu_{\text{Me}^{z+}}^{\ominus} - z\mu_{\text{e}}^{\ominus}}{zF}$$

阴极过电势：

式（9.28）–式（9.30），得

$$\Delta\varphi_{阴,Me_{(晶核)}} = \varphi_{阴,Me_{(晶核)}} - \varphi_{阴,Me_{(晶核)},e} = \frac{RT}{zF}\ln\frac{a_{Me^{z+}}a_{Me_{(晶核)},e}}{a_{Me_{(晶核)}}a_{Me^{z+},e}} - \frac{RT}{zF}\ln i$$

由上式得

$$\ln i = -\frac{F\Delta\varphi_{阴,Me_{(晶核)}}}{RT} + \frac{1}{z}\ln\frac{a_{Me^{z+}}a_{Me_{(晶核)},e}}{a_{Me_{(晶核)}}a_{Me^{z+},e}}$$

有

$$i = \left(\frac{a_{Me^{z+}}a_{Me_{(晶核)},e}}{a_{Me_{(晶核)}}a_{Me^{z+},e}}\right)^{1/z}\exp\left(-\frac{F\Delta\varphi_{阴,Me_{(晶核)}}}{RT}\right) = k'_{Me_{(晶核)}}\exp\left(-\frac{F\Delta\varphi_{阴,Me_{(晶核)}}}{RT}\right)$$

$$（9.31）$$

式中，

$$k'_{Me_{(晶核)}} = \left(\frac{a_{Me^{z+}}a_{Me_{(晶核)},e}}{a_{Me_{(晶核)}}a_{Me^{z+},e}}\right)^{1/z} \approx \left(\frac{c_{Me^{z+}}c_{Me_{(晶核)},e}}{c_{Me_{(晶核)}}c_{Me^{z+},e}}\right)^{1/z}$$

9.4　高价金属络离子部分还原

部分还原的金属络离子吸附在阴极表面，然后吸附的部分还原的金属络离子扩散到金属晶格，进一步还原为金属原子并进入金属晶格。

过程可以表示为

$$(MeL_n)^{z+} + xe \rlap{=}= (MeL_{n-m})_i^{(z-x)+} + mL \qquad （i）$$

$$(MeL_{n-m})_i^{(z-x)+} \rlap{=}= (MeL_{n-m})_o^{(z-x)+} \qquad （ii）$$

$$(MeL_{n-m})_o^{(z-x)+} + (z-x)e \rlap{=}= Me_{(吸附)} + (n-m)L \qquad （iii）$$

$$Me_{(吸附)} \rlap{=}= Me_{(晶体)} \qquad （iv）$$

9.4.1　金属络离子部分还原

$$(MeL_n)^{z+} + xe \rlap{=}= (MeL_{n-m})_i^{(z-x)+} + mL \qquad （i）$$

摩尔吉布斯自由能变化为

$$\Delta G_{m,阴,mL} = \mu_{(MeL_{n-m})_i^{(z-x)+}} + m\mu_L - \mu_{(MeL_n)^{z+}} - x\mu_e$$

$$= \Delta G_{m,阴,mL}^{\ominus} + RT\ln\frac{a_{(MeL_{n-m})_i^{(z-x)+}}a_L^m}{a_{(MeL_n)^{z+}}} + xRT\ln i$$

式中，

$$\Delta G_{m,阴,mL}^{\ominus} = \mu_{(MeL_{n-m})^{(z-x)+}}^{\ominus} + m\mu_L^{\ominus} - \mu_{(MeL_n)^{z+}}^{\ominus} - x\mu_e^{\ominus}$$

$$\mu_{(MeL_{n-m})^{(z-x)+}} = \mu_{(MeL_{n-m})^{(z-x)+}}^{\ominus} + RT\ln a_{(MeL_{n-m})_i^{(z-x)+}}$$

$$\mu_L = \mu_L^{\ominus} + RT\ln a_L$$

$$\mu_{(MeL_n)^{z+}} = \mu_{(MeL_n)^{z+}}^{\ominus} + RT\ln a_{(MeL_n)^{z+}}$$

$$\mu_e = \mu_e^{\ominus} - RT\ln i$$

阴极电势：由

$$\varphi_{阴,mL} = -\frac{\Delta G_{m,阴,mL}}{xF}$$

得

$$\varphi_{阴,mL} = \varphi_{阴,mL}^{\ominus} + \frac{RT}{xF}\ln\frac{a_{(MeL_n)^{z+}}}{a_{(MeL_{n-m})_i^{(z-x)+}} a_L^m} - \frac{RT}{F}\ln i \qquad （9.32）$$

式中，

$$\varphi_{阴,mL}^{\ominus} = -\frac{\Delta G_{m,阴,mL}^{\ominus}}{xF} = -\frac{\mu_{(MeL_{n-m})^{(z-x)+}}^{\ominus} + m\mu_L^{\ominus} - \mu_{(MeL_n)^{z+}}^{\ominus} - x\mu_e^{\ominus}}{xF}$$

由式（9.32）得

$$\ln i = -\frac{F\varphi_{阴,mL}}{RT} + \frac{F\varphi_{阴,mL}^{\ominus}}{RT} + \frac{1}{x}\ln\frac{a_{(MeL_n)^{z+}}}{a_{(MeL_{n-m})_i^{(z-x)+}} a_L^m}$$

有

$$i = \left(\frac{a_{(MeL_n)^{z+}}}{a_{(MeL_{n-m})_i^{(z-x)+}} a_L^m}\right)^{1/x} \exp\left(-\frac{F\varphi_{阴,mL}}{RT}\right)\exp\left(\frac{F\varphi_{阴,mL}^{\ominus}}{RT}\right) = k_{阴}\exp\left(-\frac{F\varphi_{阴,mL}}{RT}\right)$$

$$（9.33）$$

式中，

$$k_{阴} = \left(\frac{a_{(MeL_n)^{z+}}}{a_{(MeL_{n-m})_i^{(z-x)+}} a_L^m}\right)^{1/x} \exp\left(\frac{F\varphi_{阴,mL}^{\ominus}}{RT}\right) \approx \left(\frac{c_{(MeL_n)^{z+}}}{c_{(MeL_{n-m})_i^{(z-x)+}} c_L^m}\right)^{1/x} \exp\left(\frac{F\varphi_{阴,mL}^{\ominus}}{RT}\right)$$

反应达平衡，阴极没有电流，有

$$(MeL_n)^{z+} + xe \Longleftrightarrow (MeL_{n-m})_i^{(z-x)+} + mL$$

该反应的摩尔吉布斯自由能变化为

$$\Delta G_{m,阴,mL,e} = \mu_{(MeL_{n-m})_i^{(z-x)+}} + m\mu_L - \mu_{(MeL_n)^{z+}} - x\mu_e = \Delta G_{m,阴,mL}^{\ominus} + RT\ln\frac{a_{(MeL_{n-m})_i^{(z-x)+},e} a_{L,e}^m}{a_{(MeL_n)^{z+},e}}$$

式中，

$$\Delta G^{\ominus}_{m,阴,mL} = \mu^{\ominus}_{(MeL_{n-m})^{(z-x)+}} + m\mu^{\ominus}_L - \mu^{\ominus}_{(MeL_n)^{z+}} - x\mu^{\ominus}_e$$

$$\mu_{(MeL_{n-m})^{(z-x)+}_i} = \mu^{\ominus}_{(MeL_{n-m})^{(z-x)+}} + RT\ln a_{(MeL_{n-m})^{(z-x)+}_i,e}$$

$$\mu_L = \mu^{\ominus}_L + RT\ln a_{L,e}$$

$$\mu_{(MeL_n)^{z+}} = \mu^{\ominus}_{(MeL_n)^{z+}} + RT\ln a_{(MeL_n)^{z+},e}$$

$$\mu_e = \mu^{\ominus}_e$$

阴极平衡电势：由

$$\varphi_{阴,mL,e} = -\frac{\Delta G_{m,mL,e}}{xF}$$

得

$$\varphi_{阴,mL,e} = \varphi^{\ominus}_{阴,mL} + \frac{RT}{xF}\ln\frac{a_{(MeL_n)^{z+},e}}{a_{(MeL_{n-m})^{(z-x)+}_i,e}a^m_{L,e}} \tag{9.34}$$

式中，

$$\varphi^{\ominus}_{阴,mL} = -\frac{\Delta G^{\ominus}_{m,阴,mL}}{xF} = -\frac{\mu^{\ominus}_{(MeL_{n-m})^{(z-x)+}} + m\mu^{\ominus}_L - \mu^{\ominus}_{(MeL_n)^{z+}} - x\mu^{\ominus}_e}{xF}$$

阴极过电势：

式（9.32）–式（9.34），得

$$\Delta\varphi_{阴,mL} = \varphi_{阴,mL} - \varphi_{阴,mL,e} = \frac{RT}{xF}\ln\frac{a_{(MeL_n)^{z+}}a_{(MeL_{n-m})^{(z-x)+}_i,e}a^m_{L,e}}{a_{(MeL_{n-m})^{(z-x)+}_i}a^m_L a_{(MeL_n)^{z+},e}} - \frac{RT}{F}\ln i$$

由上式得

$$\ln i = -\frac{F\Delta\varphi_{阴,mL}}{RT} + \frac{1}{x}\ln\frac{a_{(MeL_n)^{z+}}a_{(MeL_{n-m})^{(z-x)+}_i,e}a^m_{L,e}}{a_{(MeL_{n-m})^{(z-x)+}_i}a^m_L a_{(MeL_n)^{z+},e}}$$

有

$$i = \left(\frac{a_{(MeL_n)^{z+}}a_{(MeL_{n-m})^{(z-x)+}_i,e}a^m_{L,e}}{a_{(MeL_{n-m})^{(z-x)+}_i}a^m_L a_{(MeL_n)^{z+},e}}\right)^{1/x}\exp\left(-\frac{F\Delta\varphi_{阴,mL}}{RT}\right) = k'_阴\exp\left(-\frac{F\Delta\varphi_{阴,mL}}{RT}\right) \tag{9.35}$$

式中，

$$k'_阴 = \left(\frac{a_{(MeL_n)^{z+}}a_{(MeL_{n-m})^{(z-x)+}_i,e}a^m_{L,e}}{a_{(MeL_{n-m})^{(z-x)+}_i}a^m_L a_{(MeL_n)^{z+},e}}\right)^{1/x} \approx \left(\frac{c_{(MeL_n)^{z+}}c_{(MeL_{n-m})^{(z-x)+}_i,e}c^m_{L,e}}{c_{(MeL_{n-m})^{(z-x)+}_i}c^m_L c_{(MeL_n)^{z+}}}\right)^{1/x}$$

9.4.2　部分还原的离子$(MeL_{n-m})^{(z-x)+}$吸附在阴极表面，向晶格处扩散

$$(MeL_{n-m})_i^{(z-x)+} \Longrightarrow (MeL_{n-m})_o^{(z-x)+} \qquad (ii)$$

扩散过程的摩尔吉布斯自由能变化为

$$\Delta G_{m,阴,mL,扩散} = \mu_{(MeL_{n-m})_o^{(z-x)+}} - \mu_{(MeL_{n-m})_i^{(z-x)+}}$$

$$= \Delta G_{m,阴,mL,扩散}^{\ominus} + RT\ln \frac{a_{(MeL_{n-m})_o^{(z-x)+}}}{a_{(MeL_{n-m})_i^{(z-x)+}}}$$

$$= RT\ln \frac{a_{(MeL_{n-m})_o^{(z-x)+}}}{a_{(MeL_{n-m})_i^{(z-x)+}}}$$

式中，

$$\mu_{(MeL_{n-m})_o^{(z-x)+}} = \mu_{(MeL_{n-m})^{(z-x)+}}^{\ominus} + RT\ln a_{(MeL_{n-m})_o^{(z-x)+}}$$

$$\mu_{(MeL_{n-m})_o^{(z-x)+}} = \mu_{(MeL_{n-m})^{(z-x)+}}^{\ominus} + RT\ln a_{(MeL_{n-m})_i^{(z-x)+}}$$

$$\Delta G_{m,阴,mL,扩散}^{\ominus} = \mu_{(MeL_{n-m})^{(z-x)+}}^{\ominus} - \mu_{(MeL_{n-m})^{(z-x)+}}^{\ominus} = 0$$

扩散速率：

$$J_{(MeL_{n-m})^{(z-x)+}} = D_{(MeL_{n-m})^{(z-x)+}} \left| \vec{J}_{(MeL_{n-m})^{(z-x)+}} \right|$$

$$= D_{(MeL_{n-m})^{(z-x)+}} \left| -\nabla c_{(MeL_{n-m})^{(z-x)+}} \right|$$

$$= D_{(MeL_{n-m})^{(z-x)+}} \frac{c_{(MeL_{n-m})_i^{(z-x)+}} - c_{(MeL_{n-m})_o^{(z-x)+}}}{d}$$

$$= D'_{(MeL_{n-m})^{(z-x)+}} \left(c_{(MeL_{n-m})_i^{(z-x)+}} - c_{(MeL_{n-m})_o^{(z-x)+}} \right)$$

$$= D'_{(MeL_{n-m})^{(z-x)+}} \Delta c_{(MeL_{n-m})^{(z-x)+}} \qquad (9.36)$$

式中，$c_{(MeL_{n-m})_i^{(z-x)+}}$ 和 $c_{(MeL_{n-m})_o^{(z-x)+}}$ 分别为电极表面部分还原的离子在还原位置的浓度和在晶格处的浓度；$D_{(MeL_{n-m})^{(z-x)+}}$ 和 $D'_{(MeL_{n-m})^{(z-x)+}}$ 分别为部分还原的离子$(MeL_{n-m})^{(z-x)+}$ 的扩散系数；

$$D'_{(MeL_{n-m})^{(z-x)+}} = \frac{D_{(MeL_{n-m})^{(z-x)+}}}{d}$$

d 为扩散距离。

9.4.3　部分还原的离子$(MeL_{n-m})^{(z-x)+}$在金属晶格处进一步还原为金属原子

部分还原的金属离子在晶格处还原为金属原子的还原反应为

$$(MeL_{n-m})_o^{(z-x)+} + (z-x)e \Longrightarrow Me_{(吸附)} + (n-m)L \qquad (iii)$$

摩尔吉布斯自由能变化为

$$\Delta G_{m,阴,Me} = \mu_{Me} + (n-m)\mu_L - \mu_{(MeL_{n-m})_o^{(z-x)+}} - (z-x)\mu_e$$

$$= \Delta G_{m,阴,Me}^{\ominus} + RT \ln \frac{a_L^{n-m}}{a_{(MeL_{n-m})_o^{(z-x)+}}} + (z-x)RT \ln i$$

式中，

$$\Delta G_{m,阴,Me}^{\ominus} = \mu_{Me}^{\ominus} + (n-m)\mu_L^{\ominus} - \mu_{(MeL_{n-m})^{(z-x)+}}^{\ominus} - (z-x)\mu_e^{\ominus}$$

$$\mu_{Me} = \mu_{Me}^{\ominus}$$

$$\mu_L = \mu_L^{\ominus} + RT \ln a_L$$

$$\mu_{(MeL_{n-m})_o^{(z-x)+}} = \mu_{(MeL_{n-m})^{(z-x)+}}^{\ominus} + RT \ln a_{(MeL_{n-m})_o^{(z-x)+}}$$

$$\mu_e = \mu_e^{\ominus} - RT \ln i$$

阴极电势：由

$$\varphi_{阴,Me} = -\frac{\Delta G_{m,阴,Me}}{(z-x)F}$$

得

$$\varphi_{阴,Me} = \varphi_{阴,Me}^{\ominus} + \frac{RT}{(z-x)F} \ln \frac{a_{(MeL_{n-m})_o^{(z-x)+}}}{a_L^{n-m}} - \frac{RT}{F} \ln i \qquad (9.37)$$

式中，

$$\varphi_{阴,Me}^{\ominus} = -\frac{\Delta G_{m,阴,Me}^{\ominus}}{(z-x)F} = -\frac{\mu_{Me}^{\ominus} + (n-m)\mu_L^{\ominus} - \mu_{(MeL_{n-m})^{(z-x)+}}^{\ominus} - (z-x)\mu_e^{\ominus}}{(z-x)F}$$

由式（9.37）得

$$\ln i = -\frac{F\varphi_{阴,Me}}{RT} + \frac{F\varphi_{阴,Me}^{\ominus}}{RT} + \frac{1}{z-x} \ln \frac{a_{(MeL_{n-m})_o^{(z-x)+}}}{a_L^{n-m}}$$

有

$$i = \left(\frac{a_{(MeL_{n-m})_o^{(z-x)+}}}{a_L^{n-m}} \right)^{\frac{1}{z-x}} \exp\left(-\frac{F\varphi_{阴,Me}}{RT} \right) \exp\left(\frac{F\varphi_{阴,Me}^{\ominus}}{RT} \right) = k_{阴} \exp\left(-\frac{F\varphi_{阴,Me}}{RT} \right) \qquad (9.38)$$

式中，

$$k_{阴} = \left(\frac{a_{(MeL_{n-m})_o^{(z-x)+}}}{a_L^{n-m}} \right)^{\frac{1}{z-x}} \exp\left(\frac{F\varphi_{阴,Me}^{\ominus}}{RT} \right) \approx \left(\frac{c_{(MeL_{n-m})_o^{(z-x)+}}}{c_L^{n-m}} \right)^{\frac{1}{z-x}} \exp\left(\frac{F\varphi_{阴,Me}^{\ominus}}{RT} \right)$$

电极反应达平衡，阴极上没有电流，电化学反应为

$$(MeL_{n-m})_o^{(z-x)+} + (z-x)e \Longrightarrow Me + (n-m)L$$

该反应的摩尔吉布斯自由能变化为

$$\Delta G_{\mathrm{m,阴,Me,e}} = \mu_{\mathrm{Me}} + (n-m)\mu_{\mathrm{L}} - \mu_{(\mathrm{MeL}_{n-m})_{\mathrm{o}}^{(z-x)+}} - (z-x)\mu_{\mathrm{e}} = \Delta G_{\mathrm{m,阴,Me}}^{\ominus} + RT\ln\frac{a_{\mathrm{L,e}}^{n-m}}{a_{(\mathrm{MeL}_{n-m})_{\mathrm{o}}^{(z-x)+},\mathrm{e}}}$$

式中，

$$\Delta G_{\mathrm{m,阴,Me}}^{\ominus} = \mu_{\mathrm{Me}}^{\ominus} + (n-m)\mu_{\mathrm{L}}^{\ominus} - \mu_{(\mathrm{MeL}_{n-m})^{(z-x)+}}^{\ominus} - (z-x)\mu_{\mathrm{e}}^{\ominus}$$

$$\mu_{\mathrm{Me}} = \mu_{\mathrm{Me}}^{\ominus}$$

$$\mu_{\mathrm{L}} = \mu_{\mathrm{L}}^{\ominus} + RT\ln a_{\mathrm{L,e}}$$

$$\mu_{(\mathrm{MeL}_{n-m})_{\mathrm{o}}^{(z-x)+}} = \mu_{(\mathrm{MeL}_{n-m})^{(z-x)+}}^{\ominus} + RT\ln a_{(\mathrm{MeL}_{n-m})_{\mathrm{o}}^{(z-x)+},\mathrm{e}}$$

$$\mu_{\mathrm{e}} = \mu_{\mathrm{e}}^{\ominus}$$

阴极平衡电势：由

$$\varphi_{\mathrm{阴,Me,e}} = -\frac{\Delta G_{\mathrm{m,阴,Me,e}}}{(z-x)F}$$

得

$$\varphi_{\mathrm{阴,Me,e}} = \varphi_{\mathrm{阴,Me}}^{\ominus} + \frac{RT}{(z-x)F}\ln\frac{a_{(\mathrm{MeL}_{n-m})_{\mathrm{o}}^{(z-x)+},\mathrm{e}}}{a_{\mathrm{L,e}}^{n-m}} \tag{9.39}$$

式中，

$$\varphi_{\mathrm{阴,Me}}^{\ominus} = -\frac{\Delta G_{\mathrm{m,阴,Me}}^{\ominus}}{(z-x)F} = -\frac{\mu_{\mathrm{Me}}^{\ominus} + (n-m)\mu_{\mathrm{L}}^{\ominus} - \mu_{(\mathrm{MeL}_{n-m})^{(z-x)+}}^{\ominus} - (z-x)\mu_{\mathrm{e}}^{\ominus}}{(z-x)F}$$

阴极过电势：

式（9.37）–式（9.39），得

$$\Delta\varphi_{\mathrm{阴,Me}} = \varphi_{\mathrm{阴,Me}} - \varphi_{\mathrm{阴,Me,e}} = \frac{RT}{(z-x)F}\ln\frac{a_{(\mathrm{MeL}_{n-m})_{\mathrm{o}}^{(z-x)+}}a_{\mathrm{L,e}}^{n-m}}{a_{\mathrm{L}}^{n-m}a_{(\mathrm{MeL}_{n-m})_{\mathrm{o}}^{(z-x)+},\mathrm{e}}} - \frac{RT}{F}\ln i$$

由上式得

$$\ln i = -\frac{F\Delta\varphi_{\mathrm{阴,Me}}}{RT} + \frac{1}{z-x}\ln\frac{a_{(\mathrm{MeL}_{n-m})_{\mathrm{o}}^{(z-x)+}}a_{\mathrm{L,e}}^{n-m}}{a_{\mathrm{L}}^{n-m}a_{(\mathrm{MeL}_{n-m})_{\mathrm{o}}^{(z-x)+},\mathrm{e}}}$$

有

$$i = \left(\frac{a_{(\mathrm{MeL}_{n-m})_{\mathrm{o}}^{(z-x)+}}a_{\mathrm{L,e}}^{n-m}}{a_{\mathrm{L}}^{n-m}a_{(\mathrm{MeL}_{n-m})_{\mathrm{o}}^{(z-x)+},\mathrm{e}}}\right)^{\frac{1}{z-x}}\exp\left(-\frac{F\Delta\varphi_{\mathrm{阴,Me}}}{RT}\right) = k_{\mathrm{阴}}'\exp\left(-\frac{F\Delta\varphi_{\mathrm{阴,Me}}}{RT}\right) \tag{9.40}$$

式中，

$$k_{\mathrm{阴}}' = \left(\frac{a_{(\mathrm{MeL}_{n-m})_{\mathrm{o}}^{(z-x)+}}a_{\mathrm{L,e}}^{n-m}}{a_{\mathrm{L}}^{n-m}a_{(\mathrm{MeL}_{n-m})_{\mathrm{o}}^{(z-x)+},\mathrm{e}}}\right)^{\frac{1}{z-x}} \approx \left(\frac{c_{(\mathrm{MeL}_{n-m})_{\mathrm{o}}^{(z-x)+}}c_{\mathrm{L,e}}^{n-m}}{c_{\mathrm{L}}^{n-m}c_{(\mathrm{MeL}_{n-m})_{\mathrm{o}}^{(z-x)+},\mathrm{e}}}\right)^{\frac{1}{z-x}}$$

9.4.4　还原的金属原子进入晶格

$$\text{Me}_{(吸附)} = \text{Me}_{(晶体)} \qquad (\text{iv})$$

该反应的摩尔吉布斯自由能变化为

$$\Delta G_{m,\text{Me}_{(晶体)}} = \mu_{\text{Me}_{(晶体)}} - \mu_{\text{Me}_{(吸附)}} = \Delta G_{m,\text{Me}_{(晶体)}}^{\ominus} + RT\ln\frac{1}{a_{\text{Me}_{(吸附)}}}$$

式中,

$$\Delta G_{m,\text{Me}_{(晶体)}}^{\ominus} = \mu_{\text{Me}}^{\ominus} - \mu_{\text{Me}}^{\ominus}$$

$$\mu_{\text{Me}_{(晶体)}} = \mu_{\text{Me}}^{\ominus}$$

$$\mu_{\text{Me}_{(吸附)}} = \mu_{\text{Me}}^{\ominus} + RT\ln a_{\text{Me}_{(吸附)}}$$

进入晶格的速率为

$$j_{\text{Me}_{(结晶)}} = k_+ c_{\text{Me}_{(吸附)}}^{n_+} - k_- c_{\text{Me}_{(晶体)}}^{n_-} = k_+\left(c_{\text{Me}_{(吸附)}}^{n_+} - \frac{1}{K}c_{\text{Me}_{(晶体)}}^{n_-}\right) \qquad (9.41)$$

式中,

$$K = \frac{k_+}{k_-} = \frac{c_{\text{Me}_{(晶体)},e}^{n_-}}{c_{\text{Me}_{(吸附)},e}^{n_+}} = \frac{1}{a_{\text{Me}_{(吸附)},e}}$$

$j_{\text{Me}_{(结晶)}}$ 为吸附的金属原子 Me 进入晶格的速率;k_+、k_- 分别为正、逆过程的速率常数;n 为过程级数;c 为浓度;K 为平衡常数。

9.4.5　金属离子络合物部分还原和部分还原的金属离子络合物在阴极表面扩散的总反应

电极反应为

$$(\text{MeL}_n)^{z+} + xe = (\text{MeL}_{n-m})_i^{(z-x)+} + m\text{L} \qquad (\text{i})$$

扩散过程为

$$(\text{MeL}_{n-m})_i^{(z-x)+} = (\text{MeL}_{n-m})_o^{(z-x)+} \qquad (\text{ii})$$

总反应为

$$(\text{MeL}_n)^{z+} + xe = (\text{MeL}_{n-m})_o^{(z-x)+} + m\text{L} \qquad (5)$$

式中,角标 i 表示电子转移位置;角标 o 表示晶格附近位置。电子转移反应和扩散过程的摩尔吉布斯自由能变化为

$$\Delta G_{m,阴,5} = \Delta G_{m,阴,5}^{\ominus} + RT \ln \frac{a_L^m a_{(MeL_{n-m})_o^{(z-x)+}}}{a_{(MeL_n)^{z+}}} + xRT \ln i$$

由

$$\varphi_{阴,5} = -\frac{\Delta G_{m,阴,5}}{xF}$$

得

$$\varphi_{阴,5} = \varphi_{阴,5}^{\ominus} + \frac{RT}{xF} \ln \frac{a_{(MeL_n)^{z+}}}{a_L^m a_{(MeL_{n-m})_o^{(z-x)+}}} - \frac{RT}{F} \ln i \qquad (9.42)$$

式中,

$$\varphi_{阴,5}^{\ominus} = -\frac{\Delta G_{m,阴,5}^{\ominus}}{RT} = -\frac{\mu_{(MeL_{n-m})^{(z-x)+}}^{\ominus} + m\mu_L^{\ominus} - \mu_{(MeL_n)^{z+}}^{\ominus} - x\mu_e^{\ominus}}{RT}$$

由式（9.42）得

$$\ln i = -\frac{F\varphi_{阴,5}}{RT} + \frac{F\varphi_{阴,5}^{\ominus}}{RT} + \frac{1}{x} \ln \frac{a_{(MeL_n)^{z+}}}{a_L^m a_{(MeL_{n-m})_o^{(z-x)+}}}$$

有

$$i = \left(\frac{a_{(MeL_n)^{z+}}}{a_L^m a_{(MeL_{n-m})_o^{(z-x)+}}} \right)^{1/x} \exp\left(-\frac{F\varphi_{阴,5}}{RT} \right) \exp\left(\frac{F\varphi_{阴,5}^{\ominus}}{RT} \right) = k_阴 \exp\left(-\frac{F\varphi_{阴,5}}{RT} \right) \qquad (9.43)$$

式中,

$$k_阴 = \left(\frac{a_{(MeL_n)^{z+}}}{a_L^m a_{(MeL_{n-m})_o^{(z-x)+}}} \right)^{1/x} \exp\left(\frac{F\varphi_{阴,5}^{\ominus}}{RT} \right) \approx \left(\frac{c_{(MeL_n)^{z+}}}{c_L^m c_{(MeL_{n-m})_o^{(z-x)+}}} \right)^{1/x} \exp\left(\frac{F\varphi_{阴,5}^{\ominus}}{RT} \right)$$

总反应（5）达平衡，阴极没有电流，有

$$(MeL_n)^{z+} + xe \Longleftrightarrow (MeL_{n-m})_o^{(z-x)+} + mL \qquad (5')$$

摩尔吉布斯自由能变化为

$$\Delta G_{m,阴,5'} = \mu_{(MeL_{n-m})_o^{(z-x)+}} + m\mu_L - \mu_{(MeL_n)^{z+}} - x\mu_e = \Delta G_{m,阴,5'}^{\ominus} + RT \ln \frac{a_{(MeL_{n-m})_o^{(z-x)+},e} a_{L,e}^m}{a_{(MeL_n)^{z+},e}}$$

式中,

$$\Delta G_{m,阴,5'}^{\ominus} = \mu_{(MeL_{n-m})^{(z-x)+}}^{\ominus} + m\mu_L^{\ominus} - \mu_{(MeL_n)^{z+}}^{\ominus} - x\mu_e^{\ominus}$$

$$\mu_{(MeL_{n-m})_o^{(z-x)+}} = \mu_{(MeL_{n-m})_o^{(z-x)+}}^{\ominus} + RT \ln a_{(MeL_{n-m})_o^{(z-x)+},e}$$

$$\mu_L = \mu_L^{\ominus} + RT \ln a_{L,e}$$

$$\mu_{(MeL_n)^{z+}} = \mu_{(MeL_n)^{z+}}^{\ominus} + RT \ln a_{(MeL_n)^{z+},e}$$

$$\mu_e = \mu_e^{\ominus}$$

阴极平衡电势：由

$$\varphi_{阴,5,e} = -\frac{\Delta G_{m,阴,5,e}}{xF}$$

得

$$\varphi_{阴,5,e} = \varphi_{阴,5}^{\ominus} + \frac{RT}{xF} \ln \frac{a_{(MeL_n)^{z+},e}}{a_{(MeL_{n-m})_o^{(z-x)+},e} a_{L,e}^m} \tag{9.44}$$

阴极过电势：

式（9.42）−式（9.44），得

$$\Delta\varphi_{阴,5} = \varphi_{阴,5} - \varphi_{阴,5,e}$$

$$\Delta\varphi_{阴,5} = \frac{RT}{xF} \ln \frac{a_{(MeL_n)^{z+}} a_{(MeL_{n-m})_o^{(z-x)+},e} a_{L,e}^m}{a_{(MeL_{n-m})_o^{(z-x)+}} a_L^m a_{(MeL_n)^{z+},e}} - \frac{RT}{F} \ln i \tag{9.45}$$

由上式得

$$\ln i = -\frac{F\Delta\varphi_{阴,5}}{RT} + \frac{1}{x} \ln \frac{a_{(MeL_n)^{z+}} a_{(MeL_{n-m})_o^{(z-x)+},e} a_{L,e}^m}{a_{(MeL_{n-m})_o^{(z-x)+}} a_L^m a_{(MeL_n)^{z+},e}}$$

则

$$i = \left(\frac{a_{(MeL_n)^{z+}} a_{(MeL_{n-m})_o^{(z-x)+},e} a_{L,e}^m}{a_{(MeL_{n-m})_o^{(z-x)+}} a_L^m a_{(MeL_n)^{z+},e}} \right)^{1/x} \exp\left(-\frac{F\Delta\varphi_{阴,5}}{RT} \right) = k'_{阴} \exp\left(-\frac{F\Delta\varphi_{阴,5}}{RT} \right) \tag{9.46}$$

式中，

$$k'_{阴} = \left(\frac{a_{(MeL_n)^{z+}} a_{(MeL_{n-m})_o^{(z-x)+},e} a_{L,e}^m}{a_{(MeL_{n-m})_o^{(z-x)+}} a_L^m a_{(MeL_n)^{z+},e}} \right)^{1/x} \approx \left(\frac{c_{(MeL_n)^{z+}} c_{(MeL_{n-m})_o^{(z-x)+},e} c_{L,e}^m}{c_{(MeL_{n-m})_o^{(z-x)+}} c_L^m c_{(MeL_n)^{z+},e}} \right)^{1/x}$$

9.4.6　部分还原的金属络离子在阴极表面扩散和还原的总反应

$$(MeL_{n-m})_i^{(z-x)+} \Longrightarrow (MeL_{n-m})_o^{(z-x)+} \tag{ii}$$

$$(MeL_{n-m})_o^{(z-x)+} + (z-x)e \Longrightarrow Me_{(吸附)} + (n-m)L \tag{iii}$$

总反应为

$$(MeL_{n-m})_i^{(z-x)+} + (z-x)e \Longrightarrow Me_{(吸附)} + (n-m)L \tag{6}$$

该过程的摩尔吉布斯自由能变化为

$$\Delta G_{m,阴,6} = \Delta G_{m,阴,6}^{\ominus} + RT \ln \frac{a_L^{n-m}}{a_{(MeL_{n-m})_i^{(z-x)+}}} + (z-x)RT \ln i$$

式中,

$$\Delta G_{m,阴,6}^{\ominus} = \mu_{Me}^{\ominus} + (n-m)\mu_L^{\ominus} - \mu_{(MeL_{n-m})^{(z-x)+}}^{\ominus} - (z-x)\mu_e^{\ominus}$$

$$\mu_{Me_{(吸附)}} = \mu_{Me}^{\ominus} + RT \ln a_{Me_{(吸附)}}$$

$$\mu_L = \mu_L^{\ominus} + RT \ln a_L$$

$$\mu_{(MeL_{n-m})_i^{(z-x)+}} = \mu_{(MeL_{n-m})^{(z-x)+}}^{\ominus} + RT \ln a_{(MeL_{n-m})_i^{(z-x)+}}$$

$$\mu_e = \mu_e^{\ominus} - RT \ln i$$

阴极电势: 由

$$\varphi_{阴,6} = -\frac{\Delta G_{m,阴,6}}{(z-x)F}$$

得

$$\varphi_{阴,6} = \varphi_{阴,6}^{\ominus} + \frac{RT}{(z-x)F} \ln \frac{a_{(MeL_{n-m})_i^{(z-x)+}}}{a_L^{n-m}} - \frac{RT}{F} \ln i \tag{9.47}$$

式中,

$$\varphi_{阴,6}^{\ominus} = -\frac{\Delta G_{m,阴,6}^{\ominus}}{(z-x)F} = -\frac{\mu_{Me}^{\ominus} + (n-m)\mu_L^{\ominus} - \mu_{(MeL_{n-m})^{(z-x)+}}^{\ominus} - (z-x)\mu_e^{\ominus}}{(z-x)F}$$

由式 (9.47) 得

$$\ln i = -\frac{F\varphi_{阴,6}}{RT} + \frac{F\varphi_{阴,6}^{\ominus}}{RT} + \frac{1}{z-x} \ln \frac{a_{(MeL_{n-m})_i^{(z-x)+}}}{a_L^{n-m}}$$

有

$$i = \left(\frac{a_{(MeL_{n-m})_i^{(z-x)+}}}{a_L^{n-m}}\right)^{\frac{1}{z-x}} \exp\left(-\frac{F\varphi_{阴,6}}{RT}\right) \exp\left(\frac{F\varphi_{阴,6}^{\ominus}}{RT}\right) = k_{阴} \exp\left(-\frac{F\varphi_{阴,6}}{RT}\right) \exp\left(\frac{F\varphi_{阴,6}^{\ominus}}{RT}\right)$$

$$\tag{9.48}$$

式中,

$$k_{阴} = \left(\frac{a_{(MeL_{n-m})_i^{(z-x)+}}}{a_L^{n-m}}\right)^{\frac{1}{z-x}} \exp\left(\frac{F\varphi_{阴,6}^{\ominus}}{RT}\right) \approx \left(\frac{c_{(MeL_{n-m})_i^{(z-x)+}}}{c_L^{n-m}}\right)^{\frac{1}{z-x}} \exp\left(\frac{F\varphi_{阴,6}^{\ominus}}{RT}\right)$$

总反应达平衡, 阴极没有电流, 有

$$(MeL_{n-m})_i^{(z-x)+} + (z-x)e \Longrightarrow Me_{(吸附)} + (n-m)L \tag{vi'}$$

该过程的摩尔吉布斯自由能变化为

$$\Delta G_{m,阴,6',e} = \mu_{Me(吸附)} + (n-m)\mu_L - \mu_{(MeL_{n-m})_i^{(z-x)+}} - (z-x)\mu_e$$

$$= \Delta G_{m,阴,6'}^{\ominus} + RT \ln \frac{a_{L,e}^{(n-m)} a_{Me(吸附),e}}{a_{(MeL_{n-m})_i^{(z-x)+},e}}$$

式中，

$$\Delta G_{m,阴,6'}^{\ominus} = \mu_{Me}^{\ominus} + (n-m)\mu_L^{\ominus} - \mu_{(MeL_{n-m})_i^{(z-x)+}}^{\ominus} - (z-x)\mu_e^{\ominus}$$

$$\mu_{Me(吸附)} = \mu_{Me}^{\ominus} + RT \ln a_{Me(吸附),e}$$

$$\mu_L = \mu_L^{\ominus} + RT \ln a_{L,e}$$

$$\mu_{(MeL_{n-m})_i^{(z-x)+}} = \mu_{(MeL_{n-m})^{(z-x)+}}^{\ominus} + RT \ln a_{(MeL_{n-m})_i^{(z-x)+},e}$$

$$\mu_e = \mu_e^{\ominus}$$

阴极平衡电势：由

$$\varphi_{阴,6',e} = -\frac{\Delta G_{m,阴,6',e}}{(z-x)F}$$

$$\varphi_{阴,6',e} = \varphi_{阴,6'}^{\ominus} + \frac{RT}{(z-x)F} \ln \frac{a_{(MeL_{n-m})_i^{(z-x)+},e}}{a_{L,e}^{n-m} a_{Me(吸附),e}} \tag{9.49}$$

式中，

$$\varphi_{阴,6'}^{\ominus} = -\frac{\Delta G_{m,阴,6'}^{\ominus}}{(z-x)F} = -\frac{\mu_{Me}^{\ominus} + (n-m)\mu_L^{\ominus} - \mu_{(MeL_{n-m})^{(z-x)+}}^{\ominus} - (z-x)\mu_e^{\ominus}}{(z-x)F}$$

阴极过电势：

式（9.47）–式（9.49），得

$$\Delta\varphi_{阴,6} = \varphi_{阴,6} - \varphi_{阴,6',e} = \frac{RT}{(z-x)F} \ln \frac{a_{(MeL_{n-m})_i^{(z-x)+}} a_{L,e}^{n-m} a_{Me(吸附),e}}{a_L^{n-m} a_{Me(吸附)} a_{(MeL_{n-m})_i^{(z-x)+},e}} - \frac{RT}{F} \ln i \tag{9.50}$$

由上式得

$$\ln i = -\frac{F\Delta\varphi_{阴,6}}{RT} + \frac{1}{z-x} \ln \frac{a_{(MeL_{n-m})_i^{(z-x)+}} a_{L,e}^{n-m} a_{Me(吸附),e}}{a_L^{n-m} a_{Me(吸附)} a_{(MeL_{n-m})_i^{(z-x)+},e}}$$

$$i = \left(\frac{a_{(MeL_{n-m})_i^{(z-x)+}} a_{L,e}^{n-m} a_{Me(吸附),e}}{a_L^{n-m} a_{Me(吸附)} a_{(MeL_{n-m})_i^{(z-x)+},e}} \right)^{\frac{1}{z-x}} \exp\left(-\frac{F\Delta\varphi_{阴,6}}{RT} \right) = k_阴' \exp\left(-\frac{F\Delta\varphi_{阴,6}}{RT} \right) \tag{9.51}$$

式中，

$$k_阴' = \left(\frac{a_{(MeL_{n-m})_i^{(z-x)+}} a_{L,e}^{n-m} a_{Me(吸附),e}}{a_L^{n-m} a_{Me(吸附)} a_{(MeL_{n-m})_i^{(z-x)+},e}} \right)^{\frac{1}{z-x}} \approx \left(\frac{c_{(MeL_{n-m})_i^{(z-x)+}} c_{L,e}^{n-m} c_{Me(吸附),e}}{c_L^{n-m} c_{Me(吸附)} c_{(MeL_{n-m})_i^{(z-x)+},e}} \right)^{\frac{1}{z-x}}$$

9.4.7　部分还原的金属络离子还原和进入晶格的总反应

电化学反应为

$$(\text{MeL}_{n-m})_{\text{o}}^{(z-x)+} + (z-x)\text{e} = \text{Me}_{(\text{吸附})} + (n-m)\text{L} \qquad (\text{iii})$$

进入晶格过程为

$$\text{Me}_{(\text{吸附})} = \text{Me}_{(\text{晶体})} \qquad (\text{iv})$$

总反应

$$(\text{MeL}_{n-m})_{\text{o}}^{(z-x)+} + (z-x)\text{e} = \text{Me}_{(\text{晶体})} + (n-m)\text{L} \qquad (7)$$

该过程的摩尔吉布斯自由能变化为

$$\Delta G_{\text{m,阴,7}} = \Delta G_{\text{m,阴,还原}} + \Delta G_{\text{m,阴,结晶}}$$

$$= \Delta G_{\text{m,阴,还原}}^{\ominus} + RT \ln \frac{a_{\text{Me}_{(\text{吸附})}} a_{\text{L}}^{n-m}}{a_{(\text{MeL}_{n-m})_{\text{o}}^{(z-x)+}}} + (z-x)\ln i + \Delta G_{\text{m,阴,结晶}}^{\ominus} + RT \ln \frac{1}{a_{\text{Me}_{(\text{吸附})}}}$$

$$= \Delta G_{\text{m,阴,7}}^{\ominus} + RT \ln \frac{a_{\text{L}}^{n-m}}{a_{(\text{MeL}_{n-m})_{\text{o}}^{(z-x)+}}} + (z-x)\ln i$$

式中，

$$\Delta G_{\text{m,阴,7}}^{\ominus} = \mu_{\text{Me}_{(\text{晶体})}}^{\ominus} + (n-m)\mu_{\text{L}}^{\ominus} - \mu_{(\text{MeL}_{n-m})^{(z-x)+}}^{\ominus} - (z-x)\mu_{\text{e}}^{\ominus}$$

阴极电势：由

$$\varphi_{\text{阴,7}} = -\frac{\Delta G_{\text{m,阴,7}}}{(z-x)F}$$

得

$$\varphi_{\text{阴,7}} = \varphi_{\text{阴,7}}^{\ominus} + \frac{RT}{(z-x)F} \ln \frac{a_{(\text{MeL}_{n-m})_{\text{o}}^{(z-x)+}}}{a_{\text{L}}^{n-m}} - \frac{RT}{F} \ln i \qquad (9.52)$$

式中，

$$\varphi_{\text{阴,7}}^{\ominus} = -\frac{\Delta G_{\text{阴,7}}^{\ominus}}{(z-x)F} = -\frac{\mu_{\text{Me}_{(\text{晶体})}}^{\ominus} + (n-m)\mu_{\text{L}}^{\ominus} - \mu_{(\text{MeL}_{n-m})^{(z-x)+}}^{\ominus} - (z-x)\mu_{\text{e}}^{\ominus}}{(z-x)F}$$

由式（9.52）得

$$\ln i = -\frac{F\varphi_{\text{阴,7}}}{RT} + \frac{F\varphi_{\text{阴,7}}^{\ominus}}{RT} + \frac{1}{z-x} \ln \frac{a_{(\text{MeL}_{n-m})_{\text{o}}^{(z-x)+}}}{a_{\text{L}}^{n-m}}$$

有

$$i = \left(\frac{a_{(\text{MeL}_{n-m})_{\text{o}}^{(z-x)+}}}{a_{\text{L}}^{n-m}} \right)^{\frac{1}{z-x}} \exp\left(-\frac{F\varphi_{\text{阴,7}}}{RT} \right) \exp\left(\frac{F\varphi_{\text{阴,7}}^{\ominus}}{RT} \right) = k_{\text{阴}} \exp\left(-\frac{F\varphi_{\text{阴,7}}}{RT} \right) \qquad (9.53)$$

式中，

$$k_{阴} = \left(\frac{a_{(MeL_{n-m})_o^{(z-x)+}}}{a_L^{n-m}} \right)^{\frac{1}{z-x}} \exp\left(\frac{F\varphi_{阴,7}^{\ominus}}{RT} \right) \approx \left(\frac{c_{(MeL_{n-m})_o^{(z-x)+}}}{c_L^{n-m}} \right)^{\frac{1}{z-x}} \exp\left(\frac{F\varphi_{阴,7}^{\ominus}}{RT} \right)$$

电极反应达平衡，阴极没有电流，有

$$(MeL_{n-m})_o^{(z-x)+} + (z-x)e \Longrightarrow Me_{(晶体)} + (n-m)L \qquad (7')$$

该过程的摩尔吉布斯自由能变化为

$$\Delta G_{m,阴,7',e} = \mu_{Me_{(晶体)}} + (n-m)\mu_L - \mu_{(MeL_{n-m})_o^{(z-x)+}} - (z-x)\mu_e$$

$$= \Delta G_{m,阴,7'}^{\ominus} + RT \ln \frac{a_{L,e}^{n-m}}{a_{(MeL_{n-m})_o^{(z-x)+},e}}$$

式中，

$$\Delta G_{m,阴,7'}^{\ominus} = \mu_{Me_{(晶体)}}^{\ominus} + (n-m)\mu_L^{\ominus} - \mu_{(MeL_{n-m})_o^{(z-x)+}}^{\ominus} - (z-x)\mu_e^{\ominus}$$

由

$$\varphi_{阴,7'} = -\frac{\Delta G_{m,阴,7'}}{(z-x)F}$$

得

$$\varphi_{阴,7',e} = \varphi_{阴,7}^{\ominus} + \frac{RT}{(z-x)F} \ln \frac{a_{(MeL_{n-m})_o^{(z-x)+},e}}{a_{L,e}^{n-m}} \qquad (9.54)$$

式中，

$$\varphi_{阴,7'}^{\ominus} = -\frac{\Delta G_{m,阴,7'}^{\ominus}}{(z-x)F} = -\frac{\mu_{Me_{(晶体)}}^{\ominus} + (n-m)\mu_L^{\ominus} - \mu_{(MeL_{n-m})_o^{(z-x)+}}^{\ominus} - (z-x)\mu_e^{\ominus}}{(z-x)F}$$

阴极过电势：

式（9.52）–式（9.54），得

$$\Delta\varphi_{阴,7} = \varphi_{阴,7} - \varphi_{阴,7',e} = \frac{RT}{(z-x)F} \ln \frac{a_{(MeL_{n-m})_o^{(z-x)+}} a_{L,e}^{n-m}}{a_L^{n-m} a_{(MeL_{n-m})_o^{(z-x)+},e}} - \frac{RT}{F} \ln i \qquad (9.55)$$

由上式得

$$\ln i = -\frac{F\Delta\varphi_{阴,7}}{RT} + \frac{1}{z-x} \ln \frac{a_{(MeL_{n-m})_o^{(z-x)+}} a_{L,e}^{n-m}}{a_L^{n-m} a_{(MeL_{n-m})_o^{(z-x)+},e}}$$

$$i = \left(\frac{a_{(MeL_{n-m})_o^{(z-x)+}} a_{L,e}^{n-m}}{a_L^{n-m} a_{(MeL_{n-m})_o^{(z-x)+},e}} \right)^{\frac{1}{z-x}} \exp\left(-\frac{F\Delta\varphi_{阴,7}}{RT} \right)$$

$$i = k_{阴}' \exp\left(-\frac{F\Delta\varphi_{阴,7}}{RT} \right) \qquad (9.56)$$

式中,

$$k'_{阴} = \left(\frac{a_{(MeL_{n-m})_o^{(z-x)+}} a_{L,e}^{n-m}}{a_L^{n-m} a_{(MeL_{n-m})_o^{(z-x)+},e}} \right)^{\frac{1}{z-x}} \approx \left(\frac{c_{(MeL_{n-m})_o^{(z-x)+}} c_{L,e}^{n-m}}{c_L^{n-m} c_{(MeL_{n-m})_o^{(z-x)+},e}} \right)^{\frac{1}{z-x}}$$

9.4.8 金属络离子部分还原和部分还原的金属离子络合物在阴极表面扩散及其在晶格附近还原的总反应

金属离子络合物部分还原
$$(MeL_n)^{z+} + xe \Longrightarrow (MeL_{n-m})_i^{(z-x)+} + mL \tag{ⅰ}$$
部分还原的金属络离子吸附在阴极表面向晶格扩散
$$(MeL_{n-m})_i^{(z-x)+} \Longrightarrow (MeL_{n-m})_o^{(z-x)+} \tag{ⅱ}$$
部分还原的金属络离子还原为金属原子
$$(MeL_{n-m})_o^{(z-x)+} + (z-x)e \Longrightarrow Me_{(吸附)} + (n-m)L \tag{ⅲ}$$
总反应为
$$(MeL_n)^{z+} + ze \Longrightarrow Me_{(吸附)} + nL \tag{8}$$
该过程的摩尔吉布斯自由能变化为

$$\Delta G_{m,阴,8} = \Delta G_{m,阴}^{\ominus} + RT \ln \frac{a_{Me_{(吸附)}} a_L^n}{a_{(MeL_n)^{z+}}} + zRT \ln i$$

式中,

$$\Delta G_{m,阴,8}^{\ominus} = \mu_{Me}^{\ominus} + n\mu_L^{\ominus} - \mu_{(MeL_n)^{z+}}^{\ominus} - z\mu_e^{\ominus}$$

阴极电势: 由

$$\varphi_{阴,8} = -\frac{\Delta G_{m,阴,8}}{zF}$$

得

$$\varphi_{阴,8} = \varphi_{阴,8}^{\ominus} + \frac{RT}{zF} \ln \frac{a_{(MeL_n)^{z+}}}{a_{Me_{(吸附)}} a_L^n} - \frac{RT}{F} \ln i \tag{9.57}$$

式中,

$$\varphi_{阴,8}^{\ominus} = -\frac{\mu_{Me}^{\ominus} + n\mu_L^{\ominus} - \mu_{(MeL_n)^{z+}}^{\ominus} - z\mu_e^{\ominus}}{zF}$$

由式(9.57)得

$$\ln i = -\frac{F\varphi_{阴,8}}{RT} + \frac{F\varphi_{阴,8}^{\ominus}}{RT} + \frac{1}{z} \ln \frac{a_{(MeL_n)^{z+}}}{a_{Me_{(吸附)}} a_L^n}$$

有

$$i = \left(\frac{a_{(\mathrm{MeL}_n)^{z+}}}{a_{\mathrm{Me}(吸附)} a_{\mathrm{L}}^n} \right)^{1/z} \exp\left(-\frac{F\varphi_{阴,8}}{RT} \right) \exp\left(\frac{F\varphi_{阴,8}^{\ominus}}{RT} \right)$$

$$i = k_{阴} \exp\left(-\frac{F\varphi_{阴,8}}{RT} \right) \tag{9.58}$$

式中，

$$k_{阴} = \left(\frac{a_{(\mathrm{MeL}_n)^{z+}}}{a_{\mathrm{Me}(吸附)} a_{\mathrm{L}}^n} \right)^{\frac{1}{z}} \exp\left(\frac{F\varphi_{阴,8}^{\ominus}}{RT} \right) \approx \left(\frac{a_{(\mathrm{MeL}_n)^{z+}}}{a_{\mathrm{Me}(吸附)} a_{\mathrm{L}}^n} \right)^{\frac{1}{z}} \exp\left(\frac{F\varphi_{阴,8}^{\ominus}}{RT} \right)$$

总反应（8）达平衡，阴极没有电流通过，有

$$(\mathrm{MeL}_n)^{z+} + ze \Longleftrightarrow \mathrm{Me}_{(吸附)} + n\mathrm{L} \tag{8$'$}$$

摩尔吉布斯自由能变化为

$$\Delta G_{\mathrm{m},阴,8'} = \mu_{\mathrm{Me}(吸附)} + n\mu_{\mathrm{L}} - \mu_{(\mathrm{MeL}_n)^{z+}} - z\mu_{\mathrm{e}} = \Delta G_{\mathrm{m},阴,8'}^{\ominus} + RT\ln\frac{a_{\mathrm{Me}(吸附),\mathrm{e}} a_{\mathrm{L},\mathrm{e}}^n}{a_{(\mathrm{MeL}_n)^{z+},\mathrm{e}}}$$

式中，

$$\Delta G_{\mathrm{m},阴,8'}^{\ominus} = \mu_{\mathrm{Me}}^{\ominus} + n\mu_{\mathrm{L}}^{\ominus} - \mu_{(\mathrm{MeL}_n)^{z+}}^{\ominus} - z\mu_{\mathrm{e}}^{\ominus}$$

$$\mu_{\mathrm{Me}(吸附)} = \mu_{\mathrm{Me}}^{\ominus} + RT\ln a_{\mathrm{Me}(吸附),\mathrm{e}}$$

$$\mu_{\mathrm{L}} = \mu_{\mathrm{L}}^{\ominus} + RT\ln a_{\mathrm{L},\mathrm{e}}$$

$$\mu_{(\mathrm{MeL}_n)^{z+}} = \mu_{(\mathrm{MeL}_n)^{z+}}^{\ominus} + RT\ln a_{(\mathrm{MeL}_n)^{z+},\mathrm{e}}$$

$$\mu_{\mathrm{e}} = \mu_{\mathrm{e}}^{\ominus}$$

阴极平衡电势：

由

$$\varphi_{阴,8'} = -\frac{\Delta G_{\mathrm{m},阴,8'}}{zF}$$

得

$$\varphi_{阴,8'} = \varphi_{阴,\mathrm{Me}(吸附)}^{\ominus} + \frac{RT}{zF}\ln\frac{a_{(\mathrm{MeL}_n)^{z+},\mathrm{e}}}{a_{\mathrm{Me}(吸附),\mathrm{e}} a_{\mathrm{L},\mathrm{e}}^n} \tag{9.59}$$

式中，

$$\varphi_{阴,\mathrm{Me}(吸附)}^{\ominus} = -\frac{\mu_{\mathrm{Me}}^{\ominus} + n\mu_{\mathrm{L}}^{\ominus} - \mu_{(\mathrm{MeL}_n)^{z+}}^{\ominus} - z\mu_{\mathrm{e}}^{\ominus}}{zF}$$

阴极过电势：

式（9.57）–式（9.59），得

$$\Delta\varphi_{\text{阴},8'} = \varphi_{\text{阴},8} - \varphi_{\text{阴},8',e} = \frac{RT}{zF}\ln\frac{a_{(\text{MeL}_n)^{z+}}a_{\text{Me}_{(\text{吸附})},e}a_{\text{L,e}}^n}{a_{\text{Me}_{(\text{吸附})}}a_{\text{L}}^n a_{(\text{MeL}_n)^{z+},e}} - \frac{RT}{F}\ln i$$

(9.60)

由上式得

$$\ln i = -\frac{F\Delta\varphi_{\text{阴},8'}}{RT} + \frac{1}{z}\ln\frac{a_{(\text{MeL}_n)^{z+}}a_{\text{Me}_{(\text{吸附})},e}a_{\text{L,e}}^n}{a_{\text{Me}_{(\text{吸附})}}a_{\text{L}}^n a_{(\text{MeL}_n)^{z+},e}}$$

$$i = \left(\frac{a_{(\text{MeL}_n)^{z+}}a_{\text{Me}_{(\text{吸附})},e}a_{\text{L,e}}^n}{a_{\text{Me}_{(\text{吸附})}}a_{\text{L}}^n a_{(\text{MeL}_n)^{z+},e}}\right)^{1/z}\exp\left(-\frac{F\Delta\varphi_{\text{阴},8'}}{RT}\right) = k_{\text{阴}}'\exp\left(-\frac{F\Delta\varphi_{\text{阴},8'}}{RT}\right)$$

(9.61)

式中，

$$k_{\text{阴}}' = \left(\frac{a_{(\text{MeL}_n)^{z+}}a_{\text{Me}_{(\text{吸附})},e}a_{\text{L,e}}^n}{a_{\text{Me}_{(\text{吸附})}}a_{\text{L}}^n a_{(\text{MeL}_n)^{z+},e}}\right)^{1/z} \approx \left(\frac{c_{(\text{MeL}_n)^{z+}}c_{\text{Me}_{(\text{吸附})},e}c_{\text{L,e}}^n}{c_{\text{Me}_{(\text{吸附})}}c_{\text{L}}^n c_{(\text{MeL}_n)^{z+},e}}\right)^{1/z}$$

9.4.9　金属离子络合物部分还原、部分还原金属络合物在阴极表面扩散及其在晶格附近还原，并进入晶格的总反应

金属离子络合物部分还原

$$(\text{MeL}_n)^{z+} + xe = (\text{MeL}_{n-m})_{\text{i}}^{(z-x)+} + m\text{L}$$ （i）

部分还原的金属络离子吸附在阴极表面向晶格扩散

$$(\text{MeL}_{n-m})_{\text{i}}^{(z-x)+} = (\text{MeL}_{n-m})_{\text{o}}^{(z-x)+}$$ （ii）

部分还原的金属络离子还原的金属原子

$$(\text{MeL}_{n-m})_{\text{o}}^{(z-x)+} + (z-x)e = \text{Me}_{(\text{吸附})} + (n-m)\text{L}$$ （iii）

进入晶格

$$\text{Me}_{(\text{吸附})} = \text{Me}_{(\text{晶体})}$$ （iv）

总反应为

$$(\text{MeL}_n)^{z+} + ze = \text{Me}_{(\text{晶体})} + n\text{L}$$ （9）

该过程的摩尔吉布斯自由能变化为

$$\Delta G_{\text{m,阴},9} = \Delta G_{\text{m,阴},9}^{\ominus} + RT\ln\frac{a_{\text{L}}^n}{a_{(\text{MeL}_n)^{z+}}} + zRT\ln i$$

式中，

$$\Delta G_{\text{m,阴},9}^{\ominus} = \mu_{\text{Me}}^{\ominus} + n\mu_{\text{L}}^{\ominus} - \mu_{(\text{MeL}_n)^{z+}}^{\ominus} - z\mu_{\text{e}}^{\ominus}$$

阴极电势：由

$$\varphi_{阴,9} = -\frac{\Delta G_{m,阴,9}}{zF}$$

得

$$\varphi_{阴,9} = \varphi_{阴,9}^{\ominus} + \frac{RT}{zF}\ln\frac{a_{(MeL_n)^{z+}}}{a_L^n} - \frac{RT}{F}\ln i \tag{9.62}$$

式中，

$$\varphi_{阴,9}^{\ominus} = -\frac{\mu_{Me}^{\ominus} + n\mu_L^{\ominus} - \mu_{(MeL_n)^{z+}}^{\ominus} - z\mu_e^{\ominus}}{zF}$$

由式（9.62）得

$$\ln i = -\frac{F\varphi_{阴,9}}{RT} + \frac{F\varphi_{阴,9}^{\ominus}}{RT} + \frac{1}{z}\ln\frac{a_{(MeL_n)^{z+}}}{a_L^n}$$

有

$$i = \left(\frac{a_{(MeL_n)^{z+}}}{a_L^n}\right)^{1/z}\exp\left(-\frac{F\varphi_{阴,9}}{RT}\right)\exp\left(\frac{F\varphi_{阴,9}^{\ominus}}{RT}\right) = k_{阴}\exp\left(-\frac{F\varphi_{阴,9}}{RT}\right) \tag{9.63}$$

式中，

$$k_{阴} = \left(\frac{a_{(MeL_n)^{z+}}}{a_L^n}\right)^{1/z}\exp\left(\frac{F\varphi_{阴,9}^{\ominus}}{RT}\right) \approx \left(\frac{c_{(MeL_n)^{z+}}}{c_L^n}\right)^{1/z}\exp\left(\frac{F\varphi_{阴,9}^{\ominus}}{RT}\right)$$

电极反应达平衡，阴极没有电流，

$$(MeL_n)^{z+} + ze \Longleftrightarrow Me + nL \tag{9'}$$

摩尔吉布斯自由能变化为

$$\Delta G_{m,阴,9',e} = \mu_{Me} + n\mu_L - \mu_{(MeL_n)^{z+}} - z\mu_e = \Delta G_{m,阴}^{\ominus} + RT\ln\frac{a_{L,e}^n}{a_{(MeL_n)^{z+},e}}$$

式中，

$$\Delta G_{m,阴,9',e}^{\ominus} = \mu_{Me}^{\ominus} + n\mu_L^{\ominus} - \mu_{(MeL_n)^{z+}}^{\ominus} - z\mu_e^{\ominus}$$
$$\mu_{Me} = \mu_{Me}^{\ominus}$$
$$\mu_L = \mu_L^{\ominus} + RT\ln a_{L,e}^n$$
$$\mu_{(MeL_n)^{z+}} = \mu_{(MeL_n)^{z+}}^{\ominus} + RT\ln a_{(MeL_n)^{z+},e}$$
$$\mu_e = \mu_e^{\ominus}$$

阴极平衡电势：由

$$\varphi_{阴,9',e} = -\frac{\Delta G_{m,阴,9',e}}{zF}$$

得

$$\varphi_{阴,9',e} = \varphi_{阴,9'}^{\ominus} + \frac{RT}{zF} \ln \frac{a_{(MeL_n)^{z+},e}}{a_{L,e}^n}$$

（9.64）

阴极过电势：

式（9.62）-式（9.64），得

$$\Delta\varphi_{阴,9'} = \varphi_{阴,9'} - \varphi_{阴,9',e} = \frac{RT}{zF} \ln \frac{a_{(MeL_n)^{z+}} a_{L,e}^n}{a_L^n a_{(MeL_n)^{z+},e}} - \frac{RT}{F} \ln i$$

由上式得

$$\ln i = -\frac{F\Delta\varphi_{阴,9'}}{RT} + \frac{1}{z} \ln \frac{a_{(MeL_n)^{z+}} a_{L,e}^n}{a_L^n a_{(MeL_n)^{z+},e}}$$

$$i = \left(\frac{a_{(MeL_n)^{z+}} a_{L,e}^n}{a_L^n a_{(MeL_n)^{z+},e}} \right)^{1/z} \exp\left(-\frac{F\Delta\varphi_{阴,9'}}{RT} \right) = k_{阴}' \exp\left(-\frac{F\Delta\varphi_{阴,9'}}{RT} \right)$$

（9.65）

式中，

$$k_{阴}' = \left(\frac{a_{(MeL_n)^{z+}} a_{L,e}^n}{a_L^n a_{(MeL_n)^{z+},e}} \right)^{1/z} \approx \left(\frac{c_{(MeL_n)^{z+}} c_{L,e}^n}{c_L^n c_{(MeL_n)^{z+},e}} \right)^{1/z}$$

第10章 阳极过程

在电解、电沉积、电镀等电化学过程中,都会涉及阳极反应。在水溶液中发生的阳极反应有氢的氧化、氧的析出、金属的溶解、金属氧化物的生成、离子价态的升高等。

10.1 氢的氧化

在铂镍等电极上,会发生氢的氧化反应。氢的氧化反应有下列步骤:

(1)氢分子溶解在电解液中并向电极表面扩散。

$$H_2(g) === (H_2)$$

$$(H_2)_b === (H_2)_i$$

(2)溶解的氢分子在电极上化学解离并吸附。

$$H_2 + 2M === 2M—H$$

或电化学解离吸附

$$H_2 + M === M—H + H^+ + e$$

(3)吸附氢的电化学氧化

$$M—H === H^+ + M + e$$

或

$$M—H + OH^- === H_2O + M + e$$

下面分别进行讨论。

10.1.1 氢分子溶解在电解液中并向电极表面扩散

(1)氢溶解:

$$H_2(g) === (H_2) \qquad\qquad (i)$$

溶解过程的摩尔吉布斯自由能变化为

$$\Delta G_{m,H_2} = \mu_{(H_2)} - \mu_{H_2(g)} = \Delta G_{m,H_2}^{\ominus} + RT \ln \frac{a_{(H_2)}}{p_{H_2}}$$

式中,

$$\mu_{(H_2)} = \mu_{(H_2)}^{\ominus} + RT \ln a_{(H_2)}$$

$$\mu_{H_2} = \mu_{H_2}^{\ominus} + RT \ln p_{H_2}$$

$$\Delta G_{m,H_2}^{\ominus} = \mu_{(H_2)}^{\ominus} - \mu_{H_2}^{\ominus}$$

p_{H_2} 为气相中 H_2 的压力。

氢的溶解速率，

$$\frac{dn_{(H_2)}}{dt} = -\frac{dn_{H_2}}{dt} = k_+ p_{H_2(g)}^{n_+} - k_- c_{(H_2)}^{n_-} = k_+ \left(p_{H_2}^{n_+} - \frac{1}{K} c_{(H_2)}^{n_-} \right) \tag{10.1}$$

式中，

$$K = \frac{k_+}{k_-} = \frac{c_{(H_2)}^{n_-}}{p_{H_2(g)}^{n_+}} = \frac{a_{(H_2),e}}{p_{H_2,e}}$$

$c_{(H_2)}$ 为溶液中 H_2 的摩尔体积浓度；n 为反应级数；k_+ 为正反应速率常数；k_- 为逆反应速率常数。

（2）氢的扩散：

$$(H_2)_b \Longrightarrow (H_2)_i \tag{ii}$$

摩尔吉布斯自由能变化为

$$\Delta G_{m,H_2} = \mu_{(H_2)_i} - \mu_{(H_2)_b} = \Delta G_{m,H_2}^{\ominus} + RT \ln \frac{a_{(H_2)_i}}{a_{(H_2)_b}} = \Delta G_{m,H_2}^{\ominus} + RT \ln \frac{a_{(H_2)_i}}{a_{(H_2)_b}} = RT \ln \frac{a_{(H_2)_i}}{a_{(H_2)_b}}$$

式中，

$$\Delta G_{m,H_2}^{\ominus} = \mu_{H_2(g)}^{\ominus} - \mu_{H_2(g)}^{\ominus} = 0$$

$$\mu_{(H_2)_i} = \mu_{H_2(g)}^{\ominus} + RT \ln a_{(H_2)_i}$$

$$\mu_{(H_2)_b} = \mu_{H_2(g)}^{\ominus} + RT \ln a_{(H_2)_b}$$

氢的扩散速率：

$$J_{(H_2)} = \left| \vec{J}_{(H_2)} \right| = \left| -D_{(H_2)} \nabla c_{(H_2)} \right| = D_{(H_2)} \frac{c_{(H_2)_b} - c_{(H_2)_i}}{d} = D'_{(H_2)} \left(c_{(H_2)_b} - c_{(H_2)_i} \right) \tag{10.2}$$

式中，

$$D'_{(H_2)} = \frac{D_{(H_2)}}{d}$$

$D'_{(H_2)}$ 和 $D_{(H_2)}$ 为溶液中 H_2 的扩散系数；d 为溶液本体到电极的距离；下角标 b 和 i 分别表示溶液本体和溶液与电极的界面；c 表示体积摩尔浓度。

或采用化学势计算：

$$J_{(H_2)} = \left| \vec{J}_{(H_2)} \right| = D_{(H_2)} \left| -\frac{\nabla \mu_{(H_2)}}{T} \right| = D_{(H_2)} \frac{\mu_{(H_2)_b} - \mu_{(H_2)_i}}{dT}$$

$$= D'_{(H_2)} \left(\frac{\mu_{(H_2)_b} - \mu_{(H_2)_i}}{T} \right) = D'_{(H_2)} R \ln \frac{a_{(H_2)_b}}{a_{(H_2)_i}} \tag{10.3}$$

式中,

$$D'_{(H_2)} = \frac{D_{(H_2)}}{d}$$

$$\mu_{(H_2)_b} = \mu_{(H_2)}^{\ominus} + RT \ln a_{(H_2)_b}$$

$$\mu_{(H_2)_i} = \mu_{(H_2)}^{\ominus} + RT \ln a_{(H_2)_i}$$

10.1.2　溶解的氢分子在阳极表面化学解离并吸附在电极上或电化学解离

（1）化学解离并吸附在电极上,

$$(H_2) + 2M \Longrightarrow 2M\text{—}H \qquad\qquad (i)$$

该过程的摩尔吉布斯自由能变化为

$$\Delta G_{m,M-H} = 2\mu_{M-H} - \mu_{(H_2)} - 2\mu_M = \Delta G_{m,M-H}^{\ominus} + RT \ln \frac{\theta_{M-H}^2}{a_{(H_2)}(1-\theta_{M-H})^2}$$

式中,

$$\mu_{M-H} = \mu_{M-H}^{\ominus} + RT \ln \theta_{M-H}$$

其中, θ_{M-H} 为吸附 H_2 的极板占整个极板的比例。

$$\mu_{(H_2)} = \mu_{(H_2)}^{\ominus} + RT \ln a_{(H_2)}$$

$$\mu_M = \mu_M^{\ominus} + RT \ln (1 - \theta_{M-H})$$

其中, $1-\theta_{M-H}$ 为未吸附氢的极板占整个极板的比例。

$$\Delta G_{m,M-H}^{\ominus} = 2\mu_{M-H}^{\ominus} - \mu_{(H_2)}^{\ominus} - 2\mu_M^{\ominus}$$

或者如下计算:

在 T_1 温度吸附达到平衡, 有

$$\Delta G_{m,M-H}(T_1) = 2G_{m,M-H}(T_1) - G_{m,(H_2)}(T_1) = 0$$

改变温度到 T_2, 有

$$\begin{aligned}
\Delta G_{m,M-H}(T_2) &= 2G_{m,M-H}(T_2) - \bar{G}_{m,(H_2)}(T_2) - 2G_{m,M}(T_2)\\
&= 2[H_{m,M-H}(T_2) - T_2 S_{m,M-H}(T_2)] - [\bar{H}_{m,(H_2)}(T_2) - T_2 \bar{S}_{m,(H_2)}(T_2)]\\
&\quad - 2[H_{m,M}(T_2) - T_2 S_{m,M}(T_2)]\\
&= [2H_{m,M-H}(T_2) - \bar{H}_{m,(H_2)}(T_2) - 2H_{m,M}(T_2)]\\
&\quad - T_2[2S_{m,M-H}(T_2) - \bar{S}_{m,(H_2)}(T_2) - S_{m,M}(T_2)]\\
&= \Delta H_{m,M-H}(T_2) - T_2 \Delta S_{m,M-H}(T_2)\\
&\approx \Delta H_{m,M-H}(T_1) - T_2 \Delta S_{m,M-H}(T_1)
\end{aligned}$$

$$= \Delta H_{m,M-H}(T_1) - T_2 \frac{\Delta H_{m,M-H}(T_1)}{T_1}$$

$$= \frac{\Delta H_{m,M-H}(T_1)\Delta T}{T_1}$$

式中，

$$\Delta H_{m,M-H}(T_1) \approx \Delta H_{m,M-H}(T_2)$$
$$= 2H_{m,M-H}(T_2) - \bar{H}_{m,(H_2)}(T_2) - 2H_{m,M}(T_2)$$
$$\Delta S_{m,M-H}(T_1) \approx \Delta S_{m,M-H}(T_2)$$
$$= 2S_{m,M-H}(T_2) - \bar{S}_{m,(H_2)}(T_2) - S_{m,M}(T_2)$$

$G_{m,M-H}$、$H_{m,M-H}$、$S_{m,M-H}$ 分别为 M—H 的生成吉布斯自由能、生成焓、生成熵；$\bar{G}_{m,(H_2)}$、$\bar{H}_{m,(H_2)}$、$\bar{S}_{m,(H_2)}$ 分别为 H_2 的溶解吉布斯自由能、溶解焓、溶解熵；$G_{m,M}$、$H_{m,M}$、$S_{m,M}$ 分别为 M 未吸附 H 的吉布斯自由能、焓和熵。

氢分子在电极上解离并吸附的速率：

氢分子在电极上的吸附速率为

$$j_{M-H} = k_+ c_{(H_2)}^{n_+} c_M^{n_+'} - k_- c_{M-H}^{n_-} = k_+ \left(c_{(H_2)}^{n_+} c_M^{n_+'} - \frac{1}{K} c_{M-H}^{n_-} \right) \qquad (10.4)$$

式中，

$$K = \frac{k_+}{k_-} = \frac{c_{M-H,e}^{n_-}}{c_{(H_2),e}^{n_+} c_{M,e}^{n_+'}} = \frac{\theta_{M-H,e}^2}{a_{(H_2),e}(1-\theta_{M-H,e})^2}$$

（2）电化学解离吸附，

$$(H_2) + M \Longrightarrow M{-}H + H^+ + e \qquad (ii)$$

摩尔吉布斯自由能变化为

$$\Delta G_{m,阳,M-H} = \mu_{M-H} + \mu_{H^+} + \mu_e - \mu_{(H_2)} - \mu_M$$

$$= \Delta G_{m,阳,M-H}^\ominus + RT \ln \frac{\theta_{M-H} a_{H^+}}{a_{(H_2)}(1-\theta_{M-H})} + RT \ln i$$

式中，

$$\Delta G_{m,阳,M-H}^\ominus = \mu_{M-H}^\ominus + \mu_{H^+}^\ominus + \mu_e^\ominus - \mu_{H_2}^\ominus - \mu_M^\ominus$$

$$\mu_{M-H} = \mu_{M-H}^\ominus + RT \ln \theta_{M-H}$$

$$\mu_{H^+} = \mu_{H^+}^\ominus + RT \ln a_{H^+}$$

$$\mu_e = \mu_e^\ominus + RT \ln i$$

$$\mu_{(H_2)} = \mu_{(H_2)}^\ominus + RT \ln a_{(H_2)}$$

$$\mu_M = \mu_M^\ominus + RT \ln(1-\theta_{M-H})$$

阳极电势：由

$$\varphi_{阳,M—H} = \frac{\Delta G_{m,阳,M—H}}{F}$$

得

$$\varphi_{阳,M—H} = \varphi_{阳,M—H}^{\ominus} + \frac{RT}{F}\ln\frac{\theta_{M—H}a_{H^+}}{a_{(H_2)}(1-\theta_{M—H})} + \frac{RT}{F}\ln i \tag{10.5}$$

式中，

$$\varphi_{阳,M—H}^{\ominus} = \frac{\Delta G_{m,阳,M—H}^{\ominus}}{F} = \frac{\mu_{M—H}^{\ominus} + \mu_{H^+}^{\ominus} + \mu_e^{\ominus} - \mu_{H_2}^{\ominus} - \mu_M^{\ominus}}{F}$$

由上式得

$$\ln i = \frac{F\varphi_{阳,M—H}}{RT} - \frac{F\varphi_{阳,M—H}^{\ominus}}{RT} - \ln\frac{\theta_{M—H}a_{H^+}}{a_{(H_2)}(1-\theta_{M—H})}$$

有

$$i = \frac{a_{(H_2)}(1-\theta_{M—H})}{\theta_{M—H}a_{H^+}}\exp\left(\frac{F\varphi_{阳,M—H}}{RT}\right)\exp\left(-\frac{F\varphi_{阳,M—H}^{\ominus}}{RT}\right)$$

$$= \exp\left(-\frac{F\varphi_{阳,M—H}^{\ominus}}{RT}\right) = k_{M—H}\exp\left(\frac{F\varphi_{阳,M—H}}{RT}\right) \tag{10.6}$$

式中，

$$k_{M—H} = \frac{a_{(H_2)}(1-\theta_{M—H})}{\theta_{M—H}a_{H^+}}\exp\left(-\frac{F\varphi_{阳,M—H}^{\ominus}}{RT}\right)$$

$$\approx \frac{c_{(H_2)}(1-\theta_{M—H})}{\theta_{M—H}c_{H^+}}\exp\left(-\frac{F\varphi_{阳,M—H}^{\ominus}}{RT}\right)$$

电化学吸附达平衡，阳极上没有电流，则

$$(H_2) + M \Longrightarrow M—H + H^+ + e \tag{ii}$$

摩尔吉布斯自由能变化为

$$\Delta G_{m,阳,M—H,e} = \mu_{M—H} + \mu_{H^+} + \mu_e - \mu_{(H_2)} - \mu_M$$

$$= \Delta G_{m,阳,M—H}^{\ominus} + RT\ln\frac{\theta_{M—H,e}a_{H^+,e}}{a_{(H_2),e}(1-\theta_{M—H,e})}$$

式中，

$$\Delta G_{m,阳,M—H}^{\ominus} = \mu_{M—H}^{\ominus} + \mu_{H^+}^{\ominus} + \mu_e^{\ominus} - \mu_{H_2}^{\ominus} - \mu_M^{\ominus}$$

$$\mu_{M—H} = \mu_{M—H}^{\ominus} + RT\ln\theta_{M—H,e}$$

$$\mu_{H^+} = \mu_{H^+}^{\ominus} + RT\ln a_{H^+,e}$$

$$\mu_{(H_2)} = \mu_{H_2}^{\ominus} + RT\ln a_{(H_2),e}$$

$$\mu_M = \mu_M^{\ominus} + RT\ln(1-\theta_{M-H,e})$$

$$\mu_e = \mu_e^{\ominus}$$

阳极平衡电势：由

$$\varphi_{\text{阳},M-H,e} = \frac{\Delta G_{m,\text{阳},M-H,e}}{F}$$

得

$$\varphi_{\text{阳},M-H,e} = \varphi_{\text{阳},M-H}^{\ominus} + \frac{RT}{F}\ln\frac{\theta_{M-H,e}a_{H^+,e}}{a_{(H_2),e}(1-\theta_{M-H,e})} \tag{10.7}$$

式中，

$$\varphi_{\text{阳},M-H}^{\ominus} = \frac{\Delta G_{m,\text{阳},M-H}^{\ominus}}{F} = \frac{\mu_{M-H}^{\ominus} + \mu_{H^+}^{\ominus} + \mu_e^{\ominus} - \mu_{(H_2)}^{\ominus} - \mu_M^{\ominus}}{F}$$

阳极过电势：

式（10.5）-式（10.7），得

$$\Delta\varphi_{\text{阳},M-H} = \varphi_{\text{阳},M-H} - \varphi_{\text{阳},M-H,e} = \frac{RT}{F}\ln\frac{\theta_{M-H}a_{H^+}a_{(H_2),e}(1-\theta_{M-H,e})}{a_{(H_2)}(1-\theta_{M-H})\theta_{M-H,e}a_{H^+,e}} + \frac{RT}{F}\ln i$$

由上式得

$$\ln i = \frac{F\Delta\varphi_{\text{阳},M-H}}{RT} - \ln\frac{\theta_{M-H}a_{H^+}a_{(H_2),e}(1-\theta_{M-H,e})}{a_{(H_2)}(1-\theta_{M-H})\theta_{M-H,e}a_{H^+,e}}$$

有

$$i = \frac{a_{(H_2)}(1-\theta_{M-H})\theta_{M-H,e}a_{H^+,e}}{\theta_{M-H}a_{H^+}a_{(H_2),e}(1-\theta_{M-H,e})}\exp\left(\frac{F\Delta\varphi_{\text{阳},M-H}}{RT}\right) = k'_{M-H}\exp\left(\frac{F\Delta\varphi_{\text{阳},M-H}}{RT}\right) \tag{10.8}$$

式中，

$$k'_{M-H} = \frac{a_{(H_2)}(1-\theta_{M-H})\theta_{M-H,e}a_{H^+,e}}{\theta_{M-H}a_{H^+}a_{(H_2),e}(1-\theta_{M-H,e})} \approx \frac{c_{(H_2)}(1-\theta_{M-H})\theta_{M-H,e}c_{H^+,e}}{\theta_{M-H}c_{H^+}c_{(H_2),e}(1-\theta_{M-H,e})}$$

10.1.3 吸附氢的电化学氧化

（1）生成 H^+：

$$M-H \Longrightarrow H^+ + M + e$$

该过程的摩尔吉布斯自由能变化为

$$\Delta G_{m,\text{阳},H^+} = \mu_{H^+} + \mu_M + \mu_e - \mu_{M-H} = \Delta G_{m,\text{阳},H^+}^{\ominus} + RT\ln\frac{a_{H^+}(1-\theta_{M-H})}{\theta_{M-H}} + RT\ln i$$

式中，

$$\Delta G_{m,阳,H^+}^{\ominus} = \mu_{H^+}^{\ominus} + \mu_M^{\ominus} + \mu_e^{\ominus} - \mu_{M-H}^{\ominus}$$

$$\mu_{H^+} = \mu_{H^+}^{\ominus} + RT\ln a_{H^+}$$

$$\mu_M = \mu_M^{\ominus} + RT\ln(1-\theta_{M-H})$$

$$\mu_e = \mu_e^{\ominus} + RT\ln i$$

$$\mu_{M-H} = \mu_{M-H}^{\ominus} + RT\ln\theta_{M-H}$$

阳极电势：由

$$\varphi_{阳,H^+} = \frac{\Delta G_{m,阳,H^+}}{F}$$

得

$$\varphi_{阳,H^+} = \varphi_{阳,H^+}^{\ominus} + \frac{RT}{F}\ln\frac{a_{H^+}(1-\theta_{M-H})}{\theta_{M-H}} + \frac{RT}{F}\ln i \tag{10.9}$$

式中，

$$\varphi_{阳,H^+}^{\ominus} = \frac{\mu_{H^+}^{\ominus} + \mu_M^{\ominus} + \mu_e^{\ominus} - \mu_{M-H}^{\ominus}}{F}$$

由上式得

$$\ln i = \frac{F\varphi_{阳,H^+}}{RT} - \frac{F\varphi_{阳,H^+}^{\ominus}}{RT} - \ln\frac{a_{H^+}(1-\theta_{M-H})}{\theta_{M-H}}$$

$$i = \frac{\theta_{M-H}}{a_{H^+}(1-\theta_{M-H})}\exp\left(\frac{F\varphi_{阳,H^+}}{RT}\right)\exp\left(-\frac{F\varphi_{阳,H^+}^{\ominus}}{RT}\right) = k_{-,H^+}\exp\left(\frac{F\varphi_{阳,H^+}}{RT}\right) \tag{10.10}$$

式中，

$$k_{-,H^+} = \frac{\theta_{M-H}}{a_{H^+}(1-\theta_{M-H})}\exp\left(-\frac{F\varphi_{阳,H^+}^{\ominus}}{RT}\right) \approx \frac{\theta_{M-H}}{c_{H^+}(1-\theta_{M-H})}\exp\left(-\frac{F\varphi_{阳,氧化}^{\ominus}}{RT}\right)$$

阳极没有电流通过，阳极反应达平衡，有

$$M-H \xrightleftharpoons{\hspace{1cm}} H^+ + M + e$$

摩尔吉布斯自由能变化为

$$\Delta G_{m,阳,H^+,e} = \mu_{H^+} + \mu_M + \mu_e - \mu_{M-H} = \Delta G_{m,阳,H^+}^{\ominus} + RT\ln\frac{a_{H^+,e}(1-\theta_{M-H,e})}{\theta_{M-H,e}}$$

式中，

$$\Delta G_{m,阳,H^+}^{\ominus} = \mu_{H^+}^{\ominus} + \mu_M^{\ominus} + \mu_e^{\ominus} - \mu_{M-H}^{\ominus}$$

$$\mu_{H^+} = \mu_{H^+}^{\ominus} + RT\ln a_{H^+,e}$$

$$\mu_{\mathrm{M}} = \mu_{\mathrm{M}}^{\ominus} + RT \ln(1 - \theta_{\mathrm{M-H,e}})$$

$$\mu_{\mathrm{e}} = \mu_{\mathrm{e}}^{\ominus}$$

$$\mu_{\mathrm{M-H}} = \mu_{\mathrm{M-H}}^{\ominus} + RT \ln\theta_{\mathrm{M-H,e}}$$

阳极平衡电势：由

$$\varphi_{阳,\mathrm{H}^+,\mathrm{e}} = \frac{\Delta G_{\mathrm{m},阳,\mathrm{H}^+,\mathrm{e}}}{F}$$

得

$$\varphi_{阳,\mathrm{H}^+,\mathrm{e}} = \varphi_{阳,\mathrm{H}^+}^{\ominus} + \frac{RT}{F}\ln\frac{a_{\mathrm{H}^+,\mathrm{e}}(1 - \theta_{\mathrm{M-H,e}})}{\theta_{\mathrm{M-H,e}}} + \frac{RT}{F}\ln i \qquad （10.11）$$

式中，

$$\varphi_{阳,\mathrm{H}^+}^{\ominus} = \frac{\Delta G_{\mathrm{m},阳,\mathrm{H}^+}^{\ominus}}{F} = \frac{\mu_{\mathrm{H}^+}^{\ominus} + \mu_{\mathrm{M}}^{\ominus} + \mu_{\mathrm{e}}^{\ominus} - \mu_{\mathrm{M-H}}^{\ominus}}{F}$$

阳极过电势：

式（10.9）−式（10.11），得

$$\Delta\varphi_{阳,\mathrm{H}^+} = \varphi_{阳,\mathrm{H}^+} - \varphi_{阳,\mathrm{H}^+,\mathrm{e}} = \frac{RT}{F}\ln\frac{a_{\mathrm{H}^+}(1 - \theta_{\mathrm{M-H}})\theta_{\mathrm{M-H,e}}}{\theta_{\mathrm{M-H}}a_{\mathrm{H}^+,\mathrm{e}}(1 - \theta_{\mathrm{M-H,e}})} + \frac{RT}{F}\ln i$$

有

$$\ln i = \frac{F\Delta\varphi_{阳,\mathrm{H}^+}}{RT} - \ln\frac{a_{\mathrm{H}^+}(1 - \theta_{\mathrm{M-H}})\theta_{\mathrm{M-H,e}}}{\theta_{\mathrm{M-H}}a_{\mathrm{H}^+,\mathrm{e}}(1 - \theta_{\mathrm{M-H,e}})}$$

则

$$i = \frac{\theta_{\mathrm{M-H}}a_{\mathrm{H}^+,\mathrm{e}}(1 - \theta_{\mathrm{M-H,e}})}{a_{\mathrm{H}^+}(1 - \theta_{\mathrm{M-H}})\theta_{\mathrm{M-H,e}}}\exp\left(\frac{F\Delta\varphi_{阳,\mathrm{H}^+}}{RT}\right) = k_{\mathrm{H}^+}'\exp\left(\frac{F\Delta\varphi_{阳,\mathrm{H}^+}}{RT}\right) \quad （10.12）$$

式中，

$$k_{\mathrm{H}^+}' = \frac{\theta_{\mathrm{M-H}}a_{\mathrm{H}^+,\mathrm{e}}(1 - \theta_{\mathrm{M-H,e}})}{a_{\mathrm{H}^+}(1 - \theta_{\mathrm{M-H}})\theta_{\mathrm{M-H,e}}} \approx \frac{\theta_{\mathrm{M-H}}c_{\mathrm{H}^+,\mathrm{e}}(1 - \theta_{\mathrm{M-H,e}})}{c_{\mathrm{H}^+}(1 - \theta_{\mathrm{M-H}})\theta_{\mathrm{M-H,e}}}$$

（2）生成 H_2O：

$$\mathrm{M-H} + \mathrm{OH}^- \Longrightarrow \mathrm{H_2O} + \mathrm{M} + \mathrm{e}$$

摩尔吉布斯自由能变化为

$$\Delta G_{\mathrm{m},阳,\mathrm{H_2O}} = \mu_{\mathrm{H_2O}} + \mu_{\mathrm{M}} + \mu_{\mathrm{e}} - \mu_{\mathrm{M-H}} - \mu_{\mathrm{OH}^-} = \Delta G_{\mathrm{m},阳,\mathrm{H_2O}}^{\ominus} + RT\ln\frac{a_{\mathrm{H_2O}}(1 - \theta_{\mathrm{M-H}})}{\theta_{\mathrm{M-H}}a_{\mathrm{OH}^-}} + RT\ln i$$

式中，

$$\Delta G_{\mathrm{m},阳,\mathrm{H_2O}}^{\ominus} = \mu_{\mathrm{H_2O}}^{\ominus} + \mu_{\mathrm{M}}^{\ominus} + \mu_{\mathrm{e}}^{\ominus} - \mu_{\mathrm{M-H}}^{\ominus} - \mu_{\mathrm{OH}^-}^{\ominus}$$

$$\mu_{H_2O} = \mu_{H_2O}^{\ominus} + RT \ln a_{H_2O}$$

$$\mu_M = \mu_M^{\ominus} + RT \ln(1 - \theta_{M-H})$$

$$\mu_e = \mu_e^{\ominus} + RT \ln i$$

$$\mu_{M-H} = \mu_{M-H}^{\ominus} + RT \ln \theta_{M-H}$$

$$\mu_{OH^-} = \mu_{OH^-}^{\ominus} + RT \ln a_{OH^-}$$

阳极平衡电势：由

$$\varphi_{阳,H_2O} = \frac{\Delta G_{m,阳,H_2O}}{F}$$

得

$$\varphi_{阳,H_2O} = \varphi_{阳,H_2O}^{\ominus} + \frac{RT}{F} \ln \frac{a_{H_2O}(1 - \theta_{M-H})}{\theta_{M-H} a_{OH^-}} + \frac{RT}{F} \ln i \qquad (10.13)$$

式中，

$$\varphi_{阳,H_2O}^{\ominus} = \frac{\Delta G_{m,阳,H_2O}^{\ominus}}{F} = \frac{\mu_{H_2O}^{\ominus} + \mu_M^{\ominus} + \mu_e^{\ominus} - \mu_{M-H}^{\ominus} - \mu_{OH^-}^{\ominus}}{F}$$

由式（10.13）得

$$\ln i = \frac{F\varphi_{阳,H_2O}}{RT} - \frac{F\varphi_{阳,H_2O}^{\ominus}}{RT} - \ln \frac{a_{H_2O}(1 - \theta_{M-H})}{\theta_{M-H} a_{OH^-}}$$

$$i = \frac{\theta_{M-H} a_{OH^-}}{a_{H_2O}(1 - \theta_{M-H})} \exp\left(\frac{F\varphi_{阳,H_2O}}{RT}\right) \exp\left(-\frac{F\varphi_{阳,H_2O}^{\ominus}}{RT}\right) = k_{H_2O} \exp\left(\frac{F\varphi_{阳,H_2O}}{RT}\right) \qquad (10.14)$$

式中，

$$k_{H_2O} = \frac{\theta_{M-H} a_{OH^-}}{a_{H_2O}(1 - \theta_{M-H})} \exp\left(-\frac{F\varphi_{阳,H_2O}^{\ominus}}{RT}\right) \approx \frac{\theta_{M-H} c_{OH^-}}{c_{H_2O}(1 - \theta_{M-H})} \exp\left(-\frac{F\varphi_{阳,H_2O}^{\ominus}}{RT}\right)$$

生成 H_2O 的反应达平衡，阳极反应没有电流通过。

$$M-H + OH^- \rightleftharpoons H_2O + M + e$$

摩尔吉布斯自由能变化为

$$\Delta G_{m,阳,H_2O,e} = \mu_{H_2O} + \mu_M + \mu_e - \mu_{M-H} - \mu_{OH^-} = \Delta G_{m,阳,H_2O}^{\ominus} + RT \ln \frac{a_{H_2O,e}(1 - \theta_{M-H,e})}{\theta_{M-H,e} a_{OH^-,e}}$$

式中，

$$\Delta G_{m,阳,H_2O}^{\ominus} = \mu_{H_2O}^{\ominus} + \mu_M^{\ominus} + \mu_e^{\ominus} - \mu_{M-H}^{\ominus} - \mu_{OH^-}^{\ominus}$$

$$\mu_{H_2O} = \mu_{H_2O}^{\ominus} + RT \ln a_{H_2O,e}$$

$$\mu_M = \mu_M^{\ominus} + RT \ln(1 - \theta_{M-H,e})$$

$$\mu_e = \mu_e^\ominus$$

$$\mu_{M-H} = \mu_{M-H}^\ominus + RT \ln \theta_{M-H,e}$$

$$\mu_{OH^-} = \mu_{OH^-}^\ominus + RT \ln a_{OH^-,e}$$

由

$$\varphi_{阳,H_2O,e} = \frac{\Delta G_{m,阳,H_2O,e}}{F}$$

得

$$\varphi_{阳,H_2O,e} = \varphi_{阳,H_2O}^\ominus + \frac{RT}{F} \ln \frac{a_{H_2O,e}(1-\theta_{M-H,e})}{\theta_{M-H,e}a_{OH^-,e}} \tag{10.15}$$

式中，

$$\varphi_{阳,H_2O}^\ominus = \frac{\Delta G_{m,阳,H_2O}^\ominus}{F} = \frac{\mu_{H_2O}^\ominus + \mu_M^\ominus + \mu_e^\ominus - \mu_{M-H}^\ominus - \mu_{OH^-}^\ominus}{F}$$

阳极过电势：

式（10.13）–式（10.15），得

$$\Delta\varphi_{阳,H_2O} = \varphi_{阳,H_2O} - \varphi_{阳,H_2O,e} = \frac{RT}{F} \ln \frac{a_{H_2O}(1-\theta_{M-H})\theta_{M-H,e}a_{OH^-,e}}{\theta_{M-H}a_{OH^-}a_{H_2O,e}(1-\theta_{M-H,e})} + \frac{RT}{F} \ln i$$

$$\tag{10.16}$$

移项得

$$\ln i = \frac{F\Delta\varphi_{阳,H_2O}}{RT} - \ln \frac{a_{H_2O}(1-\theta_{M-H})\theta_{M-H,e}a_{OH^-,e}}{\theta_{M-H}a_{OH^-}a_{H_2O,e}(1-\theta_{M-H,e})}$$

则

$$i = \frac{\theta_{M-H}a_{OH^-}a_{H_2O,e}(1-\theta_{M-H,e})}{a_{H_2O}(1-\theta_{M-H})\theta_{M-H,e}a_{OH^-,e}} \exp\left(\frac{F\Delta\varphi_{阳,H_2O}}{RT}\right) = k'_{H_2O}\exp\left(\frac{F\Delta\varphi_{阳,H_2O}}{RT}\right) \tag{10.17}$$

式中，

$$k'_{H_2O} = \frac{\theta_{M-H}a_{OH^-}a_{H_2O,e}(1-\theta_{M-H,e})}{a_{H_2O}(1-\theta_{M-H})\theta_{M-H,e}a_{OH^-,e}} \approx \frac{\theta_{M-H}c_{OH^-}c_{H_2O,e}(1-\theta_{M-H,e})}{c_{H_2O}(1-\theta_{M-H})\theta_{M-H,e}c_{OH^-,e}}$$

10.2 氧在阳极上析出

10.2.1 在酸性溶液中

在酸性溶液中，氧的析出电势很正。$a_{H^+}=1$，其平衡电势为$\varphi_阳 = 1.23\text{V}$，所以，只能用金或铂系金属作阳极。

在浓的酸性溶液中，在不溶性阳极上氧的析出反应步骤如下：

（1）水分子电化学解离成H^+和MOH。

$$M + H_2O \Longrightarrow MOH + H^+ + e$$

摩尔吉布斯自由能变化为

$$\Delta G_{m,阳} = \mu_{MOH} + \mu_{H^+} + \mu_e - \mu_M - \mu_{H_2O} = \Delta G_{m,阳}^\ominus + RT \ln \frac{\theta_{MOH} a_{H^+}}{(1 - \theta_{MOH}) a_{H_2O}} + RT \ln i$$

式中，

$$\Delta G_{m,阳}^\ominus = \mu_{MOH}^\ominus + \mu_{H^+}^\ominus + \mu_e^\ominus - \mu_M^\ominus - \mu_{H_2O}^\ominus$$

$$\mu_{MOH} = \mu_{MOH}^\ominus + RT \ln \theta_{MOH}$$

$$\mu_{H^+} = \mu_{H^+}^\ominus + RT \ln a_{H^+}$$

$$\mu_e = \mu_e^\ominus + RT \ln i$$

$$\mu_M = \mu_M^\ominus + RT \ln (1 - \theta_{MOH})$$

$$\mu_{H_2O} = \mu_{H_2O}^\ominus + RT \ln a_{H_2O}$$

阳极电势：由

$$\varphi_阳 = \frac{\Delta G_{m,阳}}{F}$$

得

$$\varphi_阳 = \varphi_阳^\ominus + \frac{RT}{F} \ln \frac{\theta_{MOH} a_{H^+}}{(1 - \theta_{MOH}) a_{H_2O}} + \frac{RT}{F} \ln i \qquad (10.18)$$

式中，

$$\varphi_阳^\ominus = \frac{\Delta G_{m,阳}^\ominus}{F} = \frac{\mu_{MOH}^\ominus + \mu_{H^+}^\ominus + \mu_e^\ominus - \mu_M^\ominus - \mu_{H_2O}^\ominus}{F}$$

由式（10.18）得

$$\ln i = \frac{F\varphi_阳}{RT} - \frac{F\varphi_阳^\ominus}{RT} - \ln \frac{\theta_{MOH} a_{H^+}}{(1 - \theta_{MOH}) a_{H_2O}}$$

有

$$i = \frac{(1 - \theta_{MOH}) a_{H_2O}}{\theta_{MOH} a_{H^+}} \exp\left(\frac{F\varphi_阳}{RT}\right) \exp\left(-\frac{F\varphi_阳^\ominus}{RT}\right) = k_+ \exp\left(\frac{F\varphi_阳}{RT}\right) \qquad (10.19)$$

式中，

$$k_+ = \frac{(1 - \theta_{MOH}) a_{H_2O}}{\theta_{MOH} a_{H^+}} \exp\left(-\frac{F\varphi_阳^\ominus}{RT}\right) \approx \frac{(1 - \theta_{MOH}) c_{H_2O}}{\theta_{MOH} c_{H^+}} \exp\left(-\frac{F\varphi_阳^\ominus}{RT}\right)$$

阳极没有电流，水分子电化学解离达平衡，有

$$M + H_2O \Longrightarrow MOH + H^+ + e$$

摩尔吉布斯自由能变化为

$$\Delta G_{\mathrm{m,阳,e}} = \mu_{\mathrm{MOH}} + \mu_{\mathrm{H^+}} + \mu_{\mathrm{e}} - \mu_{\mathrm{M}} - \mu_{\mathrm{H_2O}} = \Delta G_{\mathrm{m,阳}}^{\ominus} + RT \ln \frac{\theta_{\mathrm{MOH,e}} a_{\mathrm{H^+,e}}}{(1 - \theta_{\mathrm{MOH,e}}) a_{\mathrm{H_2O,e}}}$$

式中，

$$\Delta G_{\mathrm{m,阳}}^{\ominus} = \mu_{\mathrm{MOH}}^{\ominus} + \mu_{\mathrm{H^+}}^{\ominus} + \mu_{\mathrm{e}}^{\ominus} - \mu_{\mathrm{M}}^{\ominus} - \mu_{\mathrm{H_2O}}^{\ominus}$$

$$\mu_{\mathrm{MOH}} = \mu_{\mathrm{MOH}}^{\ominus} + RT \ln \theta_{\mathrm{MOH,e}}$$

$$\mu_{\mathrm{H^+}} = \mu_{\mathrm{H^+}}^{\ominus} + RT \ln a_{\mathrm{H^+,e}}$$

$$\mu_{\mathrm{e}} = \mu_{\mathrm{e}}^{\ominus}$$

$$\mu_{\mathrm{M}} = \mu_{\mathrm{M}}^{\ominus} + RT \ln (1 - \theta_{\mathrm{MOH,e}})$$

$$\mu_{\mathrm{H_2O}} = \mu_{\mathrm{H_2O}}^{\ominus} + RT \ln a_{\mathrm{H_2O,e}}$$

阳极平衡电势：由

$$\varphi_{\mathrm{阳,e}} = \frac{\Delta G_{\mathrm{m,阳,e}}}{F}$$

得

$$\varphi_{\mathrm{阳,e}} = \varphi_{\mathrm{阳}}^{\ominus} + \frac{RT}{F} \ln \frac{\theta_{\mathrm{MOH,e}} a_{\mathrm{H^+,e}}}{(1 - \theta_{\mathrm{MOH,e}}) a_{\mathrm{H_2O,e}}} \tag{10.20}$$

阳极过电势：

式（10.18）-式（10.20），得

$$\Delta \varphi_{\mathrm{阳}} = \varphi_{\mathrm{阳}} - \varphi_{\mathrm{阳,e}} = \frac{RT}{F} \ln \frac{\theta_{\mathrm{MOH}} a_{\mathrm{H^+}} (1 - \theta_{\mathrm{MOH,e}}) a_{\mathrm{H_2O,e}}}{(1 - \theta_{\mathrm{MOH}}) a_{\mathrm{H_2O}} \theta_{\mathrm{MOH,e}} a_{\mathrm{H^+,e}}} + \frac{RT}{F} \ln i \tag{10.21}$$

由上式得

$$\ln i = \frac{F \Delta \varphi_{\mathrm{阳}}}{RT} - \ln \frac{\theta_{\mathrm{MOH}} a_{\mathrm{H^+}} (1 - \theta_{\mathrm{MOH,e}}) a_{\mathrm{H_2O,e}}}{(1 - \theta_{\mathrm{MOH}}) a_{\mathrm{H_2O}} \theta_{\mathrm{MOH,e}} a_{\mathrm{H^+,e}}}$$

有

$$i = \frac{(1 - \theta_{\mathrm{MOH}}) a_{\mathrm{H_2O}} \theta_{\mathrm{MOH,e}} a_{\mathrm{H^+,e}}}{\theta_{\mathrm{MOH}} a_{\mathrm{H^+}} (1 - \theta_{\mathrm{MOH,e}}) a_{\mathrm{H_2O,e}}} \exp\left(\frac{F \Delta \varphi_{\mathrm{阳}}}{RT}\right) = k_+' \exp\left(\frac{F \Delta \varphi_{\mathrm{阳}}}{RT}\right) \tag{10.22}$$

式中，

$$k_+' = \frac{(1 - \theta_{\mathrm{MOH}}) a_{\mathrm{H_2O}} \theta_{\mathrm{MOH,e}} a_{\mathrm{H^+,e}}}{\theta_{\mathrm{MOH}} a_{\mathrm{H^+}} (1 - \theta_{\mathrm{MOH,e}}) a_{\mathrm{H_2O,e}}} \approx \frac{(1 - \theta_{\mathrm{MOH}}) c_{\mathrm{H_2O}} \theta_{\mathrm{MOH,e}} c_{\mathrm{H^+,e}}}{\theta_{\mathrm{MOH}} c_{\mathrm{H^+}} (1 - \theta_{\mathrm{MOH,e}}) c_{\mathrm{H_2O,e}}}$$

（2）MOH 解离析出 O_2。

$$4\mathrm{MOH} \Longrightarrow 4\mathrm{M} + 2\mathrm{H_2O} + (\mathrm{O_2}) \tag{ii}$$

摩尔吉布斯自由能变化为

$$\Delta G_{\mathrm{m}} = 4\mu_{\mathrm{M}} + 2\mu_{\mathrm{H_2O}} + \mu_{(\mathrm{O_2})} - 4\mu_{\mathrm{MOH}} = \Delta G_{\mathrm{m}}^{\ominus} + RT\ln \frac{(1-\theta_{\mathrm{MOH}})^4 a_{\mathrm{H_2O}}^2 a_{(\mathrm{O_2})}}{\theta_{\mathrm{MOH}}^4}$$

式中,

$$\Delta G_{\mathrm{m}}^{\ominus} = 4\mu_{\mathrm{M}}^{\ominus} + 2\mu_{\mathrm{H_2O}}^{\ominus} + \mu_{\mathrm{O_2}}^{\ominus} - 4\mu_{\mathrm{MOH}}^{\ominus}$$

$$\mu_{\mathrm{M}} = \mu_{\mathrm{M}}^{\ominus} + RT\ln(1-\theta_{\mathrm{MOH}})$$

$$\mu_{\mathrm{H_2O}} = \mu_{\mathrm{H_2O}}^{\ominus} + RT\ln a_{\mathrm{H_2O}}$$

$$\mu_{(\mathrm{O_2})} = \mu_{\mathrm{O_2}}^{\ominus} + RT\ln a_{(\mathrm{O_2})}$$

$$\mu_{\mathrm{MOH}} = \mu_{\mathrm{MOH}}^{\ominus} + RT\ln \theta_{\mathrm{MOH}}$$

$(\mathrm{O_2})$ 表示溶解在水中的氧气。

解离速率为

$$j_{\text{解离}} = k_+ \theta_{\mathrm{MOH}}^{n_+} - k_- (1-\theta_{\mathrm{MOH}})^{n_-} c_{\mathrm{H_2O}}^{n'_-} c_{(\mathrm{O_2})}^{n''_-}$$

$$= k_+ \left[\theta_{\mathrm{MOH}}^{n_+} - \frac{1}{K} (1-\theta_{\mathrm{MOH}})^{n_-} c_{\mathrm{H_2O}}^{n'_-} c_{(\mathrm{O_2})}^{n''_-} \right] \tag{10.23}$$

式中,

$$K = \frac{k_+}{k_-} = \frac{(1-\theta_{\mathrm{MOH,e}})^{n_-} c_{\mathrm{H_2O,e}}^{n'_-} c_{(\mathrm{O_2}),\mathrm{e}}^{n''_-}}{\theta_{\mathrm{MOH,e}}^{n_+}} = \frac{(1-\theta_{\mathrm{MOH,e}})^4 a_{\mathrm{H_2O,e}}^2 a_{(\mathrm{O_2}),\mathrm{e}}}{\theta_{\mathrm{MOH,e}}^4}$$

K 为平衡常数。

（3）O_2 形成气泡从阳极表面溢出。

$$(\mathrm{O_2}) \Longrightarrow \mathrm{O_2(g)} \tag{iii}$$

摩尔吉布斯自由能变化为

$$\Delta G_{\mathrm{m,O_2}} = \mu_{\mathrm{O_2(g)}} - \mu_{(\mathrm{O_2})} = \Delta G_{\mathrm{m,O_2}}^{\ominus} + RT\ln \frac{p_{\mathrm{O_2}}}{a_{(\mathrm{O_2})}} = RT\ln \frac{p_{\mathrm{O_2}}}{a_{(\mathrm{O_2})}}$$

式中,

$$\Delta G_{\mathrm{m,O_2}}^{\ominus} = \mu_{\mathrm{O_2}}^{\ominus} - \mu_{\mathrm{O_2}}^{\ominus} = 0$$

$$\mu_{\mathrm{O_2(g)}} = \mu_{\mathrm{O_2}}^{\ominus} + RT\ln p_{\mathrm{O_2}}$$

$$\mu_{(\mathrm{O_2})} = \mu_{\mathrm{O_2}}^{\ominus} + RT\ln a_{(\mathrm{O_2})}$$

形成气泡的速率

$$j_{\mathrm{O_2}} = k_+ c_{(\mathrm{O_2})}^{n_+} - k_- p_{\mathrm{O_2}}^{n_-} = k_+ \left(c_{(\mathrm{O_2})}^{n_+} - \frac{1}{K} p_{\mathrm{O_2}}^{n_-} \right) \tag{10.24}$$

式中,

$$K = \frac{k_+}{k_-} = \frac{p_{\mathrm{O_2,e}}^{n_-}}{c_{(\mathrm{O_2}),\mathrm{e}}^{n_+}} = \frac{p_{\mathrm{O_2,e}}}{a_{(\mathrm{O_2}),\mathrm{e}}}$$

步骤（ii）和（iii）可以合并，有

$$4\text{MOH} = 4\text{M} + 2\text{H}_2\text{O} + (\text{O}_2) \tag{ii}$$

$$(\text{O}_2) = \text{O}_2(\text{g}) \tag{iii}$$

$$4\text{MOH} = 4\text{M} + 2\text{H}_2\text{O} + \text{O}_2(\text{g})$$

摩尔吉布斯自由能变化为

$$\Delta G_{\text{m,H}_2\text{O}} = 4\mu_{\text{M}} + 2\mu_{\text{H}_2\text{O}} + \mu_{\text{O}_2} - 4\mu_{\text{MOH}} = \Delta G_{\text{m,H}_2\text{O}}^{\ominus} + RT\ln\frac{(1-\theta_{\text{MOH}})a_{\text{H}_2\text{O}}^2 p_{\text{O}_2}}{\theta_{\text{MOH}}^4}$$

式中，

$$\Delta G_{\text{m,H}_2\text{O}}^{\ominus} = 4\mu_{\text{M}}^{\ominus} + 2\mu_{\text{H}_2\text{O}}^{\ominus} + \mu_{\text{O}_2}^{\ominus} - 4\mu_{\text{MOH}}^{\ominus}$$

$$\mu_{\text{M}} = \mu_{\text{M}}^{\ominus} + RT\ln(1-\theta_{\text{MOH}})$$

$$\mu_{\text{H}_2\text{O}} = \mu_{\text{H}_2\text{O}}^{\ominus} + RT\ln a_{\text{H}_2\text{O}}$$

$$\mu_{\text{O}_2} = \mu_{\text{O}_2}^{\ominus} + RT\ln p_{\text{O}_2}$$

$$\mu_{\text{MOH}} = \mu_{\text{MOH}}^{\ominus} + RT\ln\theta_{\text{MOH}}$$

过程速率为

$$\begin{aligned}
j_{\text{H}_2\text{O}} &= k_+\theta_{\text{MOH}}^{n_+} - k_-(1-\theta_{\text{MOH}})^{n_-}c_{\text{H}_2\text{O}}^{n_-'}p_{\text{O}_2}^{n_-''} \\
&= k_+\left[\theta_{\text{MOH}}^{n_+} - \frac{1}{K}(1-\theta_{\text{MOH}})^{n_-}c_{\text{H}_2\text{O}}^{n_-'}p_{\text{O}_2}^{n_-''}\right]
\end{aligned} \tag{10.25}$$

式中，

$$K = \frac{k_+}{k_-} = \frac{(1-\theta_{\text{MOH,e}})^{n_-}c_{\text{H}_2\text{O,e}}^{n_-'}p_{\text{O}_2}^{n_-''}}{\theta_{\text{MOH,e}}^{n_+}} = \frac{(1-\theta_{\text{MOH,e}})^4 a_{\text{H}_2\text{O,e}}^2}{\theta_{\text{MOH,e}}^4}$$

K 为平衡常数。后一步表示 O_2 为一个大气压。

（4）在不溶性阳极上，氧析出的总反应为

$$2\text{H}_2\text{O} = 4\text{H}^+ + \text{O}_2(\text{g}) + 4\text{e}$$

该过程的摩尔吉布斯自由能变化为

$$\Delta G_{\text{m,阳,O}_2} = 4\mu_{\text{H}^+} + \mu_{\text{O}_2} + 4\mu_{\text{e}} - 2\mu_{\text{H}_2\text{O}} = \Delta G_{\text{m,阳,O}_2}^{\ominus} + RT\ln\frac{a_{\text{H}^+}^4 p_{\text{O}_2}}{a_{\text{H}_2\text{O}}^2} + 4RT\ln i$$

式中，

$$\Delta G_{\text{m,阳,O}_2}^{\ominus} = 4\mu_{\text{H}^+}^{\ominus} + \mu_{\text{O}_2}^{\ominus} + 4\mu_{\text{e}}^{\ominus} - 2\mu_{\text{H}_2\text{O}}^{\ominus}$$

$$\mu_{\text{H}^+} = \mu_{\text{H}^+}^{\ominus} + RT\ln a_{\text{H}^+}$$

$$\mu_{\text{O}_2} = \mu_{\text{O}_2}^{\ominus} + RT\ln p_{\text{O}_2}$$

$$\mu_{\text{e}} = \mu_{\text{e}}^{\ominus} + RT\ln i$$

$$\mu_{\text{H}_2\text{O}} = \mu_{\text{H}_2\text{O}}^{\ominus} + RT\ln a_{\text{H}_2\text{O}}$$

阳极电势：由

$$\varphi_{\text{阳},O_2} = \frac{\Delta G_{\text{m},\text{阳},O_2}}{4F}$$

得

$$\varphi_{\text{阳},O_2} = \varphi_{\text{阳},O_2}^{\ominus} + \frac{RT}{4F}\ln\frac{a_{H^+}^4 p_{O_2}}{a_{H_2O}^2} + \frac{RT}{F}\ln i \qquad (10.26)$$

由式（10.26）得

$$\ln i = \frac{F\varphi_{\text{阳},O_2}}{RT} - \frac{F\varphi_{\text{阳},O_2}^{\ominus}}{RT} - \frac{1}{4}\ln\frac{a_{H^+}^4 p_{O_2}}{a_{H_2O}^2}$$

$$i = \left(\frac{a_{H_2O}^2}{a_{H^+}^4 p_{O_2}}\right)^{1/4}\exp\left(\frac{F\varphi_{\text{阳},O_2}}{RT}\right)\exp\left(-\frac{F\varphi_{\text{阳},O_2}^{\ominus}}{RT}\right) = k_{+,O_2}\exp\left(\frac{F\varphi_{\text{阳},O_2}}{RT}\right)$$

$$k_{+,O_2} = \left(\frac{a_{H_2O}^2}{a_{H^+}^4 p_{O_2}}\right)^{1/4}\exp\left(-\frac{F\varphi_{\text{阳},O_2}^{\ominus}}{RT}\right) \approx \left(\frac{c_{H_2O}^2}{c_{H^+}^4 p_{O_2}}\right)^{1/4}\exp\left(-\frac{F\varphi_{\text{阳},\text{氧化}}^{\ominus}}{RT}\right)$$

总反应达平衡，阳极没有电流通过，有

$$2H_2O \Longleftrightarrow 4H^+ + O_2(g) + 4e$$

摩尔吉布斯自由能变化为

$$\Delta G_{\text{m},\text{阳},O_2,\text{e}} = 4\mu_{H^+} + \mu_{O_2} + 4\mu_e - 2\mu_{H_2O} = \Delta G_{\text{m},\text{阳},O_2}^{\ominus} + RT\ln\frac{a_{H^+,\text{e}}^4 p_{O_2,\text{e}}}{a_{H_2O,\text{e}}^2}$$

式中，

$$\Delta G_{\text{m},\text{阳},O_2}^{\ominus} = 4\mu_{H^+}^{\ominus} + \mu_{O_2}^{\ominus} + 4\mu_e^{\ominus} - 2\mu_{H_2O}^{\ominus}$$

$$\mu_{H^+} = \mu_{H^+}^{\ominus} + RT\ln a_{H^+,\text{e}}$$

$$\mu_{O_2(g)} = \mu_{O_2}^{\ominus} + RT\ln p_{O_2,\text{e}}$$

$$\mu_e = \mu_e^{\ominus}$$

$$\mu_{H_2O} = \mu_{H_2O}^{\ominus} + RT\ln a_{H_2O,\text{e}}$$

由

$$\varphi_{\text{阳},O_2,\text{e}} = \frac{\Delta G_{\text{m},\text{阳},O_2,\text{e}}}{4F}$$

得

$$\varphi_{\text{阳},O_2,\text{e}} = \varphi_{\text{阳},O_2}^{\ominus} + \frac{RT}{4F}\ln\frac{a_{H^+,\text{e}}^4 p_{O_2,\text{e}}}{a_{H_2O,\text{e}}^2} \qquad (10.27)$$

式中，

$$\varphi_{\text{阳},O_2}^{\ominus} = \frac{4\mu_{\text{H}^+}^{\ominus} + \mu_{O_2}^{\ominus} + 4\mu_{\text{e}}^{\ominus} - 2\mu_{\text{H}_2\text{O}}^{\ominus}}{4F}$$

阳极过电势：

式（10.26）−式（10.27），得

$$\Delta\varphi_{\text{阳},O_2} = \varphi_{\text{阳},O_2} - \varphi_{\text{阳},O_2,\text{e}} = \frac{RT}{4F}\ln\frac{a_{\text{H}^+}^4 p_{O_2} a_{\text{H}_2\text{O},\text{e}}^2}{a_{\text{H}_2\text{O}}^2 a_{\text{H}^+,\text{e}}^4 p_{O_2,\text{e}}} + \frac{RT}{F}\ln i$$

由上式得

$$\ln i = \frac{F\Delta\varphi_{\text{阳},O_2}}{RT} - \frac{1}{4}\ln\frac{a_{\text{H}^+}^4 p_{O_2} a_{\text{H}_2\text{O},\text{e}}^2}{a_{\text{H}_2\text{O}}^2 a_{\text{H}^+,\text{e}}^4 p_{O_2,\text{e}}}$$

$$i = \left(\frac{a_{\text{H}_2\text{O}}^2 a_{\text{H}^+,\text{e}}^4 p_{O_2,\text{e}}}{a_{\text{H}^+}^4 p_{O_2} a_{\text{H}_2\text{O},\text{e}}^2}\right)^{1/4}\exp\left(\frac{F\Delta\varphi_{\text{阳},O_2}}{RT}\right) \approx \left(\frac{c_{\text{H}_2\text{O}}^2 c_{\text{H}^+,\text{e}}^4 p_{O_2,\text{e}}}{c_{\text{H}^+}^4 p_{O_2} c_{\text{H}_2\text{O},\text{e}}^2}\right)^{1/4}\exp\left(\frac{F\Delta\varphi_{\text{阳},O_2}}{RT}\right)$$

$$= k_+'\exp\left(\frac{F\Delta\varphi_{\text{阳},O_2}}{RT}\right)$$

式中，

$$k_+' = \left(\frac{a_{\text{H}_2\text{O}}^2 a_{\text{H}^+,\text{e}}^4 p_{O_2,\text{e}}}{a_{\text{H}^+}^4 p_{O_2} a_{\text{H}_2\text{O},\text{e}}^2}\right)^{1/4} \approx \left(\frac{c_{\text{H}_2\text{O}}^2 c_{\text{H}^+,\text{e}}^4 p_{O_2,\text{e}}}{c_{\text{H}^+}^4 p_{O_2} c_{\text{H}_2\text{O},\text{e}}^2}\right)^{1/4}$$

10.2.2 在碱性溶液中

1）惰性电极

在碱性溶液中，在惰性阳极上，氧的析出反应为

$$4\text{OH}^- \rightleftharpoons 2\text{H}_2\text{O} + \text{O}_2(\text{g}) + 4\text{e}$$

该过程的摩尔吉布斯自由能变化为

$$\Delta G_{\text{m},\text{阳},O_2} = \Delta G_{\text{m},\text{阳},O_2}^{\ominus} + RT\ln\frac{a_{\text{H}_2\text{O}}^2 p_{O_2}}{a_{\text{OH}^-}^4} + 4RT\ln i$$

式中，

$$\Delta G_{\text{m},\text{阳},O_2}^{\ominus} = 2\mu_{\text{H}_2\text{O}}^{\ominus} + \mu_{O_2(\text{g})}^{\ominus} + 4\mu_{\text{e}}^{\ominus} - 4\mu_{\text{OH}^-}^{\ominus}$$

$$\mu_{\text{H}_2\text{O}} = \mu_{\text{H}_2\text{O}}^{\ominus} + RT\ln a_{\text{H}_2\text{O}}$$

$$\mu_{O_2(\text{g})} = \mu_{O_2(\text{g})}^{\ominus} + RT\ln p_{O_2}$$

$$\mu_{\text{e}} = \mu_{\text{e}}^{\ominus} + RT\ln i$$

$$\mu_{\text{OH}^-} = \mu_{\text{OH}^-}^{\ominus} + RT\ln a_{\text{OH}^-}$$

阳极电势：由

$$\varphi_{\text{阳},O_2} = \frac{\Delta G_{\text{m},\text{阳},O_2}}{4F}$$

得

$$\varphi_{\text{阳},O_2} = \varphi_{\text{阳},O_2}^{\ominus} + \frac{RT}{4F}\ln\frac{a_{H_2O}^2 p_{O_2}}{a_{OH^-}^4} + \frac{RT}{F}\ln i \qquad (10.28)$$

式中，

$$\varphi_{\text{阳},O_2}^{\ominus} = \frac{\Delta G_{\text{m},\text{阳},O_2}^{\ominus}}{4F} = \frac{2\mu_{H_2O}^{\ominus} + \mu_{O_2(g)}^{\ominus} + 4\mu_e^{\ominus} - 4\mu_{OH^-}^{\ominus}}{4F}$$

由式（10.28）得

$$\ln i = \frac{F\varphi_{\text{阳},O_2}}{RT} - \frac{F\varphi_{\text{阳},O_2}^{\ominus}}{RT} - \frac{1}{4}\ln\frac{a_{H_2O}^2 p_{O_2}}{a_{OH^-}^4}$$

由上式得

$$i = \left(\frac{a_{OH^-}^4}{a_{H_2O}^2 p_{O_2}}\right)^{1/4} \exp\left(\frac{F\varphi_{\text{阳},O_2}}{RT}\right)\exp\left(-\frac{F\varphi_{\text{阳},O_2}^{\ominus}}{RT}\right) = k_{+,O_2}\exp\left(\frac{F\varphi_{\text{阳},O_2}}{RT}\right) \quad (10.29)$$

式中，

$$k_{+,O_2} = \left(\frac{a_{OH^-}^4}{a_{H_2O}^2 p_{O_2}}\right)^{1/4}\exp\left(-\frac{F\varphi_{\text{阳},O_2}^{\ominus}}{RT}\right) \approx \left(\frac{c_{OH^-}^4}{c_{H_2O}^2 p_{O_2}}\right)^{1/4}\exp\left(-\frac{F\varphi_{\text{阳},\text{氧化}}^{\ominus}}{RT}\right)$$

阳极反应达平衡，

$$4OH^- \rightleftharpoons 2H_2O + O_2(g) + 4e$$

该反应的摩尔吉布斯自由能变化为

$$\Delta G_{\text{m},\text{阳},O_2,e} = \Delta G_{\text{m},\text{阳},O_2}^{\ominus} + RT\ln\frac{a_{H_2O,e}^2 p_{O_2,e}}{a_{OH^-,e}^4}$$

式中，

$$\Delta G_{\text{m},\text{阳},O_2}^{\ominus} = 2\mu_{H_2O}^{\ominus} + \mu_{O_2(g)}^{\ominus} + 4\mu_e^{\ominus} - 4\mu_{OH^-}^{\ominus}$$

$$\mu_{H_2O} = \mu_{H_2O}^{\ominus} + RT\ln a_{H_2O,e}$$

$$\mu_{O_2(g)} = \mu_{O_2(g)}^{\ominus} + RT\ln p_{O_2,e}$$

$$\mu_e = \mu_e^{\ominus}$$

$$\mu_{OH^-} = \mu_{OH^-}^{\ominus} + RT\ln a_{OH^-,e}$$

阳极平衡电势：由

$$\varphi_{\text{阳},O_2,e} = \frac{\Delta G_{\text{m},\text{阳},O_2,e}}{4F}$$

得

$$\varphi_{阳,O_2,e} = \varphi_{阳,O_2}^{\ominus} + \frac{RT}{4F} \ln \frac{a_{H_2O,e}^2 p_{O_2,e}}{a_{OH^-,e}^4} \tag{10.30}$$

阳极过电势：

式（10.28）-式（10.30），得

$$\Delta\varphi_{阳,O_2} = \varphi_{阳,O_2} - \varphi_{阳,O_2,e} = \frac{RT}{4F} \ln \frac{a_{H_2O}^2 p_{O_2} a_{OH^-,e}^4}{a_{OH^-}^4 a_{H_2O,e}^2 p_{O_2,e}} + \frac{RT}{F} \ln i$$

由上式得

$$\ln i = \frac{F\Delta\varphi_{阳,O_2}}{RT} - \frac{1}{4}\ln \frac{a_{H_2O}^2 p_{O_2} a_{OH^-,e}^4}{a_{OH^-}^4 a_{H_2O,e}^2 p_{O_2,e}}$$

$$i = \left(\frac{a_{OH^-}^4 a_{H_2O,e}^2 p_{O_2,e}}{a_{H_2O}^2 p_{O_2} a_{OH^-,e}^4}\right)^{1/4} \exp\left(\frac{F\Delta\varphi_{阳,O_2}}{RT}\right) = k'_{+,O_2} \exp\left(\frac{F\Delta\varphi_{阳,O_2}}{RT}\right) \tag{10.31}$$

式中，

$$k'_{+,O_2} = \left(\frac{a_{OH^-}^4 a_{H_2O,e}^2 p_{O_2,e}}{a_{H_2O}^2 p_{O_2} a_{OH^-,e}^4}\right)^{1/4} \approx \left(\frac{c_{OH^-}^4 c_{H_2O,e}^2 p_{O_2,e}}{c_{H_2O}^2 p_{O_2} c_{OH^-,e}^4}\right)^{1/4}$$

2）过渡金属电极

在碱性溶液中，O_2 的析出电势不太正，$a_{H^+} - 1$，平衡电势为 0.401V。因而，也可以用纯的铁、钴、镍等金属作阳极。实际是氧在金属氧化物层表面生成。

以镍阳极为例，氧的析出反应为

$$2Ni_2O_3 + 4OH^- \Longrightarrow 2Ni_2O_4 + 2H_2O + 4e$$

$$2Ni_2O_4 \Longrightarrow 2Ni_2O_3 + O_2$$

总反应为

$$4OH^- \Longrightarrow 2H_2O + O_2 + 4e$$

与在惰性电极上的结果一样。

在钝化的镍电极上，氧的析出反应机理为

$$\frac{1}{2}Ni_2O_3 + OH^- \Longrightarrow \frac{1}{2}Ni_2O_4 + \frac{1}{2}H_2O + e$$

$$Ni_2O_4 \Longrightarrow Ni_2O_3 + \frac{1}{2}O_2$$

（1）电化学反应：

$$\frac{1}{2}Ni_2O_3 + OH^- \Longrightarrow \frac{1}{2}Ni_2O_4 + \frac{1}{2}H_2O + e$$

摩尔吉布斯自由能变化为

$$\Delta G_{m,\text{阳}} = \frac{1}{2}\mu_{\text{Ni}_2\text{O}_4} + \frac{1}{2}\mu_{\text{H}_2\text{O}} + \mu_e - \frac{1}{2}\mu_{\text{Ni}_2\text{O}_3} - \mu_{\text{OH}^-} = \Delta G_{m,\text{阳}}^{\ominus} + RT\ln\frac{a_{\text{H}_2\text{O}}^{1/2}}{a_{\text{OH}^-}} + RT\ln i$$

式中，

$$\Delta G_{m,\text{阳}}^{\ominus} = \frac{1}{2}\mu_{\text{Ni}_2\text{O}_4}^{\ominus} + \frac{1}{2}\mu_{\text{H}_2\text{O}}^{\ominus} + \mu_e^{\ominus} - \frac{1}{2}\mu_{\text{Ni}_2\text{O}_3}^{\ominus} - \mu_{\text{OH}^-}^{\ominus}$$

$$\mu_{\text{Ni}_2\text{O}_4} = \mu_{\text{Ni}_2\text{O}_4}^{\ominus}$$

$$\mu_{\text{H}_2\text{O}} = \mu_{\text{H}_2\text{O}}^{\ominus} + RT\ln a_{\text{H}_2\text{O}}$$

$$\mu_e = \mu_e^{\ominus} + RT\ln i$$

$$\mu_{\text{Ni}_2\text{O}_3} = \mu_{\text{Ni}_2\text{O}_3}^{\ominus}$$

$$\mu_{\text{OH}^-} = \mu_{\text{OH}^-}^{\ominus} + RT\ln a_{\text{OH}^-}$$

阳极电势：由

$$\varphi_{\text{阳}} = \frac{\Delta G_{m,\text{阳}}}{F}$$

得

$$\varphi_{\text{阳}} = \varphi_{\text{阳}}^{\ominus} + \frac{RT}{F}\ln\frac{a_{\text{H}_2\text{O}}^{1/2}}{a_{\text{OH}^-}} + \frac{RT}{F}\ln i \qquad (10.32)$$

式中，

$$\varphi_{\text{阳}}^{\ominus} = \frac{\Delta G_{m,\text{阳}}^{\ominus}}{F} = \frac{\frac{1}{2}\mu_{\text{Ni}_2\text{O}_4}^{\ominus} + \frac{1}{2}\mu_{\text{H}_2\text{O}}^{\ominus} + \mu_e^{\ominus} - \frac{1}{2}\mu_{\text{Ni}_2\text{O}_3}^{\ominus} - \mu_{\text{OH}^-}^{\ominus}}{F}$$

由式（10.32）得

$$\ln i = \frac{F\varphi_{\text{阳}}}{RT} - \frac{F\varphi_{\text{阳}}^{\ominus}}{RT} - \ln\frac{a_{\text{H}_2\text{O}}^{1/2}}{a_{\text{OH}^-}}$$

有

$$i = \frac{a_{\text{OH}^-}}{a_{\text{H}_2\text{O}}^{1/2}}\exp\left(\frac{F\varphi_{\text{阳}}}{RT}\right)\exp\left(-\frac{F\varphi_{\text{阳}}^{\ominus}}{RT}\right) = k_+\exp\left(\frac{F\varphi_{\text{阳}}}{RT}\right) \qquad (10.33)$$

式中，

$$k_+ = \frac{a_{\text{OH}^-}}{a_{\text{H}_2\text{O}}^{1/2}}\exp\left(-\frac{F\varphi_{\text{阳}}^{\ominus}}{RT}\right) \approx \frac{c_{\text{OH}^-}}{c_{\text{H}_2\text{O}}^{1/2}}\exp\left(-\frac{F\varphi_{\text{阳}}^{\ominus}}{RT}\right)$$

电化学反应达平衡，阳极没有电流。

$$\frac{1}{2}\text{Ni}_2\text{O}_3 + \text{OH}^- = \frac{1}{2}\text{Ni}_2\text{O}_4 + \frac{1}{2}\text{H}_2\text{O} + e$$

摩尔吉布斯自由能变化为

$$\Delta G_{m,阳,e} = \frac{1}{2}\mu_{Ni_2O_4} + \frac{1}{2}\mu_{H_2O} + \mu_e - \frac{1}{2}\mu_{Ni_2O_3} - \mu_{OH^-} = \Delta G_{m,阳}^{\ominus} + RT\ln\frac{a_{H_2O,e}^{1/2}}{a_{OH^-,e}}$$

式中，

$$\Delta G_{m,阳}^{\ominus} = \frac{1}{2}\mu_{Ni_2O_4}^{\ominus} + \frac{1}{2}\mu_{H_2O}^{\ominus} + \mu_e^{\ominus} - \frac{1}{2}\mu_{Ni_2O_3}^{\ominus} - \mu_{OH^-}^{\ominus}$$

$$\mu_{Ni_2O_4} = \mu_{Ni_2O_4}^{\ominus}$$

$$\mu_{H_2O} = \mu_{H_2O}^{\ominus} + RT\ln a_{H_2O,e}$$

$$\mu_e = \mu_e^{\ominus}$$

$$\mu_{Ni_2O_3} = \mu_{Ni_2O_3}^{\ominus}$$

$$\mu_{OH^-} = \mu_{OH^-}^{\ominus} + RT\ln a_{OH^-,e}$$

阳极平衡电势：由

$$\varphi_{阳} = \frac{\Delta G_{m,阳,e}}{F}$$

得

$$\varphi_{阳,e} = \varphi_{阳}^{\ominus} + \frac{RT}{F}\ln\frac{a_{H_2O,e}^{1/2}}{a_{OH^-,e}} \tag{10.34}$$

阳极过电势：

式（10.32）-式（10.34），得

$$\Delta\varphi_{阳} = \varphi_{阳} - \varphi_{阳,e} = \frac{RT}{F}\ln\frac{a_{H_2O}^{1/2}a_{OH^-,e}}{a_{OH^-}a_{H_2O,e}^{1/2}} + \frac{RT}{F}\ln i \tag{10.35}$$

由上式得

$$\ln i = \frac{F\Delta\varphi_{阳}}{RT} - \ln\frac{a_{H_2O}^{1/2}a_{OH^-,e}}{a_{OH^-}a_{H_2O,e}^{1/2}}$$

则

$$i = \frac{a_{OH^-}a_{H_2O,e}^{1/2}}{a_{H_2O}^{1/2}a_{OH^-,e}}\exp\left(\frac{F\Delta\varphi_{阳}}{RT}\right) = k_+'\exp\left(\frac{F\Delta\varphi_{阳}}{RT}\right) \tag{10.36}$$

式中，

$$k_+' = \frac{a_{OH^-}a_{H_2O,e}^{1/2}}{a_{H_2O}^{1/2}a_{OH^-,e}} \approx \frac{c_{OH^-}c_{H_2O,e}^{1/2}}{c_{H_2O}^{1/2}c_{OH^-,e}}$$

（2）析 O_2 反应：

$$Ni_2O_4 \rightleftharpoons Ni_2O_3 + \frac{1}{2}O_2 \tag{ii}$$

摩尔吉布斯自由能变化为

$$\Delta G_{m,阳,O_2} = \mu_{Ni_2O_3} + \frac{1}{2}\mu_{O_2} - \mu_{Ni_2O_4} = \Delta G_{m,阳,O_2}^{\ominus} + RT \ln p_{O_2}^{1/2}$$

式中，

$$\Delta G_{m,阳,O_2}^{\ominus} = \mu_{Ni_2O_3}^{\ominus} + \frac{1}{2}\mu_{O_2}^{\ominus} - \mu_{Ni_2O_4}^{\ominus}$$

$$\mu_{Ni_2O_3} = \mu_{Ni_2O_3}^{\ominus}$$

$$\mu_{H_2O} = \mu_{H_2O}^{\ominus} + RT \ln a_{H_2O}$$

$$\mu_{O_2} = \mu_{O_2}^{\ominus} + RT \ln p_{O_2}$$

$$\mu_{Ni_2O_4} = \mu_{Ni_2O_4}^{\ominus}$$

析 O_2 反应速率为

$$-\frac{dn_{Ni_2O_4}}{dt} = \frac{dn_{Ni_2O_3}}{dt} = \frac{dn_{O_2}}{dt} = j_{O_2} \qquad (10.37)$$

式中，

$$j_{O_2} = k_+ c_{Ni_2O_4}^{n_+} - k_- c_{Ni_2O_3}^{n_-} p_{O_2}^{n'} = k_+ \left(c_{Ni_2O_4}^{n_+} - \frac{1}{K} c_{Ni_2O_3}^{n_-} p_{O_2}^{n'} \right)$$

$$K = \frac{k_+}{k_-} = \frac{c_{Ni_2O_3,e}^{n_-} p_{O_2,e}^{n'}}{c_{Ni_2O_4,e}^{n_+}} = p_{O_2,e}^{1/2}$$

K 为平衡常数。

10.3　金属的阳极溶解

阳极金属转变成金属离子溶解到电解质中，即金属的阳极溶解。阳极溶解金属的电极电势比其平衡电势更正。电极电势越正，阳极金属溶解越快。阳极金属溶解过程是金属晶格破坏，晶格上的金属原子变成吸附原子，吸附原子失去电子成为金属离子。最后形成水化离子进入溶液。下面讨论吸附态的单电子金属原子的溶解。

10.3.1　单电子阳极金属溶解

单电子阳极金属可以表示为

$$Me_{(吸附)} \Longrightarrow Me^+ + e$$

该过程的摩尔吉布斯自由能变化为

$$\Delta G_{m,阳,Me} = \mu_{Me^+} + \mu_e - \mu_{Me_{(吸附)}} = \Delta G_{m,阳,Me}^{\ominus} + RT \ln \frac{a_{Me^+}}{\theta_{Me_{(吸附)}}} + RT \ln i$$

式中，

$$\Delta G_{m,阳,Me}^{\ominus} = \mu_{Me^+}^{\ominus} + \mu_e^{\ominus} - \mu_{Me}^{\ominus}$$

$$\mu_{Me^+} = \mu_{Me^+}^{\ominus} + RT \ln a_{Me^+}$$

$$\mu_e = \mu_e^{\ominus} + RT \ln i$$

$$\mu_{Me_{(吸附)}} = \mu_{Me}^{\ominus} + RT \ln \theta_{Me_{(吸附)}}$$

阳极电势：由

$$\varphi_{阳,Me} = \frac{\Delta G_{m,阳,Me}}{F}$$

得

$$\varphi_{阳,Me} = \varphi_{阳,Me}^{\ominus} + \frac{RT}{F} \ln \frac{a_{Me^+}}{\theta_{Me_{(吸附)}}} + \frac{RT}{F} \ln i \qquad (10.38)$$

由式（10.38）得

$$\ln i = \frac{F \varphi_{阳,Me}}{RT} - \frac{F \varphi_{阳,Me}^{\ominus}}{RT} - \ln \frac{a_{Me^+}}{\theta_{Me_{(吸附)}}}$$

由上式得

$$i = \frac{\theta_{Me_{(吸附)}}}{a_{Me^+}} \exp\left(\frac{F \varphi_{阳,Me}}{RT} \right) \exp\left(-\frac{F \varphi_{阳,Me}^{\ominus}}{RT} \right) = k_{+,Me} \exp\left(\frac{F \varphi_{阳,Me}}{RT} \right) \qquad (10.39)$$

式中，

$$k_{+,Me} = \frac{\theta_{Me_{(吸附)}}}{a_{Me^+}} \exp\left(-\frac{F \varphi_{阳,Me}^{\ominus}}{RT} \right) \approx \frac{\theta_{Me_{(吸附)}}}{c_{Me^+}} \exp\left(-\frac{F \varphi_{阳,Me}^{\ominus}}{RT} \right)$$

阳极反应达平衡，没有电流通过，可以表示为

$$Me_{(吸附)} \Longleftrightarrow Me^+ + e$$

摩尔吉布斯自由能变化为

$$\Delta G_{m,阳,Me,e} = \mu_{Me^+} + \mu_e - \mu_{Me_{(吸附)}} = \Delta G_{m,阳,Me}^{\ominus} + RT \ln \frac{a_{Me^+,e}}{\theta_{Me_{(吸附)},e}}$$

式中，

$$\Delta G_{m,阳,Me}^{\ominus} = \mu_{Me^+}^{\ominus} + \mu_e^{\ominus} - \mu_{Me}^{\ominus}$$

$$\mu_{Me^+} = \mu_{Me^+}^{\ominus} + RT \ln a_{Me^+,e}$$

$$\mu_e = \mu_e^{\ominus}$$

$$\mu_{Me} = \mu_{Me}^{\ominus} + RT \ln \theta_{Me_{(吸附)},e}$$

阳极平衡电势：由

$$\varphi_{阳,Me,e} = \frac{\Delta G_{m,阳,Me,e}}{F}$$

得

$$\varphi_{阳,Me,e} = \varphi_{阳,Me}^{\ominus} + \frac{RT}{F}\ln\frac{a_{Me^+,e}}{\theta_{Me_{(吸附)},e}} \tag{10.40}$$

式中,

$$\varphi_{阳,Me}^{\ominus} = \frac{\Delta G_{m,阳,Me}^{\ominus}}{F} = \frac{\mu_{Me^+}^{\ominus} + \mu_e^{\ominus} - \mu_{Me}^{\ominus}}{F}$$

阳极过电势:

式(10.38)–式(10.40),得

$$\Delta\varphi_{阳,Me} = \varphi_{阳,Me} - \varphi_{阳,Me,e} = \frac{RT}{F}\ln\frac{a_{Me^+}\theta_{Me_{(吸附)},e}}{\theta_{Me_{(吸附)}}a_{Me^+,e}} + \frac{RT}{F}\ln i \tag{10.41}$$

移项有

$$\ln i = \frac{F\Delta\varphi_{阳,Me}}{RT} - \ln\frac{a_{Me^+}\theta_{Me_{(吸附)},e}}{\theta_{Me_{(吸附)}}a_{Me^+,e}}$$

则

$$i = \frac{\theta_{Me_{(吸附)}}a_{Me^+,e}}{a_{Me^+}\theta_{Me_{(吸附)},e}}\exp\left(\frac{F\Delta\varphi_{阳,Me}}{RT}\right) = k'_{+,Me}\exp\left(\frac{F\Delta\varphi_{阳,Me}}{RT}\right) \tag{10.42}$$

式中,

$$k'_{+,Me} = \frac{\theta_{Me_{(吸附)}}a_{Me^+,e}}{a_{Me^+}\theta_{Me_{(吸附)},e}} \approx \frac{\theta_{Me_{(吸附)}}c_{Me^+,e}}{c_{Me^+}\theta_{Me_{(吸附)},e}}$$

10.3.2 多电子金属阳极溶解

多电子金属阳极溶解过程是由若干单电子转移步骤构成的,并以失去最后一个电子的步骤为控制步骤。多电子金属阳极的溶解过程为:①金属晶格破坏形成吸附态的原子;②吸附态的金属原子失去电子成为金属离子,并形成水化金属离子,进入溶液。

可以描述如下:

(i) $Me \Longrightarrow Me_{(吸附)}$

(ii) $Me_{(吸附)} \Longrightarrow Me^+ + e$

(iii) $Me^+ \Longrightarrow Me^{2+} + e$

$\vdots$

$(n+2)Me^{n+} \Longrightarrow Me^{(n+1)+} + e$

$\vdots$

$$(z+1)\mathrm{Me}^{(z-1)+} \rightleftharpoons \mathrm{Me}^{z+} + \mathrm{e}$$

实验表明，失去最后一个电子的步骤是控制步骤。

（1）步骤（i）反应为

$$\mathrm{Me} \rightleftharpoons \mathrm{Me}_{(吸附)}$$

步骤（i）的摩尔吉布斯自由能变化为

$$\Delta G_{\mathrm{m,Me}}(T) = G_{\mathrm{m,Me}_{(吸附)}}(T) - G_{\mathrm{m,Me}}(T)$$
$$= [H_{\mathrm{m,Me}_{(吸附)}}(T) - TS_{\mathrm{m,Me}_{(吸附)}}(T)] - [H_{\mathrm{m,Me}}(T) - TS_{\mathrm{m,Me}}(T)]$$
$$= [H_{\mathrm{m,Me}_{(吸附)}}(T) - H_{\mathrm{m,Me}}(T)] - T[S_{\mathrm{m,Me}_{(吸附)}}(T) - S_{\mathrm{m,Me}}(T)]$$
$$= \Delta H_{\mathrm{m,Me}_{(吸附)}}(T) - T\Delta S_{\mathrm{m,Me}}(T)$$

或

$$\Delta G_{\mathrm{m,Me}} = \mu_{\mathrm{Me}_{(吸附)}} - \mu_{\mathrm{Me}} = \Delta G_{\mathrm{m,Me}}^{\ominus} + RT\ln\frac{\theta_{\mathrm{Me}}}{1-\theta_{\mathrm{Me}}}$$

式中，

$$\Delta G_{\mathrm{m,Me}}^{\ominus} = \mu_{\mathrm{Me}}^{\ominus} - \mu_{\mathrm{Me}}^{\ominus} = 0$$
$$\mu_{\mathrm{Me}_{(吸附)}} = \mu_{\mathrm{Me}}^{\ominus} + RT\ln\theta_{\mathrm{Me}}$$
$$\mu_{\mathrm{Me}} = \mu_{\mathrm{Me}}^{\ominus} + RT\ln(1-\theta_{\mathrm{Me}})$$

（2）步骤（ii）反应为

$$\mathrm{Me}_{(吸附)} \rightleftharpoons \mathrm{Me}^{+} + \mathrm{e}$$

步骤（ii）的摩尔吉布斯自由能变化为

$$\Delta G_{\mathrm{m,阳,Me}^{+}} = \mu_{\mathrm{Me}^{+}} + \mu_{\mathrm{e}} - \mu_{\mathrm{Me}_{(吸附)}} = \Delta G_{\mathrm{m,阳,Me}^{+}}^{\ominus} + RT\ln\frac{a_{\mathrm{Me}^{+}}}{\theta_{\mathrm{Me}}} + RT\ln i$$

式中，

$$\Delta G_{\mathrm{m,阳,Me}^{+}}^{\ominus} = \mu_{\mathrm{Me}^{+}}^{\ominus} + \mu_{\mathrm{e}}^{\ominus} - \mu_{\mathrm{Me}}^{\ominus}$$
$$\mu_{\mathrm{Me}^{+}} = \mu_{\mathrm{Me}^{+}}^{\ominus} + RT\ln a_{\mathrm{Me}^{+}}$$
$$\mu_{\mathrm{e}} = \mu_{\mathrm{e}}^{\ominus} + RT\ln i$$
$$\mu_{\mathrm{Me}(吸附)} = \mu_{\mathrm{Me}}^{\ominus} + RT\ln\theta_{\mathrm{Me}}$$

由

$$\varphi_{\mathrm{阳,Me}^{+}} = \frac{\Delta G_{\mathrm{m,阳,Me}^{+}}}{F}$$

得

$$\varphi_{\mathrm{阳,Me}^{+}} = \varphi_{\mathrm{阳,Me}^{+}}^{\ominus} + \frac{RT}{F}\ln\frac{a_{\mathrm{Me}^{+}}}{\theta_{\mathrm{Me}}} + \frac{RT}{F}\ln i \qquad (10.43)$$

由式（10.43）得

$$\ln i = \frac{F\varphi_{\text{阳,Me}^+}}{RT} - \frac{F\varphi_{\text{阳,Me}^+}^{\ominus}}{RT} - \frac{RT}{F}\ln\frac{a_{\text{Me}^+}}{\theta_{\text{Me}}}$$

由上式得

$$i = \frac{\theta_{\text{Me}}}{a_{\text{Me}^+}}\exp\left(\frac{F\varphi_{\text{阳,Me}^+}}{RT}\right)\exp\left(-\frac{F\varphi_{\text{阳,Me}^+}^{\ominus}}{RT}\right) = k_{+,\text{Me}^+}\exp\left(\frac{F\varphi_{\text{阳,Me}^+}}{RT}\right) \qquad (10.44)$$

$$k_{+,\text{Me}^+} = \frac{\theta_{\text{Me}}}{a_{\text{Me}^+}}\exp\left(-\frac{F\varphi_{\text{阳,Me}^+}^{\ominus}}{RT}\right) \approx \frac{\theta_{\text{Me}}}{c_{\text{Me}^+}}\exp\left(-\frac{F\varphi_{\text{阳,Me}^+}^{\ominus}}{RT}\right)$$

步骤（ⅱ）的反应达平衡，阳极没有电流通过，

$$\text{Me}_{(\text{吸附})} \rightleftharpoons \text{Me}^+ + \text{e}$$

该过程的摩尔吉布斯自由能变化为

$$\Delta G_{\text{m,阳,Me}^+,\text{e}} = \Delta G_{\text{m,阳,Me}^+}^{\ominus} + RT\ln\frac{a_{\text{Me}^+,\text{e}}}{\theta_{\text{Me,e}}}$$

式中，

$$\Delta G_{\text{m,阳,Me}^+}^{\ominus} = \mu_{\text{Me}^+}^{\ominus} + \mu_{\text{e}}^{\ominus} - \mu_{\text{Me}}^{\ominus}$$

$$\mu_{\text{Me}^+} = \mu_{\text{Me}^+}^{\ominus} + RT\ln a_{\text{Me}^+,\text{e}}$$

$$\mu_{\text{e}} = \mu_{\text{e}}^{\ominus}$$

$$\mu_{\text{Me}} = \mu_{\text{Me}}^{\ominus} + RT\ln\theta_{\text{Me,e}}$$

阳极平衡电势：由

$$\varphi_{\text{阳,Me}^+,\text{e}} = \frac{\Delta G_{\text{m,阳,Me}^+,\text{e}}}{F}$$

得

$$\varphi_{\text{阳,Me}^+,\text{e}} = \varphi_{\text{阳,Me}^+}^{\ominus} + \frac{RT}{F}\ln\frac{a_{\text{Me}^+,\text{e}}}{\theta_{\text{Me,e}}} \qquad (10.45)$$

式中，

$$\varphi_{\text{阳,Me}^+}^{\ominus} = \frac{\Delta G_{\text{m,阳,Me}^+}^{\ominus}}{F} = \frac{\mu_{\text{Me}^+}^{\ominus} + \mu_{\text{e}}^{\ominus} - \mu_{\text{Me}}^{\ominus}}{F}$$

阳极过电势：

式（10.43）–式（10.45），得

$$\Delta\varphi_{\text{阳,Me}^+} = \varphi_{\text{阳,Me}^+} - \varphi_{\text{阳,Me}^+,\text{e}} = \frac{RT}{F}\ln\frac{a_{\text{Me}^+}\theta_{\text{Me,e}}}{\theta_{\text{Me}}a_{\text{Me}^+,\text{e}}} + \frac{RT}{F}\ln i \qquad (10.46)$$

由上式得

$$\ln i = \frac{F\Delta\varphi_{\text{阳},\text{Me}^+}}{RT} - \ln\frac{a_{\text{Me}^+}\theta_{\text{Me,e}}}{\theta_{\text{Me}}a_{\text{Me}^+,\text{e}}}$$

$$i = \frac{\theta_{\text{Me}}a_{\text{Me}^+,\text{e}}}{a_{\text{Me}^+}\theta_{\text{Me,e}}}\exp\left(\frac{F\Delta\varphi_{\text{阳},\text{Me}^+}}{RT}\right) = k'_{+,\text{Me}^+}\exp\left(\frac{F\Delta\varphi_{\text{阳},\text{Me}^+,\text{e}}}{RT}\right) \tag{10.47}$$

式中,

$$k'_{+,\text{Me}^+} = \frac{\theta_{\text{Me}}a_{\text{Me}^+,\text{e}}}{a_{\text{Me}^+}\theta_{\text{Me,e}}} \approx \frac{\theta_{\text{Me}}c_{\text{Me}^+,\text{e}}}{c_{\text{Me}^+}\theta_{\text{Me,e}}}$$

（3）步骤（ⅲ）反应为

$$\text{Me}^+ \Longrightarrow \text{Me}^{2+} + e$$

摩尔吉布斯自由能变化为

$$\Delta G_{\text{m},\text{阳},\text{Me}^{2+}} = \mu_{\text{Me}^{2+}} + \mu_{\text{e}} - \mu_{\text{Me}^+} = \Delta G^{\ominus}_{\text{m},\text{阳},\text{Me}^{2+}} + RT\ln\frac{a_{\text{Me}^{2+}}}{a_{\text{Me}^+}} + RT\ln i$$

式中,

$$\Delta G^{\ominus}_{\text{m},\text{阳},\text{Me}^{2+}} = \mu^{\ominus}_{\text{Me}^{2+}} + \mu^{\ominus}_{\text{e}} - \mu^{\ominus}_{\text{Me}^+}$$

$$\mu_{\text{Me}^{2+}} = \mu^{\ominus}_{\text{Me}^{2+}} + RT\ln a_{\text{Me}^{2+}}$$

$$\mu_{\text{e}} = \mu^{\ominus}_{\text{e}} + RT\ln i$$

$$\mu_{\text{Me}^+} = \mu^{\ominus}_{\text{Me}^+} + RT\ln a_{\text{Me}^+}$$

阳极电势：由

$$\varphi_{\text{阳},\text{Me}^{2+}} = \frac{\Delta G_{\text{m},\text{阳},\text{Me}^{2+}}}{F}$$

得

$$\varphi_{\text{阳},\text{Me}^{2+}} = \varphi^{\ominus}_{\text{阳},\text{Me}^{2+}} + \frac{RT}{F}\ln\frac{a_{\text{Me}^{2+}}}{a_{\text{Me}^+}} + \frac{RT}{F}\ln i \tag{10.48}$$

式中,

$$\varphi^{\ominus}_{\text{阳},\text{Me}^{2+}} = \frac{\Delta G^{\ominus}_{\text{m},\text{阳},\text{Me}^{2+}}}{F} = \frac{\mu^{\ominus}_{\text{Me}^{2+}} + \mu^{\ominus}_{\text{e}} - \mu^{\ominus}_{\text{Me}^+}}{F}$$

由式（10.48）得

$$\ln i = \frac{F\varphi_{\text{阳},\text{Me}^{2+}}}{RT} - \frac{F\varphi^{\ominus}_{\text{阳},\text{Me}^{2+}}}{RT} - \ln\frac{a_{\text{Me}^{2+}}}{a_{\text{Me}^+}} \tag{10.49}$$

则

$$i = \frac{a_{Me^+}}{a_{Me^{2+}}} \exp\left(\frac{F\varphi_{阳,Me^{2+}}}{RT}\right) \exp\left(-\frac{F\varphi_{阳,Me^{2+}}^{\ominus}}{RT}\right) = k_{+,Me^{2+}} \exp\left(\frac{F\varphi_{阳,Me^{2+}}}{RT}\right)$$

式中，

$$k_{+,Me^{2+}} = \frac{a_{Me^+}}{a_{Me^{2+}}} \exp\left(-\frac{F\varphi_{阳,Me^{2+}}^{\ominus}}{RT}\right) \approx \frac{c_{Me^+}}{c_{Me^{2+}}} \exp\left(-\frac{F\varphi_{阳,Me^{2+}}^{\ominus}}{RT}\right)$$

步骤（ⅲ）的反应达平衡，阳极没有电流，

$$Me^+ \Longrightarrow Me^{2+} + e$$

摩尔吉布斯自由能变化为

$$\Delta G_{m,阳,Me^{2+},e} = \mu_{Me^{2+}} + \mu_e - \mu_{Me^+} = \Delta G_{m,阳,Me^{2+}}^{\ominus} + RT \ln\frac{a_{Me^{2+},e}}{a_{Me^+,e}}$$

式中，

$$\Delta G_{m,阳,Me^{2+}}^{\ominus} = \mu_{Me^{2+}}^{\ominus} + \mu_e^{\ominus} - \mu_{Me^+}^{\ominus}$$

$$\mu_{Me^{2+}} = \mu_{Me^{2+}}^{\ominus} + RT \ln a_{Me^{2+},e}$$

$$\mu_e = \mu_e^{\ominus}$$

$$\mu_{Me^+} = \mu_{Me^+}^{\ominus} + RT \ln a_{Me^+,e}$$

阳极平衡电势：由

$$\varphi_{阳,Me^{2+},e} = \frac{\Delta G_{m,阳,Me^{2+},e}}{F}$$

得

$$\varphi_{阳,Me^{2+},e} = \varphi_{阳,Me^{2+}}^{\ominus} + \frac{RT}{F} \ln\frac{a_{Me^{2+},e}}{a_{Me^+,e}} \qquad (10.50)$$

式中，

$$\varphi_{阳,Me^{2+}}^{\ominus} = \frac{\Delta G_{m,阳,Me^{2+}}^{\ominus}}{F} = \frac{\mu_{Me^{2+}}^{\ominus} + \mu_e^{\ominus} - \mu_{Me^+}^{\ominus}}{F}$$

阳极过电势：

式（10.48）–式（10.50），得

$$\Delta\varphi_{阳,Me^{2+}} = \varphi_{阳,Me^{2+}} - \varphi_{阳,Me^{2+},e} = \frac{RT}{F} \ln\frac{a_{Me^{2+}} a_{Me^+,e}}{a_{Me^+} a_{Me^{2+},e}} + \frac{RT}{F} \ln i$$

移项得

$$\ln i = \frac{F\Delta\varphi_{阳,Me^{2+}}}{RT} - \ln\frac{a_{Me^{2+}} a_{Me^+,e}}{a_{Me^+} a_{Me^{2+},e}}$$

则

$$i = \frac{a_{\text{Me}^+} a_{\text{Me}^{2+},\text{e}}}{a_{\text{Me}^{2+}} a_{\text{Me}^+,\text{e}}} \exp\left(\frac{F\Delta\varphi_{\text{阳},\text{Me}^{2+}}}{RT}\right) = k_{+,\text{Me}^{2+}} \exp\left(\frac{F\Delta\varphi_{\text{阳},\text{Me}^{2+},\text{e}}}{RT}\right) \quad （10.51）$$

式中，

$$k_{+,\text{Me}^{2+}} = \frac{a_{\text{Me}^+} a_{\text{Me}^{2+},\text{e}}}{a_{\text{Me}^{2+}} a_{\text{Me}^+,\text{e}}} \approx \frac{c_{\text{Me}^+} c_{\text{Me}^{2+},\text{e}}}{c_{\text{Me}^{2+}} c_{\text{Me}^+,\text{e}}}$$

（4）第$(n+2)$步骤为

$$\text{Me}^{n+} \longrightarrow \text{Me}^{(n-1)+} + \text{e}$$

该过程的摩尔吉布斯自由能变化为

$$\Delta G_{\text{m},\text{阳},\text{Me}^{(n-1)+}} = \mu_{\text{Me}^{(n-1)+}} + \mu_{\text{e}} - \mu_{\text{Me}^{n+}} = \Delta G_{\text{m},\text{阳},\text{Me}^{(n-1)+}}^{\ominus} + RT\ln\frac{a_{\text{Me}^{(n-1)+}}}{a_{\text{Me}^{n+}}} + RT\ln i$$

式中，

$$\Delta G_{\text{m},\text{阳},\text{Me}^{(n-1)+}}^{\ominus} = \mu_{\text{Me}^{(n-1)+}}^{\ominus} + \mu_{\text{e}}^{\ominus} - \mu_{\text{Me}^{n+}}^{\ominus}$$

$$\mu_{\text{Me}^{(n-1)+}} = \mu_{\text{Me}^{(n-1)+}}^{\ominus} + RT\ln a_{\text{Me}^{(n-1)+}}$$

$$\mu_{\text{e}} = \mu_{\text{e}}^{\ominus} + RT\ln i$$

$$\mu_{\text{Me}^{n+}} = \mu_{\text{Me}^{n+}}^{\ominus} + RT\ln a_{\text{Me}^{n+}}$$

阳极电势：由

$$\varphi_{\text{阳},\text{Me}^{(n-1)+}} = \frac{\Delta G_{\text{m},\text{阳},\text{Me}^{(n-1)+}}}{F}$$

得

$$\varphi_{\text{阳},\text{Me}^{(n-1)+}} = \varphi_{\text{阳},\text{Me}^{(n-1)+}}^{\ominus} + \frac{RT}{F}\ln\frac{a_{\text{Me}^{(n-1)+}}}{a_{\text{Me}^{n+}}} + \frac{RT}{F}\ln i \quad （10.52）$$

由式（10.52）得

$$\ln i = \frac{F\varphi_{\text{阳},\text{Me}^{(n-1)+}}}{RT} - \frac{F\varphi_{\text{阳},\text{Me}^{(n-1)+}}^{\ominus}}{RT} - \frac{RT}{F}\ln\frac{a_{\text{Me}^{(n-1)+}}}{a_{\text{Me}^{n+}}}$$

由上式得

$$i = \frac{a_{\text{Me}^{n+}}}{a_{\text{Me}^{(n-1)+}}} \exp\left(\frac{F\varphi_{\text{阳},\text{Me}^{(n-1)+}}}{RT}\right) \exp\left(-\frac{F\varphi_{\text{阳},\text{Me}^{(n-1)+}}^{\ominus}}{RT}\right) = k_{+,\text{Me}^{(n-1)+}} \exp\left(\frac{F\varphi_{\text{阳},\text{Me}^{(n-1)+}}}{RT}\right)$$

$$（10.53）$$

式中，

$$k_{+,\mathrm{Me}^{(n-1)+}} = \frac{a_{\mathrm{Me}^{n+}}}{a_{\mathrm{Me}^{(n-1)+}}} \exp\left(-\frac{F\varphi_{\text{阳},\mathrm{Me}^{(n-1)+}}^{\ominus}}{RT}\right) \approx \frac{c_{\mathrm{Me}^{n+}}}{c_{\mathrm{Me}^{(n-1)+}}} \exp\left(-\frac{F\varphi_{\text{阳},\mathrm{Me}^{(n-1)+}}^{\ominus}}{RT}\right)$$

第$(n+2)$步骤达平衡，阳极没有电流，

$$\mathrm{Me}^{n+} \Longrightarrow \mathrm{Me}^{(n-1)+} + \mathrm{e}$$

摩尔吉布斯自由能变化为

$$\Delta G_{\mathrm{m},\text{阳},\mathrm{Me}^{(n-1)+},\mathrm{e}} = \mu_{\mathrm{Me}^{(n-1)+}} + \mu_{\mathrm{e}} - \mu_{\mathrm{Me}^{n+}} = \Delta G_{\mathrm{m},\text{阳},\mathrm{Me}^{(n-1)+}}^{\ominus} + RT\ln\frac{a_{\mathrm{Me}^{(n-1)+},\mathrm{e}}}{a_{\mathrm{Me}^{n+},\mathrm{e}}}$$

式中，

$$\Delta G_{\mathrm{m},\text{阳},\mathrm{Me}^{(n-1)+}}^{\ominus} = \mu_{\mathrm{Me}^{(n-1)+}}^{\ominus} + \mu_{\mathrm{e}}^{\ominus} - \mu_{\mathrm{Me}^{n+}}^{\ominus}$$

$$\mu_{\mathrm{Me}^{(n-1)+}} = \mu_{\mathrm{Me}^{(n-1)+}}^{\ominus} + RT\ln a_{\mathrm{Me}^{(n-1)+},\mathrm{e}}$$

$$\mu_{\mathrm{e}} = \mu_{\mathrm{e}}^{\ominus}$$

$$\mu_{\mathrm{Me}^{n+}} = \mu_{\mathrm{Me}^{n+}}^{\ominus} + RT\ln a_{\mathrm{Me}^{n+},\mathrm{e}}$$

阳极平衡电势：由

$$\varphi_{\text{阳},\mathrm{Me}^{(n-1)+},\mathrm{e}} = \frac{\Delta G_{\mathrm{m},\text{阳},\mathrm{Me}^{(n-1)+},\mathrm{e}}}{F}$$

得

$$\varphi_{\text{阳},\mathrm{Me}^{(n-1)+},\mathrm{e}} = \varphi_{\text{阳},\mathrm{Me}^{(n-1)+}}^{\ominus} + \frac{RT}{F}\ln\frac{a_{\mathrm{Me}^{(n-1)+},\mathrm{e}}}{a_{\mathrm{Me}^{n+},\mathrm{e}}} \tag{10.54}$$

式中，

$$\varphi_{\text{阳},\mathrm{Me}^{(n-1)+}}^{\ominus} = \frac{\Delta G_{\mathrm{m},\text{阳},\mathrm{Me}^{(n-1)+}}^{\ominus}}{F} = \frac{\mu_{\mathrm{Me}^{(n-1)+}}^{\ominus} + \mu_{\mathrm{e}}^{\ominus} - \mu_{\mathrm{Me}^{n+}}^{\ominus}}{F}$$

阳极过电势：
式（10.52）–式（10.54），得

$$\Delta\varphi_{\text{阳},\mathrm{Me}^{(n-1)+}} = \varphi_{\text{阳},\mathrm{Me}^{(n-1)+}} - \varphi_{\text{阳},\mathrm{Me}^{(n-1)+},\mathrm{e}} = \frac{RT}{F}\ln\frac{a_{\mathrm{Me}^{(n-1)+}}a_{\mathrm{Me}^{n+},\mathrm{e}}}{a_{\mathrm{Me}^{n+}}a_{\mathrm{Me}^{(n-1)+},\mathrm{e}}} + \frac{RT}{F}\ln i \tag{10.55}$$

移项得

$$\ln i = \frac{F\Delta\varphi_{\text{阳},\mathrm{Me}^{(n-1)+}}}{RT} - \ln\frac{a_{\mathrm{Me}^{(n-1)+}}a_{\mathrm{Me}^{n+},\mathrm{e}}}{a_{\mathrm{Me}^{n+}}a_{\mathrm{Me}^{(n-1)+},\mathrm{e}}}$$

由上式得

$$i = \frac{a_{\text{Me}^{n+}} a_{\text{Me}^{(n-1)+},e}}{a_{\text{Me}^{(n-1)+}} a_{\text{Me}^{n+},e}} \exp\left(\frac{F\Delta\varphi_{\text{阳,Me}^{(n-1)+}}}{RT}\right) = k'_{+,\text{Me}^{(n-1)+}} \exp\left(\frac{F\Delta\varphi_{\text{阳,Me}^{(n-1)+}}}{RT}\right) \quad （10.56）$$

式中，

$$k'_{+,\text{Me}^{(n-1)+}} = \frac{a_{\text{Me}^{n+}} a_{\text{Me}^{(n-1)+},e}}{a_{\text{Me}^{(n-1)+}} a_{\text{Me}^{n+},e}} \approx \frac{c_{\text{Me}^{n+}} c_{\text{Me}^{(n-1)+},e}}{c_{\text{Me}^{(n-1)+}} c_{\text{Me}^{n+},e}}$$

（5）第$(z+1)$（最后一个）步骤。

阳极反应

$$\text{Me}^{(z-1)+} \Longrightarrow \text{Me}^{z+} + e$$

该过程的摩尔吉布斯自由能变化为

$$\Delta G_{\text{m,阳,Me}^{z+}} = \mu_{\text{Me}^{z+}} + \mu_e - \mu_{\text{Me}^{(z-1)+}} = \Delta G^{\ominus}_{\text{m,阳,Me}^{z+}} + RT\ln\frac{a_{\text{Me}^{z+}}}{a_{\text{Me}^{(z-1)+}}} + RT\ln i$$

式中，

$$\Delta G^{\ominus}_{\text{m,阳,Me}^{z+}} = \mu^{\ominus}_{\text{Me}^{z+}} + \mu^{\ominus}_e - \mu^{\ominus}_{\text{Me}^{(z-1)+}}$$

$$\mu_{\text{Me}^{z+}} - \mu^{\ominus}_{\text{Me}^{z+}} + RT\ln a_{\text{Me}^{z+}}$$

$$\mu_e = \mu^{\ominus}_e + RT\ln i$$

$$\mu_{\text{Me}^{(z-1)+}} = \mu^{\ominus}_{\text{Me}^{(z-1)+}} + RT\ln a_{\text{Me}^{(z-1)+}}$$

阳极电势：由

$$\varphi_{\text{阳,Me}^{z+}} = \frac{\Delta G_{\text{m,阳,Me}^{z+}}}{F}$$

得

$$\varphi_{\text{阳,Me}^{z+}} = \varphi^{\ominus}_{\text{阳,Me}^{z+}} + \frac{RT}{F}\ln\frac{a_{\text{Me}^{z+}}}{a_{\text{Me}^{(z-1)+}}} + \frac{RT}{F}\ln i \quad （10.57）$$

式中，

$$\varphi^{\ominus}_{\text{阳,Me}^{z+}} = \frac{\Delta G^{\ominus}_{\text{m,阳,Me}^{z+}}}{F} = \frac{\mu^{\ominus}_{\text{Me}^{z+}} + \mu^{\ominus}_e - \mu^{\ominus}_{\text{Me}^{(z-1)+}}}{F}$$

由式（10.57）得

$$\ln i = \frac{F\varphi_{\text{阳,Me}^{z+}}}{RT} - \frac{F\varphi^{\ominus}_{\text{阳,Me}^{z+}}}{RT} - \frac{RT}{F}\ln\frac{a_{\text{Me}^{z+}}}{a_{\text{Me}^{(z-1)+}}}$$

由上式得

$$i = \frac{a_{\text{Me}^{(z-1)+}}}{a_{\text{Me}^{z+}}} \exp\left(\frac{F\varphi_{\text{阳,Me}^{z+}}}{RT}\right) \exp\left(-\frac{F\varphi^{\ominus}_{\text{阳,Me}^{z+}}}{RT}\right) = k_{+,\text{Me}^{z+}} \exp\left(\frac{F\varphi_{\text{阳,Me}^{z+}}}{RT}\right) \quad （10.58）$$

式中，

$$k_{+,\mathrm{Me}^{z+}}\frac{a_{\mathrm{Me}^{(z-1)+}}}{a_{\mathrm{Me}^{z+}}}\exp\left(-\frac{F\varphi_{\text{阳},\mathrm{Me}^{z+}}^{\ominus}}{RT}\right)\approx\frac{c_{\mathrm{Me}^{(z-1)+}}}{c_{\mathrm{Me}^{z+}}}\exp\left(-\frac{F\varphi_{\text{阳},\mathrm{Me}^{z+}}^{\ominus}}{RT}\right)$$

反应达平衡，有

$$\mathrm{Me}^{(z-1)+}\ \Longleftrightarrow\ \mathrm{Me}^{z+}+\mathrm{e}$$

该过程的摩尔吉布斯自由能变化为

$$\Delta G_{\mathrm{m},\text{阳},\mathrm{Me}^{z+},\mathrm{e}}=\mu_{\mathrm{Me}^{z+}}+\mu_{\mathrm{e}}-\mu_{\mathrm{Me}^{(z-1)+}}=\Delta G_{\mathrm{m},\text{阳},\mathrm{Me}^{z+}}^{\ominus}+RT\ln\frac{a_{\mathrm{Me}^{z+},\mathrm{e}}}{a_{\mathrm{Me}^{(z-1)+},\mathrm{e}}}$$

式中，

$$\Delta G_{\mathrm{m},\text{阳},\mathrm{Me}^{z+}}^{\ominus}=\mu_{\mathrm{Me}^{z+}}^{\ominus}+\mu_{\mathrm{e}}^{\ominus}-\mu_{\mathrm{Me}^{(z-1)+}}^{\ominus}$$

$$\mu_{\mathrm{Me}^{z+}}=\mu_{\mathrm{Me}^{z+}}^{\ominus}+RT\ln a_{\mathrm{Me}^{z+},\mathrm{e}}$$

$$\mu_{\mathrm{e}}=\mu_{\mathrm{e}}^{\ominus}$$

$$\mu_{\mathrm{Me}^{(z-1)+}}=\mu_{\mathrm{Me}^{(z-1)+}}^{\ominus}+RT\ln a_{\mathrm{Me}^{(z-1)+},\mathrm{e}}$$

阳极平衡电势：由

$$\varphi_{\text{阳},\mathrm{Me}^{z+},\mathrm{e}}=\frac{\Delta G_{\mathrm{m},\text{阳},\mathrm{Me}^{z+},\mathrm{e}}}{F}$$

得

$$\varphi_{\text{阳},\mathrm{Me}^{z+},\mathrm{e}}=\varphi_{\text{阳},\mathrm{Me}^{z+}}^{\ominus}+\frac{RT}{F}\ln\frac{a_{\mathrm{Me}^{z+},\mathrm{e}}}{a_{\mathrm{Me}^{(z-1)+},\mathrm{e}}} \tag{10.59}$$

式中，

$$\varphi_{\text{阳},\mathrm{Me}^{z+},\mathrm{e}}^{\ominus}=\frac{\Delta G_{\mathrm{m},\text{阳},\mathrm{Me}^{z+},\mathrm{e}}^{\ominus}}{F}=\frac{\mu_{\mathrm{Me}^{z+}}^{\ominus}+\mu_{\mathrm{e}}^{\ominus}-\mu_{\mathrm{Me}^{(z-1)+}}^{\ominus}}{F}$$

式（10.57）–式（10.59），得

$$\Delta\varphi_{\text{阳},\mathrm{Me}^{z+}}=\varphi_{\text{阳},\mathrm{Me}^{z+}}-\varphi_{\text{阳},\mathrm{Me}^{z+},\mathrm{e}}=\frac{RT}{F}\ln\frac{a_{\mathrm{Me}^{z+}}a_{\mathrm{Me}^{(z-1)+},\mathrm{e}}}{a_{\mathrm{Me}^{(z-1)+}}a_{\mathrm{Me}^{z+},\mathrm{e}}}+\frac{RT}{F}\ln i$$

$$\ln i=\frac{F\Delta\varphi_{\text{阳},\mathrm{Me}^{z+}}}{RT}-\ln\frac{a_{\mathrm{Me}^{z+}}a_{\mathrm{Me}^{(z-1)+},\mathrm{e}}}{a_{\mathrm{Me}^{(z-1)+}}a_{\mathrm{Me}^{z+},\mathrm{e}}}$$

由上式得

$$i=\frac{a_{\mathrm{Me}^{(z-1)+}}a_{\mathrm{Me}^{z+},\mathrm{e}}}{a_{\mathrm{Me}^{z+}}a_{\mathrm{Me}^{(z-1)+},\mathrm{e}}}\exp\left(\frac{F\Delta\varphi_{\text{阳},\mathrm{Me}^{z+}}}{RT}\right)=k_{+,\mathrm{Me}^{z+}}'\exp\left(\frac{F\Delta\varphi_{\text{阳},\mathrm{Me}^{z+}}}{RT}\right) \tag{10.60}$$

式中，

$$k'_{+,\mathrm{Me}^{z+}} = \frac{a_{\mathrm{Me}^{(z-1)+}} a_{\mathrm{Me}^{z+},\mathrm{e}}}{a_{\mathrm{Me}^{z+}} a_{\mathrm{Me}^{(z-1)+},\mathrm{e}}} \approx \frac{c_{\mathrm{Me}^{(z-1)+}} c_{\mathrm{Me}^{z+},\mathrm{e}}}{c_{\mathrm{Me}^{z+}} c_{\mathrm{Me}^{(z-1)+},\mathrm{e}}}$$

形成水化离子：

$$\mathrm{Me}^{z+} + n\mathrm{H}_2\mathrm{O} \Longleftrightarrow \mathrm{Me}^{z+} \cdot n\mathrm{H}_2\mathrm{O}$$

摩尔吉布斯自由能变化为

$$\Delta G_{\mathrm{m}} = \mu_{\mathrm{Me}^{z+}\cdot n\mathrm{H}_2\mathrm{O}} - \mu_{\mathrm{Me}^{z+}} - n\mu_{\mathrm{H}_2\mathrm{O}} = \Delta G_{\mathrm{m}}^{\ominus} + RT\ln\frac{a_{\mathrm{Me}^{z+}\cdot n\mathrm{H}_2\mathrm{O}}}{a_{\mathrm{Me}^{z+}} a_{\mathrm{H}_2\mathrm{O}}^{n}}$$

式中，

$$\Delta G_{\mathrm{m}}^{\ominus} = \mu_{\mathrm{Me}^{z+}\cdot n\mathrm{H}_2\mathrm{O}}^{\ominus} - \mu_{\mathrm{Me}^{z+}}^{\ominus} - n\mu_{\mathrm{H}_2\mathrm{O}}^{\ominus}$$

$$\mu_{\mathrm{Me}^{z+}\cdot n\mathrm{H}_2\mathrm{O}} = \mu_{\mathrm{Me}^{z+}\cdot n\mathrm{H}_2\mathrm{O}}^{\ominus} + RT\ln a_{\mathrm{Me}^{z+}\cdot n\mathrm{H}_2\mathrm{O}}$$

$$\mu_{\mathrm{Me}^{z+}} = \mu_{\mathrm{Me}^{z+}}^{\ominus} + RT\ln a_{\mathrm{Me}^{z+}}$$

$$\mu_{\mathrm{H}_2\mathrm{O}} = \mu_{\mathrm{H}_2\mathrm{O}}^{\ominus} + RT\ln a_{\mathrm{H}_2\mathrm{O}}$$

形成水化离子的速率为

$$j = -\frac{\mathrm{d}n_{\mathrm{Me}^{z+}}}{\mathrm{d}t} = -\frac{1}{n}\frac{\mathrm{d}n_{\mathrm{H}_2\mathrm{O}}}{\mathrm{d}t} = \frac{\mathrm{d}n_{\mathrm{Me}^{z+}\cdot n\mathrm{H}_2\mathrm{O}}}{\mathrm{d}t} \qquad (10.61)$$

式中，

$$j = k_+ c_{\mathrm{Me}^{z+}} c_{\mathrm{H}_2\mathrm{O}} - k_- c_{\mathrm{Me}^{z+}\cdot n\mathrm{H}_2\mathrm{O}} = k_+\left(c_{\mathrm{Me}^{z+}} - \frac{1}{K}c_{\mathrm{Me}^{z+}\cdot n\mathrm{H}_2\mathrm{O}}\right)$$

$$K = \frac{k_+}{k_-} = \frac{c_{\mathrm{Me}^{z+}\cdot n\mathrm{H}_2\mathrm{O}}}{c_{\mathrm{Me}^{z+}} c_{\mathrm{H}_2\mathrm{O}}} = \frac{a_{\mathrm{Me}^{z+}\cdot n\mathrm{H}_2\mathrm{O},\mathrm{e}}}{a_{\mathrm{Me}^{z+},\mathrm{e}} a_{\mathrm{H}_2\mathrm{O},\mathrm{e}}^{n}}$$

10.4　金属的阳极钝化

10.4.1　金属阳极极化曲线

1）对金属阳极极化曲线的描述

金属阳极电势高到一定程度，阳极溶解的速率急剧下降，甚至完全停止，此即阳极钝化。

图 10.1 是阳极极化曲线。由图 10.1 可见，阳极极化曲线分为四段。AB 段是金属阳极正常溶解，在 AB 区间，随着电势增加，电流密度增大，阳极溶解加快，称为阳极活性溶解区。B 点电势最高。

B 点的电势称为临界钝化电势，以 φ_{p} 表示。对应的电流称为临界钝化电流密

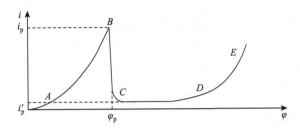

图 10.1　恒电位阳极极化曲线

度，也称为致钝电流密度，以 i_p 表示。从 B 点开始，BC 段随着电势增加，电流密度急剧减小，称为活化-钝化过度区。

在 CD 段，阳极电流密度很小。并且电势增大，电流密度几乎不变，称为维钝电流密度，以 i_p' 表示。

在曲线 DE 段，随着电势增大，阳极电流密度增大，其原因有两个：①有些金属处于钝化状态时，随着电势增大，金属以高价离子进入溶液，这种现象称为过钝化；②有些金属处于钝化状态时，电势增大，金属并不溶解，而是析出氧气。因此，这种情况称 DE 为析氧区。

2）金属阳极钝化机理

金属阳极钝化的原因是金属阳极的表面状态发生了变化，形成吸附层或成相层。所谓吸附层，就是阳极电势正到一定程度，在金属阳极表面形成 O^{2-} 或 OH^- 吸附层。吸附层使金属与电解液隔离，金属失去电子困难。所谓成相层，是指在金属阳极表面形成氧化物膜或难溶盐。氧化膜或难溶盐将金属与电解液隔离，失去电子困难。

下面对金属阳极极化曲线进行分析。

10.4.2　金属阳极极化曲线分析

1）AB 段

在 AB 段，有如下化学反应：

$$Me = Me^{z+} + ze$$

该过程的摩尔吉布斯自由能变化为

$$\Delta G_{m,阳,Me^{z+}} = \mu_{Me^{z+}} + z\mu_e - \mu_{Me} = \Delta G_{m,阳,Me^{z+}}^{\ominus} + RT \ln \frac{a_{Me^{z+}}}{a_{Me}} + zRT \ln i$$

式中，

$$\Delta G_{m,阳,Me^{z+}}^{\ominus} = \mu_{Me^{z+}}^{\ominus} + z\mu_e^{\ominus} - \mu_{Me}^{\ominus}$$

$$\mu_{Me^{z+}} = \mu_{Me^{z+}}^{\ominus} + RT \ln a_{Me^{z+},e}$$

$$\mu_{\mathrm{e}} = \mu_{\mathrm{e}}^{\ominus} + RT \ln i$$

$$\mu_{\mathrm{Me}} = \mu_{\mathrm{Me}}^{\ominus} + RT \ln a_{\mathrm{Me}}$$

阳极电势：由

$$\varphi_{\mathrm{阳,Me}^{z+}} = \frac{\Delta G_{\mathrm{m,阳,Me}^{z+}}}{zF}$$

得

$$\varphi_{\mathrm{阳,Me}^{z+}} = \varphi_{\mathrm{阳,Me}^{z+}}^{\ominus} + \frac{RT}{zF} \ln \frac{a_{\mathrm{Me}^{z+}}}{a_{\mathrm{Me}}} + \frac{RT}{F} \ln i \qquad （10.62）$$

式中，

$$\varphi_{\mathrm{阳,Me}^{z+}}^{\ominus} = \frac{\Delta G_{\mathrm{m,阳,Me}^{z+}}^{\ominus}}{zF} = \frac{\mu_{\mathrm{Me}^{z+}}^{\ominus} + z\mu_{\mathrm{e}}^{\ominus} - \mu_{\mathrm{Me}}^{\ominus}}{zF}$$

由式（10.62）得

$$\ln i = \frac{F\varphi_{\mathrm{阳,Me}^{z+}}}{RT} - \frac{F\varphi_{\mathrm{阳,Me}^{z+}}^{\ominus}}{RT} - \frac{1}{z} \ln \frac{a_{\mathrm{Me}^{z+}}}{a_{\mathrm{Me}}}$$

有

$$i = \left(\frac{a_{\mathrm{Me}}}{a_{\mathrm{Me}^{z+}}} \right)^{1/z} \exp\left(\frac{F\varphi_{\mathrm{阳,Me}^{z+}}}{RT} \right) \exp\left(-\frac{F\varphi_{\mathrm{阳,Me}^{z+}}^{\ominus}}{RT} \right) = k_{+,\mathrm{Me}^{z+}} \exp\left(\frac{F\varphi_{\mathrm{阳,Me}^{z+}}}{RT} \right)$$

$$（10.63）$$

式中，

$$k_{+,\mathrm{Me}^{z+}} = \left(\frac{a_{\mathrm{Me}}}{a_{\mathrm{Me}^{z+}}} \right)^{1/z} \exp\left(-\frac{F\varphi_{\mathrm{阳,Me}^{z+}}^{\ominus}}{RT} \right) \approx \left(\frac{c_{\mathrm{Me}}}{c_{\mathrm{Me}^{z+}}} \right)^{1/z} \exp\left(-\frac{F\varphi_{\mathrm{阳,Me}^{z+}}^{\ominus}}{RT} \right)$$

阳极反应达平衡，没有电流通过，有

$$\mathrm{Me} \Longleftrightarrow \mathrm{Me}^{z+} + z\mathrm{e}$$

该过程的摩尔吉布斯自由能变化为

$$\Delta G_{\mathrm{m,阳,Me}^{z+},\mathrm{e}} = \mu_{\mathrm{Me}^{z+}} + z\mu_{\mathrm{e}} - \mu_{\mathrm{Me}} = \Delta G_{\mathrm{m,阳,Me}^{z+}}^{\ominus} + RT \ln \frac{a_{\mathrm{Me}^{z+},\mathrm{e}}}{a_{\mathrm{Me,e}}}$$

式中，

$$\Delta G_{\mathrm{m,阳,Me}^{z+}}^{\ominus} = \mu_{\mathrm{Me}^{z+}}^{\ominus} + z\mu_{\mathrm{e}}^{\ominus} - \mu_{\mathrm{Me}}^{\ominus}$$

$$\mu_{\mathrm{Me}^{z+}} = \mu_{\mathrm{Me}^{z+}}^{\ominus} + RT \ln a_{\mathrm{Me}^{z+},\mathrm{e}}$$

$$\mu_{\mathrm{e}} = \mu_{\mathrm{e}}^{\ominus}$$

$$\mu_{\mathrm{Me}} = \mu_{\mathrm{Me}}^{\ominus} + RT \ln a_{\mathrm{Me,e}}$$

阳极平衡电势：由

$$\varphi_{\text{阳},Me^{z+},e} = \frac{\Delta G_{m,\text{阳},Me^{z+},e}}{zF}$$

得

$$\varphi_{\text{阳},Me^{z+},e} = \varphi_{\text{阳},Me^{z+}}^{\ominus} + \frac{RT}{zF}\ln\frac{a_{Me^{z+},e}}{a_{Me^{(z-1)+},e}} \tag{10.64}$$

式中，

$$\varphi_{\text{阳},Me^{z+}}^{\ominus} = \frac{\Delta G_{m,\text{阳},Me^{z+}}^{\ominus}}{zF} = \frac{\mu_{Me^{z+}}^{\ominus} + z\mu_e^{\ominus} - \mu_{Me^{(z-1)+}}^{\ominus}}{zF}$$

阳极过电势：式（10.62）–式（10.64），得

$$\Delta\varphi_{\text{阳},Me^{z+}} = \varphi_{\text{阳},Me^{z+}} - \varphi_{\text{阳},Me^{z+},e} = \frac{RT}{zF}\ln\frac{a_{Me^{z+}}a_{Me,e}}{a_{Me}a_{Me^{z+},e}} + \frac{RT}{F}\ln i \tag{10.65}$$

$$\ln i = \frac{F\Delta\varphi_{\text{阳},Me^{z+}}}{RT} - \frac{1}{z}\ln\frac{a_{Me^{z+}}a_{Me,e}}{a_{Me}a_{Me^{z+},e}}$$

由上式得

$$i = \left(\frac{a_{Me}a_{Me^{z+},e}}{a_{Me^{z+}}a_{Me,e}}\right)^{1/z}\exp\left(\frac{F\Delta\varphi_{\text{阳},Me^{z+}}}{RT}\right) = k'_{+,Me^{z+}}\exp\left(\frac{F\Delta\varphi_{\text{阳},Me^{z+}}}{RT}\right) \tag{10.66}$$

式中，

$$k'_{+,Me^{z+}} = \frac{a_{Me}a_{Me^{z+},e}}{a_{Me^{z+}}a_{Me,e}} \approx \frac{c_{Me}c_{Me^{z+},e}}{c_{Me^{z+}}c_{Me,e}}$$

2）BC 段

BC 段称为活化-钝化过渡区。在 BC 段金属电极电势几乎不变，但电流急剧减小。这是由于在高电势 φ_p 的作用下，金属阳极表面急剧吸附阴离子 OH^-、O^{2-} 等。阴离子 OH^-、O^{2-} 等覆盖金属阳极表面，形成吸附层，吸附层隔断了金属阳极与电解液的接触，仅有没被吸附层覆盖的那部分阳极表面的金属可以维持与电解液的接触，维持电化学反应的进行。

（1）形成 OH^- 吸附层，

$$Me + OH^- \rightleftharpoons Me\text{—}OH^-$$

该过程的摩尔吉布斯自由能变化为

$$\Delta G_{m,Me\text{—}OH^-} = \mu_{Me\text{—}OH^-} - \mu_{Me} - \mu_{OH^-} = \Delta G_{m,Me\text{—}OH^-}^{\ominus} + RT\ln\frac{\theta_{Me\text{—}OH^-}}{(1-\theta_{Me\text{—}OH^-})a_{OH^-}}$$

式中，

$$\mu_{Me\text{—}OH^-} = \mu_{Me\text{—}OH^-}^{\ominus} + RT\ln a_{Me\text{—}OH^-} = \mu_{Me\text{—}OH^-}^{\ominus} + RT\ln\theta_{Me\text{—}OH^-}$$

$$\mu_{\mathrm{Me}} = \mu_{\mathrm{Me}}^{\ominus} + RT \ln a_{\mathrm{Me}} = \mu_{\mathrm{Me}}^{\ominus} + RT \ln\left(1 - \theta_{\mathrm{Me-OH^-}}\right)$$

$$\mu_{\mathrm{OH^-}} = \mu_{\mathrm{OH^-}}^{\ominus} + RT \ln a_{\mathrm{OH^-}}$$

$\theta_{\mathrm{Me-OH^-}}$ 为金属阳极上被 $\mathrm{OH^-}$ 覆盖的比例，$1 - \theta_{\mathrm{Me-OH^-}}$ 为金属阳极上未被 $\mathrm{OH^-}$ 覆盖的比例。

吸附速率为

$$j_{\mathrm{Me-OH^-}} = -\frac{\mathrm{d}n_{\mathrm{Me}}}{\mathrm{d}t} = -\frac{\mathrm{d}n_{\mathrm{OH^-}}}{\mathrm{d}t} = \frac{\mathrm{d}n_{\mathrm{Me-OH^-}}}{\mathrm{d}t}$$

式中，

$$\begin{aligned}
j_{\mathrm{Me-OH^-}} &= k_+ (1 - \theta_{\mathrm{Me-OH^-}})^{n_+} c_{\mathrm{OH^-}}^{n_+'} - k_- \theta_{\mathrm{Me-OH^-}}^{n_-} \\
&= k_+ \left[(1 - \theta_{\mathrm{Me-OH^-}})^{n_+} c_{\mathrm{OH^-}}^{n_+'} - \frac{1}{K} \theta_{\mathrm{Me-OH^-}}^{n_-} \right]
\end{aligned} \tag{10.67}$$

式中，

$$K = \frac{k_+}{k_-} = \frac{\theta_{\mathrm{Me-OH^-,e}}^{n_-}}{(1 - \theta_{\mathrm{Me-OH^-,e}})^{n_+} c_{\mathrm{OH^-,e}}^{n_+'}} = \frac{\theta_{\mathrm{Me-OH^-,e}}}{(1 - \theta_{\mathrm{Me-OH^-,e}}) a_{\mathrm{OH^-,e}}}$$

（2）形成 $\mathrm{O^{2-}}$ 吸附层，

$$\mathrm{Me} + \mathrm{O^{2-}} \rule[0.5ex]{1.5em}{0.4pt}\rule[0.5ex]{1.5em}{0.4pt} \mathrm{Me-O^{2-}}$$

该过程的摩尔吉布斯自由能变化为

$$\Delta G_{\mathrm{m,Me-O^{2-}}} = \mu_{\mathrm{Me-O^{2-}}} - \mu_{\mathrm{Me}} - \mu_{\mathrm{O^{2-}}} = \Delta G_{\mathrm{m,Me-O^{2-}}}^{\ominus} + RT \ln \frac{\theta_{\mathrm{Me-O^{2-}}}}{(1 - \theta_{\mathrm{Me-O^{2-}}}) a_{\mathrm{O^{2-}}}}$$

式中，

$$\Delta G_{\mathrm{m,Me-O^{2-}}}^{\ominus} = \mu_{\mathrm{Me-O^{2-}}}^{\ominus} - \mu_{\mathrm{Me}}^{\ominus} - \mu_{\mathrm{O^{2-}}}^{\ominus}$$

$$\mu_{\mathrm{Me-O^{2-}}} = \mu_{\mathrm{Me-O^{2-}}}^{\ominus} + RT \ln \theta_{\mathrm{Me-O^{2-}}}$$

$$\mu_{\mathrm{Me}} = \mu_{\mathrm{Me}}^{\ominus} + RT \ln\left(1 - \theta_{\mathrm{Me-O^{2-}}}\right)$$

$$\mu_{\mathrm{O^{2-}}} = \mu_{\mathrm{O^{2-}}}^{\ominus} + RT \ln a_{\mathrm{O^{2-}}}$$

$\theta_{\mathrm{Me-O^{2-}}}$ 为金属阳极上被 $\mathrm{O^{2-}}$ 覆盖的比例，$1 - \theta_{\mathrm{Me-O^{2-}}}$ 为金属阳极上未被 $\mathrm{O^{2-}}$ 覆盖的比例。

吸附速率为

$$j_{\mathrm{Me-O^{2-}}} = -\frac{\mathrm{d}n_{\mathrm{Me}}}{\mathrm{d}t} = -\frac{\mathrm{d}n_{\mathrm{OH^-}}}{\mathrm{d}t} = \frac{\mathrm{d}n_{\mathrm{Me-O^{2-}}}}{\mathrm{d}t}$$

式中，

$$\begin{aligned}
j_{\mathrm{Me-O^{2-}}} &= k_+ (1 - \theta_{\mathrm{Me-O^{2-}}})^{n_+} c_{\mathrm{O^{2-}}}^{n_+'} - k_- \theta_{\mathrm{Me-O^{2-}}}^{n_-} \\
&= k_+ \left[(1 - \theta_{\mathrm{Me-O^{2-}}})^{n_+} c_{\mathrm{O^{2-}}}^{n_+'} - \frac{1}{K} \theta_{\mathrm{Me-O^{2-}}}^{n_-} \right]
\end{aligned} \tag{10.68}$$

式中，

$$K = \frac{k_+}{k_-} = \frac{\theta_{\text{Me—O}^{2-},\text{e}}^{n_-}}{(1-\theta_{\text{Me—O}^{2-},\text{e}})^{n_+} c_{\text{O}^{2-},\text{e}}^{n'_+}} = \frac{\theta_{\text{Me—O}^{2-},\text{e}}}{(1-\theta_{\text{Me—O}^{2-},\text{e}})a_{\text{O}^{2-},\text{e}}}$$

未被 OH^- 覆盖的金属阳极反应为

$$\text{Me} = \text{Me}^{z+} + ze$$

该过程的摩尔吉布斯自由能变化为

$$\Delta G_{\text{m,阳,Me}^{z+}} = \mu_{\text{Me}^{z+}} + z\mu_{\text{e}} - \mu_{\text{Me}} = \Delta G_{\text{m,阳,Me}^{z+}}^{\ominus} + RT\ln\frac{a_{\text{Me}^{z+}}}{a_{\text{Me}}} + zRT\ln i$$

$$= \Delta G_{\text{m,阳,Me}^{z+}}^{\ominus} + RT\ln\frac{a_{\text{Me}^{z+}}}{1-\theta_{\text{Me—OH}^-}} + zRT\ln i$$

式中，

$$\Delta G_{\text{m,阳,Me}^{z+}}^{\ominus} = \mu_{\text{Me}^{z+}}^{\ominus} + z\mu_{\text{e}}^{\ominus} - \mu_{\text{Me}}^{\ominus}$$

$$\mu_{\text{Me}^{z+}} = \mu_{\text{Me}^{z+}}^{\ominus} + RT\ln a_{\text{Me}^{z+}}$$

$$\mu_{\text{e}} = \mu_{\text{e}}^{\ominus} + RT\ln i$$

$$\mu_{\text{Me}} = \mu_{\text{Me}}^{\ominus} + RT\ln(1-\theta_{\text{Me—OH}^-})$$

阳极电势：由

$$\varphi_{\text{阳,Me}^{z+}} = \frac{\Delta G_{\text{m,阳,Me}^{z+}}}{zF}$$

得

$$\varphi_{\text{阳,Me}^{z+}} = \varphi_{\text{阳,Me}^{z+}}^{\ominus} + \frac{RT}{zF}\ln\frac{a_{\text{Me}^{z+}}}{1-\theta_{\text{Me—OH}^-}} + \frac{RT}{F}\ln i \qquad (10.69)$$

式中，

$$\varphi_{\text{阳,Me}^{z+}}^{\ominus} = \frac{\mu_{\text{Me}^{z+}}^{\ominus} + z\mu_{\text{e}}^{\ominus} - \mu_{\text{Me—OH}^-}^{\ominus}}{zF}$$

由式（10.69）得

$$\ln i = \frac{F\varphi_{\text{阳,Me}^{z+}}}{RT} - \frac{F\varphi_{\text{阳,Me}^{z+}}^{\ominus}}{RT} - \frac{1}{z}\ln\frac{a_{\text{Me}^{z+}}}{1-\theta_{\text{Me—OH}^-}}$$

有

$$i = \left(\frac{1-\theta_{\text{Me—OH}^-}}{a_{\text{Me}^{z+}}}\right)^{1/z} \exp\left(\frac{F\varphi_{\text{阳,Me}^{z+}}}{RT}\right) \exp\left(-\frac{F\varphi_{\text{阳,Me}^{z+}}^{\ominus}}{RT}\right) = k_{+,\text{Me}^{z+}} \exp\left(\frac{F\varphi_{\text{阳,Me}^{z+}}}{RT}\right)$$

$$(10.70)$$

式中，

$$k_{+,\mathrm{Me}^{z+}} = \left(\frac{1-\theta_{\mathrm{Me-OH^-}}}{a_{\mathrm{Me}^{z+}}}\right)^{1/z} \exp\left(-\frac{F\varphi_{\text{阳},\mathrm{Me}^{z+}}^{\ominus}}{RT}\right) \approx \left(\frac{1-\theta_{\mathrm{Me-OH^-}}}{c_{\mathrm{Me}^{z+}}}\right)^{1/z} \exp\left(-\frac{F\varphi_{\text{阳},\mathrm{Me}^{z+}}^{\ominus}}{RT}\right)$$

未被吸附的阳极表面的实际电流密度为

$$i' = \frac{i}{1-\theta_{\mathrm{Me-OH^-}}}$$

i 为阳极的平均电流密度。

未被 OH⁻ 覆盖的金属阳极反应达平衡，阳极没有电流通过。

$$\mathrm{Me} \Longleftrightarrow \mathrm{Me}^{z+} + z\mathrm{e}$$

摩尔吉布斯自由能变化为

$$\Delta G_{\mathrm{m},\text{阳},\mathrm{Me}^{z+},\mathrm{e}} = \mu_{\mathrm{Me}^{z+}} + z\mu_{\mathrm{e}} - \mu_{\mathrm{Me}} = \Delta G_{\mathrm{m},\text{阳},\mathrm{Me}^{z+}}^{\ominus} + RT\ln\frac{a_{\mathrm{Me}^{z+},\mathrm{e}}}{1-\theta_{\mathrm{Me-OH^-},\mathrm{e}}}$$

式中，

$$\Delta G_{\mathrm{m},\text{阳},\mathrm{Me}^{z+}}^{\ominus} = \mu_{\mathrm{Me}^{z+}}^{\ominus} + z\mu_{\mathrm{e}}^{\ominus} - \mu_{\mathrm{Me}}^{\ominus}$$

$$\mu_{\mathrm{Me}^{z+}} = \mu_{\mathrm{Me}^{z+}}^{\ominus} + RT\ln a_{\mathrm{Me}^{z+},\mathrm{e}}$$

$$\mu_{\mathrm{e}} = \mu_{\mathrm{e}}^{\ominus}$$

$$\mu_{\mathrm{Me}} = \mu_{\mathrm{Me}}^{\ominus} + RT\ln(1-\theta_{\mathrm{Me-OH^-},\mathrm{e}})$$

阳极平衡电势：由

$$\varphi_{\text{阳},\mathrm{Me}^{z+},\mathrm{e}} = \frac{\Delta G_{\mathrm{m},\text{阳},\mathrm{Me}^{z+},\mathrm{e}}}{zF}$$

得

$$\varphi_{\text{阳},\mathrm{Me}^{z+},\mathrm{e}} = \varphi_{\text{阳},\mathrm{Me}^{z+}}^{\ominus} + \frac{RT}{zF}\ln\frac{a_{\mathrm{Me}^{z+},\mathrm{e}}}{1-\theta_{\mathrm{Me-OH^-},\mathrm{e}}} \qquad (10.71)$$

式中，

$$\varphi_{\text{阳},\mathrm{Me}^{z+}}^{\ominus} = \frac{\Delta G_{\mathrm{m},\text{阳},\mathrm{Me}^{z+}}^{\ominus}}{zF} = \frac{\mu_{\mathrm{Me}^{z+}}^{\ominus} + z\mu_{\mathrm{e}}^{\ominus} - \mu_{\mathrm{Me-OH^-}}^{\ominus}}{zF}$$

阳极过电势：

式（10.69）–式（10.71），得

$$\Delta\varphi_{\text{阳},\mathrm{Me}^{z+}} = \varphi_{\text{阳},\mathrm{Me}^{z+}} - \varphi_{\text{阳},\mathrm{Me}^{z+},\mathrm{e}} = \frac{RT}{zF}\ln\frac{a_{\mathrm{Me}^{z+}}(1-\theta_{\mathrm{Me-OH^-},\mathrm{e}})}{(1-\theta_{\mathrm{Me-OH^-}})a_{\mathrm{Me}^{z+},\mathrm{e}}} + \frac{RT}{F}\ln i \quad (10.72)$$

由上式得

$$\ln i = \frac{F\Delta\varphi_{\text{阳},\text{Me}^{z+}}}{RT} - \frac{1}{z}\ln\frac{a_{\text{Me}^{z+}}(1-\theta_{\text{Me}-\text{OH}^-,\text{e}})}{(1-\theta_{\text{Me}-\text{OH}^-})a_{\text{Me}^{z+},\text{e}}}$$

有

$$i = \left[\frac{(1-\theta_{\text{Me}-\text{OH}^-})a_{\text{Me}^{z+},\text{e}}}{a_{\text{Me}^{z+}}(1-\theta_{\text{Me}-\text{OH}^-,\text{e}})}\right]^{1/z}\exp\left(\frac{F\Delta\varphi_{\text{阳},\text{Me}^{z+}}}{RT}\right) = k'_{+,\text{Me}^{z+}}\exp\left(\frac{F\Delta\varphi_{\text{阳},\text{Me}^{z+}}}{RT}\right) \quad (10.73)$$

式中，

$$k'_{+,\text{Me}^{z+}} = \left[\frac{(1-\theta_{\text{Me}-\text{OH}^-})a_{\text{Me}^{z+},\text{e}}}{a_{\text{Me}^{z+}}(1-\theta_{\text{Me}-\text{OH}^-,\text{e}})}\right]^{1/z} \approx \left[\frac{(1-\theta_{\text{Me}-\text{OH}^-})c_{\text{Me}^{z+},\text{e}}}{c_{\text{Me}^{z+}}(1-\theta_{\text{Me}-\text{OH}^-,\text{e}})}\right]^{1/z}$$

$$i' = \frac{i}{1-\theta_{\text{Me}-\text{OH}^-}} \quad (10.74)$$

未被 O^{2-} 覆盖部分的金属阳极反应为

$$\text{Me} \rightleftharpoons \text{Me}^{z+} + z\text{e}$$

该过程的摩尔吉布斯自由能变化为

$$\Delta G_{\text{m},\text{阳},\text{Me}^{z+}} = \mu_{\text{Me}^{z+}} + z\mu_{\text{e}} - \mu_{\text{Me}} = \Delta G_{\text{m},\text{阳},\text{Me}^{z+}}^{\ominus} + RT\ln\frac{a_{\text{Me}^{z+}}}{1-\theta_{\text{Me}-\text{O}^{2-}}} + zRT\ln i$$

式中，

$$\Delta G_{\text{m},\text{阳},\text{Me}^{z+}}^{\ominus} = \mu_{\text{Me}^{z+}}^{\ominus} + z\mu_{\text{e}}^{\ominus} - \mu_{\text{Me}}^{\ominus}$$

$$\mu_{\text{Me}^{z+}} = \mu_{\text{Me}^{z+}}^{\ominus} + RT\ln a_{\text{Me}^{z+}}$$

$$\mu_{\text{e}} = \mu_{\text{e}}^{\ominus} + RT\ln i$$

$$\mu_{\text{Me}} = \mu_{\text{Me}}^{\ominus} + RT\ln(1-\theta_{\text{Me}-\text{O}^{2-}})$$

由

$$\varphi_{\text{阳},\text{Me}^{z+}} = \frac{\Delta G_{\text{m},\text{阳},\text{Me}^{z+}}}{zF}$$

得

$$\varphi_{\text{阳},\text{Me}^{z+}} = \varphi_{\text{阳},\text{Me}^{z+}}^{\ominus} + \frac{RT}{zF}\ln\frac{a_{\text{Me}^{z+}}}{1-\theta_{\text{Me}-\text{O}^{2-}}} + \frac{RT}{F}\ln i \quad (10.75)$$

由式（10.75）得

$$\ln i = \frac{F\varphi_{\text{阳},\text{Me}^{z+}}}{RT} - \frac{F\varphi_{\text{阳},\text{Me}^{z+}}^{\ominus}}{RT} - \frac{1}{z}\ln\frac{a_{\text{Me}^{z+}}}{1-\theta_{\text{Me}-\text{O}^{2-}}}$$

由上式得

$$i = \left(\frac{1-\theta_{\text{Me}-\text{O}^{2-}}}{a_{\text{Me}^{z+}}}\right)^{1/z} \exp\left(\frac{F\varphi_{\text{阳,Me}^{z+}}}{RT}\right) \exp\left(-\frac{F\varphi_{\text{阳,Me}^{z+}}^{\ominus}}{RT}\right) = k_{+,\text{Me}^{z+}} \exp\left(\frac{F\varphi_{\text{阳,Me}^{z+}}}{RT}\right)$$

（10.76）

式中，

$$k_{+,\text{Me}^{z+}} = \left(\frac{1-\theta_{\text{Me}-\text{O}^{2-}}}{a_{\text{Me}^{z+}}}\right)^{1/z} \exp\left(-\frac{F\varphi_{\text{阳,Me}^{z+}}^{\ominus}}{RT}\right) \approx \left(\frac{1-\theta_{\text{Me}-\text{O}^{2-}}}{c_{\text{Me}^{z+}}}\right)^{1/z} \exp\left(-\frac{F\varphi_{\text{阳,Me}^{z+}}^{\ominus}}{RT}\right)$$

$$i' = \frac{i}{(1-\theta_{\text{Me}-\text{O}^{2-}})^{1/z}}$$

（10.77）

i' 是未被 O^{2-} 覆盖的那部分金属阳极的电流密度；i 为整个金属阳极的平均电流密度，称为表观电流密度。

未被 O^{2-} 覆盖的金属阳极反应达平衡，阳极上没有电流通过，

$$\text{Me} \Longleftrightarrow \text{Me}^{z+} + z\text{e}$$

摩尔吉布斯自由能变化为

$$\Delta G_{\text{m,阳,Me}^{z+},\text{e}} = \mu_{\text{Me}^{z+}} + z\mu_{\text{e}} - \mu_{\text{Me}} = \Delta G_{\text{m,阳,Me}^{z+}}^{\ominus} + RT\ln\frac{a_{\text{Me}^{z+},\text{e}}}{1-\theta_{\text{Me}-\text{O}^{2-},\text{e}}}$$

式中，

$$\Delta G_{\text{m,阳,Me}^{z+}}^{\ominus} = \mu_{\text{Me}^{z+}}^{\ominus} + z\mu_{\text{e}}^{\ominus} - \mu_{\text{Me}}^{\ominus}$$

$$\mu_{\text{Me}^{z+}} = \mu_{\text{Me}^{z+}}^{\ominus} + RT\ln a_{\text{Me}^{z+},\text{e}}$$

$$\mu_{\text{e}} = \mu_{\text{e}}^{\ominus}$$

$$\mu_{\text{Me}} = \mu_{\text{Me}}^{\ominus} + RT\ln(1-\theta_{\text{Me}-\text{O}^{2-},\text{e}})$$

阳极平衡电势：由

$$\varphi_{\text{阳,Me}^{z+},\text{e}} = \frac{\Delta G_{\text{m,阳,Me}^{z+},\text{e}}}{zF}$$

得

$$\varphi_{\text{阳,Me}^{z+},\text{e}} = \varphi_{\text{阳,Me}^{z+}}^{\ominus} + \frac{RT}{zF}\ln\frac{a_{\text{Me}^{z+},\text{e}}}{1-\theta_{\text{Me}-\text{O}^{2-},\text{e}}}$$

（10.78）

$$\varphi_{\text{阳,Me}^{z+}}^{\ominus} = \frac{\Delta G_{\text{m,阳,Me}^{z+}}^{\ominus}}{zF} = \frac{\mu_{\text{Me}^{z+}}^{\ominus} + z\mu_{\text{e}}^{\ominus} - \mu_{\text{Me}}^{\ominus}}{zF}$$

阳极过电势：式（10.75）－式（10.78），得

$$\Delta\varphi_{阳,Me^{z+}} = \varphi_{阳,Me^{z+}} - \varphi_{阳,Me^{z+},e} = \frac{RT}{zF}\ln\frac{a_{Me^{z+}}(1-\theta_{Me-O^{2-},e})}{(1-\theta_{Me-O^{2-}})a_{Me^{z+},e}} + \frac{RT}{F}\ln i \quad (10.79)$$

由上式得

$$\ln i = \frac{F\Delta\varphi_{阳,Me^{z+}}}{RT} - \frac{1}{z}\ln\frac{a_{Me^{z+}}(1-\theta_{Me-O^{2-},e})}{(1-\theta_{Me-O^{2-}})a_{Me^{z+},e}}$$

则

$$i = \left[\frac{(1-\theta_{Me-O^{2-}})a_{Me^{z+},e}}{a_{Me^{z+}}(1-\theta_{Me-O^{2-},e})}\right]^{1/z}\exp\left(\frac{F\Delta\varphi_{阳,Me^{z+}}}{RT}\right) = k'_{+,Me^{z+}}\exp\left(\frac{F\Delta\varphi_{阳,Me^{z+}}}{RT}\right) \quad (10.80)$$

式中，

$$k'_{+,Me^{z+}} = \left[\frac{(1-\theta_{Me-O^{2-}})a_{Me^{z+},e}}{a_{Me^{z+}}(1-\theta_{Me-O^{2-},e})}\right]^{1/z} \approx \left[\frac{(1-\theta_{Me-O^{2-}})c_{Me^{z+},e}}{c_{Me^{z+}}(1-\theta_{Me-O^{2-},e})}\right]^{1/z}$$

$$i' = \frac{i}{1-\theta_{Me-O^{2-}}} \quad (10.81)$$

3）CD 段

在 CD 段，随着金属阳极电势增大，吸附膜继续加大、加厚。完全覆盖金属阳极，金属阳极的电势高到一定值，会使吸附 OH^-、O^{2-} 等的金属电极的金属原子失去电子发生电化学反应：

$$Me-OH^- \Longrightarrow Me^{z+} + ze + OH^- \quad （a）$$

或

$$Me-O^{2-} \Longrightarrow Me^{z+} + ze + O^{2-} \quad （b）$$

式（a）的摩尔吉布斯自由能变化为

$$\Delta G_{m,阳,Me^{z+}} = \mu_{Me^{z+}} + z\mu_e + \mu_{OH^-} - \mu_{Me-OH^-} = \Delta G_{m,阳,Me^{z+}}^{\ominus} + RT\ln\frac{a_{Me^{z+}}a_{OH^-}}{\theta_{Me-OH^-}} + RT\ln i$$

式中，

$$\Delta G_{m,阳,Me^{z+}}^{\ominus} = \mu_{Me^{z+}}^{\ominus} + z\mu_e^{\ominus} + \mu_{OH^-}^{\ominus} - \mu_{Me-OH^-}^{\ominus}$$

$$\mu_{Me^{z+}} = \mu_{Me^{z+}}^{\ominus} + RT\ln a_{Me^{z+}}$$

$$\mu_e = \mu_e^{\ominus} + RT\ln i$$

$$\mu_{OH^-} = \mu_{OH^-}^{\ominus} + RT\ln a_{OH^-}$$

$$\mu_{Me-OH^-} = \mu_{Me-OH^-}^{\ominus} + RT\ln\theta_{Me-OH^-}$$

阳极电势：由

$$\varphi_{\text{阳,Me}^{z+}} = \frac{\Delta G_{\text{m,阳,Me}^{z+}}}{zF}$$

得

$$\varphi_{\text{阳,Me}^{z+}} = \varphi_{\text{阳,Me}^{z+}}^{\ominus} + \frac{RT}{zF}\ln\frac{a_{\text{Me}^{z+}}a_{\text{OH}^-}}{\theta_{\text{Me}-\text{OH}^-}} + \frac{RT}{F}\ln i \qquad （10.82）$$

式中，

$$\varphi_{\text{阳,Me}^{z+}}^{\ominus} = \frac{\Delta G_{\text{m,阳,Me}^{z+}}^{\ominus}}{zF} = \frac{\mu_{\text{Me}^{z+}}^{\ominus} + z\mu_{\text{e}}^{\ominus} + \mu_{\text{OH}^-}^{\ominus} - \mu_{\text{Me}-\text{OH}^-}^{\ominus}}{zF}$$

由式（10.82）得

$$\ln i = \frac{F\varphi_{\text{阳,Me}^{z+}}}{RT} - \frac{F\varphi_{\text{阳,Me}^{z+}}^{\ominus}}{RT} - \frac{1}{z}\ln\frac{a_{\text{Me}^{z+}}a_{\text{OH}^-}}{\theta_{\text{Me}-\text{OH}^-}}$$

有

$$i = \left(\frac{\theta_{\text{Me}-\text{OH}^-}}{a_{\text{Me}^{z+}}a_{\text{OH}^-}}\right)^{1/z} \exp\left(\frac{F\varphi_{\text{阳,Me}^{z+}}}{RT}\right) \exp\left(-\frac{F\varphi_{\text{阳,Me}^{z+}}^{\ominus}}{RT}\right) = k_{+,\text{Me}^{z+}} \exp\left(\frac{F\varphi_{\text{阳,Me}^{z+}}}{RT}\right)$$

$$（10.83）$$

式中，

$$k_{+,\text{Me}^{z+}} = \left(\frac{\theta_{\text{Me}-\text{OH}^-}}{a_{\text{Me}^{z+}}a_{\text{OH}^-}}\right)^{1/z} \exp\left(-\frac{F\varphi_{\text{阳,Me}^{z+}}^{\ominus}}{RT}\right) \approx \left(\frac{\theta_{\text{Me}-\text{OH}^-}}{c_{\text{Me}^{z+}}c_{\text{OH}^-}}\right)^{1/z} \exp\left(-\frac{F\varphi_{\text{阳,Me}^{z+}}^{\ominus}}{RT}\right)$$

阳极反应达平衡，阳极没有电流。

$$\text{Me}-\text{OH}^- \Longrightarrow \text{Me}^{z+} + ze + \text{OH}^-$$

该过程的摩尔吉布斯自由能变化为

$$\Delta G_{\text{m,阳,Me}^{z+},\text{e}} = \mu_{\text{Me}^{z+}} + z\mu_{\text{e}} + \mu_{\text{OH}^-} - \mu_{\text{Me}-\text{OH}^-} = \Delta G_{\text{m,阳,Me}^{z+}}^{\ominus} + RT\ln\frac{a_{\text{Me}^{z+},\text{e}}a_{\text{OH}^-,\text{e}}}{\theta_{\text{Me}-\text{OH}^-,\text{e}}}$$

式中，

$$\Delta G_{\text{m,阳,Me}^{z+}}^{\ominus} = \mu_{\text{Me}^{z+}}^{\ominus} + z\mu_{\text{e}}^{\ominus} + \mu_{\text{OH}^-}^{\ominus} - \mu_{\text{Me}-\text{OH}^-}^{\ominus}$$

$$\mu_{\text{Me}^{z+}} = \mu_{\text{Me}^{z+}}^{\ominus} + RT\ln a_{\text{Me}^{z+},\text{e}}$$

$$\mu_{\text{e}} = \mu_{\text{e}}^{\ominus}$$

$$\mu_{\text{OH}^-} = \mu_{\text{OH}^-}^{\ominus} + RT\ln a_{\text{OH}^-,\text{e}}$$

$$\mu_{\text{Me}-\text{OH}^-} = \mu_{\text{Me}-\text{OH}^-}^{\ominus} + RT\ln\theta_{\text{Me}-\text{OH}^-,\text{e}}$$

阳极平衡电势：由

$$\varphi_{阳,Me^{z+},e} = \frac{\Delta G_{m,阳,Me^{z+},e}}{zF}$$

得

$$\varphi_{阳,Me^{z+},e} = \varphi_{阳,Me^{z+}}^{\ominus} + \frac{RT}{zF} \ln \frac{a_{Me^{z+},e} a_{OH^-,e}}{\theta_{Me-OH^-,e}} \tag{10.84}$$

式中，

$$\varphi_{阳,Me^{z+}}^{\ominus} = \frac{\Delta G_{m,阳,Me^{z+}}^{\ominus}}{zF} = \frac{\mu_{Me^{z+}}^{\ominus} + z\mu_e^{\ominus} + \mu_{OH^-}^{\ominus} - \mu_{Me-OH^-}^{\ominus}}{zF}$$

阳极过电势：

式（10.82）−式（10.84），得

$$\Delta\varphi_{阳,Me^{z+}} = \varphi_{阳,Me^{z+}} - \varphi_{阳,Me^{z+},e} = \frac{RT}{zF} \ln \frac{a_{Me^{z+}} a_{OH^-} \theta_{Me-OH^-,e}}{\theta_{Me-OH^-} a_{Me^{z+},e} a_{OH^-,e}} + \frac{RT}{F} \ln i \tag{10.85}$$

由上式得

$$\ln i = \frac{F\Delta\varphi_{阳,Me^{z+}}}{RT} - \frac{1}{z} \ln \frac{a_{Me^{z+}} a_{OH^-} \theta_{Me-OH^-,e}}{\theta_{Me-OH^-} a_{Me^{z+},e} a_{OH^-,e}}$$

则

$$i = \left(\frac{\theta_{Me-OH^-} a_{Me^{z+},e} a_{OH^-,e}}{a_{Me^{z+}} a_{OH^-} \theta_{Me-OH^-,e}} \right)^{1/z} \exp\left(\frac{F\Delta\varphi_{阳,Me^{z+}}}{RT} \right) = k'_{+,Me^{z+}} \exp\left(\frac{F\Delta\varphi_{阳,Me^{z+}}}{RT} \right) \tag{10.86}$$

式中，

$$k'_{+,Me^{z+}} = \left(\frac{\theta_{Me-OH^-} a_{Me^{z+},e} a_{OH^-,e}}{a_{Me^{z+}} a_{OH^-} \theta_{Me-OH^-,e}} \right)^{1/z} \approx \left(\frac{\theta_{Me-OH^-} c_{Me^{z+},e} c_{OH^-,e}}{c_{Me^{z+}} c_{OH^-} \theta_{Me-OH^-,e}} \right)^{1/z}$$

$$Me-O^{2-} \Longrightarrow Me^{z+} + ze + O^{2-} \tag{b}$$

该过程的摩尔吉布斯自由能变化为

$$\Delta G_{m,阳,O^{2-}} = \mu_{Me^{z+}} + z\mu_e + \mu_{O^{2-}} - \mu_{Me-O^{2-}} = \Delta G_{m,阳,O^{2-}}^{\ominus} + RT \ln \frac{a_{Me^{z+}} a_{O^{2-}}}{\theta_{Me-O^{2-}}} + zRT \ln i$$

式中，

$$\Delta G_{m,阳,O^{2-}}^{\ominus} = \mu_{Me^{z+}}^{\ominus} + z\mu_e^{\ominus} + \mu_{O^{2-}}^{\ominus} - \mu_{Me-O^{2-}}^{\ominus}$$

$$\mu_{Me^{z+}} = \mu_{Me^{z+}}^{\ominus} + RT \ln a_{Me^{z+}}$$

$$\mu_e = \mu_e^{\ominus} + RT \ln i$$

$$\mu_{O^{2-}} = \mu_{O^{2-}}^{\ominus} + RT \ln a_{O^{2-}}$$

$$\mu_{\text{Me}-\text{O}^{2-}} = \mu^{\ominus}_{\text{Me}-\text{O}^{2-}} + RT \ln \theta_{\text{Me}-\text{O}^{2-}}$$

阳极电势：由

$$\varphi_{\text{阳,O}^{2-}} = \frac{\Delta G_{\text{m,阳,O}^{2-}}}{zF}$$

得

$$\varphi_{\text{阳,O}^{2-}} = \varphi^{\ominus}_{\text{阳,O}^{2-}} + \frac{RT}{zF} \ln \frac{a_{\text{Me}^{z+}} a_{\text{O}^{2-}}}{\theta_{\text{Me}-\text{O}^{2-}}} + \frac{RT}{F} \ln i \tag{10.87}$$

式中，

$$\varphi^{\ominus}_{\text{阳,O}^{2-}} = \frac{\mu^{\ominus}_{\text{Me}^{z+}} + z\mu^{\ominus}_{\text{e}} + \mu^{\ominus}_{\text{O}^{2-}} - \mu^{\ominus}_{\text{Me}-\text{O}^{2-}}}{zF}$$

由式（10.87）得

$$\ln i = \frac{F\varphi_{\text{阳,O}^{2-}}}{RT} - \frac{F\varphi^{\ominus}_{\text{阳,O}^{2-}}}{RT} - \frac{1}{z} \ln \frac{a_{\text{Me}^{z+}} a_{\text{O}^{2-}}}{\theta_{\text{Me}-\text{O}^{2-}}}$$

有

$$i = \left(\frac{\theta_{\text{Me}-\text{O}^{2-}}}{a_{\text{Me}^{z+}} a_{\text{O}^{2-}}} \right)^{1/z} \exp\left(\frac{F\varphi_{\text{阳,O}^{2-}}}{RT} \right) \exp\left(-\frac{F\varphi^{\ominus}_{\text{阳,O}^{2-}}}{RT} \right) = k_{+,\text{O}^{2-}} \exp\left(\frac{F\varphi_{\text{阳,O}^{2-}}}{RT} \right) \tag{10.88}$$

式中，

$$k_{+,\text{O}^{2-}} = \left(\frac{\theta_{\text{Me}-\text{O}^{2-}}}{a_{\text{Me}^{z+}} a_{\text{O}^{2-}}} \right)^{1/z} \exp\left(-\frac{F\varphi^{\ominus}_{\text{阳,O}^{2-}}}{RT} \right) \approx \left(\frac{1}{c_{\text{Me}^{z+}} c_{\text{O}^{2-}}} \right)^{1/z} \exp\left(-\frac{F\varphi^{\ominus}_{\text{阳,O}^{2-}}}{RT} \right)$$

阳极过电势：

电极反应（b）达平衡，有

$$\text{Me}-\text{O}^{2-} \Longleftrightarrow \text{Me}^{z+} + z\text{e} + \text{O}^{2-}$$

摩尔吉布斯自由能变化为

$$\Delta G_{\text{m,阳,O}^{2-},\text{e}} = \mu_{\text{Me}^{z+}} + z\mu_{\text{e}} + \mu_{\text{O}^{2-}} - \mu_{\text{Me}-\text{O}^{2-}} = \Delta G^{\ominus}_{\text{m,阳,O}^{2-}} + RT \ln \frac{a_{\text{Me}^{z+},\text{e}} a_{\text{O}^{2-},\text{e}}}{\theta_{\text{Me}-\text{O}^{2-},\text{e}}}$$

式中，

$$\Delta G^{\ominus}_{\text{m,阳,O}^{2-}} = \mu^{\ominus}_{\text{Me}^{z+}} + z\mu^{\ominus}_{\text{e}} + \mu^{\ominus}_{\text{O}^{2-}} - \mu^{\ominus}_{\text{Me}-\text{O}^{2-}}$$

$$\mu_{\text{Me}^{z+}} = \mu^{\ominus}_{\text{Me}^{z+}} + RT \ln a_{\text{Me}^{z+},\text{e}}$$

$$\mu_{\text{e}} = \mu^{\ominus}_{\text{e}}$$

$$\mu_{\text{O}^{2-}} = \mu^{\ominus}_{\text{O}^{2-}} + RT \ln a_{\text{O}^{2-},\text{e}}$$

$$\mu_{\text{Me}-\text{O}^{2-}} = \mu^{\ominus}_{\text{Me}-\text{O}^{2-}} + RT \ln \theta_{\text{Me}-\text{O}^{2-},\text{e}}$$

阳极平衡电势：由

$$\varphi_{阳,O^{2-},e} = \frac{\Delta G_{m,阳,O^{2-},e}}{zF}$$

得

$$\varphi_{阳,O^{2-},e} = \varphi_{阳,O^{2-}}^{\ominus} + \frac{RT}{zF}\ln\frac{a_{Me^{z+},e}a_{O^{2-},e}}{\theta_{Me-O^{2-},e}} \qquad (10.89)$$

式中，

$$\varphi_{阳,O^{2-}}^{\ominus} = \frac{\Delta G_{m,阳,O^{2-}}^{\ominus}}{zF} = \frac{\mu_{Me^{z+}}^{\ominus} + z\mu_e^{\ominus} + \mu_{O^{2-}}^{\ominus} - \mu_{Me-O^{2-}}^{\ominus}}{zF}$$

阳极过电势：式（10.87）-式（10.89），得

$$\Delta\varphi_{阳,O^{2-}} = \varphi_{阳,O^{2-}} - \varphi_{阳,O^{2-},e} = \frac{RT}{zF}\ln\frac{a_{Me^{z+}}a_{O^{2-}}\theta_{Me-O^{2-},e}}{\theta_{Me-O^{2-}}a_{Me^{z+},e}a_{O^{2-},e}} + \frac{RT}{F}\ln i$$

由上式得

$$\ln i = \frac{F\Delta\varphi_{阳,O^{2-}}}{RT} - \frac{1}{z}\ln\frac{a_{Me^{z+}}a_{O^{2-}}\theta_{Me-O^{2-},e}}{\theta_{Me-O^{2-}}a_{Me^{z+},e}a_{O^{2-},e}}$$

有

$$i = \left(\frac{\theta_{Me-O^{2-}}a_{Me^{z+},e}a_{O^{2-},e}}{a_{Me^{z+}}a_{O^{2-}}\theta_{Me-O^{2-},e}}\right)^{1/z}\exp\left(\frac{F\Delta\varphi_{阳,O^{2-}}}{RT}\right) = k_{+,O^{2-}}\exp\left(\frac{F\Delta\varphi_{阳,O^{2-}}}{RT}\right) \quad (10.90)$$

式中，

$$k_{+,O^{2-}} = \left(\frac{\theta_{Me-O^{2-}}a_{Me^{z+},e}a_{O^{2-},e}}{a_{Me^{z+}}a_{O^{2-}}\theta_{Me-O^{2-},e}}\right)^{1/z} \approx \left(\frac{\theta_{Me-O^{2-}}c_{Me^{z+},e}c_{O^{2-},e}}{c_{Me^{z+}}c_{O^{2-}}\theta_{Me-O^{2-},e}}\right)^{1/z}$$

形成相层：电势继续升高，吸附层与阳极金属发生化学反应，生成新相-成相层。

（1）生成金属氢氧化物。生成新相的电化学反应为

$$Me + zOH^- \Longrightarrow Me(OH)_z + ze$$

该过程的摩尔吉布斯自由能变化为

$$\Delta G_{m,Me(OH)_z} = \mu_{Me(OH)_z} + z\mu_e - \mu_{Me} - z\mu_{OH^-} = \Delta G_{m,Me(OH)_z}^{\ominus} + RT\ln\frac{a_{Me(OH)_z}}{a_{Me}a_{OH^-}^z} + zRT\ln i$$

式中，

$$\Delta G_{m,Me(OH)_z}^{\ominus} = \mu_{Me(OH)_z}^{\ominus} + z\mu_e^{\ominus} - \mu_{Me}^{\ominus} - z\mu_{OH^-}^{\ominus}$$

$$\mu_{Me(OH)_z} = \mu_{Me(OH)_z}^{\ominus} + RT\ln a_{Me(OH)_z}$$

$$\mu_e = \mu_e^{\ominus} + RT\ln i$$

$$\mu_{Me} = \mu_{Me}^{\ominus} + RT\ln a_{Me}$$

$$\mu_{\mathrm{OH}^-} = \mu_{\mathrm{OH}^-}^{\ominus} + RT \ln a_{\mathrm{OH}^-}$$

阳极电势：由

$$\varphi_{阳,\mathrm{Me(OH)}_z} = \frac{\Delta G_{\mathrm{m,Me(OH)}_z}}{zF}$$

得

$$\varphi_{阳,\mathrm{Me(OH)}_z} = \varphi_{阳,\mathrm{Me(OH)}_z}^{\ominus} + \frac{RT}{zF} \ln \frac{a_{\mathrm{Me(OH)}_z}}{a_{\mathrm{Me}} a_{\mathrm{OH}^-}^z} + \frac{RT}{F} \ln i \qquad (10.91)$$

式中，

$$\varphi_{阳,\mathrm{Me(OH)}_z}^{\ominus} = \frac{\Delta G_{\mathrm{m,Me(OH)}_z}^{\ominus}}{zF} = \frac{\mu_{\mathrm{Me(OH)}_z}^{\ominus} + z\mu_{\mathrm{e}}^{\ominus} - \mu_{\mathrm{Me}}^{\ominus} - z\mu_{\mathrm{OH}^-}^{\ominus}}{zF}$$

由式（10.91）得

$$\ln i = \frac{F\varphi_{阳,\mathrm{Me(OH)}_z}}{RT} - \frac{F\varphi_{阳,\mathrm{Me(OH)}_z}^{\ominus}}{RT} - \frac{1}{z} \ln \frac{a_{\mathrm{Me(OH)}_z}}{a_{\mathrm{Me}} a_{\mathrm{OH}^-}^z}$$

有

$$i = \left(\frac{a_{\mathrm{Me}} a_{\mathrm{OH}^-}^z}{a_{\mathrm{Me(OH)}_z}} \right)^{1/z} \exp\left(\frac{F\varphi_{阳,\mathrm{Me(OH)}_z}}{RT} \right) \exp\left(-\frac{F\varphi_{阳,\mathrm{Me(OH)}_z}^{\ominus}}{RT} \right) = k_{+,\mathrm{Me(OH)}_z} \exp\left(\frac{F\varphi_{阳,\mathrm{Me(OH)}_z}}{RT} \right)$$

$$(10.92)$$

式中，

$$k_{+,\mathrm{Me(OH)}_z} = \left(\frac{a_{\mathrm{Me}} a_{\mathrm{OH}^-}^z}{a_{\mathrm{Me(OH)}_z}} \right)^{1/z} \exp\left(-\frac{F\varphi_{阳,\mathrm{Me(OH)}_z}^{\ominus}}{RT} \right) \approx \left(\frac{c_{\mathrm{Me}} c_{\mathrm{OH}^-}^z}{c_{\mathrm{Me(OH)}_z}} \right)^{1/z} \exp\left(-\frac{F\varphi_{阳,\mathrm{Me(OH)}_z}^{\ominus}}{RT} \right)$$

电极反应达平衡，没有电流通过，阳极反应为

$$\mathrm{Me} + z\mathrm{OH}^- \Longleftrightarrow \mathrm{Me(OH)}_z + z\mathrm{e}$$

摩尔吉布斯自由能变化为

$$\Delta G_{\mathrm{m,阳,Me(OH)}_z,\mathrm{e}} = \mu_{\mathrm{Me(OH)}_z} + z\mu_{\mathrm{e}} - \mu_{\mathrm{Me}} - z\mu_{\mathrm{OH}^-} = \Delta G_{\mathrm{m,阳,Me(OH)}_z}^{\ominus} + RT \ln \frac{a_{\mathrm{Me(OH)}_z,\mathrm{e}}}{a_{\mathrm{Me,e}} a_{\mathrm{OH}^-,\mathrm{e}}^z}$$

式中，

$$\Delta G_{\mathrm{m,阳,Me(OH)}_z}^{\ominus} = \mu_{\mathrm{Me(OH)}_z}^{\ominus} + z\mu_{\mathrm{e}}^{\ominus} - \mu_{\mathrm{Me}}^{\ominus} - z\mu_{\mathrm{OH}^-}^{\ominus}$$

$$\mu_{\mathrm{Me(OH)}_z} = \mu_{\mathrm{Me(OH)}_z}^{\ominus} + RT \ln a_{\mathrm{Me(OH)}_z,\mathrm{e}}$$

$$\mu_{\mathrm{e}} = \mu_{\mathrm{e}}^{\ominus}$$

$$\mu_{\mathrm{Me}} = \mu_{\mathrm{Me}}^{\ominus}$$

$$\mu_{\mathrm{OH}^-} = \mu_{\mathrm{OH}^-}^{\ominus} + RT \ln a_{\mathrm{OH}^-,\mathrm{e}}$$

阳极平衡电势：由

$$\varphi_{阳,OH^-,e} = \frac{\Delta G_{m,阳,OH^-,e}}{zF}$$

得

$$\varphi_{阳,OH^-,e} = \varphi_{阳,OH^-}^{\ominus} + \frac{RT}{zF}\ln\frac{a_{Me(OH)_z,e}}{a_{Me,e}a_{OH^-,e}^z} \tag{10.93}$$

式中，

$$\varphi_{阳,OH^-}^{\ominus} = \frac{\Delta G_{m,阳,OH^-}^{\ominus}}{zF} = \frac{\mu_{Me(OH)_z}^{\ominus} + z\mu_e^{\ominus} - \mu_{Me}^{\ominus} - z\mu_{OH^-}^{\ominus}}{zF}$$

阳极过电势：

式（10.91）−式（10.93），得

$$\Delta\varphi_{阳,Me(OH)_z} = \varphi_{阳,Me(OH)_z} - \varphi_{阳,Me(OH)_z,e} = \frac{RT}{zF}\ln\frac{a_{Me(OH)_z}a_{Me,e}a_{OH^-,e}^z}{a_{Me}a_{OH^-}^z a_{Me(OH)_z,e}} + \frac{RT}{F}\ln i$$

$$\tag{10.94}$$

由上式得

$$\ln i = \frac{F\Delta\varphi_{阳,Me(OH)_z}}{RT} - \frac{1}{z}\ln\frac{a_{Me(OH)_z}a_{Me,e}a_{OH^-,e}^z}{a_{Me}a_{OH^-}^z a_{Me(OH)_z,e}}$$

则

$$i = \left(\frac{a_{Me}a_{OH^-}^z a_{Me(OH)_z,e}}{a_{Me(OH)_z}a_{Me,e}a_{OH^-,e}^z}\right)^{1/z}\exp\left(\frac{F\Delta\varphi_{阳,Me(OH)_z}}{RT}\right) = k'_{+,Me(OH)_z}\exp\left(\frac{F\Delta\varphi_{阳,Me(OH)_z}}{RT}\right)$$

$$\tag{10.95}$$

式中，

$$k'_{+,Me(OH)_z} = \left(\frac{a_{Me}a_{OH^-}^z a_{Me(OH)_z,e}}{a_{Me(OH)_z}a_{Me,e}a_{OH^-,e}^z}\right)^{1/z} \approx \left(\frac{c_{Me}c_{OH^-}^z c_{Me(OH)_z,e}}{c_{Me(OH)_z}c_{Me,e}c_{OH^-,e}^z}\right)^{1/z}$$

金属阳极电势 $\varphi_{阳,Me(OH)_z}$ 升高，a_{Me} 和 a_{OH^-} 减小，$a_{Me(OH)_z}$ 增大。所以 $\left(\dfrac{a_{Me}a_{OH^-}^z}{a_{Me(OH)_z}}\right)^{1/z}$ 变小。而 $\varphi_{阳,Me(OH)_z}^{\ominus}$ 为常数，因此，$k_{+,Me(OH)_z}$ 随金属阳极升高而变小。实验表明，金属阳极电势升高，但电流密度 i 几乎不变。这说明 $\varphi_{阳,Me(OH)_z}$ 升高引起的 $\exp\left(\dfrac{F\varphi_{阳,Me(OH)_z}}{RT}\right)$ 的增加与 $k_{+,Me(OH)_z}$ 的减少几乎相等，最终结果是电流 i 几乎不变。

（2）生成金属氧化物。金属阳极吸附的 O^{2-} 与金属反应，有

$$Me + O^{2-} == MeO + 2e$$

该过程的摩尔吉布斯自由能变化为

$$\Delta G_{m,MeO} = \mu_{MeO} + 2\mu_e - \mu_{Me} - \mu_{O^{2-}} = \Delta G_{m,MeO}^{\ominus} + RT \ln \frac{a_{MeO}}{a_{Me} a_{O^{2-}}} + 2RT \ln i$$

式中，

$$\Delta G_{m,MeO}^{\ominus} = \mu_{MeO}^{\ominus} + 2\mu_e^{\ominus} - \mu_{Me}^{\ominus} - \mu_{O^{2-}}^{\ominus}$$

$$\mu_{MeO} = \mu_{MeO}^{\ominus} + RT \ln a_{MeO}$$

$$\mu_e = \mu_e^{\ominus} + RT \ln i$$

$$\mu_{Me} = \mu_{Me}^{\ominus} + RT \ln a_{Me}$$

$$\mu_{O^{2-}} = \mu_{O^{2-}}^{\ominus} + RT \ln a_{O^{2-}}$$

由

$$\varphi_{阳,MeO} = \frac{\Delta G_{m,阳,MeO}}{2F}$$

得

$$\varphi_{阳,MeO} = \varphi_{阳,MeO}^{\ominus} + \frac{RT}{2F} \ln \frac{a_{MeO}}{a_{Me} a_{O^{2-}}} + \frac{RT}{F} \ln i \qquad (10.96)$$

式中，

$$\varphi_{阳,MeO}^{\ominus} = \frac{\Delta G_{m,阳,MeO}^{\ominus}}{2F} = \frac{\mu_{MeO}^{\ominus} + 2\mu_e^{\ominus} - \mu_{Me}^{\ominus} - \mu_{O^{2-}}^{\ominus}}{2F}$$

由式（10.96）得

$$\ln i = \frac{F\varphi_{阳,MeO}}{RT} - \frac{F\varphi_{阳,MeO}^{\ominus}}{RT} - \frac{1}{2} \ln \frac{a_{MeO}}{a_{Me} a_{O^{2-}}}$$

有

$$i = \left(\frac{a_{Me} a_{O^{2-}}}{a_{MeO}} \right)^{1/2} \exp\left(\frac{F\varphi_{阳,MeO}}{RT} \right) \exp\left(-\frac{F\varphi_{阳,MeO}^{\ominus}}{RT} \right) = k_{+,MeO} \exp\left(\frac{F\varphi_{阳,MeO}}{RT} \right)$$

$$(10.97)$$

式中，

$$k_{+,MeO} = \left(\frac{a_{Me} a_{O^{2-}}}{a_{MeO}} \right)^{1/2} \exp\left(-\frac{F\varphi_{阳,MeO}^{\ominus}}{RT} \right) \approx \left(\frac{c_{Me} c_{O^{2-}}}{c_{MeO}} \right)^{1/2} \exp\left(-\frac{F\varphi_{阳,MeO}^{\ominus}}{RT} \right)$$

生成金属氧化物的反应达平衡，阳极没有电流，阳极反应为

$$Me + O^{2-} \Longrightarrow MeO + 2e$$

摩尔吉布斯自由能变化为

$$\Delta G_{m,阳,MeO,e} = \mu_{MeO} + 2\mu_e - \mu_{Me} - \mu_{O^{2-}} = \Delta G_{m,阳,MeO}^{\ominus} + RT \ln \frac{a_{MeO,e}}{a_{Me,e} a_{O^{2-},e}}$$

式中，

$$\Delta G_{\mathrm{m,阳,MeO}}^{\ominus} = \mu_{\mathrm{MeO}}^{\ominus} + 2\mu_{\mathrm{e}}^{\ominus} - \mu_{\mathrm{Me}}^{\ominus} - \mu_{\mathrm{O}^{2-}}^{\ominus}$$

$$\mu_{\mathrm{MeO}} = \mu_{\mathrm{MeO}}^{\ominus} + RT \ln a_{\mathrm{MeO,e}}$$

$$\mu_{\mathrm{e}} = \mu_{\mathrm{e}}^{\ominus}$$

$$\mu_{\mathrm{Me}} = \mu_{\mathrm{Me}}^{\ominus} + RT \ln a_{\mathrm{Me,e}}$$

$$\mu_{\mathrm{O}^{2-}} = \mu_{\mathrm{O}^{2-}}^{\ominus} + RT \ln a_{\mathrm{O}^{2-},\mathrm{e}}$$

阳极平衡电势：由

$$\varphi_{\mathrm{阳,MeO,e}} = \frac{\Delta G_{\mathrm{m,阳,MeO,e}}}{2F}$$

得

$$\varphi_{\mathrm{阳,MeO,e}} = \varphi_{\mathrm{阳,MeO}}^{\ominus} + \frac{RT}{2F} \ln \frac{a_{\mathrm{MeO,e}}}{a_{\mathrm{Me,e}} a_{\mathrm{O}^{2-},\mathrm{e}}}$$

式中，

$$\varphi_{\mathrm{阳,MeO}}^{\ominus} = \frac{\Delta G_{\mathrm{m,阳,MeO}}^{\ominus}}{2F} = \frac{\mu_{\mathrm{MeO}}^{\ominus} + 2\mu_{\mathrm{e}}^{\ominus} - \mu_{\mathrm{Me}}^{\ominus} - \mu_{\mathrm{O}^{2-}}^{\ominus}}{2F}$$

阳极过电势：

式（10.95）–式（10.97），得

$$\Delta\varphi_{\mathrm{阳,MeO}} = \varphi_{\mathrm{阳,MeO}} - \varphi_{\mathrm{阳,MeO,e}} = \frac{RT}{2F} \ln \frac{a_{\mathrm{MeO}} a_{\mathrm{Me,e}} a_{\mathrm{O}^{2-},\mathrm{e}}}{a_{\mathrm{Me}} a_{\mathrm{O}^{2-}} a_{\mathrm{MeO,e}}} + \frac{RT}{F} \ln i \qquad (10.98)$$

移项得

$$\ln i = \frac{F\Delta\varphi_{\mathrm{阳,MeO}}}{RT} - \frac{1}{2} \ln \frac{a_{\mathrm{MeO}} a_{\mathrm{Me,e}} a_{\mathrm{O}^{2-},\mathrm{e}}}{a_{\mathrm{Me}} a_{\mathrm{O}^{2-}} a_{\mathrm{MeO,e}}}$$

则

$$i = \left(\frac{a_{\mathrm{Me}} a_{\mathrm{O}^{2-}} a_{\mathrm{MeO,e}}}{a_{\mathrm{MeO}} a_{\mathrm{Me,e}} a_{\mathrm{O}^{2-},\mathrm{e}}} \right)^{1/2} \exp\left(\frac{F\Delta\varphi_{\mathrm{阳,MeO}}}{RT} \right) = k'_{+,\mathrm{MeO}} \exp\left(\frac{F\Delta\varphi_{\mathrm{阳,MeO}}}{RT} \right) \qquad (10.99)$$

式中，

$$k'_{+,\mathrm{MeO}} = \left(\frac{a_{\mathrm{Me}} a_{\mathrm{O}^{2-}} a_{\mathrm{MeO,e}}}{a_{\mathrm{MeO}} a_{\mathrm{Me,e}} a_{\mathrm{O}^{2-},\mathrm{e}}} \right)^{1/2} \approx \left(\frac{c_{\mathrm{Me}} c_{\mathrm{O}^{2-}} c_{\mathrm{MeO,e}}}{c_{\mathrm{MeO}} c_{\mathrm{Me,e}} c_{\mathrm{O}^{2-},\mathrm{e}}} \right)^{1/2}$$

金属阳极电势 $\varphi_{\mathrm{阳,MeO}}$ 升高，a_{Me} 和 $a_{\mathrm{O}^{2-}}$ 减小、a_{MeO} 增大，所以 $\left(\dfrac{a_{\mathrm{Me}} a_{\mathrm{O}^{2-}}}{a_{\mathrm{MeO}}} \right)^{1/2}$ 变小。

而 $\varphi_{\text{阳,MeO}}^{\ominus}$ 为常数，因此，$k_{+,\text{MeO}}$ 随金属阳极电势 $\varphi_{\text{阳,MeO}}$ 增大而变小。综合起来造成

$$\left(\frac{a_{\text{Me}} a_{\text{O}^{2-}}}{a_{\text{MeO}}}\right)^{1/2} \exp\left(\frac{F\varphi_{\text{阳,MeO}}}{RT}\right) \exp\left(-\frac{F\varphi_{\text{阳,MeO}}^{\ominus}}{RT}\right) \text{几乎不变，即电流 } i \text{ 几乎不变。}$$

4）DE 段

金属以高价离子进入溶液。金属氢氧化物除解离出 OH⁻ 外，还要失去更多电子。例如，

$$\text{Me(OH)}_2 = \text{Me}^{4+} + 2\text{OH}^- + 2\text{e}$$

该过程的摩尔吉布斯自由能变化为

$$\Delta G_{\text{m,阳,Me}^{4+}} = \mu_{\text{Me}^{4+}} + 2\mu_{\text{OH}^-} + 2\mu_{\text{e}} - \mu_{\text{Me(OH)}_2} = \Delta G_{\text{m,Me}^{4+}}^{\ominus} + RT \ln \frac{a_{\text{Me}^{4+}} a_{\text{OH}^-}^2}{a_{\text{Me(OH)}_2}} + 2RT \ln i$$

式中，

$$\Delta G_{\text{m,Me}^{4+}}^{\ominus} = \mu_{\text{Me}^{4+}}^{\ominus} + 2\mu_{\text{OH}^-}^{\ominus} + 2\mu_{\text{e}}^{\ominus} - \mu_{\text{Me(OH)}_2}^{\ominus}$$

$$\mu_{\text{Me}^{4+}} = \mu_{\text{Me}^{4+}}^{\ominus} + RT \ln a_{\text{Me}^{4+}}$$

$$\mu_{\text{OH}^-} = \mu_{\text{OH}^-}^{\ominus} + RT \ln a_{\text{OH}^-}$$

$$\mu_{\text{e}} = \mu_{\text{e}}^{\ominus} + RT \ln i$$

$$\mu_{\text{Me(OH)}_2} = \mu_{\text{Me(OH)}_2}^{\ominus} + RT \ln a_{\text{Me(OH)}_2}$$

阳极电势：由

$$\varphi_{\text{阳,Me}^{4+}} = \frac{\Delta G_{\text{m,阳,Me}^{4+}}}{2F} = \varphi_{\text{阳,Me}^{4+}}^{\ominus} + \frac{RT}{2F} \ln \frac{a_{\text{Me}^{4+}} a_{\text{OH}^-}^2}{a_{\text{Me(OH)}_2}} + \frac{RT}{F} \ln i \qquad (10.100)$$

式中，

$$\varphi_{\text{阳,Me}^{4+}}^{\ominus} = \frac{\Delta G_{\text{m,阳,Me}^{4+}}^{\ominus}}{2F} = \frac{\mu_{\text{Me}^{4+}}^{\ominus} + 2\mu_{\text{OH}^-}^{\ominus} + 2\mu_{\text{e}}^{\ominus} - \mu_{\text{Me(OH)}_2}^{\ominus}}{2F}$$

由式（10.100）得

$$\ln i = \frac{F\varphi_{\text{阳,Me}^{4+}}}{RT} - \frac{F\varphi_{\text{阳,Me}^{4+}}^{\ominus}}{RT} - \frac{1}{2} \ln \frac{a_{\text{Me}^{4+}} a_{\text{OH}^-}^2}{a_{\text{Me(OH)}_2}}$$

有

$$i = \left(\frac{a_{\text{Me(OH)}_2}}{a_{\text{Me}^{4+}} a_{\text{OH}^-}^2}\right)^{1/2} \exp\left(\frac{F\varphi_{\text{阳,Me}^{4+}}}{RT}\right) \exp\left(-\frac{F\varphi_{\text{阳,Me}^{4+}}^{\ominus}}{RT}\right) = k_{+,\text{Me}^{4+}} \exp\left(\frac{F\varphi_{\text{阳,Me}^{4+}}}{RT}\right)$$

$$(10.101)$$

式中，

$$k_{+,\mathrm{Me}^{4+}} = \left(\frac{a_{\mathrm{Me(OH)_2}}}{a_{\mathrm{Me}^{4+}} a_{\mathrm{OH^-}}^2}\right)^{1/2} \exp\left(-\frac{F\varphi_{\mathrm{阳,Me}^{4+}}^{\ominus}}{RT}\right) \approx \left(\frac{c_{\mathrm{Me(OH)_2}}}{c_{\mathrm{Me}^{4+}} c_{\mathrm{OH^-}}^2}\right)^{1/2} \exp\left(-\frac{F\varphi_{\mathrm{阳,Me}^{4+}}^{\ominus}}{RT}\right)$$

电极反应达平衡，有

$$\mathrm{Me(OH)_2} \rightleftharpoons \mathrm{Me}^{4+} + 2\mathrm{OH^-} + 2\mathrm{e}$$

摩尔吉布斯自由能变化为

$$\Delta G_{\mathrm{m,阳,Me}^{4+},\mathrm{e}} = \mu_{\mathrm{Me}^{4+}} + 2\mu_{\mathrm{OH^-}} + 2\mu_{\mathrm{e}} - \mu_{\mathrm{Me(OH)_2}} = \Delta G_{\mathrm{m,阳,Me}^{4+}}^{\ominus} + RT\ln\frac{a_{\mathrm{Me}^{4+},\mathrm{e}} a_{\mathrm{OH^-},\mathrm{e}}^2}{a_{\mathrm{Me(OH)_2,e}}}$$

式中，

$$\Delta G_{\mathrm{m,阳,Me}^{4+}}^{\ominus} = \mu_{\mathrm{Me}^{4+}}^{\ominus} + 2\mu_{\mathrm{OH^-}}^{\ominus} + 2\mu_{\mathrm{e}}^{\ominus} - \mu_{\mathrm{Me(OH)_2}}^{\ominus}$$

$$\mu_{\mathrm{Me}^{4+}} = \mu_{\mathrm{Me}^{4+}}^{\ominus} + RT\ln a_{\mathrm{Me}^{4+},\mathrm{e}}$$

$$\mu_{\mathrm{OH^-}} = \mu_{\mathrm{OH^-}}^{\ominus} + RT\ln a_{\mathrm{OH^-},\mathrm{e}}$$

$$\mu_{\mathrm{e}} = \mu_{\mathrm{e}}^{\ominus}$$

$$\mu_{\mathrm{Me(OH)_2}} = \mu_{\mathrm{Me(OH)_2}}^{\ominus} + RT\ln a_{\mathrm{Me(OH)_2,e}}$$

阳极平衡电势：由

$$\varphi_{\mathrm{阳,Me}^{4+},\mathrm{e}} = \frac{\Delta G_{\mathrm{m,阳,Me}^{4+},\mathrm{e}}}{2F} = \varphi_{\mathrm{阳,Me}^{4+}}^{\ominus} + \frac{RT}{2F}\ln\frac{a_{\mathrm{Me}^{4+},\mathrm{e}} a_{\mathrm{OH^-},\mathrm{e}}^2}{a_{\mathrm{Me(OH)_2,e}}} \tag{10.102}$$

式中，

$$\varphi_{\mathrm{阳,Me}^{4+}}^{\ominus} = \frac{\Delta G_{\mathrm{m,阳,Me}^{4+}}^{\ominus}}{2F} = \frac{\mu_{\mathrm{Me}^{4+}}^{\ominus} + 2\mu_{\mathrm{OH^-}}^{\ominus} + 2\mu_{\mathrm{e}}^{\ominus} - \mu_{\mathrm{Me(OH)_2}}^{\ominus}}{2F}$$

阳极过电势：式（10.100）－式（10.102），得

$$\Delta\varphi_{\mathrm{阳,Me}^{4+}} = \varphi_{\mathrm{阳,Me}^{4+}} - \varphi_{\mathrm{阳,Me}^{4+},\mathrm{e}} = \frac{RT}{2F}\ln\frac{a_{\mathrm{Me}^{4+}} a_{\mathrm{OH^-}}^2 a_{\mathrm{Me(OH)_2,e}}}{a_{\mathrm{Me(OH)_2}} a_{\mathrm{Me}^{4+},\mathrm{e}} a_{\mathrm{OH^-},\mathrm{e}}^2} + \frac{RT}{F}\ln i \tag{10.103}$$

移项得

$$\ln i = \frac{F\Delta\varphi_{\mathrm{阳,Me}^{4+}}}{RT} - \frac{1}{2}\ln\frac{a_{\mathrm{Me}^{4+}} a_{\mathrm{OH^-}}^2 a_{\mathrm{Me(OH)_2,e}}}{a_{\mathrm{Me(OH)_2}} a_{\mathrm{Me}^{4+},\mathrm{e}} a_{\mathrm{OH^-},\mathrm{e}}^2}$$

则

$$i = \left(\frac{a_{\mathrm{Me(OH)_2}} a_{\mathrm{Me}^{4+},\mathrm{e}} a_{\mathrm{OH^-},\mathrm{e}}^2}{a_{\mathrm{Me}^{4+}} a_{\mathrm{OH^-}}^2 a_{\mathrm{Me(OH)_2,e}}}\right)^{1/2} \exp\left(\frac{F\Delta\varphi_{\mathrm{阳,Me}^{4+}}}{RT}\right) = k'_{+,\mathrm{Me}^{4+}} \exp\left(\frac{F\Delta\varphi_{\mathrm{阳,Me}^{4+}}}{RT}\right)$$

$$\tag{10.104}$$

式中，

$$k'_{+,\mathrm{Me}^{4+}} = \left(\frac{a_{\mathrm{Me(OH)_2}} a_{\mathrm{Me^{4+}},e} a_{\mathrm{OH^-},e}^2}{a_{\mathrm{Me^{4+}}} a_{\mathrm{OH^-}}^2 a_{\mathrm{Me(OH)_2},e}} \right)^{1/2} \approx \left(\frac{c_{\mathrm{Me(OH)_2}} c_{\mathrm{Me^{4+}},e} c_{\mathrm{OH^-},e}^2}{c_{\mathrm{Me^{4+}}} c_{\mathrm{OH^-}}^2 c_{\mathrm{Me(OH)_2},e}} \right)^{1/2}$$

金属氧化物除失去氧外，每个金属离子还失去 $z-2$ 个电子。电化学反应为

$$\mathrm{MeO} \Longrightarrow \mathrm{Me}^{z+} + \frac{1}{2}\mathrm{O_2} + (z-2)\mathrm{e}$$

该过程的摩尔吉布斯自由能变化为

$$\Delta G_{\mathrm{m,\text{阳}},\mathrm{Me}^{z+}} = \mu_{\mathrm{Me}^{z+}} + \frac{1}{2}\mu_{\mathrm{O_2}} + (z-2)\mu_{\mathrm{e}} - \mu_{\mathrm{MeO}} = \Delta G_{\mathrm{m,\text{阳}},\mathrm{Me}^{z+}}^{\ominus} + RT\ln\frac{a_{\mathrm{Me}^{z+}} p_{\mathrm{O_2}}^{1/2}}{a_{\mathrm{MeO}}} + (z-2)RT\ln i$$

式中，

$$\Delta G_{\mathrm{m,\text{阳}},\mathrm{Me}^{z+}}^{\ominus} = 2\mu_{\mathrm{Me}^{z+}}^{\ominus} + \mu_{\mathrm{O_2}}^{\ominus} + 2z\mu_{\mathrm{e}}^{\ominus} - 2\mu_{\mathrm{MeO}}^{\ominus}$$

$$\mu_{\mathrm{Me}^{z+}} = \mu_{\mathrm{Me}^{z+}}^{\ominus} + RT\ln a_{\mathrm{Me}^{z+}}$$

$$\mu_{\mathrm{O_2}} = \mu_{\mathrm{O_2}}^{\ominus} + RT\ln p_{\mathrm{O_2}}$$

$$\mu_{\mathrm{e}} = \mu_{\mathrm{e}}^{\ominus} + RT\ln i$$

$$\mu_{\mathrm{MeO}} = \mu_{\mathrm{MeO}}^{\ominus} + RT\ln a_{\mathrm{MeO}}$$

阳极电势：由

$$\varphi_{\text{阳},\mathrm{Me}^{z+}} = \frac{\Delta G_{\mathrm{m,\text{阳}},\mathrm{Me}^{z+}}}{(z-2)F}$$

得

$$\varphi_{\text{阳},\mathrm{Me}^{z+}} = \varphi_{\text{阳},\mathrm{Me}^{z+}}^{\ominus} + \frac{RT}{(z-2)F}\ln\frac{a_{\mathrm{Me}^{z+}} p_{\mathrm{O_2}}^{1/2}}{a_{\mathrm{MeO}}} + \frac{RT}{F}\ln i \tag{10.105}$$

式中，

$$\varphi_{\text{阳},\mathrm{Me}^{z+}}^{\ominus} = \frac{\Delta G_{\mathrm{m,\text{阳}},\mathrm{Me}^{z+}}^{\ominus}}{(z-2)F} = \frac{\mu_{\mathrm{Me}^{z+}}^{\ominus} + 1/2\,\mu_{\mathrm{O_{2}(g)}}^{\ominus} + (z-2)\mu_{\mathrm{e}}^{\ominus} - \mu_{\mathrm{MeO}}^{\ominus}}{(z-2)F}$$

由式（10.105）得

$$\ln i = \frac{F\varphi_{\text{阳},\mathrm{Me}^{z+}}}{RT} - \frac{F\varphi_{\text{阳},\mathrm{Me}^{z+}}^{\ominus}}{RT} - \frac{1}{z-2}\ln\frac{a_{\mathrm{Me}^{z+}} p_{\mathrm{O_2}}^{1/2}}{a_{\mathrm{MeO}}} \tag{10.106}$$

有

$$i = \left(\frac{a_{\mathrm{MeO}}}{a_{\mathrm{Me}^{z+}} p_{\mathrm{O_2}}^{1/2}} \right)^{1/(z-2)} \exp\left(\frac{F\varphi_{\text{阳},\mathrm{Me}^{z+}}}{RT} \right) \exp\left(-\frac{F\varphi_{\text{阳},\mathrm{Me}^{z+}}^{\ominus}}{RT} \right) = k_{+,\mathrm{Me}^{z+}} \exp\left(\frac{F\varphi_{\text{阳},\mathrm{Me}^{z+}}}{RT} \right)$$

式中，

$$k_{+,Me^{z+}} = \left(\frac{a_{MeO}}{a_{Me^{z+}}p_{O_2}^{1/2}}\right)^{1/(z-2)} \exp\left(-\frac{F\varphi_{阳,Me^{z+}}^{\ominus}}{RT}\right) \approx \left(\frac{c_{MeO}}{c_{Me^{z+}}p_{O_2}^{1/2}}\right)^{1/(z-2)} \exp\left(-\frac{F\varphi_{阳,Me^{z+}}^{\ominus}}{RT}\right)$$

电极反应达平衡，有

$$MeO \Longrightarrow Me^{z+} + \frac{1}{2}O_2 + (z-2)e$$

摩尔吉布斯自由能变化为

$$\Delta G_{m,阳,Me^{z+},e} = \mu_{Me^{z+}} + \frac{1}{2}\mu_{O_2} + (z-2)\mu_e - \mu_{MeO} = \Delta G_{m,阳,Me^{z+}}^{\ominus} + RT\ln\frac{a_{Me^{z+},e}p_{O_2,e}^{1/2}}{a_{MeO,e}}$$

式中，

$$\Delta G_{m,阳,Me^{z+}}^{\ominus} = 2\mu_{Me^{z+}}^{\ominus} + \mu_{O_2}^{\ominus} + 2z\mu_e^{\ominus} - 2\mu_{MeO}^{\ominus}$$

$$\mu_{Me^{z+}} = \mu_{Me^{z+}}^{\ominus} + RT\ln a_{Me^{z+},e}$$

$$\mu_{O_2} = \mu_{O_2}^{\ominus} + RT\ln p_{O_2,e}$$

$$\mu_e = \mu_e^{\ominus}$$

$$\mu_{MeO} = \mu_{MeO}^{\ominus} + RT\ln a_{MeO,e}$$

阳极平衡电势：由

$$\varphi_{阳,Me^{z+},e} = \frac{\Delta G_{m,阳,Me^{z+},e}}{(z-2)F}$$

得

$$\varphi_{阳,Me^{z+},e} = \varphi_{阳,Me^{z+}}^{\ominus} - \frac{RT}{(z-2)F}\ln\frac{a_{Me^{z+},e}p_{O_2,e}^{1/2}}{a_{MeO,e}} \tag{10.107}$$

式中，

$$\varphi_{阳,Me^{z+}}^{\ominus} = \frac{\Delta G_{m,阳,Me^{z+}}^{\ominus}}{(z-2)F} = \frac{\mu_{Me^{z+}}^{\ominus} + 1/2\mu_{O_2(g)}^{\ominus} + (z-2)\mu_e^{\ominus} - \mu_{MeO}^{\ominus}}{(z-2)F}$$

阳极过电势：
式（10.105）−式（10.107），得

$$\Delta\varphi_{阳,Me^{z+}} = \varphi_{阳,Me^{z+}} - \varphi_{阳,Me^{z+},e} = \frac{RT}{(z-2)F}\ln\frac{a_{Me^{z+}}p_{O_2}^{1/2}a_{MeO,e}}{a_{MeO}a_{Me^{z+},e}p_{O_2,e}^{1/2}} + \frac{RT}{F}\ln i \tag{10.108}$$

由上式得

$$\ln i = \frac{F\Delta\varphi_{阳,Me^{z+}}}{RT} - \frac{1}{z-2}\ln\frac{a_{Me^{z+}}p_{O_2}^{1/2}a_{MeO,e}}{a_{MeO}a_{Me^{z+},e}p_{O_2,e}^{1/2}} \tag{10.109}$$

有

$$i = \left(\frac{a_{\text{MeO}} a_{\text{Me}^{z+},\text{e}} p_{\text{O}_2,\text{e}}^{1/2}}{a_{\text{Me}^{z+}} p_{\text{O}_2}^{1/2} a_{\text{MeO},\text{e}}}\right)^{1/(z-2)} \exp\left(\frac{F\Delta\varphi_{\text{阳},\text{Me}^{z+}}}{RT}\right) = k'_{+,\text{Me}^{z+}} \exp\left(\frac{F\Delta\varphi_{\text{阳},\text{Me}^{z+}}}{RT}\right) \quad (10.110)$$

式中，

$$k'_{+,\text{Me}^{z+}} = \left(\frac{a_{\text{MeO}} a_{\text{Me}^{z+},\text{e}} p_{\text{O}_2,\text{e}}^{1/2}}{a_{\text{Me}^{z+}} p_{\text{O}_2}^{1/2} a_{\text{MeO},\text{e}}}\right)^{1/(z-2)} \approx \left(\frac{c_{\text{MeO}} c_{\text{Me}^{z+},\text{e}} p_{\text{O}_2,\text{e}}^{1/2}}{c_{\text{Me}^{z+}} p_{\text{O}_2}^{1/2} c_{\text{MeO},\text{e}}}\right)^{1/(z-2)}$$

有些金属处于钝化状态后，电势增大，金属并不溶解，而是析出氧气。例如，前面讨论过的钝化的镍电极就是这种情况。

$$\text{Ni}_2\text{O}_3 + 2\text{OH}^- \Longrightarrow \text{Ni}_2\text{O}_4 + \text{H}_2\text{O} + 2\text{e}$$

$$\text{Ni}_2\text{O}_4 \Longrightarrow \text{Ni}_2\text{O}_3 + \frac{1}{2}\text{O}_2(\text{g})$$

总反应

$$2\text{OH}^- \Longrightarrow \text{H}_2\text{O} + \frac{1}{2}\text{O}_2(\text{g}) + 2\text{e}$$

10.5　不溶性阳极

所谓不溶性阳极，就是在电解过程中，阳极不溶解进入溶液。不溶性阳极的材料有石墨、铂、硫酸体系中的铅，碱性溶液中的镍和铁，以及某些合金的氧化物。不溶性阳极并非绝对不溶，只是在某些条件下不溶。例如，石墨可用于熔盐体系，但是在水溶液中，石墨容易受到电解液和析出的气体损坏。

在不溶性阳极上可以发生氧化反应，这包括金属的氧化和金属离子的价态升高，以及氧的析出。

1）阳极反应

铅在酸性硫酸盐体系中的氧化反应为

$$\text{Pb} + \text{SO}_4^{2-} \Longrightarrow \text{PbSO}_4 + 2\text{e}$$

$$\text{PbSO}_4 + 2\text{H}_2\text{O} \Longrightarrow \text{PbO}_2 + \text{H}_2\text{SO}_4 + 2\text{H}^+ + 2\text{e}$$

或

$$\text{Pb} + 2\text{H}_2\text{O} \Longrightarrow \text{PbO}_2 + 4\text{H}^+ + 4\text{e}$$

阳极反应达平衡，

$$\text{Pb} + 2\text{H}_2\text{O} \Longrightarrow \text{PbO}_2 + 4\text{H}^+ + 4\text{e}$$

摩尔吉布斯自由能变化为

$$\Delta G_{\text{m},\text{阳},\text{e}} = \mu_{\text{PbO}_2} + 4\mu_{\text{H}^+} + 4\mu_{\text{e}} - \mu_{\text{Pb}} - 2\mu_{\text{H}_2\text{O}} = \Delta G_{\text{m},\text{阳}}^{\ominus} + RT\ln\frac{a_{\text{H}^+,\text{e}}^4}{a_{\text{H}_2\text{O},\text{e}}^2}$$

这个过程为：当电流通过铅阳极时，铅溶解于电解液，生成硫酸铅。由于硫酸铅的溶解度小，很快达到饱和而在铅阳极表面结晶析出，形成硫酸铅膜，直到整个电极表面为硫酸铅膜所覆盖。结果造成阳极电流密度增大，阳极电势急剧升高。到达一定程度后，二价铅离子和铅被水氧化生成 PbO_2，PbO_2 逐渐取代 $PbSO_4$ 而形成多孔膜。

上式中，

$$\Delta G_{m,阳}^{\ominus} = \mu_{PbO_2}^{\ominus} + 4\mu_{H^+}^{\ominus} + 4\mu_e^{\ominus} - \mu_{Pb}^{\ominus} - 2\mu_{H_2O}^{\ominus}$$

$$\mu_{PbO_2} = \mu_{PbO_2}^{\ominus}$$

$$\mu_{H^+} = \mu_{H^+}^{\ominus} + RT \ln a_{H^+,e}$$

$$\mu_e = \mu_e^{\ominus}$$

$$\mu_{Pb} = \mu_{Pb}^{\ominus}$$

$$\mu_{H_2O} = \mu_{H_2O}^{\ominus} + RT \ln a_{H_2O,e}$$

2）阳极平衡电势

由

$$\varphi_{阳,e} = \frac{\Delta G_{m,阳,e}}{4F}$$

得

$$\varphi_{阳,e} = \varphi_{阳}^{\ominus} + \frac{RT}{4F} \ln \frac{a_{H^+,e}^4}{a_{H_2O,e}^2} \qquad (10.111)$$

式中，

$$\varphi_{阳}^{\ominus} = \frac{\Delta G_{m,阳}^{\ominus}}{4F} = \frac{\mu_{PbO_2}^{\ominus} + 4\mu_{H^+}^{\ominus} + 4\mu_e^{\ominus} - \mu_{Pb}^{\ominus} - 2\mu_{H_2O}^{\ominus}}{4F}$$

阳极有电流通过，发生极化，阳极反应为

$$Pb + 2H_2O \rightleftharpoons PbO_2 + 4H^+ + 4e$$

摩尔吉布斯自由能变化为

$$\Delta G_{m,阳} = \mu_{PbO_2} + 4\mu_{H^+} + 4\mu_e - \mu_{Pb} - 2\mu_{H_2O} = \Delta G_{m,阳}^{\ominus} + RT \ln \frac{a_{H^+}^4}{a_{H_2O}^2} + 4RT \ln i$$

式中，

$$\Delta G_{m,阳}^{\ominus} = \mu_{PbO_2}^{\ominus} + 4\mu_{H^+}^{\ominus} + 4\mu_e^{\ominus} - \mu_{Pb}^{\ominus} - 2\mu_{H_2O}^{\ominus}$$

$$\mu_{PbO_2} = \mu_{PbO_2}^{\ominus}$$

$$\mu_{H^+} = \mu_{H^+}^{\ominus} + RT \ln a_{H^+}$$

$$\mu_e = \mu_e^{\ominus} + RT \ln i$$

$$\mu_{Pb} = \mu_{Pb}^{\ominus}$$

$$\mu_{H_2O} = \mu_{H_2O}^{\ominus} + RT \ln a_{H_2O}$$

3）阳极电势

由

$$\varphi_{阳,e} = \frac{\Delta G_{m,阳}}{4F}$$

得

$$\varphi_{阳} = \varphi_{阳}^{\ominus} + \frac{RT}{4F} \ln \frac{a_{H^+,e}^4}{a_{H_2O,e}^2} + \frac{RT}{F} \ln i \qquad （10.112）$$

式中，

$$\varphi_{阳}^{\ominus} = \frac{\Delta G_{m,阳}^{\ominus}}{4F} = \frac{\mu_{PbO_2}^{\ominus} + 4\mu_{H^+}^{\ominus} + 4\mu_e^{\ominus} - \mu_{Pb}^{\ominus} - 2\mu_{H_2O}^{\ominus}}{4F}$$

由式（10.112）得

$$\ln i = \frac{F\varphi_{阳}}{RT} - \frac{F\varphi_{阳}^{\ominus}}{RT} - \frac{1}{4} \ln \frac{a_{H^+}^4}{a_{H_2O}^2} \qquad （10.113）$$

则

$$i = \left(\frac{a_{H_2O}^2}{a_{H^+}^4} \right)^{1/4} \exp\left(\frac{F\varphi_{阳}}{RT} \right) \exp\left(-\frac{F\varphi_{阳}^{\ominus}}{RT} \right) - k_{阳} \exp\left(\frac{F\varphi_{阳}}{RT} \right)$$

式中，

$$k_{阳} = \left(\frac{a_{H_2O}^2}{a_{H^+}^4} \right)^{1/4} \exp\left(-\frac{F\varphi_{阳}^{\ominus}}{RT} \right) \approx \left(\frac{c_{H^+}^4}{c_{H_2O}^2} \right)^{1/4} \exp\left(-\frac{F\varphi_{阳}^{\ominus}}{RT} \right)$$

4）阳极过电势

式（10.112）-式（10.111），得

$$\Delta\varphi_{阳} = \varphi_{阳} - \varphi_{阳,e} = \frac{RT}{4F} \ln \frac{a_{H^+}^4 a_{H_2O,e}^2}{a_{H_2O}^2 a_{H^+,e}^4} + \frac{RT}{F} \ln i \qquad （10.114）$$

由上式得

$$\ln i = \frac{F\Delta\varphi_{阳}}{RT} - \frac{1}{4} \ln \frac{a_{H^+}^4 a_{H_2O,e}^2}{a_{H_2O}^2 a_{H^+,e}^4}$$

则

$$i = \left(\frac{a_{H_2O}^2 a_{H^+,e}^4}{a_{H^+}^4 a_{H_2O,e}^2} \right)^{1/4} \exp\left(\frac{F\Delta\varphi_{阳}}{RT} \right) = k_{阳}' \exp\left(\frac{F\Delta\varphi_{阳}}{RT} \right) \qquad （10.115）$$

式中，

$$k'_{阳} = \left(\frac{a_{H_2O}^2 a_{H^+,e}^4}{a_{H^+}^4 a_{H_2O,e}^2} \right)^{1/4} \approx \left(\frac{c_{H_2O}^2 c_{H^+,e}^4}{c_{H^+}^4 c_{H_2O,e}^2} \right)^{1/4}$$

10.6　半导体电极

10.6.1　半导体电极的电化学行为

半导体电极的电化学行为与电解质溶液相似。半导体中的价电子受到激发从价带进入导带，留下一个带电的空穴。反应为

$$本征半导体晶格 \rightleftharpoons e + h^*$$

该反应与水的电离相似，

$$H_2O \rightleftharpoons OH^- + H^+$$

水的电离用质量定律作用表示，有

$$K_w = c_{H^+} c_{OH^-}$$

式中，K_w 为水的离子积常数。

半导体载流子 (n^-) 和 (h^*) 的乘积在一定温度下也是一个常数。

$$K_{本征} = [n^-][h^*]$$

式中，$K_{本征}$ 为本征半导体（即没渗入杂质）的常数。

表 10.1 是半导体性质与电解质溶液行为对照。其中 ε_F 为费米能级，即费米电势；ε_F^0 为平衡条件下的费米能级；$(n)_{M^{2+}}$ 和 $(n)_{M^+}$ 分别为 M^{2+} 和 M^+ 的电子浓度，能斯特公式是根据反应 $M^{2+} + e \rightleftharpoons M^+$ 得出的。

表 10.1　半导体性质与电解质溶液行为对照

现象	水溶液	半导体
电离作用	$H_2O \rightleftharpoons H^+ + OH^-$	半导体晶体 = 电子 + 正孔
质量作用定律	$c_{H^+} \cdot c_{OH^-} = k_w$	$[n^-][h^*] = K_{本征}$
酸的行为	$HCl \rightleftharpoons H^+ + Cl^-$（质子施主）	$As \rightleftharpoons e + As^+$（电子施主）
碱的行为	$NH_3 + H^+ \rightleftharpoons NH_4^+$（质子受主）	$Ga + e \rightleftharpoons Ga^-$（电子受主）
共同离子效应	（1）加酸（质子施主）于水，增大质子浓度； （2）加碱（质子受主）于水，降低质子浓度，增大 OH^- 浓度	（1）加电子施主于本征半导体，增大电子浓度； （2）加电子受主于本征半导体，降低电子浓度，增加正孔浓度
平衡电势	能斯特方程 $\varphi = \varphi_0 + \dfrac{RT}{nF} \ln \dfrac{a_{M^{2+}}}{a_{M^+}}$	费米电势 $\varepsilon_F = \varepsilon_F^0 + kT \ln \dfrac{(n)_{M^{2+}}}{(n)_{M^+}}$
双电层	离子双电层	电子双电层

10.6.2　氧化锌的阳极溶解

1）阳极反应

氧化锌是半导体材料，具有较宽的禁带（3.2eV）。在没有光照的情况下，氧化锌晶体阳极溶解速度很慢。在有光照的情况下，发生的反应为

$$2ZnO + 4h\nu \Longrightarrow 2Zn^{2+}(aq) + O_2 + 4e(ZnO)$$

式中，$4e(ZnO)$ 表示 4 个电子留在氧化锌晶体中。在足够高的极化条件下，光电流随光强度线性增加。电极反应步骤为

$$O_s^{2-} + h^* \xrightarrow{\ \text{慢}\ } O_s^-$$

$$O_s^- + O_s^{2-} + h^* \xrightarrow{\ \text{慢}\ } (O—O)^{2-}$$

$$(O—O)^{2-} + 2h^* \xrightarrow{\ \text{快}\ } O_2$$

$$2Zn_s^{2+} + aq \xrightarrow{\ \text{快}\ } 2Zn^{2+}(aq) + O_2 + 4e$$

总反应

$$2ZnO + 4h\nu \longrightarrow 2Zn^{2+}(aq) + O_2 + 4e$$

式中，下角标 s 表示晶体表面；aq 表示水溶液；$h\nu$ 表示一个光子的能量，h 为普朗克常量，ν 为光的频率。

氧化锌阳极溶解反应达平衡：

$$2ZnO + 4h\nu \Longrightarrow 2Zn^{2+}(aq) + O_2 + 4e(ZnO)$$

摩尔吉布斯自由能变化为

$$\Delta G_{m,阳,e} = 2\mu_{Zn^{2+}} + \mu_{O_2} + 4\mu_e - 2\mu_{ZnO} - 4h\nu = \Delta G_{m,阳}^{\ominus} + RT\ln(a_{Zn^{2+},e}^2 p_{O_2,e})$$

式中，

$$\Delta G_{m,阳}^{\ominus} = 2\mu_{Zn^{2+}}^{\ominus} + \mu_{O_2}^{\ominus} + 4\mu_e^{\ominus} - 2\mu_{ZnO}^{\ominus} - 4h\nu$$

$$\mu_{Zn^{2+}} = \mu_{Zn^{2+}}^{\ominus} + RT\ln a_{Zn^{2+},e}$$

$$\mu_{O_2} = \mu_{O_2}^{\ominus} + RT\ln p_{O_2,e}$$

$$\mu_e = \mu_e^{\ominus}$$

$$\mu_{ZnO} = \mu_{ZnO}^{\ominus}$$

2）阳极平衡电势

由

$$\varphi_{阳,e} = \frac{\Delta G_{m,阳,e}}{4F}$$

得

$$\varphi_{阳,e} = \varphi_{阳}^{\ominus} + \frac{RT}{4F} \ln(a_{Zn^{2+},e}^{2} p_{O_2,e}) \tag{10.116}$$

式中，

$$\varphi_{阳}^{\ominus} = \frac{\Delta G_{m,阳}^{\ominus}}{4F} = \frac{2\mu_{Zn^{2+}}^{\ominus} + \mu_{O_2}^{\ominus} + 4\mu_{e}^{\ominus} - 2\mu_{ZnO}^{\ominus} - 4hv}{4F}$$

阳极有电流通过，发生极化，阳极反应为

$$2ZnO + 4hv \Longrightarrow 2Zn^{2+}(aq) + O_2 + 4e(ZnO)$$

摩尔吉布斯自由能变化为

$$\Delta G_{m,阳} = 2\mu_{Zn^{2+}} + \mu_{O_2} + 4\mu_{e} - 2\mu_{ZnO} - 4hv = \Delta G_{m,阳}^{\ominus} + RT\ln(a_{Zn^{2+},e}^{2} p_{O_2,e}) + 4RT\ln i$$

式中，

$$\Delta G_{m,阳}^{\ominus} = 2\mu_{Zn^{2+}}^{\ominus} + \mu_{O_2}^{\ominus} + 4\mu_{e}^{\ominus} - 2\mu_{ZnO}^{\ominus} - 4hv$$

$$\mu_{Zn^{2+}} = \mu_{Zn^{2+}}^{\ominus} + RT\ln a_{Zn^{2+}}$$

$$\mu_{O_2} = \mu_{O_2}^{\ominus} + RT\ln p_{O_2}$$

$$\mu_{e} = \mu_{e}^{\ominus} + RT\ln i$$

$$\mu_{ZnO} = \mu_{ZnO}^{\ominus}$$

3）阳极电势

由

$$\varphi_{阳} = \frac{\Delta G_{m,阳}}{4F}$$

得

$$\varphi_{阳} = \varphi_{阳}^{\ominus} + \frac{RT}{4F}\ln(a_{Zn^{2+}}^{2} p_{O_2}) + \frac{RT}{F}\ln i \tag{10.117}$$

式中，

$$\varphi_{阳}^{\ominus} = \frac{\Delta G_{m,阳}^{\ominus}}{4F} = \frac{2\mu_{Zn^{2+}}^{\ominus} + \mu_{O_2}^{\ominus} + 4\mu_{e}^{\ominus} - 2\mu_{ZnO}^{\ominus} - 4hv}{4F}$$

由式（10.116）得

$$\ln i = \frac{F\varphi_{阳}}{RT} - \frac{F\varphi_{阳}^{\ominus}}{RT} - \frac{1}{4}\ln(a_{Zn^{2+}}^{2} p_{O_2})$$

则

$$i = \left(\frac{1}{a_{Zn^{2+}}^{2} p_{O_2}}\right)^{1/4} \exp\left(\frac{F\varphi_{阳}}{RT}\right) \exp\left(-\frac{F\varphi_{阳}^{\ominus}}{RT}\right) = k_{阳}\exp\left(\frac{F\varphi_{阳}}{RT}\right) \tag{10.118}$$

式中，

$$k_{阳} = \left(\frac{1}{a_{Zn^{2+}}^2 p_{O_2}} \right)^{1/4} \exp\left(-\frac{F\varphi_{阳}^{\ominus}}{RT} \right) \approx \left(\frac{1}{c_{Zn^{2+}}^2 p_{O_2}} \right)^{1/4} \exp\left(-\frac{F\varphi_{阳}^{\ominus}}{RT} \right)$$

4）阳极过电势

式（10.116）-式（10.115），得

$$\Delta\varphi_{阳} = \varphi_{阳} - \varphi_{阳,e} = \frac{RT}{4F} \ln \frac{a_{Zn^{2+}}^2 p_{O_2}}{a_{Zn^{2+},e}^2 p_{O_2,e}} + \frac{RT}{F} \ln i$$

由上式得

$$\ln i = \frac{F\Delta\varphi_{阳}}{RT} - \frac{1}{4} \ln \frac{a_{Zn^{2+}}^2 p_{O_2}}{a_{Zn^{2+},e}^2 p_{O_2,e}}$$

则

$$i = \left(\frac{a_{Zn^{2+},e}^2 p_{O_2,e}}{a_{Zn^{2+}}^2 p_{O_2}} \right)^{1/4} \exp\left(\frac{F\Delta\varphi_{阳}}{RT} \right) = k_{阳}' \exp\left(\frac{F\Delta\varphi_{阳}}{RT} \right)$$

式中，

$$k_{阳}' = \left(\frac{a_{Zn^{2+},e}^2 p_{O_2,e}}{a_{Zn^{2+}}^2 p_{O_2}} \right)^{1/4} \approx \left(\frac{c_{Zn^{2+},e}^2 p_{O_2,e}}{c_{Zn^{2+}}^2 p_{O_2}} \right)^{1/4}$$

10.7　硫化物的阳极行为

硫化物电极电解具有实际意义。硫化物阳极电解发生如下电化学反应：

$$MeS = Me^{2+} + S + 2e \tag{i}$$

$$MeS + 4H_2O = Me^{2+} + SO_4^{2-} + 8H^+ + 8e \tag{ii}$$

反应（ⅰ）生成的金属离子进入溶液，元素硫一部分进入阳极泥，一部分留在阳极上。反应（ⅱ）生成的 SO_4^{2-} 在溶液中积累，使溶液的酸度增加。在硫化物阳极上还会发生氧和氯的析出反应。在硫化物阳极上，金属转化为离子状态和硫氧化成原子状态的过程是共轭进行的。因此，金属硫化物和金属离子溶液的界面不能建立起平衡电势。金属硫化物在金属离子溶液中的电势虽然不可逆，但仍可实验测定，称其为安定电势，即无电流通过不随时间改变的电势；也可以测出硫化物的阳极极化曲线，如图 10.2 所示。

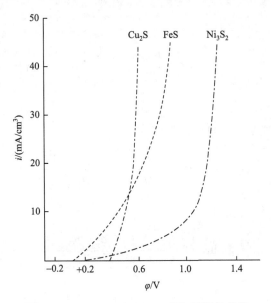

图 10.2　Cu_2S、FeS、Ni_3S_2 的阳极极化曲线

10.7.1　阳极反应生成硫

（1）阳极反应：

$$MeS \Longrightarrow Me^{2+} + S + 2e$$

阳极反应达平衡：

$$MeS \rightleftharpoons Me^{2+} + S + 2e$$

摩尔吉布斯自由能变化为

$$\Delta G_{m,阳,e} = \mu_{Me^{2+}} + \mu_S + 2\mu_e - \mu_{MeS} = \Delta G_{m,阳}^{\ominus} + RT \ln a_{Me^{2+},e}$$

式中，

$$\Delta G_{m,阳}^{\ominus} = \mu_{Me^{2+}}^{\ominus} + \mu_S^{\ominus} + 2\mu_e^{\ominus} - \mu_{MeS}^{\ominus}$$

$$\mu_{Me^{2+}} = \mu_{Me^{2+}}^{\ominus} + RT \ln a_{Me^{2+},e}$$

$$\mu_S = \mu_S^{\ominus}$$

$$\mu_e = \mu_e^{\ominus}$$

$$\mu_{MeS} = \mu_{MeS}^{\ominus}$$

（2）阳极平衡电势：由

$$\varphi_{阳,e} = \frac{\Delta G_{m,阳,e}}{2F}$$

得

$$\varphi_{阳,e} = \varphi_阳^\ominus + \frac{RT}{2F} \ln a_{Me^{2+},e} \tag{10.119}$$

式中，

$$\varphi_阳^\ominus = \frac{\Delta G_{m,阳}^\ominus}{2F} = \frac{\mu_{Me^{2+}}^\ominus + \mu_S^\ominus + 2\mu_e^\ominus - \mu_{MeS}^\ominus}{2F}$$

阳极有电流通过，发生极化，阳极反应为

$$MeS =\!\!=\!\!= Me^{2+} + S + 2e$$

摩尔吉布斯自由能变化为

$$\Delta G_{m,阳} = \mu_{Me^{2+}} + \mu_S + 2\mu_e - \mu_{MeS} = \Delta G_{m,阳}^\ominus + RT \ln a_{Me^{2+}} + 2RT \ln i$$

式中，

$$\Delta G_{m,阳}^\ominus = \mu_{Me^{2+}}^\ominus + \mu_S^\ominus + 2\mu_e^\ominus - \mu_{MeS}^\ominus$$

$$\mu_{Me^{2+}} = \mu_{Me^{2+}}^\ominus + RT \ln a_{Me^{2+}}$$

$$\mu_S = \mu_S^\ominus$$

$$\mu_e = \mu_e^\ominus + RT \ln i$$

$$\mu_{MeS} = \mu_{MeS}^\ominus$$

（3）阳极电势：由

$$\varphi_阳 = \frac{\Delta G_{m,阳}}{2F}$$

得

$$\varphi_阳 = \varphi_阳^\ominus + \frac{RT}{2F} \ln a_{Me^{2+}} + \frac{RT}{F} \ln i \tag{10.120}$$

式中，

$$\varphi_阳^\ominus = \frac{\Delta G_{m,阳}^\ominus}{2F} = \frac{\mu_{Me^{2+}}^\ominus + \mu_S^\ominus + 2\mu_e^\ominus - \mu_{MeS}^\ominus}{2F}$$

由式（10.120）得

$$\ln i = \frac{F\varphi_阳}{RT} - \frac{F\varphi_阳^\ominus}{RT} - \frac{1}{2} \ln a_{Me^{2+}}$$

则

$$i = \left(\frac{1}{a_{Me^{2+}}}\right)^{1/2} \exp\left(\frac{F\varphi_阳}{RT}\right) \exp\left(-\frac{F\varphi_阳^\ominus}{RT}\right) = k_阳 \exp\left(\frac{F\varphi_阳}{RT}\right) \tag{10.121}$$

式中，

$$k_阳 = \left(\frac{1}{a_{Me^{2+}}}\right)^{1/2} \exp\left(-\frac{F\varphi_阳^\ominus}{RT}\right) \approx \left(\frac{1}{c_{Me^{2+}}}\right)^{1/2} \exp\left(-\frac{F\varphi_阳^\ominus}{RT}\right)$$

（4）阳极过电势：

式（10.120）−式（10.119），得

$$\Delta\varphi_{阳} = \varphi_{阳} - \varphi_{阳,e} = \frac{RT}{2F}\ln\frac{a_{Me^{2+}}}{a_{Me^{2+},e}} + \frac{RT}{F}\ln i \tag{10.122}$$

由上式得

$$\ln i = \frac{F\Delta\varphi_{阳}}{RT} - \frac{1}{2}\ln\frac{a_{Me^{2+}}}{a_{Me^{2+},e}}$$

则

$$i = \left(\frac{a_{Me^{2+},e}}{a_{Me^{2+}}}\right)^{1/2}\exp\left(\frac{F\Delta\varphi_{阳}}{RT}\right) = k'_{阳}\exp\left(\frac{F\Delta\varphi_{阳}}{RT}\right) \tag{10.123}$$

式中，

$$k'_{阳} = \left(\frac{a_{Me^{2+},e}}{a_{Me^{2+}}}\right)^{1/2} \approx \left(\frac{c_{Me^{2+},e}}{c_{Me^{2+}}}\right)^{1/2}$$

10.7.2　阳极反应生成硫酸

（1）阳极反应为

$$MeS + 4H_2O \rlap{=\!=} \quad Me^{2+} + SO_4^{2-} + 8H^+ + 8e$$

阳极反应达平衡，

$$MeS + 4H_2O \rightleftharpoons Me^{2+} + SO_4^{2-} + 8H^+ + 8e$$

摩尔吉布斯自由能变化为

$$\Delta G_{m,阳,e} = \mu_{Me^{2+}} + \mu_{SO_4^{2-}} + 8\mu_{H^+} + 8\mu_e - \mu_{MeS} - 4\mu_{H_2O}$$

$$= \Delta G_{m,阳}^{\ominus} + RT\ln\frac{a_{Me^{2+},e}a_{SO_4^{2-},e}a_{H^+,e}^8}{a_{H_2O,e}^4}$$

式中，

$$\Delta G_{m,阳}^{\ominus} = \mu_{Me^{2+}}^{\ominus} + \mu_{SO_4^{2-}}^{\ominus} + 8\mu_{H^+}^{\ominus} + 8\mu_e^{\ominus} - \mu_{MeS}^{\ominus} - 4\mu_{H_2O}^{\ominus}$$

$$\mu_{Me^{2+}} = \mu_{Me^{2+}}^{\ominus} + RT\ln a_{Me^{2+},e}$$

$$\mu_{SO_4^{2-}} = \mu_{SO_4^{2-}}^{\ominus} + RT\ln a_{SO_4^{2-},e}$$

$$\mu_{H^+} = \mu_{H^+}^{\ominus} + RT\ln a_{H^+,e}$$

$$\mu_e = \mu_e^{\ominus}$$

$$\mu_{MeS} = \mu_{MeS}^{\ominus}$$

$$\mu_{H_2O} = \mu_{H_2O}^{\ominus} + RT\ln a_{H_2O,e}$$

（2）阳极平衡电势：由

$$\varphi_{阳,e} = \frac{\Delta G_{m,阳,e}}{8F}$$

得

$$\varphi_{阳,e} = \varphi_{阳}^{\ominus} + \frac{RT}{8F}\ln\frac{a_{Me^{2+},e}\,a_{SO_4^{2-},e}\,a_{H^+,e}^8}{a_{H_2O,e}^4} \tag{10.124}$$

式中，

$$\varphi_{阳}^{\ominus} = \frac{\Delta G_{m,阳}^{\ominus}}{8F} = \frac{\mu_{Me^{2+}}^{\ominus} + \mu_{SO_4^{2-}}^{\ominus} + 8\mu_{H^+}^{\ominus} + 8\mu_e^{\ominus} - \mu_{MeS}^{\ominus} - 4\mu_{H_2O}^{\ominus}}{8F}$$

阳极有电流通过，发生极化，阳极反应为

$$MeS + 4H_2O \xrightarrow{\quad\quad} Me^{2+} + SO_4^{2-} + 8H^+ + 8e$$

摩尔吉布斯自由能变化为

$$\Delta G_{m,阳} = \mu_{Me^{2+}} + \mu_{SO_4^{2-}} + 8\mu_{H^+} + 8\mu_e - \mu_{MeS} - 4\mu_{H_2O}$$

$$= \Delta G_{m,阳}^{\ominus} + RT\ln\frac{a_{Me^{2+}}\,a_{SO_4^{2-}}\,a_{H^+}^8}{a_{H_2O}^4} + 8RT\ln i$$

式中，

$$\Delta G_{m,阳}^{\ominus} = \mu_{Me^{2+}}^{\ominus} + \mu_{SO_4^{2-}}^{\ominus} + 8\mu_{H^+}^{\ominus} + 8\mu_e^{\ominus} - \mu_{MeS}^{\ominus} - 4\mu_{H_2O}^{\ominus}$$

$$\mu_{Me^{2+}} = \mu_{Me^{2+}}^{\ominus} + RT\ln a_{Me^{2+}}$$

$$\mu_{SO_4^{2-}} = \mu_{SO_4^{2-}}^{\ominus} + RT\ln a_{SO_4^{2-}}$$

$$\mu_{H^+} = \mu_{H^+}^{\ominus} + RT\ln a_{H^+}$$

$$\mu_e = \mu_e^{\ominus} + RT\ln i$$

$$\mu_{MeS} = \mu_{MeS}^{\ominus}$$

$$\mu_{H_2O} = \mu_{H_2O}^{\ominus} + RT\ln a_{H_2O}$$

（3）阳极电势：由

$$\varphi_{阳} = \frac{\Delta G_{m,阳}}{8F}$$

得

$$\varphi_{阳} = \varphi_{阳}^{\ominus} + \frac{RT}{8F}\ln\frac{a_{Me^{2+}}\,a_{SO_4^{2-}}\,a_{H^+}^8}{a_{H_2O}^4} + \frac{RT}{F}\ln i \tag{10.125}$$

式中，

$$\varphi_{阳}^{\ominus} = \frac{\Delta G_{\mathrm{m,阳}}^{\ominus}}{8F} = \frac{\mu_{\mathrm{Me^{2+}}}^{\ominus} + \mu_{\mathrm{SO_4^{2-}}}^{\ominus} + 8\mu_{\mathrm{H^+}}^{\ominus} + 8\mu_{\mathrm{e}}^{\ominus} - \mu_{\mathrm{MeS}}^{\ominus} - 4\mu_{\mathrm{H_2O}}^{\ominus}}{8F}$$

由式（10.125）得

$$\ln i = \frac{F\varphi_{阳}}{RT} - \frac{F\varphi_{阳}^{\ominus}}{RT} - \frac{1}{8}\ln \frac{a_{\mathrm{Me^{2+}}} a_{\mathrm{SO_4^{2-}}} a_{\mathrm{H^+}}^{8}}{a_{\mathrm{H_2O}}^{4}}$$

则

$$i = \left(\frac{a_{\mathrm{H_2O}}^{4}}{a_{\mathrm{Me^{2+}}} a_{\mathrm{SO_4^{2-}}} a_{\mathrm{H^+}}^{8}}\right)^{1/8} \exp\left(\frac{F\varphi_{阳}}{RT}\right) \exp\left(-\frac{F\varphi_{阳}^{\ominus}}{RT}\right) = k_{阳}\exp\left(\frac{F\varphi_{阳}}{RT}\right) \quad (10.126)$$

式中，

$$k_{阳} = \left(\frac{a_{\mathrm{H_2O}}^{4}}{a_{\mathrm{Me^{2+}}} a_{\mathrm{SO_4^{2-}}} a_{\mathrm{H^+}}^{8}}\right)^{1/8} \exp\left(-\frac{F\varphi_{阳}^{\ominus}}{RT}\right) \approx \left(\frac{c_{\mathrm{H_2O}}^{4}}{c_{\mathrm{Me^{2+}}} c_{\mathrm{SO_4^{2-}}} c_{\mathrm{H^+}}^{8}}\right)^{1/8} \exp\left(-\frac{F\varphi_{阳}^{\ominus}}{RT}\right)$$

（4）阳极过电势：

式（10.125）–式（10.124），得

$$\Delta\varphi_{阳} = \varphi_{阳} - \varphi_{阳,\mathrm{e}} = \frac{RT}{8F}\ln \frac{a_{\mathrm{Me^{2+}}} a_{\mathrm{SO_4^{2-}}} a_{\mathrm{H^+}}^{8} a_{\mathrm{H_2O,e}}^{4}}{a_{\mathrm{H_2O}}^{4} a_{\mathrm{Me^{2+}},\mathrm{e}} a_{\mathrm{SO_4^{2-}},\mathrm{e}} a_{\mathrm{H^+},\mathrm{e}}^{8}} + \frac{RT}{F}\ln i \quad (10.127)$$

由上式得

$$\ln i = \frac{F\Delta\varphi_{阳}}{RT} - \frac{1}{8}\ln \frac{a_{\mathrm{Me^{2+}}} a_{\mathrm{SO_4^{2-}}} a_{\mathrm{H^+}}^{8} a_{\mathrm{H_2O,e}}^{4}}{a_{\mathrm{H_2O}}^{4} a_{\mathrm{Me^{2+}},\mathrm{e}} a_{\mathrm{SO_4^{2-}},\mathrm{e}} a_{\mathrm{H^+},\mathrm{e}}^{8}}$$

则

$$i = \left(\frac{a_{\mathrm{H_2O}}^{4} a_{\mathrm{Me^{2+}},\mathrm{e}} a_{\mathrm{SO_4^{2-}},\mathrm{e}} a_{\mathrm{H^+},\mathrm{e}}^{8}}{a_{\mathrm{Me^{2+}}} a_{\mathrm{SO_4^{2-}}} a_{\mathrm{H^+}}^{8} a_{\mathrm{H_2O,e}}^{4}}\right)^{1/8} \exp\left(\frac{F\Delta\varphi_{阳}}{RT}\right) = k_{阳}'\exp\left(\frac{F\Delta\varphi_{阳}}{RT}\right) \quad (10.128)$$

式中，

$$k_{阳}' = \left(\frac{a_{\mathrm{H_2O}}^{4} a_{\mathrm{Me^{2+}},\mathrm{e}} a_{\mathrm{SO_4^{2-}},\mathrm{e}} a_{\mathrm{H^+},\mathrm{e}}^{8}}{a_{\mathrm{Me^{2+}}} a_{\mathrm{SO_4^{2-}}} a_{\mathrm{H^+}}^{8} a_{\mathrm{H_2O,e}}^{4}}\right)^{1/8} \approx \left(\frac{c_{\mathrm{H_2O}}^{4} c_{\mathrm{Me^{2+}},\mathrm{e}} c_{\mathrm{SO_4^{2-}},\mathrm{e}} c_{\mathrm{H^+},\mathrm{e}}^{8}}{c_{\mathrm{Me^{2+}}} c_{\mathrm{SO_4^{2-}}} c_{\mathrm{H^+}}^{8} c_{\mathrm{H_2O,e}}^{4}}\right)^{1/8}$$

10.7.3　FeS 阳极溶解

（1）阳极反应为

$$\mathrm{FeS + 4H_2O \Longrightarrow Fe^{2+} + SO_4^{2-} + 8H^+ + 8e}$$

阳极反应达平衡,

$$FeS + 4H_2O \Longrightarrow Fe^{2+} + SO_4^{2-} + 8H^+ + 8e$$

摩尔吉布斯自由能变化为

$$\Delta G_{m,阳,e} = \mu_{Fe^{2+}} + \mu_{SO_4^{2-}} + 8\mu_{H^+} + 8\mu_e - \mu_{FeS} - 4\mu_{H_2O}$$

$$= \Delta G_{m,阳}^{\ominus} + RT \ln \frac{a_{Fe^{2+},e} a_{SO_4^{2-},e} a_{H^+,e}^8}{a_{H_2O,e}^4}$$

式中,

$$\Delta G_{m,阳}^{\ominus} = \mu_{Fe^{2+}}^{\ominus} + \mu_{SO_4^{2-}}^{\ominus} + 8\mu_{H^+}^{\ominus} + 8\mu_e^{\ominus} - \mu_{FeS}^{\ominus} - 4\mu_{H_2O}^{\ominus}$$

$$\mu_{Fe^{2+}} = \mu_{Fe^{2+}}^{\ominus} + RT \ln a_{Fe^{2+},e}$$

$$\mu_{SO_4^{2-}} = \mu_{SO_4^{2-}}^{\ominus} + RT \ln a_{SO_4^{2-},e}$$

$$\mu_{H^+} = \mu_{H^+}^{\ominus} + RT \ln a_{H^+,e}$$

$$\mu_e = \mu_e^{\ominus}$$

$$\mu_{FeS} = \mu_{FeS}^{\ominus}$$

$$\mu_{H_2O} = \mu_{H_2O}^{\ominus} + RT \ln a_{H_2O,e}$$

（2）阳极平衡电势：由

$$\varphi_{阳,e} = \frac{\Delta G_{m,阳,e}}{8F}$$

得

$$\varphi_{阳,e} = \varphi_阳^{\ominus} + \frac{RT}{8F} \ln \frac{a_{Fe^{2+},e} a_{SO_4^{2-},e} a_{H^+,e}^8}{a_{H_2O,e}^4} \qquad (10.129)$$

式中,

$$\varphi_阳^{\ominus} = \frac{\Delta G_{m,阳}^{\ominus}}{8F} = \frac{\mu_{Fe^{2+}}^{\ominus} + \mu_{SO_4^{2-}}^{\ominus} + 8\mu_{H^+}^{\ominus} + 8\mu_e^{\ominus} - \mu_{FeS}^{\ominus} - 4\mu_{H_2O}^{\ominus}}{8F}$$

阳极有电流通过,发生极化,阳极反应为

$$FeS + 4H_2O \Longrightarrow Fe^{2+} + SO_4^{2-} + 8H^+ + 8e$$

摩尔吉布斯自由能变化为

$$\Delta G_{m,阳} = \mu_{Fe^{2+}} + \mu_{SO_4^{2-}} + 8\mu_{H^+} + 8\mu_e - \mu_{FeS} - 4\mu_{H_2O}$$

$$= \Delta G_{m,阳}^{\ominus} + RT \ln \frac{a_{Fe^{2+}} a_{SO_4^{2-}} a_{H^+}^8}{a_{H_2O}^4} + 8RT \ln i$$

式中,

$$\Delta G_{m,阳}^{\ominus} = \mu_{Fe^{2+}}^{\ominus} + \mu_{SO_4^{2-}}^{\ominus} + 8\mu_{H^+}^{\ominus} + 8\mu_e^{\ominus} - \mu_{FeS}^{\ominus} - 4\mu_{H_2O}^{\ominus}$$

$$\mu_{Fe^{2+}} = \mu_{Fe^{2+}}^{\ominus} + RT \ln a_{Fe^{2+}}$$

$$\mu_{SO_4^{2-}} = \mu_{SO_4^{2-}}^{\ominus} + RT \ln a_{SO_4^{2-}}$$

$$\mu_{H^+} = \mu_{H^+}^{\ominus} + RT \ln a_{H^+}$$

$$\mu_e = \mu_e^{\ominus} + RT \ln i$$

$$\mu_{FeS} = \mu_{FeS}^{\ominus}$$

$$\mu_{H_2O} = \mu_{H_2O}^{\ominus} + RT \ln a_{H_2O}$$

（3）阳极电势：由

$$\varphi_{阳} = \frac{\Delta G_{m,阳}}{8F}$$

得

$$\varphi_{阳} = \varphi_{阳}^{\ominus} + \frac{RT}{8F} \ln \frac{a_{Fe^{2+}} a_{SO_4^{2-}} a_{H^+}^8}{a_{H_2O}^4} + \frac{RT}{F} \ln i \qquad (10.130)$$

式中，

$$\varphi_{阳}^{\ominus} = \frac{\Delta G_{m,阳}^{\ominus}}{8F} = \frac{\mu_{Fe^{2+}}^{\ominus} + \mu_{SO_4^{2-}}^{\ominus} + 8\mu_{H^+}^{\ominus} + 8\mu_e^{\ominus} - \mu_{FeS}^{\ominus} - 4\mu_{H_2O}^{\ominus}}{8F}$$

由式（10.130）得

$$\ln i = \frac{F\varphi_{阳}}{RT} - \frac{F\varphi_{阳}^{\ominus}}{RT} - \frac{1}{8} \ln \frac{a_{Fe^{2+}} a_{SO_4^{2-}} a_{H^+}^8}{a_{H_2O}^4}$$

则

$$i = \left(\frac{a_{H_2O}^4}{a_{Fe^{2+}} a_{SO_4^{2-}} a_{H^+}^8} \right)^{1/8} \exp\left(\frac{F\varphi_{阳}}{RT} \right) \exp\left(-\frac{F\varphi_{阳}^{\ominus}}{RT} \right) = k_{阳} \exp\left(\frac{F\varphi_{阳}}{RT} \right) \quad (10.131)$$

式中，

$$k_{阳} = \left(\frac{a_{H_2O}^4}{a_{Fe^{2+}} a_{SO_4^{2-}} a_{H^+}^8} \right)^{1/8} \exp\left(-\frac{F\varphi_{阳}^{\ominus}}{RT} \right) \approx \left(\frac{c_{H_2O}^4}{c_{Fe^{2+}} c_{SO_4^{2-}} c_{H^+}^8} \right)^{1/8} \exp\left(-\frac{F\varphi_{阳}^{\ominus}}{RT} \right)$$

（4）阳极过电势：

式（10.130）−式（10.129），得

$$\Delta\varphi_{阳} = \varphi_{阳} - \varphi_{阳,e} = \frac{RT}{8F} \ln \frac{a_{Fe^{2+}} a_{SO_4^{2-}} a_{H^+}^8 a_{H_2O,e}^4}{a_{H_2O}^4 a_{Fe^{2+},e} a_{SO_4^{2-},e} a_{H^+,e}^8} + \frac{RT}{F} \ln i \qquad (10.132)$$

由上式得

$$\ln i = \frac{F\Delta\varphi_{阳}}{RT} - \frac{1}{8} \ln \frac{a_{Fe^{2+}} a_{SO_4^{2-}} a_{H^+}^8 a_{H_2O,e}^4}{a_{H_2O}^4 a_{Fe^{2+},e} a_{SO_4^{2-},e} a_{H^+,e}^8}$$

则

$$
i = \left(\frac{a_{H_2O}^4 a_{Fe^{2+},e} a_{SO_4^{2-},e} a_{H^+,e}^8}{a_{Fe^{2+}} a_{SO_4^{2-}} a_{H^+}^8 a_{H_2O,e}^4} \right)^{1/8} \exp\left(\frac{F\Delta\varphi_{阳}}{RT} \right) = k'_{阳} \exp\left(\frac{F\Delta\varphi_{阳}}{RT} \right) \quad （10.133）
$$

式中，

$$
k'_{阳} = \left(\frac{a_{H_2O}^4 a_{Fe^{2+},e} a_{SO_4^{2-},e} a_{H^+,e}^8}{a_{Fe^{2+}} a_{SO_4^{2-}} a_{H^+}^8 a_{H_2O,e}^4} \right)^{1/8} \approx \left(\frac{c_{H_2O}^4 c_{Fe^{2+},e} c_{SO_4^{2-},e} c_{H^+,e}^8}{c_{Fe^{2+}} c_{SO_4^{2-}} c_{H^+}^8 c_{H_2O,e}^4} \right)^{1/8}
$$

第 11 章　熔盐电池和熔盐电解

11.1　熔　盐　电　池

从热力学观点，可逆熔盐电池可分成两类。第一类电池的电动势数值可以直接与吉布斯自由能建立联系。这类电池有两种类型：

（1）生成型电池，或称化学电池。例如，

$$Ag \mid AgCl \mid Cl_2$$

（2）汞齐型电池。例如，

$$Cd(a_1)\text{-}Pb \mid Cd_2Cl \mid Cd(a_2)\text{-}Pb$$

第二类电池包括丹聂尔电池和浓差电池。

（3）丹聂尔电池也称置换型电池。例如，

$$Pb \mid PbCl_2 \parallel AgCl \mid Ag$$

（4）浓差电池。例如，

$$Ag \mid AgCl(a_1) + KCl(m_1) \parallel AgCl(a_2) + KCl(m_2) \mid Ag$$

（3）和（4）两种电池由于有液体界面，存在液-液相接界电势或扩散电势，而其数值又不固定，难以确定，所以用这类电池测定的数据不能和吉布斯自由能建立严格的关系。

11.1.1　生成型电池

生成型熔盐电池也称化学电池。例如，

$$Zn \mid ZnCl_2 \mid Cl_2$$

电极反应：

阴极反应

$$Cl_2(0.1MPa) + 2e === 2Cl^-$$

阳极反应

$$Zn === Zn^{2+} + 2e$$

电池反应

$$Zn + Cl_2(0.1MPa) === ZnCl_2$$

1. 阴极电势

阴极反应达平衡：

$$Cl_2(0.1MPa) + 2e \Longrightarrow 2Cl^-$$

摩尔吉布斯自由能变化为

$$\Delta G_{m,阴,e} = 2\mu_{Cl^-} - \mu_{Cl_2} - 2\mu_e = \Delta G_{m,阴}^\ominus + RT \ln a_{Cl^-,e}^2$$

式中，

$$\Delta G_{m,阴}^\ominus = 2\mu_{Cl^-}^\ominus - \mu_{Cl_2}^\ominus - 2\mu_e^\ominus$$

$$\mu_{Cl^-} = \mu_{Cl^-}^\ominus + RT \ln a_{Cl^-,e}$$

$$\mu_{Cl_2} = \mu_{Cl_2}^\ominus$$

$$\mu_e = \mu_e^\ominus$$

由

$$\varphi_{阴,e} = -\frac{\Delta G_{m,阴,e}}{2F}$$

得

$$\varphi_{阴,e} = \varphi_阴^\ominus + \frac{RT}{2F} \ln \frac{1}{a_{Cl^-,e}^2} \tag{11.1}$$

式中，

$$\varphi_阴^\ominus = -\frac{\Delta G_{m,阴}^\ominus}{2F} = -\frac{2\mu_{Cl^-}^\ominus - \mu_{Cl_2}^\ominus - 2\mu_e^\ominus}{2F}$$

2. 阳极电势

阳极反应达平衡：

$$Zn \Longrightarrow Zn^{2+} + 2e$$

摩尔吉布斯自由能变化为

$$\Delta G_{m,阳,e} = \mu_{Zn^{2+}} + 2\mu_e - \mu_{Zn} = \Delta G_{m,阳}^\ominus + RT \ln a_{Zn^{2+},e}$$

式中，

$$\Delta G_{m,阳,e}^\ominus = \mu_{Zn^{2+}}^\ominus + 2\mu_e^\ominus - \mu_{Zn}^\ominus$$

$$\mu_{Zn^{2+}} = \mu_{Zn^{2+}}^\ominus + RT \ln a_{Zn^{2+},e}$$

$$\mu_{Zn} = \mu_{Zn}^\ominus$$

$$\mu_e = \mu_e^\ominus$$

由

$$\varphi_{阳,e} = \frac{\Delta G_{m,阳,e}}{2F} \qquad (11.2)$$

得

$$\varphi_{阳,e} = \varphi_{阳}^{\ominus} + \frac{RT}{2F}\ln a_{Zn^{2+},e}$$

式中，

$$\varphi_{阳}^{\ominus} = \frac{\Delta G_{m,阳}^{\ominus}}{2F} = \frac{\mu_{Zn^{2+}}^{\ominus} + 2\mu_{e}^{\ominus} - \mu_{Zn}^{\ominus}}{2F}$$

3. 电池电动势

电池反应达平衡：

$$Zn + Cl_2(0.1MPa) \Longrightarrow ZnCl_2$$

摩尔吉布斯自由能变化为

$$\Delta G_{m,e} = \mu_{ZnCl_2} - \mu_{Zn} - \mu_{Cl_2} = \Delta G_m^{\ominus} + RT\ln a_{ZnCl_2,e}$$

式中，

$$\Delta G_m^{\ominus} = \mu_{ZnCl_2}^{\ominus} - \mu_{Zn}^{\ominus} - \mu_{Cl_2}^{\ominus}$$

$$\mu_{ZnCl_2} = \mu_{ZnCl_2}^{\ominus} + RT\ln a_{ZnCl_2,e}$$

$$\mu_{Zn} = \mu_{Zn}^{\ominus}$$

$$\mu_{Cl_2} = \mu_{Cl_2}^{\ominus}$$

由

$$E_e = -\frac{\Delta G_{m,e}}{2F}$$

得

$$E_e = E^{\ominus} + \frac{RT}{2F}\ln\frac{1}{a_{ZnCl_2,e}} \qquad (11.3)$$

式中，

$$E^{\ominus} = -\frac{\Delta G_m^{\ominus}}{2F}$$

$$E^{\ominus} = -\frac{\mu_{ZnCl_2}^{\ominus} - \mu_{Zn}^{\ominus} - \mu_{Cl_2}^{\ominus}}{2F}$$

$$\Delta G_{m,e} = \Delta G_{m,阴,e} + \Delta G_{m,阳,e}$$

$$= -2F\varphi_{阴,e} + 2F\varphi_{阳,e}$$

$$= -2F(\varphi_{阴,e} - \varphi_{阳,e})$$

$$= -2FE_e$$

$$E_{e} = \varphi_{\text{阴,e}} - \varphi_{\text{阳,e}} \tag{11.4}$$

$$
\begin{aligned}
\Delta G_{m}^{\ominus} &= \Delta G_{m,\text{阴}}^{\ominus} + \Delta G_{m,\text{阳}}^{\ominus} \\
&= -2F\varphi_{\text{阴}}^{\ominus} + 2F\varphi_{\text{阳}}^{\ominus} \\
&= -2F(\varphi_{\text{阴}}^{\ominus} - \varphi_{\text{阳}}^{\ominus}) \\
&= -2FE^{\ominus}
\end{aligned}
\tag{11.5}
$$

11.1.2　生成型熔盐电池极化

熔盐电池对外输出电流，发生极化。

1. 阴极极化

阴极有电流通过，发生极化。阴极反应为

$$Cl_2(0.1MPa) + 2e \rightleftharpoons 2Cl^{-}$$

摩尔吉布斯自由能变化为

$$\Delta G_{m,\text{阴}} = 2\mu_{Cl^-} - \mu_{Cl_2} - 2\mu_{e} = \Delta G_{m,\text{阴}}^{\ominus} + 2RT\ln a_{Cl^-} + 2RT\ln i$$

式中，

$$\Delta G_{m,\text{阴}}^{\ominus} = 2\mu_{Cl^-}^{\ominus} - \mu_{Cl_2}^{\ominus} - 2\mu_{e}^{\ominus}$$

$$\mu_{Cl^-} = \mu_{Cl^-}^{\ominus} + RT\ln a_{Cl^-}$$

$$\mu_{Cl_2} = \mu_{Cl_2}^{\ominus}$$

$$\mu_{e} = \mu_{e}^{\ominus} - RT\ln i$$

由

$$\varphi_{\text{阴}} = -\frac{\Delta G_{m,\text{阴}}}{2F}$$

得

$$\varphi_{\text{阴}} = \varphi_{\text{阴}}^{\ominus} + \frac{RT}{F}\ln\frac{1}{a_{Cl^-}} - \frac{RT}{F}\ln i \tag{11.6}$$

式中，

$$\varphi_{\text{阴}}^{\ominus} = -\frac{\Delta G_{m,\text{阴}}^{\ominus}}{2F} = -\frac{2\mu_{Cl^-}^{\ominus} - \mu_{Cl_2}^{\ominus} - 2\mu_{e}^{\ominus}}{2F}$$

由式（11.6）得

$$\ln i = -\frac{F\varphi_{\text{阴}}}{RT} + \frac{F\varphi_{\text{阴}}^{\ominus}}{RT} + \ln\frac{1}{a_{Cl^-}}$$

有

$$i = \frac{1}{a_{\mathrm{Cl}^-}} \exp\left(-\frac{F\varphi_{阴}}{RT}\right) \exp\left(\frac{F\varphi_{阴}^{\ominus}}{RT}\right) = k_+ \exp\left(-\frac{F\varphi_{阴}}{RT}\right) \tag{11.7}$$

式中，

$$k_+ = \frac{1}{a_{\mathrm{Cl}^-}} \exp\left(\frac{F\varphi_{阴}^{\ominus}}{RT}\right) \approx \frac{1}{c_{\mathrm{Cl}^-}} \exp\left(\frac{F\varphi_{阴}^{\ominus}}{RT}\right)$$

2. 阳极极化

阳极有电流通过，发生极化。阳极反应为

$$\mathrm{Zn} \xrightleftharpoons{\hspace{1cm}} \mathrm{Zn}^{2+} + 2\mathrm{e}$$

摩尔吉布斯自由能变化为

$$\Delta G_{\mathrm{m},阳} = \mu_{\mathrm{Zn}^{2+}} + 2\mu_{\mathrm{e}} - \mu_{\mathrm{Zn}} = \Delta G_{\mathrm{m},阳}^{\ominus} + RT\ln a_{\mathrm{Zn}^{2+}} + 2RT\ln i$$

式中，

$$\Delta G_{\mathrm{m},阳}^{\ominus} = \mu_{\mathrm{Zn}^{2+}}^{\ominus} + 2\mu_{\mathrm{e}}^{\ominus} - \mu_{\mathrm{Zn}}^{\ominus}$$

$$\mu_{\mathrm{Zn}^{2+}} = \mu_{\mathrm{Zn}^{2+}}^{\ominus} + RT\ln a_{\mathrm{Zn}^{2+}}$$

$$\mu_{\mathrm{Zn}} = \mu_{\mathrm{Zn}}^{\ominus}$$

$$\mu_{\mathrm{e}} = \mu_{\mathrm{e}}^{\ominus} + RT\ln i$$

由

$$\varphi_{阳} = \frac{\Delta G_{\mathrm{m},阳}}{2F}$$

得

$$\varphi_{阳} = \varphi_{阳}^{\ominus} + \frac{RT}{2F}\ln a_{\mathrm{Zn}^{2+}} + \frac{RT}{2F}\ln i \tag{11.8}$$

式中，

$$\varphi_{阳}^{\ominus} = \frac{\Delta G_{\mathrm{m},阳}^{\ominus}}{2F} = \frac{\mu_{\mathrm{Zn}^{2+}}^{\ominus} + 2\mu_{\mathrm{e}}^{\ominus} - \mu_{\mathrm{Zn}}^{\ominus}}{2F}$$

由式（11.8）得

$$\ln i = \frac{F\varphi_{阳}}{RT} - \frac{F\varphi_{阳}^{\ominus}}{RT} - \frac{1}{2}\ln a_{\mathrm{Zn}^{2+}}$$

有

$$i = \left(\frac{1}{a_{\mathrm{Zn}^{2+}}}\right)^{1/2} \exp\left(\frac{F\varphi_{阳}}{RT}\right) \exp\left(-\frac{F\varphi_{阳}^{\ominus}}{RT}\right) = k_- \exp\left(\frac{F\varphi_{阳}}{RT}\right) \tag{11.9}$$

式中，

$$k_- = \left(\frac{1}{a_{Zn^{2+}}}\right)^{1/2} \exp\left(-\frac{F\varphi_{阳}^{\ominus}}{RT}\right) \approx \left(\frac{1}{c_{Zn^{2+}}}\right)^{1/2} \exp\left(-\frac{F\varphi_{阳}^{\ominus}}{RT}\right)$$

3. 电池电动势

电池有电流通过，发生极化，电池反应为

$$Zn + Cl_2(0.1MPa) \Longrightarrow ZnCl_2$$

摩尔吉布斯自由能变化为

$$\Delta G_m = \mu_{ZnCl_2} - \mu_{Zn} - \mu_{Cl_2} = \Delta G_m^{\ominus} + RT \ln a_{ZnCl_2}$$

式中，

$$\Delta G_m^{\ominus} = \mu_{ZnCl_2}^{\ominus} - \mu_{Zn}^{\ominus} - 2\mu_{Cl_2}^{\ominus}$$

$$\mu_{ZnCl_2} = \mu_{ZnCl_2}^{\ominus} + RT \ln a_{ZnCl_2}$$

$$\mu_{Zn} = \mu_{Zn}^{\ominus}$$

$$\mu_{Cl_2} = \mu_{Cl_2}^{\ominus}$$

由

$$E = -\frac{\Delta G_m}{2F}$$

得

$$E = E^{\ominus} + \frac{RT}{2F} \ln \frac{1}{a_{ZnCl_2}} \tag{11.10}$$

式中，

$$E^{\ominus} = -\frac{\Delta G_m^{\ominus}}{2F} = -\frac{\mu_{ZnCl_2}^{\ominus} - \mu_{Zn}^{\ominus} - 2\mu_{Cl_2}^{\ominus}}{2F}$$

$$\Delta G_m = \Delta G_{m,阴} + \Delta G_{m,阳}$$
$$= -2F\varphi_{阴} + 2F\varphi_{阳}$$
$$= -2F(\varphi_{阴} - \varphi_{阳})$$
$$= -2FE$$
$$E = \varphi_{阴} - \varphi_{阳} \tag{11.11}$$

$$\Delta G_m^{\ominus} = \Delta G_{m,阴}^{\ominus} + \Delta G_{m,阳}^{\ominus}$$
$$= -2F\varphi_{阴}^{\ominus} + 2F\varphi_{阳}^{\ominus}$$
$$= -2F(\varphi_{阴}^{\ominus} - \varphi_{阳}^{\ominus})$$
$$= -2FE^{\ominus}$$
$$E^{\ominus} = \varphi_{阴}^{\ominus} - \varphi_{阳}^{\ominus}$$

4. 过电势

（1）阴极过电势：

$$\Delta\varphi_{阴} = \varphi_{阴} - \varphi_{阴,e} < 0$$

$$\Delta\varphi_{阴} = \varphi_{阴} - \varphi_{阴,e}$$

$$\Delta\varphi_{阴} = \frac{RT}{F}\ln\frac{a_{Cl^-,e}}{a_{Cl^-}} - \frac{RT}{F}\ln i$$

$$\ln i = -\frac{F\Delta\varphi_{阴}}{RT} + \ln\frac{a_{Cl^-,e}}{a_{Cl^-}}$$

所以

$$i = \frac{a_{Cl^-,e}}{a_{Cl^-}}\exp\left(-\frac{F\Delta\varphi_{阴}}{RT}\right) = k'_+\exp\left(-\frac{F\Delta\varphi_{阴}}{RT}\right) \qquad (11.12)$$

式中，

$$k'_+ = \frac{a_{Cl^-,e}}{a_{Cl^-}} \approx \frac{c_{Cl^-,e}}{c_{Cl^-}}$$

（2）阳极过电势：

$$\Delta\varphi_{阳} = \varphi_{阳} - \varphi_{阳,e} = \frac{RT}{F}\ln\frac{a_{Zn^{2+}}}{a_{Zn^{2+},e}} + \frac{RT}{F}\ln i$$

则

$$\ln i = \frac{F\Delta\varphi_{阳}}{RT} - \ln\frac{a_{Zn^{2+}}}{a_{Zn^{2+},e}}$$

所以

$$i = \frac{a_{Zn^{2+},e}}{a_{Zn^{2+}}}\exp\left(\frac{F\Delta\varphi_{阳}}{RT}\right) = k'_-\exp\left(\frac{F\Delta\varphi_{阳}}{RT}\right) \qquad (11.13)$$

式中，

$$k'_- = \frac{a_{Zn^{2+},e}}{a_{Zn^{2+}}} \approx \frac{c_{Zn^{2+},e}}{c_{Zn^{2+}}}$$

（3）电池过电动势：

$$\Delta E = E - E_e = \frac{RT}{2F}\ln\frac{a_{ZnCl_2,e}}{a_{ZnCl_2}}$$

即

$$\Delta E = \frac{RT}{2F}\ln\frac{a_{ZnCl_2,e}}{a_{ZnCl_2}} \qquad (11.14)$$

$$E = E_e + \Delta E = E_e + \frac{RT}{2F}\ln\frac{a_{ZnCl_2,e}}{a_{ZnCl_2}}$$

端电压

$$V = \varphi_{阴} - \varphi_{阳} - IR$$
$$= E - IR$$
$$= E_e + \Delta E - IR$$
$$= E_e + \frac{RT}{2F}\ln\frac{a_{ZnCl_2,e}}{a_{ZnCl_2}} - IR \qquad (11.15)$$

式中，V 为端电压；I 为电流；R 为电池的电阻。

11.1.3 一般情况

电极

$$A \mid A^{z+}B^{z-} \mid B$$

电极反应：
阴极反应

$$B + ze \Longrightarrow B^{z-}$$

阳极反应

$$A \Longrightarrow A^{z+} + ze$$

电池反应

$$A + B \Longrightarrow AB$$

1. 阴极电势

阴极反应达平衡：

$$B + ze \Longrightarrow B^{z-}$$

摩尔吉布斯自由能变化为

$$\Delta G_{m,阴,e} = \mu_{B^{z-}} - \mu_B - z\mu_e = \Delta G_{m,阴}^{\ominus} + RT\ln a_{B^{z-},e}$$

式中，

$$\Delta G_{m,阴}^{\ominus} = \mu_{B^{z-}}^{\ominus} - \mu_B^{\ominus} - z\mu_e^{\ominus}$$
$$\mu_{B^{z-}} = \mu_{B^{z-}}^{\ominus} + RT\ln a_{B^{z-},e}$$
$$\mu_B = \mu_B^{\ominus}$$
$$\mu_e = \mu_e^{\ominus}$$

由

$$\varphi_{阴,e} = -\frac{\Delta G_{m,阴,e}}{zF}$$

得

$$\varphi_{阴,e} = \varphi_{阴}^{\ominus} + \frac{RT}{zF}\ln\frac{1}{a_{B^{z-},e}} \qquad (11.16)$$

式中,

$$\varphi_{阴}^{\ominus} = -\frac{\Delta G_{m,阴}^{\ominus}}{zF} = -\frac{\mu_{B^{z-}}^{\ominus} - \mu_{B}^{\ominus} - z\mu_{e}^{\ominus}}{zF}$$

2. 阳极电势

阳极反应达平衡,

$$A \rightleftharpoons A^{z+} + ze$$

摩尔吉布斯自由能变化为

$$\Delta G_{m,阳,e} = \mu_{A^{z+}} + z\mu_{e} - \mu_{A} = \Delta G_{m,阳}^{\ominus} + RT\ln a_{A^{z+},e}$$

式中,

$$\Delta G_{m,阳}^{\ominus} = \mu_{A^{z+}}^{\ominus} + z\mu_{e}^{\ominus} - \mu_{A}^{\ominus}$$
$$\mu_{A^{z+}} = \mu_{A^{z+}}^{\ominus} + RT\ln a_{A^{z+},e}$$
$$\mu_{A} = \mu_{A}^{\ominus}$$
$$\mu_{e} = \mu_{e}^{\ominus}$$

由

$$\varphi_{阳,e} = \frac{\Delta G_{m,阳,e}}{zF}$$

得

$$\varphi_{阳,e} = \varphi_{阳}^{\ominus} + \frac{RT}{zF}\ln a_{A^{z+},e} \qquad (11.17)$$

式中,

$$\varphi_{阳}^{\ominus} = \frac{\Delta G_{m,阳}^{\ominus}}{zF} = \frac{\mu_{A^{z+}}^{\ominus} + z\mu_{e}^{\ominus} - \mu_{A}^{\ominus}}{zF}$$

3. 电池电动势

电池反应达平衡,

$$A + B \rightleftharpoons AB$$

摩尔吉布斯自由能变化为

$$\Delta G_{m,e} = \mu_{AB} - \mu_A - \mu_B = \Delta G_m^\ominus + RT \ln a_{AB,e}$$

式中,

$$\Delta G_{m,e}^\ominus = \mu_{AB}^\ominus - \mu_A^\ominus - \mu_B^\ominus$$

$$\mu_{AB} = \mu_{AB}^\ominus + RT \ln a_{AB,e}$$

$$\mu_A = \mu_A^\ominus$$

$$\mu_B = \mu_B^\ominus$$

　由

$$E_e = -\frac{\Delta G_{m,e}}{zF}$$

得

$$E_e = E^\ominus + \frac{RT}{zF} \ln \frac{1}{a_{AB,e}} \qquad (11.18)$$

式中,

$$E^\ominus = -\frac{\Delta G_m^\ominus}{zF}$$

$$E^\ominus = -\frac{\mu_{AB}^\ominus - \mu_A^\ominus - \mu_B^\ominus}{zF}$$

$$\Delta G_{m,e} = \Delta G_{m,阴,e} + \Lambda G_{m,阳,e}$$

$$= -zF\varphi_{阴,e} + zF\varphi_{阳,e}$$

$$= -zF(\varphi_{阴,e} - \varphi_{阳,e})$$

$$= -zFE_e$$

$$E_e = \varphi_{阴,e} - \varphi_{阳,e}$$

$$\Delta G_m^\ominus = \Delta G_{m,阴}^\ominus + \Delta G_{m,阳}^\ominus$$

$$= -zF\varphi_{阴}^\ominus + zF\varphi_{阳}^\ominus$$

$$= -zF(\varphi_{阴}^\ominus - \varphi_{阳}^\ominus)$$

$$= -zFE^\ominus$$

$$E^\ominus = \varphi_{阴}^\ominus - \varphi_{阳}^\ominus$$

11.1.4　熔盐电池极化

熔盐电池对外输出电流, 发生极化。

1. 阴极极化

阴极电势: 阴极反应达平衡,

$$B + ze \Longrightarrow B^{z-}$$

摩尔吉布斯自由能变化为

$$\Delta G_{m,阴} = \mu_{B^{z-}} - \mu_B - z\mu_e = \Delta G_{m,阴}^{\ominus} + RT \ln a_{B^{z-}} + zRT \ln i$$

式中，

$$\Delta G_{m,阴}^{\ominus} = \mu_{B^{z-}}^{\ominus} - \mu_B^{\ominus} - z\mu_e^{\ominus}$$

$$\mu_{B^{z-}} = \mu_{B^{z-}}^{\ominus} + RT \ln a_{B^{z-}}$$

$$\mu_B = \mu_B^{\ominus}$$

$$\mu_e = \mu_e^{\ominus} - RT \ln i$$

由

$$\varphi_{阴} = -\frac{\Delta G_{m,阴}}{zF}$$

得

$$\varphi_{阴} = \varphi_{阴}^{\ominus} + \frac{RT}{zF} \ln \frac{1}{a_{B^{z-}}} - \frac{RT}{F} \ln i \tag{11.19}$$

式中，

$$\varphi_{阴}^{\ominus} = -\frac{\Delta G_{m,阴}^{\ominus}}{zF} = -\frac{\mu_{B^{z-}}^{\ominus} - \mu_B^{\ominus} - z\mu_e^{\ominus}}{zF}$$

由式（11.19）得

$$\ln i = -\frac{F\varphi_{阴}}{RT} + \frac{F\varphi_{阴}^{\ominus}}{RT} + \frac{1}{z} \ln \frac{1}{a_{B^{z-}}}$$

有

$$i = \frac{1}{a_{B^{z-}}^{1/z}} \exp\left(-\frac{F\varphi_{阴}}{RT}\right) \exp\left(\frac{F\varphi_{阴}^{\ominus}}{RT}\right) = k_+ \exp\left(-\frac{F\varphi_{阴}}{RT}\right) \tag{11.20}$$

式中，

$$k_+ = \frac{1}{a_{B^{z-}}^{1/z}} \exp\left(\frac{F\varphi_{阴}^{\ominus}}{RT}\right) \approx \frac{1}{c_{B^{z-}}^{1/z}} \exp\left(\frac{F\varphi_{阴}^{\ominus}}{RT}\right)$$

2. 阳极极化

阳极极化，电势升高。阳极反应为

$$A \Longrightarrow A^{z+} + ze$$

摩尔吉布斯自由能变化为

$$\Delta G_{m,阳} = \mu_{A^{z+}} + z\mu_e - \mu_A = \Delta G_{m,阳}^{\ominus} + RT \ln a_{A^{z+}} + zRT \ln i$$

式中，

$$\Delta G_{m,\text{阳}}^{\ominus} = \mu_{A^{z+}}^{\ominus} + z\mu_e^{\ominus} - \mu_A^{\ominus}$$

$$\mu_{A^{z+}} = \mu_{A^{z+}}^{\ominus} + RT \ln a_{A^{z+}}$$

$$\mu_A = \mu_A^{\ominus}$$

$$\mu_e = \mu_e^{\ominus} + RT \ln i$$

由

$$\varphi_{\text{阳}} = \frac{\Delta G_{m,\text{阳}}}{zF}$$

得

$$\varphi_{\text{阳}} = \varphi_{\text{阳}}^{\ominus} + \frac{RT}{zF} \ln a_{A^{z+}} - \frac{RT}{F} \ln i \qquad （11.21）$$

式中，

$$\varphi_{\text{阳}}^{\ominus} = \frac{\Delta G_{m,\text{阳}}^{\ominus}}{zF} = \frac{\mu_{A^{z+}}^{\ominus} + z\mu_e^{\ominus} - \mu_A^{\ominus}}{zF}$$

由式（11.21）得

$$\ln i = \frac{F\varphi_{\text{阳}}}{RT} - \frac{F\varphi_{\text{阳}}^{\ominus}}{RT} - \frac{1}{z} \ln a_{A^{z+}}$$

有

$$i = \frac{1}{a_{A^{z+}}^{1/z}} \exp\left(\frac{F\varphi_{\text{阳}}}{RT}\right) \exp\left(-\frac{F\varphi_{\text{阳}}^{\ominus}}{RT}\right) = k_- \exp\left(\frac{F\varphi_{\text{阳}}}{RT}\right) \qquad （11.22）$$

式中，

$$k_- = \frac{1}{a_{A^{z+}}^{1/z}} \exp\left(-\frac{F\varphi_{\text{阳}}^{\ominus}}{RT}\right) \approx \frac{1}{c_{A^{z+}}^{1/z}} \exp\left(-\frac{F\varphi_{\text{阳}}^{\ominus}}{RT}\right)$$

3. 电池电动势

电池反应：

$$A + B \Longrightarrow AB$$

摩尔吉布斯自由能变化为

$$\Delta G_m = \mu_{AB} - \mu_A - \mu_B = \Delta G_m^{\ominus} + RT \ln a_{AB}$$

式中，

$$\Delta G_m^{\ominus} = \mu_{AB}^{\ominus} - \mu_A^{\ominus} - \mu_B^{\ominus}$$

$$\mu_{AB} = \mu_{AB}^{\ominus} + RT \ln a_{AB}$$

$$\mu_A = \mu_A^{\ominus}$$

$$\mu_B = \mu_B^{\ominus}$$

由

$$E = -\frac{\Delta G_{\mathrm{m}}}{zF}$$

得

$$E = E^{\ominus} + \frac{RT}{zF}\ln\frac{1}{a_{\mathrm{AB}}} \tag{11.23}$$

式中，

$$E^{\ominus} = -\frac{\Delta G_{\mathrm{m}}^{\ominus}}{zF}$$

$$E^{\ominus} = -\frac{\mu_{\mathrm{AB}}^{\ominus} - \mu_{\mathrm{A}}^{\ominus} - \mu_{\mathrm{B}}^{\ominus}}{zF}$$

$$\Delta G_{\mathrm{m}} = \Delta G_{\mathrm{m,阴}} + \Delta G_{\mathrm{m,阳}}$$

$$= -zF\varphi_{阴} + zF\varphi_{阳}$$

$$= -zF(\varphi_{阴} - \varphi_{阳})$$

$$= -zFE$$

$$E = \varphi_{阴} - \varphi_{阳}$$

$$\Delta G_{\mathrm{m}}^{\ominus} = \Delta G_{\mathrm{m,阴}}^{\ominus} + \Delta G_{\mathrm{m,阳}}^{\ominus}$$

$$= -zF\varphi_{阴}^{\ominus} + zF\varphi_{阳}^{\ominus}$$

$$= -zF(\varphi_{阴}^{\ominus} - \varphi_{阳}^{\ominus})$$

$$= -zFE^{\ominus}$$

$$E^{\ominus} = \varphi_{阴}^{\ominus} - \varphi_{阳}^{\ominus}$$

$$\Delta G_{\mathrm{m}} = \Delta G_{\mathrm{m}}^{\ominus} + RT\ln a_{\mathrm{AB}}$$

4. 过电势

（1）阴极过电势：

$$\Delta\varphi_{阴} = \varphi_{阴} - \varphi_{阴,\mathrm{e}} = \frac{RT}{zF}\ln\frac{a_{\mathrm{B}^{z-},\mathrm{e}}}{a_{\mathrm{B}^{z-}}} - \frac{RT}{F}\ln i \tag{11.24}$$

由式（11.24）得

$$\ln i = -\frac{F\Delta\varphi_{阴}}{RT} + \frac{1}{z}\ln\frac{a_{\mathrm{B}^{z-},\mathrm{e}}}{a_{\mathrm{B}^{z-}}}$$

所以

$$i = \left(\frac{a_{\mathrm{B}^{z-},\mathrm{e}}}{a_{\mathrm{B}^{z-}}}\right)^{1/z}\exp\left(-\frac{F\Delta\varphi_{阴}}{RT}\right) = k_{+}'\exp\left(-\frac{F\Delta\varphi_{阴}}{RT}\right) \tag{11.25}$$

式中，

$$k'_+ = \left(\frac{a_{B^{z-},e}}{a_{B^{z-}}}\right)^{1/z} \approx \left(\frac{c_{B^{z-},e}}{c_{B^{z-}}}\right)^{1/z}$$

（2）阳极过电势：

$$\Delta\varphi_{阳} = \varphi_{阳} - \varphi_{阳,e} = \frac{RT}{zF}\ln\frac{a_{A^{z+}}}{a_{A^{z+},e}} + \frac{RT}{F}\ln i$$

则

$$\ln i = \frac{F\Delta\varphi_{阳}}{RT} - \frac{1}{z}\ln\frac{a_{A^{z+}}}{a_{A^{z+},e}}$$

所以

$$i = \left(\frac{a_{A^{z+},e}}{a_{A^{z+}}}\right)^{1/z}\exp\left(\frac{F\Delta\varphi_{阳}}{RT}\right) = k'_-\exp\left(\frac{F\Delta\varphi_{阳}}{RT}\right) \tag{11.26}$$

式中，

$$k'_- = \left(\frac{a_{A^{z+},e}}{a_{A^{z+}}}\right)^{1/z} \approx \left(\frac{c_{A^{z+},e}}{c_{A^{z+}}}\right)^{1/z}$$

（3）电池过电动势：

$$\Delta E = E - E_e = \frac{RT}{zF}\ln\frac{a_{AB,e}}{a_{AB}}$$

即

$$\Delta E = \frac{RT}{zF}\ln\frac{a_{AB,e}}{a_{AB}} \tag{11.27}$$

$$E = E_e + \Delta E = E_e + \frac{RT}{zF}\ln\frac{a_{AB,e}}{a_{AB}} \tag{11.28}$$

端电压

$$V = \varphi_{阴} - \varphi_{阳} - IR = E - IR = E_e + \Delta E - IR$$

$$= E_e + \frac{RT}{zF}\ln\frac{a_{AB,e}}{a_{AB}} - IR \tag{11.29}$$

式中，V 为端电压；I 为电流；R 为电池的电阻。

11.1.5　汞齐型电池

汞齐型电池，例如，

$$Cd(a_1)\text{-}Pb \mid CdCl_2 \mid Cd(a_2)\text{-}Pb$$

阴极反应

$$Cd^{2+} + 2e \mathrel{=\!=\!=} Cd(a_2)$$

阳极反应

$$Cd(a_1) \mathrel{=\!=\!=} Cd^{2+} + 2e$$

电池反应

$$Cd(a_1) \mathrel{=\!=\!=} Cd(a_2)$$

1. 阴极电势

阴极反应达平衡，

$$Cd^{2+} + 2e \mathrel{\rightleftharpoons} Cd(a_2)$$

摩尔吉布斯自由能变化为

$$\Delta G_{m,阴,e} = \mu_{Cd(a_2)} - \mu_{Cd^{2+}} - 2\mu_e = \Delta G_{m,阴}^{\ominus} + RT \ln \frac{a_{Cd(2),e}}{a_{Cd^{2+},e}}$$

式中，

$$\Delta G_{m,阴}^{\ominus} = \mu_{Cd}^{\ominus} - \mu_{Cd^{2+}}^{\ominus} - 2\mu_e^{\ominus}$$

$$\mu_{Cd} = \mu_{Cd}^{\ominus} + RT \ln a_{Cd(2),e}$$

$$\mu_{Cd^{2+}} = \mu_{Cd^{2+}}^{\ominus} + RT \ln a_{Cd^{2+},e}$$

$$\mu_e = \mu_e^{\ominus}$$

由

$$\varphi_{阴,e} = -\frac{\Delta G_{m,阴,e}}{2F}$$

得

$$\varphi_{阴,e} = \varphi_{阴}^{\ominus} + \frac{RT}{2F} \ln \frac{a_{Cd^{2+},e}}{a_{Cd(2),e}} \qquad (11.30)$$

式中，

$$\varphi_{阴}^{\ominus} = -\frac{\mu_{Cd}^{\ominus} - \mu_{Cd^{2+}}^{\ominus} - 2\mu_e^{\ominus}}{2F}$$

2. 阳极电势

阳极反应达平衡，

$$Cd(a_1) \mathrel{\rightleftharpoons} Cd^{2+} + 2e$$

摩尔吉布斯自由能变化为

$$\Delta G_{m,阳,e} = \mu_{Cd^{2+}} + 2\mu_e - \mu_{Cd(a_1)} = \Delta G_{m,阳}^{\ominus} + RT \ln \frac{a_{Cd^{2+},e}}{a_{Cd(1),e}}$$

式中，

$$\Delta G_{m,阳}^{\ominus} = \mu_{Cd^{2+}}^{\ominus} + 2\mu_e^{\ominus} - \mu_{Cd}^{\ominus}$$

$$\mu_{Cd^{2+}} = \mu_{Cd^{2+}}^{\ominus} + RT\ln a_{Cd^{2+},e}$$

$$\mu_{Cd(a_1)} = \mu_{Cd}^{\ominus} + RT\ln a_{Cd(1),e}$$

$$\mu_e = \mu_e^{\ominus}$$

由

$$\varphi_{阳,e} = \frac{\Delta G_{m,阳,e}}{2F}$$

得

$$\varphi_{阳,e} = \varphi_{阳}^{\ominus} + \frac{RT}{2F}\ln\frac{a_{Cd^{2+},e}}{a_{Cd(1),e}} \qquad (11.31)$$

式中，

$$\varphi_{阳}^{\ominus} = \frac{\Delta G_{m,阳}^{\ominus}}{2F} = \frac{\mu_{Cd^{2+}}^{\ominus} + 2\mu_e^{\ominus} - \mu_{Cd}^{\ominus}}{2F}$$

3. 电池电动势

电池反应达平衡，

$$Cd(a_1) \Longleftrightarrow Cd(a_2)$$

摩尔吉布斯自由能变化为

$$\Delta G_{m,e} = \mu_{Cd(a_2)} - \mu_{Cd(a_1)} = \Delta G_m^{\ominus} + RT\ln\frac{a_{Cd(a_2),e}}{a_{Cd(a_1),e}}$$

式中，

$$\Delta G_m^{\ominus} = \mu_{Cd}^{\ominus} - \mu_{Cd}^{\ominus} = 0$$

$$\mu_{Cd(a_2)} = \mu_{Cd}^{\ominus} + RT\ln a_{Cd(a_2),e}$$

$$\mu_{Cd(a_1)} = \mu_{Cd}^{\ominus} + RT\ln a_{Cd(a_1),e}$$

由

$$E_e = -\frac{\Delta G_{m,e}}{2F}$$

得

$$E_e = E^{\ominus} + \frac{RT}{2F}\ln\frac{a_{Cd(a_1),e}}{a_{Cd(a_2),e}}$$

式中，

$$E^{\ominus} = -\frac{\Delta G_{\mathrm{m}}^{\ominus}}{2F}$$

$$E^{\ominus} = -\frac{\mu_{\mathrm{Cd}}^{\ominus} - \mu_{\mathrm{Cd}}^{\ominus}}{2F} = 0$$

$$E_{\mathrm{e}} = \frac{RT}{2F} \ln \frac{a_{\mathrm{Cd}(a_1),\mathrm{e}}}{a_{\mathrm{Cd}(a_2),\mathrm{e}}} \qquad (11.32)$$

$$\Delta G_{\mathrm{m,e}} = \Delta G_{\mathrm{m,阴,e}} + \Delta G_{\mathrm{m,阳,e}}$$
$$= -2F\varphi_{阴,\mathrm{e}} + 2F\varphi_{阳,\mathrm{e}}$$
$$= -2F(\varphi_{阴,\mathrm{e}} - \varphi_{阳,\mathrm{e}})$$
$$= -2FE_{\mathrm{e}}$$
$$E_{\mathrm{e}} = \varphi_{阴,\mathrm{e}} - \varphi_{阳,\mathrm{e}}$$
$$\Delta G_{\mathrm{m,e}}^{\ominus} = \Delta G_{\mathrm{m,阴,e}}^{\ominus} + \Delta G_{\mathrm{m,阳,e}}^{\ominus}$$
$$= -2F\varphi_{阴,\mathrm{e}}^{\ominus} + 2F\varphi_{阳,\mathrm{e}}^{\ominus}$$
$$= -2F(\varphi_{阴,\mathrm{e}}^{\ominus} - \varphi_{阳,\mathrm{e}}^{\ominus})$$
$$= -2FE^{\ominus}$$
$$= 0$$
$$E^{\ominus} = \varphi_{阴,\mathrm{e}}^{\ominus} - \varphi_{阳,\mathrm{e}}^{\ominus}$$

11.1.6　汞齐型熔盐电池极化

熔盐电池对外输出电流，发生极化。

1. 阴极极化

阴极反应：

$$\mathrm{Cd}^{2+} + 2\mathrm{e} =\!=\!= \mathrm{Cd}(a_2)$$

摩尔吉布斯自由能变化为

$$\Delta G_{\mathrm{m,阴}} = \mu_{\mathrm{Cd}(a_2)} - \mu_{\mathrm{Cd}^{2+}} - 2\mu_{\mathrm{e}} = \Delta G_{\mathrm{m,阴}}^{\ominus} + RT\ln\frac{a_{\mathrm{Cd}(2)}}{a_{\mathrm{Cd}^{2+}}} + 2RT\ln i$$

式中，

$$\Delta G_{\mathrm{m,阴}}^{\ominus} = \mu_{\mathrm{Cd}}^{\ominus} - \mu_{\mathrm{Cd}^{2+}}^{\ominus} - 2\mu_{\mathrm{e}}^{\ominus}$$
$$\mu_{\mathrm{Cd}(a_2)} = \mu_{\mathrm{Cd}}^{\ominus} + RT\ln a_{\mathrm{Cd}(2)}$$
$$\mu_{\mathrm{Cd}^{2+}} = \mu_{\mathrm{Cd}^{2+}}^{\ominus} + RT\ln a_{\mathrm{Cd}^{2+}}$$
$$\mu_{\mathrm{e}} = \mu_{\mathrm{e}}^{\ominus} - RT\ln i$$

由

$$\varphi_{\text{阴}} = -\frac{\Delta G_{\text{m,阴}}}{2F}$$

得

$$\varphi_{\text{阴}} = \varphi^{\ominus} + \frac{RT}{2F} \ln \frac{a_{\text{Cd}^{2+}}}{a_{\text{Cd(2)}}} - \frac{RT}{F} \ln i \qquad (11.33)$$

式中，

$$\varphi_{\text{阴}}^{\ominus} = -\frac{\Delta G_{\text{m,阴}}^{\ominus}}{2F} = -\frac{\mu_{\text{Cd}}^{\ominus} - \mu_{\text{Cd}^{2+}}^{\ominus} - 2\mu_{\text{e}}^{\ominus}}{2F}$$

由式（11.33）得

$$\ln i = -\frac{F\varphi_{\text{阴}}}{RT} + \frac{F\varphi_{\text{阴}}^{\ominus}}{RT} + \frac{1}{2} \ln \frac{a_{\text{Cd}^{2+}}}{a_{\text{Cd(2)}}}$$

有

$$i = \left(\frac{a_{\text{Cd}^{2+}}}{a_{\text{Cd(2)}}}\right)^{1/2} \exp\left(-\frac{F\varphi_{\text{阴}}}{RT}\right) \exp\left(\frac{F\varphi_{\text{阴}}^{\ominus}}{RT}\right) = k_{+} \exp\left(-\frac{F\varphi_{\text{阴}}}{RT}\right) \qquad (11.34)$$

式中，

$$k_{+} = \left(\frac{a_{\text{Cd}^{2+}}}{a_{\text{Cd(2)}}}\right)^{1/2} \exp\left(\frac{F\varphi_{\text{阴}}^{\ominus}}{RT}\right) \approx \left(\frac{c_{\text{Cd}^{2+}}}{c_{\text{Cd(2)}}}\right)^{1/2} \exp\left(\frac{F\varphi_{\text{阴}}^{\ominus}}{RT}\right)$$

2. 阳极极化

阳极有电流通过，发生极化。阳极反应为

$$\text{Cd}(a_1) = \text{Cd}^{2+} + 2\text{e}$$

摩尔吉布斯自由能变化为

$$\Delta G_{\text{m,阳}} = \mu_{\text{Cd}^{2+}} + 2\mu_{\text{e}} - \mu_{\text{Cd}(a_1)} = \Delta G_{\text{m,阳}}^{\ominus} + RT \ln \frac{a_{\text{Cd}^{2+}}}{a_{\text{Cd(1)}}} + 2RT \ln i$$

式中，

$$\Delta G_{\text{m,阳}}^{\ominus} = \mu_{\text{Cd}^{2+}}^{\ominus} + 2\mu_{\text{e}}^{\ominus} - \mu_{\text{Cd}}^{\ominus}$$

$$\mu_{\text{Cd}^{2+}} = \mu_{\text{Cd}^{2+}}^{\ominus} + RT \ln a_{\text{Cd}^{2+}}$$

$$\mu_{\text{Cd}(a_1)} = \mu_{\text{Cd}}^{\ominus} + RT \ln a_{\text{Cd(1)}}$$

$$\mu_{\text{e}} = \mu_{\text{e}}^{\ominus} + RT \ln i$$

由

$$\varphi_{\text{阳}} = \frac{\Delta G_{\text{m,阳}}}{2F}$$

得

$$\varphi_{阳} = \varphi_{阳}^{\ominus} + \frac{RT}{2F} \ln \frac{a_{Cd^{2+}}}{a_{Cd(1)}} + \frac{RT}{F} \ln i \qquad (11.35)$$

式中，

$$\varphi_{阳}^{\ominus} = \frac{\Delta G_{m,阳}^{\ominus *}}{2F} = \frac{\mu_{Cd^{2+}}^{\ominus} + 2\mu_{e}^{\ominus} - \mu_{Cd}^{\ominus}}{2F}$$

由式（11.35）得

$$\ln i = \frac{F\varphi_{阳}}{RT} - \frac{F\varphi_{阳}^{\ominus}}{RT} - \frac{1}{2} \ln \frac{a_{Cd^{2+}}}{a_{Cd(1)}}$$

有

$$i = \left(\frac{a_{Cd(1)}}{a_{Cd^{2+}}} \right)^{1/2} \exp\left(\frac{F\varphi_{阳}}{RT} \right) \exp\left(-\frac{F\varphi_{阳}^{\ominus}}{RT} \right) = k_{-} \exp\left(\frac{F\varphi_{阳}}{RT} \right) \qquad (11.36)$$

式中，

$$k_{-} = \left(\frac{a_{Cd(1)}}{a_{Cd^{2+}}} \right)^{1/2} \exp\left(-\frac{F\varphi_{阳}^{\ominus}}{RT} \right) \approx \left(\frac{c_{Cd(1)}}{c_{Cd^{2+}}} \right)^{1/2} \exp\left(-\frac{F\varphi_{阳}^{\ominus}}{RT} \right)$$

3. 电池极化

电池对外输出电能，有电流通过，发生极化。

电池反应：

$$Cd(1) = Cd(2)$$

摩尔吉布斯自由能变化为

$$\Delta G_{m} = \mu_{Cd(2)} - \mu_{Cd(1)} = \Delta G_{m}^{\ominus} + RT \ln \frac{a_{Cd(2)}}{a_{Cd(1)}}$$

式中，

$$\Delta G_{m}^{\ominus} = \mu_{Cd}^{\ominus} - \mu_{Cd}^{\ominus} = 0$$
$$\mu_{Cd(2)} = \mu_{Cd}^{\ominus} + RT \ln a_{Cd(2)}$$
$$\mu_{Cd(1)} = \mu_{Cd}^{\ominus} + RT \ln a_{Cd(1)}$$

由

$$E = -\frac{\Delta G_{m}}{2F}$$

得

$$E = E^{\ominus} + \frac{RT}{2F} \ln \frac{a_{Cd(1)}}{a_{Cd(2)}}$$

式中,

$$E^{\ominus} = -\frac{\Delta G_{\mathrm{m}}^{\ominus}}{2F} = 0$$

则

$$E = \frac{RT}{2F} \ln \frac{a_{\mathrm{Cd}(1)}}{a_{\mathrm{Cd}(2)}} \tag{11.37}$$

$$\Delta G_{\mathrm{m}} = \Delta G_{\mathrm{m},阴} + \Delta G_{\mathrm{m},阳}$$
$$= -2F\varphi_阴 + 2F\varphi_阳$$
$$= -2F(\varphi_阴 - \varphi_阳)$$
$$= -2FE$$
$$E = \varphi_阴 - \varphi_阳$$
$$\Delta G_{\mathrm{m}}^{\ominus} = \Delta G_{\mathrm{m},阴}^{\ominus} + \Delta G_{\mathrm{m},阳}^{\ominus}$$
$$= -2F\varphi_阴^{\ominus} + 2F\varphi_阳^{\ominus}$$
$$= -2F(\varphi_阴^{\ominus} - \varphi_阳^{\ominus})$$
$$= -2FE^{\ominus}$$
$$= 0$$
$$E^{\ominus} = \varphi_阴^{\ominus} - \varphi_阳^{\ominus}$$

4. 过电势

（1）阴极过电势：

$$\Delta\varphi_阴 = \varphi_阴 - \varphi_{阴,\mathrm{e}} = \frac{RT}{2F} \ln \frac{a_{\mathrm{Cd}^{2+}} a_{\mathrm{Cd}(2),\mathrm{e}}}{a_{\mathrm{Cd}(2)} a_{\mathrm{Cd}^{2+},\mathrm{e}}} - \frac{RT}{F} \ln i \tag{11.38}$$

由式（11.38）得

$$\ln i = -\frac{F\Delta\varphi_阴}{RT} + \frac{1}{2} \ln \frac{a_{\mathrm{Cd}^{2+}} a_{\mathrm{Cd}(2),\mathrm{e}}}{a_{\mathrm{Cd}(2)} a_{\mathrm{Cd}^{2+},\mathrm{e}}}$$

所以

$$i = \left(\frac{a_{\mathrm{Cd}^{2+}} a_{\mathrm{Cd}(2),\mathrm{e}}}{a_{\mathrm{Cd}(2)} a_{\mathrm{Cd}^{2+},\mathrm{e}}} \right)^{1/2} \exp\left(-\frac{F\Delta\varphi_阴}{RT} \right) = k'_+ \exp\left(-\frac{F\Delta\varphi_阴}{RT} \right) \tag{11.39}$$

式中,

$$k'_+ = \left(\frac{a_{\mathrm{Cd}^{2+}} a_{\mathrm{Cd}(2),\mathrm{e}}}{a_{\mathrm{Cd}(2)} a_{\mathrm{Cd}^{2+},\mathrm{e}}} \right)^{1/2} \approx \left(\frac{c_{\mathrm{Cd}^{2+}} c_{\mathrm{Cd}(2),\mathrm{e}}}{c_{\mathrm{Cd}(2)} c_{\mathrm{Cd}^{2+},\mathrm{e}}} \right)^{1/2}$$

（2）阳极过电势：

$$\Delta\varphi_{阳} = \varphi_{阳} - \varphi_{阳,e} = \frac{RT}{2F}\ln\frac{a_{Cd^{2+}}a_{Cd(1),e}}{a_{Cd(1)}a_{Cd^{2+},e}} - \frac{RT}{F}\ln i \tag{11.40}$$

由上式得

$$\ln i = -\frac{F\Delta\varphi_{阳}}{RT} + \frac{1}{2}\ln\frac{a_{Cd^{2+}}a_{Cd(1),e}}{a_{Cd(1)}a_{Cd^{2+},e}}$$

所以

$$i = \left(\frac{a_{Cd^{2+}}a_{Cd(1),e}}{a_{Cd(1)}a_{Cd^{2+},e}}\right)^{1/2}\exp\left(-\frac{F\Delta\varphi_{阳}}{RT}\right) = k'_{-}\exp\left(-\frac{F\Delta\varphi_{阳}}{RT}\right) \tag{11.41}$$

式中，

$$k'_{-} = \left(\frac{a_{Cd^{2+}}a_{Cd(1),e}}{a_{Cd(1)}a_{Cd^{2+},e}}\right)^{1/2} \approx \left(\frac{c_{Cd^{2+}}c_{Cd(1),e}}{c_{Cd(1)}c_{Cd^{2+},e}}\right)^{1/2}$$

（3）电池过电动势：

$$\Delta E = E - E_e = \frac{RT}{2F}\ln\frac{a_{Cd(1)}a_{Cd(2),e}}{a_{Cd(2)}a_{Cd(1),e}} = \frac{RT}{2F}\ln\frac{a_{Cd(1)}a_{Cd(2),e}}{a_{Cd(2)}a_{Cd(1),e}} \tag{11.42}$$

$$E = \varphi_{阴} - \varphi_{阳}$$

$$E_e = \varphi_{阴,e} - \varphi_{阳,e}$$

$$\Delta E = (\varphi_{阴} - \varphi_{阳}) - (\varphi_{阴,e} - \varphi_{阳,e}) = (\varphi_{阴} - \varphi_{阴,e}) - (\varphi_{阳} - \varphi_{阳,e}) = \Delta\varphi_{阴} - \Delta\varphi_{阳} \tag{11.43}$$

端电压：

$$V = \varphi_{阴} - \varphi_{阳} - IR = E - IR = E^{\ominus} + \Delta E - IR$$

$$= E_e + \frac{RT}{2F}\ln\frac{a_{Cd(1)}a_{Cd(2),e}}{a_{Cd(2)}a_{Cd(1),e}} - IR$$

11.1.7 推广到一般情况

$$Me(a_1)\,|\,(Me^{z+}B^{z-})\,|\,Me(a_2)$$

阴极反应

$$Me^{z+} + ze \Longrightarrow Me(a_2)$$

阳极反应

$$Me(a_1) \Longrightarrow Me^{z+} + ze$$

电池反应

$$Me(a_1) \Longrightarrow Me(a_2)$$

1. 阴极电势

阴极反应达平衡：

$$Me^{z+} + ze \Longrightarrow Me(a_2)$$

摩尔吉布斯自由能变化为

$$\Delta G_{m,阴,e} = \mu_{Me(2)} - \mu_{Me^{z+}} - z\mu_e = \Delta G_{m,阴}^{\ominus} + RT\ln\frac{a_{Me(2),e}}{a_{Me^{z+},e}}$$

式中，

$$\Delta G_{m,阴}^{\ominus} = \mu_{Me}^{\ominus} - \mu_B^{\ominus} - z\mu_e^{\ominus}$$

$$\mu_{Me(2)} = \mu_{Me(2)}^{\ominus} + RT\ln a_{Me(2),e}$$

$$\mu_{Me^{z+}} = \mu_{Me^{z+}}^{\ominus} + RT\ln a_{Me^{z+},e}$$

$$\mu_e = \mu_e^{\ominus}$$

由

$$\varphi_{阴,e} = -\frac{\Delta G_{m,阴,e}}{zF}$$

得

$$\varphi_{阴,e} = \varphi_{阴}^{\ominus} + \frac{RT}{zF}\ln\frac{a_{Me^{z+},e}}{a_{Me(2),e}} \tag{11.44}$$

式中，

$$\varphi_{阴}^{\ominus} = -\frac{\Delta G_{m,阴}^{\ominus}}{zF} = -\frac{\mu_{Me}^{\ominus} - \mu_{Me^{z+}}^{\ominus} - z\mu_e^{\ominus}}{zF}$$

2. 阳极电势

阳极反应达平衡，

$$Me(a_1) \Longrightarrow Me^{z+} + ze$$

摩尔吉布斯自由能变化为

$$\Delta G_{m,阳,e} = \mu_{Me^{z+}} + z\mu_e - \mu_{Me(a_1)} = \Delta G_{m,阳}^{\ominus} + RT\ln\frac{a_{Me^{z+},e}}{a_{Me(1),e}}$$

式中，

$$\Delta G_{m,阳}^{\ominus} = \mu_{Me^{z+}}^{\ominus} + z\mu_e^{\ominus} - \mu_{Me}^{\ominus}$$

$$\mu_{Me^{z+}} = \mu_{Me^{z+}}^{\ominus} + RT\ln a_{Me^{z+},e}$$

$$\mu_{Me(a_1)} = \mu_{Me}^{\ominus} + RT\ln a_{Me(1),e}$$

$$\mu_e = \mu_e^{\ominus}$$

由

$$\varphi_{阳,e} = \frac{\Delta G_{m,阳,e}}{zF}$$

得

$$\varphi_{阳,e} = \varphi_{阳}^{\ominus} + \frac{RT}{zF}\ln\frac{a_{Me^{z+},e}}{a_{Me(1),e}} \tag{11.45}$$

式中,

$$\varphi_{阳}^{\ominus} = \frac{\mu_{Me^{z+}}^{\ominus} + z\mu_e^{\ominus} - \mu_{Me}^{\ominus}}{zF}$$

3. 电池电动势

电池反应达平衡:
电池反应

$$Me(1) \Longleftrightarrow Me(2)$$

摩尔吉布斯自由能变化为

$$\Delta G_{m,e} = \mu_{Me(2)} - \mu_{Me(1)} = \Delta G_m^{\ominus} + RT\ln\frac{a_{Me(2),e}}{a_{Me(1),e}}$$

式中,

$$\Delta G_m^{\ominus} = \mu_{Me}^{\ominus} - \mu_{Me}^{\ominus} = 0$$
$$\mu_{Me(2)} = \mu_{Me}^{\ominus} + RT\ln a_{Me(2),e}$$
$$\mu_{Me(1)} = \mu_{Me}^{\ominus} + RT\ln a_{Me(1),e}$$

由

$$E_e = -\frac{\Delta G_{m,e}}{zF}$$

得

$$E_e = E^{\ominus} + \frac{RT}{zF}\ln\frac{a_{Me(1),e}}{a_{Me(2),e}}$$

式中,

$$E^{\ominus} = -\frac{\Delta G_{m,e}^{\ominus}}{zF} = -\frac{\mu_{Me}^{\ominus} - \mu_{Me}^{\ominus}}{zF} = 0$$

$$E_e = \frac{RT}{zF}\ln\frac{a_{Me(1),e}}{a_{Me(2),e}} \tag{11.46}$$

$$
\begin{aligned}
\Delta G_{\mathrm{m,e}} &= \Delta G_{\mathrm{m,阴,e}} + \Delta G_{\mathrm{m,阳,e}} \\
&= -2F\varphi_{阴,\mathrm{e}} + 2F\varphi_{阳,\mathrm{e}} \\
&= -2F(\varphi_{阴,\mathrm{e}} - \varphi_{阳,\mathrm{e}}) \\
&= -2FE_{\mathrm{e}}
\end{aligned}
$$

$$E_{\mathrm{e}} = \varphi_{阴,\mathrm{e}} - \varphi_{阳,\mathrm{e}}$$

$$
\begin{aligned}
\Delta G_{\mathrm{m,e}}^{\ominus} &= \Delta G_{\mathrm{m,阴,e}}^{\ominus} + \Delta G_{\mathrm{m,阳,e}}^{\ominus} \\
&= -2F\varphi_{阴,\mathrm{e}}^{\ominus} + 2F\varphi_{阳,\mathrm{e}}^{\ominus} \\
&= -2F(\varphi_{阴,\mathrm{e}}^{\ominus} - \varphi_{阳,\mathrm{e}}^{\ominus}) \\
&= -2FE^{\ominus} \\
&= 0
\end{aligned}
$$

$$E^{\ominus} = \varphi_{阴,\mathrm{e}}^{\ominus} - \varphi_{阳,\mathrm{e}}^{\ominus}$$

11.1.8　电池极化

熔盐电池对外输出电能，有电流通过，发生极化。

1. 阴极极化

阴极有电流通过，发生极化。阴极反应为

$$\mathrm{Me}^{z+} + z\mathrm{e} = \mathrm{Me}(a_2)$$

摩尔吉布斯自由能变化为

$$\Delta G_{\mathrm{m,阴}} = \mu_{\mathrm{Me}(a_2)} - \mu_{\mathrm{Me}^{z+}} - z\mu_{\mathrm{e}} = \Delta G_{\mathrm{m,阴}}^{\ominus} + RT\ln\frac{a_{\mathrm{Me}(2)}}{a_{\mathrm{Me}^{z+}}} + zRT\ln i$$

式中，

$$
\begin{aligned}
\Delta G_{\mathrm{m,阴}}^{\ominus} &= \mu_{\mathrm{Me}}^{\ominus} - \mu_{\mathrm{Me}^{z+}}^{\ominus} - z\mu_{\mathrm{e}}^{\ominus} \\
\mu_{\mathrm{Me}^{z+}} &= \mu_{\mathrm{Me}^{z+}}^{\ominus} + RT\ln a_{\mathrm{Me}^{z+}} \\
\mu_{\mathrm{Me}(a_2)} &= \mu_{\mathrm{Me}}^{\ominus} + RT\ln a_{\mathrm{Me}(2)} \\
\mu_{\mathrm{e}} &= \mu_{\mathrm{e}}^{\ominus} - RT\ln i
\end{aligned}
$$

由

$$\varphi_{阴} = -\frac{\Delta G_{\mathrm{m,阴}}}{zF}$$

得

$$\varphi_{阴} = \varphi_{阴}^{\ominus} + \frac{RT}{zF}\ln\frac{a_{\mathrm{Me}^{z+}}}{a_{\mathrm{Me}(2)}} - \frac{RT}{F}\ln i \tag{11.47}$$

式中，

$$\varphi_{阴}^{\ominus} = -\frac{\Delta G_{m,阴}^{\ominus}}{zF} = -\frac{\mu_{Me}^{\ominus} - \mu_{Me^{z+}}^{\ominus} - z\mu_e^{\ominus}}{zF}$$

由式（11.47）得

$$\ln i = -\frac{F\varphi_{阴}}{RT} + \frac{F\varphi_{阴}^{\ominus}}{RT} + \frac{1}{z}\ln\frac{a_{Me^{z+}}}{a_{Me(2)}}$$

有

$$i = \left(\frac{a_{Me^{z+}}}{a_{Me(2)}}\right)^{1/z}\exp\left(-\frac{F\varphi_{阴}}{RT}\right)\exp\left(\frac{F\varphi_{阴}^{\ominus}}{RT}\right) = k_+\exp\left(-\frac{F\varphi_{阴}}{RT}\right) \tag{11.48}$$

式中，

$$k_+ = \left(\frac{a_{Me^{z+}}}{a_{Me(2)}}\right)^{1/z}\exp\left(\frac{F\varphi_{阴}^{\ominus}}{RT}\right) \approx \left(\frac{c_{Me^{z+}}}{c_{Me(2)}}\right)^{1/z}\exp\left(\frac{F\varphi_{阴}^{\ominus}}{RT}\right)$$

2. 阳极极化

阳极有电流通过，发生极化。阳极反应为

$$Me(a_1) \Longrightarrow Me^{z+} + ze$$

摩尔吉布斯自由能变化为

$$\Delta G_{m,阳} = \mu_{Me^{z+}} + z\mu_e - \mu_{Me(a_1)} = \Delta G_{m,阳}^{\ominus} + RT\ln\frac{a_{Me^{z+}}}{a_{Me(1)}} + zRT\ln i$$

式中，

$$\Delta G_{m,阳}^{\ominus} = \mu_{Me^{z+}}^{\ominus} + z\mu_e^{\ominus} - \mu_{Me}^{\ominus}$$

$$\mu_{Me^{z+}} = \mu_{Me^{z+}}^{\ominus} + RT\ln a_{Me^{z+}}$$

$$\mu_{Me(a_1)} = \mu_{Me}^{\ominus} + RT\ln a_{Me(1)}$$

$$\mu_e = \mu_e^{\ominus} + RT\ln i$$

由

$$\varphi_{阳} = \frac{\Delta G_{m,阳}}{zF}$$

得

$$\varphi_{阳} = \varphi_{阳}^{\ominus} + \frac{RT}{zF}\ln\frac{a_{Me^{z+}}}{a_{Me(1)}} + \frac{RT}{F}\ln i \tag{11.49}$$

式中，

$$\varphi_{阳}^{\ominus} = \frac{\Delta G_{m,阳}^{\ominus}}{zF} = \frac{\mu_{Me^{z+}}^{\ominus} + z\mu_e^{\ominus} - \mu_{Me}^{\ominus}}{zF}$$

由式（11.49）得

$$\ln i = \frac{F\varphi_{阳}}{RT} - \frac{F\varphi_{阳}^{\ominus}}{RT} - \frac{1}{z}\ln\frac{a_{Me^{z+}}}{a_{Me(1)}}$$

有

$$i = \left(\frac{a_{Me(1)}}{a_{Me^{z+}}}\right)^{1/z} \exp\left(\frac{F\varphi_{阳}}{RT}\right)\exp\left(-\frac{F\varphi_{阳}^{\ominus}}{RT}\right) = k_{-}\exp\left(\frac{F\varphi_{阳}}{RT}\right) \qquad （11.50）$$

式中，

$$k_{-} = \left(\frac{a_{Me(1)}}{a_{Me^{z+}}}\right)^{1/z}\exp\left(-\frac{F\varphi_{阳}^{\ominus}}{RT}\right) \approx \left(\frac{c_{Me(1)}}{c_{Me^{z+}}}\right)^{1/z}\exp\left(-\frac{F\varphi_{阳}^{\ominus}}{RT}\right)$$

3. 电池电动势

电池有电流通过，发生极化。电池反应为

$$Me(1) \Longrightarrow Me(2)$$

摩尔吉布斯自由能变化为

$$\Delta G_{m} = \mu_{Me(2)} - \mu_{Me(1)} = \Delta G_{m}^{\ominus} + RT\ln\frac{a_{Me(2)}}{a_{Me(1)}}$$

式中，

$$\Delta G_{m}^{\ominus} = \mu_{Me}^{\ominus} - \mu_{Me}^{\ominus} = 0$$

$$\mu_{Me(2)} = \mu_{Me}^{\ominus} + RT\ln a_{Me(2)}$$

$$\mu_{Me(1)} = \mu_{Me}^{\ominus} + RT\ln a_{Me(1)}$$

由

$$E = -\frac{\Delta G_{m}}{zF}$$

得

$$E = E^{\ominus} + \frac{RT}{zF}\ln\frac{a_{Me(1)}}{a_{Me(2)}}$$

式中，

$$E^{\ominus} = -\frac{\Delta G_{m}^{\ominus}}{zF} = 0$$

则

$$E = \frac{RT}{zF}\ln\frac{a_{Me(1)}}{a_{Me(2)}} \qquad （11.51）$$

$$\Delta G_{\mathrm{m}} = \Delta G_{\mathrm{m,阴}} + \Delta G_{\mathrm{m,阳}}$$
$$= -zF\varphi_{阴} + zF\varphi_{阳}$$
$$= -zF(\varphi_{阴} - \varphi_{阳})$$
$$= -zFE$$
$$E = \varphi_{阴} - \varphi_{阳}$$
$$\Delta G_{\mathrm{m}}^{\ominus} = \Delta G_{\mathrm{m,阴}}^{\ominus} + \Delta G_{\mathrm{m,阳}}^{\ominus}$$
$$= -zF\varphi_{阴}^{\ominus} + zF\varphi_{阳}^{\ominus}$$
$$= -zF(\varphi_{阴}^{\ominus} - \varphi_{阳}^{\ominus})$$
$$= -zFE^{\ominus}$$
$$= 0$$
$$E^{\ominus} = \varphi_{阴}^{\ominus} - \varphi_{阳}^{\ominus} = 0$$

4. 过电势

（1）阴极过电势：

$$\Delta\varphi_{阴} = \varphi_{阴} - \varphi_{阴,\mathrm{e}} = \frac{RT}{zF}\ln\frac{a_{\mathrm{Me}^{z+}}a_{\mathrm{Me}(2),\mathrm{e}}}{a_{\mathrm{Me}(2)}a_{\mathrm{Me}^{z+},\mathrm{e}}} - \frac{RT}{F}\ln i \tag{11.52}$$

由式（11.52）得

$$\ln i = -\frac{F\Delta\varphi_{阴}}{RT} + \frac{1}{z}\ln\frac{a_{\mathrm{Me}^{z+}}a_{\mathrm{Me}(2),\mathrm{e}}}{a_{\mathrm{Me}(2)}a_{\mathrm{Me}^{z+},\mathrm{e}}}$$

所以

$$i = \left(\frac{a_{\mathrm{Me}^{z+}}a_{\mathrm{Me}(2),\mathrm{e}}}{a_{\mathrm{Me}(2)}a_{\mathrm{Me}^{z+},\mathrm{e}}}\right)^{1/z}\exp\left(-\frac{F\Delta\varphi_{阴}}{RT}\right) = k_{+}'\exp\left(-\frac{F\Delta\varphi_{阴}}{RT}\right) \tag{11.53}$$

式中，

$$k_{+}' = \left(\frac{a_{\mathrm{Me}^{z+}}a_{\mathrm{Me}(2),\mathrm{e}}}{a_{\mathrm{Me}(2)}a_{\mathrm{Me}^{z+},\mathrm{e}}}\right)^{1/z} \approx \left(\frac{c_{\mathrm{Me}^{z+}}c_{\mathrm{Me}(2),\mathrm{e}}}{c_{\mathrm{Me}(2)}c_{\mathrm{Me}^{z+},\mathrm{e}}}\right)^{1/z}$$

（2）阳极过电势：

$$\Delta\varphi_{阳} = \varphi_{阳} - \varphi_{阳,\mathrm{e}} = \frac{RT}{zF}\ln\frac{a_{\mathrm{Me}^{z+}}a_{\mathrm{Me}(1),\mathrm{e}}}{a_{\mathrm{Me}(1)}a_{\mathrm{Me}^{z+},\mathrm{e}}} + \frac{RT}{F}\ln i \tag{11.54}$$

由上式得

$$\ln i = \frac{F\Delta\varphi_{阳}}{RT} - \frac{1}{z}\ln\frac{a_{\mathrm{Me}^{z+}}a_{\mathrm{Me}(1),\mathrm{e}}}{a_{\mathrm{Me}(1)}a_{\mathrm{Me}^{z+},\mathrm{e}}}$$

所以

$$i = \left(\frac{a_{Me(1)} a_{Me^{z+},e}}{a_{Me^{z+}} a_{Me(1),e}} \right)^{1/z} \exp\left(\frac{F \Delta\varphi_{阳}}{RT} \right) = k_-' \exp\left(\frac{F \Delta\varphi_{阳}}{RT} \right) \tag{11.55}$$

式中,

$$k_-' = \left(\frac{a_{Me(1)} a_{Me^{z+},e}}{a_{Me^{z+}} a_{Me(1),e}} \right)^{1/z} \approx \left(\frac{c_{Me(1)} c_{Me^{z+},e}}{c_{Me^{z+}} c_{Me(1),e}} \right)^{1/z}$$

（3）电池过电动势:

$$\Delta E = E - E_e = \frac{RT}{zF} \ln \frac{a_{Me(1)} a_{Me(2),e}}{a_{Me(2)} a_{Me(1),e}}$$

即

$$E = E_e + \frac{RT}{zF} \ln \frac{a_{Me(1)} a_{Me(2),e}}{a_{Me(2)} a_{Me(1),e}} \tag{11.56}$$

端电压:

$$V = \varphi_{阴} - \varphi_{阳} - IR = E - IR = E_e + \Delta E - IR$$

$$= E_e + \frac{RT}{zF} \ln \frac{a_{Me(1)} a_{Me(2),e}}{a_{Me(2)} a_{Me(1),e}} - IR \tag{11.57}$$

11.2　熔　盐　电　解

11.2.1　电极反应

熔盐电解的阴极反应是阳离子的阴极还原。例如, Al_2O_3 电解, 阴极反应是 Al^{3+} 在阴极还原, 电化学反应为

$$Al^{3+} + 3e \xrightarrow{\quad\quad} Al$$

$MgCl_2$ 电解, 阴极反应是 Mg^{2+} 在阴极还原, 电化学反应为

$$Mg^{2+} + 2e \xrightarrow{\quad\quad} Mg$$

NaCl 电解, 阴极反应是 Na^+ 在阴极还原, 电化学反应为

$$Na^+ + e \xrightarrow{\quad\quad} Na$$

熔盐电解阳极反应是阴离子阳极氧化。例如, Al_2O_3 电解, 阳极反应有 O^{2-} 在阳极氧化, 电化学反应为

$$O^{2-} + C \xrightarrow{\quad\quad} C{-}O + 2e$$

NaCl 电解, 阳极反应是 Cl^- 在阳极氧化, 电化学反应为

$$Cl^- \xrightarrow{\quad\quad} \frac{1}{2}Cl_2 + e$$

下面以 $MgCl_2$ 为例，讨论熔盐电解过程。

$MgCl_2$ 电解，阴极反应为

$$Mg^{2+} + 2e \Longrightarrow Mg$$

阳极反应为

$$2Cl^- - 2e \Longrightarrow Cl_2$$

电解池反应为

$$Mg^{2+} + 2Cl^- \Longrightarrow Mg + Cl_2$$

1. 阴极电势

阴极反应达平衡，

$$Mg^{2+} + 2e \Longrightarrow Mg$$

摩尔吉布斯自由能变化为

$$\Delta G_{m,阴,e} = \mu_{Mg} - \mu_{Mg^{2+}} - 2\mu_e = \Delta G_{m,阴}^\ominus + RT \ln \frac{1}{a_{Mg^{2+},e}}$$

式中，

$$\Delta G_{m,阴}^\ominus = \mu_{Mg}^\ominus - \mu_{Mg^{2+}}^\ominus - 2\mu_e^\ominus$$

$$\mu_{Mg} = \mu_{Mg}^\ominus$$

$$\mu_{Mg^{2+}} = \mu_{Mg^{2+}}^\ominus + RT \ln a_{Mg^{2+},e}$$

$$\mu_e = \mu_e^\ominus$$

由

$$\varphi_{阴,e} = -\frac{\Delta G_{m,阴,e}}{2F}$$

得

$$\varphi_{阴,e} = \varphi_阴^\ominus + \frac{RT}{2F} \ln a_{Mg^{2+},e} \tag{11.58}$$

式中，

$$\varphi_阴^\ominus = -\frac{\mu_{Mg}^\ominus - \mu_{Mg^{2+}}^\ominus - 2\mu_e^\ominus}{2F}$$

$\varphi_{阴,e} < 0$ 为外加平衡电势。

2. 阳极电势

阳极反应达平衡，

$$2Cl^- - 2e \Longrightarrow Cl_2$$

摩尔吉布斯自由能变化为

$$\Delta G_{m,阳,e} = \mu_{Cl_2} + 2\mu_e - 2\mu_{Cl^-} = \Delta G_{m,阳}^{\ominus} + RT \ln \frac{1}{a_{Cl^-,e}^2}$$

式中，

$$\Delta G_{m,阳}^{\ominus} = \mu_{Cl_2}^{\ominus} + 2\mu_e^{\ominus} - 2\mu_{Cl^-}^{\ominus}$$

$$\mu_{Cl_2} = \mu_{Cl_2}^{\ominus} + RT \ln p_{Cl_2,e} = \mu_{Cl_2}^{\ominus} \ (p_{Cl_2} = 0.1MPa)$$

$$\mu_{Cl^-} = \mu_{Cl^-}^{\ominus} + RT \ln a_{Cl^-,e}$$

$$\mu_e = \mu_e^{\ominus}$$

　由

$$\varphi_{阳,e} = \frac{\Delta G_{m,阳,e}}{2F}$$

得

$$\varphi_{阳,e} = \varphi_{阳,e}^{\ominus} + \frac{RT}{2F} \ln \frac{1}{a_{Cl^-,e}^2} \qquad （11.59）$$

式中，

$$\varphi_{阳}^{\ominus} = \frac{\Delta G_{m,阳}^{\ominus}}{2F} = \frac{\mu_{Cl_2}^{\ominus} + 2\mu_e^{\ominus} - 2\mu_{Cl^-}^{\ominus}}{2F}$$

$\varphi_{阳,e} > 0$ 为外加平衡电势。

3. 电解池电动势

电解池反应达平衡，

$$Mg^{2+} + 2Cl^- \Longleftrightarrow Mg + Cl_2$$

摩尔吉布斯自由能变化为

$$\Delta G_{m,e} = \mu_{Mg} + \mu_{Cl_2} - \mu_{Mg^{2+}} - 2\mu_{Cl^-} = \Delta G_m^{\ominus} + RT \ln \frac{1}{a_{Mg^{2+},e} a_{Cl^-,e}^2}$$

式中，

$$\Delta G_m^{\ominus} = \mu_{Mg}^{\ominus} + \mu_{Cl_2}^{\ominus} - \mu_{Mg^{2+}}^{\ominus} - 2\mu_{Cl^-}^{\ominus}$$

$$\mu_{Mg} = \mu_{Mg}^{\ominus}$$

$$\mu_{Cl_2} = \mu_{Cl_2}^{\ominus}$$

$$\mu_{Mg^{2+}} = \mu_{Mg^{2+}}^{\ominus} + RT \ln a_{Mg^{2+},e}$$

$$\mu_{Cl^-} = \mu_{Cl^-}^{\ominus} + RT \ln a_{Cl^-,e}$$

　由

$$E_e = -\frac{\Delta G_{m,e}}{2F}$$

得

$$E_e = E^{\ominus} + \frac{RT}{2F} \ln\left(a_{\mathrm{Mg}^{2+},e} \, a_{\mathrm{Cl}^-,e}^2\right) \qquad (11.60)$$

式中，

$$E^{\ominus} = -\frac{\Delta G_{m}^{\ominus}}{2F}$$

$$E^{\ominus} = -\frac{\mu_{\mathrm{Mg}}^{\ominus} + \mu_{\mathrm{Cl}_2}^{\ominus} - \mu_{\mathrm{Mg}^{2+}}^{\ominus} - 2\mu_{\mathrm{Cl}^-}^{\ominus}}{2F}$$

$$E_e = -E_e' < 0$$

$E_e' > 0$ 为外加平衡电动势。

$$\begin{aligned}
\Delta G_{m,e} &= \Delta G_{m,阴,e} + \Delta G_{m,阳,e} \\
&= -2F\varphi_{阴,e} + 2F\varphi_{阳,e} \\
&= -2F(\varphi_{阴,e} - \varphi_{阳,e}) \\
&= -2FE_e
\end{aligned}$$

$$E_e = \varphi_{阴,e} - \varphi_{阳,e} < 0$$

$$E_e' = -E_e = \varphi_{阳,e} - \varphi_{阴,e} > 0$$

$$\begin{aligned}
\Delta G_m^{\ominus} &= \Delta G_{m,阴}^{\ominus} + \Delta G_{m,阳}^{\ominus} \\
&= -2F\varphi_{阴}^{\ominus} + 2F\varphi_{阳}^{\ominus} \\
&= -2F(\varphi_{阴}^{\ominus} - \varphi_{阳}^{\ominus}) \\
&= -2FE^{\ominus}
\end{aligned}$$

$$E^{\ominus} = \varphi_{阴}^{\ominus} - \varphi_{阳}^{\ominus}$$

11.2.2　$\mathrm{MgCl_2}$ 熔盐电解极化

熔盐电解过程有电流通过，发生极化。

1. 阴极极化

阴极反应为

$$\mathrm{Mg}^{2+} + 2e = \mathrm{Mg}$$

摩尔吉布斯自由能变化为

$$\Delta G_{m,阴} = \mu_{\mathrm{Mg}} - \mu_{\mathrm{Mg}^{2+}} - 2\mu_e = \Delta G_{m,阴}^{\ominus} + RT \ln \frac{1}{a_{\mathrm{Mg}^{2+}}} + 2RT \ln i$$

式中，

$$\Delta G_{m,阴}^{\ominus} = \mu_{Mg}^{\ominus} - \mu_{Mg^{2+}}^{\ominus} - 2\mu_e^{\ominus}$$

$$\mu_{Mg} = \mu_{Mg}^{\ominus}$$

$$\mu_{Mg^{2+}} = \mu_{Mg^{2+}}^{\ominus} + RT\ln a_{Mg^{2+}}$$

$$\mu_e = \mu_e^{\ominus} - RT\ln i$$

由

$$\varphi_{阴} = -\frac{\Delta G_{m,阴}}{2F}$$

得

$$\varphi_{阴} = \varphi_{阴}^{\ominus} + \frac{RT}{2F}\ln a_{Mg^{2+}} - \frac{RT}{F}\ln i \tag{11.61}$$

式中，

$$\varphi_{阴}^{\ominus} = -\frac{\Delta G_{m,阴}^{\ominus}}{2F} = -\frac{\mu_{Mg}^{\ominus} - \mu_{Mg^{2+}}^{\ominus} - 2\mu_e^{\ominus}}{2F}$$

$\varphi_{阴} < 0$ 为外加电势。

由式（11.61）得

$$\ln i = -\frac{F\varphi_{阴}}{RT} + \frac{F\varphi_{阴}^{\ominus}}{RT} + \frac{1}{2}\ln a_{Mg^{2+}}$$

则

$$i = a_{Mg^{2+}}^{1/2}\exp\left(-\frac{F\varphi_{阴}}{RT}\right)\exp\left(\frac{F\varphi_{阴}^{\ominus}}{RT}\right) = k_-\exp\left(-\frac{F\varphi_{阴}}{RT}\right) \tag{11.62}$$

式中，

$$k_- = a_{Mg^{2+}}^{1/2}\exp\left(\frac{F\varphi_{阴}^{\ominus}}{RT}\right) \approx c_{Mg^{2+}}^{1/2}\exp\left(\frac{F\varphi_{阴}^{\ominus}}{RT}\right)$$

2. 阳极极化

阳极有电流通过，发生极化。阳极反应为

$$2Cl^- - 2e = Cl_2$$

摩尔吉布斯自由能变化为

$$\Delta G_{m,阳} = \mu_{Cl_2} + 2\mu_e - 2\mu_{Cl^-} = \Delta G_{m,阳}^{\ominus} + 2RT\ln\frac{1}{a_{Cl^-}} + 2RT\ln i$$

Cl_2 以一个标准压力为标准状态。式中，

$$\Delta G_{m,阳}^{\ominus} = \mu_{Cl_2}^{\ominus} + 2\mu_e^{\ominus} - \mu_{Cl^-}^{\ominus}$$

$$\mu_{Cl_2} = \mu_{Cl_2}^{\ominus}$$

$$\mu_{Cl^-} = \mu_{Cl^-}^{\ominus} + RT \ln a_{Cl^-}$$

$$\mu_e = \mu_e^{\ominus} + RT \ln i$$

由

$$\varphi_{阳} = \frac{\Delta G_{m,阳}}{2F}$$

得

$$\varphi_{阳} = \varphi_{阳}^{\ominus} + \frac{RT}{F} \ln \frac{1}{a_{Cl^-}} + \frac{RT}{F} \ln i \qquad (11.63)$$

式中，

$$\varphi_{阳}^{\ominus} = \frac{\Delta G_{m,阳}^{\ominus}}{2F} = \frac{\mu_{Cl_2}^{\ominus} + 2\mu_e^{\ominus} - \mu_{Cl^-}^{\ominus}}{2F}$$

$\varphi_{阳} > 0$ 为外加电势。

由式（11.63）得

$$\ln i = \frac{F\varphi_{阳}}{RT} - \frac{F\varphi_{阳}^{\ominus}}{RT} + \ln a_{Cl^-}$$

则

$$i = a_{Cl^-} \exp\left(\frac{F\varphi_{阳}}{RT}\right) \exp\left(-\frac{F\varphi_{阳}^{\ominus}}{RT}\right) = k_+ \exp\left(\frac{F\varphi_{阳}}{RT}\right) \qquad (11.64)$$

式中，

$$k_+ = a_{Cl^-} \exp\left(-\frac{F\varphi_{阳}^{\ominus}}{RT}\right) \approx c_{Cl^-} \exp\left(-\frac{F\varphi_{阳}^{\ominus}}{RT}\right)$$

3. 电解池极化

电解池反应

$$Mg^{2+} + 2Cl^- \longrightarrow Mg + Cl_2$$

摩尔吉布斯自由能变化为

$$\Delta G_m = \mu_{Mg} + \mu_{Cl_2} - \mu_{Mg^{2+}} - 2\mu_{Cl^-} = \Delta G_m^{\ominus} + RT \ln \frac{1}{a_{Mg^{2+}} a_{Cl^-}^2}$$

式中，

$$\Delta G_m^{\ominus} = \mu_{Mg}^{\ominus} + \mu_{Cl_2}^{\ominus} - \mu_{Mg^{2+}}^{\ominus} - 2\mu_{Cl^-}^{\ominus}$$

$$\mu_{Mg} = \mu_{Mg}^{\ominus}$$

$$\mu_{Cl_2} = \mu_{Cl_2}^{\ominus}$$

$$\mu_{Mg^{2+}} = \mu_{Mg^{2+}}^{\ominus} + RT \ln a_{Mg^{2+}}$$

$$\mu_{Cl^-} = \mu_{Cl^-}^{\ominus} + RT \ln a_{Cl^-}$$

由

$$E = -\frac{\Delta G_m}{2F}$$

得

$$E = E^{\ominus} + \frac{RT}{2F} \ln\left(a_{Mg^{2+}} a_{Cl^-}^2\right) \tag{11.65}$$

式中，

$$E^{\ominus} = -\frac{\Delta G_m^{\ominus}}{2F} = -\frac{\mu_{Mg}^{\ominus} + \mu_{Cl_2}^{\ominus} - \mu_{Mg^{2+}}^{\ominus} - 2\mu_{Cl^-}^{\ominus}}{2F}$$

$E = -E' < 0$，$E' > 0$，为外加电动势。

$$\begin{aligned}
\Delta G_m &= \Delta G_{m,阴} + \Delta G_{m,阳} \\
&= -2F\varphi_阴 + 2F\varphi_阳 \\
&= -2F(\varphi_阴 - \varphi_阳) \\
&= -2FE \\
E &= \varphi_阴 - \varphi_阳
\end{aligned}$$

$$\begin{aligned}
\Delta G_m^{\ominus} &= \Delta G_{m,阴}^{\ominus} + \Delta G_{m,阳}^{\ominus} \\
&= -2F\varphi_阴^{\ominus} + 2F\varphi_e^{\ominus} \\
&= -2F(\varphi_阴^{\ominus} - \varphi_阳^{\ominus}) \\
&= -2FE^{\ominus} \\
E^{\ominus} &= \varphi_阴^{\ominus} - \varphi_阳^{\ominus}
\end{aligned}$$

$$\begin{aligned}
E' &= \varphi_阳 - \varphi_阴 \\
&= (\varphi_{阳,e} + \Delta\varphi_阳) - (\varphi_{阴,e} + \Delta\varphi_阴) \\
&= (\varphi_{阳,e} - \varphi_{阴,e}) + (\Delta\varphi_阳 - \Delta\varphi_阴) \\
&= E_e' + \Delta E'
\end{aligned}$$

$$E_e' = \varphi_{阳,e} - \varphi_{阴,e}$$

$$\Delta E' = \Delta\varphi_阳 - \Delta\varphi_阴$$

$$\begin{aligned}
E &= \varphi_阴 - \varphi_阳 \\
&= (\varphi_{阴,e} + \Delta\varphi_阴) - (\varphi_{阳,e} + \Delta\varphi_阳) \\
&= (\varphi_{阴,e} - \varphi_{阳,e}) + (\Delta\varphi_阴 - \Delta\varphi_阳) \\
&= E_e + \Delta E
\end{aligned}$$

$$E_e = \varphi_{阴,e} - \varphi_{阳,e}$$

$$\Delta E = \Delta\varphi_{阴} - \Delta\varphi_{阳}$$

4. 过电势

（1）阴极过电势：

$$\Delta\varphi_{阴} = \varphi_{阴} - \varphi_{阴,e} = \frac{RT}{2F}\ln\frac{a_{Mg^{2+}}}{a_{Mg^{2+},e}} - \frac{RT}{F}\ln i \tag{11.66}$$

由上式得

$$\ln i = -\frac{F\Delta\varphi_{阴}}{RT} + \frac{1}{2}\ln\frac{a_{Mg^{2+}}}{a_{Mg^{2+},e}}$$

所以

$$i = \left(\frac{a_{Mg^{2+}}}{a_{Mg^{2+},e}}\right)^{1/2}\exp\left(-\frac{F\Delta\varphi_{阴}}{RT}\right) = k_-\exp\left(-\frac{F\Delta\varphi_{阴}}{RT}\right) \tag{11.67}$$

式中，

$$k_+ = \left(\frac{a_{Mg^{2+}}}{a_{Mg^{2+},e}}\right)^{1/2} \approx \left(\frac{c_{Mg^{2+}}}{c_{Mg^{2+},e}}\right)^{1/2}$$

（2）阳极过电势：

$$\Delta\varphi_{阳} = \varphi_{阳} - \varphi_{阳,e} = \frac{RT}{2F}\ln\frac{a_{Cl^-,e}^2}{a_{Cl^-}^2} + \frac{RT}{F}\ln i \tag{11.68}$$

由上式得

$$\ln i = \frac{F\Delta\varphi_{阳}}{RT} - \ln\frac{a_{Cl^-,e}}{a_{Cl^-}}$$

所以

$$i = \frac{a_{Cl^-}}{a_{Cl^-,e}}\exp\left(\frac{F\Delta\varphi_{阳}}{RT}\right) = k_-'\exp\left(\frac{F\Delta\varphi_{阳}}{RT}\right) \tag{11.69}$$

式中，

$$k_-' = \frac{a_{Cl^-}}{a_{Cl^-,e}} \approx \frac{c_{Cl^-}}{c_{Cl^-,e}}$$

（3）电解池过电动势

电解池反应：

$$Mg^{2+} + 2Cl^- \Longrightarrow Mg + Cl_2$$

摩尔吉布斯自由能变化为

$$\Delta G_{\mathrm{m}} = \mu_{\mathrm{Mg}} + \mu_{\mathrm{Cl}_2} - \mu_{\mathrm{Mg}^{2+}} - 2\mu_{\mathrm{Cl}^-} = \Delta G_{\mathrm{m}}^{\ominus} + RT \ln \frac{1}{a_{\mathrm{Mg}^{2+}} \cdot a_{\mathrm{Cl}^-}^2}$$

式中,

$$\Delta G_{\mathrm{m}}^{\ominus} = \mu_{\mathrm{Mg}}^{\ominus} + \mu_{\mathrm{Cl}_2}^{\ominus} - \mu_{\mathrm{Mg}^{2+}}^{\ominus} - 2\mu_{\mathrm{Cl}^-}^{\ominus}$$

$$\mu_{\mathrm{Mg}} = \mu_{\mathrm{Mg}}^{\ominus}$$

$$\mu_{\mathrm{Cl}_2} = \mu_{\mathrm{Cl}_2}^{\ominus}$$

$$\mu_{\mathrm{Mg}^{2+}} = \mu_{\mathrm{Mg}^{2+}}^{\ominus} + RT \ln a_{\mathrm{Mg}^{2+}}$$

$$\mu_{\mathrm{Cl}^-} = \mu_{\mathrm{Cl}^-}^{\ominus} + RT \ln a_{\mathrm{Cl}^-}$$

由

$$E = -\frac{\Delta G_{\mathrm{m}}}{2F}$$

得

$$E = E^{\ominus} + \frac{RT}{2F} \ln (a_{\mathrm{Mg}^{2+}} a_{\mathrm{Cl}^-}^2) \tag{11.70}$$

式中,

$$E^{\ominus} = -\frac{\Delta G_{\mathrm{m}}^{\ominus}}{2F} = -\frac{\mu_{\mathrm{Mg}}^{\ominus} + \mu_{\mathrm{Cl}_2}^{\ominus} - \mu_{\mathrm{Mg}^{2+}}^{\ominus} - 2\mu_{\mathrm{Cl}^-}^{\ominus}}{2F}$$

$E = -E' < 0$,式中 E' 为外加电动势。

$$E' = \varphi_{阳} - \varphi_{阴}$$

$$E_{\mathrm{e}}' = \varphi_{阳,\mathrm{e}} - \varphi_{阴,\mathrm{e}}$$

E_{e}' 为外加的平衡电动势。

$$\begin{aligned} \Delta E' &= E' - E_{\mathrm{e}}' \\ &= (\varphi_{阳} - \varphi_{阴}) - (\varphi_{阳,\mathrm{e}} - \varphi_{阴,\mathrm{e}}) \\ &= (\varphi_{阳} - \varphi_{阳,\mathrm{e}}) - (\varphi_{阴} - \varphi_{阴,\mathrm{e}}) \\ &= \Delta\varphi_{阳} - \Delta\varphi_{阴} \end{aligned} \tag{11.71}$$

端电压:

$$\begin{aligned} V' &= \varphi_{阳} - \varphi_{阴} + IR = E' + IR \\ &= -\left[E^{\ominus} + \frac{RT}{2F} \ln (a_{\mathrm{Mg}^{2+}} a_{\mathrm{Cl}^-}^2) \right] + IR \\ &= E_{\mathrm{e}}' + \Delta E' + IR \end{aligned} \tag{11.72}$$

式中,V' 为电解池端电压,E' 为外加电动势,E_{e}' 为外加平衡电动势,$\Delta E'$ 为外加过电势,I 为电流,R 为电解池电阻。

11.2.3 推广到一般情况

电极反应：
阴极反应

$$A^{z+} + ze \Longrightarrow A$$

阳极反应

$$B^{z-} - ze \Longrightarrow B$$

电解池反应

$$A^{z+} + B^{z-} \Longrightarrow A + B$$

1. 阴极电势

阴极反应达平衡：

$$A^{z+} + ze \rightleftharpoons A$$

摩尔吉布斯自由能变化为

$$\Delta G_{m,阴,e} = \mu_A - \mu_{A^{z+}} - z\mu_e = \Delta G_{m,阴}^{\ominus} + RT \ln \frac{1}{a_{A^{z+},e}}$$

式中，

$$\Delta G_{m,阴}^{\ominus} = \mu_A^{\ominus} - \mu_{A^{z+}}^{\ominus} - z\mu_e^{\ominus}$$
$$\mu_A = \mu_A^{\ominus}$$
$$\mu_{A^{z+}} = \mu_{A^{z+}}^{\ominus} + RT \ln a_{A^{z+},e}$$
$$\mu_e = \mu_e^{\ominus}$$

由

$$\varphi_{阴,e} = -\frac{\Delta G_{m,阴,e}}{zF}$$

得

$$\varphi_{阴,e} = \varphi_阴^{\ominus} + \frac{RT}{zF} \ln a_{A^{z+},e} \qquad （11.73）$$

式中，

$$\varphi_阴^{\ominus} = -\frac{\Delta G_{m,阴}^{\ominus}}{zF} = -\frac{\mu_A^{\ominus} - \mu_{A^{z+}}^{\ominus} - z\mu_e^{\ominus}}{zF}$$

$\varphi_{阴,e} < 0$ 为外加平衡电势。

2. 阳极电势

阳极反应达平衡：

$$B^{z-} - ze \Longrightarrow B$$

摩尔吉布斯自由能变化为

$$\Delta G_{m,阳,e} = \mu_B - \mu_{B^{z-}} + z\mu_e = \Delta G_{m,阳}^{\ominus} + RT \ln \frac{1}{a_{B^{z-},e}}$$

式中,

$$\Delta G_{m,阳}^{\ominus} = \mu_B^{\ominus} - \mu_{B^{z-}}^{\ominus} + z\mu_e^{\ominus}$$

$$\mu_{B^{z-}} = \mu_{B^{z-}}^{\ominus} + RT \ln a_{B^{z-},e}$$

$$\mu_B = \mu_B^{\ominus}$$

$$\mu_e = \mu_e^{\ominus}$$

由

$$\varphi_{阳,e} = \frac{\Delta G_{m,阳,e}}{zF}$$

得

$$\varphi_{阳,e} = \varphi_{阳}^{\ominus} + \frac{RT}{zF} \ln \frac{1}{a_{B^{z-},e}} \qquad (11.74)$$

式中,

$$\varphi_{阳}^{\ominus} = \frac{\Delta G_{m,阳}^{\ominus}}{zF} = \frac{\mu_B^{\ominus} - \mu_{B^{z-}}^{\ominus} + z\mu_e^{\ominus}}{zF}$$

$\varphi_{阳,e} > 0$ 为外加平衡电势。

3. 电解池电动势

电解池反应达平衡:

$$A^{z+} + B^{z-} \Longrightarrow A + B$$

摩尔吉布斯自由能变化为

$$\Delta G_{m,e} = \mu_A + \mu_B - \mu_{A^{z+}} - \mu_{B^{z-}} = \Delta G_m^{\ominus} + RT \ln \frac{1}{a_{A^{z+},e} a_{B^{z-},e}}$$

式中,

$$\Delta G_m^{\ominus} = \mu_A^{\ominus} + \mu_B^{\ominus} - \mu_{A^{z+}}^{\ominus} - \mu_{B^{z-}}^{\ominus}$$

$$\mu_A = \mu_A^{\ominus}$$

$$\mu_B = \mu_B^{\ominus}$$

$$\mu_{A^{z+}} = \mu_{A^{z+}}^{\ominus} + RT \ln a_{A^{z+},e}$$

$$\mu_{B^{z-}} = \mu_{B^{z-}}^{\ominus} + RT \ln a_{B^{z-},e}$$

由

$$E_e = -\frac{\Delta G_{m,e}}{zF}$$

得

$$E_e = E^\ominus + \frac{RT}{zF}\ln(a_{A^{z+},e}\,a_{B^{z-},e}) \tag{11.75}$$

式中，

$$E^\ominus = -\frac{\Delta G_m^\ominus}{zF} = -\frac{\mu_A^\ominus + \mu_B^\ominus - \mu_{A^{z+}}^\ominus - \mu_{B^{z-}}^\ominus}{zF}$$

$$E_e = -E_e' < 0$$

$E_e' > 0$ 为外加平衡电动势。

$$\Delta G_{m,e} = \Delta G_{m,阴,e} + \Delta G_{m,阳,e}$$
$$= -zF\varphi_{m,阴,e} + zF\varphi_{m,阳,e}$$
$$= -zF(\varphi_{m,阴,e} - \varphi_{m,阳,e})$$
$$= -zFE_e$$
$$E_e = \varphi_{m,阴,e} - \varphi_{m,阳,e} < 0$$
$$E_e' = -E_e = \varphi_{m,阳,e} - \varphi_{m,阴,e} > 0$$
$$\Delta G_m^\ominus = \Delta G_{m,阴}^\ominus + \Delta G_{m,阳}^\ominus$$
$$= -zF\varphi_阴^\ominus + zF\varphi_阳^\ominus$$
$$= -zF(\varphi_阴^\ominus - \varphi_阳^\ominus)$$
$$= -zFE^\ominus$$
$$E^\ominus = \varphi_阴^\ominus - \varphi_阳^\ominus$$

11.2.4　熔盐电解极化

熔盐电解过程有电流通过，发生极化。

1. 阴极极化

阴极反应：

$$A^{z+} + ze \Longrightarrow A$$

摩尔吉布斯自由能变化为

$$\Delta G_{m,阴} = \mu_A - \mu_{A^{z+}} - z\mu_e = \Delta G_{m,阴}^\ominus + RT\ln\frac{1}{a_{A^{z+}}} + zRT\ln i$$

式中，

$$\Delta G_{m,阴}^\ominus = \mu_A^\ominus - \mu_{A^{z+}}^\ominus - z\mu_e^\ominus$$

$$\mu_A = \mu_A^\ominus$$

$$\mu_{A^{z+}} = \mu_{A^{z+}}^\ominus + RT \ln a_{A^{z+}}$$

$$\mu_e = \mu_e^\ominus - RT \ln i$$

由

$$\varphi_{阴} = -\frac{\Delta G_{m,阴}}{zF}$$

得

$$\varphi_{阴} = \varphi_{阴}^\ominus + \frac{RT}{zF} \ln a_{A^{z+}} - \frac{RT}{F} \ln i \qquad (11.76)$$

式中，

$$\varphi_{阴}^\ominus = -\frac{\Delta G_{m,阴}^\ominus}{zF} = -\frac{\mu_A^\ominus - \mu_{A^{z+}}^\ominus - z\mu_e^\ominus}{zF}$$

$\varphi_{阴} < 0$ 为外加电势。

由式（11.76）得

$$\ln i = -\frac{F\varphi_{阴}}{RT} + \frac{F\varphi_{阴}^\ominus}{RT} + \frac{1}{z} \ln a_{A^{z+}}$$

则

$$i = a_{A^{z+}}^{1/z} \exp\left(-\frac{F\varphi_{阴}}{RT}\right) \exp\left(\frac{F\varphi_{阴}^\ominus}{RT}\right) = k_- \exp\left(-\frac{F\varphi_{阴}}{RT}\right) \qquad (11.77)$$

式中，

$$k_- = a_{A^{z+}}^{1/z} \exp\left(\frac{F\varphi_{阴}^\ominus}{RT}\right) \approx c_{A^{z+}}^{1/z} \exp\left(\frac{F\varphi_{阴}^\ominus}{RT}\right)$$

2. 阳极极化

阳极有电流通过，发生极化。

阳极反应：

$$B^{z-} - ze \Longrightarrow B$$

摩尔吉布斯自由能变化为

$$\Delta G_{m,阳} = \mu_B - \mu_{B^{z-}} + z\mu_e = \Delta G_{m,阳}^\ominus + RT \ln \frac{1}{a_{B^{z-}}} + zRT \ln i$$

式中，

$$\Delta G_{m,阳}^\ominus = \mu_B^\ominus - \mu_{B^{z-}}^\ominus + z\mu_e^\ominus$$

$$\mu_{B^{z-}} = \mu_{B^{z-}}^\ominus + RT \ln a_{B^{z-}}$$

$$\mu_B = \mu_B^\ominus$$

$$\mu_e = \mu_e^{\ominus} + RT \ln i$$

由

$$\varphi_{阳} = \frac{\Delta G_{m,阳}}{zF}$$

得

$$\varphi_{阳} = \varphi_{阳}^{\ominus} + \frac{RT}{zF} \ln \frac{1}{a_{B^{z-}}} + \frac{RT}{F} \ln i \tag{11.78}$$

式中，

$$\varphi_{阳}^{\ominus} = \frac{\Delta G_{m,阳}^{\ominus}}{zF} = \frac{\mu_B^{\ominus} - \mu_{B^{z-}}^{\ominus} + z\mu_e^{\ominus}}{zF}$$

$\varphi_{阳} > 0$ 为外加电势。

由式（11.78）得

$$\ln i = \frac{F\varphi_{阳}}{RT} - \frac{F\varphi_{阳}^{\ominus}}{RT} - \frac{1}{z} \ln \frac{1}{a_{B^{z-}}}$$

则

$$i = a_{B^{z-}}^{1/z} \exp\left(\frac{F\varphi_{阳}}{RT}\right) \exp\left(-\frac{F\varphi_{阳}^{\ominus}}{RT}\right) = k_+ \exp\left(\frac{F\varphi_{阳}}{RT}\right) \tag{11.79}$$

式中，

$$k_+ = a_{B^{z-}}^{1/z} \exp\left(-\frac{F\varphi_{阳}^{\ominus}}{RT}\right) \approx c_{B^{z-}}^{1/z} \exp\left(-\frac{F\varphi_{阳}^{\ominus}}{RT}\right)$$

3. 电解池极化

电解池反应：

$$A^{z+} + B^{z-} \Longrightarrow A + B$$

摩尔吉布斯自由能变化为

$$\Delta G_m = \mu_A + \mu_B - \mu_{A^{z+}} - \mu_{B^{z-}} = \Delta G_m^{\ominus} + RT \ln \frac{1}{a_{A^{z+}} a_{B^{z-}}}$$

式中，

$$\Delta G_m^{\ominus} = \mu_A^{\ominus} + \mu_B^{\ominus} - \mu_{A^{z+}}^{\ominus} - \mu_{B^{z-}}^{\ominus}$$
$$\mu_A = \mu_A^{\ominus}$$
$$\mu_B = \mu_B^{\ominus}$$
$$\mu_{A^{z+}} = \mu_{A^{z+}}^{\ominus} + RT \ln a_{A^{z+}}$$
$$\mu_{B^{z-}} = \mu_{B^{z-}}^{\ominus} + RT \ln a_{B^{z-}}$$

由

$$E = -\frac{\Delta G_{\mathrm{m}}}{zF}$$

得

$$E = E^{\ominus} + \frac{RT}{zF} \ln(a_{\mathrm{A}^{z+}} a_{\mathrm{B}^{z-}}) \tag{11.80}$$

式中，

$$E^{\ominus} = -\frac{\Delta G_{\mathrm{m}}^{\ominus}}{zF} = -\frac{\mu_{\mathrm{A}}^{\ominus} + \mu_{\mathrm{B}}^{\ominus} - \mu_{\mathrm{A}^{z+}}^{\ominus} - \mu_{\mathrm{B}^{z-}}^{\ominus}}{zF}$$

$$E = -E' < 0$$

$E' > 0$ 为外加电动势。

$$\begin{aligned}
\Delta G_{\mathrm{m}} &= \Delta G_{\mathrm{m,阴}} + \Delta G_{\mathrm{m,阳}} \\
&= -zF\varphi_{阴} + zF\varphi_{阳} \\
&= -zF(\varphi_{阴} - \varphi_{阳}) \\
&= -zFE \\
E &= \varphi_{阴} - \varphi_{阳} \\
\Delta G_{\mathrm{m}}^{\ominus} &= \Delta G_{\mathrm{m,阴}}^{\ominus} + \Delta G_{\mathrm{m,阳}}^{\ominus} \\
&= -zF\varphi_{阴}^{\ominus} + zF\varphi_{阳}^{\ominus} \\
&= -zF(\varphi_{阴}^{\ominus} - \varphi_{阳}^{\ominus}) \\
&= -zFE^{\ominus} \\
E^{\ominus} &= \varphi_{阴}^{\ominus} - \varphi_{阳}^{\ominus}
\end{aligned}$$

4. 过电势

（1）阴极过电势：

$$\Delta\varphi_{阴} = \varphi_{阴} - \varphi_{阴,\mathrm{e}} = \frac{RT}{zF} \ln\frac{a_{\mathrm{A}^{z+}}}{a_{\mathrm{A}^{z+},\mathrm{e}}} - \frac{RT}{F} \ln i \tag{11.81}$$

由上式得

$$\ln i = -\frac{F\Delta\varphi_{阴}}{RT} + \frac{1}{z} \ln\frac{a_{\mathrm{A}^{z+}}}{a_{\mathrm{A}^{z+},\mathrm{e}}}$$

所以

$$i = \left(\frac{a_{\mathrm{A}^{z+}}}{a_{\mathrm{A}^{z+},\mathrm{e}}}\right)^{1/z} \exp\left(-\frac{F\Delta\varphi_{阴}}{RT}\right) = k'_{-} \exp\left(-\frac{F\Delta\varphi_{阴}}{RT}\right) \tag{11.82}$$

式中，

$$k'_- = \left(\frac{a_{A^{z+}}}{a_{A^{z+},e}}\right)^{1/z} \approx \left(\frac{c_{A^{z+}}}{c_{A^{z+},e}}\right)^{1/z}$$

（2）阳极过电势：

$$\Delta\varphi_{阳} = \varphi_{阳} - \varphi_{阳,e} = \frac{RT}{zF}\ln\frac{a_{B^{z+},e}}{a_{B^{z+}}} + \frac{RT}{F}\ln i \tag{11.83}$$

由上式得

$$\ln i = \frac{F\Delta\varphi_{阳}}{RT} - \frac{1}{z}\ln\frac{a_{B^{z+},e}}{a_{B^{z+}}}$$

所以

$$i = \left(\frac{a_{B^{z+}}}{a_{B^{z+},e}}\right)^{1/z}\exp\left(\frac{F\Delta\varphi_{阳}}{RT}\right) = k'_+\exp\left(\frac{F\Delta\varphi_{阳}}{RT}\right) \tag{11.84}$$

式中，

$$k'_+ = \left(\frac{a_{B^{z+}}}{a_{B^{z+},e}}\right)^{1/z} \approx \left(\frac{c_{B^{z+}}}{c_{B^{z+},e}}\right)^{1/z}$$

（3）电解池过电动势：

$$A^{z+} + B^{z-} \Longrightarrow A + B$$

摩尔吉布斯自由能变化为

$$\Delta G_m = \mu_A + \mu_B - \mu_{A^{z+}} - \mu_{B^{z-}} = \Delta G_m^\ominus + RT\ln\frac{1}{a_{A^{z+}}a_{B^{z-}}}$$

式中，

$$\Delta G_m^\ominus = \mu_A^\ominus + \mu_B^\ominus - \mu_{A^{z+}}^\ominus - \mu_{B^{z-}}^\ominus$$

$$\mu_A = \mu_A^\ominus$$

$$\mu_B = \mu_B^\ominus$$

$$\mu_{A^{z+}} = \mu_{A^{z+}}^\ominus + RT\ln a_{A^{z+}}$$

$$\mu_{B^{z-}} = \mu_{B^{z-}}^\ominus + RT\ln a_{B^{z-}}$$

由

$$E = -\frac{\Delta G_m}{zF}$$

得

$$E = E^\ominus + \frac{RT}{zF}\ln(a_{A^{z+}}a_{B^{z-}}) \tag{11.85}$$

式中，

$$E^{\ominus} = -\frac{\Delta G_{m}^{\ominus}}{zF} = -\frac{\mu_{A}^{\ominus} + \mu_{B}^{\ominus} - \mu_{A^{z+}}^{\ominus} - \mu_{B^{z-}}^{\ominus}}{zF}$$

$$E = -E' < 0$$

式中，E' 为外加电动势。

$$E' = \varphi_{阳} - \varphi_{阴}$$

$$E_{e}' = \varphi_{阳,e}^{\ominus} - \varphi_{阴,e}^{\ominus}$$

式中，E_{e}' 为外加的平衡电动势。

$$\begin{aligned} \Delta E' &= E' - E_{e}' \\ &= (\varphi_{阳} - \varphi_{阴}) - (\varphi_{阳,e}^{\ominus} - \varphi_{阴,e}^{\ominus}) \\ &= (\varphi_{阳} - \varphi_{阳,e}^{\ominus}) - (\varphi_{阴} - \varphi_{阴,e}^{\ominus}) \\ &= \Delta\varphi_{阳} - \Delta\varphi_{阴} \end{aligned} \quad (11.86)$$

$$E_{e}' = -E_{e} = -\left[E^{\ominus} + \frac{RT}{zF}\ln(a_{A^{z+},e}a_{B^{z-},e}) \right] \quad (11.87)$$

端电压：

$$V' = \varphi_{阳} - \varphi_{阴} + IR = E' + IR = E_{e}' + \Delta E' + IR \quad (11.88)$$

$$\Delta E' = E' - E_{e}' = -\frac{RT}{zF}\ln\frac{a_{A^{z+}}a_{B^{z-}}}{a_{A^{z+},e}a_{B^{z-},e}} \approx -\frac{RT}{zF}\ln\frac{c_{A^{z+}}c_{B^{z-}}}{c_{A^{z+},e}c_{B^{z-},e}} \quad (11.89)$$

$$E' = \varphi_{阳} - \varphi_{阴}$$

$$E_{e}' = \varphi_{阳,e} - \varphi_{阴,e}$$

$$\Delta E' = (\varphi_{阳} - \varphi_{阴}) - (\varphi_{阳,e} - \varphi_{阴,e}) = (\varphi_{阳} - \varphi_{阳,e}) - (\varphi_{阴} - \varphi_{阴,e}) \quad (11.90)$$

$$V' = \varphi_{阳} - \varphi_{阴} + IR = E' + IR = E_{e}' + \Delta E' + IR$$

$$= E_{e}' - \frac{RT}{zF}\ln\frac{a_{A^{z+}}a_{B^{z-}}}{a_{A^{z+},e}a_{B^{z-},e}} + IR \quad (11.91)$$

11.3　阴极去极化

熔盐电解会发生去极化现象。所谓去极化即电势降低，电极过程向平衡方向移动。

阴极去极化的原因有：①阴极析出的金属溶解到电解质中；②阴极反应生成的金属与电极生成合金；③阴极产物与阳极产物发生的化学反应。

下面分别进行讨论。

11.3.1 阴极析出的金属溶解到电解质中

（1）阴极反应析出的金属没溶解到电解质中。

阴极反应达平衡：

$$mA^{z+} + mze \rightleftharpoons mA$$

摩尔吉布斯自由能变化为

$$\Delta G_{m,阴,e} = m\mu_A - m\mu_{A^{z+}} - mz\mu_e = \Delta G_{m,阴}^{\ominus} + RT\ln\frac{1}{a_{A^{z+},e}^m}$$

式中，

$$\Delta G_{m,阴,e}^{\ominus} = m\mu_A^{\ominus} - m\mu_{A^{z+}}^{\ominus} - mz\mu_e^{\ominus}$$
$$\mu_A = \mu_A^{\ominus}$$
$$\mu_{A^{z+}} = \mu_{A^{z+}}^{\ominus} + RT\ln a_{A^{z+},e}$$
$$\mu_e = \mu_e^{\ominus}$$

由

$$\varphi_{阴,e} = -\frac{\Delta G_{m,阴,e}}{mzF}$$

得

$$\varphi_{阴,e} = \varphi_阴^{\ominus} + \frac{RT}{mzF}\ln a_{A^{z+},e}^m \qquad (11.92)$$

式中，

$$\varphi_阴^{\ominus} = -\frac{\Delta G_{m,阴}^{\ominus}}{mzF} = -\frac{m\mu_A^{\ominus} - m\mu_{A^{z+}}^{\ominus} - mz\mu_e^{\ominus}}{mzF}$$

（2）阴极反应析出的金属没溶解到电解质中，阴极有电流通过，发生极化，阴极反应为

$$mA^{z+} + mze \rightleftharpoons mA$$

摩尔吉布斯自由能变化为

$$\Delta G_{m,阴,1} = m\mu_A - m\mu_{A^{z+}} - mz\mu_e = \Delta G_{m,阴,1}^{\ominus} + RT\ln\frac{1}{a_{A^{z+},1}^m} + mzRT\ln i$$

式中，

$$\Delta G_{m,阴,1}^{\ominus} = m\mu_A^{\ominus} - m\mu_{A^{z+}}^{\ominus} - mz\mu_e^{\ominus}$$
$$\mu_A = \mu_A^{\ominus}$$
$$\mu_{A^{z+}} = \mu_{A^{z+}}^{\ominus} + RT\ln a_{A^{z+},1}$$
$$\mu_e = \mu_e^{\ominus} - RT\ln i$$

由

$$\varphi_{\text{阴},1} = -\frac{\Delta G_{\text{m},\text{阴},1}}{mzF}$$

得

$$\varphi_{\text{阴},1} = \varphi_{\text{阴},1}^{\ominus} + \frac{RT}{mzF}\ln a_{\text{A}^{z+},1}^{m} - \frac{RT}{F}\ln i \qquad (11.93)$$

式中，

$$\varphi_{\text{阴},1}^{\ominus} = -\frac{\Delta G_{\text{m},\text{阴},1}^{\ominus}}{mzF} = -\frac{m\mu_{\text{A}}^{\ominus} - m\mu_{\text{A}^{z+}}^{\ominus} - mz\mu_{\text{e}}^{\ominus}}{mzF}$$

过电势：

式（11.93）–式（11.92），得

$$\Delta\varphi_{\text{阴},1} = \varphi_{\text{阴},1} - \varphi_{\text{阴},\text{e}} = \frac{RT}{mzF}\ln\frac{a_{\text{A}^{z+},1}^{m}}{a_{\text{A}^{z+},\text{e}}^{m}} - \frac{RT}{F}\ln i \qquad (11.94)$$

（3）阴极反应析出的金属部分溶解到电解质中。

这是后继反应，溶解反应达平衡，有

$$m\text{A}^{z+} + mz\text{e} \Longrightarrow m\text{A}$$
$$n\text{A} + n\text{B}^{z+} \Longrightarrow n\text{A}^{z+} + n\text{B}$$

总反应为

$$(m-n)\text{A}^{z+} + n\text{B}^{z+} + mz\text{e} \Longrightarrow (m-n)\text{A} + n\text{B}$$

式中，组元 B 溶解在熔盐中。

摩尔吉布斯自由能变化为

$$\Delta G_{\text{m},\text{阴},2} = (m-n)\mu_{\text{A}} + n\mu_{\text{B}} - (m-n)\mu_{\text{A}^{z+}} - n\mu_{\text{B}^{z+}} - mz\mu_{\text{e}}$$

$$= \Delta G_{\text{m},\text{阴},2}^{\ominus} + RT\ln\frac{a_{\text{B},2}^{n}}{a_{\text{A}^{z+},2}^{m-n}a_{\text{B}^{z+},2}^{n}} + mzRT\ln i$$

式中，

$$\Delta G_{\text{m},\text{阴},2}^{\ominus} = (m-n)\mu_{\text{A}}^{\ominus} + n\mu_{\text{B}}^{\ominus} - (m-n)\mu_{\text{A}^{z+}}^{\ominus} - n\mu_{\text{B}^{z+}}^{\ominus} - mz\mu_{\text{e}}^{\ominus}$$

$$\mu_{\text{A}} = \mu_{\text{A}}^{\ominus}$$

$$\mu_{\text{B}} = \mu_{\text{B}}^{\ominus} + RT\ln a_{\text{B},2}$$

$$\mu_{\text{A}^{z+}} = \mu_{\text{A}^{z+}}^{\ominus} + RT\ln a_{\text{A}^{z+},2}$$

$$\mu_{\text{B}^{z+}} = \mu_{\text{B}^{z+}}^{\ominus} + RT\ln a_{\text{B}^{z+},2}$$

$$\mu_{\text{e}} = \mu_{\text{e}}^{\ominus} - RT\ln i$$

由

$$\varphi_{\text{阴},2} = -\frac{\Delta G_{\text{m,阴},2}}{mzF}$$

得

$$\varphi_{\text{阴},2} = \varphi_{\text{阴},2}^{\ominus} + \frac{RT}{mzF}\ln\frac{a_{\text{A}^{z+},2}^{m-n}a_{\text{B}^{z+},2}^{n}}{a_{\text{B},2}^{n}} - \frac{RT}{F}\ln i \qquad (11.95)$$

式中，

$$\varphi_{\text{阴},2}^{\ominus} = -\frac{\Delta G_{\text{m,阴},2}^{\ominus}}{mzF} = -\frac{(m-n)\mu_{\text{A}}^{\ominus} + n\mu_{\text{B}}^{\ominus} - (m-n)\mu_{\text{A}^{z+}}^{\ominus} - n\mu_{\text{B}^{z+}}^{\ominus} - mz\mu_{\text{e}}^{\ominus}}{mzF}$$

式（11.95）–式（11.92），得

$$\Delta\varphi_{\text{阴},2} = \varphi_{\text{阴},2} - \varphi_{\text{阴,e}}$$

$$= -\frac{-n\mu_{\text{A}}^{\ominus} + n\mu_{\text{B}}^{\ominus} + n\mu_{\text{A}^{z+}}^{\ominus} - n\mu_{\text{B}^{z+}}^{\ominus}}{mzF} + \frac{RT}{mzF}\ln\frac{a_{\text{A}^{z+},2}^{m-n}a_{\text{B}^{z+},2}^{n}}{a_{\text{B},2}^{n}a_{\text{A}^{z+},\text{e}}^{m}} - \frac{RT}{F}\ln i \qquad (11.96)$$

阴极去极化电势：式（11.94）–式（11.96），得

$$\Delta\varphi_{\text{阴,去}} = \Delta\varphi_{\text{阴},1} - \Delta\varphi_{\text{阴},2}$$

$$= \frac{-n\mu_{\text{A}}^{\ominus} + n\mu_{\text{B}}^{\ominus} + n\mu_{\text{A}^{z+}}^{\ominus} - n\mu_{\text{B}^{z+}}^{\ominus}}{mzF} + \frac{RT}{mzF}\ln\frac{a_{\text{A}^{z+},1}^{m}a_{\text{B},2}^{n}}{a_{\text{A}^{z+},2}^{m-n}a_{\text{B}^{z+},2}^{n}} \qquad (11.97)$$

或者，式（11.93）–式（11.95），得

$$\Delta\varphi_{\text{阴,去}} = \varphi_{\text{阴},1} - \varphi_{\text{阴},2}$$

$$= \frac{-n\mu_{\text{A}}^{\ominus} + n\mu_{\text{B}}^{\ominus} + n\mu_{\text{A}^{z+}}^{\ominus} - n\mu_{\text{B}^{z+}}^{\ominus}}{mzF} + \frac{RT}{mzF}\ln\frac{a_{\text{A}^{z+},1}^{m}a_{\text{B},2}^{n}}{a_{\text{A}^{z+},2}^{m-n}a_{\text{B}^{z+},2}^{n}} \qquad (11.98)$$

11.3.2　阴极反应生成的金属与电极形成合金

（1）阴极反应生成的金属与电极没形成合金。

阴极反应为

$$\text{A}^{z+} + z\text{e} \Longrightarrow \text{A}$$

摩尔吉布斯自由能变化为

$$\Delta G_{\text{m,阴},1} = \mu_{\text{A}} - \mu_{\text{A}^{z+}} - z\mu_{\text{e}} = \Delta G_{\text{m,阴},1}^{\ominus} + RT\ln\frac{1}{a_{\text{A}^{z+},1}} + zRT\ln i$$

式中，

$$\Delta G_{\text{m,阴},1}^{\ominus} = \mu_{\text{A}}^{\ominus} - \mu_{\text{A}^{z+}}^{\ominus} - z\mu_{\text{e}}^{\ominus}$$

$$\mu_{\text{A}} = \mu_{\text{A}}^{\ominus}$$

$$\mu_{\text{A}^{z+}} = \mu_{\text{A}^{z+}}^{\ominus} + RT\ln a_{\text{A}^{z+},1}$$

$$\mu_{\mathrm{e}} = \mu_{\mathrm{e}}^{\ominus} - RT \ln i$$

由

$$\varphi_{\text{阴},1} = -\frac{\Delta G_{\mathrm{m},\text{阴},1}}{zF}$$

得

$$\varphi_{\text{阴},1} = \varphi_{\text{阴},1}^{\ominus} + \frac{RT}{zF} \ln a_{\mathrm{A}^{z+},1} \qquad (11.99)$$

式中，

$$\varphi_{\text{阴},1}^{\ominus} = -\frac{\Delta G_{\mathrm{m},\text{阴},1}^{\ominus}}{zF} = -\frac{\mu_{\mathrm{A}}^{\ominus} - \mu_{\mathrm{A}^{z+}}^{\ominus} - z\mu_{\mathrm{e}}^{\ominus}}{zF}$$

（2）阴极反应产物与电极反应形成合金。

$$\mathrm{A}^{z+} + ze \Longrightarrow [\mathrm{A}]$$

摩尔吉布斯自由能变化为

$$\Delta G_{\mathrm{m},\text{阴},2} = \mu_{[\mathrm{A}]} - \mu_{\mathrm{A}^{z+}} - z\mu_{\mathrm{e}} = \Delta G_{\mathrm{m},\text{阴},2}^{\ominus} + RT \ln \frac{a_{[\mathrm{A}],2}}{a_{\mathrm{A}^{z+},2}} + zRT \ln i$$

式中，

$$\Delta G_{\mathrm{m},\text{阴},2}^{\ominus} = \mu_{\mathrm{A}}^{\ominus} - \mu_{\mathrm{A}^{z+}}^{\ominus} - z\mu_{\mathrm{e}}^{\ominus}$$

$$\mu_{[\mathrm{A}]} = \mu_{\mathrm{A}}^{\ominus} + RT \ln a_{[\mathrm{A}],2}$$

$$\mu_{\mathrm{A}^{z+}} = \mu_{\mathrm{A}^{z+}}^{\ominus} + RT \ln a_{\mathrm{A}^{z+},2}$$

$$\mu_{\mathrm{e}} = \mu_{\mathrm{e}}^{\ominus} - RT \ln i$$

由

$$\varphi_{\text{阴},2} = -\frac{\Delta G_{\mathrm{m},\text{阴},2}}{zF}$$

得

$$\varphi_{\text{阴},2} = \varphi_{\text{阴},2}^{\ominus} + \frac{RT}{zF} \ln \frac{a_{\mathrm{A}^{z+},2}}{a_{[\mathrm{A}],2}} - \frac{RT}{F} \ln i \qquad (11.100)$$

式中，

$$\varphi_{\text{阴},2}^{\ominus} = -\frac{\Delta G_{\mathrm{m},\text{阴},2}^{\ominus}}{zF} = -\frac{\mu_{\mathrm{A}}^{\ominus} - \mu_{\mathrm{A}^{z+}}^{\ominus} - z\mu_{\mathrm{e}}^{\ominus}}{zF}$$

阴极去极化电势：式（11.99）−式（11.100），得

$$\Delta \varphi_{\text{阴},\text{去}} = \varphi_{\text{阴},1} - \varphi_{\text{阴},2} = \frac{RT}{zF} \ln \frac{a_{\mathrm{A}^{z+},1} a_{[\mathrm{A}],2}}{a_{\mathrm{A}^{z+},2}} \qquad (11.101)$$

11.3.3　阴极产物与阳极产物发生化学反应

（1）阴极产物没与阳极产物发生化学反应。

阴极反应为

$$mA^{z+} + mze \xlongequal{\ \ \ } mA$$

摩尔吉布斯自由能变化为

$$\Delta G_{m,阴,1} = m\mu_A - m\mu_{A^{z+}} - mz\mu_e = \Delta G_{m,阴,1}^{\ominus} + RT\ln\frac{1}{a_{A^{z+},1}^{m}} + mzRT\ln i$$

式中，

$$\Delta G_{m,阴,1}^{\ominus} = m\mu_A^{\ominus} - m\mu_{A^{z+}}^{\ominus} - mz\mu_e^{\ominus}$$

$$\mu_A = \mu_A^{\ominus}$$

$$\mu_{A^{z+}} = \mu_{A^{z+}}^{\ominus} + RT\ln a_{A^{z+},1}$$

$$\mu_e = \mu_e^{\ominus} - RT\ln i$$

由

$$\varphi_{阴,1} = -\frac{\Delta G_{m,阴,1}}{mzF}$$

得

$$\varphi_{阴,1} = \varphi_{阴,1}^{\ominus} + \frac{RT}{mzF}\ln a_{A^{z+},1}^{m} - \frac{RT}{F}\ln i \qquad (11.102)$$

式中，

$$\varphi_{阴,1}^{\ominus} = -\frac{\Delta G_{m,阴,1}^{\ominus}}{mzF} = -\frac{m\mu_A^{\ominus} - m\mu_{A^{z+}}^{\ominus} - mz\mu_e^{\ominus}}{mzF}$$

（2）阴极产物与阳极产物发生化学反应。

阴极反应为

$$mA^{z+} + mze \xlongequal{\ \ \ } mA$$

$$nA + npB \xlongequal{\ \ \ } nAB_p$$

总反应为

$$mA^{z+} + npB + mze \xlongequal{\ \ \ } (m-n)A + nAB_p$$

摩尔吉布斯自由能变化为

$$\Delta G_{m,阴,2} = (m-n)\mu_A + n\mu_{AB_p} - m\mu_{A^{z+}} - znp\mu_B - mz\mu_e$$

$$= \Delta G_{m,阴,2}^{\ominus} + RT\ln\frac{a_{AB_p,2}^{n}}{a_{A^{z+},2}^{m}a_{B,2}^{np}} + mzRT\ln i$$

式中，

$$\Delta G_{m,阴,2}^{\ominus} = (m-n)\mu_A^{\ominus} + n\mu_{AB_p}^{\ominus} - m\mu_{A^{z+}}^{\ominus} - np\mu_{B^{z+}}^{\ominus} - mz\mu_e^{\ominus}$$

$$\mu_A = \mu_A^{\ominus}$$

$$\mu_{AB_p} = \mu_{AB_p}^{\ominus} + RT\ln a_{AB_p,2}$$

$$\mu_{A^{z+}} = \mu_{A^{z+}}^{\ominus} + RT\ln a_{A^{z+},2}$$

$$\mu_B = \mu_B^{\ominus} + RT\ln a_{B,2}$$

$$\mu_e = \mu_e^{\ominus} - RT\ln i$$

组元 AB_p 和组元 B 溶解在熔盐中。

由

$$\varphi_{阴,2} = -\frac{\Delta G_{m,阴,2}}{mzF}$$

得

$$\varphi_{阴,2} = \varphi_{阴,2}^{\ominus} + \frac{RT}{mzF}\ln\frac{a_{A^{z+},2}^m a_{B,2}^{np}}{a_{AB_p,2}^n} - \frac{RT}{F}\ln i \qquad (11.103)$$

式中，

$$\varphi_{阴,2}^{\ominus} - -\frac{\Delta G_{m,阴,2}^{\ominus}}{zF} = -\frac{(m-n)\mu_A^{\ominus} + n\mu_{AB_p}^{\ominus} - m\mu_{A^{z+}}^{\ominus} - np\mu_B^{\ominus} - z\mu_e^{\ominus}}{mzF}$$

阴极去极化电势：式（11.102）–式（11.103），得

$$\Delta\varphi_{阴,去} = \varphi_{阴,1} - \varphi_{阴,2}$$

$$= -\frac{-n\mu_A^{\ominus} + n\mu_{AB_p}^{\ominus} - np\mu_B^{\ominus}}{mzF} + \frac{RT}{mzF}\ln\frac{a_{A^{z+},1}^m a_{AB_p,2}^n}{a_{A^{z+},2}^m a_{B,2}^{np}} \qquad (11.104)$$

11.4　金属在熔盐中的溶解

在电解过程中，阴极生成的金属会溶解到熔盐中，使金属由原子状态又变为离子状态。造成金属损失，降低了电流效率。图 11.1 给出了在电解过程中金属在熔盐中溶解损失与阴极的电流密度的关系。

金属在熔盐中溶解，带有颜色。例如，铝溶入冰晶石呈白色，铅溶入 NaCl-KCl 熔盐中呈黄褐色，钠溶入 NaCl-KCl 中呈橙红色。金属溶入熔盐，如同雾状，称为金属雾，是溶入熔盐中的金属在熔盐中扩散所致。

在密闭体系，金属在熔盐中溶解一直达到饱和，在开放体系，溶解在熔盐中的金属会被空气或阳极产生的气体氧化，使得电解得到的金属不断向熔盐中溶解。

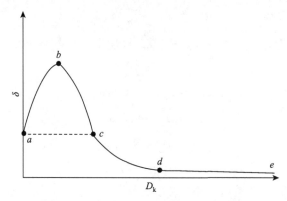

图 11.1　金属在熔盐中溶解损失与阴极的电流密度的关系曲线

金属在熔盐中溶解有两种类型：①金属溶解在该金属的熔盐中；②金属溶解在不含该金属离子的熔盐中。

下面分别进行讨论。

11.4.1　金属溶解在含该金属的熔盐中

（1）没溶解的情况。

阴极反应为

$$mMe^{z+} + mze \Longrightarrow mMe$$

摩尔吉布斯自由能变化为

$$\Delta G_{m,阴,1} = m\mu_{Me} - m\mu_{Me^{z+}} - mz\mu_e = \Delta G_{m,阴,1}^{\ominus} + RT\ln\frac{1}{a_{Me^{z+}}^m} + mzRT\ln i$$

式中，

$$\Delta G_{m,阴,1}^{\ominus} = m\mu_{Me}^{\ominus} - m\mu_{Me^{z+}}^{\ominus} - mz\mu_e^{\ominus}$$
$$\mu_{Me} = \mu_{Me}^{\ominus}$$
$$\mu_{Me^{z+}} = \mu_{Me^{z+}}^{\ominus} + RT\ln a_{Me^{z+},1}$$
$$\mu_e = \mu_e^{\ominus} - RT\ln i$$

由

$$\varphi_{阴,1} = -\frac{\Delta G_{m,阴,1}}{mzF}$$

得

$$\varphi_{阴,1} = \varphi_{阴,1}^{\ominus} + \frac{RT}{mzF}\ln a_{Me^{z+},1}^m - \frac{RT}{F}\ln i \tag{11.105}$$

式中，

$$\varphi_{\text{阴},1}^{\ominus} = -\frac{\Delta G_{\text{m},\text{阴},1}^{\ominus}}{mzF} = -\frac{m\mu_{\text{Me}}^{\ominus} - m\mu_{\text{Me}^{z+}}^{\ominus} - mz\mu_{\text{e}}^{\ominus}}{mzF}$$

由式（11.105）得

$$\ln i = -\frac{F\varphi_{\text{阴},1}}{RT} + \frac{F\varphi_{\text{阴},1}^{\ominus}}{RT} + \frac{1}{mz}\ln a_{\text{Me}^{z+},1}^{m}$$

$$i = (a_{\text{Me}^{z+},1})^{1/z}\exp\left(-\frac{F\varphi_{\text{阴},1}}{RT}\right)\exp\left(\frac{F\varphi_{\text{阴},1}^{\ominus}}{RT}\right) = k_{-}\exp\left(-\frac{F\varphi_{\text{阴},1}}{RT}\right) \quad （11.106）$$

式中，

$$k_{-} = (a_{\text{Me}^{z+},1})^{1/z}\exp\left(\frac{F\varphi_{\text{阴},1}^{\ominus}}{RT}\right) \approx (c_{\text{Me}^{z+},1})^{1/z}\exp\left(\frac{F\varphi_{\text{阴},1}^{\ominus}}{RT}\right)$$

（2）溶解的情况。

$$m\text{Me}^{z+} + mz\text{e} \Longrightarrow m\text{Me}$$

$$n\text{Me} + n\text{Me}^{z+} \Longrightarrow 2n\text{Me}^{\frac{z}{2}+}$$

总反应为

$$(m+n)\text{Me}^{z+} + mz\text{e} \Longrightarrow (m-n)\text{Me} + 2n\text{Me}^{\frac{z}{2}+}$$

摩尔吉布斯自由能变化为

$$\Delta G_{\text{m},\text{阴},1'} = (m-n)\mu_{\text{Me}} + 2n\mu_{\text{Me}^{\frac{z}{2}+}} - (m+n)\mu_{\text{Me}^{z+}} - mz\mu_{\text{e}}$$

$$= \Delta G_{\text{m},\text{阴},1'}^{\ominus} + RT\ln\frac{a_{\text{Me}^{\frac{z}{2}+},1'}^{2n}}{a_{\text{Me}^{z+},1'}^{m+n}} + mzRT\ln i$$

式中，

$$\Delta G_{\text{m},\text{阴},1'}^{\ominus} = (m-n)\mu_{\text{Me}}^{\ominus} + 2n\mu_{\text{Me}^{\frac{z}{2}+}}^{\ominus} - (m+n)\mu_{\text{Me}^{z+}}^{\ominus} - mz\mu_{\text{e}}^{\ominus}$$

$$\mu_{\text{Me}} = \mu_{\text{Me}}^{\ominus}$$

$$\mu_{\text{Me}^{\frac{z}{2}+}} = \mu_{\text{Me}^{\frac{z}{2}+}}^{\ominus} + RT\ln a_{\text{Me}^{\frac{z}{2}+},1'}$$

$$\mu_{\text{Me}^{z+}} = \mu_{\text{Me}^{z+}}^{\ominus} + RT\ln a_{\text{Me}^{z+},1'}$$

$$\mu_{\text{e}} = \mu_{\text{e}}^{\ominus} - RT\ln i$$

由

$$\varphi_{\text{阴},1'} = -\frac{\Delta G_{\text{m},\text{阴},1'}}{mzF}$$

得

$$\varphi_{阴,1'} = \varphi_{阴,1'}^{\ominus} + \frac{RT}{mzF}\ln\frac{a_{Me^{z+},1'}^{m+n}}{a_{Me^{\frac{z}{2}+},1'}^{2n}} - \frac{RT}{F}\ln i \qquad (11.107)$$

式中，

$$\varphi_{阴,1'}^{\ominus} = -\frac{\Delta G_{m,阴,1'}^{\ominus}}{mzF} = -\frac{(m-n)\mu_{Me}^{\ominus} + 2n\mu_{Me^{\frac{z}{2}+}}^{\ominus} - (m+n)\mu_{Me^{z+}}^{\ominus} - mz\mu_{e}^{\ominus}}{mzF}$$

由式（11.107）得

$$\ln i = -\frac{F\varphi_{阴,1'}}{RT} + \frac{F\varphi_{阴,1'}^{\ominus}}{RT} + \frac{1}{mz}\ln\frac{a_{Me^{z+},1'}^{m+n}}{a_{Me^{\frac{z}{2}+},1'}^{2n}}$$

$$i = \left(\frac{a_{Me^{z+},1'}^{m+n}}{a_{Me^{\frac{z}{2}+},1'}^{2n}}\right)^{1/mz} \exp\left(-\frac{F\varphi_{阴,1'}}{RT}\right)\exp\left(\frac{F\varphi_{阴,1'}^{\ominus}}{RT}\right) = k_{-}\exp\left(-\frac{F\varphi_{阴,1'}}{RT}\right) \qquad (11.108)$$

式中，

$$k_{-} = \left(\frac{a_{Me^{z+},1'}^{m+n}}{a_{Me^{\frac{z}{2}+},1'}^{2n}}\right)^{1/mz} \exp\left(\frac{F\varphi_{阴,1'}^{\ominus}}{RT}\right) \approx \left(\frac{c_{Me^{z+},1'}^{m+n}}{c_{Me^{\frac{z}{2}+},1'}^{2n}}\right)^{1/mz} \exp\left(\frac{F\varphi_{阴,1'}^{\ominus}}{RT}\right)$$

阴极去极化电势：式（11.105）–式（11.107），得

$$\Delta\varphi_{阴,1,去} = \varphi_{阴,1} - \varphi_{阴,1'}$$

$$= -\frac{m\mu_{Me}^{\ominus} - 2n\mu_{Me^{\frac{z}{2}+}}^{\ominus} + n\mu_{Me^{z+}}^{\ominus}}{mzF} + \frac{RT}{mzF}\ln\frac{a_{Me^{z+},1}^{m}a_{Me^{\frac{z}{2}+},1'}^{2n}}{a_{Me^{z+},1'}^{m+n}} \qquad (11.109)$$

11.4.2　金属溶解在不含该金属的熔盐中

（1）金属没溶解的情况同 11.3.1（1）。

（2）溶解。

阴极反应：

$$mMe^{z+} + mze \Longrightarrow mMe$$

$$nMe + nM^{z+} \Longrightarrow nMe^{z+} + nM$$

总反应为

$$(m-n)Me^{z+} + mze + nM^{z+} \Longrightarrow (m-n)Me + nM$$

摩尔吉布斯自由能变化为

$$\Delta G_{m,阴,2'} = (m-n)\mu_{Me} + n\mu_M - (m-n)\mu_{Me^{z+}} - mz\mu_e - n\mu_{M^{z+}}$$

$$= \Delta G_{m,阴,2'}^{\ominus} + RT\ln\frac{a_{M,2'}^{n}}{a_{Me^{z+},2'}^{m-n}a_{M^{z+},2'}^{n}} + mzRT\ln i$$

式中，

$$\Delta G_{m,阴,2'}^{\ominus} = (m-n)\mu_{Me}^{\ominus} + n\mu_M^{\ominus} - (m-n)\mu_{Me^{z+}}^{\ominus} - mz\mu_e^{\ominus} - n\mu_{M^{z+}}^{\ominus}$$

$$\mu_{Me} = \mu_{Me}^{\ominus}$$

$$\mu_{Me^{z+}} = \mu_{Me^{z+}}^{\ominus} + RT\ln a_{Me^{z+},2'}$$

$$\mu_M = \mu_M^{\ominus} + RT\ln a_{M,2}$$

$$\mu_e = \mu_e^{\ominus} - RT\ln i$$

$$\mu_{M^{z+}} = \mu_{M^{z+}}^{\ominus} + RT\ln a_{M^{z+},2'}$$

由

$$\varphi_{阴,2'} = -\frac{\Delta G_{m,阴,2'}}{mzF}$$

得

$$\varphi_{阴,2'} = \varphi_{阴,2'}^{\ominus} + \frac{RT}{mzF}\ln\frac{a_{Me^{z+},2'}^{m-n}a_{M^{z+},2'}^{n}}{a_{M,2'}^{n}} - \frac{RT}{F}\ln i \tag{11.110}$$

式中，

$$\varphi_{阴,2'}^{\ominus} = -\frac{\Delta G_{m,阴,2'}^{\ominus}}{mzF} = -\frac{(m-n)\mu_{Me}^{\ominus} + n\mu_M^{\ominus} - (m-n)\mu_{Me^{z+}}^{\ominus} - mz\mu_e^{\ominus} - n\mu_{M^{z+}}^{\ominus}}{mzF}$$

由式（11.110）得

$$\ln i = -\frac{F\varphi_{阴,2'}}{RT} + \frac{F\varphi_{阴,2'}^{\ominus}}{RT} + \frac{1}{mz}\ln\frac{a_{M,2'}^{n}}{a_{Me^{z+},2'}^{m-n}a_{M^{z+},2'}^{n}}$$

$$i = \left(\frac{a_{Me^{z+},2'}^{m-n}a_{M^{z+},2'}^{n}}{a_{M,2'}^{n}}\right)^{1/mz}\exp\left(-\frac{F\varphi_{阴,2'}}{RT}\right)\exp\left(\frac{F\varphi_{阴,2'}^{\ominus}}{RT}\right) = k_-\exp\left(-\frac{F\varphi_{阴,2'}}{RT}\right) \tag{11.111}$$

式中，

$$k_- = \left(\frac{a_{Me^{z+},2'}^{m-n}a_{M^{z+},2'}^{n}}{a_{M,2'}^{n}}\right)^{1/mz}\exp\left(\frac{F\varphi_{阴,2'}^{\ominus}}{RT}\right) \approx \left(\frac{c_{Me^{z+},2'}^{m-n}c_{M^{z+},2'}^{n}}{c_{M,2'}^{n}}\right)^{1/mz}\exp\left(\frac{F\varphi_{阴,2'}^{\ominus}}{RT}\right)$$

阴极去极化电势：式（11.105）-式（11.110），得

$$\Delta\varphi_{阴,1,去} = \varphi_{阴,1} - \varphi_{阴,2'} = \varphi_{阴,1}^{\ominus} - \varphi_{阴,2'}^{\ominus} + \frac{RT}{mzF}\ln\frac{a_{Me^{z+},1}^{m}a_{M,2'}^{n}}{a_{Me^{z+},2'}^{m-n}a_{M^{z+},2'}^{n}}$$

$$= -\frac{m\mu_{Me}^{\ominus} - n\mu_{Me^{z+}}^{\ominus} - n\mu_M^{\ominus} + n\mu_{M^{z+}}^{\ominus}}{mzF} + \frac{RT}{mzF}\ln\frac{a_{Me^{z+},1}^{m}a_{M,2'}^{n}}{a_{Me^{z+},2'}^{m-n}a_{M^{z+},2'}^{n}} \tag{11.112}$$

第 12 章　铝电解的阴极过程和阳极过程

12.1　铝电解的阴极过程

12.1.1　阴极电势

铝电解的阴极反应为

$$Al^{3+} + 3e =\!=\!= Al$$

铝电解的电解质由冰晶石和氧化铝组成，铝离子来源于 Al_2O_3 和 Na_3AlF_6，而且更多地来源于 Al_3AlF_6。因此，电流密度不太大（$i = 0.01 \sim 3A/cm^2$），阴极浓差过电势很小。阴极过电势主要是电化学极化造成的。

以金属铝为参比极，阴极反应达平衡，有

$$Al^{3+} + 3e =\!=\!= Al$$

摩尔吉布斯自由能变化为

$$\Delta G_{m,阴,e} = \mu_{Al} - \mu_{Al^{3+}} - 3\mu_e = \Delta G_{m,阴}^{\ominus} + RT \ln \frac{1}{a_{Al^{3+},e}}$$

式中，

$$\Delta G_{m,阴}^{\ominus} = \mu_{Al}^{\ominus} - \mu_{Al^{3+}}^{\ominus} - 3\mu_e^{\ominus}$$

$$\mu_{Al} = \mu_{Al}^{\ominus}$$

$$\mu_{Al^{3+}} = \mu_{Al^{3+}}^{\ominus} + RT \ln a_{Al^{3+},e}$$

$$\mu_e = \mu_e^{\ominus}$$

由

$$\varphi_{阴,e} = -\frac{\Delta G_{m,阴,e}}{3F}$$

得

$$\varphi_{阴,e} = \varphi_{阴}^{\ominus} + \frac{RT}{3F} \ln a_{Al^{3+},e} \tag{12.1}$$

式中，

$$\varphi_{阴}^{\ominus} = -\frac{\Delta G_{m,阴}^{\ominus}}{3F} = -\frac{\mu_{Al}^{\ominus} - \mu_{Al^{3+}}^{\ominus} - 3\mu_e^{\ominus}}{3F}$$

12.1.2　阴极极化

阴极有电流通过，发生极化，阴极反应为

$$Al^{3+} + 3e \Longrightarrow Al$$

摩尔吉布斯自由能变化为

$$\Delta G_{m,阴} = \mu_{Al} - \mu_{Al^{3+}} - 3\mu_e = \Delta G_{m,阴}^{\ominus} + RT \ln \frac{1}{a_{Al^{3+}}} + 3RT \ln i$$

式中，

$$\Delta G_{m,阴}^{\ominus} = \mu_{Al}^{\ominus} - \mu_{Al^{3+}}^{\ominus} - 3\mu_e^{\ominus}$$

$$\mu_{Al} = \mu_{Al}^{\ominus}$$

$$\mu_{Al^{3+}} = \mu_{Al^{3+}}^{\ominus} + RT \ln a_{Al^{3+}}$$

$$\mu_e = \mu_e^{\ominus} - RT \ln i$$

由

$$\varphi_{阴} = -\frac{\Delta G_{m,阴}}{3F}$$

得

$$\varphi_{阴} = \varphi_{阴}^{\ominus} + \frac{RT}{3F} \ln a_{Al^{3+}} - \frac{RT}{F} \ln i \qquad (12.2)$$

式中，

$$\varphi_{阴}^{\ominus} = -\frac{\Delta G_{m,阴}^{\ominus}}{3F} = -\frac{\mu_{Al}^{\ominus} - \mu_{Al^{3+}}^{\ominus} - 3\mu_e^{\ominus}}{3F}$$

由式（12.2）得

$$\ln i = -\frac{F\varphi_{阴}}{RT} + \frac{F\varphi_{阴}^{\ominus}}{RT} + \frac{1}{3} \ln a_{Al^{3+}}$$

有

$$i = a_{Al^{3+}}^{1/3} \exp\left(-\frac{F\varphi_{阴}}{RT}\right) \exp\left(\frac{F\varphi_{阴}^{\ominus}}{RT}\right) = k_- \exp\left(-\frac{F\varphi_{阴}}{RT}\right) \qquad (12.3)$$

式中，

$$k_- = a_{Al^{3+}}^{1/3} \exp\left(\frac{F\varphi_{阴}^{\ominus}}{RT}\right) \approx c_{Al^{3+}}^{1/3} \exp\left(\frac{F\varphi_{阴}^{\ominus}}{RT}\right)$$

过电势：

式（12.2）−式（12.1），得

$$\Delta\varphi_{阴} = \varphi_{阴} - \varphi_{阴,e} = \frac{RT}{3F} \ln \frac{a_{Al^{3+}}}{a_{Al^{3+},e}} - \frac{RT}{F} \ln i \qquad (12.4)$$

由式（12.4）得

$$\ln i = -\frac{F\Delta\varphi_{阴}}{RT} + \frac{1}{3}\ln\frac{a_{Al^{3+}}}{a_{Al^{3+},e}}$$

由上式得

$$i = \left(\frac{a_{Al^{3+}}}{a_{Al^{3+},e}}\right)^{1/3}\exp\left(-\frac{F\Delta\varphi_{阴}}{RT}\right) = k'_-\exp\left(-\frac{F\Delta\varphi_{阴}}{RT}\right) \tag{12.5}$$

式中，

$$k'_- = \left(\frac{a_{Al^{3+}}}{a_{Al^{3+},e}}\right)^{1/3} \approx \left(\frac{c_{Al^{3+}}}{c_{Al^{3+},e}}\right)^{1/3}$$

12.2　铝电解的阳极过程

实验测得铝的过电势如图 12.1 所示。图 12.2 为石墨电极上的电势扫描图。由图可见，阳极有 6 个反应：

p_1　　　　　　　　　　$[Al] - 3e = Al^{3+}$

p_2　　　　　　　　　　$C + O^{2-} - 2e = CO$

p_3　　　　　　　　　$C + 2O^{2-} - 4e = CO_2$

p_4　　　　　$C + O^{2-} + 2F^- - 4e = COF_2$

p_5　　　　　　　　　$C + 4F^- - 4e = CF_4$

p_6　　　　　　　　　　$2F^- - 2e = F_2$

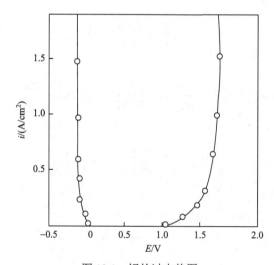

图 12.1　铝的过电势图

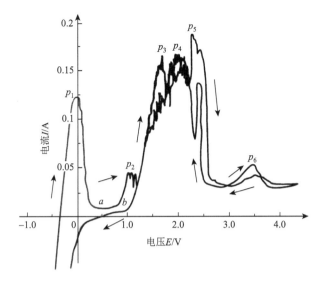

图 12.2 石墨电极上的电势扫描图

下面分别进行讨论：

Al 在阳极失去电子，成为 Al^{3+}。阳极反应为

$$[Al] - 3e === Al^{3+}$$

摩尔吉布斯自由能变化为

$$\Delta G_{m,阳,Al} = \mu_{Al^{3+}} - \mu_{[Al]} + 3\mu_e = \Delta G^{\ominus}_{m,阳,Al} + RT \ln \frac{a_{Al^{3+}}}{a_{[Al]}} + 3RT \ln i_{Al}$$

式中，

$$\Delta G^{\ominus}_{m,阳,Al} = \mu^{\ominus}_{Al^{3+}} - \mu^{\ominus}_{[Al]} + 3\mu^{\ominus}_e$$

$$\mu_{Al^{3+}} = \mu^{\ominus}_{Al^{3+}} + RT \ln a_{Al^{3+}}$$

$$\mu_{[Al]} = \mu^{\ominus}_{[Al]} + RT \ln a_{[Al]}$$

$$\mu_e = \mu^{\ominus}_e + RT \ln i_{Al}$$

阳极电势：由

$$\varphi_{阳,Al} = \frac{\Delta G_{m,阳,Al}}{3F}$$

得

$$\varphi_{阳,Al} = \varphi^{\ominus}_{阳,Al} + \frac{RT}{3F} \ln \frac{a_{Al^{3+}}}{a_{[Al]}} + \frac{RT}{F} \ln i_{Al} \tag{12.6}$$

式中，

$$\varphi_{\text{阳,Al}}^{\ominus} = \frac{\Delta G_{\text{m,阳,Al}}^{\ominus}}{3F} = \frac{\mu_{\text{Al}^{3+}}^{\ominus} - \mu_{[\text{Al}]}^{\ominus} + 3\mu_{\text{e}}^{\ominus}}{3F}$$

由式（12.6）得

$$\ln i_{\text{Al}} = \frac{F\varphi_{\text{阳,Al}}}{RT} - \frac{F\varphi_{\text{阳,Al}}^{\ominus}}{RT} - \frac{1}{3}\ln\frac{a_{\text{Al}^{3+}}}{a_{[\text{Al}]}}$$

有

$$i = \left(\frac{a_{[\text{Al}]}}{a_{\text{Al}^{3+}}}\right)^{1/3}\exp\left(\frac{F\varphi_{\text{阳,Al}}}{RT}\right)\exp\left(-\frac{F\varphi_{\text{阳,Al}}^{\ominus}}{RT}\right) = k_{\text{阳}}\exp\left(\frac{F\varphi_{\text{阳,Al}}}{RT}\right) \qquad （12.7）$$

式中，

$$k_{\text{阳}} = \left(\frac{a_{[\text{Al}]}}{a_{\text{Al}^{3+}}}\right)^{1/3}\exp\left(-\frac{F\varphi_{\text{阳,Al}}^{\ominus}}{RT}\right) \approx \left(\frac{c_{[\text{Al}]}}{c_{\text{Al}^{3+}}}\right)^{1/3}\exp\left(-\frac{F\varphi_{\text{阳,Al}}^{\ominus}}{RT}\right)$$

阳极反应达平衡，有

$$[\text{Al}] - 3\text{e} \Longrightarrow \text{Al}^{3+}$$

摩尔吉布斯自由能变化为

$$\Delta G_{\text{m,阳,Al,e}} = \mu_{\text{Al}^{3+}} - \mu_{[\text{Al}]} + 3\mu_{\text{e}} = \Delta G_{\text{m,阳,Al}}^{\ominus} + RT\ln\frac{a_{\text{Al}^{3+},\text{e}}}{a_{[\text{Al}],\text{e}}}$$

式中，

$$\Delta G_{\text{m,阳,Al}}^{\ominus} = \mu_{\text{Al}^{3+}}^{\ominus} - \mu_{[\text{Al}]}^{\ominus} + 3\mu_{\text{e}}^{\ominus}$$

$$\mu_{\text{Al}^{3+}} = \mu_{\text{Al}^{3+}}^{\ominus} + RT\ln a_{\text{Al}^{3+},\text{e}}$$

$$\mu_{[\text{Al}]} = \mu_{[\text{Al}]}^{\ominus} + RT\ln a_{[\text{Al}],\text{e}}$$

$$\mu_{\text{e}} = \mu_{\text{e}}^{\ominus}$$

阳极平衡电势：由

$$\varphi_{\text{阳,Al,e}} = \frac{\Delta G_{\text{m,阳,Al,e}}}{3F}$$

得

$$\varphi_{\text{阳,Al,e}} = \varphi_{\text{阳,Al}}^{\ominus} + \frac{RT}{3F}\ln\frac{a_{\text{Al}^{3+},\text{e}}}{a_{[\text{Al}],\text{e}}} \qquad （12.8）$$

式中，

$$\varphi_{\text{阳,Al}}^{\ominus} = \frac{\Delta G_{\text{m,阳,Al}}^{\ominus}}{3F} = \frac{\mu_{\text{Al}^{3+}}^{\ominus} - \mu_{[\text{Al}]}^{\ominus} + 3\mu_{\text{e}}^{\ominus}}{3F}$$

阳极过电动势：

式（12.6）-式（12.8）得

$$\Delta\varphi_{阳,Al} = \varphi_{阳,Al} - \varphi_{阳,Al,e} = \frac{RT}{3F}\ln\frac{a_{Al^{3+}}a_{[Al],e}}{a_{[Al]}a_{Al^{3+},e}} + \frac{RT}{F}\ln i \qquad （12.9）$$

由式（12.9）得

$$\ln i_{Al} = \frac{F\Delta\varphi_{阳,Al}}{RT} - \frac{1}{3}\ln\frac{a_{Al^{3+}}a_{[Al],e}}{a_{[Al]}a_{Al^{3+},e}}$$

则

$$i = \left(\frac{a_{[Al]}a_{Al^{3+},e}}{a_{Al^{3+}}a_{[Al],e}}\right)^{1/3}\exp\left(\frac{F\Delta\varphi_{阳,Al}}{RT}\right) = k'_{阳}\exp\left(\frac{F\Delta\varphi_{阳,Al}}{RT}\right)$$

式中，

$$k'_{阳} = \left(\frac{a_{[Al]}a_{Al^{3+},e}}{a_{Al^{3+}}a_{[Al],e}}\right)^{1/3} \approx \left(\frac{c_{[Al]}c_{Al^{3+},e}}{c_{Al^{3+}}c_{[Al],e}}\right)^{1/3}$$

12.2.1 生成 CO 的反应

O^{2-} 扩散到阳极，在炭阳极上放电，生成中间化合物 C_xO。中间化合物 C_xO 再转化为 CO，CO 吸附在炭阳极上，形成气泡核。气泡核长到一个标准压力的气泡后，从阳极表面穿过电解质析出，进入气相。该过程可以表示为

$$O^{2-} + C - 2e == C—O \qquad （i）$$
$$C—O == CO_{(吸附)} \qquad （ii）$$
$$CO_{(吸附)} == CO_{(气)} \qquad （iii）$$

总反应为

$$O^{2-} + C - 2e == CO_{(气)} \qquad （1）$$

式（i）为 O^{2-} 的放电反应，O^{2-} 失去电子成为氧原子。氧原子与阳极的碳原子结合成 C—O，其中的 C 端仍与阳极上的碳原子键连接。存在于碳阳极与熔盐的界面上。

电化学反应（i）的摩尔吉布斯自由能变化为

$$\Delta G_{m,阳,C—O} = \mu_{C—O} - \mu_{O^{2-}} + 2\mu_e - \mu_C = \Delta G^{\ominus}_{m,阳,C—O} + RT\ln\frac{\theta_{C—O}}{a_{O^{2-}}(1-\theta_{C—O})} + 2RT\ln i_{C—O}$$

式中，

$$\Delta G^{\ominus}_{m,阳,C—O} = \mu^{\ominus}_{C—O} - \mu^{\ominus}_{O^{2-}} + 2\mu^{\ominus}_e - \mu^{\ominus}_C$$

$$\mu_{C-O} = \mu_{C-O}^{\ominus} + RT\ln\theta_{C-O}$$

$$\mu_e = \mu_e^{\ominus} + RT\ln i_{C-O}$$

$$\mu_C = \mu_C^{\ominus} + RT\ln(1-\theta_{C-O})$$

阳极电势：由

$$\varphi_{阳,C-O} = \frac{\Delta G_{m,阳,C-O}}{2F}$$

得

$$\varphi_{阳,C-O} = \varphi_{阳,C-O}^{\ominus} + \frac{RT}{2F}\ln\frac{\theta_{C-O}}{a_{O^{2-}}(1-\theta_{C-O})} + \frac{RT}{F}\ln i_{C-O} \qquad （12.10）$$

式中，

$$\varphi_{阳,C-O}^{\ominus} = \frac{\Delta G_{m,阳,C-O}^{\ominus}}{2F} = \frac{\mu_{C-O}^{\ominus} - \mu_{O^{2-}}^{\ominus} + 2\mu_e^{\ominus} - \mu_C^{\ominus}}{2F}$$

由式（12.10）得

$$\ln i_{C-O} = \frac{F\varphi_{阳,C-O}}{RT} - \frac{F\varphi_{阳,C-O}^{\ominus}}{RT} - \frac{1}{2}\ln\frac{\theta_{C-O}}{a_{O^{2-}}(1-\theta_{C-O})}$$

则

$$i_{C-O} = \left[\frac{a_{O^{2-}}(1-\theta_{C-O})}{\theta_{C-O}}\right]^{1/2}\exp\left(\frac{F\varphi_{阳,C-O}}{RT}\right)\exp\left(-\frac{F\varphi_{阳,C-O}^{\ominus}}{RT}\right) = k_+\exp\left(\frac{F\varphi_{阳,C-O}}{RT}\right)$$

$$（12.11）$$

式中，

$$k_+ = \left[\frac{a_{O^{2-}}(1-\theta_{C-O})}{\theta_{C-O}}\right]^{1/2}\exp\left(-\frac{F\varphi_{阳,C-O}^{\ominus}}{RT}\right) \approx \left[\frac{c_{O^{2-}}(1-\theta_{C-O})}{\theta_{C-O}}\right]^{1/2}\exp\left(-\frac{F\varphi_{阳,C-O}^{\ominus}}{RT}\right)$$

反应（ⅰ）达平衡，

$$O^{2-} + C - 2e \rightleftharpoons C-O$$

摩尔吉布斯自由能变化为

$$\Delta G_{m,阳,C-O,e} = \mu_{C-O} - \mu_{O^{2-}} + 2\mu_e - \mu_C = \Delta G_{m,阳,C-O}^{\ominus} + RT\ln\frac{\theta_{C-O,e}}{a_{O^{2-},e}(1-\theta_{C-O,e})}$$

式中，

$$\Delta G_{m,阳,C-O}^{\ominus} = \mu_{C-O}^{\ominus} - \mu_{O^{2-}}^{\ominus} + 2\mu_e^{\ominus} - \mu_C^{\ominus}$$

$$\mu_{C-O} = \mu_{C-O}^{\ominus} + RT\ln\theta_{C-O,e}$$

$$\mu_e = \mu_e^{\ominus} + RT\ln i_{C-O,e}$$

$$\mu_C = \mu_C^{\ominus} + RT\ln(1-\theta_{C-O,e})$$

阳极平衡电势：由

$$\varphi_{阳,C—O,e} = \frac{\Delta G_{m,阳,C—O,e}}{2F}$$

得

$$\varphi_{阳,C—O,e} = \varphi_{阳,C—O}^{\ominus} + \frac{RT}{2F}\ln\frac{\theta_{C—O,e}}{a_{O^{2-},e}(1-\theta_{C—O,e})} \qquad （12.12）$$

式中，

$$\varphi_{阳,C—O}^{\ominus} = \frac{\Delta G_{m,阳,C—O}^{\ominus}}{2F} = \frac{\mu_{C—O}^{\ominus} - \mu_{O^{2-}}^{\ominus} + 2\mu_e^{\ominus} - \mu_C^{\ominus}}{2F}$$

过电势：

式（12.10）–式（12.12），得

$$\Delta\varphi_{阳,C—O} = \varphi_{阳,C—O} - \varphi_{阳,C—O,e} = \frac{RT}{2F}\ln\frac{\theta_{C—O}a_{O^{2-},e}(1-\theta_{C—O,e})}{a_{O^{2-}}(1-\theta_{C—O})\theta_{C—O,e}} + \frac{RT}{2F}\ln i_{C—O} \qquad （12.13）$$

得

$$\ln i_{C—O} = \frac{F\Delta\varphi_{阳,C—O}}{RT} - \frac{RT}{2F}\ln\frac{\theta_{C—O}a_{O^{2-},e}(1-\theta_{C—O,e})}{a_{O^{2-}}(1-\theta_{C—O})\theta_{C—O,e}}$$

则

$$i_{C—O} = \left[\frac{a_{O^{2-}}(1-\theta_{C—O})\theta_{C—O,e}}{\theta_{C—O}a_{O^{2-},e}(1-\theta_{C—O,e})}\right]^{1/2}\exp\left(\frac{F\Delta\varphi_{阳,C—O}}{RT}\right) = k_+'\exp\left(\frac{F\Delta\varphi_{阳,C—O}}{RT}\right) \qquad （12.14）$$

式中，

$$k_+' = \left[\frac{a_{O^{2-}}(1-\theta_{C—O})\theta_{C—O,e}}{\theta_{C—O}a_{O^{2-},e}(1-\theta_{C—O,e})}\right]^{1/2} \approx \left[\frac{c_{O^{2-}}(1-\theta_{C—O})\theta_{C—O,e}}{\theta_{C—O}c_{O^{2-},e}(1-\theta_{C—O,e})}\right]^{1/2}$$

反应（ii）的摩尔吉布斯自由能变化为

$$\Delta G_{m,CO_{(吸附)}} = \mu_{CO_{(吸附)}} - \mu_{C—O} = \Delta G_{m,CO}^{\ominus} + RT\ln\frac{\theta_{CO}}{\theta_{C—O}}$$

式中，

$$\Delta G_{m,CO}^{\ominus} = \mu_{CO}^{\ominus} - \mu_{C—O}^{\ominus}$$

$$\mu_{CO_{(吸附)}} = \mu_{CO}^{\ominus} + RT\ln\theta_{CO}$$

$$\mu_{C—O} = \mu_{C—O}^{\circ} + RT\ln\theta_{C—O}$$

反应速率为

$$j_{CO_{(吸附)}} = k_+\theta_{C—O}^{n_+} - k_-\theta_{CO}^{n_-} = k_+\left(\theta_{C—O}^{n_+} - \frac{1}{K}\theta_{CO}^{n_-}\right)$$

式中，

$$K = \frac{k_+}{k_-} = \frac{\theta_{CO}^{n_-}}{\theta_{C-O}^{n_+}} = \frac{\theta_{CO,e}}{\theta_{C-O,e}}$$

反应（iii）的摩尔吉布斯自由能变化为

$$\Delta G_{m,CO_{(气)}} = \mu_{CO_{(气)}} - \mu_{CO_{(吸附)}} = \Delta G_{m,CO}^{\ominus} + RT \ln \frac{p_{CO}}{\theta_{CO}}$$

式中，

$$\Delta G_{m,CO}^{\ominus} = \mu_{CO}^{\ominus} - \mu_{CO}^{\ominus} = 0$$

$$\mu_{CO_{(气)}} = \mu_{CO}^{\ominus} + RT \ln p_{CO}$$

$$\mu_{CO_{(吸附)}} = \mu_{CO}^{\ominus} + RT \ln \theta_{CO}$$

CO 为 1 个标准大气压。

反应（iii）的速率为

$$j_{CO_{(气)}} = k_+ \theta_{CO}^{n_+} - k_- p_{CO}^{n_-} = k_+ \left(\theta_{CO}^{n_+} - \frac{1}{K} p_{CO}^{n_-} \right)$$

式中，

$$K = \frac{k_+}{k_-} = \frac{p_{CO}^{n_-}}{\theta_{CO}^{n_+}} = \frac{p_{CO,e}}{\theta_{CO,e}}$$

过程由式（i）、式（ii）和式（iii）共同控制，有

$$j_{C-O} = j_{CO_{(吸附)}} = j_{CO_{(气)}} = j$$

则

$$j = \frac{1}{3} (j_{C-O} + j_{CO_{(吸附)}} + j_{CO_{(气)}})$$

为过程的速率。

若过程由总反应决定，有总反应为

$$O^{2-} + C - 2e \Longrightarrow CO_{(气)} \tag{1}$$

摩尔吉布斯自由能变化为

$$\Delta G_{m,阳,CO_{(气)}} = \mu_{CO_{(气)}} - \mu_{O^{2-}} - \mu_C + 2\mu_e = \Delta G_{m,阳,CO}^{\ominus} + RT \ln \frac{p_{CO}}{a_{O^{2-}}(1-\theta)} + 2RT \ln i_{CO_{(气)}}$$

式中，

$$\Delta G_{m,阳,CO}^{\ominus} = \mu_{CO}^{\ominus} - \mu_{O^{2-}}^{\ominus} - \mu_C^{\ominus} + 2\mu_e^{\ominus}$$

$$\mu_{CO_{(气)}} = \mu_{CO_{(气)}}^{\ominus} + RT \ln p_{CO}$$

$$\mu_{O^{2-}} = \mu_{O^{2-}}^{\ominus} + RT \ln a_{O^{2-}}$$

$$\mu_C = \mu_C^{\ominus} + RT \ln (1-\theta)$$

$$\mu_e = \mu_e^{\ominus} + RT \ln i_{CO_{(气)}}$$

由

$$\varphi_{阳,CO_{(气)}} = \frac{\Delta G_{m,阳,CO_{(气)}}}{2F}$$

得

$$\varphi_{阳,CO_{(气)}} = \varphi_{阳,CO}^{\ominus} + \frac{RT}{2F} \ln \frac{p_{CO}}{a_{O^{2-}}(1-\theta)} + \frac{RT}{F} \ln i_{CO_{(气)}} \tag{12.15}$$

式中，

$$\varphi_{阳,CO}^{\ominus} = \frac{\Delta G_{m,阳,CO}^{\ominus}}{2F} = \frac{\mu_{CO_{(气)}}^{\ominus} - \mu_{O^{2-}}^{\ominus} - \mu_C^{\ominus} + 2\mu_e^{\ominus}}{2F}$$

由式（12.15）得

$$\ln i_{CO_{(气)}} = \frac{F\varphi_{阳,CO_{(气)}}}{RT} - \frac{F\varphi_{阳,CO}^{\ominus}}{RT} - \frac{1}{2} \ln \frac{p_{CO}}{a_{O^{2-}}(1-\theta)}$$

则

$$i_{CO_{(气)}} = \left[\frac{a_{O^{2-}}(1-\theta)}{p_{CO}}\right]^{1/2} \exp\left(\frac{F\varphi_{阳,CO_{(气)}}}{RT}\right) \exp\left(-\frac{F\varphi_{阳,CO}^{\ominus}}{RT}\right) = k_+ \exp\left(\frac{F\varphi_{阳,CO_{(气)}}}{RT}\right)$$

$$\tag{12.16}$$

式中，

$$k_+ = \left[\frac{a_{O^{2-}}(1-\theta)}{p_{CO}}\right]^{1/2} \exp\left(-\frac{F\varphi_{阳,CO}^{\ominus}}{RT}\right) \approx \left[\frac{c_{O^{2-}}(1-\theta)}{p_{CO}}\right]^{1/2} \exp\left(-\frac{F\varphi_{阳,CO}^{\ominus}}{RT}\right)$$

总反应达平衡，有

$$O^{2-} + C - 2e \Longleftrightarrow CO_{(气)}$$

摩尔吉布斯自由能变化为

$$\Delta G_{m,阳,CO(气),e} = \mu_{CO(气)} - \mu_{O^{2-}} - \mu_C + 2\mu_e = \Delta G_{m,阳,CO}^{\ominus} + RT \ln \frac{p_{CO,e}}{a_{O^{2-},e}(1-\theta_e)}$$

式中，

$$\Delta G_{m,阳,CO}^{\ominus} = \mu_{CO}^{\ominus} - \mu_{O^{2-}}^{\ominus} - \mu_C^{\ominus} + 2\mu_e^{\ominus}$$

$$\mu_{CO(气)} = \mu_{CO}^{\ominus} + RT \ln p_{CO,e}$$

$$\mu_{O^{2-}} = \mu_{O^{2-}}^{\ominus} + RT \ln a_{O^{2-},e}$$

$$\mu_C = \mu_C^{\ominus} + RT \ln(1-\theta_e)$$

$$\mu_e = \mu_e^{\ominus}$$

阳极平衡电势：由

$$\varphi_{\text{阳,CO}_{(气)},\text{e}} = \frac{\Delta G_{\text{m,阳,CO}_{(气)},\text{e}}}{2F}$$

得

$$\varphi_{\text{阳,CO}_{(气)},\text{e}} = \varphi_{\text{阳,CO}}^{\ominus} + \frac{RT}{2F}\ln\frac{p_{\text{CO,e}}}{a_{\text{O}^{2-},\text{e}}(1-\theta_{\text{e}})} \tag{12.17}$$

式中，

$$\varphi_{\text{阳,CO}}^{\ominus} = \frac{\Delta G_{\text{m,阳,CO}}^{\ominus}}{2F} = \frac{\mu_{\text{CO}}^{\ominus} - \mu_{\text{O}^{2-}}^{\ominus} - \mu_{\text{C}}^{\ominus} + 2\mu_{\text{e}}^{\ominus}}{2F}$$

阳极过电势：

式（12.15）–式（12.17），得

$$\Delta\varphi_{\text{阳,CO}_{(气)}} = \varphi_{\text{阳,CO}_{(气)}} - \varphi_{\text{阳,CO}_{(气)},\text{e}} = \frac{RT}{2F}\ln\frac{p_{\text{CO}}a_{\text{O}^{2-},\text{e}}(1-\theta_{\text{e}})}{a_{\text{O}^{2-}}(1-\theta)p_{\text{CO,e}}} + \frac{RT}{F}\ln i_{\text{CO}_{(气)}} \tag{12.18}$$

由式（12.18）得

$$\ln i_{\text{CO}_{(气)}} = \frac{F\Delta\varphi_{\text{阳,CO}_{(气)}}}{RT} - \frac{1}{2}\ln\frac{p_{\text{CO}}a_{\text{O}^{2-},\text{e}}(1-\theta_{\text{e}})}{a_{\text{O}^{2-}}(1-\theta)p_{\text{CO,e}}}$$

则

$$i_{\text{CO}_{(气)}} = \left[\frac{a_{\text{O}^{2-}}(1-\theta)p_{\text{CO,e}}}{p_{\text{CO}}a_{\text{O}^{2-},\text{e}}(1-\theta_{\text{e}})}\right]^{1/2}\exp\left(\frac{F\Delta\varphi_{\text{阳,CO}_{(气)}}}{RT}\right) = k_+'\exp\left(\frac{F\Delta\varphi_{\text{阳,CO}_{(气)}}}{RT}\right) \tag{12.19}$$

式中，

$$k_+' = \left(\frac{a_{\text{O}^{2-}}(1-\theta)p_{\text{CO,e}}}{p_{\text{CO}}a_{\text{O}^{2-},\text{e}}(1-\theta_{\text{e}})}\right)^{1/2} \approx \left[\frac{c_{\text{O}^{2-}}(1-\theta)p_{\text{CO,e}}}{p_{\text{CO}}c_{\text{O}^{2-},\text{e}}(1-\theta_{\text{e}})}\right]^{1/2}$$

12.2.2　生成 CO_2 的反应

随着外加电压升高，阳极电流密度增加，阳极电势增加，阳极过电势增加。O^{2-}在阳极放电，在炭阳极上生成中间化合物 C_xO。中间化合物转化为 CO_2。CO_2 吸附在炭阳极上，形成气泡核。气泡核长成气泡，达到一个标准压力后，从阳极表面析出。该过程可以表示如下：

1. 生成 CO_2（气）（一）

$$O^{2-} + C - 2e \Longrightarrow C\text{—}O \tag{i}$$
$$2(C\text{—}O) \Longrightarrow CO_{2(吸附)} + C \tag{ii}$$

$$CO_{2(吸附)} \rightleftharpoons CO_{2(气)} \qquad (iii)$$

总反应为

$$2O^{2-} - 4e + C \rightleftharpoons CO_{2(气)} \qquad (2)$$

式（i）与 12.2.1 的（i）相同，不再重复。

反应（ii）的摩尔吉布斯自由能变化为

$$\Delta G_{m,CO_{2(吸附)}} = \mu_{CO_{2(吸附)}} + \mu_C - 2\mu_{C-O} = \Delta G_{m,CO_2}^{\ominus} + RT\ln\frac{\theta_{CO_2}(1-\theta)}{\theta_{C-O}^2}$$

式中，

$$\Delta G_{m,CO_2}^{\ominus} = \mu_{CO_2}^{\ominus} + \mu_C^{\ominus} - 2\mu_{C-O}^{\ominus}$$

$$\mu_{CO_2} = \mu_{CO_2}^{\ominus} + RT\ln\theta_{CO_2}$$

$$\mu_C = \mu_C^{\ominus} + RT\ln(1-\theta)$$

$$\mu_{C-O} = \mu_{C-O}^{\ominus} + RT\ln\theta_{C-O}$$

反应速率为

$$j_{CO_{2(吸附)}} = k_+\theta_{C-O}^{n_+}\theta_{C-O}^{n'_+} - k_-\theta_{CO_2}^{n_-}(1-\theta)^{n'_-} = k_+\left[\theta_{C-O}^{n_+}\theta_{C-O}^{n'_+} - \frac{1}{K}\theta_{CO_2}^{n_-}(1-\theta)^{n'_-}\right] \qquad (12.20)$$

式中，

$$K = \frac{k_+}{k_-} = \frac{\theta_{CO_2,e}^{n_-}(1-\theta_e)^{n'_-}}{\theta_{C-O,e}^{n_+}\theta_{C-O,e}^{n'_+}} = \frac{\theta_{CO_2,e}(1-\theta_e)}{\theta_{C-O,e}^2}$$

式（iii）反应为

$$CO_{2(吸附)} \rightleftharpoons CO_{2(气)}$$

摩尔吉布斯自由能变化为

$$\Delta G_m = \mu_{CO_{2(气)}} - \mu_{CO_{2(吸附)}} = \Delta G_m^{\ominus} + RT\ln\frac{p_{CO_2}}{\theta_{CO_2}}$$

式中，

$$\Delta G_m^{\ominus} = \mu_{CO_{2(气)}}^{\ominus} - \mu_{CO_{2(吸附)}}^{\ominus}$$

$$\mu_{CO_{2(气)}} = \mu_{CO_{2(气)}}^{\ominus} + RT\ln p_{CO_2}$$

$$\mu_{CO_{2(吸附)}} = \mu_{CO_{2(吸附)}}^{\ominus} + RT\ln\theta_{CO_2}$$

反应（iii）的速率为

$$j_{CO_{2(气)}} = k_+\theta_{CO_{2(吸附)}}^{n_+} - k_-p_{CO_2}^{n_-} = k_+\left(\theta_{CO_{2(吸附)}}^{n_+} - \frac{1}{K}p_{CO_2}^{n_-}\right) \qquad (12.21)$$

式中，

$$K = \frac{k_+}{k_-} = \frac{p_{CO_2,e}^{n_-}}{\theta_{CO_{2(吸附)},e}^{n_+}} = \frac{p_{CO_2,e}}{\theta_{CO_2,e}}$$

总反应为

$$2O^{2-} - 4e + C \Longrightarrow CO_{2(气)} \qquad (2)$$

摩尔吉布斯自由能变化为

$$\Delta G_{m,阳,CO_{2(气)}} = \mu_{CO_{2(气)}} - 2\mu_{O^{2-}} - \mu_C + 4\mu_e$$

$$= \Delta G_{m,阳,CO_2}^{\ominus} + RT \ln \frac{p_{CO_2}}{a_{O^{2-}}(1-\theta)} + 4RT \ln i_{CO_{2(气)}}$$

式中,

$$\Delta G_{m,阳,CO_2}^{\ominus} = \mu_{CO_2}^{\ominus} - 2\mu_{O^{2-}}^{\ominus} - \mu_C^{\ominus} + 4\mu_e^{\ominus}$$

$$\mu_{CO_{2(气)}} = \mu_{CO_2}^{\ominus} + RT \ln p_{CO_2}$$

$$\mu_{O^{2-}} = \mu_{O^{2-}}^{\ominus} + RT \ln a_{O^{2-}}$$

$$\mu_C = \mu_C^{\ominus} + RT \ln(1-\theta)$$

$$\mu_e = \mu_e^{\ominus} + RT \ln i_{CO_{2(气)}}$$

阳极电势: 由

$$\varphi_{阳,CO_{2(气)}} = \frac{\Delta G_{m,阳,CO_{2(气)}}}{4F}$$

得

$$\varphi_{阳,CO_{2(气)}} = \varphi_{阳,CO_2}^{\ominus} + \frac{RT}{4F} \ln \frac{p_{CO_2}}{a_{O^{2-}}(1-\theta)} + \frac{RT}{F} \ln i_{CO_2} \qquad (12.22)$$

式中,

$$\varphi_{阳,CO_2}^{\ominus} = \frac{\Delta G_{m,阳,CO_2}^{\ominus}}{4F} = \frac{\mu_{CO_2}^{\ominus} - 2\mu_{O^{2-}}^{\ominus} - \mu_C^{\ominus} + 4\mu_e^{\ominus}}{4F}$$

由式(12.22)得

$$\ln i_{CO_{2(气)}} = \frac{F\varphi_{阳,CO_{2(气)}}}{RT} - \frac{F\varphi_{阳,CO_2}^{\ominus}}{RT} - \frac{1}{4} \ln \frac{p_{CO_2}}{a_{O^{2-}}(1-\theta)}$$

则

$$i_{CO_{2(气)}} = \left[\frac{a_{O^{2-}}(1-\theta)}{p_{CO_2}}\right]^{1/4} \exp\left(\frac{F\varphi_{阳,CO_{2(气)}}}{RT}\right) \exp\left(-\frac{F\varphi_{阳,CO_2}^{\ominus}}{RT}\right)$$

$$= k_+ \exp\left(\frac{F\varphi_{阳,CO_{2(气)}}}{RT}\right) \qquad (12.23)$$

式中，

$$k_+ = \left[\frac{a_{O^{2-}}(1-\theta)}{p_{CO_2}} \right]^{1/4} \exp\left(-\frac{F\varphi_{阳,CO_2}^{\ominus}}{RT} \right) \approx \left[\frac{c_{O^{2-}}(1-\theta)}{p_{CO_2}} \right]^{1/4} \exp\left(-\frac{F\varphi_{阳,CO_2}^{\ominus}}{RT} \right)$$

如果过程由式（ i ）、式（ ii ）和式（ iii ）共同控制，有

$$j_{C-O} = j_{CO_{2(吸附)}} = j_{CO_{2(气)}} = j$$

则过程速率为

$$j = \frac{1}{3}(j_{C-O} + j_{CO_{2(吸附)}} + j_{CO_{2(气)}})$$

总反应达平衡，有

$$2O^{2-} + C - 4e \rightleftharpoons CO_{2(气)}$$

摩尔吉布斯自由能变化为

$$\Delta G_{m,阳,CO_{2(气)},e} = \mu_{CO_{2(气)}} - 2\mu_{O^{2-}} - \mu_C + 4\mu_e = \Delta G_{m,阳,CO_2}^{\ominus} + RT\ln\frac{p_{CO_2,e}}{a_{O^{2-},e}(1-\theta_e)}$$

式中，

$$\Delta G_{m,阳,CO_2}^{\ominus} = \mu_{CO_2}^{\ominus} - 2\mu_{O^{2-}}^{\ominus} - \mu_C^{\ominus} + 4\mu_e^{\ominus}$$

$$\mu_{CO_{2(气)}} = \mu_{CO_2}^{\ominus} + RT\ln p_{CO_2,e}$$

$$\mu_{O^{2-}} = \mu_{O^{2-}}^{\ominus} + RT\ln a_{O^{2-},e}$$

$$\mu_C = \mu_C^{\ominus} + RT\ln(1-\theta_e)$$

$$\mu_e = \mu_e^{\ominus}$$

阳极平衡电势：由

$$\varphi_{阳,CO_{2(气)},e} = \frac{\Delta G_{m,阳,CO_{2(气)},e}}{4F}$$

得

$$\varphi_{阳,CO_{2(气)},e} = \varphi_{阳,CO_2}^{\ominus} + \frac{RT}{4F}\ln\frac{p_{CO_2,e}}{a_{O^{2-},e}(1-\theta_e)} \tag{12.24}$$

式中，

$$\varphi_{阳,CO_2}^{\ominus} = \frac{\Delta G_{m,阳,CO_2}^{\ominus}}{4F} = \frac{\mu_{CO_2}^{\ominus} - 2\mu_{O^{2-}}^{\ominus} - \mu_C^{\ominus} + 4\mu_e^{\ominus}}{4F}$$

阳极过电势：

式（12.22）–式（12.24），得

$$\Delta\varphi_{阳,CO_{2(气)}} = \varphi_{阳,CO_{2(气)}} - \varphi_{阳,CO_{2(气)},e} = \frac{RT}{4F}\ln\frac{p_{CO_2}a_{O^{2-},e}(1-\theta_e)}{a_{O^{2-}}(1-\theta)p_{CO_2,e}} + \frac{RT}{F}\ln i_{CO_2} \tag{12.25}$$

由式（12.25）得

$$\ln i_{\mathrm{CO_{2(气)}}} = \frac{F\Delta\varphi_{阳,\mathrm{CO_{2(气)}}}}{RT} - \frac{1}{4}\ln\frac{p_{\mathrm{CO_2}}a_{\mathrm{O^{2-},e}}(1-\theta_e)}{a_{\mathrm{O^{2-}}}(1-\theta)p_{\mathrm{CO_2,e}}}$$

则

$$i_{\mathrm{CO_{2(气)}}} = \left[\frac{a_{\mathrm{O^{2-}}}(1-\theta)p_{\mathrm{CO_2,e}}}{p_{\mathrm{CO_2}}a_{\mathrm{O^{2-},e}}(1-\theta_e)}\right]^{1/4}\exp\left(\frac{F\Delta\varphi_{阳,\mathrm{CO_{2(气)}}}}{RT}\right) = k'_+\exp\left(\frac{F\Delta\varphi_{阳,\mathrm{CO_{2(气)}}}}{RT}\right) \quad (12.26)$$

式中，

$$k'_+ = \left[\frac{a_{\mathrm{O^{2-}}}(1-\theta)p_{\mathrm{CO_2,e}}}{p_{\mathrm{CO_2}}a_{\mathrm{O^{2-},e}}(1-\theta_e)}\right]^{1/4} \approx \left(\frac{c_{\mathrm{O^{2-}}}(1-\theta)p_{\mathrm{CO_2,e}}}{p_{\mathrm{CO_2}}c_{\mathrm{O^{2-},e}}(1-\theta_e)}\right)^{1/4}$$

在生成 CO_2 的同时，也会产生 CO。

生成 CO 的电势为

$$\varphi_{阳,\mathrm{CO_{(气)}}} = \varphi_{阳,\mathrm{CO}}^{\ominus} + \frac{RT}{2F}\ln\frac{p_{\mathrm{CO}}}{a_{\mathrm{O^{2-}}}(1-\theta)} + \frac{RT}{F}\ln i_{\mathrm{CO_{(气)}}}$$

过电势为

$$\Delta\varphi_{阳,\mathrm{CO_{(气)}}} = \frac{RT}{2F}\ln\frac{p_{\mathrm{CO}}a_{\mathrm{O^{2-},e}}}{a_{\mathrm{O^{2-}}}p_{\mathrm{CO,e}}(1-\theta)} + \frac{RT}{F}\ln i_{\mathrm{CO_{(气)}}}$$

电流为

$$i_{\mathrm{CO_{(气)}}} = k_+\exp\left(\frac{F\varphi_{阳,\mathrm{CO_{(气)}}}}{RT}\right) = k'_+\exp\left(\frac{F\Delta\varphi_{阳,\mathrm{CO_{(气)}}}}{RT}\right)$$

并有

$$\varphi_{阳,\mathrm{CO_{2(气)}}} = \varphi_{阳,\mathrm{CO_{(气)}}} = \varphi_{阳,外}$$

$$i_{\mathrm{CO_2}} : i_{\mathrm{CO}} = z_{\mathrm{CO_2}}Fj_{\mathrm{CO_2}} : z_{\mathrm{CO}}Fj_{\mathrm{CO}} = 2j_{\mathrm{CO_2}} : j_{\mathrm{CO}}$$

式中，$\varphi_{阳,外}$ 为外加阳极电势。

2. 生成 $CO_2(气)$（二）

生成 CO_2 的反应也可以为如下步骤。该过程可以表示为

$$\mathrm{O^{2-}} + \mathrm{C} - 2e = \mathrm{C\!-\!O} \qquad\qquad (\mathrm{i})$$

$$\mathrm{O^{2-}} + \mathrm{C\!-\!O} - 2e = \mathrm{CO_{2(吸附)}} \qquad\qquad (\mathrm{ii})$$

$$\mathrm{CO_{2(吸附)}} = \mathrm{CO_{2(气)}} \qquad\qquad (\mathrm{iii})$$

总反应为

$$2\mathrm{O^{2-}} - 4e + \mathrm{C} = \mathrm{CO_{2(气)}} \qquad\qquad (2)$$

式（i）与生成 CO 的步骤 12.2.1 的（i）相同，但是外加电压为生成 $CO_{2(吸附)}$ 的电压。

式（ii）的摩尔吉布斯自由能变化为

$$\Delta G_{m,阳,CO_{2(吸附)}} = \mu_{CO_{2(吸附)}} - \mu_{O^{2-}} - \mu_{C-O} + 2\mu_e$$

$$= \Delta G_{m,阳,CO_2}^{\ominus} + RT \ln \frac{\theta_{CO_2}}{a_{O^{2-}} \theta_{C-O}} + 2RT \ln i$$

式中，

$$\Delta G_{m,阳,CO_2}^{\ominus} = \mu_{CO_2}^{\ominus} - \mu_{O^{2-}}^{\ominus} - \mu_{C-O}^{\ominus} + 2\mu_e^{\ominus}$$

$$\mu_{CO_{2(吸附)}} = \mu_{CO_2}^{\ominus} + RT \ln \theta_{CO_2}$$

$$\mu_{O^{2-}} = \mu_{O^{2-}}^{\ominus} + RT \ln a_{O^{2-}}$$

$$\mu_{C-O} = \mu_{C-O}^{\ominus} + RT \ln \theta_{C-O}$$

$$\mu_e = \mu_e^{\ominus} + RT \ln i$$

阳极电势：由

$$\varphi_{阳,CO_{2(吸附)}} = \frac{\Delta G_{m,阳,CO_{2(吸附)}}}{2F}$$

得

$$\varphi_{阳,CO_{2(吸附)}} = \varphi_{阳,CO_2}^{\ominus} + \frac{RT}{2F} \ln \frac{\theta_{CO_2}}{a_{O^{2-}} \theta_{C-O}} + \frac{RT}{F} \ln i_{CO_{2(吸附)}} \quad （12.27）$$

式中，

$$\varphi_{阳,CO_2}^{\ominus} = \frac{\Delta G_{m,阳,CO_2}^{\ominus}}{2F} = \frac{\mu_{CO_2}^{\ominus} - \mu_{O^{2-}}^{\ominus} - \mu_{C-O}^{\ominus} + 2\mu_e^{\ominus}}{2F}$$

由（12.27）得

$$\ln i_{CO_{2(吸附)}} = \frac{F\varphi_{阳,CO_{2(吸附)}}}{RT} - \frac{F\varphi_{阳,CO_2}^{\ominus}}{RT} - \frac{1}{2} \ln \frac{\theta_{CO_2}}{a_{O^{2-}} \theta_{C-O}}$$

则

$$i_{CO_{2(吸附)}} = \left(\frac{a_{O^{2-}} \theta_{C-O}}{\theta_{CO_2}} \right)^{1/2} \exp\left(\frac{F\varphi_{阳,CO_{2(吸附)}}}{RT} \right) \exp\left(-\frac{F\varphi_{阳,CO_2}^{\ominus}}{RT} \right) = k_+ \exp\left(\frac{F\varphi_{阳,CO_{2(吸附)}}}{RT} \right)$$

$$（12.28）$$

式中，

$$k_+ = \left(\frac{a_{O^{2-}} \theta_{C-O}}{\theta_{CO_2}} \right)^{1/2} \exp\left(-\frac{F\varphi_{阳,CO_2}^{\ominus}}{RT} \right) \approx \left(\frac{c_{O^{2-}} \theta_{C-O}}{\theta_{CO_2}} \right)^{1/2} \exp\left(-\frac{F\varphi_{阳,CO_2}^{\ominus}}{RT} \right)$$

反应（ii）达平衡，

$$O^{2-} + C-O - 2e \Longrightarrow CO_{2(吸附)}$$

摩尔吉布斯自由能变化为

$$\Delta G_{m,阳,CO_{2(吸附)},e} = \mu_{CO_{2(吸附)}} - \mu_{O^{2-}} - \mu_{C-O} + 2\mu_e = \Delta G^{\ominus}_{m,阳,CO_2} + RT \ln \frac{\theta_{CO_2,e}}{a_{O^{2-},e}\theta_{C-O,e}}$$

式中，

$$\Delta G^{\ominus}_{m,阳,CO_2} = \mu^{\ominus}_{CO_2} - \mu^{\ominus}_{O^{2-}} - \mu^{\ominus}_{C-O} + 2\mu^{\ominus}_e$$

$$\mu_{CO_{2(吸附)}} = \mu^{\ominus}_{CO_2} + RT \ln \theta_{CO_2,e}$$

$$\mu_{O^{2-}} = \mu^{\ominus}_{O^{2-}} + RT \ln a_{O^{2-},e}$$

$$\mu_{C-O} = \mu^{\ominus}_{C-O} + RT \ln \theta_{C-O,e}$$

$$\mu_e = \mu^{\ominus}_e$$

阳极平衡电势：由

$$\varphi_{阳,CO_{2(吸附)},e} = \frac{\Delta G_{m,阳,CO_{2(吸附)},e}}{2F}$$

得

$$\varphi_{阳,CO_{2(吸附)},e} = \varphi^{\ominus}_{阳,CO_2} + \frac{RT}{2F} \ln \frac{\theta_{CO_2,e}}{a_{O^{2-},e}\theta_{C-O,e}} \tag{12.29}$$

式（12.27）–式（12.29），得

$$\Delta\varphi_{阳,CO_{2(吸附)}} = \varphi_{阳,CO_{2(吸附)}} - \varphi_{阳,CO_{2(吸附)},e}$$

$$= \frac{RT}{2F} \ln \frac{\theta_{CO_2}a_{O^{2-},e}\theta_{C-O,e}}{a_{O^{2-}}\theta_{C-O}\theta_{CO_2,e}} + \frac{RT}{F} \ln i_{CO_{2(吸附)}} \tag{12.30}$$

由上式得

$$\ln i_{CO_{2(吸附)}} = \frac{F\Delta\varphi_{阳,CO_{2(吸附)}}}{RT} - \frac{1}{2} \ln \frac{\theta_{CO_2}a_{O^{2-},e}\theta_{C-O,e}}{a_{O^{2-}}\theta_{C-O}\theta_{CO_2,e}}$$

则

$$i_{CO_{2(吸附)}} = \left(\frac{a_{O^{2-}}\theta_{C-O}\theta_{CO_2,e}}{\theta_{CO_2}a_{O^{2-},e}\theta_{C-O,e}} \right)^{1/2} \exp\left(\frac{F\Delta\varphi_{阳,CO_{2(吸附)}}}{RT} \right) = k'_+ \exp\left(\frac{F\Delta\varphi_{阳,CO_{2(吸附)}}}{RT} \right)$$

$$\tag{12.31}$$

式中，

$$k'_+ = \left(\frac{a_{O^{2-}}\theta_{C-O}\theta_{CO_2,e}}{\theta_{CO_2}a_{O^{2-},e}\theta_{C-O,e}} \right)^{1/2} \approx \left(\frac{c_{O^{2-}}\theta_{C-O}\theta_{CO_2,e}}{\theta_{CO_2}c_{O^{2-},e}\theta_{C-O,e}} \right)^{1/2}$$

如果过程由式（ⅰ）、式（ⅱ）和式（ⅲ）共同控制，有

$$j_{\text{C—O}} = j_{\text{CO}_{2(\text{吸附})}} = j_{\text{CO}_{2(\text{气})}} = j$$

则

$$j = \frac{1}{3}(j_{\text{C—O}} + j_{\text{CO}_{2(\text{吸附})}} + j_{\text{CO}_{2(\text{气})}})$$

总反应与 12.2.2 中 1.（一）式（2）相同，不再重复

12.2.3　生成 COF₂ 的反应

1. 生成 COF₂（一）

随着外加电压升高，阳极电势增加，阳极电流密度增加，阳极过电势增大。O^{2-} 在炭阳极上放电，并生成 COF_2。该过程可以表示为

$$O^{2-} - 2e + C =\!=\!= C\text{—}O \qquad\qquad (\text{i})$$

$$C\text{—}O + 2F^- - 2e =\!=\!= COF_{2(\text{吸附})} \qquad\qquad (\text{ii})$$

$$COF_{2(\text{吸附})} =\!=\!= COF_{2(\text{气})} \qquad\qquad (\text{iii})$$

总反应为

$$O^{2-} + 2F^- + C - 4e =\!=\!= COF_{2(\text{气})} \qquad\qquad (3)$$

式（i）和 12.2.1 的式（i）相同。

反应（ii）的摩尔吉布斯自由能变化为

$$\Delta G_{\text{m,阳,COF}_{2(\text{吸附})}} = \mu_{\text{COF}_{2(\text{吸附})}} - \mu_{\text{C—O}} - 2\mu_{\text{F}^-} + 2\mu_{\text{e}}$$

$$= \Delta G_{\text{m,阳,COF}_2}^{\ominus} + RT \ln \frac{\theta_{\text{COF}_2}}{\theta_{\text{C—O}} a_{\text{F}^-}^2} + 2RT \ln i_{\text{COF}_{2(\text{吸附})}}$$

式中，

$$\Delta G_{\text{m,阳,COF}_2}^{\ominus} = \mu_{\text{COF}_2}^{\ominus} - \mu_{\text{C—O}}^{\ominus} - 2\mu_{\text{F}^-}^{\ominus} + 2\mu_{\text{e}}^{\ominus}$$

$$\mu_{\text{COF}_{2(\text{吸附})}} = \mu_{\text{COF}_2}^{\ominus} + RT \ln \theta_{\text{COF}_2}$$

$$\mu_{\text{C—O}} = \mu_{\text{C—O}}^{\ominus} + RT \ln \theta_{\text{C—O}}$$

$$\mu_{\text{F}^-} = \mu_{\text{F}^-}^{\ominus} + RT \ln a_{\text{F}^-}$$

$$\mu_{\text{e}} = \mu_{\text{e}}^{\ominus} + RT \ln i_{\text{COF}_2}$$

阳极电势：由

$$\varphi_{\text{阳,COF}_{2(\text{吸附})}} = \frac{\Delta G_{\text{m,阳,COF}_{2(\text{吸附})}}}{2F}$$

得

$$\varphi_{\text{阳,COF}_{2(\text{吸附})}} = \varphi_{\text{阳,COF}_2}^{\ominus} + \frac{RT}{2F} \ln \frac{p_{\text{COF}_2}}{\theta_{\text{C—O}} a_{\text{F}^-}^2} + \frac{RT}{F} \ln i_{\text{COF}_{2(\text{吸附})}} \qquad (12.32)$$

式中，

$$\varphi_{\text{阳},COF_2}^{\ominus} = \frac{\Delta G_{m,\text{阳},COF_2}^{\ominus}}{2F} = \frac{\mu_{COF_2}^{\ominus} - \mu_{C-O}^{\ominus} - 2\mu_{F^-}^{\ominus} + 2\mu_e^{\ominus}}{2F}$$

由式（12.32）得

$$\ln i_{COF_2(\text{吸附})} = \frac{F\varphi_{\text{阳},COF_2(\text{吸附})}}{RT} - \frac{F\varphi_{\text{阳},COF_2}^{\ominus}}{RT} - \frac{1}{2}\ln\frac{p_{COF_2}}{\theta_{C-O}a_{F^-}^2}$$

则

$$i_{COF_2(\text{吸附})} = \left(\frac{\theta_{C-O}a_{F^-}^2}{p_{COF_2}}\right)^{1/2}\exp\left(\frac{F\varphi_{\text{阳},COF_2(\text{吸附})}}{RT}\right)\exp\left(-\frac{F\varphi_{\text{阳},COF_2}^{\ominus}}{RT}\right) = k_+\exp\left(\frac{F\varphi_{\text{阳},COF_2(\text{吸附})}}{RT}\right)$$

$$（12.33）$$

式中，

$$k_+ = (a_{O^{2-}}a_{F^-}^2)^{1/2}\exp\left(-\frac{F\varphi_{\text{阳},COF_2}^{\ominus}}{RT}\right) \approx (c_{O^{2-}}c_{F^-}^2)^{1/2}\exp\left(-\frac{F\varphi_{\text{阳},COF_2}^{\ominus}}{RT}\right)$$

反应（ⅱ）达平衡，有

$$C-O + 2F^- - 2e \Longrightarrow COF_{2(\text{吸附})}$$

摩尔吉布斯自由能变化为

$$\Delta G_{m,\text{阳},COF_2(\text{吸附}),e} = \mu_{COF_2(\text{吸附})} - \mu_{C-O} - 2\mu_{F^-} + 2\mu_e = \Delta G_{m,\text{阳},COF_2}^{\ominus} + RT\ln\frac{\theta_{COF_2,e}}{\theta_{C-O,e}a_{F^-,e}^2}$$

式中，

$$\Delta G_{m,\text{阳},COF_2}^{\ominus} = \mu_{COF_2}^{\ominus} - \mu_{C-O}^{\ominus} - 2\mu_{F^-}^{\ominus} + 2\mu_e^{\ominus}$$

$$\mu_{COF_2(\text{吸附})} = \mu_{COF_2}^{\ominus} + RT\ln\theta_{COF_2,e}$$

$$\mu_{C-O} = \mu_{C-O}^{\ominus} + RT\ln\theta_{C-O,e}$$

$$\mu_{F^-} = \mu_{F^-}^{\ominus} + RT\ln a_{F^-,e}$$

$$\mu_e = \mu_e^{\ominus}$$

阳极平衡电势：由

$$\varphi_{\text{阳},COF_2(\text{吸附}),e} = \frac{\Delta G_{m,\text{阳},COF_2(\text{吸附}),e}}{2F}$$

得

$$\varphi_{\text{阳},COF_2(\text{吸附}),e} = \varphi_{\text{阳},COF_2}^{\ominus} + \frac{RT}{2F}\ln\frac{\theta_{COF_2,e}}{\theta_{C-O,e}a_{F^-,e}^2}$$

$$（12.34）$$

式中,

$$\varphi_{\text{阳},\text{COF}_2}^{\ominus} = \frac{\Delta G_{\text{m},\text{阳},\text{COF}_2}^{\ominus}}{2F} = \frac{\mu_{\text{COF}_2}^{\ominus} - \mu_{\text{C}-\text{O}}^{\ominus} - 2\mu_{\text{F}^-}^{\ominus} + 2\mu_{\text{e}}^{\ominus}}{2F}$$

阴极过电势:

式(12.32)-式(12.34), 得

$$\Delta\varphi_{\text{阳},\text{COF}_{2(\text{吸附})}} = \varphi_{\text{阳},\text{COF}_{2(\text{吸附})}} - \varphi_{\text{阳},\text{COF}_{2(\text{吸附}),\text{e}}} = \frac{RT}{2F}\ln\frac{\theta_{\text{COF}_2}\theta_{\text{C}-\text{O},\text{e}}a_{\text{F}^-,\text{e}}^2}{\theta_{\text{C}-\text{O}}a_{\text{F}^-}^2\theta_{\text{COF}_2,\text{e}}} + \frac{RT}{F}\ln i_{\text{COF}_{2(\text{吸附})}}$$

移项得

$$\ln i_{\text{COF}_{2(\text{吸附})}} = \frac{F\Delta\varphi_{\text{阳},\text{COF}_{2(\text{吸附})}}}{RT} - \frac{1}{2}\ln\frac{\theta_{\text{COF}_2}\theta_{\text{C}-\text{O},\text{e}}a_{\text{F}^-,\text{e}}^2}{\theta_{\text{C}-\text{O}}a_{\text{F}^-}^2\theta_{\text{COF}_2,\text{e}}}$$

则

$$i_{\text{COF}_{2(\text{吸附})}} = \left(\frac{\theta_{\text{COF}_2}\theta_{\text{C}-\text{O},\text{e}}a_{\text{F}^-,\text{e}}^2}{\theta_{\text{C}-\text{O}}a_{\text{F}^-}^2\theta_{\text{COF}_2,\text{e}}}\right)^{1/2}\exp\left(\frac{F\Delta\varphi_{\text{阳},\text{COF}_{2(\text{吸附})}}}{RT}\right) = k'_+\exp\left(\frac{F\Delta\varphi_{\text{阳},\text{COF}_{2(\text{吸附})}}}{RT}\right)$$

$$(12.35)$$

式中,

$$k'_+ = \left(\frac{\theta_{\text{COF}_2}\theta_{\text{C}-\text{O},\text{e}}a_{\text{F}^-,\text{e}}^2}{\theta_{\text{C}-\text{O}}a_{\text{F}^-}^2\theta_{\text{COF}_2,\text{e}}}\right)^{1/2} \approx \left(\frac{\theta_{\text{COF}_2}\theta_{\text{C}-\text{O},\text{e}}c_{\text{F}^-,\text{e}}^2}{\theta_{\text{C}-\text{O}}c_{\text{F}^-}^2\theta_{\text{COF}_2,\text{e}}}\right)^{1/2}$$

反应 (iii) 的摩尔吉布斯自由能变化为

$$\Delta G_{\text{m},\text{COF}_{2(\text{气})}} = \mu_{\text{COF}_{2(\text{气})}} - \mu_{\text{COF}_{2(\text{吸附})}} = \Delta G_{\text{m},\text{COF}_2}^{\ominus} + RT\ln\frac{p_{\text{COF}_2}}{\theta_{\text{COF}_2}}$$

式中,

$$\Delta G_{\text{m},\text{COF}_2}^{\ominus} = \mu_{\text{COF}_2}^{\ominus} - \mu_{\text{COF}_2}^{\ominus} = 0$$

$$\mu_{\text{COF}_2} = \mu_{\text{COF}_2}^{\ominus} + RT\ln p_{\text{COF}_2}$$

$$\mu_{\text{COF}_{2(\text{吸附})}} = \mu_{\text{COF}_2}^{\ominus} + RT\ln\theta_{\text{COF}_2}$$

反应 (iii) 的速率为

$$j_{\text{COF}_{2(\text{气})}} = k_+\theta_{\text{COF}_2}^{n_+} - k_-p_{\text{COF}_2}^{n_-} = k_+\left(\theta_{\text{COF}_2}^{n_+} - \frac{1}{K}p_{\text{COF}_2}^{n_-}\right)$$

式中,

$$K = \frac{k_+}{k_-} = \frac{p_{\text{COF}_2}^{n_-}}{\theta_{\text{COF}_2}^{n_+}} = \frac{p_{\text{COF}_2,\text{e}}}{\theta_{\text{COF}_2,\text{e}}}$$

过程由式(i)、式(ii)和式(iii)共同控制, 有

$$j_{\text{O}-\text{C}} = j_{\text{COF}_{2(吸附)}} = j_{\text{COF}_{2(气)}} = j$$

过程速率为

$$j = \frac{1}{3}(j_{\text{O}-\text{C}} + j_{\text{COF}_{2(吸附)}} + j_{\text{COF}_{2(气)}})$$

总反应为

$$\text{O}^{2-} + 2\text{F}^- + \text{C} - 4\text{e} = \text{COF}_{2(气)}$$

摩尔吉布斯自由能变化为

$$\Delta G_{\text{m,阳,COF}_{2(气)}} = \mu_{\text{COF}_{2(气)}} - \mu_{\text{O}^{2-}} - 2\mu_{\text{F}^-} - \mu_{\text{C}} + 4\mu_{\text{e}}$$

$$= \Delta G_{\text{m,阳,COF}_2}^{\ominus} + RT \ln \frac{p_{\text{COF}_2}}{a_{\text{O}^{2-}} a_{\text{F}^-}^2 (1-\theta)} + 4RT \ln i_{\text{COF}_{2(气)}}$$

式中，

$$\Delta G_{\text{m,阳,COF}_2}^{\ominus} = \mu_{\text{COF}_2}^{\ominus} - \mu_{\text{O}^{2-}}^{\ominus} - 2\mu_{\text{F}^-}^{\ominus} - \mu_{\text{C}}^{\ominus} + 4\mu_{\text{e}}^{\ominus}$$

$$\mu_{\text{COF}_{2(气)}} = \mu_{\text{COF}_2}^{\ominus} + RT \ln p_{\text{COF}_2}$$

$$\mu_{\text{O}^{2-}} = \mu_{\text{O}^{2-}}^{\ominus} + RT \ln a_{\text{O}^{2-}}$$

$$\mu_{\text{F}^-} = \mu_{\text{F}^-}^{\ominus} + RT \ln a_{\text{F}^-}$$

$$\mu_{\text{C}} = \mu_{\text{C}}^{\ominus} + RT \ln(1-\theta)$$

$$\mu_{\text{e}} = \mu_{\text{e}}^{\ominus} + RT \ln i_{\text{COF}_{2(气)}}$$

阳极电势：由

$$\varphi_{\text{阳,COF}_{2(气)}} = \frac{\Delta G_{\text{m,阳,COF}_{2(气)}}}{4F}$$

得

$$\varphi_{\text{阳,COF}_{2(气)}} = \varphi_{\text{阳,COF}_2}^{\ominus} + \frac{RT}{4F} \ln \frac{p_{\text{COF}_2}}{a_{\text{O}^{2-}} a_{\text{F}^-}^2 (1-\theta)} + \frac{RT}{F} \ln i_{\text{COF}_{2(气)}} \tag{12.36}$$

式中，

$$\varphi_{\text{阳,COF}_2}^{\ominus} = \frac{\Delta G_{\text{m,阳,COF}_2}^{\ominus}}{4F} = \frac{\mu_{\text{COF}_2}^{\ominus} - \mu_{\text{O}^{2-}}^{\ominus} - 2\mu_{\text{F}^-}^{\ominus} - \mu_{\text{C}}^{\ominus} + 4\mu_{\text{e}}^{\ominus}}{4F}$$

由式（12.36）得

$$\ln i_{\text{COF}_{2(气)}} = \frac{F\varphi_{\text{阳,COF}_{2(气)}}}{RT} - \frac{F\varphi_{\text{阳,COF}_2}^{\ominus}}{RT} - \frac{1}{4} \ln \frac{p_{\text{COF}_2}}{a_{\text{O}^{2-}} a_{\text{F}^-}^2 (1-\theta)}$$

则

$$i_{COF_2} = \left(\frac{a_{O^{2-}} a_F^2 (1-\theta)}{p_{COF_2}}\right)^{1/4} \exp\left(\frac{F\varphi_{阳,COF_{2(气)}}}{RT}\right) \exp\left(-\frac{F\varphi_{阳,COF_2}^{\ominus}}{RT}\right) = k_{阳}\exp\left(\frac{F\varphi_{阳,COF_{2(气)}}}{RT}\right)$$

（12.37）

式中，

$$k_{阳} = \left(\frac{a_{O^{2-}} a_F^2 (1-\theta)}{p_{COF_2}}\right)^{1/4} \exp\left(-\frac{F\varphi_{阳,COF_2}^{\ominus}}{RT}\right) \approx \left(\frac{c_{O^{2-}} c_F^2 (1-\theta)}{p_{COF_2}}\right)^{1/4} \exp\left(-\frac{F\varphi_{阳,COF_2}^{\ominus}}{RT}\right)$$

总反应达平衡，有

$$C + O^{2-} + 2F^- - 4e \Longleftrightarrow COF_{2(气)}$$

摩尔吉布斯自由能变化为

$$\Delta G_{m,阳,COF_{2(气)},e} = \mu_{COF_{2(气)}} - \mu_{O^{2-}} - 2\mu_{F^-} - \mu_C + 4\mu_e = \Delta G_{m,阳,COF_2}^{\ominus} + RT\ln\frac{p_{COF_2,e}}{a_{O^{2-},e} a_{F^-,e}^2 (1-\theta_e)}$$

式中，

$$\Delta G_{m,阳,COF_2}^{\ominus} = \mu_{COF_2}^{\ominus} - \mu_{O^{2-}}^{\ominus} - 2\mu_{F^-}^{\ominus} - \mu_C^{\ominus} + 4\mu_e^{\ominus}$$

$$\mu_{COF_{2(气)}} = \mu_{COF_2}^{\ominus} + RT\ln p_{COF_2,e}$$

$$\mu_{O^{2-}} = \mu_{O^{2-}}^{\ominus} + RT\ln a_{O^{2-},e}$$

$$\mu_{F^-} = \mu_{F^-}^{\ominus} + RT\ln a_{F^-,e}$$

$$\mu_C = \mu_C^{\ominus} + RT\ln(1-\theta_e)$$

$$\mu_e = \mu_e^{\ominus}$$

阳极平衡电势：由

$$\varphi_{阳,COF_{2(气)},e} = \frac{\Delta G_{m,阳,COF_{2(气)},e}}{4F}$$

得

$$\varphi_{阳,COF_{2(气)},e} = \varphi_{阳,COF_2}^{\ominus} + \frac{RT}{4F}\ln\frac{p_{COF_2,e}}{a_{O^{2-},e} a_{F^-,e}^2 (1-\theta_e)}$$

（12.38）

式中，

$$\varphi_{阳,COF_2}^{\ominus} = \frac{\Delta G_{m,阳,COF_2}^{\ominus}}{4F} = \frac{\mu_{COF_2}^{\ominus} - \mu_{O^{2-}}^{\ominus} - 2\mu_{F^-}^{\ominus} - \mu_C^{\ominus} + 4\mu_e^{\ominus}}{4F}$$

阳极过电势：

式（12.36）-式（12.38），得

$$\Delta\varphi_{阳,COF_{2(气)}} = \varphi_{阳,COF_{2(气)}} - \varphi_{阳,COF_{2(气),e}} = \frac{RT}{4F}\ln\frac{p_{COF_2}a_{O^{2-},e}a_{F^-,e}^2(1-\theta_e)}{a_{O^{2-}}a_{F^-}^2(1-\theta)p_{COF_2,e}} + \frac{RT}{F}\ln i_{COF_{2(气)}}$$

由上式得

$$\ln i_{COF_{2(气)}} = \frac{F\Delta\varphi_{阳,COF_{2(气)}}}{RT} - \frac{1}{4}\ln\frac{p_{COF_2}a_{O^{2-},e}a_{F^-,e}^2(1-\theta_e)}{a_{O^{2-}}a_{F^-}^2(1-\theta)p_{COF_2,e}}$$

则

$$i_{COF_{2(气)}} = \left(\frac{a_{O^{2-}}a_{F^-}^2(1-\theta)p_{COF_2,e}}{p_{COF_2}a_{O^{2-},e}a_{F^-,e}^2(1-\theta_e)}\right)^{1/4}\exp\left(\frac{F\Delta\varphi_{阳,COF_{2(气)}}}{RT}\right) = k'_{阳}\exp\left(\frac{F\Delta\varphi_{阳,COF_{2(气)}}}{RT}\right)$$

$$(12.39)$$

式中,

$$k'_{阳} = \left(\frac{a_{O^{2-}}a_{F^-}^2(1-\theta)p_{COF_2,e}}{p_{COF_2}a_{O^{2-},e}a_{F^-,e}^2(1-\theta_e)}\right)^{1/4} \approx \left(\frac{c_{O^{2-}}c_{F^-}^2(1-\theta)p_{COF_2,e}}{p_{COF_2}c_{O^{2-},e}c_{F^-,e}^2(1-\theta_e)}\right)^{1/4}$$

2. 生成 COF_2（二）

生成 COF_2 的反应为

$$2F^- - 2e + C \Longrightarrow F\!-\!C\!-\!F \qquad (ⅰ)$$

$$F\!-\!C\!-\!F + O^{2-} - 2e \Longrightarrow COF_{2(吸附)} \qquad (ⅱ)$$

$$COF_{2(吸附)} \Longrightarrow COF_{2(气)} \qquad (ⅲ)$$

总反应为

$$O^{2-} + 2F^- + C - 4e \Longrightarrow COF_{2(气)} \qquad (3)$$

反应（ⅲ）与 12.2.3 的 1.（一）中式（ⅲ）相同。

反应（ⅰ）的摩尔吉布斯自由能变化为

$$\Delta G_{m,阳,F-C-F} = \mu_{F-C-F} - 2\mu_{F^-} + 2\mu_e - \mu_C$$

$$= \Delta G_{m,阳,F-C-F}^{\ominus} + RT\ln\frac{\theta_{F-C-F}}{a_{F^-}^2(1-\theta)} + 2RT\ln i_{F-C-F}$$

式中,

$$\Delta G_{m,阳,F-C-F}^{\ominus} = \mu_{F-C-F}^{\ominus} - 2\mu_{F^-}^{\ominus} - \mu_C^{\ominus} + 2\mu_e^{\ominus}$$

$$\mu_{F-C-F} = \mu_{F-C-F}^{\ominus} + RT\ln\theta_{F-C-F}$$

$$\mu_{F^-} = \mu_{F^-}^{\ominus} + RT\ln a_{F^-}$$

$$\mu_e = \mu_e^{\ominus} + RT\ln i_{F-C-F}$$

$$\mu_{C} = \mu_{C}^{\ominus} + RT \ln(1 - \theta)$$

阳极电势：由

$$\varphi_{\text{阳,F-C-F}} = \frac{\Delta G_{\text{m,阳,F-C-F}}}{2F}$$

得

$$\varphi_{\text{阳,F-C-F}} = \varphi_{\text{阳,F-C-F}}^{\ominus} + \frac{RT}{2F} \ln \frac{\theta_{\text{F-C-F}}}{a_{\text{F}^-}^2 (1 - \theta)} + \frac{RT}{F} \ln i_{\text{F-C-F}} \tag{12.40}$$

式中，

$$\varphi_{\text{阳,F-C-F}}^{\ominus} = \frac{\Delta G_{\text{m,阳,F-C-F}}^{\ominus}}{2F} = \frac{\mu_{\text{F-C-F}}^{\ominus} - 2\mu_{\text{F}^-}^{\ominus} + 2\mu_{\text{e}}^{\ominus} - \mu_{\text{C}}^{\ominus}}{2F}$$

由式（12.40）得

$$\ln i_{\text{F-C-F}} = \frac{F\varphi_{\text{阳,F-C-F}}}{RT} - \frac{F\varphi_{\text{阳,F-C-F}}^{\ominus}}{RT} - \frac{1}{2} \ln \frac{\theta_{\text{F-C-F}}}{a_{\text{F}^-}^2 (1 - \theta)}$$

则

$$i_{\text{F-C-F}} = \left[\frac{a_{\text{F}^-}^2 (1 - \theta)}{\theta_{\text{F-C-F}}} \right]^{1/2} \exp\left(\frac{F\varphi_{\text{阳,F-C-F}}}{RT} \right) \exp\left(-\frac{F\varphi_{\text{阳,F-C-F}}^{\ominus}}{RT} \right) = k_+ \exp\left(\frac{F\varphi_{\text{阳,F-C-F}}}{RT} \right)$$

$$\tag{12.41}$$

式中，

$$k_+ = \left[\frac{a_{\text{F}^-}^2 (1 - \theta)}{\theta_{\text{F-C-F}}} \right]^{1/2} \exp\left(-\frac{F\varphi_{\text{阳,F-C-F}}^{\ominus}}{RT} \right) \approx \left[\frac{c_{\text{O}^{2-}}^2 (1 - \theta)}{\theta_{\text{F-C-F}}} \right]^{1/2} \exp\left(-\frac{F\varphi_{\text{阳,F-C-F}}^{\ominus}}{RT} \right)$$

反应（i）达平衡，有

$$2\text{F}^- - 2\text{e} + \text{C} \Longrightarrow \text{F-C-F}$$

摩尔吉布斯自由能变化为

$$\Delta G_{\text{m,阳,F-C-F,e}} = \mu_{\text{F-C-F}} - 2\mu_{\text{F}^-} + 2\mu_{\text{e}} - \mu_{\text{C}} = \Delta G_{\text{m,阳,F-C-F}}^{\ominus} + RT \ln \frac{\theta_{\text{F-C-F,e}}}{a_{\text{F}^-,\text{e}}^2 (1 - \theta_{\text{e}})}$$

式中，

$$\Delta G_{\text{m,阳,F-C-F}}^{\ominus} = \mu_{\text{F-C-F}}^{\ominus} - 2\mu_{\text{F}^-}^{\ominus} - \mu_{\text{C}}^{\ominus} + 2\mu_{\text{e}}^{\ominus}$$

$$\mu_{\text{F-C-F}} = \mu_{\text{F-C-F}}^{\ominus} + RT \ln \theta_{\text{F-C-F,e}}$$

$$\mu_{\text{F}^-} = \mu_{\text{F}^-}^{\ominus} + RT \ln a_{\text{F}^-,\text{e}}$$

$$\mu_{\text{e}} = \mu_{\text{e}}^{\ominus}$$

$$\mu_{\text{C}} = \mu_{\text{C}}^{\ominus} + RT \ln(1 - \theta_{\text{e}})$$

阳极平衡电势：由

$$\varphi_{\text{阳,F—C—F,e}} = \frac{\Delta G_{\text{m,阳,F—C—F,e}}}{2F}$$

得

$$\varphi_{\text{阳,F—C—F,e}} = \varphi^{\ominus}_{\text{阳,F—C—F}} + \frac{RT}{2F}\ln\frac{\theta_{\text{F—C—F,e}}}{a^2_{\text{F}^-,\text{e}}(1-\theta_{\text{e}})} \tag{12.42}$$

式中，

$$\varphi^{\ominus}_{\text{阳,F—C—F}} = \frac{\Delta G^{\ominus}_{\text{m,阳,F—C—F}}}{2F} = \frac{\mu^{\ominus}_{\text{F—C—F}} - 2\mu^{\ominus}_{\text{F}^-} + 2\mu^{\ominus}_{\text{e}} - \mu^{\ominus}_{\text{C}}}{2F}$$

过电势：

式（12.40）–式（12.42），得

$$\Delta\varphi_{\text{阳,F—C—F}} = \varphi_{\text{阳,F—C—F}} - \varphi_{\text{阳,F—C—F,e}} = \frac{RT}{2F}\ln\frac{\theta_{\text{F—C—F}}a^2_{\text{F}^-,\text{e}}(1-\theta_{\text{e}})}{a^2_{\text{F}^-}(1-\theta)\theta_{\text{F—C—F,e}}} + \frac{RT}{F}\ln i_{\text{F—C—F}}$$

由上式得

$$\ln i_{\text{F—C—F}} = \frac{F\Delta\varphi_{\text{阳,F—C—F}}}{RT} - \frac{1}{2}\ln\frac{\theta_{\text{F—C—F}}a^2_{\text{F}^-,\text{e}}(1-\theta_{\text{e}})}{a^2_{\text{F}^-}(1-\theta)\theta_{\text{F—C—F,e}}}$$

则

$$i_{\text{F—C—F}} = \left[\frac{a^2_{\text{F}^-}(1-\theta)\theta_{\text{F—C—F,e}}}{\theta_{\text{F—C—F}}a^2_{\text{F}^-,\text{e}}(1-\theta_{\text{e}})}\right]^{1/2}\exp\left(\frac{F\Delta\varphi_{\text{阳,F—C—F}}}{RT}\right) = k'_+\exp\left(\frac{F\Delta\varphi_{\text{阳,F—C—F}}}{RT}\right) \tag{12.43}$$

式中，

$$k'_+ = \left(\frac{a^2_{\text{F}^-}(1-\theta)\theta_{\text{F—C—F,e}}}{\theta_{\text{F—C—F}}a^2_{\text{F}^-,\text{e}}(1-\theta_{\text{e}})}\right)^{1/2} \approx \left(\frac{c^2_{\text{F}^-}(1-\theta)\theta_{\text{F—C—F,e}}}{\theta_{\text{F—C—F}}c^2_{\text{F}^-,\text{e}}(1-\theta_{\text{e}})}\right)^{1/2}$$

反应（ii）的摩尔吉布斯自由能变化为

$$\Delta G_{\text{m,阳,COF}_{2(\text{吸附})}} = \mu_{\text{COF}_{2(\text{吸附})}} - \mu_{\text{F—C—F}} - \mu_{\text{O}^{2-}} + 2\mu_{\text{e}}$$

$$= \Delta G^{\ominus}_{\text{m,阳,COF}_2} + RT\ln\frac{\theta_{\text{COF}_2}}{\theta_{\text{F—C—F}}a_{\text{O}^{2-}}} + 2RT\ln i_{\text{COF}_{2(\text{吸附})}}$$

式中，

$$\Delta G^{\ominus}_{\text{m,阳,COF}_2} = \mu^{\ominus}_{\text{COF}_2} - \mu^{\ominus}_{\text{F—C—F}} - \mu^{\ominus}_{\text{O}^{2-}} + 2\mu^{\ominus}_{\text{e}}$$

$$\mu_{\text{COF}_{2(\text{吸附})}} = \mu^{\ominus}_{\text{COF}_2} + RT\ln\theta_{\text{COF}_2}$$

$$\mu_{\text{F—C—F}} = \mu^{\ominus}_{\text{F—C—F}} + RT\ln\theta_{\text{F—C—F}}$$

$$\mu_{\text{O}^{2-}} = \mu^{\ominus}_{\text{O}^{2-}} + RT\ln a_{\text{O}^{2-}}$$

$$\mu_{e} = \mu_{e}^{\ominus} + RT \ln i_{COF_{2(吸附)}}$$

由

$$\varphi_{阳,COF_{2(吸附)}} = \frac{\Delta G_{m,阳,COF_{2(吸附)}}}{2F}$$

得

$$\varphi_{阳,COF_{2(吸附)}} = \varphi_{阳,COF_{2}}^{\ominus} + \frac{RT}{2F} \ln \frac{\theta_{COF_{2}}}{\theta_{F—C—F} a_{O^{2-}}} + \frac{RT}{F} \ln i_{COF_{2(吸附)}} \tag{12.44}$$

式中,

$$\varphi_{阳,COF_{2}}^{\ominus} = \frac{\Delta G_{m,阳,COF_{2}}^{\ominus}}{2F} = \frac{\mu_{COF_{2}}^{\ominus} - \mu_{F—C—F}^{\ominus} - \mu_{O^{2-}}^{\ominus} + 2\mu_{e}^{\ominus}}{2F}$$

由式 (12.44) 得

$$\ln i_{COF_{2(吸附)}} = \frac{F \varphi_{阳,COF_{2(吸附)}}}{RT} - \frac{F \varphi_{阳,COF_{2}}^{\ominus}}{RT} - \frac{1}{2} \ln \frac{\theta_{COF_{2}}}{\theta_{F—C—F} a_{O^{2-}}}$$

则

$$i_{COF_{2(吸附)}} = \left(\frac{\theta_{F—C—F} a_{O^{2-}}}{\theta_{COF_{2}}} \right)^{1/2} \exp\left(\frac{F \varphi_{阳,COF_{2(吸附)}}}{RT} \right) \exp\left(-\frac{F \varphi_{阳,COF_{2}}^{\ominus}}{RT} \right) = k_{+} \exp\left(\frac{F \varphi_{阳,COF_{2(吸附)}}}{RT} \right) \tag{12.45}$$

式中,

$$k_{+} = \left(\frac{\theta_{F—C—F} a_{O^{2-}}}{\theta_{COF_{2}}} \right)^{1/2} \exp\left(-\frac{F \varphi_{阳,COF_{2}}^{\ominus}}{RT} \right) \approx \left(\frac{\theta_{F—C—F} c_{O^{2-}}}{\theta_{COF_{2}}} \right)^{1/2} \exp\left(-\frac{F \varphi_{阳,COF_{2}}^{\ominus}}{RT} \right)$$

反应 (ii) 达平衡, 有

$$F—C—F + O^{2-} - 2e \Longleftrightarrow COF_{2(吸附)}$$

摩尔吉布斯自由能变化为

$$\Delta G_{m,阳,COF_{2(吸附)},e} = \mu_{COF_{2(吸附)}} - \mu_{F—C—F} - \mu_{O^{2-}} + 2\mu_{e} = \Delta G_{m,阳,COF_{2}}^{\ominus} + RT \ln \frac{\theta_{COF_{2},e}}{\theta_{F—C—F,e} a_{O^{2-},e}}$$

式中,

$$\Delta G_{m,阳,COF_{2}}^{\ominus} = \mu_{COF_{2}}^{\ominus} - \mu_{F—C—F}^{\ominus} - \mu_{O^{2-}}^{\ominus} + 2\mu_{e}^{\ominus}$$

$$\mu_{COF_{2(吸附)}} = \mu_{COF_{2}}^{\ominus} + RT \ln \theta_{COF_{2},e}$$

$$\mu_{F—C—F} = \mu_{F—C—F}^{\ominus} + RT \ln \theta_{F—C—F,e}$$

$$\mu_{O^{2-}} = \mu_{O^{2-}}^{\ominus} + RT \ln a_{O^{2-},e}$$

$$\mu_{e} = \mu_{e}^{\ominus}$$

阳极平衡电势：由

$$\varphi_{阳,COF_2(吸附),e} = \frac{\Delta G_{m,阳,COF_2(吸附),e}}{2F}$$

得

$$\varphi_{阳,COF_2(吸附),e} = \varphi_{阳,COF_2}^{\ominus} + \frac{RT}{2F}\ln\frac{\theta_{COF_2,e}}{\theta_{F-C-F,e}a_{O^{2-},e}} \tag{12.46}$$

式中，

$$\varphi_{阳,COF_2}^{\ominus} = \frac{\Delta G_{m,阳,COF_2}^{\ominus}}{2F} = \frac{\mu_{COF_2}^{\ominus} - \mu_{F-C-F}^{\ominus} - \mu_{O^{2-}}^{\ominus} + 2\mu_e^{\ominus}}{2F}$$

过电势：

式（12.44）–式（12.46），得

$$\Delta\varphi_{阳,COF_2(吸附)} = \varphi_{阳,COF_2(吸附)} - \varphi_{阳,COF_2(吸附),e} = \frac{RT}{2F}\ln\frac{\theta_{COF_2}\theta_{F-C-F,e}a_{O^{2-},e}}{\theta_{F-C-F}a_{O^{2-}}\theta_{COF_2,e}} + \frac{RT}{F}\ln i_{COF_2(吸附)}$$

由上式得

$$\ln i_{COF_2(吸附)} = \frac{F\Delta\varphi_{阳,COF_2(吸附)}}{RT} - \frac{1}{2}\ln\frac{\theta_{COF_2}\theta_{F-C-F,e}a_{O^{2-},e}}{\theta_{F-C-F}a_{O^{2-}}\theta_{COF_2,e}}$$

则

$$i_{COF_2(吸附)} = \left(\frac{\theta_{F-C-F}a_{O^{2-}}\theta_{COF_2,e}}{\theta_{COF_2}\theta_{F-C-F,e}a_{O^{2-},e}}\right)^{1/2}\exp\left(\frac{F\Delta\varphi_{阳,COF_2(吸附)}}{RT}\right) = k_+'\exp\left(\frac{F\Delta\varphi_{阳,COF_2(吸附)}}{RT}\right) \tag{12.47}$$

式中，

$$k_+' = \left(\frac{\theta_{F-C-F}a_{O^{2-}}\theta_{COF_2,e}}{\theta_{COF_2}\theta_{F-C-F,e}a_{O^{2-},e}}\right)^{1/2} \approx \left(\frac{\theta_{F-C-F}c_{O^{2-}}\theta_{COF_2,e}}{\theta_{COF_2}\theta_{F-C-F,e}c_{O^{2-},e}}\right)^{1/2}$$

过程由式（i）、式（ii）和式（iii）共同控制，有

$$j_{F-C-F} = j_{COF_2(吸附)} = j_{COF_2(气)} = j$$

$$j = \frac{1}{3}(j_{F-C-F} + j_{COF_2(吸附)} + j_{COF_2(气)})$$

总反应与 12.2.3 的 1.（一）中式（3）相同。

3. 生成 COF$_2$（三）

生成 COF$_2$（气）的反应为

$$O^{2-} - 2e + C \Longrightarrow C-O \tag{i}$$

$$2F^- - 2e + C == F{-}C{-}F \qquad\qquad (ii)$$

$$C{-}O + F{-}C{-}F == COF_{2(吸附)} + C \qquad (iii)$$

$$COF_{2(吸附)} == COF_{2(气)} \qquad\qquad (iv)$$

总反应为

$$O^{2-} + 2F^- - 4e + C == COF_{2(气)}$$

式（i）与 12.2.1 中式（i）相同。但是外加电压为生成 COF_2 的电压。

式（ii）与 12.2.3 的 2.（二）中式（i）相同。式（iv）与 12.2.3 的 1.（一）中式（ii）相同。

反应（iii）为

$$C{-}O + F{-}C{-}F == COF_{2(吸附)} + C$$

摩尔吉布斯自由能变化为

$$\Delta G_{m,COF_{2(气)}} = \mu_{COF_{2(气)}} - \mu_{C{-}O} - \mu_{F{-}C{-}F} = \Delta G_{m,COF_2}^{\ominus} + RT\ln\frac{\theta_{COF_2}(1-\theta)}{\theta_{C{-}O}\theta_{F{-}C{-}F}}$$

式中，

$$\Delta G_{m,COF_2}^{\ominus} = \mu_{COF_2}^{\ominus} - \mu_{C{-}O}^{\ominus} - \mu_{F{-}C{-}F}^{\ominus}$$

$$\mu_{COF_{2(气)}} = \mu_{COF_2}^{\ominus} + RT\ln\theta_{COF_2}$$

$$\mu_{C{-}O} = \mu_{C{-}O}^{\ominus} + RT\ln\theta_{C{-}O}$$

$$\mu_{F{-}C{-}F} = \mu_{F{-}C{-}F}^{\ominus} + RT\ln\theta_{F{-}C{-}F}$$

反应速率为

$$j_{COF_2} = k_+\theta_{C{-}O}^{n_+}\theta_{F{-}C{-}F}^{n_+'} - k_-\theta_{COF_2}^{n_-}(1-\theta)^{n_-'}$$

$$= k_+\left[\theta_{C{-}O}^{n_+}\theta_{F{-}C{-}F}^{n_+'} - \frac{1}{K}\theta_{COF_2}^{n_-}(1-\theta)^{n_-'}\right] \qquad (12.48)$$

式中，

$$K = \frac{k_+}{k_-} = \frac{\theta_{COF_2,e}^{n_-}(1-\theta_e)^{n_-'}}{\theta_{C{-}O,e}^{n_+}\theta_{F{-}C{-}F,e}^{n_+'}} = \frac{\theta_{COF_2,e}(1-\theta_e)}{\theta_{C{-}O,e}\theta_{F{-}C{-}F,e}}$$

K 为平衡常数。

如果过程由式（i）、式（ii）、式（iii）和式（iv）共同控制，有

$$j_{C{-}O} = j_{F{-}C{-}F} = j_{COF_{2(吸附)}} = j_{COF_{2(气)}} = j$$

则

$$j = \frac{1}{4}(j_{C{-}O} + j_{F{-}C{-}F} + j_{COF_{2(吸附)}} + j_{COF_{2(气)}})$$

总反应与 12.2.3 的 1.（一）中式（3）相同。

（1）生成 CO 的电势为

$$\varphi_{\text{阳,CO}} = \varphi_{\text{阳,CO}}^{\ominus} + \frac{RT}{2F}\ln\frac{p_{\text{CO}}}{a_{\text{O}^{2-}}(1-\theta)} + \frac{RT}{F}\ln i_{\text{CO}}$$

过电势为

$$\Delta\varphi_{\text{阳,CO}(\text{气})} = \frac{RT}{2F}\ln\frac{p_{\text{CO}}a_{\text{O}^{2-},\text{e}}(1-\theta_{\text{e}})}{a_{\text{O}^{2-}}p_{\text{CO,e}}(1-\theta)} + \frac{RT}{F}\ln i_{\text{CO}}$$

电流为

$$i_{\text{CO}} = k_{+}\exp\left(\frac{F\varphi_{\text{阳,CO}(\text{气})}}{RT}\right) = k_{+}'\exp\left(\frac{F\Delta\varphi_{\text{阳,CO}(\text{气})}}{RT}\right)$$

（2）生成 CO_2 的电势为

$$\varphi_{\text{阳,CO}_2(\text{气})} = \varphi_{\text{阳,CO}_2}^{\ominus} + \frac{RT}{4F}\ln\frac{p_{\text{CO}_2}}{a_{\text{O}^{2-}}^2(1-\theta)} + \frac{RT}{F}\ln i_{\text{CO}_2(\text{气})}$$

过电势为

$$\Delta\varphi_{\text{阳,CO}_2(\text{气})} = \frac{RT}{4F}\ln\frac{p_{\text{CO}_2}a_{\text{O}^{2-},\text{e}}^2(1-\theta_{\text{e}})}{a_{\text{O}^{2-}}^2 p_{\text{CO}_2,\text{e}}(1-\theta)} + \frac{RT}{F}\ln i_{\text{CO}_2(\text{气})}$$

电流为

$$i_{\text{CO}_2(\text{气})} = k_{+}\exp\left(\frac{F\varphi_{\text{阳,CO}_2(\text{气})}}{RT}\right) = k_{+}'\exp\left(\frac{F\Delta\varphi_{\text{阳,CO}_2(\text{气})}}{RT}\right)$$

并有

$$\varphi_{\text{阳,COF}_2} = \varphi_{\text{阳,CO}_2} = \varphi_{\text{阳,CO}} = \varphi_{\text{阳,外}}$$

$$i_{\text{COF}_2} : i_{\text{CO}_2} : i_{\text{CO}} = z_{\text{COF}_2}j_{\text{COF}_2} : z_{\text{CO}_2}j_{\text{CO}_2} : z_{\text{CO}}j_{\text{CO}} = 2j_{\text{COF}_2} : 2j_{\text{CO}_2} : j_{\text{CO}}$$

式中，j_k 为单位电极面积上析出该物质的摩尔数（k 为 COF_2、CO_2、CO）。

12.2.4　生成 CF_4（气）

1. 生成 CF_4（气）的反应（一）

继续升高电压，阳极电势增加，电流增大。F^- 放电，与 C 反应生成 CF_4。反应为

$$2F^{-} - 2e + C \Longrightarrow F\text{—}C\text{—}F \qquad\qquad (\text{i})$$

$$2(F\text{—}C\text{—}F) \Longrightarrow CF_{4(\text{吸附})} + C \qquad\qquad (\text{ii})$$

$$CF_{4(\text{吸附})} \Longrightarrow CF_{4(\text{气})} \qquad\qquad (\text{iii})$$

总反应为

$$4F^- - 4e + C \Longrightarrow CF_{4(气)} \tag{4}$$

式（i）与 12.2.3 的 2.（二）中式（i）相同。

反应（ii）的摩尔吉布斯自由能变化为

$$\Delta G_{m,CF_{4(吸附)}} = \mu_{CF_{4(吸附)}} + \mu_C - 2\mu_{F-C-F} = \Delta G_{m,CF_4}^{\ominus} + RT \ln \frac{\theta_{CF_4}(1-\theta)}{\theta_{F-C-F}^2}$$

式中，

$$\Delta G_{m,CF_4}^{\ominus} = \mu_{CF_4}^{\ominus} + \mu_C^{\ominus} - 2\mu_{F-C-F}^{\ominus}$$

$$\mu_{CF_4} = \mu_{CF_4}^{\ominus} + RT \ln \theta_{CF_4}$$

$$\mu_{F-C-F} = \mu_{F-C-F}^{\ominus} + RT \ln \theta_{F-C-F}$$

$$\mu_C = \mu_C^{\ominus} + RT \ln(1-\theta)$$

反应（ii）的速率为

$$j_{CF_{4(吸附)}} = k_+ \theta_{F-C-F}^{n_+} \theta_{F-C-F}^{n_+'} - k_- \theta_{CF_4}^{n_-} (1-\theta)^{n_-'} = k_+ \left[\theta_{F-C-F}^{n_+} \theta_{F-C-F}^{n_+'} - \frac{1}{K} \theta_{CF_4}^{n_-} (1-\theta)^{n_-'} \right] \tag{12.49}$$

式中，

$$K = \frac{k_+}{k_-} = \frac{\theta_{CF_4,e}^{n_-}(1-\theta_e)^{n_-'}}{\theta_{F-C-F,e}^{n_+} \theta_{F-C-F,e}^{n_+'}} = \frac{\theta_{CF_4,e}(1-\theta_e)}{\theta_{F-C-F,e}^2}$$

K 为平衡常数。

反应（iii）为

$$CF_{4(吸附)} \Longrightarrow CF_{4(气)}$$

摩尔吉布斯自由能变化为

$$\Delta G_{m,CF_{4(气)}} = \mu_{CF_{4(气)}} - \mu_{CF_{4(吸附)}} = \Delta G_{m,CF_4}^{\ominus} + RT \ln \frac{p_{CF_4}}{\theta_{CF_4}}$$

式中，

$$\Delta G_{m,CF_4}^{\ominus} = \mu_{CF_4}^{\ominus} - \mu_{CF_4}^{\ominus} = 0$$

$$\mu_{CF_{4(气)}} = \mu_{CF_4}^{\ominus} + RT \ln p_{CF_4}$$

$$\mu_{CF_{4(吸附)}} = \mu_{CF_4}^{\ominus} + RT \ln \theta_{CF_4}$$

反应（iii）的速率为

$$j_{CF_{4(气)}} = k_+ \theta_{CF_4}^{n_+} - k_- p_{CF_4}^{n_-} = k_+ \left(\theta_{CF_4}^{n_+} - \frac{1}{K} p_{CF_4}^{n_-} \right) \tag{12.50}$$

式中，

$$K = \frac{k_+}{k_-} = \frac{p_{CF_4}^{n_-}}{\theta_{CF_4}^{n_+}} = \frac{p_{CF_4,e}}{\theta_{CF_4,e}}$$

K 为平衡常数。

若式（i）、式（ii）和式（iii）共同为过程的控制步骤，有

$$j_{F-C-F} = j_{CF_{4(吸附)}} = j_{CF_{4(气)}} = j$$

则

$$j = \frac{1}{3}(j_{F-C-F} + j_{CF_{4(吸附)}} + j_{CF_{4(气)}})$$

式中，j 为过程的速率。

总反应（4）为

$$4F^- - 4e + C \Longrightarrow CF_{4(气)} \tag{4}$$

摩尔吉布斯自由能变化为

$$\Delta G_{m,阳,CF_{4(气)}} = \mu_{CF_{4(气)}} - 4\mu_{F^-} + 4\mu_e - \mu_C = \Delta G_{m,阳,CF_4}^{\ominus} + RT \ln \frac{p_{CF_4}}{a_{F^-}^4 (1-\theta)} + 4RT \ln i_{CF_{4(气)}}$$

式中，

$$\Delta G_{m,阳,CF_4}^{\ominus} = \mu_{CF_4}^{\ominus} - 4\mu_{F^-}^{\ominus} + 4\mu_e^{\ominus} - \mu_C^{\ominus}$$

$$\mu_{CF_{4(气)}} = \mu_{CF_4}^{\ominus} + RT \ln p_{CF_4}$$

$$\mu_{F^-} = \mu_{F^-}^{\ominus} + RT \ln a_{F^-}$$

$$\mu_e = \mu_e^{\ominus} + RT \ln i_{CF_{4(气)}}$$

$$\mu_C = \mu_C^{\ominus} + RT \ln(1-\theta)$$

阳极电势：由

$$\varphi_{阳,CF_{4(气)}} = \frac{\Delta G_{m,阳,CF_{4(气)}}}{4F}$$

得

$$\varphi_{阳,CF_{4(气)}} = \varphi_{阳,CF_4}^{\ominus} + \frac{RT}{4F} \ln \frac{p_{CF_4}}{a_{F^-}^4 (1-\theta)} + \frac{RT}{F} \ln i_{CF_{4(气)}} \tag{12.51}$$

式中，

$$\varphi_{阳,CF_4}^{\ominus} = \frac{\Delta G_{m,阳,CF_4}^{\ominus}}{4F} = \frac{\mu_{CF_4}^{\ominus} - 4\mu_{F^-}^{\ominus} + 4\mu_e^{\ominus} - \mu_C^{\ominus}}{4F}$$

由式（12.51）得

$$\ln i_{CF_{4(气)}} = \frac{F\varphi_{阳,CF_{4(气)}}}{RT} - \frac{F\varphi_{阳,CF_4}^{\ominus}}{RT} - \frac{1}{4} \ln \frac{p_{CF_4}}{a_{F^-}^4 (1-\theta)}$$

则

$$i_{\text{CF}_{4(\text{气})}} = \left[\frac{a_{\text{F}^-}^4 (1-\theta)}{p_{\text{CF}_4}}\right]^{1/4} \exp\left(\frac{F\varphi_{\text{阳,CF}_{4(\text{气})}}}{RT}\right) \exp\left(-\frac{F\varphi_{\text{阳,CF}_4}^{\ominus}}{RT}\right) = k_+' \exp\left(\frac{F\varphi_{\text{阳,CF}_{4(\text{气})}}}{RT}\right)$$

$$（12.52）$$

式中，

$$k_+' = \left[\frac{a_{\text{F}^-}^4 (1-\theta)}{p_{\text{CF}_4}}\right]^{1/4} \exp\left(-\frac{F\varphi_{\text{阳,CF}_4}^{\ominus}}{RT}\right) \approx \left[\frac{c_{\text{F}^-}^4 (1-\theta)}{p_{\text{CF}_4}}\right]^{1/4} \exp\left(-\frac{F\varphi_{\text{阳,CF}_4}^{\ominus}}{RT}\right)$$

总反应达平衡，有

$$4\text{F}^- - 4\text{e} + \text{C} \Longrightarrow \text{CF}_{4(\text{气})}$$

摩尔吉布斯自由能变化为

$$\Delta G_{\text{m,阳,CF}_4,\text{e}} = \mu_{\text{CF}_{4(\text{气})}} - 4\mu_{\text{F}^-} + 4\mu_{\text{e}} - \mu_{\text{C}} = \Delta G_{\text{m,阳,CF}_4}^{\ominus} + RT\ln\frac{p_{\text{CF}_4,\text{e}}}{a_{\text{F}^-,\text{e}}^4 (1-\theta_\text{e})}$$

式中，

$$\Delta G_{\text{m,阳,CF}_4}^{\ominus} = \mu_{\text{CF}_4}^{\ominus} - 4\mu_{\text{F}^-}^{\ominus} + 4\mu_{\text{e}}^{\ominus} - \mu_{\text{C}}^{\ominus}$$

$$\mu_{\text{CF}_{4(\text{气})}} = \mu_{\text{CF}_4}^{\ominus} + RT\ln p_{\text{CF}_4,\text{e}}$$

$$\mu_{\text{F}^-} = \mu_{\text{F}^-}^{\ominus} + RT\ln a_{\text{F}^-,\text{e}}$$

$$\mu_{\text{e}} = \mu_{\text{e}}^{\ominus}$$

$$\mu_{\text{C}} = \mu_{\text{C}}^{\ominus} + RT\ln(1-\theta_\text{e})$$

阳极平衡电势：由

$$\varphi_{\text{阳,CF}_{4(\text{气}),\text{e}}} = \frac{\Delta G_{\text{m,阳,CF}_{4(\text{气}),\text{e}}}}{4F}$$

得

$$\varphi_{\text{阳,CF}_{4(\text{气}),\text{e}}} = \varphi_{\text{阳,CF}_4}^{\ominus} + \frac{RT}{4F}\ln\frac{p_{\text{CF}_4,\text{e}}}{a_{\text{F}^-,\text{e}}^4 (1-\theta_\text{e})}$$

$$（12.53）$$

式中，

$$\varphi_{\text{阳,CF}_4}^{\ominus} = \frac{\Delta G_{\text{m,阳,CF}_4}^{\ominus}}{4F} = \frac{\mu_{\text{CF}_4}^{\ominus} - 4\mu_{\text{F}^-}^{\ominus} + 4\mu_{\text{e}}^{\ominus} - \mu_{\text{C}}^{\ominus}}{4F}$$

阳极过电势：
式（12.51）–式（12.53），得

$$\Delta\varphi_{\text{阳,CF}_{4(\text{气})}} = \varphi_{\text{阳,CF}_{4(\text{气})}} - \varphi_{\text{阳,CF}_{4(\text{气}),\text{e}}} = \frac{RT}{4F}\ln\frac{p_{\text{CF}_4} a_{\text{F}^-,\text{e}}^4 (1-\theta_\text{e})}{a_{\text{F}^-}^4 (1-\theta) p_{\text{CF}_4,\text{e}}} + \frac{RT}{F}\ln i_{\text{CF}_{4(\text{气})}} \quad （12.54）$$

移项得

$$\ln i_{\mathrm{CF}_{4(气)}} = \frac{F\Delta\varphi_{阳,\mathrm{CF}_{4(气)}}}{RT} - \frac{1}{4}\ln\frac{p_{\mathrm{CF}_4}a_{\mathrm{F}^-,\mathrm{e}}^4(1-\theta_\mathrm{e})}{a_{\mathrm{F}^-}^4(1-\theta)p_{\mathrm{CF}_4,\mathrm{e}}}$$

则

$$i_{\mathrm{CF}_{4(气)}} = \left[\frac{a_{\mathrm{F}^-}^4(1-\theta)p_{\mathrm{CF}_4,\mathrm{e}}}{p_{\mathrm{CF}_4}a_{\mathrm{F}^-,\mathrm{e}}^4(1-\theta_\mathrm{e})}\right]^{1/4}\exp\left(\frac{F\Delta\varphi_{阳,\mathrm{CF}_{4(气)}}}{RT}\right) = k_+'\exp\left(\frac{F\Delta\varphi_{阳,\mathrm{CF}_{4(气)}}}{RT}\right) \quad (12.55)$$

式中，

$$k_+' = \left[\frac{a_{\mathrm{F}^-}^4(1-\theta)p_{\mathrm{CF}_4,\mathrm{e}}}{p_{\mathrm{CF}_4}a_{\mathrm{F}^-,\mathrm{e}}^4(1-\theta_\mathrm{e})}\right]^{1/4} \approx \left[\frac{c_{\mathrm{F}^-}^4(1-\theta)p_{\mathrm{CF}_4,\mathrm{e}}}{p_{\mathrm{CF}_4}c_{\mathrm{F}^-,\mathrm{e}}^4(1-\theta_\mathrm{e})}\right]^{1/4}$$

2. 生成 CF_4（气）（二）

生成 CF_4 的反应为

$$2\mathrm{F}^- - 2\mathrm{e} + \mathrm{C} =\!=\!= \mathrm{F}\!-\!\mathrm{C}\!-\!\mathrm{F} \tag{ⅰ}$$

$$\mathrm{F}\!-\!\mathrm{C}\!-\!\mathrm{F} + 2\mathrm{F}^- - 2\mathrm{e} =\!=\!= \mathrm{CF}_{4(吸附)} \tag{ⅱ}$$

$$\mathrm{CF}_{4(吸附)} =\!=\!= \mathrm{CF}_{4(气)} \tag{ⅲ}$$

总反应为

$$4\mathrm{F}^- - 4\mathrm{e} + \mathrm{C} =\!=\!= \mathrm{CF}_{4(气)} \tag{4}$$

式（ⅰ）与 12.2.3 的 2.（二）中式（ⅰ）相同，式（ⅲ）与 12.2.4 的 1.（一）中式（ⅲ）相同。

式（ⅱ）的摩尔吉布斯自由能变化为

$$\begin{aligned}\Delta G_{\mathrm{m},阳,\mathrm{CF}_{4(吸附)}} &= \mu_{\mathrm{CF}_{4(吸附)}} - \mu_{\mathrm{F}\!-\!\mathrm{C}\!-\!\mathrm{F}} - 2\mu_{\mathrm{F}^-} + 2\mu_\mathrm{e} \\ &= \Delta G_{\mathrm{m},阳,\mathrm{CF}_4}^{\ominus} + RT\ln\frac{\theta_{\mathrm{CF}_4}}{\theta_{\mathrm{F}\!-\!\mathrm{C}\!-\!\mathrm{F}}a_{\mathrm{F}^-}^2} + 2RT\ln i_{\mathrm{CF}_{4(吸附)}}\end{aligned}$$

式中，

$$\Delta G_{\mathrm{m},阳,\mathrm{CF}_4}^{\ominus} = \mu_{\mathrm{CF}_4}^{\ominus} - \mu_{\mathrm{F}\!-\!\mathrm{C}\!-\!\mathrm{F}}^{\ominus} + 2\mu_{\mathrm{F}^-}^{\ominus} - 2\mu_\mathrm{e}^{\ominus}$$

$$\mu_{\mathrm{CF}_{4(吸附)}} = \mu_{\mathrm{CF}_4}^{\ominus} + RT\ln\theta_{\mathrm{CF}_4}$$

$$\mu_{\mathrm{F}\!-\!\mathrm{C}\!-\!\mathrm{F}} = \mu_{\mathrm{F}\!-\!\mathrm{C}\!-\!\mathrm{F}}^{\ominus} + RT\ln\theta_{\mathrm{F}\!-\!\mathrm{C}\!-\!\mathrm{F}}$$

$$\mu_{\mathrm{F}^-} = \mu_{\mathrm{F}^-}^{\ominus} + RT\ln a_{\mathrm{F}^-}$$

$$\mu_\mathrm{e} = \mu_\mathrm{e}^{\ominus} + RT\ln i_{\mathrm{CF}_{4(吸附)}}$$

阳极电势：由

$$\varphi_{阳,\mathrm{CF}_{4(吸附)}} = \frac{\Delta G_{\mathrm{m},阳,\mathrm{CF}_{4(吸附)}}}{2F}$$

得

$$\varphi_{阳,CF_4(吸附)} = \varphi_{阳,CF_4}^{\ominus} + \frac{RT}{2F}\ln\frac{\theta_{CF_4}}{\theta_{F-C-F}a_{F^-}^2} + \frac{RT}{F}\ln i_{CF_4(吸附)} \tag{12.56}$$

式中，

$$\varphi_{阳,CF_4}^{\ominus} = \frac{\Delta G_{m,阳,CF_4}^{\ominus}}{2F} = \frac{\mu_{CF_4}^{\ominus} - \mu_{F-C-F}^{\ominus} - 2\mu_{F^-}^{\ominus} - +2\mu_e^{\ominus}}{2F}$$

由式（12.56）得

$$\ln i_{CF_4(吸附)} = \frac{F\varphi_{阳,CF_4(吸附)}}{RT} - \frac{F\varphi_{阳,CF_4}^{\ominus}}{RT} + \frac{1}{2}\ln\frac{\theta_{CF_4}}{\theta_{F-C-F}a_{F^-}^2}$$

则

$$i_{CF_4(吸附)} = \left(\frac{\theta_{F-C-F}a_{F^-}^2}{\theta_{CF_4}}\right)^{1/2}\exp\left(\frac{F\varphi_{阳,CF_4(吸附)}}{RT}\right)\exp\left(-\frac{F\varphi_{阳,CF_4}^{\ominus}}{RT}\right) = k_+\exp\left(\frac{F\varphi_{阳,CF_4(吸附)}}{RT}\right) \tag{12.57}$$

式中，

$$k_+ = \left(\frac{\theta_{F-C-F}a_{F^-}^2}{\theta_{CF_4}}\right)^{1/2}\exp\left(-\frac{F\varphi_{阳,CF_4}^{\ominus}}{RT}\right) \approx \left(\frac{\theta_{F-C-F}c_{F^-}^2}{\theta_{CF_4}}\right)^{1/2}\exp\left(-\frac{F\varphi_{阳,CF_4}^{\ominus}}{RT}\right)$$

式（ii）反应达平衡，有

$$F-C-F + 2F^- - 2e \Longrightarrow CF_{4(吸附)}$$

摩尔吉布斯自由能变化为

$$\Delta G_{m,阳,CF_4(吸附),e} = \mu_{CF_4(吸附)} - \mu_{F-C-F} - 2\mu_{F^-} + 2\mu_e = \Delta G_{m,阳,CF_4}^{\ominus} + RT\ln\frac{\theta_{CF_4,e}}{\theta_{F-C-F,e}a_{F^-,e}^2}$$

式中，

$$\Delta G_{m,阳,CF_4}^{\ominus} = \mu_{CF_4}^{\ominus} - \mu_{F-C-F}^{\ominus} + 2\mu_{F^-}^{\ominus} - 2\mu_e^{\ominus}$$

$$\mu_{CF_4(吸附)} = \mu_{CF_4}^{\ominus} + RT\ln\theta_{CF_4,e}$$

$$\mu_{F-C-F} = \mu_{F-C-F}^{\ominus} + RT\ln\theta_{F-C-F,e}$$

$$\mu_{F^-} = \mu_{F^-}^{\ominus} + RT\ln a_{F^-,e}$$

$$\mu_e = \mu_e^{\ominus}$$

阳极平衡电势：由

$$\varphi_{阳,CF_4(吸附),e} = \frac{\Delta G_{m,阳,CF_4(吸附),e}}{2F}$$

得

$$\varphi_{阳,CF_4(吸附),e} = \varphi_{阳,CF_4}^{\ominus} + \frac{RT}{2F} \ln \frac{\theta_{CF_4,e}}{\theta_{F-C-F,e} a_{F^-,e}^2} \qquad (12.58)$$

式中，

$$\varphi_{阳,CF_4}^{\ominus} = \frac{\Delta G_{m,阳,CF_4}^{\ominus}}{2F} = \frac{\mu_{CF_4}^{\ominus} - \mu_{F-C-F}^{\ominus} - 2\mu_{F^-}^{\ominus} + 2\mu_e^{\ominus}}{2F}$$

过电式：

式 (12.56) −式 (12.58)，得

$$\Delta\varphi_{阳,CF_4(吸附)} = \varphi_{阳,CF_4(吸附)} - \varphi_{阳,CF_4(吸附),e}$$

$$= \frac{RT}{2F} \ln \frac{\theta_{CF_4}\theta_{F-C-F,e} a_{F^-,e}^2}{\theta_{F-C-F} a_F^2 \theta_{CF_4,e}} + \frac{RT}{F} \ln i_{CF_4(吸附)} \qquad (12.59)$$

移项得

$$\ln i_{CF_4(吸附)} = \frac{F\Delta\varphi_{阳,CF_4(吸附)}}{RT} - \frac{1}{2} \ln \frac{\theta_{CF_4}\theta_{F-C-F,e} a_{F^-,e}^2}{\theta_{F-C-F} a_F^2 \theta_{CF_4,e}}$$

则

$$i_{CF_4(吸附)} = \left(\frac{\theta_{F-C-F} a_F^2 \theta_{CF_4,e}}{\theta_{CF_4}\theta_{F-C-F,e} a_{F^-,e}^2}\right)^{1/2} \exp\left(\frac{F\Delta\varphi_{阳,CF_4(吸附)}}{RT}\right) = k_+' \exp\left(\frac{F\Delta\varphi_{阳,CF_4(吸附)}}{RT}\right) \quad (12.60)$$

式中，

$$k_+' = \left(\frac{\theta_{F-C-F} a_F^2 \theta_{CF_4,e}}{\theta_{CF_4}\theta_{F-C-F,e} a_{F^-,e}^2}\right)^{1/2} \approx \left(\frac{\theta_{F-C-F} c_F^2 \theta_{CF_4,e}}{\theta_{CF_4}\theta_{F-C-F,e} c_{F^-,e}^2}\right)^{1/2}$$

若过程由式 (i)、式 (ii) 和式 (iii) 共同控制，有

$$j_{F-C-F} + j_{CF_4(吸附)} + j_{CF_4(气)} = j$$

则有

$$j = \frac{1}{3}(j_{F-C-F} + j_{CF_4(吸附)} + j_{CF_4(气)})$$

j 为过程速率。

总反应为 12.2.4 的 1.（一）的式（4），不再重复计算。

在生成 CF_4 的同时，也会生成 CO、CO_2 和 COF_2。

（1）生成 CO 的电势为

$$\varphi_{阳,CO(气)} = \varphi_{阳,CO}^{\ominus} + \frac{RT}{2F} \ln \frac{p_{CO}}{a_{O^{2-}}(1-\theta)} + \frac{RT}{F} \ln i_{CO(气)}$$

过电势为

$$\Delta\varphi_{阳,CO_{(气)}} = \frac{RT}{2F}\ln\frac{p_{CO}a_{O^{2-},e}(1-\theta_e)}{a_{O^{2-}}p_{CO,e}(1-\theta)} + \frac{RT}{F}\ln i_{CO_{(气)}}$$

电流为

$$i_{CO_{(气)}} = k_+\exp\left(\frac{F\varphi_{阳,CO_{(气)}}}{RT}\right) = k_+'\exp\left(\frac{F\Delta\varphi_{阳,CO_{(气)}}}{RT}\right)$$

（2）生成 CO_2 的电势为

$$\varphi_{阳,CO_{2(气)}} = \varphi_{阳,CO_2}^{\ominus} + \frac{RT}{2F}\ln\frac{p_{CO_2}}{a_{O^{2-}}^2(1-\theta)} + \frac{RT}{F}\ln i_{CO_{2(气)}}$$

过电势为

$$\Delta\varphi_{阳,CO_{2(气)}} = \frac{RT}{4F}\ln\frac{p_{CO_2}a_{O^{2-},e}^2(1-\theta_e)}{a_{O^{2-}}^2 p_{CO_2,e}(1-\theta)} + \frac{RT}{F}\ln i_{CO_{2(气)}}$$

电流为

$$i_{CO_{2(气)}} = k_+\exp\left(\frac{F\varphi_{阳,CO_{2(气)}}}{RT}\right) = k_+'\exp\left(\frac{F\Delta\varphi_{阳,CO_{2(气)}}}{RT}\right)$$

（3）生成 COF_2 的电势为

$$\varphi_{阳,COF_{2(气)}} - \varphi_{阳,COF_2}^{\ominus} + \frac{RT}{2F}\ln\frac{p_{COF_2}}{a_{O^{2-}}a_{F^-}^2(1-\theta)} + \frac{RT}{F}\ln i_{COF_{2(气)}}$$

过电势为

$$\Delta\varphi_{阳,COF_{2(气)}} = \frac{RT}{4F}\ln\frac{p_{COF_2}a_{O^{2-},e}a_{F^-,e}^2(1-\theta_e)}{a_{O^{2-}}a_{F^-}^2(1-\theta_e)p_{COF_2,e}} + \frac{RT}{F}\ln i_{COF_{2(气)}}$$

电流为

$$i_{COF_{2(气)}} = k_+\exp\left(\frac{F\varphi_{阳,COF_{2(气)}}}{RT}\right) = k_+'\exp\left(\frac{F\Delta\varphi_{阳,COF_{2(气)}}}{RT}\right)$$

并有

$$\varphi_{阳,CO} = \varphi_{阳,CO_2} = \varphi_{阳,COF_2} = \varphi_{阳,CF_4} = \varphi_{阳,外}$$

$$i_{CO} + i_{CO_2} + i_{COF_2} + i_{CF_4} = i$$

$$i_{CF_4} : i_{COF_2} : i_{CO_2} : i_{CO} = z_{CF_4}Fj_{CF_4} : z_{COF_2}Fj_{COF_2} : z_{CO_2}Fj_{CO_2} : z_{CO}Fj_{CO}$$

$$= z_{CF_4}j_{CF_4} : z_{COF_2}j_{COF_2} : z_{CO_2}j_{CO_2} : z_{CO}j_{CO}$$

$$= 2j_{CF_4} : 2j_{COF_2} : 2j_{CO_2} : j_{CO}$$

$$j_{CF_4} = \frac{i_{CF_4}}{4F}$$

$$j_{COF_2} = \frac{i_{COF_2}}{4F}$$

$$j_{CO_2} = \frac{i_{CO_2}}{4F}$$

$$j_{CO} = \frac{i_{CO}}{2F}$$

12.2.5　生成 F_2

1. 生成 F_2（气）（一）

继续升高电压，阳极电势升高，F^- 放电，生成 F_2 气体。电极反应为

$$F^- - e + C \xequal{} C—F \qquad\qquad （i）$$

$$2(C—F) \xequal{} 2C + F_{2(吸附)} \qquad\qquad （ii）$$

$$F_{2(吸附)} \xequal{} F_{2(气)} \qquad\qquad （iii）$$

总反应为

$$2F^- - 2e \xequal{} F_{2(气)} \qquad\qquad （5）$$

式（i）的摩尔吉布斯自由能变化为

$$\Delta G_{m,阳,C—F} = \mu_{C—F} - \mu_{F^-} + \mu_e - \mu_C = \Delta G_{m,阳,C—F}^{\ominus} + RT \ln \frac{\theta_{C—F}}{a_{F^-}(1-\theta)} + RT \ln i_{C—F}$$

式中，

$$\Delta G_{m,阳,C—F}^{\ominus} = \mu_{C—F}^{\ominus} - \mu_{F^-}^{\ominus} + \mu_e^{\ominus} - \mu_C^{\ominus}$$

$$\mu_{C—F} = \mu_{C—F}^{\ominus} + RT \ln \theta_{C—F}$$

$$\mu_{F^-} = \mu_{F^-}^{\ominus} + RT \ln a_{F^-}$$

$$\mu_e = \mu_e^{\ominus} + RT \ln i_{C—F}$$

$$\mu_C = \mu_C^{\ominus} + RT \ln (1-\theta)$$

阳极电势：由

$$\varphi_{阳,C—F} = \frac{\Delta G_{m,阳,C—F}}{F}$$

得

$$\varphi_{阳,C—F} = \varphi_{阳,C—F}^{\ominus} + \frac{RT}{F} \ln \frac{\theta_{C—F}}{a_{F^-}(1-\theta)} + \frac{RT}{F} \ln i_{C—F} \qquad\qquad （12.61）$$

式中，

$$\varphi_{阳,C—F}^{\ominus} = \frac{\Delta G_{m,阳,C—F}^{\ominus}}{F} = \frac{\mu_{C—F}^{\ominus} - \mu_{F^-}^{\ominus} + \mu_e^{\ominus} - \mu_C^{\ominus}}{F}$$

由式（12.61）得

$$\ln i_{C-F} = \frac{F\varphi_{阳,C-F}}{RT} - \frac{F\varphi_{阳,C-F}^{\ominus}}{RT} - \ln\frac{\theta_{C-F}}{a_{F^-}(1-\theta)}$$

则

$$i_{C-F} = \frac{a_{F^-}(1-\theta)}{\theta_{C-F}}\exp\left(\frac{F\varphi_{阳,C-F}}{RT}\right)\exp\left(-\frac{F\varphi_{阳,C-F}^{\ominus}}{RT}\right) = k_+\exp\left(\frac{F\varphi_{阳,C-F}}{RT}\right) \quad （12.62）$$

式中，

$$k_+ = \frac{a_{F^-}(1-\theta)}{\theta_{C-F}}\exp\left(-\frac{F\varphi_{阳,C-F}^{\ominus}}{RT}\right) \approx \frac{c_{F^-}(1-\theta)}{\theta_{C-F}}\exp\left(-\frac{F\varphi_{阳,C-F}^{\ominus}}{RT}\right)$$

反应（i）达平衡，

$$F^- - e + C \Longrightarrow C-F$$

摩尔吉布斯自由能变化为

$$\Delta G_{m,阳,C-F,e} = \mu_{C-F} - \mu_{F^-} + \mu_e - \mu_C = \Delta G_{m,阳,C-F}^{\ominus} + RT\ln\frac{\theta_{C-F,e}}{a_{F^-,e}(1-\theta_e)}$$

式中，

$$\Delta G_{m,阳,C-F}^{\ominus} = \mu_{C-F}^{\ominus} - \mu_{F^-}^{\ominus} + \mu_e^{\ominus} - \mu_C^{\ominus}$$

$$\mu_{C-F} = \mu_{C-F}^{\ominus} + RT\ln\theta_{C-F,e}$$

$$\mu_{F^-} = \mu_{F^-}^{\ominus} + RT\ln a_{F^-,e}$$

$$\mu_e = \mu_e^{\ominus}$$

$$\mu_C = \mu_C^{\ominus} + RT\ln(1-\theta_e)$$

阳极平衡电势：由

$$\varphi_{阳,C-F,e} = \frac{\Delta G_{m,阳,C-F,e}}{F}$$

得

$$\varphi_{阳,C-F,e} = \varphi_{阳,C-F}^{\ominus} + \frac{RT}{F}\ln\frac{\theta_{C-F,e}}{a_{F^-,e}(1-\theta_e)} \quad （12.63）$$

式中，

$$\varphi_{阳,C-F}^{\ominus} = \frac{\Delta G_{m,阳,C-F}^{\ominus}}{F} = \frac{\mu_{C-F}^{\ominus} - \mu_{F^-}^{\ominus} + \mu_e^{\ominus} - \mu_C^{\ominus}}{F}$$

阳极过电势：

式（12.61）−式（12.63），得

$$\Delta\varphi_{阳,C-F} = \varphi_{阳,C-F} - \varphi_{阳,C-F,e} = \frac{RT}{F}\ln\frac{\theta_{C-F}a_{F^-,e}(1-\theta_e)}{a_{F^-}(1-\theta)\theta_{C-F,e}} + \frac{RT}{F}\ln i_{C-F} \quad (12.64)$$

由式（12.64）得

$$\ln i_{C-F} = \frac{F\Delta\varphi_{阳,C-F}}{RT} - \ln\frac{\theta_{C-F}a_{F^-,e}(1-\theta_e)}{a_{F^-}(1-\theta)\theta_{C-F,e}}$$

则

$$i_{C-F} = \frac{a_{F^-}(1-\theta)\theta_{C-F,e}}{\theta_{C-F}a_{F^-,e}(1-\theta_e)}\exp\left(\frac{F\Delta\varphi_{阳,C-F}}{RT}\right) = k'_+\exp\left(\frac{F\Delta\varphi_{阳,C-F}}{RT}\right) \quad (12.65)$$

式中，

$$k'_+ = \frac{a_{F^-}(1-\theta)\theta_{C-F,e}}{\theta_{C-F}a_{F^-,e}(1-\theta_e)} \approx \frac{c_{F^-}(1-\theta)\theta_{C-F,e}}{\theta_{C-F}c_{F^-,e}(1-\theta_e)} \quad (12.66)$$

式（ii）的摩尔吉布斯自由能变化为

$$\Delta G_{m,F_2(吸附)} = 2\mu_C + \mu_{F_2(吸附)} - 2\mu_{C-F} = \Delta G^{\ominus}_{m,F_2} + RT\ln\frac{(1-\theta)^2\theta_{F_2}}{\theta^2_{C-F}}$$

式中，

$$\Delta G^{\ominus}_{m,F_2} = 2\mu^{\ominus}_C + \mu^{\ominus}_{F_2} - 2\mu^{\ominus}_{C-F}$$

$$\mu_C = \mu^{\ominus}_C + RT\ln(1-\theta)$$

$$\mu_{F_2(吸附)} = \mu^{\ominus}_{F_2} + RT\ln\theta_{F_2}$$

$$\mu_{C-F} = \mu^{\ominus}_{C-F} + RT\ln\theta_{C-F}$$

反应速率为

$$j_{F_2(吸附)} = k_+\theta^{n_+}_{C-F} - k_-(1-\theta)^{n_-}\theta^{n'_-}_{F_2} = k_+\left[\theta^{n_+}_{C-F} - \frac{1}{K}(1-\theta)^{n_-}\theta^{n'_-}_{F_2}\right]$$

式中，

$$K = \frac{k_+}{k_-} = \frac{(1-\theta)^{n_-}\theta^{n'_-}_{F_2}}{\theta^{n_+}_{C-F}} = \frac{(1-\theta_e)^2\theta_{F_2,e}}{\theta^2_{C-F,e}}$$

式（iii）的摩尔吉布斯自由能变化为

$$\Delta G_{m,F_2(气)} = \mu_{F_2(气)} - \mu_{F_2(吸附)} = \Delta G^{\ominus}_{m,F_2} + RT\ln\frac{p_{F_2}}{\theta_{F_2}}$$

式中，

$$\Delta G^{\ominus}_{m,F_2} = \mu^{\ominus}_{F_2} - \mu^{\ominus}_{F_2} = 0$$

$$\mu_{F_2(气)} = \mu^{\ominus}_{F_2} + RT\ln p_{F_2}$$

$$\mu_{F_2(吸附)} = \mu^{\ominus}_{F_2} + RT\ln\theta_{F_2}$$

反应速率为

$$j_{F_{2(气)}} = k_+ \theta_{F_2}^{n_+} - k_- p_{F_2}^{n_-} = k_+ \left(\theta_{F_2}^{n_+} - \frac{1}{K} p_{F_2}^{n_-} \right)$$

式中，

$$K = \frac{k_+}{k_-} = \frac{p_{F_2}^{n_-}}{\theta_{F_2}^{n_+}} = \frac{p_{F_2,e}}{\theta_{F_2,e}}$$

若过程由式（i）、式（ii）和式（iii）共同控制，有

$$j_{C-F} = j_{F_{2(吸附)}} = j_{F_{2(气)}} = j$$

式中，

$$j = \frac{1}{3}(j_{C-F} + j_{F_{2(吸附)}} + j_{F_{2(气)}})$$

总反应为

$$2F^- - 2e \Longrightarrow F_{2(气)} \tag{5}$$

摩尔吉布斯自由能变化为

$$\Delta G_{m,阳,F_2} = \mu_{F_2} - 2\mu_{F^-} + 2\mu_e = \Delta G_{m,阳,F_2}^{\ominus} + RT \ln \frac{p_{F_2}}{a_{F^-}^2} + 2RT \ln i_{F_2}$$

式中，

$$\Delta G_{m,阳,F_2}^{\ominus} = \mu_{F_2}^{\ominus} - 2\mu_{F^-}^{\ominus} + 2\mu_e^{\ominus}$$

$$\mu_{F_2} = \mu_{F_2}^{\ominus} + RT \ln p_{F_2}$$

$$\mu_{F^-} = \mu_{F^-}^{\ominus} + RT \ln a_{F^-}$$

$$\mu_e = \mu_e^{\ominus} + RT \ln i_{F_2}$$

阳极电势：由

$$\varphi_{阳,F_2} = \frac{\Delta G_{m,阳,F_2}}{2F}$$

得

$$\varphi_{阳,F_2} = \varphi_{阳,F_2}^{\ominus} + \frac{RT}{2F} \ln \frac{p_{F_2}}{a_{F^-}^2} + \frac{RT}{F} \ln i_{F_2} \tag{12.67}$$

式中，

$$\varphi_{阳,F_2}^{\ominus} = \frac{\Delta G_{m,阳,F_2}^{\ominus}}{2F} = \frac{\mu_{F_2}^{\ominus} - 2\mu_{F^-}^{\ominus} + 2\mu_e^{\ominus}}{2F}$$

由式（12.67）得

$$\ln i_{F_2} = \frac{F\varphi_{阳,F_2}}{RT} - \frac{F\varphi_{阳,F_2}^{\ominus}}{RT} - \frac{1}{2} \ln \frac{p_{F_2}}{a_{F^-}^2}$$

则

$$i_{F_2} = \left(\frac{a_{F^-}^2}{p_{F_2}} \right)^{1/2} \exp\left(\frac{F \varphi_{阳,F_2}}{RT} \right) \exp\left(-\frac{F \varphi_{阳,F_2}^\ominus}{RT} \right) = k_+ \exp\left(\frac{F \varphi_{阳,F_2}}{RT} \right) \quad (12.68)$$

式中，

$$k_+ = \left(\frac{a_{F^-}^2}{p_{F_2}} \right)^{1/2} \exp\left(-\frac{F \varphi_{阳,F_2}^\ominus}{RT} \right) \approx \left(\frac{c_{F^-}^2}{p_{F_2}} \right)^{1/2} \exp\left(-\frac{F \varphi_{阳,F_2}^\ominus}{RT} \right)$$

总反应达平衡，有

$$2F^- - 2e \rightleftharpoons F_{2(气)}$$

摩尔吉布斯自由能变化为

$$\Delta G_{m,阳,F_2,e} = \mu_{F_2} - 2\mu_{F^-} + 2\mu_e = \Delta G_{m,阳,F_2}^\ominus + RT \ln \frac{p_{F_2,e}}{a_{F^-,e}^2}$$

式中，

$$\Delta G_{m,阳,F_2}^\ominus = \mu_{F_2}^\ominus - 2\mu_{F^-}^\ominus + 2\mu_e^\ominus$$

$$\mu_{F_2} = \mu_{F_2}^\ominus + RT \ln a_{F_2,e}$$

$$\mu_{F^-} = \mu_{F^-}^\ominus + RT \ln a_{F^-,e}$$

$$\mu_e = \mu_e^\ominus$$

阳极平衡电势：由

$$\varphi_{阳,F_2,e} = \frac{\Delta G_{m,阳,F_2,e}}{2F}$$

得

$$\varphi_{阳,F_2,e} = \varphi_{阳,F_2}^\ominus + \frac{RT}{2F} \ln \frac{p_{F_2,e}}{a_{F^-,e}^2} \quad (12.69)$$

式中，

$$\varphi_{阳,F_2}^\ominus = \frac{\Delta G_{m,阳,F_2}^\ominus}{2F} = \frac{\mu_{F_2}^\ominus - 2\mu_{F^-}^\ominus + 2\mu_e^\ominus}{2F}$$

2. 生成 F_2(气) （二）

生成 F_2(气) 的反应为

$$F^- - e + C === C—F \qquad (i)$$

$$C—F + F^- - e === F_{2(吸附)} + C \qquad (ii)$$

$$F_{2(吸附)} === F_{2(气)} \qquad (iii)$$

总反应为

$$2F^- - 2e === F_{2(气)} \qquad (5)$$

式（ⅰ）与 12.2.5 的 1.（一）中式（ⅰ）相同。式（ⅲ）与 12.2.5 的 1.（一）中式（ⅲ）相同。

式（ⅱ）的摩尔吉布斯自由能变化为

$$\Delta G_{m,阳,F_2(吸附)} = \mu_{F_2(吸附)} + \mu_C - \mu_{C-F} - \mu_{F^-} + \mu_e = \Delta G^{\ominus}_{m,阳,F_2} + RT\ln\frac{\theta_{F_2}(1-\theta)}{\theta_{C-F}a_{F^-}} + RT\ln i_{F_2(吸附)}$$

式中，

$$\Delta G^{\ominus}_{m,阳,F_2} = \mu^{\ominus}_{F_2} + \mu^{\ominus}_C - \mu^{\ominus}_{F^-} - \mu^{\ominus}_{C-F} + \mu^{\ominus}_e$$

$$\mu_{F_2(吸附)} = \mu^{\ominus}_{F_2} + RT\ln\theta_{F_2}$$

$$\mu_C = \mu^{\ominus}_C + RT\ln(1-\theta)$$

$$\mu_{C-F} = \mu^{\ominus}_{C-F} + RT\ln\theta_{C-F}$$

$$\mu_{F^-} = \mu^{\ominus}_{F^-} + RT\ln a_{F^-}$$

$$\mu_e = \mu^{\ominus}_e + RT\ln i_{F_2(吸附)}$$

阳极电势：由

$$\varphi_{阳,F_2(吸附)} = \frac{\Delta G_{m,阳,F_2(吸附)}}{F}$$

得

$$\varphi_{阳,F_2(吸附)} = \varphi^{\ominus}_{阳,F_2} + \frac{RT}{F}\ln\frac{\theta_{F_2}(1-\theta)}{\theta_{C-F}a_{F^-}} + \frac{RT}{F}\ln i_{F_2(吸附)} \qquad (12.70)$$

式中，

$$\varphi^{\ominus}_{阳,F_2} = \frac{\Delta G^{\ominus}_{m,阳,F_2}}{F} = \frac{\mu^{\ominus}_{F_2} + \mu^{\ominus}_C - \mu^{\ominus}_{C-F} - \mu^{\ominus}_{F^-} + \mu^{\ominus}_e}{F}$$

由式（12.70）得

$$\ln i_{F_2(吸附)} = \frac{F\varphi_{阳,F_2(吸附)}}{RT} - \frac{F\varphi^{\ominus}_{阳,F_2}}{RT} - \ln\frac{\theta_{F_2}(1-\theta)}{\theta_{C-F}a_{F^-}}$$

则

$$i_{F_2(吸附)} = \frac{\theta_{C-F}a_{F^-}}{\theta_{F_2}(1-\theta)}\exp\left(\frac{F\varphi_{阳,F_2(吸附)}}{RT}\right)\exp\left(-\frac{F\varphi^{\ominus}_{阳,F_2}}{RT}\right) = k_+\exp\left(\frac{F\varphi_{阳,F_2(吸附)}}{RT}\right) \qquad (12.71)$$

式中，

$$k_+ = \frac{\theta_{C-F}a_{F^-}}{\theta_{F_2}(1-\theta)}\exp\left(-\frac{F\varphi^{\ominus}_{阳,F_2}}{RT}\right) \approx \frac{\theta_{C-F}c_{F^-}}{\theta_{F_2}(1-\theta)}\exp\left(-\frac{F\varphi^{\ominus}_{阳,F_2}}{RT}\right)$$

式（ⅱ）的反应达平衡，有

$$C-F + F^- - e \Longrightarrow F_{2(\text{吸附})} + C$$

摩尔吉布斯自由能变化为

$$\Delta G_{m,\text{阳},F_{2(\text{吸附})},e} = \mu_{F_{2(\text{吸附})}} + \mu_C - \mu_{C-F} - \mu_{F^-} + \mu_e = \Delta G_{m,\text{阳},F_2}^{\ominus} + RT \ln \frac{\theta_{F_2,e}(1-\theta_e)}{\theta_{C-F,e} a_{F^-,e}}$$

式中,

$$\Delta G_{m,\text{阳},F_2}^{\ominus} = \mu_{F_2}^{\ominus} + \mu_C^{\ominus} - \mu_{C-F}^{\ominus} - \mu_{F^-}^{\ominus} + \mu_e^{\ominus}$$

$$\mu_{F_{2(\text{吸附})}} = \mu_{F_2}^{\ominus} + RT \ln \theta_{F_2,e}$$

$$\mu_C = \mu_C^{\ominus} + RT \ln (1-\theta_e)$$

$$\mu_{C-F} = \mu_{C-F}^{\ominus} + RT \ln \theta_{C-F,e}$$

$$\mu_{F^-} = \mu_{F^-}^{\ominus} + RT \ln a_{F^-,e}$$

$$\mu_e = \mu_e^{\ominus}$$

阳极平衡电势: 由

$$\varphi_{\text{阳},F_{2(\text{吸附})},e} = \frac{\Delta G_{m,\text{阳},F_{2(\text{吸附})},e}}{F}$$

得

$$\varphi_{\text{阳},F_{2(\text{吸附})},e} = \varphi_{\text{阳},F_2}^{\ominus} + \frac{RT}{F} \ln \frac{\theta_{F_2,e}(1-\theta_e)}{\theta_{C-F,e} a_{F^-,e}} \tag{12.72}$$

式中,

$$\varphi_{\text{阳},F_2}^{\ominus} = \frac{\Delta G_{m,\text{阳},F_2}^{\ominus}}{F} = \frac{\mu_{F_2}^{\ominus} + \mu_C^{\ominus} - \mu_{C-F}^{\ominus} - \mu_{F^-}^{\ominus} + \mu_e^{\ominus}}{F}$$

阳极过电势:

式 (12.70) −式 (12.72), 得

$$\Delta \varphi_{\text{阳},F_{2(\text{吸附})}} = \varphi_{\text{阳},F_{2(\text{吸附})}} - \varphi_{\text{阳},F_{2(\text{吸附})},e}$$

$$= \frac{RT}{F} \ln \frac{\theta_{F_2}(1-\theta)\theta_{C-F,e} a_{F^-,e}}{\theta_{C-F} a_{F^-} \theta_{F_2,e}(1-\theta_e)} + \frac{RT}{F} \ln i_{F_{2(\text{吸附})}} \tag{12.73}$$

由式 (12.73) 得

$$\ln i_{F_{2(\text{吸附})}} = \frac{F \Delta \varphi_{\text{阳},F_{2(\text{吸附})}}}{RT} - \ln \frac{\theta_{F_2}(1-\theta)\theta_{C-F,e} a_{F^-,e}}{\theta_{C-F} a_{F^-} \theta_{F_2,e}(1-\theta_e)}$$

则

$$i_{F_{2(\text{吸附})}} = \frac{\theta_{C-F} a_{F^-} \theta_{F_2,e}(1-\theta_e)}{\theta_{F_2}(1-\theta)\theta_{C-F,e} a_{F^-,e}} \exp\left(\frac{F \Delta \varphi_{\text{阳},F_{2(\text{吸附})}}}{RT}\right) = k_+' \exp\left(\frac{F \Delta \varphi_{\text{阳},F_{2(\text{吸附})}}}{RT}\right) \tag{12.74}$$

式中,

$$k'_+ = \frac{\theta_{C-F} a_{F^-} \theta_{F_2,e}(1-\theta_e)}{\theta_{F_2}(1-\theta)\theta_{C-F,e} a_{F^-,e}} \approx \frac{\theta_{C-F} c_{F^-} \theta_{F_2,e}(1-\theta_e)}{\theta_{F_2}(1-\theta)\theta_{C-F,e} c_{F^-,e}}$$

若过程由式（ⅰ）、式（ⅱ）和式（ⅲ）共同控制，有

$$j_{C-F} = j_{F_{2(吸附)}} = j_{F_{2(气)}} = j$$

$$j = \frac{1}{3}(j_{C-F} + j_{F_{2(吸附)}} + j_{F_{2(气)}})$$

式中，j 为过程速率。

总反应与 12.2.5 的 1.（一）中式（5）相同，不再重复计算。

3. 生成 F_2(气)（三）

生成 F_2(气) 的反应为

$$F^- - e + C \Longrightarrow C-F \qquad\qquad (ⅰ)$$

$$2(C-F) \Longrightarrow F_{2(吸附)} + 2C \qquad\qquad (ⅱ)$$

$$F_{2(吸附)} \Longleftrightarrow F_{2(气)} \qquad\qquad (ⅲ)$$

总反应为

$$2F^- - 2e \Longrightarrow F_{2(气)} \qquad\qquad (5)$$

式（ⅰ）与 12.2.5 的 1.（一）中式（ⅰ）相同。

式（ⅱ）反应的摩尔吉布斯自由能变化为

$$\Delta G_{m,阳,F_{2(吸附)}} = \mu_{F_{2(吸附)}} + 2\mu_C - 2\mu_{C-F} = \Delta G_{m,阳,F_2}^{\ominus} + RT \ln \frac{\theta_{F_2}}{(1-\theta)^2 \theta_{C-F}^2}$$

式中，

$$\Delta G_{m,阳,F_2}^{\ominus} = \mu_{F_2}^{\ominus} - 2\mu_C^{\ominus} - 2\mu_{C-F}^{\ominus}$$

$$\mu_{F_{2(吸附)}} = \mu_{F_2}^{\ominus} + RT \ln \theta_{F_2}$$

$$\mu_C = \mu_C^{\ominus} + RT \ln(1-\theta)$$

$$\mu_{C-F} = \mu_{C-F}^{\ominus} + RT \ln \theta_{C-F}$$

反应速率为

$$j_{F_2} = k_+ \theta_{C-F}^{n_+} \theta_{C-F}^{n'_+} - k_- \theta_{F_2}^{n_-} (1-\theta)^{n'_-} = k_+ \left[\theta_{C-F}^{n_+} \theta_{C-F}^{n'_+} - \frac{1}{K} \theta_{F_2}^{n_-} (1-\theta)^{n'_-} \right] \quad (12.75)$$

式中，

$$K = \frac{k_+}{k_-} = \frac{\theta_{F_2,e}^{n_-}(1-\theta_e)^{n'_-}}{\theta_{C-F,e}^{n_+} \theta_{C-F,e}^{n'_+}} = \frac{\theta_{F_2,e}}{(1-\theta_e)^2 \theta_{C-F,e}^2}$$

K 为平衡常数。

式（ⅲ）与 12.2.5 的 1.（一）中式（ⅲ）相同。

若过程由式（i）、式（ii）和式（iii）共同控制，有

$$j_{C-F} = j_{F_{2(吸附)}} = j_{F_{2(气)}} = j$$

则过程速率为

$$j = \frac{1}{3}(j_{C-F} + j_{F_{2(吸附)}} + j_{F_{2(气)}})$$

总反应与 12.2.5 的 1.（一）中式（5）相同。

在生成 F_2 的同时，也会生成 CO、CO_2、COF_2 和 CF_4。因此，有

（1）生成 CO 的电势为

$$\varphi_{阳,CO_{(气)}} = \varphi_{阳,CO}^{\ominus} + \frac{RT}{2F}\ln\frac{p_{CO}}{a_{O^{2-}}(1-\theta)} + \frac{RT}{F}\ln i_{CO_{(气)}}$$

过电势为

$$\Delta\varphi_{阳,CO_{(气)}} = \frac{RT}{2F}\ln\frac{p_{CO}a_{O^{2-},e}(1-\theta_e)}{a_{O^{2-}}p_{CO,e}(1-\theta)} + \frac{RT}{F}\ln i_{CO_{(气)}}$$

电流为

$$i_{CO_{(气)}} = k_+\exp\left(\frac{F\varphi_{阳,CO_{(气)}}}{RT}\right) = k_+'\exp\left(\frac{F\Delta\varphi_{阳,CO_{(气)}}}{RT}\right)$$

（2）生成 CO_2（气）的电势为

$$\varphi_{阳,CO_{2(气)}} = \varphi_{阳,CO_2}^{\ominus} + \frac{RT}{4F}\ln\frac{p_{CO_2}}{a_{O^{2-}}^2(1-\theta)} + \frac{RT}{F}\ln i_{CO_{2(气)}}$$

过电势为

$$\Delta\varphi_{阳,CO_2} = \frac{RT}{4F}\ln\frac{p_{CO_2}a_{O^{2-},e}^2(1-\theta_e)}{a_{O^{2-}}^2p_{CO_2,e}(1-\theta)} + \frac{RT}{F}\ln i_{CO_{2(气)}}$$

电流为

$$i_{CO_{2(气)}} = k_+\exp\left(\frac{F\varphi_{阳,CO_{2(气)}}}{RT}\right) = k_+'\exp\left(\frac{F\Delta\varphi_{阳,CO_{2(气)}}}{RT}\right)$$

（3）生成 COF_2 的电势为

$$\varphi_{阳,COF_{2(气)}} = \varphi_{阳,COF_2}^{\ominus} + \frac{RT}{4F}\ln\frac{p_{COF_2}}{a_{O_2}a_{F^-}^2(1-\theta)} + \frac{RT}{F}\ln i_{COF_{2(气)}}$$

过电势为

$$\Delta\varphi_{阳,COF_{2(气)}} = \frac{RT}{4F}\ln\frac{p_{COF_2}a_{O^{2-},e}a_{F^-,e}^2(1-\theta_e)}{a_{O^{2-}}a_{F^-}^2(1-\theta)p_{COF_2,e}} + \frac{RT}{F}\ln i_{COF_2}$$

电流为

$$i_{COF_{2(气)}} = k_+ \exp\left(\frac{F\varphi_{阳,COF_{2(气)}}}{RT}\right) = k'_+ \exp\left(\frac{F\Delta\varphi_{阳,COF_{2(气)}}}{RT}\right)$$

（4）生成 CF_4 的电势为

$$\varphi_{阳,CF_{4(气)}} = \varphi^{\ominus}_{阳,CF_4} + \frac{RT}{4F}\ln\frac{p_{CF_4}}{a_{F^-}^4(1-\theta)} + \frac{RT}{F}\ln i_{CF_{4(气)}}$$

过电势为

$$\Delta\varphi_{阳,CF_{4(气)}} = \frac{RT}{4F}\ln\frac{p_{CF_4}a_{F^-,e}^4(1-\theta_e)}{a_{F^-}^4(1-\theta_e)p_{CF_4,e}} + \frac{RT}{F}\ln i_{CF_{4(气)}}$$

电流为

$$i_{CF_{4(气)}} = k_+ \exp\left(\frac{F\varphi_{阳,CF_{4(气)}}}{RT}\right) = k'_+ \exp\left(\frac{F\Delta\varphi_{阳,CF_{4(气)}}}{RT}\right)$$

并有

$$\varphi_{阳,F_{2(气)}} = \varphi_{阳,CF_{4(气)}} = \varphi_{阳,COF_{2(气)}} = \varphi_{阳,CO_{2(气)}} = \varphi_{阳,CO_{(气)}} = \varphi_{阳,外}$$

$$i_{F_{2(气)}} + i_{CF_{4(气)}} + i_{COF_{2(气)}} + i_{CO_{2(气)}} + i_{CO_{(气)}} = i$$

$$z_{F_{2(气)}}Fj_{F_{2(气)}} = z_{CF_{4(气)}}Fj_{CF_{4(气)}} = z_{COF_{2(气)}}Fj_{COF_{2(气)}} = z_{CO_{2(气)}}Fj_{CO_{2(气)}} = z_{CO_{(气)}}Fj_{CO_{(气)}}$$

$$j_{F_{2(气)}} = 2j_{CF_{4(气)}} = 2j_{COF_{2(气)}} = 2j_{CO_{2(气)}} = j_{CO_{(气)}}$$

$$j_{F_{2(气)}} = \frac{i_{F_{2(气)}}}{2F}$$

$$j_{CF_{4(气)}} = \frac{i_{CF_{4(气)}}}{4F}$$

$$j_{COF_{2(气)}} = \frac{i_{COF_{2(气)}}}{4F}$$

$$j_{CO_{2(气)}} = \frac{i_{CO_{2(气)}}}{4F}$$

$$j_{CO_{(气)}} = \frac{i_{CO_{(气)}}}{2F}$$

12.2.6　形成气膜

继续升高电压，随着阳极电压升高，阳极的电势升高，电场强度增强，在阳极生成的气体分子被极化。吸附的阳极气体难以跑掉。吸附在阳极表面形成气膜。阳极反应为

$$O^{2-} - 2e + C == CO_{(气膜)} \tag{1}$$

$$2O^{2-} - 4e + C \longequals CO_{2(气膜)} \qquad (2)$$

$$O^{2-} + 2F^- - 4e + C \longequals COF_{2(气膜)} \qquad (3)$$

$$4F^- - 4e + C \longequals CF_{4(气膜)} \qquad (4)$$

$$2F^- - 2e \longequals F_{2(气膜)} \qquad (5)$$

这时，Al 的氧化反应也在发生：

$$[Al] - 3e \longequals Al^{3+}$$

反应过程同 12.2 节，但阳极电势升高了。

1. 形成 CO 气膜

形成 CO 气膜的反应为

$$O^{2-} - 2e + C \longequals C-O \qquad (\text{i})$$

$$C-O \longequals CO_{(气膜)} \qquad (\text{ii})$$

总反应为

$$O^{2-} - 2e + C \longequals CO_{(气膜)} \qquad (1)$$

式（i）反应的摩尔吉布斯自由能变化为

$$\Delta G_{m,阳,C-O} = \mu_{C-O} - \mu_{O^{2-}} + 2\mu_e - \mu_C = \Delta G^{\ominus}_{m,阳,C-O} + RT\ln\frac{\theta_{C-O}}{a_{O^{2-}}(1-\theta)} + 2RT\ln i_{C-O}$$

式中，

$$\Delta G^{\ominus}_{m,阳,C-O} = \mu^{\ominus}_{C-O} - \mu^{\ominus}_{O^{2-}} + 2\mu^{\ominus}_e - \mu^{\ominus}_C$$

$$\mu_{C-O} = \mu^{\ominus}_{C-O} + RT\ln\theta_{C-O}$$

$$\mu_{O^{2-}} = \mu^{\ominus}_{O^{2-}} + RT\ln a_{O^{2-}}$$

$$\mu_e = \mu^{\ominus}_e + RT\ln i_{C-O}$$

$$\mu_C = \mu^{\ominus}_C + RT\ln(1-\theta)$$

阳极电势：由

$$\varphi_{阳,C-O} = \frac{\Delta G_{m,阳,C-O}}{2F}$$

得

$$\varphi_{阳,C-O} = \varphi^{\ominus}_{阳,C-O} + \frac{RT}{2F}\ln\frac{\theta_{C-O}}{a_{O^{2-}}(1-\theta)} + \frac{RT}{F}\ln i_{C-O} \qquad (12.76)$$

式中，

$$\varphi^{\ominus}_{阳,C-O} = \frac{\Delta G^{\ominus}_{m,阳,C-O}}{2F} = \frac{\mu^{\ominus}_{C-O} - \mu^{\ominus}_{O^{2-}} + 2\mu^{\ominus}_e - \mu^{\ominus}_C}{2F}$$

由式（12.76）得

$$\ln i_{\text{C—O}} = \frac{F\varphi_{\text{阳,C—O}}}{RT} - \frac{F\varphi_{\text{阳,C—O}}^{\ominus}}{RT} - \frac{1}{2}\ln\frac{\theta_{\text{C—O}}}{a_{\text{O}^{2-}}(1-\theta)}$$

则

$$i_{\text{C—O}} = \left[\frac{a_{\text{O}^{2-}}(1-\theta)}{\theta_{\text{C—O}}}\right]^{1/2}\exp\left(\frac{F\varphi_{\text{阳,C—O}}}{RT}\right)\exp\left(-\frac{F\varphi_{\text{阳,C—O}}^{\ominus}}{RT}\right) = k_{\text{阳}}\exp\left(\frac{F\varphi_{\text{阳,C—O}}}{RT}\right)$$

$$(12.77)$$

式中，

$$k_{\text{阳}} = \left[\frac{a_{\text{O}^{2-}}(1-\theta)}{\theta_{\text{C—O}}}\right]^{1/2}\exp\left(-\frac{F\varphi_{\text{阳,C—O}}^{\ominus}}{RT}\right) \approx \left[\frac{c_{\text{O}^{2-}}(1-\theta)}{\theta_{\text{C—O}}}\right]^{1/2}\exp\left(-\frac{F\varphi_{\text{阳,C—O}}^{\ominus}}{RT}\right)$$

反应（ⅰ）达平衡，有

$$O^{2-} - 2e + C \Longleftrightarrow C\text{—}O \qquad\qquad (ⅰ')$$

摩尔吉布斯自由能变化为

$$\Delta G_{\text{m,阳,C—O,e}} = \mu_{\text{C—O}} - \mu_{\text{O}^{2-}} + 2\mu_{\text{e}} - \mu_{\text{C}} = \Delta G_{\text{m,阳,C—O}}^{\ominus} + RT\ln\frac{\theta_{\text{C—O,e}}}{a_{\text{O}^{2-},\text{e}}(1-\theta_{\text{e}})}$$

式中，

$$\Delta G_{\text{m,阳,C—O}}^{\ominus} = \mu_{\text{C—O}}^{\ominus} - \mu_{\text{O}^{2-}}^{\ominus} + 2\mu_{\text{e}}^{\ominus} - \mu_{\text{C}}^{\ominus}$$

$$\mu_{\text{C—O}} = \mu_{\text{C—O}}^{\ominus} + RT\ln\theta_{\text{C—O,e}}$$

$$\mu_{\text{O}^{2-}} = \mu_{\text{O}^{2-}}^{\ominus} + RT\ln a_{\text{O}^{2-},\text{e}}$$

$$\mu_{\text{e}} = \mu_{\text{e}}^{\ominus}$$

$$\mu_{\text{C}} = \mu_{\text{C}}^{\ominus} + RT\ln(1-\theta_{\text{e}})$$

阳极平衡电势：由

$$\varphi_{\text{阳,C—O,e}} = \frac{\Delta G_{\text{m,阳,C—O,e}}}{2F}$$

得

$$\varphi_{\text{阳,C—O,e}} = \varphi_{\text{阳,C—O}}^{\ominus} + \frac{RT}{2F}\ln\frac{\theta_{\text{C—O,e}}}{a_{\text{O}^{2-},\text{e}}(1-\theta_{\text{e}})} \qquad (12.78)$$

式中，

$$\varphi_{\text{阳,C—O}}^{\ominus} = \frac{\Delta G_{\text{m,阳,C—O}}^{\ominus}}{2F} = \frac{\mu_{\text{C—O}}^{\ominus} - \mu_{\text{O}^{2-}}^{\ominus} + 2\mu_{\text{e}}^{\ominus} - \mu_{\text{C}}^{\ominus}}{2F}$$

阳极过电势：

式（12.76）–式（12.78），得

$$\Delta\varphi_{\text{阳,C—O}} = \varphi_{\text{阳,C—O}} - \varphi_{\text{阳,C—O,e}} = \frac{RT}{2F}\ln\frac{\theta_{\text{C—O}}a_{\text{O}^{2-},\text{e}}(1-\theta_{\text{e}})}{a_{\text{O}^{2-}}(1-\theta)\theta_{\text{C—O,e}}} + \frac{RT}{F}\ln i_{\text{C—O}} \quad (12.79)$$

$$\ln i_{\text{C—O}} = \frac{F\Delta\varphi_{\text{阳,C—O}}}{RT} - \frac{1}{2}\ln\frac{\theta_{\text{C—O}}a_{\text{O}^{2-},\text{e}}(1-\theta_{\text{e}})}{a_{\text{O}^{2-}}(1-\theta)\theta_{\text{C—O,e}}}$$

则

$$i_{\text{C—O}} = \left[\frac{a_{\text{O}^{2-}}(1-\theta)\theta_{\text{C—O,e}}}{\theta_{\text{C—O}}a_{\text{O}^{2-},\text{e}}(1-\theta_{\text{e}})}\right]^{1/2}\exp\left(\frac{F\Delta\varphi_{\text{阳,C—O}}}{RT}\right) = k'_{\text{阳}}\exp\left(\frac{F\Delta\varphi_{\text{阳,C—O}}}{RT}\right) \quad (12.80)$$

式中，

$$k'_{\text{阳}} = \left[\frac{a_{\text{O}^{2-}}(1-\theta)\theta_{\text{C—O,e}}}{\theta_{\text{C—O}}a_{\text{O}^{2-},\text{e}}(1-\theta_{\text{e}})}\right]^{1/2} \approx \left[\frac{c_{\text{O}^{2-}}(1-\theta)\theta_{\text{C—O,e}}}{\theta_{\text{C—O}}c_{\text{O}^{2-},\text{e}}(1-\theta_{\text{e}})}\right]^{1/2}$$

反应（ii）的摩尔吉布斯自由能变化为

$$\Delta G_{\text{m}} = \mu_{\text{CO}_{(气膜)}} - \mu_{\text{C—O}} = \Delta G_{\text{m}}^{\ominus} + RT\ln\frac{\theta_{\text{CO}}}{\theta_{\text{C—O}}}$$

式中，

$$\Delta G_{\text{m}}^{\ominus} = \mu_{\text{CO}}^{\ominus} - \mu_{\text{C—O}}^{\ominus}$$

$$\mu_{\text{CO}_{(气膜)}} = \mu_{\text{CO}}^{\ominus} + RT\ln\theta_{\text{CO}}$$

$$\mu_{\text{C—O}} = \mu_{\text{C—O}}^{\ominus} + RT\ln\theta_{\text{C—O}}$$

式（ii）的反应速率为

$$j_{\text{CO}_{(气膜)}} = k_{+}\theta_{\text{C—O}}^{n_{+}} - k_{-}\theta_{\text{CO}_{(气膜)}}^{n_{-}} = k_{+}\left(\theta_{\text{C—O}}^{n_{+}} - \frac{1}{K}\theta_{\text{CO}_{(气膜)}}^{n_{-}}\right)$$

式中，

$$K = \frac{k_{+}}{k_{-}} = \frac{\theta_{\text{CO}_{(气膜)}}^{n_{-}}}{\theta_{\text{C—O}}^{n_{+}}} = \frac{\theta_{\text{CO,e}}}{\theta_{\text{C—O,e}}}$$

K 为平衡常数。

若过程由式（i）和式（ii）共同控制，有

$$j_{\text{C—O}} = j_{\text{CO}_{(气膜)}} = j$$

$$j = \frac{1}{2}\left[j_{\text{C—O}} + j_{\text{CO}_{(气膜)}}\right]$$

式中，j 为过程速率。

总反应为

$$\text{O}^{2-} - 2\text{e} + \text{C} == \text{CO}_{(气膜)} \quad (1)$$

摩尔吉布斯自由能变化为

$$\Delta G_{\text{m,阳,CO}_{(气膜)}} = \mu_{\text{CO}_{(气膜)}} - \mu_{\text{O}^{2-}} + 2\mu_{\text{e}} - \mu_{\text{C}} = \Delta G_{\text{m,阳,CO}}^{\ominus} + RT\ln\frac{\theta_{\text{CO}}}{a_{\text{O}^{2-}}(1-\theta)} + 2RT\ln i_{\text{CO}_{(气膜)}}$$

式中，

$$\Delta G_{\mathrm{m}}^{\ominus} = \mu_{\mathrm{CO}}^{\ominus} - \mu_{\mathrm{O}^{2-}}^{\ominus} + 2\mu_{\mathrm{e}}^{\ominus} - \mu_{\mathrm{C}}^{\ominus}$$

$$\mu_{\mathrm{CO}(\text{气膜})} = \mu_{\mathrm{CO}}^{\ominus} + RT\ln\theta_{\mathrm{CO}}$$

$$\mu_{\mathrm{O}^{2-}} = \mu_{\mathrm{O}^{2-}}^{\ominus} + RT\ln a_{\mathrm{O}^{2-}}$$

$$\mu_{\mathrm{e}} = \mu_{\mathrm{e}}^{\ominus} + RT\ln i_{\mathrm{CO}(\text{气膜})}$$

$$\mu_{\mathrm{C}} = \mu_{\mathrm{C}}^{\ominus} + RT\ln(1-\theta)$$

θ 为电极上所有气体形成的气膜所占电极表面积的分数。

阳极电势：由

$$\varphi_{\text{阳},\mathrm{CO}(\text{气膜})} = \frac{\Delta G_{\mathrm{m},\text{阳},\mathrm{CO}(\text{气膜})}}{2F}$$

得

$$\varphi_{\text{阳},\mathrm{CO}(\text{气膜})} = \varphi_{\text{阳},\mathrm{CO}}^{\ominus} + \frac{RT}{2F}\ln\frac{\theta_{\mathrm{CO}}}{a_{\mathrm{O}^{2-}}(1-\theta)} + \frac{RT}{F}\ln i_{\mathrm{CO}(\text{气膜})} \qquad (12.81)$$

式中，

$$\varphi_{\text{阳},\mathrm{CO}}^{\ominus} = \frac{\Delta G_{\mathrm{m},\text{阳},\mathrm{CO}}^{\ominus}}{2F} = \frac{\mu_{\mathrm{CO}}^{\ominus} - \mu_{\mathrm{O}^{2-}}^{\ominus} + 2\mu_{\mathrm{e}}^{\ominus} - \mu_{\mathrm{C}}^{\ominus}}{2F}$$

出式（12.81）得

$$\ln i_{\mathrm{CO}(\text{气膜})} = \frac{F\varphi_{\text{阳},\mathrm{CO}(\text{气膜})}}{RT} - \frac{F\varphi_{\text{阳},\mathrm{CO}(\text{气膜})}^{\ominus}}{RT} - \frac{1}{2}\ln\frac{\theta_{\mathrm{CO}}}{a_{\mathrm{O}^{2-}}(1-\theta)}$$

则

$$i_{\mathrm{CO}(\text{气膜})} = \left[\frac{a_{\mathrm{O}^{2-}}(1-\theta)}{\theta_{\mathrm{CO}}}\right]^{1/2} \exp\left(\frac{F\varphi_{\text{阳},\mathrm{CO}(\text{气膜})}}{RT}\right) \exp\left(-\frac{F\varphi_{\text{阳},\mathrm{CO}(\text{气膜})}^{\ominus}}{RT}\right) = k_{\text{阳}}\exp\left(\frac{F\varphi_{\text{阳},\mathrm{CO}(\text{气膜})}}{RT}\right)$$

$$(12.82)$$

式中，

$$k_{\text{阳}} = \left[\frac{a_{\mathrm{O}^{2-}}(1-\theta)}{\theta_{\mathrm{CO}}}\right]^{1/2} \exp\left(-\frac{F\varphi_{\text{阳},\mathrm{CO}(\text{气膜})}^{\ominus}}{RT}\right) \approx \left[\frac{c_{\mathrm{O}^{2-}}(1-\theta)}{\theta_{\mathrm{CO}}}\right]^{1/2} \exp\left(-\frac{F\varphi_{\text{阳},\mathrm{CO}(\text{气膜})}^{\ominus}}{RT}\right)$$

生成 CO(气膜) 的总反应达平衡，有

$$\mathrm{O}^{2-} - 2\mathrm{e} + \mathrm{C} \Longleftrightarrow \mathrm{CO}_{(\text{气膜})}$$

摩尔吉布斯自由能变化为

$$\Delta G_{\mathrm{m},\text{阳},\mathrm{CO}(\text{气膜}),\mathrm{e}} = \mu_{\mathrm{CO}(\text{气膜})} - \mu_{\mathrm{O}^{2-}} + 2\mu_{\mathrm{e}} - \mu_{\mathrm{C}} = \Delta G_{\mathrm{m},\text{阳},\mathrm{CO}}^{\ominus} + RT\ln\frac{\theta_{\mathrm{CO},\mathrm{e}}}{a_{\mathrm{O}^{2-},\mathrm{e}}(1-\theta_{\mathrm{e}})}$$

式中，

$$\Delta G_m^{\ominus} = \mu_{CO}^{\ominus} - \mu_{O^{2-}}^{\ominus} + 2\mu_e^{\ominus} - \mu_C^{\ominus}$$

$$\mu_{CO_{(气膜)}} = \mu_{CO}^{\ominus} + RT\ln\theta_{CO,e}$$

$$\mu_{O^{2-}} = \mu_{O^{2-}}^{\ominus} + RT\ln a_{O^{2-},e}$$

$$\mu_e = \mu_e^{\ominus}$$

$$\mu_C = \mu_C^{\ominus} + RT\ln(1-\theta_e)$$

由

$$\varphi_{阳,CO_{(气膜)},e} = \frac{\Delta G_{m,阳,CO_{(气膜)},e}}{2F}$$

得

$$\varphi_{阳,CO_{(气膜)},e} = \varphi_{阳,CO}^{\ominus} + \frac{RT}{2F}\ln\frac{\theta_{CO,e}}{a_{O^{2-},e}(1-\theta_e)} \tag{12.83}$$

式中,

$$\varphi_{阳,CO}^{\ominus} = \frac{\Delta G_{m,阳,CO}^{\ominus}}{2F} = \frac{\mu_{CO}^{\ominus} - \mu_{O^{2-}}^{\ominus} + 2\mu_e^{\ominus} - \mu_C^{\ominus}}{2F}$$

阳极过电势:

式(12.81)-式(12.83),得

$$\Delta\varphi_{阳,CO_{(气膜)}} = \varphi_{阳,CO_{(气膜)}} - \varphi_{阳,CO_{(气膜)},e} = \frac{RT}{2F}\ln\frac{\theta_{CO}a_{O^{2-},e}(1-\theta_e)}{a_{O^{2-}}(1-\theta)\theta_{CO,e}} + \frac{RT}{F}\ln i_{CO_{(气膜)}} \tag{12.84}$$

$$\ln i_{CO_{(气膜)}} = \frac{F\Delta\varphi_{阳,CO_{(气膜)}}}{RT} - \frac{1}{2}\ln\frac{\theta_{CO}a_{O^{2-},e}(1-\theta_e)}{a_{O^{2-}}(1-\theta)\theta_{CO,e}}$$

则

$$i_{CO_{(气膜)}} = \left[\frac{a_{O^{2-}}(1-\theta)\theta_{CO,e}}{\theta_{CO}a_{O^{2-},e}(1-\theta_e)}\right]^{1/2}\exp\left(\frac{F\Delta\varphi_{阳,CO_{(气膜)}}}{RT}\right) = k_阳'\exp\left(\frac{F\Delta\varphi_{阳,CO_{(气膜)}}}{RT}\right) \tag{12.85}$$

式中,

$$k_阳' = \left[\frac{a_{O^{2-}}(1-\theta)\theta_{CO,e}}{\theta_{CO}a_{O^{2-},e}(1-\theta_e)}\right]^{1/2} \approx \left[\frac{c_{O^{2-}}(1-\theta)\theta_{CO,e}}{\theta_{CO}c_{O^{2-},e}(1-\theta_e)}\right]^{1/2}$$

2. 形成 CO_2 气膜 (一)

形成 CO_2 气膜的反应为

$$O^{2-} - 2e + C =\!\!=\!\!= C\!-\!O \tag{ⅰ}$$

$$C\!-\!O + C\!-\!O =\!\!=\!\!= CO_{2(气膜)} + C \tag{ⅱ}$$

总反应为

$$2O^{2-} - 4e + C \rightleftharpoons CO_{2(\text{气膜})} \tag{2}$$

式（ⅰ）与 12.2.6 的 1. 中式（ⅰ）相同。

式（ⅱ）反应的摩尔吉布斯自由能变化为

$$\Delta G_{m,CO_{2(\text{气膜})}} = \mu_{CO_{2(\text{气膜})}} + \mu_C - 2\mu_{C-O} = \Delta G_{m,CO_2}^{\ominus} + RT \ln \frac{\theta_{CO_2}(1-\theta)}{\theta_{C-O}}$$

式中，

$$\Delta G_{m,CO_2}^{\ominus} = \mu_{CO_{2(\text{气膜})}}^{\ominus} + \mu_C^{\ominus} - 2\mu_{C-O}^{\ominus}$$

$$\mu_{CO_{2(\text{气膜})}} = \mu_{CO_2}^{\ominus} + RT \ln \theta_{CO_2}$$

$$\mu_C = \mu_C^{\ominus} + RT \ln(1-\theta)$$

$$\mu_{C-O} = \mu_{C-O}^{\ominus} + RT \ln a_{C-O}$$

式（ⅱ）反应的速率为

$$j_{CO_{2(\text{气膜})}} = k_+ \theta_{C-O}^{n_+} \theta_{C-O}^{n_+'} - k_- \theta_{CO_2}^{n_-}(1-\theta)^{n_-'} = k_+ \left[\theta_{C-O}^{n_+} \theta_{C-O}^{n_+'} - \frac{1}{K} \theta_{CO_2}^{n_-}(1-\theta)^{n_-'} \right] \tag{12.86}$$

式中，

$$K = \frac{k_+}{k_-} = \frac{\theta_{CO_2}^{n_-}(1-\theta)^{n_-'}}{\theta_{C-O}^{n_+} \theta_{C-O}^{n_+'}} = \frac{\theta_{CO_2,e}(1-\theta_e)}{\theta_{C-O,e}^2}$$

K 为平衡常数。

若过程由式（ⅰ）和式（ⅱ）共同控制，有

$$j_{C-O} = j_{CO_{2(\text{气膜})}} = j$$

则

$$j = \frac{1}{2}(j_{C-O} + j_{CO_{2(\text{气膜})}})$$

总反应为

$$2O^{2-} - 4e + C \rightleftharpoons CO_{2(\text{气膜})} \tag{2}$$

摩尔吉布斯自由能变化为

$$\Delta G_{m,阳,CO_{2(\text{气膜})}} = \mu_{CO_{2(\text{气膜})}} - \mu_C - 2\mu_{O^{2-}} + 4\mu_e$$

$$= \Delta G_{m,阳,CO_2}^{\ominus} + RT \ln \frac{\theta_{CO_2}}{a_{O^{2-}}^2(1-\theta)} + 4RT \ln i_{CO_{2(\text{气膜})}}$$

式中，

$$\Delta G_{m,阳,CO_2}^{\ominus} = \mu_{CO_2}^{\ominus} - \mu_C^{\ominus} - 2\mu_{O^{2-}}^{\ominus} + 4\mu_e^{\ominus}$$

$$\mu_{CO_{2(\text{气膜})}} = \mu_{CO_2}^{\ominus} + RT \ln \theta_{CO_2}$$

$$\mu_C = \mu_C^{\ominus} + RT \ln(1-\theta)$$

$$\mu_{O^{2-}} = \mu_{O^{2-}}^{\ominus} + RT \ln a_{O^{2-}}$$

$$\mu_e = \mu_e^{\ominus} + RT \ln i_{CO_{2(气膜)}}$$

阳极电势：由

$$\varphi_{阳,CO_2} = \frac{\Delta G_{m,阳,CO_2}}{4F}$$

得

$$\varphi_{阳,CO_{2(气膜)}} = \varphi_{阳,CO_2}^{\ominus} + \frac{RT}{4F} \ln \frac{\theta_{CO_2}}{a_{O^{2-}}^2 (1-\theta)} + \frac{RT}{F} \ln i_{CO_{2(气膜)}} \tag{12.87}$$

式中，

$$\varphi_{阳,CO_2}^{\ominus} = \frac{\Delta G_{m,阳,CO_2}^{\ominus}}{4F} = \frac{\mu_{CO_2}^{\ominus} - \mu_C^{\ominus} - 2\mu_{O^{2-}}^{\ominus} + 4\mu_e^{\ominus}}{4F}$$

由式（12.87）得

$$\ln i_{CO_{2(气膜)}} = \frac{F \varphi_{阳,CO_{2(气膜)}}}{RT} - \frac{F \varphi_{阳,CO_2}^{\ominus}}{RT} - \frac{1}{4} \ln \frac{\theta_{CO_2}}{a_{O^{2-}}^2 (1-\theta)}$$

则

$$i_{CO_{2(气膜)}} = \left[\frac{a_{O^{2-}}^2 (1-\theta)}{\theta_{CO_2}} \right]^{1/2} \exp\left(\frac{F \varphi_{阳,CO_{2(气膜)}}}{RT} \right) \exp\left(-\frac{F \varphi_{阳,CO_2}^{\ominus}}{RT} \right) = k_{阳} \exp\left(\frac{F \varphi_{阳,CO_{2(气膜)}}}{RT} \right)$$

$$\tag{12.88}$$

式中，

$$k_{阳} = \left[\frac{a_{O^{2-}}^2 (1-\theta)}{\theta_{CO_2}} \right]^{1/2} \exp\left(-\frac{F \varphi_{阳,CO_2}^{\ominus}}{RT} \right) \approx \left[\frac{c_{O^{2-}}^2 (1-\theta)}{\theta_{CO_2}} \right]^{1/2} \exp\left(-\frac{F \varphi_{阳,CO_2}^{\ominus}}{RT} \right)$$

总反应达平衡，有

$$2O^{2-} - 4e + C \Longrightarrow CO_{2(气膜)}$$

摩尔吉布斯自由能变化为

$$\Delta G_{m,阳,CO_{2(气膜)},e} = \mu_{CO_{2(气膜)}} - \mu_C - 2\mu_{O^{2-}} + 4\mu_e = \Delta G_{m,阳,CO_2}^{\ominus} + RT \ln \frac{\theta_{CO_2,e}}{a_{O^{2-},e}^2 (1-\theta_e)}$$

式中，

$$\Delta G_{m,阳,CO_2}^{\ominus} = \mu_{CO_2}^{\ominus} - \mu_C^{\ominus} - 2\mu_{O^{2-}}^{\ominus} + 4\mu_e^{\ominus}$$

$$\mu_{CO_{2(气膜)}} = \mu_{CO_2}^{\ominus} + RT \ln \theta_{CO_2,e}$$

$$\mu_C = \mu_C^{\ominus} + RT \ln (1-\theta_e)$$

$$\mu_{O^{2-}} = \mu_{O^{2-}}^{\ominus} + RT \ln a_{O^{2-},e}$$

$$\mu_e = \mu_e^{\ominus}$$

阳极电势：由

$$\varphi_{阳,CO_{2(气膜)},e} = \frac{\Delta G_{m,阳,CO_{2(气膜)},e}}{4F}$$

得

$$\varphi_{阳,CO_{2(气膜)},e} = \varphi_{阳,CO_2}^{\ominus} + \frac{RT}{4F} \ln \frac{\theta_{CO_2,e}}{a_{O^{2-},e}^2 (1-\theta_e)} \qquad (12.89)$$

式中，

$$\varphi_{阳,CO_2}^{\ominus} = \frac{\Delta G_{m,阳,CO_2}^{\ominus}}{4F} = \frac{\mu_{CO_2}^{\ominus} - \mu_C^{\ominus} - 2\mu_{O^{2-}}^{\ominus} + 4\mu_e^{\ominus}}{4F}$$

阳极过电势：

式（12.87）–式（12.89），得

$$\Delta\varphi_{阳,CO_{2(气膜)}} = \varphi_{阳,CO_{2(气膜)}} - \varphi_{阳,CO_{2(气膜)},e} = \frac{RT}{4F} \ln \frac{\theta_{CO_2} a_{O^{2-},e}^2 (1-\theta_e)}{a_{O^{2-}}^2 (1-\theta) \theta_{CO_2,e}} + \frac{RT}{4F} \ln i_{CO_{2(气膜)}}$$

$$(12.90)$$

由式（12.90）得

$$\ln i_{CO_{2(气膜)}} = \frac{F\Delta\varphi_{阳,CO_{2(气膜)}}}{RT} - \frac{1}{4} \ln \frac{\theta_{CO_2} a_{O^{2-},e}^2 (1-\theta_e)}{a_{O^{2-}}^2 (1-\theta) \theta_{CO_2,e}}$$

则

$$i = \left[\frac{a_{O^{2-}}^2 (1-\theta) \theta_{CO_2,e}}{\theta_{CO_2} a_{O^{2-},e}^2 (1-\theta_e)} \right]^{1/2} \exp\left(\frac{F\Delta\varphi_{阳,CO_2}}{RT} \right) = k_阳' \exp\left(\frac{F\varphi_{阳,CO_2}}{RT} \right)$$

式中，

$$k_阳' = \left[\frac{a_{O^{2-}}^2 (1-\theta) \theta_{CO_2,e}}{\theta_{CO_2} a_{O^{2-},e}^2 (1-\theta_e)} \right]^{1/2} \approx \left[\frac{c_{O^{2-}}^2 (1-\theta) \theta_{CO_2,e}}{\theta_{CO_2} c_{O^{2-},e}^2 (1-\theta_e)} \right]^{1/2}$$

2′. 形成 CO$_2$ 气膜（二）

形成 CO$_2$ 气膜的反应为

$$O^{2-} + C - 2e = C—O \qquad (i)$$

$$O^{2-} + C—O - 2e = CO_{2(气膜)} \qquad (ii)$$

总反应为

$$2O^{2-} + C - 4e = CO_{2(气膜)} \qquad (2)$$

反应（i）与 12.2.6 的 1. 中式（i）相同。

反应（ii）的摩尔吉布斯自由能变化为

$$\Delta G_{m,阳,CO_{2(气膜)}} = \mu_{CO_{2(气膜)}} - \mu_{O^{2-}} - \mu_{C-O} + 2\mu_e$$

$$= \Delta G_{m,阳,CO_2}^{\ominus} + RT \ln \frac{\theta_{CO_2}}{a_{O^{2-}}\theta_{C-O}} + 2RT \ln i_{CO_{2(气膜)}}$$

式中，

$$\Delta G_{m,阳,CO_2}^{\ominus} = \mu_{CO_2}^{\ominus} - \mu_{O^{2-}}^{\ominus} - \mu_{C-O}^{\ominus} + 2\mu_e^{\ominus}$$

$$\mu_{CO_{2(气膜)}} = \mu_{CO_2}^{\ominus} + RT \ln \theta_{CO_2}$$

$$\mu_{O^{2-}} = \mu_{O^{2-}}^{\ominus} + RT \ln a_{O^{2-}}$$

$$\mu_{C-O} = \mu_{C-O}^{\ominus} + RT \ln(1-\theta_{C-O})$$

$$\mu_e = \mu_e^{\ominus} + RT \ln i_{CO_{2(气膜)}}$$

阳极电势：由

$$\varphi_{阳,CO_{2(气膜)}} = \frac{\Delta G_{m,阳,CO_{2(气膜)}}}{2F}$$

得

$$\varphi_{阳,CO_{2(气膜)}} = \varphi_{阳,CO_2}^{\ominus} + \frac{RT}{2F} \ln \frac{\theta_{CO_2}}{a_{O^{2-}}\theta_{C-O}} + \frac{RT}{F} \ln i_{CO_{2(气膜)}} \qquad (12.91)$$

式中，

$$\varphi_{阳,CO_2}^{\ominus} = \frac{\Delta G_{m,阳,CO_2}^{\ominus}}{2F} = \frac{\mu_{CO_2}^{\ominus} - \mu_{O^{2-}}^{\ominus} - \mu_{C-O}^{\ominus} + 2\mu_e^{\ominus}}{2F}$$

由式（12.91）得

$$\ln i_{CO_{2(气膜)}} = \frac{F\varphi_{阳,CO_{2(气膜)}}}{RT} - \frac{F\varphi_{阳,CO_2}^{\ominus}}{RT} - \frac{1}{2} \ln \frac{\theta_{CO_2}}{a_{O^{2-}}\theta_{C-O}}$$

则

$$i_{CO_{2(气膜)}} = \left(\frac{a_{O^{2-}}\theta_{C-O}}{\theta_{CO_2}}\right)^{1/2} \exp\left(\frac{F\varphi_{阳,CO_{2(气膜)}}}{RT}\right) \exp\left(-\frac{F\varphi_{阳,CO_2}^{\ominus}}{RT}\right) = k_+ \exp\left(\frac{F\varphi_{阳,CO_{2(气膜)}}}{RT}\right)$$

$$(12.92)$$

式中，

$$k_+ = \left(\frac{a_{O^{2-}}\theta_{C-O}}{\theta_{CO_2}}\right)^{1/2} \exp\left(-\frac{F\varphi_{阳,CO_2}^{\ominus}}{RT}\right) \approx \left(\frac{c_{O^{2-}}\theta_{C-O}}{\theta_{CO_2}}\right)^{1/2} \exp\left(-\frac{F\varphi_{阳,CO_2}^{\ominus}}{RT}\right)$$

反应（ii）达平衡，有

$$O^{2-} + C-O - 2e \Longrightarrow CO_{2(气膜)}$$

摩尔吉布斯自由能变化为

$$\Delta G_{m,阳,CO_{2(气膜)},e} = \mu_{CO_{2(气膜)}} - \mu_{O^{2-}} - \mu_{C-O} + 2\mu_e = \Delta G^{\ominus}_{m,阳,CO_2} + RT\ln\frac{\theta_{CO_2,e}}{a_{O^{2-},e}\theta_{C-O,e}}$$

式中，

$$\Delta G^{\ominus}_{m,阳,CO_2} = \mu^{\ominus}_{CO_2} - \mu^{\ominus}_{O^{2-}} - \mu^{\ominus}_{C-O} + 2\mu^{\ominus}_e$$

$$\mu_{CO_{2(气膜)}} = \mu^{\ominus}_{CO_2} + RT\ln\theta_{CO_2,e}$$

$$\mu_{O^{2-}} = \mu^{\ominus}_{O^{2-}} + RT\ln a_{O^{2-},e}$$

$$\mu_{C-O} = \mu^{\ominus}_{C-O} + RT\ln(1-\theta_{C-O,e})$$

$$\mu_e = \mu^{\ominus}_e$$

阳极平衡电势：由

$$\varphi_{阳,CO_{2(气膜)},e} = \frac{\Delta G_{m,阳,CO_{2(气膜)},e}}{2F}$$

得

$$\varphi_{阳,CO_{2(气膜)},e} = \varphi^{\ominus}_{阳,CO_2} + \frac{RT}{2F}\ln\frac{\theta_{CO_2,e}}{a_{O^{2-},e}\theta_{C-O,e}} \qquad (12.93)$$

式中，

$$\varphi^{\ominus}_{阳,CO_2} = \frac{\Delta G^{\ominus}_{m,阳,CO_2}}{2F} = \frac{\mu^{\ominus}_{CO_2} - \mu^{\ominus}_{O^{2-}} - \mu^{\ominus}_{C-O} + 2\mu^{\ominus}_e}{2F}$$

阳极过电势：

式（12.91）−式（12.93），得

$$\Delta\varphi_{阳,CO_{2(气膜)}} = \varphi_{阳,CO_{2(气膜)}} - \varphi_{阳,CO_{2(气膜)},e} = \frac{RT}{2F}\ln\frac{\theta_{CO_2}a_{O^{2-},e}\theta_{C-O,e}}{a_{O^{2-}}\theta_{C-O}\theta_{CO_2,e}} + \frac{RT}{F}\ln i_{CO_{2(气膜)}}$$

$$(12.94)$$

由上式得

$$\ln i_{CO_{2(气膜)}} = \frac{F\Delta\varphi_{阳,CO_{2(气膜)}}}{RT} - \frac{1}{2}\ln\frac{\theta_{CO_2}a_{O^{2-},e}\theta_{C-O,e}}{a_{O^{2-}}\theta_{C-O}\theta_{CO_2,e}}$$

则

$$i = \left(\frac{a_{O^{2-}}\theta_{C-O}\theta_{CO_2,e}}{\theta_{CO_2}a_{O^{2-},e}\theta_{C-O,e}}\right)^{1/2}\exp\left(\frac{F\Delta\varphi_{阳,CO_{2(气膜)}}}{RT}\right) = k'_+\exp\left(\frac{F\Delta\varphi_{阳,CO_{2(气膜)}}}{RT}\right) \qquad (12.95)$$

式中，

$$k'_+ = \left(\frac{a_{O^{2-}}\theta_{C-O}\theta_{CO_2,e}}{\theta_{CO_2}a_{O^{2-},e}\theta_{C-O,e}}\right)^{1/2} \approx \left(\frac{c_{O^{2-}}\theta_{C-O}\theta_{CO_2,e}}{\theta_{CO_2}c_{O^{2-},e}\theta_{C-O,e}}\right)^{1/2}$$

若过程由式（i）和式（ii）共同控制，有

$$j_{C-O} = j_{CO_{2(气膜)}} = j$$

则

$$j = \frac{1}{2}(j_{C-O} + j_{CO_{2(气膜)}})$$

总反应与 12.2.6 的 2.（一）中式（2）相同。

生成 CO_2(气膜) 的同时，也会生成 CO(气膜)，有：

生成 CO(气膜) 的阳极电势为

$$\varphi_{阳,CO_{(气膜)}} = \varphi_{阳,CO}^{\ominus} + \frac{RT}{2F}\ln\frac{\theta_{CO}}{a_{O^{2-}}(1-\theta)} + \frac{RT}{F}\ln i_{CO_{(气膜)}}$$

过电势为

$$\Delta\varphi_{阳,CO_{(气膜)}} = \frac{RT}{2F}\ln\frac{\theta_{CO}a_{O^{2-},e}(1-\theta_e)}{a_{O^{2-}}(1-\theta)\theta_{CO,e}} + \frac{RT}{F}\ln i_{CO_{(气膜)}}$$

电流为

$$i_{CO_{(气膜)}} = k_{阳}\exp\left(\frac{F\varphi_{阳,CO_{(气膜)}}}{RT}\right) = k'_{阳}\exp\left(\frac{F\Delta\varphi_{阳,CO_{(气膜)}}}{RT}\right)$$

并有

$$\varphi_{阳,CO_{2(气膜)}} = \varphi_{阳,CO_{(气膜)}} = \varphi_{阳,外}$$

$$i_{CO_{2(气膜)}} + i_{CO_{(气膜)}} = i$$

$$j_{CO_{2(气膜)}} = \frac{i_{CO_{2(气膜)}}}{4F}$$

$$j_{CO_{(气膜)}} = \frac{i_{CO_{(气膜)}}}{2F}$$

3. 形成 COF_2 气膜（一）

形成 COF_2 气膜的反应为

$$O^{2-} - 2e + C \Longrightarrow O-C \tag{ⅰ}$$

$$C-O + 2F^- - 2e \Longrightarrow COF_{2(气膜)} \tag{ⅱ}$$

反应（ⅰ）与 12.2.6 的 1. 中式（ⅰ）相同。

总反应为

$$O^{2-} + 2F^- + C - 4e \Longrightarrow COF_{2(气膜)} \tag{3}$$

反应（ⅱ）的摩尔吉布斯自由能变化为

$$\Delta G_{\text{m,阳,COF}_{2(气膜)}} = \mu_{\text{COF}_{2(气膜)}} - \mu_{\text{C—O}} - 2\mu_{\text{F}^-} + 2\mu_{\text{e}}$$

$$= \Delta G_{\text{m,阳,COF}_2}^{\ominus} + RT \ln \frac{\theta_{\text{COF}_2}}{\theta_{\text{C—O}}a_{\text{F}^-}^2} + 2RT \ln i_{\text{COF}_{2(气膜)}}$$

式中，

$$\Delta G_{\text{m,阳,COF}_2}^{\ominus} = \mu_{\text{COF}_2}^{\ominus} - \mu_{\text{C—O}}^{\ominus} - 2\mu_{\text{F}^-}^{\ominus} + 2\mu_{\text{e}}^{\ominus}$$

$$\mu_{\text{COF}_{2(气膜)}} = \mu_{\text{COF}_2}^{\ominus} + RT \ln \theta_{\text{COF}_2}$$

$$\mu_{\text{C—O}} = \mu_{\text{C—O}}^{\ominus} + RT \ln \theta_{\text{C—O}}$$

$$\mu_{\text{F}^-} = \mu_{\text{F}^-}^{\ominus} + RT \ln a_{\text{F}^-}$$

$$\mu_{\text{e}} = \mu_{\text{e}}^{\ominus} + RT \ln i_{\text{COF}_{2(气膜)}}$$

阳极电势：由

$$\varphi_{\text{阳,COF}_{2(气膜)}} = \frac{\Delta G_{\text{m,阳,COF}_{2(气膜)}}}{2F}$$

得

$$\varphi_{\text{阳,COF}_{2(气膜)}} = \varphi_{\text{阳,COF}_2}^{\ominus} + \frac{RT}{2F} \ln \frac{\theta_{\text{COF}_2}}{\theta_{\text{C—O}}a_{\text{F}^-}^2} + \frac{RT}{F} \ln i_{\text{COF}_{2(气膜)}} \tag{12.96}$$

式中，

$$\varphi_{\text{阳,COF}_2}^{\ominus} = \frac{\Delta G_{\text{m,阳,COF}_2}^{\ominus}}{2F} = \frac{\mu_{\text{COF}_2}^{\ominus} - \mu_{\text{C—O}}^{\ominus} - 2\mu_{\text{F}^-}^{\ominus} + 2\mu_{\text{e}}^{\ominus}}{2F}$$

由式（12.96）得

$$\ln i_{\text{COF}_{2(气膜)}} = \frac{F\varphi_{\text{阳,COF}_{2(气膜)}}}{RT} - \frac{F\varphi_{\text{阳,COF}_2}^{\ominus}}{RT} - \frac{1}{2} \ln \frac{\theta_{\text{COF}_2}}{\theta_{\text{C—O}}a_{\text{F}^-}^2}$$

则

$$i_{\text{COF}_{2(气膜)}} = \left(\frac{\theta_{\text{C—O}}a_{\text{F}^-}^2}{\theta_{\text{COF}_2}} \right)^{1/2} \exp\left(\frac{F\varphi_{\text{阳,COF}_{2(气膜)}}}{RT} \right) \exp\left(-\frac{F\varphi_{\text{阳,COF}_2}^{\ominus}}{RT} \right) = k_{\text{阳}}\exp\left(\frac{F\varphi_{\text{阳,COF}_{2(气膜)}}}{RT} \right) \tag{12.97}$$

式中，

$$k_{\text{阳}} = \left(\frac{\theta_{\text{C—O}}a_{\text{F}^-}^2}{\theta_{\text{COF}_2}} \right)^{1/2} \exp\left(-\frac{F\varphi_{\text{阳,COF}_{2(气膜)}}^{\ominus}}{RT} \right) \approx \left(\frac{\theta_{\text{C—O}}c_{\text{F}^-}^2}{\theta_{\text{COF}_2}} \right)^{1/2} \exp\left(-\frac{F\varphi_{\text{阳,COF}_{2(气膜)}}^{\ominus}}{RT} \right)$$

反应（ii）达平衡，有

$$\text{C—O} + 2\text{F}^- - 2\text{e} \Longrightarrow \text{COF}_{2(气膜)}$$

摩尔吉布斯自由能变化为

$$\Delta G_{m,阳,COF_{2(气膜)},e} = \mu_{COF_{2(气膜)}} - \mu_{C-O} - 2\mu_{F^-} + 2\mu_e = \Delta G_{m,阳,COF_2}^{\ominus} + RT\ln\frac{\theta_{COF_2,e}}{\theta_{C-O,e}a_{F^-,e}^2}$$

式中，

$$\Delta G_{m,阳,COF_2}^{\ominus} = \mu_{COF_2}^{\ominus} - \mu_{C-O}^{\ominus} - 2\mu_{F^-}^{\ominus} + 2\mu_e^{\ominus}$$

$$\mu_{COF_{2(气膜)}} = \mu_{COF_2}^{\ominus} + RT\ln\theta_{COF_2,e}$$

$$\mu_{C-O} = \mu_{C-O}^{\ominus} + RT\ln\theta_{C-O,e}$$

$$\mu_{F^-} = \mu_{F^-}^{\ominus} + RT\ln a_{F^-,e}$$

$$\mu_e = \mu_e^{\ominus}$$

阳极平衡电势：由

$$\varphi_{阳,COF_{2(气膜)},e} = \frac{\Delta G_{m,阳,COF_{2(气膜)},e}}{2F}$$

得

$$\varphi_{阳,COF_{2(气膜)},e} = \varphi_{阳,COF_2}^{\ominus} + \frac{RT}{2F}\ln\frac{\theta_{COF_2,e}}{\theta_{C-O,e}a_{F^-,e}^2} \tag{12.98}$$

式中，

$$\varphi_{阳,COF_2}^{\ominus} = \frac{\Delta G_{m,阳,COF_2}^{\ominus}}{2F} = \frac{\mu_{COF_2}^{\ominus} - \mu_{C-O}^{\ominus} - 2\mu_{F^-}^{\ominus} + 2\mu_e^{\ominus}}{2F}$$

式（12.96）–式（12.98），得

$$\Delta\varphi_{阳,COF_{2(气膜)}} = \varphi_{阳,COF_{2(气膜)}} - \varphi_{阳,COF_{2(气膜)},e}$$

$$= \frac{RT}{2F}\ln\frac{\theta_{COF_2}\theta_{C-O,e}a_{F^-,e}^2}{\theta_{C-O}a_{F^-}^2\theta_{COF_2,e}} + \frac{RT}{F}\ln i_{COF_{2(气膜)}} \tag{12.99}$$

移项得

$$\ln i_{COF_{2(气膜)}} = \frac{F\Delta\varphi_{阳,COF_{2(气膜)}}}{RT} - \frac{1}{2}\ln\frac{\theta_{COF_2}\theta_{C-O,e}a_{F^-,e}^2}{\theta_{C-O}a_{F^-}^2\theta_{COF_2,e}}$$

则

$$i_{COF_{2(气膜)}} = \left(\frac{\theta_{C-O}a_{F^-}^2\theta_{COF_2,e}}{\theta_{COF_2}\theta_{C-O,e}a_{F^-,e}^2}\right)^{1/2}\exp\left(\frac{F\Delta\varphi_{阳,COF_{2(气膜)}}}{RT}\right) = k_{阳}'\exp\left(\frac{F\Delta\varphi_{阳,COF_{2(气膜)}}}{RT}\right) \tag{12.100}$$

式中，

$$k_{阳}' = \left(\frac{\theta_{C-O}a_{F^-}^2\theta_{COF_2,e}}{\theta_{COF_2}\theta_{C-O,e}a_{F^-,e}^2}\right)^{1/2} \approx \left(\frac{\theta_{C-O}c_{F^-}^2\theta_{COF_2,e}}{\theta_{COF_2}\theta_{C-O,e}c_{F^-,e}^2}\right)^{1/2}$$

若过程由式（ⅰ）和式（ⅱ）共同控制，有

$$j_{O-C} = j_{COF_{2(气膜)}} = j$$

则

$$j = \frac{1}{2}(j_{O-C} + j_{COF_{2(气膜)}})$$

总反应为

$$O^{2-} + 2F^- + C - 4e = COF_{2(气膜)} \tag{3}$$

摩尔吉布斯自由能变化为

$$\Delta G_{m,阳,COF_{2(气膜)}} = \mu_{COF_{2(气膜)}} - \mu_{O^{2-}} - 2\mu_{F^-} + 4\mu_e - \mu_C$$

$$= \Delta G_{m,阳,COF_2}^{\ominus} + RT\ln\frac{\theta_{COF_2}}{a_{O^{2-}}a_{F^-}^2(1-\theta)} + 4RT\ln i_{COF_{2(气膜)}}$$

式中，

$$\Delta G_{m,阳,COF_2}^{\ominus} = \mu_{COF_2}^{\ominus} - \mu_{O^{2-}}^{\ominus} - 2\mu_{F^-}^{\ominus} + \mu_e^{\ominus} - \mu_C^{\ominus}$$

$$\mu_{COF_{2(气膜)}} = \mu_{COF_2}^{\ominus} + RT\ln\theta_{COF_2}$$

$$\mu_{O^{2-}} = \mu_{O^{2-}}^{\ominus} + RT\ln a_{O^{2-}}$$

$$\mu_{F^-} = \mu_{F^-}^{\ominus} + RT\ln a_{F^-}$$

$$\mu_e = \mu_e^{\ominus} + RT\ln i_{COF_{2(气膜)}}$$

$$\mu_C = \mu_C^{\ominus} + RT\ln(1-\theta)$$

阳极电势：由

$$\varphi_{阳,COF_{2(气膜)}} = \frac{\Delta G_{m,阳,COF_{2(气膜)}}}{4F}$$

得

$$\varphi_{阳,COF_{2(气膜)}} = \varphi_{阳,COF_2}^{\ominus} + \frac{RT}{4F}\ln\frac{\theta_{COF_2}}{a_{O^{2-}}a_{F^-}^2(1-\theta)} + \frac{RT}{F}\ln i_{COF_{2(气膜)}} \tag{12.101}$$

式中，

$$\varphi_{阳,COF_2}^{\ominus} = \frac{\Delta G_{m,阳,COF_2}^{\ominus}}{4F} = \frac{\mu_{COF_2}^{\ominus} - \mu_{O^{2-}}^{\ominus} - 2\mu_{F^-}^{\ominus} + \mu_e^{\ominus} - \mu_C^{\ominus}}{4F}$$

由式（12.101）得

$$\ln i_{COF_{2(气膜)}} = \frac{F\varphi_{阳,COF_{2(气膜)}}}{RT} - \frac{F\varphi_{阳,COF_2}^{\ominus}}{RT} - \frac{1}{4}\ln\frac{\theta_{COF_2}}{a_{O^{2-}}a_{F^-}^2(1-\theta)}$$

则

$$i_{\mathrm{COF}_{2(气膜)}} = \left[\frac{a_{\mathrm{O}^{2-}}a_{\mathrm{F}^-}^2(1-\theta)}{\theta_{\mathrm{COF}_2}}\right]^{1/4} \exp\left(\frac{F\varphi_{阳,\mathrm{COF}_{2(气膜)}}}{RT}\right) \exp\left(-\frac{F\varphi_{阳,\mathrm{COF}_2}^{\ominus}}{RT}\right) = k_{阳}\exp\left(\frac{F\varphi_{阳,\mathrm{COF}_{2(气膜)}}}{RT}\right)$$

$$（12.102）$$

式中，

$$k_{阳} = \left[\frac{a_{\mathrm{O}^{2-}}a_{\mathrm{F}^-}^2(1-\theta)}{\theta_{\mathrm{COF}_2}}\right]^{1/4} \exp\left(-\frac{F\varphi_{阳,\mathrm{COF}_2}^{\ominus}}{RT}\right) \approx \left(\frac{c_{\mathrm{O}^{2-}}c_{\mathrm{F}^-}^2(1-\theta)}{\theta_{\mathrm{COF}_2}}\right)^{1/4} \exp\left(-\frac{F\varphi_{阳,\mathrm{COF}_2}^{\ominus}}{RT}\right)$$

总反应达平衡，有

$$\mathrm{O}^{2-} + 2\mathrm{F}^- + \mathrm{C} - 4\mathrm{e} \Longrightarrow \mathrm{COF}_{2(气膜)}$$

摩尔吉布斯自由能变化为

$$\Delta G_{\mathrm{m},阳,\mathrm{COF}_{2(气膜)},\mathrm{e}} = \mu_{\mathrm{COF}_{2(气膜)}} - \mu_{\mathrm{O}^{2-}} - 2\mu_{\mathrm{F}^-} + 4\mu_{\mathrm{e}} - \mu_{\mathrm{C}}$$

$$= \Delta G_{\mathrm{m},阳,\mathrm{COF}_2}^{\ominus} + RT\ln\frac{\theta_{\mathrm{COF}_2,\mathrm{e}}}{a_{\mathrm{O}^{2-},\mathrm{e}}a_{\mathrm{F}^-,\mathrm{e}}^2(1-\theta_{\mathrm{e}})}$$

式中，

$$\Delta G_{\mathrm{m},阳,\mathrm{COF}_2}^{\ominus} = \mu_{\mathrm{COF}_2}^{\ominus} - \mu_{\mathrm{O}^{2-}}^{\ominus} - 2\mu_{\mathrm{F}^-}^{\ominus} + \mu_{\mathrm{e}}^{\ominus} - \mu_{\mathrm{C}}^{\ominus}$$

$$\mu_{\mathrm{COF}_{2(气膜)}} = \mu_{\mathrm{COF}_2}^{\ominus} + RT\ln\theta_{\mathrm{COF}_2,\mathrm{e}}$$

$$\mu_{\mathrm{O}^{2-}} = \mu_{\mathrm{O}^{2-}}^{\ominus} + RT\ln a_{\mathrm{O}^{2-},\mathrm{e}}$$

$$\mu_{\mathrm{F}^-} = \mu_{\mathrm{F}^-}^{\ominus} + RT\ln a_{\mathrm{F}^-,\mathrm{e}}$$

$$\mu_{\mathrm{e}} = \mu_{\mathrm{e}}^{\ominus}$$

$$\mu_{\mathrm{C}} = \mu_{\mathrm{C}}^{\ominus} + RT\ln(1-\theta_{\mathrm{e}})$$

阳极平衡电势：由

$$\varphi_{阳,\mathrm{COF}_{2(气膜)},\mathrm{e}} = \frac{\Delta G_{\mathrm{m},阳,\mathrm{COF}_{2(气膜)},\mathrm{e}}}{4F}$$

得

$$\varphi_{阳,\mathrm{COF}_{2(气膜)},\mathrm{e}} = \varphi_{阳,\mathrm{COF}_2}^{\ominus} + \frac{RT}{4F}\ln\frac{\theta_{\mathrm{COF}_2,\mathrm{e}}}{a_{\mathrm{O}^{2-},\mathrm{e}}a_{\mathrm{F}^-,\mathrm{e}}^2(1-\theta_{\mathrm{e}})}$$

$$（12.103）$$

式中，

$$\varphi_{阳,\mathrm{COF}_2}^{\ominus} = \frac{\Delta G_{\mathrm{m},阳,\mathrm{COF}_2}^{\ominus}}{4F} = \frac{\mu_{\mathrm{COF}_2}^{\ominus} - \mu_{\mathrm{O}^{2-}}^{\ominus} - 2\mu_{\mathrm{F}^-}^{\ominus} + \mu_{\mathrm{e}}^{\ominus} - \mu_{\mathrm{C}}^{\ominus}}{4F}$$

阳极过电势：

式（12.101）–式（12.103），得

$$\Delta\varphi_{阳,COF_2(气膜)} = \varphi_{阳,COF_2(气膜)} - \varphi_{阳,COF_2(气膜),e}$$

$$= \frac{RT}{4F}\ln\frac{\theta_{COF_2}a_{O^{2-},e}a_{F^-,e}^2(1-\theta_e)}{a_{O^{2-}}a_{F^-}^2(1-\theta)\theta_{COF_2,e}} + \frac{RT}{F}\ln i_{COF_2(气膜)} \tag{12.104}$$

由式（12.104）得

$$\ln i_{COF_2(气膜)} = \frac{F\Delta\varphi_{阳,COF_2(气膜)}}{RT} - \frac{1}{4}\ln\frac{\theta_{COF_2}a_{O^{2-},e}a_{F^-,e}^2(1-\theta_e)}{a_{O^{2-}}a_{F^-}^2(1-\theta)\theta_{COF_2,e}}$$

则

$$i_{COF_2(气膜)} = \left[\frac{a_{O^{2-}}a_{F^-}^2(1-\theta)\theta_{COF_2,e}}{\theta_{COF_2}a_{O^{2-},e}a_{F^-,e}^2(1-\theta_e)}\right]^{1/4}\exp\left(\frac{F\Delta\varphi_{阳,COF_2(气膜)}}{RT}\right) = k_阳'\exp\left(\frac{F\Delta\varphi_{阳,COF_2(气膜)}}{RT}\right)$$

$$\tag{12.105}$$

式中，

$$k_阳' = \left[\frac{a_{O^{2-}}a_{F^-}^2(1-\theta)\theta_{COF_2,e}}{\theta_{COF_2}a_{O^{2-},e}a_{F^-,e}^2(1-\theta_e)}\right]^{1/4} \approx \left[\frac{c_{O^{2-}}c_{F^-}^2(1-\theta)\theta_{COF_2,e}}{\theta_{COF_2}c_{O^{2-},e}c_{F^-,e}^2(1-\theta_e)}\right]^{1/4}$$

3′. 形成 COF$_2$ 气膜（二）

形成 COF$_2$ 气膜的反应为

$$2F^- - 2e + C =\!\!= F\!\!-\!\!C\!\!-\!\!F \tag{ⅰ}$$

$$F\!\!-\!\!C\!\!-\!\!F + O^{2-} - 2e =\!\!= COF_{2(气膜)} \tag{ⅱ}$$

总反应为

$$2F^- + O^{2-} + C - 4e =\!\!= COF_{2(气膜)}$$

反应（ⅰ）的摩尔吉布斯自由能变化为

$$\Delta G_{m,阳,F-C-F} = \mu_{F-C-F} - 2\mu_{F^-} - \mu_C + 2\mu_e$$

$$= \Delta G_{m,阳,F-C-F}^{\ominus} + RT\ln\frac{\theta_{F-C-F}}{(1-\theta)a_{F^-}^2} + 2RT\ln i_{F-C-F}$$

式中，

$$\Delta G_{m,阳,F-C-F}^{\ominus} = \mu_{F-C-F}^{\ominus} - 2\mu_{F^-}^{\ominus} - \mu_C^{\ominus} + 2\mu_e^{\ominus}$$

$$\mu_{F-C-F} = \mu_{F-C-F}^{\ominus} + RT\ln\theta_{F-C-F}$$

$$\mu_C = \mu_C^{\ominus} + RT\ln(1-\theta)$$

$$\mu_{F^-} = \mu_{F^-}^{\ominus} + RT\ln a_{F^-}$$

$$\mu_e = \mu_e^{\ominus} + RT\ln i_{F-C-F}$$

阳极电势：由

$$\varphi_{\text{阳},\text{F}-\text{C}-\text{F}} = \frac{\Delta G_{\text{m},\text{阳},\text{F}-\text{C}-\text{F}}}{2F}$$

得

$$\varphi_{\text{阳},\text{F}-\text{C}-\text{F}} = \varphi_{\text{阳},\text{F}-\text{C}-\text{F}}^{\ominus} + \frac{RT}{2F}\ln\frac{\theta_{\text{F}-\text{C}-\text{F}}}{a_{\text{F}^-}^2(1-\theta)} + \frac{RT}{F}\ln i_{\text{F}-\text{C}-\text{F}} \qquad (12.106)$$

式中，

$$\varphi_{\text{阳},\text{F}-\text{C}-\text{F}}^{\ominus} = \frac{\Delta G_{\text{m},\text{阳},\text{F}-\text{C}-\text{F}}^{\ominus}}{2F} = \frac{\mu_{\text{F}-\text{C}-\text{F}}^{\ominus} - 2\mu_{\text{F}^-}^{\ominus} - \mu_{\text{C}}^{\ominus} + 2\mu_{\text{e}}^{\ominus}}{2F}$$

由式（12.101）得

$$\ln i_{\text{F}-\text{C}-\text{F}} = \frac{F\varphi_{\text{阳},\text{F}-\text{C}-\text{F}}}{RT} - \frac{F\varphi_{\text{阳},\text{F}-\text{C}-\text{F}}^{\ominus}}{RT} - \frac{1}{2}\ln\frac{\theta_{\text{F}-\text{C}-\text{F}}}{(1-\theta)a_{\text{F}^-}^2}$$

则

$$i_{\text{F}-\text{C}-\text{F}} = \left[\frac{(1-\theta)a_{\text{F}^-}^2}{\theta_{\text{F}-\text{C}-\text{F}}}\right]^{1/2}\exp\left(\frac{F\varphi_{\text{阳},\text{F}-\text{C}-\text{F}}}{RT}\right)\exp\left(-\frac{F\varphi_{\text{阳},\text{F}-\text{C}-\text{F}}^{\ominus}}{RT}\right) = k_+\exp\left(\frac{F\varphi_{\text{阳},\text{F}-\text{C}-\text{F}}}{RT}\right)$$

$$(12.107)$$

式中，

$$k_+ = \left[\frac{a_{\text{F}^-}^2(1-\theta)}{\theta_{\text{F}-\text{C}-\text{F}}}\right]^{1/2}\exp\left(-\frac{F\varphi_{\text{阳},\text{F}-\text{C}-\text{F}}^{\ominus}}{RT}\right) \approx \left[\frac{c_{\text{F}^-}^2(1-\theta)}{\theta_{\text{F}-\text{C}-\text{F}}}\right]^{1/2}\exp\left(-\frac{F\varphi_{\text{阳},\text{F}-\text{C}-\text{F}}^{\ominus}}{RT}\right)$$

式（ⅰ）反应达平衡，有

$$2\text{F}^- - 2\text{e} + \text{C} \Longrightarrow \text{F}-\text{C}-\text{F}$$

摩尔吉布斯自由能变化为

$$\Delta G_{\text{m},\text{阳},\text{F}-\text{C}-\text{F}} = \mu_{\text{F}-\text{C}-\text{F}} - 2\mu_{\text{F}^-} + 2\mu_{\text{e}} - \mu_{\text{C}} = \Delta G_{\text{m},\text{阳},\text{F}-\text{C}-\text{F}}^{\ominus} + RT\ln\frac{\theta_{\text{F}-\text{C}-\text{F},\text{e}}}{(1-\theta_{\text{e}})a_{\text{F}^-,\text{e}}^2}$$

式中，

$$\Delta G_{\text{m},\text{阳},\text{F}-\text{C}-\text{F}}^{\ominus} = \mu_{\text{F}-\text{C}-\text{F}}^{\ominus} - 2\mu_{\text{F}^-}^{\ominus} + 2\mu_{\text{e}}^{\ominus} - \mu_{\text{C}}^{\ominus}$$

$$\mu_{\text{F}-\text{C}-\text{F}} = \mu_{\text{F}-\text{C}-\text{F}}^{\ominus} + RT\ln\theta_{\text{F}-\text{C}-\text{F},\text{e}}$$

$$\mu_{\text{F}^-} = \mu_{\text{F}^-}^{\ominus} + RT\ln a_{\text{F}^-,\text{e}}$$

$$\mu_{\text{e}} = \mu_{\text{e}}^{\ominus}$$

$$\mu_{\text{C}} = \mu_{\text{C}}^{\ominus} + RT\ln(1-\theta_{\text{e}})$$

阳极平衡电势：由

$$\varphi_{\text{阳},\text{F}-\text{C}-\text{F},\text{e}} = \frac{\Delta G_{\text{m},\text{阳},\text{F}-\text{C}-\text{F},\text{e}}}{2F}$$

得

$$\varphi_{\text{阳,F}-\text{C}-\text{F,e}} = \varphi_{\text{阳,F}-\text{C}-\text{F}}^{\ominus} + \frac{RT}{2F}\ln\frac{\theta_{\text{F}-\text{C}-\text{F,e}}}{a_{\text{F}^-,\text{e}}^2(1-\theta_e)} \tag{12.108}$$

式中，

$$\varphi_{\text{阳,F}-\text{C}-\text{F}}^{\ominus} = \frac{\Delta G_{\text{m,阳,F}-\text{C}-\text{F}}^{\ominus}}{2F} = \frac{\mu_{\text{F}-\text{C}-\text{F}}^{\ominus} - 2\mu_{\text{F}^-}^{\ominus} + 2\mu_e^{\ominus} - \mu_{\text{C}}^{\ominus}}{2F}$$

阳极过电势：

式（12.106）−式（12.108），得

$$\Delta\varphi_{\text{阳,F}-\text{C}-\text{F}} = \varphi_{\text{阳,F}-\text{C}-\text{F}} - \varphi_{\text{阳,F}-\text{C}-\text{F,e}} = \frac{RT}{2F}\ln\frac{\theta_{\text{F}-\text{C}-\text{F}}a_{\text{F}^-,\text{e}}^2(1-\theta_e)}{a_{\text{F}^-}^2(1-\theta)\theta_{\text{F}-\text{C}-\text{F,e}}} + \frac{RT}{F}\ln i_{\text{F}-\text{C}-\text{F}}$$

$$\tag{12.109}$$

$$\ln i_{\text{F}-\text{C}-\text{F}} = \frac{F\Delta\varphi_{\text{阳,F}-\text{C}-\text{F}}}{RT} - \frac{1}{2}\ln\frac{\theta_{\text{F}-\text{C}-\text{F}}a_{\text{F}^-,\text{e}}^2(1-\theta_e)}{a_{\text{F}^-}^2(1-\theta)\theta_{\text{F}-\text{C}-\text{F,e}}}$$

则

$$i_{\text{F}-\text{C}-\text{F}} = \left[\frac{a_{\text{F}^-}^2(1-\theta)\theta_{\text{F}-\text{C}-\text{F,e}}}{\theta_{\text{F}-\text{C}-\text{F}}a_{\text{F}^-,\text{e}}^2(1-\theta_e)}\right]^{1/2}\exp\left(\frac{F\Delta\varphi_{\text{阳,F}-\text{C}-\text{F}}}{RT}\right) = k_+'\exp\left(\frac{F\Delta\varphi_{\text{阳,F}-\text{C}-\text{F}}}{RT}\right)$$

$$\tag{12.110}$$

式中，

$$k_+' = \left[\frac{a_{\text{F}^-}^2(1-\theta)\theta_{\text{F}-\text{C}-\text{F,e}}}{\theta_{\text{F}-\text{C}-\text{F}}a_{\text{F}^-,\text{e}}^2(1-\theta_e)}\right]^{1/2} \approx \left[\frac{c_{\text{F}^-}^2(1-\theta)\theta_{\text{F}-\text{C}-\text{F,e}}}{\theta_{\text{F}-\text{C}-\text{F}}c_{\text{F}^-,\text{e}}^2(1-\theta_e)}\right]^{1/2}$$

反应（ii）的摩尔吉布斯自由能变化为

$$\Delta G_{\text{m,阳,COF}_2(\text{气膜})} = \mu_{\text{COF}_2(\text{气膜})} - \mu_{\text{F}-\text{C}-\text{F}} - \mu_{\text{O}^{2-}} + 2\mu_e$$

$$= \Delta G_{\text{m,阳,COF}_2}^{\ominus} + RT\ln\frac{\theta_{\text{COF}_2}}{\theta_{\text{F}-\text{C}-\text{F}}a_{\text{O}^{2-}}} + 2RT\ln i_{\text{COF}_2(\text{气膜})}$$

式中，

$$\Delta G_{\text{m,阳,COF}_2}^{\ominus} = \mu_{\text{COF}_2}^{\ominus} - \mu_{\text{F}-\text{C}-\text{F}}^{\ominus} - \mu_{\text{O}^{2-}}^{\ominus} + 2\mu_e^{\ominus}$$

$$\mu_{\text{COF}_2(\text{气膜})} = \mu_{\text{COF}_2}^{\ominus} + RT\ln\theta_{\text{COF}_2}$$

$$\mu_{\text{F}-\text{C}-\text{F}} = \mu_{\text{F}-\text{C}-\text{F}}^{\ominus} + RT\ln\theta_{\text{F}-\text{C}-\text{F}}$$

$$\mu_{\text{O}^{2-}} = \mu_{\text{O}^{2-}}^{\ominus} + RT\ln a_{\text{O}^{2-}}$$

$$\mu_e = \mu_e^{\ominus} + RT\ln i_{\text{COF}_2(\text{气膜})}$$

阳极电势：由

$$\varphi_{阳,COF_{2(气膜)}} = \frac{\Delta G_{m,阳,COF_{2(气膜)}}}{2F}$$

得

$$\varphi_{阳,COF_{2(气膜)}} = \varphi^{\ominus}_{阳,COF_2} + \frac{RT}{2F}\ln\frac{\theta_{COF_2}}{\theta_{F-C-F}a_{O^{2-}}} + \frac{RT}{F}\ln i_{COF_{2(气膜)}} \qquad (12.111)$$

式中，

$$\varphi^{\ominus}_{阳,COF_2} = \frac{\Delta G^{\ominus}_{m,阳,COF_2}}{2F} = \frac{\mu^{\ominus}_{COF_2} - \mu^{\ominus}_{F-C-F} - \mu^{\ominus}_{O^{2-}} + 2\mu^{\ominus}_e}{2F}$$

由式（12.111）得

$$\ln i_{COF_{2(气膜)}} = \frac{F\varphi_{阳,COF_{2(气膜)}}}{RT} - \frac{F\varphi^{\ominus}_{阳,COF_2}}{RT} - \frac{1}{2}\ln\frac{\theta_{COF_2}}{\theta_{F-C-F}a_{O^{2-}}}$$

则

$$i_{COF_{2(气膜)}} = \left(\frac{\theta_{F-C-F}a_{O^{2-}}}{\theta_{COF_2}}\right)^{1/2}\exp\left(\frac{F\varphi_{阳,COF_{2(气膜)}}}{RT}\right)\exp\left(-\frac{F\varphi^{\ominus}_{阳,COF_2}}{RT}\right) = k_+\exp\left(\frac{F\varphi_{阳,COF_{2(气膜)}}}{RT}\right)$$

$$(12.112)$$

式中，

$$k_+ = \left(\frac{\theta_{F-C-F}a_{O^{2-}}}{\theta_{COF_2}}\right)^{1/2-}\exp\left(-\frac{F\varphi^{\ominus}_{阳,COF_{2(气膜)}}}{RT}\right) \approx \left(\frac{\theta_{F-C-F}c_{O^{2-}}}{\theta_{COF_2}}\right)^{1/2}\exp\left(-\frac{F\varphi^{\ominus}_{阳,COF_{2(气膜)}}}{RT}\right)$$

反应（ii）达平衡，有

$$F-C-F + O^{2-} - 2e \Longrightarrow COF_{2(气膜)}$$

摩尔吉布斯自由能变化为

$$\Delta G_{m,阳,COF_{2(气膜)},e} = \mu_{COF_{2(气膜)}} - \mu_{F-C-F} - \mu_{O^{2-}} + 2\mu_e = \Delta G^{\ominus}_{m,阳,COF_2} + RT\ln\frac{\theta_{COF_2,e}}{\theta_{F-C-F,e}a_{O^{2-},e}}$$

式中，

$$\Delta G^{\ominus}_{m,阳,COF_2} = \mu^{\ominus}_{COF_2} - \mu^{\ominus}_{F-C-F} - \mu^{\ominus}_{O^{2-}} + 2\mu^{\ominus}_e$$

$$\mu_{COF_{2(气膜)}} = \mu^{\ominus}_{COF_2} + RT\ln\theta_{COF_2,e}$$

$$\mu_{F-C-F} = \mu^{\ominus}_{F-C-F} + RT\ln\theta_{F-C-F,e}$$

$$\mu_{O^{2-}} = \mu^{\ominus}_{O^{2-}} + RT\ln a_{O^{2-},e}$$

$$\mu_e = \mu^{\ominus}_e$$

阳极平衡电势：由

$$\varphi_{阳,COF_{2(气膜)},e} = \frac{\Delta G_{m,阳,COF_{2(气膜)},e}}{2F}$$

得

$$\varphi_{\text{阳},\text{COF}_{2(气膜)},e} = \varphi_{\text{阳},\text{COF}_2}^{\ominus} + \frac{RT}{2F} \ln \frac{\theta_{\text{COF}_2,e}}{\theta_{\text{F—C—F},e} a_{\text{O}^{2-},e}} \tag{12.113}$$

式中，

$$\varphi_{\text{阳},\text{COF}_2}^{\ominus} = \frac{\Delta G_{\text{m},\text{阳},\text{COF}_2}^{\ominus}}{2F} = \frac{\mu_{\text{COF}_2}^{\ominus} - \mu_{\text{F—C—F}}^{\ominus} - \mu_{\text{O}^{2-}}^{\ominus} + 2\mu_{\text{e}}^{\ominus}}{2F}$$

阳极过电势：

式（12.101）–式（12.113），得

$$\begin{aligned}
\Delta\varphi_{\text{阳},\text{COF}_{2(气膜)}} &= \varphi_{\text{阳},\text{COF}_{2(气膜)}} - \varphi_{\text{阳},\text{COF}_{2(气膜)},e} \\
&= \frac{RT}{2F} \ln \frac{\theta_{\text{COF}_2} \theta_{\text{F—C—F},e} a_{\text{O}^{2-},e}}{\theta_{\text{F—C—F}} a_{\text{O}^{2-}} \theta_{\text{COF}_2,e}} + \frac{RT}{F} \ln i_{\text{COF}_{2(气膜)}}
\end{aligned} \tag{12.114}$$

移项得

$$\ln i_{\text{COF}_{2(气膜)}} = \frac{F\Delta\varphi_{\text{阳},\text{COF}_{2(气膜)}}}{RT} - \frac{1}{2}\ln\frac{\theta_{\text{COF}_2}\theta_{\text{F—C—F},e} a_{\text{O}^{2-},e}}{\theta_{\text{F—C—F}} a_{\text{O}^{2-}} \theta_{\text{COF}_2,e}}$$

则

$$i_{\text{COF}_{2(气膜)}} = \left(\frac{\theta_{\text{F—C—F}} a_{\text{O}^{2-}} \theta_{\text{COF}_2,e}}{\theta_{\text{COF}_2} \theta_{\text{F—C—F},e} a_{\text{O}^{2-},e}} \right)^{1/2} \exp\left(\frac{F\Delta\varphi_{\text{阳},\text{COF}_{2(气膜)}}}{RT} \right) = k_{+}' \exp\left(\frac{F\Delta\varphi_{\text{阳},\text{COF}_{2(气膜)}}}{RT} \right) \tag{12.115}$$

式中，

$$k_{+}' = \left(\frac{\theta_{\text{F—C—F}} a_{\text{O}^{2-}} \theta_{\text{COF}_2,e}}{\theta_{\text{COF}_2} \theta_{\text{F—C—F},e} a_{\text{O}^{2-},e}} \right)^{1/2} \approx \left(\frac{\theta_{\text{F—C—F}} c_{\text{O}^{2-}} \theta_{\text{COF}_2,e}}{\theta_{\text{COF}_2} \theta_{\text{F—C—F},e} c_{\text{O}^{2-},e}} \right)^{1/2}$$

若过程由式（ⅰ）和式（ⅱ）共同控制，有

$$j_{\text{F—C—F}} + j_{\text{COF}_{2(气膜)}} = j$$

则

$$j = \frac{1}{2}(j_{\text{F—C—F}} + j_{\text{COF}_{2(气膜)}})$$

总反应与 12.2.6 的 3.（一）中式（3）相同。

3″. 形成 COF$_2$ 气膜（三）

形成 COF$_2$ 气膜的反应为

$$\text{O}^{2-} - 2\text{e} + \text{C} = \text{C—O} \tag{ⅰ}$$

$$2\text{F}^{-} - 2\text{e} + \text{C} = \text{F—C—F} \tag{ⅱ}$$

$$\text{C—O} + \text{F—C—F} = \text{COF}_{2(气膜)} + \text{C} \tag{ⅲ}$$

式（ⅰ）与 12.2.6 的 1.中式（ⅰ）相同。式（ⅱ）与 12.2.6 的 3′（二）中式（ⅰ）相同。

总反应为

$$O^{2-} + 2F^- + C - 4e = COF_{2(气膜)} \qquad (3)$$

与 12.2.6 的 3.（一）的总反应（3）相同。

反应（ⅲ）的摩尔吉布斯自由能变化为

$$\Delta G_{m,COF_{2(气膜)}} = \mu_{COF_{2(气膜)}} + \mu_C - \mu_{C-O} - \mu_{F-C-F} = \Delta G_{m,COF_2}^{\ominus} + RT\ln\frac{\theta_{COF_2}(1-\theta)}{\theta_{C-O}\theta_{F-C-F}}$$

式中，

$$\Delta G_{m,阳,F-C-F}^{\ominus} = \mu_{COF_{2(气膜)}}^{\ominus} + \mu_C^{\ominus} - \mu_{C-O}^{\ominus} + \mu_{F-C-F}^{\ominus}$$

$$\mu_{COF_{2(气膜)}} = \mu_{COF_{2(气膜)}}^{\ominus} + RT\ln\theta_{COF_2}$$

$$\mu_C = \mu_C^{\ominus} + RT\ln(1-\theta)$$

$$\mu_{C-O} = \mu_{C-O}^{\ominus} + RT\ln\theta_{C-O}$$

$$\mu_{F-C-F} = \mu_{F-C-F}^{\ominus} + RT\ln\theta_{F-C-F}$$

反应速率为

$$j_{COF_{2(气膜)}} = k_+\theta_{C-O}^{n_+}\theta_{F-C-F}^{n_+'} - k_-\theta_{COF_2}^{n_-}(1-\theta)^{n_-'}$$

$$= k_+\left[\theta_{C-O}^{n_+}\theta_{F-C-F}^{n_+'} - \frac{1}{K}\theta_{COF_2}^{n_-}(1-\theta)^{n_-'}\right] \qquad (12.116)$$

式中，

$$K = \frac{k_+}{k_-} = \frac{\theta_{COF_2,e}^{n_-}(1-\theta_e)^{n_-'}}{\theta_{C-O,e}^{n_+}\theta_{F-C-F,e}^{n_+'}} = \frac{\theta_{COF_2,e}}{\theta_{C-O,e}\theta_{F-C-F,e}}$$

K 为平衡常数。

若过程由式（ⅰ）、式（ⅱ）和式（ⅲ）共同控制，有

$$j_{C-O} = j_{F-C-F} = j_{COF_{2(气膜)}} = j$$

则

$$j = \frac{1}{3}(j_{C-O} + j_{F-C-F} + j_{COF_{2(气膜)}})$$

总反应与 12.2.6 的 3.（一）中式（3）相同。

生成 COF_2 气膜的同时，也会生成 CO(气膜) 和 CO_2(气膜)，有

（1）生成 CO 气膜的阳极电势：

$$\varphi_{阳,CO_{(气膜)}} = \varphi_{阳,CO}^{\ominus} + \frac{RT}{2F}\ln\frac{\theta_{CO}}{a_{O^{2-}}(1-\theta)} + \frac{RT}{F}\ln i_{CO_{(气膜)}}$$

过电势为

$$\Delta\varphi_{阳,CO_{(气膜)}} = \frac{RT}{2F}\ln\frac{\theta_{CO}a_{O^{2-},e}(1-\theta_e)}{a_{O^{2-}}(1-\theta)\theta_{CO,e}} + \frac{RT}{F}\ln i_{CO_{(气膜)}}$$

电流为

$$i_{CO_{(气膜)}} = k_{阳}\exp\left(\frac{F\varphi_{阳,CO_{(气膜)}}}{RT}\right) = k'_{阳}\exp\left(\frac{F\Delta\varphi_{阳,CO_{(气膜)}}}{RT}\right)$$

（2）生成 CO_2 气膜的阳极电势：

$$\varphi_{阳,CO_{2(气膜)}} = \varphi_{阳,CO_2}^{\ominus} + \frac{RT}{4F}\ln\frac{\theta_{CO_2}}{a_{O^{2-}}^2(1-\theta)} + \frac{RT}{F}\ln i_{CO_{2(气膜)}}$$

过电势为

$$\Delta\varphi_{阳,CO_{2(气膜)}} = \frac{RT}{4F}\ln\frac{\theta_{CO_2}a_{O^{2-},e}^2(1-\theta_e)}{a_{O^{2-}}^2(1-\theta)\theta_{CO_2,e}} + \frac{RT}{F}\ln i_{CO_{2(气膜)}}$$

电流为

$$i_{CO_{2(气膜)}} = k_{阳}\exp\left(\frac{F\varphi_{阳,CO_{2(气膜)}}}{RT}\right) = k'_{阳}\exp\left(\frac{F\Delta\varphi_{阳,CO_{2(气膜)}}}{RT}\right)$$

并有

$$\varphi_{阳,COF_{2(气膜)}} = \varphi_{阳,CO_{2(气膜)}} = \varphi_{阳,CO_{(气膜)}} = \varphi_{阳,外}$$

$$i_{COF_{2(气膜)}} + i_{CO_{2(气膜)}} + i_{CO_{(气膜)}} = i$$

$$j_{COF_{2(气膜)}} = \frac{i_{COF_{2(气膜)}}}{4F}$$

$$j_{CO_{2(气膜)}} = \frac{i_{CO_{2(气膜)}}}{4F}$$

$$j_{CO_{(气膜)}} = \frac{i_{CO_{(气膜)}}}{2F}$$

4. 形成 CF_4 气膜（一）

形成 CF_4 气膜的反应为

$$2F^- - 2e + C = F—C—F \tag{ⅰ}$$
$$2(F—C—F) = CF_{4(气膜)} + C \tag{ⅱ}$$

总反应为

$$4F^- - 4e + C = CF_{4(气膜)} \tag{4}$$

式（ⅰ）与 12.2.6 的 3′.（二）中式（ⅰ）相同。
反应（ⅱ）的摩尔吉布斯自由能变化为

$$\Delta G_{m,CF_4(气膜)} = \mu_{CF_4(气膜)} + \mu_C - 2\mu_{F-C-F} = \Delta G_{m,CF_4}^{\ominus} + RT \ln \frac{\theta_{CF_4}(1-\theta)}{\theta_{F-C-F}^2}$$

式中，

$$\Delta G_{m,CF_4}^{\ominus} = \mu_{CF_4}^{\ominus} + \mu_C^{\ominus} - 2\mu_{F-C-F}^{\ominus}$$

$$\mu_{CF_4(气膜)} = \mu_{CF_4}^{\ominus} + RT \ln \theta_{CF_4}$$

$$\mu_C = \mu_C^{\ominus} + RT \ln(1-\theta)$$

$$\mu_{F-C-F} = \mu_{F-C-F}^{\ominus} + RT \ln \theta_{F-C-F}$$

反应速率为

$$j_{CF_4(气膜)} = k_+ \theta_{F-C-F}^{n_+} \theta_{F-C-F}^{n'_+} - k_- \theta_{CF_4}^{n_-}(1-\theta)^{n'_-}$$

$$= k_+ \left[\theta_{F-C-F}^{n_+} \theta_{F-C-F}^{n'_+} - \frac{1}{K} \theta_{CF_4}^{n_-}(1-\theta)^{n'_-} \right] \qquad (12.117)$$

式中，

$$K = \frac{k_+}{k_-} = \frac{\theta_{CF_4,e}^{n_-}(1-\theta_e)^{n'_-}}{\theta_{F-C-F,e}^{n_+} \theta_{F-C-F,e}^{n'_+}} = \frac{\theta_{CF_4,e}(1-\theta_e)}{\theta_{F-C-F,e}^2}$$

过程由式（ⅰ）和式（ⅱ）共同控制，有

$$j_{F-C-F} = j_{CF_4(气膜)} = j$$

则

$$j = \frac{1}{2}(j_{F-C-F} + j_{CF_4(气膜)})$$

总反应为

$$4F^- - 4e + C \mathrel{=\!=\!=} CF_{4(气膜)} \qquad (4)$$

摩尔吉布斯自由能变化为

$$\Delta G_{m,阳,CF_4(气膜)} = \mu_{CF_4(气膜)} - 4\mu_{F^-} + 4\mu_e - \mu_C$$

$$= \Delta G_{m,阳,CF_4}^{\ominus} + RT \ln \frac{\theta_{CF_4(气膜)}}{a_{F^-}^4(1-\theta)} + 4RT \ln i_{CF_4(气膜)}$$

式中，

$$\Delta G_{m,阳,CF_4}^{\ominus} = \mu_{CF_4(气膜)}^{\ominus} - 4\mu_{F^-}^{\ominus} + 4\mu_e^{\ominus} - \mu_C^{\ominus}$$

$$\mu_{CF_4(气膜)} = \mu_{CF_4}^{\ominus} + RT \ln \theta_{CF_4(气膜)}$$

$$\mu_{F^-} = \mu_{F^-}^{\ominus} + RT \ln a_{F^-}$$

$$\mu_e = \mu_e^{\ominus} + RT \ln i_{CF_4(气膜)}$$

$$\mu_C = \mu_C^{\ominus} + RT \ln(1-\theta)$$

阴极电势：由

$$\varphi_{阳,CF_{4(气膜)}} = \frac{\Delta G_{m,阳,CF_{4(气膜)}}}{4F}$$

得

$$\varphi_{阳,CF_{4(气膜)}} = \varphi_{阳,CF_4}^{\ominus} + \frac{RT}{4F}\ln\frac{\theta_{CF_{4(气膜)}}}{a_{F^-}^4(1-\theta)} + \frac{RT}{F}\ln i_{CF_{4(气膜)}} \qquad (12.118)$$

式中，

$$\varphi_{阳,CF_4}^{\ominus} = \frac{\Delta G_{m,阳,CF_4}^{\ominus}}{4F} = \frac{\mu_{CF_{4(气膜)}}^{\ominus} - 4\mu_{F^-}^{\ominus} + 4\mu_e^{\ominus} - \mu_C^{\ominus}}{4F}$$

由式（12.118）得

$$\ln i_{CF_{4(气膜)}} = \frac{F\varphi_{阳,CF_{4(气膜)}}}{RT} - \frac{F\varphi_{阳,CF_4}^{\ominus}}{RT} - \frac{1}{4}\ln\frac{\theta_{CF_{4(气膜)}}}{a_{F^-}^4(1-\theta)}$$

则

$$i_{CF_{4(气膜)}} = \left[\frac{a_{F^-}^4(1-\theta)}{\theta_{CF_{4(气膜)}}}\right]^{1/4}\exp\left(\frac{F\varphi_{阳,CF_{4(气膜)}}}{RT}\right)\exp\left(-\frac{F\varphi_{阳,CF_4}^{\ominus}}{RT}\right) = k_{阳}\exp\left(\frac{F\varphi_{阳,CF_{4(气膜)}}}{RT}\right)$$

$$(12.119)$$

式中，

$$k_{阳} = \left[\frac{a_{F^-}^4(1-\theta)}{\theta_{CF_{4(气膜)}}}\right]^{1/4}\exp\left(-\frac{F\varphi_{阳,CF_4}^{\ominus}}{RT}\right) \approx \left[\frac{a_{F^-}^4(1-\theta)}{\theta_{CF_{4(气膜)}}}\right]^{1/4}\exp\left(-\frac{F\varphi_{阳,CF_4}^{\ominus}}{RT}\right)$$

总反应达平衡，有

$$4F^- - 4e + C \Longrightarrow CF_{4(气膜)}$$

摩尔吉布斯自由能变化为

$$\Delta G_{m,阳,CF_{4(气膜)},e} = \mu_{CF_{4(气膜)}} - 4\mu_{F^-} + 4\mu_e - \mu_C = \Delta G_{m,阳,CF_4}^{\ominus} + RT\ln\frac{\theta_{CF_4,e}}{a_{F^-,e}^4(1-\theta_e)}$$

式中，

$$\Delta G_{m,阳,CF_4}^{\ominus} = \mu_{CF_4}^{\ominus} - 4\mu_{F^-}^{\ominus} + 4\mu_e^{\ominus} - \mu_C^{\ominus}$$

$$\mu_{CF_{4(气膜)}} = \mu_{CF_4}^{\ominus} + RT\ln\theta_{CF_4,e}$$

$$\mu_{F^-} = \mu_{F^-}^{\ominus} + RT\ln a_{F^-}$$

$$\mu_e = \mu_e^{\ominus}$$

$$\mu_C = \mu_C^{\ominus} + RT\ln(1-\theta_e)$$

阴极平衡电势：由

$$\varphi_{阳,CF_{4(气膜)},e} = \frac{\Delta G_{m,阳,CF_{4(气膜)},e}}{4F}$$

得

$$\varphi_{\text{阳,CF}_4(\text{气膜}),e} = \varphi_{\text{阳,CF}_4}^{\ominus} + \frac{RT}{4F}\ln\frac{\theta_{\text{CF}_4,e}}{a_{\text{F}^-,e}^4(1-\theta_e)} \qquad (12.120)$$

式中,

$$\varphi_{\text{阳,CF}_4}^{\ominus} = \frac{\Delta G_{\text{m,阳,CF}_4}^{\ominus}}{4F} = \frac{\mu_{\text{CF}_4}^{\ominus} - 4\mu_{\text{F}^-}^{\ominus} + 4\mu_e^{\ominus} - \mu_C^{\ominus}}{4F}$$

阳极过电势：

式（12.118）-式（12.120），得

$$\Delta\varphi_{\text{阳,CF}_4(\text{气膜})} = \varphi_{\text{阳,CF}_4(\text{气膜})} - \varphi_{\text{阳,CF}_4(\text{气膜}),e}$$

$$= \frac{RT}{4F}\ln\frac{\theta_{\text{CF}_4}a_{\text{F}^-,e}^4(1-\theta_e)}{a_{\text{F}^-}^4(1-\theta)\theta_{\text{CF}_4,e}} + \frac{RT}{F}\ln i_{\text{CF}_4(\text{气膜})} \qquad (12.121)$$

由上式得

$$\ln i_{\text{CF}_4(\text{气膜})} = \frac{F\Delta\varphi_{\text{阳,CF}_4(\text{气})}}{RT} - \frac{1}{4}\ln\frac{\theta_{\text{CF}_4}a_{\text{F}^-,e}^4(1-\theta_e)}{a_{\text{F}^-}^4(1-\theta)\theta_{\text{CF}_4,e}}$$

则

$$i_{\text{CF}_4(\text{气})} = \left(\frac{a_{\text{F}^-}^4(1-\theta)\theta_{\text{CF}_4,e}}{\theta_{\text{CF}_4}a_{\text{F}^-,e}^4(1-\theta_e)}\right)^{1/4}\exp\left(\frac{F\Delta\varphi_{\text{阳,CF}_4(\text{气膜})}}{RT}\right) = k_{\text{阳}}'\exp\left(\frac{F\Delta\varphi_{\text{阳,CF}_4(\text{气膜})}}{RT}\right) \quad (12.122)$$

式中,

$$k_{\text{阳}}' = \left[\frac{a_{\text{F}^-}^4(1-\theta)\theta_{\text{CF}_4,e}}{\theta_{\text{CF}_4}a_{\text{F}^-,e}^4(1-\theta_e)}\right]^{1/4} \approx \left[\frac{c_{\text{F}^-}^4(1-\theta)\theta_{\text{CF}_4,e}}{\theta_{\text{CF}_4}c_{\text{F}^-,e}^4(1-\theta_e)}\right]^{1/4}$$

4′. 形成 CF_4 气膜（二）

形成 CF_4 气膜的反应为

$$2\text{F}^- - 2\text{e} + \text{C} = \text{F—C—F} \qquad (\text{i})$$

$$\text{F—C—F} + 2\text{F}^- - 2\text{e} = \text{CF}_{4(\text{气膜})} \qquad (\text{ii})$$

总反应为

$$4\text{F}^- - 4\text{e} + \text{C} = \text{CF}_{4(\text{气膜})} \qquad (4)$$

反应（ i ）与 12.2.6 的 3′.（二）中式（ i ）相同。

反应（ ii ）的摩尔吉布斯自由能变化为

$$\Delta G_{\text{m,阳,CF}_4(\text{气膜})} = \mu_{\text{CF}_4(\text{气膜})} - \mu_{\text{F—C—F}} - 2\mu_{\text{F}^-} + 2\mu_e$$

$$= \Delta G_{\text{m,阳,CF}_4}^{\ominus} + RT\ln\frac{\theta_{\text{CF}_4}}{\theta_{\text{F—C—F}}a_{\text{F}^-}^2} + 2RT\ln i_{\text{CF}_4(\text{气膜})}$$

式中，

$$\Delta G_{m,阳,CF_4}^{\ominus} = \mu_{CF_4}^{\ominus} - \mu_{F-C-F}^{\ominus} - 2\mu_{F^-}^{\ominus} + 2\mu_e^{\ominus}$$

$$\mu_{CF_{4(气膜)}} = \mu_{CF_4}^{\ominus} + RT\ln\theta_{CF_4}$$

$$\mu_{F-C-F} = \mu_{F-C-F}^{\ominus} + RT\ln\theta_{F-C-F}$$

$$\mu_{F^-} = \mu_{F^-}^{\ominus} + RT\ln a_{F^-}$$

$$\mu_e = \mu_e^{\ominus} + RT\ln i_{CF_{4(气膜)}}$$

由

$$\varphi_{阳,CF_{4(气膜)}} = \frac{\Delta G_{m,阳,CF_{4(气膜)}}}{2F}$$

得

$$\varphi_{阳,CF_{4(气膜)}} = \varphi_{阳,CF_4}^{\ominus} + \frac{RT}{2F}\ln\frac{\theta_{CF_4}}{\theta_{F-C-F}a_{F^-}^2} + \frac{RT}{F}\ln i_{CF_{4(气膜)}} \tag{12.123}$$

式中，

$$\varphi_{阳,CF_4}^{\ominus} = \frac{\Delta G_{m,阳,CF_4}^{\ominus}}{2F} = \frac{\mu_{CF_4}^{\ominus} - \mu_{F-C-F}^{\ominus} - 2\mu_{F^-}^{\ominus} + 2\mu_e^{\ominus}}{2F}$$

由式（12.123）得

$$\ln i_{CF_{4(气膜)}} = \frac{F\varphi_{阳,CF_{4(气膜)}}}{RT} - \frac{F\varphi_{阳,CF_4}^{\ominus}}{RT} - \frac{1}{2}\ln\frac{\theta_{CF_4}}{\theta_{F-C-F}a_{F^-}^2}$$

则

$$i_{CF_{4(气膜)}} = \left(\frac{\theta_{F-C-F}a_{F^-}^2}{\theta_{CF_4}}\right)^{1/2}\exp\left(\frac{F\varphi_{阳,CF_{4(气膜)}}}{RT}\right)\exp\left(-\frac{F\varphi_{阳,CF_4}^{\ominus}}{RT}\right) = k_+'\exp\left(\frac{F\varphi_{阳,CF_{4(气膜)}}}{RT}\right)$$

$$\tag{12.124}$$

式中，

$$k_+' = \left(\frac{\theta_{F-C-F}a_{F^-}^2}{\theta_{CF_4}}\right)^{1/2}\exp\left(-\frac{F\varphi_{阳,CF_4}^{\ominus}}{RT}\right) \approx \left(\frac{\theta_{F-C-F}c_{F^-}^2}{\theta_{CF_4}}\right)^{1/2}\exp\left(-\frac{F\varphi_{阳,CF_4}^{\ominus}}{RT}\right)$$

反应（ii）达平衡，有

$$F-C-F + 2F^- - 2e \Longleftrightarrow CF_{4(气膜)}$$

摩尔吉布斯自由能变化为

$$\Delta G_{m,阳,CF_{4(气膜)},e} = \mu_{CF_{4(气膜)}} - \mu_{F-C-F} - 2\mu_{F^-} + 2\mu_e = \Delta G_{m,阳,CF_4}^{\ominus} + RT\ln\frac{\theta_{CF_4,e}}{\theta_{F-C-F,e}a_{F^-,e}^2}$$

式中，

$$\Delta G_{m,阳,CF_4}^{\ominus} = \mu_{CF_4}^{\ominus} - \mu_{F-C-F}^{\ominus} - 2\mu_{F^-}^{\ominus} + 2\mu_e^{\ominus}$$

$$\mu_{\mathrm{CF_4(气膜)}} = \mu_{\mathrm{CF_4}}^{\ominus} + RT\ln\theta_{\mathrm{CF_4,e}}$$

$$\mu_{\mathrm{F-C-F}} = \mu_{\mathrm{F-C-F}}^{\ominus} + RT\ln\theta_{\mathrm{F-C-F,e}}$$

$$\mu_{\mathrm{F^-}} = \mu_{\mathrm{F^-}}^{\ominus} + RT\ln a_{\mathrm{F^-,e}}$$

$$\mu_{\mathrm{e}} = \mu_{\mathrm{e}}^{\ominus}$$

由

$$\varphi_{\mathrm{阳,CF_4(气膜),e}} = \frac{\Delta G_{\mathrm{m,阳,CF_4(气膜),e}}}{2F}$$

得

$$\varphi_{\mathrm{阳,CF_4(气膜),e}} = \varphi_{\mathrm{阳,CF_4}}^{\ominus} + \frac{RT}{2F}\ln\frac{\theta_{\mathrm{CF_4,e}}}{\theta_{\mathrm{F-C-F,e}}a_{\mathrm{F^-,e}}^2} \tag{12.125}$$

式中，

$$\varphi_{\mathrm{阳,CF_4}}^{\ominus} = \frac{\Delta G_{\mathrm{m,阳,CF_4}}^{\ominus}}{2F} = \frac{\mu_{\mathrm{CF_4}}^{\ominus} - \mu_{\mathrm{F-C-F}}^{\ominus} - 2\mu_{\mathrm{F^-}}^{\ominus} + 2\mu_{\mathrm{e}}^{\ominus}}{2F}$$

式（12.123）–式（12.125），得

$$\Delta\varphi_{\mathrm{阳,CF_4(气膜)}} = \varphi_{\mathrm{阳,CF_4(气膜)}} - \varphi_{\mathrm{阳,CF_4(气膜),e}}$$

$$= \frac{RT}{2F}\ln\frac{\theta_{\mathrm{CF_4}}\theta_{\mathrm{F-C-F,e}}a_{\mathrm{F^-,e}}^2}{\theta_{\mathrm{F-C-F}}a_{\mathrm{F^-}}^2\theta_{\mathrm{CF_4,e}}} + \frac{RT}{F}\ln i_{\mathrm{CF_4(气膜)}} \tag{12.126}$$

移项得

$$\ln i_{\mathrm{CF_4(气膜)}} = \frac{F\Delta\varphi_{\mathrm{阳,CF_4(气膜)}}}{RT} - \frac{1}{2}\ln\frac{\theta_{\mathrm{CF_4}}\theta_{\mathrm{F-C-F,e}}a_{\mathrm{F^-,e}}^2}{\theta_{\mathrm{F-C-F}}a_{\mathrm{F^-}}^2\theta_{\mathrm{CF_4,e}}}$$

则

$$i_{\mathrm{CF_4(气膜)}} = \left(\frac{\theta_{\mathrm{F-C-F}}a_{\mathrm{F^-}}^2\theta_{\mathrm{CF_4,e}}}{\theta_{\mathrm{CF_4}}\theta_{\mathrm{F-C-F,e}}a_{\mathrm{F^-,e}}^2}\right)^{1/2}\exp\left(\frac{F\Delta\varphi_{\mathrm{阳,CF_4(气膜)}}}{RT}\right) = k_+'\exp\left(\frac{F\Delta\varphi_{\mathrm{阳,CF_4(气膜)}}}{RT}\right) \tag{12.127}$$

式中，

$$k_+' = \left(\frac{\theta_{\mathrm{F-C-F}}a_{\mathrm{F^-}}^2\theta_{\mathrm{CF_4,e}}}{\theta_{\mathrm{CF_4}}\theta_{\mathrm{F-C-F,e}}a_{\mathrm{F^-,e}}^2}\right)^{1/2} \approx \left(\frac{\theta_{\mathrm{F-C-F}}c_{\mathrm{F^-}}^2\theta_{\mathrm{CF_4,e}}}{\theta_{\mathrm{CF_4}}\theta_{\mathrm{F-C-F,e}}c_{\mathrm{F^-,e}}^2}\right)^{1/2}$$

过程由式（ⅰ）和式（ⅱ）共同控制，有

$$j_{\mathrm{F-C-F}} = j_{\mathrm{CF_4(气膜)}} = j$$

则

$$j = \frac{1}{2}(j_{\mathrm{F-C-F}} + j_{\mathrm{CF_4(气膜)}})$$

总反应与 12.2.6 的 4.（一）中式（4）相同。

生成 CF_4 (气膜)的同时，也会生成 CO(气膜)、CO_2(气膜) 和 COF_2(气膜)。

（1）生成 CO(气膜) 的阳极电势为

$$\varphi_{阳,CO_{(气膜)}} = \varphi_{阳,CO}^{\ominus} + \frac{RT}{2F}\ln\frac{\theta_{CO}}{a_{O^{2-}}(1-\theta)} + \frac{RT}{F}\ln i_{CO_{(气膜)}}$$

过电势为

$$\Delta\varphi_{阳,CO_{(气膜)}} = \frac{RT}{2F}\ln\frac{\theta_{CO}a_{O^{2-},e}(1-\theta_e)}{a_{O^{2-}}(1-\theta)\theta_{CO,e}} + \frac{RT}{F}\ln i_{CO_{(气膜)}}$$

电流为

$$i_{CO_{(气膜)}} = k_{阳}\exp\left(\frac{F\varphi_{阳,CO_{(气膜)}}}{RT}\right) = k_{阳}'\exp\left(\frac{F\Delta\varphi_{阳,CO_{(气膜)}}}{RT}\right)$$

（2）生成 CO_2 气膜的阳极电势为

$$\varphi_{阳,CO_{2(气膜)}} = \varphi_{阳,CO_2}^{\ominus} + \frac{RT}{4F}\ln\frac{\theta_{CO_2}}{a_{O^{2-}}^2(1-\theta)} + \frac{RT}{F}\ln i_{CO_{2(气膜)}}$$

过电势为

$$\Delta\varphi_{阳,CO_{2(气膜)}} = \frac{RT}{4F}\ln\frac{\theta_{CO_2}a_{O^{2-},e}^2(1-\theta_e)}{a_{O^{2-}}^2(1-\theta)\theta_{CO_2,e}} + \frac{RT}{F}\ln i_{CO_{2(气膜)}}$$

电流为

$$i_{CO_{2(气膜)}} = k_{阳}\exp\left(\frac{F\varphi_{阳,CO_{2(气膜)}}}{RT}\right) = k_{阳}'\exp\left(\frac{F\Delta\varphi_{阳,CO_{2(气膜)}}}{RT}\right)$$

（3）生成 COF_2(气膜) 的阳极电势为

$$\varphi_{阳,COF_{2(气膜)}} = \varphi_{阳,COF_2}^{\ominus} + \frac{RT}{4F}\ln\frac{\theta_{COF_2}}{a_{O^{2-}}a_{F^-}^2(1-\theta)} + \frac{RT}{F}\ln i_{COF_{2(气膜)}}$$

过电势为

$$\Delta\varphi_{阳,COF_{2(气膜)}} = \frac{RT}{4F}\ln\frac{\theta_{COF_2}a_{O^{2-},e}a_{F^-,e}^2(1-\theta_e)}{a_{O^{2-}}a_{F^-}^2(1-\theta)\theta_{COF_2,e}} + \frac{RT}{F}\ln i_{COF_{2(气膜)}}$$

电流为

$$i_{COF_{2(气膜)}} = k_{阳}\exp\left(\frac{F\varphi_{阳,COF_{2(气膜)}}}{RT}\right) = k_{阳}'\exp\left(\frac{F\Delta\varphi_{阳,COF_{2(气膜)}}}{RT}\right)$$

并有

$$\varphi_{阳,CF_{4(气膜)}} = \varphi_{阳,COF_{2(气膜)}} = \varphi_{阳,CO_{2(气膜)}} = \varphi_{阳,CO_{(气膜)}} = \varphi_{外}$$

$$i_{CF_{4(气膜)}} + i_{COF_{2(气膜)}} + i_{CO_{2(气膜)}} + i_{CO_{(气膜)}} = i$$

$$j_{CF_{4(气膜)}} = \frac{i_{CF_{4(气膜)}}}{4F}$$

$$j_{COF_{2(气膜)}} = \frac{i_{COF_{2(气膜)}}}{4F}$$

$$j_{CO_{2(气膜)}} = \frac{i_{CO_{2(气膜)}}}{4F}$$

$$j_{CO_{(气膜)}} = \frac{i_{CO_{(气膜)}}}{2F}$$

5. 形成 F_2(气膜)（一）

形成 F_2(气膜) 的反应为

$$2F^- - 2e = F_{2(气膜)} \tag{5}$$

摩尔吉布斯自由能变化为

$$\Delta G_{m,阳,F_{2(气膜)}} = \mu_{F_{2(气膜)}} - 2\mu_{F^-} + 2\mu_e = \Delta G_{m,阳,F_2}^{\ominus} + RT\ln\frac{\theta_{F_2}}{a_{F^-}^2} + 2RT\ln i_{F_{2(气膜)}}$$

式中，

$$\Delta G_{m,阳,F_2}^{\ominus} = \mu_{F_2}^{\ominus} - 2\mu_{F^-}^{\ominus} + 2\mu_e^{\ominus}$$

$$\mu_{F_{2(气膜)}} = \mu_{F_2}^{\ominus} + RT\ln\theta_{F_2}$$

$$\mu_{F^-} = \mu_{F^-}^{\ominus} + RT\ln a_{F^-}$$

$$\mu_e = \mu_e^{\ominus} + RT\ln i_{F_{2(气膜)}}$$

阳极电势：由

$$\varphi_{阳,F_{2(气膜)}} = \frac{\Delta G_{m,阳,F_{2(气膜)}}}{2F}$$

得

$$\varphi_{阳,F_{2(气膜)}} = \varphi_{阳,F_2}^{\ominus} + \frac{RT}{2F}\ln\frac{\theta_{F_2}}{a_{F^-}^2} + \frac{RT}{F}\ln i_{F_{2(气膜)}} \tag{12.128}$$

式中，

$$\varphi_{阳,F_2}^{\ominus} = \frac{\Delta G_{m,阳,F_2}^{\ominus}}{2F} = \frac{\mu_{F_2}^{\ominus} - 2\mu_{F^-}^{\ominus} + 2\mu_e^{\ominus}}{2F}$$

由式（12.128）得

$$\ln i_{F_{2(气膜)}} = \frac{F\varphi_{阳,F_{2(气膜)}}}{RT} - \frac{F\varphi_{阳,F_2}^{\ominus}}{RT} - \frac{1}{2}\ln\frac{\theta_{F_2}}{a_{F^-}^2}$$

则

$$i_{F_{2(\text{气膜})}} = \left(\frac{a_{F^-}^2}{\theta_{F_2}}\right)^{1/2} \exp\left(\frac{F\varphi_{\text{阳},F_{2(\text{气膜})}}}{RT}\right) \exp\left(-\frac{F\varphi_{\text{阳},F_2}^\ominus}{RT}\right) = k_+ \exp\left(\frac{F\varphi_{\text{阳},F_{2(\text{气膜})}}}{RT}\right)$$

（12.129）

式中,

$$k_+ = \left(\frac{a_{F^-}^2}{\theta_{F_2}}\right)^{1/2} \exp\left(-\frac{F\varphi_{\text{阳},F_2}^\ominus}{RT}\right) \approx \left(\frac{c_{F^-}^2}{\theta_{F_2}}\right)^{1/2} \exp\left(-\frac{F\varphi_{\text{阳},F_2}^\ominus}{RT}\right)$$

形成 F_2(气膜) 的反应达平衡, 有

$$2F^- - 2e \Longrightarrow F_{2(\text{气膜})}$$

摩尔吉布斯自由能变化为

$$\Delta G_{m,\text{阳},F_{2(\text{气膜})},e} = \mu_{F_{2(\text{气膜})}} - 2\mu_{F^-} + 2\mu_e = \Delta G_{m,\text{阳},F_2}^\ominus + RT\ln\frac{\theta_{F_2,e}}{a_{F^-,e}^2}$$

式中,

$$\Delta G_{m,\text{阳},F_2}^\ominus = \mu_{F_2}^\ominus - 2\mu_{F^-}^\ominus + 2\mu_e^\ominus$$

$$\mu_{F_{2(\text{气膜})}} = \mu_{F_2}^\ominus + RT\ln\theta_{F_2,e}$$

$$\mu_{F^-} = \mu_{F^-}^\ominus + RT\ln a_{F^-,e}$$

$$\mu_e = \mu_e^\ominus$$

阳极平衡电势: 由

$$\varphi_{\text{阳},F_{2(\text{气膜})},e} = \frac{\Delta G_{m,\text{阳},F_{2(\text{气膜})},e}}{2F}$$

$$\varphi_{\text{阳},F_{2(\text{气膜})},e} = \varphi_{\text{阳},F_2}^\ominus + \frac{RT}{2F}\ln\frac{\theta_{F_2,e}}{a_{F^-,e}^2}$$

（12.130）

式中,

$$\varphi_{\text{阳},F_2}^\ominus = \frac{\Delta G_{m,\text{阳},F_2}^\ominus}{2F} = \frac{\mu_{F_2}^\ominus - 2\mu_{F^-}^\ominus + 2\mu_e^\ominus}{2F}$$

阳极过电势:

$$\Delta\varphi_{\text{阳},F_{2(\text{气膜})}} = \varphi_{\text{阳},F_{2(\text{气膜})}} - \varphi_{\text{阳},F_{2(\text{气膜})},e} = \frac{RT}{2F}\ln\frac{\theta_{F_2}a_{F^-,e}^2}{a_{F^-}^2\theta_{F_2,e}} + \frac{RT}{F}\ln i_{F_{2(\text{气膜})}}$$

移项得

$$\ln i_{F_{2(\text{气膜})}} = \frac{F\Delta\varphi_{\text{阳},F_{2(\text{气膜})}}}{RT} - \frac{1}{2}\ln\frac{\theta_{F_2}a_{F^-,e}^2}{a_{F^-}^2\theta_{F_2,e}}$$

则

$$i_{F_{2(气膜)}} = \left(\frac{a_{F^-}^2 \theta_{F_2,e}}{\theta_{F_2} a_{F^-,e}^2} \right)^{1/2} \exp\left(\frac{F\Delta\varphi_{阳,F_{2(气膜)}}}{RT} \right) = k_+' \exp\left(\frac{F\Delta\varphi_{阳,F_{2(气膜)}}}{RT} \right) \quad (12.131)$$

式中，

$$k_+' = \left(\frac{a_{F^-}^2 \theta_{F_2,e}}{\theta_{F_2} a_{F^-,e}^2} \right)^{1/2} = \left(\frac{c_{F^-}^2 \theta_{F_2,e}}{\theta_{F_2} c_{F^-,e}^2} \right)^{1/2}$$

5′. 形成 F_2(气膜) （二）

形成 F_2(气膜) 的反应为

$$F^- - e + C = C-F \qquad\qquad (i)$$
$$C-F + F^- - e = F_{2(气膜)} + C \qquad\qquad (ii)$$

总反应为

$$2F^- - 2e = F_{2(气膜)} \qquad\qquad (5)$$

反应（i）的摩尔吉布斯自由能变化为

$$\Delta G_{m,阳,C-F} = \mu_{C-F} - \mu_{F^-} - \mu_C + \mu_e = \Delta G_{m,阳,C-F}^{\ominus} + RT\ln\frac{\theta_{C-F}}{a_{F^-}(1-\theta)} + RT\ln i_{C-F}$$

式中，

$$\Delta G_{m,阳,C-F}^{\ominus} = \mu_{C-F}^{\ominus} - \mu_{F^-}^{\ominus} - \mu_C^{\ominus} + \mu_e^{\ominus}$$
$$\mu_{C-F} = \mu_{C-F}^{\ominus} + RT\ln\theta_{C-F}$$
$$\mu_{F^-} = \mu_{F^-}^{\ominus} + RT\ln a_{F^-}$$
$$\mu_e = \mu_e^{\ominus} + RT\ln i_{C-F}$$
$$\mu_C = \mu_C^{\ominus} + RT\ln(1-\theta)$$

阳极电势：由

$$\varphi_{阳,C-F} = \frac{\Delta G_{m,阳,C-F}}{F}$$

得

$$\varphi_{阳,C-F} = \varphi_{阳,C-F}^{\ominus} + \frac{RT}{F}\ln\frac{\theta_{C-F}}{a_{F^-}(1-\theta)} + \frac{RT}{F}\ln i_{C-F} \qquad (12.132)$$

式中，

$$\varphi_{阳,C-F}^{\ominus} = \frac{\Delta G_{m,阳,C-F}^{\ominus}}{F} = \frac{\mu_{C-F}^{\ominus} - \mu_{F^-}^{\ominus} - \mu_C^{\ominus} + \mu_e^{\ominus}}{F}$$

由式（12.132）得

$$\ln i_{C-F} = \frac{F\varphi_{阳,C-F}}{RT} - \frac{F\varphi_{阳,C-F}^{\ominus}}{RT} - \ln \frac{\theta_{C-F}}{a_{F^-}(1-\theta)}$$

则

$$i_{F-C-F} = \frac{a_{F^-}(1-\theta)}{\theta_{C-F}}\exp\left(\frac{F\varphi_{阳,C-F}}{RT}\right)\exp\left(-\frac{F\varphi_{阳,C-F}^{\ominus}}{RT}\right) = k_+\exp\left(\frac{F\varphi_{阳,C-F}}{RT}\right) \quad (12.133)$$

式中,

$$k_+ = \frac{a_{F^-}(1-\theta)}{\theta_{C-F}}\exp\left(-\frac{F\varphi_{阳,C-F}^{\ominus}}{RT}\right) \approx \frac{c_{F^-}(1-\theta)}{\theta_{C-F}}\exp\left(-\frac{F\varphi_{阳,C-F}^{\ominus}}{RT}\right)$$

式 (i) 的反应达平衡, 有

$$F^- - e + C \rightleftharpoons C-F$$

摩尔吉布斯自由能变化为

$$\Delta G_{m,阳,C-F,e} = \mu_{C-F} - \mu_{F^-} - \mu_C + \mu_e = \Delta G_{m,阳,C-F}^{\ominus} + RT\ln \frac{\theta_{C-F,e}}{a_{F^-,e}(1-\theta_e)}$$

式中,

$$\Delta G_{m,C-F}^{\ominus} = \mu_{C-F}^{\ominus} - \mu_{F^-}^{\ominus} - \mu_C^{\ominus} + \mu_e^{\ominus}$$

$$\mu_{C-F} = \mu_{C-F}^{\ominus} + RT\ln\theta_{C-F,e}$$

$$\mu_{F^-} = \mu_{F^-}^{\ominus} + RT\ln a_{F^-,e}$$

$$\mu_e = \mu_e^{\ominus} + RT\ln i_{C-F,e}$$

$$\mu_C = \mu_C^{\ominus} + RT\ln(1-\theta_e)$$

阳极电势: 由

$$\varphi_{阳,C-F,e} = \frac{\Delta G_{m,阳,C-F,e}}{F}$$

得

$$\varphi_{阳,C-F,e} = \varphi_{阳,C-F}^{\ominus} + \frac{RT}{F}\ln \frac{\theta_{C-F,e}}{a_{F^-,e}(1-\theta_e)} \quad (12.134)$$

式中,

$$\varphi_{阳,C-F}^{\ominus} = \frac{\Delta G_{m,阳,C-F}^{\ominus}}{F} = \frac{\mu_{C-F}^{\ominus} - \mu_{F^-}^{\ominus} - \mu_C^{\ominus} + \mu_e^{\ominus}}{F}$$

过电势:

式 (12.132)–式 (12.134), 得

$$\Delta\varphi_{阳,C-F} = \varphi_{阳,C-F} - \varphi_{阳,C-F,e} = \frac{RT}{F}\ln \frac{\theta_{C-F}a_{F^-,e}(1-\theta_e)}{a_{F^-}(1-\theta)\theta_{C-F,e}} + \frac{RT}{F}\ln i_{C-F} \quad (12.135)$$

$$\ln i_{\text{C−F}} = \frac{F\Delta\varphi_{\text{阳,C−F}}}{RT} - \ln\frac{\theta_{\text{C−F}}a_{\text{F}^-,\text{e}}(1-\theta_{\text{e}})}{a_{\text{F}^-}(1-\theta)\theta_{\text{C−F,e}}}$$

则

$$i_{\text{C−F}} = \frac{a_{\text{F}^-}(1-\theta)\theta_{\text{C−F,e}}}{\theta_{\text{C−F}}a_{\text{F}^-,\text{e}}(1-\theta_{\text{e}})}\exp\left(\frac{F\Delta\varphi_{\text{阳,C−F}}}{RT}\right) = k'_+\exp\left(\frac{F\Delta\varphi_{\text{阳,C−F}}}{RT}\right) \quad (12.136)$$

式中,

$$k'_+ = \frac{a_{\text{F}^-}(1-\theta)\theta_{\text{C−F,e}}}{\theta_{\text{C−F}}a_{\text{F}^-,\text{e}}(1-\theta_{\text{e}})} \approx \frac{c_{\text{F}^-}(1-\theta)\theta_{\text{C−F,e}}}{\theta_{\text{C−F}}c_{\text{F}^-,\text{e}}(1-\theta_{\text{e}})}$$

式 (ii) 的摩尔吉布斯自由能变化为

$$\Delta G_{\text{m,阳,F}_2(\text{气膜})} = \mu_{\text{F}_2(\text{气膜})} + \mu_{\text{C}} - \mu_{\text{C−F}} - \mu_{\text{F}^-} + \mu_{\text{e}}$$

$$= \Delta G^{\ominus}_{\text{m,阳,F}_2} + RT\ln\frac{\theta_{\text{F}_2}(1-\theta)}{\theta_{\text{C−F}}a_{\text{F}^-}} + RT\ln i_{\text{F}_2(\text{气膜})}$$

式中,

$$\Delta G^{\ominus}_{\text{m,阳,F}_2} = \mu^{\ominus}_{\text{F}_2} + \mu^{\ominus}_{\text{C}} - \mu^{\ominus}_{\text{F}^-} - \mu^{\ominus}_{\text{C−F}} + \mu^{\ominus}_{\text{e}}$$

$$\mu_{\text{F}_2(\text{气膜})} = \mu^{\ominus}_{\text{F}_2} + RT\ln\theta_{\text{F}_2}$$

$$\mu_{\text{C}} = \mu^{\ominus}_{\text{C}} + RT\ln(1-\theta)$$

$$\mu_{\text{C−F}} = \mu^{\ominus}_{\text{C−F}} + RT\ln\theta_{\text{C−F}}$$

$$\mu_{\text{F}^-} = \mu^{\ominus}_{\text{F}^-} + RT\ln a_{\text{F}^-}$$

$$\mu_{\text{e}} = \mu^{\ominus}_{\text{e}} + RT\ln i_{\text{F}_2(\text{气膜})}$$

阳极电势: 由

$$\varphi_{\text{阳,F}_2(\text{气膜})} = \frac{\Delta G_{\text{m,阳,F}_2(\text{气膜})}}{F}$$

得

$$\varphi_{\text{阳,F}_2(\text{气膜})} = \varphi^{\ominus}_{\text{阳,F}_2} + \frac{RT}{F}\ln\frac{\theta_{\text{F}_2}(1-\theta)}{\theta_{\text{C−F}}a_{\text{F}^-}} + \frac{RT}{F}\ln i_{\text{F}_2(\text{气膜})} \quad (12.137)$$

式中,

$$\varphi^{\ominus}_{\text{阳,F}_2} = \frac{\Delta G^{\ominus}_{\text{m,阳,F}_2}}{F} = \frac{\mu^{\ominus}_{\text{F}_2} + \mu^{\ominus}_{\text{C}} - \mu^{\ominus}_{\text{C−F}} - \mu^{\ominus}_{\text{F}^-} + \mu^{\ominus}_{\text{e}}}{F}$$

由式 (12.137) 得

$$\ln i_{\text{F}_2(\text{气膜})} = \frac{F\varphi_{\text{阳,F}_2(\text{气膜})}}{RT} - \frac{F\varphi^{\ominus}_{\text{阳,F}_2}}{RT} - \ln\frac{\theta_{\text{F}_2}(1-\theta)}{\theta_{\text{C−F}}a_{\text{F}^-}}$$

则

$$i_{F_2(气膜)} = \frac{\theta_{C-F}a_{F^-}}{\theta_{F_2}(1-\theta)}\exp\left(\frac{F\varphi_{阳,F_2(气膜)}}{RT}\right)\exp\left(-\frac{F\varphi_{阳,F_2}^\ominus}{RT}\right) = k'_+\exp\left(\frac{F\varphi_{阳,F_2(气膜)}}{RT}\right) \quad (12.138)$$

式中，

$$k'_+ = \frac{\theta_{C-F}a_{F^-}}{\theta_{F_2}(1-\theta)}\exp\left(-\frac{F\varphi_{阳,F_2}^\ominus}{RT}\right) \approx \frac{\theta_{C-F}c_{F^-}}{\theta_{F_2}(1-\theta)}\exp\left(-\frac{F\varphi_{阳,F_2}^\ominus}{RT}\right)$$

上述反应达平衡，有

$$C-F + F^- - e \Longrightarrow F_{2(气膜)} + C$$

式（ⅱ）的摩尔吉布斯自由能变化为

$$\Delta G_{m,阳,F_2(气膜),e} = \mu_{F_2(气膜)} + \mu_C - \mu_{C-F} - \mu_{F^-} + \mu_e = \Delta G_{m,阳,F_2}^\ominus + RT\ln\frac{\theta_{F_2,e}(1-\theta_e)}{\theta_{C-F,e}a_{F^-,e}}$$

式中，

$$\Delta G_{m,阳,F_2}^\ominus = \mu_{F_2}^\ominus + \mu_C^\ominus - \mu_{F^-}^\ominus - \mu_{C-F}^\ominus + \mu_e^\ominus$$

$$\mu_{F_2(气膜)} = \mu_{F_2}^\ominus + RT\ln\theta_{F_2,e}$$

$$\mu_C = \mu_C^\ominus + RT\ln(1-\theta_e)$$

$$\mu_{C-F} = \mu_{C-F}^\ominus + RT\ln\theta_{C-F,e}$$

$$\mu_{F^-} = \mu_{F^-}^\ominus + RT\ln a_{F^-,e}$$

$$\mu_e = \mu_e^\ominus$$

阳极平衡电势：由

$$\varphi_{阳,F_2(气膜),e} = \frac{\Delta G_{m,阳,F_2(气膜),e}}{F}$$

得

$$\varphi_{阳,F_2(气膜),e} = \varphi_{阳,F_2}^\ominus + \frac{RT}{F}\ln\frac{\theta_{F_2,e}(1-\theta_e)}{\theta_{C-F,e}a_{F^-,e}} \quad (12.139)$$

式中，

$$\varphi_{阳,F_2}^\ominus = \frac{\Delta G_{m,阳,F_2}^\ominus}{F} = \frac{\mu_{F_2}^\ominus + \mu_C^\ominus - \mu_{C-F}^\ominus - \mu_{F^-}^\ominus + \mu_e^\ominus}{F}$$

阳极过电势：

式（12.137）-式（12.139），得

$$\Delta\varphi_{阳,F_2(气膜)} = \varphi_{阳,F_2(气膜)}\varphi_{阳,F_2(气膜),e} = \frac{RT}{F}\ln\frac{\theta_{F_2}(1-\theta)\theta_{C-F,e}a_{F^-,e}}{\theta_{C-F}a_{F^-}\theta_{F_2,e}(1-\theta_e)} + \frac{RT}{F}\ln i_{F_2(气膜)} \quad (12.140)$$

移项得

$$\ln i_{F_{2(气膜)}} = \frac{F\Delta\varphi_{阳,F_{2(气膜)}}}{RT} - \ln\frac{\theta_{F_2}(1-\theta)\theta_{C-F,e}a_{F^-,e}}{\theta_{C-F}a_{F^-}\theta_{F_2,e}(1-\theta_e)}$$

则

$$i_{F_{2(气膜)}} = \frac{\theta_{C-F}a_{F^-}\theta_{F_2,e}(1-\theta_e)}{\theta_{F_2}(1-\theta)\theta_{C-F,e}a_{F^-,e}}\exp\left(\frac{F\Delta\varphi_{阳,F_{2(气膜)}}}{RT}\right) = k_+'\exp\left(\frac{F\Delta\varphi_{阳,F_{2(气膜)}}}{RT}\right) \quad （12.141）$$

式中，

$$k_+' = \frac{\theta_{C-F}a_{F^-}\theta_{F_2,e}(1-\theta_e)}{\theta_{F_2}(1-\theta)\theta_{C-F,e}a_{F^-,e}} \approx \frac{\theta_{C-F}c_{F^-}\theta_{F_2,e}(1-\theta_e)}{\theta_{F_2}(1-\theta)\theta_{C-F,e}c_{F^-,e}}$$

过程由式（ⅰ）和式（ⅱ）共同控制，有

$$j_{C-F} = j_{F_{2(气膜)}} = j$$

则

$$j = \frac{1}{2}(j_{C-F} + j_{F_{2(气膜)}})$$

总反应即 12.2.6 的 5.（一）中式（5）。

5″. 形成 F_2 气膜（三）

形成 F_2 气膜 的反应为

$$F^- - e + C \Longrightarrow C-F \qquad\qquad （ⅰ）$$
$$C-F + C-F \Longrightarrow F_{2(气膜)} + 2C \qquad\qquad （ⅱ）$$

总反应为

$$2F^- - 2e \Longrightarrow F_{2(气膜)} \qquad\qquad （5）$$

式（ⅰ）与 12.6.2 的 5′.（二）中式（ⅰ）相同。

式（ⅱ）反应的摩尔吉布斯自由能变化为

$$\Delta G_{m,阳,F_{2(气膜)}} = \mu_{F_{2(气膜)}} + 2\mu_C - 2\mu_{C-F} = \Delta G_{m,阳,F_2}^{\ominus} + RT\ln\frac{\theta_{F_2}(1-\theta)^2}{\theta_{C-F}^2}$$

式中，

$$\Delta G_{m,阳,F_2}^{\ominus} = \mu_{F_2}^{\ominus} + 2\mu_C^{\ominus} - 2\mu_{C-F}^{\ominus}$$
$$\mu_{F_{2(气膜)}} = \mu_{F_2}^{\ominus} + RT\ln\theta_{F_2}$$
$$\mu_C = \mu_C^{\ominus} + RT\ln(1-\theta)$$
$$\mu_{C-F} = \mu_{C-F}^{\ominus} + RT\ln\theta_{C-F}$$

形成 F_2(气膜) 的速率为

$$j_{F_{2(气膜)}} = k_+\theta_{C-F}^{n_+}\theta_{C-F}^{n'_+} - k_-\theta_{F_2}^{n_-}(1-\theta)^{n'_-} = k_+\left[\theta_{C-F}^{n_+}\theta_{C-F}^{n'_+} - \frac{1}{K}\theta_{F_2}^{n_-}(1-\theta)^{n'_-}\right] \quad (12.142)$$

式中,

$$K = \frac{k_+}{k_-} = \frac{\theta_{F_2,e}^{n_-}(1-\theta_e)^{n'_-}}{\theta_{C-F,e}^{n_+}\theta_{C-F,e}^{n'_+}} = \frac{\theta_{F_2,e}(1-\theta_e)^2}{\theta_{C-F,e}^2}$$

K 为平衡常数。

若过程由式（ⅰ）和式（ⅱ）共同控制, 有

$$j_{C-F} = j_{F_{2(气膜)}} = j$$

则

$$j = \frac{1}{2}(j_{C-F} + j_{F_{2(气膜)}})$$

总反应即 12.6.2 的 5.（一）中式（5）。

生成 F_2(气膜) 的同时, 也会生成 CO(气膜)、CO_2(气膜)、COF_2(气膜) 和 CF_4(气膜)。

（1）生成 CO(气膜) 的阳极电势为

$$\varphi_{阳,CO_{(气膜)}} = \varphi_{阳,CO}^{\ominus} + \frac{RT}{2F}\ln\frac{\theta_{CO}}{a_{O^{2-}}(1-\theta)} + \frac{RT}{F}\ln i_{CO_{(气膜)}}$$

过电势为

$$\Delta\varphi_{阳,CO_{(气膜)}} = \frac{RT}{2F}\ln\frac{\theta_{CO}a_{O^{2-},e}(1-\theta_e)}{a_{O^{2-}}(1-\theta)\theta_{CO,e}} + \frac{RT}{F}\ln i_{CO_{(气膜)}}$$

电流为

$$i_{CO_{(气膜)}} = k_{阳}\exp\left(\frac{F\varphi_{阳,CO_{(气膜)}}}{RT}\right) = k'_{阳}\exp\left(\frac{F\Delta\varphi_{阳,CO_{(气膜)}}}{RT}\right)$$

（2）生成 CO_2 气膜的阳极电势为

$$\varphi_{阳,CO_{2(气膜)}} = \varphi_{阳,CO_2}^{\ominus} + \frac{RT}{4F}\ln\frac{\theta_{CO_2}}{a_{O^{2-}}^2(1-\theta)} + \frac{RT}{F}\ln i_{CO_{2(气膜)}}$$

过电势为

$$\Delta\varphi_{阳,CO_{2(气膜)}} = \frac{RT}{4F}\ln\frac{\theta_{CO_2}a_{O^{2-},e}^2(1-\theta_e)}{a_{O^{2-}}^2(1-\theta)\theta_{CO_2,e}} + \frac{RT}{F}\ln i_{CO_{2(气膜)}}$$

电流为

$$i_{CO_{2(气膜)}} = k_{阳}\exp\left(\frac{F\varphi_{阳,CO_{2(气膜)}}}{RT}\right) = k'_{阳}\exp\left(\frac{F\Delta\varphi_{阳,CO_{2(气膜)}}}{RT}\right)$$

（3）生成 COF_2(气膜) 的阳极电势为

$$\varphi_{\text{阳},COF_{2(气膜)}} = \varphi_{\text{阳},COF_2}^{\ominus} + \frac{RT}{4F}\ln\frac{\theta_{COF_2}}{a_{O^{2-}}a_{F^-}^2(1-\theta)} + \frac{RT}{F}\ln i_{COF_{2(气膜)}}$$

过电势为

$$\Delta\varphi_{\text{阳},COF_{2(气膜)}} = \frac{RT}{4F}\ln\frac{\theta_{COF_2}a_{O^{2-},e}a_{F^-,e}^2(1-\theta_e)}{a_{O^{2-}}a_{F^-}^2(1-\theta)\theta_{COF_2,e}} + \frac{RT}{F}\ln i_{COF_{2(气膜)}}$$

电流为

$$i_{COF_{2(气膜)}} = k_{\text{阳}}\exp\left(\frac{F\varphi_{\text{阳},COF_{2(气膜)}}}{RT}\right) = k_{\text{阳}}'\exp\left(\frac{F\Delta\varphi_{\text{阳},COF_{2(气膜)}}}{RT}\right)$$

（4）生成 CF_4(气膜) 的阳极电势为

$$\varphi_{\text{阳},CF_{4(气膜)}} = \varphi_{\text{阳},CF_4}^{\ominus} + \frac{RT}{4F}\ln\frac{\theta_{CF_{4(气膜)}}}{a_{F^-}^4(1-\theta)} + \frac{RT}{F}\ln i_{CF_{4(气膜)}}$$

过电势为

$$\Delta\varphi_{\text{阳},CF_{4(气膜)}} = \frac{RT}{4F}\ln\frac{\theta_{CF_4}a_{F^-,e}^4(1-\theta_e)}{a_{F^-}^4(1-\theta)\theta_{CF_4,e}} + \frac{RT}{F}\ln i_{COF_{2(气膜)}}$$

电流为

$$i_{COF_{2(气膜)}} = k_{\text{阳}}\exp\left(\frac{F\varphi_{\text{阳},CF_{4(气膜)}}}{RT}\right) = k_{\text{阳}}'\exp\left(\frac{F\Delta\varphi_{\text{阳},CF_{4(气膜)}}}{RT}\right)$$

并有

$$\varphi_{\text{阳},F_{2(气膜)}} = \varphi_{\text{阳},CF_{4(气膜)}} = \varphi_{\text{阳},COF_{2(气膜)}} = \varphi_{\text{阳},CO_{2(气膜)}} = \varphi_{\text{阳},CO_{(气膜)}} = \varphi_{\text{外}}$$

$$i_{F_{2(气膜)}} + i_{CF_{4(气膜)}} + i_{COF_{2(气膜)}} + i_{CO_{2(气膜)}} + i_{CO_{(气膜)}} = i$$

$$j_{F_{2(气膜)}} = \frac{i_{F_{2(气膜)}}}{4F}$$

$$j_{CF_{4(气膜)}} = \frac{i_{CF_{4(气膜)}}}{4F}$$

$$j_{COF_{2(气膜)}} = \frac{i_{COF_{2(气膜)}}}{4F}$$

$$j_{CO_{2(气膜)}} = \frac{i_{CO_{2(气膜)}}}{4F}$$

$$j_{CO_{(气膜)}} = \frac{i_{CO_{(气膜)}}}{2F}$$

12.2.7　阳极效应

随着电压升高，θ 增大，当电压升高到某个值，θ 增大到某个值 θ^*，电流 i 达到发生阳极效应的临界值，继续升高电压，阳极电势升高，阳极效应发生。

发生阳极效应时，阳极反应为

$$O^{2-} - 2e + C = CO_{(气膜)} \tag{1}$$

$$2O^{2-} - 4e + C = CO_{2(气膜)} \tag{2}$$

$$O^{2-} + 2F^- - 4e + 2C = COF_{2(气膜)} \tag{3}$$

$$4F^- - 4e + C = CF_{4(气膜)} \tag{4}$$

$$2F^- - 2e = F_{2(气膜)} \tag{5}$$

1. 形成 CO 气膜

形成 CO 气膜的反应为

$$O^{2-} + C - 2e = C\!-\!O \tag{ⅰ}$$

$$C\!-\!O = CO_{(气膜)} \tag{ⅱ}$$

总反应为

$$O^{2-} - 2e + C = CO_{(气膜)} \tag{1}$$

式（ⅰ）反应的摩尔吉布斯自由能变化为

$$\Delta G_{m,阳,C-O}^* = \mu_{C-O} - \mu_{O^{2-}} + 2\mu_e - \mu_C = \Delta G_{m,阳,C-O}^{\ominus} + RT\ln\frac{\theta_{C-O}^*}{a_{O^{2-}}(1-\theta^*)} + 2RT\ln i_{C-O}$$

式中，

$$\Delta G_{m,阳,C-O}^{\ominus} = \mu_{C-O}^{\ominus} - \mu_{O^{2-}}^{\ominus} + 2\mu_e^{\ominus} - \mu_C^{\ominus}$$

$$\mu_{C-O} = \mu_{C-O}^{\ominus} + RT\ln\theta_{C-O}^*$$

$$\mu_{O^{2-}} = \mu_{O^{2-}}^{\ominus} + RT\ln a_{O^{2-}}$$

$$\mu_e = \mu_e^{\ominus} + RT\ln i_{C-O}$$

$$\mu_C = \mu_C^{\ominus} + RT\ln(1-\theta^*)$$

θ^* 为阳极表面被气膜覆盖的分数，$1-\theta^*$ 为未被覆盖的分数。

阳极电势：由

$$\varphi_{阳,C-O}^* = \frac{\Delta G_{m,阳,C-O}^*}{2F}$$

得

$$\varphi_{\text{阳,C-O}}^* = \varphi_{\text{阳,C-O}}^\ominus + \frac{RT}{2F}\ln\frac{\theta_{\text{C-O}}^*}{a_{\text{O}^{2-}}(1-\theta^*)} + \frac{RT}{F}\ln i_{\text{C-O}} \qquad (12.143)$$

式中，

$$\varphi_{\text{阳,C-O}}^\ominus = \frac{\Delta G_{\text{m,阳,C-O}}^\ominus}{2F} = \frac{\mu_{\text{C-O}}^\ominus - \mu_{\text{O}^{2-}}^\ominus + 2\mu_{\text{e}}^\ominus - \mu_{\text{C}}^\ominus}{2F}$$

由式（12.143）得

$$\ln i_{\text{C-O}} = \frac{F\varphi_{\text{阳,C-O}}^*}{RT} - \frac{F\varphi_{\text{阳,C-O}}^\ominus}{RT} - \frac{1}{2}\ln\frac{\theta_{\text{C-O}}^*}{a_{\text{O}^{2-}}(1-\theta^*)}$$

则

$$i_{\text{C-O}} = \left(\frac{a_{\text{O}^{2-}}(1-\theta^*)}{\theta_{\text{C-O}}^*}\right)^{1/2}\exp\left(\frac{F\varphi_{\text{阳,C-O}}^*}{RT}\right)\exp\left(-\frac{F\varphi_{\text{阳,C-O}}^\ominus}{RT}\right) = k_+\exp\left(\frac{F\varphi_{\text{阳,C-O}}^*}{RT}\right)$$

$$(12.144)$$

式中，

$$k_+ = \left[\frac{a_{\text{O}^{2-}}(1-\theta^*)}{\theta_{\text{C-O}}^*}\right]^{1/2}\exp\left(-\frac{F\varphi_{\text{阳,C-O}}^\ominus}{RT}\right) \approx \left[\frac{c_{\text{O}^{2-}}(1-\theta^*)}{\theta_{\text{C-O}}^*}\right]^{1/2}\exp\left(-\frac{F\varphi_{\text{阳,C-O}}^\ominus}{RT}\right)$$

式（ⅰ）反应达平衡，有

$$\text{O}^{2-} + \text{C} - 2\text{e} \Longrightarrow \text{C-O}$$

摩尔吉布斯自由能变化为

$$\Delta G_{\text{m,阳,C-O,e}}^* = \mu_{\text{C-O}} - \mu_{\text{O}^{2-}} + 2\mu_{\text{e}} - \mu_{\text{C}} = \Delta G_{\text{m,阳,C-O}}^\ominus + RT\ln\frac{\theta_{\text{C-O,e}}^*}{a_{\text{O}^{2-},\text{e}}(1-\theta_{\text{e}}^*)}$$

式中，

$$\Delta G_{\text{m,阳,C-O}}^\ominus = \mu_{\text{C-O}}^\ominus - \mu_{\text{O}^{2-}}^\ominus + 2\mu_{\text{e}}^\ominus - \mu_{\text{C}}^\ominus$$

$$\mu_{\text{C-O}} = \mu_{\text{C-O}}^\ominus + RT\ln\theta_{\text{C-O,e}}^*$$

$$\mu_{\text{O}^{2-}} = \mu_{\text{O}^{2-}}^\ominus + RT\ln a_{\text{O}^{2-},\text{e}}$$

$$\mu_{\text{e}} = \mu_{\text{e}}^\ominus$$

$$\mu_{\text{C}} = \mu_{\text{C}}^\ominus + RT\ln(1-\theta_{\text{e}}^*)$$

阳极平衡电势：由

$$\varphi_{\text{阳,C-O,e}}^* = \frac{\Delta G_{\text{m,阳,C-O,e}}^*}{2F}$$

得

$$\varphi_{阳,C-O,e}^{*} = \varphi_{阳,C-O}^{\ominus} + \frac{RT}{2F}\ln\frac{\theta_{C-O,e}^{*}}{a_{O^{2-},e}(1-\theta_{e}^{*})} \quad (12.145)$$

式中，

$$\varphi_{阳,C-O}^{\ominus} = \frac{\Delta G_{m,阳,C-O}^{\ominus}}{2F} = \frac{\mu_{C-O}^{\ominus} - \mu_{O^{2-}}^{\ominus} + 2\mu_{e}^{\ominus} - \mu_{C}^{\ominus}}{2F}$$

式（12.143）–式（12.145），得

$$\Delta\varphi_{阳,C-O}^{*} = \varphi_{阳,C-O}^{*} - \varphi_{阳,C-O,e}^{*} = \frac{RT}{2F}\ln\frac{\theta_{C-O}^{*}a_{O^{2-},e}(1-\theta_{e}^{*})}{a_{O^{2-}}(1-\theta^{*})\theta_{C-O,e}^{*}} + \frac{RT}{F}\ln i_{C-O} \quad (12.146)$$

由上式得

$$\ln i_{C-O} = \frac{F\Delta\varphi_{阳,C-O}^{*}}{RT} - \frac{1}{2}\ln\frac{\theta_{C-O}^{*}a_{O^{2-},e}(1-\theta_{e}^{*})}{a_{O^{2-}}(1-\theta^{*})\theta_{C-O,e}^{*}}$$

则

$$i_{C-O} = \left[\frac{a_{O^{2-}}(1-\theta^{*})\theta_{C-O,e}^{*}}{\theta_{C-O}^{*}a_{O^{2-},e}(1-\theta_{e}^{*})}\right]^{1/2}\exp\left(\frac{F\Delta\varphi_{阳,C-O}^{*}}{RT}\right) = k_{+}'\exp\left(\frac{F\varphi_{阳,C-O}^{*}}{RT}\right) \quad (12.147)$$

式中，

$$k_{+}' = \left[\frac{a_{O^{2-}}(1-\theta^{*})\theta_{C-O,e}^{*}}{\theta_{C-O}^{*}a_{O^{2-},e}(1-\theta_{e}^{*})}\right]^{1/2} \approx \left(\frac{c_{O^{2-}}(1-\theta^{*})\theta_{C-O,e}^{*}}{\theta_{C-O}^{*}c_{O^{2-},e}(1-\theta_{e}^{*})}\right)^{1/2}$$

式（ii）反应的摩尔吉布斯自由能变化为

$$C-O \rightleftharpoons CO_{(气膜)}$$

$$\Delta G_{m} = \mu_{CO_{(气膜)}} - \mu_{C-O} = \Delta G_{m}^{\ominus} + RT\ln\frac{\theta_{CO_{(气膜)}}^{*}}{\theta_{C-O}^{*}}$$

式中，

$$\Delta G_{m}^{\ominus} = \mu_{CO_{(气膜)}}^{\ominus} - \mu_{C-O}^{\ominus}$$

$$\mu_{CO_{(气膜)}} = \mu_{CO_{(气膜)}}^{\ominus} + RT\ln\theta_{CO_{(气膜)}}^{*}$$

$$\mu_{C-O} = \mu_{C-O}^{\ominus} + RT\ln\theta_{C-O}^{*}$$

式（ii）的反应速率为

$$j_{F_{2(气膜)}} = k_{+}\theta_{C-O}^{*n_{+}} - k_{-}\theta_{CO}^{*n_{-}} = k_{+}\left(\theta_{C-O}^{*n_{+}} - \frac{1}{K}\theta_{CO}^{*n_{-}}\right)$$

式中，

$$K = \frac{k_{+}}{k_{-}} = \frac{\theta_{CO}^{*n_{-}}}{\theta_{C-O}^{*n_{+}}} = \frac{\theta_{CO,e}^{*}}{\theta_{C-O,e}^{*}}$$

K 为平衡常数。

若过程由式（ⅰ）和式（ⅱ）共同控制，有

$$j_{C-O} = j_{CO_{(气膜)}} = j$$

则过程速率为

$$j = \frac{1}{2}(j_{C-O} + j_{CO_{(气膜)}})$$

形成 CO（气膜）的总反应为

$$O^{2-} - 2e + C \Longrightarrow CO_{(气膜)} \tag{1}$$

摩尔吉布斯自由能变化为

$$\Delta G_{m,阳,CO_{(气膜)}}^* = \mu_{CO_{(气膜)}} - \mu_{O^{2-}} + 2\mu_e - \mu_C$$

$$= \Delta G_{m,阳,CO}^{\ominus} + RT \ln \frac{\theta_{CO}^*}{a_{O^{2-}}(1-\theta^*)} + 2RT \ln i_{CO_{(气膜)}}$$

式中，

$$\Delta G_{m,阳,CO}^{\ominus} = \mu_{CO}^{\ominus} - \mu_{O^{2-}}^{\ominus} + 2\mu_e^{\ominus} - \mu_C^{\ominus}$$

$$\mu_{CO_{(气膜)}} = \mu_{CO}^{\ominus} + RT \ln \theta_{CO}^*$$

$$\mu_{O^{2-}} = \mu_{O^{2-}}^{\ominus} + RT \ln a_{O^{2-}}$$

$$\mu_e = \mu_e^{\ominus} + RT \ln i_{CO_{(气膜)}}$$

$$\mu_C = \mu_C^{\ominus} + RT \ln(1-\theta^*)$$

θ^* 为发生阳极效应时，电极上所有被气膜覆盖的阳极表面积的分数，接近 100%。

阳极电势：由

$$\varphi_{阳,CO_{(气膜)}}^* = \frac{\Delta G_{m,阳,CO_{(气膜)}}^*}{2F}$$

得

$$\varphi_{阳,CO_{(气膜)}}^* = \varphi_{阳,CO}^{\ominus} + \frac{RT}{2F} \ln \frac{\theta_{CO}^*}{a_{O^{2-}}(1-\theta^*)} + \frac{RT}{F} \ln i_{CO_{(气膜)}} \tag{12.148}$$

式中，*表示阳极效应。

$$\varphi_{阳,CO}^{\ominus} = \frac{\Delta G_{m,阳,CO}^{\ominus}}{2F} = \frac{\mu_{CO}^{\ominus} - \mu_{O^{2-}}^{\ominus} + 2\mu_e^{\ominus} - \mu_C^{\ominus}}{2F}$$

由式（12.148）得

$$\ln i_{CO_{(气膜)}} = \frac{F\varphi_{阳,CO_{(气膜)}}^*}{RT} - \frac{F\varphi_{阳,CO}^{\ominus}}{RT} - \frac{1}{2} \ln \frac{\theta_{CO}^*}{a_{O^{2-}}(1-\theta^*)}$$

则

$$i_{CO_{(气膜)}} = \left[\frac{a_{O^{2-}}(1-\theta^*)}{\theta^*_{CO}}\right]^{1/2} \exp\left(\frac{F\varphi^*_{阳,CO_{(气膜)}}}{RT}\right)\exp\left(-\frac{F\varphi^\ominus_{阳,CO}}{RT}\right) = k_+ \exp\left(\frac{F\varphi^*_{阳,CO_{(气膜)}}}{RT}\right)$$

$$（12.149）$$

式中，

$$k_+ = \left[\frac{a_{O^{2-}}(1-\theta^*)}{\theta^*_{CO}}\right]^{1/2}\exp\left(-\frac{F\varphi^\ominus_{阳,CO}}{RT}\right) \approx \left[\frac{c_{O^{2-}}(1-\theta^*)}{\theta^*_{CO}}\right]^{1/2}\exp\left(-\frac{F\varphi^\ominus_{阳,CO}}{RT}\right)$$

形成 CO(气膜) 的反应达平衡，有

$$O^{2-} - 2e + C \rightleftharpoons CO_{(气膜)}$$

摩尔吉布斯自由能变化为

$$\Delta G^*_{m,阳,CO_{(气膜)},e} = \mu_{CO_{(气膜)}} - \mu_{O^{2-}} + 2\mu_e - \mu_C = \Delta G^\ominus_{m,阳,CO} + RT\ln\frac{\theta^*_{CO,e}}{a_{O^{2-},e}(1-\theta^*_e)}$$

式中，

$$\Delta G^\ominus_{m,阳,CO} = \mu^\ominus_{CO} - \mu^\ominus_{O^{2-}} + 2\mu^\ominus_e - \mu^\ominus_C$$

$$\mu_{CO_{(气膜)}} = \mu^\ominus_{CO} + RT\ln\theta^*_{CO,e}$$

$$\mu_{O^{2-}} = \mu^\ominus_{O^{2-}} + RT\ln a_{O^{2-},e}$$

$$\mu_e = \mu^\ominus_e$$

$$\mu_C = \mu^\ominus_C + RT\ln(1-\theta^*_e)$$

阳极平衡电势：由

$$\varphi^*_{阳,CO_{(气膜)},e} = \frac{\Delta G^*_{m,阳,CO_{(气膜)},e}}{2F}$$

$$\varphi^*_{阳,CO_{(气膜)},e} = \varphi^\ominus_{阳,CO} + \frac{RT}{2F}\ln\frac{\theta^*_{CO,e}}{a_{O^{2-},e}(1-\theta^*_e)}$$

$$（12.150）$$

式中，

$$\varphi^\ominus_{阳,CO} = \frac{\Delta G^\ominus_{m,阳,CO}}{2F} = \frac{\mu^\ominus_{CO} - \mu^\ominus_{O^{2-}} + 2\mu^\ominus_e - \mu^\ominus_C}{2F}$$

阳极过电势：

式（12.148）−式（12.150），得

$$\Delta\varphi^*_{阳,CO_{(气膜)}} = \varphi^*_{阳,CO_{(气膜)}} - \varphi^*_{阳,CO_{(气膜)},e}$$

$$= \frac{RT}{2F}\ln\frac{\theta^*_{CO}a_{O^{2-},e}(1-\theta^*_e)}{a_{O^{2-}}(1-\theta^*)\theta^*_{CO,e}} + \frac{RT}{F}\ln i_{CO_{(气膜)}}$$

$$（12.151）$$

移项得

$$\ln i_{\mathrm{CO}_{(气膜)}} = \frac{F\Delta\varphi^*_{阳,\mathrm{CO}_{(气膜)}}}{RT} - \frac{1}{2}\ln\frac{\theta^*_{\mathrm{CO}}a_{\mathrm{O}^{2-},\mathrm{e}}(1-\theta^*_{\mathrm{e}})}{a_{\mathrm{O}^{2-}}(1-\theta^*)\theta^*_{\mathrm{CO,e}}}$$

则

$$i_{\mathrm{CO}_{(气膜)}} = \left(\frac{a_{\mathrm{O}^{2-}}(1-\theta^*)\theta^*_{\mathrm{CO,e}}}{\theta^*_{\mathrm{CO}}a_{\mathrm{O}^{2-},\mathrm{e}}(1-\theta^*_{\mathrm{e}})}\right)^{1/2}\exp\left(\frac{F\Delta\varphi^*_{阳,\mathrm{CO}_{(气膜)}}}{RT}\right) = k'_+\exp\left(\frac{F\varphi^*_{阳,\mathrm{CO}_{(气膜)}}}{RT}\right) \quad (12.152)$$

式中，

$$k'_+ = \left[\frac{a_{\mathrm{O}^{2-}}(1-\theta^*)\theta^*_{\mathrm{CO,e}}}{\theta^*_{\mathrm{CO}}a_{\mathrm{O}^{2-},\mathrm{e}}(1-\theta^*_{\mathrm{e}})}\right]^{1/2} \approx \left[\frac{c_{\mathrm{O}^{2-}}(1-\theta^*)\theta^*_{\mathrm{CO,e}}}{\theta^*_{\mathrm{CO}}c_{\mathrm{O}^{2-},\mathrm{e}}(1-\theta^*_{\mathrm{e}})}\right]^{1/2}$$

2. 形成 CO_2 气膜（一）

形成 CO_2 气膜的反应为

$$\mathrm{O}^{2-} - 2\mathrm{e} + \mathrm{C} = \mathrm{C-O} \qquad (i)$$
$$2(\mathrm{C-O}) = \mathrm{CO}_{2(气膜)} + \mathrm{C} \qquad (ii)$$

总反应为

$$2\mathrm{O}^{2-} - 4\mathrm{e} + \mathrm{C} = \mathrm{CO}_{2(气膜)} \qquad (2)$$

式（i）与 12.2.7 的 1.中式（i）相同。

反应（ii）的摩尔吉布斯自由能变化为

$$\Delta G_{\mathrm{m},阳,\mathrm{CO}_{2(气膜)}} = \mu_{\mathrm{CO}_{2(气膜)}} + \mu_{\mathrm{C}} - 2\mu_{\mathrm{C-O}} = \Delta G^{\ominus}_{\mathrm{m},阳,\mathrm{CO}_2} + RT\ln\frac{\theta^*_{\mathrm{CO}_{2(气膜)}}(1-\theta^*)}{\theta^{*2}_{\mathrm{C-O}}}$$

式中，

$$\Delta G^{\ominus}_{\mathrm{m},阳,\mathrm{CO}_2} = \mu^{\ominus}_{\mathrm{CO}_2} + \mu^{\ominus}_{\mathrm{C}} - 2\mu^{\ominus}_{\mathrm{C-O}}$$
$$\mu_{\mathrm{CO}_{2(气膜)}} = \mu^{\ominus}_{\mathrm{CO}_2} + RT\ln\theta^*_{\mathrm{CO}_2}$$
$$\mu_{\mathrm{C}} = \mu^{\ominus}_{\mathrm{C}} + RT\ln(1-\theta^*)$$
$$\mu_{\mathrm{C-O}} = \mu^{\ominus}_{\mathrm{C-O}} + RT\ln\theta^*_{\mathrm{C-O}}$$

式（ii）反应的速率为

$$j_{\mathrm{CO}_{2(气膜)}} = k_+\theta^{*n_+}_{\mathrm{C-O}}\theta^{*n'_+}_{\mathrm{C-O}} - k_-\theta^{*n_-}_{\mathrm{CO}_2}(1-\theta)^{n'_-}$$
$$= k_+\left[\theta^{*n_+}_{\mathrm{C-O}}\theta^{*n'_+}_{\mathrm{C-O}} - \frac{1}{K}\theta^{*n_-}_{\mathrm{CO}_2}(1-\theta)^{n'_-}\right] \qquad (12.153)$$

式中，

$$K = \frac{k_+}{k_-} = \frac{\theta^{*n_-}_{\mathrm{CO}_2,\mathrm{e}}(1-\theta)^{n'_-}}{\theta^{*n_+}_{\mathrm{C-O}}\theta^{*n'_+}_{\mathrm{C-O}}} = \frac{\theta^*_{\mathrm{CO}_2,\mathrm{e}}(1-\theta_{\mathrm{e}})}{\theta^2_{\mathrm{C-O,e}}}$$

K 为平衡常数。

若过程由式（ⅰ）和式（ⅱ）共同控制，有

$$j_{C-O} = j_{CO_{2(气膜)}} = j$$

则过程速率为

$$j = \frac{1}{2}(j_{C-O} + j_{CO_{2(气膜)}})$$

总反应为

$$2O^{2-} + C - 4e =\!=\!= CO_{2(气膜)} \qquad (2)$$

摩尔吉布斯自由能变化为

$$\Delta G^*_{m,阳,CO_{2(气膜)}} = \mu_{CO_{2(气膜)}} - 2\mu_{O^{2-}} - \mu_C + 4\mu_e$$

$$= \Delta G^\ominus_{m,阳,CO_2} + RT\ln\frac{\theta^*_{CO_2}}{a^2_{O^{2-}}(1-\theta^*)} + 4RT\ln i_{CO_{2(气膜)}}$$

式中，

$$\Delta G^\ominus_{m,阳,CO_2} = \mu^\ominus_{CO_2} - 2\mu^\ominus_{O^{2-}} - \mu^\ominus_C + 4\mu^\ominus_e$$

$$\mu_{CO_{2(气膜)}} = \mu^\ominus_{CO_2} + RT\ln\theta^*_{CO_2}$$

$$\mu_{O^{2-}} = \mu^\ominus_{O^{2-}} + RT\ln a_{O^{2-}}$$

$$\mu_C = \mu^\ominus_C + RT\ln(1-\theta^*)$$

$$\mu_e = \mu^\ominus_e + RT\ln i_{CO_{2(气膜)}}$$

阳极电势：由

$$\varphi^*_{阳,CO_{2(气膜)}} = \frac{\Delta G^*_{m,阳,CO_{2(气膜)}}}{4F}$$

$$\varphi^*_{阳,CO_{2(气膜)}} = \varphi^\ominus_{阳,CO_2} + \frac{RT}{4F}\ln\frac{\theta^*_{CO_2}}{a^2_{O^{2-}}(1-\theta^*)} + \frac{RT}{F}\ln i_{CO_{2(气膜)}} \qquad （12.154）$$

$$\varphi^\ominus_{阳,CO_2} = \frac{\Delta G^\ominus_{m,阳,CO_2}}{4F} = \frac{\mu^\ominus_{CO_2} - 2\mu^\ominus_{O^{2-}} - \mu^\ominus_C + 4\mu^\ominus_e}{4F}$$

由式（12.154）得

$$\ln i_{CO_{2(气膜)}} = \frac{F\varphi^*_{阳,CO_{2(气膜)}}}{RT} - \frac{F\varphi^\ominus_{阳,CO_2}}{RT} - \frac{1}{4}\ln\frac{\theta^*_{CO_2}}{a^2_{O^{2-}}(1-\theta^*)}$$

则

$$i_{CO_{2(气膜)}} = \left[\frac{a^2_{O^{2-}}(1-\theta^*)}{\theta^*_{CO_2}}\right]^{1/4}\exp\left(\frac{F\varphi^*_{阳,CO_{2(气膜)}}}{RT}\right)\exp\left(-\frac{F\varphi^\ominus_{阳,CO_2}}{RT}\right) = k_阳\exp\left(\frac{F\varphi^*_{阳,CO_{2(气膜)}}}{RT}\right)$$

$$（12.155）$$

式中，

$$k_{\text{阳}} = \left[\frac{a_{\text{O}^{2-}}^2 (1-\theta^*)}{\theta_{\text{CO}_2}^*} \right]^{1/4} \exp\left(-\frac{F\varphi_{\text{阳},\text{CO}_2}^{\ominus}}{RT} \right) \approx \left[\frac{c_{\text{O}^{2-}}^2 (1-\theta^*)}{\theta_{\text{CO}_2}^*} \right]^{1/4} \exp\left(-\frac{F\varphi_{\text{阳},\text{CO}_2}^{\ominus}}{RT} \right)$$

总反应（2）达平衡，有

$$2\text{O}^{2-} + \text{C} - 4\text{e} \rightleftharpoons \text{CO}_{2(\text{气膜})}$$

摩尔吉布斯自由能变化为

$$\Delta G_{\text{m},\text{阳},\text{CO}_{2(\text{气膜})},e}^* = \mu_{\text{CO}_{2(\text{气膜})}} - 2\mu_{\text{O}^{2-}} - \mu_{\text{C}} + 4\mu_{\text{e}} = \Delta G_{\text{m},\text{阳},\text{CO}_2}^{\ominus} + RT \ln \frac{\theta_{\text{CO}_2,e}^*}{a_{\text{O}^{2-},e}^2 (1-\theta_e^*)}$$

式中，

$$\Delta G_{\text{m},\text{阳},\text{CO}_2}^{\ominus} = \mu_{\text{CO}_2}^{\ominus} - 2\mu_{\text{O}^{2-}}^{\ominus} - \mu_{\text{C}}^{\ominus} + 4\mu_{\text{e}}^{\ominus}$$

$$\mu_{\text{CO}_{2(\text{气膜})}} = \mu_{\text{CO}_2}^{\ominus} + RT \ln \theta_{\text{CO}_2,e}^*$$

$$\mu_{\text{O}^{2-}} = \mu_{\text{O}^{2-}}^{\ominus} + RT \ln a_{\text{O}^{2-},e}$$

$$\mu_{\text{C}} = \mu_{\text{C}}^{\ominus} + RT \ln (1-\theta_e^*)$$

$$\mu_{\text{e}} = \mu_{\text{e}}^{\ominus}$$

阳极平衡电势：由

$$\varphi_{\text{阳},\text{CO}_{2(\text{气膜})},e}^* = \frac{\Delta G_{\text{m},\text{阳},\text{CO}_{2(\text{气膜})},e}^*}{4F}$$

$$\varphi_{\text{阳},\text{CO}_{2(\text{气膜})},e}^* = \varphi_{\text{阳},\text{CO}_2}^{\ominus} + \frac{RT}{4F} \ln \frac{\theta_{\text{CO}_2,e}^*}{a_{\text{O}^{2-},e}^2 (1-\theta_e^*)} \tag{12.156}$$

$$\varphi_{\text{阳},\text{CO}_2}^{\ominus} = \frac{\Delta G_{\text{m},\text{阳},\text{CO}_2}^{\ominus}}{4F} = \frac{\mu_{\text{CO}_2}^{\ominus} - 2\mu_{\text{O}^{2-}}^{\ominus} - \mu_{\text{C}}^{\ominus} + 4\mu_{\text{e}}^{\ominus}}{4F}$$

阳极过电势：

式（12.154）–式（12.156），得

$$\Delta\varphi_{\text{阳},\text{CO}_{2(\text{气膜})}}^* = \varphi_{\text{阳},\text{CO}_{2(\text{气膜})}}^* - \varphi_{\text{阳},\text{CO}_{2(\text{气膜})},e}^*$$

$$= \frac{RT}{4F} \ln \frac{\theta_{\text{CO}_2}^* a_{\text{O}^{2-},e}^2 (1-\theta_e^*)}{a_{\text{O}^{2-}}^2 (1-\theta^*)\theta_{\text{CO}_2,e}^*} + \frac{RT}{F} \ln i_{\text{CO}_{2(\text{气膜})}} \tag{12.157}$$

由上式得

$$\ln i_{\text{CO}_{2(\text{气膜})}} = \frac{F\Delta\varphi_{\text{阳},\text{CO}_{2(\text{气膜})}}^*}{RT} - \frac{1}{4} \ln \frac{\theta_{\text{CO}_2}^* a_{\text{O}^{2-},e}^2 (1-\theta_e^*)}{a_{\text{O}^{2-}}^2 (1-\theta^*)\theta_{\text{CO}_2,e}^*}$$

则

$$i_{CO_{2(气膜)}} = \left[\frac{a_{O^{2-}}^2 (1-\theta^*)\theta_{CO_2,e}^*}{\theta_{CO_2}^* a_{O^{2-},e}^2 (1-\theta_e^*)} \right]^{1/4} \exp\left(\frac{F\Delta\varphi_{阳,CO_{2(气膜)}}^*}{RT} \right) = k_阳' \exp\left(\frac{F\Delta\varphi_{阳,CO_{2(气膜)}}^*}{RT} \right)$$

（12.158）

式中，

$$k_阳' = \left[\frac{a_{O^{2-}}^2 (1-\theta^*)\theta_{CO_2,e}^*}{\theta_{CO_2}^* a_{O^{2-},e}^2 (1-\theta_e^*)} \right]^{1/4} \approx \left[\frac{c_{O^{2-}}^2 (1-\theta^*)\theta_{CO_2,e}^*}{\theta_{CO_2}^* c_{O^{2-},e}^2 (1-\theta_e^*)} \right]^{1/4}$$

2′. 形成 CO_2 气膜（二）

形成 CO_2 气膜的反应为

$$O^{2-} - 2e + C \Longrightarrow C—O \qquad （i）$$
$$O^{2-} + C—O - 2e \Longrightarrow CO_{2(气膜)} \qquad （ii）$$

总反应为

$$2O^{2-} - 4e + C \Longrightarrow CO_{2(气膜)}$$

式（i）的反应与 12.2.7 的 1. 中式（i）相同。

式（ii）反应的摩尔吉布斯自由能变化为

$$\Delta G_{m,阳,CO_{2(气膜)}}^* = \mu_{CO_{2(气膜)}} - \mu_{O^{2-}} - \mu_{C—O} + 2\mu_e$$
$$= \Delta G_{m,阳,CO_2}^\ominus + RT\ln\frac{\theta_{CO_2}^*}{a_{O^{2-}}\theta_{C—O}^*} + 2RT\ln i_{CO_{2(气膜)}}$$

式中，

$$\Delta G_{m,阳,CO_2}^\ominus = \mu_{CO_2}^\ominus - \mu_{O^{2-}}^\ominus - \mu_{C—O}^\ominus + 2\mu_e^\ominus$$
$$\mu_{CO_{2(气膜)}} = \mu_{CO_2}^\ominus + RT\ln\theta_{CO_2}^*$$
$$\mu_{O^{2-}} = \mu_{O^{2-}}^\ominus + RT\ln a_{O^{2-}}$$
$$\mu_{C—O} = \mu_{C—O}^\ominus + RT\ln\theta_{C—O}^*$$
$$\mu_e = \mu_e^\ominus + RT\ln i_{CO_{2(气膜)}}$$

阳极电势：由

$$\varphi_{阳,CO_{2(气膜)}}^* = \frac{\Delta G_{m,阳,CO_{2(气膜)}}^*}{2F}$$

得

$$\varphi_{阳,CO_{2(气膜)}}^* = \varphi_{阳,CO_2}^\ominus + \frac{RT}{2F}\ln\frac{\theta_{CO_2}^*}{a_{O^{2-}}\theta_{C—O}^*} + \frac{RT}{F}\ln i_{CO_{2(气膜)}}$$

（12.159）

$$\varphi_{阳,CO_2}^\ominus = \frac{\Delta G_{m,阳,CO_2}^\ominus}{2F} = \frac{\mu_{CO_2}^\ominus - \mu_{O^{2-}}^\ominus - \mu_{C—O}^\ominus + 2\mu_e^\ominus}{2F}$$

由式（12.159）得

$$\ln i_{CO_{2(气膜)}} = \frac{F\varphi_{阳,CO_{2(气膜)}}^*}{RT} - \frac{F\varphi_{阳,CO_2}^\ominus}{RT} - \frac{1}{2}\ln\frac{\theta_{CO_2}^*}{a_{O^{2-}}\theta_{C-O}^*}$$

则

$$i_{CO_{2(气膜)}} = \left(\frac{a_{O^{2-}}\theta_{C-O}^*}{\theta_{CO_2}^*}\right)^{1/2}\exp\left(\frac{F\varphi_{阳,CO_{2(气膜)}}^*}{RT}\right)\exp\left(-\frac{F\varphi_{阳,CO_2}^\ominus}{RT}\right) = k_+\exp\left(\frac{F\varphi_{阳,CO_{2(气膜)}}^*}{RT}\right)$$

$$\text{（12.160）}$$

式中，

$$k_+ = \left(\frac{a_{O^{2-}}\theta_{C-O}^*}{\theta_{CO_2}^*}\right)^{1/2}\exp\left(-\frac{F\varphi_{阳,CO_2}^\ominus}{RT}\right) \approx \left(\frac{c_{O^{2-}}\theta_{C-O}^*}{\theta_{CO_2}^*}\right)^{1/2}\exp\left(-\frac{F\varphi_{阳,CO_2}^\ominus}{RT}\right)$$

反应（ⅱ）达平衡，有

$$O^{2-} + C-O - 2e \Longrightarrow CO_{2(气膜)}$$

摩尔吉布斯自由能变化为

$$\Delta G_{m,阳,CO_{2(气膜)},e}^* = \mu_{CO_{2(气膜)}} - \mu_{O^{2-}} - \mu_{C-O} + 2\mu_e = G_{m,阳,CO_2}^\ominus + RT\ln\frac{\theta_{CO_2,e}^*}{a_{O^{2-},e}\theta_{C-O,e}^*}$$

式中，

$$\Delta G_{m,阳,CO_2}^\ominus = \mu_{CO_2}^\ominus - \mu_{O^{2-}}^\ominus - \mu_{C-O}^\ominus + 2\mu_e^\ominus$$

$$\mu_{CO_{2(气膜)}} = \mu_{CO_2}^\ominus + RT\ln\theta_{CO_2,e}^*$$

$$\mu_{O^{2-}} = \mu_{O^{2-}}^\ominus + RT\ln a_{O^{2-},e}$$

$$\mu_{C-O} = \mu_{C-O}^\ominus + RT\ln\theta_{C-O,e}^*$$

$$\mu_e = \mu_e^\ominus$$

阳极平衡电势：由

$$\varphi_{阳,CO_{2(气膜)},e}^* = \frac{\Delta G_{m,阳,CO_{2(气膜)},e}^*}{2F}$$

$$\varphi_{阳,CO_{2(气膜)},e}^* = \varphi_{阳,CO_2}^\ominus + \frac{RT}{2F}\ln\frac{\theta_{CO_2,e}^*}{a_{O^{2-},e}\theta_{C-O,e}^*} \qquad \text{（12.161）}$$

式中，

$$\varphi_{阳,CO_2}^\ominus = \frac{\Delta G_{m,阳,CO_2}^\ominus}{2F} = \frac{\mu_{CO_2}^\ominus - \mu_{O^{2-}}^\ominus - \mu_{C-O}^\ominus + 2\mu_e^\ominus}{2F}$$

阳极过电势：

式（12.159）－式（12.161），得

$$\Delta\varphi^*_{阳,CO_{2(气膜)}} = \varphi^*_{阳,CO_{2(气膜)}} - \varphi^*_{阳,CO_{2(气膜)},e}$$

$$= \frac{RT}{2F}\ln\frac{\theta^*_{CO_2}a_{O^{2-},e}\theta^*_{C-O,e}}{a_{O^{2-}}\theta^*_{C-O}\theta^*_{CO_2,e}} + \frac{RT}{F}\ln i_{CO_{2(气膜)}} \qquad (12.162)$$

由上式得

$$\ln i_{CO_{2(气膜)}} = \frac{F\Delta\varphi^*_{阳,CO_{2(气膜)}}}{RT} - \frac{1}{2}\ln\frac{\theta^*_{CO_2}a_{O^{2-},e}\theta^*_{C-O,e}}{a_{O^{2-}}\theta^*_{C-O}\theta^*_{CO_2,e}}$$

则

$$i_{CO_{2(气膜)}} = \left(\frac{a_{O^{2-}}\theta^*_{C-O}\theta^*_{CO_2,e}}{\theta^*_{CO_2}a_{O^{2-},e}\theta^*_{C-O,e}}\right)^{1/2}\exp\left(\frac{F\Delta\varphi^*_{阳,CO_{2(气膜)}}}{RT}\right) = k'_+\exp\left(\frac{F\Delta\varphi^*_{阳,CO_{2(气膜)}}}{RT}\right)$$

$$(12.163)$$

式中，

$$k'_+ = \left(\frac{a_{O^{2-}}\theta^*_{C-O}\theta^*_{CO_2,e}}{\theta^*_{CO_2}a_{O^{2-},e}\theta^*_{C-O,e}}\right)^{1/2} \approx \left(\frac{c_{O^{2-}}\theta^*_{C-O}\theta^*_{CO_2,e}}{\theta^*_{CO_2}c_{O^{2-},e}\theta^*_{C-O,e}}\right)^{1/2}$$

若过程由式（ⅰ）和式（ⅱ）共同控制，有

$$j_{C-O} = j_{CO_{2(气膜)}} = j$$

则过程速率为

$$j = \frac{1}{2}(j_{C-O} + j_{CO_{2(气膜)}})$$

总反应即 12.2.7 的 2.（一）中式（2）。

生成 CO_2(气膜) 的同时，也会生成 CO(气膜)，有生成 CO(气膜) 的阳极电势

$$\varphi^*_{阳,CO_{(气膜)}} = \varphi^{\ominus}_{阳,CO} + \frac{RT}{2F}\ln\frac{\theta^*_{CO}}{a_{O^{2-}}(1-\theta^*)} + \frac{RT}{F}\ln i_{CO_{(气膜)}}$$

过电势为

$$\Delta\varphi^*_{阳,CO_{(气膜)}} = \frac{RT}{2F}\ln\frac{\theta^*_{CO}a_{O^{2-},e}(1-\theta^*_e)}{a_{O^{2-}}(1-\theta^*)\theta^*_{CO,e}} + \frac{RT}{F}\ln i_{CO_{(气膜)}}$$

电流为

$$i_{CO_{(气膜)}} = k_{阳}\exp\left(\frac{F\varphi^*_{阳,CO_{(气膜)}}}{RT}\right) = k'_{阳}\exp\left(\frac{F\Delta\varphi^*_{阳,CO_{(气膜)}}}{RT}\right)$$

并有

$$\varphi^*_{阳,CO_{2(气膜)}} = \varphi^*_{阳,CO_{(气膜)}} = \varphi_{阳,外}$$

则

$$i_{\mathrm{CO}_{2(气膜)}} + i_{\mathrm{CO}_{(气膜)}} = i$$

$$j_{\mathrm{CO}_{2(气膜)}} = \frac{i_{\mathrm{CO}_{2(气膜)}}}{4F}$$

$$j_{\mathrm{CO}_{(气膜)}} = \frac{i_{\mathrm{CO}_{(气膜)}}}{2F}$$

3. 形成 $\mathrm{COF_2}$ 气膜（一）

形成 $\mathrm{COF_2}$ 气膜的反应为

$$\mathrm{O^{2-} - 2e + C \Longrightarrow O\!-\!C} \qquad (i)$$
$$\mathrm{C\!-\!O + 2F^- - 2e \Longrightarrow COF_{2(气膜)}} \qquad (ii)$$

总反应为

$$\mathrm{O^{2-} + 2F^- - 4e + C \Longrightarrow COF_{2(气膜)}} \qquad (3)$$

式（i）和 12.2.7 的 1. 中式（i）相同。

式（ii）的摩尔吉布斯自由能变化为

$$\Delta G^*_{\mathrm{m,阳,COF_{2(气膜)}}} = \mu_{\mathrm{COF_{2(气膜)}}} - \mu_{\mathrm{C\!-\!O}} - 2\mu_{\mathrm{F^-}} + 2\mu_{\mathrm{e}}$$

$$= \Delta G^{\ominus}_{\mathrm{m,阳,COF_2}} + RT\ln\frac{\theta^*_{\mathrm{COF_2}}}{\theta^*_{\mathrm{C\!-\!O}} a^2_{\mathrm{F^-}}} + 2RT\ln i_{\mathrm{COF_{2(气膜)}}}$$

式中，

$$\Delta G^{\ominus}_{\mathrm{m,阳,COF_2}} = \mu^{\ominus}_{\mathrm{COF_2}} - \mu^{\ominus}_{\mathrm{C\!-\!O}} - 2\mu^{\ominus}_{\mathrm{F^-}} + 2\mu^{\ominus}_{\mathrm{e}}$$

$$\mu_{\mathrm{COF_{2(气膜)}}} = \mu^{\ominus}_{\mathrm{COF_2}} + RT\ln\theta^*_{\mathrm{COF_2}}$$

$$\mu_{\mathrm{C\!-\!O}} = \mu^{\ominus}_{\mathrm{C\!-\!O}} + RT\ln\theta^*_{\mathrm{C\!-\!O}}$$

$$\mu_{\mathrm{F^-}} = \mu^{\ominus}_{\mathrm{F^-}} + RT\ln a_{\mathrm{F^-}}$$

$$\mu_{\mathrm{e}} = \mu^{\ominus}_{\mathrm{e}} + RT\ln i_{\mathrm{COF_{2(气膜)}}}$$

阳极电势：由

$$\varphi^*_{\mathrm{阳,COF_{2(气膜)}}} = \frac{\Delta G^*_{\mathrm{m,阳,COF_{2(气膜)}}}}{2F}$$

得

$$\varphi^*_{\mathrm{阳,COF_{2(气膜)}}} = \varphi^{\ominus}_{\mathrm{阳,COF_2}} + \frac{RT}{2F}\ln\frac{\theta^*_{\mathrm{COF_2}}}{\theta^*_{\mathrm{C\!-\!O}} a^2_{\mathrm{F^-}}} + \frac{RT}{F}\ln i_{\mathrm{COF_{2(气膜)}}} \qquad (12.164)$$

$$\varphi^{\ominus}_{\mathrm{阳,COF_2}} = \frac{\Delta G^{\ominus}_{\mathrm{m,阳,COF_2}}}{2F} = \frac{\mu^{\ominus}_{\mathrm{COF_2}} - \mu^{\ominus}_{\mathrm{C\!-\!O}} - 2\mu^{\ominus}_{\mathrm{F^-}} + 2\mu^{\ominus}_{\mathrm{e}}}{2F}$$

由式（12.164）得

$$\ln i_{COF_{2(气膜)}} = \frac{F\varphi_{阳,COF_{2(气膜)}}^*}{RT} - \frac{F\varphi_{阳,COF_2}^\ominus}{RT} - \frac{1}{2}\ln\frac{\theta_{COF_2}^*}{\theta_{C-O}^*a_{F^-}^2}$$

则

$$i_{COF_{2(气膜)}} = \left(\frac{\theta_{C-O}^*a_{F^-}^2}{\theta_{COF_2}^*}\right)^{1/2}\exp\left(\frac{F\varphi_{阳,COF_{2(气膜)}}^*}{RT}\right)\exp\left(-\frac{F\varphi_{阳,COF_2}^\ominus}{RT}\right) = k_+\exp\left(\frac{F\varphi_{阳,COF_{2(气膜)}}^*}{RT}\right)$$

$$(12.165)$$

式中，

$$k_+ = \left(\frac{\theta_{C-O}^*a_{F^-}^2}{\theta_{COF_2}^*}\right)^{1/2}\exp\left(-\frac{F\varphi_{阳,COF_2}^\ominus}{RT}\right) \approx \left(\frac{\theta_{C-O}^*c_{F^-}^2}{\theta_{COF_2}^*}\right)^{1/2}\exp\left(-\frac{F\varphi_{阳,COF_2}^\ominus}{RT}\right)$$

反应（ⅱ）达平衡，有

$$C-O + 2F^- - 2e \Longleftrightarrow COF_{2(气膜)}$$

摩尔吉布斯自由能变化为

$$\Delta G_{m,阳,COF_{2(气膜)}}^* = \mu_{COF_{2(气膜)}} - \mu_{C-O} - 2\mu_{F^-} + 2\mu_e = \Delta G_{m,阳,COF_2}^\ominus + RT\ln\frac{\theta_{COF_2,e}^*}{\theta_{C-O,e}^*a_{F^-,e}^2}$$

式中，

$$\Delta G_{m,阳,COF_2}^\ominus = \mu_{COF_2}^\ominus - \mu_{C-O}^\ominus - 2\mu_{F^-}^\ominus + 2\mu_e^\ominus$$

$$\mu_{COF_{2(气膜)}} = \mu_{COF_2}^\ominus + RT\ln\theta_{COF_2,e}^*$$

$$\mu_{C-O} = \mu_{C-O}^\ominus + RT\ln\theta_{C-O,e}^*$$

$$\mu_{F^-} = \mu_{F^-}^\ominus + RT\ln a_{F^-,e}$$

$$\mu_e = \mu_e^\ominus$$

阳极平衡电势：由

$$\varphi_{阳,COF_{2(气膜)},e}^* = \frac{\Delta G_{m,阳,COF_{2(气膜)},e}^*}{2F}$$

得

$$\varphi_{阳,COF_{2(气膜)},e}^* = \varphi_{阳,COF_2}^\ominus + \frac{RT}{2F}\ln\frac{\theta_{COF_2,e}^*}{\theta_{C-O,e}^*a_{F^-,e}^2} \qquad (12.166)$$

$$\varphi_{阳,COF_2}^\ominus = \frac{\Delta G_{m,阳,COF_2}^\ominus}{2F} = \frac{\mu_{COF_2}^\ominus - \mu_{C-O}^\ominus - 2\mu_{F^-}^\ominus + 2\mu_e^\ominus}{2F}$$

式（12.164）-式（12.166），得

$$\Delta \varphi_{\text{阳,COF}_{2(\text{气膜})}}^{*} = \varphi_{\text{阳,COF}_{2(\text{气膜})}}^{*} - \varphi_{\text{阳,COF}_{2(\text{气膜})},\text{e}}^{*}$$

$$= \frac{RT}{2F} \ln \frac{\theta_{\text{COF}_2}^{*} \theta_{\text{C—O,e}}^{*} a_{\text{F}^-,\text{e}}^2}{\theta_{\text{C—O}}^{*} a_{\text{F}^-}^2 \theta_{\text{COF}_2,\text{e}}^{*}} + \frac{RT}{F} \ln i_{\text{COF}_{2(\text{气膜})}} \qquad (12.167)$$

移项得

$$\ln i_{\text{COF}_{2(\text{气膜})}} = \frac{F \Delta \varphi_{\text{阳,COF}_{2(\text{气膜})}}^{*}}{RT} - \frac{1}{2} \ln \frac{\theta_{\text{COF}_2}^{*} \theta_{\text{C—O,e}}^{*} a_{\text{F}^-,\text{e}}^2}{\theta_{\text{C—O}}^{*} a_{\text{F}^-}^2 \theta_{\text{COF}_2,\text{e}}^{*}}$$

则

$$i_{\text{COF}_{2(\text{气膜})}} = \left(\frac{\theta_{\text{C—O}}^{*} a_{\text{F}^-}^2 \theta_{\text{COF}_2,\text{e}}^{*}}{\theta_{\text{COF}_2}^{*} \theta_{\text{C—O,e}}^{*} a_{\text{F}^-,\text{e}}^2} \right)^{1/2} \exp\left(\frac{F \Delta \varphi_{\text{阳,COF}_{2(\text{气膜})}}^{*}}{RT} \right) = k_+' \exp\left(\frac{F \Delta \varphi_{\text{阳,COF}_{2(\text{气膜})}}^{*}}{RT} \right)$$

$$(12.168)$$

式中，

$$k_+' = \left(\frac{\theta_{\text{C—O}}^{*} a_{\text{F}^-}^2 \theta_{\text{COF}_2,\text{e}}^{*}}{\theta_{\text{COF}_2}^{*} \theta_{\text{C—O,e}}^{*} a_{\text{F}^-,\text{e}}^2} \right)^{1/2} \approx \left(\frac{\theta_{\text{C—O}}^{*} c_{\text{F}^-}^2 \theta_{\text{COF}_2,\text{e}}^{*}}{\theta_{\text{COF}_2}^{*} \theta_{\text{C—O,e}}^{*} c_{\text{F}^-,\text{e}}^2} \right)^{1/2}$$

若过程由式（ⅰ）和式（ⅱ）共同控制，有

$$j_{\text{C—O}} = j_{\text{COF}_{2(\text{气膜})}} = j$$

则过程速率为

$$j = \frac{1}{2}(j_{\text{C—O}} + j_{\text{COF}_{2(\text{气膜})}})$$

总反应为

$$\text{O}^{2-} + 2\text{F}^- - 4\text{e} + \text{C} === \text{COF}_{2(\text{气膜})} \qquad (3)$$

摩尔吉布斯自由能变化为

$$\Delta G_{\text{m,阳,COF}_{2(\text{气膜})}}^{*} = \mu_{\text{COF}_{2(\text{气膜})}} - \mu_{\text{O}^{2-}} - 2\mu_{\text{F}^-} + 4\mu_{\text{e}} - \mu_{\text{C}}$$

$$= \Delta G_{\text{m,阳,COF}_2}^{\ominus} + RT \ln \frac{\theta_{\text{COF}_2}^{*}}{a_{\text{O}^{2-}} a_{\text{F}^-}^2 (1 - \theta^*)} + 4RT \ln i_{\text{COF}_{2(\text{气膜})}}$$

式中，

$$\Delta G_{\text{m,阳,COF}_2}^{\ominus} = \mu_{\text{COF}_2}^{\ominus} - \mu_{\text{O}^{2-}}^{\ominus} - 2\mu_{\text{F}^-}^{\ominus} + 4\mu_{\text{e}}^{\ominus} - \mu_{\text{C}}^{\ominus}$$

$$\mu_{\text{COF}_{2(\text{气膜})}} = \mu_{\text{COF}_2}^{\ominus} + RT \ln \theta_{\text{COF}_2}^{*}$$

$$\mu_{\text{O}^{2-}} = \mu_{\text{O}^{2-}}^{\ominus} + RT \ln a_{\text{O}^{2-}}$$

$$\mu_{\text{F}^-} = \mu_{\text{F}^-}^{\ominus} + RT \ln a_{\text{F}^-}$$

$$\mu_{\text{e}} = \mu_{\text{e}}^{\ominus} + RT \ln i_{\text{COF}_{2(\text{气膜})}}$$

$$\mu_{\text{C}} = \mu_{\text{C}}^{\ominus} - RT \ln(1 - \theta^*)$$

阳极电势：由

$$\varphi_{\text{阳,COF}_2(\text{气膜})}^* = \frac{\Delta G_{\text{m,阳,COF}_2(\text{气膜})}^*}{4F}$$

得

$$\varphi_{\text{阳,COF}_2(\text{气膜})}^* = \varphi_{\text{阳,COF}_2}^{\ominus} + \frac{RT}{4F}\ln\frac{\theta_{\text{COF}_2}^*}{a_{\text{O}^{2-}}a_{\text{F}^-}^2(1-\theta^*)} + \frac{RT}{F}\ln i_{\text{COF}_2(\text{气膜})} \qquad （12.169）$$

$$\varphi_{\text{阳,COF}_2}^{\ominus} = \frac{\Delta G_{\text{m,阳,COF}_2}^{\ominus}}{4F} = \frac{\mu_{\text{COF}_2}^{\ominus} - \mu_{\text{O}^{2-}}^{\ominus} - 2\mu_{\text{F}^-}^{\ominus} + 4\mu_{\text{e}}^{\ominus} - \mu_{\text{C}}^{\ominus}}{4F}$$

由式（12.169）得

$$\ln i_{\text{COF}_2(\text{气膜})} = \frac{F\varphi_{\text{阳,COF}_2(\text{气膜})}^*}{RT} - \frac{F\varphi_{\text{阳,COF}_2}^{\ominus}}{RT} - \frac{1}{4}\ln\frac{\theta_{\text{COF}_2}^*}{a_{\text{O}^{2-}}a_{\text{F}^-}^2(1-\theta^*)}$$

则

$$i_{\text{COF}_2(\text{气膜})} = \left[\frac{a_{\text{O}^{2-}}a_{\text{F}^-}^2(1-\theta^*)}{\theta_{\text{COF}_2}^*}\right]^{1/4}\exp\left(\frac{F\varphi_{\text{阳,COF}_2(\text{气膜})}^*}{RT}\right)\exp\left(-\frac{F\varphi_{\text{阳,COF}_2}^{\ominus}}{RT}\right)$$

$$= k_{\text{阳}}\exp\left(\frac{F\varphi_{\text{阳,COF}_2(\text{气膜})}^*}{RT}\right) \qquad （12.170）$$

式中，

$$k_{\text{阳}} = \left[\frac{a_{\text{O}^{2-}}a_{\text{F}^-}^2(1-\theta^*)}{\theta_{\text{COF}_2}^*}\right]^{1/4}\exp\left(-\frac{F\varphi_{\text{阳,COF}_2}^{\ominus}}{RT}\right) \approx \left[\frac{c_{\text{O}^{2-}}c_{\text{F}^-}^2(1-\theta^*)}{\theta_{\text{COF}_2}^*}\right]^{1/4}\exp\left(-\frac{F\varphi_{\text{阳,COF}_2}^{\ominus}}{RT}\right)$$

总反应（3）达平衡，有

$$\text{O}^{2-} + 2\text{F}^- - 4\text{e} + \text{C} \Longrightarrow \text{COF}_{2(\text{气膜})}$$

摩尔吉布斯自由能变化为

$$\Delta G_{\text{m,阳,COF}_2(\text{气膜}),\text{e}}^* = \mu_{\text{COF}_2(\text{气膜})} - \mu_{\text{O}^{2-}} - 2\mu_{\text{F}^-} + 4\mu_{\text{e}} - \mu_{\text{C}}$$

$$= \Delta G_{\text{m,阳,COF}_2}^{\ominus} + RT\ln\frac{\theta_{\text{COF}_2,\text{e}}^*}{a_{\text{O}^{2-},\text{e}}a_{\text{F}^-,\text{e}}^2(1-\theta_{\text{e}}^*)}$$

式中，

$$\Delta G_{\text{m,阳,COF}_2}^{\ominus} = \mu_{\text{COF}_2}^{\ominus} - \mu_{\text{O}^{2-}}^{\ominus} - 2\mu_{\text{F}^-}^{\ominus} + 4\mu_{\text{e}}^{\ominus} - \mu_{\text{C}}^{\ominus}$$

$$\mu_{\text{COF}_2(\text{气膜})} = \mu_{\text{COF}_2}^{\ominus} + RT\ln\theta_{\text{COF}_2,\text{e}}^*$$

$$\mu_{\text{O}^{2-}} = \mu_{\text{O}^{2-}}^{\ominus} + RT\ln a_{\text{O}^{2-},\text{e}}$$

$$\mu_{\text{F}^-} = \mu_{\text{F}^-}^{\ominus} + RT\ln a_{\text{F}^-,\text{e}}$$

$$\mu_{\text{e}} = \mu_{\text{e}}^{\ominus}$$

$$\mu_{\mathrm{C}} = \mu_{\mathrm{C}}^{\ominus} - RT\ln\left(1 - \theta_{\mathrm{e}}^{*}\right)$$

阳极平衡电势：由

$$\varphi_{阳,\mathrm{COF}_{2(气膜)},\mathrm{e}}^{*} = \frac{\Delta G_{\mathrm{m},阳,\mathrm{COF}_{2(气膜)},\mathrm{e}}^{*}}{4F}$$

得

$$\varphi_{阳,\mathrm{COF}_{2(气膜)},\mathrm{e}}^{*} = \varphi_{阳,\mathrm{COF}_{2}}^{\ominus} + \frac{RT}{4F}\ln\frac{\theta_{\mathrm{COF}_{2},\mathrm{e}}^{*}}{a_{\mathrm{O}^{2-},\mathrm{e}}\,a_{\mathrm{F}^{-},\mathrm{e}}^{2}\left(1 - \theta_{\mathrm{e}}^{*}\right)} \tag{12.171}$$

$$\varphi_{阳,\mathrm{COF}_{2}}^{\ominus} = \frac{\Delta G_{\mathrm{m},阳,\mathrm{COF}_{2}}^{\ominus}}{4F} = \frac{\mu_{\mathrm{COF}_{2}}^{\ominus} - \mu_{\mathrm{O}^{2-}}^{\ominus} - 2\mu_{\mathrm{F}^{-}}^{\ominus} + 4\mu_{\mathrm{e}}^{\ominus} - \mu_{\mathrm{C}}^{\ominus}}{4F}$$

阳极过电势：

式（12.169）−式（12.171），得

$$\begin{aligned}
\Delta\varphi_{阳,\mathrm{COF}_{2(气膜)}}^{*} &= \varphi_{阳,\mathrm{COF}_{2(气膜)}}^{*} - \varphi_{阳,\mathrm{COF}_{2(气膜)},\mathrm{e}}^{*} \\
&= \frac{RT}{4F}\ln\frac{\theta_{\mathrm{COF}_{2}}^{*}\,a_{\mathrm{O}^{2-},\mathrm{e}}\,a_{\mathrm{F}^{-},\mathrm{e}}^{2}\left(1 - \theta_{\mathrm{e}}^{*}\right)}{a_{\mathrm{O}^{2-}}\,a_{\mathrm{F}^{-}}^{2}\left(1 - \theta^{*}\right)\theta_{\mathrm{COF}_{2},\mathrm{e}}^{*}} + \frac{RT}{F}\ln i_{\mathrm{COF}_{2(气膜)}}
\end{aligned} \tag{12.172}$$

$$\ln i_{\mathrm{COF}_{2(气膜)}} = \frac{F\Delta\varphi_{阳,\mathrm{COF}_{2(气膜)}}^{*}}{RT} - \frac{1}{4}\ln\frac{\theta_{\mathrm{COF}_{2}}^{*}\,a_{\mathrm{O}^{2-},\mathrm{e}}\,a_{\mathrm{F}^{-},\mathrm{e}}^{2}\left(1 - \theta_{\mathrm{e}}^{*}\right)}{a_{\mathrm{O}^{2-}}\,a_{\mathrm{F}^{-}}^{2}\left(1 - \theta^{*}\right)\theta_{\mathrm{COF}_{2},\mathrm{e}}^{*}}$$

则

$$i_{\mathrm{COF}_{2(气膜)}} = \left[\frac{a_{\mathrm{O}^{2-}}\,a_{\mathrm{F}^{-}}^{2}\left(1 - \theta^{*}\right)\theta_{\mathrm{COF}_{2},\mathrm{e}}^{*}}{\theta_{\mathrm{COF}_{2}}^{*}\,a_{\mathrm{O}^{2-},\mathrm{e}}\,a_{\mathrm{F}^{-},\mathrm{e}}^{2}\left(1 - \theta_{\mathrm{e}}^{*}\right)}\right]^{1/4}\exp\left(\frac{F\Delta\varphi_{阳,\mathrm{COF}_{2(气膜)}}^{*}}{RT}\right) = k_{阳}'\exp\left(\frac{F\Delta\varphi_{阳,\mathrm{COF}_{2(气膜)}}^{*}}{RT}\right)$$

$$\tag{12.173}$$

式中，

$$k_{阳}' = \left[\frac{a_{\mathrm{O}^{2-}}\,a_{\mathrm{F}^{-}}^{2}\left(1 - \theta^{*}\right)\theta_{\mathrm{COF}_{2},\mathrm{e}}^{*}}{\theta_{\mathrm{COF}_{2}}^{*}\,a_{\mathrm{O}^{2-},\mathrm{e}}\,a_{\mathrm{F}^{-},\mathrm{e}}^{2}\left(1 - \theta_{\mathrm{e}}^{*}\right)}\right]^{1/4} \approx \left[\frac{c_{\mathrm{O}^{2-}}\,c_{\mathrm{F}^{-}}^{2}\left(1 - \theta^{*}\right)\theta_{\mathrm{COF}_{2},\mathrm{e}}^{*}}{\theta_{\mathrm{COF}_{2}}^{*}\,c_{\mathrm{O}^{2-},\mathrm{e}}\,c_{\mathrm{F}^{-},\mathrm{e}}^{2}\left(1 - \theta_{\mathrm{e}}^{*}\right)}\right]^{1/4}$$

3′. 形成 COF_2 气膜（二）

形成 COF_2 气膜 的反应为

$$2\mathrm{F}^{-} - 2\mathrm{e} + \mathrm{C} = \mathrm{F{-}C{-}F} \tag{ⅰ}$$

$$\mathrm{F{-}C{-}F} + \mathrm{O}^{2-} - 2\mathrm{e} = \mathrm{COF}_{2(气膜)} \tag{ⅱ}$$

总反应为

$$2\mathrm{F}^{-} + \mathrm{O}^{2-} + \mathrm{C} - 4\mathrm{e} = \mathrm{COF}_{2(气膜)}$$

式（ⅰ）的摩尔吉布斯自由能变化为

$$\Delta G^*_{m,阳,F-C-F} = \mu_{F-C-F} - 2\mu_{F^-} - \mu_C + 2\mu_e$$

$$= \Delta G^{\ominus}_{m,阳,F-C-F} + RT\ln\frac{\theta^*_{F-C-F}}{(1-\theta^*)a^2_{F^-}} + 2RT\ln i_{F-C-F}$$

式中，

$$\Delta G^{\ominus}_{m,阳,F-C-F} = \mu^{\ominus}_{F-C-F} - 2\mu^{\ominus}_{F^-} - \mu^{\ominus}_C + 2\mu^{\ominus}_e$$

$$\mu_{F-C-F} = \mu^{\ominus}_{F-C-F} + RT\ln\theta^*_{F-C-F}$$

$$\mu_C = \mu^{\ominus}_C + RT\ln(1-\theta^*)$$

$$\mu_{F^-} = \mu^{\ominus}_{F^-} + RT\ln a_{F^-}$$

$$\mu_e = \mu^{\ominus}_e + RT\ln i_{F-C-F}$$

阳极电势：由

$$\varphi^*_{阳,F-C-F} = \frac{\Delta G^*_{m,阳,F-C-F}}{2F}$$

得

$$\varphi^*_{阳,F-C-F} = \varphi^{\ominus}_{阳,F-C-F} + \frac{RT}{2F}\ln\frac{\theta^*_{F-C-F}}{(1-\theta^*)a^2_{F^-}} + \frac{RT}{F}\ln i_{F-C-F} \qquad （12.174）$$

式中，

$$\varphi^{\ominus}_{阳,F-C-F} = \frac{\Delta G^{\ominus}_{m,阳,F-C-F}}{2F} = \frac{\mu^{\ominus}_{F-C-F} - 2\mu^{\ominus}_{F^-} - \mu^{\ominus}_C + 2\mu^{\ominus}_e}{2F}$$

由式（12.174）得

$$\ln i_{F-C-F} = \frac{F\varphi^*_{阳,F-C-F}}{RT} - \frac{F\varphi^{\ominus}_{阳,F-C-F}}{RT} - \frac{1}{2}\ln\frac{\theta^*_{F-C-F}}{a^2_{F^-}(1-\theta)}$$

则

$$i_{F-C-F} = \left[\frac{a^2_{F^-}(1-\theta^*)}{\theta_{F-C-F}}\right]^{1/2}\exp\left(\frac{F\varphi^*_{阳,F-C-F}}{RT}\right)\exp\left(-\frac{F\varphi^{\ominus}_{阳,F-C-F}}{RT}\right) = k_{阳}\exp\left(\frac{F\varphi^*_{阳,F-C-F}}{RT}\right)$$

式中，

$$k_{阳} = \left[\frac{a^2_{F^-}(1-\theta^*)}{\theta^*_{F-C-F}}\right]^{1/2}\exp\left(-\frac{F\varphi^{\ominus}_{阳,F-C-F}}{RT}\right) \approx \left[\frac{c^2_{F^-}(1-\theta)}{\theta_{F-C-F}}\right]^{1/2}\exp\left(-\frac{F\varphi^{\ominus}_{阳,F-C-F}}{RT}\right)$$

式（ⅰ）反应达平衡，有

$$2F^- - 2e + C \Longrightarrow F-C-F$$

摩尔吉布斯自由能变化为

$$\Delta G_{m,阳,F-C-F,e} = \mu_{F-C-F} - 2\mu_{F^-} + 2\mu_e - \mu_C = \Delta G^{\ominus}_{m,阳,F-C-F} + RT\ln\frac{\theta^*_{F-C-F,e}}{(1-\theta^*_e)a^2_{F^-,e}}$$

式中，

$$\Delta G_{m,阳,F-C-F}^{\ominus} = \mu_{F-C-F}^{\ominus} - 2\mu_{F^-}^{\ominus} + 2\mu_e^{\ominus} - \mu_C^{\ominus}$$

$$\mu_{F-C-F} = \mu_{F-C-F}^{\ominus} + RT\ln\theta_{F-C-F,e}^*$$

$$\mu_{F^-} = \mu_{F^-}^{\ominus} + RT\ln a_{F^-,e}$$

$$\mu_e = \mu_e^{\ominus}$$

$$\mu_C = \mu_C^{\ominus} + RT\ln(1-\theta_e^*)$$

阳极平衡电势：由

$$\varphi_{阳,F-C-F,e}^* = \frac{\Delta G_{m,阳,F-C-F,e}^*}{2F}$$

得

$$\varphi_{阳,F-C-F,e}^* = \varphi_{阳,F-C-F}^{\ominus} + \frac{RT}{2F}\ln\frac{\theta_{F-C-F,e}^*}{a_{F^-,e}^2(1-\theta_e^*)} \tag{12.175}$$

式中，

$$\varphi_{阳,F-C-F}^{\ominus} = \frac{\Delta G_{m,阳,F-C-F}^{\ominus}}{2F} = \frac{\mu_{F-C-F}^{\ominus} - 2\mu_{F^-}^{\ominus} + 2\mu_e^{\ominus} - \mu_C^{\ominus}}{2F}$$

阳极过电势：

式（12.174）−式（12.175），得

$$\Delta\varphi_{阳,F-C-F}^* = \varphi_{阳,F-C-F}^* - \varphi_{阳,F-C-F,e}^* = \frac{RT}{2F}\ln\frac{\theta_{F-C-F}a_{F^-,e}^2(1-\theta_e^*)}{a_{F^-}^2(1-\theta^*)\theta_{F-C-F,e}^*} + \frac{RT}{F}\ln i_{F-C-F} \tag{12.176}$$

有

$$\ln i_{F-C-F} = \frac{F\Delta\varphi_{阳,F-C-F}^*}{RT} - \frac{1}{2}\ln\frac{\theta_{F-C-F}^* a_{F^-,e}^2(1-\theta_e^*)}{a_{F^-}^2(1-\theta^*)\theta_{F-C-F,e}^*}$$

则

$$i_{F-C-F} = \left[\frac{a_{F^-}^2(1-\theta^*)\theta_{F-C-F,e}^*}{\theta_{F-C-F}^* a_{F^-,e}^2(1-\theta_e^*)}\right]^{1/2}\exp\left(\frac{F\Delta\varphi_{阳,F-C-F}^*}{RT}\right) = k_{阳}'\exp\left(\frac{F\Delta\varphi_{阳,F-C-F}^*}{RT}\right)$$

式中，

$$k_{阳}' = \left[\frac{a_{F^-}^2(1-\theta^*)\theta_{F-C-F,e}^*}{\theta_{F-C-F}^* a_{F^-,e}^2(1-\theta_e^*)}\right]^{1/2} \approx \left[\frac{c_{F^-}^2(1-\theta^*)\theta_{F-C-F,e}^*}{\theta_{F-C-F}^* c_{F^-,e}^2(1-\theta_e^*)}\right]^{1/2}$$

3″. 形成 COF$_2$ 气膜（三）

形成 COF$_2$ 气膜的反应为

$$O^{2-} - 2e + C \rule{1cm}{0.4pt} C\!\!-\!\!O \qquad （i）$$

$$2F^- - 2e + C \rule{1cm}{0.4pt} F\!\!-\!\!C\!\!-\!\!F \qquad （ii）$$

$$C\!\!-\!\!O + F\!\!-\!\!C\!\!-\!\!F \rule{1cm}{0.4pt} COF_{2(气膜)} + C \qquad （iii）$$

总反应为

$$O^{2-} + 2F^- - 4e + C \rule{1cm}{0.4pt} COF_{2(气膜)} \qquad （3）$$

式（i）与 12.2.7 的 1. 中式（i）相同。

式（ii）与 12.2.7 的 3′.（二）中式（i）相同。

式（iii）反应的摩尔吉布斯自由能变化为

$$\Delta G^*_{m,COF_{2(气膜)}} = \mu_{COF_{2(气膜)}} + \mu_C - \mu_{C\!-\!O} - \mu_{F\!-\!C\!-\!F} = \Delta G^{\ominus}_{m,阳,COF_2} + RT \ln \frac{\theta^*_{COF_2}(1-\theta^*)}{\theta^*_{C\!-\!O}}$$

式中，

$$\Delta G^{\ominus}_{m,阳,COF_2} = \mu^{\ominus}_{COF_2} + \mu^{\ominus}_C - \mu^{\ominus}_{C\!-\!O} - \mu^{\ominus}_{F\!-\!C\!-\!F}$$

$$\mu_{COF_{2(气膜)}} = \mu^{\ominus}_{COF_2} + RT \ln \theta^*_{COF_2}$$

$$\mu_C = \mu^{\ominus}_C + RT \ln(1-\theta^*)$$

$$\mu_{C\!-\!O} = \mu^{\ominus}_{C\!-\!O} + RT \ln \theta^*_{C\!-\!O}$$

$$\mu_{F\!-\!C\!-\!F} = \mu^{\ominus}_{F\!-\!C\!-\!F} + RT \ln \theta^*_{F\!-\!C\!-\!F}$$

反应速率为

$$j_{COF_{2(气膜)}} = k_+ \theta^{*n_+}_{C\!-\!O} \theta^{*n'_+}_{F\!-\!C\!-\!F} - k_- \theta^{*n_-}_{COF_2}(1-\theta^*)^{n'_-}$$

$$= k_+ \left[\theta^{*n_+}_{C\!-\!O} \theta^{*n'_+}_{F\!-\!C\!-\!F} - \frac{1}{K} \theta^{*n_-}_{COF_2}(1-\theta^*)^{n'_-} \right] \qquad （12.177）$$

式中，

$$K = \frac{k_+}{k_-} = \frac{\theta^{*n_-}_{COF_2,e}(1-\theta^*_e)^{n'_-}}{\theta^{*n_+}_{C\!-\!O,e} \theta^{*n'_+}_{F\!-\!C\!-\!F,e}} = \frac{\theta^*_{COF_2,e}(1-\theta^*_e)}{\theta^*_{C\!-\!O,e} \theta^*_{F\!-\!C\!-\!F,e}}$$

K 为平衡常数。

若过程由式（i）、式（ii）和式（iii）共同控制，有

$$j_{C\!-\!O} = j_{F\!-\!C\!-\!F} = j_{COF_{2(气膜)}} = j$$

则过程速率为

$$j = \frac{1}{3}(j_{C\!-\!O} + j_{F\!-\!C\!-\!F} + j_{COF_{2(气膜)}})$$

生成 COF_2 气膜的同时，也会生成 CO(气膜) 和 CO_2 气膜，有：

（1）生成 CO 气膜的阳极电势为

$$\varphi^*_{阳,CO_{(气膜)}} = \varphi^{\ominus}_{阳,CO} + \frac{RT}{2F} \ln \frac{\theta^*_{CO}}{a_{O^{2-}}(1-\theta^*)} + \frac{RT}{F} \ln i_{CO_{(气膜)}}$$

过电势为

$$\Delta\varphi^*_{阳,CO_{(气膜)}} = \frac{RT}{2F}\ln\frac{\theta^*_{CO}a_{O^{2-},e}(1-\theta^*_e)}{a_{O^{2-}}(1-\theta^*)\theta^*_{CO,e}} + \frac{RT}{F}\ln i_{CO_{(气膜)}}$$

电流为

$$i_{CO_{(气膜)}} = k_{阳}\exp\left(\frac{F\varphi^*_{阳,CO_{(气膜)}}}{RT}\right) = k'_{阳}\exp\left(\frac{F\Delta\varphi^*_{阳,CO_{(气膜)}}}{RT}\right)$$

（2）生成 CO_2 气膜的阳极电势为

$$\varphi^*_{阳,CO_{2(气膜)}} = \varphi^{\ominus}_{阳,CO_2} + \frac{RT}{4F}\ln\frac{\theta^*_{CO_2}}{a^2_{O^{2-}}(1-\theta^*)} + \frac{RT}{F}\ln i_{CO_{2(气膜)}}$$

过电势为

$$\Delta\varphi^*_{阳,CO_{2(气膜)}} = \frac{RT}{4F}\ln\frac{\theta^*_{CO_2}a^2_{O^{2-},e}(1-\theta^*_e)}{a^2_{O^{2-}}(1-\theta^*)\theta^*_{CO_2,e}} + \frac{RT}{F}\ln i_{CO_{2(气膜)}}$$

电流为

$$i_{CO_{2(气膜)}} = k_{阳}\exp\left(\frac{F\varphi^*_{阳,CO_{2(气膜)}}}{RT}\right) = k'_{阳}\exp\left(\frac{F\Delta\varphi^*_{阳,CO_{2(气膜)}}}{RT}\right)$$

并有

$$\varphi^*_{阳,COF_{2(气膜)}} = \varphi_{阳,CO_{2(气膜)}} = \varphi_{阳,CO_{(气膜)}} = \varphi_{阳,外}$$

$$i_{COF_{2(气膜)}} + i_{CO_{2(气膜)}} + i_{CO_{(气膜)}} = i$$

$$j_{COF_{2(气膜)}} = \frac{i_{COF_{2(气膜)}}}{4F}$$

$$j_{CO_{2(气膜)}} = \frac{i_{CO_{2(气膜)}}}{4F}$$

$$j_{CO_{(气膜)}} = \frac{i_{CO_{(气膜)}}}{2F}$$

4. 形成 CF_4 气膜（一）

形成 CF_4（气膜）的反应为

$$2F^- - 2e + C \Longrightarrow F\text{—}C\text{—}F \qquad\qquad (\text{i})$$
$$2(F\text{—}C\text{—}F) \Longrightarrow CF_{4(气膜)} + C \qquad\qquad (\text{ii})$$

总反应为

$$4F^- - 4e + C \Longrightarrow CF_{4(气膜)} \qquad\qquad (4)$$

反应（i）与 12.2.7 的 3′.（二）中式（i）相同。

反应（ii）为

$$2(F-C-F) \Longrightarrow CF_{4(气膜)} + C \qquad （ii）$$

摩尔吉布斯自由能变化为

$$\Delta G_{m,阳,CF_{4(气膜)}}^{*} = \mu_{CF_{4(气膜)}} + \mu_C - 2\mu_{F-C-F} = \Delta G_{m,阳,CF_4}^{\ominus} + RT\ln\frac{\theta_{CF_4}^{*}(1-\theta^{*})}{\theta_{F-C-F}^{2}}$$

式中，

$$\Delta G_{m,阳,CF_4}^{\ominus} = \mu_{CF_{4(气膜)}}^{\ominus} + \mu_C^{\ominus} - 2\mu_{F-C-F}^{\ominus}$$

$$\mu_{CF_{4(气膜)}} = \mu_{CF_4}^{\ominus} + RT\ln\theta_{CF_4}^{*}$$

$$\mu_C = \mu_C^{\ominus} + RT\ln(1-\theta^{*})$$

$$\mu_{F-C-F} = \mu_{F-C-F}^{\ominus} + RT\ln\theta_{F-C-F}^{*}$$

反应速率为

$$j_{CF_{4(气膜)}} = k_{+}\theta_{F-C-F}^{*n_{+}}\theta_{F-C-F}^{*n_{+}'} - k_{-}\theta_{CF_4}^{*n_{-}}(1-\theta^{*})^{n'_{-}}$$

$$= k_{+}\left[\theta_{F-C-F}^{*n_{+}}\theta_{F-C-F}^{*n_{+}'} - \frac{1}{K}\theta_{CF_4}^{*n_{-}}(1-\theta^{*})^{n'_{-}}\right] \qquad （12.178）$$

式中，

$$K = \frac{k_{+}}{k_{-}} = \frac{\theta_{CF_4,e}^{*n_{-}}(1-\theta_e^{*})^{n'_{-}}}{\theta_{F-C-F,e}^{*n_{+}}\theta_{F-C-F,e}^{*n_{+}'}} = \frac{\theta_{COF_2,e}^{*}(1-\theta_e^{*})}{(\theta_{F-C-F,e}^{*})^{2}}$$

若过程由式（i）和式（ii）共同控制，有

$$j_{F-C-F} = j_{CF_{4(气膜)}} = j$$

则过程速率为

$$j = \frac{1}{2}(j_{F-C-F} + j_{CF_{4(气膜)}})$$

总反应（4）为

$$4F^{-} - 4e + C \Longrightarrow CF_{4(气)}$$

摩尔吉布斯自由能变化为

$$\Delta G_{m,阳,CF_{4(气膜)}}^{*} = \mu_{CF_{4(气膜)}} - 4\mu_{F^{-}} + 4\mu_e - \mu_C$$

$$= \Delta G_{m,阳,CF_4}^{\ominus} + RT\ln\frac{\theta_{CF_4}^{*}}{a_{F^{-}}^{4}(1-\theta^{*})} + 4RT\ln i_{CF_{4(气膜)}}$$

式中，

$$\Delta G_{m,阳,CF_4}^{\ominus} = \mu_{CF_4}^{\ominus} - 4\mu_{F^{-}}^{\ominus} + 4\mu_e^{\ominus} - \mu_C^{\ominus}$$

$$\mu_{CF_{4(气膜)}} = \mu_{CF_4}^{\ominus} + RT\ln\theta_{CF_4}^{*}$$

$$\mu_{\text{F}^-} = \mu_{\text{F}^-}^\ominus + RT \ln a_{\text{F}^-}$$

$$\mu_{\text{e}} = \mu_{\text{e}}^\ominus + RT \ln i_{\text{CF}_{4(\text{气膜})}}$$

$$\mu_{\text{C}} = \mu_{\text{C}}^\ominus + RT \ln \left(1 - \theta^*\right)$$

阳极电势：由

$$\varphi_{\text{阳},\text{CF}_{4(\text{气膜})}}^* = \frac{\Delta G_{\text{m},\text{阳},\text{CF}_{4(\text{气膜})}}^*}{4F}$$

得

$$\varphi_{\text{阳},\text{CF}_{4(\text{气膜})}}^* = \varphi_{\text{阳},\text{CF}_4}^\ominus + \frac{RT}{4F} \ln \frac{\theta_{\text{CF}_4}^*}{a_{\text{F}^-}^4 \left(1 - \theta^*\right)} + \frac{RT}{F} \ln i_{\text{CF}_{4(\text{气膜})}} \qquad (12.179)$$

式中，

$$\varphi_{\text{阳},\text{CF}_4}^\ominus = \frac{\Delta G_{\text{m},\text{阳},\text{CF}_4}^\ominus}{4F} = \frac{\mu_{\text{CF}_4}^\ominus - 4\mu_{\text{F}^-}^\ominus + 4\mu_{\text{e}}^\ominus - \mu_{\text{C}}^\ominus}{4F}$$

由式（12.179）得

$$\ln i_{\text{CF}_{4(\text{气膜})}} = \frac{F\varphi_{\text{阳},\text{CF}_{4(\text{气膜})}}^*}{RT} - \frac{F\varphi_{\text{阳},\text{CF}_4}^\ominus}{RT} - \frac{1}{4} \ln \frac{\theta_{\text{CF}_4}^*}{a_{\text{F}^-}^4 \left(1 - \theta^*\right)}$$

则

$$i_{\text{CF}_{4(\text{气膜})}} = \left[\frac{a_{\text{F}^-}^4 \left(1 - \theta^*\right)}{\theta_{\text{CF}_4}^*} \right]^{1/4} \exp\left(\frac{F\varphi_{\text{阳},\text{CF}_{4(\text{气膜})}}^*}{RT} \right) \exp\left(-\frac{F\varphi_{\text{阳},\text{CF}_4}^\ominus}{RT} \right) = k_{\text{阳}} \exp\left(\frac{F\varphi_{\text{阳},\text{CF}_{4(\text{气膜})}}^*}{RT} \right)$$

$$(12.180)$$

式中，

$$k_{\text{阳}} = \left[\frac{a_{\text{F}^-}^4 \left(1 - \theta^*\right)}{\theta_{\text{CF}_4}^*} \right]^{1/4} \exp\left(-\frac{F\varphi_{\text{阳},\text{CF}_4}^\ominus}{RT} \right) \approx \left[\frac{c_{\text{F}^-}^4 \left(1 - \theta^*\right)}{\theta_{\text{CF}_4}^*} \right]^{1/4} \exp\left(-\frac{F\varphi_{\text{阳},\text{CF}_4}^\ominus}{RT} \right)$$

总反应达平衡，有

$$4\text{F}^- - 4\text{e} + \text{C} \Longrightarrow \text{CF}_{4(\text{气})}$$

摩尔吉布斯自由能变化为

$$\Delta G_{\text{m},\text{阳},\text{CF}_{4(\text{气膜})},\text{e}}^* = \mu_{\text{CF}_{4(\text{气膜})}} - 4\mu_{\text{F}^-} + 4\mu_{\text{e}} - \mu_{\text{C}} = \Delta G_{\text{m},\text{阳},\text{CF}_4}^\ominus + RT \ln \frac{\theta_{\text{CF}_4,\text{e}}^*}{a_{\text{F}^-,\text{e}}^4 \left(1 - \theta_{\text{e}}^*\right)}$$

式中，

$$\Delta G_{\text{m},\text{阳},\text{CF}_4}^\ominus = \mu_{\text{CF}_4}^\ominus - 4\mu_{\text{F}^-}^\ominus + 4\mu_{\text{e}}^\ominus - \mu_{\text{C}}^\ominus$$

$$\mu_{\text{CF}_{4(\text{气膜})}} = \mu_{\text{CF}_4}^\ominus + RT \ln \theta_{\text{CF}_4,\text{e}}^*$$

$$\mu_{\text{F}^-} = \mu_{\text{F}^-}^\ominus + RT \ln a_{\text{F}^-,\text{e}}$$

$$\mu_e = \mu_e^{\ominus}$$

$$\mu_C = \mu_C^{\ominus} + RT \ln(1 - \theta_e^*)$$

阳极平衡电势：由

$$\varphi_{\text{阳,CF}_{4(\text{气膜}),e}}^* = \frac{\Delta G_{\text{m,阳,CF}_{4(\text{气膜}),e}}^*}{4F}$$

得

$$\varphi_{\text{阳,CF}_{4(\text{气膜})},e}^* = \varphi_{\text{阳,CF}_4}^{\ominus} + \frac{RT}{4F} \ln \frac{\theta_{\text{CF}_4,e}^*}{a_{\text{F}^-,e}^4 (1-\theta_e^*)} \tag{12.181}$$

式中，

$$\varphi_{\text{阳,CF}_4}^{\ominus} = \frac{\Delta G_{\text{m,阳,CF}_4}^{\ominus}}{4F} = \frac{\mu_{\text{CF}_4}^{\ominus} - 4\mu_{\text{F}^-}^{\ominus} + 4\mu_e^{\ominus} - \mu_C^{\ominus}}{4F}$$

阳极过电势：

式（12.179）−式（12.181），得

$$\begin{aligned}
\Delta\varphi_{\text{阳,CF}_{4(\text{气膜})}}^* &= \varphi_{\text{阳,CF}_{4(\text{气膜})}}^* - \varphi_{\text{阳,CF}_{4(\text{气膜})},e}^* \\
&= \frac{RT}{4F} \ln \frac{\theta_{\text{CF}_4}^* a_{\text{F}^-,e}^4 (1-\theta_e^*)}{a_{\text{F}^-}^4 (1-\theta^*) \theta_{\text{CF}_4,e}^*} + \frac{RT}{F} \ln i_{\text{CF}_{4(\text{气膜})}}
\end{aligned} \tag{12.182}$$

移项得

$$\ln i_{\text{CF}_{4(\text{气膜})}} = \frac{F\Delta\varphi_{\text{阳,CF}_{4(\text{气膜})}}^*}{RT} - \frac{1}{4} \ln \frac{\theta_{\text{CF}_4}^* a_{\text{F}^-,e}^4 (1-\theta_e^*)}{a_{\text{F}^-}^4 (1-\theta^*) \theta_{\text{CF}_4,e}^*}$$

则

$$i_{\text{CF}_{4(\text{气膜})}} = \left(\frac{a_{\text{F}^-}^4 (1-\theta^*) \theta_{\text{CF}_4,e}^*}{\theta_{\text{CF}_4}^* a_{\text{F}^-,e}^4 (1-\theta_e^*)} \right)^{1/4} \exp\left(\frac{F\Delta\varphi_{\text{阳,CF}_{4(\text{气膜})}}^*}{RT} \right) = k_{\text{阳}}' \exp\left(\frac{F\Delta\varphi_{\text{阳,CF}_{4(\text{气膜})}}^*}{RT} \right)$$

$$\tag{12.183}$$

式中，

$$k_{\text{阳}}' = \left[\frac{a_{\text{F}^-}^4 (1-\theta^*) \theta_{\text{CF}_4,e}^*}{\theta_{\text{CF}_4}^* a_{\text{F}^-,e}^4 (1-\theta_e^*)} \right]^{1/4} \approx \left[\frac{c_{\text{F}^-}^4 (1-\theta^*) \theta_{\text{CF}_4,e}^*}{\theta_{\text{CF}_4}^* c_{\text{F}^-,e}^4 (1-\theta_e^*)} \right]^{1/4}$$

4′. 形成 CF$_4$ 气膜（二）

形成 CF$_4$（气膜）的反应为

$$2\text{F}^- - 2e + \text{C} =\!=\!= \text{F—C—F} \tag{ i }$$

$$\text{F—C—F} + 2\text{F}^- - 2e =\!=\!= \text{CF}_{4(\text{气膜})} \tag{ ii }$$

总反应为

$$4F^- - 4e + C \rightleftharpoons CF_{4(气膜)} \tag{4}$$

反应（i）与 12.2.7 的 3′.（二）中式（i）相同。

反应（ii）的摩尔吉布斯自由能变化为

$$\Delta G^*_{m,阳,CF_{4(气膜)}} = \mu_{CF_{4(气膜)}} - \mu_{F-C-F} - 2\mu_{F^-} + 2\mu_e$$

$$= \Delta G^{\ominus}_{m,阳,CF_4} + RT \ln \frac{\theta^*_{CF_4}}{\theta^*_{F-C-F} a^2_{F^-}} + 2RT \ln i_{CF_{4(气膜)}}$$

式中，

$$\Delta G^{\ominus}_{m,阳,CF_4} = \mu^{\ominus}_{CF_4} - \mu^{\ominus}_{F-C-F} - 2\mu^{\ominus}_{F^-} + 2\mu^{\ominus}_e$$

$$\mu_{CF_{4(气膜)}} = \mu^{\ominus}_{CF_4} + RT \ln \theta^*_{CF_4}$$

$$\mu_{F-C-F} = \mu^{\ominus}_{F-C-F} + RT \ln \theta^*_{F-C-F}$$

$$\mu_{F^-} = \mu^{\ominus}_{F^-} + RT \ln a_{F^-}$$

$$\mu_e = \mu^{\ominus}_e + RT \ln i_{F-C-F}$$

阳极电势：由

$$\varphi^*_{阳,CF_{4(气膜)}} = \frac{\Delta G^*_{m,阳,CF_{4(气膜)}}}{2F}$$

得

$$\varphi^*_{阳,CF_{4(气膜)}} = \varphi^{\ominus}_{阳,CF_4} + \frac{RT}{2F} \ln \frac{\theta^*_{CF_4}}{\theta^*_{F-C-F} a^2_{F^-}} + \frac{RT}{F} \ln i_{CF_{4(气膜)}} \tag{12.184}$$

式中，

$$\varphi^{\ominus}_{阳,CF_4} = \frac{\Delta G^{\ominus}_{m,阳,CF_4}}{2F} = \frac{\mu^{\ominus}_{CF_4} - \mu^{\ominus}_{F-C-F} - 2\mu^{\ominus}_{F^-} + 2\mu^{\ominus}_e}{2F}$$

由式（12.184）得

$$\ln i_{CF_{4(气膜)}} = \frac{F\varphi^*_{阳,CF_{4(气膜)}}}{RT} - \frac{F\varphi^{\ominus}_{阳,CF_4}}{RT} - \frac{1}{2} \ln \frac{\theta^*_{CF_4}}{\theta^*_{F-C-F} a^2_{F^-}}$$

则

$$i_{CF_{4(气膜)}} = \left(\frac{\theta^*_{F-C-F} a^2_{F^-}}{\theta^*_{CF_4}} \right)^{1/2} \exp\left(\frac{F\varphi^*_{阳,CF_{4(气膜)}}}{RT} \right) \exp\left(-\frac{F\varphi^{\ominus}_{阳,CF_4}}{RT} \right) = k_+ \exp\left(\frac{F\varphi^*_{阳,CF_{4(气膜)}}}{RT} \right)$$

$$\tag{12.185}$$

式中，

$$k_{+} = \left(\frac{\theta_{\mathrm{F-C-F}}^{*} a_{\mathrm{F^-}}^{2}}{\theta_{\mathrm{CF_4}}^{*}} \right)^{1/2} \exp\left(-\frac{F\varphi_{\text{阳},\mathrm{CF_4}}^{\ominus}}{RT} \right) \approx \left(\frac{\theta_{\mathrm{F-C-F}}^{*} c_{\mathrm{F^-}}^{2}}{\theta_{\mathrm{CF_4}}^{*}} \right)^{1/2} \exp\left(-\frac{F\varphi_{\text{阳},\mathrm{CF_4}}^{\ominus}}{RT} \right)$$

反应（ii）达平衡，有

$$\mathrm{F-C-F} + 2\mathrm{F^-} - 2\mathrm{e} \Longleftrightarrow \mathrm{CF_{4(气膜)}}$$

摩尔吉布斯自由能变化为

$$\Delta G_{\mathrm{m},\text{阳},\mathrm{CF_{4(气膜)}},\mathrm{e}}^{*} = \mu_{\mathrm{CF_{4(气膜)}}} - \mu_{\mathrm{F-C-F}} - 2\mu_{\mathrm{F^-}} + 2\mu_{\mathrm{e}} = \Delta G_{\mathrm{m},\text{阳},\mathrm{F-C-F}}^{\ominus} + RT\ln\frac{\theta_{\mathrm{CF_4},\mathrm{e}}^{*}}{\theta_{\mathrm{F-C-F},\mathrm{e}}^{*} a_{\mathrm{F^-},\mathrm{e}}^{2}}$$

式中，

$$\Delta G_{\mathrm{m},\text{阳},\mathrm{CF_4}}^{\ominus} = \mu_{\mathrm{CF_4}}^{\ominus} - \mu_{\mathrm{F-C-F}}^{\ominus} - 2\mu_{\mathrm{F^-}}^{\ominus} + 2\mu_{\mathrm{e}}^{\ominus}$$

$$\mu_{\mathrm{CF_{4(气膜)}}} = \mu_{\mathrm{CF_4}}^{\ominus} + RT\ln\theta_{\mathrm{CF_4},\mathrm{e}}^{*}$$

$$\mu_{\mathrm{F-C-F}} = \mu_{\mathrm{F-C-F}}^{\ominus} + RT\ln\theta_{\mathrm{F-C-F},\mathrm{e}}^{*}$$

$$\mu_{\mathrm{F^-}} = \mu_{\mathrm{F^-}}^{\ominus} + RT\ln a_{\mathrm{F^-},\mathrm{e}}$$

$$\mu_{\mathrm{e}} = \mu_{\mathrm{e}}^{\ominus}$$

阳极平衡电势：由

$$\varphi_{\text{阳},\mathrm{CF_{4(气膜)}},\mathrm{e}}^{*} = \frac{\Delta G_{\mathrm{m},\text{阳},\mathrm{CF_{4(气膜)}},\mathrm{e}}^{*}}{2F}$$

得

$$\varphi_{\text{阳},\mathrm{CF_{4(气膜)}},\mathrm{e}}^{*} = \varphi_{\text{阳},\mathrm{CF_4}}^{\ominus} + \frac{RT}{2F}\ln\frac{\theta_{\mathrm{CF_4},\mathrm{e}}^{*}}{\theta_{\mathrm{F-C-F},\mathrm{e}}^{*} a_{\mathrm{F^-},\mathrm{e}}^{2}} \qquad （12.186）$$

式中，

$$\varphi_{\text{阳},\mathrm{CF_4}}^{\ominus} = \frac{\Delta G_{\mathrm{m},\text{阳},\mathrm{CF_4}}^{\ominus}}{2F} = \frac{\mu_{\mathrm{CF_4}}^{\ominus} - \mu_{\mathrm{F-C-F}}^{\ominus} - 2\mu_{\mathrm{F^-}}^{\ominus} + 2\mu_{\mathrm{e}}^{\ominus}}{2F}$$

阳极过电势：

式（12.184）−式（12.186），得

$$\Delta\varphi_{\text{阳},\mathrm{CF_{4(气膜)}}}^{*} = \varphi_{\text{阳},\mathrm{CF_{4(气膜)}}}^{*} - \varphi_{\text{阳},\mathrm{CF_{4(气膜)}},\mathrm{e}}^{*} = \frac{RT}{2F}\ln\frac{\theta_{\mathrm{CF_4}}^{*}\theta_{\mathrm{F-C-F},\mathrm{e}}^{*} a_{\mathrm{F^-},\mathrm{e}}^{2}}{\theta_{\mathrm{F-C-F}}^{*} a_{\mathrm{F^-}}^{2} \theta_{\mathrm{CF_4},\mathrm{e}}^{*}} + \frac{RT}{F}\ln i_{\mathrm{CF_{4(气膜)}}}$$

移项得

$$\ln i_{\mathrm{CF_{4(气膜)}}} = \frac{F\Delta\varphi_{\text{阳},\mathrm{CF_{4(气膜)}}}^{*}}{RT} - \frac{1}{2}\ln\frac{\theta_{\mathrm{CF_4}}^{*}\theta_{\mathrm{F-C-F},\mathrm{e}}^{*} a_{\mathrm{F^-},\mathrm{e}}^{2}}{\theta_{\mathrm{F-C-F}}^{*} a_{\mathrm{F^-}}^{2} \theta_{\mathrm{CF_4},\mathrm{e}}^{*}}$$

$$i_{CF_4(气膜)} = \left(\frac{\theta^*_{F-C-F} a^2_{F^-} \theta^*_{CF_4,e}}{\theta^*_{CF_4} \theta^*_{F-C-F,e} a^2_{F^-,e}} \right)^{1/2} \exp\left(\frac{F \Delta\varphi^*_{阳,CF_4(气膜)}}{RT} \right) = k'_+ \exp\left(\frac{F \Delta\varphi^*_{阳,CF_4(气膜)}}{RT} \right)$$

$$(12.187)$$

式中,

$$k'_+ = \left(\frac{\theta^*_{F-C-F} a^2_{F^-} \theta^*_{CF_4,e}}{\theta^*_{CF_4} \theta^*_{F-C-F,e} a^2_{F^-,e}} \right)^{1/2} \approx \left(\frac{\theta^*_{F-C-F} c^2_{F^-} \theta^*_{CF_4,e}}{\theta^*_{CF_4} \theta^*_{F-C-F,e} c^2_{F^-,e}} \right)^{1/2}$$

若过程由式（i）和式（ii）共同控制,有

$$j_{F-C-F} = j_{CF_4(气膜)} = j$$

则过程速率为

$$j = \frac{1}{2}(j_{F-C-F} + j_{CF_4(气膜)})$$

总反应即 12.2.7 的 4.（一）中式（4）。

生成 CF_4(气膜)的同时,也会生成 CO(气膜)、CO_2(气膜)和 COF_2(气膜)。

（1）生成 CO(气膜) 的阳极电势为

$$\varphi^*_{阳,CO(气膜)} = \varphi^\ominus_{阳,CO} + \frac{RT}{2F}\ln\frac{\theta^*_{CO}}{a_{O^{2-}}(1-\theta^*)} + \frac{RT}{F}\ln i_{CO(气膜)}$$

过电势为

$$\Delta\varphi^*_{阳,CO(气膜)} = \frac{RT}{2F}\ln\frac{\theta^*_{CO} a_{O^{2-},e}(1-\theta^*_e)}{a_{O^{2-}}(1-\theta^*)\theta^*_{CO,e}} + \frac{RT}{F}\ln i_{CO(气膜)}$$

电流为

$$i_{CO(气膜)} = k_{阳}\exp\left(\frac{F \varphi^*_{阳,CO(气膜)}}{RT} \right) = k'_{阳}\exp\left(\frac{F \Delta\varphi^*_{阳,CO(气膜)}}{RT} \right)$$

（2）生成 CO_2 气膜的阳极电势为

$$\varphi^*_{阳,CO_2(气膜)} = \varphi^\ominus_{阳,CO_2} + \frac{RT}{4F}\ln\frac{\theta^*_{CO_2}}{a^2_{O^{2-}}(1-\theta^*)} + \frac{RT}{F}\ln i_{CO_2(气膜)}$$

过电势为

$$\Delta\varphi^*_{阳,CO_2(气膜)} = \frac{RT}{4F}\ln\frac{\theta^*_{CO_2} a^2_{O^{2-},e}(1-\theta^*_e)}{a^2_{O^{2-}}(1-\theta^*)\theta^*_{CO_2,e}} + \frac{RT}{F}\ln i_{CO_2(气膜)}$$

电流为

$$i_{CO_2(气膜)} = k_{阳}\exp\left(\frac{F \varphi^*_{阳,CO_2(气膜)}}{RT} \right) = k'_{阳}\exp\left(\frac{F \Delta\varphi^*_{阳,CO_2(气膜)}}{RT} \right)$$

（3）生成 COF_2（气膜）的阳极电势为

$$\varphi_{阳,COF_{2(气膜)}}^{*} = \varphi_{阳,COF_2}^{\ominus} + \frac{RT}{4F} \ln \frac{\theta_{COF_2}^{*}}{a_{O^{2-}} a_{F^-}^2 (1-\theta^*)} + \frac{RT}{F} \ln i_{COF_{2(气膜)}}$$

过电势为

$$\Delta\varphi_{阳,COF_{2(气膜)}}^{*} = \frac{RT}{4F} \ln \frac{\theta_{COF_2}^{*} a_{O^{2-},e}^2 (1-\theta_e^*)}{a_{O^{2-}} a_{F^-}^2 (1-\theta^*) \theta_{COF_2,e}^{*}} + \frac{RT}{F} \ln i_{COF_{2(气膜)}}$$

电流为

$$i_{COF_{2(气膜)}} = k_{阳} \exp\left(\frac{F\varphi_{阳,COF_{2(气膜)}}^{*}}{RT}\right) = k_{阳}' \exp\left(\frac{F\Delta\varphi_{阳,COF_{2(气膜)}}^{*}}{RT}\right)$$

并有

$$\varphi_{阳,CF_{4(气膜)}}^{*} = \varphi_{阳,COF_{2(气膜)}}^{*} = \varphi_{阳,CO_{2(气膜)}}^{*} = \varphi_{阳,CO_{(气膜)}}^{*} = \varphi_{外}^{*}$$

$$i_{CF_{4(气膜)}} + i_{COF_{2(气膜)}} + i_{CO_{2(气膜)}} + i_{CO_{(气膜)}} = i$$

$$j_{CF_{4(气膜)}} = \frac{i_{CF_{4(气膜)}}}{4F}$$

$$j_{COF_{2(气膜)}} = \frac{i_{COF_{2(气膜)}}}{4F}$$

$$j_{CO_{2(气膜)}} = \frac{i_{CO_{2(气膜)}}}{4F}$$

$$j_{CO_{(气膜)}} = \frac{i_{CO_{(气膜)}}}{2F}$$

5. 形成 F_2 气膜（一）

形成 F_2 气膜的反应为

$$2F^- - 2e =\!=\!= F_{2(气膜)}$$

摩尔吉布斯自由能变化为

$$\Delta G_{m,阳,F_{2(气膜)}}^{*} = \mu_{F_{2(气膜)}} - 2\mu_{F^-} + 2\mu_e = \Delta G_{m,阳,F_2}^{\ominus} + RT \ln \frac{\theta_{F_2}^{*}}{a_{F^-}^2} + 2RT \ln i_{F_{2(气膜)}}$$

式中，

$$\Delta G_{m,阳,F_2}^{\ominus} = \mu_{F_2}^{\ominus} - 2\mu_{F^-}^{\ominus} + 2\mu_e^{\ominus}$$

$$\mu_{F_{2(气膜)}} = \mu_{F_2}^{\ominus} + RT \ln \theta_{F_2}^{*}$$

$$\mu_{F^-} = \mu_{F^-}^{\ominus} + RT \ln a_{F^-}$$

$$\mu_e = \mu_{F^-}^{\ominus} + RT \ln i_{F_{2(气膜)}}$$

阳极电势：由

$$\varphi_{\text{阳,F}_{2(\text{气膜})}}^* = \frac{\Delta G_{\text{m,阳,F}_{2(\text{气膜})}}^*}{2F}$$

得

$$\varphi_{\text{阳,F}_{2(\text{气膜})}}^* = \varphi_{\text{阳,F}_2}^{\ominus} + \frac{RT}{2F}\ln\frac{\theta_{\text{F}_2}^*}{a_{\text{F}^-}^2} + \frac{RT}{F}\ln i_{\text{F}_{2(\text{气膜})}} \tag{12.188}$$

式中，

$$\varphi_{\text{阳,F}_2}^{\ominus} = \frac{\Delta G_{\text{m,阳,F}_2}^{\ominus}}{2F} = \frac{\mu_{\text{F}_2}^{\ominus} - 2\mu_{\text{F}^-}^{\ominus} + 2\mu_{\text{e}}^{\ominus}}{2F}$$

由式（12.188）得

$$\ln i_{\text{F}_{2(\text{气膜})}} = \frac{F\varphi_{\text{阳,F}_{2(\text{气膜})}}^*}{RT} - \frac{F\varphi_{\text{阳,F}_2}^{\ominus}}{RT} - \frac{1}{2}\ln\frac{\theta_{\text{F}_2}^*}{a_{\text{F}^-}^2}$$

则

$$i_{\text{F}_{2(\text{气膜})}} = \left(\frac{a_{\text{F}^-}^2}{\theta_{\text{F}_2}^*}\right)^{1/2}\exp\left(\frac{F\varphi_{\text{阳,F}_{2(\text{气膜})}}^*}{RT}\right)\exp\left(-\frac{F\varphi_{\text{阳,F}_2}^{\ominus}}{RT}\right) = k_+\exp\left(\frac{F\varphi_{\text{阳,F}_{2(\text{气膜})}}^*}{RT}\right)$$

$$\tag{12.189}$$

式中，

$$k_+ = \left(\frac{a_{\text{F}^-}^2}{\theta_{\text{F}_2}^*}\right)^{1/2}\exp\left(-\frac{F\varphi_{\text{阳,F}_2}^{\ominus}}{RT}\right) \approx \left(\frac{c_{\text{F}^-}^2}{\theta_{\text{F}_2}^*}\right)^{1/2}\exp\left(-\frac{F\varphi_{\text{阳,F}_2}^{\ominus}}{RT}\right)$$

形成 F_2 气膜的反应（5）达平衡，有

$$2\text{F}^- - 2\text{e} \rightleftharpoons \text{F}_{2(\text{气膜})}$$

摩尔吉布斯自由能变化为

$$\Delta G_{\text{m,阳,F}_{2(\text{气膜})},\text{e}}^* = \mu_{\text{F}_{2(\text{气膜})}} - 2\mu_{\text{F}^-} + 2\mu_{\text{e}} = \Delta G_{\text{m,阳,F}_2}^{\ominus} + RT\ln\frac{\theta_{\text{F}_2,\text{e}}^*}{a_{\text{F}^-,\text{e}}^2}$$

式中，

$$\Delta G_{\text{m,阳,F}_2}^{\ominus} = \mu_{\text{F}_2}^{\ominus} - 2\mu_{\text{F}^-}^{\ominus} + 2\mu_{\text{e}}^{\ominus}$$

$$\mu_{\text{F}_{2(\text{气膜})}} = \mu_{\text{F}_2}^{\ominus} + RT\ln\theta_{\text{F}_2,\text{e}}^*$$

$$\mu_{\text{F}^-} = \mu_{\text{F}^-}^{\ominus} + RT\ln a_{\text{F}^-,\text{e}}$$

$$\mu_{\text{e}} = \mu_{\text{e}}^{\ominus}$$

阳极平衡电势：由

$$\varphi_{\text{阳,F}_{2(\text{气膜})},\text{e}}^* = \frac{\Delta G_{\text{m,阳,F}_{2(\text{气膜})},\text{e}}^*}{2F}$$

得

$$\varphi^{*}_{阳,F_{2(气膜)},e} = \varphi^{\ominus}_{阳,F_{2}} + \frac{RT}{2F}\ln\frac{\theta^{*}_{F_{2},e}}{a^{2}_{F^{-},e}} \tag{12.190}$$

式中，

$$\varphi^{\ominus}_{阳,F_{2}} = \frac{\Delta G^{\ominus}_{m,阳,F_{2}}}{2F} = \frac{\mu^{\ominus}_{F_{2}} - 2\mu^{\ominus}_{F^{-}} + 2\mu^{\ominus}_{e}}{2F}$$

阳极过电势：

式（12.188）－式（12.190），得

$$\Delta\varphi^{*}_{阳,F_{2(气膜)}} = \varphi^{*}_{阳,F_{2(气膜)}} - \varphi^{*}_{阳,F_{2(气膜)},e} = \frac{RT}{2F}\ln\frac{\theta^{*}_{F_{2}}a^{2}_{F^{-},e}}{a^{2}_{F^{-}}\theta^{*}_{F_{2},e}} + \frac{RT}{F}\ln i_{F_{2(气膜)}} \tag{12.191}$$

移项得

$$\ln i_{F_{2(气膜)}} = \frac{F\Delta\varphi^{*}_{阳,F_{2(气膜)}}}{RT} - \frac{1}{2}\ln\frac{\theta^{*}_{F_{2}}a^{2}_{F^{-},e}}{a^{2}_{F^{-}}\theta^{*}_{F_{2},e}}$$

则

$$i_{F_{2(气膜)}} = \left(\frac{a^{2}_{F^{-}}\theta^{*}_{F_{2},e}}{\theta^{*}_{F_{2}}a^{2}_{F^{-},e}}\right)^{1/2}\exp\left(\frac{F\Delta\varphi^{*}_{阳,F_{2(气膜)}}}{RT}\right) = k'_{+}\exp\left(\frac{F\Delta\varphi^{*}_{阳,F_{2(气膜)}}}{RT}\right) \tag{12.192}$$

式中，

$$k'_{+} = \left(\frac{a^{2}_{F^{-}}\theta^{*}_{F_{2},e}}{\theta^{*}_{F_{2}}a^{2}_{F^{-},e}}\right)^{1/2} \approx \left(\frac{c^{2}_{F^{-}}\theta^{*}_{F_{2},e}}{\theta^{*}_{F_{2}}c^{2}_{F^{-},e}}\right)^{1/2}$$

5′. 形成 F_2 气膜（二）

形成 F_2 气膜的反应为

$$F^{-} - e + C == C—F \tag{i}$$
$$C—F + F^{-} - e == F_{2(气膜)} + C \tag{ii}$$

总反应为

$$2F^{-} - 2e == F_{2(气膜)} \tag{5′}$$

式（ i ）的摩尔吉布斯自由能变化为

$$\Delta G^{*}_{m,阳,C—F} = \mu_{C—F} - \mu_{F^{-}} - \mu_{C} + \mu_{e} = \Delta G^{\ominus}_{m,阳,C—F} + RT\ln\frac{\theta^{*}_{C—F}}{a_{F^{-}}(1-\theta^{*})} + RT\ln i_{C—F}$$

式中，

$$\Delta G^{\ominus}_{m,阳,C—F} = \mu^{\ominus}_{C—F} - \mu^{\ominus}_{F^{-}} - \mu^{\ominus}_{C} + \mu^{\ominus}_{e}$$

$$\mu_{C—F} = \mu^{\ominus}_{C—F} + RT\ln\theta^{*}_{C—F}$$

$$\mu_{F^-} = \mu_{F^-}^{\ominus} + RT \ln a_{F^-}$$

$$\mu_e = \mu_e^{\ominus} + RT \ln i_{C-F}$$

阳极电势：由

$$\varphi_{阳,C-F}^* = \frac{\Delta G_{m,阳,C-F}^*}{F}$$

得

$$\varphi_{阳,C-F}^* = \varphi_{阳,C-F}^{\ominus} + \frac{RT}{F} \ln \frac{\theta_{C-F}^*}{a_{F^-}(1-\theta^*)} + \frac{RT}{F} \ln i_{C-F} \qquad （12.193）$$

式中，

$$\varphi_{阳,C-F}^{\ominus} = \frac{\Delta G_{m,阳,C-F}^{\ominus}}{F} = \frac{\mu_{C-F}^{\ominus} - \mu_{F^-}^{\ominus} - \mu_C^{\ominus} + \mu_e^{\ominus}}{F}$$

由式（12.188）得

$$\ln i_{C-F} = \frac{F\varphi_{阳,C-F}^*}{RT} - \frac{F\varphi_{阳,C-F}^{\ominus}}{RT} - \ln \frac{\theta_{C-F}^*}{a_{F^-}(1-\theta^*)}$$

则

$$i_{C-F} = \frac{a_{F^-}(1-\theta^*)}{\theta_{C-F}^*} \exp\left(\frac{F\varphi_{阳,C-F}^*}{RT}\right) \exp\left(-\frac{F\varphi_{阳,C-F}^{\ominus}}{RT}\right) = k_+ \exp\left(\frac{F\varphi_{阳,C-F}^*}{RT}\right) \quad （12.194）$$

式中，

$$k_+ = \frac{a_{F^-}(1-\theta^*)}{\theta_{C-F}^*} \exp\left(-\frac{F\varphi_{阳,C-F}^{\ominus}}{RT}\right) \approx \frac{c_{F^-}(1-\theta^*)}{\theta_{C-F}^*} \exp\left(-\frac{F\varphi_{阳,C-F}^{\ominus}}{RT}\right)$$

式（ⅰ）的反应达平衡，有

$$F^- - e + C \Longrightarrow C-F$$

摩尔吉布斯自由能变化为

$$\Delta G_{m,阳,C-F,e}^* = \mu_{C-F} - \mu_{F^-} - \mu_C + \mu_e = \Delta G_{m,阳,C-F}^{\ominus} + RT \ln \frac{\theta_{C-F,e}^*}{a_{F^-,e}(1-\theta_e^*)}$$

式中，

$$\Delta G_{m,阳,C-F}^{\ominus} = \mu_{C-F}^{\ominus} - \mu_{F^-}^{\ominus} - \mu_C^{\ominus} + \mu_e^{\ominus}$$

$$\mu_{C-F} = \mu_{C-F}^{\ominus} + RT \ln \theta_{C-F,e}^*$$

$$\mu_{F^-} = \mu_{F^-}^{\ominus} + RT \ln a_{F^-,e}$$

$$\mu_C = \mu_C^{\ominus} + RT \ln(1-\theta_e^*)$$

$$\mu_e = \mu_e^{\ominus}$$

阳极平衡电势：由

$$\varphi_{\text{阳,C—F,e}}^* = \frac{\Delta G_{\text{m,阳,C—F,e}}^*}{F}$$

得

$$\varphi_{\text{阳,C—F,e}}^* = \varphi_{\text{阳,C—F}}^{\ominus} + \frac{RT}{F}\ln\frac{\theta_{\text{C—F,e}}^*}{a_{\text{F}^-,e}(1-\theta_e^*)} \qquad (12.195)$$

式中,

$$\varphi_{\text{阳,C—F}}^{\ominus} = \frac{\Delta G_{\text{m,阳,C—F}}^{\ominus}}{F} = \frac{\mu_{\text{C—F}}^{\ominus} - \mu_{\text{F}^-}^{\ominus} - \mu_{\text{C}}^{\ominus} + \mu_{\text{e}}^{\ominus}}{F}$$

阳极过电势:

式(12.193)−式(12.195),得

$$\Delta\varphi_{\text{阳,C—F}}^* = \varphi_{\text{阳,C—F}}^* - \varphi_{\text{阳,C—F,e}}^* = \frac{RT}{F}\ln\frac{\theta_{\text{C—F}}^* a_{\text{F}^-,e}(1-\theta_e^*)}{a_{\text{F}^-}(1-\theta^*)\theta_{\text{C—F,e}}^*} + \frac{RT}{F}\ln i_{\text{C—F}}$$

移项得

$$\ln i_{\text{C—F}} = \frac{F\Delta\varphi_{\text{阳,C—F}}^*}{RT} - \ln\frac{\theta_{\text{C—F}}^* a_{\text{F}^-,e}(1-\theta_e^*)}{a_{\text{F}^-}(1-\theta^*)\theta_{\text{C—F,e}}^*}$$

则

$$i_{\text{C—F}} = \frac{a_{\text{F}^-}(1-\theta^*)\theta_{\text{C—F,e}}^*}{\theta_{\text{C—F}}^* a_{\text{F}^-,e}(1-\theta_e^*)}\exp\left(\frac{F\Delta\varphi_{\text{阳,C—F}}^*}{RT}\right) = k_+' \exp\left(\frac{F\Delta\varphi_{\text{阳,C—F}}^*}{RT}\right) \quad (12.196)$$

式中,

$$k_+' = \frac{a_{\text{F}^-}(1-\theta^*)\theta_{\text{C—F,e}}^*}{\theta_{\text{C—F}}^* a_{\text{F}^-,e}(1-\theta_e^*)} \approx \frac{c_{\text{F}^-}(1-\theta^*)\theta_{\text{C—F,e}}^*}{\theta_{\text{C—F}}^* c_{\text{F}^-,e}(1-\theta_e^*)}$$

反应式(ii)的摩尔吉布斯自由能变化为

$$\Delta G_{\text{m,阳,F}_2(\text{气膜})}^* = \mu_{\text{F}_2(\text{气膜})} + \mu_{\text{C}} - \mu_{\text{C—F}} - \mu_{\text{F}^-} + \mu_{\text{e}}$$

$$= \Delta G_{\text{m,阳,F}_2}^{\ominus} + RT\ln\frac{\theta_{\text{F}_2}^*(1-\theta^*)}{\theta_{\text{C—F}}^* a_{\text{F}^-}} + RT\ln i_{\text{F}_2(\text{气膜})}$$

式中,

$$\Delta G_{\text{m,阳,F}_2}^{\ominus} = \mu_{\text{F}_2}^{\ominus} + \mu_{\text{C}}^{\ominus} - \mu_{\text{C—F}}^{\ominus} - \mu_{\text{F}^-}^{\ominus} + \mu_{\text{e}}^{\ominus}$$

$$\mu_{\text{F}_2(\text{气膜})} = \mu_{\text{F}_2}^{\ominus} + RT\ln\theta_{\text{F}_2}^*$$

$$\mu_{\text{C}} = \mu_{\text{C}}^{\ominus} + RT\ln(1-\theta^*)$$

$$\mu_{\text{C—F}} = \mu_{\text{C—F}}^{\ominus} + RT\ln\theta_{\text{C—F}}^*$$

$$\mu_{\text{F}^-} = \mu_{\text{F}^-}^{\ominus} + RT\ln a_{\text{F}^-}$$

$$\mu_{\text{e}} = \mu_{\text{e}}^{\ominus} + RT\ln i_{\text{F}_2(\text{气膜})}$$

阳极电势：由

$$\varphi^*_{\text{阳},F_2(\text{气膜})} = \frac{\Delta G^*_{\text{m},\text{阳},F_2(\text{气膜})}}{F}$$

得

$$\varphi^*_{\text{阳},F_2(\text{气膜})} = \varphi^\ominus_{\text{阳},F_2} + \frac{RT}{F}\ln\frac{\theta^*_{F_2}(1-\theta^*)}{\theta^*_{C-F}a_{F^-}} + \frac{RT}{F}\ln i_{F_2(\text{气膜})} \qquad (12.197)$$

式中，

$$\varphi^\ominus_{\text{阳},F_2} = \frac{\Delta G^\ominus_{\text{m},\text{阳},F_2}}{2F} = \frac{\mu^\ominus_{F_2} + \mu^\ominus_C - \mu^\ominus_{C-F} - \mu^\ominus_{F^-} + \mu^\ominus_e}{2F}$$

由式（12.197）得

$$\ln i_{F_2(\text{气膜})} = \frac{F\varphi^*_{\text{阳},F_2(\text{气膜})}}{RT} - \frac{F\varphi^\ominus_{\text{阳},F_2}}{RT} - \ln\frac{\theta^*_{F_2}(1-\theta^*)}{\theta^*_{C-F}a_{F^-}}$$

则

$$i_{F_2(\text{气膜})} = \frac{\theta^*_{C-F}a_{F^-}}{\theta^*_{F_2}(1-\theta^*)}\exp\left(\frac{F\varphi^*_{\text{阳},F_2(\text{气膜})}}{RT}\right)\exp\left(-\frac{F\varphi^\ominus_{\text{阳},F_2}}{RT}\right) = k_+\exp\left(\frac{F\varphi^*_{\text{阳},F_2(\text{气膜})}}{RT}\right)$$

$$(12.198)$$

式中，

$$k_+ = \frac{\theta^*_{C-F}a_{F^-}}{\theta^*_{F_2}(1-\theta^*)}\exp\left(-\frac{F\varphi^\ominus_{\text{阳},F_2}}{RT}\right) \approx \frac{\theta^*_{C-F}c_{F^-}}{\theta^*_{F_2}(1-\theta^*)}\exp\left(-\frac{F\varphi^\ominus_{\text{阳},F_2}}{RT}\right)$$

式（ⅱ）的反应达平衡，有

$$C-F- + F^- - e \Longrightarrow F_{2(\text{气膜})} + C$$

摩尔吉布斯自由能变化为

$$\Delta G^*_{\text{m},\text{阳},F_2(\text{气膜}),e} = \mu_{F_2(\text{气膜})} + \mu_C - \mu_{C-F} - \mu_{F^-} + \mu_e = \Delta G^\ominus_{\text{m},\text{阳},F_2} + RT\ln\frac{\theta^*_{F_2,e}(1-\theta^*_e)}{\theta^*_{C-F,e}a_{F^-,e}}$$

式中，

$$\Delta G^\ominus_{\text{m},\text{阳},F_2} = \mu^\ominus_{F_2} + \mu^\ominus_C - \mu^\ominus_{C-F} - \mu^\ominus_{F^-} + \mu^\ominus_e$$

$$\mu_{F_2(\text{气膜})} = \mu^\ominus_{F_2} + RT\ln\theta^*_{F_2,e}$$

$$\mu_C = \mu^\ominus_C + RT\ln(1-\theta^*_e)$$

$$\mu_{C-F} = \mu^\ominus_{C-F} + RT\ln\theta^*_{C-F,e}$$

$$\mu_{F^-} = \mu^\ominus_{F^-} + RT\ln a_{F^-,e}$$

$$\mu_e = \mu^\ominus_e$$

阳极平衡电势：由

$$\varphi^*_{阳,F_2(气膜),e} = \frac{\Delta G^*_{m,阳,F_2(气膜),e}}{F}$$

得

$$\varphi^*_{阳,F_2(气膜),e} = \varphi^{\ominus}_{阳,F_2} + \frac{RT}{F}\ln\frac{\theta^*_{F_2,e}(1-\theta^*_e)}{\theta^*_{C-F,e}a_{F^-,e}} \tag{12.199}$$

式中，

$$\varphi^{\ominus}_{阳,F_2} = \frac{\Delta G^{\ominus}_{m,阳,F_2}}{F} = \frac{\mu^{\ominus}_{F_2} + \mu^{\ominus}_{C} - \mu^{\ominus}_{C-F} - \mu^{\ominus}_{F^-} + \mu^{\ominus}_{e}}{F}$$

阳极过电势：

式（12.197）-式（12.199），得

$$\Delta\varphi^*_{阳,F_2(气膜)} = \varphi^*_{阳,F_2(气膜)} - \varphi^*_{阳,F_2(气膜),e} = \frac{RT}{F}\ln\frac{\theta^*_{F_2}(1-\theta^*)\theta^*_{C-F,e}a_{F^-,e}}{\theta^*_{C-F}a_{F^-}\theta^*_{F_2,e}(1-\theta^*_e)} + \frac{RT}{F}\ln i_{F_2(气膜)}$$

移项得

$$\ln i_{F_2(气膜)} = \frac{F\Delta\varphi^*_{阳,F_2(气膜)}}{RT} - \ln\frac{\theta^*_{F_2}(1-\theta^*)\theta^*_{C-F,e}a_{F^-,e}}{\theta^*_{C-F}a_{F^-}\theta^*_{F_2,e}(1-\theta^*_e)}$$

则

$$i_{F_2(气膜)} = \frac{\theta^*_{C-F}a_{F^-}\theta^*_{F_2,e}(1-\theta^*_e)}{\theta^*_{F_2}(1-\theta^*)\theta^*_{C-F,e}a_{F^-,e}}\exp\frac{F\Delta\varphi^*_{阳,F_2(气膜)}}{RT} = k'_+\exp\left(\frac{F\Delta\varphi^*_{阳,F_2(气膜)}}{RT}\right) \tag{12.200}$$

式中，

$$k'_+ = \frac{\theta^*_{C-F}a_{F^-}\theta^*_{F_2,e}(1-\theta^*_e)}{\theta^*_{F_2}(1-\theta^*)\theta^*_{C-F,e}a_{F^-,e}} \approx \frac{\theta^*_{C-F}c_{F^-}\theta^*_{F_2,e}(1-\theta^*_e)}{\theta^*_{F_2}(1-\theta^*)\theta^*_{C-F,e}c_{F^-,e}}$$

若过程由式（ⅰ）和式（ⅱ）共同控制，有

$$j_{C-F} = j_{F_2(气膜)} = j$$

则过程速率为

$$j = \frac{1}{2}(j_{C-F} + j_{F_2(气膜)})$$

总反应即 12.2.7 的 5.（一）的反应。

5″. 形成 F_2 气膜（三）

形成 F_2 气膜的反应为

$$F^- - e + C \Longrightarrow C-F \tag{ⅰ}$$

$$2(C-F) \Longrightarrow F_{2(气膜)} + 2C \tag{ⅱ}$$

总反应为

$$2F^- - 2e \Longrightarrow F_{2(气膜)}$$

式（i）与 12.2.5 的 5′.（二）中式（i）相同。

式（ii）的摩尔吉布斯自由能变化为

$$\Delta G_{m,阳,F_{2(气膜)}}^* = \mu_{F_{2(气膜)}} - 2\mu_{C-F} = \Delta G_{m,阳,F_2}^{\ominus} + RT\ln\frac{\theta_{F_2}^*}{(\theta_{C-F}^*)^2}$$

式中，

$$\Delta G_{m,阳,F_2}^{\ominus} = \mu_{F_2}^{\ominus} - 2\mu_{C-F}^{\ominus} + \mu_C^{\ominus}$$

$$\mu_{F_{2(气膜)}} = \mu_{F_2}^{\ominus} + RT\ln\theta_{F_2}^*$$

$$\mu_C = \mu_C^{\ominus} + RT\ln(1-\theta^*)$$

$$\mu_{C-F} = \mu_{C-F}^{\ominus} + RT\ln\theta_{C-F}^*$$

形成 F_2(气膜) 的速率为

$$j_{F_{2(气膜)}} = k_+ \theta_{C-F}^{*n_+}\theta_{C-F}^{*n_+} - k_- \theta_{F_2}^{*n_-}(1-\theta^*)^{n'_-} = k_+\left[\theta_{C-F}^{*n_+}\theta_{C-F}^{*n_+} - \frac{1}{K}\theta_{F_2}^{*n_-}(1-\theta^*)^{n'_-}\right] \quad (12.201)$$

式中，

$$K = \frac{k_+}{k_-} = \frac{\theta_{F_2}^{*n_-}(1-\theta^*)^{n'_-}}{\theta_{C-F}^{*n_+}\theta_{C-F}^{*n_+}} = \frac{\theta_{F_2}^*(1-\theta^*)^2}{(\theta_{C-F,e}^*)^2}$$

式中，K 为平衡常数。

若过程由式（i）和式（ii）共同控制，有

$$j_{C-F} = j_{F_{2(气膜)}} = j$$

则过程速率为

$$j = \frac{1}{2}(j_{C-F} + j_{F_{2(气膜)}})$$

生成 F_2(气膜) 的同时，也会生成 CO(气膜)、CO_2(气膜)、COF_2(气膜) 和 CF_4(气膜)。

（1）生成 CO(气膜) 的阳极电势为

$$\varphi_{阳,CO_{(气膜)}}^* = \varphi_{阳,CO}^{\ominus} + \frac{RT}{2F}\ln\frac{\theta_{CO}^*}{a_{O^{2-}}(1-\theta^*)} + \frac{RT}{F}\ln i_{CO_{(气膜)}}$$

过电势为

$$\Delta\varphi_{阳,CO_{(气膜)}}^* = \frac{RT}{2F}\ln\frac{\theta_{CO}^* a_{O^{2-},e}(1-\theta_e^*)}{a_{O^{2-}}(1-\theta^*)\theta_{CO,e}^*} + \frac{RT}{F}\ln i_{CO_{(气膜)}}$$

电流为

$$i_{CO_{(气膜)}} = k_{阳} \exp\left(\frac{F\varphi^*_{阳,CO_{(气膜)}}}{RT}\right) = k'_{阳} \exp\left(\frac{F\Delta\varphi^*_{阳,CO_{(气膜)}}}{RT}\right)$$

（2）生成 CO_2 气膜的阳极电势为

$$\varphi^*_{阳,CO_{2(气膜)}} = \varphi^\ominus_{阳,CO_2} + \frac{RT}{4F}\ln\frac{\theta^*_{CO_2}}{a^2_{O^{2-}}(1-\theta^*)} + \frac{RT}{F}\ln i_{CO_{2(气膜)}}$$

过电势为

$$\Delta\varphi^*_{阳,CO_{2(气膜)}} = \frac{RT}{4F}\ln\frac{\theta^*_{CO_2}a^2_{O^{2-},e}(1-\theta^*_e)}{a^2_{O^{2-}}(1-\theta^*)\theta^*_{CO_2,e}} + \frac{RT}{F}\ln i_{CO_{2(气膜)}}$$

电流为

$$i_{CO_{2(气膜)}} = k_{阳} \exp\left(\frac{F\varphi^*_{阳,CO_{2(气膜)}}}{RT}\right) = k'_{阳} \exp\left(\frac{F\Delta\varphi^*_{阳,CO_{2(气膜)}}}{RT}\right)$$

（3）生成 COF_2(气膜) 的阳极电势为

$$\varphi^*_{阳,COF_{2(气膜)}} = \varphi^\ominus_{阳,COF_2} + \frac{RT}{4F}\ln\frac{\theta^*_{COF_2}}{a_{O^{2-}}a^2_{F^-}(1-\theta^*)} + \frac{RT}{F}\ln i_{COF_{2(气膜)}}$$

过电势为

$$\Delta\varphi^*_{阳,COF_{2(气膜)}} = \frac{RT}{4F}\ln\frac{\theta^*_{COF_2}a^2_{O^{2-},e}(1-\theta^*_e)}{a_{O^{2-}}a^2_{F^-}(1-\theta^*)\theta^*_{COF_2,e}} + \frac{RT}{F}\ln i_{COF_{2(气膜)}}$$

电流为

$$i_{COF_{2(气膜)}} = k_{阳} \exp\left(\frac{F\varphi^*_{阳,COF_{2(气膜)}}}{RT}\right) = k'_{阳} \exp\left(\frac{F\Delta\varphi^*_{阳,COF_{2(气膜)}}}{RT}\right)$$

（4）生成 CF_4(气膜) 的阳极电势为

$$\varphi^*_{阳,CF_{4(气膜)}} = \varphi^\ominus_{阳,CF_4} + \frac{RT}{4F}\ln\frac{\theta^*_{CF_{4(气膜)}}}{a^4_{F^-}(1-\theta^*)} + \frac{RT}{F}\ln i_{CF_{4(气膜)}}$$

过电势为

$$\Delta\varphi^*_{阳,CF_{4(气膜)}} = \frac{RT}{4F}\ln\frac{\theta^*_{CF_4}a^2_{F^-,e}(1-\theta^*_e)}{a^4_{F^-}(1-\theta^*)\theta^*_{CF_4,e}} + \frac{RT}{F}\ln i_{CF_{4(气膜)}}$$

电流为

$$i_{CF_{4(气膜)}} = k_{阳} \exp\left(\frac{F\varphi^*_{阳,CF_{4(气膜)}}}{RT}\right) = k'_{阳} \exp\left(\frac{F\Delta\varphi^*_{阳,CF_{4(气膜)}}}{RT}\right)$$

并有

$$\varphi^*_{阳,F_{2(气膜)}} = \varphi^*_{阳,CF_{4(气膜)}} = \varphi^*_{阳,COF_{2(气膜)}} = \varphi^*_{阳,CO_{2(气膜)}} = \varphi^*_{阳,CO_{(气膜)}} = \varphi^*_{外}$$

$$i_{F_{2(气膜)}} + i_{CF_{4(气膜)}} + i_{COF_{2(气膜)}} + i_{CO_{2(气膜)}} + i_{CO_{(气膜)}} = i$$

$$j_{F_{2(气膜)}} = \frac{i_{F_{2(气膜)}}}{2F}$$

$$j_{CF_{4(气膜)}} = \frac{i_{CF_{4(气膜)}}}{4F}$$

$$j_{COF_{2(气膜)}} = \frac{i_{COF_{2(气膜)}}}{4F}$$

$$j_{CO_{2(气膜)}} = \frac{i_{CO_{2(气膜)}}}{4F}$$

$$j_{CO_{(气膜)}} = \frac{i_{CO_{(气膜)}}}{2F}$$

发生阳极效应时,阳极表面几乎被气膜全覆盖。电极与熔盐之间被气膜绝缘。能与熔盐反应的电极表面很小,电流不大,但电流密度很大。高的电压会将气膜击穿,产生弧光,瞬间电流很大。

第 13 章　固态阴极熔盐电解

13.1　由固体金属氧化物 MeO 制备金属 Me

电解池构成为

$$\text{Ar} \,|\, \text{NaCl-CaCl}_2 \,|\, \text{MeO}$$

阴极反应为

$$\text{MeO} + 2\text{e} = \text{Me} + \text{O}^{2-}$$

阳极反应为

$$\text{O}^{2-} + \text{C} = \text{C—O} + 2\text{e}$$

$$\text{C—O} \Longrightarrow \text{CO(吸附)}$$

$$\text{CO(吸附)} \Longrightarrow \text{CO(气)}$$

$$\overline{\qquad \text{O}^{2-} + \text{C} = \text{CO(气)} + 2\text{e} \qquad}$$

电解池反应为

$$\text{MeO} + \text{C} = \text{Me} + \text{CO(气)}$$

1. 阴极电势

阴极反应达平衡，有

$$\text{MeO} + 2\text{e} \Longrightarrow \text{Me} + \text{O}^{2-}$$

摩尔吉布斯自由能变化为

$$\Delta G_{\text{m,阴,e}} = \mu_{\text{Me}} + \mu_{\text{O}^{2-}} - \mu_{\text{MeO}} - 2\mu_{\text{e}} = \Delta G_{\text{m,阴}}^{\ominus} + RT \ln a_{\text{O}^{2-},\text{e}}$$

式中，

$$\Delta G_{\text{m,阴}}^{\ominus} = \mu_{\text{Me}}^{\ominus} + \mu_{\text{O}^{2-}}^{\ominus} - \mu_{\text{MeO}}^{\ominus} - 2\mu_{\text{e}}^{\ominus}$$

$$\mu_{\text{Me}} = \mu_{\text{Me}}^{\ominus}$$

$$\mu_{\text{O}^{2-}} = \mu_{\text{O}^{2-}}^{\ominus} + RT \ln a_{\text{O}^{2-},\text{e}}$$

$$\mu_{\text{MeO}} = \mu_{\text{MeO}}^{\ominus}$$

$$\mu_{\text{e}} - \mu_{\text{e}}^{\ominus}$$

由

$$\varphi_{\text{阴,e}} = -\frac{\Delta G_{\text{m,阴,e}}}{2F}$$

得

$$\varphi_{\text{阴,e}} = \varphi_{\text{阴}}^{\ominus} + \frac{RT}{2F} \ln a_{\text{O}^{2-},\text{e}} \tag{13.1}$$

式中，

$$\varphi_{\text{阴}}^{\ominus} = -\frac{\mu_{\text{Me}}^{\ominus} + \mu_{\text{O}^{2-}}^{\ominus} - \mu_{\text{MeO}}^{\ominus} - 2\mu_{\text{e}}^{\ominus}}{2F}$$

升高外电压，阴极有电流通过，发生极化，阴极反应为

$$\text{MeO} + 2\text{e} \xrightarrow{\quad\quad} \text{Me} + \text{O}^{2-}$$

摩尔吉布斯自由能变化为

$$\Delta G_{\text{m,阴}} = \mu_{\text{Me}} + \mu_{\text{O}^{2-}} - \mu_{\text{MeO}} - 2\mu_{\text{e}} = \Delta G_{\text{m,阴}}^{\ominus} + RT \ln a_{\text{O}^{2-}} + 2RT \ln i$$

式中，

$$\Delta G_{\text{m,阴}}^{\ominus} = \mu_{\text{Me}}^{\ominus} + \mu_{\text{O}^{2-}}^{\ominus} - \mu_{\text{MeO}}^{\ominus} - 2\mu_{\text{e}}^{\ominus}$$

$$\mu_{\text{Me}} = \mu_{\text{Me}}^{\ominus}$$

$$\mu_{\text{O}^{2-}} = \mu_{\text{O}^{2-}}^{\ominus} + RT \ln a_{\text{O}^{2-}}$$

$$\mu_{\text{MeO}} = \mu_{\text{MeO}}^{\ominus}$$

$$\mu_{\text{e}} = \mu_{\text{e}}^{\ominus} - RT \ln i$$

由

$$\varphi_{\text{阴}} = -\frac{\Delta G_{\text{m,阴}}}{2F}$$

得

$$\varphi_{\text{阴}} = \varphi_{\text{阴}}^{\ominus} + \frac{RT}{2F} \ln \frac{1}{a_{\text{O}^{2-}}} - \frac{RT}{F} \ln i \tag{13.2}$$

式中，

$$\varphi_{\text{阴}}^{\ominus} = -\frac{\Delta G_{\text{m,阴}}^{\ominus}}{2F} = -\frac{\mu_{\text{Me}}^{\ominus} + \mu_{\text{O}^{2-}}^{\ominus} - \mu_{\text{MeO}}^{\ominus} - 2\mu_{\text{e}}^{\ominus}}{2F}$$

由式（13.2）得

$$\ln i = -\frac{F\varphi_{\text{阴}}}{RT} + \frac{F\varphi_{\text{阴}}^{\ominus}}{RT} + \frac{1}{2} \ln \frac{1}{a_{\text{O}^{2-}}}$$

则

$$i = \left(\frac{1}{a_{\text{O}^{2-}}}\right)^{1/2} \exp\left(-\frac{F\varphi_{\text{阴}}}{RT}\right) \exp\left(\frac{F\varphi_{\text{阴}}^{\ominus}}{RT}\right) = k_{-} \exp\left(-\frac{F\varphi_{\text{阴}}}{RT}\right)$$

式中，

$$k_- = \left(\frac{1}{a_{O^{2-}}}\right)^{1/2} \exp\left(\frac{F\varphi_{阴}^{\ominus}}{RT}\right) \approx \left(\frac{1}{c_{O^{2-}}}\right)^{1/2} \exp\left(\frac{F\varphi_{阴}^{\ominus}}{RT}\right)$$

2. 阴极过电势

式（13.2）–式（13.1），得

$$\Delta\varphi_{阴,过} = \varphi_{阴} - \varphi_{阴,e} = \frac{RT}{2F}\ln\frac{a_{O^{2-},e}}{a_{O^{2-}}} - \frac{RT}{F}\ln i \tag{13.3}$$

由式（13.3）得

$$\ln i = -\frac{F\Delta\varphi_{阴,过}}{RT} + \frac{1}{2}\ln\frac{a_{O^{2-},e}}{a_{O^{2-}}}$$

则

$$i = \left(\frac{a_{O^{2-},e}}{a_{O^{2-}}}\right)^{1/2} \exp\left(-\frac{F\Delta\varphi_{阴,过}}{RT}\right) = k'_- \exp\left(-\frac{F\Delta\varphi_{阴,过}}{RT}\right) \tag{13.4}$$

式中，

$$k'_- = \left(\frac{a_{O^{2-},e}}{a_{O^{2-}}}\right)^{1/2} \approx \left(\frac{c_{O^{2-},e}}{c_{O^{2-}}}\right)^{1/2}$$

3. 阳极电势

阳极反应达平衡，有

$$O^{2-} - 2e + C \Longrightarrow CO(气)$$

摩尔吉布斯自由能变化为

$$\Delta G_{m,阳,e} = \mu_{CO(气)} - \mu_{O^{2-}} + 2\mu_e - \mu_C = \Delta G_{m,阳}^{\ominus} + RT\ln\frac{1}{a_{O^{2-}}}$$

式中，

$$\Delta G_{m,阳}^{\ominus} = \mu_{CO(气)}^{\ominus} - \mu_{O^{2-}}^{\ominus} + 2\mu_e^{\ominus} - \mu_C^{\ominus}$$

$$\mu_{CO(气)} = \mu_{CO(气)}^{\ominus} + RT\ln p_{CO,e}$$

$$\mu_{O^{2-}} = \mu_{O^{2-}}^{\ominus} + RT\ln a_{O^{2-},e}$$

$$\mu_e = \mu_e^{\ominus}$$

$$\mu_C = \mu_C^{\ominus}$$

由

$$\varphi_{阳,e} = \frac{\Delta G_{m,阳,e}}{2F}$$

得

$$\varphi_{阳,e} = \varphi_{阳}^{\ominus} + \frac{RT}{2F}\ln\frac{p_{CO,e}}{a_{O^{2-},e}} \tag{13.5}$$

式中，

$$\varphi_{阳}^{\ominus} = \frac{\Delta G_{m,阳}^{\ominus}}{2F} = \frac{\mu_{CO(气)}^{\ominus} - \mu_{O^{2-}}^{\ominus} + 2\mu_e^{\ominus} - \mu_C^{\ominus}}{2F}$$

升高电压，阳极有电流通过，发生极化，阳极反应为

$$O^{2-} - 2e + C \Longrightarrow CO(气)$$

摩尔吉布斯自由能变化为

$$\Delta G_{m,阳} = \mu_{CO(气)} - \mu_{O^{2-}} + 2\mu_e - \mu_C = \Delta G_{m,阳}^{\ominus} + RT\ln\frac{p_{CO}}{a_{O^{2-}}} + 2RT\ln i$$

式中，

$$\Delta G_{m,阳}^{\ominus} = \mu_{CO}^{\ominus} - \mu_{O^{2-}}^{\ominus} + 2\mu_e^{\ominus} - \mu_C^{\ominus}$$

$$\mu_{CO} = \mu_{CO}^{\ominus} + RT\ln p_{CO}$$

$$\mu_{O^{2-}} = \mu_{O^{2-}}^{\ominus} + RT\ln a_{O^{2-}}$$

$$\mu_e = \mu_e^{\ominus} + RT\ln i$$

$$\mu_C = \mu_C^{\ominus}$$

由

$$\varphi_{阳} = \frac{\Delta G_{m,阳}}{2F} \tag{13.6}$$

得

$$\varphi_{阳} = \varphi_{阳}^{\ominus} + \frac{RT}{2F}\ln\frac{p_{CO}}{a_{O^{2-}}} + \frac{RT}{F}\ln i$$

式中，

$$\varphi_{阳}^{\ominus} = \frac{\Delta G_{m,阳}^{\ominus}}{2F} = \frac{\mu_{CO}^{\ominus} - \mu_{O^{2-}}^{\ominus} + 2\mu_e^{\ominus} - \mu_C^{\ominus}}{2F}$$

由式（13.6）得

$$\ln i = \frac{F\varphi_{阳}}{RT} - \frac{F\varphi_{阳}^{\ominus}}{RT} - \frac{1}{2}\ln\frac{p_{CO}}{a_{O^{2-}}}$$

则

$$i = \left(\frac{a_{O^{2-}}}{p_{CO}}\right)^{1/2}\exp\left(\frac{F\varphi_{阳}}{RT}\right)\exp\left(-\frac{F\varphi_{阳}^{\ominus}}{RT}\right) = k_+\exp\left(\frac{F\varphi_{阳}}{RT}\right) \tag{13.7}$$

式中，

$$k_+ = \left(\frac{a_{O^{2-}}}{p_{CO}} \right)^{1/2} \exp\left(-\frac{F\varphi_{阳}^{\ominus}}{RT} \right) \approx \left(\frac{c_{O^{2-}}}{p_{CO}} \right)^{1/2} \exp\left(-\frac{F\varphi_{阳}^{\ominus}}{RT} \right)$$

4. 阳极过电势

式（13.6）−式（13.5），得

$$\Delta\varphi_{阳,过} = \varphi_{阳} - \varphi_{阳,e} = \frac{RT}{2F}\ln\frac{p_{CO}a_{O^{2-},e}}{a_{O^{2-}}p_{CO,e}} + \frac{RT}{F}\ln i \qquad (13.8)$$

由式（13.8）得

$$\ln i = \frac{F\Delta\varphi_{阳,过}}{RT} - \frac{1}{2}\ln\frac{p_{CO}a_{O^{2-},e}}{a_{O^{2-}}p_{CO,e}}$$

则

$$i = \left(\frac{a_{O^{2-}}p_{CO,e}}{p_{CO}a_{O^{2-},e}} \right)^{1/2} \exp\left(\frac{F\Delta\varphi_{阳,过}}{RT} \right) = k_+' \exp\left(\frac{F\Delta\varphi_{阳,过}}{RT} \right) \qquad (13.9)$$

式中，

$$k_+' = \left(\frac{a_{O^{2-}}p_{CO,e}}{p_{CO}a_{O^{2-},e}} \right)^{1/2} \approx \left(\frac{c_{O^{2-}}p_{CO,e}}{p_{CO}c_{O^{2-},e}} \right)^{1/2}$$

5. 电解池电动势

电解池反应达平衡，有

$$MeO + C \Longrightarrow Me + CO(气)$$

摩尔吉布斯自由能变化为

$$\Delta G_{m,e} = \mu_{Me} + \mu_{CO(气)} - \mu_{MeO} - \mu_C = \Delta G_m^{\ominus} + RT\ln p_{CO,e}$$

式中，

$$\Delta G_{m,e}^{\ominus} = \mu_{Me}^{\ominus} + \mu_{CO(气)}^{\ominus} - \mu_{MeO}^{\ominus} - \mu_C^{\ominus}$$

$$\mu_{Me} = \mu_{Me}^{\ominus}$$

$$\mu_{CO(气)} = \mu_{CO(气)}^{\ominus} + RT\ln p_{CO,e}$$

$$\mu_{MeO} = \mu_{MeO}^{\ominus}$$

$$\mu_C = \mu_C^{\ominus}$$

由

$$E_e = -\frac{\Delta G_{m,e}}{2F}$$

得

$$E_e = E^\ominus - \frac{RT}{2F}\ln p_{CO,e} = -E_e'　\quad (13.10)$$

式中，

$$E^\ominus = -\frac{\Delta G_m^\ominus}{2F} = -\frac{\mu_{Me}^\ominus + \mu_{CO(气)}^\ominus - \mu_{MeO}^\ominus - \mu_C^\ominus}{2F}$$

E_e' 为外加平衡电动势。

　　升高外电压，电解池有电流通过，发生极化，电解池反应为

$$MeO + C === Me + CO(气)$$

摩尔吉布斯自由能变化为

$$\Delta G_m = \mu_{Me} + \mu_{CO(气)} - \mu_{MeO} - \mu_C = \Delta G_m^\ominus + RT\ln p_{CO,e}$$

式中，

$$\Delta G_m^\ominus = \mu_{Me}^\ominus + \mu_{CO(气)}^\ominus - \mu_{MeO}^\ominus - \mu_C^\ominus$$

$$\mu_{Me} = \mu_{Me}^\ominus$$

$$\mu_{CO(气)} = \mu_{CO(气)}^\ominus + RT\ln p_{CO}$$

$$\mu_{MeO} = \mu_{MeO}^\ominus$$

$$\mu_C = \mu_C^\ominus$$

　　由

$$E = -\frac{\Delta G_m}{2F}$$

得

$$E = E^\ominus - \frac{RT}{2F}\ln p_{CO} = -E'　\quad (13.11)$$

式中，

$$E^\ominus = -\frac{\Delta G_m^\ominus}{2F} = -\frac{\mu_{Me}^\ominus + \mu_{CO(气)}^\ominus - \mu_{MeO}^\ominus - \mu_C^\ominus}{2F}$$

E' 为外加电动势。

　　式（13.11）-式（13.10），得

$$\Delta E' = E' - E_e' = \frac{RT}{2F}\ln \frac{p_{CO}}{p_{CO,e}}　\quad (13.12)$$

$$E' = \varphi_{阳} - \varphi_{阴}$$

$$E_e' = \varphi_{阳,e} - \varphi_{阴,e}$$

$$\Delta E' = (\varphi_{阳} - \varphi_{阴}) - (\varphi_{阳,e} - \varphi_{阴,e})$$

$$= (\varphi_{阳} - \varphi_{阳,e}) - (\varphi_{阴} - \varphi_{阴,e}) = \Delta\varphi_{阳} - \Delta\varphi_{阴} \qquad (13.13)$$

端电压为

$$V = E' + IR = E'_e + \Delta E' + IR = E'_e + \frac{RT}{2F}\ln\frac{p_{CO}}{p_{CO,e}} + IR \qquad (13.14)$$

13.2　由固态混合金属氧化物制备合金

由固态混合金属氧化物制备合金的电解池构成为

$$\text{Ar,C} \mid \text{NaCl-CaCl}_2 \mid \text{MeO-MO}$$

阴极反应为

$$\text{MeO} + 2e === [\text{Me}] + \text{O}^{2-}$$

$$\text{MO} + 2e === [\text{M}] + \text{O}^{2-}$$

阳极反应为

$$2\text{O}^{2-} + 2\text{C} === 2(\text{C—O}) + 4e$$

$$2(\text{C—O}) \Longrightarrow 2\text{CO}(吸附)$$

$$2\text{CO}(吸附) \Longrightarrow 2\text{CO}(气)$$

$$2\text{O}^{2-} + 2\text{C} === 2\text{CO}(气) + 4e$$

电解池反应为

$$\text{MeO} + \text{C} + 2e === [\text{Me}] + \text{CO}(气) \qquad (\text{i})$$

$$\text{MO} + \text{C} + 2e === [\text{M}] + \text{CO}(气) \qquad (\text{ii})$$

阴极反应达平衡，有

$$\text{MeO} + 2e \Longrightarrow [\text{Me}] + \text{O}^{2-} \qquad (\text{i})$$

$$\text{MO} + 2e \Longrightarrow [\text{M}] + \text{O}^{2-} \qquad (\text{ii})$$

1. 反应（i）的阴极电势

式（i）反应的摩尔吉布斯自由能变化为

$$\Delta G_{m,阴,e} = \mu_{[\text{Me}]} + \mu_{\text{O}^{2-}} - \mu_{\text{MeO}} - 2\mu_e = \Delta G_{m,阴}^{\ominus} + RT\ln\left(a_{[\text{Me}],e}\, a_{\text{O}^{2-},e}\right)$$

式中，

$$\Delta G_{m,阴}^{\ominus} = \mu_{\text{Me}}^{\ominus} + \mu_{\text{O}^{2-}}^{\ominus} - \mu_{\text{MeO}}^{\ominus} - 2\mu_e^{\ominus}$$

$$\mu_{[\text{Me}]} = \mu_{\text{Me}}^{\ominus} + RT\ln a_{[\text{Me}],e}$$

$$\mu_{\text{O}^{2-}} = \mu_{\text{O}^{2-}}^{\ominus} + RT\ln a_{\text{O}^{2-},e}$$

$$\mu_{MeO} = \mu_{MeO}^{\ominus}$$

$$\mu_e = \mu_e^{\ominus}$$

由

$$\varphi_{阴,e} = -\frac{\Delta G_{m,阴,e}}{2F}$$

得

$$\varphi_{阴,e} = \varphi_{阴}^{\ominus} + \frac{RT}{2F}\ln\frac{1}{a_{[Me],e}a_{O^{2-},e}} \tag{13.15}$$

式中，

$$\varphi_{阴}^{\ominus} = -\frac{\mu_{Me}^{\ominus} + \mu_{O^{2-}}^{\ominus} - \mu_{MeO}^{\ominus} - 2\mu_e^{\ominus}}{2F}$$

升高外电压，阴极有电流通过，发生极化，阴极反应为

$$MeO + 2e === [Me] + O^{2-} \tag{i'}$$

摩尔吉布斯自由能变化为

$$\Delta G_{m,阴} = \mu_{[Me]} + \mu_{O^{2-}} - \mu_{MeO} - 2\mu_e = \Delta G_{m,阴}^{\ominus} + RT\ln(a_{[Me]}a_{O^{2-}}) + 2RT\ln i$$

式中，

$$\Delta G_{m,阴}^{\ominus} = \mu_{Me}^{\ominus} + \mu_{O^{2-}}^{\ominus} - \mu_{MeO}^{\ominus} - 2\mu_e^{\ominus}$$

$$\mu_{[Me]} = \mu_{Me}^{\ominus} + RT\ln a_{[Me]}$$

$$\mu_{O^{2-}} = \mu_{O^{2-}}^{\ominus} + RT\ln a_{O^{2-}}$$

$$\mu_{MeO} = \mu_{MeO}^{\ominus}$$

$$\mu_e = \mu_e^{\ominus} - RT\ln i$$

由

$$\varphi_{阴} = -\frac{\Delta G_{m,阴}}{2F}$$

得

$$\varphi_{阴} = \varphi_{阴}^{\ominus} + \frac{RT}{2F}\ln\frac{1}{a_{[Me]}a_{O^{2-}}} - \frac{RT}{F}\ln i \tag{13.16}$$

式中，

$$\varphi_{阴}^{\ominus} = -\frac{\Delta G_{m,阴}^{\ominus}}{2F} = -\frac{\mu_{Me}^{\ominus} + \mu_{O^{2-}}^{\ominus} - \mu_{MeO}^{\ominus} - 2\mu_e^{\ominus}}{2F}$$

由式（13.16）得

$$\ln i = -\frac{F\varphi_{阴}}{RT} + \frac{F\varphi_{阴}^{\ominus}}{RT} + \frac{1}{2}\ln\frac{1}{a_{[Me]}a_{O^{2-}}}$$

则

$$i = \left(\frac{1}{a_{[\text{Me}]}a_{\text{O}^{2-}}}\right)^{1/2} \exp\left(-\frac{F\varphi_{\text{阴}}}{RT}\right) \exp\left(\frac{F\varphi_{\text{阴}}^{\ominus}}{RT}\right) = k_{-}\exp\left(-\frac{F\varphi_{\text{阴}}}{RT}\right) \quad （13.17）$$

式中，

$$k_{-} = \left(\frac{1}{a_{[\text{Me}]}a_{\text{O}^{2-}}}\right)^{1/2} \exp\left(\frac{F\varphi_{\text{阴}}^{\ominus}}{RT}\right) \approx \left(\frac{1}{c_{[\text{Me}]}c_{\text{O}^{2-}}}\right)^{1/2} \exp\left(\frac{F\varphi_{\text{阴}}^{\ominus}}{RT}\right)$$

反应（i）阴极过电势：

式（13.16）−式（13.15），得

$$\Delta\varphi_{\text{阴}} = \varphi_{\text{阴}} - \varphi_{\text{阴,e}} = \frac{RT}{2F}\ln\frac{a_{[\text{Me}],\text{e}}a_{\text{O}^{2-},\text{e}}}{a_{[\text{Me}]}a_{\text{O}^{2-}}} - \frac{RT}{F}\ln i \quad （13.18）$$

移项得

$$\ln i = -\frac{F\Delta\varphi_{\text{阴}}}{RT} + \frac{1}{2}\ln\frac{a_{[\text{Me}],\text{e}}a_{\text{O}^{2-},\text{e}}}{a_{[\text{Me}]}a_{\text{O}^{2-}}}$$

则

$$i = \left(\frac{a_{[\text{Me}],\text{e}}a_{\text{O}^{2-},\text{e}}}{a_{[\text{Me}]}a_{\text{O}^{2-}}}\right)^{1/2} \exp\left(-\frac{F\Delta\varphi_{\text{阴}}}{RT}\right) = k_{-}'\exp\left(-\frac{F\Delta\varphi_{\text{阴}}}{RT}\right) \quad （13.19）$$

式中，

$$k_{-}' = \left(\frac{a_{[\text{Me}],\text{e}}a_{\text{O}^{2-},\text{e}}}{a_{[\text{Me}]}a_{\text{O}^{2-}}}\right)^{1/2} \approx \left(\frac{c_{[\text{Me}],\text{e}}c_{\text{O}^{2-},\text{e}}}{c_{[\text{Me}]}c_{\text{O}^{2-}}}\right)^{1/2}$$

2. 反应（ii）的阴极电势

式（ii）反应的摩尔吉布斯自由能变化为

$$\Delta G_{\text{m,阴,e}} = \mu_{[\text{M}]} + \mu_{\text{O}^{2-}} - \mu_{\text{MO}} - 2\mu_{\text{e}} = \Delta G_{\text{m,阴}}^{\ominus} + RT\ln(a_{[\text{M}],\text{e}}a_{\text{O}^{2-},\text{e}})$$

式中，

$$\Delta G_{\text{m,阴}}^{\ominus} = \mu_{\text{M}}^{\ominus} + \mu_{\text{O}^{2-}}^{\ominus} - \mu_{\text{MO}}^{\ominus} - 2\mu_{\text{e}}^{\ominus}$$

$$\mu_{[\text{M}]} = \mu_{\text{M}}^{\ominus} + RT\ln a_{[\text{M}],\text{e}}$$

$$\mu_{\text{O}^{2-}} = \mu_{\text{O}^{2-}}^{\ominus} + RT\ln a_{\text{O}^{2-},\text{e}}$$

$$\mu_{\text{MO}} = \mu_{\text{MO}}^{\ominus}$$

$$\mu_{\text{e}} - \mu_{\text{e}}^{\ominus}$$

由

$$\varphi_{\text{阴,e}} = -\frac{\Delta G_{\text{m,阴,e}}}{2F}$$

得

$$\varphi_{\text{阴,e}} = \varphi_{\text{阴}}^{\ominus} + \frac{RT}{2F} \ln \frac{1}{a_{\text{[M],e}} a_{\text{O}^{2-},\text{e}}} \tag{13.20}$$

式中，

$$\varphi_{\text{阴}}^{\ominus} = -\frac{\Delta G_{\text{m,阴}}^{\ominus}}{2F} = -\frac{\mu_{\text{M}}^{\ominus} + \mu_{\text{O}^{2-}}^{\ominus} - \mu_{\text{MO}}^{\ominus} - 2\mu_{\text{e}}^{\ominus}}{2F}$$

升高电压，阴极有电流通过，发生极化，阴极反应为

$$MO + 2e == [M] + O^{2-} \tag{ii'}$$

摩尔吉布斯自由能变化为

$$\Delta G_{\text{m,阴}} = \mu_{\text{[M]}} + \mu_{\text{O}^{2-}} - \mu_{\text{MO}} - 2\mu_{\text{e}} = \Delta G_{\text{m,阴}}^{\ominus} + RT \ln\left(a_{\text{[M]}} a_{\text{O}^{2-}}\right) + 2RT \ln i$$

式中，

$$\Delta G_{\text{m,阴}}^{\ominus} = \mu_{\text{M}}^{\ominus} + \mu_{\text{O}^{2-}}^{\ominus} - \mu_{\text{MO}}^{\ominus} - 2\mu_{\text{e}}^{\ominus}$$

$$\mu_{\text{[M]}} = \mu_{\text{M}}^{\ominus} + RT \ln a_{\text{[M]}}$$

$$\mu_{\text{O}^{2-}} = \mu_{\text{O}^{2-}}^{\ominus} + RT \ln a_{\text{O}^{2-}}$$

$$\mu_{\text{MO}} = \mu_{\text{MO}}^{\ominus}$$

$$\mu_{\text{e}} = \mu_{\text{e}}^{\ominus} - RT \ln i$$

由

$$\varphi_{\text{阴}} = -\frac{\Delta G_{\text{m,阴}}}{2F}$$

得

$$\varphi_{\text{阴,e}} = \varphi_{\text{阴}}^{\ominus} + \frac{RT}{zF} \ln \frac{1}{a_{\text{[M]}} a_{\text{O}^{2-}}} - \frac{RT}{F} \ln i \tag{13.21}$$

式中，

$$\varphi_{\text{阴}}^{\ominus} = -\frac{\Delta G_{\text{m,阴}}^{\ominus}}{2F} = -\frac{\mu_{\text{M}}^{\ominus} + \mu_{\text{O}^{2-}}^{\ominus} - \mu_{\text{MO}}^{\ominus} - 2\mu_{\text{e}}^{\ominus}}{2F}$$

由式（13.21）得

$$\ln i = -\frac{F\varphi_{\text{阴}}}{RT} + \frac{F\varphi_{\text{阴}}^{\ominus}}{RT} + \frac{1}{2} \ln \frac{1}{a_{\text{[M]}} a_{\text{O}^{2-}}}$$

则

$$i = \left(\frac{1}{a_{\text{[M]}} a_{\text{O}^{2-}}}\right)^{1/2} \exp\left(-\frac{F\varphi_{\text{阴}}}{RT}\right) \exp\left(\frac{F\varphi_{\text{阴}}^{\ominus}}{RT}\right) = k_{\_} \exp\left(-\frac{F\varphi_{\text{阴}}}{RT}\right) \tag{13.22}$$

式中,

$$k_- = \left(\frac{1}{a_{[M]}a_{O^{2-}}}\right)^{1/2} \exp\left(\frac{F\varphi_{阴}^{\ominus}}{RT}\right) \approx \left(\frac{1}{c_{[M]}c_{O^{2-}}}\right)^{1/2} \exp\left(\frac{F\varphi_{阴}^{\ominus}}{RT}\right)$$

反应（ii）的阴极过电势:

式（13.21）-式（13.20）,得

$$\Delta\varphi_{阴} = \varphi_{阴} - \varphi_{阴,e} = \frac{RT}{2F}\ln\frac{a_{[M],e}a_{O^{2-},e}}{a_{[M]}a_{O^{2-}}} - \frac{RT}{F}\ln i \qquad (13.23)$$

移项得

$$\ln i = -\frac{F\Delta\varphi_{阴}}{RT} + \frac{1}{2}\ln\frac{a_{[M],e}a_{O^{2-},e}}{a_{[M]}a_{O^{2-}}}$$

则

$$i = \left(\frac{a_{[M],e}a_{O^{2-},e}}{a_{[M]}a_{O^{2-}}}\right)^{1/2} \exp\left(-\frac{F\Delta\varphi_{阴}}{RT}\right) = k_-' \exp\left(-\frac{F\Delta\varphi_{阴}}{RT}\right) \qquad (13.24)$$

式中,

$$k_-' = \left(\frac{a_{[M],e}a_{O^{2-},e}}{a_{[M]}a_{O^{2-}}}\right)^{1/2} \approx \left(\frac{c_{[M],e}c_{O^{2-},e}}{c_{[M]}c_{O^{2-}}}\right)^{1/2}$$

由

$$i_k = zFj_k$$

得

$$\frac{i_{[Me]}}{i_{[M]}} = \frac{j_{[Me]}}{j_{[M]}}$$

式中, j_k 为组分 k 在合金中的摩尔数。

3. 阳极电势

阳极反应达平衡,有

$$2O^{2-} - 4e + 2C \Longleftrightarrow 2CO(气)$$

摩尔吉布斯自由能变化为

$$\Delta G_{m,阳,e} = 2\mu_{CO(气)} - 2\mu_{O^{2-}} + 4\mu_e - 2\mu_C = \Delta G_{m,阳}^{\ominus} + RT\ln\frac{p_{CO,e}^2}{a_{O^{2-},e}^2}$$

式中,

$$\Delta G_{m,阳}^{\ominus} = 2\mu_{CO}^{\ominus} - 2\mu_{O^{2-}}^{\ominus} + 4\mu_e^{\ominus} - 2\mu_C^{\ominus}$$

$$\mu_{CO} = \mu_{CO}^{\ominus} + RT \ln p_{CO,e}$$

$$\mu_{O^{2-}} = \mu_{O^{2-}}^{\ominus} + RT \ln a_{O^{2-},e}$$

$$\mu_e = \mu_e^{\ominus}$$

$$\mu_C = \mu_C^{\ominus}$$

由

$$\varphi_{阴,e} = \frac{\Delta G_{m,阳,e}}{4F}$$

得

$$\varphi_{阳,e} = \varphi_{阳}^{\ominus} + \frac{RT}{4F} \ln \frac{p_{CO,e}^2}{a_{O^{2-},e}^2} \tag{13.25}$$

式中，

$$\varphi_{阳}^{\ominus} = \frac{\Delta G_{m,阳}^{\ominus}}{4F} = \frac{2\mu_{CO}^{\ominus} - 2\mu_{O^{2-}}^{\ominus} + 4\mu_e^{\ominus} - 2\mu_C^{\ominus}}{4F}$$

阳极有电流通过，发生极化。阳极反应为

$$2O^{2-} - 4e + 2C \Longrightarrow 2CO(气)$$

摩尔吉布斯自由能变化为

$$\Delta G_{m,阳} = 2\mu_{CO(气)} - 2\mu_{O^{2-}} + 4\mu_e - 2\mu_C = \Delta G_{m,阳}^{\ominus} + RT \ln \frac{p_{CO}^2}{a_{O^{2-}}^2} + 4RT \ln i$$

式中，

$$\Delta G_{m,阴}^{\ominus} = 2\mu_{CO}^{\ominus} - 2\mu_{O^{2-}}^{\ominus} + 4\mu_e^{\ominus} - 2\mu_C^{\ominus}$$

$$\mu_{CO(气)} = \mu_{CO}^{\ominus} + RT \ln p_{CO}$$

$$\mu_{O^{2-}} = \mu_{O^{2-}}^{\ominus} + RT \ln a_{O^{2-}}$$

$$\mu_e = \mu_e^{\ominus} + RT \ln i$$

$$\mu_C = \mu_C^{\ominus}$$

由

$$\varphi_{阴} = \frac{\Delta G_{m,阳}}{4F}$$

得

$$\varphi_{阳} = \varphi_{阳}^{\ominus} + \frac{RT}{4F} \ln \frac{p_{CO}^2}{a_{O^{2-}}^2} + \frac{RT}{F} \ln i \tag{13.26}$$

式中，

$$\varphi_{阳}^{\ominus} = \frac{2\mu_{CO}^{\ominus} - 2\mu_{O^{2-}}^{\ominus} + 4\mu_e^{\ominus} - 2\mu_C^{\ominus}}{4F}$$

由式（13.26）得

$$\ln i = \frac{F\varphi_{阳}}{RT} - \frac{F\varphi_{阳}^{\ominus}}{RT} - \frac{1}{2}\ln\frac{p_{CO}}{a_{O^{2-}}}$$

则

$$i = \left(\frac{a_{O^{2-}}}{p_{CO}}\right)^{1/2}\exp\left(\frac{F\varphi_{阳}}{RT}\right)\exp\left(-\frac{F\varphi_{阳}^{\ominus}}{RT}\right) = k_+\exp\left(\frac{F\varphi_{阳}}{RT}\right) \tag{13.27}$$

式中，

$$k_+ = \left(\frac{a_{O^{2-}}}{p_{CO}}\right)^{1/2}\exp\left(-\frac{F\varphi_{阳}^{\ominus}}{RT}\right) \approx \left(\frac{c_{O^{2-}}}{p_{CO}}\right)^{1/2}\exp\left(-\frac{F\varphi_{阳}^{\ominus}}{RT}\right)$$

阳极过电势：

式（13.26）−式（13.25），得

$$\Delta\varphi_{阳} = \varphi_{阳} - \varphi_{阳,e} = \frac{RT}{2F}\ln\frac{p_{CO}a_{O^{2-},e}}{a_{O^{2-}}p_{CO,e}} + \frac{RT}{F}\ln i \tag{13.28}$$

由上式得

$$\ln i = \frac{F\Delta\varphi_{阳}}{RT} - \frac{1}{2}\ln\frac{p_{CO}a_{O^{2-},e}}{a_{O^{2-}}p_{CO,e}}$$

则

$$i = \left(\frac{a_{O^{2-}}p_{CO,e}}{p_{CO}a_{O^{2-},e}}\right)^{1/2}\exp\left(\frac{F\Delta\varphi_{阳}}{RT}\right) = k'_+\exp\left(\frac{F\Delta\varphi_{阳}}{RT}\right) \tag{13.29}$$

式中，

$$k'_+ = \left(\frac{a_{O^{2-}}p_{CO,e}}{p_{CO}a_{O^{2-},e}}\right)^{1/2} \approx \left(\frac{c_{O^{2-}}p_{CO,e}}{p_{CO}c_{O^{2-},e}}\right)^{1/2}$$

电解池反应：

电解反应达平衡，有

$$MeO + C \Longrightarrow [Me] + CO(气) \tag{i}$$

$$MO + C \Longrightarrow [M] + CO(气) \tag{ii}$$

4. 反应（i）的电解池电动势

式（i）反应的摩尔吉布斯自由能变化为

$$\Delta G_{m,Me,e} = \mu_{[Me]} + \mu_{CO(气)} - \mu_{MeO} - \mu_C = \Delta G_{m,Me}^{\ominus} + RT\ln(a_{[Me],e}p_{CO,e})$$

式中，

$$\Delta G_{m,阴}^{\ominus} = \mu_{Me}^{\ominus} + \mu_{CO}^{\ominus} - \mu_{MeO}^{\ominus} - \mu_C^{\ominus}$$

$$\mu_{[Me]} = \mu_{Me}^{\ominus} + RT \ln a_{[Me],e}$$

$$\mu_{CO(气)} = \mu_{CO}^{\ominus} + RT \ln p_{CO,e}$$

$$\mu_{MeO} = \mu_{MeO}^{\ominus}$$

$$\mu_{C} = \mu_{C}^{\ominus}$$

由

$$E_{Me,e} = -\frac{\Delta G_{m,Me,e}}{2F}$$

得

$$E_{Me,e} = E_{Me}^{\ominus} + \frac{RT}{2F} \ln \frac{1}{a_{[Me],e}p_{CO,e}} \tag{13.30}$$

式中，

$$E_{Me}^{\ominus} = -\frac{\Delta G_{m,Me}^{\ominus}}{2F} = -\frac{\mu_{Me}^{\ominus} + \mu_{CO(气)}^{\ominus} - \mu_{MeO}^{\ominus} - \mu_{C}^{\ominus}}{2F}$$

并有

$$E_{Me,e} = -E_{Me,e}'$$

$E_{Me,e}'$ 为外加的平衡电动势。

电解池有电流通过，发生极化。电解池反应为

$$MeO + C \rightleftharpoons [Me] + CO(气)$$

摩尔吉布斯自由能变化为

$$\Delta G_{m,Me} = \mu_{[Me]} + \mu_{CO} - \mu_{MeO} - \mu_{C} = \Delta G_{m,Me}^{\ominus} + RT \ln(a_{[Me]}p_{CO})$$

式中，

$$\Delta G_{m,阴}^{\ominus} = \mu_{Me}^{\ominus} + \mu_{CO}^{\ominus} - \mu_{MeO}^{\ominus} - \mu_{C}^{\ominus}$$

$$\mu_{[Me]} = \mu_{Me}^{\ominus} + RT \ln a_{[Me]}$$

$$\mu_{CO(气)} = \mu_{CO}^{\ominus} + RT \ln p_{CO}$$

$$\mu_{MeO} = \mu_{MeO}^{\ominus}$$

$$\mu_{C} = \mu_{C}^{\ominus}$$

由

$$E_{Me} = -\frac{\Delta G_{m,Me}}{2F}$$

得

$$E_{Me} = E_{Me}^{\ominus} + \frac{RT}{2F} \ln \frac{1}{a_{[Me]}p_{CO}} \tag{13.31}$$

式中，

$$E_{\mathrm{Me}}^{\ominus} = -\frac{\Delta G_{\mathrm{m,Me}}^{\ominus}}{2F} = -\frac{\mu_{\mathrm{Me}}^{\ominus} + \mu_{\mathrm{CO}}^{\ominus} - \mu_{\mathrm{MeO}}^{\ominus} - \mu_{\mathrm{C}}^{\ominus}}{2F}$$

并有

$$E_{\mathrm{Me}} = -E_{\mathrm{Me}}'$$

E_{Me}' 为外加的电动势。

过电动势：

$$\begin{aligned}
\Delta E_{\mathrm{Me}}' &= E_{\mathrm{Me}}' - E_{\mathrm{Me,e}}' = (\varphi_{阳} - \varphi_{阴}) - (\varphi_{阳,\mathrm{e}} - \varphi_{阴,\mathrm{e}}) \\
&= (\varphi_{阳} - \varphi_{阳,\mathrm{e}}) - (\varphi_{阴} - \varphi_{阴,\mathrm{e}}) \\
&= \Delta\varphi_{阳} - \Delta\varphi_{阴} \quad\quad\quad\quad\quad (13.32)
\end{aligned}$$

$$\begin{aligned}
E_{\mathrm{Me,e}}' &= -E_{\mathrm{Me,e}} \\
&= -\left(E_{\mathrm{Me}}^{\ominus} + \frac{RT}{2F}\ln\frac{1}{a_{[\mathrm{Me}],\mathrm{e}}p_{\mathrm{CO,e}}} \right) \\
&= -E_{\mathrm{Me}}^{\ominus} + \frac{RT}{2F}\ln\left(a_{[\mathrm{Me}],\mathrm{e}}p_{\mathrm{CO,e}}\right)
\end{aligned}$$

$$\Delta E_{\mathrm{Me}}' = E_{\mathrm{Me}}' - E_{\mathrm{Me,e}}' = \frac{RT}{2F}\ln\frac{a_{[\mathrm{Me}]}p_{\mathrm{CO}}}{a_{[\mathrm{Me}],\mathrm{e}}p_{\mathrm{CO,e}}} \quad\quad (13.33)$$

端电压为

$$V_{\mathrm{Me}}' = E_{\mathrm{Me}}' + IR = E_{\mathrm{Me,e}}' + \Delta E_{\mathrm{Me}}' + IR \quad\quad (13.34)$$

5. 反应（ⅱ）的电解池电动势

式（ⅱ）反应的摩尔吉布斯自由能变化为

$$\Delta G_{\mathrm{m,M,e}} = \mu_{[\mathrm{M}]} + \mu_{\mathrm{CO}(气)} - \mu_{\mathrm{MO}} - \mu_{\mathrm{C}} = \Delta G_{\mathrm{m,M}}^{\ominus} + RT\ln\left(a_{[\mathrm{M}],\mathrm{e}}p_{\mathrm{CO,e}}\right)$$

式中，

$$\Delta G_{\mathrm{m,M}}^{\ominus} = \mu_{\mathrm{M}}^{\ominus} + \mu_{\mathrm{CO}}^{\ominus} - \mu_{\mathrm{MO}}^{\ominus} - \mu_{\mathrm{C}}^{\ominus}$$

$$\mu_{[\mathrm{M}]} = \mu_{\mathrm{M}}^{\ominus} + RT\ln a_{[\mathrm{M}],\mathrm{e}}$$

$$\mu_{\mathrm{CO}(气)} = \mu_{\mathrm{CO}}^{\ominus} + RT\ln p_{\mathrm{CO,e}}$$

$$\mu_{\mathrm{MO}} = \mu_{\mathrm{MO}}^{\ominus}$$

$$\mu_{\mathrm{C}} = \mu_{\mathrm{C}}^{\ominus}$$

由

$$E_{\mathrm{M,e}} = -\frac{\Delta G_{\mathrm{m,M,e}}}{2F}$$

得

$$E_{\mathrm{M,e}} = E_{\mathrm{M}}^{\ominus} + \frac{RT}{2F}\ln\frac{1}{a_{[\mathrm{M}],\mathrm{e}}p_{\mathrm{CO,e}}} \quad\quad (13.35)$$

式中，

$$E_M^\ominus = -\frac{\Delta G_{m,M}^\ominus}{2F} = -\frac{\mu_M^\ominus + \mu_{CO}^\ominus - \mu_{MO}^\ominus - \mu_C^\ominus}{2F}$$

并有

$$E_{M,e} = -E_{M,e}'$$

$E_{M,e}'$ 为外加的平衡电动势。

电解池有电流通过，发生极化。电解池反应为

$$MO + C \Longrightarrow [M] + CO(气)$$

摩尔吉布斯自由能变化为

$$\Delta G_{m,M} = \mu_{[M]} + \mu_{CO(气)} - \mu_{MO} - \mu_C = \Delta G_{m,M}^\ominus + RT\ln(a_{[M]}p_{CO})$$

式中，

$$\Delta G_{m,M}^\ominus = \mu_M^\ominus + \mu_{CO}^\ominus - \mu_{MO}^\ominus - \mu_C^\ominus$$

$$\mu_{[M]} = \mu_M^\ominus + RT\ln a_{[M]}$$

$$\mu_{CO(气)} = \mu_{CO}^\ominus + RT\ln p_{CO}$$

$$\mu_{MO} = \mu_{MO}^\ominus$$

$$\mu_C = \mu_C^\ominus$$

由

$$E_M = -\frac{\Delta G_{m,M}}{2F}$$

得

$$E_M = E_M^\ominus + \frac{RT}{2F}\ln\frac{1}{a_{[M]}p_{CO}} \tag{13.36}$$

式中，

$$E_M^\ominus = -\frac{\Delta G_{m,M}^\ominus}{2F} = -\frac{\mu_M^\ominus + \mu_{CO}^\ominus - \mu_{MO}^\ominus - \mu_C^\ominus}{2F}$$

并有

$$E_M = -E_M'$$

E_M' 为外加电动势。

过电动势：

$$\Delta E_M' = E_M' - E_{M,e}' = (\varphi_阳 - \varphi_阴) - (\varphi_{阳,e} - \varphi_{阴,e})$$
$$= (\varphi_阳 - \varphi_{阳,e}) - (\varphi_阴 - \varphi_{阴,e})$$
$$= \Delta\varphi_阳 - \Delta\varphi_阴 \tag{13.37}$$

$$E'_M = -E_M$$

$$= -\left(E_M^\ominus + \frac{RT}{2F} \ln \frac{1}{a_{[M]} p_{CO}} \right)$$

$$= -E_M^\ominus + \frac{RT}{2F} \ln (a_{[M]} p_{CO})$$

$$\Delta E_M = E'_M - E'_{M,e} = \frac{RT}{2F} \ln \frac{a_{[M]} p_{CO}}{a_{[M],e} p_{CO,e}} \qquad (13.38)$$

端电压为

$$V'_M = E'_M + IR = E'_{M,e} + \Delta E_M + IR \qquad (13.39)$$

13.3　由碳和金属氧化物制备碳化物

以固体氧化物 MeO 和 C 为原料，制备碳化物，电解池构成为

$$Ar\text{-}C \mid NaCl\text{-}CaCl_2 \mid MeO\text{-}C$$

阴极反应为

$$MeO + 2e == Me + O^{2-}$$

$$Me + C == MeC$$

阳极反应为

$$O^{2-} + C == C—O + 2e$$

$$C—O == CO(吸附)$$

$$CO(吸附) == CO(气)$$

电解池反应为

$$MeO + 2C == MeC + CO(气)$$

1. 阴极电势

阴极反应达平衡，有

$$MeO + 2e + C \rightleftharpoons MeC + O^{2-}$$

摩尔吉布斯自由能变化为

$$\Delta G_{m,阴,e} = \mu_{MeC} + \mu_{O^{2-}} - \mu_{MeO} - 2\mu_e - \mu_C = \Delta G_{m,阴}^\ominus + RT \ln a_{O^{2-},e}$$

式中，

$$\Delta G_{m,阴}^\ominus = \mu_{MeC}^\ominus + \mu_{O^{2-}}^\ominus - \mu_{MeO}^\ominus - 2\mu_e^\ominus - \mu_C^\ominus$$

$$\mu_{MeC} = \mu_{MeC}^\ominus$$

$$\mu_{O^{2-}} = \mu_{O^{2-}}^\ominus + RT \ln a_{O^{2-},e}$$

$$\mu_{\text{MeO}} = \mu_{\text{MeO}}^{\ominus}$$

$$\mu_{\text{e}} = \mu_{\text{e}}^{\ominus}$$

$$\mu_{\text{C}} = \mu_{\text{C}}^{\ominus}$$

由

$$\varphi_{\text{阴,e}} = -\frac{\Delta G_{\text{m,阴,e}}}{2F}$$

得

$$\varphi_{\text{阴,e}} = \varphi_{\text{阴}}^{\ominus} + \frac{RT}{2F}\ln\frac{1}{a_{\text{O}^{2-},\text{e}}} \tag{13.40}$$

式中，

$$\varphi_{\text{阴}}^{\ominus} = -\frac{\mu_{\text{MeC}}^{\ominus} + \mu_{\text{O}^{2-}}^{\ominus} - \mu_{\text{MeO}}^{\ominus} - 2\mu_{\text{e}}^{\ominus} - \mu_{\text{C}}^{\ominus}}{2F}$$

提高外电压，阴极有电流通过，产生过电势，阴极反应为

$$\text{MeO} + 2\text{e} + \text{C} = \text{MeC} + \text{O}^{2-}$$

摩尔吉布斯自由能变化为

$$\Delta G_{\text{m,阴}} = \mu_{\text{MeC}} + \mu_{\text{O}^{2-}} - \mu_{\text{MeO}} - 2\mu_{\text{e}} - \mu_{\text{C}} = \Delta G_{\text{m,阴}}^{\ominus} + RT\ln a_{\text{O}^{2-}} + 2RT\ln i$$

式中，

$$\Delta G_{\text{m,阴}}^{\ominus} = \mu_{\text{MeC}}^{\ominus} + \mu_{\text{O}^{2-}}^{\ominus} - \mu_{\text{MeO}}^{\ominus} - 2\mu_{\text{e}}^{\ominus} - \mu_{\text{C}}^{\ominus}$$

$$\mu_{\text{MeC}} = \mu_{\text{MeC}}^{\ominus}$$

$$\mu_{\text{O}^{2-}} = \mu_{\text{O}^{2-}}^{\ominus} + RT\ln a_{\text{O}^{2-},\text{e}}$$

$$\mu_{\text{MeO}} = \mu_{\text{MeO}}^{\ominus}$$

$$\mu_{\text{e}} = \mu_{\text{e}}^{\ominus} - RT\ln i$$

$$\mu_{\text{C}} = \mu_{\text{C}}^{\ominus}$$

由

$$\varphi_{\text{阴}} = -\frac{\Delta G_{\text{m,阴}}}{2F}$$

得

$$\varphi_{\text{阴}} = \varphi_{\text{阴}}^{\ominus} + \frac{RT}{2F}\ln\frac{1}{a_{\text{O}^{2-}}} - \frac{RT}{F}\ln i \tag{13.41}$$

式中，

$$\varphi_{\text{阴}}^{\ominus} = -\frac{\Delta G_{\text{m,阴}}^{\ominus}}{2F} = -\frac{\mu_{\text{MeC}}^{\ominus} + \mu_{\text{O}^{2-}}^{\ominus} - \mu_{\text{MeO}}^{\ominus} - 2\mu_{\text{e}}^{\ominus} - \mu_{\text{C}}^{\ominus}}{2F}$$

由式（13.41）得

$$\ln i = -\frac{F\varphi_\text{阴}}{RT} + \frac{F\varphi_\text{阴}^\ominus}{RT} + \frac{1}{2}\ln\frac{1}{a_{O^{2-}}}$$

则

$$i = \left(\frac{1}{a_{O^{2-}}}\right)^{1/2}\exp\left(-\frac{F\varphi_\text{阴}}{RT}\right)\exp\left(\frac{F\varphi_\text{阴}^\ominus}{RT}\right) = k_-\exp\left(-\frac{F\varphi_\text{阴}}{RT}\right) \qquad （13.42）$$

式中，

$$k_- = \left(\frac{1}{a_{O^{2-}}}\right)^{1/2}\exp\left(\frac{F\varphi_\text{阴}^\ominus}{RT}\right) \approx \left(\frac{1}{c_{O^{2-}}}\right)^{1/2}\exp\left(\frac{F\varphi_\text{阴}^\ominus}{RT}\right)$$

2. 阴极过电势

式（13.41）−式（13.40），得

$$\Delta\varphi_\text{阴} = \varphi_\text{阴} - \varphi_\text{阴,e} = \frac{RT}{2F}\ln\frac{a_{O^{2-},e}}{a_{O^{2-}}} + \frac{RT}{F}\ln i \qquad （13.43）$$

由上式得

$$\ln i = -\frac{F\Delta\varphi_\text{阴}}{RT} + \frac{1}{2}\ln\frac{a_{O^{2-},e}}{a_{O^{2-}}}$$

则

$$i = \left(\frac{a_{O^{2-},e}}{a_{O^{2-}}}\right)^{1/2}\exp\left(-\frac{F\Delta\varphi_\text{阴}}{RT}\right) = k_-'\exp\left(\frac{F\Delta\varphi_\text{阴}}{RT}\right) \qquad （13.44）$$

式中，

$$k_-' = \left(\frac{a_{O^{2-},e}}{a_{O^{2-}}}\right)^{1/2} \approx \left(\frac{c_{O^{2-},e}}{c_{O^{2-}}}\right)^{1/2}$$

3. 阳极电势

阳极反应达平衡，有

$$O^{2-} + C \rightleftharpoons CO(气) + 2e$$

摩尔吉布斯自由能变化为

$$\Delta G_{m,阳,e} = \mu_{CO(气)} + 2\mu_e - \mu_{O^{2-}} - \mu_C = \Delta G_{m,阳}^\ominus + RT\ln\frac{p_{CO,e}}{a_{O^{2-},e}}$$

式中，

$$\Delta G_{m,阳}^\ominus = \mu_{CO(气)}^\ominus + 2\mu_e^\ominus - \mu_{O^{2-}}^\ominus - \mu_C^\ominus$$

$$\mu_{CO(气)} = \mu_{CO(气)}^{\ominus} + RT \ln p_{CO,e}$$

$$\mu_{O^{2-}} = \mu_{O^{2-}}^{\ominus} + RT \ln a_{O^{2-},e}$$

$$\mu_e = \mu_e^{\ominus}$$

$$\mu_C = \mu_C^{\ominus}$$

由

$$\varphi_{阳,e} = \frac{\Delta G_{m,阳,e}}{2F}$$

得

$$\varphi_{阳,e} = \varphi_{阳,e}^{\ominus} + \frac{RT}{2F} \ln \frac{p_{CO,e}}{a_{O^{2-},e}} \tag{13.45}$$

式中，

$$\varphi_{阳}^{\ominus} = \frac{\Delta G_{m,阳}^{\ominus}}{2F} = \frac{\mu_{CO(气)}^{\ominus} + 2\mu_e^{\ominus} - \mu_{O^{2-}}^{\ominus} - \mu_C^{\ominus}}{2F}$$

阳极有电流通过，发生极化。阳极反应为

$$O^{2-} + C - 2e === CO(气)$$

摩尔吉布斯自由能变化为

$$\Delta G_{m,阳} = \mu_{CO(气)} - \mu_C - \mu_{O^{2-}} + 2\mu_e = \Delta G_{m,阳}^{\ominus} + RT \ln \frac{p_{CO}}{a_{O^{2-}}} + 2RT \ln i$$

式中，

$$\Delta G_{m,阳}^{\ominus} = \mu_{CO}^{\ominus} + 2\mu_e^{\ominus} - \mu_C^{\ominus} - \mu_{O^{2-}}^{\ominus}$$

$$\mu_{CO(气)} = \mu_{CO}^{\ominus} + RT \ln p_{CO}$$

$$\mu_C = \mu_C^{\ominus}$$

$$\mu_{O^{2-}} = \mu_{O^{2-}}^{\ominus} + RT \ln a_{O^{2-}}$$

$$\mu_e = \mu_e^{\ominus} + RT \ln i$$

由

$$\varphi_{阳} = \frac{\Delta G_{m,阳}}{2F}$$

得

$$\varphi_{阳} = \varphi_{阳}^{\ominus} + \frac{RT}{2F} \ln \frac{p_{CO}}{a_{O^{2-}}} \tag{13.46}$$

式中，

$$\varphi_{阳}^{\ominus} = \frac{\Delta G_{m,阳}^{\ominus}}{2F} = \frac{\mu_{CO}^{\ominus} + 2\mu_e^{\ominus} - \mu_C^{\ominus} - \mu_{O^{2-}}^{\ominus}}{2F}$$

由式（13.46）得

$$\ln i = \frac{F\varphi_{阳}}{RT} - \frac{F\varphi_{阳}^{\ominus}}{RT} - \frac{1}{2}\ln\frac{p_{CO}}{a_{O^{2-}}}$$

则

$$i = \left(\frac{a_{O^{2-}}}{p_{CO}}\right)^{1/2}\exp\left(\frac{F\varphi_{阳}}{RT}\right)\exp\left(-\frac{F\varphi_{阳}^{\ominus}}{RT}\right) = k_+\exp\left(\frac{F\varphi_{阳}}{RT}\right) \qquad （13.47）$$

式中，

$$k_+ = \left(\frac{a_{O^{2-}}}{p_{CO}}\right)^{1/2}\exp\left(-\frac{F\varphi_{阳}^{\ominus}}{RT}\right) \approx \left(\frac{c_{O^{2-}}}{p_{CO}}\right)^{1/2}\exp\left(-\frac{F\varphi_{阳}^{\ominus}}{RT}\right)$$

4. 阳极过电势

式（13.46）−式（13.45），得

$$\Delta\varphi_{阳} = \varphi_{阳} - \varphi_{阳,e} = \frac{RT}{2F}\ln\frac{p_{CO}a_{O^{2-},e}}{a_{O^{2-}}p_{CO,e}} + \frac{RT}{F}\ln i \qquad （13.48）$$

由上式得

$$\ln i = \frac{F\Delta\varphi_{阳}}{RT} - \frac{1}{2}\ln\frac{p_{CO}a_{O^{2-},e}}{a_{O^{2-}}p_{CO,e}}$$

则

$$i = \left(\frac{a_{O^{2-}}p_{CO,e}}{p_{CO}a_{O^{2-},e}}\right)^{1/2}\exp\left(\frac{F\Delta\varphi_{阳}}{RT}\right) = k'_+\exp\left(\frac{F\Delta\varphi_{阳}}{RT}\right) \qquad （13.49）$$

式中，

$$k'_+ = \left(\frac{a_{O^{2-}}p_{CO,e}}{p_{CO}a_{O^{2-},e}}\right)^{1/2} \approx \left(\frac{c_{O^{2-}}p_{CO,e}}{p_{CO}c_{O^{2-},e}}\right)^{1/2}$$

5. 电解池电动势

电解池反应达平衡，有

$$MeO + 2C \Longrightarrow MeC + CO(气)$$

摩尔吉布斯自由能变化为

$$\Delta G_{m,e} = \mu_{MeC} + \mu_{CO(气)} - \mu_{MeO} - 2\mu_C = \Delta G_m^{\ominus} + RT\ln p_{CO,e}$$

式中，

$$\Delta G_m^{\ominus} = \mu_{MeC}^{\ominus} + \mu_{CO(气)}^{\ominus} - \mu_{MeO}^{\ominus} - 2\mu_C^{\ominus}$$

$$\mu_{MeC} = \mu_{MeC}^{\ominus}$$

$$\mu_{CO(气)} = \mu_{CO(气)}^{\ominus} + RT \ln p_{CO,e}$$

$$\mu_{MeO} = \mu_{MeO}^{\ominus}$$

$$\mu_C = \mu_C^{\ominus}$$

由

$$E_e = -\frac{\Delta G_{m,e}}{2F}$$

得

$$E_e = E^{\ominus} - \frac{RT}{2F} \ln p_{CO,e} \tag{13.50}$$

式中,

$$E^{\ominus} = -\frac{\Delta G_m^{\ominus}}{2F} = -\frac{\mu_{MeC}^{\ominus} + \mu_{CO(气)}^{\ominus} - \mu_{MeO}^{\ominus} - 2\mu_C^{\ominus}}{2F}$$

$E_e' = -E_e$ 为外加平衡电动势。

电解池有电流通过,发生极化,电解池反应为

$$MeO + 2C \Longrightarrow MeC + CO(气)$$

摩尔吉布斯自由能变化为

$$\Delta G_m = \mu_{MeC} + \mu_{CO} - \mu_{MeO} - 2\mu_C = \Delta G_m^{\ominus} + RT \ln p_{CO}$$

式中,

$$\Delta G_m^{\ominus} = \mu_{MeC}^{\ominus} + \mu_{CO}^{\ominus} - \mu_{MeO}^{\ominus} - 2\mu_C^{\ominus}$$

$$\mu_{MeC} = \mu_{MeC}^{\ominus}$$

$$\mu_{CO(气)} = \mu_{CO(气)}^{\ominus} + RT \ln p_{CO}$$

$$\mu_{MeO} = \mu_{MeO}^{\ominus}$$

$$\mu_C = \mu_C^{\ominus}$$

由

$$E = -\frac{\Delta G_m}{2F}$$

得

$$E = E^{\ominus} - \frac{RT}{2F} \ln p_{CO} \tag{13.51}$$

式中,

$$E^{\ominus} = -\frac{\Delta G_m^{\ominus}}{2F} = -\frac{\mu_{MeC}^{\ominus} + \mu_{CO}^{\ominus} - \mu_{MeO}^{\ominus} - 2\mu_C^{\ominus}}{2F}$$

并有

$$E = -E'$$

E' 为外加电动势。

过电动势：

$$
\begin{aligned}
\Delta E' = E' - E'_e &= (\varphi_{阳} - \varphi_{阴}) - (\varphi_{阳,e} - \varphi_{阴,e}) \\
&= (\varphi_{阳} - \varphi_{阳,e}) - (\varphi_{阴} - \varphi_{阴,e}) \\
&= \Delta\varphi_{阳} - \Delta\varphi_{阴} \quad\quad\quad\quad\quad (13.52)
\end{aligned}
$$

$$
\begin{aligned}
E' = -E &= -\left(E^{\ominus} - \frac{RT}{2F}\ln p_{CO} \right) \\
&= -E^{\ominus} + \frac{RT}{2F}\ln p_{CO}
\end{aligned}
$$

$$
\begin{aligned}
E'_e = -E_e &= -\left(E^{\ominus} - \frac{RT}{2F}\ln p_{CO,e} \right) \\
&= -E^{\ominus} + \frac{RT}{2F}\ln p_{CO,e}
\end{aligned}
$$

$$\Delta E = E' - E'_e = \frac{RT}{2F}\ln \frac{p_{CO}}{p_{CO,e}} \quad\quad (13.53)$$

端电压为

$$V' = E' + IR = E'_e + \Delta E' + IR \quad\quad (13.54)$$

13.4　由氮和金属氧化物制备氮化物

以固体氧化物 MeO 和 N_2 为原料，制备氮化物。电解池构成为

$$石墨(-) \,|\, MeO, N_2 \,|\, NaCl\text{-}CaCl_2 \,|\, Ar \,|\, 石墨(+)$$

阴极反应为

$$
\begin{array}{c}
2MeO + 4e === 2Me + 2O^{2-} \\
2Me + N_2 === 2MeN \\
\hline
2MeO + N_2 + 4e === 2MeN + 2O^{2-}
\end{array}
$$

阳极反应为

$$
\begin{array}{c}
2O^{2-} + 2C === 2C\!-\!O + 4e \\
2C\!-\!O === 2CO(吸附) \\
2CO(吸附) === 2CO(气) \\
\hline
2O^{2-} + 2C === 2CO(气) + 4e
\end{array}
$$

电解池反应为

$$2MeO + N_2 + 2C \Longrightarrow 2MeN + 2CO(气)$$

1. 阴极电势

阴极反应达平衡，有

$$2MeO + N_2 + 4e \Longrightarrow 2MeN + 2O^{2-}$$

摩尔吉布斯自由能变化为

$$\Delta G_{m,阴,e} = 2\mu_{MeN} + 2\mu_{O^{2-}} - 2\mu_{MeO} - \mu_{N_2} - 4\mu_e = \Delta G_{m,阴}^{\ominus} + RT \ln \frac{a_{O^{2-},e}^2}{p_{N_2,e}}$$

式中，

$$\Delta G_{m,阴}^{\ominus} = 2\mu_{MeN}^{\ominus} + 2\mu_{O^{2-}}^{\ominus} - 2\mu_{MeO}^{\ominus} - \mu_{N_2}^{\ominus} - 4\mu_e^{\ominus}$$

$$\mu_{MeN} = \mu_{MeN}^{\ominus}$$

$$\mu_{O^{2-}} = \mu_{O^{2-}}^{\ominus} + RT \ln a_{O^{2-},e}$$

$$\mu_{MeO} = \mu_{MeO}^{\ominus}$$

$$\mu_{N_2} = \mu_{N_2}^{\ominus} + RT \ln p_{N_2,e}$$

$$\mu_e = \mu_e^{\ominus}$$

由

$$\varphi_{阴,e} = -\frac{\Delta G_{m,阴,e}}{4F}$$

得

$$\varphi_{阴,e} = \varphi_{阴}^{\ominus} + \frac{RT}{4F} \ln \frac{p_{N_2,e}}{a_{O^{2-},e}^2} \tag{13.55}$$

式中，

$$\varphi_{阴}^{\ominus} = -\frac{2\mu_{MeN}^{\ominus} + 2\mu_{O^{2-}}^{\ominus} - 2\mu_{MeO}^{\ominus} - \mu_{N_2}^{\ominus} - 4\mu_e^{\ominus}}{4F}$$

阴极有电流通过，发生极化，阴极反应为

$$2MeO + N_2 + 4e \Longrightarrow 2MeN + 2O^{2-}$$

摩尔吉布斯自由能变化为

$$\Delta G_{m,阴} = 2\mu_{MeN} + 2\mu_{O^{2-}} - 2\mu_{MeO} - \mu_{N_2} - 4\mu_e = \Delta G_{m,阴}^{\ominus} + RT \ln \frac{a_{O^{2-}}^2}{p_{N_2}} + 4RT \ln i$$

式中，

$$\Delta G_{m,阴}^{\ominus} = 2\mu_{MeN}^{\ominus} + 2\mu_{O^{2-}}^{\ominus} - 2\mu_{MeO}^{\ominus} - \mu_{N_2}^{\ominus} - 4\mu_e^{\ominus}$$

$$\mu_{\text{MeN}} = \mu_{\text{MeN}}^{\ominus}$$

$$\mu_{\text{O}^{2-}} = \mu_{\text{O}^{2-}}^{\ominus} + RT \ln a_{\text{O}^{2-}}$$

$$\mu_{\text{MeO}} = \mu_{\text{MeO}}^{\ominus}$$

$$\mu_{\text{N}_2} = \mu_{\text{N}_2}^{\ominus} + RT \ln a_{\text{N}_2}$$

$$\mu_{\text{e}} = \mu_{\text{e}}^{\ominus} - RT \ln i$$

由

$$\varphi_{\text{阴}} = -\frac{\Delta G_{\text{m,阴}}}{4F}$$

得

$$\varphi_{\text{阴}} = \varphi_{\text{阴}}^{\ominus} + \frac{RT}{4F} \ln \frac{p_{\text{N}_2}}{a_{\text{O}^{2-}}^2} - \frac{RT}{F} \ln i \qquad (13.56)$$

式中，

$$\varphi_{\text{阴}}^{\ominus} = -\frac{\Delta G_{\text{m,阴}}^{\ominus}}{4F} = -\frac{2\mu_{\text{MeN}}^{\ominus} + 2\mu_{\text{O}^{2-}}^{\ominus} - 2\mu_{\text{MeO}}^{\ominus} - \mu_{\text{N}_2}^{\ominus} - 4\mu_{\text{e}}^{\ominus}}{4F}$$

由式（13.68）得

$$\ln i = -\frac{F\varphi_{\text{阴}}}{RT} + \frac{F\varphi_{\text{阴}}^{\ominus}}{RT} + \frac{1}{4} \ln \frac{p_{\text{N}_2}}{a_{\text{O}^{2-}}^2}$$

则

$$i = \left(\frac{p_{\text{N}_2}}{a_{\text{O}^{2-}}^2}\right)^{1/4} \exp\left(-\frac{F\varphi_{\text{阴}}}{RT}\right) \exp\left(\frac{F\varphi_{\text{阴}}^{\ominus}}{RT}\right) = k_- \exp\left(-\frac{F\varphi_{\text{阴}}}{RT}\right) \qquad (13.57)$$

式中，

$$k_- = \left(\frac{p_{\text{N}_2}}{a_{\text{O}^{2-}}^2}\right)^{1/4} \exp\left(\frac{F\varphi_{\text{阴}}^{\ominus}}{RT}\right) \approx \left(\frac{p_{\text{N}_2}}{c_{\text{O}^{2-}}^2}\right)^{1/2} \exp\left(\frac{F\varphi_{\text{阴}}^{\ominus}}{RT}\right)$$

2. 阴极过电势

式（13.56）-式（13.54），得

$$\Delta\varphi_{\text{阴}} = \varphi_{\text{阴}} - \varphi_{\text{阴,e}} = \frac{RT}{4F} \ln \frac{p_{\text{N}_2} a_{\text{O}^{2-},\text{e}}^2}{a_{\text{O}^{2-}}^2 p_{\text{N}_2,\text{e}}} - \frac{RT}{F} \ln i \qquad (13.58)$$

由式（13.58）得

$$\ln i = -\frac{F\Delta\varphi_{\text{阴,过}}}{RT} + \frac{1}{4} \ln \frac{p_{\text{N}_2} a_{\text{O}^{2-},\text{e}}^2}{a_{\text{O}^{2-}}^2 p_{\text{N}_2,\text{e}}}$$

则

$$i = \left(\frac{p_{N_2} a_{O^{2-},e}^2}{a_{O^{2-}}^2 p_{N_2,e}} \right)^{1/4} \exp\left(-\frac{F\Delta\varphi_{阴,过}}{RT} \right) = k'_- \exp\left(-\frac{F\Delta\varphi_{阴,过}}{RT} \right) \qquad （13.59）$$

式中,

$$k'_- = \left(\frac{p_{N_2} a_{O^{2-},e}^2}{a_{O^{2-}}^2 p_{N_2,e}} \right)^{1/4} \approx \left(\frac{p_{N_2} c_{O^{2-},e}^2}{c_{O^{2-}}^2 p_{N_2,e}} \right)^{1/2}$$

3. 阳极电势

阳极反应达平衡, 有

$$2O^{2-} + 2C \Longrightarrow 2CO(气) + 4e$$

摩尔吉布斯自由能变化为

$$\Delta G_{m,阳,e} = 2\mu_{CO} + 4\mu_e - 2\mu_{O^{2-}} - 2\mu_C = \Delta G_{m,阳}^\ominus + RT\ln\frac{p_{CO,e}^2}{a_{O^{2-},e}^2}$$

式中,

$$\Delta G_{m,阳}^\ominus = 2\mu_{CO}^\ominus + 4\mu_e^\ominus - 2\mu_{O^{2-}}^\ominus - 2\mu_C^\ominus$$

$$\mu_{CO} = \mu_{CO}^\ominus + RT\ln p_{CO,e}$$

$$\mu_e = \mu_e^\ominus$$

$$\mu_{O^{2-}} = \mu_{O^{2-}}^\ominus + RT\ln a_{O^{2-},e}$$

$$\mu_C = \mu_C^\ominus$$

由

$$\varphi_{阳,e} = \frac{\Delta G_{m,阳,e}}{4F}$$

得

$$\varphi_{阳,e} = \varphi_阳^\ominus + \frac{RT}{4F}\ln\frac{p_{CO,e}^2}{a_{O^{2-},e}^2} \qquad （13.60）$$

式中,

$$\varphi_阳^\ominus = \frac{\Delta G_{m,阳}^\ominus}{4F} = \frac{2\mu_{CO}^\ominus + 4\mu_e^\ominus - 2\mu_{O^{2-}}^\ominus - 2\mu_C^\ominus}{4F}$$

升高电压, 阳极有电流通过, 发生极化, 阳极反应为

$$2O^{2-} + 2C \Longrightarrow 2CO(气) + 4e$$

摩尔吉布斯自由能变化为

$$\Delta G_{m,阳} = 2\mu_{CO} + 4\mu_e - 2\mu_{O^{2-}} - 2\mu_C = \Delta G_{m,阳}^{\ominus} + RT\ln\frac{p_{CO}^2}{a_{O^{2-}}^2} + 4RT\ln i$$

式中，

$$\Delta G_{m,阳}^{\ominus} = 2\mu_{CO}^{\ominus} + 4\mu_e^{\ominus} - 2\mu_{O^{2-}}^{\ominus} - 2\mu_C^{\ominus}$$

$$\mu_{CO} = \mu_{CO}^{\ominus} + RT\ln p_{CO}$$

$$\mu_e = \mu_e^{\ominus} + RT\ln i$$

$$\mu_{O^{2-}} = \mu_{O^{2-}}^{\ominus} + RT\ln a_{O^{2-}}$$

$$\mu_C = \mu_C^{\ominus}$$

由

$$\varphi_阳 = \frac{\Delta G_{m,阳}}{4F}$$

得

$$\varphi_阳 = \varphi_阳^{\ominus} + \frac{RT}{4F}\ln\frac{p_{CO}^2}{a_{O^{2-}}^2} + \frac{RT}{F}\ln i \tag{13.61}$$

式中，

$$\varphi_阳^{\ominus} = \frac{\Delta G_{m,阳}^{\ominus}}{4F} = \frac{2\mu_{CO}^{\ominus} + 4\mu_e^{\ominus} - 2\mu_{O^{2-}}^{\ominus} - 2\mu_C^{\ominus}}{4F}$$

由式（13.61）得

$$\ln i = \frac{F\varphi_阳}{RT} - \frac{F\varphi_阳^{\ominus}}{RT} - \frac{1}{4}\ln\frac{p_{CO}^2}{a_{O^{2-}}^2}$$

则

$$i = \left(\frac{a_{O^{2-}}^2}{p_{CO}^2}\right)^{1/4} \exp\left(\frac{F\varphi_阳}{RT}\right)\exp\left(-\frac{F\varphi_阳^{\ominus}}{RT}\right) = k_+\exp\left(-\frac{F\varphi_阳}{RT}\right) \tag{13.62}$$

式中，

$$k_+ = \left(\frac{a_{O^{2-}}^2}{p_{CO}^2}\right)^{1/4} \exp\left(-\frac{F\varphi_阳^{\ominus}}{RT}\right) \approx \left(\frac{c_{O^{2-}}}{p_{CO}}\right)^{1/2} \exp\left(-\frac{F\varphi_阳^{\ominus}}{RT}\right)$$

4. 阳极过电势

式（13.61）−式（13.60），得

$$\Delta\varphi_阳 = \varphi_阳 - \varphi_{阳,e} = \frac{RT}{4F}\ln\frac{p_{CO}^2 a_{O^{2-},e}^2}{a_{O^{2-}}^2 p_{CO,e}^2} + \frac{RT}{F}\ln i \tag{13.63}$$

由式（13.63）得

$$\ln i = \frac{F\Delta\varphi_{阳}}{RT} - \frac{1}{4}\ln\frac{p_{CO}^2 a_{O^{2-},e}^2}{a_{O^{2-}}^2 p_{CO,e}^2}$$

则

$$i = \left(\frac{a_{O^{2-}}^2 p_{CO,e}^2}{p_{CO}^2 a_{O^{2-},e}^2}\right)^{1/4}\exp\left(\frac{F\Delta\varphi_{阳}}{RT}\right) = k_+'\exp\left(\frac{F\Delta\varphi_{阳}}{RT}\right) \tag{13.64}$$

式中，

$$k_+' = \left(\frac{a_{O^{2-}}^2 p_{CO,e}^2}{p_{CO}^2 a_{O^{2-},e}^2}\right)^{1/4} \approx \left(\frac{c_{O^{2-}}^2 p_{CO,e}^2}{p_{CO}^2 c_{O^{2-},e}^2}\right)^{1/4}$$

5. 电解池电动势

电解池反应达平衡，电解池反应为

$$2MeO + N_2 + 2C \Longleftrightarrow 2MeN + 2CO(气)$$

摩尔吉布斯自由能变化为

$$\Delta G_{m,e} = 2\mu_{MeN} + 2\mu_{CO} - 2\mu_{MeO} - \mu_{N_2} - 2\mu_C = \Delta G_m^\ominus + RT\ln\frac{p_{CO,e}^2}{p_{N_2,e}}$$

式中，

$$\Delta G_m^\ominus = 2\mu_{MeN}^\ominus + 2\mu_{CO}^\ominus - 2\mu_{MeO}^\ominus - \mu_{N_2}^\ominus - 2\mu_C^\ominus$$
$$\mu_{MeN} = \mu_{MeN}^\ominus$$
$$\mu_{CO} = \mu_{CO}^\ominus + RT\ln p_{CO,e}$$
$$\mu_{MeO} = \mu_{MeO}^\ominus$$
$$\mu_{N_2} = \mu_{N_2}^\ominus + RT\ln a_{N_2,e}$$
$$\mu_C = \mu_C^\ominus$$

由

$$E = -\frac{\Delta G_{m,e}}{4F}$$

得

$$E = E^\ominus + \frac{RT}{4F}\ln\frac{p_{N_2,e}}{p_{CO,e}^2} \tag{13.65}$$

式中，

$$E^\ominus = -\frac{2\mu_{MeN}^\ominus + 2\mu_{CO}^\ominus - 2\mu_{MeO}^\ominus - \mu_{N_2}^\ominus - 2\mu_C^\ominus}{4F}$$

升高外电压，有电流通过，发生极化，电解池反应为

$$2MeO + N_2(气) + 2C \Longrightarrow 2MeN + 2CO(气)$$

摩尔吉布斯自由能变化为

$$\Delta G_m = 2\mu_{MeN} + 2\mu_{CO} - 2\mu_{MeO} - \mu_{N_2} - 2\mu_C = \Delta G_m^\ominus + RT \ln \frac{p_{CO}^2}{p_{N_2}}$$

式中，

$$\Delta G_m^\ominus = 2\mu_{MeN}^\ominus + 2\mu_{CO}^\ominus - 2\mu_{MeO}^\ominus - \mu_{N_2}^\ominus - 2\mu_C^\ominus$$

$$\mu_{MeN} = \mu_{MeN}^\ominus$$

$$\mu_{CO} = \mu_{CO}^\ominus + RT \ln p_{CO}$$

$$\mu_{MeO} = \mu_{MeO}^\ominus$$

$$\mu_{N_2} = \mu_{N_2}^\ominus + RT \ln a_{N_2}$$

$$\mu_C = \mu_C^\ominus$$

由

$$E = -\frac{\Delta G_m}{4F}$$

得

$$E = E^\ominus + \frac{RT}{4F} \ln \frac{p_{CO}^2}{p_{N_2}} = -E' \qquad (13.66)$$

式中，

$$E^\ominus = -\frac{2\mu_{MeN}^\ominus + 2\mu_{CO}^\ominus - 2\mu_{MeO}^\ominus - \mu_{N_2}^\ominus - 2\mu_C^\ominus}{4F}$$

过电动势：

式（13.66）–式（13.65），得

$$\Delta E' = E' - E_e' = \frac{RT}{4F} \ln \frac{p_{CO,e}^2 p_{N_2}}{p_{N_2,e} p_{CO}^2} \qquad (13.67)$$

$$E' = \varphi_{阳} - \varphi_{阴}$$

$$E_e' = \varphi_{阳,e} - \varphi_{阴,e}$$

$$\Delta E' = (\varphi_{阳} - \varphi_{阴}) - (\varphi_{阳,e} - \varphi_{阴,e})$$

$$= (\varphi_{阳} - \varphi_{阳,e}) - (\varphi_{阴} - \varphi_{阴,e})$$

$$= \Delta\varphi_{阳} - \Delta\varphi_{阴} \qquad (13.68)$$

端电压为

$$V' = E' + IR = E_e' + \Delta E' + IR = E_e' + \frac{RT}{4F} \ln \frac{p_{CO,e}^2 p_{N_2}}{p_{N_2,e} p_{CO}^2} + IR \qquad (13.69)$$

13.5　由固体硫化物 MeS 制备金属 Me

电解池构成为

$$石墨(-) \mid MeS \mid CaCl_2\text{-}CaO \mid Ar \mid 石墨(+)$$

阴极反应为

$$MeS + 2e \Longrightarrow Me + S^{2-}$$

阳极反应为

$$S^{2-} + C \Longrightarrow C\text{—}S + 2e$$

$$C\text{—}S \Longrightarrow \frac{1}{2}S_2(吸附) + C$$

$$\frac{1}{2}S_2(吸附) \Longrightarrow \frac{1}{2}S_2(气)$$

$$\overline{\qquad\qquad\qquad\qquad\qquad\qquad\qquad\qquad}$$

$$S^{2-} \Longrightarrow \frac{1}{2}S_2(气) + 2e$$

电解池反应为

$$MeS + 2e \Longrightarrow Me + \frac{1}{2}S_2(气)$$

1. 阴极电势

阴极反应达平衡，有

$$MeS + 2e \Longrightarrow Me + S^{2-}$$

摩尔吉布斯自由能变化为

$$\Delta G_{m,阴,e} = \mu_{Me} + \mu_{S^{2-}} - \mu_{MeS} - 2\mu_e = \Delta G_{m,阴}^{\ominus} + RT \ln a_{S^{2-},e}$$

式中，

$$\Delta G_{m,阴}^{\ominus} = \mu_{Me}^{\ominus} + \mu_{S^{2-}}^{\ominus} - \mu_{MeS}^{\ominus} - 2\mu_e^{\ominus}$$

$$\mu_{Me} = \mu_{Me}^{\ominus}$$

$$\mu_{S^{2-}} = \mu_{S^{2-}}^{\ominus} + RT \ln a_{S^{2-},e}$$

$$\mu_{MeS} = \mu_{MeS}^{\ominus}$$

$$\mu_e = \mu_e^{\ominus}$$

由

$$\varphi_{阴,e} = -\frac{\Delta G_{m,阴,e}}{2F}$$

得

$$\varphi_{\text{阴,e}} = \varphi_{\text{阴}}^{\ominus} + \frac{RT}{2F} \ln a_{\text{S}^{2-},\text{e}} \qquad （13.70）$$

式中，

$$\varphi_{\text{阴}}^{\ominus} = -\frac{\Delta G_{\text{m,阴}}^{\ominus}}{2F} = -\frac{\mu_{\text{Me}}^{\ominus} + \mu_{\text{S}^{2-}}^{\ominus} - \mu_{\text{MeS}}^{\ominus} - 2\mu_{\text{e}}^{\ominus}}{2F}$$

阴极有电流通过，发生极化，阴极反应为

$$\text{MeS} + 2\text{e} = \text{Me} + \text{S}^{2-}$$

摩尔吉布斯自由能变化为

$$\Delta G_{\text{m,阴}} = \mu_{\text{Me}} + \mu_{\text{S}^{2-}} - \mu_{\text{MeS}} - 2\mu_{\text{e}} = \Delta G_{\text{m,阴}}^{\ominus} + RT \ln a_{\text{S}^{2-}} + 2RT \ln i$$

式中，

$$\Delta G_{\text{m,阴}}^{\ominus} = \mu_{\text{Me}}^{\ominus} + \mu_{\text{S}^{2-}}^{\ominus} - \mu_{\text{MeS}}^{\ominus} - 2\mu_{\text{e}}^{\ominus}$$

$$\mu_{\text{Me}} = \mu_{\text{Me}}^{\ominus}$$

$$\mu_{\text{S}^{2-}} = \mu_{\text{S}^{2-}}^{\ominus} + RT \ln a_{\text{S}^{2-}}$$

$$\mu_{\text{MeS}} = \mu_{\text{MeS}}^{\ominus}$$

$$\mu_{\text{e}} = \mu_{\text{e}}^{\ominus} - RT \ln i$$

由

$$\varphi_{\text{阴}} = -\frac{\Delta G_{\text{m,阴}}}{2F}$$

得

$$\varphi_{\text{阴}} = \varphi_{\text{阴}}^{\ominus} + \frac{RT}{2F} \ln \frac{1}{a_{\text{S}^{2-}}} - \frac{RT}{F} \ln i \qquad （13.71）$$

式中，

$$\varphi_{\text{阴}}^{\ominus} = -\frac{\Delta G_{\text{m,阴}}^{\ominus}}{2F} = -\frac{\mu_{\text{Me}}^{\ominus} + \mu_{\text{S}^{2-}}^{\ominus} - \mu_{\text{MeS}}^{\ominus} - 2\mu_{\text{e}}^{\ominus}}{2F}$$

由式（13.71）得

$$\ln i = -\frac{F\varphi_{\text{阴}}}{RT} + \frac{F\varphi_{\text{阴}}^{\ominus}}{RT} + \frac{1}{2} \ln \frac{1}{a_{\text{S}^{2-}}}$$

则

$$i = \left(\frac{1}{a_{\text{S}^{2-}}}\right)^{1/2} \exp\left(-\frac{F\varphi_{\text{阴}}}{RT}\right) \exp\left(\frac{F\varphi_{\text{阴}}^{\ominus}}{RT}\right) = k_{-} \exp\left(-\frac{F\varphi_{\text{阴}}}{RT}\right)$$

式中，

$$k_{-} = \left(\frac{1}{a_{\text{S}^{2-}}}\right)^{1/2} \exp\left(\frac{F\varphi_{\text{阴}}^{\ominus}}{RT}\right) \approx \left(\frac{1}{c_{\text{S}^{2-}}}\right)^{1/2} \exp\left(\frac{F\varphi_{\text{阴}}^{\ominus}}{RT}\right)$$

2. 阴极过电势

式（13.71）−式（13.70），得

$$\Delta\varphi_{阴,过} = \varphi_{阴} - \varphi_{阴,e} = \frac{RT}{2F}\ln\frac{a_{S^{2-},e}}{a_{S^{2-}}} - \frac{RT}{F}\ln i \qquad (13.72)$$

由式（13.72）得

$$\ln i = -\frac{F\Delta\varphi_{阴,过}}{RT} - \frac{1}{2}\ln\frac{a_{S^{2-},e}}{a_{S^{2-}}}$$

则

$$i = \left(\frac{a_{S^{2-},e}}{a_{S^{2-}}}\right)^{1/2}\exp\left(-\frac{F\Delta\varphi_{阴,过}}{RT}\right) = k'_-\exp\left(-\frac{F\Delta\varphi_{阴,过}}{RT}\right) \qquad (13.73)$$

式中，

$$k'_- = \left(\frac{a_{S^{2-},e}}{a_{S^{2-}}}\right)^{1/2-} \approx \left(\frac{c_{S^{2-},e}}{c_{S^{2-}}}\right)^{1/2}$$

3. 阳极电势

阳极反应达平衡，有

$$S^{2-} \rightleftharpoons \frac{1}{2}S_2(气) + 2e$$

摩尔吉布斯自由能变化为

$$\Delta G_{m,阳,e} = \frac{1}{2}\mu_{S_2} - \mu_{S^{2-}} + 2\mu_e = \Delta G_{m,阳}^{\ominus} + RT\ln\frac{p_{S^{2-},e}^{1/2}}{a_{S^{2-},e}}$$

式中，

$$\Delta G_{m,阳}^{\ominus} = \frac{1}{2}\mu_{S_2(气)}^{\ominus} - \mu_{S^{2-}}^{\ominus} + 2\mu_e^{\ominus}$$

$$\mu_{S_2(气)} = \mu_{S_2(气)}^{\ominus} + RT\ln p_{S^{2-},e}$$

$$\mu_{S^{2-}} = \mu_{S^{2-}}^{\ominus} + RT\ln a_{S^{2-},e}$$

$$\mu_e = \mu_e^{\ominus}$$

由

$$\varphi_{阳,e} = \frac{\Delta G_{m,阳,e}}{2F} = \varphi_{阳}^{\ominus} + \frac{RT}{2F}\ln\frac{p_{S^{2-},e}^{1/2}}{a_{S^{2-},e}} \qquad (13.74)$$

式中，

$$\varphi_{阳}^{\ominus} = \frac{\Delta G_{m,阳}^{\ominus}}{2F} = \frac{\frac{1}{2}\mu_{S_2(气)}^{\ominus} - \mu_{S^{2-}}^{\ominus} + 2\mu_e^{\ominus}}{2F}$$

阳极有电流通过，发生极化，阳极反应为

$$S^{2-} = \frac{1}{2}S_2 + 2e$$

摩尔吉布斯自由能变化为

$$\Delta G_{m,阳} = \frac{1}{2}\mu_{S_2} - \mu_{S^{2-}} + 2\mu_e = \Delta G_{m,阳}^{\ominus} + RT\ln\frac{p_{S^{2-}}^{1/2}}{a_{S^{2-}}} + 2RT\ln i$$

式中，

$$\Delta G_{m,阳}^{\ominus} = \frac{1}{2}\mu_{S_2(气)}^{\ominus} - \mu_{S^{2-}}^{\ominus} + 2\mu_e^{\ominus}$$

$$\mu_{S_2} = \mu_{S_2(气)}^{\ominus} + RT\ln p_{S^{2-}}$$

$$\mu_{S^{2-}} = \mu_{S^{2-}}^{\ominus} + RT\ln a_{S^{2-}}$$

$$\mu_e = \mu_e^{\ominus} + RT\ln i$$

由

$$\varphi_{阳} = \frac{\Delta G_{m,阳}}{2F}$$

得

$$\varphi_{阳} = \varphi_{阳}^{\ominus} + \frac{RT}{2F}\ln\frac{p_{S^{2-}}^{1/2}}{a_{S^{2-}}} + \frac{RT}{F}\ln i \tag{13.75}$$

式中，

$$\varphi_{阳}^{\ominus} = \frac{\Delta G_{m,阳}^{\ominus}}{2F} = \frac{\frac{1}{2}\mu_{S_2(气)}^{\ominus} - \mu_{S^{2-}}^{\ominus} + 2\mu_e^{\ominus}}{2F}$$

由式（13.75）得

$$\ln i = \frac{F\varphi_{阳}}{RT} - \frac{F\varphi_{阳}^{\ominus}}{RT} - \frac{1}{2}\ln\frac{p_{S^{2-}}^{1/2}}{a_{S^{2-}}}$$

则

$$i = \left(\frac{a_{S^{2-}}}{p_{S^{2-}}^{1/2}}\right)^{1/2}\exp\left(\frac{F\varphi_{阳}}{RT}\right)\exp\left(-\frac{F\varphi_{阳}^{\ominus}}{RT}\right) = k_+\exp\left(\frac{F\varphi_{阳}}{RT}\right) \tag{13.76}$$

式中，

$$k_+ = \left(\frac{a_{S^{2-}}}{p_{S^{2-}}^{1/2}}\right)^{1/2}\exp\left(-\frac{F\varphi_{阳}^{\ominus}}{RT}\right) \approx \left(\frac{c_{S^{2-}}}{p_{S^{2-}}^{1/2}}\right)^{1/2}\exp\left(-\frac{F\varphi_{阳}^{\ominus}}{RT}\right)$$

4. 阳极过电势

式（13.75）–式（13.74），得

$$\Delta\varphi_{阳} = \varphi_{阳} - \varphi_{阳,e} = \frac{RT}{2F}\ln\frac{p_{S^{2-}}^{1/2}a_{S^{2-},e}}{a_{S^{2-}}p_{S^{2-},e}^{1/2}} + \frac{RT}{F}\ln i \qquad (13.77)$$

由式（13.77）得

$$\ln i = \frac{F\Delta\varphi_{阳}}{RT} - \frac{1}{2}\ln\frac{p_{S^{2-}}^{1/2}a_{S^{2-},e}}{a_{S^{2-}}p_{S^{2-},e}^{1/2}}$$

$$i = \left(\frac{a_{S^{2-}}p_{S^{2-},e}^{1/2}}{p_{S^{2-}}^{1/2}a_{S^{2-},e}}\right)^{1/2}\exp\left(\frac{F\Delta\varphi_{阳}}{RT}\right) = k'_+\exp\left(\frac{F\Delta\varphi_{阳}}{RT}\right) \qquad (13.78)$$

式中，

$$k'_+ = \left(\frac{a_{S^{2-}}p_{S^{2-},e}^{1/2}}{p_{S^{2-}}^{1/2}a_{S^{2-},e}}\right)^{1/2} \approx \left(\frac{c_{S^{2-}}p_{S^{2-},e}^{1/2}}{p_{S^{2-}}^{1/2}c_{S^{2-},e}}\right)^{1/2}$$

5. 电解池电动势

电解池反应达平衡，有

$$\text{MeS} \Longleftrightarrow \text{Me} + \frac{1}{2}\text{S}_2(气)$$

摩尔吉布斯自由能变化为

$$\Delta G_{m,e} = \mu_{Me} + \frac{1}{2}\mu_{S_2(气)} - \mu_{MeS} = \Delta G_m^\ominus + RT\ln p_{S_2(气),e}^{1/2}$$

式中，

$$\Delta G_m^\ominus = \mu_{Me}^\ominus + \frac{1}{2}\mu_{S_2(气)}^\ominus - \mu_{MeS}^\ominus$$

$$\mu_{Me} = \mu_{Me}^\ominus$$

$$\mu_{S_2} = \mu_{S_2(气)}^\ominus + RT\ln p_{S_2,e}$$

$$\mu_{MeS} = \mu_{MeS}^\ominus$$

由

$$E_e = -\frac{\Delta G_{m,e}}{2F}$$

得

$$E_e = E_e^\ominus - \frac{RT}{2F}\ln p_{S_2,e}^{1/2} = -E'_e \qquad (13.79)$$

式中，

$$E_e^\ominus = -\frac{\Delta G_m^\ominus}{2F} = -\frac{\mu_{Me}^\ominus + \frac{1}{2}\mu_{S_2(气)}^\ominus - \mu_{MeS}^\ominus}{2F}$$

E_e' 为外加平衡电动势。

升高外电压，电解池有电流通过，电解池反应为

$$MeS \rightleftharpoons Me + \frac{1}{2}S_2(气)$$

摩尔吉布斯自由能变化为

$$\Delta G_m = \mu_{Me} + \frac{1}{2}\mu_{S_2(气)} - \mu_{MeS} = \Delta G_m^\ominus + RT \ln p_{S_2}^{1/2}$$

式中，

$$\Delta G_m^\ominus = \mu_{Me}^\ominus + \frac{1}{2}\mu_{S_2(气)}^\ominus - \mu_{MeS}^\ominus$$

$$\mu_{Me} = \mu_{Me}^\ominus$$

$$\mu_{S_2(气)} = \mu_{S_2(气)}^\ominus + RT \ln p_{S_2}$$

$$\mu_{MeS} = \mu_{MeS}^\ominus$$

由

$$E = -\frac{\Delta G_m}{2F}$$

得

$$E = E^\ominus + \frac{RT}{2F}\ln\frac{1}{p_{S_2}^{1/2}} - \frac{1}{2}\ln(i_{(阳极)}i_{(阴极)}) = -E' \qquad (13.80)$$

式中，

$$E^\ominus = -\frac{\Delta G_m^\ominus}{2F} = -\frac{\mu_{Me}^\ominus + \frac{1}{2}\mu_{S_2(气)}^\ominus - \mu_{MeS}^\ominus}{2F}$$

E' 为外加电动势。

过电动势：

$$\Delta E' = E' - E_e' = \frac{RT}{2F}\ln\frac{p_{S_2}^{1/2}}{p_{S_2,e}^{1/2}} \qquad (13.81)$$

$$E' = \varphi_{阳} - \varphi_{阴}$$

$$E_e' = \varphi_{阳,e} - \varphi_{阴,e}$$

$$\Delta E' = (\varphi_{阳} - \varphi_{阴}) - (\varphi_{阳,e} - \varphi_{阴,e})$$

$$= (\varphi_{阳} - \varphi_{阳,e}) - (\varphi_{阴} - \varphi_{阴,e})$$

$$= \Delta\varphi_{阳} - \Delta\varphi_{阴} \qquad (13.82)$$

端电压为

$$V' = E' + IR = E'_e + \Delta E' + IR = E'_e + \frac{RT}{2F} \ln \frac{p_{S_2}^{1/2}}{p_{S_2,e}^{1/2}} + IR \qquad (13.83)$$

13.6　由 MeS-MS 制备 Me-M 合金

由固体硫化物 MeS-MS 制备 Me-M 合金的电解池构成为

$$石墨(-) \,|\, MeS\text{-}MS \,|\, CaCl_2\text{-}CaO \,|\, Ar \,|\, 石墨(+)$$

阴极反应为

$$MeS + 2e \Longrightarrow [Me] + S^{2-}$$

$$MS + 2e \Longrightarrow [M] + S^{2-}$$

阳极反应为

$$S^{2-} - 2e + C \Longrightarrow C\text{—}S$$

$$C\text{—}S \Longrightarrow \frac{1}{2}S_2(吸附) + C$$

$$\frac{1}{2}S_2(吸附) \Longrightarrow \frac{1}{2}S_2(气)$$

电解池反应为

$$MeS \Longrightarrow [Me] + \frac{1}{2}S_2(气)$$

$$MS \Longrightarrow [M] + \frac{1}{2}S_2(气)$$

阴极反应达平衡，阴极反应为

$$MeS + 2e \Longrightarrow [Me] + S^{2-} \qquad (\text{i})$$

$$MS + 2e \Longrightarrow [M] + S^{2-} \qquad (\text{ii})$$

1. 反应（i）的阴极电势

式（i）反应的摩尔吉布斯自由能变化为

$$\Delta G_{m,阴,Me,e} = \mu_{[Me]} + \mu_{S^{2-}} - \mu_{MeS} - 2\mu_e = \Delta G^{\ominus}_{m,阴,Me} + RT \ln\left(a_{[Me],e}\, a_{S^{2-},e}\right)$$

式中，

$$\Delta G^{\ominus}_{m,阴,Me} = \mu^{\ominus}_{[Me]} + \mu^{\ominus}_{S^{2-}} - \mu^{\ominus}_{MeS} - 2\mu^{\ominus}_e$$

$$\mu_{[Me]} = \mu^{\ominus}_{Me} + RT \ln a_{[Me],e}$$

$$\mu_{S^{2-}} = \mu^{\ominus}_{S^{2-}} + RT \ln a_{S^{2-},e}$$

$$\mu_{MeS} = \mu^{\ominus}_{MeS}$$

$$\mu_e = \mu_e^{\ominus}$$

由

$$\varphi_{阴,Me,e} = -\frac{\Delta G_{m,阴,Me,e}}{2F}$$

得

$$\varphi_{阴,Me,e} = \varphi_{阴,Me}^{\ominus} + \frac{RT}{2F}\ln\frac{1}{a_{[Me],e}a_{S^{2-},e}} \tag{13.84}$$

式中，

$$\varphi_{阴,Me}^{\ominus} = -\frac{\Delta G_{m,阴,Me}^{\ominus}}{2F} = -\frac{\mu_{Me}^{\ominus} + \mu_{S^{2-}}^{\ominus} - \mu_{MeS}^{\ominus} - 2\mu_e^{\ominus}}{2F}$$

升高电压，阴极有电流通过，发生极化，阴极反应为

$$MeS + 2e \rightleftharpoons [Me] + S^{2-} \tag{i'}$$

摩尔吉布斯自由能变化为

$$\Delta G_{m,阴,Me} = \mu_{[Me]} + \mu_{S^{2-}} - \mu_{MeS} - 2\mu_e = \Delta G_{m,阴,Me}^{\ominus} + RT\ln(a_{[Me]}a_{S^{2-}}) + 2RT\ln i$$

式中，

$$\Delta G_{m,阴,Me}^{\ominus} = \mu_{[Me]}^{\ominus} + \mu_{S^{2-}}^{\ominus} - \mu_{MeS}^{\ominus} - 2\mu_e^{\ominus}$$

$$\mu_{[Me]} = \mu_{Me}^{\ominus} + RT\ln a_{[Me]}$$

$$\mu_{S^{2-}} = \mu_{S^{2-}}^{\ominus} + RT\ln a_{S^{2-}}$$

$$\mu_{MeS} = \mu_{MeS}^{\ominus}$$

$$\mu_e = \mu_e^{\ominus} - RT\ln i$$

由

$$\varphi_{阴,Me} = -\frac{\Delta G_{m,阴,Me}}{2F}$$

得

$$\varphi_{阴,Me} = \varphi_{阴,Me}^{\ominus} + \frac{RT}{2F}\ln\frac{1}{a_{[Me]}a_{S^{2-}}} - \frac{RT}{F}\ln i \tag{13.85}$$

式中，

$$\varphi_{阴,Me}^{\ominus} = -\frac{\Delta G_{m,阴,Me}^{\ominus}}{2F} = -\frac{\mu_{Me}^{\ominus} + \mu_{S^{2-}}^{\ominus} - \mu_{MeS}^{\ominus} - 2\mu_e^{\ominus}}{2F}$$

由式（13.85）得

$$\ln i = -\frac{F\varphi_{阴,Me}}{RT} + \frac{F\varphi_{阴,Me}^{\ominus}}{RT} + \frac{1}{2}\ln\frac{1}{a_{[Me]}a_{S^{2-}}}$$

则

$$i = \left(\frac{1}{a_{[\text{Me}]}a_{\text{S}^{2-}}}\right)^{1/2} \exp\left(-\frac{F\varphi_{\text{阴},\text{Me}}}{RT}\right)\exp\left(\frac{F\varphi_{\text{阴},\text{Me}}^{\ominus}}{RT}\right) = k_- \exp\left(-\frac{F\varphi_{\text{阴},\text{Me}}}{RT}\right)$$

式中，

$$k_- = \left(\frac{1}{a_{[\text{Me}]}a_{\text{S}^{2-}}}\right)^{1/2} \exp\left(\frac{F\varphi_{\text{阴},\text{Me}}^{\ominus}}{RT}\right) \approx \left(\frac{1}{c_{[\text{Me}]}c_{\text{S}^{2-}}}\right)^{1/2} \exp\left(\frac{F\varphi_{\text{阴},\text{Me}}^{\ominus}}{RT}\right)$$

阴极过电势：

式（13.85）−式（13.84），得

$$\Delta\varphi_{\text{阴},\text{Me}} = \varphi_{\text{阴},\text{Me}} - \varphi_{\text{阴},\text{Me},\text{e}} = \frac{RT}{2F}\ln\frac{a_{[\text{Me}],\text{e}}a_{\text{S}^{2-},\text{e}}}{a_{[\text{Me}]}a_{\text{S}^{2-}}} - \frac{RT}{F}\ln i \qquad (13.86)$$

移项得

$$\ln i = -\frac{F\Delta\varphi_{\text{阴},\text{Me}}}{RT} + \frac{1}{2}\ln\frac{a_{[\text{Me}],\text{e}}a_{\text{S}^{2-},\text{e}}}{a_{[\text{Me}]}a_{\text{S}^{2-}}}$$

则

$$i = \left(\frac{a_{[\text{Me}]\text{e}}a_{\text{S}^{2-},\text{e}}}{a_{[\text{Me}]}a_{\text{S}^{2-}}}\right)^{1/2}\exp\left(-\frac{F\Delta\varphi_{\text{阴},\text{Me}}}{RT}\right) = k_-'\exp\left(-\frac{F\Delta\varphi_{\text{阴},\text{Me}}}{RT}\right) \qquad (13.87)$$

式中，

$$k_-' = \left(\frac{a_{[\text{Me}],\text{e}}a_{\text{S}^{2-},\text{e}}}{a_{[\text{Me}]}a_{\text{S}^{2-}}}\right)^{1/2} \approx \left(\frac{c_{[\text{Me}],\text{e}}c_{\text{S}^{2-},\text{e}}}{c_{[\text{Me}]}c_{\text{S}^{2-}}}\right)^{1/2}$$

2. 反应（ii）的阴极电势

式（ii）反应的摩尔吉布斯自由能变化为

$$\Delta G_{\text{m},\text{阴},\text{M},\text{e}} = \mu_{[\text{M}]} + \mu_{\text{S}^{2-}} - \mu_{\text{MS}} - 2\mu_{\text{e}} = \Delta G_{\text{m},\text{阴},\text{M}}^{\ominus} + RT\ln\left(a_{[\text{M}],\text{e}}a_{\text{S}^{2-},\text{e}}\right)$$

式中，

$$\Delta G_{\text{m},\text{阴},\text{M}}^{\ominus} = \mu_{[\text{M}]}^{\ominus} + \mu_{\text{S}^{2-}}^{\ominus} - \mu_{\text{MS}}^{\ominus} - 2\mu_{\text{e}}^{\ominus}$$

$$\mu_{[\text{M}]} = \mu_{\text{M}}^{\ominus} + RT\ln a_{[\text{M}],\text{e}}$$

$$\mu_{\text{S}^{2-}} = \mu_{\text{S}^{2-}}^{\ominus} + RT\ln a_{\text{S}^{2-},\text{e}}$$

$$\mu_{\text{MS}} = \mu_{\text{MS}}^{\ominus}$$

$$\mu_{\text{e}} = \mu_{\text{e}}^{\ominus}$$

由

$$\varphi_{\text{阴},\text{M},\text{e}} = -\frac{\Delta G_{\text{m},\text{阴},\text{M},\text{e}}}{2F}$$

得

$$\varphi_{\text{阴,M,e}} = \varphi_{\text{阴,M}}^{\ominus} + \frac{RT}{2F}\ln\frac{1}{a_{\text{[M],e}}a_{\text{S}^{2-},\text{e}}} \tag{13.88}$$

式中，

$$\varphi_{\text{阴,M}}^{\ominus} = -\frac{\Delta G_{\text{m,阴,M}}^{\ominus}}{2F} = -\frac{\mu_{\text{M}}^{\ominus} + \mu_{\text{S}^{2-}}^{\ominus} - \mu_{\text{MS}}^{\ominus} - 2\mu_{\text{e}}^{\ominus}}{2F}$$

升高电压，阴极有电流通过，发生极化，阴极反应为

$$\text{MS} + 2\text{e} === [\text{M}] + \text{S}^{2-} \tag{ii′}$$

摩尔吉布斯自由能变化为

$$\Delta G_{\text{m,阴,M}} = \mu_{\text{[M]}} + \mu_{\text{S}^{2-}} - \mu_{\text{MS}} - 2\mu_{\text{e}} = \Delta G_{\text{m,阴,M}}^{\ominus} + RT\ln\left(a_{\text{[M]}}a_{\text{S}^{2-}}\right) + 2RT\ln i$$

式中，

$$\Delta G_{\text{m,阴,M}}^{\ominus} = \mu_{\text{[M]}}^{\ominus} + \mu_{\text{S}^{2-}}^{\ominus} - \mu_{\text{MS}}^{\ominus} - 2\mu_{\text{e}}^{\ominus}$$

$$\mu_{\text{[M]}} = \mu_{\text{M}}^{\ominus} + RT\ln a_{\text{[M]}}$$

$$\mu_{\text{S}^{2-}} = \mu_{\text{S}^{2-}}^{\ominus} + RT\ln a_{\text{S}^{2-}}$$

$$\mu_{\text{MS}} = \mu_{\text{MS}}^{\ominus}$$

$$\mu_{\text{e}} = \mu_{\text{e}}^{\ominus} - RT\ln i$$

由

$$\varphi_{\text{阴,M}} = -\frac{\Delta G_{\text{m,阴,M}}}{2F}$$

得

$$\varphi_{\text{阴,M}} = \varphi_{\text{阴,M}}^{\ominus} + \frac{RT}{2F}\ln\frac{1}{a_{\text{[M]}}a_{\text{S}^{2-}}} - \frac{RT}{F}\ln i \tag{13.89}$$

式中，

$$\varphi_{\text{阴,M}}^{\ominus} = -\frac{\Delta G_{\text{m,阴,M}}^{\ominus}}{2F} = -\frac{\mu_{\text{M}}^{\ominus} + \mu_{\text{S}^{2-}}^{\ominus} - \mu_{\text{MS}}^{\ominus} - 2\mu_{\text{e}}^{\ominus}}{2F}$$

由式（13.89）得

$$\ln i = -\frac{F\varphi_{\text{阴,M}}}{RT} + \frac{F\varphi_{\text{阴,M}}^{\ominus}}{RT} + \frac{1}{2}\ln\frac{1}{a_{\text{[M]}}a_{\text{S}^{2-}}}$$

则

$$i = \left(\frac{1}{a_{\text{[M]}}a_{\text{S}^{2-}}}\right)^{1/2}\exp\left(-\frac{F\varphi_{\text{阴,M}}}{RT}\right)\exp\left(\frac{F\varphi_{\text{阴,M}}^{\ominus}}{RT}\right) = k_{-}\exp\left(-\frac{F\varphi_{\text{阴,M}}}{RT}\right) \tag{13.90}$$

式中，

$$k_- = \left(\frac{1}{a_{[\text{M}]}a_{\text{S}^{2-}}} \right)^{1/2} \exp\left(\frac{F\varphi_{\text{阴},\text{M}}^{\ominus}}{RT} \right) \approx \left(\frac{1}{c_{[\text{M}]}c_{\text{S}^{2-}}} \right)^{1/2} \exp\left(\frac{F\varphi_{\text{阴},\text{M}}^{\ominus}}{RT} \right)$$

阴极过电势：

式（13.89）–式（13.88），得

$$\Delta\varphi_{\text{阴},\text{M}} = \varphi_{\text{阴},\text{M}} - \varphi_{\text{阴},\text{M},\text{e}} = \frac{RT}{2F}\ln\frac{a_{[\text{M}],\text{e}}a_{\text{S}^{2-},\text{e}}}{a_{[\text{M}]}a_{\text{S}^{2-}}} - \frac{RT}{F}\ln i \tag{13.91}$$

移项得

$$\ln i = -\frac{F\Delta\varphi_{\text{阴},\text{M}}}{RT} + \frac{1}{2}\ln\frac{a_{[\text{M}],\text{e}}a_{\text{S}^{2-},\text{e}}}{a_{[\text{M}]}a_{\text{S}^{2-}}}$$

则

$$i = \left(\frac{a_{[\text{M}],\text{e}}a_{\text{S}^{2-},\text{e}}}{a_{[\text{M}]}a_{\text{S}^{2-}}} \right)^{1/2} \exp\left(-\frac{F\Delta\varphi_{\text{阴},\text{M}}}{RT} \right) = k_-'\exp\left(-\frac{F\Delta\varphi_{\text{阴},\text{M}}}{RT} \right) \tag{13.92}$$

式中，

$$k_-' = \left(\frac{a_{[\text{M}],\text{e}}a_{\text{S}^{2-},\text{e}}}{a_{[\text{M}]}a_{\text{S}^{2-}}} \right)^{1/2} \approx \left(\frac{c_{[\text{M}],\text{e}}c_{\text{S}^{2-},\text{e}}}{c_{[\text{M}]}c_{\text{S}^{2-}}} \right)^{1/2}$$

由

$$i_k = zFj_k$$

得

$$\frac{i_{[\text{Me}]}}{i_{[\text{M}]}} = \frac{j_{[\text{Me}]}}{j_{[\text{M}]}}$$

式中，j_k 为组元 k 在合金中的摩尔数。

3. 阳极电势

阳极反应达平衡，有

$$2\text{S}^{2-} - 4\text{e} \Longleftrightarrow \text{S}_2(\text{气})$$

摩尔吉布斯自由能变化为

$$\Delta G_{\text{m},\text{阳},\text{S}_2,\text{e}} = \mu_{\text{S}_2} - 2\mu_{\text{S}^{2-}} + 4\mu_{\text{e}} = \Delta G_{\text{m},\text{阳},\text{S}_2}^{\ominus} + RT\ln\frac{p_{\text{S}_2,\text{e}}}{a_{\text{S}^{2-},\text{e}}^2}$$

式中，

$$\Delta G_{\text{m},\text{阳},\text{S}_2}^{\ominus} = \mu_{\text{S}_2}^{\ominus} - 2\mu_{\text{S}^{2-}}^{\ominus} + 4\mu_{\text{e}}^{\ominus}$$

$$\mu_{\text{S}_2} = \mu_{\text{S}_2}^{\ominus} + RT\ln p_{\text{S}_2,\text{e}}$$

$$\mu_{S^{2-}} = \mu_{S^{2-}}^{\ominus} + RT \ln a_{S^{2-},e}$$

$$\mu_e = \mu_e^{\ominus}$$

由

$$\varphi_{阳,S_2,e} = \frac{\Delta G_{m,阳,S_2,e}}{4F}$$

得

$$\varphi_{阳,S_2,e} = \varphi_{阳,S_2}^{\ominus} + \frac{RT}{4F} RT \ln \frac{p_{S_2,e}}{a_{S^{2-},e}^2} \qquad (13.93)$$

式中，

$$\varphi_{阳,S_2}^{\ominus} = \frac{\Delta G_{m,阳,S_2}^{\ominus}}{4F} = \frac{\mu_{S_2}^{\ominus} - 2\mu_{S^{2-}}^{\ominus} + 4\mu_e^{\ominus}}{4F}$$

阳极有电流通过，发生极化，阳极反应为

$$2S^{2-} - 4e \Longrightarrow S_2(气)$$

摩尔吉布斯自由能变化为

$$\Delta G_{m,阳,S_2} = \mu_{S_2} - 2\mu_{S^{2-}} + 4\mu_e = \Delta G_{m,阳,S_2}^{\ominus} + RT \ln \frac{p_{S_2}}{a_{S^{2-}}^2} + 4RT \ln i$$

式中，

$$\Delta G_{m,阳,S_2}^{\ominus} = \mu_{S_2}^{\ominus} - 4\mu_e^{\ominus} - 2\mu_{S^{2-}}^{\ominus}$$

$$\mu_{S_2} = \mu_{S_2}^{\ominus} + RT \ln p_{S_2}$$

$$\mu_{S^{2-}} = \mu_{S^{2-}}^{\ominus} + RT \ln a_{S^{2-}}$$

$$\mu_e = \mu_e^{\ominus} + RT \ln i$$

由

$$\varphi_{阳,S_2} = \frac{\Delta G_{m,阳,S_2}}{4F}$$

得

$$\varphi_{阳,S_2} = \varphi_{阳,S_2}^{\ominus} + \frac{RT}{4F} RT \ln \frac{p_{S_2}}{a_{S^{2-}}^2} + \frac{RT}{F} \ln i \qquad (13.94)$$

式中，

$$\varphi_{阳,S_2}^{\ominus} = \frac{\Delta G_{m,阳,S_2}^{\ominus}}{4F} = \frac{\mu_{S_2}^{\ominus} - 4\mu_e^{\ominus} - 2\mu_{S^{2-}}^{\ominus}}{4F}$$

由式（13.94）得

$$\ln i = \frac{F\varphi_{阳,S_2}}{RT} - \frac{F\varphi_{阳,S_2}^{\ominus}}{RT} - \frac{1}{4} \ln \frac{p_{S_2}}{a_{S^{2-}}^2}$$

则

$$i = \left(\frac{a_{S^{2-}}^2}{p_{S_2}} \right)^{1/4} \exp\left(\frac{F\varphi_{阳,S_2}}{RT} \right) \exp\left(-\frac{F\varphi_{阳,S_2}^{\ominus}}{RT} \right) = k_+ \exp\left(\frac{F\varphi_{阳,S_2}}{RT} \right) \quad (13.95)$$

式中，

$$k_+ = \left(\frac{a_{S^{2-}}^2}{p_{S_2}} \right)^{1/4} \exp\left(-\frac{F\varphi_{阳,S_2}^{\ominus}}{RT} \right) \approx \left(\frac{c_{S^{2-}}^2}{p_{S_2}} \right)^{1/4} \exp\left(-\frac{F\varphi_{阳,S_2}^{\ominus}}{RT} \right)$$

阳极过电势：

式（13.94）−式（13.93），得

$$\Delta\varphi_{阳,S_2} = \varphi_{阳,S_2} - \varphi_{阳,S_2,e} = \frac{RT}{4F} \ln \frac{p_{S_2} a_{S^{2-},e}^2}{a_{S^{2-}}^2 p_{S_2,e}} + \frac{RT}{F} \ln i \quad (13.96)$$

由上式得

$$\ln i = \frac{F\Delta\varphi_{阳,S_2}}{RT} - \frac{1}{4} \ln \frac{p_{S_2} a_{S^{2-},e}^2}{a_{S^{2-}}^2 p_{S_2,e}}$$

则

$$i = \left(\frac{a_{S^{2-}}^2 p_{S_2,e}}{p_{S_2} a_{S^{2-},e}^2} \right)^{1/4} \exp\left(\frac{F\Delta\varphi_{阳,S_2}}{RT} \right) = k_+' \exp\left(\frac{F\Delta\varphi_{阳,S_2}}{RT} \right) \quad (13.97)$$

式中，

$$k_+' = \left(\frac{a_{S^{2-}}^2 p_{S_2,e}}{p_{S_2} a_{S^{2-},e}^2} \right)^{1/4} \approx \left(\frac{c_{S^{2-}}^2 p_{S_2,e}}{p_{S_2} c_{S^{2-},e}^2} \right)^{1/4}$$

电解池反应达平衡，有

$$MeS \Longrightarrow [Me] + \frac{1}{2}S_2(气) \quad (i)$$

$$MS \Longrightarrow [M] + \frac{1}{2}S_2(气) \quad (ii)$$

4. 反应（i）的电解池电动势

式（i）反应的摩尔吉布斯自由能变化为

$$\Delta G_{m,Me,e} = \mu_{[Me]} + \frac{1}{2}\mu_{S_2(气)} - \mu_{MeS} = \Delta G_{m,Me}^{\ominus} + RT \ln(a_{[Me],e} p_{S_2,e}^{1/2})$$

式中，

$$\Delta G_{m,Me}^{\ominus} = \mu_{[Me]}^{\ominus} + \frac{1}{2}\mu_{S_2}^{\ominus} - \mu_{MeS}^{\ominus}$$

$$\mu_{[Me]} = \mu_{[Me]}^{\ominus} + RT \ln a_{[Me],e}$$

$$\mu_{S_2} = \mu_{S_2}^{\ominus} + RT \ln p_{S_2,e}$$

$$\mu_{MeS} = \mu_{MeS}^{\ominus}$$

由

$$E_{Me,e} = -\frac{\Delta G_{m,Me,e}}{2F}$$

得

$$E_{Me,e} = E_{Me}^{\ominus} + \frac{RT}{2F} RT \ln \frac{1}{a_{[Me],e} p_{S_2,e}^{1/2}} \tag{13.98}$$

式中，

$$E_{Me}^{\ominus} = -\frac{\Delta G_{m,Me}^{\ominus}}{2F} = -\frac{\mu_{[Me]}^{\ominus} + \frac{1}{2}\mu_{S_2}^{\ominus} - \mu_{MeS}^{\ominus}}{2F}$$

并有

$$E_{Me,e} = -E'_{Me,e}$$

$E'_{Me,e}$ 为外加平衡电动势。

电解池有电流通过，发生极化，电解池反应为

$$MeS \rightleftharpoons [Me] + \frac{1}{2}S_2(气)$$

摩尔吉布斯自由能变化为

$$\Delta G_{m,Me} = \mu_{[Me]} + \frac{1}{2}\mu_{S_2} - \mu_{MeS} = \Delta G_{m,Me}^{\ominus} + RT \ln\left(a_{[Me]} p_{S_2}^{1/2}\right)$$

式中，

$$\Delta G_{m,Me}^{\ominus} = \mu_{Me}^{\ominus} + \frac{1}{2}\mu_{S_2}^{\ominus} - \mu_{MeS}^{\ominus}$$

$$\mu_{[Me]} = \mu_{Me}^{\ominus} + RT \ln a_{[Me]}$$

$$\mu_{S_2} = \mu_{S_2}^{\ominus} + RT \ln p_{S_2}$$

$$\mu_{MeS} = \mu_{MeS}^{\ominus}$$

由

$$E_M = -\frac{\Delta G_{m,Me}}{2F}$$

得

$$E_M = E_{Me}^{\ominus} + \frac{RT}{2F} \ln \frac{1}{a_{[Me]} p_{S_2}^{1/2}} \tag{13.99}$$

式中，

$$E_{\mathrm{Me}}^{\ominus} = -\frac{\Delta G_{\mathrm{m,Me}}^{\ominus}}{2F} = -\frac{\mu_{\mathrm{Me}}^{\ominus} + \dfrac{1}{2}\mu_{\mathrm{S}_2}^{\ominus} - \mu_{\mathrm{MeS}}^{\ominus}}{2F}$$

并有

$$E_{\mathrm{Me}} = -E_{\mathrm{Me}}'$$

E_{Me}' 为外加电动势。

过电动势：

$$\begin{aligned}
\Delta E_{\mathrm{Me}}' &= E_{\mathrm{Me}}' - E_{\mathrm{Me,e}}' \\
&= (\varphi_{\text{阳}} - \varphi_{\text{阴}}) - (\varphi_{\text{阳,e}} - \varphi_{\text{阴,e}}) \\
&= (\varphi_{\text{阳}} - \varphi_{\text{阳,e}}) - (\varphi_{\text{阴}} - \varphi_{\text{阴,e}}) \\
&= \Delta\varphi_{\text{阳}} - \Delta\varphi_{\text{阴}} \quad\quad\quad\quad (13.100)
\end{aligned}$$

$$\begin{aligned}
E_{\mathrm{Me}}' &= -E_{\mathrm{Me}} \\
&= -\left(E_{[\mathrm{Me}]}^{\ominus} + \frac{RT}{2F}\ln\frac{1}{a_{[\mathrm{Me}]}p_{\mathrm{S}_2}^{1/2}} \right) \\
&= -E_{[\mathrm{Me}]}^{\ominus} + \frac{RT}{2F}\ln(a_{[\mathrm{Me}]}p_{\mathrm{S}_2}^{1/2})
\end{aligned}$$

$$\begin{aligned}
E_{\mathrm{Me,e}}' &= -E_{\mathrm{Me,e}} \\
&= -\left(E_{[\mathrm{Me}]}^{\ominus} + \frac{RT}{2F}\ln\frac{1}{a_{[\mathrm{Me}],e}p_{\mathrm{S}_2,e}^{1/2}} \right) \\
&= -E_{[\mathrm{Me}]}^{\ominus} + \frac{RT}{2F}\ln(a_{[\mathrm{Me}],e}p_{\mathrm{S}_2,e}^{1/2})
\end{aligned}$$

$$\Delta E_{\mathrm{Me}}' = E_{\mathrm{Me}}' - E_{\mathrm{Me,e}}' = \frac{RT}{2F}\ln\frac{a_{[\mathrm{Me}]}p_{\mathrm{S}_2}^{1/2}}{a_{[\mathrm{Me}],e}p_{\mathrm{S}_2,e}^{1/2}} \quad\quad (13.101)$$

端电压为

$$V_{\mathrm{Me}}' = E_{\mathrm{Me}}' + IR = E_{\mathrm{Me,e}}' + \Delta E_{\mathrm{Me}}' + IR \quad\quad (13.102)$$

5. 反应（ii）的电解池电动势

式（ii）反应的摩尔吉布斯自由能变化为

$$\Delta G_{\mathrm{m,M,e}} = \mu_{[\mathrm{M}]} + \frac{1}{2}\mu_{\mathrm{S}_2} - \mu_{\mathrm{MS}} = \Delta G_{\mathrm{m,M}}^{\ominus} + RT\ln(a_{[\mathrm{M}],e}p_{\mathrm{S}_2,e}^{1/2})$$

式中，

$$\Delta G_{\mathrm{m,M}}^{\ominus} = \mu_{[\mathrm{M}]}^{\ominus} + \frac{1}{2}\mu_{\mathrm{S}_2}^{\ominus} - \mu_{\mathrm{MS}}^{\ominus}$$

$$\mu_{[M]} = \mu_{[M]}^{\ominus} + RT \ln a_{[M],e}$$

$$\mu_{S_2} = \mu_{S_2}^{\ominus} + RT \ln p_{S_2,e}$$

$$\mu_{MS} = \mu_{MS}^{\ominus}$$

由

$$E_{M,e} = -\frac{\Delta G_{m,M,e}}{2F}$$

得

$$E_{M,e} = E_M^{\ominus} + \frac{RT}{2F} RT \ln \frac{1}{a_{[M],e} p_{S_2,e}^{1/2}} \qquad （13.103）$$

式中，

$$E_M^{\ominus} = -\frac{\Delta G_{m,M}^{\ominus}}{2F} = -\frac{\mu_{[M]}^{\ominus} + \frac{1}{2}\mu_{S_2}^{\ominus} - \mu_{MS}^{\ominus}}{2F}$$

并有

$$E_{M,e} = -E_{M,e}'$$

$E_{M,e}'$ 为外加平衡电动势。

电解池有电流通过，发生极化，电解池反应为

$$\text{MS} = [M] + \frac{1}{2}S_2(\text{气})$$

摩尔吉布斯自由能变化为

$$\Delta G_{m,M} = \mu_{[M]} + \frac{1}{2}\mu_{S_2} - \mu_{MS} = \Delta G_{m,M}^{\ominus} + RT \ln \left(a_{[M]} p_{S_2}^{1/2} \right)$$

式中，

$$\Delta G_{m,M}^{\ominus} = \mu_M^{\ominus} + \frac{1}{2}\mu_{S_2}^{\ominus} - \mu_{MS}^{\ominus}$$

$$\mu_{[M]} = \mu_M^{\ominus} + RT \ln a_{[M]}$$

$$\mu_{S_2} = \mu_{S_2}^{\ominus} + RT \ln p_{S_2}$$

$$\mu_{MS} = \mu_{MS}^{\ominus}$$

由

$$E_M = -\frac{\Delta G_{m,M}}{2F}$$

得

$$E_M = E_M^{\ominus} + \frac{RT}{2F} \ln \frac{1}{a_{[M]} p_{S_2}^{1/2}} \qquad （13.104）$$

式中，

$$E_{\mathrm{M}}^{\ominus} = -\frac{\Delta G_{\mathrm{m,M}}^{\ominus}}{2F} = -\frac{\mu_{\mathrm{M}}^{\ominus} + \frac{1}{2}\mu_{\mathrm{S}_2}^{\ominus} - \mu_{\mathrm{MS}}^{\ominus}}{2F}$$

并有

$$E_{\mathrm{M}} = -E_{\mathrm{M}}'$$

E_{M}' 为外加电动势。

过电势：

$$
\begin{aligned}
\Delta E_{\mathrm{M}}' &= E_{\mathrm{M}}' - E_{\mathrm{M,e}}' \\
&= (\varphi_{阳} - \varphi_{阴}) - (\varphi_{阳,\mathrm{e}} - \varphi_{阴,\mathrm{e}}) \\
&= (\varphi_{阳} - \varphi_{阳,\mathrm{e}}) - (\varphi_{阴} - \varphi_{阴,\mathrm{e}}) \\
&= \Delta\varphi_{阳} - \Delta\varphi_{阴}
\end{aligned}
\tag{13.105}
$$

$$
\begin{aligned}
E_{\mathrm{M}}' &= -E_{\mathrm{M}} = \varphi_{阳} - \varphi_{阴} \\
&= -\left(E_{\mathrm{M}}^{\ominus} + \frac{RT}{2F}\ln\frac{1}{a_{[\mathrm{M}]}p_{\mathrm{S}_2}^{1/2}} \right) \\
&= -E_{\mathrm{M}}^{\ominus} + \frac{RT}{2F}\ln(a_{[\mathrm{M}]}p_{\mathrm{S}_2}^{1/2})
\end{aligned}
$$

$$
\begin{aligned}
E_{\mathrm{M,e}}' &= -E_{\mathrm{M,e}} = \varphi_{阳,\mathrm{e}} - \varphi_{阴,\mathrm{e}} \\
&= -\left(E_{\mathrm{M}}^{\ominus} + \frac{RT}{2F}\ln\frac{1}{a_{[\mathrm{M}],\mathrm{e}}p_{\mathrm{S}_2,\mathrm{e}}^{1/2}} \right) \\
&= -E_{\mathrm{M}}^{\ominus} + \frac{RT}{2F}\ln(a_{[\mathrm{M}],\mathrm{e}}p_{\mathrm{S}_2,\mathrm{e}}^{1/2})
\end{aligned}
$$

$$\Delta E_{\mathrm{M}}' = E_{\mathrm{M}}' - E_{\mathrm{M,e}}' = \frac{RT}{2F}\ln\frac{a_{[\mathrm{M}]}p_{\mathrm{S}_2}^{1/2}}{a_{[\mathrm{M}],\mathrm{e}}p_{\mathrm{S}_2,\mathrm{e}}^{1/2}} \tag{13.106}$$

端电压为

$$V_{\mathrm{M}}' = E_{\mathrm{M}}' + IR = E_{\mathrm{M,e}}' + \Delta E_{\mathrm{M}}' + IR \tag{13.107}$$

并有

$$E_{\mathrm{Me}}' = E_{\mathrm{M}}'$$
$$V_{\mathrm{Me}}' = V_{\mathrm{M}}'$$

第14章 金属-熔渣间的电化学反应

液态金属中的组元与熔渣中的组元在金属-熔渣界面发生化学反应。这类反应有两种不同的反应机理：一种是反应物组元直接接触交换电子后成为产物，可以表示为

$$[A] + (B^{z+}) \Longrightarrow (A^{z+}) + [B]$$

另一种是组元 A 氧化与组元 B^{z+} 还原是以电极反应的形式进行。电子的交换由液态金属传递，界面化学反应由两个同时进行的电极反应组成，即

阴极反应

$$(B^{z+}) + z\mathrm{e} \Longrightarrow [B]$$

阳极反应

$$[A] \Longrightarrow (A^{z+}) + z\mathrm{e}$$

电池反应

$$[A] + (B^{z+}) \Longrightarrow (A^{z+}) + [B]$$

这种反应机理称为电化学机理。类似于水溶液中的电化学腐蚀。

下面分别进行讨论。

14.1 反应物组元直接接触

化学反应为

$$[A] + (B^{z+}) \Longrightarrow (A^{z+}) + [B]$$

摩尔吉布斯自由能变化为

$$\Delta G_{\mathrm{m}} = \mu_{(A^{z+})} + \mu_{[B]} - \mu_{[A]} - \mu_{(B^{z+})} = \Delta G_{\mathrm{m}}^{\ominus} + RT \ln \frac{a_{(A^{z+})} a_{[B]}}{a_{[A]} a_{(B^{z+})}}$$

式中，

$$\Delta G_{\mathrm{m}}^{\ominus} = \mu_{(A^{z+})}^{\ominus} + \mu_{[B]}^{\ominus} - \mu_{[A]}^{\ominus} - \mu_{(B^{z+})}^{\ominus}$$

$$\mu_{(A^{z+})} = \mu_{(A^{z+})}^{\ominus} + RT \ln a_{(A^{z+})}$$

$$\mu_{[B]} = \mu_{[B]}^{\ominus} + RT \ln a_{[B]}$$

$$\mu_{(B^{z+})} = \mu_{(B^{z+})}^{\ominus} + RT \ln a_{(B^{z+})}$$

$$\mu_{[A]} = \mu_{[A]}^{\ominus} + RT \ln a_{[A]}$$

化学反应速率为

$$\frac{dN_{(A^{z+})}}{dt} = \frac{dN_{[B]}}{dt} = -\frac{dN_{[A]}}{dt} = -\frac{dN_{(B^{z+})}}{dt} = \Omega j$$

式中，

$$j = k_{+} c_{[A]}^{m} c_{(B^{z+})}^{n} - k_{-} c_{[B]}^{u} c_{(A^{z+})}^{v} \tag{14.1}$$

Ω 为渣-金界面面积。

14.2　以电极反应形式进行

金属-熔渣间的氧化-还原反应以电极反应的形式进行。电子的交换由液态金属传递，界面化学反应由两个同时进行的电极反应组成，即构成以下电池：

$$[A] \mid (A^{z+} B^{z+}) \mid [B]$$

阴极反应

$$(B^{z+}) + ze =\!=\!= [B]$$

阳极反应

$$[A] =\!=\!= (A^{z+}) + ze$$

电池反应

$$[A] + (B^{z+}) =\!=\!= [B] + (A^{z+})$$

1. 阴极电势

阴极反应达平衡，有

$$(B^{z+}) + ze =\!=\!=\!=\!\rightleftharpoons [B]$$

摩尔吉布斯自由能变化为

$$\Delta G_{m,阴,e} = \mu_{[B]} - \mu_{(B^{z+})} - z\mu_{e} = \Delta G_{m,阴}^{\ominus} + RT \ln \frac{a_{[B],e}}{a_{(B^{z+}),e}}$$

式中，

$$\Delta G_{m,阴}^{\ominus} = \mu_{[B]}^{\ominus} - \mu_{(B^{z+})}^{\ominus} - z\mu_{e}^{\ominus}$$

$$\mu_{[B]} = \mu_{[B]}^{\ominus} + RT \ln a_{[B],e}$$

$$\mu_{(B^{z+})} = \mu_{(B^{z+})}^{\ominus} + RT \ln a_{(B^{z+}),e}$$

$$\mu_{e} = \mu_{e}^{\ominus}$$

由

$$\varphi_{阴,e} = -\frac{\Delta G_{m,阴,e}}{zF}$$

得

$$\varphi_{阴,e} = \varphi_{阴}^{\ominus} + \frac{RT}{zF} \ln \frac{a_{[B],e}}{a_{(B^{z+}),e}} \tag{14.2}$$

式中，

$$\varphi_{阴}^{\ominus} = -\frac{\Delta G_{m,阴}^{\ominus}}{zF} = -\frac{\mu_{[B]}^{\ominus} - \mu_{(B^{z+})}^{\ominus} - z\mu_{e}^{\ominus}}{zF}$$

阴极有电流通过，发生极化，阴极反应为

$$(B^{z+}) + ze =\!=\!= [B]$$

摩尔吉布斯自由能变化为

$$\Delta G_{m,阴} = \mu_{[B]} - \mu_{(B^{z+})} - z\mu_{e} = \Delta G_{m,阴}^{\ominus} + RT\ln\frac{a_{[B]}}{a_{(B^{z+})}} + zRT\ln i$$

式中，

$$\Delta G_{m,阴}^{\ominus} = \mu_{[B]}^{\ominus} - \mu_{(B^{z+})}^{\ominus} - z\mu_{e}^{\ominus}$$

$$\mu_{[B]} = \mu_{[B]}^{\ominus} + RT\ln a_{[B]}$$

$$\mu_{(B^{z+})} = \mu_{(B^{z+})}^{\ominus} + RT\ln a_{(B^{z+})}$$

$$\mu_{e} = \mu_{e}^{\ominus} - RT\ln i$$

由

$$\varphi_{阴} = -\frac{\Delta G_{m,阴}}{zF}$$

得

$$\varphi_{阴} = \varphi_{阴}^{\ominus} + \frac{RT}{zF}\ln\frac{a_{(B^{z+})}}{a_{[B]}} - \frac{RT}{F}\ln i \tag{14.3}$$

式中，

$$\varphi_{阴}^{\ominus} = -\frac{\Delta G_{m,阴}^{\ominus}}{zF} = -\frac{\mu_{[B]}^{\ominus} - \mu_{(B^{z+})}^{\ominus} - z\mu_{e}^{\ominus}}{zF}$$

由式（14.3）得

$$\ln i = -\frac{F\varphi_{阴}}{RT} + \frac{F\varphi_{阴}^{\ominus}}{RT} + \frac{1}{z}\ln\frac{a_{(B^{z+})}}{a_{[B]}}$$

则

$$i = \left(\frac{a_{(B^{z+})}}{a_{[B]}} \right)^{1/z} \exp\left(-\frac{F\varphi_{阴}}{RT} \right) \exp\left(\frac{F\varphi_{阴}^{\ominus}}{RT} \right) = k_+ \exp\left(-\frac{F\varphi_{阴}}{RT} \right) \qquad (14.4)$$

式中，

$$k_+ = \left(\frac{a_{(B^{z+})}}{a_{[B]}} \right)^{1/z} \exp\left(\frac{F\varphi_{阴}^{\ominus}}{RT} \right) \approx \left(\frac{c_{(B^{z+})}}{c_{[B]}} \right)^{1/z} \exp\left(\frac{F\varphi_{阴}^{\ominus}}{RT} \right)$$

2. 阴极过电势

式（14.3）–式（14.2），得

$$\Delta\varphi_{阴} = \varphi_{阴} - \varphi_{阴,e} = \frac{RT}{zF} \ln \frac{a_{(B^{z+})} a_{[B],e}}{a_{[B]} a_{(B^{z+}),e}} - \frac{RT}{F} \ln i \qquad (14.5)$$

由式（14.5）得

$$\ln i = -\frac{F\Delta\varphi_{阴}}{RT} + \frac{1}{z} \ln \frac{a_{(B^{z+})} a_{[B],e}}{a_{[B]} a_{(B^{z+}),e}}$$

则

$$i = \left(\frac{a_{(B^{z+})} a_{[B],e}}{a_{[B]} a_{(B^{z+}),e}} \right)^{1/z} \exp\left(-\frac{F\Delta\varphi_{阴}}{RT} \right) = k_+' \exp\left(-\frac{F\Delta\varphi_{阴}}{RT} \right) \qquad (14.6)$$

式中，

$$k_+' = \left(\frac{a_{(B^{z+})} a_{[B],e}}{a_{[B]} a_{(B^{z+}),e}} \right)^{1/z} \approx \left(\frac{c_{(B^{z+})} c_{[B],e}}{c_{[B]} c_{(B^{z+}),e}} \right)^{1/z}$$

3. 阳极电势

阳极反应达平衡，有

$$[A] \Longrightarrow (A^{z+}) + ze$$

摩尔吉布斯自由能变化为

$$\Delta G_{m,阳,e} = \mu_{(A^{z+})} + z\mu_e - \mu_{[A]} = \Delta G_{m,阳}^{\ominus} + RT \ln \frac{a_{(A^{z+}),e}}{a_{[A],e}}$$

式中，

$$\Delta G_{m,阳}^{\ominus} = \mu_{(A^{z+})}^{\ominus} + z\mu_e^{\ominus} - \mu_{[A]}^{\ominus}$$

$$\mu_{(A^{z+})} = \mu_{(A^{z+})}^{\ominus} + RT \ln a_{(A^{z+}),e}$$

$$\mu_{[A]} = \mu_{[A]}^{\ominus} + RT \ln a_{[A],e}$$

$$\mu_e = \mu_e^{\ominus}$$

由

$$\varphi_{\text{阳},e} = \frac{\Delta G_{m,\text{阳},e}}{zF}$$

得

$$\varphi_{\text{阳},e} = \varphi_{\text{阳}}^{\ominus} + \frac{RT}{zF} \ln \frac{a_{(A^{z+}),e}}{a_{[A],e}} \qquad (14.7)$$

式中，

$$\varphi_{\text{阳}}^{\ominus} = \frac{\Delta G_{m,\text{阳}}^{\ominus}}{zF} = \frac{\mu_{(A^{z+})}^{\ominus} + z\mu_e^{\ominus} - \mu_{[A]}^{\ominus}}{zF}$$

阳极有电流通过，发生极化，阳极反应为

$$[A] \rightleftharpoons (A^{z+}) + ze$$

摩尔吉布斯自由能变化为

$$\Delta G_{m,\text{阳}} = \mu_{(A^{z+})} + z\mu_e - \mu_{[A]} = \Delta G_{m,\text{阳}}^{\ominus} + RT \ln \frac{a_{(A^{z+})}}{a_{[A]}} + zRT \ln i$$

式中，

$$\Delta G_{m,\text{阳}}^{\ominus} = \mu_{(A^{z+})}^{\ominus} + z\mu_e^{\ominus} - \mu_{[A]}^{\ominus}$$

$$\mu_{(A^{z+})} = \mu_{(A^{z+})}^{\ominus} + RT \ln a_{(A^{z+})}$$

$$\mu_{[A]} = \mu_{[A]}^{\ominus} + RT \ln a_{[A]}$$

$$\mu_e = \mu_e^{\ominus} + RT \ln i$$

由

$$\varphi_{\text{阳}} = \frac{\Delta G_{m,\text{阳}}}{zF}$$

得

$$\varphi_{\text{阳}} = \varphi_{\text{阳}}^{\ominus} + \frac{RT}{zF} \ln \frac{a_{(A^{z+})}}{a_{[A]}} + \frac{RT}{zF} \ln i \qquad (14.8)$$

式中，

$$\varphi_{\text{阳}}^{\ominus} = \frac{\Delta G_{m,\text{阳}}^{\ominus}}{zF} = \frac{\mu_{(A^{z+})}^{\ominus} + z\mu_e^{\ominus} - \mu_{[A]}^{\ominus}}{zF}$$

由式（14.8）得

$$\ln i = \frac{F\varphi_{\text{阳}}}{RT} - \frac{F\varphi_{\text{阳}}^{\ominus}}{RT} - \frac{1}{z} \ln \frac{a_{(A^{z+})}}{a_{[A]}}$$

则

$$i = \left(\frac{a_{[A]}}{a_{(A^{z+})}}\right)^{1/z} \exp\left(\frac{F\varphi_{阳}}{RT}\right)\exp\left(-\frac{F\varphi_{阳}^{\ominus}}{RT}\right) = k_- \exp\left(\frac{F\varphi_{阳}}{RT}\right) \tag{14.9}$$

式中，

$$k_- = \left(\frac{a_{[A]}}{a_{(A^{z+})}}\right)^{1/z} \exp\left(-\frac{F\varphi_{阳}^{\ominus}}{RT}\right) \approx \left(\frac{c_{[A]}}{c_{(A^{z+})}}\right)^{1/z}\exp\left(-\frac{F\varphi_{阳}^{\ominus}}{RT}\right)$$

4. 阳极过电势

式（14.8）–式（14.7），得

$$\Delta\varphi_{阳} = \varphi_{阳} - \varphi_{阳,e} = \frac{RT}{zF}\ln\frac{a_{(A^{z+})}a_{[A],e}}{a_{[A]}a_{(A^{z+}),e}} + \frac{RT}{zF}\ln i \tag{14.10}$$

由式（14.10）得

$$\ln i = \frac{F\Delta\varphi_{阳}}{RT} - \frac{1}{z}\ln\frac{a_{(A^{z+})}a_{[A],e}}{a_{[A]}a_{(A^{z+}),e}}$$

则

$$i = \left(\frac{a_{[A]}a_{(A^{z+}),e}}{a_{(A^{z+})}a_{[A],e}}\right)^{1/z}\exp\left(\frac{F\Delta\varphi_{阳}}{RT}\right) = k'_- \exp\left(\frac{F\Delta\varphi_{阳}}{RT}\right) \tag{14.11}$$

式中，

$$k'_- = \left(\frac{a_{[A]}a_{(A^{z+}),e}}{a_{(A^{z+})}a_{[A],e}}\right)^{1/z} \approx \left(\frac{c_{[A]}c_{(A^{z+}),e}}{c_{(A^{z+})}c_{[A],e}}\right)^{1/z}$$

5. 电池电动势

电池反应达平衡，有

$$[A] + (B^{z+}) \Longleftrightarrow (A^{z+}) + [B]$$

摩尔吉布斯自由能变化为

$$\Delta G_{m,e} = \mu_{(A^{z+})} + \mu_{[B]} - \mu_{[A]} - \mu_{(B^{z+})} = \Delta G_m^{\ominus} + RT\ln\frac{a_{(A^{z+}),e}a_{[B],e}}{a_{[A],e}a_{(B^{z+}),e}}$$

式中，

$$\Delta G_m^{\ominus} = \mu_{(A^{z+})}^{\ominus} + \mu_{[B]}^{\ominus} - \mu_{[A]}^{\ominus} - \mu_{(B^{z+})}^{\ominus}$$

$$\mu_{(A^{z+})} = \mu_{(A^{z+})}^{\ominus} + RT\ln a_{(A^{z+}),e}$$

$$\mu_{[B]} = \mu_{[B]}^{\ominus} + RT\ln a_{[B],e}$$

$$\mu_{(B^{z+})} = \mu_{(B^{z+})}^{\ominus} + RT \ln a_{(B^{z+}),e}$$

$$\mu_{[A]} = \mu_{[A]}^{\ominus} + RT \ln a_{[A],e}$$

由

$$E_e = -\frac{\Delta G_{m,e}}{zF}$$

得

$$E_e = E^{\ominus} + \frac{RT}{zF} \ln \frac{a_{(A^{z+}),e} a_{[B],e}}{a_{[A],e} a_{(B^{z+}),e}} \qquad （14.12）$$

式中，

$$E^{\ominus} = -\frac{\Delta G_m^{\ominus}}{zF} = -\frac{\mu_{(A^{z+})}^{\ominus} + \mu_{[B]}^{\ominus} - \mu_{[A]}^{\ominus} - \mu_{(B^{z+})}^{\ominus}}{zF}$$

电池有电流通过，发生极化，电池反应为

$$[A] + (B^{z+}) \Longrightarrow (A^{z+}) + [B]$$

摩尔吉布斯自由能变化为

$$\Delta G_m = \mu_{(A^{z+})} + \mu_{[B]} - \mu_{[A]} - \mu_{(B^{z+})} = \Delta G_m^{\ominus} + RT \ln \frac{a_{(A^{z+})} a_{[B]}}{a_{[A]} a_{(B^{z+})}}$$

式中，

$$\Delta G_m^{\ominus} = \mu_{(A^{z+})}^{\ominus} + \mu_{[B]}^{\ominus} - \mu_{[A]}^{\ominus} - \mu_{(B^{z+})}^{\ominus}$$

$$\mu_{(A^{z+})} = \mu_{(A^{z+})}^{\ominus} + RT \ln a_{(A^{z+})}$$

$$\mu_{[B]} = \mu_{[B]}^{\ominus} + RT \ln a_{[B]}$$

$$\mu_{(B^{z+})} = \mu_{(B^{z+})}^{\ominus} + RT \ln a_{(B^{z+})}$$

$$\mu_{[A]} = \mu_{[A]}^{\ominus} + RT \ln a_{[A]}$$

由

$$E = -\frac{\Delta G_m}{zF}$$

得

$$E = E^{\ominus} + \frac{RT}{zF} \ln \frac{a_{[A]} a_{(B^{z+})}}{a_{(A^{z+})} a_{[B]}} \qquad （14.13）$$

式中，

$$E^{\ominus} = -\frac{\Delta G_m^{\ominus}}{zF} = -\frac{\mu_{(A^{z+})}^{\ominus} + \mu_{[B]}^{\ominus} - \mu_{[A]}^{\ominus} - \mu_{(B^{z+})}^{\ominus}}{zF}$$

$$E = \varphi_{阴} - \varphi_{阳}$$
$$= (\varphi_{阴,e} + \Delta\varphi_{阴}) - (\varphi_{阳,e} + \Delta\varphi_{阳})$$
$$= (\varphi_{阴,e} - \varphi_{阳,e}) + (\Delta\varphi_{阴} - \Delta\varphi_{阳})$$
$$= E_e + \Delta E$$
$$E_e = \varphi_{阴,e} - \varphi_{阳,e}$$
$$\Delta E = \Delta\varphi_{阴,e} - \Delta\varphi_{阳,e}$$

6. 电池过电势

式（14.13）–式（14.12），得

$$\Delta E = E - E_e = \frac{RT}{zF} \ln \frac{a_{[A]} a_{(B^{z+})} a_{(A^{z+}),e} a_{[B],e}}{a_{(A^{z+})} a_{[B]} a_{[A],e} a_{(B^{z+}),e}} \tag{14.14}$$

$$\Delta E = E - E_e$$
$$= (\varphi_{阴} - \varphi_{阳}) - (\varphi_{阴,e} - \varphi_{阳,e})$$
$$= (\varphi_{阴} - \varphi_{阴,e}) - (\varphi_{阳} - \varphi_{阳,e})$$
$$= \Delta\varphi_{阴} - \Delta\varphi_{阳} \tag{14.15}$$

7. 电池端电压

$$V = E - IR = E_e + \Delta E - IR \tag{14.16}$$

式中，I 为电池的电流强度；R 为电池的电阻。

14.3　以熔渣为电解质电解精炼金属

以熔渣或熔盐为电解质，构成电解池，电解脱出金属中的氧、硫等有害杂质，净化金属。

14.3.1　以熔渣为电解质电解脱氧

为脱除铁液中的氧，设计如下电解池：
$$\text{Pt Rh} \,|\, \text{Ar} \,|\, \text{CaF}_2\text{-Al}_2\text{O}_3\text{-CaO} \,|\, \text{Fe-O} \,|\, \text{Pt Rh}$$
阴极反应为

$$[\text{O}] + 2\text{e} \Longrightarrow (\text{O}^{2-})$$

阳极反应为

$$(\text{O}^{2-}) \Longrightarrow \text{Pt Rh—O} + 2\text{e}$$

$$\text{Pt Rh—O} \Longrightarrow \frac{1}{2}\text{O}_2(\text{吸附})$$

$$\frac{1}{2}O_2(吸附) = \frac{1}{2}O_2(气)$$

总反应为

$$(O^{2-}) = \frac{1}{2}O_2(气) + 2e$$

电解池反应为

$$[O] = \frac{1}{2}O_2(气)$$

1. 阴极电势

阴极反应达平衡，有

$$[O] + 2e \rightleftharpoons (O^{2-})$$

摩尔吉布斯自由能变化为

$$\Delta G_{m,阴,e} = \mu_{(O^{2-})} - \mu_{[O]} - 2\mu_e = \Delta G_{m,阴}^\ominus + RT \ln \frac{a_{(O^{2-}),e}}{a_{[O],e}}$$

式中，

$$\Delta G_{m,阴}^\ominus = \mu_{(O^{2-})}^\ominus - \mu_{[O]}^\ominus - 2\mu_e^\ominus$$

$$\mu_{(O^{2-})} = \mu_{(O^{2-})}^\ominus + RT \ln a_{(O^{2-}),e}$$

$$\mu_{[O]} = \mu_{[O]}^\ominus + RT \ln a_{[O],e}$$

$$\mu_e = \mu_e^\ominus$$

由

$$\varphi_{阴,e} = -\frac{\Delta G_{m,阴,e}}{2F}$$

得

$$\varphi_{阴,e} = \varphi_阴^\ominus + \frac{RT}{2F} \ln \frac{a_{[O],e}}{a_{(O^{2-}),e}} \qquad (14.17)$$

式中，

$$\varphi_阴^\ominus = -\frac{\Delta G_{m,阴}^\ominus}{2F} = -\frac{\mu_{(O^{2-})}^\ominus - \mu_{[O]}^\ominus - 2\mu_e^\ominus}{2F}$$

阴极有电流通过，发生极化，阴极反应为

$$[O] + 2e = (O^{2-})$$

摩尔吉布斯自由能变化为

$$\Delta G_{m,阴} = \mu_{(O^{2-})} - \mu_{[O]} - 2\mu_e = \Delta G_{m,阴}^\ominus + RT \ln \frac{a_{(O^{2-})}}{a_{[O]}} + 2RT \ln i$$

式中，

$$\Delta G_{m,阴}^{\ominus} = \mu_{(O^{2-})}^{\ominus} - \mu_{[O]}^{\ominus} - 2\mu_e^{\ominus}$$

$$\mu_{(O^{2-})} = \mu_{(O^{2-})}^{\ominus} + RT \ln a_{(O^{2-})}$$

$$\mu_{[O]} = \mu_{[O]}^{\ominus} + RT \ln a_{[O]}$$

$$\mu_e = \mu_e^{\ominus} - RT \ln i$$

由

$$\varphi_{阴} = -\frac{\Delta G_{m,阴}}{2F}$$

得

$$\varphi_{阴} = \varphi_{阴}^{\ominus} + \frac{RT}{2F} \ln \frac{a_{[O]}}{a_{(O^{2-})}} - \frac{RT}{F} \ln i \qquad (14.18)$$

式中，

$$\varphi_{阴}^{\ominus} = -\frac{\Delta G_{m,阴}^{\ominus}}{2F} = -\frac{\mu_{(O^{2-})}^{\ominus} - \mu_{[O]}^{\ominus} - 2\mu_e^{\ominus}}{2F}$$

由式（14.18）得

$$\ln i = -\frac{F\varphi_{阴}}{RT} + \frac{F\varphi_{阴}^{\ominus}}{RT} + \frac{1}{2} \ln \frac{a_{[O]}}{a_{(O^{2-})}}$$

则

$$i = \left(\frac{a_{[O]}}{a_{(O^{2-})}}\right)^{1/2} \exp\left(-\frac{F\varphi_{阴}}{RT}\right) \exp\left(\frac{F\varphi_{阴}^{\ominus}}{RT}\right) = k_- \exp\left(-\frac{F\varphi_{阴}}{RT}\right) \qquad (14.19)$$

式中，

$$k_- = \left(\frac{a_{[O]}}{a_{(O^{2-})}}\right)^{1/2} \exp\left(\frac{F\varphi_{阴}^{\ominus}}{RT}\right) \approx \left(\frac{c_{[O]}}{c_{(O^{2-})}}\right)^{1/2} \exp\left(\frac{F\varphi_{阴}^{\ominus}}{RT}\right)$$

2. 阴极过电势

式（14.18）–式（14.17），得

$$\Delta\varphi_{阴} = \varphi_{阴} - \varphi_{阴,e} = \frac{RT}{2F} \ln \frac{a_{[O]} a_{(O^{2-}),e}}{a_{(O^{2-})} a_{[O],e}} - \frac{RT}{F} \ln i \qquad (14.20)$$

由式（14.20）得

$$\ln i = -\frac{F\Delta\varphi_{阴}}{RT} + \frac{1}{2} \ln \frac{a_{[O]} a_{(O^{2-}),e}}{a_{(O^{2-})} a_{[O],e}}$$

则

$$i = \left(\frac{a_{[O]}a_{(O^{2-}),e}}{a_{(O^{2-})}a_{[O],e}}\right)^{1/2}\exp\left(-\frac{F\Delta\varphi_{\text{阴}}}{RT}\right) = k'_{-}\exp\left(-\frac{F\Delta\varphi_{\text{阴}}}{RT}\right) \qquad (14.21)$$

式中，

$$k'_{-} = \left(\frac{a_{[O]}a_{(O^{2-}),e}}{a_{(O^{2-})}a_{[O],e}}\right)^{1/2} \approx \left(\frac{c_{[O]}c_{(O^{2-}),e}}{c_{(O^{2-})}c_{[O],e}}\right)^{1/2}$$

3. 阳极电势

阳极反应达平衡，有

$$(O^{2-}) \Longleftrightarrow \frac{1}{2}O_2(\text{气}) + 2e$$

摩尔吉布斯自由能变化为

$$\Delta G_{m,\text{阳},e} = \frac{1}{2}\mu_{O_2(\text{气})} + 2\mu_e - \mu_{(O^{2-})} = \Delta G^{\ominus}_{m,\text{阳}} + RT\ln\frac{p^{1/2}_{O_2,e}}{a_{(O^{2-}),e}}$$

式中，

$$\Delta G^{\ominus}_{m,\text{阳}} = \frac{1}{2}\mu^{\ominus}_{O_2(\text{气})} + 2\mu^{\ominus}_e - \mu^{\ominus}_{(O^{2-})}$$

$$\mu_{(O^{2-})} = \mu^{\ominus}_{(O^{2-})} + RT\ln a_{(O^{2-}),e}$$

$$\mu_{O_2(\text{气})} = \mu^{\ominus}_{O_2(\text{气})} + RT\ln p_{O_2,e}$$

$$\mu_e = \mu^{\ominus}_e$$

由

$$\varphi_{\text{阳},e} = \frac{\Delta G_{m,\text{阳},e}}{2F}$$

得

$$\varphi_{\text{阳},e} = \varphi^{\ominus}_{\text{阳}} + \frac{RT}{2F}\ln\frac{p^{1/2}_{O_2,e}}{a_{(O^{2-}),e}} \qquad (14.22)$$

式中，

$$\varphi^{\ominus}_{\text{阳}} = \frac{\Delta G^{\ominus}_{m,\text{阳}}}{2F} = \frac{\frac{1}{2}\mu^{\ominus}_{O_2(\text{气})} + 2\mu^{\ominus}_e - \mu^{\ominus}_{(O^{2-})}}{2F}$$

阳极有电流通过，发生极化，阳极反应为

$$(O^{2-}) = \frac{1}{2}O_2(\text{气}) + 2e$$

摩尔吉布斯自由能变化为

$$\Delta G_{m,阳} = \frac{1}{2}\mu_{O_2} + 2\mu_e - \mu_{(O^{2-})} = \Delta G_{m,阳}^{\ominus} + RT\ln\frac{p_{O_2}^{1/2}}{a_{(O^{2-})}} + 2RT\ln i$$

式中,

$$\Delta G_{m,阳}^{\ominus} = \frac{1}{2}\mu_{O_2(气)}^{\ominus} + 2\mu_e^{\ominus} - \mu_{(O^{2-})}^{\ominus}$$

$$\mu_{(O^{2-})} = \mu_{(O^{2-})}^{\ominus} + RT\ln a_{(O^{2-})}$$

$$\mu_{O_2} = \mu_{O_2}^{\ominus} + RT\ln p_{O_2}$$

$$\mu_e = \mu_e^{\ominus} + RT\ln i$$

由

$$\varphi_{阳} = \frac{\Delta G_{m,阳}}{2F}$$

得

$$\varphi_{阳} = \varphi_{阳}^{\ominus} + \frac{RT}{2F}\ln\frac{p_{O_2}^{1/2}}{a_{(O^{2-})}} + \frac{RT}{F}\ln i \qquad (14.23)$$

式中,

$$\varphi_{阳}^{\ominus} = \frac{\Delta G_{m,阳}^{\ominus}}{2F} = \frac{\frac{1}{2}\mu_{O_2}^{\ominus} + 2\mu_e^{\ominus} - \mu_{(O^{2-})}^{\ominus}}{2F}$$

由式(14.23)得

$$\ln i = \frac{F\varphi_{阳}}{RT} - \frac{F\varphi_{阳}^{\ominus}}{RT} - \frac{1}{2}\ln\frac{p_{O_2}^{1/2}}{a_{(O^{2-})}}$$

则

$$i = \left(\frac{a_{(O^{2-})}}{p_{O_2}^{1/2}}\right)^{1/2}\exp\left(\frac{F\varphi_{阳}}{RT}\right)\exp\left(-\frac{F\varphi_{阳}^{\ominus}}{RT}\right) = k_+\exp\left(\frac{F\varphi_{阳}}{RT}\right) \qquad (14.24)$$

式中,

$$k_+ = \left(\frac{a_{(O^{2-})}}{p_{O_2}^{1/2}}\right)^{1/2}\exp\left(-\frac{F\varphi_{阳}^{\ominus}}{RT}\right) \approx \left(\frac{c_{(O^{2-})}}{p_{O_2}^{1/2}}\right)^{1/2}\exp\left(-\frac{F\varphi_{阳}^{\ominus}}{RT}\right)$$

4. 阳极过电势

式(14.23)-式(14.22),得

$$\Delta\varphi_{阳} = \varphi_{阳} - \varphi_{阳,e} = \frac{RT}{2F}\ln\frac{p_{O_2}^{1/2}a_{(O^{2-}),e}}{a_{(O^{2-})}p_{O_2,e}^{1/2}} + \frac{RT}{F}\ln i$$

由上式得

$$\ln i = \frac{F\Delta\varphi_{阻}}{RT} - \frac{1}{2}\ln\frac{p_{O_2}^{1/2}a_{(O^{2-}),e}}{a_{(O^{2-})}p_{O_2,e}^{1/2}}$$

则

$$i = \left(\frac{a_{(O^{2-})}p_{O_2,e}^{1/2}}{p_{O_2}^{1/2}a_{(O^{2-}),e}}\right)^{1/2}\exp\left(\frac{F\Delta\varphi_{阻}}{RT}\right) = k_+'\exp\left(\frac{F\Delta\varphi_{阻}}{RT}\right) \quad (14.25)$$

$$k_-' = \left(\frac{a_{(O^{2-}),e}p_{O_2,e}^{1/2}}{p_{O_2}^{1/2}a_{(O^{2-}),e}}\right)^{1/2} \approx \left(\frac{c_{(O^{2-})}p_{O_2,e}^{1/2}}{p_{O_2}^{1/2}c_{(O^{2-}),e}}\right)^{1/2}$$

5. 电解池电动势

电解池反应达平衡，有

$$[O] \Longleftrightarrow \frac{1}{2}O_2(气)$$

摩尔吉布斯自由能变化为

$$\Delta G_{m,e} = \frac{1}{2}\mu_{O_2} - \mu_{[O]} = \Delta G_m^\ominus + RT\ln\frac{p_{O_2,e}^{1/2}}{a_{[O],e}}$$

式中，

$$\Delta G_m^\ominus = \frac{1}{2}\mu_{O_2(气)}^\ominus - \mu_{[O]}^\ominus$$

$$\mu_{[O]} = \mu_{[O]}^\ominus + RT\ln a_{[O],e}$$

$$\mu_{O_2} = \mu_{O_2}^\ominus + RT\ln p_{O_2,e}$$

由

$$E_e = -\frac{\Delta G_{m,e}}{2F}$$

得

$$E_e = E^\ominus + \frac{RT}{2F}\ln\frac{p_{O_2,e}^{1/2}}{a_{[O],e}} \quad (14.26)$$

式中，

$$E^\ominus = -\frac{\Delta G_m^\ominus}{2F} = -\frac{\frac{1}{2}\mu_{O_2(气)}^\ominus - \mu_{[O]}^\ominus}{2F}$$

$$E_e = -E_e'$$

E_e' 为外加平衡电动势。

电解池有电流通过，发生极化，电解池反应为

$$[O] = \frac{1}{2}O_2(气)$$

摩尔吉布斯自由能变化为

$$\Delta G_m = \frac{1}{2}\mu_{O_2(气)} - \mu_{[O]} = \Delta G_m^\ominus + RT\ln\frac{p_{O_2}^{1/2}}{a_{[O]}}$$

式中，

$$\Delta G_m^\ominus = \frac{1}{2}\mu_{O_2(气)}^\ominus - \mu_{[O]}^\ominus$$

$$\mu_{[O]} = \mu_{[O]}^\ominus + RT\ln a_{[O]}$$

$$\mu_{O_2(气)} = \mu_{O_2(气)}^\ominus + RT\ln p_{O_2}$$

由

$$E = -\frac{\Delta G_m}{2F}$$

得

$$E = E^\ominus + \frac{RT}{2F}\ln\frac{p_{O_2}^{1/2}}{a_{[O]}} \tag{14.27}$$

式中，

$$E^\ominus = -\frac{\Delta G_m^\ominus}{2F} = -\frac{\frac{1}{2}\mu_{O_2(气)}^\ominus - \mu_{[O]}^\ominus}{2F}$$

$$E = -E'$$

$$E' = \varphi_阳 - \varphi_阴$$

$$= (\varphi_{阳,e} + \Delta\varphi_阳) - (\varphi_{阴,e} + \Delta\varphi_阴)$$

$$= (\varphi_{阳,e} - \varphi_{阴,e}) + (\Delta\varphi_阳 - \Delta\varphi_阴)$$

$$= E_e' + \Delta E'$$

$$E_e' = \varphi_{阳,e} - \varphi_{阴,e}$$

$$\Delta E' = \Delta\varphi_阳 - \Delta\varphi_阴$$

E' 为外加电动势。

6. 电解池过电势

式（14.27）–式（14.26），得

$$\Delta E' = E - E_e' = \frac{RT}{2F}\ln\frac{p_{O_2}^{1/2}a_{[O],e}}{a_{[O]}p_{O_2,e}^{1/2}} \tag{14.28}$$

$$\Delta E' = \Delta\varphi_阳 - \Delta\varphi_阴 \tag{14.29}$$

7. 电解池端电压

$$V' = E' + IR = E'_e + \Delta E' + IR \tag{14.30}$$

14.3.2　电解脱硫

电解池组成为

$$W \,|\, Ar \,|\, BaCl_2\text{-}CaO \,|\, Cu\text{-}S \,|\, W$$

阴极反应

$$[S] + 2e =\!\!=\!\!= (S^{2-})$$

阳极反应

$$(S^{2-}) - 2e =\!\!=\!\!= S$$

$$S =\!\!=\!\!= \frac{1}{2}S_2(气)$$

_____

$$(S^{2-}) - 2e =\!\!=\!\!= \frac{1}{2}S_2(气)$$

电解池反应为

$$[S] =\!\!=\!\!= \frac{1}{2}S_2(气)$$

1. 阴极电势

阴极反应达平衡,有

$$[S] + 2e \rightleftharpoons (S^{2-})$$

摩尔吉布斯自由能变化为

$$\Delta G_{m,阴,e} = \mu_{(S^{2-})} - \mu_{[S]} - 2\mu_e = \Delta G^{\ominus}_{m,阴} + RT \ln \frac{a_{(S^{2-}),e}}{a_{[S],e}}$$

式中,

$$\Delta G^{\ominus}_{m,阴} = \mu^{\ominus}_{(S^{2-})} - \mu^{\ominus}_{[S]} - 2\mu^{\ominus}_e$$

$$\mu_{(S^{2-})} = \mu^{\ominus}_{(S^{2-})} + RT \ln a_{(S^{2-}),e}$$

$$\mu_{[S]} = \mu^{\ominus}_{[S]} + RT \ln a_{[S],e}$$

$$\mu_e = \mu^{\ominus}_e$$

由

$$\varphi_{阴,e} = -\frac{\Delta G_{m,阴,e}}{2F}$$

得

$$\varphi_{阴,e} = \varphi_阴^\ominus + \frac{RT}{2F} \ln \frac{a_{[S],e}}{a_{(S^{2-}),e}} \tag{14.31}$$

式中,

$$\varphi_阴^\ominus = -\frac{\Delta G_{m,阴}^\ominus}{2F} = -\frac{\mu_{(S^{2-})}^\ominus - \mu_{[S]}^\ominus - 2\mu_e^\ominus}{2F}$$

阴极有电流通过,发生极化,阴极反应为

$$[S] + 2e = (S^{2-})$$

摩尔吉布斯自由能变化为

$$\Delta G_{m,阴} = \mu_{(S^{2-})} - \mu_{[S]} - 2\mu_e = \Delta G_{m,阴}^\ominus + RT \ln \frac{a_{(S^{2-})}}{a_{[S]}} + 2RT \ln i$$

式中,

$$\Delta G_{m,阴}^\ominus = \mu_{(S^{2-})}^\ominus - \mu_{[S]}^\ominus - 2\mu_e^\ominus$$

$$\mu_{(S^{2-})} = \mu_{(S^{2-})}^\ominus + RT \ln a_{(S^{2-})}$$

$$\mu_{[S]} = \mu_{[S]}^\ominus + RT \ln a_{[S]}$$

$$\mu_e = \mu_e^\ominus - RT \ln i$$

由

$$\varphi_阴 = -\frac{\Delta G_{m,阴}}{2F}$$

得

$$\varphi_阴 = \varphi_阴^\ominus + \frac{RT}{2F} \ln \frac{a_{[S]}}{a_{(S^{2-})}} - \frac{RT}{F} \ln i \tag{14.32}$$

式中,

$$\varphi_阴^\ominus = -\frac{\Delta G_{m,阴}^\ominus}{2F} = -\frac{\mu_{(S^{2-})}^\ominus - \mu_{[S]}^\ominus - 2\mu_e^\ominus}{2F}$$

由式(14.32)得

$$\ln i = -\frac{F\varphi_阴}{RT} + \frac{F\varphi_阴^\ominus}{RT} + \frac{1}{2} \ln \frac{a_{[S]}}{a_{(S^{2-})}}$$

则

$$i = \left(\frac{a_{[S]}}{a_{(S^{2-})}}\right)^{1/2} \exp\left(-\frac{F\varphi_阴}{RT}\right) \exp\left(\frac{F\varphi_阴^\ominus}{RT}\right) = k_- \exp\left(-\frac{F\varphi_阴}{RT}\right) \tag{14.33}$$

式中,

$$k_- = \left(\frac{a_{[S]}}{a_{(S^{2-})}}\right)^{1/2} \exp\left(\frac{F\varphi_{\text{阴}}^{\ominus}}{RT}\right) \approx \left(\frac{c_{[S]}}{c_{(S^{2-})}}\right)^{1/2} \exp\left(\frac{F\varphi_{\text{阴}}^{\ominus}}{RT}\right)$$

2. 阴极过电势

式（14.32）–式（14.31），得

$$\Delta\varphi_{\text{阴}} = \varphi_{\text{阴}} - \varphi_{\text{阴,e}} = \frac{RT}{2F}\ln\frac{a_{[S]}a_{(S^{2-}),e}}{a_{(S^{2-})}a_{[S],e}} - \frac{RT}{F}\ln i \qquad （14.34）$$

移项得

$$\ln i = -\frac{F\Delta\varphi_{\text{阴}}}{RT} + \frac{1}{2}\ln\frac{a_{[S]}a_{(S^{2-}),e}}{a_{(S^{2-})}a_{[S],e}}$$

则

$$i = \left(\frac{a_{[S]}a_{(S^{2-}),e}}{a_{(S^{2-})}a_{[S],e}}\right)^{1/2} \exp\left(-\frac{F\Delta\varphi_{\text{阴}}}{RT}\right) = k'_-\exp\left(-\frac{F\Delta\varphi_{\text{阴}}}{RT}\right) \qquad （14.35）$$

$$k'_- = \left(\frac{a_{[S]}a_{(S^{2-}),e}}{a_{(S^{2-})}a_{[S],e}}\right)^{1/2} \approx \left(\frac{c_{[S]}c_{(S^{2-}),e}}{c_{(S^{2-})}c_{[S],e}}\right)^{1/2}$$

3. 阳极电势

阳极反应达平衡，有

$$(S^{2-}) \rightleftharpoons \frac{1}{2}S_2(\text{气}) + 2e$$

摩尔吉布斯自由能变化为

$$\Delta G_{m,\text{阳,e}} = \frac{1}{2}\mu_{S_2} + 2\mu_e - \mu_{(S^{2-})} = \Delta G_{m,\text{阳}}^{\ominus} + RT\ln\frac{p_{S_2,e}^{1/2}}{a_{(S^{2-}),e}}$$

式中，

$$\Delta G_{m,\text{阳}}^{\ominus} = \frac{1}{2}\mu_{S_2(\text{气})}^{\ominus} + 2\mu_e^{\ominus} - \mu_{(S^{2-})}^{\ominus}$$

$$\mu_{S_2} = \mu_{S_2}^{\ominus} + RT\ln p_{S_2,e}$$

$$\mu_e = \mu_e^{\ominus}$$

$$\mu_{(S^{2-})} = \mu_{(S^{2-})}^{\ominus} + RT\ln a_{(S^{2-}),e}$$

由

$$\varphi_{\text{阳,e}} = \frac{\Delta G_{m,\text{阳,e}}}{2F}$$

得

$$\varphi_{\text{阳},e} = \varphi_{\text{阳}}^{\ominus} + \frac{RT}{2F} \ln \frac{p_{S_2,e}^{1/2}}{a_{(S^{2-}),e}} \qquad (14.36)$$

式中,

$$\varphi_{\text{阳}}^{\ominus} = \frac{\Delta G_{m,\text{阳}}^{\ominus}}{2F} = \frac{\frac{1}{2}\mu_{S_2}^{\ominus} + 2\mu_e^{\ominus} - \mu_{(S^{2-})}^{\ominus}}{2F}$$

阳极有电流通过,发生极化,阳极反应为

$$(S^{2-}) =\!=\!= \frac{1}{2}S_2(\text{气}) + 2e$$

摩尔吉布斯自由能变化为

$$\Delta G_{m,\text{阳}} = \frac{1}{2}\mu_{S_2} + 2\mu_e - \mu_{(S^{2-})} = \Delta G_{m,\text{阳}}^{\ominus} + RT \ln \frac{p_{S_2}^{1/2}}{a_{(S^{2-})}} + 2RT \ln i$$

式中,

$$\Delta G_{m,\text{阳}}^{\ominus} = \frac{1}{2}\mu_{S_2}^{\ominus} + 2\mu_e^{\ominus} - \mu_{(S^{2-})}^{\ominus}$$

$$\mu_{S_2} = \mu_{S_2}^{\ominus} + RT \ln p_{S_2}$$

$$\mu_e = \mu_e^{\ominus} + RT \ln i$$

$$\mu_{(S^{2-})} = \mu_{(S^{2-})}^{\ominus} + RT \ln a_{(S^{2-})}$$

由

$$\varphi_{\text{阳}} = \frac{\Delta G_{m,\text{阳}}}{2F}$$

得

$$\varphi_{\text{阳}} = \varphi_{\text{阳}}^{\ominus} + \frac{RT}{2F} \ln \frac{p_{S_2}^{1/2}}{a_{(S^{2-})}} + \frac{RT}{F} \ln i \qquad (14.37)$$

式中,

$$\varphi_{\text{阳}}^{\ominus} = \frac{\Delta G_{m,\text{阳}}^{\ominus}}{2F} = \frac{\frac{1}{2}\mu_{S_2}^{\ominus} + 2\mu_e^{\ominus} - \mu_{(S^{2-})}^{\ominus}}{2F}$$

由式(14.37)得

$$\ln i = \frac{F\varphi_{\text{阳}}}{RT} - \frac{F\varphi_{\text{阳}}^{\ominus}}{RT} - \frac{1}{2}\ln \frac{p_{S_2}^{1/2}}{a_{(S^{2-})}}$$

则

$$i = \left(\frac{a_{(S^{2-})}}{p_{S_2}^{1/2}}\right)^{1/2} \exp\left(\frac{F\varphi_{\text{阳}}}{RT}\right) \exp\left(-\frac{F\varphi_{\text{阳}}^{\ominus}}{RT}\right) = k_+ \exp\left(\frac{F\varphi_{\text{阳}}}{RT}\right) \qquad (14.38)$$

式中，

$$k_+ = \left(\frac{a_{(S^{2-})}}{p_{S_2}^{1/2}} \right)^{1/2} \exp\left(-\frac{F\varphi_{阳}^{\ominus}}{RT} \right) \approx \left(\frac{c_{(S^{2-})}}{p_{S_2}^{1/2}} \right)^{1/2} \exp\left(-\frac{F\varphi_{阳}^{\ominus}}{RT} \right)$$

4. 阳极过电势

式（14.37）－式（14.36），得

$$\Delta\varphi_{阳} = \varphi_{阳} - \varphi_{阳,e} = \frac{RT}{2F} \ln \frac{p_{S_2}^{1/2} a_{(S^{2-}),e}}{a_{(S^{2-})} p_{S_2,e}^{1/2}} + \frac{RT}{F} \ln i \qquad （14.39）$$

移项得

$$\ln i = \frac{F\Delta\varphi_{阳}}{RT} - \frac{1}{2} \ln \frac{p_{S_2}^{1/2} a_{(S^{2-}),e}}{a_{(S^{2-})} p_{S_2,e}^{1/2}}$$

则

$$i = \left(\frac{a_{(S^{2-})} p_{S_2,e}^{1/2}}{p_{S_2}^{1/2} a_{(S^{2-}),e}} \right)^{1/2} \exp\left(\frac{F\Delta\varphi_{阳}}{RT} \right) = k_+' \exp\left(\frac{F\Delta\varphi_{阳}}{RT} \right) \qquad （14.40）$$

式中，

$$k_+' = \left(\frac{a_{(S^{2-})} p_{S_2,e}^{1/2}}{p_{S_2}^{1/2} a_{(S^{2-}),e}} \right)^{1/2} \approx \left(\frac{c_{(S^{2-})} p_{S_2,e}^{1/2}}{p_{S_2}^{1/2} c_{(S^{2-}),e}} \right)^{1/2}$$

5. 电解池电动势

电解池反应达平衡，有

$$[S] \Longleftrightarrow \frac{1}{2} S_2(气)$$

摩尔吉布斯自由能变化为

$$\Delta G_{m,e} = \frac{1}{2} \mu_{S_2} - \mu_{[S]} = \Delta G_m^{\ominus} + RT \ln \frac{p_{S_2,e}^{1/2}}{a_{[S],e}}$$

式中，

$$\Delta G_m^{\ominus} = \frac{1}{2} \mu_{S_2(气)}^{\ominus} - \mu_{[S]}^{\ominus}$$

$$\mu_{S_2} = \mu_{S_2}^{\ominus} + RT \ln p_{S_2,e}$$

$$\mu_{[S]} = \mu_{[S]}^{\ominus} + RT \ln a_{[S],e}$$

由

$$E_e = -\frac{\Delta G_{m,e}}{2F}$$

得

$$E_e = E^\ominus + \frac{RT}{2F} \ln \frac{p_{S_2,e}^{1/2}}{a_{[S],e}} \qquad (14.41)$$

式中,

$$E^\ominus = -\frac{\Delta G_m^\ominus}{2F} = -\frac{\frac{1}{2}\mu_{S_2}^\ominus - \mu_{[S]}^\ominus}{2F}$$

$$E_e = -E_e'$$

E_e' 为外加平衡电动势。

电解池有电流通过,发生极化,电解池反应为

$$[S] \Longrightarrow \frac{1}{2}S_2(气)$$

摩尔吉布斯自由能变化为

$$\Delta G_m = \frac{1}{2}\mu_{S_2(气)} - \mu_{[S]} = \Delta G_m^\ominus + RT \ln \frac{p_{S_2}^{1/2}}{a_{[S]}}$$

式中,

$$\Delta G_m^\ominus = \frac{1}{2}\mu_{S_2}^\ominus - \mu_{[S]}^\ominus$$

$$\mu_{S_2} = \mu_{S_2}^\ominus + RT \ln p_{S_2}^{1/2}$$

$$\mu_{[S]} = \mu_{[S]}^\ominus + RT \ln a_{[S]}$$

由

$$E = -\frac{\Delta G_m}{2F}$$

得

$$E = E^\ominus + \frac{RT}{2F} \ln \frac{p_{S_2}^{1/2}}{a_{[S]}} \qquad (14.42)$$

式中,

$$E^\ominus = -\frac{\Delta G_m^\ominus}{2F} = -\frac{\frac{1}{2}\mu_{S_2}^\ominus - \mu_{[S]}^\ominus}{2F}$$

$$E = -E'$$

E' 为外加电动势。

6. 电解池过电势

$$\Delta E' = E' - E_e'$$

式中，

$$E' = -E$$

$$= -\left(E^{\ominus} + \frac{RT}{2F} \ln \frac{a_{[\mathrm{S}]}}{p_{\mathrm{S}_2}^{1/2}} \right)$$

$$= -E^{\ominus} - \frac{RT}{2F} \ln \frac{a_{[\mathrm{S}]}}{p_{\mathrm{S}_2}^{1/2}}$$

$$E_{\mathrm{e}}' = -E_{\mathrm{e}}$$

$$= -\left(E^{\ominus} + \frac{RT}{2F} \ln \frac{a_{[\mathrm{S}],\mathrm{e}}}{p_{\mathrm{S}_2,\mathrm{e}}^{1/2}} \right)$$

$$= -E^{\ominus} - \frac{RT}{2F} \ln \frac{a_{[\mathrm{S}],\mathrm{e}}}{p_{\mathrm{S}_2,\mathrm{e}}^{1/2}}$$

得

$$\Delta E' = \frac{RT}{2F} \ln \frac{a_{[\mathrm{S}],\mathrm{e}} p_{\mathrm{S}_2}^{1/2}}{a_{[\mathrm{S}]} p_{\mathrm{S}_2,\mathrm{e}}^{1/2}} \tag{14.43}$$

$$\Delta E' = E' - E_{\mathrm{e}}'$$

$$= (\varphi_{阳} - \varphi_{阴}) - (\varphi_{阳,\mathrm{e}} - \varphi_{阴,\mathrm{e}})$$

$$= (\varphi_{阳} - \varphi_{阳,\mathrm{e}}) - (\varphi_{阴} - \varphi_{阴,\mathrm{e}})$$

$$= \Delta\varphi_{阳} - \Delta\varphi_{阴} \tag{14.44}$$

7. 电解池端电压

$$V' = E' + IR = E_{\mathrm{e}}' + \Delta E' + IR \tag{14.45}$$

14.3.3　电解脱磷

电解池组成为

$$\mathrm{Fe\text{-}P} \mid \mathrm{CaO\text{-}SiO_2\text{-}P_2O_5} \mid \mathrm{O_2}$$

阴极反应为

$$\frac{5}{2}\mathrm{O_2} + 10\mathrm{e} =\!\!=\!\!= 5(\mathrm{O^{2-}})$$

阳极反应为

$$5(\mathrm{O^{2-}}) + 2[\mathrm{P}] =\!\!=\!\!= (\mathrm{P_2O_5}) + 10\mathrm{e}$$

电解池反应为

$$\frac{5}{2}\mathrm{O_2} + 2[\mathrm{P}] =\!\!=\!\!= (\mathrm{P_2O_5})$$

1. 阴极电势

阴极反应达平衡，有

$$\frac{5}{2}O_2(气) + 10e \Longrightarrow 5(O^{2-})$$

摩尔吉布斯自由能变化为

$$\Delta G_{m,阴,e} = 5\mu_{(O^{2-})} - \frac{5}{2}\mu_{O_2} - 10\mu_e = \Delta G_{m,阴}^{\ominus} + RT\ln\frac{a_{(O^{2-}),e}^5}{p_{O_2,e}^{5/2}}$$

式中，

$$\Delta G_{m,阴}^{\ominus} = 5\mu_{(O^{2-})}^{\ominus} - \frac{5}{2}\mu_{O_2}^{\ominus} - 10\mu_e^{\ominus}$$

$$\mu_{(O^{2-})} = \mu_{(O^{2-})}^{\ominus} + RT\ln a_{(O^{2-}),e}$$

$$\mu_{O_2} = \mu_{O_2}^{\ominus} + RT\ln p_{O_2,e}$$

$$\mu_e = \mu_e^{\ominus}$$

由

$$\varphi_{阴,e} = -\frac{\Delta G_{m,阴,e}}{10F}$$

得

$$\varphi_{阴,e} = \varphi_{阴}^{\ominus} + \frac{RT}{2F}\ln\frac{p_{O_2,e}^{1/2}}{a_{(O^{2-}),e}} \tag{14.46}$$

式中，

$$\varphi_{阴}^{\ominus} = -\frac{\Delta G_{m,阴}^{\ominus}}{10F} = -\frac{\mu_{(O^{2-})}^{\ominus} - \frac{1}{2}\mu_{O_2}^{\ominus} - 2\mu_e^{\ominus}}{2F}$$

阴极有电流通过，发生极化，阴极反应为

$$\frac{5}{2}O_2(气) + 10e \Longrightarrow 5(O^{2-})$$

摩尔吉布斯自由能变化为

$$\Delta G_{m,阴} = 5\mu_{(O^{2-})} - \frac{5}{2}\mu_{O_2} - 10\mu_e = \Delta G_{m,阴}^{\ominus} + RT\ln\frac{a_{(O^{2-})}^5}{p_{O_2}^{5/2}} + 10RT\ln i$$

式中，

$$\Delta G_{m,阴}^{\ominus} = 5\mu_{(O^{2-})}^{\ominus} - \frac{5}{2}\mu_{O_2}^{\ominus} - 10\mu_e^{\ominus}$$

$$\mu_{(O^{2-})} = \mu_{(O^{2-})}^{\ominus} + RT\ln a_{(O^{2-})}$$

$$\mu_{O_2} = \mu_{O_2}^{\ominus} + RT \ln p_{O_2}$$

$$\mu_e = \mu_e^{\ominus} - RT \ln i$$

由

$$\varphi_{阴} = -\frac{\Delta G_{m,阴}}{10F}$$

得

$$\varphi_{阴} = \varphi_{阴}^{\ominus} + \frac{RT}{2F} \ln \frac{p_{O_2}^{1/2}}{a_{(O^{2-})}} - \frac{RT}{F} \ln i \qquad （14.47）$$

式中，

$$\varphi_{阴}^{\ominus} = -\frac{\Delta G_{m,阴}^{\ominus}}{10F} = -\frac{\mu_{(O^{2-})}^{\ominus} - \frac{1}{2}\mu_{O_2}^{\ominus} - 2\mu_e^{\ominus}}{2F}$$

由式（14.47）得

$$\ln i = -\frac{F\varphi_{阴}}{RT} + \frac{F\varphi_{阴}^{\ominus}}{RT} + \frac{1}{2}\ln \frac{p_{O_2}^{1/2}}{a_{(O^{2-})}}$$

则

$$i = \left(\frac{p_{O_2}^{1/2}}{a_{(O^{2-})}}\right)^{1/2} \exp\left(-\frac{F\varphi_{阴}}{RT}\right)\exp\left(\frac{F\varphi_{阴}^{\ominus}}{RT}\right) = k_- \exp\left(-\frac{F\varphi_{阴}}{RT}\right) \qquad （14.48）$$

式中，

$$k_- = \left(\frac{p_{O_2}^{1/2}}{a_{(O^{2-})}}\right)^{1/2} \exp\left(\frac{F\varphi_{阴}^{\ominus}}{RT}\right) \approx \left(\frac{p_{O_2}^{1/2}}{c_{(O^{2-})}}\right)^{1/2} \exp\left(\frac{F\varphi_{阴}^{\ominus}}{RT}\right)$$

2. 阴极过电势

式（14.47）−式（14.46），得

$$\Delta\varphi_{阴} = \varphi_{阴} - \varphi_{阴,e} = \frac{RT}{2F}\ln\frac{p_{O_2}^{1/2}a_{(O^{2-}),e}}{a_{(O^{2-})}p_{O_2,e}^{1/2}} - \frac{RT}{F}\ln i \qquad （14.49）$$

移项得

$$\ln i = -\frac{F\Delta\varphi_{阴}}{RT} + \frac{1}{2}\ln\frac{p_{O_2}^{1/2}a_{(O^{2-}),e}}{a_{(O^{2-})}p_{O_2,e}^{1/2}}$$

则

$$i = \left(\frac{p_{O_2}^{1/2}a_{(O^{2-}),e}}{a_{(O^{2-})}p_{O_2,e}^{1/2}}\right)^{1/2}\exp\left(-\frac{F\Delta\varphi_{阴}}{RT}\right) = k_-'\exp\left(-\frac{F\Delta\varphi_{阴}}{RT}\right) \qquad （14.50）$$

式中，

$$k'_{-} = \left(\frac{p_{O_2}^{1/2} a_{(O^{2-}),e}}{a_{(O^{2-})} p_{O_2,e}^{1/2}} \right)^{1/2} \approx \left(\frac{p_{O_2}^{1/2} c_{(O^{2-}),e}}{c_{(O^{2-})} p_{O_2,e}^{1/2}} \right)^{1/2}$$

3. 阳极电势

阳极反应达平衡，有

$$5(O^{2-}) + 2[P] \Longrightarrow (P_2O_5) + 10e$$

摩尔吉布斯自由能变化为

$$\Delta G_{m,阳,e} = \mu_{(P_2O_5)} + 10\mu_e - 5\mu_{(O^{2-})} - 2\mu_{[P]} = \Delta G_{m,阳}^{\ominus} + RT \ln \frac{a_{(P_2O_5),e}}{a_{(O^{2-}),e}^5 a_{[P],e}^2}$$

式中，

$$\Delta G_{m,阳}^{\ominus} = \mu_{(P_2O_5)}^{\ominus} + 10\mu_e^{\ominus} - 5\mu_{(O^{2-})}^{\ominus} - 2\mu_{[P]}^{\ominus}$$

$$\mu_{(P_2O_5)} = \mu_{(P_2O_5)}^{\ominus} + RT \ln a_{(P_2O_5),e}$$

$$\mu_e = \mu_e^{\ominus}$$

$$\mu_{(O^{2-})} = \mu_{(O^{2-})}^{\ominus} + RT \ln a_{(O^{2-}),e}$$

$$\mu_{[P]} = \mu_{[P]}^{\ominus} + RT \ln a_{[P],e}$$

由

$$\varphi_{阳,e} = \frac{\Delta G_{m,阳,e}}{10F}$$

得

$$\varphi_{阳,e} = \varphi_{阳}^{\ominus} + \frac{RT}{10F} \ln \frac{a_{(P_2O_5),e}}{a_{(O^{2-}),e}^5 a_{[P],e}^2} \qquad (14.51)$$

式中，

$$\varphi_{阳}^{\ominus} = \frac{\Delta G_{m,阳}^{\ominus}}{10F} = \frac{\mu_{(P_2O_5)}^{\ominus} + 10\mu_e^{\ominus} - 5\mu_{(O^{2-})}^{\ominus} - 2\mu_{[P]}^{\ominus}}{10F}$$

阳极有电流通过，发生极化，阳极反应为

$$5(O^{2-}) + 2[P] \Longrightarrow (P_2O_5) + 10e$$

摩尔吉布斯自由能变化为

$$\Delta G_{m,阳} = \mu_{(P_2O_5)} + 10\mu_e - 5\mu_{(O^{2-})} - 2\mu_{[P]} = \Delta G_{m,阳}^{\ominus} + RT \ln \frac{a_{(P_2O_5)}}{a_{(O^{2-})}^5 a_{[P]}^2} + 10RT \ln i$$

式中，

$$\Delta G_{m,阳}^{\ominus} = \mu_{(P_2O_5)}^{\ominus} + 10\mu_e^{\ominus} - 5\mu_{(O^{2-})}^{\ominus} - 2\mu_{[P]}^{\ominus}$$

$$\mu_{(P_2O_5)} = \mu_{(P_2O_5)}^{\ominus} + RT \ln a_{(P_2O_5)}$$

$$\mu_e = \mu_e^{\ominus} + RT \ln i$$

$$\mu_{(O^{2-})} = \mu_{(O^{2-})}^{\ominus} + RT \ln a_{(O^{2-})}$$

$$\mu_{[P]} = \mu_{[P]}^{\ominus} + RT \ln a_{[P]}$$

由

$$\varphi_{阳} = \frac{\Delta G_{m,阳}}{10F}$$

得

$$\varphi_{阳} = \varphi_{阳}^{\ominus} + \frac{RT}{10F} \ln \frac{a_{(P_2O_5)}}{a_{(O^{2-})}^5 a_{[P]}^2} + \frac{RT}{F} \ln i \qquad (14.52)$$

式中，

$$\varphi_{阳}^{\ominus} = \frac{\Delta G_{m,阳}^{\ominus}}{10F} = \frac{\mu_{(P_2O_5)}^{\ominus} + 10\mu_e^{\ominus} - 5\mu_{(O^{2-})}^{\ominus} - 2\mu_{[P]}^{\ominus}}{10F}$$

由式（14.52）得

$$\ln i = \frac{F\varphi_{阳}}{RT} - \frac{F\varphi_{阳}^{\ominus}}{RT} - \frac{1}{10} \ln \frac{a_{(P_2O_5)}}{a_{(O^{2-})}^5 a_{[P]}^2}$$

则

$$i = \left(\frac{a_{(O^{2-})}^5 a_{[P]}^2}{a_{(P_2O_5)}} \right)^{1/10} \exp\left(\frac{F\varphi_{阳}}{RT} \right) \exp\left(-\frac{F\varphi_{阳}^{\ominus}}{RT} \right) = k_+ \exp\left(\frac{F\varphi_{阳}}{RT} \right) \qquad (14.53)$$

式中，

$$k_+ = \left(\frac{a_{(O^{2-})}^5 a_{[P]}^2}{a_{(P_2O_5)}} \right)^{1/10} \exp\left(-\frac{F\varphi_{阳}^{\ominus}}{RT} \right) \approx \left(\frac{c_{(O^{2-})}^5 c_{[P]}^2}{c_{(P_2O_5)}} \right)^{1/10} \exp\left(-\frac{F\varphi_{阳}^{\ominus}}{RT} \right)$$

4. 阳极过电势

式（14.52）-式（14.51），得

$$\Delta\varphi_{阳} = \varphi_{阳} - \varphi_{阳,e} = \frac{RT}{10F} \ln \frac{a_{(P_2O_5)} a_{(O^{2-}),e}^5 a_{[P],e}^2}{a_{(O^{2-})}^5 a_{[P]}^2 a_{(P_2O_5),e}} + \frac{RT}{F} \ln i \qquad (14.54)$$

由上式得

$$\ln i = \frac{F\Delta\varphi_{阳}}{RT} - \frac{1}{10} \ln \frac{a_{(P_2O_5)} a_{(O^{2-}),e}^5 a_{[P],e}^2}{a_{(O^{2-})}^5 a_{[P]}^2 a_{(P_2O_5),e}}$$

则
$$i = \left(\frac{a_{(O^{2-})}^5 a_{[P]}^2 a_{(P_2O_5),e}}{a_{(P_2O_5)} a_{(O^{2-}),e}^5 a_{[P],e}^2} \right)^{1/10} \exp\left(\frac{F\Delta\varphi_{\text{阻}}}{RT} \right) = k_+' \exp\left(\frac{F\Delta\varphi_{\text{阻}}}{RT} \right) \qquad (14.55)$$

式中，

$$k_+' = \left(\frac{a_{(O^{2-})}^5 a_{[P]}^2 a_{(P_2O_5),e}}{a_{(P_2O_5)} a_{(O^{2-}),e}^5 a_{[P],e}^2} \right)^{1/10} \approx \left(\frac{c_{(O^{2-})}^5 a_{[P]}^2 c_{(P_2O_5),e}}{c_{(P_2O_5)} c_{(O^{2-}),e}^5 c_{[P],e}^2} \right)^{1/10}$$

5. 电解池电动势

电解池反应达平衡，有

$$\frac{5}{2}O_2 + 2[P] \Longrightarrow (P_2O_5)$$

摩尔吉布斯自由能变化为

$$\Delta G_{m,e} = \mu_{(P_2O_5)} - \frac{5}{2}\mu_{O_2} - 2\mu_{[P]} = \Delta G_m^\ominus + RT\ln\frac{a_{(P_2O_5),e}}{p_{O_2,e}^{5/2} a_{[P],e}^2}$$

式中，

$$\Delta G_m^\ominus = \mu_{(P_2O_5)}^\ominus - \frac{5}{2}\mu_{O_2}^\ominus - 2\mu_{[P]}^\ominus$$

$$\mu_{(P_2O_5)} = \mu_{(P_2O_5)}^\ominus + RT\ln a_{(P_2O_5),e}$$

$$\mu_{O_2} = \mu_{O_2}^\ominus + RT\ln p_{O_2,e}$$

$$\mu_{[P]} = \mu_{[P]}^\ominus + RT\ln a_{[P],e}$$

由

$$E_e = -\frac{\Delta G_{m,e}}{10F}$$

得

$$E_e = E^\ominus + \frac{RT}{10F}\ln\frac{p_{O_2,e}^{5/2} a_{[P],e}^2}{a_{(P_2O_5),e}} \qquad (14.56)$$

式中，

$$E^\ominus = -\frac{\Delta G_m^\ominus}{10F} = -\frac{\mu_{(P_2O_5)}^\ominus - \frac{5}{2}\mu_{O_2}^\ominus - 2\mu_{[P]}^\ominus}{10F}$$

$$E_e = -E_e'$$

E_e' 为外加平衡电动势。

电解池有电流通过，发生极化，电解池反应为

$$\frac{5}{2}O_2 + 2[P] \longrightarrow (P_2O_5)$$

摩尔吉布斯自由能变化为

$$\Delta G_{\mathrm{m}} = \mu_{(\mathrm{P_2O_5})} - \frac{5}{2}\mu_{\mathrm{O_2}} - 2\mu_{[\mathrm{P}]} = \Delta G_{\mathrm{m}}^{\ominus} + RT\ln\frac{a_{(\mathrm{P_2O_5})}}{p_{\mathrm{O_2}}^{5/2}a_{[\mathrm{P}]}^{2}}$$

式中,

$$\Delta G_{\mathrm{m}}^{\ominus} = \mu_{(\mathrm{P_2O_5})}^{\ominus} - \frac{5}{2}\mu_{\mathrm{O_2}}^{\ominus} - 2\mu_{[\mathrm{P}]}^{\ominus}$$

$$\mu_{(\mathrm{P_2O_5})} = \mu_{(\mathrm{P_2O_5})}^{\ominus} + RT\ln a_{(\mathrm{P_2O_5})}$$

$$\mu_{\mathrm{O_2}} = \mu_{\mathrm{O_2}}^{\ominus} + RT\ln p_{\mathrm{O_2}}$$

$$\mu_{[\mathrm{P}]} = \mu_{[\mathrm{P}]}^{\ominus} + RT\ln a_{[\mathrm{P}]}$$

　由

$$E = -\frac{\Delta G_{\mathrm{m}}}{10F}$$

得

$$E = E^{\ominus} + \frac{RT}{10F}\ln\frac{p_{\mathrm{O_2}}^{5/2}a_{[\mathrm{P}]}^{2}}{a_{(\mathrm{P_2O_5})}} \tag{14.57}$$

式中,

$$E^{\ominus} = -\frac{\Delta G_{\mathrm{m}}^{\ominus}}{10F} = -\frac{\mu_{(\mathrm{P_2O_5})}^{\ominus} - \frac{5}{2}\mu_{\mathrm{O_2}}^{\ominus} - 2\mu_{[\mathrm{P}]}^{\ominus}}{10F}$$

并有

$$E = -E'$$

E' 为外加电动势。

6. 电解池过电势

式（14.56）–式（14.57），得

$$\begin{aligned}
\Delta E' &= E' - E_{\mathrm{e}}' \\
&= (\varphi_{\mathrm{阳}} - \varphi_{\mathrm{阴}}) - (\varphi_{\mathrm{阳,e}} - \varphi_{\mathrm{阴,e}}) \\
&= (\varphi_{\mathrm{阳}} - \varphi_{\mathrm{阳,e}}) - (\varphi_{\mathrm{阴}} - \varphi_{\mathrm{阴,e}}) \\
&= \Delta\varphi_{\mathrm{阳}} - \Delta\varphi_{\mathrm{阴}}
\end{aligned} \tag{14.58}$$

$$\begin{aligned}
\Delta E' &= E' - E_{\mathrm{e}}' \\
&= -\frac{RT}{10F}\ln\frac{p_{\mathrm{O_2}}^{5/2}a_{[\mathrm{P}]}^{2}}{a_{(\mathrm{P_2O_5})}} + \frac{RT}{10F}\ln\frac{p_{\mathrm{O_2,e}}^{5/2}a_{[\mathrm{P}],e}^{2}}{a_{(\mathrm{P_2O_5}),e}} \\
&= \frac{RT}{10F}\ln\left(\frac{p_{\mathrm{O_2,e}}^{5/2}a_{[\mathrm{P}],e}^{2}a_{(\mathrm{P_2O_5})}}{a_{(\mathrm{P_2O_5}),e}p_{\mathrm{O_2}}^{5/2}a_{[\mathrm{P}]}^{2}}\right)
\end{aligned} \tag{14.59}$$

7. 电解池端电压

$$V' = E' + IR = E'_e + \Delta E' + IR \tag{14.60}$$

14.3.4　电解脱硅

电解池组成为

$$\text{Me-Si} \mid \text{CaO-SiO}_2 \mid \text{O}_2$$

阴极反应为

$$\text{O}_2 + 4\text{e} = 2\text{O}^{2-}$$

阳极反应为

$$2\text{O}^{2-} + [\text{Si}] = (\text{SiO}_2) + 4\text{e}$$

电解池反应为

$$\text{O}_2 + [\text{Si}] = (\text{SiO}_2)$$

1. 阴极电势

阴极反应达平衡，有

$$\text{O}_2(\text{气}) + 4\text{e} \rightleftharpoons 2(\text{O}^{2-})$$

摩尔吉布斯自由能变化为

$$\Delta G_{\text{m,阴,e}} = 2\mu_{(\text{O}^{2-})} - \mu_{\text{O}_2} - 4\mu_{\text{e}} = \Delta G_{\text{m,阴}}^{\ominus} + RT \ln \frac{a_{(\text{O}^{2-}),\text{e}}^2}{p_{\text{O}_2,\text{e}}}$$

式中，

$$\Delta G_{\text{m,阴}}^{\ominus} = 2\mu_{(\text{O}^{2-})}^{\ominus} - \mu_{\text{O}_2}^{\ominus} - 4\mu_{\text{e}}^{\ominus}$$

$$\mu_{(\text{O}^{2-})} = \mu_{(\text{O}^{2-})}^{\ominus} + RT \ln a_{(\text{O}^{2-}),\text{e}}$$

$$\mu_{\text{O}_2} = \mu_{\text{O}_2}^{\ominus} + RT \ln p_{\text{O}_2,\text{e}}$$

$$\mu_{\text{e}} = \mu_{\text{e}}^{\ominus}$$

由

$$\varphi_{\text{阴,e}} = -\frac{\Delta G_{\text{m,阴,e}}}{4F}$$

得

$$\varphi_{\text{阴,e}} = \varphi_{\text{阴}}^{\ominus} + \frac{RT}{4F} \ln \frac{p_{\text{O}_2,\text{e}}}{a_{(\text{O}^{2-}),\text{e}}^2} \tag{14.61}$$

式中，

$$\varphi_{\text{阴}}^{\ominus} = -\frac{\Delta G_{\text{m,阴}}^{\ominus}}{4F} = -\frac{2\mu_{(\text{O}^{2-})}^{\ominus} - \mu_{\text{O}_2}^{\ominus} - 4\mu_{\text{e}}^{\ominus}}{4F}$$

阴极有电流通过，发生极化，阴极反应为

$$\text{O}_2(\text{气}) + 4\text{e} == 2(\text{O}^{2-})$$

摩尔吉布斯自由能变化为

$$\Delta G_{\text{m,阴}} = 2\mu_{(\text{O}^{2-})} - \mu_{\text{O}_2(\text{气})} - 4\mu_{\text{e}} = \Delta G_{\text{m,阴}}^{\ominus} + RT\ln\frac{a_{(\text{O}^{2-})}^2}{p_{\text{O}_2}} + 4RT\ln i$$

式中，

$$\Delta G_{\text{m,阴}}^{\ominus} = 2\mu_{(\text{O}^{2-})}^{\ominus} - \mu_{\text{O}_2}^{\ominus} - 4\mu_{\text{e}}^{\ominus}$$

$$\mu_{(\text{O}^{2-})} = \mu_{(\text{O}^{2-})}^{\ominus} + RT\ln a_{(\text{O}^{2-})}$$

$$\mu_{\text{O}_2} = \mu_{\text{O}_2}^{\ominus} + RT\ln p_{\text{O}_2}$$

$$\mu_{\text{e}} = \mu_{\text{e}}^{\ominus} - RT\ln i$$

由

$$\varphi_{\text{阴}} = -\frac{\Delta G_{\text{m,阴}}}{4F}$$

得

$$\varphi_{\text{阴}} = \varphi_{\text{阴}}^{\ominus} + \frac{RT}{4F}\ln\frac{p_{\text{O}_2}}{a_{(\text{O}^{2-})}^2} - \frac{RT}{F}\ln i \quad （14.62）$$

式中，

$$\varphi_{\text{阴}}^{\ominus} = -\frac{\Delta G_{\text{m,阴}}^{\ominus}}{4F} = -\frac{2\mu_{(\text{O}^{2-})}^{\ominus} - \mu_{\text{O}_2}^{\ominus} - 4\mu_{\text{e}}^{\ominus}}{4F}$$

由式（14.62）得

$$\ln i = -\frac{F\varphi_{\text{阴}}}{RT} + \frac{F\varphi_{\text{阴}}^{\ominus}}{RT} + \frac{1}{4}\ln\frac{p_{\text{O}_2}}{a_{(\text{O}^{2-})}^2}$$

则

$$i = \left(\frac{p_{\text{O}_2}}{a_{(\text{O}^{2-})}^2}\right)^{1/4}\exp\left(-\frac{F\varphi_{\text{阴}}}{RT}\right)\exp\left(\frac{F\varphi_{\text{阴}}^{\ominus}}{RT}\right) = k_{\_}\exp\left(-\frac{F\varphi_{\text{阴}}}{RT}\right) \quad （14.63）$$

式中，

$$k_{\_} = \left(\frac{p_{\text{O}_2}}{a_{(\text{O}^{2-})}^2}\right)^{1/4}\exp\left(\frac{F\varphi_{\text{阴}}^{\ominus}}{RT}\right) \approx \left(\frac{p_{\text{O}_2}}{c_{(\text{O}^{2-})}^2}\right)^{1/4}\exp\left(\frac{F\varphi_{\text{阴}}^{\ominus}}{RT}\right)$$

2. 阴极过电势

式（14.62）−式（14.61），得

$$\Delta\varphi_{阴} = \varphi_{阴} - \varphi_{阴,e} = \frac{RT}{4F}\ln\frac{p_{O_2}a^2_{(O^{2-}),e}}{a^2_{(O^{2-})}p_{O_2,e}} - \frac{RT}{F}\ln i \qquad (14.64)$$

移项得

$$\ln i = -\frac{F\Delta\varphi_{阴}}{RT} + \frac{1}{4}\ln\frac{p_{O_2}a^2_{(O^{2-}),e}}{a^2_{(O^{2-})}p_{O_2,e}}$$

则

$$i = \left(\frac{p_{O_2}a^2_{(O^{2-}),e}}{a^2_{(O^{2-})}p_{O_2,e}}\right)^{1/4}\exp\left(-\frac{F\Delta\varphi_{阴}}{RT}\right) = k'_-\exp\left(-\frac{F\Delta\varphi_{阴}}{RT}\right) \qquad (14.65)$$

式中，

$$k'_- = \left(\frac{p_{O_2}a^2_{(O^{2-}),e}}{a^2_{(O^{2-})}p_{O_2,e}}\right)^{1/4} \approx \left(\frac{p_{O_2}c^2_{(O^{2-}),e}}{c^2_{(O^{2-})}p_{O_2,e}}\right)^{1/4}$$

3. 阳极电势

阳极反应达平衡，有

$$2(O^{2-}) + [Si] \Longrightarrow (SiO_2) + 4e$$

摩尔吉布斯自由能变化为

$$\Delta G_{m,阳,e} = \mu_{(SiO_2)} + 4\mu_e - 2\mu_{(O^{2-})} - \mu_{[Si]} = \Delta G^{\ominus}_{m,阳} + RT\ln\frac{a_{(SiO_2),e}}{a^2_{(O^{2-}),e}a_{[Si],e}}$$

式中，

$$\Delta G^{\ominus}_{m,阳} = \mu^{\ominus}_{(SiO_2)} + 4\mu^{\ominus}_e - 2\mu^{\ominus}_{(O^{2-})} - \mu^{\ominus}_{[Si]}$$

$$\mu_{(SiO_2)} = \mu^{\ominus}_{(SiO_2)} + RT\ln a_{(SiO_2),e}$$

$$\mu_e = \mu^{\ominus}_e$$

$$\mu_{(O^{2-})} = \mu^{\ominus}_{(O^{2-})} + RT\ln a_{(O^{2-}),e}$$

$$\mu_{[Si]} = \mu^{\ominus}_{[Si]} + RT\ln a_{[Si],e}$$

由

$$\varphi_{阳,e} = \frac{\Delta G_{m,阳,e}}{4F}$$

得

$$\varphi_{\text{阳,e}} = \varphi_{\text{阳}}^{\ominus} + \frac{RT}{4F} \ln \frac{a_{(\text{SiO}_2),\text{e}}}{a_{(\text{O}^{2-}),\text{e}}^2 a_{[\text{Si}],\text{e}}} \tag{14.66}$$

式中，

$$\varphi_{\text{阳}}^{\ominus} = \frac{\Delta G_{\text{m,阳}}^{\ominus}}{4F} = \frac{\mu_{(\text{SiO}_2)}^{\ominus} + 4\mu_{\text{e}}^{\ominus} - 2\mu_{(\text{O}^{2-})}^{\ominus} - \mu_{[\text{Si}]}^{\ominus}}{4F}$$

阳极有电流通过，发生极化，阳极反应为

$$2(\text{O}^{2-}) + [\text{Si}] =\!=\!= (\text{SiO}_2) + 4\text{e}$$

摩尔吉布斯自由能变化为

$$\Delta G_{\text{m,阳}} = \mu_{(\text{SiO}_2)} + 4\mu_{\text{e}} - 2\mu_{(\text{O}^{2-})} - \mu_{[\text{Si}]} = \Delta G_{\text{m,阳}}^{\ominus} + RT \ln \frac{a_{(\text{SiO}_2)}}{a_{(\text{O}^{2-})}^2 a_{[\text{Si}]}} + 4RT \ln i$$

式中，

$$\Delta G_{\text{m,阳}}^{\ominus} = \mu_{(\text{SiO}_2)}^{\ominus} + 4\mu_{\text{e}}^{\ominus} - 2\mu_{(\text{O}^{2-})}^{\ominus} - \mu_{[\text{Si}]}^{\ominus}$$

$$\mu_{(\text{SiO}_2)} = \mu_{(\text{SiO}_2)}^{\ominus} + RT \ln a_{(\text{SiO}_2)}$$

$$\mu_{\text{e}} = \mu_{\text{e}}^{\ominus} + RT \ln i$$

$$\mu_{(\text{O}^{2-})} = \mu_{(\text{O}^{2-})}^{\ominus} + RT \ln a_{(\text{O}^{2-})}$$

$$\mu_{[\text{Si}]} = \mu_{[\text{Si}]}^{\ominus} + RT \ln a_{[\text{Si}]}$$

由

$$\varphi_{\text{阳}} = \frac{\Delta G_{\text{m,阳}}}{4F}$$

得

$$\varphi_{\text{阳}} = \varphi_{\text{阳}}^{\ominus} + \frac{RT}{4F} \ln \frac{a_{(\text{SiO}_2)}}{a_{(\text{O}^{2-})}^2 a_{[\text{Si}]}} + \frac{RT}{F} \ln i \tag{14.67}$$

式中，

$$\varphi_{\text{阳}}^{\ominus} = \frac{\Delta G_{\text{m,阳}}^{\ominus}}{4F} = \frac{\mu_{(\text{SiO}_2)}^{\ominus} + 4\mu_{\text{e}}^{\ominus} - 2\mu_{(\text{O}^{2-})}^{\ominus} - \mu_{[\text{Si}]}^{\ominus}}{4F}$$

由式（14.67）得

$$\ln i = \frac{F\varphi_{\text{阳}}}{RT} - \frac{F\varphi_{\text{阳}}^{\ominus}}{RT} - \frac{1}{4} \ln \frac{a_{(\text{SiO}_2)}}{a_{(\text{O}^{2-})}^2 a_{[\text{Si}]}}$$

则

$$i = \left(\frac{a_{(\text{O}^{2-})}^2 a_{[\text{Si}]}}{a_{(\text{SiO}_2)}} \right)^{1/4} \exp\left(\frac{F\varphi_{\text{阳}}}{RT} \right) \exp\left(-\frac{F\varphi_{\text{阳}}^{\ominus}}{RT} \right) = k_+ \exp\left(\frac{F\varphi_{\text{阳}}}{RT} \right) \tag{14.68}$$

式中，

$$k_+ = \left(\frac{a^2_{(O^{2-})} a_{[Si]}}{a_{(SiO_2)}} \right)^{1/4} \exp\left(-\frac{F\varphi_{阳}^{\ominus}}{RT} \right) \approx \left(\frac{c^2_{(O^{2-})} c_{[Si]}}{c_{(SiO_2)}} \right)^{1/4} \exp\left(-\frac{F\varphi_{阳}^{\ominus}}{RT} \right)$$

4. 阳极过电势

式（14.67）–式（14.66），得

$$\Delta\varphi_{阳} = \varphi_{阳} - \varphi_{阳,e} = \frac{RT}{4F} \ln \frac{a_{(SiO_2)} a^2_{(O^{2-}),e} a_{[Si],e}}{a^2_{(O^{2-})} a_{[Si]} a_{(SiO_2),e}} + \frac{RT}{F} \ln i \tag{14.69}$$

移项得

$$\ln i = \frac{F\Delta\varphi_{阳}}{RT} - \frac{1}{4} \ln \frac{a_{(SiO_2)} a^2_{(O^{2-}),e} a_{[Si],e}}{a^2_{(O^{2-})} a_{[Si]} a_{(SiO_2),e}}$$

则

$$i = \left(\frac{a^2_{(O^{2-})} a_{[Si]} a_{(SiO_2),e}}{a_{(SiO_2)} a^2_{(O^{2-}),e} a_{[Si],e}} \right)^{1/4} \exp\left(\frac{F\Delta\varphi_{阳}}{RT} \right) = k'_+ \exp\left(\frac{F\Delta\varphi_{阳}}{RT} \right) \tag{14.70}$$

$$k'_+ = \left(\frac{a^2_{(O^{2-})} a_{[Si]} a_{(SiO_2),e}}{a_{(SiO_2)} a^2_{(O^{2-}),e} a_{[Si],e}} \right)^{1/4} \approx \left(\frac{c^2_{(O^{2-})} c_{[Si]} c_{(SiO_2),e}}{c_{(SiO_2)} c^2_{(O^{2-}),e} c_{[Si],e}} \right)^{1/4}$$

5. 电解池电动势

电解池反应达平衡，有

$$O_2 + [Si] \Longrightarrow (SiO_2)$$

摩尔吉布斯自由能变化为

$$\Delta G_{m,e} = \mu_{(SiO_2)} - \mu_{O_2} - \mu_{[Si]} = \Delta G_m^{\ominus} + RT \ln \frac{a_{(SiO_2),e}}{p_{O_2,e} a_{[Si],e}}$$

式中，

$$\Delta G_m^{\ominus} = \mu_{SiO_2}^{\ominus} - \mu_{O_2}^{\ominus} - \mu_{[Si]}^{\ominus}$$

$$\mu_{(SiO_2)} = \mu_{SiO_2}^{\ominus} + RT \ln a_{(SiO_2),e}$$

$$\mu_{O_2} = \mu_{O_2}^{\ominus} + RT \ln p_{O_2,e}$$

$$\mu_{[Si]} = \mu_{[Si]}^{\ominus} + RT \ln a_{[Si],e}$$

由

$$E_e = -\frac{\Delta G_{m,e}}{4F}$$

得

$$E_e = E^\ominus + \frac{RT}{4F} \ln \frac{p_{O_2,e} a_{[Si],e}}{a_{(SiO_2),e}} \qquad (14.71)$$

式中，

$$E^\ominus = -\frac{\Delta G_m^\ominus}{4F} = -\frac{\mu_{SiO_2}^\ominus - \mu_{O_2}^\ominus - \mu_{[Si]}^\ominus}{4F}$$

$$E_e = -E_e'$$

E_e' 为外加平衡电动势。

电解池有电流通过，发生极化，电解池反应为

$$O_2 + [Si] \Longrightarrow (SiO_2)$$

摩尔吉布斯自由能变化为

$$\Delta G_m = \mu_{(SiO_2)} - \mu_{O_2} - \mu_{[Si]} = \Delta G_m^\ominus + RT \ln \frac{a_{(SiO_2)}}{p_{O_2} a_{[Si]}}$$

式中，

$$\Delta G_m^\ominus = \mu_{SiO_2}^\ominus - \mu_{O_2}^\ominus - \mu_{[Si]}^\ominus$$

$$\mu_{(SiO_2)} = \mu_{SiO_2}^\ominus + RT \ln a_{(SiO_2)}$$

$$\mu_{O_2} = \mu_{O_2}^\ominus + RT \ln p_{O_2}$$

$$\mu_{[Si]} = \mu_{[Si]}^\ominus + RT \ln a_{[Si]}$$

由

$$E = -\frac{\Delta G_m}{4F}$$

得

$$E = E^\ominus + \frac{RT}{4F} \ln \frac{p_{O_2} a_{[Si]}}{a_{(SiO_2)}} \qquad (14.72)$$

式中，

$$E^\ominus = -\frac{\Delta G_m^\ominus}{4F} = -\frac{\mu_{SiO_2}^\ominus - \mu_{O_2}^\ominus - \mu_{[Si]}^\ominus}{4F}$$

并有

$$E = -E'$$

E' 为外加电动势。

6. 电解池过电势

$$\Delta E' = E' - E_e'$$

式中，

$$E' = -E = \varphi_{阳} - \varphi_{阴}$$

$$= -\frac{RT}{4F} \ln \frac{a_{(SiO_2)}}{p_{O_2} a_{[Si]}} + \frac{RT}{4F} \ln \frac{a_{(SiO_2),e}}{p_{O_2,e} a_{[Si],e}}$$

$$= \frac{RT}{4F} \ln \frac{a_{(SiO_2),e} p_{O_2} a_{[Si]}}{p_{O_2,e} a_{[Si],e} a_{(SiO_2)}} \tag{14.73}$$

$$\Delta E' = E' - E'_e = \Delta \varphi_{阳} - \Delta \varphi_{阴} \tag{14.74}$$

7. 电解池端电压

$$V' = E' + IR = E'_e + \Delta E' + IR \tag{14.75}$$

14.3.5　推广到一般情况

电解池组成为

$$\text{Me-M} \mid 熔渣 \mid O_2$$

M 比 Me 更易氧化。阴极反应为

$$O_2 + 2e === 2(O^{2-})$$

阳极反应为

$$2(O^{2-}) + [M] === (MO_2) + 4e$$

电解池反应为

$$O_2 + [M] === (MO_2)$$

1. 阴极电势

阴极反应达平衡，有

$$O_2 + 2e \rightleftharpoons 2(O^{2-})$$

摩尔吉布斯自由能变化为

$$\Delta G_{m,阴,e} = 2\mu_{(O^{2-})} - \mu_{O_2} - 4\mu_e = \Delta G_{m,阴}^{\ominus} + RT \ln \frac{a_{(O^{2-}),e}^2}{p_{O_2,e}}$$

式中，

$$\Delta G_{m,阴}^{\ominus} = 2\mu_{(O^{2-})}^{\ominus} - \mu_{O_2}^{\ominus} - 4\mu_e^{\ominus}$$

$$\mu_{(O^{2-})} = \mu_{(O^{2-})}^{\ominus} + RT \ln a_{(O^{2-}),e}$$

$$\mu_{O_2} = \mu_{O_2}^{\ominus} + RT \ln p_{O_2,e}$$

$$\mu_e = \mu_e^{\ominus}$$

由

$$\varphi_{阴,e} = -\frac{\Delta G_{m,阴,e}}{4F}$$

得

$$\varphi_{阴,e} = \varphi_{阴}^{\ominus} + \frac{RT}{4F}\ln\frac{p_{O_2,e}}{a_{(O^{2-}),e}^2} \tag{14.76}$$

式中，

$$\varphi_{阴}^{\ominus} = -\frac{\Delta G_{m,阴}^{\ominus}}{4F} = -\frac{2\mu_{(O^{2-})}^{\ominus} - \mu_{O_2}^{\ominus} - 4\mu_e^{\ominus}}{4F}$$

阴极有电流通过，发生极化，阴极反应为

$$O_2 + 2e === 2(O^{2-})$$

摩尔吉布斯自由能变化为

$$\Delta G_{m,阴} = 2\mu_{(O^{2-})} - \mu_{O_2} - 4\mu_e = \Delta G_{m,阴}^{\ominus} + RT\ln\frac{a_{(O^{2-})}^2}{p_{O_2}} + 4RT\ln i$$

式中，

$$\Delta G_{m,阴}^{\ominus} = 2\mu_{(O^{2-})}^{\ominus} - \mu_{O_2}^{\ominus} - 4\mu_e^{\ominus}$$

$$\mu_{(O^{2-})} = \mu_{(O^{2-})}^{\ominus} + RT\ln a_{(O^{2-})}$$

$$\mu_{O_2} = \mu_{O_2}^{\ominus} + RT\ln p_{O_2}$$

$$\mu_e = \mu_e^{\ominus} - RT\ln i$$

由

$$\varphi_{阴} = -\frac{\Delta G_{m,阴}}{4F}$$

得

$$\varphi_{阴,e} = \varphi_{阴}^{\ominus} + \frac{RT}{4F}\ln\frac{p_{O_2}}{a_{(O^{2-})}^2} - \frac{RT}{F}\ln i \tag{14.77}$$

式中，

$$\varphi_{阴}^{\ominus} = -\frac{\Delta G_{m,阴}^{\ominus}}{4F} = -\frac{2\mu_{(O^{2-})}^{\ominus} - \mu_{O_2}^{\ominus} - 4\mu_e^{\ominus}}{4F}$$

由式（14.77）得

$$\ln i = -\frac{F\varphi_{阴}}{RT} + \frac{F\varphi_{阴}^{\ominus}}{RT} + \frac{1}{4}\ln\frac{p_{O_2}}{a_{(O^{2-})}^2}$$

则

$$i = \left(\frac{p_{O_2}}{a_{(O^{2-})}^2}\right)^{1/4} \exp\left(-\frac{F\varphi_{阴}}{RT}\right) \exp\left(\frac{F\varphi_{阴}^{\ominus}}{RT}\right) = k_- \exp\left(-\frac{F\varphi_{阴}}{RT}\right) \quad (14.78)$$

式中,

$$k_- = \left(\frac{p_{O_2}}{a_{(O^{2-})}^2}\right)^{1/4} \exp\left(\frac{F\varphi_{阴}^{\ominus}}{RT}\right) \approx \left(\frac{p_{O_2}}{c_{(O^{2-})}^2}\right)^{1/4} \exp\left(\frac{F\varphi_{阴}^{\ominus}}{RT}\right)$$

2. 阴极过电势

式（14.77）−式（14.76），得

$$\Delta\varphi_{阴} = \varphi_{阴} - \varphi_{阴,e} = \frac{RT}{4F}\ln\frac{p_{O_2}a_{(O^{2-}),e}^2}{a_{(O^{2-})}^2 p_{O_2,e}} - \frac{RT}{F}\ln i \quad (14.79)$$

移项得

$$\ln i = -\frac{F\Delta\varphi_{阴}}{RT} + \frac{1}{4}\ln\frac{p_{O_2}a_{(O^{2-}),e}^2}{a_{(O^{2-})}^2 p_{O_2,e}}$$

则

$$i = \left(\frac{p_{O_2}a_{(O^{2-}),e}^2}{a_{(O^{2-})}^2 p_{O_2,e}}\right)^{1/4} \exp\left(-\frac{F\Delta\varphi_{阴}}{RT}\right) = k'_- \exp\left(-\frac{F\Delta\varphi_{阴}}{RT}\right) \quad (14.80)$$

式中,

$$k'_- = \left(\frac{p_{O_2}a_{(O^{2-}),e}^2}{a_{(O^{2-})}^2 p_{O_2,e}}\right)^{1/4} \approx \left(\frac{p_{O_2}c_{(O^{2-}),e}^2}{c_{(O^{2-})}^2 p_{O_2,e}}\right)^{1/4}$$

3. 阳极电势

阳极反应达平衡，有

$$2(O^{2-}) + [M] \rightleftharpoons (MO_2) + 4e$$

摩尔吉布斯自由能变化为

$$\Delta G_{m,阳,e} = \mu_{(MO_2)} + 4\mu_e - 2\mu_{(O^{2-})} - \mu_{[M]} = \Delta G_{m,阳}^{\ominus} + RT\ln\frac{a_{(MO_2),e}}{a_{(O^{2-}),e}^2 a_{[M],e}}$$

式中,

$$\Delta G_{m,阳}^{\ominus} = \mu_{(MO_2)}^{\ominus} + 4\mu_e^{\ominus} - 2\mu_{(O^{2-})}^{\ominus} - \mu_{[M]}^{\ominus}$$

$$\mu_{(MO_2)} = \mu_{(MO_2)}^{\ominus} + RT\ln a_{(MO_2),e}$$

$$\mu_e = \mu_e^{\ominus}$$

$$\mu_{(O^{2-})} = \mu_{(O^{2-})}^{\ominus} + RT \ln a_{(O^{2-}),e}$$

$$\mu_{[M]} = \mu_{[M]}^{\ominus} + RT \ln a_{[M],e}$$

由

$$\varphi_{阳,e} = \frac{\Delta G_{m,阳,e}}{4F}$$

得

$$\varphi_{阳,e} = \varphi_{阳}^{\ominus} + \frac{RT}{4F} \ln \frac{a_{(MO_2),e}}{a_{(O^{2-}),e}^2 a_{[M],e}} \tag{14.81}$$

式中，

$$\varphi_{阳}^{\ominus} = \frac{\Delta G_{m,阳}^{\ominus}}{2F} = \frac{\mu_{(MO_2)}^{\ominus} + 4\mu_e^{\ominus} - 2\mu_{(O^{2-})}^{\ominus} - \mu_{[M]}^{\ominus}}{4F}$$

阳极有电流通过，发生极化，阳极反应为

$$2(O^{2-}) + [M] \Longrightarrow (MO_2) + 4e$$

摩尔吉布斯自由能变化为

$$\Delta G_{m,阳} = \mu_{(MO_2)} + 4\mu_e - 2\mu_{(O^{2-})} - \mu_{[M]} = \Delta G_{m,阳}^{\ominus} + RT \ln \frac{a_{(MO_2)}}{a_{(O^{2-})}^2 a_{[M]}} + 4RT \ln i$$

式中，

$$\Delta G_{m,阳}^{\ominus} = \mu_{(MO_2)}^{\ominus} + 4\mu_e^{\ominus} - 2\mu_{(O^{2-})}^{\ominus} - \mu_{[M]}^{\ominus}$$

$$\mu_{(MO_2)} = \mu_{(MO_2)}^{\ominus} + RT \ln a_{(MO_2)}$$

$$\mu_e = \mu_e^{\ominus} + RT \ln i$$

$$\mu_{(O^{2-})} = \mu_{(O^{2-})}^{\ominus} + RT \ln a_{(O^{2-})}$$

$$\mu_{[M]} = \mu_{[M]}^{\ominus} + RT \ln a_{[M]}$$

由

$$\varphi_{阳} = \frac{\Delta G_{m,阳}}{4F}$$

得

$$\varphi_{阳} = \varphi_{阳}^{\ominus} + \frac{RT}{4F} \ln \frac{a_{(MO_2)}}{a_{(O^{2-})}^2 a_{[M]}} + \frac{RT}{F} \ln i \tag{14.82}$$

式中，

$$\varphi_{阳}^{\ominus} = \frac{\Delta G_{m,阳}^{\ominus}}{2F} = \frac{\mu_{(MO_2)}^{\ominus} + 4\mu_e^{\ominus} - 2\mu_{(O^{2-})}^{\ominus} - \mu_{[M]}^{\ominus}}{4F}$$

由式（14.82）得

$$\ln i = \frac{F\varphi_{阳}}{RT} - \frac{F\varphi_{阳}^{\ominus}}{RT} - \frac{1}{4}\ln\frac{a_{(MO_2)}}{a_{(O^{2-})}^2 a_{[M]}}$$

则

$$i = \left(\frac{a_{(O^{2-})}^2 a_{[M]}}{a_{(MO_2)}}\right)^{1/4}\exp\left(\frac{F\varphi_{阳}}{RT}\right)\exp\left(-\frac{F\varphi_{阳}^{\ominus}}{RT}\right) = k_+\exp\left(\frac{F\varphi_{阳}}{RT}\right) \qquad (14.83)$$

式中，

$$k_+ = \left(\frac{a_{(O^{2-})}^2 a_{[M]}}{a_{(MO_2)}}\right)^{1/4}\exp\left(-\frac{F\varphi_{阳}^{\ominus}}{RT}\right) \approx \left(\frac{c_{(O^{2-})}^2 c_{[M]}}{c_{(MO_2)}}\right)^{1/4}\exp\left(-\frac{F\varphi_{阳}^{\ominus}}{RT}\right)$$

4. 阳极过电势

式（14.82）–式（14.81），得

$$\Delta\varphi_{阳} = \varphi_{阳} - \varphi_{阳,e} = \frac{RT}{4F}\ln\frac{a_{(MO_2)}a_{(O^{2-}),e}^2 a_{[M],e}}{a_{(O^{2-})}^2 a_{[M]}a_{(MO_2),e}} + \frac{RT}{F}\ln i \qquad (14.84)$$

由上式得

$$\ln i = \frac{F\Delta\varphi_{阳}}{RT} - \frac{1}{4}\ln\frac{a_{(MO_2)}a_{(O^{2-}),e}^2 a_{[M],e}}{a_{(O^{2-})}^2 a_{[M]}a_{(MO_2),e}}$$

则

$$i = \left(\frac{a_{(O^{2-})}^2 a_{[M]}a_{(MO_2),e}}{a_{(MO_2)}a_{(O^{2-}),e}^2 a_{[M],e}}\right)^{1/4}\exp\left(\frac{F\Delta\varphi_{阳}}{RT}\right) = k_+'\exp\left(\frac{F\Delta\varphi_{阳}}{RT}\right) \qquad (14.85)$$

$$k_+' = \left(\frac{a_{(O^{2-})}^2 a_{[M]}a_{(MO_2),e}}{a_{(MO_2)}a_{(O^{2-}),e}^2 a_{[M],e}}\right)^{1/4} \approx \left(\frac{c_{(O^{2-})}^2 c_{[M]}c_{(MO_2),e}}{c_{(MO_2)}c_{(O^{2-}),e}^2 c_{[M],e}}\right)^{1/4}$$

5. 电解池电动势

电解池反应达平衡，有

$$O_2 + [M] \Longleftrightarrow (MO_2)$$

摩尔吉布斯自由能变化为

$$\Delta G_{m,e} = \mu_{(MO_2)} - \mu_{O_2} - \mu_{[M]} = \Delta G_m^{\ominus} + RT\ln\frac{a_{(MO_2),e}}{p_{O_2,e}a_{[M],e}}$$

式中，

$$\Delta G_m^{\ominus} = \mu_{(MO_2)}^{\ominus} - \mu_{O_2}^{\ominus} - \mu_{[M]}^{\ominus}$$

$$\mu_{(MO_2)} = \mu_{(MO_2)}^{\ominus} + RT\ln a_{(MO_2),e}$$

$$\mu_{O_2} = \mu_{O_2}^{\ominus} + RT \ln p_{O_2,e}$$

$$\mu_{[M]} = \mu_{[M]}^{\ominus} + RT \ln a_{[M],e}$$

由

$$E_e = -\frac{\Delta G_{m,e}}{4F}$$

得

$$E_e = E^{\ominus} + \frac{RT}{4F} \ln \frac{p_{O_2,e} a_{[M],e}}{a_{(MO_2),e}} \qquad （14.86）$$

式中，

$$E^{\ominus} = -\frac{\Delta G_m^{\ominus}}{4F} = -\frac{\mu_{(MO_2)}^{\ominus} - \mu_{O_2}^{\ominus} - \mu_{[M]}^{\ominus}}{4F}$$

并有

$$E_e = -E_e'$$

$$E_e' = \varphi_{阳,e} - \varphi_{阴,e}$$

E_e' 为外加平衡电动势。

电解池有电流通过，发生极化，电解池反应为

$$O_2 + [M] =\!=\!= (MO_2)$$

摩尔吉布斯自由能变化为

$$\Delta G_m = \mu_{(MO_2)} - \mu_{O_2} - \mu_{[M]} = \Delta G_m^{\ominus} + RT \ln \frac{a_{(MO_2)}}{p_{O_2} a_{[M]}}$$

式中，

$$\Delta G_m^{\ominus} = \mu_{(MO_2)}^{\ominus} - \mu_{O_2}^{\ominus} - \mu_{[M]}^{\ominus}$$

$$\mu_{(MO_2)} = \mu_{(MO_2)}^{\ominus} + RT \ln a_{(MO_2)}$$

$$\mu_{O_2} = \mu_{O_2}^{\ominus} + RT \ln p_{O_2}$$

$$\mu_{[M]} = \mu_{[M]}^{\ominus} + RT \ln a_{[M]}$$

由

$$E = -\frac{\Delta G_m}{4F}$$

得

$$E = E^{\ominus} + \frac{RT}{4F} \ln \frac{p_{O_2} a_{[M]}}{a_{(MO_2)}} \qquad （14.87）$$

式中，

$$E^{\ominus} = -\frac{\Delta G_{\mathrm{m}}^{\ominus}}{4F} = -\frac{\mu_{(\mathrm{MO}_2)}^{\ominus} - \mu_{\mathrm{O}_2}^{\ominus} - \mu_{[\mathrm{M}]}^{\ominus}}{4F}$$

并有

$$E = -E'$$
$$E' = \varphi_{阳} - \varphi_{阴}$$

E' 为外加电动势。

6. 电解池过电势

$$\Delta E' = E' - E_{\mathrm{e}}' = \frac{RT}{4F} \ln \frac{p_{\mathrm{O}_2,\mathrm{e}} a_{[\mathrm{M}],\mathrm{e}} a_{(\mathrm{MO}_2)}}{a_{(\mathrm{MO}_2),\mathrm{e}} p_{\mathrm{O}_2} a_{[\mathrm{M}]}} \qquad (14.88)$$

$$\Delta E' = E' - E_{\mathrm{e}}' = \Delta \varphi_{阳} - \Delta \varphi_{阴} \qquad (14.89)$$

7. 电解池端电压

$$V' = E' + IR = E_{\mathrm{e}}' + \Delta E' + IR \qquad (14.90)$$

第15章 离子液体

15.1 概　　述

离子液体又称为室温熔盐，是在室温或接近室温呈液态的离子化合物。在离子液体中，只有阳离子和阴离子，没有中性分子。离子液体没有可测量的蒸气压，其不可燃、热容大、热稳定性好、离子电导率高、电化学窗口宽，具有比一般溶剂宽的液体温度范围（溶点到沸点或分解温度）。通过选择适当的阴离子或微调阳离子的烷基链，可以改变离子液体的物理化学性质。因此，离子液体又被称为"绿色设计者溶剂"。许多学者认为，离子液体和超临界萃取相结合，将成为21世纪绿色工业的理想反应介质。

离子液体是由带正电荷的阳离子和带负电荷的阴离子组成的溶液。阳离子有铵、吡唑鎓、咯啶鎓等。阴离子有$[BF_4]^-$、$[PF_4]^-$、$[Tf_2N]^-$、$[CH_3SO_3]^-$等。

由于离子液体的路易斯（Lewis）酸、碱性不同，离子液体有中性阴离子液体、酸性阳离子液体或酸性阴离子液体、碱性阳离子液体或碱性阴离子液体，还有两性阴离子的离子液体。

离子液体的酸性和配位能力主要由阴离子决定。阴离子不同，离子液体的酸性不同，配位能力也不同。表15.1给出了一些常见的离子液体中的阴离子的酸性和配位能力。

表 15.1　常见离子液体中阴离子的配位能力

酸度/配位能力		
碱性/强配位	中性/弱配位	酸性/非配位
Cl^-	AlO_4^-	$Al_2Cl_7^-$
Ac^-	$CuCl_2^-$、$CF_3SO_3^-$	$Al_3Cl_{10}^-$
NO_3^-	SbF_6^-、AsF_6^-	$Cu_3Cl_3^-$
SO_4^{2-}	BF_4^-	$Cu_3Cl_3^-$
	PF_6^-	$Cu_3Cl_4^-$

$AlCl_3$的摩尔分数小于0.5，$[EMIMI]Cl/AlCl_3$含碱性阴离子Cl^-，为碱性离子

液体；添加 $AlCl_3$ 到摩尔分数为 0.5，成为含阴离子 $[AlCl_4]^-$ 的中性离子液体；继续添加 $AlCl_3$ 到摩尔分数大于 0.5，成为含酸性阴离子 $[Al_2Cl_7]^-$ 的酸性离子液体。可见 $[EMIMI]Cl/AlCl_3$ 的酸碱性主要取决于 $AlCl_3$ 的含量。

将 HCl 气体通入 $AlCl_3$ 摩尔分数为 0.55 的 $[EMIMI]Cl/AlCl_3$ 离子液体中，该混合物成为超酸体系，其酸性比纯硫酸还强。

以离子液体作电解质，在室温就可以电沉积金属。由于离子液体不挥发、不燃烧、电导率高、热稳定性好、电化学窗口宽，在室温可以沉积出许多在水溶液中无法电沉积的活泼金属。采用离子液体电沉积金属，没有氢气析出，所以电流效率高、产率纯度高。

15.2　$AlCl_3$ 型离子液体

以 $AlCl_3$ 型离子液体为电解质，电沉积金属和合金。

在 $AlCl_3$ 的摩尔分数超过 0.5 的酸性离子液体中，溶解在其中的金属氯化物 MCl_n 被二聚氯化铝阴离子（$Al_2Cl_7^-$）夺去一些氯离子，变成阳离子 MCl_{n-m}^{m+}，化学反应可写作

$$MCl_n + mAl_2Cl_7^- \Longrightarrow MCl_{n-m}^{m+} + 2mAlCl_4^-$$

在阴极极化的条件下，MCl_{n-m}^{m+} 能被还原成金属 M，$Al_2Cl_7^-$ 能被还原成金属 Al。

$$MCl_{n-m}^{m+} + ne \Longrightarrow M + (n-m)Cl^-$$

$$Al_2Cl_7^- + 6e \Longrightarrow 2Al + 7Cl^-$$

如果 MCl_{n-m}^{m+} 的还原电势比 $Al_2Cl_7^-$ 正，阴极得到的是金属 M。如果 MCl_{n-m}^{m+} 的还原电势比 $Al_2Cl_7^-$ 负，阴极得到 Al-M 合金。

在 $AlCl_3$ 的摩尔分数低于 0.5 的碱性离子液体中，溶解在其中的金属氯化物 MCl_n 能与离子液体中的氯离子形成氯络合负离子，即

$$MCl_n + mCl^- \Longrightarrow MCl_{n+m}^{m-}$$

在碱性条件下，在烷基咪唑和烷基吡啶的电势窗口内，金属 M 可以沉积，而 Al 不能沉积。

中性离子液体是由等物质的量的有机氯化物和 $AlCl_3$ 混合而成的。加入到中性离子液体中的金属盐既可以作为路易斯酸，又可以作为路易斯碱，为保持离子液体的中性，需要加入过量的 LiCl、NaCl 或 HCl。

在 $AlCl_3$ 型离子液体中，可以电沉积纯金属或合金。

15.3 在酸性 AlCl₃ 型离子液体中电沉积金属

15.3.1 电沉积 Mg-Al 合金

在酸性离子液体[EMIMI]Cl/AlCl₃ 中，电沉积 Al-Mg 合金，Mg 的质量分数为 2.2%。

反应过程为

$$MgCl_2 = MgCl^+ + Cl^- \qquad (\text{i})$$

$$MgCl^+(\text{II}) + 2e = [Mg] + Cl^- \qquad (\text{ii})$$

$$AlCl_3 + Cl^- = AlCl_4^- \qquad (\text{i}')$$

$$AlCl_4^- + 4H_2O = [Al \cdot 4H_2O]^{3+} + 4Cl^- \qquad (\text{ii}')$$

$$[Al \cdot 4H_2O]^{3+} + 3e = [Al] + 4H_2O \qquad (\text{iii})$$

1. 络合反应

络合反应

$$MgCl_2 = MgCl^+ + Cl^- \qquad (\text{i})$$

摩尔吉布斯自由能变化为

$$\Delta G_{m,i} = \mu_{MgCl^+} + \mu_{Cl^-} - \mu_{MgCl_2} = \Delta G_{m,i}^{\ominus} + RT \ln \frac{a_{MgCl^+} a_{Cl^-}}{a_{MgCl_2}}$$

式中，

$$\Delta G_{m,i}^{\ominus} = \mu_{MgCl^+}^{\ominus} + \mu_{Cl^-}^{\ominus} - \mu_{MgCl_2}^{\ominus}$$

$$\mu_{MgCl^+} = \mu_{MgCl^+}^{\ominus} + RT \ln a_{MgCl^+}$$

$$\mu_{Cl^-} = \mu_{Cl^-}^{\ominus} + RT \ln a_{Cl^-}$$

$$\mu_{MgCl_2} = \mu_{MgCl_2}^{\ominus} + RT \ln a_{MgCl_2}$$

络合反应速率为

$$\frac{dn_{MgCl^+}}{dt} = \frac{dn_{Cl^-}}{dt} = -\frac{dn_{MgCl_2}}{dt} = j$$

式中，

$$j = k_+ c_{MgCl_2}^{n_+} - k_- c_{MgCl^+}^{n_-} c_{Cl^-}^{n'} = k_+ \left(c_{MgCl_2}^{n_+} - \frac{1}{K} c_{MgCl^+}^{n_-} c_{Cl^-}^{n'} \right)$$

其中，

$$K = \frac{k_+}{k_-} = \frac{c_{MgCl^+}^{n_-} c_{Cl^-}^{n'}}{c_{MgCl_2}^{n_+}} = \frac{a_{MgCl^+,e} a_{Cl^-,e}}{a_{MgCl_2,e}}$$

络合反应

$$AlCl_3 + Cl^- \rightleftharpoons AlCl_4^- \qquad\qquad (i')$$

摩尔吉布斯自由能变化为

$$\Delta G_{m,O'} = \mu_{AlCl_4^-} - \mu_{AlCl_3} - \mu_{Cl^-} = \Delta G_{m,i}^{\ominus} + RT \ln \frac{a_{AlCl_4^-}}{a_{AlCl_3} a_{Cl^-}}$$

式中，

$$\Delta G_{m,i}^{\ominus} = \mu_{AlCl_4^-}^{\ominus} - \mu_{AlCl_3}^{\ominus} - \mu_{Cl^-}^{\ominus}$$

$$\mu_{AlCl_4^-} = \mu_{AlCl_4^-}^{\ominus} + RT \ln a_{AlCl_4^-}$$

$$\mu_{AlCl_3} = \mu_{AlCl_3}^{\ominus} + RT \ln a_{AlCl_3}$$

$$\mu_{Cl^-} = \mu_{Cl^-}^{\ominus} + RT \ln a_{Cl^-}$$

络合反应速率为

$$\frac{dn_{AlCl_4^-}}{dt} = -\frac{dn_{Cl^-}}{dt} = -\frac{dn_{AlCl_3}}{dt} = j$$

2. 水化反应

$$AlCl_4^- + 4H_2O \rightleftharpoons [Al \cdot 4H_2O]^{3+} + 4Cl^- \qquad\qquad (ii')$$

摩尔吉布斯自由能变化为

$$\Delta G_{m,i'} = \mu_{[Al \cdot 4H_2O]^{3+}} + 4\mu_{Cl^-} - \mu_{AlCl_4^-} - 4\mu_{H_2O} = \Delta G_{m,i'}^{\ominus} + RT \ln \frac{a_{[Al \cdot 4H_2O]^{3+}} a_{Cl^-}^4}{a_{AlCl_4^-} a_{H_2O}^4}$$

式中，

$$\Delta G_{m,i'}^{\ominus} = \mu_{[Al \cdot 4H_2O]^{3+}}^{\ominus} + 4\mu_{Cl^-}^{\ominus} - \mu_{AlCl_4^-}^{\ominus} - 4\mu_{H_2O}^{\ominus}$$

$$\mu_{[Al \cdot 4H_2O]^{3+}} = \mu_{[Al \cdot 4H_2O]^{3+}}^{\ominus} + RT \ln a_{[Al \cdot 4H_2O]^{3+}}$$

$$\mu_{Cl^-} = \mu_{Cl^-}^{\ominus} + RT \ln a_{Cl^-}$$

$$\mu_{AlCl_4^-} = \mu_{AlCl_4^-}^{\ominus} + RT \ln a_{AlCl_4^-}$$

$$\mu_{H_2O} = \mu_{H_2O}^{\ominus} + RT \ln a_{H_2O}$$

水化反应的速率为

$$\frac{dn_{[Al \cdot 4H_2O]^{3+}}}{dt} = \frac{1}{4}\frac{dn_{Cl^-}}{dt} = -\frac{dn_{AlCl_4^-}}{dt} = -\frac{1}{4}\frac{dn_{H_2O}}{dt} = j$$

3. 阴极反应达平衡

阴极反应达平衡，有

$$\text{MgCl}^+(\text{II}) + 2e \Longrightarrow [\text{Mg}] + \text{Cl}^- \qquad (\text{ii})$$

$$[\text{Al} \cdot 4\text{H}_2\text{O}]^{3+} + 3e \Longrightarrow [\text{Al}] + 4\text{H}_2\text{O} \qquad (\text{iii})$$

摩尔吉布斯自由能变化为

$$\Delta G_{\text{m,阴,Mg,e}} = \mu_{[\text{Mg}]} + \mu_{\text{Cl}^-} - \mu_{\text{MgCl}^+(\text{II})} - 2\mu_e = \Delta G_{\text{m,阴,Mg}}^{\ominus} + RT \ln \frac{a_{[\text{Mg}],e} a_{\text{Cl}^-,e}}{a_{\text{MgCl}^+(\text{II}),e}}$$

式中，

$$\Delta G_{\text{m,阴,Mg}}^{\ominus} = \mu_{[\text{Mg}]}^{\ominus} + \mu_{\text{Cl}^-}^{\ominus} - \mu_{\text{MgCl}^+(\text{II})}^{\ominus} - 2\mu_e^{\ominus}$$

$$\mu_{[\text{Mg}]} = \mu_{[\text{Mg}]}^{\ominus} + RT \ln a_{[\text{Mg}],e}$$

$$\mu_{\text{Cl}^-} = \mu_{\text{Cl}^-}^{\ominus} + RT \ln a_{\text{Cl}^-,e}$$

$$\mu_{\text{MgCl}^+(\text{II})} = \mu_{\text{MgCl}^+(\text{II})}^{\ominus} + RT \ln a_{\text{MgCl}^+(\text{II}),e}$$

$$\mu_e = \mu_e^{\ominus}$$

由

$$\varphi_{\text{阴,Mg,e}} = -\frac{\Delta G_{\text{m,阴,Mg,e}}}{2F}$$

得

$$\varphi_{\text{阴,Mg,e}} = \varphi_{\text{阴,Mg}}^{\ominus} + \frac{RT}{2F} \ln \frac{a_{\text{MgCl}^+(\text{II}),e}}{a_{[\text{Mg}],e} a_{\text{Cl}^-,e}} \qquad (15.1)$$

式中，

$$\varphi_{\text{阴,Mg}}^{\ominus} = -\frac{\Delta G_{\text{m,阴,Mg}}^{\ominus}}{2F} = -\frac{\mu_{[\text{Mg}]}^{\ominus} + \mu_{\text{Cl}^-}^{\ominus} - \mu_{\text{MgCl}^+(\text{II})}^{\ominus} - 2\mu_e^{\ominus}}{2F}$$

阴极有电流通过，发生极化，阴极反应为

$$\text{MgCl}^+(\text{II}) + 2e \Longrightarrow [\text{Mg}] + \text{Cl}^-$$

摩尔吉布斯自由能变化为

$$\Delta G_{\text{m,阴,Mg}} = \mu_{[\text{Mg}]} + \mu_{\text{Cl}^-} - \mu_{\text{MgCl}^+(\text{II})} - 2\mu_e = \Delta G_{\text{m,阴,Mg}}^{\ominus} + RT \ln \frac{a_{[\text{Mg}]} a_{\text{Cl}^-}}{a_{\text{MgCl}^+(\text{II})}} + 2RT \ln i$$

式中，

$$\Delta G_{\text{m,阴,Mg}}^{\ominus} = \mu_{[\text{Mg}]}^{\ominus} + \mu_{\text{Cl}^-}^{\ominus} - \mu_{\text{MgCl}^+(\text{II})}^{\ominus} - 2\mu_e^{\ominus}$$

$$\mu_{[\text{Mg}]} = \mu_{[\text{Mg}]}^{\ominus} + RT \ln a_{[\text{Mg}]}$$

$$\mu_{\text{Cl}^-} = \mu_{\text{Cl}^-}^{\ominus} + RT \ln a_{\text{Cl}^-}$$

$$\mu_{\text{MgCl}^+(\text{II})} = \mu_{\text{MgCl}^+(\text{II})}^{\ominus} + RT \ln a_{\text{MgCl}^+(\text{II})}$$

$$\mu_e = \mu_e^{\ominus} - RT \ln i$$

由

$$\varphi_{阴,Mg} = -\frac{\Delta G_{m,阴,Mg}}{2F}$$

得

$$\varphi_{阴,Mg} = \varphi_{阴,Mg}^{\ominus} + \frac{RT}{2F}\ln\frac{a_{MgCl^+(II)}}{a_{[Mg]}a_{Cl^-}} - \frac{RT}{F}\ln i \qquad (15.2)$$

式中，

$$\varphi_{阴,Mg}^{\ominus} = -\frac{\Delta G_{m,阴,Mg}^{\ominus}}{2F} = -\frac{\mu_{[Mg]}^{\ominus} + \mu_{Cl^-}^{\ominus} - \mu_{MgCl^+(II)}^{\ominus} - 2\mu_e^{\ominus}}{2F}$$

由式（15.2）得

$$\ln i = -\frac{F\varphi_{阴,Mg}}{RT} + \frac{F\varphi_{阴,Mg}^{\ominus}}{RT} + \frac{1}{2}\ln\frac{a_{MgCl^+(II)}}{a_{[Mg]}a_{Cl^-}}$$

则

$$i = \left(\frac{a_{MgCl^+(II)}}{a_{[Mg]}a_{Cl^-}}\right)^{1/2}\exp\left(-\frac{F\varphi_{阴,Mg}}{RT}\right)\exp\left(\frac{F\varphi_{阴,Mg}^{\ominus}}{RT}\right) = k_{Mg,-}\exp\left(-\frac{F\varphi_{阴,Mg}}{RT}\right) \quad (15.3)$$

式中，

$$k_{Mg,-} = \left(\frac{a_{MgCl^+(II)}}{a_{[Mg]}a_{Cl^-}}\right)^{1/2}\exp\left(\frac{F\varphi_{阴,Mg}^{\ominus}}{RT}\right) \approx \left(\frac{c_{MgCl^+(II)}}{c_{[Mg]}c_{Cl^-}}\right)^{1/2}\exp\left(\frac{F\varphi_{阴,Mg}^{\ominus}}{RT}\right)$$

过电势：

式（15.2）−式（15.1），得

$$\Delta\varphi_{阴,Mg} = \frac{RT}{2F}\ln\frac{a_{MgCl^-(II)}a_{[Mg],e}a_{Cl^-,e}}{a_{Mg}a_{Cl^-}a_{MgCl^-(II),e}} - \frac{RT}{F}\ln i$$

移项得

$$\ln i = -\frac{F\Delta\varphi_{阴,Mg}}{RT} + \frac{1}{2}\ln\frac{a_{MgCl^-(II)}a_{[Mg],e}a_{Cl^-,e}}{a_{[Mg]}a_{Cl^-}a_{MgCl^-(II),e}}$$

$$i = \left(\frac{a_{MgCl^-(II)}a_{[Mg],e}a_{Cl^-,e}}{a_{[Mg]}a_{Cl^-}a_{MgCl^-(II),e}}\right)^{1/2}\exp\left(-\frac{F\Delta\varphi_{阴,Mg}}{RT}\right) = k_-\exp\left(-\frac{F\Delta\varphi_{阴,Mg}}{RT}\right)$$

式中，

$$k_- = \left(\frac{a_{MgCl^-(II)}a_{[Mg],e}a_{Cl^-,e}}{a_{[Mg]}a_{Cl^-}a_{MgCl^-(II),e}}\right)^{1/2} \approx \left(\frac{c_{MgCl^-(II)}c_{[Mg],e}c_{Cl^-,e}}{c_{[Mg]}c_{Cl^-}c_{MgCl^-(II),e}}\right)^{1/2}$$

阴极反应达平衡，则

$$[Al \cdot 4H_2O]^{3+} + 3e \Longrightarrow [Al] + 4H_2O$$

摩尔吉布斯自由能变化为

$$\Delta G_{m,阴,Al,e} = \mu_{[Al]} + 4\mu_{H_2O} - \mu_{[Al \cdot 4H_2O]^{3+}} - 3\mu_e = \Delta G_{m,阴,Al}^{\ominus} + RT \ln \frac{a_{[Al],e} a_{H_2O,e}^4}{a_{[Al \cdot 4H_2O]^{3+},e}}$$

式中，

$$\Delta G_{m,阴,Al}^{\ominus} = \mu_{[Al]}^{\ominus} + 4\mu_{H_2O}^{\ominus} - \mu_{[Al \cdot 4H_2O]^{3+}}^{\ominus} - 3\mu_e^{\ominus}$$

$$\mu_{[Al]} = \mu_{[Al]}^{\ominus} + RT \ln a_{[Al],e}$$

$$\mu_{H_2O} = \mu_{H_2O}^{\ominus} + RT \ln a_{H_2O,e}$$

$$\mu_{[Al \cdot 4H_2O]^{3+}} = \mu_{[Al \cdot 4H_2O]^{3+}}^{\ominus} + RT \ln a_{[Al \cdot 4H_2O]^{3+},e}$$

$$\mu_e = \mu_e^{\ominus}$$

由

$$\varphi_{阴,Al,e} = -\frac{\Delta G_{m,阴,Al,e}}{3F}$$

得

$$\varphi_{阴,Al,e} = \varphi_{阴,Al}^{\ominus} + \frac{RT}{3F} \ln \frac{a_{[Al \cdot 4H_2O]^{3+},e}}{a_{[Al],e} a_{H_2O,e}^4} \tag{15.4}$$

式中，

$$\varphi_{阴,Al}^{\ominus} = -\frac{\Delta G_{m,阴,Al}^{\ominus}}{3F} = -\frac{\mu_{[Al]}^{\ominus} + 4\mu_{H_2O}^{\ominus} - \mu_{[Al \cdot 4H_2O]^{3+}}^{\ominus} - 3\mu_e^{\ominus}}{2F}$$

阴极有电流通过，发生极化，阴极反应为

$$[Al \cdot 4H_2O]^{3+} + 3e \Longrightarrow [Al] + 4H_2O$$

摩尔吉布斯自由能变化为

$$\Delta G_{m,阴,Al} = \mu_{[Al]} + 4\mu_{H_2O} - \mu_{[Al \cdot 4H_2O]^{3+}} - 3\mu_e = \Delta G_{m,阴,Al}^{\ominus} + RT \ln \frac{a_{[Al]} a_{H_2O}^4}{a_{[Al \cdot 4H_2O]^{3+}}} + 3RT \ln i$$

式中，

$$\Delta G_{m,阴,Al}^{\ominus} = \mu_{[Al]}^{\ominus} + 4\mu_{H_2O}^{\ominus} - \mu_{[Al \cdot 4H_2O]^{3+}}^{\ominus} - 3\mu_e^{\ominus}$$

$$\mu_{[Al]} = \mu_{[Al]}^{\ominus} + RT \ln a_{[Al]}$$

$$\mu_{H_2O} = \mu_{H_2O}^{\ominus} + RT \ln a_{H_2O}$$

$$\mu_{[Al \cdot 4H_2O]^{3+}} = \mu_{[Al \cdot 4H_2O]^{3+}}^{\ominus} + RT \ln a_{[Al \cdot 4H_2O]^{3+}}$$

$$\mu_e = \mu_e^{\ominus} - RT \ln i$$

由

$$\varphi_{阴,Al} = -\frac{\Delta G_{m,阴,Al}}{3F}$$

得

$$\varphi_{阴,Al} = \varphi_{阴,Al}^{\ominus} + \frac{RT}{3F}\ln\frac{a_{[Al\cdot4H_2O]^{3+}}}{a_{[Al]}a_{H_2O}^4} - \frac{RT}{F}\ln i \tag{15.5}$$

式中，

$$\varphi_{阴,Al}^{\ominus} = -\frac{\Delta G_{m,阴,Al}^{\ominus}}{3F} = -\frac{\mu_{[Al]}^{\ominus} + 4\mu_{H_2O}^{\ominus} - \mu_{[Al\cdot4H_2O]^{3+}}^{\ominus} - 3\mu_e^{\ominus}}{3F}$$

由式（15.5）得

$$\ln i = -\frac{F\varphi_{阴,Al}}{RT} + \frac{F\varphi_{阴,Al}^{\ominus}}{RT} + \frac{1}{3}\ln\frac{a_{[Al\cdot4H_2O]^{3+}}}{a_{[Al]}a_{H_2O}^4}$$

则

$$i = \left(\frac{a_{[Al]}a_{H_2O}^4}{a_{[Al\cdot4H_2O]^{3+}}}\right)^{1/3}\exp\left(-\frac{F\varphi_{阴,Al}}{RT}\right)\exp\left(\frac{F\varphi_{阴,Al}^{\ominus}}{RT}\right) = k_{Al,-}\exp\left(-\frac{F\varphi_{阴,Al}}{RT}\right) \tag{15.6}$$

式中，

$$k_{Al,-} = \left(\frac{a_{[Al]}a_{H_2O}^4}{a_{[Al\cdot4H_2O]^{3+}}}\right)^{1/3}\exp\left(\frac{F\varphi_{阴,Al}^{\ominus}}{RT}\right) \approx \left(\frac{c_{[Al]}c_{H_2O}^4}{c_{[Al\cdot4H_2O]^{3+}}}\right)^{1/3}\exp\left(\frac{F\varphi_{阴,Al}^{\ominus}}{RT}\right)$$

过电势：

式（15.5）–式（15.4），得

$$\Delta\varphi_{阴,Al} = \varphi_{阴,Al} - \varphi_{阴,Al,e} = \frac{RT}{3F}\ln\frac{a_{[Al\cdot4H_2O]^{3+}}a_{[Al],e}a_{H_2O,e}^4}{a_{[Al]}a_{H_2O}^4 a_{[Al\cdot4H_2O]^{3+},e}} - \frac{RT}{F}\ln i \tag{15.7}$$

移项得

$$\ln i = -\frac{F\Delta\varphi_{阴,Al}}{RT} + \frac{1}{3}\ln\frac{a_{[Al\cdot4H_2O]^{3+}}a_{[Al],e}a_{H_2O,e}^4}{a_{[Al]}a_{H_2O}^4 a_{[Al\cdot4H_2O]^{3+},e}}$$

则

$$i = \left(\frac{a_{[Al\cdot4H_2O]^{3+}}a_{[Al],e}a_{H_2O,e}^4}{a_{[Al]}a_{H_2O}^4 a_{[Al\cdot4H_2O]^{3+},e}}\right)^{1/3}\exp\left(-\frac{F\Delta\varphi_{阴,Al}}{RT}\right) = k_-'\exp\left(-\frac{F\Delta\varphi_{阴,Al}}{RT}\right) \tag{15.8}$$

式中，

$$k_-' = \left(\frac{a_{[Al\cdot4H_2O]^{3+}}a_{[Al],e}a_{H_2O,e}^4}{a_{[Al]}a_{H_2O}^4 a_{[Al\cdot4H_2O]^{3+},e}}\right)^{1/3} \approx \left(\frac{c_{[Al\cdot4H_2O]^{3+}}c_{[Al],e}c_{H_2O,e}^4}{c_{[Al]}c_{H_2O}^4 c_{[Al\cdot4H_2O]^{3+},e}}\right)^{1/3}$$

合金中 Mg 和 Al 的比例为

$$\frac{i_{Mg}}{i_{Al}} = K_{Mg/Al} = \frac{k_{Mg,-}}{k_{Al,-}}$$

并有

$$I = Si = S(i_{Mg} + i_{Al}) = S(2Fj_{Mg} + 3Fj_{Al})$$

$$i_{Mg} = 2Fj_{Mg}$$

$$i_{Al} = 3Fj_{Al}$$

$$\varphi_{阴,Mg} = \varphi_{阴,Al} = \varphi_{阴,外}$$

式中，$\varphi_{阴,外}$ 为阴极上的外加电势。

15.3.2 电沉积 Ni

NiCl$_2$ 可以溶解于酸性[EMIMI]Cl/AlCl$_3$型离子液体中，电沉积得到金属镍。

$$Ni^{2+} + 2e === Ni$$

阴极反应达平衡，有

$$Ni^{2+} + 2e \rightleftharpoons Ni$$

摩尔吉布斯自由能变化为

$$\Delta G_{m,阴,e} = \mu_{Ni} - \mu_{Ni^{2+}} - 2\mu_e = \Delta G_{m,阴}^\ominus + RT \ln \frac{1}{a_{Ni^{2+},e}}$$

式中，

$$\Delta G_{m,阴}^\ominus = \mu_{Ni}^\ominus - \mu_{Ni^{2+}}^\ominus - 2\mu_e^\ominus$$

$$\mu_{Ni} = \mu_{Ni}^\ominus$$

$$\mu_{Ni^{2+}} = \mu_{Ni^{2+}}^\ominus + RT \ln a_{Ni^{2+},e}$$

$$\mu_e = \mu_e^\ominus$$

阴极电势：由

$$\varphi_{阴,e} = -\frac{\Delta G_{m,阴,e}}{2F}$$

得

$$\varphi_{阴,e} = \varphi_阴^\ominus + \frac{RT}{2F} \ln a_{Ni^{2+},e} \qquad (15.9)$$

式中，

$$\varphi_阴^\ominus = -\frac{\Delta G_{m,阴}^\ominus}{2F} = -\frac{\mu_{Ni}^\ominus - \mu_{Ni^{2+}}^\ominus - 2\mu_e^\ominus}{2F}$$

阴极有电流通过，发生极化，阴极反应为

$$Ni^{2+} + 2e === Ni$$

摩尔吉布斯自由能变化为

$$\Delta G_{m,阴,Ni} = \mu_{Ni} - \mu_{Ni^{2+}} - 2\mu_e = \Delta G_{m,阴,Ni}^{\ominus} + RT \ln \frac{1}{a_{Ni^{2+}}} + 2RT \ln i$$

式中，

$$\Delta G_{m,阴,Ni}^{\ominus} = \mu_{Ni}^{\ominus} - \mu_{Ni^{2+}}^{\ominus} - 2\mu_e^{\ominus}$$

$$\mu_{Ni} = \mu_{Ni}^{\ominus}$$

$$\mu_{Ni^{2+}} = \mu_{Ni^{2+}}^{\ominus} + RT \ln a_{Ni^{2+}}$$

$$\mu_e = \mu_e^{\ominus} - RT \ln i$$

由

$$\varphi_{阴,Ni} = -\frac{\Delta G_{m,阴,Ni}}{2F}$$

得

$$\varphi_{阴,Ni} = \varphi_{阴,Ni}^{\ominus} + \frac{RT}{2F} \ln a_{Ni^{2+}} - \frac{RT}{F} \ln i \tag{15.10}$$

式中，

$$\varphi_{阴,Ni}^{\ominus} = -\frac{\Delta G_{m,阴,Ni}^{\ominus}}{2F} = -\frac{\mu_{Ni}^{\ominus} - \mu_{Ni^{2+}}^{\ominus} - 2\mu_e^{\ominus}}{2F}$$

由式（15.10）得

$$\ln i = -\frac{F\varphi_{阴,Ni}}{RT} + \frac{F\varphi_{阴,Ni}^{\ominus}}{RT} + \frac{1}{2} \ln a_{Ni^{2+}}$$

则

$$i = a_{Ni^{2+}}^{1/2} \exp\left(-\frac{F\varphi_{阴,Ni}}{RT}\right) \exp\left(\frac{F\varphi_{阴,Ni}^{\ominus}}{RT}\right) = k_- \exp\left(-\frac{F\varphi_{阴,Ni}}{RT}\right) \tag{15.11}$$

式中，

$$k_- = a_{Ni^{2+}}^{1/2} \exp\left(\frac{F\varphi_{阴,Ni}^{\ominus}}{RT}\right) \approx c_{Ni^{2+}}^{1/2} \exp\left(\frac{F\varphi_{阴,Ni}^{\ominus}}{RT}\right)$$

过电势：

式（15.10）–式（15.9），得

$$\Delta\varphi_{阴,Ni} = \frac{RT}{2F} \ln \frac{a_{Ni^{2+}}}{a_{Ni^{2+},e}} - \frac{RT}{F} \ln i$$

移项得

$$\ln i = -\frac{F\Delta\varphi_{阴,Ni}}{RT} + \frac{1}{2} \ln \frac{a_{Ni^{2+}}}{a_{Ni^{2+},e}}$$

$$i = \left(\frac{a_{\text{Ni}^{2+}}}{a_{\text{Ni}^{2+},e}}\right)^{1/2} \exp\left(-\frac{F\Delta\varphi_{\text{阴,Ni}}}{RT}\right) = k'_{-} \exp\left(-\frac{F\Delta\varphi_{\text{阴,Ni}}}{RT}\right)$$

式中，

$$k'_{-} = \left(\frac{a_{\text{Ni}^{2+}}}{a_{\text{Ni}^{2+},e}}\right)^{1/2} \approx \left(\frac{c_{\text{Ni}^{2+}}}{c_{\text{Ni}^{2+},e}}\right)^{1/2}$$

15.4　在碱性离子液体中电沉积金属

15.4.1　电沉积 In

InCl$_3$ 可溶解在碱性[DMPI]Cl/AlCl$_3$型离子液体中，形成络合阴离子[InCl$_5$]$^{2-}$，再还原成金属 In。

$$\text{InCl}_3 + 2\text{Cl}^- \Longrightarrow [\text{InCl}_5]^{2-}$$
$$[\text{InCl}_5]^{2-} + 3\text{e} \Longrightarrow \text{In} + 5\text{Cl}^-$$

实际过程是铟络离子$[\text{InCl}_5]^{2-}$，先转化为水化离子。

$$[\text{InCl}_5]^{2-} + 5\text{H}_2\text{O} \Longrightarrow [\text{In} \cdot 5\text{H}_2\text{O}]^{3+} + 5\text{Cl}^-$$

水化离子$[\text{In} \cdot 5\text{H}_2\text{O}]^{3+}$再还原为金属 In。

$$[\text{In} \cdot 5\text{H}_2\text{O}]^{3+} + 3\text{e} \Longrightarrow \text{In} + 5\text{H}_2\text{O}$$

阴极反应达平衡，有

$$[\text{In} \cdot 5\text{H}_2\text{O}]^{3+} + 3\text{e} \rightleftharpoons \text{In} + 5\text{H}_2\text{O}$$

摩尔吉布斯自由能变化为

$$\Delta G_{\text{m,阴,e}} = \mu_{\text{In}} + 5\mu_{\text{H}_2\text{O}} - \mu_{[\text{In}\cdot5\text{H}_2\text{O}]^{3+}} - 3\mu_{\text{e}} = \Delta G^{\ominus}_{\text{m,阴}} + RT\ln\frac{a^5_{\text{H}_2\text{O},e}}{a_{[\text{In}\cdot5\text{H}_2\text{O}]^{3+},e}}$$

式中，

$$\Delta G^{\ominus}_{\text{m,阴}} = \mu^{\ominus}_{\text{In}} + 5\mu^{\ominus}_{\text{H}_2\text{O}} - \mu^{\ominus}_{[\text{In}\cdot5\text{H}_2\text{O}]^{3+}} - 3\mu^{\ominus}_{\text{e}}$$
$$\mu_{\text{In}} = \mu^{\ominus}_{\text{In}}$$
$$\mu_{\text{H}_2\text{O}} = \mu^{\ominus}_{\text{H}_2\text{O}} + RT\ln a_{\text{H}_2\text{O},e}$$
$$\mu_{[\text{In}\cdot5\text{H}_2\text{O}]^{3+}} = \mu^{\ominus}_{[\text{In}\cdot5\text{H}_2\text{O}]^{3+}} + RT\ln a_{[\text{In}\cdot5\text{H}_2\text{O}]^{3+},e}$$
$$\mu_{\text{e}} = \mu^{\ominus}_{\text{e}}$$

由

$$\varphi_{\text{阴,e}} = -\frac{\Delta G_{\text{m,阴,e}}}{2F}$$

得

$$\varphi_{阴,e} = \varphi_阴^\ominus + \frac{RT}{3F} \ln \frac{a_{[In\cdot 5H_2O]^{3+},e}}{a_{H_2O,e}^5} \tag{15.12}$$

式中，

$$\varphi_阴^\ominus = -\frac{\Delta G_{m,阴}^\ominus}{3F} = -\frac{\mu_{In}^\ominus + 5\mu_{H_2O}^\ominus - \mu_{[In\cdot 5H_2O]^{3+}}^\ominus - 3\mu_e^\ominus}{3F}$$

阴极有电流通过，发生极化，阴极反应为

$$[In \cdot 5H_2O]^{3+} + 3e === In + 5H_2O$$

摩尔吉布斯自由能变化为

$$\Delta G_{m,阴,In} = \mu_{In} + 5\mu_{H_2O} - \mu_{[In\cdot 5H_2O]^{3+}} - 3\mu_e = \Delta G_{m,阴,In}^\ominus + RT\ln\frac{a_{H_2O}^5}{a_{[In\cdot 5H_2O]^{3+}}} + 3RT\ln i$$

式中，

$$\Delta G_{m,阴,In}^\ominus = \mu_{In}^\ominus + 5\mu_{H_2O}^\ominus - \mu_{[In\cdot 5H_2O]^{3+}}^\ominus - 3\mu_e^\ominus$$

$$\mu_{In} = \mu_{In}^\ominus$$

$$\mu_{H_2O} = \mu_{H_2O}^\ominus + RT\ln a_{H_2O}$$

$$\mu_{[In\cdot 5H_2O]^{3+}} = \mu_{[In\cdot 5H_2O]^{3+}}^\ominus + RT\ln a_{[In\cdot 5H_2O]^{3+}}$$

$$\mu_e = \mu_e^\ominus - RT\ln i$$

由

$$\varphi_{阴,In} = -\frac{\Delta G_{m,阴,In}}{3F}$$

得

$$\varphi_{阴,In} = \varphi_{阴,In}^\ominus + \frac{RT}{3F}\ln\frac{a_{[In\cdot 5H_2O]^{3+}}}{a_{H_2O}^5} - \frac{RT}{F}\ln i \tag{15.13}$$

式中，

$$\varphi_{阴,In}^\ominus = -\frac{\Delta G_{m,阴,In}^\ominus}{3F} = -\frac{\mu_{In}^\ominus + 5\mu_{H_2O}^\ominus - \mu_{[In\cdot 5H_2O]^{3+}}^\ominus - 3\mu_e^\ominus}{3F}$$

由式（15.13）得

$$\ln i = -\frac{F\varphi_{阴,In}}{RT} + \frac{F\varphi_{阴,In}^\ominus}{RT} + \frac{1}{3}\ln\frac{a_{[In\cdot 5H_2O]^{3+}}}{a_{H_2O}^5}$$

则

$$i = \left(\frac{a_{[In\cdot 5H_2O]^{3+}}}{a_{H_2O}^5}\right)^{1/3} \exp\left(-\frac{F\varphi_{阴,In}}{RT}\right)\exp\left(\frac{F\varphi_{阴,In}^\ominus}{RT}\right) = k_- \exp\left(-\frac{F\varphi_{阴,In}}{RT}\right) \tag{15.14}$$

式中，

$$k_- = \left(\frac{a_{[In \cdot 5H_2O]^{3+}}}{a_{H_2O}^5}\right)^{1/3} \exp\left(\frac{F\varphi_{\text{阴,In}}^{\ominus}}{RT}\right) \approx \left(\frac{c_{[In \cdot 5H_2O]^{3+}}}{c_{H_2O}^5}\right)^{1/3} \exp\left(\frac{F\varphi_{\text{阴,In}}^{\ominus}}{RT}\right)$$

15.4.2　电沉积 Cr

$CrCl_2$ 可溶解在碱性[EMIM]Cl/AlCl$_3$ 或[DMPI]Cl/AlCl$_3$ 型离子液体中，形成络合阴离子$[CrCl_4]^{2-}$，$[CrCl_4]^{2-}$ 成为水化离子，水化离子被还原成金属铬。化学反应为

$$CrCl_2 + 2Cl^- \Longrightarrow [CrCl_4]^{2-} \tag{ⅰ}$$

$$[CrCl_4]^{2-} + 4H_2O \Longrightarrow [Cr \cdot 4H_2O]^{2+} + 4Cl^- \tag{ⅱ}$$

$$[Cr \cdot 4H_2O]^{2+} + 2e \Longrightarrow Cr + 4H_2O \tag{ⅲ}$$

1. 络合反应

$$CrCl_2 + 2Cl^- \Longrightarrow [CrCl_4]^{2-}$$

摩尔吉布斯自由能变化为

$$\Delta G_m = \mu_{[CrCl_4]^{2-}} - \mu_{CrCl_2} - 2\mu_{Cl^-} = \Delta G_m^{\ominus} + RT\ln\frac{a_{[CrCl_4]^{2-}}}{a_{CrCl_2} a_{Cl^-}^2}$$

式中，

$$\Delta G_m^{\ominus} = \mu_{[CrCl_4]^{2-}}^{\ominus} - \mu_{CrCl_2}^{\ominus} - 2\mu_{Cl^-}^{\ominus}$$

$$\mu_{[CrCl_4]^{2-}} = \mu_{[CrCl_4]^{2-}}^{\ominus} + RT\ln a_{[CrCl_4]^{2-}}$$

$$\mu_{CrCl_2} = \mu_{CrCl_2}^{\ominus} + RT\ln a_{CrCl_2}$$

$$\mu_{Cl^-} = \mu_{Cl^-}^{\ominus} + RT\ln a_{Cl^-}$$

络合反应速率为

$$j = k_+ c_{CrCl_2}^{n_+} c_{Cl^-}^{n_+'} - k_- c_{[CrCl_4]^{2-}}^{n_-} = k_+\left[c_{CrCl_2}^{n_+} c_{Cl^-}^{n_+'} - \frac{1}{K}c_{[CrCl_4]^{2-}}^{n_-}\right]$$

式中，

$$K = \frac{k_+}{k_-} = \frac{c_{[CrCl_4]^{2-}}^{n_-}}{c_{CrCl_2}^{n_+} c_{Cl^-}^{n_+}} = \frac{a_{[CrCl_4]^{2-},e}}{a_{CrCl_2,e} a_{Cl^-,e}^2}$$

2. $[CrCl_4]^{2-}$ 转化为水化离子

$$[CrCl_4]^{2-} + 4H_2O \Longrightarrow [Cr \cdot 4H_2O]^{2+} + 4Cl^-$$

摩尔吉布斯自由能变化为

$$\Delta G_{m} = \mu_{[Cr\cdot 4H_2O]^{2+}} + 4\mu_{Cl^-} - \mu_{[CrCl_4]^{2-}} - 4\mu_{H_2O} = \Delta G_{m}^{\ominus} + RT\ln\frac{a_{[Cr\cdot 4H_2O]^{2+}}\, a_{Cl^-}^{4}}{a_{[CrCl_4]^{2-}}\, a_{H_2O}^{4}}$$

式中，

$$\Delta G_{m,}^{\ominus} = \mu_{[Cr\cdot 4H_2O]^{2+}}^{\ominus} + 4\mu_{Cl^-}^{\ominus} - \mu_{[CrCl_4]^{2-}}^{\ominus} - 4\mu_{H_2O}^{\ominus}$$

$$\mu_{[Cr\cdot 4H_2O]^{2+}} = \mu_{[Cr\cdot 4H_2O]^{2+}}^{\ominus} + RT\ln a_{[Cr\cdot 4H_2O]^{2+}}$$

$$\mu_{Cl^-} = \mu_{Cl^-}^{\ominus} + RT\ln a_{Cl^-}$$

$$\mu_{[CrCl_4]^{2-}} = \mu_{[CrCl_4]^{2-}}^{\ominus} + RT\ln a_{[CrCl_4]^{2-}}$$

$$\mu_{H_2O} = \mu_{H_2O}^{\ominus} + RT\ln a_{H_2O}$$

离子水化速率为

$$j = k_{+} c_{[CrCl_4]^{2-}}^{n_+} c_{H_2O}^{n_+'} - k_{-} c_{[Cr\cdot 4H_2O]^{2+}}^{n_-} c_{Cl^-}^{n_-'} = k_{+}\left[c_{[CrCl_4]^{2-}}^{n_+} c_{H_2O}^{n_+'} - \frac{1}{K} c_{[Cr\cdot 4H_2O]^{2+}}^{n_-} c_{Cl^-}^{n_-'} \right]$$

式中，K 为平衡常数。

$$K = \frac{k_{+}}{k_{-}} = \frac{c_{[Cr\cdot 4H_2O]^{2+}}^{n_-} c_{Cl^-}^{n_-'}}{c_{[CrCl_4]^{2-}}^{n_+} c_{H_2O}^{n_+'}} = \frac{a_{[Cr\cdot 4H_2O]^{2-},e}\, a_{Cl^-,e}^{4}}{a_{[CrCl_4]^{2-},e}\, a_{H_2O,e}^{4}}$$

3. 水化离子被还原成金属铬

电极反应达平衡，有

$$[Cr\cdot 4H_2O]^{2+} + 2e \Longleftrightarrow Cr + 4H_2O$$

摩尔吉布斯自由能变化为

$$\Delta G_{m,阴,e} = \mu_{Cr} + 4\mu_{H_2O} - \mu_{[Cr\cdot 4H_2O]^{2+}} - 2\mu_{e} = \Delta G_{m,阴}^{\ominus} + RT\ln\frac{a_{H_2O,e}^{4}}{a_{[Cr\cdot 4H_2O]^{2+},e}}$$

式中，

$$\Delta G_{m,阴}^{\ominus} = \mu_{Cr}^{\ominus} + 4\mu_{H_2O}^{\ominus} - \mu_{[Cr\cdot 4H_2O]^{2+}}^{\ominus} - 2\mu_{e}^{\ominus}$$

$$\mu_{Cr} = \mu_{Cr}^{\ominus}$$

$$\mu_{H_2O} = \mu_{H_2O}^{\ominus} + RT\ln a_{H_2O,e}$$

$$\mu_{[Cr\cdot 4H_2O]^{2+}} = \mu_{[Cr\cdot 4H_2O]^{2+}}^{\ominus} + RT\ln a_{[Cr\cdot 4H_2O]^{2+},e}$$

$$\mu_{e} = \mu_{e}^{\ominus}$$

由

$$\varphi_{阴,e} = -\frac{\Delta G_{m,阴,e}}{2F}$$

得

$$\varphi_{\text{阴,e}} = \varphi_{\text{阴}}^{\ominus} + \frac{RT}{2F} \ln \frac{a_{[\text{Cr·4H}_2\text{O}]^{2+},\text{e}}}{a_{\text{H}_2\text{O,e}}^4} \tag{15.15}$$

式中，

$$\varphi_{\text{阴}}^{\ominus} = -\frac{\Delta G_{\text{m,阴}}^{\ominus}}{2F} = -\frac{\mu_{\text{Cr}}^{\ominus} + 4\mu_{\text{H}_2\text{O}}^{\ominus} - \mu_{[\text{Cr·4H}_2\text{O}]^{2+}}^{\ominus} - 2\mu_{\text{e}}^{\ominus}}{2F}$$

阴极有电流通过，发生极化，阴极反应为

$$[\text{Cr·4H}_2\text{O}]^{2+} + 2\text{e} =\!=\!= \text{Cr} + 4\text{H}_2\text{O}$$

摩尔吉布斯自由能变化为

$$\Delta G_{\text{m,阴,Cr}} = \mu_{\text{Cr}} + 4\mu_{\text{H}_2\text{O}} - \mu_{[\text{Cr·4H}_2\text{O}]^{2+}} - 2\mu_{\text{e}} = \Delta G_{\text{m,阴,Cr}}^{\ominus} + RT \ln \frac{a_{\text{H}_2\text{O}}^4}{a_{[\text{Cr·4H}_2\text{O}]^{2+}}} + 2RT \ln i$$

式中，

$$\Delta G_{\text{m,阴,Cr}}^{\ominus} = \mu_{\text{Cr}}^{\ominus} + 4\mu_{\text{H}_2\text{O}}^{\ominus} - \mu_{[\text{Cr·4H}_2\text{O}]^{2+}}^{\ominus} - 2\mu_{\text{e}}^{\ominus}$$

$$\mu_{\text{Cr}} = \mu_{\text{Cr}}^{\ominus}$$

$$\mu_{\text{H}_2\text{O}} = \mu_{\text{H}_2\text{O}}^{\ominus} + RT \ln a_{\text{H}_2\text{O}}$$

$$\mu_{[\text{Cr·4H}_2\text{O}]^{2+}} = \mu_{[\text{Cr·4H}_2\text{O}]^{2+}}^{\ominus} + RT \ln a_{[\text{Cr·4H}_2\text{O}]^{2+}}$$

$$\mu_{\text{e}} = \mu_{\text{e}}^{\ominus} - RT \ln i$$

由

$$\varphi_{\text{阴,Cr}} = -\frac{\Delta G_{\text{m,阴,Cr}}}{2F}$$

得

$$\varphi_{\text{阴,Cr}} = \varphi_{\text{阴,Cr}}^{\ominus} + \frac{RT}{2F} \ln \frac{a_{[\text{Cr·4H}_2\text{O}]^{2+}}}{a_{\text{H}_2\text{O}}^4} - \frac{RT}{F} \ln i \tag{15.16}$$

式中，

$$\varphi_{\text{阴,Cr}}^{\ominus} = -\frac{\Delta G_{\text{m,阴,Cr}}^{\ominus}}{2F} = -\frac{\mu_{\text{Cr}}^{\ominus} + 4\mu_{\text{H}_2\text{O}}^{\ominus} - \mu_{[\text{Cr·4H}_2\text{O}]^{2+}}^{\ominus} - 2\mu_{\text{e}}^{\ominus}}{2F}$$

由式（15.16）得

$$\ln i = -\frac{F\varphi_{\text{阴,Cr}}}{RT} + \frac{F\varphi_{\text{阴,Cr}}^{\ominus}}{RT} + \frac{1}{2} \ln \frac{a_{[\text{Cr·4H}_2\text{O}]^{2+}}}{a_{\text{H}_2\text{O}}^4}$$

则

$$i = \left(\frac{a_{[\text{Cr·4H}_2\text{O}]^{2+}}}{a_{\text{H}_2\text{O}}^4}\right)^{1/2} \exp\left(-\frac{F\varphi_{\text{阴,Cr}}}{RT}\right) \exp\left(\frac{F\varphi_{\text{阴,Cr}}^{\ominus}}{RT}\right) = k_- \exp\left(-\frac{F\varphi_{\text{阴,Cr}}}{RT}\right) \tag{15.17}$$

式中，

$$k_- = \left(\frac{a_{[Cr\cdot 4H_2O]^{2+}}}{a_{H_2O}^4} \right)^{1/2} \exp\left(\frac{F\varphi_{阴,Cr}^{\ominus}}{RT} \right) \approx \left(\frac{c_{[Cr\cdot 4H_2O]^{2+}}}{c_{H_2O}^4} \right)^{1/2} \exp\left(\frac{F\varphi_{阴,Cr}^{\ominus}}{RT} \right)$$

过电势：

式（15.16）−式（15.15），得

$$\Delta\varphi_{阴,Cr} = \frac{RT}{2F}\ln\frac{a_{[Cr\cdot 4H_2O]^{2-}}a_{H_2O,e}^4}{a_{H_2O}^4 a_{[Cr\cdot 4H_2O]^{2-},e}} - \frac{RT}{F}\ln i$$

移项得

$$\ln i = -\frac{F\Delta\varphi_{阴,Cr}}{RT} + \frac{1}{2}\ln\frac{a_{[Cr\cdot 4H_2O]^{2-}}a_{H_2O,e}^4}{a_{H_2O}^4 a_{[Cr\cdot 4H_2O]^{2-},e}}$$

$$i = \left(\frac{a_{[Cr\cdot 4H_2O]^{2-}}a_{H_2O,e}^4}{a_{H_2O}^4 a_{[Cr\cdot 4H_2O]^{2-},e}} \right)^{1/2} \exp\left(-\frac{F\Delta\varphi_{阴,Cr}}{RT} \right) = k_-' \exp\left(-\frac{F\Delta\varphi_{阴,Cr}}{RT} \right)$$

式中，

$$k_-' = \left(\frac{a_{[Cr\cdot 4H_2O]^{2-}}a_{H_2O,e}^4}{a_{H_2O}^4 a_{[Cr\cdot 4H_2O]^{2-},e}} \right)^{1/2} \approx \left(\frac{c_{[Cr\cdot 4H_2O]^{2-}}a_{H_2O,e}^4}{c_{H_2O}^4 a_{[Cr\cdot 4H_2O]^{2-},e}} \right)^{1/2}$$

15.5　非 AlCl$_3$ 型离子液体

15.5.1　沉积 Ag

除非 AlCl$_3$ 型离子液体外，还有 BF$_4$ 型和 PF$_6$ 型离子液体也可用于电沉积金属。这类离子液体不会发生金属共沉积。

AgCl 溶解于[BMIM][PF$_6$]离子液体中，电沉积可以得到银。

$$Ag^+ + e == Ag$$

阴极反应达平衡，有

$$Ag^+ + e \rightleftharpoons Ag$$

摩尔吉布斯自由能变化为

$$\Delta G_{m,阴,e} = \mu_{Ag} - \mu_{Ag^+} - \mu_e = \Delta G_{m,阴}^{\ominus} + RT\ln\frac{1}{a_{Ag^+,e}}$$

式中，

$$\Delta G_{m,阴}^{\ominus} = \mu_{Ag}^{\ominus} - \mu_{Ag^+}^{\ominus} - \mu_e^{\ominus}$$

$$\mu_{Ag} = \mu_{Ag}^{\ominus}$$

$$\mu_{Ag^+} = \mu_{Ag^+}^{\ominus} + RT \ln a_{Ag^+,e}$$

$$\mu_e = \mu_e^{\ominus}$$

由

$$\varphi_{阴,e} = -\frac{\Delta G_{m,阴,e}}{F}$$

得

$$\varphi_{阴,e} = \varphi_{阴}^{\ominus} + \frac{RT}{F} \ln a_{Ag^+,e} \qquad （15.18）$$

式中，

$$\varphi_{阴}^{\ominus} = -\frac{\Delta G_{m,阴}^{\ominus}}{F} = -\frac{\mu_{Ag}^{\ominus} - \mu_{Ag^+}^{\ominus} - \mu_e^{\ominus}}{F}$$

阴极有电流通过，发生极化，阴极反应为

$$Ag^+ + e \equiv\!\!\equiv Ag$$

摩尔吉布斯自由能变化为

$$\Delta G_{m,阴,Ag} = \mu_{Ag} - \mu_{Ag^+} - \mu_e = \Delta G_{m,阴,Ag}^{\ominus} + RT \ln \frac{1}{a_{Ag^+}} + RT \ln i$$

式中，

$$\Delta G_{m,阴,Ag}^{\ominus} = \mu_{Ag}^{\ominus} - \mu_{Ag^+}^{\ominus} - \mu_e^{\ominus}$$

$$\mu_{Ag} = \mu_{Ag}^{\ominus}$$

$$\mu_{Ag^+} = \mu_{Ag^+}^{\ominus} + RT \ln a_{Ag^+}$$

$$\mu_e = \mu_e^{\ominus} - RT \ln i$$

由

$$\varphi_{阴,Ag} = -\frac{\Delta G_{m,阴,Ag}}{F}$$

得

$$\varphi_{阴,Ag} = \varphi_{阴,Ag}^{\ominus} + \frac{RT}{F} \ln a_{Ag^+} - \frac{RT}{F} \ln i \qquad （15.19）$$

式中，

$$\varphi_{阴,Ag}^{\ominus} = -\frac{\Delta G_{m,阴,Ag}^{\ominus}}{F} = -\frac{\mu_{Ag}^{\ominus} - \mu_{Ag^+}^{\ominus} - \mu_e^{\ominus}}{F}$$

由式（15.19）得

$$\ln i = -\frac{F\varphi_{阴,Ag}}{RT} + \frac{F\varphi_{阴,Ag}^{\ominus}}{RT} + \ln a_{Ag^+}$$

则

$$i = a_{Ag^+}\exp\left(-\frac{F\varphi_{阴,Ag}}{RT}\right)\exp\left(\frac{F\varphi_{阴,Ag}^{\ominus}}{RT}\right) = k_-\exp\left(-\frac{F\varphi_{阴,Ag}}{RT}\right) \tag{15.20}$$

式中,

$$k_- = a_{Ag^+}\exp\left(\frac{F\varphi_{阴,Ag}^{\ominus}}{RT}\right) \approx c_{Ag^+}\exp\left(\frac{F\varphi_{阴,Ag}^{\ominus}}{RT}\right)$$

过电势:

式（15.19）−式（15.18），得

$$\Delta\varphi_{阴,Ag} = \varphi_{阴,Ag} - \varphi_{阴,Ag,e} = \frac{RT}{F}\ln\frac{a_{Ag^+}}{a_{Ag^+,e}} - \frac{RT}{F}\ln i \tag{15.21}$$

移项得

$$\ln i = -\frac{F\Delta\varphi_{阴,Ag}}{RT} + \ln\frac{a_{Ag^+}}{a_{Ag^+,e}}$$

则

$$i = \frac{a_{Ag^+}}{a_{Ag^+,e}}\exp\left(-\frac{F\Delta\varphi_{阴,Ag}}{RT}\right) = k'_-\exp\left(-\frac{F\Delta\varphi_{阴,Ag}}{RT}\right) \tag{15.22}$$

式中,

$$k'_- = \frac{a_{Ag^+}}{a_{Ag^+,e}} \approx \frac{c_{Ag^+}}{c_{Ag^+,e}}$$

15.5.2 沉积 Sb

SbCl$_3$ 溶解于碱性离子液体[BMIM]Cl/[BMIM][PF$_4$]中，电沉积可以得到金属锑。
络合反应为

$$SbCl_3 + Cl^- == [SbCl_4]^- \tag{ⅰ}$$

水化反应为

$$[SbCl_4]^- + 4H_2O == [Sb\cdot4H_2O]^{3+} + 4Cl^- \tag{ⅱ}$$

电极反应为

$$[Sb\cdot4H_2O]^{3+} + 3e == Sb + 4H_2O \tag{ⅲ}$$

1. 络合反应

$$SbCl_3 + Cl^- \rightleftharpoons [SbCl_4]^-$$

摩尔吉布斯自由能变化为

$$\Delta G_m = \mu_{[SbCl_4]^-} - \mu_{SbCl_3} - \mu_{Cl^-} = \Delta G_m^\ominus + RT\ln\frac{a_{[SbCl_4]^-}}{a_{SbCl_3}a_{Cl^-}}$$

式中,

$$\Delta G_m^\ominus = \mu_{[SbCl_4]^-}^\ominus - \mu_{SbCl_3}^\ominus - \mu_{Cl^-}^\ominus$$

$$\mu_{[SbCl_4]^-} = \mu_{[SbCl_4]^-}^\ominus + RT\ln a_{[SbCl_4]^-}$$

$$\mu_{SbCl_3} = \mu_{SbCl_3}^\ominus + RT\ln a_{SbCl_3}$$

$$\mu_{Cl^-} = \mu_{Cl^-}^\ominus + RT\ln a_{Cl^-}$$

络合反应速率为

$$j = k_+ c_{SbCl_3}^{n_+} c_{Cl^-}^{n_+'} - k_- c_{[SbCl_4]^-}^{n_-} = k_+\left[c_{SbCl_3}^{n_+} c_{Cl^-}^{n_+'} - \frac{1}{K} c_{[SbCl_4]^-}^{n_-} \right]$$

式中,

$$K = \frac{k_+}{k_-} = \frac{c_{[SbCl_4]^-}^{n_-}}{c_{SbCl_3}^{n_+} c_{Cl^-}^{n_+'}} = \frac{a_{[SbCl_4]^-}}{a_{SbCl_3}a_{Cl^-}}$$

2. 水化反应

$$[SbCl_4]^- + 4H_2O \rightleftharpoons [Sb\cdot 4H_2O]^{3+} + 4Cl^-$$

摩尔吉布斯自由能变化为

$$\Delta G_m = \mu_{[Sb\cdot 4H_2O]^{3+}} + 4\mu_{Cl^-} - \mu_{[SbCl_4]^-} - 4\mu_{H_2O} = \Delta G_m^\ominus + RT\ln\frac{a_{[Sb\cdot 4H_2O]^{3+}}a_{Cl^-}^4}{a_{[SbCl_4]^-}a_{H_2O}^4}$$

式中,

$$\Delta G_m^\ominus = \mu_{[Sb\cdot 4H_2O]^{3+}}^\ominus + 4\mu_{Cl^-}^\ominus - \mu_{[SbCl_4]^-}^\ominus - 4\mu_{H_2O}^\ominus$$

$$\mu_{[Sb\cdot 4H_2O]^{3+}} = \mu_{[Sb\cdot 4H_2O]^{3+}}^\ominus + RT\ln a_{[Sb\cdot 4H_2O]^{3+}}$$

$$\mu_{Cl^-} = \mu_{Cl^-}^\ominus + RT\ln a_{Cl^-}$$

$$\mu_{[SbCl_4]^-} = \mu_{[SbCl_4]^-}^\ominus + RT\ln a_{[SbCl_4]^-}$$

$$\mu_{H_2O} = \mu_{H_2O}^\ominus + RT\ln a_{H_2O}$$

水化反应速率为

$$j = k_+ c_{[\text{SbCl}_4]^-}^{n_+} c_{\text{H}_2\text{O}}^{n_+'} - k_- c_{[\text{Sb·4H}_2\text{O}]^{3+}}^{n_-} c_{\text{Cl}^-}^{n_-'} = k_+ \left[c_{[\text{SbCl}_4]^-}^{n_+} c_{\text{H}_2\text{O}}^{n_+'} - \frac{1}{K} c_{[\text{Sb·4H}_2\text{O}]^{3+}}^{n_-} c_{\text{H}_2\text{O}}^{n_-'} \right]$$

式中,

$$K = \frac{k_+}{k_-} = \frac{c_{[\text{Sb·4H}_2\text{O}]^{3+}}^{n_-} c_{\text{H}_2\text{O}}^{n_+'}}{c_{[\text{SbCl}_4]^-}^{n_+} c_{\text{H}_2\text{O}}^{n_+'}} = \frac{a_{[\text{Sb·4H}_2\text{O}]^{3+},e} a_{\text{Cl}^-,e}^4}{a_{[\text{SbCl}_4]^-,e} a_{\text{H}_2\text{O},e}^4}$$

3. 电极反应

阴极反应达平衡,为

$$[\text{Sb·4H}_2\text{O}]^{3+} + 3\text{e} \Longrightarrow \text{Sb} + 4\text{H}_2\text{O}$$

摩尔吉布斯自由能变化为

$$\Delta G_{m,\text{阴},e} = \mu_{\text{Sb}} + 4\mu_{\text{H}_2\text{O}} - \mu_{[\text{Sb·4H}_2\text{O}]^{3+}} - 3\mu_e = \Delta G_{m,\text{阴}}^{\ominus} + RT \ln \frac{a_{\text{H}_2\text{O},e}^4}{a_{[\text{Sb·4H}_2\text{O}]^{3+},e}}$$

式中,

$$\Delta G_{m,\text{阴}}^{\ominus} = \mu_{\text{Sb}}^{\ominus} + 4\mu_{\text{H}_2\text{O}}^{\ominus} - \mu_{[\text{Sb·4H}_2\text{O}]^{3+}}^{\ominus} - 3\mu_e^{\ominus}$$

$$\mu_{\text{Sb}} = \mu_{\text{Sb}}^{\ominus}$$

$$\mu_{\text{H}_2\text{O}} = \mu_{\text{H}_2\text{O}}^{\ominus} + RT \ln a_{\text{H}_2\text{O},e}$$

$$\mu_{[\text{Sb·4H}_2\text{O}]^{3+}} = \mu_{[\text{Sb·4H}_2\text{O}]^{3+}}^{\ominus} + RT \ln a_{[\text{Sb·4H}_2\text{O}]^{3+},e}$$

$$\mu_e = \mu_e^{\ominus}$$

由

$$\varphi_{\text{阴},e} = -\frac{\Delta G_{m,\text{阴},e}}{3F}$$

得

$$\varphi_{\text{阴},e} = \varphi_{\text{阴}}^{\ominus} + \frac{RT}{3F} \ln \frac{a_{[\text{Sb·4H}_2\text{O}]^{3+},e}}{a_{\text{H}_2\text{O},e}^4} \tag{15.23}$$

式中,

$$\varphi_{\text{阴}}^{\ominus} = -\frac{\Delta G_{m,\text{阴}}^{\ominus}}{3F} = -\frac{\mu_{\text{Sb}}^{\ominus} + 4\mu_{\text{H}_2\text{O}}^{\ominus} - \mu_{[\text{Sb·4H}_2\text{O}]^{3+}}^{\ominus} - 3\mu_e^{\ominus}}{3F}$$

阴极有电流通过,发生极化,阴极反应为

$$[\text{Sb·4H}_2\text{O}]^{3+} + 3\text{e} == \text{Sb} + 4\text{H}_2\text{O}$$

摩尔吉布斯自由能变化为

$$\Delta G_{m,\text{阴},\text{Sb}} = \mu_{\text{Sb}} + 4\mu_{\text{H}_2\text{O}} - \mu_{[\text{Sb·4H}_2\text{O}]^{3+}} - 3\mu_e = \Delta G_{m,\text{阴},\text{Sb}}^{\ominus} + RT \ln \frac{a_{\text{H}_2\text{O}}^4}{a_{[\text{Sb·4H}_2\text{O}]^{3+}}} + RT \ln i$$

式中,

$$\Delta G_{\mathrm{m,阴,Sb}}^{\ominus} = \mu_{\mathrm{Sb}}^{\ominus} + 4\mu_{\mathrm{H_2O}}^{\ominus} - \mu_{\mathrm{[Sb\cdot 4H_2O]^{3+}}}^{\ominus} - 3\mu_{\mathrm{e}}^{\ominus}$$

$$\mu_{\mathrm{Sb}} = \mu_{\mathrm{Sb}}^{\ominus}$$

$$\mu_{\mathrm{H_2O}} = \mu_{\mathrm{H_2O}}^{\ominus} + RT\ln a_{\mathrm{H_2O}}$$

$$\mu_{\mathrm{[Sb\cdot 4H_2O]^{3+}}} = \mu_{\mathrm{[Sb\cdot 4H_2O]^{3+}}}^{\ominus} + RT\ln a_{\mathrm{[Sb\cdot 4H_2O]^{3+}}}$$

$$\mu_{\mathrm{e}} = \mu_{\mathrm{e}}^{\ominus} - RT\ln i$$

由

$$\varphi_{\mathrm{阴,Sb}} = -\frac{\Delta G_{\mathrm{m,阴,Sb}}}{3F}$$

得

$$\varphi_{\mathrm{阴,Sb}} = \varphi_{\mathrm{阴,Sb}}^{\ominus} + \frac{RT}{3F}\ln\frac{a_{\mathrm{[Sb\cdot 4H_2O]^{3+}}}}{a_{\mathrm{H_2O}}^{4}} - \frac{RT}{F}\ln i \qquad (15.24)$$

式中,

$$\varphi_{\mathrm{阴,Sb}}^{\ominus} = -\frac{\Delta G_{\mathrm{m,阴,Sb}}^{\ominus}}{3F} = -\frac{\mu_{\mathrm{Sb}}^{\ominus} + 4\mu_{\mathrm{H_2O}}^{\ominus} - \mu_{\mathrm{[Sb\cdot 4H_2O]^{3+}}}^{\ominus} - 3\mu_{\mathrm{e}}^{\ominus}}{3F}$$

由式 (15.24) 得

$$\ln i = -\frac{F\varphi_{\mathrm{阴,Sb}}}{RT} + \frac{F\varphi_{\mathrm{阴,Sb}}^{\ominus}}{RT} + \frac{1}{3}\ln\frac{a_{\mathrm{[Sb\cdot 4H_2O]^{3+}}}}{a_{\mathrm{H_2O}}^{4}}$$

则

$$i = \left(\frac{a_{\mathrm{[Sb\cdot 4H_2O]^{3+}}}}{a_{\mathrm{H_2O}}^{4}}\right)^{1/3}\exp\left(-\frac{F\varphi_{\mathrm{阴,Sb}}}{RT}\right)\exp\left(\frac{F\varphi_{\mathrm{阴,Sb}}^{\ominus}}{RT}\right) = k_-\exp\left(-\frac{F\varphi_{\mathrm{阴,Sb}}}{RT}\right) \quad (15.25)$$

式中,

$$k_- = \left(\frac{a_{\mathrm{[Sb\cdot 4H_2O]^{3+}}}}{a_{\mathrm{H_2O}}^{4}}\right)^{1/3}\exp\left(\frac{F\varphi_{\mathrm{阴,Sb}}^{\ominus}}{RT}\right) \approx \left(\frac{c_{\mathrm{[Sb\cdot 4H_2O]^{3+}}}}{c_{\mathrm{H_2O}}^{4}}\right)^{1/3}\exp\left(\frac{F\varphi_{\mathrm{阴,Sb}}^{\ominus}}{RT}\right)$$

过电势:

式 (15.24) -式 (15.23), 得

$$\Delta\varphi_{\mathrm{阴,Sb}} = \varphi_{\mathrm{阴,Sb}} - \varphi_{\mathrm{阴,Sb,e}} = \frac{RT}{3F}\ln\frac{a_{\mathrm{[Sb\cdot 4H_2O]^{3+}}}a_{\mathrm{H_2O,e}}^{4}}{a_{\mathrm{H_2O}}^{4}a_{\mathrm{[Sb\cdot 4H_2O]^{3+},e}}} - \frac{RT}{F}\ln i \qquad (15.26)$$

移项得

$$\ln i = -\frac{F\Delta\varphi_{阴,Sb}}{RT} + \frac{1}{3}\ln\frac{a_{[Sb\cdot4H_2O]^{3+}}a_{H_2O,e}^4}{a_{H_2O}^4 a_{[Sb\cdot4H_2O]^{3+},e}}$$

则

$$i = \left(\frac{a_{[Sb\cdot4H_2O]^{3+}}a_{H_2O,e}^4}{a_{H_2O}^4 a_{[Sb\cdot4H_2O]^{3+},e}}\right)^{1/3}\exp\left(-\frac{F\Delta\varphi_{阴,Sb}}{RT}\right) = k_-'\exp\left(-\frac{F\Delta\varphi_{阴,Sb}}{RT}\right) \quad （15.27）$$

式中，

$$k_-' = \left(\frac{a_{[Sb\cdot4H_2O]^{3+}}a_{H_2O,e}^4}{a_{H_2O}^4 a_{[Sb\cdot4H_2O]^{3+},e}}\right)^{1/3} \approx \left(\frac{c_{[Sb\cdot4H_2O]^{3+}}c_{H_2O,e}^4}{c_{H_2O}^4 c_{[Sb\cdot4H_2O]^{3+},e}}\right)^{1/3}$$

15.5.3　沉积 Al

$AlCl_3$ 溶解于[BMp]-Tf_2N 离子液体中，电沉积得到金属铝。

$$AlCl_3 \Longrightarrow Al^{3+} + 3Cl^-$$

$$Al^{3+} + 3e \Longrightarrow Al$$

阴极反应达平衡，有

$$Al^{3+} + 3e \Longrightarrow Al$$

摩尔吉布斯自由能变化为

$$\Delta G_{m,阴,e} = \mu_{Al} - \mu_{Al^{3+}} - 3\mu_e = \Delta G_{m,阴}^{\ominus} + RT\ln\frac{1}{a_{Al^{3+},e}}$$

式中，

$$\Delta G_{m,阴}^{\ominus} = \mu_{Al}^{\ominus} - \mu_{Al^{3+}}^{\ominus} - 3\mu_e^{\ominus}$$

$$\mu_{Al} = \mu_{Al}^{\ominus}$$

$$\mu_{Al^{3+}} = \mu_{Al^{3+}}^{\ominus} + RT\ln a_{Al^{3+},e}$$

$$\mu_e = \mu_e^{\ominus}$$

由

$$\varphi_{阴,e} = -\frac{\Delta G_{m,阴,e}}{3F}$$

得

$$\varphi_{阴,e} = \varphi_{阴}^{\ominus} + \frac{RT}{3F}\ln a_{Al^{3+},e} \quad （15.28）$$

式中，

$$\varphi_{\text{阴}}^{\ominus} = -\frac{\Delta G_{\text{m,阴}}^{\ominus}}{3F} = -\frac{\mu_{\text{Al}}^{\ominus} - \mu_{\text{Al}^{3+}}^{\ominus} - 3\mu_{\text{e}}^{\ominus}}{F}$$

阴极有电流通过，发生极化，阴极反应为

$$\text{Al}^{3+} + 3\text{e} \Longrightarrow \text{Al}$$

摩尔吉布斯自由能变化为

$$\Delta G_{\text{m,阴,Al}} = \mu_{\text{Al}} - \mu_{\text{Al}^{3+}} - 3\mu_{\text{e}} = \Delta G_{\text{m,阴,Al}}^{\ominus} + RT\ln\frac{1}{a_{\text{Al}^{3+}}} + 3RT\ln i$$

式中，

$$\Delta G_{\text{m,阴,Al}}^{\ominus} = \mu_{\text{Al}}^{\ominus} - \mu_{\text{Al}^{3+}}^{\ominus} - 3\mu_{\text{e}}^{\ominus}$$

$$\mu_{\text{Al}} = \mu_{\text{Al}}^{\ominus}$$

$$\mu_{\text{Al}^{3+}} = \mu_{\text{Al}^{3+}}^{\ominus} + RT\ln a_{\text{Al}^{3+}}$$

$$\mu_{\text{e}} = \mu_{\text{e}}^{\ominus} - RT\ln i$$

由

$$\varphi_{\text{阴,Al}} = -\frac{\Delta G_{\text{m,阴,Al}}}{3F}$$

得

$$\varphi_{\text{阴,Al}} = \varphi_{\text{阴,Al}}^{\ominus} + \frac{RT}{3F}\ln a_{\text{Al}^{3+}} - \frac{RT}{F}\ln i \tag{15.29}$$

式中，

$$\varphi_{\text{阴,Al}}^{\ominus} = -\frac{\Delta G_{\text{m,阴,Al}}^{\ominus}}{3F} = -\frac{\mu_{\text{Al}}^{\ominus} - \mu_{\text{Al}^{3+}}^{\ominus} - 3\mu_{\text{e}}^{\ominus}}{3F}$$

由式（15.29）得

$$\ln i = -\frac{F\varphi_{\text{阴,Al}}}{RT} + \frac{F\varphi_{\text{阴,Al}}^{\ominus}}{RT} + \frac{1}{3}\ln a_{\text{Al}^{3+}}$$

则

$$i = a_{\text{Al}^{3+}}^{1/3}\exp\left(-\frac{F\varphi_{\text{阴,Al}}}{RT}\right)\exp\left(\frac{F\varphi_{\text{阴,Al}}^{\ominus}}{RT}\right) = k_{-}\exp\left(-\frac{F\varphi_{\text{阴,Al}}}{RT}\right) \tag{15.30}$$

式中，

$$k_{-} = a_{\text{Al}^{3+}}^{1/3}\exp\left(\frac{F\varphi_{\text{阴,Al}}^{\ominus}}{RT}\right) \approx c_{\text{Al}^{3+}}^{1/3}\exp\left(\frac{F\varphi_{\text{阴,Al}}^{\ominus}}{RT}\right)$$

过电势：

式（15.28）−式（15.27），得

$$\Delta\varphi_{阴,Al} = \varphi_{阴,Al} - \varphi_{阴,Al,e} = \frac{RT}{3F}\ln\frac{a_{Al^{3+}}}{a_{Al^{3+},e}} - \frac{RT}{F}\ln i \tag{15.31}$$

移项得

$$\ln i = -\frac{F\Delta\varphi_{阴,Al}}{RT} + \frac{1}{3}\ln\frac{a_{Al^{3+}}}{a_{Al^{3+},e}}$$

则

$$i = \left(\frac{a_{Al^{3+}}}{a_{Al^{3+},e}}\right)^{1/3}\exp\left(-\frac{F\Delta\varphi_{阴,Al}}{RT}\right) = k'_-\exp\left(-\frac{F\Delta\varphi_{阴,Al}}{RT}\right) \tag{15.32}$$

式中,

$$k'_- = \left(\frac{a_{Al^{3+}}}{a_{Al^{3+},e}}\right)^{1/3} \approx \left(\frac{c_{Al^{3+}}}{c_{Al^{3+},e}}\right)^{1/3}$$

第16章 固体电解质电池

由固体电解质构成的电池称为固体电解质电池。固体电解质电池有两类：一类是浓差型电池，一类是生成型电池。

16.1 固体电解质浓差型电池

电池组成为

$$[\text{Me}]_\text{I} \mid 固体电解质(\text{Me}^{z+}) \mid [\text{Me}]_\text{II}$$

阴极反应为

$$\text{Me}^{z+} + z\text{e} =\!\!=\!\!= [\text{Me}]_\text{II}$$

阳极反应为

$$[\text{Me}]_\text{I} =\!\!=\!\!= \text{Me}^{z+} + z\text{e}$$

电池反应为

$$[\text{Mc}]_\text{I} =\!\!=\!\!= [\text{Mc}]_\text{II}$$

16.1.1 阴极电势

阴极反应达平衡，阴极反应为

$$\text{Me}^{z+} + z\text{e} =\!\!=\!\!\rightleftharpoons [\text{Me}]_\text{II}$$

摩尔吉布斯自由能变化为

$$\Delta G_{\text{m,阴,e}} = \mu_{[\text{Me}]_\text{II}} - \mu_{\text{Me}^{z+}} - z\mu_\text{e} = \Delta G_{\text{m,阴}}^{\ominus} + RT\ln\frac{a_{[\text{Me}]_\text{II},\text{e}}}{a_{\text{Me}^{z+},\text{e}}}$$

式中，

$$\Delta G_{\text{m,阴}}^{\ominus} = \mu_{\text{Me}}^{\ominus} - \mu_{\text{Me}^{z+}}^{\ominus} - z\mu_\text{e}^{\ominus}$$

$$\mu_{[\text{Me}]_\text{II}} = \mu_{\text{Me}}^{\ominus} + RT\ln a_{[\text{Me}]_\text{II},\text{e}}$$

$$\mu_{\text{Me}^{z+}} = \mu_{\text{Me}^{z+}}^{\ominus} + RT\ln a_{\text{Me}^{z+},\text{e}}$$

$$\mu_\text{e} = \mu_\text{e}^{\ominus}$$

由

$$\varphi_{\text{阴,e}} = -\frac{\Delta G_{\text{m,阴,e}}}{zF}$$

得

$$\varphi_{\text{阴,e}} = \varphi_{\text{阴}}^{\ominus} + \frac{RT}{zF} \ln \frac{a_{\text{Me}^{z+},\text{e}}}{a_{[\text{Me}]_{\text{II}},\text{e}}} \qquad (16.1)$$

式中，

$$\varphi_{\text{阴}}^{\ominus} = -\frac{\Delta G_{\text{m,阴}}^{\ominus}}{zF} = -\frac{\mu_{\text{Me}}^{\ominus} - \mu_{\text{Me}^{z+}}^{\ominus} - z\mu_{\text{e}}^{\ominus}}{zF}$$

阴极有电流通过，发生极化，阴极反应为

$$\text{Me}^{z+} + z\text{e} =\!=\!= [\text{Me}]_{\text{II}}$$

摩尔吉布斯自由能变化为

$$\Delta G_{\text{m,阴}} = \mu_{[\text{Me}]_{\text{II}}} - \mu_{\text{Me}^{z+}} - z\mu_{\text{e}} = \Delta G_{\text{m,阴}}^{\ominus} + RT \ln \frac{a_{[\text{Me}]_{\text{II}}}}{a_{\text{Me}^{z+}}} + zRT \ln i$$

式中，

$$\Delta G_{\text{m,阴}}^{\ominus} = \mu_{\text{Me}}^{\ominus} - \mu_{\text{Me}^{z+}}^{\ominus} - z\mu_{\text{e}}^{\ominus}$$

$$\mu_{[\text{Me}]_{\text{II}}} = \mu_{\text{Me}}^{\ominus} + RT \ln a_{[\text{Me}]_{\text{II}}}$$

$$\mu_{\text{Me}^{z+}} = \mu_{\text{Me}^{z+}}^{\ominus} + RT \ln a_{\text{Me}^{z+}}$$

$$\mu_{\text{e}} = \mu_{\text{e}}^{\ominus} - RT \ln i$$

由

$$\varphi_{\text{阴}} = -\frac{\Delta G_{\text{m,阴}}}{zF}$$

得

$$\varphi_{\text{阴}} = \varphi_{\text{阴}}^{\ominus} + \frac{RT}{zF} \ln \frac{a_{\text{Me}^{z+}}}{a_{[\text{Me}]_{\text{II}}}} - \frac{RT}{F} \ln i \qquad (16.2)$$

式中，

$$\varphi_{\text{阴}}^{\ominus} = -\frac{\Delta G_{\text{m,阴}}^{\ominus}}{zF} = -\frac{\mu_{\text{Me}}^{\ominus} - \mu_{\text{Me}^{z+}}^{\ominus} - z\mu_{\text{e}}^{\ominus}}{zF}$$

由式（16.2）得

$$\ln i = -\frac{F\varphi_{\text{阴}}}{RT} + \frac{F\varphi_{\text{阴}}^{\ominus}}{RT} + \frac{1}{z} \ln \frac{a_{\text{Me}^{z+}}}{a_{[\text{Me}]_{\text{II}}}}$$

则

$$i = \left(\frac{a_{\text{Me}^{z+}}}{a_{[\text{Me}]_{\text{II}}}} \right)^{1/z} \exp\left(-\frac{F\varphi_{\text{阴}}}{RT} \right) \exp\left(\frac{F\varphi_{\text{阴}}^{\ominus}}{RT} \right) = k_{+} \exp\left(-\frac{F\varphi_{\text{阴}}}{RT} \right) \qquad (16.3)$$

式中，

$$k_+ = \left(\frac{a_{Me^{z+}}}{a_{[Me]_{II}}}\right)^{1/z} \exp\left(\frac{F\varphi_阴^\ominus}{RT}\right) \approx \left(\frac{c_{Me^{z+}}}{c_{[Me]_{II}}}\right)^{1/z} \exp\left(\frac{F\varphi_阴^\ominus}{RT}\right)$$

16.1.2 阴极过电势

式（16.2）−式（16.1），得

$$\Delta\varphi_阴 = \varphi_阴 - \varphi_{阴,e} = \frac{RT}{zF}\ln\frac{a_{Me^{z+}}a_{[Me]_{II},e}}{a_{[Me]_{II}}a_{Me^{z+},e}} - \frac{RT}{F}\ln i \tag{16.4}$$

移项得

$$\ln i = -\frac{F\Delta\varphi_阴}{RT} + \frac{1}{z}\ln\frac{a_{Me^{z+}}a_{[Me]_{II},e}}{a_{[Me]_{II}}a_{Me^{z+},e}}$$

则

$$i = \left(\frac{a_{Me^{z+}}a_{[Me]_{II},e}}{a_{[Me]_{II}}a_{Me^{z+},e}}\right)^{1/z}\exp\left(-\frac{F\Delta\varphi_阴}{RT}\right) = k'_+\exp\left(-\frac{F\Delta\varphi_阴}{RT}\right) \tag{16.5}$$

式中，

$$k'_+ = \left(\frac{a_{Me^{z+}}a_{[Me]_{II},e}}{a_{[Me]_{II}}a_{Me^{z+},e}}\right)^{1/z} \approx \left(\frac{c_{Me^{z+}}c_{[Me]_{II},e}}{c_{[Me]_{II}}c_{Me^{z+},e}}\right)^{1/z}$$

16.1.3 阳极电势

阳极反应达平衡，阳极反应为

$$[Me]_{II} \rightleftharpoons Me^{z+} + ze$$

摩尔吉布斯自由能变化为

$$\Delta G_{m,阳,e} = \mu_{Me^{z+}} + z\mu_e - \mu_{[Me]_I} = \Delta G_{m,阳}^\ominus + RT\ln\frac{a_{Me^{z+},e}}{a_{[Me]_I,e}}$$

式中，

$$\Delta G_{m,阳}^\ominus = \mu_{Me^{z+}}^\ominus + z\mu_e^\ominus - \mu_{Me}^\ominus$$

$$\mu_{Me^{z+}} = \mu_{Me^{z+}}^\ominus + RT\ln a_{Me^{z+},e}$$

$$\mu_e = \mu_e^\ominus$$

$$\mu_{[Me]_I} = \mu_{Me}^\ominus + RT\ln a_{[Me]_I,e}$$

由

$$\varphi_{\text{阳,e}} = \frac{\Delta G_{\text{m,阳}}}{zF}$$

得

$$\varphi_{\text{阳,e}} = \varphi_{\text{阳}}^{\ominus} + \frac{RT}{zF} \ln \frac{a_{\text{Me}^{z+},\text{e}}}{a_{[\text{Me}]_{\text{I}},\text{e}}} \qquad (16.6)$$

式中，

$$\varphi_{\text{阳}}^{\ominus} = \frac{\Delta G_{\text{m,阳}}^{\ominus}}{zF} = \frac{\mu_{\text{Me}^{z+}}^{\ominus} + z\mu_{\text{e}}^{\ominus} - \mu_{\text{Me}}^{\ominus}}{zF}$$

阳极发生极化，有电流通过，阳极反应为

$$[\text{Me}]_{\text{I}} =\!=\!= \text{Me}^{z+} + z\text{e}$$

摩尔吉布斯自由能变化为

$$\Delta G_{\text{m,阳}} = \mu_{\text{Me}^{z+}} + z\mu_{\text{e}} - \mu_{[\text{Me}]_{\text{I}}} = \Delta G_{\text{m,阳}}^{\ominus} + RT \ln \frac{a_{\text{Me}^{z+}}}{a_{[\text{Me}]_{\text{I}}}} + zRT \ln i$$

式中，

$$\Delta G_{\text{m,阳}}^{\ominus} = \mu_{\text{Me}^{z+}}^{\ominus} + z\mu_{\text{e}}^{\ominus} - \mu_{\text{Me}}^{\ominus}$$

$$\mu_{\text{Me}^{z+}} = \mu_{\text{Me}^{z+}}^{\ominus} + RT \ln a_{\text{Me}^{z+}}$$

$$\mu_{[\text{Me}]_{\text{I}}} = \mu_{\text{Me}}^{\ominus} + RT \ln a_{[\text{Me}]_{\text{I}}}$$

$$\mu_{\text{e}} = \mu_{\text{e}}^{\ominus} + RT \ln i$$

由

$$\varphi_{\text{阳}} = \frac{\Delta G_{\text{m,阳}}}{zF}$$

得

$$\varphi_{\text{阳}} = \varphi_{\text{阳}}^{\ominus} + \frac{RT}{zF} \ln \frac{a_{\text{Me}^{z+}}}{a_{[\text{Me}]_{\text{I}}}} + \frac{RT}{F} \ln i \qquad (16.7)$$

式中，

$$\varphi_{\text{阳}}^{\ominus} = \frac{\Delta G_{\text{m,阳}}^{\ominus}}{zF} = \frac{\mu_{\text{Me}^{z+}}^{\ominus} + z\mu_{\text{e}}^{\ominus} - \mu_{\text{Me}}^{\ominus}}{zF}$$

由式（16.7）得

$$\ln i = \frac{F\varphi_{\text{阳}}}{RT} - \frac{F\varphi_{\text{阳}}^{\ominus}}{RT} - \frac{1}{z} \ln \frac{a_{\text{Me}^{z+}}}{a_{[\text{Me}]_{\text{I}}}}$$

则

$$i = \left(\frac{a_{[Me]_I}}{a_{Me^{z+}}} \right)^{1/z} \exp\left(\frac{F\varphi_{阳}}{RT} \right) \exp\left(-\frac{F\varphi_{阳}^{\ominus}}{RT} \right) = k_+ \exp\left(\frac{F\varphi_{阳}}{RT} \right) \qquad （16.8）$$

式中，

$$k_+ = \left(\frac{a_{[Me]_I}}{a_{Me^{z+}}} \right)^{1/z} \exp\left(-\frac{F\varphi_{阳}^{\ominus}}{RT} \right) \approx \left(\frac{c_{[Me]_I}}{c_{Me^{z+}}} \right)^{1/z} \exp\left(-\frac{F\varphi_{阳}^{\ominus}}{RT} \right)$$

16.1.4　阳极过电势

式（16.7）–式（16.6），得

$$\Delta\varphi_{阳} = \varphi_{阳} - \varphi_{阳,e} = \frac{RT}{zF} \ln \frac{a_{Me^{z+}} a_{[Me]_I,e}}{a_{[Me]_I} a_{Me^{z+},e}} + \frac{RT}{F} \ln i \qquad （16.9）$$

由上式得

$$\ln i = \frac{F\Delta\varphi_{阳}}{RT} - \frac{1}{z} \ln \frac{a_{Me^{z+}} a_{[Me]_I,e}}{a_{[Me]_I} a_{Me^{z+},e}}$$

则

$$i = \left(\frac{a_{[Me]_I} a_{Me^{z+},e}}{a_{Me^{z+}} a_{[Me]_I,e}} \right)^{1/z} \exp\left(\frac{F\Delta\varphi_{阳}}{RT} \right) = k'_- \exp\left(\frac{F\Delta\varphi_{阳}}{RT} \right) \qquad （16.10）$$

式中，

$$k'_- = \left(\frac{a_{[Me]_I} a_{Me^{z+},e}}{a_{Me^{z+}} a_{[Me]_I,e}} \right)^{1/z} \approx \left(\frac{c_{[Me]_I} c_{Me^{z+},e}}{c_{Me^{z+}} c_{[Me]_I,e}} \right)^{1/z}$$

16.1.5　电池电动势

电池反应达平衡，有

$$[Me]_I \rightleftharpoons [Me]_{II}$$

摩尔吉布斯自由能变化为

$$\Delta G_{m,e} = \mu_{[Me]_{II}} - \mu_{[Me]_I} = \Delta G_m^{\ominus} + RT \ln \frac{a_{[Me]_{II},e}}{a_{[Me]_I,e}}$$

式中，

$$\Delta G_m^{\ominus} = \mu_{Me}^{\ominus} - \mu_{Me}^{\ominus} = 0$$

$$\mu_{[Me]_{II}} = \mu_{Me}^{\ominus} + RT \ln a_{[Me]_{II},e}$$

$$\mu_{[Me]_I} = \mu_{Me}^{\ominus} + RT \ln a_{[Me]_I,e}$$

由

$$E_e = -\frac{\Delta G_{m,e}}{zF}$$

得

$$E_e = E^\ominus + \frac{RT}{zF} \ln \frac{a_{[Me]_I,e}}{a_{[Me]_{II},e}}$$

式中，

$$E^\ominus = -\frac{\Delta G_m^\ominus}{zF} = 0$$

则

$$E_e = \frac{RT}{zF} \ln \frac{a_{[Me]_I,e}}{a_{[Me]_{II},e}} \tag{16.11}$$

电池对外输出电能，有电流通过，发生极化，电池反应为

$$[Me]_I \Longequal [Me]_{II}$$

摩尔吉布斯自由能变化为

$$\Delta G_m = \mu_{[Me]_{II}} - \mu_{[Me]_I} = \Delta G_m^\ominus + RT \ln \frac{a_{[Me]_{II}}}{a_{[Me]_I}}$$

式中，

$$\Delta G_m^\ominus = \mu_{Me}^\ominus - \mu_{Me}^\ominus = 0$$

$$\mu_{[Me]_{II}} = \mu_{Me}^\ominus + RT \ln a_{[Me]_{II}}$$

$$\mu_{[Me]_I} = \mu_{Me}^\ominus + RT \ln a_{[Me]_I}$$

由

$$E = -\frac{\Delta G_m}{zF}$$

得

$$E = E^\ominus + \frac{RT}{zF} \ln \frac{a_{[Me]_I}}{a_{[Me]_{II}}}$$

式中，

$$E^\ominus = -\frac{\Delta G_m^\ominus}{zF} = 0$$

所以

$$E = \frac{RT}{zF} \ln \frac{a_{[Me]_I}}{a_{[Me]_{II}}} \tag{16.12}$$

16.1.6 电池过电势

式（16.12）–式（16.11），得

$$\Delta E = E - E_e = \frac{RT}{zF} \ln \frac{a_{[Me]_I} a_{[Me]_{II,e}}}{a_{[Me]_{II}} a_{[Me]_{I,e}}} \tag{16.13}$$

$$\Delta E = E - E_e = (\varphi_{阴} - \varphi_{阳}) - (\varphi_{阴,e} - \varphi_{阳,e})$$

$$= (\varphi_{阴} - \varphi_{阴,e}) - (\varphi_{阳} - \varphi_{阳,e})$$

$$= \Delta\varphi_{阴} - \Delta\varphi_{阳} \tag{16.14}$$

$$V = E - IR_e = E_e + \Delta E - IR_e \tag{16.15}$$

16.2 气体浓差电池

电池组成为

$$O_2(p_1) \mid ZrO_2(CaO) \mid O_2(p_2)$$

阴极反应为

$$\frac{1}{2}O_2(p_2) + 2e =\!=\!= O^{2-}$$

阳极反应为

$$M + O^{2-} =\!=\!= M\!-\!O + 2e$$

$$M\!-\!O \Longrightarrow \frac{1}{2}O_2(吸附) + M$$

$$\frac{1}{2}O_2(吸附) \Longrightarrow \frac{1}{2}O_2(p_1)$$

$$\overline{}$$

$$O^{2-} =\!=\!= \frac{1}{2}O_2(p_1) + 2e$$

电池反应为

$$\frac{1}{2}O_2(p_2) =\!=\!= \frac{1}{2}O_2(p_1)$$

16.2.1 阴极电势

阴极反应达平衡，阴极反应为

$$\frac{1}{2}O_2(p_2) + 2e \Longrightarrow O^{2-}$$

摩尔吉布斯自由能变化为

$$\Delta G_{m,阴,e} = \mu_{O^{2-}} - \frac{1}{2}\mu_{O_2} - 2\mu_e = \Delta G_{m,阴}^{\ominus} + RT\ln\frac{a_{O^{2-},e}}{p_{2(O_2),e}^{1/2}}$$

式中，

$$\Delta G_{m,阴}^{\ominus} = \mu_{O^{2-}}^{\ominus} - \frac{1}{2}\mu_{O_2}^{\ominus} - 2\mu_e^{\ominus}$$

$$\mu_{O^{2-}} = \mu_{O^{2-}}^{\ominus} + RT\ln a_{O^{2-},e}$$

$$\mu_{O_2} = \mu_{O_2}^{\ominus} + RT\ln p_{2(O_2),e}$$

$$\mu_e = \mu_e^{\ominus}$$

由

$$\varphi_{阴,e} = -\frac{\Delta G_{m,阴,e}}{2F}$$

得

$$\varphi_{阴,e} = \varphi_阴^{\ominus} + \frac{RT}{2F}\ln\frac{p_{2(O_2),e}^{1/2}}{a_{O^{2-},e}} \tag{16.16}$$

式中，

$$\varphi_阴^{\ominus} = -\frac{\Delta G_{m,阴}^{\ominus}}{2F} = -\frac{\mu_{O^{2-}}^{\ominus} - \frac{1}{2}\mu_{O_2}^{\ominus} - 2\mu_e^{\ominus}}{2F}$$

阴极发生极化，有电流通过，阴极反应为

$$\frac{1}{2}O_2(p_2) + 2e \Longrightarrow O^{2-}$$

摩尔吉布斯自由能变化为

$$\Delta G_{m,阴} = \mu_{O^{2-}} - \frac{1}{2}\mu_{O_2} - 2\mu_e = \Delta G_{m,阴}^{\ominus} + RT\ln\frac{a_{O^{2-}}}{p_{2(O_2)}^{1/2}} + 2RT\ln i$$

式中，

$$\Delta G_{m,阴}^{\ominus} = \mu_{O^{2-}}^{\ominus} - \frac{1}{2}\mu_{O_2}^{\ominus} - 2\mu_e^{\ominus}$$

$$\mu_{O^{2-}} = \mu_{O^{2-}}^{\ominus} + RT\ln a_{O^{2-}}$$

$$\mu_{O_2} = \mu_{O_2}^{\ominus} + RT\ln p_{2(O_2)}$$

$$\mu_e = \mu_e^{\ominus} - RT\ln i$$

由

$$\varphi_阴 = -\frac{\Delta G_{m,阴}}{2F}$$

得

$$\varphi_{阴} = \varphi_{阴}^{\ominus} + \frac{RT}{2F}\ln\frac{p_{2(O_2)}^{1/2}}{a_{O^{2-}}} - \frac{RT}{F}\ln i \qquad （16.17）$$

式中,

$$\varphi_{阴}^{\ominus} = -\frac{\Delta G_{m,阴}^{\ominus}}{2F} = -\frac{\mu_{O^{2-}}^{\ominus} - \frac{1}{2}\mu_{O_2}^{\ominus} - 2\mu_{e}^{\ominus}}{2F}$$

由式（16.17）得

$$\ln i = -\frac{F\varphi_{阴}}{RT} + \frac{F\varphi_{阴}^{\ominus}}{RT} + \frac{1}{2}\ln\frac{p_{2(O_2)}^{1/2}}{a_{O^{2-}}}$$

则

$$i = \left(\frac{p_{2(O_2)}^{1/2}}{a_{O^{2-}}}\right)^{1/2}\exp\left(-\frac{F\varphi_{阴}}{RT}\right)\exp\left(\frac{F\varphi_{阴}^{\ominus}}{RT}\right) = k_{+}\exp\left(-\frac{F\varphi_{阴}}{RT}\right) \qquad （16.18）$$

式中,

$$k_{+} = \left(\frac{p_{2(O_2)}^{1/2}}{a_{O^{2-}}}\right)^{1/2}\exp\left(\frac{F\varphi_{阴}^{\ominus}}{RT}\right) \approx \left(\frac{p_{2(O_2)}^{1/2}}{c_{O^{2-}}}\right)^{1/2}\exp\left(\frac{F\varphi_{阴}^{\ominus}}{RT}\right)$$

16.2.2　阴极过电势

式（16.17）–式（16.16）, 得

$$\Delta\varphi_{阴} = \varphi_{阴} - \varphi_{阴,e} = \frac{RT}{2F}\ln\frac{p_{2(O_2)}^{1/2}a_{O^{2-},e}}{a_{O^{2-}}p_{2(O_2),e}^{1/2}} - \frac{RT}{F}\ln i$$

移项得

$$\ln i = -\frac{F\Delta\varphi_{阴}}{RT} + \frac{1}{2}\ln\frac{p_{2(O_2)}^{1/2}a_{O^{2-},e}}{a_{O^{2-}}p_{2(O_2),e}^{1/2}}$$

则

$$i = \left(\frac{p_{2(O_2)}^{1/2}a_{O^{2-},e}}{a_{O^{2-}}p_{2(O_2),e}^{1/2}}\right)^{1/2}\exp\left(-\frac{F\Delta\varphi_{阴}}{RT}\right) = k_{+}'\exp\left(-\frac{F\Delta\varphi_{阴}}{RT}\right) \qquad （16.19）$$

式中,

$$k_{+}' = \left(\frac{p_{2(O_2)}^{1/2}a_{O^{2-},e}}{a_{O^{2-}}p_{2(O_2),e}^{1/2}}\right)^{1/2} \approx \left(\frac{p_{2(O_2)}^{1/2}c_{O^{2-},e}}{c_{O^{2-}}p_{2(O_2),e}^{1/2}}\right)^{1/2}$$

16.2.3　阳极电势

阳极反应达平衡，阳极反应为

$$O^{2-} - 2e \Longrightarrow \frac{1}{2}O_2(p_1)$$

摩尔吉布斯自由能变化为

$$\Delta G_{m,阳,e} = \frac{1}{2}\mu_{O_2} - \mu_{O^{2-}} + 2\mu_e = \Delta G_{m,阳}^{\ominus} + RT\ln\frac{p_{1(O_2),e}^{1/2}}{a_{O^{2-},e}}$$

式中，

$$\Delta G_{m,阳}^{\ominus} = \frac{1}{2}\mu_{O_2}^{\ominus} - \mu_{O^{2-}}^{\ominus} + 2\mu_e^{\ominus}$$

$$\mu_{O_2} = \mu_{O_2}^{\ominus} + RT\ln p_{1(O_2),e}$$

$$\mu_{O^{2-}} = \mu_{O^{2-}}^{\ominus} + RT\ln a_{O^{2-},e}$$

$$\mu_e = \mu_e^{\ominus}$$

由

$$\varphi_{阳,e} = \frac{\Delta G_{m,阳,e}}{2F}$$

得

$$\varphi_{阳,e} = \varphi_{阳}^{\ominus} + \frac{RT}{2F}\ln\frac{p_{1(O_2),e}^{1/2}}{a_{O^{2-},e}} \tag{16.20}$$

式中，

$$\varphi_{阳}^{\ominus} = \frac{\Delta G_{m,阳}^{\ominus}}{2F} = \frac{\frac{1}{2}\mu_{O_2}^{\ominus} - \mu_{O^{2-}}^{\ominus} + 2\mu_e^{\ominus}}{2F}$$

阳极有电流通过，发生极化，阳极反应为

$$O^{2-} - 2e \Longrightarrow \frac{1}{2}O_2(p_1)$$

摩尔吉布斯自由能变化为

$$\Delta G_{m,阳,e} = \frac{1}{2}\mu_{O_2} - \mu_{O^{2-}} + 2\mu_e = \Delta G_{m,阳}^{\ominus} + RT\ln\frac{p_{1(O_2)}^{1/2}}{a_{O^{2-}}} + 2RT\ln i$$

式中，

$$\Delta G_{m,阳}^{\ominus} = \frac{1}{2}\mu_{O_2}^{\ominus} - \mu_{O^{2-}}^{\ominus} + 2\mu_e^{\ominus}$$

$$\mu_{O_2} = \mu_{O_2}^{\ominus} + RT\ln p_{1(O_2)}$$

$$\mu_{O^{2-}} = \mu_{O^{2-}}^{\ominus} + RT\ln a_{O^{2-}}$$

$$\mu_{e} = \mu_{e}^{\ominus} + RT\ln i$$

由

$$\varphi_{阳} = \frac{\Delta G_{m,阳}}{2F}$$

得

$$\varphi_{阳} = \varphi_{阳}^{\ominus} + \frac{RT}{2F}\ln\frac{p_{1(O_2)}^{1/2}}{a_{O^{2-}}} + \frac{RT}{F}\ln i \qquad （16.21）$$

式中,

$$\varphi_{阳}^{\ominus} = \frac{\Delta G_{m,阳}^{\ominus}}{2F} = \frac{\frac{1}{2}\mu_{O_2}^{\ominus} - \mu_{O^{2-}}^{\ominus} + 2\mu_{e}^{\ominus}}{2F}$$

由式（16.21）得

$$\ln i = \frac{F\varphi_{阳}}{RT} - \frac{F\varphi_{阳}^{\ominus}}{RT} - \frac{1}{2}\ln\frac{p_{1(O_2)}^{1/2}}{a_{O^{2-}}}$$

则

$$i = \left(\frac{a_{O^{2-}}}{p_{1(O_2)}^{1/2}}\right)^{1/2}\exp\left(\frac{F\varphi_{阳}}{RT}\right)\exp\left(-\frac{F\varphi_{阳}^{\ominus}}{RT}\right) = k_{\_}\exp\left(\frac{F\varphi_{阳}}{RT}\right) \qquad （16.22）$$

式中,

$$k_{\_} = \left(\frac{a_{O^{2-}}}{p_{1(O_2)}^{1/2}}\right)^{1/2}\exp\left(-\frac{F\varphi_{阳}^{\ominus}}{RT}\right) \approx \left(\frac{c_{O^{2-}}}{p_{1(O_2)}^{1/2}}\right)^{1/2}\exp\left(-\frac{F\varphi_{阳}^{\ominus}}{RT}\right)$$

16.2.4　阳极过电势

式（16.21）－式（16.20），得

$$\Delta\varphi_{阳} = \varphi_{阳} - \varphi_{阳,e} = \frac{RT}{2F}\ln\frac{p_{1(O_2)}^{1/2}a_{O^{2-},e}}{a_{O^{2-}}p_{1(O_2),e}^{1/2}} + \frac{RT}{F}\ln i \qquad （16.23）$$

由上式得

$$\ln i = \frac{F\Delta\varphi_{阳}}{RT} - \frac{1}{2}\ln\frac{p_{1(O_2)}^{1/2}a_{O^{2-},e}}{a_{O^{2-}}p_{1(O_2),e}^{1/2}}$$

则

$$i = \left(\frac{a_{O^{2-}}p_{1(O_2),e}^{1/2}}{p_{1(O_2)}^{1/2}a_{O^{2-},e}}\right)^{1/2}\exp\left(\frac{F\Delta\varphi_{阳}}{RT}\right) = k_{\_}'\exp\left(\frac{F\Delta\varphi_{阳}}{RT}\right) \qquad （16.24）$$

式中，

$$k_-' = \left(\frac{a_{O^{2-}} p_{1(O_2),e}^{1/2}}{p_{1(O_2)}^{1/2} a_{O^{2-},e}} \right)^{1/2} \approx \left(\frac{c_{O^{2-}} p_{1(O_2),e}^{1/2}}{p_{1(O_2)}^{1/2} c_{O^{2-},e}} \right)^{1/2}$$

16.2.5　电池电动势

电池反应达平衡，电池反应为

$$\frac{1}{2}O_2(p_2) \Longrightarrow \frac{1}{2}O_2(p_1)$$

摩尔吉布斯自由能变化为

$$\Delta G_{m,e} = \frac{1}{2}\mu_{O_2(p_1)} - \frac{1}{2}\mu_{O_2(p_2)} = \Delta G_m^{\ominus} + \frac{1}{2}RT\ln\frac{p_{1(O_2),e}}{p_{2(O_2),e}}$$

式中，

$$\Delta G_m^{\ominus} = \frac{1}{2}\mu_{O_2}^{\ominus} - \frac{1}{2}\mu_{O_2}^{\ominus} = 0$$

$$\mu_{O_2(p_2)} = \mu_{O_2(气)}^{\ominus} + RT\ln p_{2(O_2),e}$$

$$\mu_{O_2(p_1)} = \mu_{O_2(气)}^{\ominus} + RT\ln p_{1(O_2),e}$$

由

$$E_e = -\frac{\Delta G_{m,e}}{2F}$$

得

$$E_e = E^{\ominus} + \frac{RT}{2F}\ln\frac{p_{2(O_2),e}^{1/2}}{p_{1(O_2),e}^{1/2}}$$

式中，

$$E^{\ominus} = -\frac{\Delta G_m^{\ominus}}{2F} = 0$$

则

$$E_e = \frac{RT}{2F}\ln\frac{p_{2(O_2),e}^{1/2}}{p_{1(O_2),e}^{1/2}} \qquad (16.25)$$

电池有电流通过，发生极化，电池反应为

$$\frac{1}{2}O_2(p_2) = \frac{1}{2}O_2(p_1)$$

摩尔吉布斯自由能变化为

$$\Delta G_{\mathrm{m}} = \mu_{\mathrm{O}_2(p_1)} - \mu_{\mathrm{O}_2(p_2)} = \Delta G_{\mathrm{m}}^{\ominus} + \frac{1}{2}RT\ln\frac{p_{1(\mathrm{O}_2)}}{p_{2(\mathrm{O}_2)}}$$

式中，

$$\Delta G_{\mathrm{m}}^{\ominus} = \frac{1}{2}\mu_{\mathrm{O}_2}^{\ominus} - \frac{1}{2}\mu_{\mathrm{O}_2}^{\ominus} = 0$$

$$\mu_{\mathrm{O}_2(p_1)} = \mu_{\mathrm{O}_2}^{\ominus} + RT\ln p_{1(\mathrm{O}_2)}$$

$$\mu_{\mathrm{O}_2(p_2)} = \mu_{\mathrm{O}_2}^{\ominus} + RT\ln p_{2(\mathrm{O}_2)}$$

由

$$E = -\frac{\Delta G_{\mathrm{m}}}{2F}$$

得

$$E = E^{\ominus} + \frac{RT}{2F}\ln\frac{p_{2(\mathrm{O}_2)}^{1/2}}{p_{1(\mathrm{O}_2)}^{1/2}}$$

式中，

$$E^{\ominus} = -\frac{\Delta G_{\mathrm{m}}^{\ominus}}{2F} = 0$$

则

$$E = \frac{RT}{2F}\ln\frac{p_{2(\mathrm{O}_2)}^{1/2}}{p_{1(\mathrm{O}_2)}^{1/2}} \tag{16.26}$$

16.2.6 电池过电势

式（16.26）–式（16.25），得

$$\Delta E = E - E_{\mathrm{e}} = \frac{RT}{2F}\ln\frac{p_{2(\mathrm{O}_2)}^{1/2}p_{1(\mathrm{O}_2),\mathrm{e}}^{1/2}}{p_{1(\mathrm{O}_2)}^{1/2}p_{2(\mathrm{O}_2),\mathrm{e}}^{1/2}} \tag{16.27}$$

$$\begin{aligned}
\Delta E &= E - E_{\mathrm{e}} \\
&= (\varphi_{阴} - \varphi_{阳}) - (\varphi_{阴,\mathrm{e}} - \varphi_{阳,\mathrm{e}}) \\
&= (\varphi_{阴} - \varphi_{阴,\mathrm{e}}) - (\varphi_{阳} - \varphi_{阳,\mathrm{e}}) \\
&= \Delta\varphi_{阴} - \Delta\varphi_{阳}
\end{aligned} \tag{16.28}$$

$$\begin{aligned}
E &= \varphi_{阳} - \varphi_{阴} \\
&= (\varphi_{阴,\mathrm{e}} + \Delta\varphi_{阴}) - (\varphi_{阳,\mathrm{e}} + \Delta\varphi_{阳}) \\
&= (\varphi_{阴,\mathrm{e}} - \varphi_{阳,\mathrm{e}}) + (\Delta\varphi_{阴} - \Delta\varphi_{阳}) \\
&= E_{\mathrm{e}} + \Delta\varphi_{阴} - \Delta\varphi_{阳}
\end{aligned} \tag{16.29}$$

端电压（外电压）：

$$V = E - IR_e = E_e + \Delta\varphi_{阴} - \Delta\varphi_{阳} + IR_e = E_e + \Delta E + IR \qquad （16.30）$$

16.3　生成型电池

生成型电池为

$$\text{Me} \mid \text{MeX}_z \mid \text{X}_z$$

阴极反应为

$$\text{X}_z + z\text{e} \Longrightarrow z\text{X}^-$$

阳极反应为

$$\text{Me} \Longrightarrow \text{Me}^{z+} + z\text{e}$$

电池反应为

$$\text{Me} + \text{X}_z \Longrightarrow \text{Me}^{z+} + z\text{X}^- \Longrightarrow \text{MeX}_z$$

16.3.1　阴极电势

阴极反应达平衡：

$$\text{X}_z + z\text{e} \Longrightarrow z\text{X}^-$$

摩尔吉布斯自由能变化为

$$\Delta G_{\text{m,阴,e}} = z\mu_{\text{X}^-} - \mu_{\text{X}_z} - z\mu_{\text{e}} = \Delta G_{\text{m,阴}}^{\ominus} + RT \ln a_{\text{X}^-,\text{e}}^z$$

式中，

$$\Delta G_{\text{m,阴}}^{\ominus} = z\mu_{\text{X}^-}^{\ominus} - \mu_{\text{X}_z}^{\ominus} - z\mu_{\text{e}}^{\ominus}$$

$$\mu_{\text{X}^-} = \mu_{\text{X}^-}^{\ominus} + RT \ln a_{\text{X}^-,\text{e}}$$

$$\mu_{\text{X}_z} = \mu_{\text{X}_z}^{\ominus}$$

$$\mu_{\text{e}} = \mu_{\text{e}}^{\ominus}$$

由

$$\varphi_{\text{阴,e}} = -\frac{\Delta G_{\text{m,阴,e}}}{zF}$$

得

$$\varphi_{\text{阴,e}} = \varphi_{\text{阴}}^{\ominus} + \frac{RT}{F} \ln \frac{1}{a_{\text{X}^-,\text{e}}} \qquad （16.31）$$

式中，

$$\varphi_{\text{阴}}^{\ominus} = -\frac{\Delta G_{\text{m,阴}}^{\ominus}}{zF} = -\frac{z\mu_{\text{X}^-}^{\ominus} - \mu_{\text{X}_z}^{\ominus} - z\mu_{\text{e}}^{\ominus}}{zF}$$

阴极有电流通过，发生极化，阴极反应为

$$\mathrm{X}_z + ze = z\mathrm{X}^-$$

摩尔吉布斯自由能变化为

$$\Delta G_{m,阴} = z\mu_{\mathrm{X}^-} - \mu_{\mathrm{X}_z} - z\mu_e = \Delta G_{m,阴}^\ominus + zRT\ln a_{\mathrm{X}^-} + zRT\ln i$$

式中，

$$\Delta G_{m,阴}^\ominus = z\mu_{\mathrm{X}^-}^\ominus - \mu_{\mathrm{X}_z}^\ominus - z\mu_e^\ominus$$

$$\mu_{\mathrm{X}^-} = \mu_{\mathrm{X}^-}^\ominus + RT\ln a_{\mathrm{X}^-}$$

$$\mu_{\mathrm{X}_z} = \mu_{\mathrm{X}_z}^\ominus$$

$$\mu_e = \mu_e^\ominus - RT\ln i$$

由

$$\varphi_阴 = -\frac{\Delta G_{m,阴}}{zF}$$

得

$$\varphi_阴 = \varphi_阴^\ominus + \frac{RT}{F}\ln\frac{1}{a_{\mathrm{X}^-}} - \frac{RT}{F}\ln i \tag{16.32}$$

式中，

$$\varphi_阴^\ominus = -\frac{\Delta G_{m,阴}^\ominus}{zF} = -\frac{z\mu_{\mathrm{X}^-}^\ominus - \mu_{\mathrm{X}_z}^\ominus - z\mu_e^\ominus}{zF}$$

由式（16.32）得

$$\ln i = -\frac{F\varphi_阴}{RT} + \frac{F\varphi_阴^\ominus}{RT} + \ln\frac{1}{a_{\mathrm{X}^-}}$$

则

$$i = \frac{1}{a_{\mathrm{X}^-}}\exp\left(-\frac{F\varphi_阴}{RT}\right)\exp\left(\frac{F\varphi_阴^\ominus}{RT}\right) = k_+\exp\left(-\frac{F\varphi_阴}{RT}\right) \tag{16.33}$$

式中，

$$k_+ = \frac{1}{a_{\mathrm{X}^-}}\exp\left(\frac{F\varphi_阴^\ominus}{RT}\right) \approx \frac{1}{c_{\mathrm{X}^-}}\exp\left(\frac{F\varphi_阴^\ominus}{RT}\right)$$

16.3.2　阴极过电势

式（16.32）-式（16.31），得

$$\Delta\varphi_阴 = \varphi_阴 - \varphi_{阴,e} = \frac{RT}{F}\ln\frac{a_{\mathrm{X}^-,e}}{a_{\mathrm{X}^-}} - \frac{RT}{F}\ln i \tag{16.34}$$

移项得

$$\ln i = -\frac{F\Delta\varphi_{阴}}{RT} + \ln\frac{a_{X^-,e}}{a_{X^-}}$$

则

$$i = \frac{a_{X^-,e}}{a_{X^-}}\exp\left(-\frac{F\Delta\varphi_{阴}}{RT}\right) = k'_-\exp\left(-\frac{F\Delta\varphi_{阴}}{RT}\right) \qquad (16.35)$$

式中,

$$k'_- = \frac{a_{X^-,e}}{a_{X^-}} \approx \frac{c_{X^-,e}}{c_{X^-}}$$

16.3.3　阳极电势

阳极反应达平衡,有

$$\mathrm{Me} \Longrightarrow \mathrm{Me}^{z+} + ze$$

摩尔吉布斯自由能变化为

$$\Delta G_{m,阳,e} = \mu_{\mathrm{Me}^{z+}} + z\mu_e - \mu_{\mathrm{Me}} = \Delta G_{m,阳}^{\ominus} + RT\ln a_{\mathrm{Me}^{z+},e}$$

式中,

$$\Delta G_{m,阳}^{\ominus} = \mu_{\mathrm{Me}^{z+}}^{\ominus} + z\mu_e^{\ominus} - \mu_{\mathrm{Me}}^{\ominus}$$

$$\mu_{\mathrm{Me}^{z+}} = \mu_{\mathrm{Me}^{z+}}^{\ominus} + RT\ln a_{\mathrm{Me}^{z+},e}$$

$$\mu_{\mathrm{Me}} = \mu_{\mathrm{Me}}^{\ominus}$$

$$\mu_e = \mu_e^{\ominus}$$

由

$$\varphi_{阳,e} = \frac{\Delta G_{m,阳,e}}{zF}$$

得

$$\varphi_{阳,e} = \varphi_{阳}^{\ominus} + \frac{RT}{zF}\ln a_{\mathrm{Me}^{z+},e} \qquad (16.36)$$

式中,

$$\varphi_{阳}^{\ominus} = \frac{\Delta G_{m,阳}^{\ominus}}{zF} = \frac{\mu_{\mathrm{Me}^{z+}}^{\ominus} + z\mu_e^{\ominus} - \mu_{\mathrm{Me}}^{\ominus}}{zF}$$

阳极有电流通过,发生极化,阳极反应为

$$\mathrm{Me} \Longrightarrow \mathrm{Me}^{z+} + ze$$

摩尔吉布斯自由能变化为

$$\Delta G_{m,阳} = \mu_{Me^{z+}} + z\mu_e - \mu_{Me} = \Delta G_{m,阳}^{\ominus} + RT\ln a_{Me^{z+}} + zRT\ln i$$

式中，

$$\Delta G_{m,阳}^{\ominus} = \mu_{Me^{z+}}^{\ominus} + z\mu_e^{\ominus} - \mu_{Me}^{\ominus}$$

$$\mu_{Me^{z+}} = \mu_{Me^{z+}}^{\ominus} + RT\ln a_{Me^{z+}}$$

$$\mu_{Me} = \mu_{Me}^{\ominus}$$

$$\mu_e = \mu_e^{\ominus} + RT\ln i$$

由

$$\varphi_{阳} = \frac{\Delta G_{m,阳}}{zF}$$

得

$$\varphi_{阳} = \varphi_{阳}^{\ominus} + \frac{RT}{zF}\ln a_{Me^{z+}} + \frac{RT}{F}\ln i \tag{16.37}$$

式中，

$$\varphi_{阳}^{\ominus} = \frac{\Delta G_{m,阳}^{\ominus}}{zF} = \frac{\mu_{Me^{z+}}^{\ominus} + z\mu_e^{\ominus} - \mu_{Me}^{\ominus}}{zF}$$

由式（16.37）得

$$\ln i = \frac{F\varphi_{阳}}{RT} - \frac{F\varphi_{阳}^{\ominus}}{RT} - \frac{1}{z}\ln a_{Me^{z+}}$$

则

$$i = \left(\frac{1}{a_{Me^{z+}}}\right)^{1/z}\exp\left(\frac{F\varphi_{阳}}{RT}\right)\exp\left(-\frac{F\varphi_{阳}^{\ominus}}{RT}\right) = k_-\exp\left(\frac{F\varphi_{阳}}{RT}\right) \tag{16.38}$$

式中，

$$k_- = \left(\frac{1}{a_{Me^{z+}}}\right)^{1/z}\exp\left(-\frac{F\varphi_{阳}^{\ominus}}{RT}\right) \approx \left(\frac{1}{c_{Me^{z+}}}\right)^{1/z}\exp\left(-\frac{F\varphi_{阳}^{\ominus}}{RT}\right)$$

16.3.4　阳极过电势

式（16.37）–式（16.36），得

$$\Delta\varphi_{阳} = \varphi_{阳} - \varphi_{阳,e} = \frac{RT}{zF}\ln\frac{a_{Me^{z+}}}{a_{Me^{z+},e}} + \frac{RT}{F}\ln i \tag{16.39}$$

由式（16.39）得

$$\ln i = \frac{F\Delta\varphi_{阳}}{RT} - \frac{1}{z}\ln\frac{a_{Me^{z+}}}{a_{Me^{z+},e}}$$

则
$$i = \left(\frac{a_{Me^{z+},e}}{a_{Me^{z+}}}\right)^{1/z} \exp\left(\frac{F\Delta\varphi_{阳}}{RT}\right) = k'_- \exp\left(\frac{F\Delta\varphi_{阳}}{RT}\right) \tag{16.40}$$

式中,
$$k'_- = \left(\frac{a_{Me^{z+},e}}{a_{Me^{z+}}}\right)^{1/z} \approx \left(\frac{c_{Me^{z+},e}}{c_{Me^{z+}}}\right)^{1/z}$$

16.3.5　电池电动势

电池反应达平衡,
$$Me + zX \Longleftrightarrow Me^{z+} + zX^- \Longleftrightarrow MeX_z$$

摩尔吉布斯自由能变化为
$$\Delta G_{m,e} = \mu_{MeX_z} - \mu_{Me} - z\mu_X = \Delta G_m^\ominus + zRT\ln\frac{1}{a_{X,e}}$$

式中,
$$\Delta G_m^\ominus = \mu_{MeX_z}^\ominus - \mu_{Me}^\ominus - z\mu_X^\ominus$$
$$\mu_{MeX_z} = \mu_{MeX_z}^\ominus$$
$$\mu_{Me} = \mu_{Me}^\ominus$$
$$\mu_X = \mu_X^\ominus + RT\ln a_{X,e}$$

由
$$E_e = -\frac{\Delta G_{m,e}}{zF}$$

得
$$E_e = E^\ominus + \frac{RT}{F}\ln a_{X,e} \tag{16.41}$$

式中,
$$E^\ominus = -\frac{\Delta G_m^\ominus}{zF} = -\frac{\mu_{MeX_z}^\ominus - \mu_{Me}^\ominus - z\mu_X^\ominus}{zF}$$

电池有电流输出,有电流通过,发生极化,电池反应为
$$Me + zX \Longleftrightarrow Me^{z+} + zX^- \Longleftrightarrow MeX_z$$

摩尔吉布斯自由能变化为
$$\Delta G_m = \mu_{MeX_z} - \mu_{Me} - z\mu_X = \Delta G_m^\ominus + zRT\ln\frac{1}{a_X}$$

式中,

$$\Delta G_m^\ominus = \mu_{MeX_z}^\ominus - \mu_{Me}^\ominus - z\mu_X^\ominus$$

$$\mu_{MeX_z} = \mu_{MeX_z}^\ominus$$

$$\mu_{Me} = \mu_{Me}^\ominus$$

$$\mu_X = \mu_X^\ominus + RT\ln a_X$$

由

$$E = -\frac{\Delta G_m}{zF}$$

得

$$E = E^\ominus + \frac{RT}{F}\ln a_X \tag{16.42}$$

式中,

$$E^\ominus = -\frac{\Delta G_m^\ominus}{zF} = -\frac{\mu_{MeX_z}^\ominus - \mu_{Me}^\ominus - z\mu_X^\ominus}{zF}$$

16.3.6　电池过电势

电池有电流输出,发生极化,过电势为

$$\Delta E = E - E_e = \frac{RT}{F}\ln\frac{a_X}{a_{X,e}} \tag{16.43}$$

$$E = \varphi_阴 - \varphi_阳$$

$$E_e = \varphi_{阴,e} - \varphi_{阳,e}$$

$$\Delta E = (\varphi_阴 - \varphi_阳) - (\varphi_{阴,e} - \varphi_{阳,e})$$

$$= (\varphi_阴 - \varphi_{阴,e}) - (\varphi_阳 - \varphi_{阳,e})$$

$$= \Delta\varphi_阴 - \Delta\varphi_阳 \tag{16.44}$$

端电压:

$$V = E - IR_e = \varphi_阴 - \varphi_阳 - IR_e = E_e + \Delta\varphi_阴 - \Delta\varphi_阳 - IR_e \tag{16.45}$$

16.4　固体氧化物电解质生成型电池

生成型电池为

$$H_2 | 固体电解质 | O_2$$

阴极反应为

$$O_2 + 4e == 2O^{2-}$$

阳极反应为

$$2O^{2-} + 2H_2 \xrightarrow{\quad\quad} 2H_2O + 4e$$

电池反应为

$$2H_2 + O_2 \xrightarrow{\quad\quad} 2H_2O$$

16.4.1　阴极电势

阴极反应达平衡，阴极反应为

$$O_2 + 4e \xrightleftharpoons{\quad} 2O^{2-}$$

摩尔吉布斯自由能变化为

$$\Delta G_{m,阴,e} = 2\mu_{O^{2-}} - \mu_{O_2} - 4\mu_e = \Delta G_{m,阴}^{\ominus} + RT \ln \frac{a_{O^{2-},e}}{p_{O_2,e}}$$

式中，

$$\Delta G_{m,阴}^{\ominus} = 2\mu_{O^{2-}}^{\ominus} - \mu_{O_2}^{\ominus} - 4\mu_e^{\ominus}$$

$$\mu_{O^{2-}} = \mu_{O^{2-}}^{\ominus} + RT \ln a_{O^{2-},e}$$

$$\mu_{O_2} = \mu_{O_2}^{\ominus} + RT \ln p_{O_2,e}$$

$$\mu_e = \mu_e^{\ominus}$$

由

$$\varphi_{阴,e} = -\frac{\Delta G_{m,阴,e}}{4F}$$

得

$$\varphi_{阴,e} = \varphi_{阴}^{\ominus} + \frac{RT}{4F} \ln \frac{p_{O_2,e}}{a_{O^{2-},e}} \tag{16.46}$$

式中，

$$\varphi_{阴}^{\ominus} = -\frac{\Delta G_{m,阴}^{\ominus}}{4F} = -\frac{2\mu_{O^{2-}}^{\ominus} - \mu_{O_2}^{\ominus} - 4\mu_e^{\ominus}}{4F}$$

阴极有电流通过，发生极化，阴极反应为

$$O_2 + 4e \xrightarrow{\quad\quad} 2O^{2-}$$

摩尔吉布斯自由能变化为

$$\Delta G_{m,阴} = 2\mu_{O^{2-}} - \mu_{O_2} - 4\mu_e = \Delta G_{m,阴}^{\ominus} + RT \ln \frac{a_{O^{2-}}}{p_{O_2}} + 4RT \ln i$$

式中，

$$\Delta G_{m,阴}^{\ominus} = 2\mu_{O^{2-}}^{\ominus} - \mu_{O_2}^{\ominus} - 4\mu_e^{\ominus}$$

$$\mu_{O^{2-}} = \mu_{O^{2-}}^{\ominus} + RT \ln a_{O^{2-}}$$

$$\mu_{O_2} = \mu_{O_2}^{\ominus} + RT \ln p_{O_2}$$

$$\mu_e = \mu_e^{\ominus} - RT \ln i$$

由

$$\varphi_{阴} = -\frac{\Delta G_{m,阴}}{4F}$$

得

$$\varphi_{阴} = \varphi_{阴}^{\ominus} + \frac{RT}{4F} \ln \frac{p_{O_2}}{a_{O^{2-}}} - \frac{RT}{F} \ln i \qquad （16.47）$$

式中，

$$\varphi_{阴}^{\ominus} = -\frac{\Delta G_{m,阴}^{\ominus}}{4F} = -\frac{2\mu_{O^{2-}}^{\ominus} - \mu_{O_2}^{\ominus} - 4\mu_e^{\ominus}}{4F}$$

由式（16.47）得

$$\ln i = -\frac{F\varphi_{阴}}{RT} + \frac{F\varphi_{阴}^{\ominus}}{RT} + \frac{1}{4}\ln \frac{p_{O_2}}{a_{O^{2-}}}$$

则

$$i = \left(\frac{p_{O_2}}{a_{O^{2-}}}\right)^{1/4} \exp\left(-\frac{F\varphi_{阴}}{RT}\right) \exp\left(\frac{F\varphi_{阴}^{\ominus}}{RT}\right) = k_+ \exp\left(-\frac{F\varphi_{阴}}{RT}\right) \qquad （16.48）$$

式中，

$$k_+ = \left(\frac{p_{O_2}}{a_{O^{2-}}}\right)^{1/4} \exp\left(\frac{F\varphi_{阴}^{\ominus}}{RT}\right) \approx \left(\frac{p_{O_2}}{c_{O^{2-}}}\right)^{1/4} \exp\left(\frac{F\varphi_{阴}^{\ominus}}{RT}\right)$$

16.4.2　阴极过电势

式（16.47）–式（16.46），得

$$\Delta\varphi_{阴} = \varphi_{阴} - \varphi_{阴,e} = \frac{RT}{4F} \ln \frac{p_{O_2} a_{O^{2-},e}}{a_{O^{2-}} p_{O_2,e}} - \frac{RT}{F} \ln i$$

由上式得

$$\ln i = -\frac{F\Delta\varphi_{阴}}{RT} + \frac{1}{4}\ln \frac{p_{O_2} a_{O^{2-},e}}{a_{O^{2-}} p_{O_2,e}}$$

则

$$i = \left(\frac{p_{O_2} a_{O^{2-},e}}{a_{O^{2-}} p_{O_2,e}}\right)^{1/4} \exp\left(-\frac{F\Delta\varphi_{阴}}{RT}\right) = k_+ \exp\left(-\frac{F\Delta\varphi_{阴}}{RT}\right) \qquad （16.49）$$

$$k_+ = \left(\frac{p_{O_2} a_{O^{2-},e}}{a_{O^{2-}} p_{O_2,e}} \right)^{1/4} \approx \left(\frac{p_{O_2} c_{O^{2-},e}}{c_{O^{2-}} p_{O_2,e}} \right)^{1/4}$$

16.4.3　阳极电势

阳极反应达平衡，

$$2O^{2-} + 2H_2 \Longleftrightarrow 2H_2O + 4e$$

摩尔吉布斯自由能变化为

$$\Delta G_{m,阳,e} = 2\mu_{H_2O} + 4\mu_e - 2\mu_{H_2} - 2\mu_{O^{2-}} = \Delta G_{m,阳}^{\ominus} + RT \ln \frac{a_{H_2O,e}^2}{a_{O^{2-},e}^2 p_{H_2,e}^2}$$

式中，

$$\Delta G_{m,阳}^{\ominus} = 2\mu_{H_2O}^{\ominus} + 4\mu_e^{\ominus} - 2\mu_{H_2}^{\ominus} - 2\mu_{O^{2-}}^{\ominus}$$

$$\mu_{H_2O} = \mu_{H_2O}^{\ominus} + RT \ln a_{H_2O,e}$$

$$\mu_e = \mu_e^{\ominus}$$

$$\mu_{H_2} = \mu_{H_2}^{\ominus} + RT \ln p_{H_2,e}$$

$$\mu_{O^{2-}} = \mu_{O^{2-}}^{\ominus} + RT \ln a_{O^{2-},e}$$

由

$$\varphi_{阳,e} = \frac{\Delta G_{m,阳,e}}{4F}$$

得

$$\varphi_{阳,e} = \varphi_{阳}^{\ominus} + \frac{RT}{4F} \ln \frac{a_{H_2O,e}^2}{a_{O^{2-},e}^2 p_{H_2,e}^2} \qquad (16.50)$$

式中，

$$\varphi_{阳}^{\ominus} = \frac{\Delta G_{m,阳}^{\ominus}}{4F} = \frac{2\mu_{H_2O}^{\ominus} + 4\mu_e^{\ominus} - 2\mu_{H_2}^{\ominus} - 2\mu_{O^{2-}}^{\ominus}}{4F}$$

阳极有电流通过，发生极化，阳极反应为

$$2O^{2-} + 2H_2 \Longrightarrow 2H_2O + 4e$$

摩尔吉布斯自由能变化为

$$\Delta G_{m,阳} = 2\mu_{H_2O} + 4\mu_e - 2\mu_{H_2} - 2\mu_{O^{2-}} = \Delta G_{m,阳}^{\ominus} + RT \ln \frac{a_{H_2O}^2}{a_{O^{2-}}^2 p_{H_2}^2} + 4RT \ln i$$

式中，

$$\Delta G_{m,阳}^{\ominus} = 2\mu_{H_2O}^{\ominus} + 4\mu_e^{\ominus} - 2\mu_{H_2}^{\ominus} - 2\mu_{O^{2-}}^{\ominus}$$

$$\mu_{H_2O} = \mu_{H_2O}^{\ominus} + RT \ln a_{H_2O,e}$$

$$\mu_e = \mu_e^{\ominus} + RT \ln i$$

$$\mu_{H_2} = \mu_{H_2}^{\ominus} + RT \ln p_{H_2,e}$$

$$\mu_{O^{2-}} = \mu_{O^{2-}}^{\ominus} + RT \ln a_{O^{2-},e}$$

由

$$\varphi_{\text{阳}} = \frac{\Delta G_{m,\text{阳}}}{4F}$$

得

$$\varphi_{\text{阳}} = \varphi_{\text{阳}}^{\ominus} + \frac{RT}{4F} \ln \frac{a_{H_2O}^2}{a_{O^{2-}}^2 p_{H_2}^2} + \frac{RT}{F} \ln i \qquad (16.51)$$

式中，

$$\varphi_{\text{阳}}^{\ominus} = \frac{\Delta G_{m,\text{阳}}^{\ominus}}{4F} = \frac{2\mu_{H_2O}^{\ominus} + 4\mu_e^{\ominus} - 2\mu_{H_2}^{\ominus} - 2\mu_{O^{2-}}^{\ominus}}{4F}$$

由式（16.51）得

$$\ln i = \frac{F\varphi_{\text{阳}}}{RT} - \frac{F\varphi_{\text{阳}}^{\ominus}}{RT} - \frac{1}{4} \ln \frac{a_{H_2O}^2}{a_{O^{2-}}^2 p_{H_2}^2}$$

则

$$i = \left(\frac{a_{O^{2-}}^2 p_{H_2}^2}{a_{H_2O}^2}\right)^{1/4} \exp\left(\frac{F\varphi_{\text{阳}}}{RT}\right) \exp\left(-\frac{F\varphi_{\text{阳}}^{\ominus}}{RT}\right) = k_- \exp\left(\frac{F\varphi_{\text{阳}}}{RT}\right) \qquad (16.52)$$

式中，

$$k_- = \left(\frac{a_{O^{2-}}^2 p_{H_2}^2}{a_{H_2O}^2}\right)^{1/4} \exp\left(-\frac{F\varphi_{\text{阳}}^{\ominus}}{RT}\right) \approx \left(\frac{c_{O^{2-}}^2 p_{H_2}^2}{c_{H_2O}^2}\right)^{1/4} \exp\left(-\frac{F\varphi_{\text{阳}}^{\ominus}}{RT}\right)$$

16.4.4　阳极过电势

式（16.51）−式（16.50），得

$$\Delta \varphi_{\text{阳}} = \varphi_{\text{阳}} - \varphi_{\text{阳,e}} = \frac{RT}{4F} \ln \frac{a_{H_2O}^2 a_{O^{2-},e}^2 p_{H_2,e}^2}{a_{O^{2-}}^2 p_{H_2}^2 a_{H_2O,e}^2} + \frac{RT}{F} \ln i \qquad (16.53)$$

由式（16.53）得

$$\ln i = \frac{F\Delta\varphi_{\text{阳}}}{RT} - \frac{1}{4} \ln \frac{a_{H_2O}^2 a_{O^{2-},e}^2 p_{H_2,e}^2}{a_{O^{2-}}^2 p_{H_2}^2 a_{H_2O,e}^2}$$

则

$$i = \left(\frac{a_{O^{2-}} p_{H_2} a_{H_2O,e}}{a_{H_2O} a_{O^{2-},e} p_{H_2,e}} \right)^{1/2} \exp\left(\frac{F \Delta \varphi_{阳}}{RT} \right) = k'_- \exp\left(\frac{F \Delta \varphi_{阳}}{RT} \right) \qquad (16.54)$$

式中，

$$k'_- = \left(\frac{a_{O^{2-}} p_{H_2} a_{H_2O,e}}{a_{H_2O} a_{O^{2-},e} p_{H_2,e}} \right)^{1/2} \approx \left(\frac{c_{O^{2-}} p_{H_2} c_{H_2O,e}}{c_{H_2O} c_{O^{2-},e} p_{H_2,e}} \right)^{1/2}$$

16.4.5　电池电动势

电池反应达平衡，电池反应为

$$O_2 + 2H_2 \Longrightarrow 2H_2O$$

摩尔吉布斯自由能变化为

$$\Delta G_{m,e} = 2\mu_{H_2O} - \mu_{O_2} - 2\mu_{H_2} = \Delta G_m^\ominus + RT \ln \frac{a_{H_2O,e}^2}{p_{H_2,e}^2 p_{O_2,e}}$$

式中，

$$\Delta G_m^\ominus = \mu_{H_2O}^\ominus - \mu_{O_2}^\ominus - 2\mu_{H_2}^\ominus$$

$$\mu_{H_2O} = \mu_{H_2O}^\ominus + RT \ln a_{H_2O,e}$$

$$\mu_{O_2} = \mu_{O_2}^\ominus + RT \ln p_{O_2,e}$$

$$\mu_{H_2} = \mu_{H_2}^\ominus + RT \ln p_{H_2,e}$$

由

$$E_e = -\frac{\Delta G_{m,e}}{4F}$$

得

$$E_e = E^\ominus + \frac{RT}{4F} \ln \frac{p_{H_2,e}^2 p_{O_2,e}}{a_{H_2O,e}^2} \qquad (16.55)$$

式中，

$$E^\ominus = -\frac{\Delta G_m^\ominus}{4F} = -\frac{\mu_{H_2O}^\ominus - \mu_{O_2}^\ominus - 2\mu_{H_2}^\ominus}{4F}$$

电池对外输出电能，有电流通过，发生极化，电池反应为

$$2H_2 + O_2 \Longrightarrow 2H_2O$$

摩尔吉布斯自由能变化为

$$\Delta G_m = 2\mu_{H_2O} - \mu_{O_2} - 2\mu_{H_2} = \Delta G_m^\ominus + RT \ln \frac{a_{H_2O}^2}{p_{H_2}^2 p_{O_2}}$$

式中，

$$\Delta G_m^\ominus = 2\mu_{H_2O}^\ominus - \mu_{O_2}^\ominus - 2\mu_{H_2}^\ominus$$

$$\mu_{H_2O} = \mu_{H_2O}^\ominus + RT \ln a_{H_2O}$$

$$\mu_{O_2} = \mu_{O_2}^\ominus + RT \ln p_{O_2}$$

$$\mu_{H_2} = \mu_{H_2}^\ominus + RT \ln p_{H_2}$$

由

$$E = -\frac{\Delta G_m}{4F}$$

得

$$E = E^\ominus + \frac{RT}{4F} \ln \frac{p_{H_2}^2 p_{O_2}}{a_{H_2O}^2} \qquad (16.56)$$

式中，

$$E^\ominus = -\frac{\Delta G_m^\ominus}{4F} = -\frac{2\mu_{H_2O}^\ominus - \mu_{O_2}^\ominus - 2\mu_{H_2}^\ominus}{4F}$$

16.4.6　电池过电势

$$\Delta E = E - E_e = \frac{RT}{4F} \ln \frac{p_{H_2}^2 p_{O_2} a_{H_2O,e}^2}{a_{H_2O}^2 p_{H_2,e}^2 p_{O_2,e}} \qquad (16.57)$$

$$E = \varphi_{阴} - \varphi_{阳}$$

$$E_e = \varphi_{阴,e} - \varphi_{阳,e}$$

$$\Delta E = E - E_e$$

$$= (\varphi_{阴} - \varphi_{阳}) - (\varphi_{阴,e} - \varphi_{阳,e})$$

$$= (\varphi_{阴} - \varphi_{阴,e}) - (\varphi_{阳} - \varphi_{阳,e})$$

$$= \Delta\varphi_{阴} - \Delta\varphi_{阳} \qquad (16.58)$$

16.4.7　电池端电压

$$V = E - IR = E + \Delta E - IR$$

$$= E_e + \Delta\varphi_{阴} - \Delta\varphi_{阳} - IR_e$$

$$= E - \frac{RT}{4F} \ln \frac{p_{H_2}^2 p_{O_2} a_{H_2O,e}^2}{a_{H_2O}^2 p_{H_2,e}^2 p_{O_2,e}} - IR_e \qquad (16.59)$$

第17章 固体电解质电解池

17.1 浓差型固体电解质电解池

浓差型固体电解质电解池组成为

$$[\text{Me}]_{\text{II}} \,|\, \text{固体电解质Me}^{z+} \,|\, [\text{Me}]_{\text{I}}$$

阴极反应为

$$\text{Me}^{z+} + z\text{e} \Longrightarrow [\text{Me}]_{\text{I}}$$

阳极反应为

$$[\text{Me}]_{\text{II}} \Longrightarrow \text{Me}^{z+} + z\text{e}$$

电池反应为

$$[\text{Me}]_{\text{II}} \Longrightarrow [\text{Me}]_{\text{I}}$$

17.1.1 阴极电势

阴极反应达平衡，阴极反应为

$$\text{Me}^{z+} + z\text{e} \Longrightarrow [\text{Me}]_{\text{I}}$$

摩尔吉布斯自由能变化为

$$\Delta G_{\text{m},\text{阴},\text{e}} = \mu_{[\text{Me}]_{\text{I}}} - \mu_{\text{Me}^{z+}} - z\mu_{\text{e}} = \Delta G_{\text{m},\text{阴}}^{\ominus} + RT \ln \frac{a_{[\text{Me}]_{\text{I}},\text{e}}}{a_{\text{Me}^{z+},\text{e}}}$$

式中，

$$\Delta G_{\text{m},\text{阴}}^{\ominus} = \mu_{\text{Me}}^{\ominus} - \mu_{\text{Me}^{z+}}^{\ominus} - z\mu_{\text{e}}^{\ominus}$$

$$\mu_{[\text{Me}]_{\text{I}}} = \mu_{\text{Me}}^{\ominus} + RT \ln a_{[\text{Me}]_{\text{I}},\text{e}}$$

$$\mu_{\text{Me}^{z+}} = \mu_{\text{Me}^{z+}}^{\ominus} + RT \ln a_{\text{Me}^{z+},\text{e}}$$

$$\mu_{\text{e}} = \mu_{\text{e}}^{\ominus}$$

由

$$\varphi_{\text{阴},\text{e}} = -\frac{\Delta G_{\text{m},\text{阴},\text{e}}}{zF}$$

得

$$\varphi_{阴,e} = \varphi_{阴}^{\ominus} + \frac{RT}{zF} \ln \frac{a_{Me^{z+},e}}{a_{[Me]_1,e}} \tag{17.1}$$

式中，

$$\varphi_{阴}^{\ominus} = -\frac{\Delta G_{m,阴}^{\ominus}}{zF} = -\frac{\mu_{Me}^{\ominus} - \mu_{Me^{z+}}^{\ominus} - z\mu_e^{\ominus}}{zF}$$

阴极有电流通过，发生极化，阴极反应为

$$Me^{z+} + ze === [Me]$$

摩尔吉布斯自由能变化为

$$\Delta G_{m,阴} = \mu_{[Me]} - \mu_{Me^{z+}} - z\mu_e = \Delta G_{m,阴}^{\ominus} + RT \ln \frac{a_{[Me]}}{a_{Me^{z+}}} + zRT \ln i$$

式中，

$$\Delta G_{m,阴}^{\ominus} = \mu_{Me}^{\ominus} - \mu_{Me^{z+}}^{\ominus} - z\mu_e^{\ominus}$$
$$\mu_{[Me]} = \mu_{Me}^{\ominus} + RT \ln a_{[Me]}$$
$$\mu_{Me^{z+}} = \mu_{Me^{z+}}^{\ominus} + RT \ln a_{Me^{z+}}$$
$$\mu_e = \mu_e^{\ominus} - RT \ln i$$

由

$$\varphi_{阴} = -\frac{\Delta G_{m,阴}}{zF}$$

得

$$\varphi_{阴} = \varphi_{阴}^{\ominus} + \frac{RT}{zF} \ln \frac{a_{Me^{z+}}}{a_{[Me]}} - \frac{RT}{F} \ln i \tag{17.2}$$

式中，

$$\varphi_{阴}^{\ominus} = -\frac{\Delta G_{m,阴}^{\ominus}}{zF} = -\frac{\mu_{Me}^{\ominus} - \mu_{Me^{z+}}^{\ominus} - z\mu_e^{\ominus}}{zF}$$

由式（17.2）得

$$\ln i = -\frac{F\varphi_{阴}}{RT} + \frac{F\varphi_{阴}^{\ominus}}{RT} + \frac{1}{z} \ln \frac{a_{Me^{z+}}}{a_{[Me]}}$$

则

$$i = \left(\frac{a_{Me^{z+}}}{a_{[Me]}}\right)^{1/z} \exp\left(-\frac{F\varphi_{阴}}{RT}\right) \exp\left(\frac{F\varphi_{阴}^{\ominus}}{RT}\right) = k_- \exp\left(-\frac{F\varphi_{阴}}{RT}\right) \tag{17.3}$$

式中，

$$k_- = \left(\frac{a_{Me^{z+}}}{a_{[Me]}} \right)^{1/z} \exp \left(\frac{F\varphi_{阴}^{\ominus}}{RT} \right) \approx \left(\frac{c_{Me^{z+}}}{c_{[Me]}} \right)^{1/z} \exp \left(\frac{F\varphi_{阴}^{\ominus}}{RT} \right)$$

17.1.2　阴极过电势

式（17.2）－式（17.1），得

$$\Delta\varphi_{阴} = \varphi_{阴} - \varphi_{阴,e} = \frac{RT}{zF} \ln \frac{a_{Me^{z+}} a_{[Me],e}}{a_{[Me]} a_{Me^{z+},e}} - \frac{RT}{F} \ln i \qquad (17.4)$$

由式（17.4）得

$$\ln i = -\frac{F\Delta\varphi_{阴}}{RT} + \frac{1}{z} \ln \frac{a_{Me^{z+}} a_{[Me],e}}{a_{[Me]} a_{Me^{z+},e}}$$

则

$$i = \left(\frac{a_{Me^{z+}} a_{[Me],e}}{a_{[Me]} a_{Me^{z+},e}} \right)^{1/z} \exp \left(-\frac{F\Delta\varphi_{阴}}{RT} \right) = k'_- \exp \left(-\frac{F\Delta\varphi_{阴}}{RT} \right) \qquad (17.5)$$

式中，

$$k'_- = \left(\frac{a_{Me^{z+}} a_{[Me],e}}{a_{[Me]} a_{Me^{z+},e}} \right)^{1/z} \approx \left(\frac{c_{Me^{z+}} c_{[Me],e}}{c_{[Me]} c_{Me^{z+},e}} \right)^{1/z}$$

17.1.3　阳极电势

阳极反应达平衡，阳极反应为

$$[Me]_{II} - ze \Longrightarrow Me^{z+}$$

摩尔吉布斯自由能变化为

$$\Delta G_{m,阳,e} = \mu_{Me^{z+}} + z\mu_e - \mu_{[Me]_{II}} = \Delta G_{m,阳}^{\ominus} + RT \ln \frac{a_{Me^{z+},e}}{a_{[Me]_{II},e}}$$

式中，

$$\Delta G_{m,阳}^{\ominus} = \mu_{Me^{z+}}^{\ominus} + z\mu_e^{\ominus} - \mu_{Me}^{\ominus}$$

$$\mu_{Me^{z+}} = \mu_{Me^{z+}}^{\ominus} + RT \ln a_{Me^{z+},e}$$

$$\mu_{[Me]_{II}} = \mu_{Me}^{\ominus} + RT \ln a_{[Me]_{II},e}$$

$$\mu_e = \mu_e^{\ominus}$$

由

$$\varphi_{阳,e} = \frac{\Delta G_{m,阳}}{zF}$$

得

$$\varphi_{阳,e} = \varphi_{阳}^{\ominus} + \frac{RT}{zF}\ln\frac{a_{Me^{z+},e}}{a_{[Me]_{II},e}}$$ （17.6）

式中，

$$\varphi_{阳}^{\ominus} = \frac{\Delta G_{m,阳}^{\ominus}}{zF} = \frac{\mu_{Me^{z+}}^{\ominus} + z\mu_e^{\ominus} - \mu_{Me}^{\ominus}}{zF}$$

升高电压，阳极有电流通过，发生极化，阳极反应为

$$[Me] - ze =\!=\!= Me^{z+}$$

摩尔吉布斯自由能变化为

$$\Delta G_{m,阳} = \mu_{Me^{z+}} + z\mu_e - \mu_{[Me]} = \Delta G_{m,阳}^{\ominus} + RT\ln\frac{a_{Me^{z+}}}{a_{[Me]}} + zRT\ln i$$

式中，

$$\Delta G_{m,阳}^{\ominus} = \mu_{Me^{z+}}^{\ominus} + z\mu_e^{\ominus} - \mu_{Me}^{\ominus}$$

$$\mu_{Me^{z+}} = \mu_{Me^{z+}}^{\ominus} + RT\ln a_{Me^{z+}}$$

$$\mu_{[Me]} = \mu_{Me}^{\ominus} + RT\ln a_{[Me]}$$

$$\mu_e = \mu_e^{\ominus} + RT\ln i$$

由

$$\varphi_{阳} = \frac{\Delta G_{m,阳}}{zF}$$

得

$$\varphi_{阳} = \varphi_{阳}^{\ominus} + \frac{RT}{zF}\ln\frac{a_{Me^{z+}}}{a_{[Me]}} + \frac{RT}{F}\ln i$$ （17.7）

式中，

$$\varphi_{阳}^{\ominus} = \frac{\Delta G_{m,阳}^{\ominus}}{zF} = \frac{\mu_{Me^{z+}}^{\ominus} + z\mu_e^{\ominus} - \mu_{Me}^{\ominus}}{zF}$$

由式（17.7）得

$$\ln i = \frac{F\varphi_{阳}}{RT} - \frac{F\varphi_{阳}^{\ominus}}{RT} - \frac{1}{z}\ln\frac{a_{Me^{z+}}}{a_{[Me]}}$$

则

$$i = \left(\frac{a_{[Me]}}{a_{Me^{z+}}}\right)^{1/z}\exp\left(\frac{F\varphi_{阳}}{RT}\right)\exp\left(-\frac{F\varphi_{阳}^{\ominus}}{RT}\right) = k_+\exp\left(\frac{F\varphi_{阳}}{RT}\right)$$ （17.8）

式中，

$$k_+ = \left(\frac{a_{[Me]}}{a_{Me^{z+}}}\right)^{1/z} \exp\left(-\frac{F\varphi_{阳}^\ominus}{RT}\right) \approx \left(\frac{c_{[Me]}}{c_{Me^{z+}}}\right)^{1/z} \exp\left(-\frac{F\varphi_{阳}^\ominus}{RT}\right)$$

17.1.4 阳极过电势

式（17.7）–式（17.6），得

$$\Delta\varphi_{阳} = \varphi_{阳} - \varphi_{阳,e} = \frac{RT}{zF}\ln\frac{a_{Me^{z+}}a_{[Me]_{II},e}}{a_{[Me]}a_{Me^{z+},e}} + \frac{RT}{F}\ln i$$

由式（17.9）得

$$\ln i = \frac{F\Delta\varphi_{阳}}{RT} - \frac{1}{z}\ln\frac{a_{Me^{z+}}a_{[Me]_{II},e}}{a_{[Me]}a_{Me^{z+},e}}$$

则

$$i = \left(\frac{a_{[Me]}a_{Me^{z+},e}}{a_{Me^{z+}}a_{[Me],e}}\right)^{1/z} \exp\left(\frac{F\Delta\varphi_{阳}}{RT}\right) = k'_+ \exp\left(\frac{F\Delta\varphi_{阳}}{RT}\right) \tag{17.9}$$

式中，

$$k'_+ = \left(\frac{a_{[Me]}a_{Me^{z+},e}}{a_{Me^{z+}}a_{[Me],e}}\right)^{1/z} \approx \left(\frac{c_{[Me]}c_{Me^{z+},e}}{c_{Me^{z+}}c_{[Me],e}}\right)^{1/z}$$

17.1.5 电解池电动势

电解池反应达平衡，有

$$[Me]_{II} \rightleftharpoons [Me]_I$$

摩尔吉布斯自由能变化为

$$\Delta G_{m,e} = \mu_{[Me]_I} - \mu_{[Me]_{II}} = \Delta G_m^\ominus + RT\ln\frac{a_{[Me]_I,e}}{a_{[Me]_{II},e}}$$

式中，

$$\Delta G_m^\ominus = \mu_{Me}^\ominus - \mu_{Me}^\ominus = 0$$

$$\mu_{[Me]_I} = \mu_{Me}^\ominus + RT\ln a_{[Me]_I,e}$$

$$\mu_{[Me]_{II}} = \mu_{Me}^\ominus + RT\ln a_{[Me]_{II},e}$$

由

$$E_e = -\frac{\Delta G_{m,e}}{zF}$$

得

$$E_e = E^\ominus + \frac{RT}{zF} \ln \frac{a_{[Me]_{\text{II}},e}}{a_{[Me]_{\text{I}},e}} \qquad (17.10)$$

式中，

$$E^\ominus = -\frac{\Delta G_m^\ominus}{zF} = 0$$

则

$$E_e = \frac{RT}{zF} \ln \frac{a_{[Me]_{\text{II}},e}}{a_{[Me]_{\text{I}},e}}$$

并有

$$E_e = -E_e'$$

E_e' 为外加的平衡电动势。

电解池有电流通过，发生极化，电解池反应为

$$[Me]_{\text{II}} = [Me]_{\text{I}}$$

摩尔吉布斯自由能变化为

$$\Delta G_m = \mu_{[Me]_{\text{I}}} - \mu_{[Me]_{\text{II}}} = \Delta G_m^\ominus + RT \ln \frac{a_{[Me]_{\text{I}}}}{a_{[Me]_{\text{II}}}}$$

式中，

$$\Delta G_{m,\text{阴}}^\ominus = \mu_{Me}^\ominus - \mu_{Me}^\ominus = 0$$

$$\mu_{[Me]_{\text{I}}} = \mu_{Me}^\ominus + RT \ln a_{[Me]_{\text{I}}}$$

$$\mu_{[Me]_{\text{II}}} = \mu_{Me}^\ominus + RT \ln a_{[Me]_{\text{II}}}$$

由

$$E = -\frac{\Delta G_m}{zF}$$

得

$$E = E^\ominus + \frac{RT}{zF} \ln \frac{a_{[Me]_{\text{II}}}}{a_{[Me]_{\text{I}}}} \qquad (17.11)$$

式中，

$$E^\ominus = -\frac{\Delta G_m^\ominus}{zF} = 0$$

并有

$$E = -E'$$

E' 为外加电动势。

17.1.6 电解池过电势

$$\Delta E' = E' - E'_e$$

$$E' = -E = -\frac{RT}{zF} \ln \frac{a_{[\mathrm{Me}]_{\mathrm{II}}}}{a_{[\mathrm{Me}]_{\mathrm{I}}}}$$

$$E'_e = -E_e = -\frac{RT}{zF} \ln \frac{a_{[\mathrm{Me}]_{\mathrm{II}},e}}{a_{[\mathrm{Me}]_{\mathrm{I}},e}}$$

$$\Delta E' = E' - E'_e = \frac{RT}{zF} \ln \frac{a_{[\mathrm{Me}]_{\mathrm{I}}} a_{[\mathrm{Me}]_{\mathrm{II}},e}}{a_{[\mathrm{Me}]_{\mathrm{II}}} a_{[\mathrm{Me}]_{\mathrm{I}},e}} \tag{17.12}$$

$$\begin{aligned}\Delta E' = E' - E'_e &= (\varphi_{阳} - \varphi_{阴}) - (\varphi_{阳,e} - \varphi_{阴,e}) \\ &= (\varphi_{阳} - \varphi_{阳,e}) - (\varphi_{阴} - \varphi_{阴,e}) \\ &= \Delta\varphi_{阳} - \Delta\varphi_{阴}\end{aligned} \tag{17.13}$$

电解池端电压为

$$V' = E' + IR_e = E'_e + \Delta E' + IR_e \tag{17.14}$$

17.2 气体浓差电解池

电解池组成为

$$\mathrm{Pt} \,|\, \mathrm{O_2}(p_2) \,|\, \mathrm{ZrO_2(CaO)} \,|\, \mathrm{O_2}(p_1) \,|\, \mathrm{Pt}$$

阴极反应为

$$\frac{1}{2}\mathrm{O_2}(p_1) + 2\mathrm{e} =\!\!= \mathrm{O^{2-}}$$

阳极反应为

$$\mathrm{M} + \mathrm{O^{2-}} =\!\!= \mathrm{M\!-\!O} + 2\mathrm{e}$$

$$\mathrm{M\!-\!O} \rightleftharpoons \frac{1}{2}\mathrm{O_2}(吸附) + \mathrm{M}$$

$$\frac{1}{2}\mathrm{O_2}(吸附) \rightleftharpoons \frac{1}{2}\mathrm{O_2}(p_2)$$

$$\overline{\qquad\qquad \mathrm{O^{2-}} =\!\!= \frac{1}{2}\mathrm{O_2}(p_2) + 2\mathrm{e} \qquad\qquad}$$

电解池反应为

$$\frac{1}{2}\mathrm{O_2}(p_1) =\!\!= \frac{1}{2}\mathrm{O_2}(p_2)$$

17.2.1　阴极电势

阴极反应达平衡，阴极反应为

$$\frac{1}{2}O_2(p_1) + 2e \Longrightarrow O^{2-}$$

摩尔吉布斯自由能变化为

$$\Delta G_{m,阴,e} = \mu_{O^{2-}} - \frac{1}{2}\mu_{O_2} - 2\mu_e = \Delta G_{m,阴}^{\ominus} + RT\ln\frac{a_{O^{2-},e}}{p_{O_2(1),e}^{1/2}}$$

式中，

$$\Delta G_{m,阴}^{\ominus} = \mu_{O^{2-}}^{\ominus} - \frac{1}{2}\mu_{O_2}^{\ominus} - 2\mu_e^{\ominus}$$

$$\mu_{O^{2-}} = \mu_{O^{2-}}^{\ominus} + RT\ln a_{O^{2-},e}$$

$$\mu_{O_2} = \mu_{O_2}^{\ominus} + RT\ln p_{O_2(1),e}$$

$$\mu_e = \mu_e^{\ominus}$$

由

$$\varphi_{阴,e} = -\frac{\Delta G_{m,阴,e}}{2F}$$

得

$$\varphi_{阴,e} = \varphi_{阴}^{\ominus} + \frac{RT}{2F}\ln\frac{p_{O_2(1),e}^{1/2}}{a_{O^{2-},e}} \tag{17.15}$$

式中，

$$\varphi_{阴}^{\ominus} = -\frac{\Delta G_{m,阴}^{\ominus}}{2F} = -\frac{\mu_{O^{2-}}^{\ominus} - \frac{1}{2}\mu_{O_2}^{\ominus} - 2\mu_e^{\ominus}}{2F}$$

阴极有电流通过，发生极化，阴极反应为

$$\frac{1}{2}O_2(p_1) + 2e = O^{2-}$$

摩尔吉布斯自由能变化为

$$\Delta G_{m,阴} = \mu_{O^{2-}} - \frac{1}{2}\mu_{O_2(p_1)} - 2\mu_e = \Delta G_{m,阴}^{\ominus} + RT\ln\frac{a_{O^{2-}}}{p_{O_2(1)}^{1/2}} + 2RT\ln i$$

式中，

$$\Delta G_{m,阴}^{\ominus} = \mu_{O^{2-}}^{\ominus} - \frac{1}{2}\mu_{O_2}^{\ominus} - 2\mu_e^{\ominus}$$

$$\mu_{O^{2-}} = \mu_{O^{2-}}^{\ominus} + RT\ln a_{O^{2-}}$$

$$\mu_{O_2} = \mu_{O_2}^{\ominus} + RT \ln p_{O_2(1)}$$

$$\mu_e = \mu_e^{\ominus} - RT \ln i$$

由

$$\varphi_{阴} = -\frac{\Delta G_{m,阴}}{2F}$$

得

$$\varphi_{阴} = \varphi_{阴}^{\ominus} + \frac{RT}{2F} \ln \frac{p_{O_2(1)}^{1/2}}{a_{O^{2-}}} - \frac{RT}{F} \ln i \tag{17.16}$$

式中，

$$\varphi_{阴}^{\ominus} = -\frac{\Delta G_{m,阴}^{\ominus}}{2F} = -\frac{\mu_{O^{2-}}^{\ominus} - \frac{1}{2}\mu_{O_2}^{\ominus} - 2\mu_e^{\ominus}}{2F}$$

由式（17.16）得

$$\ln i = -\frac{F\varphi_{阴}}{RT} + \frac{F\varphi_{阴}^{\ominus}}{RT} + \frac{1}{2}\ln \frac{p_{O_2(1)}^{1/2}}{a_{O^{2-}}}$$

则

$$i = \left(\frac{p_{O_2(1)}^{1/2}}{a_{O^{2-}}}\right)^{1/2} \exp\left(-\frac{F\varphi_{阴}}{RT}\right) \exp\left(\frac{F\varphi_{阴}^{\ominus}}{RT}\right) = k_- \exp\left(-\frac{F\varphi_{阴}}{RT}\right) \tag{17.17}$$

式中，

$$k_- = \left(\frac{p_{O_2(1)}^{1/2}}{a_{O^{2-}}}\right)^{1/2} \exp\left(\frac{F\varphi_{阴}^{\ominus}}{RT}\right) \approx \left(\frac{p_{O_2(1)}^{1/2}}{c_{O^{2-}}}\right)^{1/2} \exp\left(\frac{F\varphi_{阴}^{\ominus}}{RT}\right)$$

17.2.2　阴极过电势

式（17.16）–式（17.15），得

$$\Delta\varphi_{阴} = \varphi_{阴} - \varphi_{阴,e} = \frac{RT}{2F} \ln \frac{p_{O_2(1)}^{1/2} a_{O^{2-},e}}{a_{O^{2-}} p_{O_2(1),e}^{1/2}} - \frac{RT}{F} \ln i \tag{17.18}$$

移项得

$$\ln i = -\frac{F\Delta\varphi_{阴}}{RT} + \frac{1}{2}\ln \frac{p_{O_2(1)}^{1/2} a_{O^{2-},e}}{a_{O^{2-}} p_{O_2(1),e}^{1/2}}$$

则

$$i = \left(\frac{p_{O_2(1)}^{1/2} a_{O^{2-},e}}{a_{O^{2-}} p_{O_2(1),e}^{1/2}}\right)^{1/2} \exp\left(-\frac{F\Delta\varphi_{阴}}{RT}\right) = k_-' \exp\left(-\frac{F\Delta\varphi_{阴}}{RT}\right) \tag{17.19}$$

式中，

$$k'_{-} = \left(\frac{p_{O_2(1)}^{1/2} a_{O^{2-},e}}{a_{O^{2-}} p_{O_2(1),e}^{1/2}} \right)^{1/2} \approx \left(\frac{p_{O_2(1)}^{1/2} c_{O^{2-},e}}{c_{O^{2-}} p_{O_2(1),e}^{1/2}} \right)^{1/2}$$

17.2.3 阳极电势

阳极反应达平衡，阳极反应为

$$O^{2-} \rightleftharpoons \frac{1}{2} O_2(p_2) + 2e$$

摩尔吉布斯自由能变化为

$$\Delta G_{m,阳,e} = \frac{1}{2}\mu_{O_2(p_2)} + 2\mu_e - \mu_{O^{2-}} = \Delta G_{m,阳}^{\ominus} + RT \ln \frac{p_{O_2(2),e}^{1/2}}{a_{O^{2-},e}}$$

式中，

$$\Delta G_{m,阳}^{\ominus} = \frac{1}{2}\mu_{O_2}^{\ominus} + 2\mu_e^{\ominus} - \mu_{O^{2-}}^{\ominus}$$

$$\mu_{O_2(p_2)} = \mu_{O_2}^{\ominus} + RT \ln p_{O_2(2),e}$$

$$\mu_{O^{2-}} = \mu_{O^{2-}}^{\ominus} + RT \ln a_{O^{2-},e}$$

$$\mu_e = \mu_e^{\ominus}$$

由

$$\varphi_{阳,e} = \frac{\Delta G_{m,阳,e}}{2F}$$

得

$$\varphi_{阳,e} = \varphi_{阳}^{\ominus} + \frac{RT}{2F} \ln \frac{p_{O_2(2),e}^{1/2}}{a_{O^{2-},e}} \tag{17.20}$$

式中，

$$\varphi_{阳}^{\ominus} = \frac{\Delta G_{m,阳}^{\ominus}}{2F} = \frac{\frac{1}{2}\mu_{O_2}^{\ominus} + 2\mu_e^{\ominus} - \mu_{O^{2-}}^{\ominus}}{2F}$$

阳极有电流通过，发生极化，阳极反应为

$$O^{2-} \rightleftharpoons \frac{1}{2} O_2(p_2) + 2e$$

摩尔吉布斯自由能变化为

$$\Delta G_{m,阳,e} = \frac{1}{2}\mu_{O_2(p_2)} + 2\mu_e - \mu_{O^{2-}} = \Delta G_{m,阳}^{\ominus} + RT \ln \frac{p_{O_2(2)}^{1/2}}{a_{O^{2-}}} + 2RT \ln i$$

式中，

$$\Delta G_{m,阳}^{\ominus} = \frac{1}{2}\mu_{O_2}^{\ominus} + 2\mu_e^{\ominus} - \mu_{O^{2-}}^{\ominus}$$

$$\mu_{O_2(p_2)} = \mu_{O_2}^{\ominus} + RT\ln p_{O_2(2)}$$

$$\mu_{O^{2-}} = \mu_{O^{2-}}^{\ominus} + RT\ln a_{O^{2-}}$$

$$\mu_e = \mu_e^{\ominus} + RT\ln i$$

由

$$\varphi_{阳} = \frac{\Delta G_{m,阳,e}}{2F}$$

得

$$\varphi_{阳} = \varphi_{阳}^{\ominus} + \frac{RT}{2F}\ln\frac{p_{O_2(2)}^{1/2}}{a_{O^{2-}}} + \frac{RT}{F}\ln i \tag{17.21}$$

式中，

$$\varphi_{阳}^{\ominus} = \frac{\Delta G_{m,阳}^{\ominus}}{2F} = \frac{\frac{1}{2}\mu_{O_2}^{\ominus} + 2\mu_e^{\ominus} - \mu_{O^{2-}}^{\ominus}}{2F}$$

由式（17.21）得

$$\ln i = \frac{F\varphi_{阳}}{RT} - \frac{F\varphi_{阳}^{\ominus}}{RT} - \frac{1}{2}\ln\frac{p_{O_2(2)}^{1/2}}{a_{O^{2-}}}$$

则

$$i = \left(\frac{a_{O^{2-}}}{p_{O_2(2)}^{1/2}}\right)^{1/2} \exp\left(\frac{F\varphi_{阳}}{RT}\right)\exp\left(-\frac{F\varphi_{阳}^{\ominus}}{RT}\right) = k_+\exp\left(\frac{F\varphi_{阳}}{RT}\right) \tag{17.22}$$

式中，

$$k_+ = \left(\frac{a_{O^{2-}}}{p_{O_2(2)}^{1/2}}\right)^{1/2} \exp\left(-\frac{F\varphi_{阳}^{\ominus}}{RT}\right) \approx \left(\frac{c_{O^{2-}}}{p_{O_2(2)}^{1/2}}\right)^{1/2} \exp\left(-\frac{F\varphi_{阳}^{\ominus}}{RT}\right)$$

17.2.4　阳极过电势

式（17.21）–式（17.20），得

$$\Delta\varphi_{阳} = \varphi_{阳} - \varphi_{阳,e} = \frac{RT}{2F}\ln\frac{p_{O_2(2)}^{1/2}a_{O^{2-},e}}{a_{O^{2-}}p_{O_2(2),e}^{1/2}} + \frac{RT}{F}\ln i \tag{17.23}$$

由上式得

$$\ln i = \frac{F\Delta\varphi_{阳}}{RT} - \frac{1}{2}\ln\frac{p_{O_2(2)}^{1/2}a_{O^{2-},e}}{a_{O^{2-}}p_{O_2(2),e}^{1/2}}$$

则

$$i = \left(\frac{a_{O^{2-}} p_{O_2(2),e}^{1/2}}{p_{O_2(2)}^{1/2} a_{O^{2-},e}} \right)^{1/2} \exp\left(\frac{F \Delta \varphi_{阳}}{RT} \right) = k_+' \exp\left(\frac{F \Delta \varphi_{阳}}{RT} \right) \tag{17.24}$$

式中，

$$k_+' = \left(\frac{a_{O^{2-}} p_{O_2(2),e}^{1/2}}{p_{O_2(2)}^{1/2} a_{O^{2-},e}} \right)^{1/2} \approx \left(\frac{c_{O^{2-}} p_{O_2(2),e}^{1/2}}{p_{O_2(2)}^{1/2} c_{O^{2-},e}} \right)^{1/2}$$

17.2.5　电解池电动势

电解池反应达平衡，有

$$\frac{1}{2}O_2(p_1) \rightleftharpoons \frac{1}{2}O_2(p_2)$$

摩尔吉布斯自由能变化为

$$\Delta G_{m,e} = \frac{1}{2}\mu_{O_2(p_2)} - \frac{1}{2}\mu_{O_2(p_1)} = \Delta G_m^{\ominus} + \frac{1}{2}RT \ln \frac{p_{2(O_2),e}}{p_{1(O_2),e}}$$

式中，

$$\Delta G_m^{\ominus} = \frac{1}{2}\mu_{O_2}^{\ominus} - \frac{1}{2}\mu_{O_2}^{\ominus} = 0$$

$$\mu_{O_2(p_1)} = \mu_{O_2(气)}^{\ominus} + RT \ln p_{1(O_2),e}$$

$$\mu_{O_2(p_2)} = \mu_{O_2(气)}^{\ominus} + RT \ln p_{2(O_2),e}$$

由

$$E_e = -\frac{\Delta G_{m,e}}{2F}$$

得

$$E_e = E^{\ominus} + \frac{RT}{2F} \ln \frac{p_{1(O_2),e}^{1/2}}{p_{2(O_2),e}^{1/2}} \tag{17.25}$$

式中，

$$E^{\ominus} = -\frac{\Delta G_m^{\ominus}}{2F} = 0$$

电解池有电流通过，发生极化，电池反应为

$$\frac{1}{2}O_2(p_1) = \frac{1}{2}O_2(p_2)$$

摩尔吉布斯自由能变化为

$$\Delta G_{\mathrm{m}} = \mu_{O_2(p_2)} - \mu_{O_2(p_1)} = \Delta G_{\mathrm{m}}^{\ominus} + \frac{1}{2} RT \ln \frac{p_{2(O_2)}}{p_{1(O_2)}}$$

式中，

$$\Delta G_{\mathrm{m}}^{\ominus} = \frac{1}{2} \mu_{O_2}^{\ominus} - \frac{1}{2} \mu_{O_2}^{\ominus} = 0$$

$$\mu_{O_2(p_1)} = \mu_{O_2}^{\ominus} + RT \ln p_{1(O_2)}$$

$$\mu_{O_2(p_2)} = \mu_{O_2(气)}^{\ominus} + RT \ln p_{2(O_2)}$$

由

$$E = -\frac{\Delta G_{\mathrm{m}}}{2F}$$

得

$$E = E^{\ominus} + \frac{RT}{2F} \ln \frac{p_{1(O_2)}^{1/2}}{p_{2(O_2)}^{1/2}} \qquad (17.26)$$

式中，

$$E^{\ominus} = -\frac{\Delta G_{\mathrm{m}}^{\ominus}}{2F} = 0$$

并有

$$E = -E'$$

E' 为外加电动势。

17.2.6 电解池过电势

$$\Delta E' = E' - E_{\mathrm{e}}'$$

$$E' = -E = -\left(E^{\ominus} + \frac{RT}{2F} \ln \frac{p_{1(O_2)}^{1/2}}{p_{2(O_2)}^{1/2}} \right) = -E^{\ominus} - \frac{RT}{2F} \ln \frac{p_{1(O_2)}^{1/2}}{p_{2(O_2)}^{1/2}}$$

$$E_{\mathrm{e}}' = -E_{\mathrm{e}} = -\left(E^{\ominus} + \frac{RT}{2F} \ln \frac{p_{1(O_2),e}^{1/2}}{p_{2(O_2),e}^{1/2}} \right) = -E^{\ominus} - \frac{RT}{2F} \ln \frac{p_{1(O_2),e}^{1/2}}{p_{2(O_2),e}^{1/2}}$$

$$\Delta E' = E' - E_{\mathrm{e}}' = \frac{RT}{2F} \ln \frac{p_{2(O_2)}^{1/2} p_{1(O_2),e}^{1/2}}{p_{1(O_2)}^{1/2} p_{2(O_2),e}^{1/2}} \qquad (17.27)$$

$$\begin{aligned} \Delta E' &= E' - E_{\mathrm{e}}' \\ &= (\varphi_{阳} - \varphi_{阴}) - (\varphi_{阳,e} - \varphi_{阴,e}) \\ &= (\varphi_{阳} - \varphi_{阳,e}) - (\varphi_{阴} - \varphi_{阴,e}) \\ &= \Delta\varphi_{阳} - \Delta\varphi_{阴} \qquad (17.28) \end{aligned}$$

$$E' = \varphi_{阳} - \varphi_{阴}$$
$$= (\Delta\varphi_{阳} + \varphi_{阳,e}) - (\Delta\varphi_{阴} + \varphi_{阴,e})$$
$$= (\varphi_{阳,e} - \varphi_{阴,e}) + (\Delta\varphi_{阳} - \Delta\varphi_{阴})$$
$$= E'_e + \Delta E' \tag{17.29}$$

电池端电压为

$$V' = E' + IR_e = E'_e + \Delta\varphi_{阳} - \Delta\varphi_{阴} + IR = E'_e + \Delta E' + IR \tag{17.30}$$

式中，V' 为端电压，即电解池两端加的外电压；I 为电解池装置的电流；R 为电解池装置的电阻。

17.3　分解型固体电解池

分解型固体电解池组成为

$$X_z \mid MeX_z \mid Me$$

阴极反应为

$$Me^{z+} + ze = Me$$

阳极反应为

$$zX^- = X_z + ze$$

电解池反应为

$$MeX_z = Me^{z+} + zX^- = Me + X_z$$

17.3.1　阴极电势

阴极反应达平衡，有

$$Me^{z+} + ze \rightleftharpoons Me$$

摩尔吉布斯自由能变化为

$$\Delta G_{m,阴,e} = \mu_{Me} - \mu_{Me^{z+}} - z\mu_e = \Delta G_{m,阴}^{\ominus} + RT\ln\frac{1}{a_{Me^{z+},e}}$$

式中，

$$\Delta G_{m,阴}^{\ominus} = \mu_{Me}^{\ominus} - \mu_{Me^{z+}}^{\ominus} - z\mu_e^{\ominus}$$
$$\mu_{Me} = \mu_{Me}^{\ominus}$$
$$\mu_{Me^{z+}} = \mu_{Me^{z+}}^{\ominus} + RT\ln a_{Me^{z+},e}$$
$$\mu_e = \mu_e^{\ominus}$$

由

$$\varphi_{阴,e} = -\frac{\Delta G_{m,阴,e}}{zF}$$

得

$$\varphi_{阴,e} = \varphi_阴^\ominus + \frac{RT}{zF}\ln a_{Me^{z+},e} \qquad (17.31)$$

式中,

$$\varphi_阴^\ominus = -\frac{\Delta G_{m,阴}^\ominus}{zF} = -\frac{\mu_{Me}^\ominus - \mu_{Me^{z+}}^\ominus - z\mu_e^\ominus}{zF}$$

阴极有电流通过, 发生极化, 阴极反应为

$$Me^{z+} + ze \xrightleftharpoons{\quad} Me$$

摩尔吉布斯自由能变化为

$$\Delta G_{m,阴} = \mu_{Me} - \mu_{Me^{z+}} - z\mu_e = \Delta G_{m,阴}^\ominus + RT\ln\frac{1}{a_{Me^{z+}}} + zRT\ln i$$

式中,

$$\Delta G_{m,阴}^\ominus = \mu_{Me}^\ominus - \mu_{Me^{z+}}^\ominus - z\mu_e^\ominus$$

$$\mu_{Me} = \mu_{Me}^\ominus$$

$$\mu_{Me^{z+}} = \mu_{Me^{z+}}^\ominus + RT\ln a_{Me^{z+}}$$

$$\mu_e = \mu_e^\ominus - RT\ln i$$

由

$$\varphi_阴 = -\frac{\Delta G_{m,阴}}{zF}$$

得

$$\varphi_阴 = \varphi_阴^\ominus + \frac{RT}{zF}\ln a_{Me^{z+}} - \frac{RT}{F}\ln i \qquad (17.32)$$

式中,

$$\varphi_阴^\ominus = -\frac{\Delta G_{m,阴}^\ominus}{zF} = -\frac{\mu_{Me}^\ominus - \mu_{Me^{z+}}^\ominus - z\mu_e^\ominus}{zF}$$

由式 (17.32) 得

$$\ln i = -\frac{F\varphi_阴}{RT} + \frac{F\varphi_阴^\ominus}{RT} + \frac{1}{z}\ln a_{Me^{z+}}$$

则

$$i = a_{Me^{z+}}^{1/z}\exp\left(-\frac{F\varphi_阴}{RT}\right)\exp\left(\frac{F\varphi_阴^\ominus}{RT}\right) = k_-\exp\left(-\frac{F\varphi_阴}{RT}\right)$$

式中，

$$k_- = a_{\mathrm{Me^{z+}}}^{1/z} \exp\left(\frac{F\varphi_{\text{阴}}^{\ominus}}{RT}\right) \approx c_{\mathrm{Me^{z+}}}^{1/z} \exp\left(\frac{F\varphi_{\text{阴}}^{\ominus}}{RT}\right)$$

17.3.2　阴极过电势

式（17.32）−式（17.31），得

$$\Delta\varphi_{\text{阴}} = \varphi_{\text{阴}} - \varphi_{\text{阴,e}} = \frac{RT}{zF}\ln\frac{a_{\mathrm{Me^{z+}}}}{a_{\mathrm{Me^{z+},e}}} - \frac{RT}{F}\ln i \tag{17.33}$$

移项得

$$\ln i = -\frac{F\Delta\varphi_{\text{阴}}}{RT} + \frac{1}{z}\ln\frac{a_{\mathrm{Me^{z+}}}}{a_{\mathrm{Me^{z+},e}}}$$

则

$$i = \left(\frac{a_{\mathrm{Me^{z+}}}}{a_{\mathrm{Me^{z+},e}}}\right)^{1/z} \exp\left(-\frac{F\Delta\varphi_{\text{阴}}}{RT}\right) = k_-' \exp\left(-\frac{F\Delta\varphi_{\text{阴}}}{RT}\right) \tag{17.34}$$

式中，

$$k_-' = \left(\frac{a_{\mathrm{Me^{z+}}}}{a_{\mathrm{Me^{z+},e}}}\right)^{1/z} \approx \left(\frac{c_{\mathrm{Me^{z+}}}}{c_{\mathrm{Me^{z+},e}}}\right)^{1/z}$$

17.3.3　阳极电势

阳极反应达平衡，有

$$z\mathrm{X}^- \Longleftrightarrow \mathrm{X}_z + z\mathrm{e}$$

摩尔吉布斯自由能变化为

$$\Delta G_{\mathrm{m,阳,e}} = \mu_{\mathrm{X}_z} + z\mu_{\mathrm{e}} - z\mu_{\mathrm{X}^-} = \Delta G_{\mathrm{m,阳}}^{\ominus} + RT\ln\frac{1}{a_{\mathrm{X}^-,e}^z}$$

式中，

$$\Delta G_{\mathrm{m,阳}}^{\ominus} = \mu_{\mathrm{X}_z}^{\ominus} + z\mu_{\mathrm{e}}^{\ominus} - z\mu_{\mathrm{X}^-}^{\ominus}$$

$$\mu_{\mathrm{X}_z} = \mu_{\mathrm{X}_z}^{\ominus}$$

$$\mu_{\mathrm{e}} = \mu_{\mathrm{e}}^{\ominus}$$

$$\mu_{\mathrm{X}^-} = \mu_{\mathrm{X}^-}^{\ominus} + RT\ln a_{\mathrm{X}^-,e}$$

由

$$\varphi_{\text{阳,e}} = \frac{\Delta G_{\text{m,阳,e}}}{zF}$$

得

$$\varphi_{\text{阳,e}} = \varphi_{\text{阳}}^{\ominus} + \frac{RT}{zF} \ln \frac{1}{a_{X^-,e}^z} \tag{17.35}$$

式中,

$$\varphi_{\text{阳}}^{\ominus} = \frac{\Delta G_{\text{m,阳}}^{\ominus}}{zF} = \frac{\mu_{X_z}^{\ominus} + z\mu_{e}^{\ominus} - z\mu_{X^-}^{\ominus}}{zF}$$

阳极有电流通过,发生极化,阳极反应为

$$zX^- \rightleftharpoons X_z + ze$$

摩尔吉布斯自由能变化为

$$\Delta G_{\text{m,阳}} = \mu_{X_z} + z\mu_e - z\mu_{X^-} = \Delta G_{\text{m,阳}}^{\ominus} + RT \ln \frac{1}{a_{X^-}} + zRT \ln i$$

式中,

$$\Delta G_{\text{m,阳}}^{\ominus} = \mu_{X_z}^{\ominus} + z\mu_{e}^{\ominus} - z\mu_{X^-}^{\ominus}$$

$$\mu_{X_z} = \mu_{X_z}^{\ominus}$$

$$\mu_e = \mu_{e}^{\ominus} + RT \ln i$$

$$\mu_{X^-} = \mu_{X^-}^{\ominus} + RT \ln a_{X^-}$$

由

$$\varphi_{\text{阳}} = \frac{\Delta G_{\text{m,阳}}}{zF}$$

得

$$\varphi_{\text{阳}} = \varphi_{\text{阳}}^{\ominus} + \frac{RT}{F} \ln \frac{1}{a_{X^-}} + \frac{RT}{F} \ln i \tag{17.36}$$

式中,

$$\varphi_{\text{阳}}^{\ominus} = \frac{\Delta G_{\text{m,阳}}^{\ominus}}{zF} = \frac{\mu_{X_z}^{\ominus} + z\mu_{e}^{\ominus} - z\mu_{X^-}^{\ominus}}{zF}$$

由式(17.36)得

$$\ln i = \frac{F\varphi_{\text{阳}}}{RT} - \frac{F\varphi_{\text{阳}}^{\ominus}}{RT} + \ln a_{X^-}$$

则

$$i = a_{X^-} \exp\left(\frac{F\varphi_{\text{阳}}}{RT}\right) \exp\left(-\frac{F\varphi_{\text{阳}}^{\ominus}}{RT}\right) = k_+ \exp\left(\frac{F\varphi_{\text{阳}}}{RT}\right) \tag{17.37}$$

式中,

$$k_+ = a_{X^-} \exp\left(-\frac{F\varphi_{阳}^{\ominus}}{RT}\right) \approx c_{X^-} \exp\left(-\frac{F\varphi_{阳}^{\ominus}}{RT}\right)$$

17.3.4 阳极过电势

式 (17.36) −式 (17.35), 得

$$\Delta\varphi_{阳} = \varphi_{阳} - \varphi_{阳,e} = \frac{RT}{F}\ln\frac{a_{X^-,e}}{a_{X^-}} + \frac{RT}{F}\ln i \qquad (17.38)$$

由上式得

$$\ln i = \frac{F\Delta\varphi_{阳}}{RT} + \ln\frac{a_{X^-}}{a_{X^-,e}}$$

则

$$i = \frac{a_{X^-}}{a_{X^-,e}} \exp\left(\frac{F\Delta\varphi_{阳}}{RT}\right) = k_+' \exp\left(\frac{F\Delta\varphi_{阳}}{RT}\right) \qquad (17.39)$$

式中,

$$k_+' = \frac{a_{X^-}}{a_{X^-,e}} \approx \frac{c_{X^-}}{c_{X^-,e}}$$

17.3.5 电解池电动势

电解池反应达平衡, 有

$$MeX_z \Longrightarrow Me^{z+} + zX^- \Longrightarrow Me + X_z$$

摩尔吉布斯自由能变化为

$$\Delta G_{m,e} = \mu_{Me} + \mu_{X_z} - \mu_{Me^{z+}} - z\mu_{X^-} = \Delta G_m^{\ominus} + RT\ln\frac{1}{a_{Me^{z+},e} a_{X^-,e}^z}$$

式中,

$$\Delta G_m^{\ominus} = \mu_{Me}^{\ominus} + \mu_{X_z}^{\ominus} - \mu_{Me^{z+}}^{\ominus} - z\mu_{X^-}^{\ominus}$$

$$\mu_{Me} = \mu_{Me}^{\ominus}$$

$$\mu_{X_z} = \mu_{X_z}^{\ominus}$$

$$\mu_{Me^{z+}} = \mu_{Me^{z+}}^{\ominus} + RT\ln a_{Me^{z+},e}$$

$$\mu_{X^-} = \mu_{X^-}^{\ominus} + RT\ln a_{X^-,e}$$

由

$$E_{\mathrm{e}} = -\frac{\Delta G_{\mathrm{m,e}}}{zF}$$

得

$$E_{\mathrm{e}} = E^{\ominus} + \frac{RT}{zF}\ln(a_{\mathrm{Me}^{z+},\mathrm{e}}\,a_{\mathrm{X}^-,\mathrm{e}}^{z}) \qquad (17.40)$$

式中，

$$E^{\ominus} = -\frac{\Delta G_{\mathrm{m}}^{\ominus}}{zF} = -\frac{\mu_{\mathrm{Me}}^{\ominus} + \mu_{\mathrm{X}_z}^{\ominus} - \mu_{\mathrm{Me}^{z+}}^{\ominus} - z\mu_{\mathrm{X}^-}^{\ominus}}{zF}$$

并有

$$E_{\mathrm{e}} = -E_{\mathrm{e}}'$$

E_{e}' 为外加的平衡电动势。

电解池有电流通过，发生极化，有

$$\mathrm{MeX}_z \rightleftharpoons \mathrm{Me}^{z+} + z\mathrm{X}^- \rightleftharpoons \mathrm{Me} + \mathrm{X}_z$$

摩尔吉布斯自由能变化为

$$\Delta G_{\mathrm{m}} = \mu_{\mathrm{Me}} + \mu_{\mathrm{X}_z} - \mu_{\mathrm{Me}^{z+}} - z\mu_{\mathrm{X}^-} = \Delta G_{\mathrm{m}}^{\ominus} + RT\ln\frac{1}{a_{\mathrm{Me}^{z+}}a_{\mathrm{X}^-}^{z}}$$

式中，

$$\Delta G_{\mathrm{m}}^{\ominus} = \mu_{\mathrm{Me}}^{\ominus} + \mu_{\mathrm{X}_z}^{\ominus} - \mu_{\mathrm{Me}^{z+}}^{\ominus} - z\mu_{\mathrm{X}^-}^{\ominus}$$

$$\mu_{\mathrm{Me}} = \mu_{\mathrm{Me}}^{\ominus}$$

$$\mu_{\mathrm{X}_z} = \mu_{\mathrm{X}_z}^{\ominus}$$

$$\mu_{\mathrm{Me}^{z+}} = \mu_{\mathrm{Me}^{z+}}^{\ominus} + RT\ln a_{\mathrm{Me}^{z+}}$$

$$\mu_{\mathrm{X}^-} = \mu_{\mathrm{X}^-}^{\ominus} + RT\ln a_{\mathrm{X}^-}$$

由

$$E = -\frac{\Delta G_{\mathrm{m}}}{zF}$$

得

$$E = E^{\ominus} + \frac{RT}{zF}\ln(a_{\mathrm{Me}^{z+}}a_{\mathrm{X}^-}^{z}) \qquad (17.41)$$

式中，

$$E^{\ominus} = -\frac{\Delta G_{\mathrm{m}}^{\ominus}}{zF} = -\frac{\mu_{\mathrm{Me}}^{\ominus} + \mu_{\mathrm{X}_z}^{\ominus} - \mu_{\mathrm{Me}^{z+}}^{\ominus} - z\mu_{\mathrm{X}^-}^{\ominus}}{zF}$$

并有

$$E = -E'$$

E' 为外加电动势。

17.3.6　电解池过电势

式（17.41）−式（17.40），得

$$\Delta E' = E' - E_e' = \frac{RT}{zF} \ln \frac{a_{Me^{z+},e} a_{X^-,e}^z}{a_{Me^{z+}} a_{X^-}^z} \tag{17.42}$$

$$\begin{aligned}
\Delta E' = E' - E_e' \\
&= (\varphi_阳 - \varphi_阴) - (\varphi_{阳,e} - \varphi_{阴,e}) \\
&= (\varphi_阳 - \varphi_{阳,e}) - (\varphi_阴 - \varphi_{阴,e}) \\
&= \Delta\varphi_阳 - \Delta\varphi_阴
\end{aligned} \tag{17.43}$$

$$\Delta E' = E' - E_e'$$

$$E' = -E = -\left[E^\ominus + \frac{RT}{zF} \ln(a_{Me^{z+}} a_{X^-}^z) \right] = -E^\ominus - \frac{RT}{zF} \ln(a_{Me^{z+}} a_{X^-}^z)$$

$$E_e' = -E_e = -\left[E^\ominus + \frac{RT}{zF} \ln(a_{Me^{z+},e} a_{X^-,e}^z) \right] = -E^\ominus - \frac{RT}{zF} \ln(a_{Me^{z+},e} a_{X^-,e}^z)$$

$$\Delta E' = E' - E_e' = \frac{RT}{zF} \ln \frac{a_{Me^{z+},e} a_{X^-,e}^z}{a_{Me^{z+}} a_{X^-}^z} \tag{17.44}$$

$$E' = E_e' + \Delta E'$$

电池端电压为

$$V' = E' + IR_e = E_e' + \Delta E' + IR$$

17.4　电解固体 $MgCl_2$

电解池组成为

$$Cl_2 \mid MgCl_2 \mid Mg$$

阴极反应为

$$Mg^{2+} + 2e == Mg$$

阳极反应为

$$2Cl^- == Cl_2 + 2e$$

电解池反应为

$$MgCl_2 == Mg^{2+} + 2Cl^- == Mg + Cl_2$$

17.4.1　阴极电势

阴极反应达平衡，有

$$Mg^{2+} + 2e \Longleftrightarrow Mg$$

摩尔吉布斯自由能变化为

$$\Delta G_{m,阴,e} = \mu_{Mg} - \mu_{Mg^{2+}} - 2\mu_e = \Delta G_{m,阴}^{\ominus} + RT \ln \frac{1}{a_{Mg^{2+},e}}$$

式中，

$$\Delta G_{m,阴}^{\ominus} = \mu_{Mg}^{\ominus} - \mu_{Mg^{2+}}^{\ominus} - 2\mu_e^{\ominus}$$

$$\mu_{Mg} = \mu_{Mg}^{\ominus}$$

$$\mu_{Mg^{2+}} = \mu_{Mg^{2+}}^{\ominus} + RT \ln a_{Mg^{2+},e}$$

$$\mu_e = \mu_e^{\ominus}$$

由

$$\varphi_{阴,e} = -\frac{\Delta G_{m,阴,e}}{2F}$$

得

$$\varphi_{阴,e} = \varphi_{阴}^{\ominus} + \frac{RT}{2F} \ln a_{Mg^{2+},e} \tag{17.45}$$

式中，

$$\varphi_{阴}^{\ominus} = -\frac{\Delta G_{m,阴}^{\ominus}}{2F} = -\frac{\mu_{Mg}^{\ominus} - \mu_{Mg^{2+}}^{\ominus} - 2\mu_e^{\ominus}}{2F}$$

阴极有电流通过，发生极化，阴极反应为

$$Mg^{2+} + 2e \Longleftrightarrow Mg$$

摩尔吉布斯自由能变化为

$$\Delta G_{m,阴} = \mu_{Mg} - \mu_{Mg^{2+}} - 2\mu_e = \Delta G_{m,阴}^{\ominus} + RT \ln \frac{1}{a_{Mg^{2+}}} + 2RT \ln i$$

式中，

$$\Delta G_{m,阴}^{\ominus} = \mu_{Mg}^{\ominus} - \mu_{Mg^{2+}}^{\ominus} - 2\mu_e^{\ominus}$$

$$\mu_{Mg} = \mu_{Mg}^{\ominus}$$

$$\mu_{Mg^{2+}} = \mu_{Mg^{2+}}^{\ominus} + RT \ln a_{Mg^{2+}}$$

$$\mu_e = \mu_e^{\ominus} - RT \ln i$$

由

$$\varphi_{\text{阴}} = -\frac{\Delta G_{\text{m,阴}}}{2F}$$

得

$$\varphi_{\text{阴}} = \varphi_{\text{阴}}^{\ominus} + \frac{RT}{2F} \ln a_{\text{Mg}^{2+}} - \frac{RT}{F} \ln i \qquad （17.46）$$

式中，

$$\varphi_{\text{阴}}^{\ominus} = -\frac{\Delta G_{\text{m,阴}}^{\ominus}}{2F} = -\frac{\mu_{\text{Mg}}^{\ominus} - \mu_{\text{Mg}^{2+}}^{\ominus} - 2\mu_{\text{e}}^{\ominus}}{2F}$$

由式（17.46）得

$$\ln i = -\frac{F\varphi_{\text{阴}}}{RT} + \frac{F\varphi_{\text{阴}}^{\ominus}}{RT} + \frac{1}{2} \ln a_{\text{Mg}^{2+}}$$

则

$$i = a_{\text{Mg}^{2+}}^{1/2} \exp\left(-\frac{F\varphi_{\text{阴}}}{RT}\right) \exp\left(\frac{F\varphi_{\text{阴}}^{\ominus}}{RT}\right) = k_- \exp\left(-\frac{F\varphi_{\text{阴}}}{RT}\right) \qquad （17.47）$$

式中，

$$k_- = a_{\text{Mg}^{2+}}^{1/2} \exp\left(\frac{F\varphi_{\text{阴}}^{\ominus}}{RT}\right) \approx c_{\text{Mg}^{2+}}^{1/2} \exp\left(\frac{F\varphi_{\text{阴}}^{\ominus}}{RT}\right)$$

17.4.2　阴极过电势

式（17.46）-式（17.45），得

$$\Delta\varphi_{\text{阴}} = \varphi_{\text{阴}} - \varphi_{\text{阴,e}} = \frac{RT}{2F} \ln \frac{a_{\text{Mg}^{2+}}}{a_{\text{Mg}^{2+},\text{e}}} - \frac{RT}{F} \ln i$$

移项得

$$\ln i = -\frac{F\Delta\varphi_{\text{阴}}}{RT} + \frac{1}{2} \ln \frac{a_{\text{Mg}^{2+}}}{a_{\text{Mg}^{2+},\text{e}}}$$

则

$$i = \left(\frac{a_{\text{Mg}^{2+}}}{a_{\text{Mg}^{2+},\text{e}}}\right)^{1/2} \exp\left(-\frac{F\Delta\varphi_{\text{阴}}}{RT}\right) = k_-' \exp\left(-\frac{F\Delta\varphi_{\text{阴}}}{RT}\right) \qquad （17.48）$$

式中，

$$k_-' = \left(\frac{a_{\text{Mg}^{2+}}}{a_{\text{Mg}^{2+},\text{e}}}\right)^{1/2} \approx \left(\frac{c_{\text{Mg}^{2+}}}{c_{\text{Mg}^{2+},\text{e}}}\right)^{1/2}$$

17.4.3　阳极电势

阳极反应达平衡，有

$$2Cl^- \rightleftharpoons Cl_2 + 2e$$

摩尔吉布斯自由能变化为

$$\Delta G_{m,阳,e} = \mu_{Cl_2} + 2\mu_e - 2\mu_{Cl^-} = \Delta G_{m,阳}^{\ominus} + 2RT \ln \frac{1}{a_{Cl^-,e}}$$

式中，

$$\Delta G_{m,阳}^{\ominus} = \mu_{Cl_2}^{\ominus} + 2\mu_e^{\ominus} - 2\mu_{Cl^-}^{\ominus}$$

$$\mu_{Cl_2} = \mu_{Cl_2}^{\ominus}$$

$$\mu_e = \mu_e^{\ominus}$$

$$\mu_{Cl^-} = \mu_{Cl^-}^{\ominus} + RT \ln a_{Cl^-,e}$$

由

$$\varphi_{阳,e} = \frac{\Delta G_{m,阳,e}}{2F}$$

得

$$\varphi_{阳,e} = \varphi_{阳}^{\ominus} + \frac{RT}{F} \ln \frac{1}{a_{Cl^-,e}} \qquad (17.49)$$

式中，

$$\varphi_{阳}^{\ominus} = \frac{\Delta G_{m,阳}^{\ominus}}{2F} = \frac{\mu_{Cl_2}^{\ominus} + 2\mu_e^{\ominus} - 2\mu_{Cl^-}^{\ominus}}{2F}$$

阳极有电流通过，发生极化，阳极反应为

$$2Cl^- = Cl_2 + 2e$$

摩尔吉布斯自由能变化为

$$\Delta G_{m,阳,e} = \mu_{Cl_2} + 2\mu_e - 2\mu_{Cl^-} = \Delta G_{m,阳}^{\ominus} + 2RT \ln \frac{1}{a_{Cl^-}} + 2RT \ln i \qquad (17.50)$$

式中，

$$\Delta G_{m,阳}^{\ominus} = \mu_{Cl_2}^{\ominus} + 2\mu_e^{\ominus} - 2\mu_{Cl^-}^{\ominus}$$

$$\mu_{Cl_2} = \mu_{Cl_2}^{\ominus}$$

$$\mu_e = \mu_e^{\ominus} + RT \ln i$$

$$\mu_{Cl^-} = \mu_{Cl^-}^{\ominus} + RT \ln a_{Cl^-}$$

由

$$\varphi_{阳} = \frac{\Delta G_{m,阳,e}}{2F}$$

得

$$\varphi_{阳} = \varphi_{阳}^{\ominus} + \frac{RT}{F}\ln\frac{1}{a_{Cl^-}} + \frac{RT}{F}\ln i \qquad (17.51)$$

式中，

$$\varphi_{阳}^{\ominus} = \frac{\Delta G_{m,阳}^{\ominus}}{2F} = \frac{\mu_{Cl_2}^{\ominus} + 2\mu_e^{\ominus} - 2\mu_{Cl^-}^{\ominus}}{2F}$$

由式（17.51）得

$$\ln i = \frac{F\varphi_{阳}}{RT} - \frac{F\varphi_{阳}^{\ominus}}{RT} + \ln a_{Cl^-}$$

则

$$i = a_{Cl^-}\exp\left(\frac{F\varphi_{阳}}{RT}\right)\exp\left(-\frac{F\varphi_{阳}^{\ominus}}{RT}\right) = k_+\exp\left(\frac{F\varphi_{阳}}{RT}\right) \qquad (17.52)$$

式中，

$$k_+ = a_{Cl^-}\exp\left(-\frac{F\varphi_{阳}^{\ominus}}{RT}\right) \approx c_{Cl^-}\exp\left(-\frac{F\varphi_{阳}^{\ominus}}{RT}\right)$$

17.4.4　阳极过电势

式（17.51）–式（17.50），得

$$\Delta\varphi_{阳} = \varphi_{阳} - \varphi_{阳,e} = \frac{RT}{F}\ln\frac{a_{Cl^-,e}}{a_{Cl^-}} + \frac{RT}{F}\ln i \qquad (17.53)$$

由上式得

$$\ln i = \frac{F\Delta\varphi_{阳}}{RT} - \ln\frac{a_{Cl^-,e}}{a_{Cl^-}}$$

则

$$i = \frac{a_{Cl^-}}{a_{Cl^-,e}}\exp\left(\frac{F\Delta\varphi_{阳}}{RT}\right) = k_+'\exp\left(\frac{F\Delta\varphi_{阳}}{RT}\right) \qquad (17.54)$$

式中，

$$k_+' = \frac{a_{Cl^-}}{a_{Cl^-,e}} \approx \frac{c_{Cl^-}}{c_{Cl^-,e}}$$

17.4.5　电解池电动势

电解池反应达平衡，有

$$MgCl_2 \Longrightarrow Mg^{2+} + 2Cl^- \Longrightarrow Mg + Cl_2$$

摩尔吉布斯自由能变化为

$$\Delta G_{m,e} = \mu_{Mg} + \mu_{Cl_2} - \mu_{Mg^{2+}} - 2\mu_{Cl^-} = \Delta G_m^\ominus + RT \ln \frac{p_{Cl_2,e}}{a_{Mg^{2+},e} a_{Cl^-,e}^2}$$

式中，

$$\Delta G_m^\ominus = \mu_{Mg}^\ominus + \mu_{Cl_2}^\ominus - \mu_{Mg^{2+}}^\ominus - 2\mu_{Cl^-}^\ominus$$

$$\mu_{Mg} = \mu_{Mg}^\ominus$$

$$\mu_{Cl_2} = \mu_{Cl_2}^\ominus + RT \ln p_{Cl_2,e}$$

$$\mu_{Mg^{2+}} = \mu_{Mg^{2+}}^\ominus + RT \ln a_{Mg^{2+},e}$$

$$\mu_{Cl^-} = \mu_{Cl^-}^\ominus + RT \ln a_{Cl^-,e}$$

由

$$E_e = -\frac{\Delta G_{m,e}}{2F}$$

得

$$E_e = E^\ominus + \frac{RT}{2F} \ln \frac{a_{Mg^{2+},e} a_{Cl^-,e}^2}{p_{Cl_2,e}} \tag{17.55}$$

式中，

$$E^\ominus = -\frac{\Delta G_m^\ominus}{2F} = -\frac{\mu_{Mg}^\ominus + \mu_{Cl_2}^\ominus - \mu_{Mg^{2+}}^\ominus - 2\mu_{Cl^-}^\ominus}{2F}$$

并有

$$E_e = -E_e'$$

式中，E_e' 为外加的平衡电动势。

电解池有电流通过，发生极化，有

$$MgCl_2 \Longrightarrow Mg^{2+} + 2Cl^- \Longrightarrow Mg + Cl_2$$

摩尔吉布斯自由能变化为

$$\Delta G_m = \mu_{Mg} + \mu_{Cl_2} - \mu_{Mg^{2+}} - 2\mu_{Cl^-} = \Delta G_m^\ominus + RT \ln \frac{p_{Cl_2}}{a_{Mg^{2+}} a_{Cl^-}^2}$$

式中，

$$\Delta G_m^\ominus = \mu_{Mg}^\ominus + \mu_{Cl_2}^\ominus - \mu_{Mg^{2+}}^\ominus - 2\mu_{Cl^-}^\ominus$$

$$\mu_{Mg} = \mu_{Mg}^{\ominus}$$

$$\mu_{Cl_2} = \mu_{Cl_2}^{\ominus} + RT \ln p_{Cl_2}$$

$$\mu_{Mg^{2+}} = \mu_{Mg^{2+}}^{\ominus} + RT \ln a_{Mg^{2+}}$$

$$\mu_{Cl^-} = \mu_{Cl^-}^{\ominus} + RT \ln a_{Cl^-}$$

由

$$E = -\frac{\Delta G_m}{2F}$$

得

$$E = E^{\ominus} + \frac{RT}{2F} \ln \frac{a_{Mg^{2+}} a_{Cl^-}^2}{p_{Cl_2}} \qquad （17.56）$$

式中，

$$E^{\ominus} = -\frac{\Delta G_m^{\ominus}}{2F} = -\frac{\mu_{Mg}^{\ominus} + \mu_{Cl_2}^{\ominus} - \mu_{Mg^{2+}}^{\ominus} - 2\mu_{Cl^-}^{\ominus}}{2F}$$

并有

$$E = -E'$$

E' 为外加电动势。

17.4.6　电解池过电势

$$\begin{aligned} \Delta E' = E' - E_e' \\ = (\varphi_{阳} - \varphi_{阴}) - (\varphi_{阳,e} - \varphi_{阴,e}) \\ = (\varphi_{阳} - \varphi_{阳,e}) - (\varphi_{阴} - \varphi_{阴,e}) \\ = \Delta \varphi_{阳} - \Delta \varphi_{阴} \qquad （17.57） \end{aligned}$$

$$\Delta E' = E' - E_e'$$

$$E' = -E = -E^{\ominus} - \frac{RT}{2F} \ln \frac{a_{Mg^{2+}} a_{Cl^-}^2}{p_{Cl_2}}$$

$$E_e' = -E_e = -E^{\ominus} - \frac{RT}{2F} \ln \frac{a_{Mg^{2+},e} a_{Cl^-,e}^2}{p_{Cl_2,e}}$$

$$\Delta E' = E' - E_e' = \frac{RT}{2F} \ln \frac{a_{Mg^{2+},e} a_{Cl^-,e}^2 p_{Cl_2}}{p_{Cl_2,e} a_{Mg^{2+}} a_{Cl^-}^2} \qquad （17.58）$$

$$E' = E_e' + \Delta E'$$

端电压为

$$V' = E' + IR = E_e' + \Delta E' + IR \qquad （17.59）$$

17.5 电解固体 TiO_2

电解池组成为

$$O_2 \mid TiO_2 \mid Ti$$

阴极反应为

$$Ti^{4+} + 4e === Ti$$

阳极反应为

$$2O^{2-} === O_2 + 4e$$

电解池反应为

$$Ti^{4+} + 2O^{2-} === Ti + O_2$$

17.5.1 阴极电势

阴极反应达平衡，有

$$Ti^{4+} + 4e \rightleftharpoons Ti$$

摩尔吉布斯自由能变化为

$$\Delta G_{m,阴,e} = \mu_{Ti} - \mu_{Ti^{4+}} - 4\mu_e = \Delta G_{m,阴}^{\ominus} + RT \ln \frac{1}{a_{Ti^{4+},e}}$$

式中，

$$\Delta G_{m,阴}^{\ominus} = \mu_{Ti}^{\ominus} - \mu_{Ti^{4+}}^{\ominus} - 4\mu_e^{\ominus}$$

$$\mu_{Ti} = \mu_{Ti}^{\ominus}$$

$$\mu_{Ti^{4+}} = \mu_{Ti^{4+}}^{\ominus} + RT \ln a_{Ti^{4+},e}$$

$$\mu_e = \mu_e^{\ominus}$$

由

$$\varphi_{阴,e} = -\frac{\Delta G_{m,阴,e}}{4F}$$

得

$$\varphi_{阴,e} = \varphi_{阴}^{\ominus} + \frac{RT}{4F} \ln a_{Ti^{4+},e} \qquad (17.60)$$

式中，

$$\varphi_{阴}^{\ominus} = -\frac{\Delta G_{m,阴}^{\ominus}}{4F} = -\frac{\mu_{Ti}^{\ominus} - \mu_{Ti^{4+}}^{\ominus} - 4\mu_e^{\ominus}}{4F}$$

阴极有电流通过，发生极化，阴极反应为

$$Ti^{4+} + 4e \Longrightarrow Ti$$

摩尔吉布斯自由能变化为

$$\Delta G_{m,阴} = \mu_{Ti} - \mu_{Ti^{4+}} - 4\mu_e = \Delta G_{m,阴}^{\ominus} + RT \ln \frac{1}{a_{Ti^{4+}}} + 4RT \ln i$$

式中，

$$\Delta G_{m,阴}^{\ominus} = \mu_{Ti}^{\ominus} - \mu_{Ti^{4+}}^{\ominus} - 4\mu_e^{\ominus}$$

$$\mu_{Ti} = \mu_{Ti}^{\ominus}$$

$$\mu_{Ti^{4+}} = \mu_{Ti^{4+}}^{\ominus} + RT \ln a_{Ti^{4+}}$$

$$\mu_e = \mu_e^{\ominus} - RT \ln i$$

由

$$\varphi_{阴} = -\frac{\Delta G_{m,阴}}{4F}$$

得

$$\varphi_{阴} = \varphi_{阴}^{\ominus} + \frac{RT}{4F} \ln a_{Ti^{4+}} - \frac{RT}{F} \ln i \tag{17.61}$$

式中，

$$\varphi_{阴}^{\ominus} = -\frac{\Delta G_{m,阴}^{\ominus}}{4F} = -\frac{\mu_{Ti}^{\ominus} - \mu_{Ti^{4+}}^{\ominus} - 4\mu_e^{\ominus}}{4F}$$

由式（17.61）得

$$\ln i = -\frac{F\varphi_{阴}}{RT} + \frac{F\varphi_{阴}^{\ominus}}{RT} + \frac{1}{4} \ln a_{Ti^{4+}}$$

则

$$i = a_{Ti^{4+}}^{1/4} \exp\left(-\frac{F\varphi_{阴}}{RT}\right) \exp\left(\frac{F\varphi_{阴}^{\ominus}}{RT}\right) = k_- \exp\left(-\frac{F\varphi_{阴}}{RT}\right) \tag{17.62}$$

式中，

$$k_- = a_{Ti^{4+}}^{1/4} \exp\left(\frac{F\varphi_{阴}^{\ominus}}{RT}\right) \approx c_{Ti^{4+}}^{1/4} \exp\left(\frac{F\varphi_{阴}^{\ominus}}{RT}\right)$$

17.5.2　阴极过电势

式（17.61）–式（17.60），得

$$\Delta\varphi_{阴} = \varphi_{阴} - \varphi_{阴,e} = \frac{RT}{4F} \ln \frac{a_{Ti^{4+}}}{a_{Ti^{4+},e}} - \frac{RT}{F} \ln i \tag{17.63}$$

移项得

$$\ln i = -\frac{F\Delta\varphi_{\text{阴}}}{RT} + \frac{1}{4}\ln\frac{a_{\text{Ti}^{4+}}}{a_{\text{Ti}^{4+},\text{e}}}$$

则

$$i = \left(\frac{a_{\text{Ti}^{4+}}}{a_{\text{Ti}^{4+},\text{e}}}\right)^{1/4}\exp\left(-\frac{F\Delta\varphi_{\text{阴}}}{RT}\right) = k'_-\exp\left(-\frac{F\Delta\varphi_{\text{阴}}}{RT}\right) \tag{17.64}$$

式中，

$$k'_- = \left(\frac{a_{\text{Ti}^{4+}}}{a_{\text{Ti}^{4+},\text{e}}}\right)^{1/4} \approx \left(\frac{c_{\text{Ti}^{4+}}}{c_{\text{Ti}^{4+},\text{e}}}\right)^{1/4}$$

17.5.3　阳极电势

阳极反应达平衡，有

$$2O^{2-} \xrightleftharpoons{\hspace{1cm}} O_2 + 4e$$

摩尔吉布斯自由能变化为

$$\Delta G_{\text{m,阳,e}} = \mu_{O_2} + 4\mu_e - 2\mu_{O^{2-}} = \Delta G^{\ominus}_{\text{m,阳}} + RT\ln\frac{1}{a^2_{O^{2-},\text{e}}}$$

式中，

$$\Delta G^{\ominus}_{\text{m,阳}} = \mu^{\ominus}_{O_2} + 4\mu^{\ominus}_e - 2\mu^{\ominus}_{O^{2-}}$$

$$\mu_{O_2} = \mu^{\ominus}_{O_2}$$

$$\mu_e = \mu^{\ominus}_e$$

$$\mu_{O^{2-}} = \mu^{\ominus}_{O^{2-}} + RT\ln a_{O^{2-},\text{e}}$$

由

$$\varphi_{\text{阳,e}} = \frac{\Delta G_{\text{m,阳,e}}}{4F}$$

得

$$\varphi_{\text{阳,e}} = \varphi^{\ominus}_{\text{阳}} + \frac{RT}{4F}\ln\frac{1}{a^2_{O^{2-},\text{e}}} \tag{17.65}$$

式中，

$$\varphi^{\ominus}_{\text{阳}} = \frac{\Delta G^{\ominus}_{\text{m,阳}}}{4F} = \frac{\mu^{\ominus}_{O_2} + 4\mu^{\ominus}_e - 2\mu^{\ominus}_{O^{2-}}}{4F}$$

阳极有电流通过，发生极化，阳极反应为

$$2O^{2-} \xrightleftharpoons{\hspace{1cm}} O_2 + 4e$$

摩尔吉布斯自由能变化为

$$\Delta G_{m,阳} = \mu_{O_2} + 4\mu_e - 2\mu_{O^{2-}} = \Delta G_{m,阳}^{\ominus} + RT\ln\frac{1}{a_{O^{2-}}^2} + 4RT\ln i$$

式中，

$$\Delta G_{m,阳}^{\ominus} = \mu_{O_2}^{\ominus} + 4\mu_e^{\ominus} - 2\mu_{O^{2-}}^{\ominus}$$

$$\mu_{O_2} = \mu_{O_2}^{\ominus}$$

$$\mu_e = \mu_e^{\ominus} + RT\ln i$$

$$\mu_{O^{2-}} = \mu_{O^{2-}}^{\ominus} + RT\ln a_{O^{2-}}$$

由

$$\varphi_{阳} = \frac{\Delta G_{m,阳}}{4F}$$

得

$$\varphi_{阳} = \varphi_{阳}^{\ominus} + \frac{RT}{2F}\ln\frac{1}{a_{O^{2-}}} + \frac{RT}{F}\ln i \qquad (17.66)$$

式中，

$$\varphi_{阳}^{\ominus} = \frac{\Delta G_{m,阳}^{\ominus}}{4F} = \frac{\mu_{O_2}^{\ominus} + 4\mu_e^{\ominus} - 2\mu_{O^{2-}}^{\ominus}}{4F}$$

由式（17.66）得

$$\ln i = \frac{F\varphi_{阳}}{RT} - \frac{F\varphi_{阳}^{\ominus}}{RT} + \frac{1}{2}\ln a_{O^{2-}}$$

则

$$i = a_{O^{2-}}^{1/2}\exp\left(\frac{F\varphi_{阳}}{RT}\right)\exp\left(-\frac{F\varphi_{阳}^{\ominus}}{RT}\right) = k_+\exp\left(\frac{F\varphi_{阳}}{RT}\right) \qquad (17.67)$$

式中，

$$k_+ = a_{O^{2-}}^{1/2}\exp\left(-\frac{F\varphi_{阳}^{\ominus}}{RT}\right) \approx c_{O^{2-}}^{1/2}\exp\left(-\frac{F\varphi_{阳}^{\ominus}}{RT}\right)$$

17.5.4 阳极过电势

式（17.66）–式（17.65），得

$$\Delta\varphi_{阳} = \varphi_{阳} - \varphi_{阳,e} = \frac{RT}{2F}\ln\frac{a_{O^{2-},e}}{a_{O^{2-}}} + \frac{RT}{F}\ln i \qquad (17.68)$$

由上式得

$$\ln i = \frac{F\Delta\varphi_{阻}}{RT} + \frac{1}{2}\ln\frac{a_{O^{2-}}}{a_{O^{2-},e}}$$

则

$$i = \left(\frac{a_{O^{2-}}}{a_{O^{2-},e}}\right)^{1/2}\exp\left(\frac{F\Delta\varphi_{阻}}{RT}\right) = k'_+\exp\left(\frac{F\Delta\varphi_{阻}}{RT}\right)\qquad（17.69）$$

式中，

$$k'_+ = \left(\frac{a_{O^{2-}}}{a_{O^{2-},e}}\right)^{1/2} \approx \left(\frac{c_{O^{2-}}}{c_{O^{2-},e}}\right)^{1/2}$$

17.5.5　电解池电动势

电解池反应达平衡，有

$$Ti^{4+} + 2O^{2-} \rightleftharpoons Ti + O_2$$

摩尔吉布斯自由能变化为

$$\Delta G_{m,e} = \mu_{Ti} + \mu_{O_2} - \mu_{Ti^{4+}} - 2\mu_{O^{2-}} = \Delta G_m^{\ominus} + RT\ln\frac{p_{O_2,e}}{a_{Ti^{4+},e}a_{O^{2-},e}^2}$$

式中，

$$\Delta G_m^{\ominus} = \mu_{Ti}^{\ominus} + \mu_{O_2}^{\ominus} - \mu_{Ti^{4+}}^{\ominus} - 2\mu_{O^{2-}}^{\ominus}$$
$$\mu_{Ti} = \mu_{Ti}^{\ominus}$$
$$\mu_{O_2} = \mu_{O_2}^{\ominus} + RT\ln p_{O_2,e}$$
$$\mu_{Ti^{4+}} = \mu_{Ti^{4+}}^{\ominus} + RT\ln a_{Ti^{4+},e}$$
$$\mu_{O^{2-}} = \mu_{O^{2-}}^{\ominus} + RT\ln a_{O^{2-},e}$$

由

$$E_e = -\frac{\Delta G_{m,e}}{4F}$$

得

$$E_e = E^{\ominus} + \frac{RT}{4F}\ln\frac{a_{Ti^{4+},e}a_{O^{2-},e}^2}{p_{O_2,e}}\qquad（17.70）$$

式中，

$$E^{\ominus} = -\frac{\Delta G_m^{\ominus}}{4F} = -\frac{\mu_{Ti}^{\ominus} + \mu_{O_2}^{\ominus} - \mu_{Ti^{4+}}^{\ominus} - 2\mu_{O^{2-}}^{\ominus}}{4F}$$

$$E'_e = -E_e \ (E'_e \text{为外加平衡电动势})$$

电解池有电流通过，发生极化，电解池反应为

$$Ti^{4+} + 2O^{2-} \rightleftharpoons Ti + O_2$$

摩尔吉布斯自由能变化为

$$\Delta G_m = \mu_{Ti} + \mu_{O_2} - \mu_{Ti^{4+}} - 2\mu_{O^{2-}} = \Delta G_m^{\ominus} + RT \ln \frac{p_{O_2}}{a_{Ti^{4+}} a_{O^{2-}}^2}$$

式中，

$$\Delta G_m^{\ominus} = \mu_{Ti}^{\ominus} + \mu_{O_2}^{\ominus} - \mu_{Ti^{4+}}^{\ominus} - 2\mu_{O^{2-}}^{\ominus}$$

$$\mu_{Ti} = \mu_{Ti}^{\ominus}$$

$$\mu_{O_2} = \mu_{O_2}^{\ominus} + RT \ln p_{O_2}$$

$$\mu_{Ti^{4+}} = \mu_{Ti^{4+}}^{\ominus} + RT \ln a_{Ti^{4+}}$$

$$\mu_{O^{2-}} = \mu_{O^{2-}}^{\ominus} + RT \ln a_{O^{2-}}$$

由

$$E = -\frac{\Delta G_m}{4F}$$

得

$$E = E^{\ominus} + \frac{RT}{4F} \ln \frac{a_{Ti^{4+}} a_{O^{2-}}^2}{p_{O_2}} \tag{17.71}$$

式中，

$$E^{\ominus} = -\frac{\Delta G_m^{\ominus}}{4F} = -\frac{\mu_{Ti}^{\ominus} + \mu_{O_2}^{\ominus} - \mu_{Ti^{4+}}^{\ominus} - 2\mu_{O^{2-}}^{\ominus}}{4F}$$

并有

$$E = -E'$$

E' 为外加电动势。

17.5.6　电解池过电势

$$\begin{aligned} \Delta E' &= E' - E'_e \\ &= (\varphi_{阳} - \varphi_{阴}) - (\varphi_{阳,e} - \varphi_{阴,e}) \\ &= (\varphi_{阳} - \varphi_{阳,e}) - (\varphi_{阴} - \varphi_{阴,e}) \\ &= \Delta\varphi_{阳} - \Delta\varphi_{阴} \end{aligned} \tag{17.72}$$

$$E' = -E = -\left(E^{\ominus} + \frac{RT}{4F} \ln \frac{a_{Ti^{4+}} a_{O^{2-}}^2}{p_{O_2}}\right) = -E^{\ominus} - \frac{RT}{4F} \ln \frac{a_{Ti^{4+}} a_{O^{2-}}^2}{p_{O_2}}$$

$$E'_e = -E_e = -\left(E^{\ominus} + \frac{RT}{4F} \ln \frac{a_{Ti^{4+},e} a^2_{O^{2-},e}}{p_{O_2,e}} \right) = -E^{\ominus} - \frac{RT}{4F} \ln \frac{a_{Ti^{4+},e} a^2_{O^{2-},e}}{p_{O_2,e}}$$

$$\Delta E' = E' - E'_e = \frac{RT}{4F} \ln \frac{p_{O_2} a_{Ti^{4+},e} a^2_{O^{2-},e}}{a_{Ti^{4+}} a^2_{O^{2-}} p_{O_2,e}} \tag{17.73}$$

端电压为

$$V' = E' + IR = E'_e + \Delta E' + IR \tag{17.74}$$

17.6　电解 CaS

电解池组成为

$$\frac{1}{2}S_2 \,|\, CaS \,|\, Ca$$

阴极反应为

$$Ca^{2+} + 2e == Ca$$

阳极反应为

$$S^{2-} - 2e == \frac{1}{2}S_2(气)$$

电解池反应为

$$CaS == Ca^{2+} + S^{2-} == Ca + \frac{1}{2}S_2(气)$$

17.6.1　阴极电势

阴极反应达平衡，有

$$Ca^{2+} + 2e \rightleftharpoons Ca$$

摩尔吉布斯自由能变化为

$$\Delta G_{m,阴,e} = \mu_{Ca} - \mu_{Ca^{2+}} - 2\mu_e = \Delta G^{\ominus}_{m,阴} + RT \ln \frac{1}{a_{Ca^{2+},e}}$$

式中，

$$\Delta G^{\ominus}_{m,阴} = \mu^{\ominus}_{Ca} - \mu^{\ominus}_{Ca^{2+}} - 2\mu^{\ominus}_e$$

$$\mu_{Ca} = \mu^{\ominus}_{Ca}$$

$$\mu_{Ca^{2+}} = \mu^{\ominus}_{Ca^{2+}} + RT \ln a_{Ca^{2+},e}$$

$$\mu_e = \mu^{\ominus}_e$$

由

$$\varphi_{阴,e} = -\frac{\Delta G_{m,阴,e}}{2F}$$

得

$$\varphi_{阴,e} = \varphi_{阴}^{\ominus} + \frac{RT}{2F}\ln a_{Ca^{2+},e} \tag{17.75}$$

式中,

$$\varphi_{阴}^{\ominus} = -\frac{\Delta G_{m,阴}^{\ominus}}{2F} = -\frac{\mu_{Ca}^{\ominus} - \mu_{Ca^{2+}}^{\ominus} - 2\mu_e^{\ominus}}{2F}$$

阴极有电流通过,发生极化,阴极反应为

$$Ca^{2+} + 2e \stackrel{}{=\!=\!=} Ca$$

摩尔吉布斯自由能变化为

$$\Delta G_{m,阴} = \mu_{Ca} - \mu_{Ca^{2+}} - 2\mu_e = \Delta G_{m,阴}^{\ominus} + RT\ln\frac{1}{a_{Ca^{2+}}} + 2RT\ln i$$

式中,

$$\Delta G_{m,阴}^{\ominus} = \mu_{Ca}^{\ominus} - \mu_{Ca^{2+}}^{\ominus} - 2\mu_e^{\ominus}$$

$$\mu_{Ca} = \mu_{Ca}^{\ominus}$$

$$\mu_{Ca^{2+}} = \mu_{Ca^{2+}}^{\ominus} + RT\ln a_{Ca^{2+}}$$

$$\mu_e = \mu_e^{\ominus} - RT\ln i$$

由

$$\varphi_{阴} = -\frac{\Delta G_{m,阴}}{2F}$$

得

$$\varphi_{阴} = \varphi_{阴}^{\ominus} + \frac{RT}{2F}\ln a_{Ca^{2+}} - \frac{RT}{F}\ln i \tag{17.76}$$

式中,

$$\varphi_{阴}^{\ominus} = -\frac{\Delta G_{m,阴}^{\ominus}}{2F} = -\frac{\mu_{Ca}^{\ominus} - \mu_{Ca^{2+}}^{\ominus} - 2\mu_e^{\ominus}}{2F}$$

由式（17.76）得

$$\ln i = -\frac{F\varphi_{阴}}{RT} + \frac{F\varphi_{阴}^{\ominus}}{RT} + \frac{1}{2}\ln a_{Ca^{2+}}$$

则

$$i = a_{Ca^{2+}}^{1/2}\exp\left(-\frac{F\varphi_{阴}}{RT}\right)\exp\left(\frac{F\varphi_{阴}^{\ominus}}{RT}\right) = k_-\exp\left(-\frac{F\varphi_{阴}}{RT}\right) \tag{17.77}$$

式中,

$$k_- = a_{Ca^{2+}}^{1/2} \exp\left(\frac{F\varphi_{阴}^{\ominus}}{RT}\right) \approx c_{Ca^{2+}}^{1/2} \exp\left(\frac{F\varphi_{阴}^{\ominus}}{RT}\right)$$

17.6.2　阴极过电势

式（17.76）-式（17.75），得

$$\Delta\varphi_{阴} = \varphi_{阴} - \varphi_{阴,e} = \frac{RT}{2F}\ln\frac{a_{Ca^{2+}}}{a_{Ca^{2+},e}} - \frac{RT}{F}\ln i \qquad （17.78）$$

移项得

$$\ln i = -\frac{F\Delta\varphi_{阴}}{RT} + \frac{1}{2}\ln\frac{a_{Ca^{2+}}}{a_{Ca^{2+},e}}$$

则

$$i = \left(\frac{a_{Ca^{2+}}}{a_{Ca^{2+},e}}\right)^{1/2} \exp\left(-\frac{F\Delta\varphi_{阴}}{RT}\right) = k_-' \exp\left(-\frac{F\Delta\varphi_{阴}}{RT}\right) \qquad （17.79）$$

式中，

$$k_-' = \left(\frac{a_{Ca^{2+}}}{a_{Ca^{2+},e}}\right)^{1/2} \approx \left(\frac{c_{Ca^{2+}}}{c_{Ca^{2+},e}}\right)^{1/2}$$

17.6.3　阳极电势

阳极反应达平衡，有

$$S^{2-} - 2e \Longrightarrow \frac{1}{2}S_{2(气)}$$

摩尔吉布斯自由能变化为

$$\Delta G_{m,阳,e} = \frac{1}{2}\mu_{S_{2(气)}} - \mu_{S^{2-}} + 2\mu_e = \Delta G_{m,阳}^{\ominus} + RT\ln\frac{p_{S_2,e}^{1/2}}{a_{S^{2-},e}}$$

式中，

$$\Delta G_{m,阳}^{\ominus} = \frac{1}{2}\mu_{S_2}^{\ominus} - \mu_{S^{2-}}^{\ominus} + 2\mu_e^{\ominus}$$

$$\mu_{S_{2(气)}} = \mu_{S_2}^{\ominus} + RT\ln p_{S_2,e}$$

$$\mu_{S^{2-}} = \mu_{S^{2-}}^{\ominus} + RT\ln a_{S^{2-},e}$$

$$\mu_e = \mu_e^{\ominus}$$

由

$$\varphi_{\text{阳,e}} = \frac{\Delta G_{\text{m,阳,e}}}{2F}$$

得

$$\varphi_{\text{阳,e}} = \varphi_{\text{阳}}^{\ominus} + \frac{RT}{2F}\ln\frac{p_{\text{S}_2,\text{e}}^{1/2}}{a_{\text{S}^{2-},\text{e}}} \tag{17.80}$$

式中，

$$\varphi_{\text{阳}}^{\ominus} = \frac{\Delta G_{\text{m,阳}}^{\ominus}}{2F} = \frac{\dfrac{1}{2}\mu_{\text{S}_2}^{\ominus} - \mu_{\text{S}^{2-}}^{\ominus} + 2\mu_{\text{e}}^{\ominus}}{2F}$$

阳极有电流通过，发生极化，阳极反应为

$$\text{S}^{2-} - 2\text{e} = \frac{1}{2}\text{S}_{2(气)}$$

摩尔吉布斯自由能变化为

$$\Delta G_{\text{m,阳}} = \frac{1}{2}\mu_{\text{S}_{2(气)}} - \mu_{\text{S}^{2-}} + 2\mu_{\text{e}} = \Delta G_{\text{m,阳}}^{\ominus} + RT\ln\frac{p_{\text{S}_2}^{1/2}}{a_{\text{S}^{2-}}} + 2RT\ln i$$

式中，

$$\Delta G_{\text{m,阳}}^{\ominus} = \frac{1}{2}\mu_{\text{S}_2}^{\ominus} - \mu_{\text{S}^{2-}}^{\ominus} + 2\mu_{\text{e}}^{\ominus}$$

$$\mu_{\text{S}_{2(气)}} = \mu_{\text{S}_2}^{\ominus} + RT\ln p_{\text{S}_2}$$

$$\mu_{\text{S}^{2-}} = \mu_{\text{S}^{2-}}^{\ominus} + RT\ln a_{\text{S}^{2-}}$$

$$\mu_{\text{e}} = \mu_{\text{e}}^{\ominus} + RT\ln i$$

由

$$\varphi_{\text{阳}} = \frac{\Delta G_{\text{m,阳}}}{2F}$$

得

$$\varphi_{\text{阳}} = \varphi_{\text{阳}}^{\ominus} + \frac{RT}{2F}\ln\frac{p_{\text{S}_2}^{1/2}}{a_{\text{S}^{2-}}} + \frac{RT}{F}\ln i \tag{17.81}$$

式中，

$$\varphi_{\text{阳}}^{\ominus} = \frac{\Delta G_{\text{m,阳}}^{\ominus}}{2F} = \frac{\dfrac{1}{2}\mu_{\text{S}_2}^{\ominus} - \mu_{\text{S}^{2-}}^{\ominus} + 2\mu_{\text{e}}^{\ominus}}{2F}$$

由式（17.81）得

$$\ln i = \frac{F\varphi_{\text{阳}}}{RT} - \frac{F\varphi_{\text{阳}}^{\ominus}}{RT} - \frac{1}{2}\ln\frac{p_{\text{S}_2}^{1/2}}{a_{\text{S}^{2-}}}$$

则

$$i = \left(\frac{a_{S^{2-}}}{p_{S_2}^{1/2}} \right)^{1/2} \exp\left(\frac{F\varphi_{阳}}{RT} \right) \exp\left(-\frac{F\varphi_{阳}^{\ominus}}{RT} \right) = k_+ \exp\left(\frac{F\varphi_{阳}}{RT} \right) \qquad (17.82)$$

式中，

$$k_+ = \left(\frac{a_{S^{2-}}}{p_{S_2}^{1/2}} \right)^{1/2} \exp\left(-\frac{F\varphi_{阳}^{\ominus}}{RT} \right) \approx \left(\frac{c_{S^{2-}}}{p_{S_2}^{1/2}} \right)^{1/2} \exp\left(-\frac{F\varphi_{阳}^{\ominus}}{RT} \right)$$

17.6.4　阳极过电势

式（17.81）–式（17.80），得

$$\Delta\varphi_{阳} = \varphi_{阳} - \varphi_{阳,e} = \frac{RT}{2F} \ln \frac{p_{S_2}^{1/2} a_{S^{2-},e}}{a_{S^{2-}} p_{S_2,e}^{1/2}} + \frac{RT}{F} \ln i \qquad (17.83)$$

移项得

$$\ln i = \frac{F\Delta\varphi_{阳}}{RT} - \frac{1}{2}\ln \frac{p_{S_2}^{1/2} a_{S^{2-},e}}{a_{S^{2-}} p_{S_2,e}^{1/2}}$$

则

$$i = \left(\frac{a_{S^{2-}} p_{S_2,e}^{1/2}}{p_{S_2}^{1/2} a_{S^{2-},e}} \right)^{1/2} \exp\left(\frac{F\Delta\varphi_{阳}}{RT} \right) = k'_+ \exp\left(\frac{F\Delta\varphi_{阳}}{RT} \right) \qquad (17.84)$$

式中，

$$k'_+ = \left(\frac{a_{S^{2-}} p_{S_2,e}^{1/2}}{p_{S_2}^{1/2} a_{S^{2-},e}} \right)^{1/2} \approx \left(\frac{c_{S^{2-}} p_{S_2,e}^{1/2}}{p_{S_2}^{1/2} c_{S^{2-},e}} \right)^{1/2}$$

17.6.5　电解池电动势

电解池反应达平衡，有

$$CaS \Longrightarrow Ca + \frac{1}{2}S_{2(气)}$$

摩尔吉布斯自由能变化为

$$\Delta G_{m,e} = \mu_{Ca} + \frac{1}{2}\mu_{S_{2(气)}} - \mu_{CaS} = \Delta G_m^{\ominus} + RT \ln p_{S_2,e}^{1/2}$$

式中，

$$\Delta G_m^{\ominus} = \mu_{Ca}^{\ominus} + \frac{1}{2}\mu_{S_2}^{\ominus} - \mu_{CaS}^{\ominus}$$

$$\mu_{Ca} = \mu_{Ca}^{\ominus}$$

$$\mu_{S_{2(气)}} = \mu_{S_2}^{\ominus} + RT \ln p_{S_2,e}$$

$$\mu_{CaS} = \mu_{CaS}^{\ominus}$$

由

$$E_e = -\frac{\Delta G_{m,e}}{2F}$$

得

$$E_e = E^{\ominus} + \frac{RT}{2F} \ln \frac{1}{p_{S_2,e}^{1/2}} \qquad (17.85)$$

式中，

$$E^{\ominus} = -\frac{\Delta G_m^{\ominus}}{2F} = -\frac{\mu_{Ca}^{\ominus} + \frac{1}{2}\mu_{S_2}^{\ominus} - \mu_{CaS}^{\ominus}}{2F}$$

并有

$$E_e = -E_e'$$

E_e' 为外加的平衡电动势。

电解池有电流通过，发生极化，有

$$CaS = Ca + \frac{1}{2}S_{2(气)}$$

摩尔吉布斯自由能变化为

$$\Delta G_{m,e} = \mu_{Ca} + \frac{1}{2}\mu_{S_{2(气)}} - \mu_{CaS} = \Delta G_m^{\ominus} + RT \ln p_{S_2}^{1/2}$$

式中，

$$\Delta G_m^{\ominus} = \mu_{Ca}^{\ominus} + \frac{1}{2}\mu_{S_2}^{\ominus} - \mu_{CaS}^{\ominus}$$

$$\mu_{Ca} = \mu_{Ca}^{\ominus}$$

$$\mu_{S_{2(气)}} = \mu_{S_2}^{\ominus} + RT \ln p_{S_2}$$

$$\mu_{CaS} = \mu_{CaS}^{\ominus}$$

由

$$E = -\frac{\Delta G_{m,e}}{2F}$$

得

$$E = E^{\ominus} + \frac{RT}{2F} \ln \frac{1}{p_{S_2}^{1/2}} \qquad (17.86)$$

式中，

$$E^{\ominus} = -\frac{\Delta G_{\mathrm{m}}^{\ominus}}{2F} = -\frac{\mu_{\mathrm{Ca}}^{\ominus} + \frac{1}{2}\mu_{\mathrm{S}_2}^{\ominus} - \mu_{\mathrm{CaS}}^{\ominus}}{2F}$$

并有

$$E = -E'$$

E' 为外加电动势。

17.6.6　电解池过电势

式（17.86）–式（17.85），得

$$\Delta E' = E' - E_{\mathrm{e}}'$$
$$= (\varphi_{\text{阳}} - \varphi_{\text{阴}}) - (\varphi_{\text{阳,e}} - \varphi_{\text{阴,e}})$$
$$= (\varphi_{\text{阳}} - \varphi_{\text{阳,e}}) - (\varphi_{\text{阴}} - \varphi_{\text{阴,e}})$$
$$= \Delta\varphi_{\text{阳}} - \Delta\varphi_{\text{阴}} \tag{17.87}$$

$$E' = -E = -\left(E^{\ominus} + \frac{RT}{2F}\ln\frac{1}{p_{\mathrm{S}_2}^{1/2}}\right) = -E^{\ominus} - \frac{RT}{2F}\ln\frac{1}{p_{\mathrm{S}_2}^{1/2}}$$

$$E_{\mathrm{e}}' = -E_{\mathrm{e}} = -\left(E^{\ominus} + \frac{RT}{2F}\ln\frac{1}{p_{\mathrm{S}_2,\mathrm{e}}^{1/2}}\right) = -E^{\ominus} - \frac{RT}{2F}\ln\frac{1}{p_{\mathrm{S}_2,\mathrm{e}}^{1/2}}$$

$$\Delta E' = E' - E_{\mathrm{e}}' = \frac{RT}{2F}\ln\frac{p_{\mathrm{S}_2}^{1/2}}{p_{\mathrm{S}_2,\mathrm{e}}^{1/2}} \tag{17.88}$$

端电压为

$$V' = E' + IR = E_{\mathrm{e}}' + \Delta E' + IR \tag{17.89}$$

第18章 一 次 电 池

18.1 锌 电 池

18.1.1 Zn/Ag₂O 电池

Zn/Ag$_2$O 电池 Zn 为负极，Ag$_2$O 为正极，电解液由 KOH 和 NaOH 组成。电压为 1.6V，能量密度为 150W·h/kg。

阴极反应

$$Ag_2O + H_2O + 2e \Longrightarrow 2Ag + 2OH^-$$

阳极反应

$$Zn + 2OH^- \Longrightarrow Zn(OH)_2 + 2e$$

电池反应

$$Ag_2O + H_2O + Zn \Longrightarrow 2Ag + Zn(OH)_2$$

1. 阴极过程

阴极反应达平衡，

$$Ag_2O + H_2O + 2e \Longrightarrow 2Ag + 2OH^-$$

摩尔吉布斯自由能变化为

$$\Delta G_{m,\text{阴},e} = 2\mu_{Ag} + 2\mu_{OH^-} - \mu_{Ag_2O} - \mu_{H_2O} - 2\mu_e = \Delta G_{m,\text{阴}}^{\ominus} + RT \ln \frac{a_{OH^-,e}^2}{a_{H_2O,e}}$$

式中，

$$\Delta G_{m,\text{阴}}^{\ominus} = 2\mu_{Ag}^{\ominus} + 2\mu_{OH^-}^{\ominus} - \mu_{Ag_2O}^{\ominus} - \mu_{H_2O}^{\ominus} - 2\mu_e^{\ominus}$$

$$\mu_{Ag} = \mu_{Ag}^{\ominus}$$

$$\mu_{OH^-} = \mu_{OH^-}^{\ominus} + RT \ln a_{OH^-,e}$$

$$\mu_{Ag_2O} = \mu_{Ag_2O}^{\ominus}$$

$$\mu_{H_2O} = \mu_{H_2O}^{\ominus} + RT \ln a_{H_2O,e}$$

$$\mu_e = \mu_e^{\ominus}$$

（1）阴极平衡电势：由

$$\varphi_{阴,e} = -\frac{\Delta G_{m,阴,e}}{2F}$$

得

$$\varphi_{阴,e} = \varphi_{阴}^{\ominus} + \frac{RT}{2F}\ln\frac{a_{H_2O,e}}{a_{OH^-,e}^2} \tag{18.1}$$

式中，

$$\varphi_{阴}^{\ominus} = -\frac{\Delta G_{m,阴}^{\ominus}}{2F} = -\frac{2\mu_{Ag}^{\ominus} + 2\mu_{OH^-}^{\ominus} - \mu_{Ag_2O}^{\ominus} - \mu_{H_2O}^{\ominus} - 2\mu_e^{\ominus}}{2F}$$

阴极有电流通过，发生极化，阴极反应为

$$Ag_2O + H_2O + 2e \Longrightarrow 2Ag + 2OH^-$$

摩尔吉布斯自由能变化为

$$\Delta G_{m,阴} = 2\mu_{Ag} + 2\mu_{OH^-} - \mu_{Ag_2O} - \mu_{H_2O} - 2\mu_e = \Delta G_{m,阴}^{\ominus} + RT\ln\frac{a_{OH^-}^2}{a_{H_2O}} + 2RT\ln i$$

式中，

$$\Delta G_{m,阴}^{\ominus} = 2\mu_{Ag}^{\ominus} + 2\mu_{OH^-}^{\ominus} - \mu_{Ag_2O}^{\ominus} - \mu_{H_2O}^{\ominus} - 2\mu_e^{\ominus}$$

$$\mu_{Ag} = \mu_{Ag}^{\ominus}$$

$$\mu_{OH^-} = \mu_{OH^-}^{\ominus} + RT\ln a_{OH^-}$$

$$\mu_{Ag_2O} = \mu_{Ag_2O}^{\ominus}$$

$$\mu_{H_2O} = \mu_{H_2O}^{\ominus} + RT\ln a_{H_2O}$$

$$\mu_e = \mu_e^{\ominus} - RT\ln i$$

（2）阴极电势：由

$$\varphi_{阴} = -\frac{\Delta G_{m,阴}}{2F}$$

得

$$\varphi_{阴} = \varphi_{阴}^{\ominus} + \frac{RT}{2F}\ln\frac{a_{H_2O}}{a_{OH^-}^2} - \frac{RT}{F}\ln i \tag{18.2}$$

式中，

$$\varphi_{阴}^{\ominus} = -\frac{\Delta G_{m,阴}^{\ominus}}{2F} = -\frac{2\mu_{Ag}^{\ominus} + 2\mu_{OH^-}^{\ominus} - \mu_{Ag_2O}^{\ominus} - \mu_{H_2O}^{\ominus} - 2\mu_e^{\ominus}}{2F}$$

由式（18.2）得

$$\ln i = -\frac{F\varphi_{阴}}{RT} + \frac{F\varphi_{阴}^{\ominus}}{RT} + \frac{1}{2}\ln\frac{a_{H_2O}}{a_{OH^-}^2}$$

则

$$i = \left(\frac{a_{H_2O}}{a_{OH^-}^2}\right)^{1/2} \exp\left(-\frac{F\varphi_{阴}}{RT}\right)\exp\left(\frac{F\varphi_{阴}^{\ominus}}{RT}\right) = k_{阴}\exp\left(-\frac{F\varphi_{阴}}{RT}\right) \qquad (18.3)$$

式中，

$$k_{阴} = \left(\frac{a_{H_2O}}{a_{OH^-}^2}\right)^{1/2} \exp\left(\frac{F\varphi_{阴}^{\ominus}}{RT}\right) \approx \left(\frac{c_{H_2O}}{c_{OH^-}^2}\right)^{1/2}\exp\left(\frac{F\varphi_{阴}^{\ominus}}{RT}\right)$$

（3）阴极过电势：

式（18.2）-式（18.1），得

$$\Delta\varphi_{阴} = \varphi_{阴} - \varphi_{阴,e} = \frac{RT}{2F}\ln\frac{a_{H_2O}a_{OH^-,e}^2}{a_{OH^-}^2 a_{H_2O,e}} - \frac{RT}{F}\ln i \qquad (18.4)$$

移项得

$$\ln i = -\frac{F\Delta\varphi_{阴}}{RT} + \frac{1}{2}\ln\frac{a_{H_2O}a_{OH^-,e}^2}{a_{OH^-}^2 a_{H_2O,e}}$$

则

$$i = \left(\frac{a_{H_2O}a_{OH^-,e}^2}{a_{OH^-}^2 a_{H_2O,e}}\right)^{1/2}\exp\left(-\frac{F\Delta\varphi_{阴}}{RT}\right) = k_+'\exp\left(-\frac{F\Delta\varphi_{阴}}{RT}\right)$$

式中，

$$k_+' = \left(\frac{a_{H_2O}a_{OH^-,e}^2}{a_{OH^-}^2 a_{H_2O,e}}\right)^{1/2} \approx \left(\frac{c_{H_2O}c_{OH^-,e}^2}{c_{OH^-}^2 c_{H_2O,e}}\right)^{1/2}$$

2. 阳极过程

阳极反应达平衡，

$$Zn + 2OH^- \rightleftharpoons Zn(OH)_2 + 2e$$

摩尔吉布斯自由能变化为

$$\Delta G_{m,阳,e} = \mu_{Zn(OH)_2} + 2\mu_e - \mu_{Zn} - 2\mu_{OH^-} = \Delta G_{m,阳}^{\ominus} + RT\ln\frac{a_{Zn(OH)_2,e}}{a_{OH^-,e}^2}$$

式中，

$$\Delta G_{m,阳}^{\ominus} = \mu_{Zn(OH)_2}^{\ominus} + 2\mu_e^{\ominus} - \mu_{Zn}^{\ominus} - 2\mu_{OH^-}^{\ominus}$$

$$\mu_{Zn(OH)_2} = \mu_{Zn(OH)_2}^{\ominus} + RT\ln a_{Zn(OH)_2,e}$$

$$\mu_e = \mu_e^{\ominus}$$

$$\mu_{Zn} = \mu_{Zn}^{\ominus}$$

$$\mu_{OH^-} = \mu_{OH^-}^{\ominus} + RT \ln a_{OH^-,e}$$

（1）阳极平衡电势：由

$$\varphi_{阳,e} = \frac{\Delta G_{m,阳,e}}{2F}$$

得

$$\varphi_{阳,e} = \varphi_阳^{\ominus} + \frac{RT}{2F} \ln \frac{a_{Zn(OH)_2,e}}{a_{OH^-,e}^2} \qquad (18.5)$$

式中，

$$\varphi_阳^{\ominus} = \frac{\Delta G_{m,阳}^{\ominus}}{2F} = \frac{\mu_{Zn(OH)_2}^{\ominus} + 2\mu_e^{\ominus} - \mu_{Zn}^{\ominus} - 2\mu_{OH^-}^{\ominus}}{2F}$$

阳极有电流通过，发生极化，阳极反应为

$$Zn + 2OH^- \rightleftharpoons Zn(OH)_2 + 2e$$

摩尔吉布斯自由能变化为

$$\Delta G_{m,阳} = 2\mu_{Zn(OH)_2} + 2\mu_e - \mu_{Zn} - 2\mu_{OH^-} = \Delta G_{m,阳}^{\ominus} + RT \ln \frac{a_{Zn(OH)_2}}{a_{OH^-}^2} + 2RT \ln i$$

式中，

$$\Delta G_{m,阳}^{\ominus} = \mu_{Zn(OH)_2}^{\ominus} + 2\mu_e^{\ominus} - \mu_{Zn}^{\ominus} - 2\mu_{OH^-}^{\ominus}$$

$$\mu_{Zn(OH)_2} = \mu_{Zn(OH)_2}^{\ominus} + RT \ln a_{Zn(OH)_2}$$

$$\mu_e = \mu_e^{\ominus} + RT \ln i$$

$$\mu_{Zn} = \mu_{Zn}^{\ominus}$$

$$\mu_{OH^-} = \mu_{OH^-}^{\ominus} + RT \ln a_{OH^-}$$

（2）阳极电势：由

$$\varphi_阳 = \frac{\Delta G_{m,阳}}{2F}$$

得

$$\varphi_阳 = \varphi_阳^{\ominus} + \frac{RT}{2F} \ln \frac{a_{Zn(OH)_2}}{a_{OH^-}^2} + \frac{RT}{F} \ln i \qquad (18.6)$$

式中，

$$\varphi_阳^{\ominus} = \frac{\Delta G_{m,阳}^{\ominus}}{2F} = \frac{\mu_{Zn(OH)_2}^{\ominus} + 2\mu_e^{\ominus} - \mu_{Zn}^{\ominus} - 2\mu_{OH^-}^{\ominus}}{2F}$$

由式（18.6）得

$$\ln i = \frac{F\varphi_阳}{RT} - \frac{F\varphi_阳^{\ominus}}{RT} - \frac{1}{2} \ln \frac{a_{OH^-}^2}{a_{Zn(OH)_2}}$$

则

$$i = \left(\frac{a_{\mathrm{Zn(OH)_2}}}{a_{\mathrm{OH^-}}^2} \right)^{1/2} \exp\left(\frac{F\varphi_{阳}}{RT} \right) \exp\left(-\frac{F\varphi_{阳}^{\ominus}}{RT} \right) = k_- \exp\left(\frac{F\varphi_{阳}}{RT} \right) \quad (18.7)$$

式中,

$$k_- = \left(\frac{a_{\mathrm{Zn(OH)_2}}}{a_{\mathrm{OH^-}}^2} \right)^{1/2} \exp\left(-\frac{F\varphi_{阳}^{\ominus}}{RT} \right) \approx \left(\frac{c_{\mathrm{Zn(OH)_2}}}{c_{\mathrm{OH^-}}^2} \right)^{1/2} \exp\left(-\frac{F\varphi_{阳}^{\ominus}}{RT} \right)$$

（3）阳极过电势:

式（18.6）−式（18.5），得

$$\Delta\varphi_{阳} = \varphi_{阳} - \varphi_{阳,\mathrm{e}} = \frac{RT}{2F} \ln \frac{a_{\mathrm{Zn(OH)_2}} a_{\mathrm{OH^-,e}}^2}{a_{\mathrm{OH^-}}^2 a_{\mathrm{Zn(OH)_2,e}}} + \frac{RT}{F} \ln i \quad (18.8)$$

由上式得

$$\ln i = \frac{F\Delta\varphi_{阳}}{RT} - \frac{1}{2} \ln \frac{a_{\mathrm{Zn(OH)_2}} a_{\mathrm{OH^-,e}}^2}{a_{\mathrm{OH^-}}^2 a_{\mathrm{Zn(OH)_2,e}}}$$

则

$$i = \left(\frac{a_{\mathrm{OH^-}}^2 a_{\mathrm{Zn(OH)_2,e}}}{a_{\mathrm{Zn(OH)_2}} a_{\mathrm{OH^-,e}}^2} \right)^{1/2} \exp\left(\frac{F\Delta\varphi_{阳}}{RT} \right) = k_-' \exp\left(\frac{F\Delta\varphi_{阳}}{RT} \right) \quad (18.9)$$

式中,

$$k_-' = \left(\frac{a_{\mathrm{OH^-}}^2 a_{\mathrm{Zn(OH)_2,e}}}{a_{\mathrm{Zn(OH)_2}} a_{\mathrm{OH^-,e}}^2} \right)^{1/2} \approx \left(\frac{c_{\mathrm{OH^-}}^2 c_{\mathrm{Zn(OH)_2,e}}}{c_{\mathrm{Zn(OH)_2}} c_{\mathrm{OH^-,e}}^2} \right)^{1/2}$$

3. 电池过程

电池反应达平衡, 有

$$\mathrm{Ag_2O + H_2O + Zn \Longrightarrow 2Ag + Zn(OH)_2}$$

摩尔吉布斯自由能变化为

$$\Delta G_{\mathrm{m,e}} = 2\mu_{\mathrm{Ag}} + \mu_{\mathrm{Zn(OH)_2}} - \mu_{\mathrm{Ag_2O}} - \mu_{\mathrm{H_2O}} - \mu_{\mathrm{Zn}} = \Delta G_{\mathrm{m}}^{\ominus} + RT \ln \frac{a_{\mathrm{Zn(OH)_2,e}}}{a_{\mathrm{H_2O,e}}}$$

式中,

$$\Delta G_{\mathrm{m}}^{\ominus} = 2\mu_{\mathrm{Ag}}^{\ominus} + \mu_{\mathrm{Zn(OH)_2}}^{\ominus} - \mu_{\mathrm{Ag_2O}}^{\ominus} - \mu_{\mathrm{H_2O}}^{\ominus} - \mu_{\mathrm{Zn}}^{\ominus}$$

$$\mu_{\mathrm{Ag}} = \mu_{\mathrm{Ag}}^{\ominus}$$

$$\mu_{\mathrm{Zn(OH)_2}} = \mu_{\mathrm{Zn(OH)_2}}^{\ominus} + RT \ln a_{\mathrm{Zn(OH)_2,e}}$$

$$\mu_{\mathrm{Ag_2O}} = \mu_{\mathrm{Ag_2O}}^{\ominus}$$

$$\mu_{H_2O} = \mu_{H_2O}^{\ominus} + RT \ln a_{H_2O,e}$$

$$\mu_{Zn} = \mu_{Zn}^{\ominus}$$

（1）电池平衡电动势：由

$$E_e = -\frac{\Delta G_{m,e}}{2F}$$

得

$$E_e = E^{\ominus} + \frac{RT}{2F} \ln \frac{a_{H_2O,e}}{a_{Zn(OH)_2,e}} \tag{18.10}$$

式中，

$$E^{\ominus} = -\frac{\Delta G_m^{\ominus}}{2F} = -\frac{2\mu_{Ag}^{\ominus} + \mu_{Zn(OH)_2}^{\ominus} - \mu_{Ag_2O}^{\ominus} - \mu_{H_2O}^{\ominus} - \mu_{Zn}^{\ominus}}{2F}$$

电池放电，有电流通过，发生极化，有

$$Ag_2O + H_2O + Zn \Longrightarrow 2Ag + Zn(OH)_2$$

摩尔吉布斯自由能变化为

$$\Delta G_m = 2\mu_{Ag} + \mu_{Zn(OH)_2} - \mu_{Ag_2O} - \mu_{H_2O} - \mu_{Zn} = \Delta G_m^{\ominus} + RT \ln \frac{a_{Zn(OH)_2}}{a_{H_2O}}$$

式中，

$$\Delta G_m^{\ominus} = 2\mu_{Ag}^{\ominus} + \mu_{Zn(OH)_2}^{\ominus} - \mu_{Ag_2O}^{\ominus} - \mu_{H_2O}^{\ominus} - \mu_{Zn}^{\ominus}$$

$$\mu_{Ag} = \mu_{Ag}^{\ominus}$$

$$\mu_{Zn(OH)_2} = \mu_{Zn(OH)_2}^{\ominus} + RT \ln a_{Zn(OH)_2}$$

$$\mu_{Ag_2O} = \mu_{Ag_2O}^{\ominus}$$

$$\mu_{H_2O} = \mu_{H_2O}^{\ominus} + RT \ln a_{H_2O}$$

$$\mu_{Zn} = \mu_{Zn}^{\ominus}$$

（2）电池电动势：由

$$E = -\frac{\Delta G_m}{2F}$$

得

$$E = E^{\ominus} + \frac{RT}{2F} \ln \frac{a_{H_2O}}{a_{Zn(OH)_2}} \tag{18.11}$$

式中，

$$E^{\ominus} = -\frac{\Delta G_m^{\ominus}}{2F} = -\frac{2\mu_{Ag}^{\ominus} + \mu_{Zn(OH)_2}^{\ominus} - \mu_{Ag_2O}^{\ominus} - \mu_{H_2O}^{\ominus} - \mu_{Zn}^{\ominus}}{2F}$$

（3）电池过电势：

式（18.11）–式（18.10），得

$$\Delta E = E - E_e = \frac{RT}{2F} \ln \frac{a_{H_2O} a_{Zn(OH)_2,e}}{a_{Zn(OH)_2} a_{H_2O,e}} \qquad (18.12)$$

$$\begin{aligned} \Delta E &= E - E_e \\ &= (\varphi_{阴} - \varphi_{阳}) - (\varphi_{阴,e} - \varphi_{阳,e}) \\ &= (\varphi_{阴} - \varphi_{阴,e}) - (\varphi_{阳} - \varphi_{阳,e}) \\ &= \Delta\varphi_{阴} - \Delta\varphi_{阳} \end{aligned}$$

（4）电池端电压：

$$V' = E' + IR = E'_e + \Delta E' + IR = E'_e + \Delta\varphi_{阴} - \Delta\varphi_{阳} - IR$$

式中，I 为电流；R 为电池系统电阻。

（5）电池电流：

$$I = \frac{E' - V'}{R}$$

18.1.2 Zn/C 电池

商用 Zn/C 电池的电解池组成为

$$Zn \mid ZnCl_2\text{-}NH_4Cl \mid MnO_2$$

Zn 是电池的负极，正极由 MnO_2 和炭黑粉的混合物组成，电解液为 $ZnCl_2$ 或 $ZnCl_2 + NH_4Cl$。碳棒为集流体，隔膜用天然纤维素制成。Zn/C 电池的输出电压为 1.5～1.7V，容量为 0～40A·h/kg，能量密度约为 77W·h/kg。

阴极反应

$$2NH_4Cl + 2MnO_2 + Zn^{2+} + 2e = Mn_2O_3 + H_2O + Zn(NH_3)_2Cl_2$$

阳极反应

$$Zn = Zn^{2+} + 2e$$

电池反应

$$2NH_4Cl + 2MnO_2 + Zn = Mn_2O_3 + H_2O + Zn(NH_3)_2Cl_2$$

1. 阴极过程

阴极反应达平衡，

$$2NH_4Cl + 2MnO_2 + Zn^{2+} + 2e \rightleftharpoons Mn_2O_3 + H_2O + Zn(NH_3)_2Cl_2$$

摩尔吉布斯自由能变化为

$$\Delta G_{m,阴,e} = \mu_{Mn_2O_3} + \mu_{H_2O} + \mu_{Zn(NH_3)_2Cl_2} - 2\mu_{NH_4Cl} - 2\mu_{MnO_2} - \mu_{Zn^{2+}} - 2\mu_e$$

$$= \Delta G_{m,阴}^{\ominus} + RT\ln\frac{a_{H_2O,e}a_{Zn(NH_3)_2Cl_2,e}a_{Mn_2O_3,e}}{a_{NH_4Cl,e}^2 a_{MnO_2,e}^2 a_{Zn^{2+},e}}$$

式中，

$$\Delta G_{m,阴}^{\ominus} = \mu_{Mn_2O_3}^{\ominus} + \mu_{H_2O}^{\ominus} + \mu_{Zn(NH_3)_2Cl_2}^{\ominus} - 2\mu_{NH_4Cl}^{\ominus} - 2\mu_{MnO_2}^{\ominus} - \mu_{Zn^{2+}}^{\ominus} - 2\mu_e^{\ominus}$$

$$\mu_{Mn_2O_3} = \mu_{Mn_2O_3}^{\ominus} + RT\ln a_{Mn_2O_3,e}$$

$$\mu_{H_2O} = \mu_{H_2O}^{\ominus} + RT\ln a_{H_2O,e}$$

$$\mu_{Zn(NH_3)_2Cl_2} = \mu_{Zn(NH_3)_2Cl_2}^{\ominus} + RT\ln a_{Zn(NH_3)_2Cl_2,e}$$

$$\mu_{NH_4Cl} = \mu_{NH_4Cl}^{\ominus} + RT\ln a_{NH_4Cl,e}$$

$$\mu_{MnO_2} = \mu_{MnO_2}^{\ominus} + RT\ln a_{MnO_2,e}$$

$$\mu_{Zn^{2+}} = \mu_{Zn^{2+}}^{\ominus} + RT\ln a_{Zn^{2+},e}$$

$$\mu_e = \mu_e^{\ominus}$$

（1）阴极平衡电势：由

$$\varphi_{阴,e} = -\frac{\Delta G_{m,阴,e}}{2F}$$

得

$$\varphi_{阴,e} = \varphi_{阴}^{\ominus} + \frac{RT}{2F}\ln\frac{a_{NH_4Cl,e}^2 a_{MnO_2,e}^2 a_{Zn^{2+},e}}{a_{H_2O,e}a_{Zn(NH_3)_2Cl_2,e}a_{Mn_2O_3,e}} \tag{18.13}$$

式中，

$$\varphi_{阴}^{\ominus} = -\frac{\Delta G_{m,阴}^{\ominus}}{2F} = -\frac{\mu_{Mn_2O_3}^{\ominus} + \mu_{H_2O}^{\ominus} + \mu_{Zn(NH_3)_2Cl_2}^{\ominus} - 2\mu_{NH_4Cl}^{\ominus} - 2\mu_{MnO_2}^{\ominus} - \mu_{Zn^{2+}}^{\ominus} - 2\mu_e^{\ominus}}{2F}$$

阴极有电流通过，发生极化，阴极反应为

$$2NH_4Cl + 2MnO_2 + Zn^{2+} + 2e \Longrightarrow Mn_2O_3 + H_2O + Zn(NH_3)_2Cl_2$$

摩尔吉布斯自由能变化为

$$\Delta G_{m,阴} = \mu_{Mn_2O_3} + \mu_{H_2O} + \mu_{Zn(NH_3)_2Cl_2} - 2\mu_{NH_4Cl} - 2\mu_{MnO_2} - \mu_{Zn^{2+}} - 2\mu_e$$

$$= \Delta G_{m,阴}^{\ominus} + RT\ln\frac{a_{H_2O}a_{Zn(NH_3)_2Cl_2}a_{Mn_2O_3}}{a_{NH_4Cl}^2 a_{MnO_2}^2 a_{Zn^{2+}}} + 2RT\ln i$$

式中，

$$\Delta G_{m,阴}^{\ominus} = \mu_{Mn_2O_3}^{\ominus} + \mu_{H_2O}^{\ominus} + \mu_{Zn(NH_3)_2Cl_2}^{\ominus} - 2\mu_{NH_4Cl}^{\ominus} - 2\mu_{MnO_2}^{\ominus} - \mu_{Zn^{2+}}^{\ominus} - 2\mu_e^{\ominus}$$

$$\mu_{Mn_2O_3} = \mu_{Mn_2O_3}^{\ominus} + RT\ln a_{Mn_2O_3}$$

$$\mu_{H_2O} = \mu_{H_2O}^{\ominus} + RT\ln a_{H_2O}$$

$$\mu_{Zn(NH_3)_2Cl_2} = \mu^{\ominus}_{Zn(NH_3)_2Cl_2} + RT \ln a_{Zn(NH_3)_2Cl_2}$$

$$\mu_{NH_4Cl} = \mu^{\ominus}_{NH_4Cl} + RT \ln a_{NH_4Cl}$$

$$\mu_{MnO_2} = \mu^{\ominus}_{MnO_2} + RT \ln a_{MnO_2}$$

$$\mu_{Zn^{2+}} = \mu^{\ominus}_{Zn^{2+}} + RT \ln a_{Zn^{2+}}$$

$$\mu_e = \mu^{\ominus}_e - 2RT \ln i$$

（2）阴极电势：由

$$\varphi_{阴} = -\frac{\Delta G_{m,阴}}{2F}$$

得

$$\varphi_{阴} = \varphi^{\ominus}_{阴} + \frac{RT}{2F} \ln \frac{a^2_{NH_4Cl} a^2_{MnO_2} a_{Zn^{2+}}}{a_{H_2O} a_{Zn(NH_3)_2Cl_2} a_{Mn_2O_3}} - \frac{RT}{F} \ln i \qquad （18.14）$$

式中，

$$\varphi^{\ominus}_{阴} = -\frac{\Delta G^{\ominus}_{m,阴}}{2F} = -\frac{\mu^{\ominus}_{Mn_2O_3} + \mu^{\ominus}_{H_2O} + \mu^{\ominus}_{Zn(NH_3)_2Cl_2} - 2\mu^{\ominus}_{NH_4Cl} - 2\mu^{\ominus}_{MnO_2} - \mu^{\ominus}_{Zn^{2+}} - 2\mu^{\ominus}_e}{2F}$$

由式（18.14）得

$$\ln i = -\frac{F\varphi_{阴}}{RT} + \frac{F\varphi^{\ominus}_{阴}}{RT} + \frac{1}{2} \ln \frac{a^2_{NH_4Cl} a^2_{MnO_2} a_{Zn^{2+}}}{a_{H_2O} a_{Zn(NH_3)_2Cl_2} a_{Mn_2O_3}}$$

则

$$i = \left(\frac{a^2_{NH_4Cl} a_{Zn^{2+}} a^2_{MnO_2}}{a_{H_2O} a_{Zn(NH_3)_2Cl_2} a_{Mn_2O_3}} \right)^{1/2} \exp\left(-\frac{F\varphi_{阴}}{RT} \right) \exp\left(\frac{F\varphi^{\ominus}_{阴}}{RT} \right) = k_+ \exp\left(-\frac{F\varphi_{阴}}{RT} \right) \quad （18.15）$$

式中，

$$k_+ = \left(\frac{a^2_{NH_4Cl} a_{Zn^{2+}} a^2_{MnO_2}}{a_{H_2O} a_{Zn(NH_3)_2Cl_2} a_{Mn_2O_3}} \right)^{1/2} \exp\left(\frac{F\varphi^{\ominus}_{阴}}{RT} \right) \approx \left(\frac{c^2_{NH_4Cl} c_{Zn^{2+}} c^2_{MnO_2}}{c_{H_2O} c_{Zn(NH_3)_2Cl_2} c_{Mn_2O_3}} \right)^{1/2} \exp\left(\frac{F\varphi^{\ominus}_{阴}}{RT} \right)$$

（3）阴极过电势：

式（18.14）-式（18.13），得

$$\Delta\varphi_{阴} = \varphi_{阴} - \varphi_{阴,e} = \frac{RT}{2F} \ln \frac{a^2_{NH_4Cl} a_{Zn^{2+}} + a^2_{MnO_2} a_{H_2O,e} a_{Zn(NH_3)_2Cl_2,e} a_{Mn_2O_3,e}}{a_{H_2O} a_{Zn(NH_3)_2Cl_2} a_{Mn_2O_3} a^2_{NH_4Cl,e} a^2_{MnO_2,e} a_{Zn^{2+},e}} - \frac{RT}{F} \ln i$$

$$（18.16）$$

移项得

$$\ln i = -\frac{F\Delta\varphi_{阴}}{RT} + \frac{1}{2} \ln \frac{a^2_{NH_4Cl} a_{Zn^{2+}} a^2_{MnO_2} a_{H_2O,e} a_{Zn(NH_3)_2Cl_2,e} a_{Mn_2O_3,e}}{a_{H_2O} a_{Zn(NH_3)_2Cl_2} a_{Mn_2O_3} a^2_{NH_4Cl,e} a^2_{MnO_2,e} a_{Zn^{2+},e}}$$

则

$$i = \left(\frac{a_{\mathrm{NH_4Cl}}^2 a_{\mathrm{Zn^{2+}}} a_{\mathrm{MnO_2}}^2 a_{\mathrm{H_2O,e}} a_{\mathrm{Zn(NH_3)_2Cl_2,e}} a_{\mathrm{Mn_2O_3,e}}}{a_{\mathrm{H_2O}} a_{\mathrm{Zn(NH_3)_2Cl_2}} a_{\mathrm{Mn_2O_3}} a_{\mathrm{NH_4Cl,e}}^2 a_{\mathrm{MnO_2,e}}^2 a_{\mathrm{Zn^{2+},e}}} \right)^{1/2} \exp\left(-\frac{F\Delta\varphi_{阴}}{RT} \right) = k'_+ \exp\left(-\frac{F\Delta\varphi_{阴}}{RT} \right)$$

（18.17）

式中，

$$k'_+ = \left(\frac{a_{\mathrm{NH_4Cl}}^2 a_{\mathrm{Zn^{2+}}} a_{\mathrm{MnO_2}}^2 a_{\mathrm{H_2O,e}} a_{\mathrm{Zn(NH_3)_2Cl_2,e}} a_{\mathrm{Mn_2O_3,e}}}{a_{\mathrm{H_2O}} a_{\mathrm{Zn(NH_3)_2Cl_2}} a_{\mathrm{Mn_2O_3}} a_{\mathrm{NH_4Cl,e}}^2 a_{\mathrm{MnO_2,e}}^2 a_{\mathrm{Zn^{2+},e}}} \right)^{1/2}$$

$$\approx \left(\frac{c_{\mathrm{NH_4Cl}}^2 c_{\mathrm{Zn^{2+}}} c_{\mathrm{MnO_2}}^2 c_{\mathrm{H_2O,e}} c_{\mathrm{Zn(NH_3)_2Cl_2,e}} c_{\mathrm{Mn_2O_3,e}}}{c_{\mathrm{H_2O}} c_{\mathrm{Zn(NH_3)_2Cl_2}} c_{\mathrm{Mn_2O_3}} c_{\mathrm{NH_4Cl,e}}^2 c_{\mathrm{MnO_2,e}}^2 c_{\mathrm{Zn^{2+},e}}} \right)^{1/2}$$

2. 阳极过程

阳极反应达平衡，

$$\mathrm{Zn} \Longleftrightarrow \mathrm{Zn^{2+}} + 2\mathrm{e}$$

摩尔吉布斯自由能变化为

$$\Delta G_{\mathrm{m,阳,e}} = \mu_{\mathrm{Zn^{2+}}} + 2\mu_{\mathrm{e}} - \mu_{\mathrm{Zn}} = \Delta G_{\mathrm{m,阳}}^{\ominus} + RT \ln a_{\mathrm{Zn^{2+},e}}$$

式中，

$$\Delta G_{\mathrm{m,阳}}^{\ominus} = \mu_{\mathrm{Zn^{2+}}}^{\ominus} + 2\mu_{\mathrm{e}}^{\ominus} - \mu_{\mathrm{Zn}}^{\ominus}$$

$$\mu_{\mathrm{Zn^{2+}}} = \mu_{\mathrm{Zn^{2+}}}^{\ominus} + RT \ln a_{\mathrm{Zn^{2+},e}}$$

$$\mu_{\mathrm{e}} = \mu_{\mathrm{e}}^{\ominus}$$

$$\mu_{\mathrm{Zn}} = \mu_{\mathrm{Zn}}^{\ominus}$$

（1）阳极平衡电势：由

$$\varphi_{阳,e} = \frac{\Delta G_{\mathrm{m,阳,e}}}{2F}$$

得

$$\varphi_{阳,e} = \varphi_{阳}^{\ominus} + \frac{RT}{2F} \ln a_{\mathrm{Zn^{2+},e}}$$

（18.18）

式中，

$$\varphi_{阳}^{\ominus} = \frac{\Delta G_{\mathrm{m,阳}}^{\ominus}}{2F} = \frac{\mu_{\mathrm{Zn^{2+}}}^{\ominus} + 2\mu_{\mathrm{e}}^{\ominus} - \mu_{\mathrm{Zn}}^{\ominus}}{2F}$$

阳极有电流通过，发生极化，阳极反应为

$$\mathrm{Zn} \Longrightarrow \mathrm{Zn^{2+}} + 2\mathrm{e}$$

摩尔吉布斯自由能变化为

$$\Delta G_{m,\text{阳}} = \mu_{Zn^{2+}} + 2\mu_e - \mu_{Zn} = \Delta G_{m,\text{阳}}^{\ominus} + RT \ln a_{Zn^{2+}} + 2RT \ln i$$

式中，

$$\Delta G_{m,\text{阳}}^{\ominus} = \mu_{Zn^{2+}}^{\ominus} + 2\mu_e^{\ominus} - \mu_{Zn}^{\ominus}$$

$$\mu_{Zn^{2+}} = \mu_{Zn^{2+}}^{\ominus} + RT \ln a_{Zn^{2+}}$$

$$\mu_e = \mu_e^{\ominus} + RT \ln i$$

$$\mu_{Zn} = \mu_{Zn}^{\ominus}$$

（2）阳极电势：由

$$\varphi_{\text{阳}} = \frac{\Delta G_{m,\text{阳}}}{2F}$$

得

$$\varphi_{\text{阳}} = \varphi_{\text{阳}}^{\ominus} + \frac{RT}{2F} \ln a_{Zn^{2+}} + \frac{RT}{F} \ln i \qquad （18.19）$$

式中，

$$\varphi_{\text{阳}}^{\ominus} = \frac{\Delta G_{m,\text{阳}}^{\ominus}}{2F} = \frac{\mu_{Zn^{2+}}^{\ominus} + 2\mu_e^{\ominus} - \mu_{Zn}^{\ominus}}{2F}$$

由式（18.19）得

$$\ln i = \frac{F\varphi_{\text{阳}}}{RT} - \frac{F\varphi_{\text{阳}}^{\ominus}}{RT} - \frac{1}{2} \ln a_{Zn^{2+}}$$

则

$$i = \left(\frac{1}{a_{Zn^{2+}}}\right)^{1/2} \exp\left(\frac{F\varphi_{\text{阳}}}{RT}\right) \exp\left(-\frac{F\varphi_{\text{阳}}^{\ominus}}{RT}\right) = k_- \exp\left(\frac{F\varphi_{\text{阳}}}{RT}\right) \qquad （18.20）$$

式中，

$$k_- = \left(\frac{1}{a_{Zn^{2+}}}\right)^{1/2} \exp\left(-\frac{F\varphi_{\text{阳}}^{\ominus}}{RT}\right) \approx \left(\frac{1}{c_{Zn^{2+}}}\right)^{1/2} \exp\left(-\frac{F\varphi_{\text{阳}}^{\ominus}}{RT}\right)$$

（3）阳极过电势：

式（18.19）−式（18.18），得

$$\Delta\varphi_{\text{阳}} = \varphi_{\text{阳}} - \varphi_{\text{阳,e}} = \frac{RT}{2F} \ln \frac{a_{Zn^{2+}}}{a_{Zn^{2+},e}} + \frac{RT}{F} \ln i \qquad （18.21）$$

由上式得

$$\ln i = \frac{F\Delta\varphi_{\text{阳}}}{RT} - \frac{1}{2} \ln \frac{a_{Zn^{2+}}}{a_{Zn^{2+},e}}$$

则

$$i = \left(\frac{a_{Zn^{2+},e}}{a_{Zn^{2+}}}\right)^{1/2} \exp\left(\frac{F\Delta\varphi_{阻}}{RT}\right) = k'_{-} \exp\left(\frac{F\Delta\varphi_{阻}}{RT}\right) \quad (18.22)$$

式中，

$$k'_{-} = \left(\frac{a_{Zn^{2+},e}}{a_{Zn^{2+}}}\right)^{1/2} \approx \left(\frac{c_{Zn^{2+},e}}{c_{Zn^{2+}}}\right)^{1/2}$$

3. 电池过程

电池反应达平衡，有

$$2NH_4Cl + 2MnO_2 + Zn \Longrightarrow Mn_2O_3 + H_2O + Zn(NH_3)_2Cl_2$$

摩尔吉布斯自由能变化为

$$\Delta G_{m,e} = \mu_{Mn_2O_3} + \mu_{H_2O} + \mu_{Zn(NH_3)_2Cl_2} - 2\mu_{NH_4Cl} - 2\mu_{MnO_2} - \mu_{Zn}$$

$$= \Delta G_m^{\ominus} + RT \ln \frac{a_{H_2O,e} a_{Mn_2O_3,e} a_{Zn(NH_3)_2Cl_2,e}}{a_{NH_4Cl,e}^2 a_{MnO_2,e}^2}$$

式中，

$$\Delta G_m^{\ominus} = \mu_{Mn_2O_3}^{\ominus} + \mu_{H_2O}^{\ominus} + \mu_{Zn(NH_3)_2Cl_2}^{\ominus} - 2\mu_{NH_4Cl}^{\ominus} - 2\mu_{MnO_2}^{\ominus} - \mu_{Zn}^{\ominus}$$

$$\mu_{Mn_2O_3} = \mu_{Mn_2O_3}^{\ominus} + RT \ln a_{Mn_2O_3,e}$$

$$\mu_{Zn(NH_3)_2Cl_2} = \mu_{Zn(NH_3)_2Cl_2}^{\ominus} + RT \ln a_{Zn(NH_3)_2Cl_2,e}$$

$$\mu_{H_2O} = \mu_{H_2O}^{\ominus} + RT \ln a_{H_2O,e}$$

$$\mu_{NH_4Cl} = \mu_{NH_4Cl}^{\ominus} + RT \ln a_{NH_4Cl,e}$$

$$\mu_{MnO_2} = \mu_{MnO_2}^{\ominus} + RT \ln a_{MnO_2,e}$$

$$\mu_{Zn} = \mu_{Zn}^{\ominus}$$

（1）电池平衡电动势：由

$$E_e = -\frac{\Delta G_{m,e}}{2F}$$

得

$$E_e = E^{\ominus} + \frac{RT}{2F} \ln \frac{a_{H_2O,e} a_{Mn_2O_3,e} a_{Zn(NH_3)_2Cl_2,e}}{a_{NH_4Cl,e}^2 a_{MnO_2,e}^2} \quad (18.23)$$

式中，

$$E^{\ominus} = -\frac{\Delta G_m^{\ominus}}{2F} = -\frac{\mu_{Mn_2O_3}^{\ominus} + \mu_{H_2O}^{\ominus} + \mu_{Zn(NH_3)_2Cl_2}^{\ominus} - 2\mu_{NH_4Cl}^{\ominus} - 2\mu_{MnO_2}^{\ominus} - \mu_{Zn}^{\ominus}}{2F}$$

电池放电，有电流通过，发生极化，电池反应为

$$2NH_4Cl + 2MnO_2 + Zn \Longrightarrow Mn_2O_3 + H_2O + Zn(NH_3)_2Cl_2$$

摩尔吉布斯自由能变化为

$$\Delta G_{m,e} = \mu_{Mn_2O_3} + \mu_{H_2O} + \mu_{Zn(NH_3)_2Cl_2} - 2\mu_{NH_4Cl} - 2\mu_{MnO_2} - \mu_{Zn}$$

$$= \Delta G_m^{\ominus} + RT \ln \frac{a_{H_2O} a_{Mn_2O_3} a_{Zn(NH_3)_2Cl_2}}{a_{NH_4Cl}^2 a_{MnO_2}^2}$$

式中，

$$\Delta G_m^{\ominus} = \mu_{Mn_2O_3}^{\ominus} + \mu_{H_2O}^{\ominus} + \mu_{Zn(NH_3)_2Cl_2}^{\ominus} - 2\mu_{NH_4Cl}^{\ominus} - 2\mu_{MnO_2}^{\ominus} - \mu_{Zn}^{\ominus}$$

$$\mu_{Mn_2O_3} = \mu_{Mn_2O_3}^{\ominus} + RT \ln a_{Mn_2O_3}$$

$$\mu_{Zn(NH_3)_2Cl_2} = \mu_{Zn(NH_3)_2Cl_2}^{\ominus} + RT \ln a_{Zn(NH_3)_2Cl_2}$$

$$\mu_{H_2O} = \mu_{H_2O}^{\ominus} + RT \ln a_{H_2O}$$

$$\mu_{NH_4Cl} = \mu_{NH_4Cl}^{\ominus} + RT \ln a_{NH_4Cl}$$

$$\mu_{MnO_2} = \mu_{MnO_2}^{\ominus} + RT \ln a_{MnO_2}$$

$$\mu_{Zn} = \mu_{Zn}^{\ominus}$$

（2）电池电动势：由

$$E = -\frac{\Delta G_m}{2F}$$

得

$$E = E^{\ominus} + \frac{RT}{2F} \ln \frac{a_{H_2O} a_{Mn_2O_3} a_{Zn(NH_3)_2Cl_2}}{a_{NH_4Cl}^2 a_{MnO_2}^2} \qquad (18.24)$$

式中，

$$E^{\ominus} = -\frac{\Delta G_m^{\ominus}}{2F} = -\frac{2\mu_{Ag}^{\ominus} + \mu_{Zn(OH)_2}^{\ominus} - \mu_{Ag_2O}^{\ominus} - \mu_{H_2O}^{\ominus} - \mu_{Zn}^{\ominus}}{2F}$$

（3）电池过电势：

式（18.24）-式（18.23），得

$$\Delta E = E - E_e = \frac{RT}{2F} \ln \frac{a_{H_2O} a_{Mn_2O_3} a_{Zn(NH_3)_2Cl_2} a_{NH_4Cl,e}^2 a_{MnO_2,e}^2}{a_{NH_4Cl}^2 a_{MnO_2}^2 a_{H_2O,e} a_{Mn_2O_3,e} a_{Zn(NH_3)_2Cl_2,e}} \qquad (18.25)$$

$$\Delta E = E - E_e$$

$$= (\varphi_{阴} - \varphi_{阳}) - (\varphi_{阴,e} - \varphi_{阳,e})$$

$$= (\varphi_{阴} - \varphi_{阴,e}) - (\varphi_{阳} - \varphi_{阳,e})$$

$$= \Delta\varphi_{阴} - \Delta\varphi_{阳}$$

（4）电池端电压：

$$V = E - IR = E_e + \Delta E - IR = E_e + \Delta\varphi_{阴} - \Delta\varphi_{阳} - IR$$

式中，I 为电流；R 为电池系统电阻。

（5）电池电流：

$$I = \frac{E - V}{R}$$

18.1.3　Zn/C 碱性电池

Zn/C 碱性电池的负极材料为 Zn，正极材料为 MnO_2 和炭黑，电解液为 KOH 水溶液。容量为 65A·h/kg 以上。

$$Zn \,|\, KOH \,|\, MnO_2$$

阴极反应

$$2MnO_2 + H_2O + 2e \xlongequal{\hspace{1cm}} Mn_2O_3 + 2OH^-$$

阳极反应

$$Zn + 2OH^- \xlongequal{\hspace{1cm}} Zn(OH)_2 + 2e$$

电池反应

$$2MnO_2 + Zn + H_2O \xlongequal{\hspace{1cm}} Mn_2O_3 + Zn(OH)_2$$

1. 阴极过程

阴极反应达平衡，

$$2MnO_2 + H_2O + 2e \xrightleftharpoons{\hspace{1cm}} Mn_2O_3 + 2OH^-$$

摩尔吉布斯自由能变化为

$$\Delta G_{m,阴,e} = \mu_{Mn_2O_3} + 2\mu_{OH^-} - 2\mu_{MnO_2} - \mu_{H_2O} - 2\mu_e = \Delta G_{m,阴}^{\ominus} + RT \ln \frac{a_{Mn_2O_3,e} a_{OH^-,e}^2}{a_{MnO_2,e}^2 a_{H_2O,e}}$$

式中，

$$\Delta G_{m,阴}^{\ominus} = \mu_{Mn_2O_3}^{\ominus} + 2\mu_{OH^-}^{\ominus} - 2\mu_{MnO_2}^{\ominus} - \mu_{H_2O}^{\ominus} - 2\mu_e^{\ominus}$$

$$\mu_{Mn_2O_3} = \mu_{Mn_2O_3}^{\ominus} + RT \ln a_{Mn_2O_3,e}$$

$$\mu_{OH^-} = \mu_{OH^-}^{\ominus} + RT \ln a_{OH^-,e}$$

$$\mu_{MnO_2} = \mu_{MnO_2}^{\ominus} + RT \ln a_{MnO_2,e}$$

$$\mu_{H_2O} = \mu_{H_2O}^{\ominus} + RT \ln a_{H_2O,e}$$

$$\mu_e = \mu_e^{\ominus}$$

（1）阴极平衡电势：由

$$\varphi_{阴,e} = -\frac{\Delta G_{m,阴,e}}{2F}$$

得

$$\varphi_{阴,e} = \varphi_{阴}^{\ominus} + \frac{RT}{2F} \ln \frac{a_{MnO_2,e}^2 a_{H_2O,e}}{a_{Mn_2O_3,e} a_{OH^-,e}^2} \qquad (18.26)$$

式中，

$$\varphi_{阴}^{\ominus} = -\frac{\Delta G_{m,阴}^{\ominus}}{2F} = -\frac{\mu_{Mn_2O_3}^{\ominus} + 2\mu_{OH^-}^{\ominus} - 2\mu_{MnO_2}^{\ominus} - \mu_{H_2O}^{\ominus} - 2\mu_e^{\ominus}}{2F}$$

阴极有电流通过，发生极化，阴极反应为

$$2MnO_2 + H_2O + 2e \Longrightarrow Mn_2O_3 + 2OH^-$$

摩尔吉布斯自由能变化为

$$\Delta G_{m,阴} = \mu_{Mn_2O_3} + 2\mu_{OH^-} - 2\mu_{MnO_2} - \mu_{H_2O} - 2\mu_e = \Delta G_{m,阴}^{\ominus} + RT \ln \frac{a_{Mn_2O_3} a_{OH^-}^2}{a_{MnO_2}^2 a_{H_2O}} + 2RT \ln i$$

式中，

$$\Delta G_{m,阴}^{\ominus} = \mu_{Mn_2O_3}^{\ominus} + 2\mu_{OH^-}^{\ominus} - 2\mu_{MnO_2}^{\ominus} - \mu_{H_2O}^{\ominus} - 2\mu_e^{\ominus}$$

$$\mu_{Mn_2O_3} = \mu_{Mn_2O_3}^{\ominus} + RT \ln a_{Mn_2O_3}$$

$$\mu_{OH^-} = \mu_{OH^-}^{\ominus} + RT \ln a_{OH^-}$$

$$\mu_{MnO_2} = \mu_{MnO_2}^{\ominus} + RT \ln a_{MnO_2}$$

$$\mu_{H_2O} = \mu_{H_2O}^{\ominus} + RT \ln a_{H_2O}$$

$$\mu_e = \mu_e^{\ominus} - RT \ln i$$

（2）阴极电势：由

$$\varphi_{阴} = -\frac{\Delta G_{m,阴}}{2F}$$

得

$$\varphi_{阴} = \varphi_{阴}^{\ominus} + \frac{RT}{2F} \ln \frac{a_{MnO_2}^2 a_{H_2O}}{a_{Mn_2O_3} a_{OH^-}^2} - \frac{RT}{F} \ln i \qquad (18.27)$$

式中，

$$\varphi_{阴}^{\ominus} = -\frac{\Delta G_{m,阴}^{\ominus}}{2F} = -\frac{\mu_{Mn_2O_3}^{\ominus} + 2\mu_{OH^-}^{\ominus} - 2\mu_{MnO_2}^{\ominus} - \mu_{H_2O}^{\ominus} - 2\mu_e^{\ominus}}{2F}$$

由式（18.27）得

$$\ln i = -\frac{F\varphi_{阴}}{RT} + \frac{F\varphi_{阴}^{\ominus}}{RT} + \frac{1}{2} \ln \frac{a_{H_2O} a_{MnO_2}^2}{a_{Mn_2O_3} a_{OH^-}^2}$$

则

$$i = \left(\frac{a_{H_2O} a_{MnO_2}^2}{a_{Mn_2O_3} a_{OH^-}^2} \right)^{1/2} \exp\left(-\frac{F\varphi_{阴}}{RT} \right) \exp\left(\frac{F\varphi_{阴}^{\ominus}}{RT} \right) = k_+ \exp\left(-\frac{F\varphi_{阴}}{RT} \right) \qquad (18.28)$$

式中，

$$k_+ = \left(\frac{a_{H_2O} a_{MnO_2}^2}{a_{Mn_2O_3} a_{OH^-}^2} \right)^{1/2} \exp\left(\frac{F\varphi_{阴}^{\ominus}}{RT} \right) \approx \left(\frac{c_{H_2O} c_{MnO_2}^2}{c_{Mn_2O_3} c_{OH^-}^2} \right)^{1/2} \exp\left(\frac{F\varphi_{阴}^{\ominus}}{RT} \right)$$

（3）阴极过电势：

式（18.28）-式（18.27），得

$$\Delta\varphi_{阴} = \varphi_{阴} - \varphi_{阴,e} = \frac{RT}{2F} \ln \frac{a_{H_2O} a_{MnO_2}^2 a_{OH^-,e}^2 a_{Mn_2O_3,e}}{a_{Mn_2O_3} a_{OH^-}^2 a_{H_2O,e} a_{MnO_2,e}^2} - \frac{RT}{F} \ln i \qquad （18.29）$$

由上式得

$$\ln i = -\frac{F\Delta\varphi_{阴}}{RT} + \frac{1}{2} \ln \frac{a_{H_2O} a_{MnO_2}^2 a_{OH^-,e}^2 a_{Mn_2O_3,e}}{a_{Mn_2O_3} a_{OH^-}^2 a_{H_2O,e} a_{MnO_2,e}^2}$$

则

$$i = \left(\frac{a_{H_2O} a_{MnO_2}^2 a_{OH^-,e}^2 a_{Mn_2O_3,e}}{a_{Mn_2O_3} a_{OH^-}^2 a_{H_2O,e} a_{MnO_2,e}^2} \right)^{1/2} \exp\left(-\frac{F\Delta\varphi_{阴}}{RT} \right) = k_+' \exp\left(-\frac{F\Delta\varphi_{阴}}{RT} \right) \qquad （18.30）$$

式中，

$$k_+' = \left(\frac{a_{H_2O} a_{MnO_2}^2 a_{OH^-,e}^2 a_{Mn_2O_3,e}}{a_{Mn_2O_3} a_{OH^-}^2 a_{H_2O,e} a_{MnO_2,e}^2} \right)^{1/2} \approx \left(\frac{c_{H_2O} c_{MnO_2}^2 c_{OH^-,e}^2 c_{Mn_2O_3,e}}{c_{Mn_2O_3} c_{OH^-}^2 c_{H_2O,e} c_{MnO_2,e}^2} \right)^{1/2}$$

2. 阳极过程

阳极反应达平衡，

$$Zn + 2OH^- \Longleftrightarrow Zn(OH)_2 + 2e$$

摩尔吉布斯自由能变化为

$$\Delta G_{m,阳,e} = \mu_{Zn(OH)_2} + 2\mu_e - \mu_{Zn} - 2\mu_{OH^-} = \Delta G_{m,阳}^{\ominus} + RT \ln \frac{a_{Zn(OH)_2,e}}{a_{OH^-,e}^2}$$

式中，

$$\Delta G_{m,阳}^{\ominus} = \mu_{Zn(OH)_2}^{\ominus} + 2\mu_e^{\ominus} - \mu_{Zn}^{\ominus} - 2\mu_{OH^-}^{\ominus}$$

$$\mu_{Zn(OH)_2} = \mu_{Zn(OH)_2}^{\ominus} + RT \ln a_{Zn(OH)_2,e}$$

$$\mu_e = \mu_e^{\ominus}$$

$$\mu_{Zn} = \mu_{Zn}^{\ominus}$$

$$\mu_{OH^-} = \mu_{OH^-}^{\ominus} + RT \ln a_{OH^-,e}$$

（1）阳极平衡电势：由

$$\varphi_{阳,e} = \frac{\Delta G_{m,阳,e}}{2F}$$

得

$$\varphi_{\text{阳,e}} = \varphi_{\text{阳}}^{\ominus} + \frac{RT}{2F} \ln \frac{a_{\text{Zn(OH)}_2,\text{e}}}{a_{\text{OH}^-,\text{e}}^2} \tag{18.31}$$

式中,

$$\varphi_{\text{阳}}^{\ominus} = \frac{\Delta G_{\text{m,阳}}^{\ominus}}{2F} = \frac{\mu_{\text{Zn(OH)}_2}^{\ominus} + 2\mu_{\text{e}}^{\ominus} - \mu_{\text{Zn}}^{\ominus} - 2\mu_{\text{OH}^-}^{\ominus}}{2F}$$

阳极有电流通过,发生极化,阳极反应为

$$\text{Zn} + 2\text{OH}^- \Longrightarrow \text{Zn(OH)}_2 + 2\text{e}$$

摩尔吉布斯自由能变化为

$$\Delta G_{\text{m,阳,e}} = \mu_{\text{Zn(OH)}_2} + 2\mu_{\text{e}} - \mu_{\text{Zn}} - 2\mu_{\text{OH}^-} = \Delta G_{\text{m,阳}}^{\ominus} + RT \ln \frac{a_{\text{Zn(OH)}_2}}{a_{\text{OH}^-}^2} + 2RT \ln i$$

式中,

$$\Delta G_{\text{m,阳}}^{\ominus} = \mu_{\text{Zn(OH)}_2}^{\ominus} + 2\mu_{\text{e}}^{\ominus} - \mu_{\text{Zn}}^{\ominus} - 2\mu_{\text{OH}^-}^{\ominus}$$

$$\mu_{\text{Zn(OH)}_2} = \mu_{\text{Zn(OH)}_2}^{\ominus} + RT \ln a_{\text{Zn(OH)}_2}$$

$$\mu_{\text{e}} = \mu_{\text{e}}^{\ominus} + RT \ln i$$

$$\mu_{\text{Zn}} = \mu_{\text{Zn}}^{\ominus}$$

$$\mu_{\text{OH}^-} = \mu_{\text{OH}^-}^{\ominus} + RT \ln a_{\text{OH}^-}$$

（2）阳极电势：由

$$\varphi_{\text{阳}} = \frac{\Delta G_{\text{m,阳}}}{2F}$$

得

$$\varphi_{\text{阳}} = \varphi_{\text{阳}}^{\ominus} + \frac{RT}{2F} \ln \frac{a_{\text{OH}^-}^2}{a_{\text{Zn(OH)}_2}} + \frac{RT}{F} \ln i \tag{18.32}$$

式中,

$$\varphi_{\text{阳}}^{\ominus} = \frac{\Delta G_{\text{m,阳}}^{\ominus}}{2F} = \frac{\mu_{\text{Zn(OH)}_2}^{\ominus} + 2\mu_{\text{e}}^{\ominus} - \mu_{\text{Zn}}^{\ominus} - 2\mu_{\text{OH}^-}^{\ominus}}{2F}$$

由式（18.32）得

$$\ln i = \frac{F\varphi_{\text{阳}}}{RT} - \frac{F\varphi_{\text{阳}}^{\ominus}}{RT} - \frac{1}{2} \ln \frac{a_{\text{OH}^-}^2}{a_{\text{Zn(OH)}_2}}$$

则

$$i = \left(\frac{a_{\text{Zn(OH)}_2}}{a_{\text{OH}^-}^2}\right)^{1/2} \exp\left(\frac{F\varphi_{\text{阳}}}{RT}\right) \exp\left(-\frac{F\varphi_{\text{阳}}^{\ominus}}{RT}\right) = k_- \exp\left(\frac{F\varphi_{\text{阳}}}{RT}\right) \tag{18.33}$$

式中，

$$k_- = \left(\frac{a_{Zn(OH)_2}}{a_{OH^-}^2} \right)^{1/2} \exp\left(-\frac{F\varphi_{阳}^{\ominus}}{RT} \right) \approx \left(\frac{c_{Zn(OH)_2}}{c_{OH^-}^2} \right)^{1/2} \exp\left(-\frac{F\varphi_{阳}^{\ominus}}{RT} \right)$$

（3）阳极过电势：

式（18.32）−式（18.31），得

$$\Delta\varphi_{阳} = \varphi_{阳} - \varphi_{阳,e} = \frac{RT}{2F} \ln \frac{a_{OH^-}^2 a_{Zn(OH)_2,e}}{a_{Zn(OH)_2} a_{OH^-,e}^2} + \frac{RT}{F} \ln i \qquad (18.34)$$

由上式得

$$\ln i = \frac{F\Delta\varphi_{阳}}{RT} - \frac{1}{2} \ln \frac{a_{OH^-}^2 a_{Zn(OH)_2,e}}{a_{Zn(OH)_2} a_{OH^-,e}^2}$$

则

$$i = \left(\frac{a_{OH^-}^2 a_{Zn(OH)_2,e}}{a_{Zn(OH)_2} a_{OH^-,e}^2} \right)^{1/2} \exp\left(\frac{F\Delta\varphi_{阳}}{RT} \right) = k_-' \exp\left(\frac{F\Delta\varphi_{阳}}{RT} \right) \qquad (18.35)$$

式中，

$$k_-' = \left(\frac{a_{OH^-}^2 a_{Zn(OH)_2,e}}{a_{Zn(OH)_2} a_{OH^-,e}^2} \right)^{1/2} \approx \left(\frac{c_{OH^-}^2 c_{Zn(OH)_2,e}}{c_{Zn(OH)_2} c_{OH^-,e}^2} \right)^{1/2}$$

3. 电池过程

电池反应达平衡，有

$$2MnO_2 + Zn + H_2O \Longleftrightarrow Mn_2O_3 + Zn(OH)_2$$

摩尔吉布斯自由能变化为

$$\Delta G_{m,e} = \mu_{Mn_2O_3} + \mu_{Zn(OH)_2} - \mu_{H_2O} - 2\mu_{MnO_2} - \mu_{Zn} = \Delta G_m^{\ominus} + RT \ln \frac{a_{Mn_2O_3,e} a_{Zn(OH)_2,e}}{a_{H_2O,e} a_{MnO_2,e}^2}$$

式中，

$$\Delta G_m^{\ominus} = \mu_{Mn_2O_3}^{\ominus} + \mu_{Zn(OH)_2}^{\ominus} - \mu_{H_2O}^{\ominus} - 2\mu_{MnO_2}^{\ominus} - \mu_{Zn}^{\ominus}$$

$$\mu_{Mn_2O_3} = \mu_{Mn_2O_3}^{\ominus} + RT \ln a_{Mn_2O_3,e}$$

$$\mu_{Zn(OH)_2} = \mu_{Zn(OH)_2}^{\ominus} + RT \ln a_{Zn(OH)_2,e}$$

$$\mu_{H_2O} = \mu_{H_2O}^{\ominus} + RT \ln a_{H_2O,e}$$

$$\mu_{MnO_2} = \mu_{MnO_2}^{\ominus} + RT \ln a_{MnO_2,e}$$

$$\mu_{Zn} = \mu_{Zn}^{\ominus}$$

（1）电池平衡电动势：由

$$E_e = -\frac{\Delta G_{m,e}}{2F}$$

得

$$E_e = E^\ominus + \frac{RT}{2F}\ln\frac{a_{Mn_2O_3,e}\,a_{Zn(OH)_2,e}}{a_{H_2O,e}\,a_{MnO_2,e}^2} \qquad (18.36)$$

式中，

$$E^\ominus = -\frac{\Delta G_m^\ominus}{2F} = -\frac{\mu_{Mn_2O_3}^\ominus + \mu_{Zn(OH)_2}^\ominus - \mu_{H_2O}^\ominus - 2\mu_{MnO_2}^\ominus - \mu_{Zn}^\ominus}{2F}$$

电池放电，有电流通过，发生极化，电池反应为

$$2MnO_2 + Zn + H_2O \Longrightarrow Mn_2O_3 + Zn(OH)_2$$

摩尔吉布斯自由能变化为

$$\Delta G_m = \mu_{Mn_2O_3} + \mu_{Zn(OH)_2} - \mu_{H_2O} - 2\mu_{MnO_2} - \mu_{Zn} = \Delta G_m^\ominus + RT\ln\frac{a_{Mn_2O_3}\,a_{Zn(OH)_2}}{a_{H_2O}\,a_{MnO_2}^2}$$

式中，

$$\Delta G_m^\ominus = \mu_{Mn_2O_3}^\ominus + \mu_{Zn(OH)_2}^\ominus - \mu_{H_2O}^\ominus - 2\mu_{MnO_2}^\ominus - \mu_{Zn}^\ominus$$

$$\mu_{Mn_2O_3} = \mu_{Mn_2O_3}^\ominus + RT\ln a_{Mn_2O_3}$$

$$\mu_{Zn(OH)_2} = \mu_{Zn(OH)_2}^\ominus + RT\ln a_{Zn(OH)_2}$$

$$\mu_{H_2O} = \mu_{H_2O}^\ominus + RT\ln a_{H_2O}$$

$$\mu_{MnO_2} = \mu_{MnO_2}^\ominus + RT\ln a_{MnO_2}$$

$$\mu_{Zn} = \mu_{Zn}^\ominus$$

（2）电池电动势：由

$$E = -\frac{\Delta G_m}{2F}$$

得

$$E = E^\ominus + \frac{RT}{2F}\ln\frac{a_{H_2O}\,a_{MnO_2}^2}{a_{Mn_2O_3}\,a_{Zn(OH)_2}} \qquad (18.37)$$

式中，

$$E^\ominus = -\frac{\Delta G_m^\ominus}{2F} = -\frac{\mu_{Mn_2O_3}^\ominus + \mu_{Zn(OH)_2}^\ominus - \mu_{H_2O}^\ominus - 2\mu_{MnO_2}^\ominus - \mu_{Zn}^\ominus}{2F}$$

（3）电池过电势：

$$\Delta E = E - E_e = \frac{RT}{2F}\ln\frac{a_{H_2O}\,a_{MnO_2}^2\,a_{Zn(OH)_2,e}\,a_{Mn_2O_3,e}}{a_{Zn(OH)_2}\,a_{Mn_2O_3}\,a_{H_2O,e}\,a_{MnO_2,e}^2} \qquad (18.38)$$

$$\Delta E = E - E_e$$
$$= (\varphi_{\text{阴}} - \varphi_{\text{阳}}) - (\varphi_{\text{阴,e}} - \varphi_{\text{阳,e}})$$
$$= (\varphi_{\text{阴}} - \varphi_{\text{阴,e}}) - (\varphi_{\text{阳}} - \varphi_{\text{阳,e}})$$
$$= \Delta\varphi_{\text{阴}} - \Delta\varphi_{\text{阳}}$$

（4）电池端电压：

$$V = E - IR = E_e + \Delta E - IR = E_e + \Delta\varphi_{\text{阴}} - \Delta\varphi_{\text{阳}} - IR$$

式中，I 为电流；R 为电池系统电阻。

（5）电池电流：

$$I = \frac{E - V}{R} = \frac{E_e + \Delta E - V}{R}$$

18.2　金属-空气电池

18.2.1　Zn-空气电池

Zn-空气电池的负极是锌粒，正极是空气。电解液为碱的水溶液。电压为 1.4V，电池的能量密度为 442～970Wh/L。

电池的组成为

$$\text{Zn} \,|\, \text{Na}^+\text{OH}^- \,|\, \text{空气}(\text{O}_2)$$

Zn-空气电池的电化学反应：

阴极反应

$$\frac{1}{2}\text{O}_2 + \text{H}_2\text{O} + 2\text{e} =\!=\!= 2\text{OH}^-$$

阳极反应

$$\text{Zn} + 2\text{OH}^- =\!=\!= \text{Zn(OH)}_2 + 2\text{e}$$

电池反应

$$\frac{1}{2}\text{O}_2 + \text{H}_2\text{O} + \text{Zn} =\!=\!= \text{Zn(OH)}_2$$

1. 阴极过程

阴极反应达平衡，

$$\frac{1}{2}\text{O}_2 + \text{H}_2\text{O} + 2\text{e} \rightleftharpoons 2\text{OH}^-$$

摩尔吉布斯自由能变化为

$$\Delta G_{\text{m,阴,e}} = 2\mu_{\text{OH}^-} - \frac{1}{2}\mu_{\text{O}_2} - \mu_{\text{H}_2\text{O}} - 2\mu_e = \Delta G_{\text{m,阴}}^{\ominus} + RT \ln \frac{a_{\text{OH}^-,\text{e}}^2}{p_{\text{O}_2,\text{e}}^{1/2} a_{\text{H}_2\text{O,e}}}$$

式中,

$$\Delta G_{m,阴}^{\ominus} = 2\mu_{OH^-}^{\ominus} - \frac{1}{2}\mu_{O_2}^{\ominus} - \mu_{H_2O}^{\ominus} - 2\mu_e^{\ominus}$$

$$\mu_{OH^-} = \mu_{OH^-}^{\ominus} + RT\ln a_{OH^-,e}$$

$$\mu_{O_2} = \mu_{O_2}^{\ominus} + RT\ln p_{O_2,e}$$

$$\mu_{H_2O} = \mu_{H_2O}^{\ominus} + RT\ln a_{H_2O,e}$$

$$\mu_e = \mu_e^{\ominus}$$

（1）阴极平衡电势：由

$$\varphi_{阴,e} = -\frac{\Delta G_{m,阴,e}}{2F}$$

得

$$\varphi_{阴,e} = \varphi_{阴}^{\ominus} + \frac{RT}{2F}\ln\frac{p_{O_2,e}^{1/2}a_{H_2O,e}}{a_{OH^-,e}^2} \qquad (18.39)$$

式中,

$$\varphi_{阴}^{\ominus} = -\frac{\Delta G_{m,阴}^{\ominus}}{2F} = -\frac{2\mu_{OH^-}^{\ominus} - \frac{1}{2}\mu_{O_2}^{\ominus} - \mu_{H_2O}^{\ominus} - 2\mu_e^{\ominus}}{2F}$$

阴极有电流通过，发生极化，阴极反应为

$$\frac{1}{2}O_2 + H_2O + 2e === 2OH^-$$

摩尔吉布斯自由能变化为

$$\Delta G_{m,阴} = 2\mu_{OH^-} - \frac{1}{2}\mu_{O_2} - \mu_{H_2O} - 2\mu_e = \Delta G_{m,阴}^{\ominus} + RT\ln\frac{a_{OH^-}^2}{p_{O_2}^{1/2}a_{H_2O}} + 2RT\ln i$$

式中,

$$\Delta G_{m,阴}^{\ominus} = 2\mu_{OH^-}^{\ominus} - \frac{1}{2}\mu_{O_2}^{\ominus} - \mu_{H_2O}^{\ominus} - 2\mu_e^{\ominus}$$

$$\mu_{OH^-} = \mu_{OH^-}^{\ominus} + RT\ln a_{OH^-}$$

$$\mu_{O_2} = \mu_{O_2}^{\ominus} + RT\ln p_{O_2}$$

$$\mu_{H_2O} = \mu_{H_2O}^{\ominus} + RT\ln a_{H_2O}$$

$$\mu_e = \mu_e^{\ominus} - RT\ln i$$

（2）阴极电势：由

$$\varphi_{阴} = -\frac{\Delta G_{m,阴}}{2F}$$

得

$$\varphi_{阴} = \varphi_{阴}^{\ominus} + \frac{RT}{2F} \ln \frac{p_{O_2}^{1/2} a_{H_2O}}{a_{OH^-}^2} - \frac{RT}{F} \ln i \tag{18.40}$$

式中，

$$\varphi_{阴}^{\ominus} = -\frac{\Delta G_{m,阴}^{\ominus}}{2F} = -\frac{2\mu_{OH^-}^{\ominus} - \frac{1}{2}\mu_{O_2}^{\ominus} - \mu_{H_2O}^{\ominus} - 2\mu_e^{\ominus}}{2F}$$

由式（18.40）得

$$\ln i = -\frac{F\varphi_{阴}}{RT} + \frac{F\varphi_{阴}^{\ominus}}{RT} + \frac{1}{2}\ln \frac{p_{O_2}^{1/2} a_{H_2O}}{a_{OH^-}^2}$$

则

$$i = \left(\frac{p_{O_2}^{1/2} a_{H_2O}}{a_{OH^-}^2} \right)^{1/2} \exp\left(-\frac{F\varphi_{阴}}{RT} \right) \exp\left(\frac{F\varphi_{阴}^{\ominus}}{RT} \right) = k_+ \exp\left(-\frac{F\varphi_{阴}}{RT} \right) \tag{18.41}$$

式中，

$$k_+ = \left(\frac{p_{O_2}^{1/2} a_{H_2O}}{a_{OH^-}^2} \right)^{1/2} \exp\left(\frac{F\varphi_{阴}^{\ominus}}{RT} \right) \approx \left(\frac{p_{O_2}^{1/2} c_{H_2O}}{c_{OH^-}^2} \right)^{1/2} \exp\left(\frac{F\varphi_{阴}^{\ominus}}{RT} \right)$$

（3）阴极过电势：

式（18.40）–式（18.39），得

$$\Delta\varphi_{阴} = \varphi_{阴} - \varphi_{阴,e} = \frac{RT}{2F} \ln \frac{p_{O_2}^{1/2} a_{H_2O} a_{OH^-,e}^2}{a_{OH^-}^2 p_{O_2,e}^{1/2} a_{H_2O,e}} - \frac{RT}{F} \ln i \tag{18.42}$$

移项得

$$\ln i = -\frac{F\Delta\varphi_{阴}}{RT} + \frac{1}{2}\ln \frac{p_{O_2}^{1/2} a_{H_2O} a_{OH^-,e}^2}{a_{OH^-}^2 p_{O_2,e}^{1/2} a_{H_2O,e}}$$

则

$$i = \left(\frac{p_{O_2}^{1/2} a_{H_2O} a_{OH^-,e}^2}{a_{OH^-}^2 p_{O_2,e}^{1/2} a_{H_2O,e}} \right)^{1/2} \exp\left(-\frac{F\Delta\varphi_{阴}}{RT} \right) = k_+' \exp\left(-\frac{F\Delta\varphi_{阴}}{RT} \right) \tag{18.43}$$

式中，

$$k_+' = \left(\frac{p_{O_2}^{1/2} a_{H_2O} a_{OH^-,e}^2}{a_{OH^-}^2 p_{O_2,e}^{1/2} a_{H_2O,e}} \right)^{1/2} \approx \left(\frac{p_{O_2}^{1/2} c_{H_2O} c_{OH^-,e}^2}{c_{OH^-}^2 p_{O_2,e}^{1/2} c_{H_2O,e}} \right)^{1/2}$$

2. 阳极过程

阳极反应达平衡，

$$Zn + 2OH^- \rightleftharpoons Zn(OH)_2 + 2e$$

摩尔吉布斯自由能变化为

$$\Delta G_{m,阳,e} = \mu_{Zn(OH)_2} + 2\mu_e - \mu_{Zn} - 2\mu_{OH^-} = \Delta G_{m,阳}^{\ominus} + RT \ln \frac{a_{Zn(OH)_2,e}}{a_{OH^-,e}^2}$$

式中，

$$\Delta G_{m,阳}^{\ominus} = \mu_{Zn(OH)_2}^{\ominus} + 2\mu_e^{\ominus} - \mu_{Zn}^{\ominus} - 2\mu_{OH^-}^{\ominus}$$

$$\mu_{Zn(OH)_2} = \mu_{Zn(OH)_2}^{\ominus} + RT \ln a_{Zn(OH)_2,e}$$

$$\mu_e = \mu_e^{\ominus}$$

$$\mu_{Zn} = \mu_{Zn}^{\ominus}$$

$$\mu_{OH^-} = \mu_{OH^-}^{\ominus} + RT \ln a_{OH^-,e}$$

（1）阳极平衡电势：由

$$\varphi_{阳,e} = \frac{\Delta G_{m,阳,e}}{2F}$$

得

$$\varphi_{阳,e} = \varphi_{阳}^{\ominus} + \frac{RT}{2F} \ln \frac{a_{Zn(OH)_2,e}}{a_{OH^-,e}^2} \tag{18.44}$$

式中，

$$\varphi_{阳}^{\ominus} = \frac{\Delta G_{m,阳}^{\ominus}}{2F} = \frac{\mu_{Zn(OH)_2}^{\ominus} + 2\mu_e^{\ominus} - \mu_{Zn}^{\ominus} - 2\mu_{OH^-}^{\ominus}}{2F}$$

阳极有电流通过，发生极化，阳极反应为

$$Zn + 2OH^- \Longrightarrow Zn(OH)_2 + 2e$$

摩尔吉布斯自由能变化为

$$\Delta G_{m,阳} = \mu_{Zn(OH)_2} + 2\mu_e - \mu_{Zn} - 2\mu_{OH^-} = \Delta G_{m,阳}^{\ominus} + RT \ln \frac{a_{Zn(OH)_2}}{a_{OH^-}^2} + 2RT \ln i$$

式中，

$$\Delta G_{m,阳}^{\ominus} = \mu_{Zn(OH)_2}^{\ominus} + 2\mu_e^{\ominus} - \mu_{Zn}^{\ominus} - 2\mu_{OH^-}^{\ominus}$$

$$\mu_{Zn(OH)_2} = \mu_{Zn(OH)_2}^{\ominus} + RT \ln a_{Zn(OH)_2}$$

$$\mu_e = \mu_e^{\ominus} + RT \ln i$$

$$\mu_{Zn} = \mu_{Zn}^{\ominus}$$

$$\mu_{OH^-} = \mu_{OH^-}^{\ominus} + RT \ln a_{OH^-}$$

（2）阳极电势：由

$$\varphi_{阳} = \frac{\Delta G_{m,阳}}{2F}$$

得

$$\varphi_{阳} = \varphi_{阳}^{\ominus} + \frac{RT}{2F}\ln\frac{a_{Zn(OH)_2}}{a_{OH^-}^2} + \frac{RT}{F}\ln i \qquad (18.45)$$

式中，

$$\varphi_{阳}^{\ominus} = \frac{\Delta G_{m,阳}^{\ominus}}{2F} = \frac{\mu_{Zn(OH)_2}^{\ominus} + 2\mu_e^{\ominus} - \mu_{Zn}^{\ominus} - 2\mu_{OH^-}^{\ominus}}{2F}$$

由式（18.45）得

$$\ln i = \frac{F\varphi_{阳}}{RT} - \frac{F\varphi_{阳}^{\ominus}}{RT} - \frac{1}{2}\ln\frac{a_{Zn(OH)_2}}{a_{OH^-}^2}$$

则

$$i = \left(\frac{a_{OH^-}^2}{a_{Zn(OH)_2}}\right)^{1/2}\exp\left(\frac{F\varphi_{阳}}{RT}\right)\exp\left(-\frac{F\varphi_{阳}^{\ominus}}{RT}\right) = k_-\exp\left(\frac{F\varphi_{阳}}{RT}\right) \qquad (18.46)$$

式中，

$$k_- = \left(\frac{a_{OH^-}^2}{a_{Zn(OH)_2}}\right)^{1/2}\exp\left(-\frac{F\varphi_{阳}^{\ominus}}{RT}\right) \approx \left(\frac{c_{OH^-}^2}{c_{Zn(OH)_2}}\right)^{1/2}\exp\left(-\frac{F\varphi_{阳}^{\ominus}}{RT}\right)$$

（3）阳极过电势：

式（18.45）–式（18.44），得

$$\Delta\varphi_{阳} = \varphi_{阳} - \varphi_{阳,e} = \frac{RT}{2F}\ln\frac{a_{Zn(OH)_2}a_{OH^-,e}^2}{a_{OH^-}^2 a_{Zn(OH)_2,e}} + \frac{RT}{F}\ln i \qquad (18.47)$$

由上式得

$$\ln i = \frac{F\Delta\varphi_{阳}}{RT} - \frac{1}{2}\ln\frac{a_{Zn(OH)_2}a_{OH^-,e}^2}{a_{OH^-}^2 a_{Zn(OH)_2,e}}$$

则

$$i = \left(\frac{a_{OH^-}^2 a_{Zn(OH)_2,e}}{a_{Zn(OH)_2}a_{OH^-,e}^2}\right)^{1/2}\exp\left(\frac{F\Delta\varphi_{阳}}{RT}\right) = k_{阳}'\exp\left(\frac{F\Delta\varphi_{阳}}{RT}\right) \qquad (18.48)$$

式中，

$$k_{阳}' = \left(\frac{a_{OH^-}^2 a_{Zn(OH)_2,e}}{a_{Zn(OH)_2}a_{OH^-,e}^2}\right)^{1/4} \approx \left(\frac{c_{OH^-}^2 c_{Zn(OH)_2,e}}{c_{Zn(OH)_2}c_{OH^-,e}^2}\right)^{1/4}$$

3. 电池过程

电池反应达平衡，有

$$\frac{1}{2}O_2 + H_2O + Zn \rightleftharpoons Zn(OH)_2$$

摩尔吉布斯自由能变化为

$$\Delta G_{m,e} = \mu_{Zn(OH)_2} - \frac{1}{2}\mu_{O_2} - \mu_{H_2O} - \mu_{Zn} = \Delta G_m^\ominus + RT\ln\frac{a_{Zn(OH)_2,e}}{p_{O_2,e}^{1/2}a_{H_2O,e}}$$

式中，

$$\Delta G_m^\ominus = \mu_{Zn(OH)_2}^\ominus - \frac{1}{2}\mu_{O_2}^\ominus - \mu_{H_2O}^\ominus - \mu_{Zn}^\ominus$$

$$\mu_{Zn(OH)_2} = \mu_{Zn(OH)_2}^\ominus + RT\ln a_{Zn(OH)_2,e}$$

$$\mu_{O_2} = \mu_{O_2}^\ominus + RT\ln p_{O_2,e}$$

$$\mu_{H_2O} = \mu_{H_2O}^\ominus + RT\ln a_{H_2O,e}$$

$$\mu_{Zn} = \mu_{Zn}^\ominus$$

（1）电池平衡电动势：由

$$E_e = -\frac{\Delta G_{m,e}}{2F}$$

得

$$E_e = E^\ominus + \frac{RT}{2F}\ln\frac{p_{O_2,e}^{1/2}a_{H_2O,e}}{a_{Zn(OH)_2,e}} \qquad (18.49)$$

式中，

$$E^\ominus = -\frac{\Delta G_m^\ominus}{2F} = -\frac{\mu_{Zn(OH)_2}^\ominus - \frac{1}{2}\mu_{O_2}^\ominus - \mu_{H_2O}^\ominus - \mu_{Zn}^\ominus}{2F}$$

电池放电，有电流通过，发生极化，有

$$\frac{1}{2}O_2 + H_2O + Zn \longrightarrow Zn(OH)_2$$

摩尔吉布斯自由能变化为

$$\Delta G_{m,e} = \mu_{Zn(OH)_2} - \frac{1}{2}\mu_{O_2} - \mu_{H_2O} - \mu_{Zn} = \Delta G_m^\ominus + RT\ln\frac{a_{Zn(OH)_2}}{p_{O_2}^{1/2}a_{H_2O}}$$

式中，

$$\Delta G_m^\ominus = \mu_{Zn(OH)_2}^\ominus - \frac{1}{2}\mu_{O_2}^\ominus - \mu_{H_2O}^\ominus - \mu_{Zn}^\ominus$$

$$\mu_{Zn(OH)_2} = \mu_{Zn(OH)_2}^\ominus + RT\ln a_{Zn(OH)_2}$$

$$\mu_{O_2} = \mu_{O_2}^{\ominus} + RT \ln p_{O_2}$$

$$\mu_{H_2O} = \mu_{H_2O}^{\ominus} + RT \ln a_{H_2O}$$

$$\mu_{Zn} = \mu_{Zn}^{\ominus}$$

（2）电池电动势：由

$$E = -\frac{\Delta G_m}{2F}$$

得

$$E = E^{\ominus} + \frac{RT}{2F} \ln \frac{p_{O_2}^{1/2} a_{H_2O}}{a_{Zn(OH)_2}} \tag{18.50}$$

式中，

$$E^{\ominus} = -\frac{\Delta G_m^{\ominus}}{2F} = -\frac{\mu_{Zn(OH)_2}^{\ominus} - \frac{1}{2}\mu_{O_2}^{\ominus} - \mu_{H_2O}^{\ominus} - \mu_{Zn}^{\ominus}}{2F}$$

（3）电池过电势：

式（18.50）−式（18.49），得

$$\Delta E = E - E_e = \frac{RT}{2F} \ln \frac{p_{O_2}^{1/2} a_{H_2O} a_{Zn(OH)_2,e}}{a_{Zn(OH)_2} p_{O_2,e}^{1/2} a_{H_2O,e}} \tag{18.51}$$

$$\Delta E = E - E_e$$

$$= (\varphi_{阴} - \varphi_{阳}) - (\varphi_{阴,e} - \varphi_{阳,e})$$

$$= (\varphi_{阴} - \varphi_{阴,e}) - (\varphi_{阳} - \varphi_{阳,e})$$

$$= \Delta\varphi_{阴} - \Delta\varphi_{阳}$$

$$E = E_e + \Delta E = E_e + \Delta\varphi_{阴} - \Delta\varphi_{阳}$$

（4）电池端电压：

$$V = E - IR = E_e + \Delta E - IR = E_e + \Delta\varphi_{阴} - \Delta\varphi_{阳} - IR$$

式中，I 为电流；R 为电池系统电阻。

（5）电池电流：

$$I = \frac{E - V}{R} = \frac{E_e + \Delta E - V}{R}$$

18.2.2　Al-空气电池

铝空气电池组成为

$$Al \mid Al_2O_3 + OH^- + H_2O \mid 空气(O_2)$$

电化学反应如下：

（1）电解质溶液 pH 低。

阴极反应

$$\frac{3}{4}O_2 + \frac{3}{2}H_2O + 3e \Longrightarrow 3OH^-$$

阳极反应

$$Al + 3OH^- \Longrightarrow Al(OH)_3 + 3e$$

电池反应

$$\frac{3}{4}O_2 + \frac{3}{2}H_2O + Al \Longrightarrow Al(OH)_3$$

（2）电解质溶液 pH 高。

阴极反应

$$O_2 + 2H_2O + 4e \Longrightarrow 4OH^-$$

阳极反应

$$Al + 4OH^- \Longrightarrow [Al(OH)_4]^- + 3e$$

电池反应

$$4OH^- + 3O_2 + 6H_2O + 4Al \Longrightarrow 4[Al(OH)_4]^-$$

1. 电解质溶液 pH 低

1）阴极过程

阴极反应达平衡，

$$\frac{3}{4}O_2 + \frac{3}{2}H_2O + 3e \Longleftrightarrow 3OH^-$$

摩尔吉布斯自由能变化为

$$\Delta G_{m,阴,e} = 3\mu_{OH^-} - \frac{3}{4}\mu_{O_2} - \frac{3}{2}\mu_{H_2O} - 3\mu_e = \Delta G_{m,阴}^{\ominus} + RT\ln\frac{a_{OH^-,e}^3}{p_{O_2,e}^{3/4}a_{H_2O,e}^{3/2}}$$

式中，

$$\Delta G_{m,阴}^{\ominus} = 3\mu_{OH^-}^{\ominus} - \frac{3}{4}\mu_{O_2}^{\ominus} - \frac{3}{2}\mu_{H_2O}^{\ominus} - 3\mu_e^{\ominus}$$

$$\mu_{OH^-} = \mu_{OH^-}^{\ominus} + RT\ln a_{OH^-,e}$$

$$\mu_{O_2} = \mu_{O_2}^{\ominus} + RT\ln p_{O_2,e}$$

$$\mu_{H_2O} = \mu_{H_2O}^{\ominus} + RT\ln a_{H_2O,e}$$

$$\mu_e = \mu_e^{\ominus}$$

（1）阴极平衡电势：由

$$\varphi_{阴,e} = -\frac{\Delta G_{m,阴,e}}{3F}$$

得

$$\varphi_{阴,e} = \varphi_{阴}^{\ominus} + \frac{RT}{3F}\ln\frac{p_{O_2,e}^{3/4}a_{H_2O,e}^{3/2}}{a_{OH^-,e}^3} \tag{18.52}$$

式中，

$$\varphi_{阴}^{\ominus} = -\frac{\Delta G_{m,阴}^{\ominus}}{3F} = -\frac{3\mu_{OH^-}^{\ominus} - \dfrac{3}{4}\mu_{O_2}^{\ominus} - \dfrac{3}{2}\mu_{H_2O}^{\ominus} - 3\mu_e^{\ominus}}{3F}$$

阴极有电流通过，发生极化，阴极反应为

$$\frac{3}{4}O_2 + \frac{3}{2}H_2O + 3e \Longrightarrow 3OH^-$$

摩尔吉布斯自由能变化为

$$\Delta G_{m,阴} = 3\mu_{OH^-} - \frac{3}{4}\mu_{O_2} - \frac{3}{2}\mu_{H_2O} - 3\mu_e = \Delta G_{m,阴}^{\ominus} + RT\ln\frac{a_{OH^-}^3}{p_{O_2}^{3/4}a_{H_2O}^{3/2}} + 3RT\ln i$$

式中，

$$\Delta G_{m,阴}^{\ominus} = 3\mu_{OH^-}^{\ominus} - \frac{3}{4}\mu_{O_2}^{\ominus} - \frac{3}{2}\mu_{H_2O}^{\ominus} - 3\mu_e^{\ominus}$$

$$\mu_{OH^-} = \mu_{OH^-}^{\ominus} + RT\ln a_{OH^-}$$

$$\mu_{O_2} = \mu_{O_2}^{\ominus} + RT\ln p_{O_2}$$

$$\mu_{H_2O} = \mu_{H_2O}^{\ominus} + RT\ln a_{H_2O}$$

$$\mu_e = \mu_e^{\ominus} - RT\ln i$$

（2）阴极电势：由

$$\varphi_{阴} = -\frac{\Delta G_{m,阴}}{3F}$$

得

$$\varphi_{阴} = \varphi_{阴}^{\ominus} + \frac{RT}{3F}\ln\frac{p_{O_2}^{3/4}a_{H_2O}^{3/2}}{a_{OH^-}^3} - \frac{RT}{2F}\ln i \tag{18.53}$$

式中，

$$\varphi_{阴}^{\ominus} = -\frac{\Delta G_{m,阴}^{\ominus}}{3F} = -\frac{3\mu_{OH^-}^{\ominus} - \dfrac{3}{4}\mu_{O_2}^{\ominus} - \dfrac{3}{2}\mu_{H_2O}^{\ominus} - 3\mu_e^{\ominus}}{3F}$$

由式（18.53）得

$$\ln i = -\frac{F\varphi_{阴}}{RT} + \frac{F\varphi_{阴}^{\ominus}}{RT} + \ln \frac{a_{OH^-}}{p_{O_2}^{1/4} a_{H_2O}^{1/2}}$$

则

$$i = \frac{a_{OH^-}}{p_{O_2}^{1/4} a_{H_2O}^{1/2}} \exp\left(-\frac{F\varphi_{阴}}{RT}\right) \exp\left(\frac{F\varphi_{阴}^{\ominus}}{RT}\right) = k_+ \exp\left(-\frac{F\varphi_{阴}}{RT}\right) \qquad （18.54）$$

式中，

$$k_+ = \frac{a_{OH^-}}{p_{O_2}^{1/4} a_{H_2O}^{1/2}} \exp\left(\frac{F\varphi_{阴}^{\ominus}}{RT}\right) \approx \frac{c_{OH^-}}{p_{O_2}^{1/4} c_{H_2O}^{1/2}} \exp\left(\frac{F\varphi_{阴}^{\ominus}}{RT}\right)$$

（3）阴极过电势：

式（18.53）-式（18.51），得

$$\Delta\varphi_{阴} = \varphi_{阴} - \varphi_{阴,e} = \frac{RT}{F} \ln \frac{a_{OH^-} p_{O_2,e}^{1/4} a_{H_2O,e}^{1/2}}{p_{O_2}^{1/4} a_{H_2O}^{1/2} a_{OH^-,e}} - \frac{RT}{F} \ln i \qquad （18.55）$$

由上式得

$$\ln i = -\frac{F\Delta\varphi_{阴}}{RT} + \ln \frac{a_{OH^-} p_{O_2,e}^{1/4} a_{H_2O,e}^{1/2}}{p_{O_2}^{1/4} a_{H_2O}^{1/2} a_{OH^-,e}}$$

则

$$i = \frac{a_{OH^-} p_{O_2,e}^{1/4} a_{H_2O,e}^{1/2}}{p_{O_2}^{1/4} a_{H_2O}^{1/2} a_{OH^-,e}} \exp\left(-\frac{F\Delta\varphi_{阴}}{RT}\right) = k_+' \exp\left(-\frac{F\Delta\varphi_{阴}}{RT}\right) \qquad （18.56）$$

式中，

$$k_+' = \frac{a_{OH^-} p_{O_2,e}^{1/4} a_{H_2O,e}^{1/2}}{p_{O_2}^{1/4} a_{H_2O}^{1/2} a_{OH^-,e}} \approx \frac{c_{OH^-} p_{O_2,e}^{1/4} c_{H_2O,e}^{1/2}}{p_{O_2}^{1/4} c_{H_2O}^{1/2} c_{OH^-,e}}$$

2）阳极过程

阳极反应达平衡，

$$Al + 3OH^- \Longrightarrow Al(OH)_3 + 3e$$

摩尔吉布斯自由能变化为

$$\Delta G_{m,阳,e} = \mu_{Al(OH)_3} + 3\mu_e - \mu_{Al} - 3\mu_{OH^-} = \Delta G_{m,阳}^{\ominus} + RT \ln \frac{a_{Al(OH)_3,e}}{a_{OH^-,e}^3}$$

式中，

$$\Delta G_{m,阳}^{\ominus} = \mu_{Al(OH)_3}^{\ominus} + 3\mu_e^{\ominus} - \mu_{Al}^{\ominus} - 3\mu_{OH^-}^{\ominus}$$

$$\mu_{Al(OH)_3} = \mu_{Al(OH)_3}^{\ominus} + RT \ln a_{Al(OH)_3,e}$$

$$\mu_e = \mu_e^{\ominus}$$

$$\mu_{Al} = \mu_{Al}^{\ominus}$$

$$\mu_{OH^-} = \mu_{OH^-}^{\ominus} + RT \ln a_{OH^-,e}$$

（1）阳极平衡电势：由

$$\varphi_{阳,e} = \frac{\Delta G_{m,阳,e}}{3F}$$

得

$$\varphi_{阳,e} = \varphi_{阳}^{\ominus} + \frac{RT}{3F} \ln \frac{a_{Al(OH)_3,e}}{a_{OH^-,e}^3} \tag{18.57}$$

式中，

$$\varphi_{阳}^{\ominus} = \frac{\Delta G_{m,阳}^{\ominus}}{3F} = \frac{\mu_{Al(OH)_3}^{\ominus} + 3\mu_e^{\ominus} - \mu_{Al}^{\ominus} - 3\mu_{OH^-}^{\ominus}}{3F}$$

阳极有电流通过，发生极化，阳极反应为

$$Al + 3OH^- \rlap{=\!=} \quad Al(OH)_3 + 3e$$

摩尔吉布斯自由能变化为

$$\Delta G_{m,阳} = \mu_{Al(OH)_3} + 3\mu_e - \mu_{Al} - 3\mu_{OH^-} = \Delta G_{m,阳}^{\ominus} + RT \ln \frac{a_{Al(OH)_3}}{a_{OH^-}^3} + 3RT \ln i$$

式中，

$$\Delta G_{m,阳}^{\ominus} = \mu_{Al(OH)_3}^{\ominus} + 3\mu_e^{\ominus} - \mu_{Al}^{\ominus} - 3\mu_{OH^-}^{\ominus}$$

$$\mu_{Al(OH)_3} = \mu_{Al(OH)_3}^{\ominus} + RT \ln a_{Al(OH)_3}$$

$$\mu_e = \mu_e^{\ominus} + RT \ln i$$

$$\mu_{Al} = \mu_{Al}^{\ominus}$$

$$\mu_{OH^-} = \mu_{OH^-}^{\ominus} + RT \ln a_{OH^-}$$

（2）阳极电势：由

$$\varphi_{阳} = \frac{\Delta G_{m,阳}}{3F}$$

得

$$\varphi_{阳} = \varphi_{阳}^{\ominus} + \frac{RT}{3F} \ln \frac{a_{Al(OH)_3}}{a_{OH^-}^3} + \frac{RT}{F} \ln i \tag{18.58}$$

式中，

$$\varphi_{阳}^{\ominus} = \frac{\Delta G_{m,阳}^{\ominus}}{3F} = \frac{\mu_{Al(OH)_3}^{\ominus} + 3\mu_e^{\ominus} - \mu_{Al}^{\ominus} - 3\mu_{OH^-}^{\ominus}}{3F}$$

由式（18.58）得

$$\ln i = \frac{F\varphi_{阳}}{RT} - \frac{F\varphi_{阳}^{\ominus}}{RT} - \frac{1}{3}\ln\frac{a_{\mathrm{Al(OH)_3}}}{a_{\mathrm{OH^-}}^3}$$

则

$$i = \left(\frac{a_{\mathrm{OH^-}}^3}{a_{\mathrm{Al(OH)_3}}}\right)^{1/3}\exp\left(\frac{F\varphi_{阳}}{RT}\right)\exp\left(-\frac{F\varphi_{阳}^{\ominus}}{RT}\right) = k_-\exp\left(\frac{F\varphi_{阳}}{RT}\right) \qquad （18.59）$$

式中，

$$k_- = \left(\frac{a_{\mathrm{OH^-}}^3}{a_{\mathrm{Al(OH)_3}}}\right)^{1/3}\exp\left(-\frac{F\varphi_{阳}^{\ominus}}{RT}\right) \approx \left(\frac{c_{\mathrm{OH^-}}^3}{c_{\mathrm{Al(OH)_3}}}\right)^{1/3}\exp\left(-\frac{F\varphi_{阳}^{\ominus}}{RT}\right)$$

（3）阳极过电势：

式（18.58）−式（18.57），得

$$\Delta\varphi_{阳} = \varphi_{阳} - \varphi_{阳,\mathrm{e}} = \frac{RT}{3F}\ln\frac{a_{\mathrm{Al(OH)_3}}a_{\mathrm{OH^-,e}}^3}{a_{\mathrm{OH^-}}^3 a_{\mathrm{Al(OH)_3,e}}} + \frac{RT}{F}\ln i \qquad （18.60）$$

由上式得

$$\ln i = \frac{F\Delta\varphi_{阳}}{RT} - \frac{1}{3}\ln\frac{a_{\mathrm{Al(OH)_3}}a_{\mathrm{OH^-,e}}^3}{a_{\mathrm{OH^-}}^3 a_{\mathrm{Al(OH)_3,e}}}$$

则

$$i = \left(\frac{a_{\mathrm{OH^-}}^3 a_{\mathrm{Al(OH)_3,e}}}{a_{\mathrm{Al(OH)_3}}a_{\mathrm{OH^-,e}}^3}\right)^{1/3}\exp\left(\frac{F\Delta\varphi_{阳}}{RT}\right) = k_-'\exp\left(\frac{F\Delta\varphi_{阳}}{RT}\right) \qquad （18.61）$$

式中，

$$k_-' = \left(\frac{a_{\mathrm{OH^-}}^3 a_{\mathrm{Al(OH)_3,e}}}{a_{\mathrm{Al(OH)_3}}a_{\mathrm{OH^-,e}}^3}\right)^{1/3} \approx \left(\frac{c_{\mathrm{OH^-}}^3 c_{\mathrm{Al(OH)_3,e}}}{c_{\mathrm{Al(OH)_3}}c_{\mathrm{OH^-,e}}^3}\right)^{1/3}$$

3）电池过程

电池反应达平衡，有

$$\frac{3}{4}\mathrm{O_2} + \frac{3}{2}\mathrm{H_2O} + \mathrm{Al} \Longleftrightarrow \mathrm{Al(OH)_3}$$

摩尔吉布斯自由能变化为

$$\Delta G_{\mathrm{m,e}} = \mu_{\mathrm{Al(OH)_3}} - \frac{3}{4}\mu_{\mathrm{O_2}} - \frac{3}{2}\mu_{\mathrm{H_2O}} - \mu_{\mathrm{Al}} = \Delta G_{\mathrm{m}}^{\ominus} + RT\ln\frac{a_{\mathrm{Al(OH)_3,e}}}{p_{\mathrm{O_2,e}}^{3/4}a_{\mathrm{H_2O,e}}^{3/2}}$$

式中，

$$\Delta G_{\mathrm{m}}^{\ominus} = \mu_{\mathrm{Al(OH)_3}}^{\ominus} - \frac{3}{4}\mu_{\mathrm{O_2}}^{\ominus} - \frac{3}{2}\mu_{\mathrm{H_2O}}^{\ominus} - \mu_{\mathrm{Al}}^{\ominus}$$

$$\mu_{Al(OH)_3} = \mu_{Al(OH)_3}^{\ominus} + RT \ln a_{Al(OH)_3,e}$$

$$\mu_{O_2} = \mu_{O_2}^{\ominus} + RT \ln p_{O_2,e}$$

$$\mu_{H_2O} = \mu_{H_2O}^{\ominus} + RT \ln a_{H_2O,e}$$

$$\mu_{Al} = \mu_{Al}^{\ominus}$$

（1）电池平衡电动势：由

$$E_e = -\frac{\Delta G_{m,e}}{3F}$$

得

$$E_e = E^{\ominus} + \frac{RT}{3F} \ln \frac{p_{O_2,e}^{3/4} a_{H_2O,e}^{3/2}}{a_{Al(OH)_3,e}} \tag{18.62}$$

式中，

$$E^{\ominus} = -\frac{\Delta G_m^{\ominus}}{3F} = -\frac{\mu_{Al(OH)_3}^{\ominus} - \frac{3}{4}\mu_{O_2}^{\ominus} - \frac{3}{2}\mu_{H_2O}^{\ominus} - \mu_{Al}^{\ominus}}{3F}$$

电池放电，有电流通过，电池反应为

$$\frac{3}{4}O_2 + \frac{3}{2}H_2O + Al \Longleftrightarrow Al(OH)_3$$

摩尔吉布斯自由能变化为

$$\Delta G_{m,e} = \mu_{Al(OH)_3} - \frac{3}{4}\mu_{O_2} - \frac{3}{2}\mu_{H_2O} - \mu_{Al} = \Delta G_m^{\ominus} + RT \ln \frac{a_{Al(OH)_3}}{p_{O_2}^{3/4} a_{H_2O}^{3/2}}$$

式中，

$$\Delta G_m^{\ominus} = \mu_{Al(OH)_3}^{\ominus} - \frac{3}{4}\mu_{O_2}^{\ominus} - \frac{3}{2}\mu_{H_2O}^{\ominus} - \mu_{Al}^{\ominus}$$

$$\mu_{Al(OH)_3} = \mu_{Al(OH)_3}^{\ominus} + RT \ln a_{Al(OH)_3}$$

$$\mu_{O_2} = \mu_{O_2}^{\ominus} + RT \ln p_{O_2}$$

$$\mu_{H_2O} = \mu_{H_2O}^{\ominus} + RT \ln a_{H_2O}$$

$$\mu_{Al} = \mu_{Al}^{\ominus}$$

（2）电池电动势：由

$$E = -\frac{\Delta G_m}{3F}$$

得

$$E = E^{\ominus} + \frac{RT}{3F} \ln \frac{p_{O_2}^{3/4} a_{H_2O}^{3/2}}{a_{Al(OH)_3}} \tag{18.63}$$

式中，

$$E^{\ominus} = -\frac{\Delta G_m^{\ominus}}{3F} = -\frac{\mu_{Al(OH)_3}^{\ominus} - \frac{3}{4}\mu_{O_2}^{\ominus} - \frac{3}{2}\mu_{H_2O}^{\ominus} - \mu_{Al}^{\ominus}}{3F}$$

（3）电池过电势：

式（18.63）–式（18.62），得

$$\Delta E = E - E_e = \frac{RT}{3F}\ln\frac{p_{O_2}^{3/4}a_{H_2O}^{3/2}a_{Al(OH)_3,e}}{a_{Al(OH)_3}p_{O_2,e}^{3/4}a_{H_2O,e}^{3/2}} \tag{18.64}$$

$$\Delta E = E_e - E$$
$$= (\varphi_{阴} - \varphi_{阳}) - (\varphi_{阴,e} - \varphi_{阳,e})$$
$$= (\varphi_{阴} - \varphi_{阴,e}) - (\varphi_{阳} - \varphi_{阳,e})$$
$$= \Delta\varphi_{阴} - \Delta\varphi_{阳}$$

（4）电池端电压：

$$V = E - IR = E_e + \Delta E - IR = E_e + \Delta\varphi_{阴} - \Delta\varphi_{阳} - IR$$

式中，I 为电流；R 为电池系统电阻。

（5）电池电流：

$$I = \frac{E - V}{R} = \frac{E_e + \Delta E - V}{R}$$

2. 电解质溶液 pH 高

1）阴极过程

$$O_2 + 2H_2O + 4e \Longrightarrow 4OH^-$$

阴极反应达平衡，摩尔吉布斯自由能变化为

$$\Delta G_{m,阴,e} = 4\mu_{OH^-} - \mu_{O_2} - 2\mu_{H_2O} - 4\mu_e = \Delta G_{m,阴}^{\ominus} + RT\ln\frac{a_{OH^-,e}^4}{p_{O_2,e}a_{H_2O,e}^2}$$

式中，

$$\Delta G_{m,阴}^{\ominus} = 4\mu_{OH^-}^{\ominus} - \mu_{O_2}^{\ominus} - 2\mu_{H_2O}^{\ominus} - 4\mu_e^{\ominus}$$

$$\mu_{OH^-} = \mu_{OH^-}^{\ominus} + RT\ln a_{OH^-,e}$$

$$\mu_{O_2} = \mu_{O_2}^{\ominus} + RT\ln p_{O_2,e}$$

$$\mu_{H_2O} = \mu_{H_2O}^{\ominus} + RT\ln a_{H_2O,e}$$

$$\mu_e - \mu_e^{\ominus}$$

（1）阴极平衡电势：由

$$\varphi_{阴,e} = -\frac{\Delta G_{m,阴,e}}{4F}$$

得

$$\varphi_{\text{阴,e}} = \varphi_{\text{阴}}^{\ominus} + \frac{RT}{4F} \ln \frac{p_{\text{O}_2\text{,e}} a_{\text{H}_2\text{O,e}}^2}{a_{\text{OH}^-\text{,e}}^4} \qquad (18.65)$$

式中，

$$\varphi_{\text{阴}}^{\ominus} = -\frac{\Delta G_{\text{m,阴}}^{\ominus}}{4F} = -\frac{4\mu_{\text{OH}^-}^{\ominus} - \mu_{\text{O}_2}^{\ominus} - 2\mu_{\text{H}_2\text{O}}^{\ominus} - 4\mu_{\text{e}}^{\ominus}}{4F}$$

阴极有电流通过，发生极化，阴极反应为

$$\text{O}_2 + 2\text{H}_2\text{O} + 4\text{e} \Longrightarrow 4\text{OH}^-$$

摩尔吉布斯自由能变化为

$$\Delta G_{\text{m,阴}} = 4\mu_{\text{OH}^-} - \mu_{\text{O}_2} - 2\mu_{\text{H}_2\text{O}} - 4\mu_{\text{e}} = \Delta G_{\text{m,阴}}^{\ominus} + RT \ln \frac{a_{\text{OH}^-}^4}{p_{\text{O}_2} a_{\text{H}_2\text{O}}^2} + 4RT \ln i$$

式中，

$$\Delta G_{\text{m,阴}}^{\ominus} = 4\mu_{\text{OH}^-}^{\ominus} - \mu_{\text{O}_2}^{\ominus} - 2\mu_{\text{H}_2\text{O}}^{\ominus} - 4\mu_{\text{e}}^{\ominus}$$

$$\mu_{\text{OH}^-} = \mu_{\text{OH}^-}^{\ominus} + RT \ln a_{\text{OH}^-}$$

$$\mu_{\text{O}_2} = \mu_{\text{O}_2}^{\ominus} + RT \ln p_{\text{O}_2}$$

$$\mu_{\text{H}_2\text{O}} = \mu_{\text{H}_2\text{O}}^{\ominus} + RT \ln a_{\text{H}_2\text{O}}$$

$$\mu_{\text{e}} = \mu_{\text{e}}^{\ominus} - RT \ln i$$

（2）阴极电势：由

$$\varphi_{\text{阴}} = -\frac{\Delta G_{\text{m,阴}}}{4F}$$

得

$$\varphi_{\text{阴}} = \varphi_{\text{阴}}^{\ominus} + \frac{RT}{4F} \ln \frac{p_{\text{O}_2} a_{\text{H}_2\text{O}}^2}{a_{\text{OH}^-}^4} - \frac{RT}{F} \ln i \qquad (18.66)$$

式中，

$$\varphi_{\text{阴}}^{\ominus} = -\frac{\Delta G_{\text{m,阴}}^{\ominus}}{4F} = -\frac{4\mu_{\text{OH}^-}^{\ominus} - \mu_{\text{O}_2}^{\ominus} - 2\mu_{\text{H}_2\text{O}}^{\ominus} - 4\mu_{\text{e}}^{\ominus}}{4F}$$

由式（18.66）得

$$\ln i = -\frac{F\varphi_{\text{阴}}}{RT} + \frac{F\varphi_{\text{阴}}^{\ominus}}{RT} + \frac{1}{4} \ln \frac{p_{\text{O}_2} a_{\text{H}_2\text{O}}^2}{a_{\text{OH}^-}^4}$$

则

$$i = \left(\frac{p_{\text{O}_2} a_{\text{H}_2\text{O}}^2}{a_{\text{OH}^-}^4} \right)^{1/4} \exp\left(-\frac{F\varphi_{\text{阴}}}{RT} \right) \exp\left(\frac{F\varphi_{\text{阴}}^{\ominus}}{RT} \right) = k_+ \exp\left(-\frac{F\varphi_{\text{阴}}}{RT} \right) \qquad (18.67)$$

式中，

$$k_+ = \left(\frac{p_{O_2} a_{H_2O}^2}{a_{OH^-}^4} \right)^{1/4} \exp\left(\frac{F\varphi_{\text{阴}}^{\ominus}}{RT} \right) \approx \left(\frac{p_{O_2} c_{H_2O}^2}{c_{OH^-}^4} \right)^{1/4} \exp\left(\frac{F\varphi_{\text{阴}}^{\ominus}}{RT} \right)$$

（3）阴极过电势：

式（18.67）–式（18.66），得

$$\Delta\varphi_{\text{阴}} = \varphi_{\text{阴}} - \varphi_{\text{阴,e}} = \frac{RT}{4F} \ln \frac{p_{O_2} a_{H_2O}^2 a_{OH^-,e}^4}{a_{OH^-}^4 p_{O_2,e} a_{H_2O,e}^2} - \frac{RT}{F} \ln i \qquad (18.68)$$

移项得

$$\ln i = -\frac{F\Delta\varphi_{\text{阴}}}{RT} + \frac{1}{4}\ln \frac{p_{O_2} a_{H_2O}^2 a_{OH^-,e}^4}{a_{OH^-}^4 p_{O_2,e} a_{H_2O,e}^2}$$

则

$$i = \left(\frac{p_{O_2} a_{H_2O}^2 a_{OH^-,e}^4}{a_{OH^-}^4 p_{O_2,e} a_{H_2O,e}^2} \right)^{1/4} \exp\left(-\frac{F\Delta\varphi_{\text{阴}}}{RT} \right) = k_+' \exp\left(-\frac{F\Delta\varphi_{\text{阴}}}{RT} \right) \qquad (18.69)$$

式中，

$$k_+' = \left(\frac{p_{O_2} a_{H_2O}^2 a_{OH^-,e}^4}{a_{OH^-}^4 p_{O_2,e} a_{H_2O,e}^2} \right)^{1/4} \approx \left(\frac{p_{O_2} c_{H_2O}^2 c_{OH^-,e}^4}{c_{OH}^4 p_{O_2,e} c_{H_2O,e}^2} \right)^{1/4}$$

2）阳极过程

阳极反应达平衡：

$$\text{Al} + 4\text{OH}^- \Longrightarrow [\text{Al(OH)}_4]^- + 3\text{e}$$

摩尔吉布斯自由能变化为

$$\Delta G_{\text{m,阳,e}} = \mu_{[\text{Al(OH)}_4]^-} + 3\mu_e - \mu_{\text{Al}} - 4\mu_{\text{OH}^-} = \Delta G_{\text{m,阳}}^{\ominus} + RT \ln \frac{a_{[\text{Al(OH)}_4]^-,e}}{a_{OH^-,e}^4}$$

式中，

$$\Delta G_{\text{m,阳}}^{\ominus} = \mu_{[\text{Al(OH)}_4]^-}^{\ominus} + 3\mu_e^{\ominus} - \mu_{\text{Al}}^{\ominus} - 4\mu_{\text{OH}^-}^{\ominus}$$

$$\mu_{[\text{Al(OH)}_4]^-} = \mu_{[\text{Al(OH)}_4]^-}^{\ominus} + RT \ln a_{[\text{Al(OH)}_4]^-,e}$$

$$\mu_e = \mu_e^{\ominus}$$

$$\mu_{\text{Al}} = \mu_{\text{Al}}^{\ominus}$$

$$\mu_{\text{OH}^-} = \mu_{\text{OH}^-}^{\ominus} + RT \ln a_{OH^-,e}$$

（1）阳极平衡电势：由

$$\varphi_{\text{阳,e}} = \frac{\Delta G_{\text{m,阳,e}}}{3F}$$

得

$$\varphi_{\text{阳},e} = \varphi_{\text{阳}}^{\ominus} + \frac{RT}{3F}\ln\frac{a_{[\text{Al(OH)}_4]^-,e}}{a_{\text{OH}^-,e}^4} \tag{18.70}$$

式中，

$$\varphi_{\text{阳}}^{\ominus} = \frac{\Delta G_{\text{m},\text{阳}}^{\ominus}}{3F} = \frac{\mu_{[\text{Al(OH)}_4]^-}^{\ominus} + 4\mu_{\text{e}}^{\ominus} - \mu_{\text{Al}}^{\ominus} - 4\mu_{\text{OH}^-}^{\ominus}}{3F}$$

阳极有电流通过，发生极化，阳极反应为

$$\text{Al} + 4\text{OH}^- \Longrightarrow [\text{Al(OH)}_4]^- + 3\text{e}$$

摩尔吉布斯自由能变化为

$$\Delta G_{\text{m},\text{阳}} = \mu_{[\text{Al(OH)}_4]^-} + 3\mu_{\text{e}} - \mu_{\text{Al}} - 4\mu_{\text{OH}^-} = \Delta G_{\text{m},\text{阳}}^{\ominus} + RT\ln\frac{a_{[\text{Al(OH)}_4]^-}}{a_{\text{OH}^-}^4} + 4RT\ln i$$

式中，

$$\Delta G_{\text{m},\text{阳}}^{\ominus} = \mu_{[\text{Al(OH)}_4]^-}^{\ominus} + 4\mu_{\text{e}}^{\ominus} - \mu_{\text{Al}}^{\ominus} - 4\mu_{\text{OH}^-}^{\ominus}$$

$$\mu_{[\text{Al(OH)}_4]^-} = \mu_{[\text{Al(OH)}_4]^-}^{\ominus} + RT\ln a_{[\text{Al(OH)}_4]^-}$$

$$\mu_{\text{e}} = \mu_{\text{e}}^{\ominus} + RT\ln i$$

$$\mu_{\text{Al}} = \mu_{\text{Al}}^{\ominus}$$

$$\mu_{\text{OH}^-} = \mu_{\text{OH}^-}^{\ominus} + RT\ln a_{\text{OH}^-}$$

（2）阳极电势：由

$$\varphi_{\text{阳}} = \frac{\Delta G_{\text{m},\text{阳}}}{3F}$$

得

$$\varphi_{\text{阳}} = \varphi_{\text{阳}}^{\ominus} + \frac{RT}{3F}\ln\frac{a_{[\text{Al(OH)}_4]^-}}{a_{\text{OH}^-}^4} + \frac{RT}{F}\ln i \tag{18.71}$$

式中，

$$\varphi_{\text{阳}}^{\ominus} = \frac{\Delta G_{\text{m},\text{阳}}^{\ominus}}{3F} = \frac{\mu_{\text{Al(OH)}_3}^{\ominus} + 3\mu_{\text{e}}^{\ominus} - \mu_{\text{Al}}^{\ominus} - 3\mu_{\text{OH}^-}^{\ominus}}{3F}$$

由式（18.71）得

$$\ln i = \frac{F\varphi_{\text{阳}}}{RT} - \frac{F\varphi_{\text{阳}}^{\ominus}}{RT} - \frac{1}{3}\ln\frac{a_{[\text{Al(OH)}_4]^-}}{a_{\text{OH}^-}^4}$$

则

$$i = \left(\frac{a_{\text{OH}^-}^4}{a_{[\text{Al(OH)}_4]^-}}\right)^{1/3}\exp\left(\frac{F\varphi_{\text{阳}}}{RT}\right)\exp\left(-\frac{F\varphi_{\text{阳}}^{\ominus}}{RT}\right) = k_-\exp\left(\frac{F\varphi_{\text{阳}}}{RT}\right) \tag{18.72}$$

式中，

$$k_- = \left(\frac{a_{\mathrm{OH}^-}^4}{a_{[\mathrm{Al(OH)}_4]^-}} \right)^{1/3} \exp\left(-\frac{F\varphi_{\text{阳}}^{\ominus}}{RT} \right) \approx \left(\frac{c_{\mathrm{OH}^-}^4}{c_{[\mathrm{Al(OH)}_4]^-}} \right)^{1/3} \exp\left(-\frac{F\varphi_{\text{阳}}^{\ominus}}{RT} \right)$$

（3）阳极过电势：

式（18.71）-式（18.70），得

$$\Delta\varphi_{\text{阳}} = \varphi_{\text{阳}} - \varphi_{\text{阳,e}} = \frac{RT}{3F}\ln\frac{a_{[\mathrm{Al(OH)}_4]^-} a_{\mathrm{OH}^-,\mathrm{e}}^4}{a_{\mathrm{OH}^-}^4 a_{[\mathrm{Al(OH)}_4]^-,\mathrm{e}}} + \frac{RT}{F}\ln i \qquad (18.73)$$

由上式得

$$\ln i = \frac{F\Delta\varphi_{\text{阳}}}{RT} - \frac{1}{3}\ln\frac{a_{[\mathrm{Al(OH)}_4]^-} a_{\mathrm{OH}^-,\mathrm{e}}^4}{a_{\mathrm{OH}^-}^4 a_{[\mathrm{Al(OH)}_4]^-,\mathrm{e}}}$$

则

$$i = \left(\frac{a_{\mathrm{OH}^-}^4 a_{[\mathrm{Al(OH)}_4]^-,\mathrm{e}}}{a_{[\mathrm{Al(OH)}_4]^-} a_{\mathrm{OH}^-,\mathrm{e}}^4} \right)^{1/3} \exp\left(\frac{F\Delta\varphi_{\text{阳}}}{RT} \right) = k_-' \exp\left(\frac{F\Delta\varphi_{\text{阳}}}{RT} \right) \qquad (18.74)$$

式中，

$$k_-' = \left(\frac{a_{\mathrm{OH}^-}^4 a_{[\mathrm{Al(OH)}_4]^-,\mathrm{e}}}{a_{[\mathrm{Al(OH)}_4]^-} a_{\mathrm{OH}^-,\mathrm{e}}^4} \right)^{1/3} \approx \left(\frac{c_{\mathrm{OH}^-}^4 c_{[\mathrm{Al(OH)}_4]^-,\mathrm{e}}}{c_{[\mathrm{Al(OH)}_4]^-} c_{\mathrm{OH}^-,\mathrm{e}}^4} \right)^{1/3}$$

3）电池过程

电池反应达平衡，有电池反应

$$4\mathrm{OH}^- + 3\mathrm{O}_2 + 6\mathrm{H}_2\mathrm{O} + 4\mathrm{Al} \Longrightarrow 4[\mathrm{Al(OH)}_4]^-$$

摩尔吉布斯自由能变化为

$$\Delta G_{\mathrm{m,e}} = 4\mu_{[\mathrm{Al(OH)}_4]^-} - 4\mu_{\mathrm{OH}^-} - 3\mu_{\mathrm{O}_2} - 6\mu_{\mathrm{H}_2\mathrm{O}} - 4\mu_{\mathrm{Al}} = \Delta G_{\mathrm{m}}^{\ominus} + RT\ln\frac{a_{[\mathrm{Al(OH)}_4]^-,\mathrm{e}}^4}{p_{\mathrm{O}_2,\mathrm{e}}^3 a_{\mathrm{H}_2\mathrm{O},\mathrm{e}}^6 a_{\mathrm{OH}^-}^4}$$

式中，

$$\Delta G_{\mathrm{m}}^{\ominus} = 4\mu_{[\mathrm{Al(OH)}_4]^-}^{\ominus} - 4\mu_{\mathrm{OH}^-}^{\ominus} - 3\mu_{\mathrm{O}_2}^{\ominus} - 6\mu_{\mathrm{H}_2\mathrm{O}}^{\ominus} - 4\mu_{\mathrm{Al}}^{\ominus}$$

$$\mu_{[\mathrm{Al(OH)}_4]^-} = \mu_{[\mathrm{Al(OH)}_4]^-}^{\ominus} + RT\ln a_{[\mathrm{Al(OH)}_4]^-,\mathrm{e}}$$

$$\mu_{\mathrm{O}_2} = \mu_{\mathrm{O}_2}^{\ominus} + RT\ln p_{\mathrm{O}_2,\mathrm{e}}$$

$$\mu_{\mathrm{H}_2\mathrm{O}} = \mu_{\mathrm{H}_2\mathrm{O}}^{\ominus} + RT\ln a_{\mathrm{H}_2\mathrm{O},\mathrm{e}}$$

$$\mu_{\mathrm{Al}} = \mu_{\mathrm{Al}}^{\ominus}$$

（1）电池平衡电动势：由

$$E_e = -\frac{\Delta G_{m,e}}{12F}$$

得

$$E_e = E^{\ominus} + \frac{RT}{12F}\ln\frac{p_{O_2,e}^3 a_{H_2O,e}^6 a_{OH^-,e}^4}{a_{[Al(OH)_4]^-,e}^4} \tag{18.75}$$

式中，

$$E^{\ominus} = -\frac{\Delta G_m^{\ominus}}{12F} = -\frac{4\mu_{[Al(OH)_4]^-}^{\ominus} - 3\mu_{O_2}^{\ominus} - 6\mu_{H_2O}^{\ominus} - 4\mu_{Al}^{\ominus} - 4\mu_{OH^-}^{\ominus}}{12F}$$

电池放电，有电流通过，电池反应为

$$4OH^- + 3O_2 + 6H_2O + 4Al \Longleftrightarrow 4[Al(OH)_4]^-$$

摩尔吉布斯自由能变化为

$$\Delta G_m = 4\mu_{[Al(OH)_4]^-} - 3\mu_{O_2} - 6\mu_{H_2O} - 4\mu_{Al} - 4\mu_{4OH^-} = \Delta G_m^{\ominus} + RT\ln\frac{a_{[Al(OH)_4]^-}^4}{p_{O_2}^3 a_{H_2O}^6 a_{OH^-}^4}$$

式中，

$$\Delta G_m^{\ominus} = \mu_{[Al(OH)_4]^-}^{\ominus} - \mu_{O_2}^{\ominus} - 2\mu_{H_2O}^{\ominus} - \mu_{Al}^{\ominus}$$

$$\mu_{[Al(OH)_4]^-} = \mu_{[Al(OH)_4]^-}^{\ominus} + RT\ln a_{[Al(OH)_4]^-}$$

$$\mu_{O_2} = \mu_{O_2}^{\ominus} + RT\ln p_{O_2}$$

$$\mu_{H_2O} = \mu_{H_2O}^{\ominus} + RT\ln a_{H_2O}$$

$$\mu_{OH^-} = \mu_{OH^-}^{\ominus} + RT\ln a_{OH^-}$$

$$\mu_{Al} = \mu_{Al}^{\ominus}$$

（2）电池电动势：由

$$E = -\frac{\Delta G_m}{12F}$$

得

$$E = E^{\ominus} + \frac{RT}{4F}\ln\frac{p_{O_2}^3 a_{H_2O}^6 a_{OH^-}^4}{a_{[Al(OH)_4]^-}^4} \tag{18.76}$$

式中，

$$E^{\ominus} = -\frac{\Delta G_m^{\ominus}}{12F} = -\frac{4\mu_{[Al(OH)_4]^-}^{\ominus} - 3\mu_{O_2}^{\ominus} - 6\mu_{H_2O}^{\ominus} - 4\mu_{Al}^{\ominus} - 4\mu_{OH^-}^{\ominus}}{12F}$$

（3）电池过电势：

式（18.76）-式（18.75），得

$$\Delta E = E - E_{\rm e} = \frac{RT}{12F} \ln \frac{p_{O_2}^3 a_{H_2O}^6 a_{[Al(OH)_4]^-,e}^4 a_{OH^-}^4}{a_{[Al(OH)_4]^-}^4 p_{O_2,e}^3 a_{H_2O,e}^6 a_{OH^-}^4} \tag{18.77}$$

$$\Delta E = E - E_{\rm e}$$

$$\Delta E = (\varphi_{阴} - \varphi_{阳}) - (\varphi_{阴,e} - \varphi_{阳,e})$$

$$= (\varphi_{阴} - \varphi_{阴,e}) - (\varphi_{阳} - \varphi_{阳,e})$$

$$= \Delta\varphi_{阴} - \Delta\varphi_{阳}$$

$$E = E_{\rm e} + \Delta E = E_{\rm e} + \Delta\varphi_{阴} - \Delta\varphi_{阳}$$

（4）电池端电压：

$$V = E - IR = E_{\rm e} + \Delta E - IR = E_{\rm e} + \Delta\varphi_{阴} - \Delta\varphi_{阳} - IR$$

式中，I 为电流；R 为电池系统电阻。

（5）电池电流：

$$I = \frac{E - V}{R} = \frac{E_{\rm e} + \Delta E - V}{R}$$

18.3 燃 料 电 池

1. 原理

燃料电池是把燃料和氧化剂中的化学能直接转化为电能的装置，是生成型电池。其组成为

$$R | R^+ | O$$

式中，O 代表氧化剂；R 代表还原剂。电化学反应为
阴极反应

$$R^{z+} + O + ze == P$$

阳极反应

$$R - ze == R^{z+}$$

电池反应

$$R + O == P$$

例如：氢氧燃料电池组成为

$$H_2 | H^+ | O_2$$

其中，H_2 为燃料；O_2 为氧化剂。电化学反应为
阴极反应

$$\frac{1}{2}O_2 + 2H^+ + 2e == H_2O$$

阳极反应

$$H_2 = 2H^+ + 2e$$

电池反应

$$H_2 + \frac{1}{2}O_2 = H_2O$$

氢离子在电解质内迁移，电子通过外电路定向移动、做功，并构成总的电回路。

燃料电池和普通电池不同，它的燃料和氧化剂不是储存在电池内部，而是储存在电池外部的储罐中。当燃料电池工作时，需要不断地向燃料电池内输入燃料和氧化剂，并排出反应产物。

由于燃料电池工作时，需要连续地向燃料电池内输入燃料和氧化剂，所以燃料电池使用的燃料和氧化剂必须为流体，即气体和液体。燃料电池最常用的燃料为氢气、碳氢化合物；常用的氧化剂为氧气、净化的空气和过氧化氢、硝酸的水溶液等。

2. 燃料电池的特点

1）高效

理论上，燃料电池的热电转化率为 85%～90%。实际上，其能量转化率为 50%左右。

2）环境友好

由于燃料电池能量转化率高，其二氧化碳的排放量比热机减少 40%以上。可以不排放氮氧化物和硫氧化物。如果以氢气为燃料，其他排放水。

3）安静

燃料电池工作时噪声低，11MW 的大功率磷酸燃料电池电站的噪声水平不高于 55dB。

4）可靠性高

实际应用表明，燃料电池运行高度可靠，燃料电池可以作为各种应急电源和不间断电源使用。

3. 分类

燃料电池最常用的分类方法是按电池所采用的电解质分类。据此，可将燃料电池分为碱性燃料电池，一般以氢氧化钾为电解质；磷酸燃料电池，以浓磷酸为电解质；质子交换膜燃料电池，以全氟或部分氟化的磺酸型质子膜为电解质；熔融碳酸盐燃料电池，以熔融的锂-钠碳酸盐为电解质；固体氧化物燃料电池，以固体氧化物为氧离子导体，如以氧化钇稳定的氧化锆膜为电解质。也有按电池温度对电池进行分类，分为低温（工作温度低于 100℃）燃料电池，包括碱性燃料电池和质子交换膜燃料电池；中温燃料电池（工作温度在 100～300℃），包括培根型碱性燃料电池和磷酸燃料电池；高温燃料电池（工作温度在 600～1000℃）。包括熔融碳酸盐燃料电池和固体氧化物燃料电池。

各种燃料电池的技术状态见表 18.1。

表 18.1　燃料电池的技术状态

类型	电解质	导电离子	工作温度/℃	燃料	氧化剂	技术状态	可能的应用领域
碱性燃料电池	KOH	OH^-	50～200	纯氢	纯氧	1～100kW 高度发展，高效	航天，特殊地面应用
质子交换膜燃料电池	全氟磺酸膜	H^+	室温～100	氢气、重整氢	空气	1～300kW 高度发展，需较低成本	电动车和潜艇动力源，可移动动力源
直接甲醇燃料电池	全氟磺酸膜	H^+	室温～100	CH_3OH 等	空气	1～1000kW 正在开发。攻关：高活性醇氧化催化剂；阻醇渗透质子交换膜；微型电池结构	微型移动动力源
磷酸燃料电池	H_3PO_4	H^+	100～200	重整气	空气	1～2000kW 高度发展成本高，余热利用价值低	特殊需求，区域性供电
熔融碳酸盐燃料电池	(Li、K)CO_3	CO_3^{2-}	650～700	净化煤气、天然气、重整气	空气	250～2000kW 正在进行现场实验，需延长寿命	区域性供电
固体氧化物燃料电池	氧化钇稳定的氧化锆	O^{2-}	900～1000	净化煤气、天然气	空气	1～200kW 电池结构选择，开发廉价制备技术	区域供电，联合循环发电

4. 应用

燃料电池是电池的一种，它具有常规电池（如锌锰干电池）的基本性质，即可由多台电池按串联、并联的组合方式向外供电。因此，燃料电池既适用于集中发电，也可用作各种规格的分散电源和可移动电源。

以氢氧化钾为电解质的碱性燃料电池已成功地应用于载人航天飞行，作为阿波罗登月飞船和航天飞机的船上主电源，证明了燃料电池高效、高比能量、高可靠性。

以磷酸为电解质的磷酸燃料电池，至今已有近百台 PC25（200kW）作为分散电站在世界各地运行。不但为燃料电池电站运行取得了丰富的经验，而且证明燃料电池的高度可靠性，可以用作不间断电源。

质子交换膜燃料电池可在室温快速启动，并可按负载要求快速改变输出功率，它是电动车、不依赖空气推进的潜艇动力源和各种可移动电源的最佳候选者。

以甲醇为燃料的甲醇燃料电池是单兵电源、笔记本电脑等供电的优选小型便携式电源。

　　固体氧化物燃料电池可与煤的气化构成联合循环，特别适宜于建造大型、中型电站，如将余热发电也计算在内，其燃料的总发电效率可达 70%～80%。熔融碳酸盐燃料电池可采用净化煤气或天然气为燃料，适宜于建造区域性分散电站。将它的余热发电与利用均考虑在内，燃料的总热电利用效率可达 60%～70%。当燃料电池发电机组以低功率运行时，它的能量转化效率不仅不会像热机过程那样降低，反而略有升高。因此，采用燃料电池组向电网供电，电网调峰问题将得到解决。

18.3.1　碱性燃料电池

　　（1）碱性燃料电池的组成。碱性燃料电池以强碱（如 NaOH、KOH 等）为电解质，H_2 为燃料，O_2 或脱除 CO_2 的空气为氧化剂，用 Pt|C、Ag、Ag-Au、Ni 等氧化还原电催化剂制成的多孔材料做成氧电极；用 Pt-Pd|C、Pt|C、Ni 或硼化镍等氢氧化电催化剂制成的多孔材料做成氢电极；用炭极、镍板或镀 Ni、Ag 或 Au 的铝、镁、铁等金属板做成双极板。其中的贵金属是催化剂。电池工作温度：低温 90℃，中温 200℃，高温 300℃。为保证水为液态，气体压力越大，电池工作温度越高。

　　（2）原理。电池组成为

$$O_2 \,|\, 强碱电解质 \,|\, H_2$$

碱性燃料电池的反应为

阴极反应

$$\frac{1}{2}O_2 + H_2O + 2e === 2OH^- \qquad \varphi_{阴,e}^{\ominus} = 0.401V$$

阳极反应

$$H_2 + 2OH^- === 2H_2O + 2e \qquad \varphi_{阳,e}^{\ominus} = -0.828V$$

电池反应

$$H_2 + \frac{1}{2}O_2 === H_2O \qquad E_e = 1.229V$$

　　1. 阴极过程

　　阴极反应达平衡，

$$\frac{1}{2}O_2 + H_2O + 2e \rightleftharpoons 2OH^-$$

摩尔吉布斯自由能变化为

$$\Delta G_{m,阴,e} = 2\mu_{OH^-} - \frac{1}{2}\mu_{O_2} - \mu_{H_2O} - 2\mu_e = \Delta G_{m,阴}^{\ominus} + RT\ln\frac{a_{OH^-,e}^2}{p_{O_2,e}^{1/2}a_{H_2O,e}}$$

式中，

$$\Delta G_{m,阴}^{\ominus} = 2\mu_{OH^-}^{\ominus} - \frac{1}{2}\mu_{O_2}^{\ominus} - \mu_{H_2O}^{\ominus} - 2\mu_e^{\ominus}$$

$$\mu_{OH^-} = \mu_{OH^-}^{\ominus} + RT\ln a_{OH^-,e}$$

$$\mu_{O_2} = \mu_{O_2}^{\ominus} + RT\ln p_{O_2,e}$$

$$\mu_{H_2O} = \mu_{H_2O}^{\ominus} + RT\ln a_{H_2O,e}$$

$$\mu_e = \mu_e^{\ominus}$$

（1）阴极平衡电势：由

$$\varphi_{阴,e} = -\frac{\Delta G_{m,阴,e}}{2F}$$

得

$$\varphi_{阴,e} = \varphi_{阴}^{\ominus} + \frac{RT}{2F}\ln\frac{p_{O_2,e}^{1/2}a_{H_2O,e}}{a_{OH^-,e}^2} \tag{18.78}$$

式中，

$$\varphi_{阴}^{\ominus} = -\frac{\Delta G_{m,阴}^{\ominus}}{2F} = -\frac{2\mu_{OH^-}^{\ominus} - \frac{1}{2}\mu_{O_2}^{\ominus} - \mu_{H_2O}^{\ominus} - 2\mu_e^{\ominus}}{2F}$$

电池输出电能，阴极有电流通过，发生极化，阴极反应为

$$\frac{1}{2}O_2 + H_2O + 2e == 2OH^-$$

摩尔吉布斯自由能变化为

$$\Delta G_{m,阴} = 2\mu_{OH^-} - \frac{1}{2}\mu_{O_2} - \mu_{H_2O} - 2\mu_e = \Delta G_{m,阴}^{\ominus} + RT\ln\frac{a_{OH^-}^2}{p_{O_2}^{1/2}a_{H_2O}} + 2RT\ln i$$

式中，

$$\Delta G_{m,阴}^{\ominus} = 2\mu_{OH^-}^{\ominus} - \frac{1}{2}\mu_{O_2}^{\ominus} - \mu_{H_2O}^{\ominus} - 2\mu_e^{\ominus}$$

$$\mu_{OH^-} = \mu_{OH^-}^{\ominus} + RT\ln a_{OH^-}$$

$$\mu_{O_2} = \mu_{O_2}^{\ominus} + RT\ln p_{O_2}$$

$$\mu_{H_2O} = \mu_{H_2O}^{\ominus} + RT\ln a_{H_2O}$$

$$\mu_e = \mu_e^{\ominus} - RT\ln i$$

（2）阴极电势：由

$$\varphi_{阴} = -\frac{\Delta G_{m,阴}}{2F}$$

得

$$\varphi_{阴} = \varphi_{阴}^{\ominus} + \frac{RT}{2F}\ln\frac{p_{O_2}^{1/2}a_{H_2O}}{a_{OH^-}^2} - \frac{RT}{F}\ln i \tag{18.79}$$

式中，

$$\varphi_{阴}^{\ominus} = -\frac{\Delta G_{m,阴}^{\ominus}}{2F} = -\frac{2\mu_{OH^-}^{\ominus} - \frac{1}{2}\mu_{O_2}^{\ominus} - \mu_{H_2O}^{\ominus} - 2\mu_{e}^{\ominus}}{2F}$$

由式（18.79）得

$$\ln i = -\frac{F\varphi_{阴}}{RT} + \frac{F\varphi_{阴}^{\ominus}}{RT} + \frac{1}{2}\ln\frac{p_{O_2}^{1/2}a_{H_2O}}{a_{OH^-}^2}$$

则

$$i = \left(\frac{p_{O_2}^{1/2}a_{H_2O}}{a_{OH^-}^2}\right)^{1/2}\exp\left(-\frac{F\varphi_{阴}}{RT}\right)\exp\left(\frac{F\varphi_{阴}^{\ominus}}{RT}\right) = k_+\exp\left(-\frac{F\varphi_{阴}}{RT}\right) \tag{18.80}$$

式中，

$$k_+ = \left(\frac{p_{O_2}^{1/2}a_{H_2O}}{a_{OH^-}^2}\right)^{1/2}\exp\left(\frac{F\varphi_{阴}^{\ominus}}{RT}\right) \approx \left(\frac{p_{O_2}^{1/2}c_{H_2O}}{c_{OH^-}^2}\right)^{1/2}\exp\left(\frac{F\varphi_{阴}^{\ominus}}{RT}\right)$$

（3）阴极过电势：

式（18.79）–式（18.78），得

$$\Delta\varphi_{阴} = \frac{RT}{2F}\ln\frac{p_{O_2}^{1/2}a_{H_2O}a_{OH^-,e}^2}{a_{OH^-}^2 p_{O_2,e}^{1/2}a_{H_2O,e}} - \frac{RT}{F}\ln i \tag{18.81}$$

由式（18.81）得

$$\ln i = -\frac{F\Delta\varphi_{阴}}{RT} + \frac{1}{2}\ln\frac{p_{O_2}^{1/2}a_{H_2O}a_{OH^-,e}^2}{a_{OH^-}^2 p_{O_2,e}^{1/2}a_{H_2O,e}}$$

则

$$i = \left(\frac{p_{O_2}^{1/2}a_{H_2O}a_{OH^-,e}^2}{a_{OH^-}^2 p_{O_2,e}^{1/2}a_{H_2O,e}}\right)^{1/2}\exp\left(-\frac{F\Delta\varphi_{阴}}{RT}\right) = k_+'\exp\left(-\frac{F\Delta\varphi_{阴}}{RT}\right) \tag{18.82}$$

式中，

$$k_+' = \left(\frac{p_{O_2}^{1/2}a_{H_2O}a_{OH^-,e}^2}{a_{OH^-}^2 p_{O_2,e}^{1/2}a_{H_2O,e}}\right)^{1/2} \approx \left(\frac{p_{O_2}^{1/2}c_{H_2O}c_{OH^-,e}^2}{c_{OH^-}^2 p_{O_2,e}^{1/2}c_{H_2O,e}}\right)^{1/2}$$

2. 阳极过程

阳极反应达平衡，

$$H_2 + 2OH^- \Longrightarrow 2H_2O + 2e$$

摩尔吉布斯自由能变化为

$$\Delta G_{m,阳,e} = 2\mu_{H_2O} + 2\mu_e - \mu_{H_2} - 2\mu_{OH^-} = \Delta G_{m,阳}^\ominus + RT\ln\frac{a_{H_2O,e}^2}{p_{H_2,e}a_{OH^-,e}^2}$$

式中，

$$\Delta G_{m,阳}^\ominus = 2\mu_{H_2O}^\ominus + 2\mu_e^\ominus - 2\mu_{OH^-}^\ominus - \mu_{H_2}^\ominus$$

$$\mu_{H_2O} = \mu_{H_2O}^\ominus + RT\ln a_{H_2O,e}$$

$$\mu_e = \mu_e^\ominus$$

$$\mu_{H_2} = \mu_{H_2}^\ominus + RT\ln p_{H_2,e}$$

$$\mu_{OH^-} = \mu_{OH^-}^\ominus + RT\ln a_{OH^-,e}$$

（1）阳极平衡电势：由

$$\varphi_{阳,e} = \frac{\Delta G_{m,阳,e}}{2F}$$

得

$$\varphi_{阳,e} = \varphi_阳^\ominus + \frac{RT}{2F}\ln\frac{a_{H_2O,e}^2}{p_{H_2,e}a_{OH^-,e}^2} \qquad (18.83)$$

式中，

$$\varphi_阳^\ominus = \frac{2\mu_{H_2O}^\ominus + 2\mu_e^\ominus - 2\mu_{OH^-}^\ominus - \mu_{H_2}^\ominus}{2F}$$

（2）阳极电势：阳极有电流通过，发生极化，阳极反应为

$$H_2 + 2OH^- \Longrightarrow 2H_2O + 2e$$

摩尔吉布斯自由能变化为

$$\Delta G_{m,阳} = 2\mu_{H_2O} + 2\mu_e - \mu_{H_2} - 2\mu_{OH^-} = \Delta G_{m,阳}^\ominus + RT\ln\frac{a_{H_2O}^2}{p_{H_2}a_{OH^-}^2} + 2RT\ln i$$

式中，

$$\Delta G_{m,阳}^\ominus = 2\mu_{H_2O}^\ominus + 2\mu_e^\ominus - 2\mu_{OH^-}^\ominus - \mu_{H_2}^\ominus$$

$$\mu_{H_2O} = \mu_{H_2O}^\ominus + RT\ln a_{H_2O}$$

$$\mu_e = \mu_e^\ominus + RT\ln i$$

$$\mu_{H_2} = \mu_{H_2}^\ominus + RT\ln p_{H_2}$$

$$\mu_{OH^-} = \mu_{OH^-}^\ominus + RT\ln a_{OH^-}$$

由

$$\varphi_{阳} = \frac{\Delta G_{m,阳}}{2F}$$

得

$$\varphi_{阳} = \varphi_{阳}^{\ominus} + \frac{RT}{2F} \ln \frac{a_{H_2O}^2}{p_{H_2} a_{OH^-}^2} + \frac{RT}{F} \ln i \tag{18.84}$$

式中,

$$\varphi_{阳}^{\ominus} = \frac{\Delta G_{m,阳}^{\ominus}}{2F} = \frac{2\mu_{H_2O}^{\ominus} + 2\mu_e^{\ominus} - 2\mu_{OH^-}^{\ominus} - \mu_{H_2}^{\ominus}}{2F}$$

由式（18.84）得

$$\ln i = \frac{F\varphi_{阳}}{RT} - \frac{F\varphi_{阳}^{\ominus}}{RT} - \frac{1}{2} \ln \frac{a_{H_2O}^2}{p_{H_2} a_{OH^-}^2}$$

则

$$i = \left(\frac{p_{H_2} a_{OH^-}^2}{a_{H_2O}^2} \right)^{1/2} \exp\left(\frac{F\varphi_{阳}}{RT} \right) \exp\left(-\frac{F\varphi_{阳}^{\ominus}}{RT} \right) = k_- \exp\left(\frac{F\varphi_{阳}}{RT} \right) \tag{18.85}$$

式中,

$$k_- = \left(\frac{p_{H_2} a_{OH^-}^2}{a_{H_2O}^2} \right)^{1/2} \exp\left(-\frac{F\varphi_{阳}^{\ominus}}{RT} \right) \approx \left(\frac{p_{H_2} c_{OH^-}^2}{c_{H_2O}^2} \right)^{1/2} \exp\left(-\frac{F\varphi_{阳}^{\ominus}}{RT} \right)$$

（3）阳极过电势:

式（18.84）–式（18.83）, 得

$$\Delta\varphi_{阳} = \varphi_{阳} - \varphi_{阳,e} = \frac{RT}{2F} \ln \frac{a_{H_2O}^2 p_{H_2,e} a_{OH^-,e}^2}{p_{H_2} a_{OH^-}^2 a_{H_2O,e}^2} + \frac{RT}{F} \ln i \tag{18.86}$$

由式（18.86）得

$$\ln i = \frac{F\Delta\varphi_{阳}}{RT} - \frac{1}{2} \ln \frac{a_{H_2O}^2 p_{H_2,e} a_{OH^-,e}^2}{p_{H_2} a_{OH^-}^2 a_{H_2O,e}^2}$$

则

$$i = \left(\frac{p_{H_2} a_{OH^-}^2 a_{H_2O,e}^2}{a_{H_2O}^2 p_{H_2,e} a_{OH^-,e}^2} \right)^{1/2} \exp\left(\frac{F\Delta\varphi_{阳}}{RT} \right) = k_-' \exp\left(\frac{F\Delta\varphi_{阳}}{RT} \right) \tag{18.87}$$

式中,

$$k_-' = \left(\frac{p_{H_2} a_{OH^-}^2 a_{H_2O,e}^2}{a_{H_2O}^2 p_{H_2,e} a_{OH^-,e}^2} \right)^{1/2} \approx \left(\frac{p_{H_2} c_{OH^-}^2 c_{H_2O,e}^2}{c_{H_2O}^2 p_{H_2,e} c_{OH^-,e}^2} \right)^{1/2}$$

3. 电池过程

电池反应达平衡，

$$H_2 + \frac{1}{2}O_2 \Longrightarrow H_2O$$

摩尔吉布斯自由能变化为

$$\Delta G_{m,e} = \mu_{H_2O} - \mu_{H_2} - \frac{1}{2}\mu_{O_2} = \Delta G_m^{\ominus} + RT\ln\frac{a_{H_2O,e}}{p_{H_2,e}p_{O_2,e}^{1/2}}$$

式中，

$$\Delta G_{m,e}^{\ominus} = \mu_{H_2O}^{\ominus} - \mu_{H_2}^{\ominus} - \frac{1}{2}\mu_{O_2}^{\ominus}$$

$$\mu_{H_2O} = \mu_{H_2O}^{\ominus} + RT\ln a_{H_2O,e}$$

$$\mu_{H_2} = \mu_{H_2}^{\ominus} + RT\ln p_{H_2,e}$$

$$\mu_{O_2} = \mu_{O_2}^{\ominus} + RT\ln p_{O_2,e}$$

（1）电池平衡电动势：由

$$E_e = -\frac{\Delta G_{m,e}}{2F}$$

得

$$E_e = E^{\ominus} + \frac{RT}{2F}\ln\frac{p_{H_2,e}p_{O_2}^{1/2}}{a_{H_2O,e}} \qquad (18.88)$$

式中，

$$E^{\ominus} = -\frac{\Delta G_m^{\ominus}}{2F} = -\frac{\mu_{H_2O}^{\ominus} - \mu_{H_2}^{\ominus} - \frac{1}{2}\mu_{O_2}^{\ominus}}{2F}$$

（2）电池电动势：电池对外做功，有电流通过，发生极化，电池反应为

$$H_2 + \frac{1}{2}O_2 \Longrightarrow H_2O$$

摩尔吉布斯自由能变化为

$$\Delta G_m = \mu_{H_2O} - \mu_{H_2} - \frac{1}{2}\mu_{O_2} = \Delta G_m^{\ominus} + RT\ln\frac{a_{H_2O}}{p_{H_2}p_{O_2}^{1/2}}$$

式中，

$$\Delta G_m^{\ominus} = \mu_{H_2O}^{\ominus} - \mu_{H_2}^{\ominus} - \frac{1}{2}\mu_{O_2}^{\ominus}$$

$$\mu_{H_2O} = \mu_{H_2O}^{\ominus} + RT\ln a_{H_2O}$$

$$\mu_{H_2} = \mu_{H_2}^{\ominus} + RT\ln p_{H_2}$$

$$\mu_{O_2} = \mu_{O_2}^{\ominus} + RT \ln p_{O_2}$$

由

$$E = -\frac{\Delta G_m}{2F}$$

得

$$E = E^{\ominus} + \frac{RT}{2F} \ln \frac{p_{H_2} p_{O_2}^{1/2}}{a_{H_2O}} \tag{18.89}$$

式中，

$$E^{\ominus} = -\frac{\Delta G_m^{\ominus}}{2F} = -\frac{\mu_{H_2O}^{\ominus} - \mu_{H_2}^{\ominus} - \frac{1}{2}\mu_{O_2}^{\ominus}}{2F} \tag{18.90}$$

（3）电池过电势：

式（18.90）－式（18.89），得

$$\begin{aligned}
\Delta E &= E - E_e \\
&= (\varphi_{阴} - \varphi_{阳}) - (\varphi_{阴,e} - \varphi_{阳,e}) \\
&= (\varphi_{阴} - \varphi_{阴,e}) - (\varphi_{阳} - \varphi_{阳,e}) \\
&= \Delta\varphi_{阴} - \Delta\varphi_{阳} \\
&= \frac{RT}{2F} \ln \frac{p_{H_2} p_{O_2}^{1/2} a_{H_2O,e}}{a_{H_2O} p_{H_2,e} p_{O_2,e}^{1/2}}
\end{aligned} \tag{18.91}$$

（4）电池端电势：

$$V = E - IR = E_e + \Delta\varphi_{阴} - \Delta\varphi_{阳} - IR = E_e + \Delta E - IR$$

（5）电池电流：

$$I = \frac{E - V}{R} = \frac{E_e + \Delta E - V}{R}$$

式中，I 为电流；R 为电池系统的电阻。

18.3.2　磷酸燃料电池

（1）磷酸燃料电池的组成。磷酸燃料电池，以氢气为燃料，氧气为氧化剂，磷酸为电解质。用炭黑和石墨作电池的结构材料，以 PTFE 为黏合剂将纳米铂担载到乙炔炭黑担体作阳极和阴极，以石墨和 SiC 材料作支撑体。铂也是催化剂。电池工作温度 200℃。

（2）原理：电池组成为

$$O_2 \mid H_3PO_4 \mid H_2$$

阴极反应

$$\frac{1}{2}O_2 + 2H^+ + 2e \Longrightarrow H_2O$$

阳极反应

$$H_2 \Longrightarrow 2H^+ + 2e$$

电池反应

$$H_2 + \frac{1}{2}O_2 \Longrightarrow H_2O$$

1. 阴极过程

阴极反应达平衡，

$$\frac{1}{2}O_2 + 2H^+ + 2e \Longrightarrow H_2O$$

摩尔吉布斯自由能变化为

$$\Delta G_{m,阴,e} = \mu_{H_2O} - \frac{1}{2}\mu_{O_2} - 2\mu_{H^+} - 2\mu_e = \Delta G_{m,阴}^{\ominus} + RT \ln \frac{a_{H_2O,e}}{p_{O_2,e}^{1/2} a_{H^+,e}^2}$$

式中，

$$\Delta G_{m,阴}^{\ominus} = \mu_{H_2O}^{\ominus} - \frac{1}{2}\mu_{O_2}^{\ominus} - 2\mu_{H^+}^{\ominus} - 2\mu_e^{\ominus}$$

$$\mu_{H_2O} = \mu_{H_2O}^{\ominus} + RT \ln a_{H_2O,e}$$

$$\mu_{O_2} = \mu_{O_2}^{\ominus} + RT \ln p_{O_2,e}$$

$$\mu_{H^+} = \mu_{H^+}^{\ominus} + RT \ln a_{H^+,e}$$

$$\mu_e = \mu_e^{\ominus}$$

（1）阴极平衡电势：由

$$\varphi_{阴,e} = -\frac{\Delta G_{m,阴,e}}{2F}$$

得

$$\varphi_{阴,e} = \varphi_{阴}^{\ominus} + \frac{RT}{2F} \ln \frac{p_{O_2,e}^{1/2} a_{H^+,e}^2}{a_{H_2O,e}} \tag{18.92}$$

式中，

$$\varphi_{阴}^{\ominus} = -\frac{\Delta G_{m,阴}^{\ominus}}{2F} = -\frac{\mu_{H_2O}^{\ominus} - \frac{1}{2}\mu_{O_2}^{\ominus} - 2\mu_{H^+}^{\ominus} - 2\mu_e^{\ominus}}{2F}$$

电池对外输出电能，阴极有电流通过，发生极化，阴极反应为

$$\frac{1}{2}O_2 + 2H^+ + 2e \rightleftharpoons H_2O$$

摩尔吉布斯自由能变化为

$$\Delta G_{m,阴} = \mu_{H_2O} - \frac{1}{2}\mu_{O_2} - 2\mu_{H^+} - 2\mu_e = \Delta G_{m,阴}^{\ominus} + RT\ln\frac{a_{H_2O}}{p_{O_2}^{1/2}a_{H^+}^2} + 2RT\ln i$$

式中，

$$\Delta G_{m,阴}^{\ominus} = \mu_{H_2O}^{\ominus} - \frac{1}{2}\mu_{O_2}^{\ominus} - 2\mu_{H^+}^{\ominus} - 2\mu_e^{\ominus}$$

$$\mu_{H_2O} = \mu_{H_2O}^{\ominus} + RT\ln a_{H_2O}$$

$$\mu_{O_2} = \mu_{O_2}^{\ominus} + RT\ln p_{O_2}$$

$$\mu_{H^+} = \mu_{H^+}^{\ominus} + RT\ln a_{H^+}$$

$$\mu_e = \mu_e^{\ominus} - RT\ln i$$

（2）阴极电势：由

$$\varphi_阴 = -\frac{\Delta G_{m,阴}}{2F}$$

得

$$\varphi_阴 = \varphi_阴^{\ominus} + \frac{RT}{2F}\ln\frac{p_{O_2}^{1/2}a_{H^+}^2}{a_{H_2O}} - \frac{RT}{F}\ln i \tag{18.93}$$

式中，

$$\varphi_阴^{\ominus} = -\frac{\Delta G_{m,阴}^{\ominus}}{2F} = -\frac{\mu_{H_2O}^{\ominus} - \frac{1}{2}\mu_{O_2}^{\ominus} - 2\mu_{H^+}^{\ominus} - 2\mu_e^{\ominus}}{2F}$$

由式（18.93）得

$$\ln i = -\frac{F\varphi_阴}{RT} + \frac{F\varphi_阴^{\ominus}}{RT} + \frac{1}{2}\ln\frac{p_{O_2}^{1/2}a_{H^+}^2}{a_{H_2O}}$$

则

$$i = \left(\frac{p_{O_2}^{1/2}a_{H^+}^2}{a_{H_2O}}\right)^{1/2}\exp\left(-\frac{F\varphi_阴}{RT}\right)\exp\left(\frac{F\varphi_阴^{\ominus}}{RT}\right) = k_+\exp\left(-\frac{F\varphi_阴}{RT}\right) \tag{18.94}$$

式中，

$$k_+ = \left(\frac{p_{O_2}^{1/2}a_{H^+}^2}{a_{H_2O}}\right)^{1/2}\exp\left(\frac{F\varphi_阴^{\ominus}}{RT}\right) \approx \left(\frac{p_{O_2}^{1/2}c_{H^+}^2}{c_{H_2O}}\right)^{1/2}\exp\left(\frac{F\varphi_阴^{\ominus}}{RT}\right)$$

（3）阴极过电势：

式（18.93）-式（18.92），得

$$\Delta\varphi_{阴} = \varphi_{阴} - \varphi_{阴,e} = \frac{RT}{2F}\ln\frac{p_{O_2}^{1/2}a_{H^+}^2 a_{H_2O,e}}{a_{H_2O}p_{O_2,e}^{1/2}a_{H^+,e}^2} - \frac{RT}{F}\ln i \tag{18.95}$$

由式（18.95）得

$$\ln i = -\frac{F\Delta\varphi_{阴}}{RT} + \frac{1}{2}\ln\frac{p_{O_2}^{1/2}a_{H^+}^2 a_{H_2O,e}}{a_{H_2O}p_{O_2,e}^{1/2}a_{H^+,e}^2}$$

则

$$i = \left(\frac{p_{O_2}^{1/2}a_{H^+}^2 a_{H_2O,e}}{a_{H_2O}p_{O_2,e}^{1/2}a_{H^+,e}^2}\right)^{1/2}\exp\left(-\frac{F\Delta\varphi_{阴}}{RT}\right) = k_+'\exp\left(-\frac{F\Delta\varphi_{阴}}{RT}\right) \tag{18.96}$$

式中，

$$k_+' = \left(\frac{p_{O_2}^{1/2}a_{H^+}^2 a_{H_2O,e}}{a_{H_2O}p_{O_2,e}^{1/2}a_{H^+,e}^2}\right)^{1/2} \approx \left(\frac{p_{O_2}^{1/2}c_{H^+}^2 c_{H_2O,e}}{c_{H_2O}p_{O_2,e}^{1/2}c_{H^+,e}^2}\right)^{1/2}$$

2. 阳极过程

阳极反应达平衡，

$$H_2 \rightleftharpoons 2H^+ + 2e$$

摩尔吉布斯自由能变化为

$$\Delta G_{m,阳,e} = 2\mu_{H^+} + 2\mu_e - \mu_{H_2} = \Delta G_{m,阳}^{\ominus} + RT\ln\frac{a_{H^+,e}^2}{p_{H_2,e}}$$

式中，

$$\Delta G_{m,阳}^{\ominus} = 2\mu_{H^+}^{\ominus} + 2\mu_e^{\ominus} - \mu_{H_2}^{\ominus}$$

$$\mu_{H^+} = \mu_{H^+}^{\ominus} + RT\ln a_{H^+,e}$$

$$\mu_e = \mu_e^{\ominus}$$

$$\mu_{H_2} = \mu_{H_2}^{\ominus} + RT\ln p_{H_2,e}$$

（1）阳极平衡电势：由

$$\varphi_{阳,e} = \frac{\Delta G_{m,阳,e}}{2F}$$

得

$$\varphi_{阳,e} = \varphi_{阳}^{\ominus} + \frac{RT}{2F}\ln\frac{a_{H^+,e}^2}{p_{H_2,e}} \tag{18.97}$$

式中，

$$\varphi_{阳}^{\ominus} = \frac{\Delta G_{m,阳}^{\ominus}}{2F} = \frac{2\mu_{H^+}^{\ominus} + 2\mu_e^{\ominus} - \mu_{H_2}^{\ominus}}{2F}$$

阳极有电流通过，发生极化，阳极反应为

$$H_2 \Longrightarrow 2H^+ + 2e$$

摩尔吉布斯自由能变化为

$$\Delta G_{m,阳} = 2\mu_{H^+} + 2\mu_e - \mu_{H_2} = \Delta G_{m,阳}^{\ominus} + RT \ln \frac{a_{H^+}^2}{p_{H_2}} + 2RT \ln i$$

式中，

$$\Delta G_{m,阳}^{\ominus} = 2\mu_{H^+}^{\ominus} + 2\mu_e^{\ominus} - \mu_{H_2}^{\ominus}$$

$$\mu_{H^+} = \mu_{H^+}^{\ominus} + RT \ln a_{H^+}$$

$$\mu_e = \mu_e^{\ominus} + RT \ln i$$

$$\mu_{H_2} = \mu_{H_2}^{\ominus} + RT \ln p_{H_2}$$

（2）阳极电势：由

$$\varphi_{阳} = \frac{\Delta G_{m,阳}}{2F}$$

得

$$\varphi_{阳} = \varphi_{阳}^{\ominus} + \frac{RT}{2F} \ln \frac{a_{H^+}^2}{p_{H_2}} + \frac{RT}{F} \ln i \qquad (18.98)$$

式中，

$$\varphi_{阳}^{\ominus} = \frac{\Delta G_{m,阳}^{\ominus}}{2F} = \frac{2\mu_{H^+}^{\ominus} + 2\mu_e^{\ominus} - \mu_{H_2}^{\ominus}}{2F}$$

由式（18.98）得

$$\ln i = \frac{F\varphi_{阳}}{RT} - \frac{F\varphi_{阳}^{\ominus}}{RT} - \frac{1}{2} \ln \frac{a_{H^+}^2}{p_{H_2}}$$

则

$$i = \left(\frac{p_{H_2}}{a_{H^+}^2} \right)^{1/2} \exp\left(\frac{F\varphi_{阳}}{RT} \right) \exp\left(-\frac{F\varphi_{阳}^{\ominus}}{RT} \right) = k_- \exp\left(\frac{F\varphi_{阳}}{RT} \right)$$

式中，

$$k_- = \left(\frac{p_{H_2}}{a_{H^+}^2} \right)^{1/2} \exp\left(-\frac{F\varphi_{阳}^{\ominus}}{RT} \right) \approx \left(\frac{p_{H_2}}{c_{H^+}^2} \right)^{1/2} \exp\left(-\frac{F\varphi_{阳}^{\ominus}}{RT} \right)$$

（3）阳极过电势：

式（18.97）−式（18.96），得

$$\Delta\varphi_{阳} = \varphi_{阳} - \varphi_{阳,e} = \frac{RT}{2F} \ln \frac{a_{H^+}^2 p_{H_2,e}}{p_{H_2} a_{H^+,e}^2} + \frac{RT}{F} \ln i \qquad (18.99)$$

由式（18.99）得

$$\ln i = \frac{F\Delta\varphi_{阳}}{RT} - \frac{1}{2}\ln\frac{a_{H^+}^2 p_{H_2,e}}{p_{H_2} a_{H^+,e}^2}$$

则

$$i = \left(\frac{p_{H_2} a_{H^+,e}^2}{a_{H^+}^2 p_{H_2,e}}\right)^{1/2}\exp\left(\frac{F\Delta\varphi_{阳}}{RT}\right) = k_-'\exp\left(\frac{F\Delta\varphi_{阳}}{RT}\right) \qquad （18.100）$$

式中，

$$k_-' = \left(\frac{p_{H_2} a_{H^+,e}^2}{a_{H^+}^2 p_{H_2,e}}\right)^{1/2} \approx \left(\frac{p_{H_2} c_{H^+,e}^2}{c_{H^+}^2 p_{H_2,e}}\right)^{1/2}$$

3. 电池过程

电池反应达平衡，

$$H_2 + \frac{1}{2}O_2 \Longrightarrow H_2O$$

摩尔吉布斯自由能变化为

$$\Delta G_{m,e} = \mu_{H_2O} - \frac{1}{2}\mu_{O_2} - \mu_{H_2} = \Delta G_m^\ominus + RT\ln\frac{a_{H_2O,e}}{p_{O_2,e}^{1/2} p_{H_2,e}}$$

式中，

$$\Delta G_m^\ominus = \mu_{H_2O}^\ominus - \frac{1}{2}\mu_{O_2}^\ominus - \mu_{H_2}^\ominus$$

$$\mu_{H_2O} = \mu_{H_2O}^\ominus + RT\ln a_{H_2O,e}$$

$$\mu_{O_2} = \mu_{O_2}^\ominus + RT\ln p_{O_2,e}$$

$$\mu_{H_2} = \mu_{H_2}^\ominus + RT\ln p_{H_2,e}$$

（1）电池平衡电动势：由

$$E_e = -\frac{\Delta G_{m,e}}{2F}$$

得

$$E_e = E^\ominus + \frac{RT}{2F}\ln\frac{p_{O_2}^{1/2} p_{H_2,e}}{a_{H_2O,e}} \qquad （18.101）$$

式中，

$$E^\ominus = -\frac{\Delta G_m^\ominus}{2F} = -\frac{\mu_{H_2O}^\ominus - \mu_{H_2}^\ominus - \frac{1}{2}\mu_{O_2}^\ominus}{2F}$$

（2）电池电动势：电池对外做功，有电流通过，电池发生极化，电池反应为

$$H_2 + \frac{1}{2}O_2 \mathop{=\!\!=\!\!=} H_2O$$

摩尔吉布斯自由能变化为

$$\Delta G_m = \mu_{H_2O} - \frac{1}{2}\mu_{O_2} - \mu_{H_2} = \Delta G_m^{\ominus} + RT \ln \frac{a_{H_2O}}{p_{O_2}^{1/2} p_{H_2}}$$

式中，

$$\Delta G_m^{\ominus} = \mu_{H_2O}^{\ominus} - \frac{1}{2}\mu_{O_2}^{\ominus} - \mu_{H_2}^{\ominus}$$

$$\mu_{H_2O} = \mu_{H_2O}^{\ominus} + RT \ln a_{H_2O}$$

$$\mu_{O_2} = \mu_{O_2}^{\ominus} + RT \ln p_{O_2}$$

$$\mu_{H_2} = \mu_{H_2}^{\ominus} + RT \ln p_{H_2}$$

由

$$E = -\frac{\Delta G_m}{2F}$$

得

$$E = E^{\ominus} + \frac{RT}{2F} \ln \frac{p_{O_2}^{1/2} p_{H_2}}{a_{H_2O}} \qquad (18.102)$$

式中，

$$E^{\ominus} = -\frac{\Delta G_m^{\ominus}}{2F} = -\frac{\mu_{H_2O}^{\ominus} - \frac{1}{2}\mu_{O_2}^{\ominus} - \mu_{H_2}^{\ominus}}{2F}$$

（3）电池过电势：

式（18.102）–式（18.101），得

$$\Delta E = E - E_e = \frac{RT}{2F} \ln \frac{p_{O_2}^{1/2} p_{H_2} a_{H_2O,e}}{a_{H_2O} p_{O_2,e}^{1/2} p_{H_2,e}} \qquad (18.103)$$

由式（18.103）得

$$E = \varphi_{阴} - \varphi_{阳}$$

$$E_e = \varphi_{阴,e} - \varphi_{阳,e}$$

$$\Delta E = (\varphi_{阴} - \varphi_{阳}) - (\varphi_{阴,e} - \varphi_{阳,e})$$

$$= (\varphi_{阴} - \varphi_{阴,e}) - (\varphi_{阳} - \varphi_{阳,e})$$

$$= \Delta \varphi_{阴} - \Delta \varphi_{阳}$$

$$< 0$$

（4）电池端电压：

$$V = \varphi_{\text{阴}} - \varphi_{\text{阳}} - IR$$
$$= E - IR$$
$$= E_e + \Delta E - IR$$
$$= E_e + \frac{RT}{2F} \ln \frac{p_{O_2}^{1/2} p_{H_2} a_{H_2O,e}}{a_{H_2O} p_{O_2,e}^{1/2} p_{H_2,e}} - IR$$

（5）电池电流：

$$I = \frac{E - V}{R} = \frac{E_e + \Delta E - V}{R}$$

式中，I 为电流；R 为电池系统的电阻，即电池的内阻。

18.3.3 质子交换膜燃料电池

（1）质子交换膜燃料电池的组成。质子交换膜燃料电池以氢气或净化重整气为燃料，空气或氧气为氧化剂。以全氟磺酸固体聚合物制成的质子交换膜为电解质，铂/炭或铂-钌/炭为催化剂。以石墨或表面改性的金属板为电极。电池工作温度小于 100℃。

（2）原理：电池组成为

$$O_2 \,|\, 质子交换膜 \,|\, H_2$$

阴极反应

$$\frac{1}{2}O_2 + 2H^+ + 2e =\!=\!= H_2O$$

阳极反应

$$H_2 =\!=\!= 2H^+ + 2e$$

电池反应

$$H_2 + \frac{1}{2}O_2 =\!=\!= H_2O$$

1. 阴极过程

阴极反应达平衡，

$$\frac{1}{2}O_2 + 2H^+ + 2e \rightleftharpoons H_2O$$

摩尔吉布斯自由能变化为

$$\Delta G_{m,阴,e} = \mu_{H_2O} - \frac{1}{2}\mu_{O_2} - 2\mu_{H^+} - 2\mu_e = \Delta G_{m,阴}^{\ominus} + RT \ln \frac{a_{H_2O,e}}{p_{O_2,e}^{1/2} a_{H^+,e}^2}$$

式中，

$$\Delta G_{m,阴}^{\ominus} = \mu_{H_2O}^{\ominus} - \frac{1}{2}\mu_{O_2}^{\ominus} - 2\mu_{H^+}^{\ominus} - 2\mu_e^{\ominus}$$

$$\mu_{H_2O} = \mu_{H_2O}^{\ominus} + RT\ln a_{H_2O,e}$$

$$\mu_{O_2} = \mu_{O_2}^{\ominus} + RT\ln p_{O_2,e}$$

$$\mu_{H^+} = \mu_{H^+}^{\ominus} + RT\ln a_{H^+,e}$$

$$\mu_e = \mu_e^{\ominus}$$

（1）阴极平衡电势：由

$$\varphi_{阴,e} = -\frac{\Delta G_{m,阴,e}}{2F}$$

得

$$\varphi_{阴,e} = \varphi_{阴}^{\ominus} + \frac{RT}{2F}\ln\frac{p_{O_2,e}^{1/2}a_{H^+,e}^2}{a_{H_2O,e}} \tag{18.104}$$

式中，

$$\varphi_{阴}^{\ominus} = -\frac{\Delta G_{m,阴}^{\ominus}}{2F} = -\frac{\mu_{H_2O}^{\ominus} - \frac{1}{2}\mu_{O_2}^{\ominus} - 2\mu_{H^+}^{\ominus} - 2\mu_e^{\ominus}}{2F}$$

阴极有电流通过，发生极化，阴极反应为

$$\frac{1}{2}O_2 + 2H^+ + 2e \Longrightarrow H_2O$$

摩尔吉布斯自由能变化为

$$\Delta G_{m,阴} = \mu_{H_2O} - \frac{1}{2}\mu_{O_2} - 2\mu_{H^+} - 2\mu_e = \Delta G_{m,阴}^{\ominus} + RT\ln\frac{a_{H_2O}}{p_{O_2}^{1/2}a_{H^+}^2} + 2RT\ln i$$

式中，

$$\Delta G_{m,阴}^{\ominus} = \mu_{H_2O}^{\ominus} - \frac{1}{2}\mu_{O_2}^{\ominus} - 2\mu_{H^+}^{\ominus} - 2\mu_e^{\ominus}$$

$$\mu_{H_2O} = \mu_{H_2O}^{\ominus} + RT\ln a_{H_2O}$$

$$\mu_{O_2} = \mu_{O_2}^{\ominus} + RT\ln p_{O_2}$$

$$\mu_{H^+} = \mu_{H^+}^{\ominus} + RT\ln a_{H^+}$$

$$\mu_e = \mu_e^{\ominus} - RT\ln i$$

（2）阴极电势：由

$$\varphi_{阴} = -\frac{\Delta G_{m,阴}}{2F}$$

得

$$\varphi_{阴} = \varphi_{阴}^{\ominus} + \frac{RT}{2F}\ln\frac{p_{O_2}^{1/2}a_{H^+}^2}{a_{H_2O}} - \frac{RT}{F}\ln i \quad (18.105)$$

式中，

$$\varphi_{阴}^{\ominus} = -\frac{\Delta G_{m,阴}^{\ominus}}{2F} = -\frac{\mu_{H_2O}^{\ominus} - \frac{1}{2}\mu_{O_2}^{\ominus} - 2\mu_{H^+}^{\ominus} - 2\mu_e^{\ominus}}{2F}$$

由式（18.105）得

$$\ln i = -\frac{F\varphi_{阴}}{RT} + \frac{F\varphi_{阴}^{\ominus}}{RT} + \frac{1}{2}\ln\frac{p_{O_2}^{1/2}a_{H^+}^2}{a_{H_2O}}$$

则

$$i = \left(\frac{p_{O_2}^{1/2}a_{H^+}^2}{a_{H_2O}}\right)^{1/2}\exp\left(-\frac{F\varphi_{阴}}{RT}\right)\exp\left(\frac{F\varphi_{阴}^{\ominus}}{RT}\right) = k_+\exp\left(-\frac{F\varphi_{阴}}{RT}\right) \quad (18.106)$$

式中，

$$k_+ = \left(\frac{p_{O_2}^{1/2}a_{H^+}^2}{a_{H_2O}}\right)^{1/2}\exp\left(\frac{F\varphi_{阴}^{\ominus}}{RT}\right) \approx \left(\frac{p_{O_2}^{1/2}c_{H^+}^2}{c_{H_2O}}\right)^{1/2}\exp\left(\frac{F\varphi_{阴}^{\ominus}}{RT}\right)$$

（3）阴极过电势：

式（18.105）-式（18.104），得

$$\Delta\varphi_{阴} = \varphi_{阴} - \varphi_{阴,e} = \frac{RT}{2F}\ln\frac{p_{O_2}^{1/2}a_{H^+}^2 a_{H_2O,e}}{a_{H_2O}p_{O_2,e}^{1/2}a_{H^+,e}^2} - \frac{RT}{F}\ln i \quad (18.107)$$

由式（18.107）得

$$\ln i = -\frac{F\Delta\varphi_{阴}}{RT} + \frac{1}{2}\ln\frac{p_{O_2}^{1/2}a_{H^+}^2 a_{H_2O,e}}{a_{H_2O}p_{O_2,e}^{1/2}a_{H^+,e}^2}$$

则

$$i = \left(\frac{p_{O_2}^{1/2}a_{H^+}^2 a_{H_2O,e}}{a_{H_2O}p_{O_2,e}^{1/2}a_{H^+,e}^2}\right)^{1/2}\exp\left(-\frac{F\Delta\varphi_{阴}}{RT}\right) = k_+'\exp\left(-\frac{F\Delta\varphi_{阴}}{RT}\right) \quad (18.108)$$

$$k_+' = \left(\frac{p_{O_2}^{1/2}a_{H^+}^2 a_{H_2O,e}}{a_{H_2O}p_{O_2,e}^{1/2}a_{H^+,e}^2}\right)^{1/2} \approx \left(\frac{p_{O_2}^{1/2}c_{H^+}^2 c_{H_2O,e}}{c_{H_2O}p_{O_2,e}^{1/2}c_{H^+,e}^2}\right)^{1/2}$$

2. 阳极过程

阳极反应达平衡，

$$H_2 \rightleftharpoons 2H^+ + 2e$$

摩尔吉布斯自由能变化为

$$\Delta G_{m,\text{阳},e} = 2\mu_{H^+} + 2\mu_e - \mu_{H_2} = \Delta G_{m,\text{阳}}^{\ominus} + RT\ln\frac{a_{H^+,e}^2}{p_{H_2,e}}$$

式中，

$$\Delta G_{m,\text{阳}}^{\ominus} = 2\mu_{H^+}^{\ominus} + 2\mu_e^{\ominus} - \mu_{H_2}^{\ominus}$$

$$\mu_{H^+} = \mu_{H^+}^{\ominus} + RT\ln a_{H^+,e}$$

$$\mu_e = \mu_e^{\ominus}$$

$$\mu_{H_2} = \mu_{H_2}^{\ominus} + RT\ln p_{H_2,e}$$

（1）阳极平衡电势：由

$$\varphi_{\text{阳},e} = \frac{\Delta G_{m,\text{阳},e}}{2F}$$

得

$$\varphi_{\text{阳},e} = \varphi_{\text{阳}}^{\ominus} + \frac{RT}{2F}\ln\frac{a_{H^+,e}^2}{p_{H_2,e}} \tag{18.109}$$

式中，

$$\varphi_{\text{阳}}^{\ominus} = \frac{\Delta G_{m,\text{阳}}^{\ominus}}{2F} = \frac{2\mu_{H^+}^{\ominus} + 2\mu_e^{\ominus} - \mu_{H_2}^{\ominus}}{2F}$$

阳极有电流通过，发生极化，阳极反应为

$$H_2 \Longrightarrow 2H^+ + 2e$$

摩尔吉布斯自由能变化为

$$\Delta G_{m,\text{阳}} = 2\mu_{H^+} + 2\mu_e - \mu_{H_2} = \Delta G_{m,\text{阳}}^{\ominus} + RT\ln\frac{a_{H^+}^2}{p_{H_2}} + 2RT\ln i$$

式中，

$$\Delta G_{m,\text{阳}}^{\ominus} = 2\mu_{H^+}^{\ominus} + 2\mu_e^{\ominus} - \mu_{H_2}^{\ominus}$$

$$\mu_{H^+} = \mu_{H^+}^{\ominus} + RT\ln a_{H^+}$$

$$\mu_e = \mu_e^{\ominus} + RT\ln i$$

$$\mu_{H_2} = \mu_{H_2}^{\ominus} + RT\ln p_{H_2}$$

（2）阳极电势：由

$$\varphi_{\text{阳}} = \frac{\Delta G_{m,\text{阳}}}{2F}$$

得

$$\varphi_{阳} = \varphi_{阳}^{\ominus} + \frac{RT}{2F}\ln\frac{a_{H^+}^2}{p_{H_2}} + \frac{RT}{F}\ln i \qquad (18.110)$$

式中，

$$\varphi_{阳}^{\ominus} = \frac{\Delta G_{m,阳}^{\ominus}}{2F} = \frac{2\mu_{H^+}^{\ominus} + 2\mu_e^{\ominus} - \mu_{H_2}^{\ominus}}{2F}$$

由式（18.110）得

$$\ln i = \frac{F\varphi_{阳}}{RT} - \frac{F\varphi_{阳}^{\ominus}}{RT} - \frac{1}{2}\ln\frac{a_{H^+}^2}{p_{H_2}}$$

则

$$i = \left(\frac{p_{H_2}}{a_{H^+}^2}\right)^{1/2}\exp\left(\frac{F\varphi_{阳}}{RT}\right)\exp\left(-\frac{F\varphi_{阳}^{\ominus}}{RT}\right) = k_-\exp\left(\frac{F\varphi_{阳}}{RT}\right) \qquad (18.111)$$

式中，

$$k_- = \left(\frac{p_{H_2}}{a_{H^+}^2}\right)^{1/2}\exp\left(-\frac{F\varphi_{阳}^{\ominus}}{RT}\right) \approx \left(\frac{p_{H_2}}{c_{H^+}^2}\right)^{1/2}\exp\left(-\frac{F\varphi_{阳}^{\ominus}}{RT}\right)$$

（3）阳极过电势：

式（18.110）−式（18.109），得

$$\Delta\varphi_{阳} = \varphi_{阳} - \varphi_{阳,e} = \frac{RT}{2F}\ln\frac{a_{H^+}^2 p_{H_2,e}}{p_{H_2} a_{H^+,e}^2} + \frac{RT}{F}\ln i \qquad (18.112)$$

由式（18.112）得

$$\ln i = \frac{F\Delta\varphi_{阳}}{RT} - \frac{1}{2}\ln\frac{a_{H^+}^2 p_{H_2,e}}{p_{H_2} a_{H^+,e}^2}$$

则

$$i = \left(\frac{p_{H_2} a_{H^+,e}^2}{a_{H^+}^2 p_{H_2,e}}\right)^{1/2}\exp\left(\frac{F\Delta\varphi_{阳}}{RT}\right) = k_-'\exp\left(\frac{F\Delta\varphi_{阳}}{RT}\right) \qquad (18.113)$$

$$k_-' = \left(\frac{p_{H_2} a_{H^+,e}^2}{a_{H^+}^2 p_{H_2,o}}\right)^{1/2} \approx \left(\frac{p_{H_2} c_{H^+,e}^2}{c_{H^+}^2 p_{H_2,c}}\right)^{1/2}$$

3. 电池过程

电池反应达平衡

$$H_2 + \frac{1}{2}O_2 \Longrightarrow H_2O$$

摩尔吉布斯自由能变化为

$$\Delta G_{m,e} = \mu_{H_2O} - \frac{1}{2}\mu_{O_2} - \mu_{H_2} = \Delta G_m^\ominus + RT\ln\frac{a_{H_2O,e}}{p_{O_2,e}^{1/2}p_{H_2,e}}$$

式中，

$$\Delta G_m^\ominus = \mu_{H_2O}^\ominus - \frac{1}{2}\mu_{O_2}^\ominus - \mu_{H_2}^\ominus$$

$$\mu_{H_2O} = \mu_{H_2O}^\ominus + RT\ln a_{H_2O,e}$$

$$\mu_{O_2} = \mu_{O_2}^\ominus + RT\ln p_{O_2,e}$$

$$\mu_{H_2} = \mu_{H_2}^\ominus + RT\ln p_{H_2,e}$$

（1）电池平衡电动势：由

$$E_e = -\frac{\Delta G_{m,e}}{2F}$$

得

$$E_e = E^\ominus + \frac{RT}{2F}\ln\frac{p_{O_2,e}^{1/2}p_{H_2,e}}{a_{H_2O,e}} \tag{18.114}$$

式中，

$$E^\ominus = -\frac{\Delta G_m^\ominus}{2F} = -\frac{\mu_{H_2O}^\ominus - \frac{1}{2}\mu_{O_2}^\ominus - \mu_{H_2}^\ominus}{2F}$$

电池对外做功，有电流通过，电池发生极化，电池反应

$$H_2 + \frac{1}{2}O_2 \longrightarrow H_2O$$

摩尔吉布斯自由能变化为

$$\Delta G_m = \mu_{H_2O} - \frac{1}{2}\mu_{O_2} - \mu_{H_2} = \Delta G_m^\ominus + RT\ln\frac{a_{H_2O}}{p_{O_2}^{1/2}p_{H_2}}$$

式中，

$$\Delta G_m^\ominus = \mu_{H_2O}^\ominus - \frac{1}{2}\mu_{O_2}^\ominus - \mu_{H_2}^\ominus$$

$$\mu_{H_2O} = \mu_{H_2O}^\ominus + RT\ln a_{H_2O}$$

$$\mu_{O_2} = \mu_{O_2}^\ominus + RT\ln p_{O_2}$$

$$\mu_{H_2} = \mu_{H_2}^\ominus + RT\ln p_{H_2}$$

（2）电池电动势：由

$$E = -\frac{\Delta G_m}{2F}$$

得

$$E = E^{\ominus} + \frac{RT}{2F}\ln\frac{p_{O_2}^{1/2}\, p_{H_2}}{a_{H_2O}} \qquad (18.115)$$

式中，

$$E^{\ominus} = -\frac{\Delta G_m^{\ominus}}{2F} = -\frac{\mu_{H_2O}^{\ominus} - \dfrac{1}{2}\mu_{O_2}^{\ominus} - \mu_{H_2}^{\ominus}}{2F}$$

（3）电池过电势：

式（18.115）–式（18.114），得

$$\Delta E = E - E_e = \frac{RT}{2F}\ln\frac{p_{O_2}^{1/2}\, p_{H_2}\, a_{H_2O,e}}{a_{H_2O}\, p_{O_2,e}^{1/2}\, p_{H_2,e}} \qquad (18.116)$$

$$\Delta E = E - E_e$$

$$\Delta E = (\varphi_{阴} - \varphi_{阳}) - (\varphi_{阴,e} - \varphi_{阳,e})$$

$$= (\varphi_{阴} - \varphi_{阴,e}) - (\varphi_{阳} - \varphi_{阳,e})$$

$$= \Delta\varphi_{阴} - \Delta\varphi_{阳}$$

$$E = E_e + \Delta E = E_e + \Delta\varphi_{阴} - \Delta\varphi_{阳}$$

（4）电池端电压：

$$V = E - IR = E_e + \Delta E - IR = E_e + \Delta\varphi_{阴} - \Delta\varphi_{阳} - IR$$

（5）电池电流：

$$I = \frac{V - E}{R} = \frac{V - E_e - \Delta E}{R}$$

式中，E 为极化电池的电动势；E_e 为电池的平衡电动势；I 为电池电流；R 为电池系统的电阻，即电池的内阻。

18.3.4 醇类燃料电池

（1）醇类燃料电池的组成。醇类燃料电池以醇类为燃料，尤其以甲醇水溶液为燃料，以氧气为氧化剂，以 Pt|C、Pt-Ru|C、Pt-Me|C（Me 为过渡族元素）或 Pt、Pt-Ru 为催化剂，电极材料和支撑材料与质子交换膜燃料电池相同。电池工作温度小于 100℃。

（2）原理：醇类燃料电池组成为

$$O_2\,|\,质子交换膜\,|\,CH_3OH$$

阴极反应

$$\frac{3}{2}O_2 + 6H^+ + 6e \Longrightarrow 3H_2O \quad \varphi_{阴}^{\ominus} = 1.229V$$

阳极反应

$$CH_3OH + H_2O \Longrightarrow CO_2 + 6H^+ + 6e \quad \varphi_{阳}^{\ominus} = 0.046V$$

电池反应

$$CH_3OH + \frac{3}{2}O_2 \Longrightarrow 2H_2O + CO_2 \quad E^{\ominus} = 1.183V$$

（3）醇类燃料电池的燃料有两类：①以气态 CH_3OH 和水蒸气为燃料，其工作温度高于 $100℃$。而由于质子交换膜传导 H^+ 需要有液态水存在，所以工作压力需要大于 1 个标准压力。②以甲醇水溶液为燃料，工作温度可以低于 $100℃$，若工作温度高于 $100℃$，也需要提高压力。

1. 阴极过程

阴极反应达平衡，

$$\frac{1}{2}O_2 + 2H^+ + 2e \Longrightarrow H_2O$$

摩尔吉布斯自由能变化为

$$\Delta G_{m,阴,e} = \mu_{H_2O} - \frac{1}{2}\mu_{O_2} - 2\mu_{H^+} - 2\mu_e = \Delta G_{m,阴}^{\ominus} + RT \ln \frac{a_{H_2O,e}}{p_{O_2,e}^{1/2} a_{H^+,e}^2}$$

式中，

$$\Delta G_{m,阴}^{\ominus} = \mu_{H_2O}^{\ominus} - \frac{1}{2}\mu_{O_2}^{\ominus} - 2\mu_{H^+}^{\ominus} - 2\mu_e^{\ominus}$$

$$\mu_{H_2O} = \mu_{H_2O}^{\ominus} + RT \ln a_{H_2O,e}$$

$$\mu_{O_2} = \mu_{O_2}^{\ominus} + RT \ln p_{O_2,e}$$

$$\mu_{H^+} = \mu_{H^+}^{\ominus} + RT \ln a_{H^+,e}$$

$$\mu_e = \mu_e^{\ominus}$$

（1）阴极平衡电势：由

$$\varphi_{阴,e} = -\frac{\Delta G_{m,阴,e}}{2F}$$

得

$$\varphi_{阴,e} = \varphi_{阴}^{\ominus} + \frac{RT}{2F} \ln \frac{p_{O_2,e}^{1/2} a_{H^+,e}^2}{a_{H_2O,e}} \tag{18.117}$$

式中，

$$\varphi_{\text{阴,e}}^{\ominus} = -\frac{\Delta G_{\text{m,阴,e}}^{\ominus}}{2F} = -\frac{\mu_{\text{H}_2\text{O}}^{\ominus} - \frac{1}{2}\mu_{\text{O}_2}^{\ominus} - 2\mu_{\text{H}^+}^{\ominus} - 2\mu_{\text{e}}^{\ominus}}{2F}$$

阴极有电流通过，发生极化，阴极反应为

$$\frac{1}{2}\text{O}_2 + 2\text{H}^+ + 2\text{e} =\!=\!= \text{H}_2\text{O}$$

摩尔吉布斯自由能变化为

$$\Delta G_{\text{m,阴}} = \mu_{\text{H}_2\text{O}} - \frac{1}{2}\mu_{\text{O}_2} - 2\mu_{\text{H}^+} - 2\mu_{\text{e}} = \Delta G_{\text{m,阴}}^{\ominus} + RT\ln\frac{a_{\text{H}_2\text{O}}}{p_{\text{O}_2}^{1/2}a_{\text{H}^+}^2} + 2RT\ln i$$

式中，

$$\Delta G_{\text{m,阴}}^{\ominus} = \mu_{\text{H}_2\text{O}}^{\ominus} - \frac{1}{2}\mu_{\text{O}_2}^{\ominus} - 2\mu_{\text{H}^+}^{\ominus} - 2\mu_{\text{e}}^{\ominus}$$

$$\mu_{\text{H}_2\text{O}} = \mu_{\text{H}_2\text{O}}^{\ominus} + RT\ln a_{\text{H}_2\text{O}}$$

$$\mu_{\text{O}_2} = \mu_{\text{O}_2}^{\ominus} + RT\ln p_{\text{O}_2}$$

$$\mu_{\text{H}^+} = \mu_{\text{H}^+}^{\ominus} + RT\ln a_{\text{H}^+}$$

$$\mu_{\text{e}} = \mu_{\text{e}}^{\ominus} - RT\ln i$$

（2）阴极电势：由

$$\varphi_{\text{阴}} = -\frac{\Delta G_{\text{m,阴}}}{2F}$$

得

$$\varphi_{\text{阴}} = \varphi_{\text{阴}}^{\ominus} + \frac{RT}{2F}\ln\frac{p_{\text{O}_2}^{1/2}a_{\text{H}^+}^2}{a_{\text{H}_2\text{O}}} - \frac{RT}{F}\ln i \qquad (18.118)$$

式中，

$$\varphi_{\text{阴}}^{\ominus} = -\frac{\Delta G_{\text{m,阴}}^{\ominus}}{2F} = -\frac{\mu_{\text{H}_2\text{O}}^{\ominus} - \frac{1}{2}\mu_{\text{O}_2}^{\ominus} - 2\mu_{\text{H}^+}^{\ominus} - 2\mu_{\text{e}}^{\ominus}}{2F}$$

由式（18.118）得

$$\ln i = -\frac{F\varphi_{\text{阴}}}{RT} + \frac{F\varphi_{\text{阴}}^{\ominus}}{RT} + \frac{1}{2}\ln\frac{p_{\text{O}_2}^{1/2}a_{\text{H}^+}^2}{a_{\text{H}_2\text{O}}}$$

则

$$i = \left(\frac{p_{\text{O}_2}^{1/2}a_{\text{H}^+}^2}{a_{\text{H}_2\text{O}}}\right)^{1/2}\exp\left(-\frac{F\varphi_{\text{阴}}}{RT}\right)\exp\left(\frac{F\varphi_{\text{阴}}^{\ominus}}{RT}\right) = k_+\exp\left(-\frac{F\varphi_{\text{阴}}}{RT}\right) \qquad (18.119)$$

式中，

$$k_+ = \left(\frac{p_{O_2}^{1/2} a_{H^+}^2}{a_{H_2O}} \right)^{1/2} \exp\left(\frac{F\varphi_{\text{阴}}^{\ominus}}{RT} \right) \approx \left(\frac{p_{O_2}^{1/2} c_{H^+}^2}{c_{H_2O}} \right)^{1/2} \exp\left(\frac{F\varphi_{\text{阴}}^{\ominus}}{RT} \right)$$

（3）阴极过电势：

式（18.118）−式（18.117），得

$$\Delta\varphi_{\text{阴}} = \varphi_{\text{阴}} - \varphi_{\text{阴,e}} = \frac{RT}{2F} \ln \frac{p_{O_2}^{1/2} a_{H^+}^2 a_{H_2O,e}}{a_{H_2O} p_{O_2,e}^{1/2} a_{H^+,e}^2} - \frac{RT}{F} \ln i \qquad （18.120）$$

由式（18.120）得

$$\ln i = -\frac{F\Delta\varphi_{\text{阴}}}{RT} + \frac{1}{2} \ln \frac{p_{O_2}^{1/2} a_{H^+}^2 a_{H_2O,e}}{a_{H_2O} p_{O_2,e}^{1/2} a_{H^+,e}^2}$$

则

$$i = \left(\frac{p_{O_2}^{1/2} a_{H^+}^2 a_{H_2O,e}}{a_{H_2O} p_{O_2,e}^{1/2} a_{H^+,e}^2} \right)^{1/2} \exp\left(-\frac{F\Delta\varphi_{\text{阴}}}{RT} \right) = k_+' \exp\left(-\frac{F\Delta\varphi_{\text{阴}}}{RT} \right) \qquad （18.121）$$

式中，

$$k_+' = \left(\frac{p_{O_2}^{1/2} a_{H^+} a_{H_2O,e}}{a_{H_2O} p_{O_2,e}^{1/2} a_{H^+,e}^2} \right)^{1/2} \approx \left(\frac{p_{O_2}^{1/2} c_{H^+}^2 c_{H_2O,e}}{c_{H_2O} p_{O_2,e}^{1/2} c_{H^+,e}^2} \right)^{1/2}$$

2. 阳极过程

阳极反应达平衡，

$$CH_3OH + H_2O \Longrightarrow CO_2 + 6H^+ + 6e$$

摩尔吉布斯自由能变化为

$$\Delta G_{m,\text{阳,e}} = \mu_{CO_2} + 6\mu_{H^+} + 6\mu_e - \mu_{H_2O} - \mu_{CH_3OH} = \Delta G_{m,\text{阳}}^{\ominus} + RT \ln \frac{p_{CO_2,e} a_{H^+,e}^6}{p_{CH_3OH,e} a_{H_2O,e}}$$

式中，

$$\Delta G_{m,\text{阳}}^{\ominus} = \mu_{CO_2}^{\ominus} + 6\mu_{H^+}^{\ominus} + 6\mu_e^{\ominus} - \mu_{CH_3OH}^{\ominus} - \mu_{H_2O}^{\ominus}$$

$$\mu_{CO_2} = \mu_{CO_2}^{\ominus} + RT \ln p_{CO_2,e}$$

$$\mu_{H^+} = \mu_{H^+}^{\ominus} + + RT \ln a_{H^+,e}$$

$$\mu_e = \mu_e^{\ominus}$$

$$\mu_{CH_3OH} = \mu_{CH_3OH}^{\ominus} + RT \ln p_{CH_3OH,e}$$

$$\mu_{H_2O} = \mu_{H_2O}^{\ominus} + RT \ln a_{H_2O,e}$$

（1）阳极平衡电势：由

$$\varphi_{\text{阳,e}} = \frac{\Delta G_{\text{m,阳,e}}}{6F}$$

得

$$\varphi_{\text{阳,e}} = \varphi_{\text{阳}}^{\ominus} + \frac{RT}{6F} \ln \frac{p_{\text{CO}_2,\text{e}} a_{\text{H}^+,\text{e}}^6}{p_{\text{CH}_3\text{OH,e}} a_{\text{H}_2\text{O,e}}} \tag{18.122}$$

式中，

$$\varphi_{\text{阳}}^{\ominus} = \frac{\Delta G_{\text{m,阳}}^{\ominus}}{6F} = \frac{\mu_{\text{CO}_2}^{\ominus} + 6\mu_{\text{H}^+}^{\ominus} + 6\mu_{\text{e}}^{\ominus} - \mu_{\text{CH}_3\text{OH}}^{\ominus} - \mu_{\text{H}_2\text{O}}^{\ominus}}{6F}$$

阳极有电流通过，发生极化，阳极反应为

$$\text{CH}_3\text{OH} + \text{H}_2\text{O} =\!=\!= \text{CO}_2 + 6\text{H}^+ + 6\text{e}$$

摩尔吉布斯自由能变化为

$$\Delta G_{\text{m,阳}} = \mu_{\text{CO}_2} + 6\mu_{\text{H}^+} + 6\mu_{\text{e}} - \mu_{\text{H}_2\text{O}} - \mu_{\text{CH}_3\text{OH}} = \Delta G_{\text{m,阳}}^{\ominus} + RT \ln \frac{p_{\text{CO}_2} a_{\text{H}^+}^6}{p_{\text{CH}_3\text{OH}} a_{\text{H}_2\text{O}}} + 6RT \ln i$$

式中，

$$\Delta G_{\text{m,阳}}^{\ominus} = \mu_{\text{CO}_2}^{\ominus} + 6\mu_{\text{H}^+}^{\ominus} + 6\mu_{\text{e}}^{\ominus} - \mu_{\text{CH}_3\text{OH}}^{\ominus} - \mu_{\text{H}_2\text{O}}^{\ominus}$$

$$\mu_{\text{CO}_2} = \mu_{\text{CO}_2}^{\ominus} + RT \ln p_{\text{CO}_2}$$

$$\mu_{\text{H}^+} = \mu_{\text{H}^+}^{\ominus} + RT \ln a_{\text{H}^+}$$

$$\mu_{\text{e}} = \mu_{\text{e}}^{\ominus} + RT \ln i$$

$$\mu_{\text{CH}_3\text{OH}} = \mu_{\text{CH}_3\text{OH}}^{\ominus} + RT \ln p_{\text{CH}_3\text{OH}}$$

$$\mu_{\text{H}_2\text{O}} = \mu_{\text{H}_2\text{O}}^{\ominus} + RT \ln a_{\text{H}_2\text{O}}$$

（2）阳极电势：由

$$\varphi_{\text{阳}} = \frac{\Delta G_{\text{m,阳}}}{6F}$$

得

$$\varphi_{\text{阳}} = \varphi_{\text{阳}}^{\ominus} + \frac{RT}{6F} \ln \frac{p_{\text{CO}_2} a_{\text{H}^+}^6}{p_{\text{CH}_3\text{OH}} a_{\text{H}_2\text{O}}} + \frac{RT}{F} \ln i \tag{18.123}$$

式中，

$$\varphi_{\text{阳}}^{\ominus} = \frac{\Delta G_{\text{m,阳}}^{\ominus}}{6F} = \frac{\mu_{\text{CO}_2}^{\ominus} + 6\mu_{\text{H}^+}^{\ominus} + 6\mu_{\text{e}}^{\ominus} - \mu_{\text{CH}_3\text{OH}}^{\ominus} - \mu_{\text{H}_2\text{O}}^{\ominus}}{6F}$$

由式（18.123）得

$$\ln i = \frac{F\varphi_{阳}}{RT} - \frac{F\varphi_{阳}^{\ominus}}{RT} - \frac{1}{6}\ln\frac{p_{CO_2}a_{H^+}^6}{p_{CH_3OH}a_{H_2O}}$$

则

$$i = \left(\frac{p_{CO_2}a_{H^+}^6}{p_{CH_3OH}a_{H_2O}}\right)^{1/6}\exp\left(\frac{F\varphi_{阳}}{RT}\right)\exp\left(-\frac{F\varphi_{阳}^{\ominus}}{RT}\right) = k_-\exp\left(\frac{F\varphi_{阳}}{RT}\right) \quad （18.124）$$

式中，

$$k_- = \left(\frac{p_{CO_2}a_{H^+}^6}{p_{CH_3OH}a_{H_2O}}\right)^{1/6}\exp\left(-\frac{F\varphi_{阳}^{\ominus}}{RT}\right) \approx \left(\frac{p_{CO_2}c_{H^+}^6}{p_{CH_3OH}c_{H_2O}}\right)^{1/6}\exp\left(-\frac{F\varphi_{阳}^{\ominus}}{RT}\right)$$

（3）阳极过电势：

式（18.123）－式（18.122），得

$$\Delta\varphi_{阳} = \varphi_{阳} - \varphi_{阳,e} = \frac{RT}{6F}\ln\frac{p_{CO_2}a_{H^+}^6 p_{CH_3OH,e}a_{H_2O,e}}{p_{CH_3OH}a_{H_2O}p_{CO_2,e}a_{H^+,e}^6} + \frac{RT}{F}\ln i \quad （18.125）$$

由式（18.125）得

$$\ln i = \frac{F\Delta\varphi_{阳}}{RT} - \frac{1}{6}\ln\frac{p_{CO_2}a_{H^+}^6 p_{CH_3OH,e}a_{H_2O,e}}{p_{CH_3OH}a_{H_2O}p_{CO_2,e}a_{H^+,e}^6}$$

则

$$i = \left(\frac{p_{CO_2}a_{H^+}^6 p_{CH_3OH,e}a_{H_2O,e}}{p_{CH_3OH}a_{H_2O}p_{CO_2,e}a_{H^+,e}^6}\right)^{1/6}\exp\left(\frac{F\Delta\varphi_{阳}}{RT}\right) = k_-'\exp\left(\frac{F\Delta\varphi_{阳}}{RT}\right) \quad （18.126）$$

$$k_-' = \left(\frac{p_{CO_2}a_{H^+}^6 p_{CH_3OH,e}a_{H_2O,e}}{p_{CH_3OH}a_{H_2O}p_{CO_2,e}a_{H^+,e}^6}\right)^{1/6} \approx \left(\frac{p_{CO_2}c_{H^+}^6 p_{CH_3OH,e}c_{H_2O,e}}{p_{CH_3OH}c_{H_2O}p_{CO_2,e}c_{H^+,e}^6}\right)^{1/6}$$

3. 电池过程

电池反应达平衡，

$$CH_3OH + \frac{3}{2}O_2 \rightleftharpoons 2H_2O + CO_2$$

摩尔吉布斯自由能变化为

$$\Delta G_m = \mu_{CO_2} + 2\mu_{H_2O} - \mu_{CH_3OH} - \frac{3}{2}\mu_{O_2} = \Delta G_m^{\ominus} + RT\ln\frac{p_{CO_2,e}a_{H_2O,e}^2}{p_{CH_3OH,e}p_{O_2,e}^{3/2}}$$

式中，

$$\Delta G_m^{\ominus} = \mu_{CO_2}^{\ominus} + 2\mu_{H_2O}^{\ominus} - \mu_{CH_3OH}^{\ominus} - \frac{3}{2}\mu_{O_2}^{\ominus}$$

$$\mu_{CO_2} = \mu_{CO_2}^{\ominus} + RT \ln p_{CO_2,e}$$

$$\mu_{H_2O} = \mu_{H_2O}^{\ominus} + RT \ln a_{H_2O,e}$$

$$\mu_{CH_3OH} = \mu_{CH_3OH}^{\ominus} + RT \ln p_{CH_3OH,e}$$

$$\mu_{O_2} = \mu_{O_2}^{\ominus} + RT \ln p_{O_2,e}$$

（1）电池平衡电动势：由

$$E_e = -\frac{\Delta G_{m,e}}{6F}$$

得

$$E_e = E^{\ominus} + \frac{RT}{6F} \ln \frac{p_{CH_3OH,e} p_{O_2,e}^{3/2}}{p_{CO_2,e} a_{H_2O,e}^2} \tag{18.127}$$

式中，

$$E^{\ominus} = -\frac{\Delta G_m^{\ominus}}{6F} = -\frac{\mu_{CO_2}^{\ominus} + 2\mu_{H_2O}^{\ominus} - \mu_{CH_3OH}^{\ominus} - \frac{3}{2}\mu_{O_2}^{\ominus}}{6F}$$

电池有电流通过，电池发生极化，电池电反应为

$$CH_3OH + \frac{3}{2}O_2 = 2H_2O + CO_2$$

摩尔吉布斯自由能变化为

$$\Delta G_m = \mu_{CO_2} + 2\mu_{H_2O} - \mu_{CH_3OH} - \frac{3}{2}\mu_{O_2} = \Delta G_m^{\ominus} + RT \ln \frac{p_{CO_2} a_{H_2O}^2}{p_{CH_3OH} p_{O_2}^{3/2}}$$

式中，

$$\Delta G_m^{\ominus} = \mu_{CO_2}^{\ominus} + 2\mu_{H_2O}^{\ominus} - \mu_{CH_3OH}^{\ominus} - \frac{3}{2}\mu_{O_2}^{\ominus}$$

$$\mu_{CO_2} = \mu_{CO_2}^{\ominus} + RT \ln p_{CO_2}$$

$$\mu_{H_2O} = \mu_{H_2O}^{\ominus} + RT \ln a_{H_2O}$$

$$\mu_{CH_3OH} = \mu_{CH_3OH}^{\ominus} + RT \ln p_{CH_3OH}$$

$$\mu_{O_2} = \mu_{O_2}^{\ominus} + RT \ln p_{O_2}$$

（2）电池电动势：由

$$E = -\frac{\Delta G_m}{6F}$$

得

$$E = E^{\ominus} + \frac{RT}{6F} \ln \frac{p_{CH_3OH} p_{O_2}^{3/2}}{p_{CO_2} a_{H_2O}^2} \tag{18.128}$$

式中，

$$E^\ominus = -\frac{\Delta G_m^\ominus}{6F} = -\frac{\mu_{CO_2}^\ominus + 2\mu_{H_2O}^\ominus - \mu_{CH_3OH}^\ominus - \frac{3}{2}\mu_{O_2}^\ominus}{6F}$$

（3）电池过电势：

式（18.128）−式（18.127），得

$$\Delta E = E - E_e = \frac{RT}{6F}\ln\frac{p_{CH_3OH}\,p_{O_2,e}^{3/2}\,p_{CO_2,e}\,a_{H_2O,e}^2}{p_{CO_2}\,a_{H_2O}^2\,p_{CH_3OH,e}\,p_{O_2,e}^{3/2}} \qquad (18.129)$$

由式（18.119）得

$$\begin{aligned}\Delta E &= E - E_e \\ &= (\varphi_阴 - \varphi_阳) - (\varphi_{阴,e} - \varphi_{阳,e}) \\ &= (\varphi_阴 - \varphi_{阴,e}) - (\varphi_阳 - \varphi_{阳,e}) \\ &= \Delta\varphi_阴 - \Delta\varphi_阳 \\ &< 0\end{aligned}$$

（4）电池端电压：

$$V = E - IR = E_e + \Delta E - IR$$

（5）电池电流：

$$I = \frac{E-V}{R} = \frac{E_e + \Delta E - V}{R}$$

式中，I 为电流；R 为电池系统的电阻，即电池的内阻。

18.3.5　碳酸盐燃料电池

（1）碳酸盐燃料电池的组成。碳酸盐燃料电池的燃料为 H_2(或煤气)，氧化剂为氧气，隔膜用偏铝酸锂材料制成，阴极材料为 NiO、阳极材料 Ni-Cr 合金或 Ni-Cu-Al 合金或 Ni/Ni$_3$Al 材料。催化剂以 Ni 为主。电池工作温度约为 650℃。

（2）原理：电池组成为

$$O_2 \mid 熔融碳酸盐隔膜 \mid H_2$$

阴极反应

$$\frac{1}{2}O_2 + CO_2 + 2e \!\!=\!\!= CO_3^{2-}$$

阳极反应

$$H_2 + CO_3^{2-} \!\!=\!\!= CO_2 + H_2O + 2e$$

电池反应

$$\frac{1}{2}O_2 + H_2 + CO_2(阴极) \!\!=\!\!= H_2O + CO_2(阳极)$$

1. 阴极过程

阴极反应达平衡，

$$\frac{1}{2}O_2 + CO_2 + 2e \Longrightarrow CO_3^{2-}$$

摩尔吉布斯自由能变化为

$$\Delta G_{m,阴,e} = \mu_{CO_3^{2-}} - \frac{1}{2}\mu_{O_2} - \mu_{CO_2} - 2\mu_e = \Delta G_{m,阴}^{\ominus} + RT\ln\frac{a_{CO_3^{2-},e}}{p_{O_2,e}^{1/2}p_{CO_2,e}}$$

式中，

$$\Delta G_{m,阴}^{\ominus} = \mu_{CO_3^{2-}}^{\ominus} - \frac{1}{2}\mu_{O_2}^{\ominus} - \mu_{CO_2}^{\ominus} - 2\mu_e^{\ominus}$$

$$\mu_{CO_3^{2-}} = \mu_{CO_3^{2-}}^{\ominus} + RT\ln a_{CO_3^{2-},e}$$

$$\mu_{O_2} = \mu_{O_2}^{\ominus} + RT\ln p_{O_2,e}$$

$$\mu_{CO_2} = \mu_{CO_2}^{\ominus} + RT\ln p_{CO_2,e}$$

$$\mu_e = \mu_e^{\ominus}$$

（1）阴极平衡电势：由

$$\varphi_{阴,e} = -\frac{\Delta G_{m,阴,e}}{2F}$$

得

$$\varphi_{阴,e} = \varphi_{阴}^{\ominus} + \frac{RT}{2F}\ln\frac{p_{O_2,e}^{1/2}p_{CO_2,e}}{a_{CO_3^{2-},e}} \qquad (18.130)$$

式中，

$$\varphi_{阴}^{\ominus} = -\frac{\Delta G_{m,阴}^{\ominus}}{2F} = -\frac{\mu_{CO_3^{2-}}^{\ominus} - \frac{1}{2}\mu_{O_2}^{\ominus} - \mu_{CO_2}^{\ominus} - 2\mu_e^{\ominus}}{2F}$$

阴极有电流通过，发生极化，阴极反应为

$$\frac{1}{2}O_2 + CO_2 + 2e \Longrightarrow CO_3^{2-}$$

摩尔吉布斯自由能变化为

$$\Delta G_{m,阴} = \mu_{CO_3^{2-}} - \frac{1}{2}\mu_{O_2} - \mu_{CO_2} - 2\mu_e = \Delta G_{m,阴}^{\ominus} + RT\ln\frac{a_{CO_3^{2-}}}{p_{O_2}^{1/2}p_{CO_2}} + 2RT\ln i$$

式中，

$$\Delta G_{m,阴}^{\ominus} = \mu_{CO_3^{2-}}^{\ominus} - \frac{1}{2}\mu_{O_2}^{\ominus} - \ln a_{CO_3^{2-}}$$

$$\mu_{O_2} = \mu_{O_2}^{\ominus} + RT \ln p_{O_2}$$

$$\mu_{CO_2} = \mu_{CO_2}^{\ominus} + \mu_{CO_2}^{\ominus} - 2\mu_e^{\ominus}$$

$$\mu_{CO_3^{2-}} = \mu_{CO_3^{2-}}^{\ominus} + RTRT \ln p_{CO_2}$$

$$\mu_e = \mu_e^{\ominus} - RT \ln i$$

（2）阴极电势：由

$$\varphi_{阴} = -\frac{\Delta G_{m,阴}}{2F}$$

得

$$\varphi_{阴} = \varphi_{阴}^{\ominus} + \frac{RT}{2F} \ln \frac{p_{O_2}^{1/2} p_{CO_2}}{a_{CO_3^{2-}}} - \frac{RT}{F} \ln i \qquad (18.131)$$

式中，

$$\varphi_{阴}^{\ominus} = -\frac{\Delta G_{m,阴}^{\ominus}}{2F} = -\frac{\mu_{CO_3^{2-}}^{\ominus} - \frac{1}{2}\mu_{O_2}^{\ominus} - \mu_{CO_2}^{\ominus} - 2\mu_e^{\ominus}}{2F}$$

由式（18.131）得

$$\ln i = -\frac{F\varphi_{阴}}{RT} + \frac{F\varphi_{阴}^{\ominus}}{RT} + \frac{1}{2} \ln \frac{p_{O_2}^{1/2} p_{CO_2}}{a_{CO_3^{2-}}}$$

则

$$i = \left(\frac{p_{O_2}^{1/2} p_{CO_2}}{a_{CO_3^{2-}}}\right)^{1/2} \exp\left(-\frac{F\varphi_{阴}}{RT}\right) \exp\left(\frac{F\varphi_{阴}^{\ominus}}{RT}\right) = k_+ \exp\left(-\frac{F\varphi_{阴}}{RT}\right) \quad (18.132)$$

式中，

$$k_+ = \left(\frac{p_{O_2}^{1/2} p_{CO_2}}{a_{CO_3^{2-}}}\right)^{1/2} \exp\left(\frac{F\varphi_{阴}^{\ominus}}{RT}\right) \approx \left(\frac{p_{O_2}^{1/2} p_{CO_2}}{c_{CO_3^{2-}}}\right)^{1/2} \exp\left(\frac{F\varphi_{阴}^{\ominus}}{RT}\right)$$

（3）阴极过电势：

式（18.131）–式（18.130），得

$$\Delta\varphi_{阴} = \varphi_{阴} - \varphi_{阴,e} = \frac{RT}{2F} \ln \frac{p_{O_2}^{1/2} p_{CO_2} a_{CO_3^{2-},e}}{a_{CO_3^{2-}} p_{O_2,e}^{1/2} p_{CO_2,e}} - \frac{RT}{F} \ln i \qquad (18.133)$$

由式（18.133）得

$$\ln i = -\frac{F\Delta\varphi_{阴}}{RT} + \frac{1}{2} \ln \frac{p_{O_2}^{1/2} p_{CO_2} a_{CO_3^{2-},e}}{a_{CO_3^{2-}} p_{O_2,e}^{1/2} p_{CO_2,e}}$$

则

$$i = \left(\frac{p_{O_2}^{1/2} p_{CO_2} a_{CO_3^{2-},e}}{a_{CO_3^{2-}} p_{O_2,e}^{1/2} p_{CO_2,e}} \right)^{1/2} \exp\left(-\frac{F\Delta\varphi_{阴}}{RT} \right) = k'_+ \exp\left(-\frac{F\Delta\varphi_{阴}}{RT} \right) \qquad (18.134)$$

式中，

$$k'_+ = \left(\frac{p_{O_2}^{1/2} p_{CO_2} a_{CO_3^{2-},e}}{a_{CO_3^{2-}} p_{O_2,e}^{1/2} p_{CO_2,e}} \right)^{1/2} \approx \left(\frac{p_{O_2}^{1/2} p_{CO_2} c_{CO_3^{2-},e}}{c_{CO_3^{2-}} p_{O_2,e}^{1/2} p_{CO_2,e}} \right)^{1/2}$$

2. 阳极过程

阳极反应达平衡，

$$H_2 + CO_3^{2-} \rightleftharpoons CO_2 + H_2O + 2e$$

摩尔吉布斯自由能变化为

$$\Delta G_{m,阳,e} = \mu_{CO_2} + \mu_{H_2O} + 2\mu_e - \mu_{H_2} - \mu_{CO_3^{2-}} = \Delta G_{m,阳}^{\ominus} + RT\ln\frac{p_{CO_2,e} a_{H_2O,e}}{p_{H_2,e} a_{CO_3^{2-},e}}$$

式中，

$$\Delta G_{m,阳}^{\ominus} = \mu_{CO_2}^{\ominus} + \mu_{H_2O}^{\ominus} + 2\mu_e^{\ominus} - \mu_{H_2}^{\ominus} - \mu_{CO_3^{2-}}^{\ominus}$$

$$\mu_{CO_2} = \mu_{CO_2}^{\ominus} + RT\ln p_{CO_2,e}$$

$$\mu_{H_2O} = \mu_{H_2O}^{\ominus} + RT\ln a_{H_2O,e}$$

$$\mu_e = \mu_e^{\ominus}$$

$$\mu_{H_2} = \mu_{H_2}^{\ominus} + RT\ln p_{H_2,e}$$

$$\mu_{CO_3^{2-}} = \mu_{CO_3^{2-}}^{\ominus} + RT\ln a_{CO_3^{2-},e}$$

（1）阳极平衡电势：由

$$\varphi_{阳,e} = \frac{\Delta G_{m,阳,e}}{2F}$$

得

$$\varphi_{阳,e} = \varphi_{阳}^{\ominus} + \frac{RT}{2F}\ln\frac{p_{CO_2,e} a_{H_2O,e}}{p_{H_2,e} a_{CO_3^{2-},e}} \qquad (18.135)$$

式中，

$$\varphi_{阳}^{\ominus} = \frac{\Delta G_{m,阳}^{\ominus}}{2F} = \frac{\mu_{CO_2}^{\ominus} + \mu_{H_2O}^{\ominus} + 2\mu_e^{\ominus} - \mu_{H_2}^{\ominus} - \mu_{CO_3^{2-}}^{\ominus}}{2F}$$

阳极有电流通过，发生极化，阳极反应为

$$H_2 + CO_3^{2-} = CO_2 + H_2O + 2e$$

摩尔吉布斯自由能变化为

$$\Delta G_{m,阳} = \mu_{CO_2} + \mu_{H_2O} + 2\mu_e - \mu_{H_2} - \mu_{CO_3^{2-}} = \Delta G_{m,阳}^{\ominus} + RT \ln \frac{p_{CO_2} a_{H_2O}}{p_{H_2} a_{CO_3^{2-}}} + 2RT \ln i$$

式中,

$$\Delta G_{m,阳}^{\ominus} = \mu_{CO_2}^{\ominus} + \mu_{H_2O}^{\ominus} + 2\mu_e^{\ominus} - \mu_{H_2}^{\ominus} - \mu_{CO_3^{2-}}^{\ominus}$$

$$\mu_{CO_2} = \mu_{CO_2}^{\ominus} + RT \ln p_{CO_2}$$

$$\mu_{H_2O} = \mu_{H_2O}^{\ominus} + RT \ln a_{H_2O}$$

$$\mu_e = \mu_e^{\ominus} + RT \ln i$$

$$\mu_{H_2} = \mu_{H_2}^{\ominus} + RT \ln p_{H_2}$$

$$\mu_{CO_3^{2-}} = \mu_{CO_3^{2-}}^{\ominus} + RT \ln a_{CO_3^{2-}}$$

（2）阳极电势：由

$$\varphi_阳 = \frac{\Delta G_{m,阳}}{2F}$$

得

$$\varphi_阳 = \varphi_阳^{\ominus} + \frac{RT}{2F} \ln \frac{p_{CO_2} a_{H_2O}}{p_{H_2} a_{CO_3^{2-}}} + \frac{RT}{F} \ln i \qquad (18.136)$$

式中,

$$\varphi_阳^{\ominus} = \frac{\Delta G_{m,阳}^{\ominus}}{2F} = \frac{\mu_{CO_2}^{\ominus} + \mu_{H_2O}^{\ominus} + 2\mu_e^{\ominus} - \mu_{H_2}^{\ominus} - \mu_{CO_3^{2-}}^{\ominus}}{2F}$$

由式（18.136）得

$$\ln i = \frac{F\varphi_阳}{RT} - \frac{F\varphi_阳^{\ominus}}{RT} - \frac{1}{2} \ln \frac{p_{CO_2} a_{H_2O}}{p_{H_2} a_{CO_3^{2-}}}$$

则

$$i = \left(\frac{p_{CO_2} a_{H_2O}}{p_{H_2} a_{CO_3^{2-}}} \right)^{1/2} \exp\left(\frac{F\varphi_阳}{RT} \right) \exp\left(-\frac{F\varphi_阳^{\ominus}}{RT} \right) = k_- \exp\left(\frac{F\varphi_阳}{RT} \right)$$

式中,

$$k_- = \left(\frac{p_{CO_2} a_{H_2O}}{p_{H_2} a_{CO_3^{2-}}} \right)^{1/2} \exp\left(-\frac{F\varphi_阳^{\ominus}}{RT} \right) \approx \left(\frac{p_{CO_2} c_{H_2O}}{p_{H_2} c_{CO_3^{2-}}} \right)^{1/2} \exp\left(-\frac{F\varphi_阳^{\ominus}}{RT} \right)$$

（3）阳极过电势：

式（18.136）–式（18.135），得

$$\Delta\varphi_{阳} = \varphi_{阳} - \varphi_{阳,e} = \frac{RT}{2F}\ln\frac{p_{CO_2}a_{H_2O}p_{H_2,e}a_{CO_3^{2-},e}}{p_{H_2}a_{CO_3^{2-}}p_{CO_2,e}a_{H_2O,e}} + \frac{RT}{F}\ln i \qquad (18.137)$$

由式（18.137）得

$$\ln i = \frac{F\Delta\varphi_{阳}}{RT} - \frac{1}{2}\ln\frac{p_{CO_2}a_{H_2O}p_{H_2,e}a_{CO_3^{2-},e}}{p_{H_2}a_{CO_3^{2-}}p_{CO_2,e}a_{H_2O,e}}$$

则

$$i = \left(\frac{p_{H_2}a_{CO_3^{2-}}p_{CO_2,e}a_{H_2O,e}}{p_{CO_2}a_{H_2O}p_{H_2,e}a_{CO_3^{2-},e}}\right)^{1/2}\exp\left(\frac{F\Delta\varphi_{阳}}{RT}\right) = k'_-\exp\left(\frac{F\Delta\varphi_{阳}}{RT}\right) \qquad (18.138)$$

式中，

$$k'_- = \left(\frac{p_{H_2}a_{CO_3^{2-}}p_{CO_2,e}a_{H_2O,e}}{p_{CO_2}a_{H_2O}p_{H_2,e}a_{CO_3^{2-},e}}\right)^{1/2} \approx \left(\frac{p_{H_2}c_{CO_3^{2-}}p_{CO_2,e}c_{H_2O,e}}{p_{CO_2}c_{H_2O}p_{H_2,e}c_{CO_3^{2-},e}}\right)^{1/2}$$

3. 电池过程

电池反应达平衡，

$$\frac{1}{2}O_2 + H_2 + CO_2(阴极) \Longleftrightarrow H_2O + CO_2(阳极)$$

摩尔吉布斯自由能变化为

$$\Delta G_{m,e} = \mu_{H_2O} + \mu_{CO_2(阳极)} - \frac{1}{2}\mu_{O_2} - \mu_{H_2} - \mu_{CO_2(阴极)} = \Delta G_m^{\ominus} + RT\ln\frac{a_{H_2O,e}p_{CO_2(阳极),e}}{p_{O_2,e}^{1/2}p_{H_2,e}p_{CO_2(阴极),e}}$$

式中，

$$\Delta G_m^{\ominus} = \mu_{H_2O}^{\ominus} - \frac{1}{2}\mu_{O_2}^{\ominus} - \mu_{H_2}^{\ominus}$$

$$\mu_{H_2O} = \mu_{H_2O}^{\ominus} + RT\ln a_{H_2O,e}$$

$$\mu_{CO_2(阳极)} = \mu_{CO_2}^{\ominus} + RT\ln p_{CO_2(阳极),e}$$

$$\mu_{O_2} = \mu_{O_2}^{\ominus} + RT\ln p_{O_2,e}$$

$$\mu_{H_2} = \mu_{H_2}^{\ominus} + RT\ln p_{H_2,e}$$

$$\mu_{CO_2(阴极)} = \mu_{CO_2}^{\ominus} + RT\ln p_{CO_2(阴极),e}$$

（1）电池平衡电动势：由

$$E_e = -\frac{\Delta G_{m,e}}{2F}$$

得

$$E_e = E^\ominus + \frac{RT}{2F} \ln \frac{p_{O_2,e}^{1/2} p_{H_2,e} p_{CO_2(阴极),e}}{a_{H_2O,e} p_{CO_2(阳极),e}} \tag{18.139}$$

式中，

$$E^\ominus = -\frac{\Delta G_m^\ominus}{2F} = -\frac{\mu_{H_2O}^\ominus - \frac{1}{2}\mu_{O_2}^\ominus - \mu_{H_2}^\ominus}{2F}$$

电池对外输出电能，有电流通过，发生极化，电池反应为

$$\frac{1}{2}O_2 + H_2 + CO_2(阴极) \Longrightarrow H_2O + CO_2(阳极)$$

摩尔吉布斯自由能变化为

$$\Delta G_m = \mu_{CO_2(阳极)} + \mu_{H_2O} - \frac{1}{2}\mu_{O_2} - \mu_{H_2} - \mu_{CO_2(阴极)} = \Delta G_m^\ominus + RT \ln \frac{p_{CO_2(阳极)} a_{H_2O}}{p_{O_2}^{1/2} p_{H_2} p_{CO_2(阴极)}}$$

式中，

$$\Delta G_m^\ominus = \mu_{H_2O}^\ominus - \frac{1}{2}\mu_{O_2}^\ominus - \mu_{H_2}^\ominus$$

$$\mu_{H_2O} = \mu_{H_2O}^\ominus + RT \ln a_{H_2O}$$

$$\mu_{CO_2(阳极)} = \mu_{CO_2}^\ominus + RT \ln p_{CO_2(阳极)}$$

$$\mu_{O_2} = \mu_{O_2}^\ominus + RT \ln p_{O_2}$$

$$\mu_{H_2} = \mu_{H_2}^\ominus + RT \ln p_{H_2}$$

$$\mu_{CO_2(阴极)} = \mu_{CO_2}^\ominus + RT \ln p_{CO_2(阴极)}$$

（2）电池电动势：由

$$E = -\frac{\Delta G_m}{2F}$$

得

$$E = E^\ominus + \frac{RT}{2F} \ln \frac{p_{O_2}^{1/2} p_{H_2} p_{CO_2(阴极)}}{a_{H_2O} p_{CO_2(阳极)}} \tag{18.140}$$

式中，

$$E^\ominus = -\frac{\Delta G_m^\ominus}{2F} = -\frac{\mu_{H_2O}^\ominus - \frac{1}{2}\mu_{O_2}^\ominus - \mu_{H_2}^\ominus}{2F}$$

（3）电池过电势：

式（18.140）−式（18.139），得

$$\Delta E = E - E_e = \frac{RT}{2F} \ln \frac{p_{O_2}^{1/2} p_{H_2} p_{CO_2(阴极)} a_{H_2O,e} p_{CO_2(阳极),e}}{a_{H_2O} p_{CO_2(阳极)} p_{O_2,e}^{1/2} p_{H_2,e} p_{CO_2(阴极),e}} \tag{18.141}$$

（4）电池端电压：

$$V = E - IR = E_e + \Delta E - IR$$

$$E = \varphi_{阴} - \varphi_{阳}$$

$$E_e = \varphi_{阴,e} - \varphi_{阳,e}$$

$$\Delta E = (\varphi_{阴} - \varphi_{阳}) - (\varphi_{阴,e} - \varphi_{阳,e})$$

$$= (\varphi_{阴} - \varphi_{阴,e}) - (\varphi_{阳} - \varphi_{阳,e})$$

$$= \Delta\varphi_{阴} - \Delta\varphi_{阳}$$

（5）电池电流：

$$I = \frac{E - V}{R} = \frac{E_e + \Delta E - V}{R}$$

式中，R 为电池系统电阻，即电池内阻。

18.3.6 固体氧化物电解质燃料电池

（1）固体氧化物电解质燃料电池的组成。固体氧化物电解质燃料电池以固体氧化物为电解质，以 Ni-YSz 金属陶瓷或 Ni-Sm$_2$O$_3$ 掺杂的 CeO$_2$ 和 Ni-Gd$_2$O$_3$ 掺杂和 SeO$_2$ 等为阳极，以贵金属或钙钛矿型复合氧化物材料如 Sr 掺杂的 LaMnO$_3$ 等为阴极。

Ni 也是阳极催化剂。固体氧化物电解质燃料电池的工作温度为 600～1000℃。常用的固体氧化物电解质材料有 δ-Bi$_2$O$_3$、CeO$_2$、ZrO$_2$、ThO$_2$、HfO$_2$ 等。

（2）固体氧化物电解质燃料电池组成为

$$O_2 | 固体电解质 | H_2$$

阴极反应

$$O_2 + 4e == 2O^{2-}$$

阳极反应

$$2O^{2-} + 2H_2 == 2H_2O + 4e$$

电池反应

$$2H_2 + O_2 == 2H_2O$$

1. 阴极过程

阴极反应达平衡，阴极反应为

$$O_2 + 4e \rightleftharpoons 2O^{2-}$$

摩尔吉布斯自由能变化为

$$\Delta G_{m,阴,e} = 2\mu_{O^{2-}} - \mu_{O_2} - 4\mu_e = \Delta G_{m,阴}^{\ominus} + RT \ln \frac{a_{O^{2-},e}}{p_{O_2,e}}$$

式中,

$$\Delta G_{m,阴}^{\ominus} = 2\mu_{O^{2-}}^{\ominus} - \mu_{O_2}^{\ominus} - 4\mu_e^{\ominus}$$

$$\mu_{O^{2-}} = \mu_{O^{2-}}^{\ominus} + RT \ln a_{O^{2-},e}$$

$$\mu_{O_2} = \mu_{O_2}^{\ominus} + RT \ln p_{O_2,e}$$

$$\mu_e = \mu_e^{\ominus}$$

（1）阴极平衡电势：由

$$\varphi_{阴,e} = -\frac{\Delta G_{m,阴,e}}{4F}$$

得

$$\varphi_{阴,e} = \varphi_{阴}^{\ominus} + \frac{RT}{4F} \ln \frac{p_{O_2,e}}{a_{O^{2-},e}} \qquad (18.142)$$

式中,

$$\varphi_{阴}^{\ominus} = -\frac{\Delta G_{m,阴}^{\ominus}}{4F} = -\frac{2\mu_{O^{2-}}^{\ominus} - \mu_{O_2}^{\ominus} - 4\mu_e^{\ominus}}{4F}$$

阴极有电流通过，发生极化，阴极反应为

$$O_2 + 4e \Longrightarrow 2O^{2-}$$

摩尔吉布斯自由能变化为

$$\Delta G_{m,阴} = 2\mu_{O^{2-}} - \mu_{O_2} - 4\mu_e = \Delta G_{m,阴}^{\ominus} + RT \ln \frac{a_{O^{2-}}}{p_{O_2}} + 4RT \ln i$$

式中,

$$\Delta G_{m,阴}^{\ominus} = 2\mu_{O^{2-}}^{\ominus} - \mu_{O_2}^{\ominus} - 4\mu_e^{\ominus}$$

$$\mu_{O^{2-}} = \mu_{O^{2-}}^{\ominus} + RT \ln a_{O^{2-}}$$

$$\mu_{O_2} = \mu_{O_2}^{\ominus} + RT \ln p_{O_2}$$

$$\mu_e = \mu_e^{\ominus} - RT \ln i$$

（2）阴极电势：由

$$\varphi_{阴} = -\frac{\Delta G_{m,阴}}{4F}$$

得

$$\varphi_{阴} = \varphi_{阴}^{\ominus} + \frac{RT}{4F} \ln \frac{p_{O_2}}{a_{O^{2-}}} - \frac{RT}{F} \ln i \qquad (18.143)$$

式中，

$$\varphi_{阴}^{\ominus} = -\frac{\Delta G_{m,阴}^{\ominus}}{4F} = -\frac{2\mu_{O^{2-}}^{\ominus} - \mu_{O_2}^{\ominus} - 4\mu_e^{\ominus}}{4F}$$

由式（18.143）得

$$\ln i = -\frac{F\varphi_{阴}}{RT} + \frac{F\varphi_{阴}^{\ominus}}{RT} + \frac{1}{4}\ln\frac{p_{O_2}}{a_{O^{2-}}}$$

则

$$i = \left(\frac{p_{O_2}}{a_{O^{2-}}}\right)^{1/4} \exp\left(-\frac{F\varphi_{阴}}{RT}\right)\exp\left(\frac{F\varphi_{阴}^{\ominus}}{RT}\right) = k_+\exp\left(-\frac{F\varphi_{阴}}{RT}\right)$$

式中，

$$k_+ = \left(\frac{p_{O_2}}{a_{O^{2-}}}\right)^{1/4}\exp\left(\frac{F\varphi_{阴}^{\ominus}}{RT}\right) \approx \left(\frac{p_{O_2}}{c_{O^{2-}}}\right)^{1/4}\exp\left(\frac{F\varphi_{阴}^{\ominus}}{RT}\right)$$

（3）阴极过电势：

式（18.143）-式（18.142），得

$$\Delta\varphi_{阴} = \varphi_{阴} - \varphi_{阴,e} = \frac{RT}{4F}\ln\frac{p_{O_2}a_{O^{2-},e}}{a_{O^{2-}}p_{O_2,e}} - \frac{RT}{F}\ln i$$

由上式得

$$\ln i = -\frac{F\Delta\varphi_{阴}}{RT} + \frac{1}{4}\ln\frac{p_{O_2}a_{O^{2-},e}}{a_{O^{2-}}p_{O_2,e}}$$

则

$$i = \left(\frac{p_{O_2}a_{O^{2-},e}}{a_{O^{2-}}p_{O_2,e}}\right)^{1/4}\exp\left(-\frac{F\Delta\varphi_{阴}}{RT}\right) = k_+\exp\left(-\frac{F\Delta\varphi_{阴}}{RT}\right) \quad (18.144)$$

式中，

$$k_+ = \left(\frac{p_{O_2}a_{O^{2-},e}}{a_{O^{2-}}p_{O_2,e}}\right)^{1/4} \approx \left(\frac{p_{O_2}c_{O^{2-},e}}{c_{O^{2-}}p_{O_2,e}}\right)^{1/4}$$

2. 阳极过程

阳极反应达平衡，

$$2O^{2-} + 2H_2 \Longrightarrow 2H_2O + 4e$$

摩尔吉布斯自由能变化为

$$\Delta G_{m,阳,e} = 2\mu_{H_2O} + 4\mu_e - 2\mu_{H_2} - 2\mu_{O^{2-}} = \Delta G_{m,阳}^{\ominus} + RT\ln\frac{a_{H_2O,e}^2}{a_{O^{2-},e}^2 p_{H_2,e}^2}$$

式中，

$$\Delta G_{m,阳}^{\ominus} = 2\mu_{H_2O}^{\ominus} + 4\mu_e^{\ominus} - 2\mu_{H_2}^{\ominus} - 2\mu_{O^{2-}}^{\ominus}$$

$$\mu_{H_2O} = \mu_{H_2O}^{\ominus} + RT \ln a_{H_2O,e}$$

$$\mu_e = \mu_e^{\ominus}$$

$$\mu_{H_2} = \mu_{H_2}^{\ominus} + RT \ln p_{H_2,e}$$

$$\mu_{O^{2-}} = \mu_{O^{2-}}^{\ominus} + RT \ln a_{O^{2-},e}$$

（1）阳极平衡电势：由

$$\varphi_{阳,e} = \frac{\Delta G_{m,阳,e}}{4F}$$

得

$$\varphi_{阳,e} = \varphi_{阳}^{\ominus} + \frac{RT}{4F} \ln \frac{a_{H_2O,e}^2}{a_{O^{2-},e}^2 p_{H_2,e}^2} \tag{18.145}$$

式中，

$$\varphi_{阳}^{\ominus} = \frac{\Delta G_{m,阳}^{\ominus}}{4F} = \frac{2\mu_{H_2O}^{\ominus} + 4\mu_e^{\ominus} - 2\mu_{H_2}^{\ominus} - 2\mu_{O^{2-}}^{\ominus}}{4F}$$

阳极有电流通过，发生极化，阳极反应为

$$2O^{2-} + 2H_2 \Longrightarrow 2H_2O + 4e$$

摩尔吉布斯自由能变化为

$$\Delta G_{m,阳} = 2\mu_{H_2O} + 4\mu_e - 2\mu_{H_2} - 2\mu_{O^{2-}} = \Delta G_{m,阳}^{\ominus} + RT \ln \frac{a_{H_2O}^2}{a_{O^{2-}}^2 p_{H_2}^2} + 4RT \ln i$$

式中，

$$\Delta G_{m,阳}^{\ominus} = 2\mu_{H_2O}^{\ominus} + 4\mu_e^{\ominus} - 2\mu_{H_2}^{\ominus} - 2\mu_{O^{2-}}^{\ominus}$$

$$\mu_{H_2O} = \mu_{H_2O}^{\ominus} + RT \ln a_{H_2O,e}$$

$$\mu_e = \mu_e^{\ominus} + RT \ln i$$

$$\mu_{H_2} = \mu_{H_2}^{\ominus} + RT \ln p_{H_2,e}$$

$$\mu_{O^{2-}} = \mu_{O^{2-}}^{\ominus} + RT \ln a_{O^{2-},e}$$

（2）阳极电势：由

$$\varphi_{阳} = \frac{\Delta G_{m,阳}}{4F}$$

得

$$\varphi_{阳} = \varphi_{阳}^{\ominus} + \frac{RT}{4F} \ln \frac{a_{H_2O}^2}{a_{O^{2-}}^2 p_{H_2}^2} + \frac{RT}{F} \ln i \tag{18.146}$$

式中，

$$\varphi_{阳}^{\ominus} = \frac{\Delta G_{m,阳}^{\ominus}}{4F} = \frac{2\mu_{H_2O}^{\ominus} + 4\mu_e^{\ominus} - 2\mu_{H_2}^{\ominus} - 2\mu_{O^{2-}}^{\ominus}}{4F}$$

由式（18.146）得

$$\ln i = \frac{F\varphi_{阳}}{RT} - \frac{F\varphi_{阳}^{\ominus}}{RT} - \frac{1}{4}\ln\frac{a_{H_2O}^2}{a_{O^{2-}}^2 p_{H_2}^2}$$

则

$$i = \left(\frac{a_{O^{2-}}^2 p_{H_2}^2}{a_{H_2O}^2}\right)^{1/4} \exp\left(\frac{F\varphi_{阳}}{RT}\right) \exp\left(-\frac{F\varphi_{阳}^{\ominus}}{RT}\right) = k_-\exp\left(\frac{F\varphi_{阳}}{RT}\right) \quad （18.147）$$

式中，

$$k_- = \left(\frac{a_{O^{2-}}^2 p_{H_2}^2}{a_{H_2O}^2}\right)^{1/4} \exp\left(-\frac{F\varphi_{阳}^{\ominus}}{RT}\right) \approx \left(\frac{c_{O^{2-}}^2 p_{H_2}^2}{c_{H_2O}^2}\right)^{1/4} \exp\left(-\frac{F\varphi_{阳}^{\ominus}}{RT}\right)$$

（3）阳极过电势：

式（18.146）–式（18.145），得

$$\Delta\varphi_{阳} = \varphi_{阳} - \varphi_{阳,e} = \frac{RT}{4F}\ln\frac{a_{H_2O}^2 a_{O^{2-},e}^2 p_{H_2,e}^2}{a_{O^{2-}}^2 p_{H_2}^2 a_{H_2O,e}^2} + \frac{RT}{F}\ln i \quad （18.148）$$

由式（18.148）得

$$\ln i = \frac{F\Delta\varphi_{阳}}{RT} - \frac{1}{4}\ln\frac{a_{H_2O}^2 a_{O^{2-},e}^2 p_{H_2,e}^2}{a_{O^{2-}}^2 p_{H_2}^2 a_{H_2O,e}^2}$$

则

$$i = \left(\frac{a_{O^{2-}} p_{H_2} a_{H_2O,e}}{a_{H_2O} a_{O^{2-},e} p_{H_2,e}}\right)^{1/2} \exp\left(\frac{F\Delta\varphi_{阳}}{RT}\right) = k_-'\exp\left(\frac{F\Delta\varphi_{阳}}{RT}\right) \quad （18.149）$$

式中，

$$k_-' = \left(\frac{a_{O^{2-}} p_{H_2} a_{H_2O,e}}{a_{H_2O} a_{O^{2-},e} p_{H_2,e}}\right)^{1/2} \approx \left(\frac{c_{O^{2-}} p_{H_2} c_{H_2O,e}}{c_{H_2O} c_{O^{2-},e} p_{H_2,e}}\right)^{1/2}$$

3. 电池过程

电池反应达平衡，

$$O_2 + 2H_2 \Longleftrightarrow 2H_2O$$

摩尔吉布斯自由能变化为

$$\Delta G_{m,e} = 2\mu_{H_2O} - \mu_{O_2} - 2\mu_{H_2} = \Delta G_m^{\ominus} + RT\ln\frac{a_{H_2O,e}^2}{p_{H_2,e}^2 p_{O_2,e}}$$

式中，

$$\Delta G_m^\ominus = \mu_{H_2O}^\ominus - \mu_{O_2}^\ominus - 2\mu_{H_2}^\ominus$$

$$\mu_{H_2O} = \mu_{H_2O}^\ominus + RT \ln a_{H_2O,e}$$

$$\mu_{O_2} = \mu_{O_2}^\ominus + RT \ln p_{O_2,e}$$

$$\mu_{H_2} = \mu_{H_2}^\ominus + RT \ln p_{H_2,e}$$

（1）电池平衡电动势：由

$$E_e = -\frac{\Delta G_{m,e}}{4F}$$

得

$$E_e = E^\ominus + \frac{RT}{4F} \ln \frac{p_{H_2,e}^2 p_{O_2,e}}{a_{H_2O,e}^2} \qquad (18.150)$$

式中，

$$E^\ominus = -\frac{\Delta G_m^\ominus}{4F} = -\frac{\mu_{H_2O}^\ominus - \mu_{O_2}^\ominus - 2\mu_{H_2}^\ominus}{4F}$$

电池对外输出电能，有电流通过，发生极化，电池反应为

$$2H_2 + O_2 \mathrel{=\!=} 2H_2O$$

摩尔吉布斯自由能变化为

$$\Delta G_m = 2\mu_{H_2O} - \mu_{O_2} - 2\mu_{H_2} = \Delta G_m^\ominus + RT \ln \frac{a_{H_2O}^2}{p_{H_2}^2 p_{O_2}}$$

式中，

$$\Delta G_m^\ominus = 2\mu_{H_2O}^\ominus - \mu_{O_2}^\ominus - 2\mu_{H_2}^\ominus$$

$$\mu_{H_2O} = \mu_{H_2O}^\ominus + RT \ln a_{H_2O}$$

$$\mu_{O_2} = \mu_{O_2}^\ominus + RT \ln p_{O_2}$$

$$\mu_{H_2} = \mu_{H_2}^\ominus + RT \ln p_{H_2}$$

（2）电池电动势：由

$$E = -\frac{\Delta G_m}{4F}$$

得

$$E = E^\ominus + \frac{RT}{4F} \ln \frac{p_{H_2}^2 p_{O_2}}{a_{H_2O}^2} \qquad (18.151)$$

式中，

$$E^\ominus = -\frac{\Delta G_m^\ominus}{4F} = -\frac{2\mu_{H_2O}^\ominus - \mu_{O_2}^\ominus - 2\mu_{H_2}^\ominus}{4F}$$

（3）电池过电势：

$$\Delta E = E - E_e = \frac{RT}{4F}\ln\frac{p_{H_2}^2 p_{O_2} a_{H_2O,e}^2}{a_{H_2O}^2 p_{H_2,e}^2 p_{O_2,e}}$$ （18.152）

$$\begin{aligned}
E &= \varphi_阴 - \varphi_阳 \\
&= (\varphi_{阴,e} + \Delta\varphi_阴) - (\varphi_{阳,e} + \Delta\varphi_阳) \\
&= (\varphi_{阴,e} - \varphi_{阳,e}) + (\Delta\varphi_阴 - \Delta\varphi_阳) \\
&= E_e + \Delta\varphi_阴 - \Delta\varphi_阳 \\
&= E_e + \Delta E
\end{aligned}$$

式中，

$$\Delta E = \Delta\varphi_阴 - \Delta\varphi_阳$$

（4）电池端电压：

$$V = E - IR = E_e + \Delta\varphi_阴 - \Delta\varphi_阳 - IR = E_e + \Delta E - IR$$

（5）电池电流：

$$I = \frac{E - V}{R} = \frac{E_e + \Delta E - V}{R}$$

式中，I 为电流；R 为电池系统电阻。

第19章 二次电池

19.1 蓄 电 池

蓄电池是电化学能量储存器，广泛应用于交通、玩具、无绳设备、卫星、导弹等。

蓄电池由正极板、负极板、电解质、隔板、外壳组成。例如，常用的铅酸蓄电池，正极是 PbO_2，负极是海绵铅，电解液是稀硫酸。充电时，负极上 Pb^{2+} 被还原成 Pb，沉积在铅板上；正极上 Pb^{2+} 被氧化成 Pb^{4+}，并水解成 PbO_2。放电时，正极上 PbO_2 被还原成 Pb^{2+} 进入电解液，负极上 Pb 氧化成 Pb^{2+} 进入电解液。

19.1.1 铅酸蓄电池

1. 铅酸蓄电池放电

阴极反应

$$PbO_2 + 3H^+ + HSO_4^- + 2e \rightleftharpoons PbSO_4 + 2H_2O$$

阳极反应

$$Pb + HSO_4^- - 2e \rightleftharpoons PbSO_4 + H^+$$

电池反应

$$PbO_2 + 2H^+ + 2HSO_4^- + Pb \rightleftharpoons 2PbSO_4 + 2H_2O$$

1）阴极过程

阴极反应达平衡，

$$PbO_2 + 3H^+ + HSO_4^- + 2e \rightleftharpoons PbSO_4 + 2H_2O$$

摩尔吉布斯自由能变化为

$$\Delta G_{m,阴,e} = \mu_{PbSO_4} + 2\mu_{H_2O} - \mu_{PbO_2} - 3\mu_{H^+} - \mu_{HSO_4^-} - 2\mu_e$$

$$= \Delta G_{m,阴}^{\ominus} + RT \ln \frac{a_{H_2O,e}^2 a_{PbSO_4,e}}{a_{H^+,e}^3 a_{HSO_4^-,e}}$$

式中，

$$\Delta G_{m,阴}^{\ominus} = \mu_{PbSO_4}^{\ominus} + 2\mu_{H_2O}^{\ominus} - \mu_{PbO_2}^{\ominus} - 3\mu_{H^+}^{\ominus} - \mu_{HSO_4^-}^{\ominus} - 2\mu_e^{\ominus}$$

$$\mu_{PbSO_4} = \mu_{PbSO_4}^{\ominus} + RT \ln a_{PbSO_4,e}$$

$$\mu_{\mathrm{H_2O}} = \mu_{\mathrm{H_2O}}^{\ominus} + RT \ln a_{\mathrm{H_2O,e}}$$

$$\mu_{\mathrm{PbO_2}} = \mu_{\mathrm{PbO_2}}^{\ominus}$$

$$\mu_{\mathrm{H^+}} = \mu_{\mathrm{H^+}}^{\ominus} + RT \ln a_{\mathrm{H^+,e}}$$

$$\mu_{\mathrm{HSO_4^-}} = \mu_{\mathrm{HSO_4^-}}^{\ominus} + RT \ln a_{\mathrm{HSO_4^-,e}}$$

$$\mu_{\mathrm{e}} = \mu_{\mathrm{e}}^{\ominus}$$

（1）阴极平衡电势：由

$$\varphi_{\text{阴,e}} = -\frac{\Delta G_{\mathrm{m,\text{阴,e}}}}{2F}$$

得

$$\varphi_{\text{阴,e}} = \varphi_{\text{阴}}^{\ominus} + \frac{RT}{2F} \ln \frac{a_{\mathrm{H^+,e}}^3 a_{\mathrm{HSO_4^-,e}}}{a_{\mathrm{H_2O,e}}^2 a_{\mathrm{PbSO_4,e}}} \tag{19.1}$$

式中，

$$\varphi_{\text{阴}}^{\ominus} = -\frac{\Delta G_{\mathrm{m,\text{阴}}}^{\ominus}}{2F} = -\frac{\mu_{\mathrm{PbSO_4}}^{\ominus} + 2\mu_{\mathrm{H_2O}}^{\ominus} - \mu_{\mathrm{PbO_2}}^{\ominus} - 3\mu_{\mathrm{H^+}}^{\ominus} - \mu_{\mathrm{HSO_4^-}}^{\ominus} - 2\mu_{\mathrm{e}}^{\ominus}}{2F}$$

阴极发生极化，有电流通过，阴极反应为

$$\mathrm{PbO_2} + 3\mathrm{H^+} + \mathrm{HSO_4^-} + 2\mathrm{e} \Longrightarrow \mathrm{PbSO_4} + 2\mathrm{H_2O}$$

摩尔吉布斯自由能变化为

$$\Delta G_{\mathrm{m,\text{阴}}} = \mu_{\mathrm{PbSO_4}} + 2\mu_{\mathrm{H_2O}} - \mu_{\mathrm{PbO_2}} - 3\mu_{\mathrm{H^+}} - \mu_{\mathrm{HSO_4^-}} - 2\mu_{\mathrm{e}}$$

$$= \Delta G_{\mathrm{m,\text{阴}}}^{\ominus} + RT \ln \frac{a_{\mathrm{PbSO_4}} a_{\mathrm{H_2O}}^2}{a_{\mathrm{H^+}}^3 a_{\mathrm{HSO_4^-}}} - 2RT \ln i$$

式中，

$$\Delta G_{\mathrm{m,\text{阴}}}^{\ominus} = \mu_{\mathrm{PbSO_4}}^{\ominus} + 2\mu_{\mathrm{H_2O}}^{\ominus} - \mu_{\mathrm{PbO_2}}^{\ominus} - 3\mu_{\mathrm{H^+}}^{\ominus} - \mu_{\mathrm{HSO_4^-}}^{\ominus} - 2\mu_{\mathrm{e}}^{\ominus}$$

$$\mu_{\mathrm{PbSO_4}} = \mu_{\mathrm{PbSO_4}}^{\ominus} + RT \ln a_{\mathrm{PbSO_4}}$$

$$\mu_{\mathrm{H_2O}} = \mu_{\mathrm{H_2O}}^{\ominus} + RT \ln a_{\mathrm{H_2O}}$$

$$\mu_{\mathrm{PbO_2}} = \mu_{\mathrm{PbO_2}}^{\ominus}$$

$$\mu_{\mathrm{H^+}} = \mu_{\mathrm{H^+}}^{\ominus} + RT \ln a_{\mathrm{H^+}}$$

$$\mu_{\mathrm{HSO_4^-}} = \mu_{\mathrm{HSO_4^-}}^{\ominus} + RT \ln a_{\mathrm{HSO_4^-}}$$

$$\mu_{\mathrm{e}} = \mu_{\mathrm{e}}^{\ominus} - RT \ln i$$

（2）阴极电势：由

$$\varphi_{\text{阴}} = -\frac{\Delta G_{\mathrm{m,\text{阴}}}}{2F}$$

得

$$\varphi_{阴} = \varphi_{阴}^{\ominus} + \frac{RT}{2F}\ln\frac{a_{PbSO_4}a_{H_2O}^2}{a_{H^+}^3 a_{HSO_4^-}} - \frac{RT}{F}\ln i \tag{19.2}$$

式中，

$$\varphi_{阴}^{\ominus} = -\frac{\Delta G_{m,阴}^{\ominus}}{2F} = -\frac{\mu_{PbSO_4}^{\ominus} + 2\mu_{H_2O}^{\ominus} - \mu_{PbO_2}^{\ominus} - 3\mu_{H^+}^{\ominus} - \mu_{HSO_4^-}^{\ominus} - 2\mu_e^{\ominus}}{2F}$$

由式（19.2）得

$$\ln i = -\frac{F\varphi_{阴}}{RT} + \frac{F\varphi_{阴}^{\ominus}}{RT} + \frac{1}{2}\ln\frac{a_{PbSO_4}a_{H_2O}^2}{a_{H^+}^3 a_{HSO_4^-}}$$

则

$$i = \left(\frac{a_{PbSO_4}a_{H_2O}^2}{a_{H^+}^3 a_{HSO_4^-}}\right)^{1/2}\exp\left(-\frac{F\varphi_{阴}}{RT}\right)\exp\left(\frac{F\varphi_{阴}^{\ominus}}{RT}\right) = k_{阴}\exp\left(-\frac{F\varphi_{阴}}{RT}\right) \tag{19.3}$$

式中，

$$k_{阴} = \left(\frac{a_{PbSO_4}a_{H_2O}^2}{a_{H^+}^3 a_{HSO_4^-}}\right)^{1/2}\exp\left(\frac{F\varphi_{阴}^{\ominus}}{RT}\right) \approx \left(\frac{c_{PbSO_4}c_{H_2O}^2}{c_{H^+}^3 c_{HSO_4^-}}\right)^{1/2}\exp\left(\frac{F\varphi_{阴}^{\ominus}}{RT}\right)$$

（3）阴极过电势：

式（19.2）−式（19.1），得

$$\Delta\varphi_{阴} = \varphi_{阴} - \varphi_{阴,e} = \frac{RT}{2F}\ln\frac{a_{PbSO_4}a_{H_2O}^2 a_{H^+,e}^3 a_{HSO_4^-,e}}{a_{H^+}^3 a_{HSO_4^-}a_{H_2O,e}^2 a_{PbSO_4,e}} - \frac{RT}{F}\ln i \tag{19.4}$$

由式（19.4）得

$$\ln i = \frac{F\Delta\varphi_{阴}}{RT} + \frac{1}{2}\ln\frac{a_{PbSO_4}a_{H_2O}^2 a_{H^+,e}^3 a_{HSO_4^-,e}}{a_{H^+}^3 a_{HSO_4^-}a_{H_2O,e}^2 a_{PbSO_4,e}}$$

则

$$i = \left(\frac{a_{PbSO_4}a_{H_2O}^2 a_{H^+,e}^3 a_{HSO_4^-,e}}{a_{H^+}^3 a_{HSO_4^-}a_{H_2O,e}^2 a_{PbSO_4,e}}\right)^{1/2}\exp\left(\frac{F\Delta\varphi_{阴}}{RT}\right) = k_{阴}'\exp\left(\frac{F\Delta\varphi_{阴}}{RT}\right) \tag{19.5}$$

式中，

$$k_{阴}' = \left(\frac{a_{PbSO_4}a_{H_2O}^2 a_{H^+,e}^3 a_{HSO_4^-,e}}{a_{H^+}^3 a_{HSO_4^-}a_{H_2O,e}^2 a_{PbSO_4,e}}\right)^{1/2} \approx \left(\frac{c_{PbSO_4}c_{H_2O}^2 c_{H^+,e}^3 c_{HSO_4^-,e}}{c_{H^+}^3 c_{HSO_4^-}c_{H_2O,e}^2 c_{PbSO_4,e}}\right)^{1/2}$$

2）阳极过程

阳极反应达平衡，

$$\text{Pb} + \text{HSO}_4^- - 2e \Longrightarrow \text{PbSO}_4 + \text{H}^+$$

摩尔吉布斯自由能变化为

$$\Delta G_{\text{m,阳,e}} = \mu_{\text{PbSO}_4} + \mu_{\text{H}^+} - \mu_{\text{Pb}} - \mu_{\text{HSO}_4^-} + 2\mu_{\text{e}} = \Delta G_{\text{m,阳}}^\ominus + RT\ln\frac{a_{\text{PbSO}_4,\text{e}}a_{\text{H}^+,\text{e}}}{a_{\text{HSO}_4^-,\text{e}}}$$

式中，

$$\Delta G_{\text{m,阳}}^\ominus = \mu_{\text{PbSO}_4}^\ominus + \mu_{\text{H}^+}^\ominus - \mu_{\text{Pb}}^\ominus - \mu_{\text{HSO}_4^-}^\ominus + 2\mu_{\text{e}}^\ominus$$

$$\mu_{\text{PbSO}_4} = \mu_{\text{PbSO}_4}^\ominus + RT\ln a_{\text{PbSO}_4,\text{e}}$$

$$\mu_{\text{H}^+} = \mu_{\text{H}^+}^\ominus + RT\ln a_{\text{H}^+,\text{e}}$$

$$\mu_{\text{Pb}} = \mu_{\text{Pb}}^\ominus$$

$$\mu_{\text{HSO}_4^-} = \mu_{\text{HSO}_4^-}^\ominus + RT\ln a_{\text{HSO}_4^-,\text{e}}$$

$$\mu_{\text{e}} = \mu_{\text{e}}^\ominus$$

（1）阳极平衡电势：由

$$\varphi_{\text{阳,e}} = \frac{\Delta G_{\text{m,阳,e}}}{2F}$$

得

$$\varphi_{\text{阳,e}} = \varphi_{\text{阳}}^\ominus + \frac{RT}{2F}\ln\frac{a_{\text{PbSO}_4,\text{e}}a_{\text{H}^+,\text{e}}}{a_{\text{HSO}_4^-,\text{e}}} \qquad (19.6)$$

式中，

$$\varphi_{\text{阳}}^\ominus = \frac{\Delta G_{\text{m,阳}}^\ominus}{2F} = \frac{\mu_{\text{PbSO}_4}^\ominus + \mu_{\text{H}^+}^\ominus - \mu_{\text{Pb}}^\ominus - \mu_{\text{HSO}_4^-}^\ominus + 2\mu_{\text{e}}^\ominus}{2F}$$

阳极发生极化，有电流通过，阳极反应为

$$\text{Pb} + \text{HSO}_4^- - 2e \Longrightarrow \text{PbSO}_4$$

摩尔吉布斯自由能变化为

$$\Delta G_{\text{m,阳}} = \mu_{\text{PbSO}_4} + \mu_{\text{H}^+} - \mu_{\text{Pb}} - \mu_{\text{HSO}_4^-} + 2\mu_{\text{e}} = \Delta G_{\text{m,阳}}^\ominus + RT\ln\frac{a_{\text{PbSO}_4}a_{\text{H}^+}}{a_{\text{HSO}_4^-}} + 2RT\ln i$$

式中，

$$\Delta G_{\text{m,阳}}^\ominus = \mu_{\text{PbSO}_4}^\ominus + \mu_{\text{H}^+}^\ominus - \mu_{\text{Pb}}^\ominus - \mu_{\text{HSO}_4^-}^\ominus + 2\mu_{\text{e}}^\ominus$$

$$\mu_{\text{PbSO}_4} = \mu_{\text{PbSO}_4}^\ominus + RT\ln a_{\text{PbSO}_4}$$

$$\mu_{\text{H}^+} = \mu_{\text{H}^+}^\ominus + RT\ln a_{\text{H}^+}$$

$$\mu_{\text{Pb}} = \mu_{\text{Pb}}^\ominus$$

$$\mu_{\text{HSO}_4^-} = \mu_{\text{HSO}_4^-}^\ominus + RT\ln a_{\text{HSO}_4^-}$$

$$\mu_e = \mu_e^\ominus + RT \ln i$$

（2）阳极电势：由

$$\varphi_{阳} = \frac{\Delta G_{m,阳}}{2F}$$

得

$$\varphi_{阳} = \varphi_{阳}^\ominus + \frac{RT}{2F} \ln \frac{a_{PbSO_4} a_{H^+}}{a_{HSO_4^-}} + \frac{RT}{F} \ln i \qquad (19.7)$$

式中，

$$\varphi_{阳}^\ominus = \frac{\Delta G_{m,阳}^\ominus}{2F} = \frac{\mu_{PbSO_4}^\ominus + \mu_{H^+}^\ominus - \mu_{Pb}^\ominus - \mu_{HSO_4^-}^\ominus + 2\mu_e^\ominus}{2F}$$

由式（19.7）得

$$\ln i = \frac{F\varphi_{阳}}{RT} - \frac{F\varphi_{阳}^\ominus}{RT} - \frac{1}{2} \ln \frac{a_{PbSO_4} a_{H^+}}{a_{HSO_4^-}}$$

则

$$i = \left(\frac{a_{HSO_4^-}}{a_{PbSO_4} a_{H^+}} \right)^{1/2} \exp\left(\frac{F\varphi_{阳}}{RT} \right) \exp\left(-\frac{F\varphi_{阳}^\ominus}{RT} \right) = k_{阳} \exp\left(\frac{F\varphi_{阳}}{RT} \right) \qquad (19.8)$$

式中，

$$k_{阳} = \left(\frac{a_{HSO_4^-}}{a_{PbSO_4} a_{H^+}} \right)^{1/2} \exp\left(-\frac{F\varphi_{阳}^\ominus}{RT} \right) \approx \left(\frac{c_{HSO_4^-}}{c_{PbSO_4} c_{H^+}} \right)^{1/2} \exp\left(-\frac{F\varphi_{阳}^\ominus}{RT} \right)$$

（3）阳极过电势：

式（19.7）−式（19.6），得

$$\Delta\varphi_{阳} = \varphi_{阳} - \varphi_{阳,e} = \frac{RT}{2F} \ln \frac{a_{PbSO_4} a_{H^+} a_{HSO_4^-,e}}{a_{HSO_4^-} a_{PbSO_4,e} a_{H^+,e}} + \frac{RT}{F} \ln i \qquad (19.9)$$

由式（19.9）得

$$\ln i = \frac{F\Delta\varphi_{阳}}{RT} - \frac{1}{2} \ln \frac{a_{PbSO_4} a_{H^+} a_{HSO_4^-,e}}{a_{HSO_4^-} a_{PbSO_4,e} a_{H^+,e}}$$

则

$$i = \left(\frac{a_{HSO_4^-} a_{PbSO_4,e} a_{H^+,e}}{a_{PbSO_4} a_{H^+} a_{HSO_4^-,e}} \right)^{1/2} \exp\left(\frac{F\Delta\varphi_{阳}}{RT} \right) = k_{阳}' \exp\left(\frac{F\Delta\varphi_{阳}}{RT} \right) \qquad (19.10)$$

式中，

$$k'_{阳} = \left(\frac{a_{HSO_4^-} a_{PbSO_4,e} a_{H^+,e}}{a_{PbSO_4} a_{H^+} a_{HSO_4^-,e}} \right)^{1/2} \approx \left(\frac{c_{HSO_4^-} c_{PbSO_4,e} c_{H^+,e}}{c_{PbSO_4} c_{H^+} c_{HSO_4^-,e}} \right)^{1/2}$$

3）电池过程

电池反应达平衡，

$$PbO_2 + 2H^+ + 2HSO_4^- + Pb \Longleftrightarrow 2PbSO_4 + 2H_2O$$

摩尔吉布斯自由能变化为

$$\Delta G_{m,e} = 2\mu_{PbSO_4} + 2\mu_{H_2O} - \mu_{PbO_2} - 2\mu_{H^+} - 2\mu_{HSO_4^-} - \mu_{Pb} = \Delta G_m^\ominus + RT \ln \frac{a_{PbSO_4,e}^2 a_{H_2O,e}^2}{a_{H^+,e}^2 a_{HSO_4^-,e}^2}$$

式中，

$$\Delta G_m^\ominus = 2\mu_{PbSO_4}^\ominus + 2\mu_{H_2O}^\ominus - \mu_{PbO_2}^\ominus - 2\mu_{H^+}^\ominus - 2\mu_{HSO_4^-}^\ominus - \mu_{Pb}^\ominus$$

$$\mu_{PbSO_4} = \mu_{PbSO_4}^\ominus + RT \ln a_{PbSO_4,e}$$

$$\mu_{H_2O} = \mu_{H_2O}^\ominus + RT \ln a_{H_2O,e}$$

$$\mu_{PbO_2} = \mu_{PbO_2}^\ominus$$

$$\mu_{H^+} = \mu_{H^+}^\ominus + RT \ln a_{H^+,e}$$

$$\mu_{HSO_4^-} = \mu_{HSO_4^-}^\ominus + RT \ln a_{HSO_4^-,e}$$

$$\mu_{Pb} = \mu_{Pb}^\ominus$$

（1）电池平衡电动势：由

$$E_e = -\frac{\Delta G_{m,e}}{2F}$$

得

$$E_e = E^\ominus + \frac{RT}{2F} \ln \frac{a_{H^+,e}^2 a_{HSO_4^-,e}^2}{a_{PbSO_4,e}^2 a_{H_2O,e}^2} \tag{19.11}$$

式中，

$$E^\ominus = -\frac{\Delta G_m^\ominus}{2F} = -\frac{2\mu_{PbSO_4}^\ominus + 2\mu_{H_2O}^\ominus - \mu_{PbO_2}^\ominus - 2\mu_{H^+}^\ominus - 2\mu_{HSO_4^-}^\ominus - \mu_{Pb}^\ominus}{2F}$$

电池放电，有电流通过，发生极化，电池反应为

$$PbO_2 + 2H^+ + 2HSO_4^- + Pb \Longrightarrow 2PbSO_4 + 2H_2O$$

摩尔吉布斯自由能变化为

$$\Delta G_m = 2\mu_{PbSO_4} + 2\mu_{H_2O} - \mu_{PbO_2} - 2\mu_{H^+} - 2\mu_{HSO_4^-} - \mu_{Pb} = \Delta G_m^\ominus + RT \ln \frac{a_{PbSO_4}^2 a_{H_2O}^2}{a_{H^+}^2 a_{HSO_4^-}^2}$$

式中，

$$\Delta G_m^{\ominus} = 2\mu_{PbSO_4}^{\ominus} + 2\mu_{H_2O}^{\ominus} - \mu_{PbO_2}^{\ominus} - 2\mu_{H^+}^{\ominus} - 2\mu_{HSO_4^-}^{\ominus} - \mu_{Pb}^{\ominus}$$

$$\mu_{PbSO_4} = \mu_{PbSO_4}^{\ominus} + RT \ln a_{PbSO_4}$$

$$\mu_{H_2O} = \mu_{H_2O}^{\ominus} + RT \ln a_{H_2O}$$

$$\mu_{PbO_2} = \mu_{PbO_2}^{\ominus}$$

$$\mu_{H^+} = \mu_{H^+}^{\ominus} + RT \ln a_{H^+}$$

$$\mu_{HSO_4^-} = \mu_{HSO_4^-}^{\ominus} + RT \ln a_{HSO_4^-}$$

$$\mu_{Pb} = \mu_{Pb}^{\ominus}$$

（2）电池电动势：由

$$E = -\frac{\Delta G_m}{2F}$$

得

$$E = E^{\ominus} + \frac{RT}{2F} \ln \frac{a_{H^+}^2 a_{HSO_4^-}^2}{a_{PbSO_4}^2 a_{H_2O}^2} \tag{19.12}$$

式中，

$$E^{\ominus} = -\frac{\Delta G_m^{\ominus}}{2F} = -\frac{2\mu_{PbSO_4}^{\ominus} + 2\mu_{H_2O}^{\ominus} - \mu_{PbO_2}^{\ominus} - 2\mu_{H^+}^{\ominus} - 2\mu_{HSO_4^-}^{\ominus} - \mu_{Pb}^{\ominus}}{2F}$$

（3）电池的过电势：

式（19.12）–式（19.11），得

$$\Delta E = E - E_e = \frac{RT}{2F} \ln \frac{a_{H^+}^2 a_{HSO_4^-}^2 a_{PbSO_4,e}^2 a_{H_2O,e}^2}{a_{PbSO_4}^2 a_{H_2O}^2 a_{H^+,e}^2 a_{HSO_4^-,e}^2} \tag{19.13}$$

$$E = \varphi_{阴} - \varphi_{阳}$$

$$E_e = \varphi_{阴,e} - \varphi_{阳,e}$$

$$\Delta E = E - E_e$$

$$\Delta E = (\varphi_{阴} - \varphi_{阳}) - (\varphi_{阴,e} - \varphi_{阳,e}) = (\varphi_{阴} - \varphi_{阴,e}) - (\varphi_{阳} - \varphi_{阳,e}) = \Delta\varphi_{阴} - \Delta\varphi_{阳}$$

（4）电池端电压：

$$V = E - IR = E_e + \Delta E - IR = E_e + \Delta\varphi_{阴} - \Delta\varphi_{阳} - IR$$

式中，I 为电流；R 为电池系统的电阻，即电池的内阻。

（5）电池电流：

$$I = \frac{V - E}{R} = \frac{V - E_e - \Delta E}{R}$$

2. 铅酸蓄电池充电

铅酸蓄电池充电相当于电解池。

阴极反应

$$PbSO_4 + H^+ + 2e === Pb + HSO_4^-$$

阳极反应

$$PbSO_4 + 2H_2O === PbO_2 + 3H^+ + HSO_4^- + 2e$$

电解池反应

$$2PbSO_4 + 2H_2O === PbO_2 + 2H^+ + 2HSO_4^- + Pb$$

1）阴极过程

阴极反应达平衡，

$$PbSO_4 + H^+ + 2e \rightleftharpoons Pb + HSO_4^-$$

摩尔吉布斯自由能变化为

$$\Delta G_{m,阴,e} = \mu_{Pb} + \mu_{HSO_4^-} - \mu_{PbSO_4} - \mu_{H^+} - 2\mu_e = \Delta G_{m,阴}^\ominus + RT \ln \frac{a_{HSO_4^-,e}}{a_{PbSO_4,e} a_{H^+,e}}$$

式中，

$$\Delta G_{m,阴}^\ominus = \mu_{Pb}^\ominus + \mu_{HSO_4^-}^\ominus - \mu_{PbSO_4}^\ominus - \mu_{H^+}^\ominus - 2\mu_e^\ominus$$

$$\mu_{Pb} = \mu_{Pb}^\ominus$$

$$\mu_{HSO_4^-} = \mu_{HSO_4^-}^\ominus + RT \ln a_{HSO_4^-,e}$$

$$\mu_{PbSO_4} = \mu_{PbSO_4}^\ominus + RT \ln a_{PbSO_4,e}$$

$$\mu_{H^+} = \mu_{H^+}^\ominus + RT \ln a_{H^+,e}$$

$$\mu_e = \mu_e^\ominus$$

（1）阴极平衡电势：由

$$\varphi_{阴,e} = -\frac{\Delta G_{m,阴,e}}{2F}$$

得

$$\varphi_{阴,e} = \varphi_阴^\ominus + \frac{RT}{2F} \ln \frac{a_{PbSO_4,e} a_{H^+,e}}{a_{HSO_4^-,e}} \tag{19.14}$$

式中，

$$\varphi_阴^\ominus = -\frac{\Delta G_{m,阴}^\ominus}{2F} = -\frac{\mu_{Pb}^\ominus + \mu_{HSO_4^-}^\ominus - \mu_{PbSO_4}^\ominus - \mu_{H^+}^\ominus - 2\mu_e^\ominus}{2F}$$

阴极有电流通过，发生极化，阴极反应为

$$PbSO_4 + H^+ + 2e \Longrightarrow Pb + HSO_4^-$$

摩尔吉布斯自由能变化为

$$\Delta G_{m,阴} = \mu_{Pb} + \mu_{HSO_4^-} - \mu_{PbSO_4} - \mu_{H^+} - 2\mu_e = \Delta G_{m,阴}^{\ominus} + RT \ln \frac{a_{HSO_4^-}}{a_{PbSO_4} a_{H^+}} + 2RT \ln i$$

式中，

$$\Delta G_{m,阴}^{\ominus} = \mu_{Pb}^{\ominus} + \mu_{HSO_4^-}^{\ominus} - \mu_{PbSO_4}^{\ominus} - \mu_{H^+}^{\ominus} - 2\mu_e^{\ominus}$$

$$\mu_{Pb} = \mu_{Pb}^{\ominus}$$

$$\mu_{HSO_4^-} = \mu_{HSO_4^-}^{\ominus} + RT \ln a_{HSO_4^-}$$

$$\mu_{PbSO_4} = \mu_{PbSO_4}^{\ominus} + RT \ln a_{PbSO_4}$$

$$\mu_{H^+} = \mu_{H^+}^{\ominus} + RT \ln a_{H^+}$$

$$\mu_e = \mu_e^{\ominus} - RT \ln i$$

（2）阴极电势：由

$$\varphi_{阴} = -\frac{\Delta G_{m,阴}}{2F}$$

得

$$\varphi_{阴} = \varphi_{阴}^{\ominus} + \frac{RT}{2F} \ln \frac{a_{PbSO_4} a_{H^+}}{a_{HSO_4^-}} - \frac{RT}{F} \ln i \tag{19.15}$$

式中，

$$\varphi_{阴}^{\ominus} = -\frac{\Delta G_{m,阴}^{\ominus}}{2F} = -\frac{\mu_{Pb}^{\ominus} + \mu_{HSO_4^-}^{\ominus} - \mu_{PbSO_4}^{\ominus} - \mu_{H^+}^{\ominus} - 2\mu_e^{\ominus}}{2F}$$

由式（19.15）得

$$\ln i = -\frac{F\varphi_{阴}}{RT} + \frac{F\varphi_{阴}^{\ominus}}{RT} + \frac{1}{2} \ln \frac{a_{PbSO_4} a_{H^+}}{a_{HSO_4^-}}$$

则

$$i = \left(\frac{a_{PbSO_4} a_{H^+}}{a_{HSO_4^-}} \right)^{1/2} \exp\left(-\frac{F\varphi_{阴}}{RT} \right) \exp\left(\frac{F\varphi_{阴}^{\ominus}}{RT} \right) = k_{阴} \exp\left(-\frac{F\varphi_{阴}}{RT} \right) \tag{19.16}$$

式中，

$$k_{阴} = \left(\frac{a_{PbSO_4} a_{H^+}}{a_{HSO_4^-}} \right)^{1/2} \exp\left(\frac{F\varphi_{阴}^{\ominus}}{RT} \right) \approx \left(\frac{c_{PbSO_4} c_{H^+}}{c_{HSO_4^-}} \right)^{1/2} \exp\left(\frac{F\varphi_{阴}^{\ominus}}{RT} \right)$$

（3）阴极过电势：

式（19.15）−式（19.14），得

$$\Delta\varphi_{\text{阴}} = \varphi_{\text{阴}} - \varphi_{\text{阴,e}} = \frac{RT}{2F}\ln\frac{a_{\text{PbSO}_4}a_{\text{H}^+}a_{\text{HSO}_4^-,\text{e}}}{a_{\text{HSO}_4^-}a_{\text{PbSO}_4,\text{e}}a_{\text{H}^+,\text{e}}} - \frac{RT}{F}\ln i \qquad (19.17)$$

由式（19.17）得

$$\ln i = -\frac{F\Delta\varphi_{\text{阴}}}{RT} + \frac{1}{2}\ln\frac{a_{\text{PbSO}_4}a_{\text{H}^+}a_{\text{HSO}_4^-,\text{e}}}{a_{\text{HSO}_4^-}a_{\text{PbSO}_4,\text{e}}a_{\text{H}^+,\text{e}}}$$

则

$$i = \left(\frac{a_{\text{PbSO}_4}a_{\text{H}^+}a_{\text{HSO}_4^-,\text{e}}}{a_{\text{HSO}_4^-}a_{\text{PbSO}_4,\text{e}}a_{\text{H}^+,\text{e}}}\right)^{1/2}\exp\left(-\frac{F\Delta\varphi_{\text{阴}}}{RT}\right) = k'_{\text{阴}}\exp\left(-\frac{F\Delta\varphi_{\text{阴}}}{RT}\right) \qquad (19.18)$$

式中，

$$k'_{\text{阴}} = \left(\frac{a_{\text{PbSO}_4}a_{\text{H}^+}a_{\text{HSO}_4^-,\text{e}}}{a_{\text{HSO}_4^-}a_{\text{PbSO}_4,\text{e}}a_{\text{H}^+,\text{e}}}\right)^{1/2} \approx \left(\frac{c_{\text{PbSO}_4}c_{\text{H}^+}c_{\text{HSO}_4^-,\text{e}}}{c_{\text{HSO}_4^-}c_{\text{PbSO}_4,\text{e}}c_{\text{H}^+,\text{e}}}\right)^{1/2}$$

2）阳极过程

阳极反应达平衡，

$$\text{Pb} + \text{HSO}_4^- - 2\text{e} \Longrightarrow \text{PbSO}_4 + \text{H}^+$$

摩尔吉布斯自由能变化为

$$\Delta G_{\text{m,阳,e}} = \mu_{\text{PbSO}_4} + \mu_{\text{H}^+} - \mu_{\text{Pb}} - \mu_{\text{HSO}_4^-} + 2\mu_{\text{e}} = \Delta G_{\text{m,阳}}^{\ominus} + RT\ln\frac{a_{\text{PbSO}_4,\text{e}}a_{\text{H}^+,\text{e}}}{a_{\text{HSO}_4^-,\text{e}}}$$

式中，

$$\Delta G_{\text{m,阳}}^{\ominus} = \mu_{\text{PbSO}_4}^{\ominus} + \mu_{\text{H}^+}^{\ominus} - \mu_{\text{Pb}}^{\ominus} - \mu_{\text{HSO}_4^-}^{\ominus} + 2\mu_{\text{e}}^{\ominus}$$

$$\mu_{\text{PbSO}_4} = \mu_{\text{PbSO}_4}^{\ominus} + RT\ln a_{\text{PbSO}_4,\text{e}}$$

$$\mu_{\text{H}^+} = \mu_{\text{H}^+}^{\ominus} + RT\ln a_{\text{H}^+,\text{e}}$$

$$\mu_{\text{Pb}} = \mu_{\text{Pb}}^{\ominus}$$

$$\mu_{\text{HSO}_4^-} = \mu_{\text{HSO}_4^-}^{\ominus} + RT\ln a_{\text{HSO}_4^-,\text{e}}$$

$$\mu_{\text{e}} = \mu_{\text{e}}^{\ominus}$$

（1）阳极平衡电势：由

$$\varphi_{\text{阳,e}} = \frac{\Delta G_{\text{m,阳,e}}}{2F}$$

得

$$\varphi_{\text{阳,e}} = \varphi_{\text{阳}}^{\ominus} + \frac{RT}{2F}\ln\frac{a_{\text{PbSO}_4,\text{e}}a_{\text{H}^+,\text{e}}}{a_{\text{HSO}_4^-,\text{e}}} \qquad (19.19)$$

式中，

$$\varphi_{阳}^{\ominus} = \frac{\Delta G_{m,阳}^{\ominus}}{2F} = \frac{\mu_{PbSO_4}^{\ominus} + \mu_{H^+}^{\ominus} - \mu_{Pb}^{\ominus} - \mu_{HSO_4^-}^{\ominus} + 2\mu_e^{\ominus}}{2F}$$

阳极有电流通过，发生极化，阳极反应为

$$Pb + HSO_4^- - 2e \Longrightarrow PbSO_4 + H^+$$

摩尔吉布斯自由能变化为

$$\Delta G_{m,阳} = \mu_{PbSO_4} + \mu_{H^+} - \mu_{Pb} - \mu_{HSO_4^-} + 2\mu_e = \Delta G_{m,阳}^{\ominus} + RT \ln \frac{a_{PbSO_4} a_{H^+}}{a_{HSO_4^-}} + 2RT \ln i$$

式中，

$$\Delta G_{m,阳}^{\ominus} = \mu_{PbSO_4}^{\ominus} + \mu_{H^+}^{\ominus} - \mu_{Pb}^{\ominus} - \mu_{HSO_4^-}^{\ominus} + 2\mu_e^{\ominus}$$

$$\mu_{PbSO_4} = \mu_{PbSO_4}^{\ominus} + RT \ln a_{PbSO_4}$$

$$\mu_{H^+} = \mu_{H^+}^{\ominus} + RT \ln a_{H^+}$$

$$\mu_{Pb} = \mu_{Pb}^{\ominus}$$

$$\mu_{HSO_4^-} = \mu_{HSO_4^-}^{\ominus} + RT \ln a_{HSO_4^-}$$

$$\mu_e = \mu_e^{\ominus} + RT \ln i$$

（2）阳极电势：由

$$\varphi_{阳} = \frac{\Delta G_{m,阳}}{2F}$$

得

$$\varphi_{阳} = \varphi_{阳}^{\ominus} + \frac{RT}{2F} \ln \frac{a_{PbSO_4} a_{H^+}}{a_{HSO_4^-}} + \frac{RT}{F} \ln i \qquad (19.20)$$

式中，

$$\varphi_{阳}^{\ominus} = \frac{\Delta G_{m,阳}^{\ominus}}{2F} = \frac{\mu_{PbSO_4}^{\ominus} + \mu_{H^+}^{\ominus} - \mu_{Pb}^{\ominus} - \mu_{HSO_4^-}^{\ominus} + 2\mu_e^{\ominus}}{2F}$$

由式（19.20）得

$$\ln i = \frac{F\varphi_{阳}}{RT} - \frac{F\varphi_{阳}^{\ominus}}{RT} - \frac{1}{2} \ln \frac{a_{PbSO_4} a_{H^+}}{a_{HSO_4^-}}$$

则

$$i = \left(\frac{a_{HSO_4^-}}{a_{PbSO_4} a_{H^+}} \right)^{1/2} \exp\left(\frac{F\varphi_{阳}}{RT} \right) \exp\left(-\frac{F\varphi_{阳}^{\ominus}}{RT} \right) = k_{阳} \exp\left(\frac{F\varphi_{阳}}{RT} \right) \qquad (19.21)$$

式中，

$$k_{阳} = \left(\frac{a_{HSO_4^-}}{a_{PbSO_4} a_{H^+}} \right)^{1/2} \exp\left(-\frac{F\varphi_{阳}^{\ominus}}{RT} \right) \approx \left(\frac{c_{HSO_4^-}}{c_{PbSO_4} c_{H^+}} \right)^{1/2} \exp\left(-\frac{F\varphi_{阳}^{\ominus}}{RT} \right)$$

（3）阳极过电势：

式（19.20）–式（19.19），得

$$\Delta\varphi_{阳} = \varphi_{阳} - \varphi_{阳,e} = \frac{RT}{2F} \ln \frac{a_{PbSO_4} a_{H^+} a_{HSO_4^-,e}}{a_{HSO_4^-} a_{PbSO_4,e} a_{H^+,e}} + \frac{RT}{F} \ln i \qquad （19.22）$$

由式（19.22）得

$$\ln i = \frac{F\Delta\varphi_{阳}}{RT} - \frac{1}{2} \ln \frac{a_{PbSO_4} a_{H^+} a_{HSO_4^-,e}}{a_{HSO_4^-} a_{PbSO_4,e} a_{H^+,e}}$$

则

$$i = \left(\frac{a_{HSO_4^-} a_{PbSO_4,e} a_{H^+,e}}{a_{PbSO_4} a_{H^+} a_{HSO_4^-,e}} \right)^{1/2} \exp\left(\frac{F\Delta\varphi_{阳}}{RT} \right) = k'_{阳} \exp\left(\frac{F\Delta\varphi_{阳}}{RT} \right) \qquad （19.23）$$

式中，

$$k'_{阳} = \left(\frac{a_{HSO_4^-} a_{PbSO_4,e} a_{H^+,e}}{a_{PbSO_4} a_{H^+} a_{HSO_4^-,e}} \right)^{1/2} \approx \left(\frac{c_{HSO_4^-} c_{PbSO_4,e} c_{H^+,e}}{c_{PbSO_4} c_{H^+} c_{HSO_4^-,e}} \right)^{1/2}$$

3）电解池过程

电解池反应达平衡，

$$2PbSO_4 + 2H_2O \Longrightarrow PbO_2 + 2H^+ + 2HSO_4^- + Pb$$

摩尔吉布斯自由能变化为

$$\Delta G_{m,e} = \mu_{PbO_2} + 2\mu_{H^+} + 2\mu_{HSO_4^-} + \mu_{Pb} - 2\mu_{PbSO_4} - 2\mu_{H_2O}$$

$$= \Delta G_m^{\ominus} + RT \ln \frac{a_{H^+,e}^2 a_{HSO_4^-,e}^2}{a_{PbSO_4,e}^2 a_{H_2O,e}^2}$$

式中，

$$\Delta G_m^{\ominus} = \mu_{PbO_2}^{\ominus} + 2\mu_{H^+}^{\ominus} + 2\mu_{HSO_4^-}^{\ominus} + \mu_{Pb}^{\ominus} - 2\mu_{PbSO_4}^{\ominus} - 2\mu_{H_2O}^{\ominus}$$

$$\mu_{PbO_2} = \mu_{PbO_2}^{\ominus}$$

$$\mu_{H^+} = \mu_{H^+}^{\ominus} + RT \ln a_{H^+,e}$$

$$\mu_{HSO_4^-} = \mu_{HSO_4^-}^{\ominus} + RT \ln a_{HSO_4^-,e}$$

$$\mu_{Pb} = \mu_{Pb}^{\ominus}$$

$$\mu_{PbSO_4} = \mu_{PbSO_4}^{\ominus} + RT \ln a_{PbSO_4,e}$$

$$\mu_{H_2O} = \mu_{H_2O}^{\ominus} + RT \ln a_{H_2O,e}$$

（1）电解池平衡电动势：由

$$E_{\mathrm{e}} = -\frac{\Delta G_{\mathrm{m,e}}}{2F}$$

得

$$E_{\mathrm{e}} = E^{\ominus} + \frac{RT}{2F}\ln\frac{a_{\mathrm{PbSO_4,e}}^2 a_{\mathrm{H_2O,e}}^2}{a_{\mathrm{H^+,e}}^2 a_{\mathrm{HSO_4^-,e}}^2} \tag{19.24}$$

式中，

$$E^{\ominus} = -\frac{\Delta G_{\mathrm{m}}^{\ominus}}{2F} = -\frac{\mu_{\mathrm{PbO_2}}^{\ominus} + 2\mu_{\mathrm{H^+}}^{\ominus} + 2\mu_{\mathrm{HSO_4^-}}^{\ominus} + \mu_{\mathrm{Pb}}^{\ominus} - 2\mu_{\mathrm{PbSO_4}}^{\ominus} - 2\mu_{\mathrm{H_2O}}^{\ominus}}{2F}$$

$$E_{\mathrm{e}} = -E_{\mathrm{e}}'$$

E_{e}' 为外加平衡电动势。

电解池反应：电解池充电，有电流通过，发生极化，电解池反应为

$$2\mathrm{PbSO_4} + 2\mathrm{H_2O} \rightleftharpoons \mathrm{PbO_2} + 2\mathrm{H^+} + 2\mathrm{HSO_4^-} + \mathrm{Pb}$$

摩尔吉布斯自由能变化为

$$\Delta G_{\mathrm{m}} = \mu_{\mathrm{PbO_2}} + 2\mu_{\mathrm{H^+}} + 2\mu_{\mathrm{HSO_4^-}} + \mu_{\mathrm{Pb}} - 2\mu_{\mathrm{PbSO_4}} - 2\mu_{\mathrm{H_2O}} = \Delta G_{\mathrm{m}}^{\ominus} + RT\ln\frac{a_{\mathrm{H^+}}^2 a_{\mathrm{HSO_4^-}}^2}{a_{\mathrm{PbSO_4}}^2 a_{\mathrm{H_2O}}^2}$$

式中，

$$\Delta G_{\mathrm{m}}^{\ominus} = \mu_{\mathrm{PbO_2}}^{\ominus} + 2\mu_{\mathrm{H^+}}^{\ominus} + 2\mu_{\mathrm{HSO_4^-}}^{\ominus} + \mu_{\mathrm{Pb}}^{\ominus} - 2\mu_{\mathrm{PbSO_4}}^{\ominus} - 2\mu_{\mathrm{H_2O}}^{\ominus}$$

$$\mu_{\mathrm{PbO_2}} = \mu_{\mathrm{PbO_2}}^{\ominus}$$

$$\mu_{\mathrm{H^+}} = \mu_{\mathrm{H^+}}^{\ominus} + RT\ln a_{\mathrm{H^+}}$$

$$\mu_{\mathrm{HSO_4^-}} = \mu_{\mathrm{HSO_4^-}}^{\ominus} + RT\ln a_{\mathrm{HSO_4^-}}$$

$$\mu_{\mathrm{Pb}} = \mu_{\mathrm{Pb}}^{\ominus}$$

$$\mu_{\mathrm{PbSO_4}} = \mu_{\mathrm{PbSO_4}}^{\ominus} + RT\ln a_{\mathrm{PbSO_4}}$$

$$\mu_{\mathrm{H_2O}} = \mu_{\mathrm{H_2O}}^{\ominus} + RT\ln a_{\mathrm{H_2O}}$$

（2）电解池电动势：由

$$E = -\frac{\Delta G_{\mathrm{m}}}{2F}$$

得

$$E = E^{\ominus} + \frac{RT}{2F}\ln\frac{a_{\mathrm{PbSO_4}}^2 a_{\mathrm{H_2O}}^2}{a_{\mathrm{H^+}}^2 a_{\mathrm{HSO_4^-}}^2} \tag{19.25}$$

式中，

$$E^{\ominus} = -\frac{\Delta G_m^{\ominus}}{2F} = -\frac{\mu_{PbO_2}^{\ominus} + 2\mu_{H^+}^{\ominus} + 2\mu_{HSO_4^-}^{\ominus} + \mu_{Pb}^{\ominus} - 2\mu_{PbSO_4}^{\ominus} - 2\mu_{H_2O}^{\ominus}}{2F}$$

$$E = -E'$$

E' 为外加电动势。

（3）电解池的过电动势：

式（19.25）-式（19.24），得

$$\Delta E' = E' - E_e'$$

$$E' = -E = -\left(E^{\ominus} + \frac{RT}{2F} \ln \frac{a_{PbSO_4}^2 a_{H_2O}^2}{a_{H^+}^2 a_{HSO_4^-}^2} \right)$$

$$E_e' = -E_e = -\left(E^{\ominus} + \frac{RT}{2F} \ln \frac{a_{PbSO_4,e}^2 a_{H_2O,e}^2}{a_{H^+,e}^2 a_{HSO_4^-,e}^2} \right)$$

$$\Delta E' = \frac{RT}{2F} \ln \frac{a_{H^+}^2 a_{HSO_4^-}^2 a_{PbSO_4,e}^2 a_{H_2O,e}^2}{a_{PbSO_4}^2 a_{H_2O}^2 a_{H^+,e}^2 a_{HSO_4^-,e}^2}$$

$$E = \varphi_{阴} - \varphi_{阳}$$

$$E_e = \varphi_{阴,e} - \varphi_{阳,e}$$

$$E' = \varphi_{阳} - \varphi_{阴}$$
$$= (\varphi_{阳,e} + \Delta\varphi_{阳}) - (\varphi_{阴,e} + \Delta\varphi_{阴})$$
$$= (\varphi_{阳,e} - \varphi_{阴,e}) + (\Delta\varphi_{阳} - \Delta\varphi_{阴})$$
$$= E_e' + \Delta\varphi_{阳} - \Delta\varphi_{阴}$$
$$= E_e' + \Delta E'$$

（4）电解池端电压：

$$V' = E' + IR = E_e' + \Delta E' + IR = E_e' + \Delta\varphi_{阳} - \Delta\varphi_{阴} + IR$$

式中，I 为电流；R 为电池系统的电阻。

（5）电解池电流：

$$I = \frac{V' - E'}{R} = \frac{V' - E_e' - \Delta E'}{R}$$

19.1.2　熔盐钠蓄电池

（1）熔盐钠蓄电池的组成。熔盐钠蓄电池以液态钠为负极，以固态氯化镍为正极，电解质由 β''-Al$_2$O$_3$-NaAlCl$_4$ 两部分组成。

（2）Na / NiCl$_2$ 蓄电池的优点：①开路电压高（300℃时为2.58V）；②比能量

高（理论上为 790W·h/kg，实际达 100W·h/kg）；③能量转换效率高（无自放电，100%的库仑效率）；④可快速充电（30min 充电达 50%放电容量）；⑤工作温度范围宽（270～350℃的宽广区域）；⑥容量与放电率无关（电池内阻基本上为欧姆内阻）；⑦耐过充电、过放电（第二电解质 NaAlCl$_4$ 可参与反应）；⑧无液态钠操作麻烦（液态钠是电池第一次充电时产生的）；⑨不需要维护（全密封结构，电池损坏呈低电阻方式）；⑩安全可靠（无低沸点、高蒸气压物质）。

（3）熔盐钠电池的结构和工作原理。熔盐钠电池的工作温度在 270～350℃的范围内。电池由三部分组成：液态钠负极、固态氯化亚镍正极和用于传导钠离子的 β''-Al$_2$O$_3$-NaAlCl$_4$ 电解质。

电池的电极过程是在放电时电子通过外电路负载从钠负极至氯化亚镍正极，而钠离子则通过 β''-Al$_2$O$_3$ 固体电解质瓷管与氯化亚镍反应生成氯化钠和镍；充电时在外加电源的作用下电极过程正好相反。

1. 熔盐钠电池放电反应

阴极反应

$$NiCl_2 + 2Na^+ + 2e \Longrightarrow Ni + 2NaCl$$

阳极反应

$$2Na \Longrightarrow 2Na^+ + 2e$$

电池反应

$$NiCl_2 + 2Na \Longrightarrow Ni + 2NaCl$$

1）阴极过程

阴极反应达平衡，

$$NiCl_2 + 2Na^+ + 2e \Longrightarrow Ni + 2NaCl$$

摩尔吉布斯自由能变化为

$$\Delta G_{m,阴,e} = \mu_{Ni} + 2\mu_{NaCl} - \mu_{NiCl_2} - 2\mu_{Na^+} - 2\mu_e = \Delta G_{m,阴}^{\ominus} + RT \ln \frac{a_{NaCl,e}^2}{a_{NiCl_2,e} a_{Na^+,e}^2}$$

式中，

$$\Delta G_{m,阴}^{\ominus} = \mu_{Ni}^{\ominus} + 2\mu_{NaCl}^{\ominus} - \mu_{NiCl_2}^{\ominus} - 2\mu_{Na^+}^{\ominus} - 2\mu_e^{\ominus}$$

$$\mu_{Ni} = \mu_{Ni}^{\ominus}$$

$$\mu_{NaCl} = \mu_{NaCl}^{\ominus} + RT \ln a_{NaCl,e}$$

$$\mu_{NiCl_2} = \mu_{NiCl_2}^{\ominus} + RT \ln a_{NiCl_2,e}$$

$$\mu_{Na^+} = \mu_{Na^+}^{\ominus} + RT \ln a_{Na^+,e}$$

$$\mu_e = \mu_e^{\ominus}$$

（1）阴极平衡电势：由

$$\varphi_{阴,e} = -\frac{\Delta G_{m,阴,e}}{2F}$$

得

$$\varphi_{阴,e} = \varphi_{阴}^{\ominus} + \frac{RT}{2F}\ln\frac{a_{NiCl_2,e}a_{Na^+,e}^2}{a_{NaCl,e}^2} \tag{19.26}$$

式中，

$$\varphi_{阴}^{\ominus} = -\frac{\Delta G_{m,阴}^{\ominus}}{2F} = -\frac{\mu_{Ni}^{\ominus} + 2\mu_{NaCl}^{\ominus} - \mu_{NiCl_2}^{\ominus} - 2\mu_{Na^+}^{\ominus} - 2\mu_e^{\ominus}}{2F}$$

阴极有电流通过，发生极化，阴极反应为

$$NiCl_2 + 2Na^+ + 2e \Longrightarrow Ni + 2NaCl$$

摩尔吉布斯自由能变化为

$$\Delta G_{m,阴} = \mu_{Ni} + 2\mu_{NaCl} - \mu_{NiCl_2} - 2\mu_{Na^+} - 2\mu_e = \Delta G_{m,阴}^{\ominus} + RT\ln\frac{a_{NaCl}^2}{a_{NiCl_2}a_{Na^+}^2} + 2RT\ln i$$

式中，

$$\Delta G_{m,阴}^{\ominus} = \mu_{Ni}^{\ominus} + 2\mu_{NaCl}^{\ominus} - \mu_{NiCl_2}^{\ominus} - 2\mu_{Na^+}^{\ominus} - 2\mu_e^{\ominus}$$
$$\mu_{Ni} = \mu_{Ni}^{\ominus}$$
$$\mu_{NaCl} = \mu_{NaCl}^{\ominus} + RT\ln a_{NaCl}$$
$$\mu_{NiCl_2} = \mu_{NiCl_2}^{\ominus} + RT\ln a_{NiCl_2}$$
$$\mu_{Na^+} = \mu_{Na^+}^{\ominus} + RT\ln a_{Na^+}$$
$$\mu_e = \mu_e^{\ominus} - RT\ln i$$

（2）阴极电势：由

$$\varphi_{阴} = -\frac{\Delta G_{m,阴}}{2F}$$

得

$$\varphi_{阴} = \varphi_{阴}^{\ominus} + \frac{RT}{2F}\ln\frac{a_{NiCl_2}a_{Na^+}^2}{a_{NaCl}^2} - \frac{RT}{F}\ln i \tag{19.27}$$

式中，

$$\varphi_{阴}^{\ominus} = -\frac{\Delta G_{m,阴}^{\ominus}}{2F} = -\frac{\mu_{Ni}^{\ominus} + 2\mu_{NaCl}^{\ominus} - \mu_{NiCl_2}^{\ominus} - 2\mu_{Na^+}^{\ominus} - 2\mu_e^{\ominus}}{2F}$$

由式（19.27）得

$$\ln i = -\frac{F\varphi_{阴}}{RT} + \frac{F\varphi_{阴}^{\ominus}}{RT} + \frac{1}{2}\ln\frac{a_{NiCl_2}a_{Na^+}^2}{a_{NaCl}^2}$$

则

$$i = \left(\frac{a_{\mathrm{NiCl_2}} a_{\mathrm{Na^+}}^2}{a_{\mathrm{NaCl}}^2}\right)^{1/2} \exp\left(-\frac{F\varphi_{\text{阴}}}{RT}\right)\exp\left(\frac{F\varphi_{\text{阴}}^{\ominus}}{RT}\right) = k_{\text{阴}}\exp\left(-\frac{F\varphi_{\text{阴}}}{RT}\right) \quad (19.28)$$

式中，

$$k_{\text{阴}} = \left(\frac{a_{\mathrm{NiCl_2}} a_{\mathrm{Na^+}}^2}{a_{\mathrm{NaCl}}^2}\right)^{1/2} \exp\left(\frac{F\varphi_{\text{阴}}^{\ominus}}{RT}\right) \approx \left(\frac{c_{\mathrm{NiCl_2}} c_{\mathrm{Na^+}}^2}{c_{\mathrm{NaCl}}^2}\right)^{1/2} \exp\left(\frac{F\varphi_{\text{阴}}^{\ominus}}{RT}\right)$$

（3）阴极过电势：

式（19.27）−式（19.26），得

$$\Delta\varphi_{\text{阴}} = \varphi_{\text{阴}} - \varphi_{\text{阴,e}} = \frac{RT}{2F}\ln\frac{a_{\mathrm{NiCl_2}} a_{\mathrm{Na^+}}^2 a_{\mathrm{NaCl,e}}^2}{a_{\mathrm{NaCl}}^2 a_{\mathrm{NiCl_2,e}} a_{\mathrm{Na^+,e}}^2} - \frac{RT}{F}\ln i \quad (19.29)$$

由式（19.29）得

$$\ln i = \frac{F\Delta\varphi_{\text{阴}}}{RT} + \frac{1}{2}\ln\frac{a_{\mathrm{NiCl_2}} a_{\mathrm{Na^+}}^2 a_{\mathrm{NaCl,e}}^2}{a_{\mathrm{NaCl}}^2 a_{\mathrm{NiCl_2,e}} a_{\mathrm{Na^+,e}}^2}$$

则

$$i = \left(\frac{a_{\mathrm{NiCl_2}} a_{\mathrm{Na^+}}^2 a_{\mathrm{NaCl,e}}^2}{a_{\mathrm{NaCl}}^2 a_{\mathrm{NiCl_2,e}} a_{\mathrm{Na^+,e}}^2}\right)^{1/2} \exp\left(\frac{F\Delta\varphi_{\text{阴}}}{RT}\right) = k_{\text{阴}}'\exp\left(\frac{F\Delta\varphi_{\text{阴}}}{RT}\right) \quad (19.30)$$

式中，

$$k_{\text{阴}}' = \left(\frac{a_{\mathrm{NiCl_2}} a_{\mathrm{Na^+}}^2 a_{\mathrm{NaCl,e}}^2}{a_{\mathrm{NaCl}}^2 a_{\mathrm{NiCl_2,e}} a_{\mathrm{Na^+,e}}^2}\right)^{1/2} \approx \left(\frac{c_{\mathrm{NiCl_2}} c_{\mathrm{Na^+}}^2 c_{\mathrm{NaCl,e}}^2}{c_{\mathrm{NaCl}}^2 c_{\mathrm{NiCl_2,e}} c_{\mathrm{Na^+,e}}^2}\right)^{1/2}$$

2）阳极过程

阳极反应达平衡，

$$2\mathrm{Na} \rightleftharpoons 2\mathrm{Na^+} + 2\mathrm{e}$$

摩尔吉布斯自由能变化为

$$\Delta G_{\mathrm{m,阳,e}} = 2\mu_{\mathrm{Na^+}} + 2\mu_{\mathrm{e}} - 2\mu_{\mathrm{Na}} = \Delta G_{\mathrm{m,阳}}^{\ominus} + RT\ln a_{\mathrm{Na^+,e}}^2$$

式中，

$$\Delta G_{\mathrm{m,阳}}^{\ominus} = 2\mu_{\mathrm{Na^+}}^{\ominus} + 2\mu_{\mathrm{e}}^{\ominus} - 2\mu_{\mathrm{Na}}^{\ominus}$$

$$\mu_{\mathrm{Na^+}} = \mu_{\mathrm{Na^+}}^{\ominus} + RT\ln a_{\mathrm{Na^+,e}}$$

$$\mu_{\mathrm{Na}} = \mu_{\mathrm{Na}}^{\ominus}$$

$$\mu_{\mathrm{e}} = \mu_{\mathrm{e}}^{\ominus}$$

（1）阳极平衡电势：由

$$\varphi_{\text{阳,e}} = \frac{\Delta G_{\mathrm{m,阳,e}}}{2F}$$

得

$$\varphi_{阳,e} = \varphi_{阳}^{\ominus} + \frac{RT}{2F} \ln a_{Na^+,e}^2 \qquad (19.31)$$

式中,

$$\varphi_{阳}^{\ominus} = \frac{\Delta G_{m,阳}^{\ominus}}{2F} = \frac{2\mu_{Na^+}^{\ominus} + 2\mu_e^{\ominus} - 2\mu_{Na}^{\ominus}}{2F}$$

阳极有电流通过, 发生极化, 阳极反应为

$$2Na \Longrightarrow 2Na^+ + 2e$$

摩尔吉布斯自由能变化为

$$\Delta G_{m,阳} = 2\mu_{Na^+} + 2\mu_e - 2\mu_{Na} = \Delta G_{m,阳}^{\ominus} + RT \ln a_{Na^+}^2 + 2RT \ln i$$

式中,

$$\Delta G_{m,阳}^{\ominus} = 2\mu_{Na^+}^{\ominus} + 2\mu_e^{\ominus} - 2\mu_{Na}^{\ominus}$$

$$\mu_{Na^+} = \mu_{Na^+}^{\ominus} + RT \ln a_{Na^+,e}$$

$$\mu_{Na} = \mu_{Na}^{\ominus}$$

$$\mu_e = \mu_e^{\ominus} + RT \ln i$$

(2) 阳极电势: 由

$$\varphi_{阳} = \frac{\Delta G_{m,阳}}{2F}$$

得

$$\varphi_{阳} = \varphi_{阳}^{\ominus} + \frac{RT}{F} \ln a_{Na^+} + \frac{RT}{F} \ln i \qquad (19.32)$$

式中,

$$\varphi_{阳}^{\ominus} = \frac{\Delta G_{m,阳}^{\ominus}}{2F} = \frac{2\mu_{Na^+}^{\ominus} + 2\mu_e^{\ominus} - 2\mu_{Na}^{\ominus}}{2F}$$

由式 (19.32) 得

$$\ln i = \frac{F\varphi_{阳}}{RT} - \frac{F\varphi_{阳}^{\ominus}}{RT} - \ln a_{Na^+}$$

则

$$i = \frac{1}{a_{Na^+}} \exp\left(\frac{F\varphi_{阳}}{RT}\right) \exp\left(-\frac{F\varphi_{阳}^{\ominus}}{RT}\right) = k_{阳} \exp\left(\frac{F\varphi_{阳}}{RT}\right) \qquad (19.33)$$

式中,

$$k_{阳} = \frac{1}{a_{Na^+}} \exp\left(-\frac{F\varphi_{阳}^{\ominus}}{RT}\right) \approx \frac{1}{c_{Na^+}} \exp\left(-\frac{F\varphi_{阳}^{\ominus}}{RT}\right)$$

（3）阳极过电势：

式（19.32）–式（19.31），得

$$\Delta \varphi_{阳} = \varphi_{阳} - \varphi_{阳,e} = \frac{RT}{F} \ln \frac{a_{Na^+}}{a_{Na^+,e}} + \frac{RT}{F} \ln i \qquad (19.34)$$

由上式得

$$\ln i = \frac{F \Delta \varphi_{阳}}{RT} - \frac{1}{2} \ln \frac{a_{Na^+}}{a_{Na^+,e}}$$

则

$$i = \frac{a_{Na^+,e}}{a_{Na^+}} \exp\left(\frac{F \Delta \varphi_{阳}}{RT}\right) = k'_{阳} \exp\left(\frac{F \Delta \varphi_{阳}}{RT}\right) \qquad (19.35)$$

式中，

$$k'_{阳} = \frac{a_{Na^+,e}}{a_{Na^+}} \approx \frac{c_{Na^+,e}}{c_{Na^+}}$$

3）电池过程

电池反应达平衡，

$$NiCl_2 + 2Na \Longrightarrow Ni + 2NaCl$$

摩尔吉布斯自由能变化为

$$\Delta G_{m,e} = \mu_{Ni} + 2\mu_{NaCl} - \mu_{NiCl_2} - 2\mu_{Na} = \Delta G_m^{\ominus} + RT \ln \frac{a_{NaCl,e}^2}{a_{NiCl_2,e}}$$

式中，

$$\Delta G_m^{\ominus} = \mu_{Ni}^{\ominus} + 2\mu_{NaCl}^{\ominus} - \mu_{NiCl_2}^{\ominus} - 2\mu_{Na}^{\ominus}$$

$$\mu_{Ni} = \mu_{Ni}^{\ominus}$$

$$\mu_{NaCl} = \mu_{NaCl}^{\ominus} + RT \ln a_{NaCl,e}$$

$$\mu_{NiCl_2} = \mu_{NiCl_2}^{\ominus} + RT \ln a_{NiCl_2,e}$$

$$\mu_{Na} = \mu_{Na}^{\ominus}$$

（1）电池平衡电动势：由

$$E_e = -\frac{\Delta G_{m,e}}{2F}$$

得

$$E_e = E^{\ominus} + \frac{RT}{2F} \ln \frac{a_{NiCl_2,e}}{a_{NaCl,e}^2} \qquad (19.36)$$

式中，

$$E^{\ominus} = -\frac{\Delta G_{m}^{\ominus}}{2F} = -\frac{\mu_{Ni}^{\ominus} + 2\mu_{NaCl}^{\ominus} - \mu_{NiCl_2}^{\ominus} - 2\mu_{Na}^{\ominus}}{2F}$$

电池放电，有电流通过，发生极化，电池反应

$$NiCl_2 + 2Na \rightleftharpoons Ni + 2NaCl$$

摩尔吉布斯自由能变化为

$$\Delta G_{m,e} = \mu_{Ni} + 2\mu_{NaCl} - \mu_{NiCl_2} - 2\mu_{Na} = \Delta G_{m}^{\ominus} + RT \ln \frac{a_{NaCl}^2}{a_{NiCl_2}}$$

式中，

$$\Delta G_{m}^{\ominus} = \mu_{Ni}^{\ominus} + 2\mu_{NaCl}^{\ominus} - \mu_{NiCl_2}^{\ominus} - 2\mu_{Na}^{\ominus}$$

$$\mu_{Ni} = \mu_{Ni}^{\ominus}$$

$$\mu_{NaCl} = \mu_{NaCl}^{\ominus} + RT \ln a_{NaCl}$$

$$\mu_{NiCl_2} = \mu_{NiCl_2}^{\ominus} + RT \ln a_{NiCl_2}$$

$$\mu_{Na} = \mu_{Na}^{\ominus}$$

（2）电池电动势：由

$$E = -\frac{\Delta G_{m}}{2F}$$

得

$$E = E^{\ominus} + \frac{RT}{2F} \ln \frac{a_{NiCl_2}}{a_{NaCl}^2} \tag{19.37}$$

式中，

$$E^{\ominus} = -\frac{\Delta G_{m}^{\ominus}}{2F} = -\frac{\mu_{Ni}^{\ominus} + 2\mu_{NaCl}^{\ominus} - \mu_{NiCl_2}^{\ominus} - 2\mu_{Na}^{\ominus}}{2F}$$

（3）电池的过电动势：

式（19.37）–式（19.36），得

$$\Delta E = E - E_{e} = \frac{RT}{2F} \ln \frac{a_{NiCl_2} a_{NaCl,e}^2}{a_{NaCl}^2 a_{NiCl_2,e}}$$

$$\Delta E = (\varphi_{阴} - \varphi_{阳}) - (\varphi_{阴,e} - \varphi_{阳,e})$$

$$= (\varphi_{阴} - \varphi_{阴,e}) - (\varphi_{阳} - \varphi_{阳,e})$$

$$= \Delta\varphi_{阴} - \Delta\varphi_{阳}$$

$$E = \varphi_{阴} - \varphi_{阳}$$

$$E = E_{e} + \Delta E = E_{e} + \Delta\varphi_{阴} - \Delta\varphi_{阳}$$

（4）电池端电压：

$$V = E - IR = E_{e} + \Delta E - IR = E_{e} + \Delta\varphi_{阴} - \Delta\varphi_{阳} - IR$$

式中，I 为电流；R 为电池系统的电阻。

（5）电池电流：

$$I = \frac{E - V}{R} = \frac{E_e + \Delta E - V}{R}$$

2. 熔盐钠电流充电反应

阴极反应

$$2Na^+ + 2e \;=\!=\!= \; 2Na$$

阳极反应

$$Ni + 2NaCl \;=\!=\!= \; NiCl_2 + 2Na^+ + 2e$$

电池反应

$$Ni + 2NaCl \;=\!=\!= \; NiCl_2 + 2Na$$

1）阴极过程

阴极反应达平衡，

$$2Na^+ + 2e \;=\!\!=\!\!=\!\!\Rightarrow\; 2Na$$

摩尔吉布斯自由能变化为

$$\Delta G_{m,阴,e} = 2\mu_{Na} - 2\mu_{Na^+} - 2\mu_e = \Delta G_{m,阴}^{\ominus} + RT \ln \frac{1}{a_{Na^+,e}^2}$$

式中，

$$\Delta G_{m,阴}^{\ominus} = 2\mu_{Na}^{\ominus} - 2\mu_{Na^+}^{\ominus} - 2\mu_e^{\ominus}$$

$$\mu_{Na} = \mu_{Na}^{\ominus}$$

$$\mu_{Na^+} = \mu_{Na^+}^{\ominus} + RT \ln a_{Na^+,e}$$

$$\mu_e = \mu_e^{\ominus}$$

（1）阴极平衡电势：由

$$\varphi_{阴,e} = -\frac{\Delta G_{m,阴,e}}{2F}$$

得

$$\varphi_{阴,e} = \varphi_{阴}^{\ominus} + \frac{RT}{2F} \ln a_{Na^+,e}^2 \tag{19.38}$$

式中，

$$\varphi_{阴}^{\ominus} = -\frac{\Delta G_{m,阴}^{\ominus}}{2F} = -\frac{2\mu_{Na}^{\ominus} - 2\mu_{Na^+}^{\ominus} - 2\mu_e^{\ominus}}{2F}$$

阴极有电流通过，发生极化，阴极反应为

$$2Na^+ + 2e \;=\!=\!= \; 2Na$$

摩尔吉布斯自由能变化为

$$\Delta G_{m,阴} = 2\mu_{Na} - 2\mu_{Na^+} - 2\mu_e = \Delta G_{m,阴}^{\ominus} + RT\ln\frac{1}{a_{Na^+}^2} + 2RT\ln i$$

式中，

$$\Delta G_{m,阴}^{\ominus} = 2\mu_{Na}^{\ominus} - 2\mu_{Na^+}^{\ominus} - 2\mu_e^{\ominus}$$

$$\mu_{Na} = \mu_{Na}^{\ominus}$$

$$\mu_{Na^+} = \mu_{Na^+}^{\ominus} + RT\ln a_{Na^+}$$

$$\mu_e = \mu_e^{\ominus} - RT\ln i$$

（2）阴极电势：由

$$\varphi_{阴} = -\frac{\Delta G_{m,阴}}{2F}$$

得

$$\varphi_{阴} = \varphi_{阴}^{\ominus} + \frac{RT}{F}\ln a_{Na^+} - \frac{RT}{F}\ln i \qquad (19.39)$$

式中，

$$\varphi_{阴}^{\ominus} = -\frac{\Delta G_{m,阴}^{\ominus}}{2F} = -\frac{2\mu_{Na}^{\ominus} - 2\mu_{Na^+}^{\ominus} - 2\mu_e^{\ominus}}{2F}$$

由式（19.39）得

$$\ln i = -\frac{F\varphi_{阴}}{RT} + \frac{F\varphi_{阴}^{\ominus}}{RT} + \ln a_{Na^+}$$

则

$$i = a_{Na^+}\exp\left(-\frac{F\varphi_{阴}}{RT}\right)\exp\left(\frac{F\varphi_{阴}^{\ominus}}{RT}\right) = k_{阴}\exp\left(-\frac{F\varphi_{阴}}{RT}\right) \qquad (19.40)$$

式中，

$$k_{阴} = a_{Na^+}\exp\left(\frac{F\varphi_{阴}^{\ominus}}{RT}\right) \approx c_{Na^+}\exp\left(\frac{F\varphi_{阴}^{\ominus}}{RT}\right)$$

（3）阴极过电势：

式（19.39）-式（19.38），得

$$\Delta\varphi_{阴} = \varphi_{阴} - \varphi_{阴,e} = \frac{RT}{F}\ln\frac{a_{Na^+}}{a_{Na^+,e}} - \frac{RT}{F}\ln i \qquad (19.41)$$

由式（19.41）得

$$\ln i = \frac{F\Delta\varphi_{阴}}{RT} + \ln\frac{a_{Na^+}}{a_{Na^+,e}}$$

则

$$i = \frac{a_{\mathrm{Na^+}}}{a_{\mathrm{Na^+,e}}} \exp\left(\frac{F\Delta\varphi_{阴}}{RT}\right) = k'_{阴} \exp\left(\frac{F\Delta\varphi_{阴}}{RT}\right) \qquad (19.42)$$

式中,

$$k'_{阴} = \frac{a_{\mathrm{Na^+}}}{a_{\mathrm{Na^+,e}}} \approx \frac{c_{\mathrm{Na^+}}}{c_{\mathrm{Na^+,e}}}$$

2）阳极过程

阳极反应达平衡,

$$\mathrm{Ni} + 2\mathrm{NaCl} \Longrightarrow \mathrm{NiCl_2} + 2\mathrm{Na^+} + 2e$$

摩尔吉布斯自由能变化为

$$\Delta G_{\mathrm{m,阳,e}} = \mu_{\mathrm{NiCl_2}} + 2\mu_{\mathrm{Na^+}} + 2\mu_e - \mu_{\mathrm{Ni}} - 2\mu_{\mathrm{NaCl}} = \Delta G_{\mathrm{m,阳}}^{\ominus} + RT\ln\frac{a_{\mathrm{NiCl_2,e}} a_{\mathrm{Na^+,e}}^2}{a_{\mathrm{NaCl,e}}^2}$$

式中,

$$\Delta G_{\mathrm{m,阳}}^{\ominus} = \mu_{\mathrm{NiCl_2}}^{\ominus} + 2\mu_{\mathrm{Na^+}}^{\ominus} + 2\mu_e^{\ominus} - \mu_{\mathrm{Ni}}^{\ominus} - 2\mu_{\mathrm{NaCl}}^{\ominus}$$

$$\mu_{\mathrm{NiCl_2}} = \mu_{\mathrm{NiCl_2}}^{\ominus} + RT\ln a_{\mathrm{NiCl_2,e}}$$

$$\mu_{\mathrm{Na^+}} = \mu_{\mathrm{Na^+}}^{\ominus} + RT\ln a_{\mathrm{Na^+,e}}$$

$$\mu_e = \mu_e^{\ominus}$$

$$\mu_{\mathrm{Ni}} = \mu_{\mathrm{Ni}}^{\ominus}$$

$$\mu_{\mathrm{NaCl}} = \mu_{\mathrm{NaCl}}^{\ominus} + RT\ln a_{\mathrm{NaCl,e}}$$

（1）阳极平衡电势：由

$$\varphi_{阳,e} = \frac{\Delta G_{\mathrm{m,阳,e}}}{2F}$$

得

$$\varphi_{阳,e} = \varphi_{阳}^{\ominus} + \frac{RT}{2F}\ln\frac{a_{\mathrm{NiCl_2,e}} a_{\mathrm{Na^+,e}}^2}{a_{\mathrm{NaCl,e}}^2} \qquad (19.43)$$

式中,

$$\varphi_{阳}^{\ominus} = \frac{\Delta G_{\mathrm{m,阳}}^{\ominus}}{2F} = \frac{\mu_{\mathrm{NiCl_2}}^{\ominus} + 2\mu_{\mathrm{Na^+}}^{\ominus} + 2\mu_e^{\ominus} - \mu_{\mathrm{Ni}}^{\ominus} - 2\mu_{\mathrm{NaCl}}^{\ominus}}{2F}$$

阳极有电流通过, 发生极化, 阳极反应为

$$\mathrm{Ni} + 2\mathrm{NaCl} \Longrightarrow \mathrm{NiCl_2} + 2\mathrm{Na^+} + 2e$$

摩尔吉布斯自由能变化为

$$\Delta G_{\mathrm{m,阳}} = \mu_{\mathrm{NiCl_2}} + 2\mu_{\mathrm{Na^+}} + 2\mu_{\mathrm{e}} - \mu_{\mathrm{Ni}} - 2\mu_{\mathrm{NaCl}} = \Delta G_{\mathrm{m,阳}}^{\ominus} + RT\ln\frac{a_{\mathrm{NiCl_2}}a_{\mathrm{Na^+}}^2}{a_{\mathrm{NaCl}}^2} + 2RT\ln i$$

式中，

$$\Delta G_{\mathrm{m,阳}}^{\ominus} = \mu_{\mathrm{NiCl_2}}^{\ominus} + 2\mu_{\mathrm{Na^+}}^{\ominus} + 2\mu_{\mathrm{e}}^{\ominus} - \mu_{\mathrm{Ni}}^{\ominus} - 2\mu_{\mathrm{NaCl}}^{\ominus}$$

$$\mu_{\mathrm{NiCl_2}} = \mu_{\mathrm{NiCl_2}}^{\ominus} + RT\ln a_{\mathrm{NiCl_2}}$$

$$\mu_{\mathrm{Na^+}} = \mu_{\mathrm{Na^+}}^{\ominus} + RT\ln a_{\mathrm{Na^+}}$$

$$\mu_{\mathrm{e}} = \mu_{\mathrm{e}}^{\ominus} + RT\ln i$$

$$\mu_{\mathrm{Ni}} = \mu_{\mathrm{Ni}}^{\ominus}$$

$$\mu_{\mathrm{NaCl}} = \mu_{\mathrm{NaCl}}^{\ominus} + RT\ln a_{\mathrm{NaCl}}$$

（2）阳极电势：由

$$\varphi_{\mathrm{阳}} = \frac{\Delta G_{\mathrm{m,阳}}}{2F}$$

得

$$\varphi_{\mathrm{阳}} = \varphi_{\mathrm{阳}}^{\ominus} + \frac{RT}{2F}\ln\frac{a_{\mathrm{NiCl_2}}a_{\mathrm{Na^+}}^2}{a_{\mathrm{NaCl}}^2} + \frac{RT}{F}\ln i \tag{19.44}$$

式中，

$$\varphi_{\mathrm{阳}}^{\ominus} = \frac{\Delta G_{\mathrm{m,阳}}^{\ominus}}{2F} = \frac{\mu_{\mathrm{NiCl_2}}^{\ominus} + 2\mu_{\mathrm{Na^+}}^{\ominus} + 2\mu_{\mathrm{e}}^{\ominus} - \mu_{\mathrm{Ni}}^{\ominus} - 2\mu_{\mathrm{NaCl}}^{\ominus}}{2F}$$

由式（19.44）得

$$\ln i = \frac{F\varphi_{\mathrm{阳}}}{RT} - \frac{F\varphi_{\mathrm{阳}}^{\ominus}}{RT} - \frac{1}{2}\ln\frac{a_{\mathrm{NiCl_2}}a_{\mathrm{Na^+}}^2}{a_{\mathrm{NaCl}}^2}$$

则

$$i = \left(\frac{a_{\mathrm{NaCl}}^2}{a_{\mathrm{NiCl_2}}a_{\mathrm{Na^+}}^2}\right)^2 \exp\left(\frac{F\varphi_{\mathrm{阳}}}{RT}\right)\exp\left(-\frac{F\varphi_{\mathrm{阳}}^{\ominus}}{RT}\right) = k_{\mathrm{阳}}\exp\left(\frac{F\varphi_{\mathrm{阳}}}{RT}\right) \tag{19.45}$$

式中，

$$k_{\mathrm{阳}} = \left(\frac{a_{\mathrm{NaCl}}^2}{a_{\mathrm{NiCl_2}}a_{\mathrm{Na^+}}^2}\right)^2 \exp\left(-\frac{F\varphi_{\mathrm{阳}}^{\ominus}}{RT}\right) \approx \left(\frac{c_{\mathrm{NaCl}}^2}{c_{\mathrm{NiCl_2}}c_{\mathrm{Na^+}}^2}\right)^2 \exp\left(-\frac{F\varphi_{\mathrm{阳}}^{\ominus}}{RT}\right)$$

（3）阳极过电势：

式（19.44）-式（19.43），得

$$\Delta\varphi_{\mathrm{阳}} = \varphi_{\mathrm{阳}} - \varphi_{\mathrm{阳,e}} = \frac{RT}{2F}\ln\frac{a_{\mathrm{NiCl_2}}a_{\mathrm{Na^+}}^2 a_{\mathrm{NaCl,e}}^2}{a_{\mathrm{NaCl}}^2 a_{\mathrm{NiCl_2,e}}a_{\mathrm{Na^+,e}}^2} + \frac{RT}{F}\ln i \tag{19.46}$$

由上式得

$$\ln i = \frac{F\Delta\varphi_{阳}}{RT} - \frac{1}{2}\ln\frac{a_{NiCl_2}a_{Na^+}^2 a_{NaCl,e}^2}{a_{NaCl}^2 a_{NiCl_2,e}a_{Na^+,e}^2}$$

则

$$i = \left(\frac{a_{NiCl_2}a_{Na^+}^2 a_{NaCl,e}^2}{a_{NaCl}^2 a_{NiCl_2,e}a_{Na^+,e}^2}\right)^2 \exp\left(\frac{F\Delta\varphi_{阳}}{RT}\right) = k'_{阳}\exp\left(\frac{F\Delta\varphi_{阳}}{RT}\right) \tag{19.47}$$

式中,

$$k'_{阳} = \left(\frac{a_{NiCl_2}a_{Na^+}^2 a_{NaCl,e}^2}{a_{NaCl}^2 a_{NiCl_2,e}a_{Na^+,e}^2}\right)^2 \approx \left(\frac{c_{NiCl_2}c_{Na^+}^2 c_{NaCl,e}^2}{c_{NaCl}^2 c_{NiCl_2,e}c_{Na^+,e}^2}\right)^2$$

3）电解池过程

电解池反应达平衡,

$$Ni + 2NaCl \rightleftharpoons NiCl_2 + 2Na$$

摩尔吉布斯自由能变化为

$$\Delta G_{m,e} = \mu_{NiCl_2} + 2\mu_{Na} - \mu_{Ni} - 2\mu_{NaCl} = \Delta G_m^\ominus + RT\ln\frac{a_{NiCl_2,e}}{a_{NaCl,e}^2}$$

式中,

$$\Delta G_m^\ominus = \mu_{NiCl_2}^\ominus + 2\mu_{Na}^\ominus - \mu_{Ni}^\ominus - 2\mu_{NaCl}^\ominus$$
$$\mu_{NiCl_2} = \mu_{NiCl_2}^\ominus + RT\ln a_{NiCl_2,e}$$
$$\mu_{Na} = \mu_{Na}^\ominus$$
$$\mu_{Ni} = \mu_{Ni}^\ominus$$
$$\mu_{NaCl} = \mu_{NaCl}^\ominus + RT\ln a_{NaCl,e}$$

（1）电解池平衡电动势：由

$$E_e = -\frac{\Delta G_{m,e}}{2F}$$

得

$$E_e = E^\ominus + \frac{RT}{2F}\ln\frac{a_{NaCl,e}^2}{a_{NiCl_2,e}} \tag{19.48}$$

式中,

$$E^\ominus = -\frac{\Delta G_m^\ominus}{2F} = -\frac{\mu_{NiCl_2}^\ominus + 2\mu_{Na}^\ominus - \mu_{Ni}^\ominus - 2\mu_{NaCl}^\ominus}{2F}$$

电池充电,有电流通过,发生极化,电解池反应

$$Ni + 2NaCl \rightleftharpoons NiCl_2 + 2Na$$

摩尔吉布斯自由能变化为

$$\Delta G_{m,e} = 2\mu_{Na} + \mu_{NiCl_2} - \mu_{Ni} - \mu_{NaCl} = \Delta G_m^\ominus + RT \ln \frac{a_{NiCl_2}}{a_{NaCl}^2}$$

式中，

$$\Delta G_m^\ominus = 2\mu_{Na}^\ominus + \mu_{NiCl_2}^\ominus - \mu_{Ni}^\ominus - 2\mu_{NaCl}^\ominus$$

$$\mu_{NiCl_2} = \mu_{NiCl_2}^\ominus + RT \ln a_{NiCl_2}$$

$$\mu_{Na} = \mu_{Na}^\ominus$$

$$\mu_{Ni} = \mu_{Ni}^\ominus$$

$$\mu_{NaCl} = \mu_{NaCl}^\ominus + RT \ln a_{NaCl}$$

（2）电解池电动势：由

$$E = -\frac{\Delta G_m}{2F}$$

得

$$E = E^\ominus + \frac{RT}{2F} \ln \frac{a_{NaCl}^2}{a_{NiCl_2}} \tag{19.49}$$

式中，

$$E^\ominus = -\frac{\Delta G_m^\ominus}{2F} = -\frac{\mu_{NiCl_2}^\ominus + 2\mu_{Na}^\ominus - \mu_{Ni}^\ominus - 2\mu_{NaCl}^\ominus}{2F}$$

（3）电解池的过电动势：

式（19.49）–式（19.48），得

$$\Delta E' = E' - E_e' = \frac{RT}{2F} \ln \frac{a_{NaCl}^2 a_{NiCl_2,e}}{a_{NiCl_2} a_{NaCl,e}^2} \tag{19.50}$$

$$\Delta E' = E' - E_e'$$

$$= (\varphi_{阳} - \varphi_{阴}) - (\varphi_{阳,e} - \varphi_{阴,e})$$

$$= (\varphi_{阳} - \varphi_{阳,e}) - (\varphi_{阴} - \varphi_{阴,e})$$

$$= \Delta\varphi_{阳} - \Delta\varphi_{阴}$$

$$E' = \Delta E' + E_e' = E_e' + \Delta\varphi_{阳} - \Delta\varphi_{阴}$$

（4）电解池端电压：

$$V' = E' + IR = E_e' + \Delta E' + IR = E_e' + \Delta\varphi_{阳} - \Delta\varphi_{阴} + IR$$

式中，I 为电流；R 为电解池系统的电阻。

（5）电解池电流：

$$I = \frac{V' - E'}{R} = \frac{V' - E_e' - \Delta E'}{R}$$

19.2　Ni/Cd 电池

Ni/Cd 电池正极材料是 NiOOH，负极材料是 Cd。电解质是 KOH 水溶液。电压 1.2V，质量能量 40~60W/kg，比容量 50A·h/kg。

19.2.1　电池放电和电化学反应

阴极反应

$$NiOOH + H_2O + e === Ni(OH)_2 + OH^-$$

阳极反应

$$Cd + 2OH^- === Cd(OH)_2 + 2e$$

电池反应

$$Cd + 2NiOOH + 2H_2O === Cd(OH)_2 + 2Ni(OH)_2$$

1. 阴极过程

阴极反应达平衡，

$$NiOOH + H_2O + e \rightleftharpoons Ni(OH)_2 + OH^-$$

摩尔吉布斯自由能变化为

$$\Delta G_{m,阴,e} = \mu_{Ni(OH)_2} + \mu_{OH^-} - \mu_{NiOOH} - \mu_{H_2O} - \mu_e = \Delta G_{m,阴}^\ominus + RT \ln \frac{a_{OH^-,e} a_{Ni(OH)_2,e}}{a_{H_2O,e} a_{NiOOH,e}}$$

式中，

$$\Delta G_{m,阴}^\ominus = \mu_{Ni(OH)_2}^\ominus + \mu_{OH^-}^\ominus - \mu_{NiOOH}^\ominus - \mu_{H_2O}^\ominus - \mu_e^\ominus$$

$$\mu_{Ni(OH)_2} = \mu_{Ni(OH)_2}^\ominus + RT \ln a_{Ni(OH)_2,e}$$

$$\mu_{OH^-} = \mu_{OH^-}^\ominus + RT \ln a_{OH^-,e}$$

$$\mu_{NiOOH} = \mu_{NiOOH}^\ominus + RT \ln a_{NiOOH,e}$$

$$\mu_{H_2O} = \mu_{H_2O}^\ominus + RT \ln a_{H_2O,e}$$

$$\mu_e = \mu_e^\ominus$$

（1）阴极平衡电势：由

$$\varphi_{阴,e} = -\frac{\Delta G_{m,阴,e}}{F}$$

得

$$\varphi_{\text{阴,e}} = \varphi_{\text{阴}}^{\ominus} + \frac{RT}{F} \ln \frac{a_{\text{H}_2\text{O,e}} a_{\text{NiOOH,e}}}{a_{\text{OH}^-,\text{e}} a_{\text{Ni(OH)}_2,\text{e}}} \tag{19.51}$$

式中，

$$\varphi_{\text{阴}}^{\ominus} = -\frac{\Delta G_{\text{m,阴}}^{\ominus}}{F} = -\frac{\mu_{\text{Ni(OH)}_2}^{\ominus} + \mu_{\text{OH}^-}^{\ominus} - \mu_{\text{NiOOH}}^{\ominus} - \mu_{\text{H}_2\text{O}}^{\ominus} - \mu_{\text{e}}^{\ominus}}{F}$$

阴极有电流通过，发生极化，阴极反应为

$$\text{NiOOH} + \text{H}_2\text{O} + \text{e} \Longrightarrow \text{Ni(OH)}_2 + \text{OH}^-$$

摩尔吉布斯自由能变化为

$$\Delta G_{\text{m,阴}} = \mu_{\text{Ni(OH)}_2} + \mu_{\text{OH}^-} - \mu_{\text{NiOOH}} - \mu_{\text{H}_2\text{O}} - \mu_{\text{e}} = \Delta G_{\text{m,阴}}^{\ominus} + RT \ln \frac{a_{\text{OH}^-} a_{\text{Ni(OH)}_2}}{a_{\text{H}_2\text{O}} a_{\text{NiOOH}}} + RT \ln i$$

式中，

$$\Delta G_{\text{m,阴}}^{\ominus} = \mu_{\text{Ni(OH)}_2}^{\ominus} + \mu_{\text{OH}^-}^{\ominus} - \mu_{\text{NiOOH}}^{\ominus} - \mu_{\text{H}_2\text{O}}^{\ominus} - \mu_{\text{e}}^{\ominus}$$

$$\mu_{\text{Ni(OH)}_2} = \mu_{\text{Ni(OH)}_2}^{\ominus} + RT \ln a_{\text{Ni(OH)}_2}$$

$$\mu_{\text{OH}^-} = \mu_{\text{OH}^-}^{\ominus} + RT \ln a_{\text{OH}^-}$$

$$\mu_{\text{NiOOH}} = \mu_{\text{NiOOH}}^{\ominus} + RT \ln a_{\text{NiOOH}}$$

$$\mu_{\text{H}_2\text{O}} = \mu_{\text{H}_2\text{O}}^{\ominus} + RT \ln a_{\text{H}_2\text{O}}$$

$$\mu_{\text{e}} = \mu_{\text{e}}^{\ominus} - RT \ln i$$

（2）阴极电势：由

$$\varphi_{\text{阴}} = -\frac{\Delta G_{\text{m,阴}}}{F}$$

得

$$\varphi_{\text{阴}} = \varphi_{\text{阴}}^{\ominus} + \frac{RT}{F} \ln \frac{a_{\text{H}_2\text{O}} a_{\text{NiOOH}}}{a_{\text{OH}^-} a_{\text{Ni(OH)}_2}} - \frac{RT}{F} \ln i \tag{19.52}$$

式中，

$$\varphi_{\text{阴}}^{\ominus} = -\frac{\Delta G_{\text{m,阴}}^{\ominus}}{F} = -\frac{\mu_{\text{Ni(OH)}_2}^{\ominus} + \mu_{\text{OH}^-}^{\ominus} - \mu_{\text{NiOOH}}^{\ominus} - \mu_{\text{H}_2\text{O}}^{\ominus} - \mu_{\text{e}}^{\ominus}}{F}$$

由式（19.52）得

$$\ln i = -\frac{F\varphi_{\text{阴}}}{RT} + \frac{F\varphi_{\text{阴}}^{\ominus}}{RT} + \ln \frac{a_{\text{H}_2\text{O}} a_{\text{NiOOH}}}{a_{\text{OH}^-} a_{\text{Ni(OH)}_2}}$$

则

$$i = \frac{a_{\text{H}_2\text{O}} a_{\text{NiOOH}}}{a_{\text{OH}^-} a_{\text{Ni(OH)}_2}} \exp\left(-\frac{F\varphi_{\text{阴}}}{RT}\right) \exp\left(\frac{F\varphi_{\text{阴}}^{\ominus}}{RT}\right) = k_{\text{阴}} \exp\left(-\frac{F\varphi_{\text{阴}}}{RT}\right) \tag{19.53}$$

式中，

$$k_{阴} = \frac{a_{H_2O} a_{NiOOH}}{a_{OH^-} a_{Ni(OH)_2}} \exp\left(\frac{F \varphi_{阴}^{\ominus}}{RT}\right) \approx \frac{c_{H_2O} c_{NiOOH}}{c_{OH^-} c_{Ni(OH)_2}} \exp\left(\frac{F \varphi_{阴}^{\ominus}}{RT}\right)$$

（3）阴极过电势：

式（19.52）–式（19.51），得

$$\Delta\varphi_{阴} = \varphi_{阴} - \varphi_{阴,e} = \frac{RT}{F} \ln \frac{a_{H_2O} a_{NiOOH} a_{OH^-,e} a_{Ni(OH)_2,e}}{a_{OH^-} a_{Ni(OH)_2} a_{H_2O,e} a_{NiOOH,e}} - \frac{RT}{F} \ln i \qquad (19.54)$$

由式（19.54）得

$$\ln i = -\frac{F \Delta\varphi_{阴}}{RT} + \ln \frac{a_{H_2O} a_{NiOOH} a_{OH^-,e} a_{Ni(OH)_2,e}}{a_{OH^-} a_{Ni(OH)_2} a_{H_2O,e} a_{NiOOH,e}}$$

则

$$i = \frac{a_{H_2O} a_{NiOOH} a_{OH^-,e} a_{Ni(OH)_2,e}}{a_{OH^-} a_{Ni(OH)_2} a_{H_2O,e} a_{NiOOH,e}} \exp\left(-\frac{\Delta\varphi_{阴}}{RT}\right) = k'_{阴} \exp\left(-\frac{F \Delta\varphi_{阴}}{RT}\right) \qquad (19.55)$$

式中，

$$k'_{阴} = \frac{a_{H_2O} a_{NiOOH} a_{OH^-,e} a_{Ni(OH)_2,e}}{a_{OH^-} a_{Ni(OH)_2} a_{H_2O,e} a_{NiOOH,e}} \approx \frac{c_{H_2O} c_{NiOOH} c_{OH^-,e} c_{Ni(OH)_2,e}}{c_{OH^-} c_{Ni(OH)_2} c_{H_2O,e} c_{NiOOH,e}}$$

2. 阳极过程

阳极反应达平衡，

$$Cd + 2OH^- \rightleftharpoons Cd(OH)_2 + 2e$$

摩尔吉布斯自由能变化为

$$\Delta G_{m,阳,e} = \mu_{Cd(OH)_2} + 2\mu_e - \mu_{Cd} - 2\mu_{OH^-} = \Delta G_{m,阳}^{\ominus} + RT \ln \frac{1}{a_{OH^-,e}^2}$$

式中，

$$\Delta G_{m,阳}^{\ominus} = \mu_{Cd(OH)_2}^{\ominus} + 2\mu_e^{\ominus} - \mu_{Cd}^{\ominus} - 2\mu_{OH^-}^{\ominus}$$

$$\mu_{Cd(OH)_2} = \mu_{Cd(OH)_2}^{\ominus}$$

$$\mu_e = \mu_e^{\ominus}$$

$$\mu_{Cd} = \mu_{Cd}^{\ominus}$$

$$\mu_{OH^-} = \mu_{OH^-}^{\ominus} + RT \ln a_{OH^-,e}$$

（1）阳极平衡电势：由

$$\varphi_{阳,e} = \frac{\Delta G_{m,阳,e}}{2F}$$

得

$$\varphi_{阳,e} = \varphi_阳^{\ominus} + \frac{RT}{F}\ln\frac{1}{a_{OH^-,e}} \tag{19.56}$$

式中，

$$\varphi_阳^{\ominus} = \frac{\Delta G_{m,阳}^{\ominus}}{2F} = \frac{\mu_{Cd(OH)_2}^{\ominus} + 2\mu_e^{\ominus} - \mu_{Cd}^{\ominus} - 2\mu_{OH^-}^{\ominus}}{2F}$$

阳极有电流通过，发生极化，阳极反应为

$$Cd + 2OH^- \rightleftharpoons Cd(OH)_2 + 2e$$

摩尔吉布斯自由能变化为

$$\Delta G_{m,阳} = \mu_{Cd(OH)_2} + 2\mu_e - \mu_{Cd} - 2\mu_{OH^-} = \Delta G_{m,阳}^{\ominus} + RT\ln\frac{1}{a_{OH^-,e}^2} - 2RT\ln i$$

式中，

$$\Delta G_{m,阳}^{\ominus} = \mu_{Cd(OH)_2}^{\ominus} + 2\mu_e^{\ominus} - \mu_{Cd}^{\ominus} - 2\mu_{OH^-}^{\ominus}$$

$$\mu_{Cd(OH)_2} = \mu_{Cd(OH)_2}^{\ominus}$$

$$\mu_e = \mu_e^{\ominus} + 2RT\ln i$$

$$\mu_{Cd} = \mu_{Cd}^{\ominus}$$

$$\mu_{OH^-} = \mu_{OH^-}^{\ominus} + RT\ln a_{OH^-}$$

（2）阳极电势：由

$$\varphi_阳 = \frac{\Delta G_{m,阳}}{2F}$$

得

$$\varphi_阳 = \varphi_阳^{\ominus} + \frac{RT}{F}\ln\frac{1}{a_{OH^-}} + \frac{RT}{F}\ln i \tag{19.57}$$

式中，

$$\varphi_阳^{\ominus} = \frac{\Delta G_{m,阳}^{\ominus}}{2F} = \frac{\mu_{Cd(OH)_2}^{\ominus} + 2\mu_e^{\ominus} - \mu_{Cd}^{\ominus} - 2\mu_{OH^-}^{\ominus}}{2F}$$

由式（19.57）得

$$\ln i = \frac{F\varphi_阳}{RT} - \frac{F\varphi_阳^{\ominus}}{RT} - \ln\frac{1}{a_{OH^-}}$$

则

$$i = a_{OH^-}\exp\left(\frac{F\varphi_阳}{RT}\right)\exp\left(-\frac{F\varphi_阳^{\ominus}}{RT}\right) = k_阳\exp\left(\frac{F\varphi_阳}{RT}\right) \tag{19.58}$$

式中，

$$k_{阳} = a_{OH^-} \exp\left(-\frac{F\varphi_{阳}^{\ominus}}{RT}\right) \approx c_{OH^-} \exp\left(-\frac{F\varphi_{阳}^{\ominus}}{RT}\right)$$

（3）阳极过电势：

式（19.57）–式（19.56），得

$$\Delta\varphi_{阳} = \varphi_{阳} - \varphi_{阳,e} = \frac{RT}{F}\ln\frac{a_{OH^-,e}}{a_{OH^-}} + \frac{RT}{F}\ln i \qquad (19.59)$$

由式（19.59）得

$$\ln i = \frac{F\Delta\varphi_{阳}}{RT} - \frac{1}{2}\ln\frac{a_{OH^-,e}}{a_{OH^-}}$$

则

$$i = \frac{a_{OH^-}}{a_{OH^-,e}}\exp\left(\frac{F\Delta\varphi_{阳}}{RT}\right) = k'_{阳}\exp\left(\frac{F\Delta\varphi_{阳}}{RT}\right) \qquad (19.60)$$

式中，

$$k'_{阳} = \frac{a_{OH^-}}{a_{OH^-,e}} \approx \frac{c_{OH^-}}{c_{OH^-,e}}$$

3. 电池反应

电池反应达平衡，

$$Cd + 2NiOOH + 2H_2O \Longrightarrow Cd(OH)_2 + 2Ni(OH)_2$$

摩尔吉布斯自由能变化为

$$\Delta G_{m,e} = \mu_{Cd(OH)_2} + 2\mu_{Ni(OH)_2} - \mu_{Cd} - 2\mu_{NiOOH} - 2\mu_{H_2O} = \Delta G_m^{\ominus} + RT\ln\frac{a_{Ni(OH)_2,e}^2}{a_{NiOOH,e}^2 a_{H_2O,e}^2}$$

式中，

$$\Delta G_m^{\ominus} = \mu_{Cd(OH)_2}^{\ominus} + 2\mu_{Ni(OH)_2}^{\ominus} - \mu_{Cd}^{\ominus} - 2\mu_{NiOOH}^{\ominus} - 2\mu_{H_2O}^{\ominus}$$

$$\mu_{Cd(OH)_2} = \mu_{Cd(OH)_2}^{\ominus}$$

$$\mu_{Ni(OH)_2} = \mu_{Ni(OH)_2}^{\ominus} + RT\ln a_{Ni(OH)_2,e}$$

$$\mu_{Cd} = \mu_{Cd}^{\ominus}$$

$$\mu_{NiOOH} = \mu_{NiOOH}^{\ominus} + RT\ln a_{NiOOH,e}$$

$$\mu_{H_2O} = \mu_{H_2O}^{\ominus} + RT\ln a_{H_2O,e}$$

（1）电池平衡电动势：由

$$E_e = -\frac{\Delta G_{m,e}}{2F}$$

得

$$E_e = E^\ominus + \frac{RT}{F}\ln\frac{a_{\mathrm{Ni(OH)_2,e}}}{a_{\mathrm{NiOOH,e}}a_{\mathrm{H_2O,e}}} \qquad (19.61)$$

式中，

$$E^\ominus = -\frac{\Delta G_m^\ominus}{2F} = -\frac{\mu_{\mathrm{Cd(OH)_2}}^\ominus + 2\mu_{\mathrm{Ni(OH)_2}}^\ominus - \mu_{\mathrm{Cd}}^\ominus - 2\mu_{\mathrm{NiOOH}}^\ominus - 2\mu_{\mathrm{H_2O}}^\ominus}{2F}$$

电池放电，有电流通过，发生极化，电池反应为

$$\mathrm{Cd} + 2\mathrm{NiOOH} + 2\mathrm{H_2O} =\!=\!= \mathrm{Cd(OH)_2} + 2\mathrm{Ni(OH)_2}$$

摩尔吉布斯自由能变化为

$$\Delta G_m = \mu_{\mathrm{Cd(OH)_2}} + 2\mu_{\mathrm{Ni(OH)_2}} - \mu_{\mathrm{Cd}} - 2\mu_{\mathrm{NiOOH}} - 2\mu_{\mathrm{H_2O}} = \Delta G_m^\ominus + RT\ln\frac{a_{\mathrm{Ni(OH)_2}}^2}{a_{\mathrm{NiOOH}}^2 a_{\mathrm{H_2O}}^2}$$

式中，

$$\Delta G_m^\ominus = \mu_{\mathrm{Cd(OH)_2}}^\ominus + 2\mu_{\mathrm{Ni(OH)_2}}^\ominus - \mu_{\mathrm{Cd}}^\ominus - 2\mu_{\mathrm{NiOOH}}^\ominus - 2\mu_{\mathrm{H_2O}}^\ominus$$

$$\mu_{\mathrm{Cd(OH)_2}} = \mu_{\mathrm{Cd(OH)_2}}^\ominus$$

$$\mu_{\mathrm{Ni(OH)_2}} = \mu_{\mathrm{Ni(OH)_2}}^\ominus + RT\ln a_{\mathrm{Ni(OH)_2}}$$

$$\mu_{\mathrm{Cd}} = \mu_{\mathrm{Cd}}^\ominus$$

$$\mu_{\mathrm{NiOOH}} = \mu_{\mathrm{NiOOH}}^\ominus + RT\ln a_{\mathrm{NiOOH}}$$

$$\mu_{\mathrm{H_2O}} = \mu_{\mathrm{H_2O}}^\ominus + RT\ln a_{\mathrm{H_2O}}$$

（2）电池电动势：由

$$E = -\frac{\Delta G_m}{2F}$$

得

$$E = E^\ominus + \frac{RT}{F}\ln\frac{a_{\mathrm{Ni(OH)_2}}}{a_{\mathrm{NiOOH}}a_{\mathrm{H_2O}}} \qquad (19.62)$$

式中，

$$E^\ominus = -\frac{\Delta G_m^\ominus}{2F} = -\frac{\mu_{\mathrm{H_2O}}^\ominus - \frac{1}{2}\mu_{\mathrm{O_2}}^\ominus - \mu_{\mathrm{H_2}}^\ominus}{2F}$$

（3）电池过电势：

式（19.62）−式（19.61），得

$$\Delta E = E - E_e = \frac{RT}{2F} \ln \frac{a_{Ni(OH)_2} a_{NiOOH,e} a_{H_2O,e}}{a_{NiOOH} a_{H_2O} a_{Ni(OH)_2,e}} \tag{19.63}$$

$$\Delta E = E - E_e$$
$$= (\varphi_阴 - \varphi_阳) - (\varphi_{阴,e} - \varphi_{阳,e})$$
$$= (\varphi_阴 - \varphi_{阴,e}) - (\varphi_阳 - \varphi_{阳,e})$$
$$= \Delta\varphi_阴 - \Delta\varphi_阳$$

（4）电池端电压：

$$V = E - IR = E_e + \Delta E - IR = E_e + \Delta\varphi_阴 - \Delta\varphi_阳 - IR$$

式中，I 为电流；R 为系统的电阻。

（5）电池电流：

$$I = \frac{E - V}{R} = \frac{E_e + \Delta E - V}{R}$$

19.2.2　Ni/Cd 电池充电的电化学反应

充电过程是电解过程，电池成为电解池。

阴极反应

$$Cd(OH)_2 + 2e \!=\!=\!= Cd + 2OH^-$$

阳极反应

$$Ni(OH)_2 + OH^- \!=\!=\!= NiOOH + H_2O + e$$

电池反应

$$Cd(OH)_2 + 2Ni(OH)_2 \!=\!=\!= Cd + 2NiOOH + 2H_2O$$

1. 阴极过程

阴极反应达平衡，

$$Cd(OH)_2 + 2e \rightleftharpoons Cd + 2OH^-$$

摩尔吉布斯自由能变化为

$$\Delta G_{m,阴,e} = \mu_{Cd} + 2\mu_{OH^-} - \mu_{Cd(OH)_2} - 2\mu_e = \Delta G_{m,阴}^\ominus + RT \ln a_{OH^-,e}^2$$

式中，

$$\Delta G_{m,阴}^\ominus = \mu_{Cd}^\ominus + 2\mu_{OH^-}^\ominus - \mu_{Cd(OH)_2}^\ominus - 2\mu_e^\ominus$$
$$\mu_{Cd} = \mu_{Cd}^\ominus$$

$$\mu_{OH^-} = \mu_{OH^-}^{\ominus} + RT \ln a_{OH^-,e}$$

$$\mu_{Cd(OH)_2} = \mu_{Cd(OH)_2}^{\ominus}$$

$$\mu_e = \mu_e^{\ominus}$$

（1）阴极平衡电势：由

$$\varphi_{阴,e} = -\frac{\Delta G_{m,阴,e}}{2F}$$

得

$$\varphi_{阴,e} = \varphi_{阴}^{\ominus} + \frac{RT}{F} \ln \frac{1}{a_{OH^-,e}} \tag{19.64}$$

式中，

$$\varphi_{阴}^{\ominus} = -\frac{\Delta G_{m,阴}^{\ominus}}{2F} = -\frac{\mu_{Cd}^{\ominus} + 2\mu_{OH^-}^{\ominus} - \mu_{Cd(OH)_2}^{\ominus} - 2\mu_e^{\ominus}}{2F}$$

阴极有电流通过，发生极化，阴极反应为

$$Cd(OH)_2 + 2e =\!=\!= Cd + 2OH^-$$

摩尔吉布斯自由能变化为

$$\Delta G_{m,阴} = \mu_{Cd} + 2\mu_{OH^-} - \mu_{Cd(OH)_2} - 2\mu_e = \Delta G_{m,阴}^{\ominus} + RT \ln a_{OH^-,e}^2 + 2RT \ln i$$

式中，

$$\Delta G_{m,阴}^{\ominus} = \mu_{Cd}^{\ominus} + 2\mu_{OH^-}^{\ominus} - \mu_{Cd(OH)_2}^{\ominus} - 2\mu_e^{\ominus}$$

$$\mu_{Cd} = \mu_{Cd}^{\ominus}$$

$$\mu_{OH^-} = \mu_{OH^-}^{\ominus} + RT \ln a_{OH^-}$$

$$\mu_{Cd(OH)_2} = \mu_{Cd(OH)_2}^{\ominus}$$

$$\mu_e = \mu_e^{\ominus} - RT \ln i$$

（2）阴极电势：由

$$\varphi_{阴} = -\frac{\Delta G_{m,阴}}{2F}$$

得

$$\varphi_{阴} = \varphi_{阴}^{\ominus} + \frac{RT}{F} \ln \frac{1}{a_{OH^-}} - \frac{RT}{F} \ln i \tag{19.65}$$

式中，

$$\varphi_{阴}^{\ominus} = -\frac{\Delta G_{m,阴}^{\ominus}}{2F} = -\frac{\mu_{Cd}^{\ominus} + 2\mu_{OH^-}^{\ominus} - \mu_{Cd(OH)_2}^{\ominus} - 2\mu_e^{\ominus}}{2F}$$

由式（19.65）得

$$\ln i = -\frac{F\varphi_阴}{RT} + \frac{F\varphi_阴^\ominus}{RT} + \ln\frac{1}{a_{OH^-}}$$

则

$$i = \frac{1}{a_{OH^-}}\exp\left(-\frac{F\varphi_阴}{RT}\right)\exp\left(\frac{F\varphi_阴^\ominus}{RT}\right) = k_阴\exp\left(-\frac{F\varphi_阴}{RT}\right) \tag{19.66}$$

式中，

$$k_阴 = \frac{1}{a_{OH^-}}\exp\left(\frac{F\varphi_阴^\ominus}{RT}\right) \approx \frac{1}{c_{OH^-}}\exp\left(\frac{F\varphi_阴^\ominus}{RT}\right)$$

（3）阴极过电势：

式（19.65）–式（19.64），得

$$\Delta\varphi_阴 = \varphi_阴 - \varphi_{阴,e} = \frac{RT}{F}\ln\frac{a_{OH^-,e}}{a_{OH^-}} - \frac{RT}{F}\ln i \tag{19.67}$$

移项得

$$\ln i = -\frac{F\Delta\varphi_阴}{RT} + \ln\frac{a_{OH^-,e}}{a_{OH^-}}$$

则

$$i = \frac{a_{OH^-,e}}{a_{OH^-}}\exp\left(-\frac{F\Delta\varphi_阴}{RT}\right) = k_阴'\exp\left(-\frac{F\Delta\varphi_阴}{RT}\right) \tag{19.68}$$

式中，

$$k_阴' = \frac{a_{OH^-,e}}{a_{OH^-}} \approx \frac{c_{OH^-,e}}{c_{OH^-}}$$

2. 阳极过程

阳极反应达平衡，

$$Ni(OH)_2 + OH^- \rightleftharpoons NiOOH + H_2O + e$$

摩尔吉布斯自由能变化为

$$\Delta G_{m,阳,e} = \mu_{NiOOH} + \mu_{H_2O} + \mu_e - \mu_{Ni(OH)_2} - \mu_{OH^-} = \Delta G_{m,阳}^\ominus + RT\ln\frac{a_{NiOOH,e}a_{H_2O,e}}{a_{Ni(OH)_2,e}a_{OH^-,e}}$$

式中，

$$\Delta G_{m,阳}^\ominus = \mu_{NiOOH}^\ominus + \mu_{H_2O}^\ominus + \mu_e^\ominus - \mu_{Ni(OH)_2}^\ominus - \mu_{OH^-}^\ominus$$

$$\mu_{NiOOH} = \mu_{NiOOH}^\ominus + RT\ln a_{NiOOH,e}$$

$$\mu_{H_2O} = \mu_{H_2O}^{\ominus} + RT \ln a_{H_2O,e}$$

$$\mu_e = \mu_e^{\ominus}$$

$$\mu_{Ni(OH)_2} = \mu_{Ni(OH)_2}^{\ominus} + RT \ln a_{Ni(OH)_2,e}$$

$$\mu_{OH^-} = \mu_{OH^-}^{\ominus} + RT \ln a_{OH^-,e}$$

（1）阳极平衡电势：由

$$\varphi_{阳,e} = \frac{\Delta G_{m,阳,e}}{F}$$

得

$$\varphi_{阳,e} = \varphi_阳^{\ominus} + \frac{RT}{F} \ln \frac{a_{NiOOH,e} a_{H_2O,e}}{a_{Ni(OH)_2,e} a_{OH^-,e}} \tag{19.69}$$

式中，

$$\varphi_阳^{\ominus} = \frac{\Delta G_{m,阳}^{\ominus}}{F} = \frac{\mu_{NiOOH}^{\ominus} + \mu_{H_2O}^{\ominus} + \mu_e^{\ominus} - \mu_{Ni(OH)_2}^{\ominus} - \mu_{OH^-}^{\ominus}}{F}$$

阳极有电流通过，发生极化，阳极反应为

$$Ni(OH)_2 + OH^- \rightleftharpoons NiOOH + H_2O + e$$

摩尔吉布斯自由能变化为

$$\Delta G_{m,阳} = \mu_{NiOOH} + \mu_{H_2O} + \mu_e - \mu_{Ni(OH)_2} - \mu_{OH^-} = \Delta G_{m,阳}^{\ominus} + RT \ln \frac{a_{NiOOH} a_{H_2O}}{a_{Ni(OH)_2} a_{OH^-}} + RT \ln i$$

式中，

$$\Delta G_{m,阳}^{\ominus} = \mu_{NiOOH}^{\ominus} + \mu_{H_2O}^{\ominus} + \mu_e^{\ominus} - \mu_{Ni(OH)_2}^{\ominus} - \mu_{OH^-}^{\ominus}$$

$$\mu_{NiOOH} = \mu_{NiOOH}^{\ominus} + RT \ln a_{NiOOH}$$

$$\mu_{H_2O} = \mu_{H_2O}^{\ominus} + RT \ln a_{H_2O}$$

$$\mu_e = \mu_e^{\ominus} + RT \ln i$$

$$\mu_{Ni(OH)_2} = \mu_{Ni(OH)_2}^{\ominus} + RT \ln a_{Ni(OH)_2}$$

$$\mu_{OH^-} = \mu_{OH^-}^{\ominus} + RT \ln a_{OH^-}$$

（2）阳极电势：由

$$\varphi_阳 = \frac{\Delta G_{m,阳}}{F}$$

得

$$\varphi_阳 = \varphi_阳^{\ominus} + \frac{RT}{F} \ln \frac{a_{Ni(OH)_2} a_{OH^-}}{a_{NiOOH} a_{H_2O}} + \frac{RT}{F} \ln i \tag{19.70}$$

式中，

$$\varphi_{\text{阳}}^{\ominus} = \frac{\Delta G_{\text{m,阳}}^{\ominus}}{F} = \frac{\mu_{\text{NiOOH}}^{\ominus} + \mu_{\text{H}_2\text{O}}^{\ominus} + \mu_{\text{e}}^{\ominus} - \mu_{\text{Ni(OH)}_2}^{\ominus} - \mu_{\text{OH}^-}^{\ominus}}{F}$$

由式（19.70）得

$$\ln i = \frac{F\varphi_{\text{阳}}}{RT} - \frac{F\varphi_{\text{阳}}^{\ominus}}{RT} - \ln \frac{a_{\text{NiOOH}} a_{\text{H}_2\text{O}}}{a_{\text{Ni(OH)}_2} a_{\text{OH}^-}}$$

则

$$i = \frac{a_{\text{NiOOH}} a_{\text{H}_2\text{O}}}{a_{\text{Ni(OH)}_2} a_{\text{OH}^-}} \exp\left(\frac{F\varphi_{\text{阳}}}{RT}\right) \exp\left(-\frac{F\varphi_{\text{阳}}^{\ominus}}{RT}\right) = k_{\text{阳}} \exp\left(\frac{F\varphi_{\text{阳}}}{RT}\right) \tag{19.71}$$

式中，

$$k_{\text{阳}} = \frac{a_{\text{NiOOH}} a_{\text{H}_2\text{O}}}{a_{\text{Ni(OH)}_2} a_{\text{OH}^-}} \exp\left(-\frac{F\varphi_{\text{阳}}^{\ominus}}{RT}\right) \approx \frac{c_{\text{NiOOH}} c_{\text{H}_2\text{O}}}{c_{\text{Ni(OH)}_2} c_{\text{OH}^-}} \exp\left(-\frac{F\varphi_{\text{阳}}^{\ominus}}{RT}\right)$$

（3）阳极过电势：

式（19.70）–式（19.69），得

$$\Delta\varphi_{\text{阳}} = \varphi_{\text{阳}} - \varphi_{\text{阳,e}} = \frac{RT}{F} \ln \frac{a_{\text{Ni(OH)}_2} a_{\text{OH}^-} a_{\text{NiOOH,e}} a_{\text{H}_2\text{O,e}}}{a_{\text{NiOOH}} a_{\text{H}_2\text{O}} a_{\text{Ni(OH)}_2\text{,e}} a_{\text{OH}^-\text{,e}}} + \frac{RT}{F} \ln i \tag{19.72}$$

由上式得

$$\ln i = \frac{F\Delta\varphi_{\text{阳}}}{RT} - \ln \frac{a_{\text{Ni(OH)}_2} a_{\text{OH}^-} a_{\text{NiOOH,e}} a_{\text{H}_2\text{O,e}}}{a_{\text{NiOOH}} a_{\text{H}_2\text{O}} a_{\text{Ni(OH)}_2\text{,e}} a_{\text{OH}^-\text{,e}}}$$

则

$$i = \frac{a_{\text{NiOOH}} a_{\text{H}_2\text{O}} a_{\text{Ni(OH)}_2\text{,e}} a_{\text{OH}^-\text{,e}}}{a_{\text{Ni(OH)}_2} a_{\text{OH}^-} a_{\text{NiOOH,e}} a_{\text{H}_2\text{O,e}}} \exp\left(\frac{F\Delta\varphi_{\text{阳}}}{RT}\right) = k_{\text{阳}}' \exp\left(\frac{F\Delta\varphi_{\text{阳}}}{RT}\right) \tag{19.73}$$

式中，

$$k_{\text{阳}}' = \frac{a_{\text{NiOOH}} a_{\text{H}_2\text{O}} a_{\text{Ni(OH)}_2\text{,e}} a_{\text{OH}^-\text{,e}}}{a_{\text{Ni(OH)}_2} a_{\text{OH}^-} a_{\text{NiOOH,e}} a_{\text{H}_2\text{O,e}}} \approx \frac{c_{\text{NiOOH}} c_{\text{H}_2\text{O}} c_{\text{Ni(OH)}_2\text{,e}} c_{\text{OH}^-\text{,e}}}{c_{\text{Ni(OH)}_2} c_{\text{OH}^-} c_{\text{NiOOH,e}} c_{\text{H}_2\text{O,e}}}$$

3. 电解池过程

电解池反应达平衡，

$$\text{Cd(OH)}_2 + 2\text{Ni(OH)}_2 \rightleftharpoons \text{Cd} + 2\text{NiOOH} + 2\text{H}_2\text{O}$$

摩尔吉布斯自由能变化为

$$\Delta G_{\text{m,e}} = \mu_{\text{Cd}} + 2\mu_{\text{NiOOH}} + 2\mu_{\text{H}_2\text{O}} - \mu_{\text{Cd(OH)}_2} - 2\mu_{\text{Ni(OH)}_2} = \Delta G_{\text{m}}^{\ominus} + RT \ln \frac{a_{\text{NiOOH,e}}^2 a_{\text{H}_2\text{O,e}}^2}{a_{\text{Ni(OH)}_2\text{,e}}^2}$$

式中，

$$\Delta G_m^{\ominus} = \mu_{Cd}^{\ominus} + 2\mu_{NiOOH}^{\ominus} + 2\mu_{H_2O}^{\ominus} - \mu_{Cd(OH)_2}^{\ominus} - 2\mu_{Ni(OH)_2}^{\ominus}$$

$$\mu_{Cd} = \mu_{Cd}^{\ominus}$$

$$\mu_{NiOOH} = \mu_{NiOOH}^{\ominus} + RT \ln a_{NiOOH,e}$$

$$\mu_{H_2O} = \mu_{H_2O}^{\ominus} + RT \ln a_{H_2O,e}$$

$$\mu_{Cd(OH)_2} = \mu_{Cd(OH)_2}^{\ominus}$$

$$\mu_{Ni(OH)_2} = \mu_{Ni(OH)_2}^{\ominus} + RT \ln a_{Ni(OH)_2,e}$$

（1）电解池平衡电动势：由

$$E_e = -\frac{\Delta G_{m,e}}{2F}$$

得

$$E_e = E^{\ominus} + \frac{RT}{F} \ln \frac{a_{Ni(OH)_2,e}}{a_{NiOOH,e} a_{H_2O,e}} \qquad (19.74)$$

式中，

$$E^{\ominus} = -\frac{\Delta G_m^{\ominus}}{2F} = -\frac{\mu_{Cd}^{\ominus} + 2\mu_{NiOOH}^{\ominus} + 2\mu_{H_2O}^{\ominus} - \mu_{Cd(OH)_2}^{\ominus} - 2\mu_{Ni(OH)_2}^{\ominus}}{2F}$$

电池充电，有电流通过，电解池反应为

$$Cd(OH)_2 + 2Ni(OH)_2 \xrightarrow{\quad\quad} Cd + 2NiOOH + 2H_2O$$

摩尔吉布斯自由能变化为

$$\Delta G_m = \mu_{Cd} + 2\mu_{NiOOH} + 2\mu_{H_2O} - \mu_{Cd(OH)_2} - 2\mu_{Ni(OH)_2} = \Delta G_m^{\ominus} + RT \ln \frac{a_{NiOOH}^2 a_{H_2O}^2}{a_{Ni(OH)_2}^2}$$

式中，

$$\Delta G_m^{\ominus} = \mu_{Cd}^{\ominus} + 2\mu_{NiOOH}^{\ominus} + 2\mu_{H_2O}^{\ominus} - \mu_{Cd(OH)_2}^{\ominus} - 2\mu_{Ni(OH)_2}^{\ominus}$$

$$\mu_{Cd} = \mu_{Cd}^{\ominus}$$

$$\mu_{NiOOH} = \mu_{NiOOH}^{\ominus} + RT \ln a_{NiOOH}$$

$$\mu_{H_2O} = \mu_{H_2O}^{\ominus} + RT \ln a_{H_2O}$$

$$\mu_{Cd(OH)_2} = \mu_{Cd(OH)_2}^{\ominus}$$

$$\mu_{Ni(OH)_2} = \mu_{Ni(OH)_2}^{\ominus} + RT \ln a_{Ni(OH)_2}$$

（2）电解池电动势：由

$$E = -\frac{\Delta G_m}{2F}$$

得

$$E = E^{\ominus} + \frac{RT}{F} \ln \frac{a_{\mathrm{Ni(OH)_2}}}{a_{\mathrm{NiOOH}} a_{\mathrm{H_2O}}} \tag{19.75}$$

式中，

$$E^{\ominus} = -\frac{\Delta G_{\mathrm{m}}^{\ominus}}{2F} = -\frac{\mu_{\mathrm{Cd}}^{\ominus} + 2\mu_{\mathrm{NiOOH}}^{\ominus} + 2\mu_{\mathrm{H_2O}}^{\ominus} - \mu_{\mathrm{Cd(OH)_2}}^{\ominus} - 2\mu_{\mathrm{Ni(OH)_2}}^{\ominus}}{2F}$$

$$E = -E'$$

E' 为外加电动势。

（3）电解池过电势：

$$\Delta E' = E' - E'_{\mathrm{e}} = \frac{RT}{F} \ln \frac{a_{\mathrm{NiOOH}} a_{\mathrm{H_2O}} a_{\mathrm{Ni(OH)_2,e}}}{a_{\mathrm{Ni(OH)_2}} a_{\mathrm{NiOOH,e}} a_{\mathrm{H_2O,e}}} \tag{19.76}$$

$$\Delta E' = E' - E'_{\mathrm{e}} = (\varphi_{\text{阳}} - \varphi_{\text{阴}}) - (\varphi_{\text{阳,e}} - \varphi_{\text{阴,e}})$$

$$= (\varphi_{\text{阳}} - \varphi_{\text{阳,e}}) - (\varphi_{\text{阴}} - \varphi_{\text{阴,e}})$$

$$= \Delta\varphi_{\text{阳}} - \Delta\varphi_{\text{阴}}$$

$$E' = E'_{\mathrm{e}} + \Delta E' = E'_{\mathrm{e}} + \Delta\varphi_{\text{阳}} - \Delta\varphi_{\text{阴}}$$

（4）电解池端电压：

$$V' = E' + IR$$

式中，I 为电流；R 为电阻。

（5）电解池电流：

$$I = \frac{V' - E'}{R} = \frac{V' - E'_{\mathrm{e}} - \Delta E'}{R}$$

19.3　Ni/MeH 电池

Ni/MeH 电池的正极是 NiOOH，负极是储氢合金，现在常用的是 AB$_5$ 型化合物，A 是稀土元素，La、Ce、Pr、Nd，B 是 Ni、Go、Mn、Al 等金属。电解质为 KOH 溶液，电池的能量密度为 70W·h/kg，电压为 1.2V，比容量为 60～70A·h/kg，功率密度为 200～1000W/kg。

19.3.1　Ni/MeH 电池放电

阴极反应

$$\mathrm{NiOOH} + \mathrm{H_2O} + \mathrm{e} =\!=\!= \mathrm{Ni(OH)_2} + \mathrm{OH}^-$$

阳极反应

$$\mathrm{MeH} + \mathrm{OH}^- =\!=\!= \mathrm{H_2O} + \mathrm{Me} + \mathrm{e}$$

电池反应

$$NiOOH + MeH = Ni(OH)_2 + Me$$

1. 阴极过程

阴极反应达平衡，

$$NiOOH + H_2O + e \rightleftharpoons Ni(OH)_2 + OH^-$$

摩尔吉布斯自由能变化为

$$\Delta G_{m,阴,e} = \mu_{Ni(OH)_2} + \mu_{OH^-} - \mu_{NiOOH} - \mu_{H_2O} - \mu_e = \Delta G_{m,阴}^{\ominus} + RT \ln \frac{a_{OH^-,e} a_{Ni(OH)_2,e}}{a_{H_2O,e} a_{NiOOH,e}}$$

式中，

$$\Delta G_{m,阴}^{\ominus} = \mu_{Ni(OH)_2}^{\ominus} + \mu_{OH^-}^{\ominus} - \mu_{NiOOH}^{\ominus} - \mu_{H_2O}^{\ominus} - \mu_e^{\ominus}$$

$$\mu_{Ni(OH)_2} = \mu_{Ni(OH)_2}^{\ominus} + RT \ln a_{Ni(OH)_2,e}$$

$$\mu_{OH^-} = \mu_{OH^-}^{\ominus} + RT \ln a_{OH^-,e}$$

$$\mu_{NiOOH} = \mu_{NiOOH}^{\ominus} + RT \ln a_{NiOOH,e}$$

$$\mu_{H_2O} = \mu_{H_2O}^{\ominus} + RT \ln a_{H_2O,e}$$

$$\mu_e = \mu_e^{\ominus}$$

（1）阴极平衡电势：由

$$\varphi_{阴,e} = -\frac{\Delta G_{m,阴,e}}{F}$$

得

$$\varphi_{阴,e} = \varphi_{阴}^{\ominus} + \frac{RT}{F} \ln \frac{a_{H_2O,e} a_{NiOOH,e}}{a_{OH^-,e} a_{Ni(OH)_2,e}} \tag{19.77}$$

式中，

$$\varphi_{阴}^{\ominus} = -\frac{\Delta G_{m,阴}^{\ominus}}{F} = -\frac{\mu_{Ni(OH)_2}^{\ominus} + \mu_{OH^-}^{\ominus} - \mu_{NiOOH}^{\ominus} - \mu_{H_2O}^{\ominus} - \mu_e^{\ominus}}{F}$$

阴极有电流通过，发生极化，阴极反应为

$$NiOOH + H_2O + e = Ni(OH)_2 + OH^-$$

摩尔吉布斯自由能变化为

$$\Delta G_{m,阴} = \mu_{Ni(OH)_2} + \mu_{OH^-} - \mu_{NiOOH} - \mu_{H_2O} - \mu_e = \Delta G_{m,阴}^{\ominus} + RT \ln \frac{a_{OH^-} a_{Ni(OH)_2}}{a_{H_2O} a_{NiOOH}} + RT \ln i$$

式中，

$$\Delta G_{m,阴}^{\ominus} = \mu_{Ni(OH)_2}^{\ominus} + \mu_{OH^-}^{\ominus} - \mu_{NiOOH}^{\ominus} - \mu_{H_2O}^{\ominus} - \mu_e^{\ominus}$$

$$\mu_{Ni(OH)_2} = \mu_{Ni(OH)_2}^{\ominus} + RT \ln a_{Ni(OH)_2}$$

$$\mu_{OH^-} = \mu_{OH^-}^{\ominus} + RT \ln a_{OH^-}$$

$$\mu_{NiOOH} = \mu_{NiOOH}^{\ominus} + RT \ln a_{NiOOH}$$

$$\mu_{H_2O} = \mu_{H_2O}^{\ominus} + RT \ln a_{H_2O}$$

$$\mu_e = \mu_e^{\ominus} - RT \ln i$$

（2）阴极电势：由

$$\varphi_{阴} = -\frac{\Delta G_{m,阴}}{F}$$

得

$$\varphi_{阴} = \varphi_{阴}^{\ominus} + \frac{RT}{F} \ln \frac{a_{H_2O} a_{NiOOH}}{a_{OH^-} a_{Ni(OH)_2}} - \frac{RT}{F} \ln i \qquad (19.78)$$

式中，

$$\varphi_{阴}^{\ominus} = -\frac{\Delta G_{m,阴}^{\ominus}}{F} = -\frac{\mu_{Ni(OH)_2}^{\ominus} + \mu_{OH^-}^{\ominus} - \mu_{NiOOH}^{\ominus} - \mu_{H_2O}^{\ominus} - \mu_e^{\ominus}}{F}$$

由式（19.78）得

$$\ln i = -\frac{F\varphi_{阴}}{RT} + \frac{F\varphi_{阴}^{\ominus}}{RT} + \ln \frac{a_{H_2O} a_{NiOOH}}{a_{OH^-} a_{Ni(OH)_2}}$$

则

$$i = \frac{a_{H_2O} a_{NiOOH}}{a_{OH^-} a_{Ni(OH)_2}} \exp\left(-\frac{F\varphi_{阴}}{RT}\right) \exp\left(\frac{F\varphi_{阴}^{\ominus}}{RT}\right) = k_{阴} \exp\left(-\frac{F\varphi_{阴}}{RT}\right) \qquad (19.79)$$

式中，

$$k_{阴} = \frac{a_{H_2O} a_{NiOOH}}{a_{OH^-} a_{Ni(OH)_2}} \exp\left(\frac{F\varphi_{阴}^{\ominus}}{RT}\right) \approx \frac{c_{H_2O} c_{NiOOH}}{c_{OH^-} c_{Ni(OH)_2}} \exp\left(\frac{F\varphi_{阴}^{\ominus}}{RT}\right)$$

（3）阴极过电势：

式（19.78）–式（19.77），得

$$\Delta\varphi_{阴} = \varphi_{阴} - \varphi_{阴,e} = \frac{RT}{2F} \ln \frac{a_{H_2O} a_{NiOOH} a_{OH^-,e} a_{Ni(OH)_2,e}}{a_{OH^-} a_{Ni(OH)_2} a_{H_2O,e} a_{NiOOH,e}} - \frac{RT}{F} \ln i \qquad (19.80)$$

由上式得

$$\ln i = -\frac{F\Delta\varphi_{阴}}{RT} + \ln \frac{a_{H_2O} a_{NiOOH} a_{OH^-,e} a_{Ni(OH)_2,e}}{a_{OH^-} a_{Ni(OH)_2} a_{H_2O,e} a_{NiOOH,e}}$$

则

$$i = \frac{a_{\mathrm{H_2O}} a_{\mathrm{NiOOH}} a_{\mathrm{OH^-},\mathrm{e}} a_{\mathrm{Ni(OH)_2},\mathrm{e}}}{a_{\mathrm{OH^-}} a_{\mathrm{Ni(OH)_2}} a_{\mathrm{H_2O,e}} a_{\mathrm{NiOOH,e}}} \exp\left(-\frac{F\Delta\varphi_{\text{阴}}}{RT}\right) = k'_{\text{阴}} \exp\left(-\frac{F\Delta\varphi_{\text{阴}}}{RT}\right) \quad （19.81）$$

式中，

$$k'_{\text{阴}} = \frac{a_{\mathrm{H_2O}} a_{\mathrm{NiOOH}} a_{\mathrm{OH^-},\mathrm{e}} a_{\mathrm{Ni(OH)_2},\mathrm{e}}}{a_{\mathrm{OH^-}} a_{\mathrm{Ni(OH)_2}} a_{\mathrm{H_2O,e}} a_{\mathrm{NiOOH,e}}} \approx \frac{c_{\mathrm{H_2O}} c_{\mathrm{NiOOH}} c_{\mathrm{OH^-},\mathrm{e}} c_{\mathrm{Ni(OH)_2},\mathrm{e}}}{c_{\mathrm{OH^-}} c_{\mathrm{Ni(OH)_2}} c_{\mathrm{H_2O,e}} c_{\mathrm{NiOOH,e}}}$$

2. 阳极过程

阳极反应达平衡，

$$\mathrm{MeH + OH^- \rightleftharpoons H_2O + Me + e}$$

摩尔吉布斯自由能变化为

$$\Delta G_{\mathrm{m,阳,e}} = \mu_{\mathrm{H_2O}} + \mu_{\mathrm{Me}} + \mu_{\mathrm{e}} - \mu_{\mathrm{MeH}} - \mu_{\mathrm{OH^-}} = \Delta G_{\mathrm{m,阳}}^{\ominus} + RT\ln\frac{a_{\mathrm{H_2O,e}} a_{\mathrm{Me,e}}}{a_{\mathrm{OH^-},\mathrm{e}} a_{\mathrm{MeH,e}}}$$

式中，

$$\Delta G_{\mathrm{m,阳}}^{\ominus} = \mu_{\mathrm{H_2O}}^{\ominus} + \mu_{\mathrm{Me}}^{\ominus} + \mu_{\mathrm{e}}^{\ominus} - \mu_{\mathrm{MeH}}^{\ominus} - \mu_{\mathrm{OH^-}}^{\ominus}$$

$$\mu_{\mathrm{H_2O}} = \mu_{\mathrm{H_2O}}^{\ominus} + RT\ln a_{\mathrm{H_2O,e}}$$

$$\mu_{\mathrm{Me}} = \mu_{\mathrm{Me}}^{\ominus} + RT\ln a_{\mathrm{Me,e}}$$

$$\mu_{\mathrm{e}} = \mu_{\mathrm{e}}^{\ominus}$$

$$\mu_{\mathrm{MeH}} = \mu_{\mathrm{MeH}}^{\ominus} + RT\ln a_{\mathrm{MeH,e}}$$

$$\mu_{\mathrm{OH^-}} = \mu_{\mathrm{OH^-}}^{\ominus} + RT\ln a_{\mathrm{OH^-},\mathrm{e}}$$

（1）阳极平衡电势：由

$$\varphi_{\text{阳,e}} = \frac{\Delta G_{\mathrm{m,阳,e}}}{F}$$

得

$$\varphi_{\text{阳,e}} = \varphi_{\text{阳}}^{\ominus} + \frac{RT}{F}\ln\frac{a_{\mathrm{H_2O,e}} a_{\mathrm{Me,e}}}{a_{\mathrm{OH^-},\mathrm{e}} a_{\mathrm{MeH,e}}} \quad （19.82）$$

式中，

$$\varphi_{\text{阳}}^{\ominus} = \frac{\Delta G_{\mathrm{m,阳}}^{\ominus}}{F} = \frac{\mu_{\mathrm{H_2O}}^{\ominus} + \mu_{\mathrm{Me}}^{\ominus} + \mu_{\mathrm{e}}^{\ominus} - \mu_{\mathrm{MeH}}^{\ominus} - \mu_{\mathrm{OH^-}}^{\ominus}}{F}$$

阳极有电流通过，发生极化，阳极反应为

$$\mathrm{MeH + OH^- \rightleftharpoons H_2O + Me + e}$$

摩尔吉布斯自由能变化为

$$\Delta G_{\mathrm{m,阳}} = \mu_{\mathrm{H_2O}} + \mu_{\mathrm{Me}} + \mu_{\mathrm{e}} - \mu_{\mathrm{MeH}} - \mu_{\mathrm{OH^-}} = \Delta G_{\mathrm{m,阳}}^{\ominus} + RT\ln\frac{a_{\mathrm{H_2O}} a_{\mathrm{Me}}}{a_{\mathrm{OH^-}} a_{\mathrm{MeH}}} + RT\ln i$$

式中，

$$\Delta G_{m,阳}^{\ominus} = \mu_{H_2O}^{\ominus} + \mu_{Me}^{\ominus} + \mu_e^{\ominus} - \mu_{MeH}^{\ominus} - \mu_{OH^-}^{\ominus}$$

$$\mu_{H_2O} = \mu_{H_2O}^{\ominus} + RT \ln a_{H_2O}$$

$$\mu_{Me} = \mu_{Me}^{\ominus} + RT \ln a_{Me}$$

$$\mu_e = \mu_e^{\ominus} + RT \ln i$$

$$\mu_{MeH} = \mu_{MeH}^{\ominus} + RT \ln a_{MeH}$$

$$\mu_{OH^-} = \mu_{OH^-}^{\ominus} + RT \ln a_{OH^-}$$

（2）阳极电势：由

$$\varphi_{阳} = \frac{\Delta G_{m,阳}}{F}$$

得

$$\varphi_{阳} = \varphi_{阳}^{\ominus} + \frac{RT}{F} \ln \frac{a_{H_2O} a_{Me}}{a_{OH^-} a_{MeH}} + \frac{RT}{F} \ln i \qquad （19.83）$$

式中，

$$\varphi_{阳}^{\ominus} = \frac{\Delta G_{m,阳}^{\ominus}}{F} = \frac{\mu_{H_2O}^{\ominus} + \mu_{Me}^{\ominus} + \mu_e^{\ominus} - \mu_{MeH}^{\ominus} - \mu_{OH^-}^{\ominus}}{F}$$

由式（19.83）得

$$\ln i = \frac{F \varphi_{阳}}{RT} - \frac{F \varphi_{阳}^{\ominus}}{RT} - \ln \frac{a_{H_2O} a_{Me}}{a_{OH^-} a_{MeH}}$$

则

$$i = \frac{a_{OH^-} a_{MeH}}{a_{H_2O} a_{Me}} \exp\left(\frac{F \varphi_{阳}}{RT}\right) \exp\left(-\frac{F \varphi_{阳}^{\ominus}}{RT}\right) = k_{阳} \exp\left(\frac{F \varphi_{阳}}{RT}\right) \qquad （19.84）$$

式中，

$$k_{阳} = \frac{a_{OH^-} a_{MeH}}{a_{H_2O} a_{Me}} \exp\left(-\frac{F \varphi_{阳}^{\ominus}}{RT}\right) \approx \frac{c_{OH^-} c_{MeH}}{c_{H_2O} c_{Me}} \exp\left(-\frac{F \varphi_{阳}^{\ominus}}{RT}\right)$$

（3）阳极过电势：

式（19.83）–式（19.82），得

$$\Delta \varphi_{阳} = \varphi_{阳} - \varphi_{阳,e} = \frac{RT}{F} \ln \frac{a_{H_2O} a_{Me} a_{OH^-,e} a_{MeH,e}}{a_{OH^-} a_{MeH} a_{H_2O,e} a_{Me,e}} + \frac{RT}{F} \ln i \qquad （19.85）$$

由上式得

$$\ln i = \frac{F \Delta \varphi_{阳}}{RT} - \ln \frac{a_{H_2O} a_{Me} a_{OH^-,e} a_{MeH,e}}{a_{OH^-} a_{MeH} a_{H_2O,e} a_{Me,e}}$$

则

$$i = \frac{a_{\text{OH}^-}a_{\text{MeH}}a_{\text{H}_2\text{O,e}}a_{\text{Me,e}}}{a_{\text{H}_2\text{O}}a_{\text{Me}}a_{\text{OH}^-,\text{e}}a_{\text{MeH,e}}}\exp\left(\frac{F\Delta\varphi_{阳}}{RT}\right) = k'_{阳}\exp\left(\frac{F\Delta\varphi_{阳}}{RT}\right) \qquad (19.86)$$

式中，

$$k'_{阳} = \frac{a_{\text{OH}^-}a_{\text{MeH}}a_{\text{H}_2\text{O,e}}a_{\text{Me,e}}}{a_{\text{H}_2\text{O}}a_{\text{Me}}a_{\text{OH}^-,\text{e}}a_{\text{MeH,e}}} \approx \frac{c_{\text{OH}^-}c_{\text{MeH}}c_{\text{H}_2\text{O,e}}c_{\text{Me,e}}}{c_{\text{H}_2\text{O}}c_{\text{Me}}c_{\text{OH}^-,\text{e}}c_{\text{MeH,e}}}$$

3. 电池反应

电池反应达平衡，

$$\text{NiOOH} + \text{MeH} \rightleftharpoons \text{Ni(OH)}_2 + \text{Me}$$

摩尔吉布斯自由能变化为

$$\Delta G_{\text{m,e}} = \mu_{\text{Ni(OH)}_2} + \mu_{\text{Me}} - \mu_{\text{NiOOH}} - \mu_{\text{MeH}} = \Delta G_{\text{m}}^{\ominus} + RT\ln\frac{a_{\text{Ni(OH)}_2,\text{e}}a_{\text{Me,e}}}{a_{\text{NiOOH,e}}a_{\text{MeH,e}}}$$

式中，

$$\Delta G_{\text{m}}^{\ominus} = \mu_{\text{Ni(OH)}_2}^{\ominus} + \mu_{\text{Me}}^{\ominus} - \mu_{\text{NiOOH}}^{\ominus} - \mu_{\text{MeH}}^{\ominus}$$

$$\mu_{\text{Ni(OH)}_2} = \mu_{\text{Ni(OH)}_2}^{\ominus} + RT\ln a_{\text{Ni(OH)}_2,\text{e}}$$

$$\mu_{\text{Me}} = \mu_{\text{Me}}^{\ominus} + RT\ln a_{\text{Me,e}}$$

$$\mu_{\text{NiOOH}} = \mu_{\text{NiOOH}}^{\ominus} + RT\ln a_{\text{NiOOH,e}}$$

$$\mu_{\text{MeH}} = \mu_{\text{MeH}}^{\ominus} + RT\ln a_{\text{MeH,e}}$$

（1）电池平衡电动势：由

$$E_{\text{e}} = -\frac{\Delta G_{\text{m,e}}}{F}$$

得

$$E_{\text{e}} = E^{\ominus} + \frac{RT}{F}\ln\frac{a_{\text{Ni(OH)}_2,\text{e}}a_{\text{Me,e}}}{a_{\text{NiOOH,e}}a_{\text{MeH,e}}} \qquad (19.87)$$

式中，

$$E^{\ominus} = -\frac{\Delta G_{\text{m}}^{\ominus}}{F} = -\frac{\mu_{\text{Ni(OH)}_2}^{\ominus} + \mu_{\text{Me}}^{\ominus} - \mu_{\text{NiOOH}}^{\ominus} - \mu_{\text{MeH}}^{\ominus}}{F}$$

电池放电，有电流通过，电池反应为

$$\text{NiOOH} + \text{MeH} \Longrightarrow \text{Ni(OH)}_2 + \text{Me}$$

摩尔吉布斯自由能变化为

$$\Delta G_{\text{m}} = \mu_{\text{Ni(OH)}_2} + \mu_{\text{Me}} - \mu_{\text{NiOOH}} - \mu_{\text{MeH}} = \Delta G_{\text{m}}^{\ominus} + RT\ln\frac{a_{\text{Ni(OH)}_2}a_{\text{Me}}}{a_{\text{NiOOH}}a_{\text{MeH}}}$$

式中，

$$\Delta G_{\mathrm{m}}^{\ominus} = \mu_{\mathrm{Ni(OH)_2}}^{\ominus} + \mu_{\mathrm{Me}}^{\ominus} - \mu_{\mathrm{NiOOH}}^{\ominus} - \mu_{\mathrm{MeH}}^{\ominus}$$

$$\mu_{\mathrm{Ni(OH)_2}} = \mu_{\mathrm{Ni(OH)_2}}^{\ominus} + RT \ln a_{\mathrm{Ni(OH)_2}}$$

$$\mu_{\mathrm{Me}} = \mu_{\mathrm{Me}}^{\ominus} + RT \ln a_{\mathrm{Me}}$$

$$\mu_{\mathrm{NiOOH}} = \mu_{\mathrm{NiOOH}}^{\ominus} + RT \ln a_{\mathrm{NiOOH}}$$

$$\mu_{\mathrm{MeH}} = \mu_{\mathrm{MeH}}^{\ominus} + RT \ln a_{\mathrm{MeH}}$$

（2）电池电动势：由

$$E = -\frac{\Delta G_{\mathrm{m}}}{F}$$

得

$$E = E^{\ominus} + \frac{RT}{F} \ln \frac{a_{\mathrm{Ni(OH)_2}} a_{\mathrm{Me}}}{a_{\mathrm{NiOOH}} a_{\mathrm{MeH}}} \tag{19.88}$$

式中，

$$E^{\ominus} = -\frac{\Delta G_{\mathrm{m}}^{\ominus}}{F} = -\frac{\mu_{\mathrm{Ni(OH)_2}}^{\ominus} + \mu_{\mathrm{Me}}^{\ominus} - \mu_{\mathrm{NiOOH}}^{\ominus} - \mu_{\mathrm{MeH}}^{\ominus}}{F}$$

（3）电池的过电动势：

式（19.88）−式（19.87），得

$$\Delta E = E - E_{\mathrm{e}} = \frac{RT}{F} \ln \frac{a_{\mathrm{NiOOH}} a_{\mathrm{MeH}} a_{\mathrm{Ni(OH)_2,e}} a_{\mathrm{Me,e}}}{a_{\mathrm{Ni(OH)_2}} a_{\mathrm{Me}} a_{\mathrm{NiOOH,e}} a_{\mathrm{MeH,e}}} \tag{19.89}$$

$$\begin{aligned} \Delta E &= E - E_{\mathrm{e}} \\ &= (\varphi_{\text{阴}} - \varphi_{\text{阳}}) - (\varphi_{\text{阴,e}} - \varphi_{\text{阳,e}}) \\ &= (\varphi_{\text{阴}} - \varphi_{\text{阴,e}}) - (\varphi_{\text{阳}} - \varphi_{\text{阳,e}}) \\ &= \Delta\varphi_{\text{阴}} - \Delta\varphi_{\text{阳}} \end{aligned}$$

$$E = \Delta E + E_{\mathrm{e}} = E_{\mathrm{e}} + \Delta\varphi_{\text{阴}} - \Delta\varphi_{\text{阳}}$$

（4）电池端电压：

$$V = E - IR = E_{\mathrm{e}} + \Delta E - IR = E_{\mathrm{e}} + \Delta\varphi_{\text{阴}} - \Delta\varphi_{\text{阳}} - IR$$

式中，I 为电流；R 为系统的电阻。

（5）电池电流：

$$I = \frac{E - V}{R} = \frac{E_{\mathrm{e}} + \Delta E - V}{R}$$

19.3.2　Ni/MeH 电池充电

Ni/MeH 电池充电相当于电解。电化学反应为

阴极反应

$$H_2O + Me + e \Longrightarrow MeH + OH^-$$

阳极反应

$$Ni(OH)_2 + OH^- \Longrightarrow NiOOH + H_2O + e$$

电池反应

$$Ni(OH)_2 + Me \Longrightarrow NiOOH + MeH$$

1. 阴极过程

阴极反应达平衡，

$$H_2O + Me + e \Longrightarrow MeH + OH^-$$

摩尔吉布斯自由能变化为

$$\Delta G_{m,阳,e} = \mu_{MeH} + \mu_{OH^-} - \mu_{H_2O} - \mu_{Me} - \mu_e = \Delta G_{m,阳}^{\ominus} + RT \ln \frac{a_{OH^-,e} a_{MeH,e}}{a_{H_2O,e} a_{Me,e}}$$

式中，

$$\Delta G_{m,阳}^{\ominus} = \mu_{MeH}^{\ominus} + \mu_{OH^-}^{\ominus} - \mu_{H_2O}^{\ominus} - \mu_{Me}^{\ominus} - \mu_e^{\ominus}$$

$$\mu_{MeH} = \mu_{MeH}^{\ominus} + RT \ln a_{MeH,e}$$

$$\mu_{OH^-} = \mu_{OH^-}^{\ominus} + RT \ln a_{OH^-,e}$$

$$\mu_{H_2O} = \mu_{H_2O}^{\ominus} + RT \ln a_{H_2O,e}$$

$$\mu_{Me} = \mu_{Me}^{\ominus} + RT \ln a_{Me,e}$$

$$\mu_e = \mu_e^{\ominus}$$

（1）阴极平衡电势：由

$$\varphi_{阴,e} = -\frac{\Delta G_{m,阴,e}}{F}$$

得

$$\varphi_{阴,e} = \varphi_{阴}^{\ominus} + \frac{RT}{F} \ln \frac{a_{H_2O,e} a_{Me,e}}{a_{OH^-,e} a_{MeH,e}} \tag{19.90}$$

式中，

$$\varphi_{阴}^{\ominus} = -\frac{\Delta G_{m,阴}^{\ominus}}{F} = -\frac{\mu_{MeH}^{\ominus} + \mu_{OH^-}^{\ominus} - \mu_{H_2O}^{\ominus} - \mu_{Me}^{\ominus} - \mu_e^{\ominus}}{F}$$

阴极有电流通过，发生极化，阴极反应为

$$H_2O + Mc + c \Longrightarrow MeII + OII^-$$

摩尔吉布斯自由能变化为

$$\Delta G_{m,阴} = \mu_{MeH} + \mu_{OH^-} - \mu_{H_2O} - \mu_{Me} - \mu_e = \Delta G_{m,阴}^{\ominus} + RT \ln \frac{a_{OH^-} a_{MeH}}{a_{H_2O} a_{Me}} - RT \ln i$$

式中,

$$\Delta G_{m,\text{阴}}^{\ominus} = \mu_{\text{MeH}}^{\ominus} + \mu_{\text{OH}^-}^{\ominus} - \mu_{\text{H}_2\text{O}}^{\ominus} - \mu_{\text{Me}}^{\ominus} - \mu_{\text{e}}^{\ominus}$$

$$\mu_{\text{MeH}} = \mu_{\text{MeH}}^{\ominus} + RT\ln a_{\text{MeH}}$$

$$\mu_{\text{OH}^-} = \mu_{\text{OH}^-}^{\ominus} + RT\ln a_{\text{OH}^-}$$

$$\mu_{\text{H}_2\text{O}} = \mu_{\text{H}_2\text{O}}^{\ominus} + RT\ln a_{\text{H}_2\text{O}}$$

$$\mu_{\text{Me}} = \mu_{\text{Me}}^{\ominus} + RT\ln a_{\text{Me}}$$

$$\mu_{\text{e}} = \mu_{\text{e}}^{\ominus} - RT\ln i$$

（2）阴极电势：由

$$\varphi_{\text{阴}} = -\frac{\Delta G_{m,\text{阴}}}{F}$$

得

$$\varphi_{\text{阴}} = \varphi_{\text{阴}}^{\ominus} + \frac{RT}{F}\ln\frac{a_{\text{H}_2\text{O}}a_{\text{Me}}}{a_{\text{OH}^-}a_{\text{MeH}}} - \frac{RT}{F}\ln i \qquad (19.91)$$

式中,

$$\varphi_{\text{阴}}^{\ominus} = -\frac{\Delta G_{m,\text{阴}}^{\ominus}}{F} = -\frac{\mu_{\text{MeH}}^{\ominus} + \mu_{\text{OH}^-}^{\ominus} - \mu_{\text{H}_2\text{O}}^{\ominus} - \mu_{\text{Me}}^{\ominus} - \mu_{\text{e}}^{\ominus}}{F}$$

由式（19.91）得

$$\ln i = -\frac{F\varphi_{\text{阴}}}{RT} + \frac{F\varphi_{\text{阴}}^{\ominus}}{RT} + \ln\frac{a_{\text{H}_2\text{O}}a_{\text{Me}}}{a_{\text{OH}^-}a_{\text{MeH}}}$$

则

$$i = \frac{a_{\text{H}_2\text{O}}a_{\text{Me}}}{a_{\text{OH}^-}a_{\text{MeH}}}\exp\left(-\frac{F\varphi_{\text{阴}}}{RT}\right)\exp\left(\frac{F\varphi_{\text{阴}}^{\ominus}}{RT}\right) = k_{\text{阴}}\exp\left(\frac{F\varphi_{\text{阴}}}{RT}\right) \qquad (19.92)$$

式中,

$$k_{\text{阴}} = \frac{a_{\text{H}_2\text{O}}a_{\text{Me}}}{a_{\text{OH}^-}a_{\text{MeH}}}\exp\left(-\frac{F\varphi_{\text{阴}}^{\ominus}}{RT}\right) \approx \frac{c_{\text{H}_2\text{O}}c_{\text{Me}}}{c_{\text{OH}^-}c_{\text{MeH}}}\exp\left(-\frac{F\varphi_{\text{阴}}^{\ominus}}{RT}\right)$$

（3）阴极过电势：

式（19.91）–式（19.90），得

$$\Delta\varphi_{\text{阴}} = \varphi_{\text{阴}} - \varphi_{\text{阴,e}} = \frac{RT}{F}\ln\frac{a_{\text{H}_2\text{O}}a_{\text{Me}}a_{\text{OH}^-,\text{e}}a_{\text{MeH,e}}}{a_{\text{OH}^-}a_{\text{MeH}}a_{\text{H}_2\text{O,e}}a_{\text{Me,e}}} - \frac{RT}{F}\ln i \qquad (19.93)$$

由上式得

$$\ln i = -\frac{F\Delta\varphi_{\text{阴}}}{RT} + \ln\frac{a_{\text{H}_2\text{O}}a_{\text{Me}}a_{\text{OH}^-,\text{e}}a_{\text{MeH,e}}}{a_{\text{OH}^-}a_{\text{MeH}}a_{\text{H}_2\text{O,e}}a_{\text{Me,e}}}$$

则

$$i = \frac{a_{H_2O} a_{Me} a_{OH^-,e} a_{MeH,e}}{a_{OH^-} a_{MeH} a_{H_2O,e} a_{Me,e}} \exp\left(-\frac{F\Delta\varphi_{阴}}{RT}\right) = k'_{阴} \exp\left(\frac{F\Delta\varphi_{阴}}{RT}\right) \qquad (19.94)$$

式中,

$$k'_{阴} = \frac{a_{H_2O} a_{Me} a_{OH^-,e} a_{MeH,e}}{a_{OH^-} a_{MeH} a_{H_2O,e} a_{Me,e}} \approx \frac{c_{H_2O} c_{Me} c_{OH^-,e} c_{MeH,e}}{c_{OH^-} c_{MeH} c_{H_2O,e} c_{Me,e}}$$

2. 阳极过程

阳极反应达平衡,

$$Ni(OH)_2 + OH^- \Longleftrightarrow NiOOH + H_2O + e$$

摩尔吉布斯自由能变化为

$$\Delta G_{m,阳,e} = \mu_{NiOOH} + \mu_{H_2O} + \mu_e - \mu_{Ni(OH)_2} - \mu_{OH^-} = \Delta G^{\ominus}_{m,阳} + RT\ln\frac{a_{H_2O,e} a_{NiOOH,e}}{a_{OH^-,e} a_{Ni(OH)_2,e}}$$

式中,

$$\Delta G^{\ominus}_{m,阳} = \mu^{\ominus}_{NiOOH} + \mu^{\ominus}_{H_2O} + \mu^{\ominus}_e - \mu^{\ominus}_{Ni(OH)_2} - \mu^{\ominus}_{OH^-}$$

$$\mu_{NiOOH} = \mu^{\ominus}_{NiOOH} + RT\ln a_{NiOOH,e}$$

$$\mu_{H_2O} = \mu^{\ominus}_{H_2O} + RT\ln a_{H_2O,e}$$

$$\mu_e = \mu^{\ominus}_e$$

$$\mu_{Ni(OH)_2} = \mu^{\ominus}_{Ni(OH)_2} + RT\ln a_{Ni(OH)_2,e}$$

$$\mu_{OH^-} = \mu^{\ominus}_{OH^-} + RT\ln a_{OH^-,e}$$

（1）阳极平衡电势：由

$$\varphi_{阳,e} = \frac{\Delta G_{m,阳,e}}{F}$$

得

$$\varphi_{阳,e} = \varphi^{\ominus}_{阳} + \frac{RT}{F}\ln\frac{a_{H_2O,e} a_{NiOOH,e}}{a_{OH^-,e} a_{Ni(OH)_2,e}} \qquad (19.95)$$

式中,

$$\varphi^{\ominus}_{阳} = \frac{\Delta G^{\ominus}_{m,阳}}{F} = \frac{\mu^{\ominus}_{NiOOH} + \mu^{\ominus}_{H_2O} + \mu^{\ominus}_e - \mu^{\ominus}_{Ni(OH)_2} - \mu^{\ominus}_{OH^-}}{F}$$

阳极有电流通过, 发生极化, 阳极反应为

$$Ni(OH)_2 + OH^- \Longrightarrow NiOOH + H_2O + e$$

摩尔吉布斯自由能变化为

$$\Delta G_{m,阳} = \mu_{NiOOH} + \mu_{H_2O} + \mu_e - \mu_{Ni(OH)_2} - \mu_{OH^-} = \Delta G_{m,阳}^{\ominus} + RT \ln \frac{a_{NiOOH} a_{H_2O}}{a_{Ni(OH)_2} a_{OH^-}} + RT \ln i$$

式中，

$$\Delta G_{m,阳}^{\ominus} = \mu_{NiOOH}^{\ominus} + \mu_{H_2O}^{\ominus} + \mu_e^{\ominus} - \mu_{Ni(OH)_2}^{\ominus} - \mu_{OH^-}^{\ominus}$$

$$\mu_{NiOOH} = \mu_{NiOOH}^{\ominus} + RT \ln a_{NiOOH}$$

$$\mu_{H_2O} = \mu_{H_2O}^{\ominus} + RT \ln a_{H_2O}$$

$$\mu_e = \mu_e^{\ominus} + RT \ln i$$

$$\mu_{Ni(OH)_2} = \mu_{Ni(OH)_2}^{\ominus} + RT \ln a_{Ni(OH)_2}$$

$$\mu_{OH^-} = \mu_{OH^-}^{\ominus} + RT \ln a_{OH^-}$$

（2）阳极电势：由

$$\varphi_{阳} = \frac{\Delta G_{m,阳}}{F}$$

得

$$\varphi_{阳} = \varphi_{阳}^{\ominus} + \frac{RT}{F} \ln \frac{a_{NiOOH} a_{H_2O}}{a_{Ni(OH)_2} a_{OH^-}} + \frac{RT}{F} \ln i \qquad (19.96)$$

式中，

$$\varphi_{阳}^{\ominus} = \frac{\Delta G_{m,阳}^{\ominus}}{F} = \frac{\mu_{NiOOH}^{\ominus} + \mu_{H_2O}^{\ominus} + \mu_e^{\ominus} - \mu_{Ni(OH)_2}^{\ominus} - \mu_{OH^-}^{\ominus}}{F}$$

由式（19.96）得

$$\ln i = \frac{F \varphi_{阳}}{RT} - \frac{F \varphi_{阳}^{\ominus}}{RT} - \ln \frac{a_{NiOOH} a_{H_2O}}{a_{Ni(OH)_2} a_{OH^-}}$$

则

$$i = \frac{a_{Ni(OH)_2} a_{OH^-}}{a_{NiOOH} a_{H_2O}} \exp\left(\frac{F \varphi_{阳}}{RT}\right) \exp\left(-\frac{F \varphi_{阳}^{\ominus}}{RT}\right) = k_{阳} \exp\left(\frac{F \varphi_{阳}}{RT}\right) \qquad (19.97)$$

式中，

$$k_{阳} = \frac{a_{Ni(OH)_2} a_{OH^-}}{a_{NiOOH} a_{H_2O}} \exp\left(-\frac{F \varphi_{阳}^{\ominus}}{RT}\right) \approx \frac{c_{Ni(OH)_2} c_{OH^-}}{c_{NiOOH} c_{H_2O}} \exp\left(-\frac{F \varphi_{阳}^{\ominus}}{RT}\right)$$

（3）阳极过电势：

式（19.96）−式（19.95），得

$$\Delta \varphi_{阳} = \varphi_{阳} - \varphi_{阳,e} = \frac{RT}{F} \ln \frac{a_{NiOOH} a_{H_2O} a_{Ni(OH)_2,e} a_{OH^-,e}}{a_{Ni(OH)_2} a_{OH^-} a_{NiOOH,e} a_{H_2O,e}} + \frac{RT}{F} \ln i \qquad (19.98)$$

由上式得

$$\ln i = \frac{F\Delta\varphi_{阳}}{RT} - \ln \frac{a_{NiOOH}a_{H_2O}a_{Ni(OH)_2,e}a_{OH^-,e}}{a_{Ni(OH)_2}a_{OH^-}a_{NiOOH,e}a_{H_2O,e}}$$

则

$$i = \frac{a_{Ni(OH)_2}a_{OH^-}a_{NiOOH,e}a_{H_2O,e}}{a_{NiOOH}a_{H_2O}a_{Ni(OH)_2,e}a_{OH^-,e}}\exp\left(\frac{F\Delta\varphi_{阳}}{RT}\right) = k'_{阳}\exp\left(\frac{F\Delta\varphi_{阳}}{RT}\right) \quad (19.99)$$

式中，

$$k'_{阳} = \frac{a_{Ni(OH)_2}a_{OH^-}a_{NiOOH,e}a_{H_2O,e}}{a_{NiOOH}a_{H_2O}a_{Ni(OH)_2,e}a_{OH^-,e}} \approx \frac{c_{Ni(OH)_2}c_{OH^-}c_{NiOOH,e}c_{H_2O,e}}{c_{NiOOH}c_{H_2O}c_{Ni(OH)_2,e}c_{OH^-,e}}$$

3. 电解池过程

电解池反应达平衡，有

$$Ni(OH)_2 + Me \Longleftrightarrow NiOOH + MeH$$

摩尔吉布斯自由能变化为

$$\Delta G_{m,e} = \mu_{NiOOH} + \mu_{MeH} - \mu_{Ni(OH)_2} - \mu_{Me} = \Delta G_m^\ominus + RT\ln\frac{a_{NiOOH,e}a_{MeH,e}}{a_{Ni(OH)_2,e}a_{Me,e}}$$

式中，

$$\Delta G_m^\ominus = \mu_{NiOOH}^\ominus + \mu_{MeH}^\ominus - \mu_{Ni(OH)_2}^\ominus - \mu_{Me}^\ominus$$

$$\mu_{NiOOH} = \mu_{NiOOH}^\ominus + RT\ln a_{NiOOH,e}$$

$$\mu_{MeH} = \mu_{MeH}^\ominus + RT\ln a_{MeH,e}$$

$$\mu_{Ni(OH)_2} = \mu_{Ni(OH)_2}^\ominus + RT\ln a_{Ni(OH)_2,e}$$

$$\mu_{Me} = \mu_{Me}^\ominus + RT\ln a_{Me,e}$$

（1）电解池平衡电动势：由

$$E_e = -\frac{\Delta G_{m,e}}{F}$$

得

$$E_e = E^\ominus + \frac{RT}{F}\ln\frac{a_{Ni(OH)_2,e}a_{Me,e}}{a_{NiOOH,e}a_{MeH,e}} \quad (19.100)$$

式中，

$$E^\ominus = -\frac{\Delta G_m^\ominus}{F} = -\frac{\mu_{NiOOH}^\ominus + \mu_{MeH}^\ominus - \mu_{Ni(OH)_2}^\ominus - \mu_{Me}^\ominus}{F}$$

电解池放电，有电流通过，电解池反应为

$$Ni(OH)_2 + Me \Longrightarrow NiOOH + MeH$$

摩尔吉布斯自由能变化为

$$\Delta G_{\mathrm{m}} = \mu_{\mathrm{Ni(OH)_2}} + \mu_{\mathrm{Me}} - \mu_{\mathrm{NiOOH}} - \mu_{\mathrm{MeH}} = \Delta G_{\mathrm{m}}^{\ominus} + RT \ln \frac{a_{\mathrm{Ni(OH)_2}} a_{\mathrm{Me}}}{a_{\mathrm{NiOOH}} a_{\mathrm{MeH}}}$$

式中，

$$\Delta G_{\mathrm{m}}^{\ominus} = \mu_{\mathrm{NiOOH}}^{\ominus} + \mu_{\mathrm{MeH}}^{\ominus} - \mu_{\mathrm{Ni(OH)_2}}^{\ominus} - \mu_{\mathrm{Me}}^{\ominus}$$

$$\mu_{\mathrm{NiOOH}} = \mu_{\mathrm{NiOOH}}^{\ominus} + RT \ln a_{\mathrm{NiOOH}}$$

$$\mu_{\mathrm{MeH}} = \mu_{\mathrm{MeH}}^{\ominus} + RT \ln a_{\mathrm{MeH}}$$

$$\mu_{\mathrm{Ni(OH)_2}} = \mu_{\mathrm{Ni(OH)_2}}^{\ominus} + RT \ln a_{\mathrm{Ni(OH)_2}}$$

$$\mu_{\mathrm{Me}} = \mu_{\mathrm{Me}}^{\ominus} + RT \ln a_{\mathrm{Me}}$$

（2）电解池电动势：由

$$E = -\frac{\Delta G_{\mathrm{m}}}{F}$$

得

$$E = E^{\ominus} + \frac{RT}{F} \ln \frac{a_{\mathrm{Ni(OH)_2}} a_{\mathrm{Me}}}{a_{\mathrm{NiOOH}} a_{\mathrm{MeH}}} \tag{19.101}$$

式中，

$$E^{\ominus} = -\frac{\Delta G_{\mathrm{m}}^{\ominus}}{F} = -\frac{\mu_{\mathrm{NiOOH}}^{\ominus} + \mu_{\mathrm{MeH}}^{\ominus} - \mu_{\mathrm{Ni(OH)_2}}^{\ominus} - \mu_{\mathrm{Me}}^{\ominus}}{F}$$

$$E = E'$$

E' 为外加电动势。

（3）电解池的过电动势：

$$\Delta E' = E' - E_{\mathrm{e}}' = \frac{RT}{F} \ln \frac{a_{\mathrm{NiOOH}} a_{\mathrm{MeH}} a_{\mathrm{Ni(OH)_2,e}} a_{\mathrm{Me,e}}}{a_{\mathrm{Ni(OH)_2}} a_{\mathrm{Me}} a_{\mathrm{NiOOH,e}} a_{\mathrm{MeH,e}}} \tag{19.102}$$

$$\Delta E' = E' - E_{\mathrm{e}}'$$

$$= (\varphi_{阳} - \varphi_{阴}) - (\varphi_{阳,\mathrm{e}} - \varphi_{阴,\mathrm{e}})$$

$$= (\varphi_{阳} - \varphi_{阳,\mathrm{e}}) - (\varphi_{阴} - \varphi_{阴,\mathrm{e}})$$

$$= \Delta\varphi_{阳} - \Delta\varphi_{阴}$$

$$E' = E_{\mathrm{e}}' + \Delta E' = E_{\mathrm{e}}' + \Delta\varphi_{阳} - \Delta\varphi_{阴}$$

（4）电解池端电压：

$$V' = E' + IR = E_{\mathrm{e}}' + \Delta E' + IR = E_{\mathrm{e}}' + \Delta\varphi_{阴} - \Delta\varphi_{阳} + IR \tag{19.103}$$

式中，I 为电流密度；R 为系统的电阻。

（5）电解池电流：

$$I = \frac{V' - E'}{R} = \frac{V' - E_{\mathrm{e}}' - \Delta E'}{R}$$

19.4　锂离子电池

锂离子电池是 Li^+ 可以在阴阳两个电极之间进行反复嵌入和脱出的二次电池，即可以充电、放电的电池，实际是锂离子浓差电池。在充电时，电池的正极（阳极）反应产生锂离子和电子，电子通过外电路从正极迁移到负极（阴极）。同时，正极反应产生的锂离子通过电池内部的电解液、透过隔膜迁移到负极区，并嵌入负极阴极活性物质和微孔中，结合从外电路过来的电子生成锂的化合物，在电池内部形成从正极流向负极且与外电路大小相同的电流，构成完整的闭合回路。电池放电过程则与充电过程正好相反。在电池充电时，嵌入负极中的锂离子越多，表明电池充电容量越高；电池放电时，嵌入负极活性物质层的锂离子脱出，并迁移到正极中，返回正极的锂离子越多，表明电池放电容量越高。在正常充电和放电过程中，Li^+ 在嵌入和脱出过程中不会破坏正极和负极材料的化学结构和晶格参数。因此，锂离子电池在充放电过程中，理论上是高度可逆的化学反应和传导过程。所以，锂离子电池也称为摇椅式电池。锂离子电池在充放电过程中没有金属锂的沉积和溶解，避免了锂枝晶的生成，提高了电池的安全性和循环寿命。这是二次锂离子电池比锂金属二次电池优越并取而代之的根本原因。

锂离子电池充电，Li^+ 从正极（阳极）晶格中脱离出，经过电解质嵌入负极，造成正极为贫锂状态，负极为富锂状态，同时释放一个电子，正极发生氧化反应，游离出的 Li^+ 通过隔膜嵌入负极，形成金属锂的插层化合物，负极发生还原反应。

放电则相反，Li^+ 从金属锂的插层化合物中脱出，经过电解质进入正极的晶格中，同时，电子从负极流出，经过电路进入正极。负极发生氧化反应，正极发生还原反应。

锂离子电池有很多分类方式：①根据锂电池使用的电解质不同，可分为全固态锂离子电池、聚合物锂离子电池和液体锂离子电池；②根据温度来分，可分为高温锂离子电池和常温锂离子电池；③按外形分类，可分为圆柱形、方形、扣式和薄板型。锂离子电池主要由正极、负极、电解液、隔膜、正负极流体、外壳等几部分构成。

正极活性物质一般选择氧化还原电势较高 [$>3V$（$vs.$ Li^+/Li）] 且在空气中能够稳定存在的可提供锂源的储锂材料，目前主要有层状结构的钴酸锂（$LiCoO_2$）、尖晶石型的锰酸锂（$LiMn_2O_4$）、镍钴锰酸锂三元材料（$LiNi_yCo_xMn_zO$）、富锂材料[$xLi_2MnO_3 \cdot (1-x)LiMO_2(M = Mn、Co、Ni 等)$]以及不同聚阴离子型材料，如磷酸盐材料 $Li_xMPO_4(M = Fe、Mn、V、Ni、Co 等)$、硅酸盐材料、氟磷酸盐材料以及氟硫酸盐材料等。

锂离子电池负极材料通常选取嵌锂电位较低，接近金属锂电位的材料，可分为碳材料和非碳材料。碳材料包括石墨化碳（天然石墨、人工石墨、改性石墨）、无定形炭、富勒球（烯）、碳纳米管。非碳材料主要包括过渡金属氧化物、氮基、硫基、磷基、硅基、锡基、钛基和其他新型合金材料。

电解液为高电压下不分解的有机溶剂和电解质的混合溶液。电解质为锂离子运输提供介质，具有较高的离子电导率、热稳定性、安全性及相容性，一般为具有较低晶格能的含氟锂盐有机溶液。其中，电解质盐主要有 $LiPF_6$、$LiClO_4$、$LiBF_4$、$LiCF_3SO_3$、$LiAsF$ 等锂盐，一般采用 $LiPF_6$ 为导电盐。有机溶剂常使用碳酸丙烯酯（PC）、氯代碳酸乙烯酯（CEC）、碳酸甲乙酯（EMC）、碳酸乙烯酯（EC）、二乙基碳酸酯（DEC）等烷基碳酸酯或它们的混合溶剂。

锂离子电池隔膜是高分子聚烯烃树脂做成的微孔膜，起到隔离正负电极，使电子无法通过电池内电路，但允许离子自由通过的作用。由于隔膜自身对离子和电子绝缘，在正、负极间加入隔膜会降低电极间的离子电导率，所以要求隔膜空隙率高、厚度薄，以降低电池内阻。因此，隔膜采用可透过离子的聚烯烃微多孔膜，如聚乙烯（PE）、聚丙烯（PP）或它们的复合膜。其中，Celgard 2300（PP/PE/PP 三层微孔隔膜）熔点较高，能够起到热保护作用，而且具有较高的抗刺穿强度。

19.4.1　钴酸锂电池

钴酸锂电池正极材料为 $LiCoO_2$，负极材料为 C，电解质为 $LiPF_6$。电池组成为

$$LiCoO_2 \,|\, 电解液 \,|\, C$$

1. 钴酸锂电池放电

阴极反应

$$Li_{1-x}CoO_2 + xLi^+ + xe = LiCoO_2$$

阳极反应

$$Li_xC_6 = 6C + xLi^+ + xe$$

电池反应

$$Li_{1-x}CoO_2 + Li_xC_6 = LiCoO_2 + 6C$$

1）阴极过程

阴极反应达平衡，

$$Li_{1-x}CoO_2 + xLi^+ + xe \rightleftharpoons LiCoO_2$$

摩尔吉布斯自由能变化为

$$\Delta G_{\mathrm{m,阴,e}} = \mu_{\mathrm{LiCoO_2}} - \mu_{\mathrm{Li_{1-x}CoO_2}} - x\mu_{\mathrm{Li^+}} - x\mu_{\mathrm{e}} = \Delta G_{\mathrm{m,阴}}^{\ominus} + RT\ln\frac{a_{\mathrm{LiCoO_2,e}}}{a_{\mathrm{Li_{1-x}CoO_2,e}}a_{\mathrm{Li^+,e}}^{x}}$$

式中，

$$\Delta G_{\mathrm{m,阴}}^{\ominus} = \mu_{\mathrm{LiCoO_2}}^{\ominus} - \mu_{\mathrm{Li_{1-x}CoO_2}}^{\ominus} - x\mu_{\mathrm{Li^+}}^{\ominus} - x\mu_{\mathrm{e}}^{\ominus}$$

$$\mu_{\mathrm{LiCoO_2}} = \mu_{\mathrm{LiCoO_2}}^{\ominus} + RT\ln a_{\mathrm{LiCoO_2,e}}$$

$$\mu_{\mathrm{Li_{1-x}CoO_2}} = \mu_{\mathrm{Li_{1-x}CoO_2}}^{\ominus} + RT\ln a_{\mathrm{Li_{1-x}CoO_2,e}}$$

$$\mu_{\mathrm{Li^+}} = \mu_{\mathrm{Li^+}}^{\ominus} + RT\ln a_{\mathrm{Li^+,e}}$$

$$\mu_{\mathrm{e}} = \mu_{\mathrm{e}}^{\ominus}$$

（1）阴极平衡电势：由

$$\varphi_{\mathrm{阴,e}} = -\frac{\Delta G_{\mathrm{m,阴,e}}}{xF}$$

得

$$\varphi_{\mathrm{阴,e}} = \varphi_{\mathrm{阴}}^{\ominus} + \frac{RT}{xF}\ln\frac{a_{\mathrm{Li_{1-x}CoO_2,e}}a_{\mathrm{Li^+,e}}^{x}}{a_{\mathrm{LiCoO_2,e}}} \qquad (19.104)$$

式中，

$$\varphi_{\mathrm{阴}}^{\ominus} = -\frac{\Delta G_{\mathrm{m,阴}}^{\ominus}}{xF} = -\frac{\mu_{\mathrm{LiCoO_2}}^{\ominus} - \mu_{\mathrm{Li_{1-x}CoO_2}}^{\ominus} - x\mu_{\mathrm{Li^+}}^{\ominus} - x\mu_{\mathrm{e}}^{\ominus}}{xF}$$

阴极有电流通过，发生极化，阴极反应为

$$\mathrm{Li_{1-x}CoO_2} + x\mathrm{Li^+} + x\mathrm{e} = \mathrm{LiCoO_2}$$

摩尔吉布斯自由能变化为

$$\Delta G_{\mathrm{m,阴}} = \mu_{\mathrm{LiCoO_2}} - \mu_{\mathrm{Li_{1-x}CoO_2}} - x\mu_{\mathrm{Li^+}} - x\mu_{\mathrm{e}} = \Delta G_{\mathrm{m,阴}}^{\ominus} + RT\ln\frac{a_{\mathrm{LiCoO_2}}}{a_{\mathrm{Li_{1-x}CoO_2}}a_{\mathrm{Li^+}}^{x}} + xRT\ln i$$

式中，

$$\Delta G_{\mathrm{m,阴}}^{\ominus} = \mu_{\mathrm{LiCoO_2}}^{\ominus} - \mu_{\mathrm{Li_{1-x}CoO_2}}^{\ominus} - x\mu_{\mathrm{Li^+}}^{\ominus} - x\mu_{\mathrm{e}}^{\ominus}$$

$$\mu_{\mathrm{LiCoO_2}} = \mu_{\mathrm{LiCoO_2}}^{\ominus} + RT\ln a_{\mathrm{LiCoO_2}}$$

$$\mu_{\mathrm{Li_{1-x}CoO_2}} = \mu_{\mathrm{Li_{1-x}CoO_2}}^{\ominus} + RT\ln a_{\mathrm{Li_{1-x}CoO_2}}$$

$$\mu_{\mathrm{Li^+}} = \mu_{\mathrm{Li^+}}^{\ominus} + RT\ln a_{\mathrm{Li^+}}$$

$$\mu_{\mathrm{e}} = \mu_{\mathrm{e}}^{\ominus} - RT\ln i$$

（2）阴极电势：由

$$\varphi_{\mathrm{阴}} = -\frac{\Delta G_{\mathrm{m,阴}}}{xF}$$

得

$$\varphi_{\text{阴}} = \varphi_{\text{阴}}^{\ominus} + \frac{RT}{xF}\ln\frac{a_{\text{Li}_{1-x}\text{CoO}_2}a_{\text{Li}^+}^x}{a_{\text{LiCoO}_2}} - \frac{RT}{F}\ln i \qquad (19.105)$$

式中，

$$\varphi_{\text{阴}}^{\ominus} = -\frac{\Delta G_{\text{m,阴}}^{\ominus}}{xF} = -\frac{\mu_{\text{LiCoO}_2}^{\ominus} - \mu_{\text{Li}_{1-x}\text{CoO}_2}^{\ominus} - x\mu_{\text{Li}^+}^{\ominus} - x\mu_{\text{e}}^{\ominus}}{xF}$$

由式（19.103）得

$$\ln i = -\frac{F\varphi_{\text{阴}}}{RT} + \frac{F\varphi_{\text{阴}}^{\ominus}}{RT} + \frac{1}{x}\ln\frac{a_{\text{Li}_{1-x}\text{CoO}_2}a_{\text{Li}^+}^x}{a_{\text{LiCoO}_2}}$$

则

$$i = \left(\frac{a_{\text{Li}_{1-x}\text{CoO}_2}a_{\text{Li}^+}^x}{a_{\text{LiCoO}_2}}\right)^{1/x}\exp\left(-\frac{F\varphi_{\text{阴}}}{RT}\right)\exp\left(\frac{F\varphi_{\text{阴}}^{\ominus}}{RT}\right) = k_{\text{阴}}\exp\left(-\frac{F\varphi_{\text{阴}}}{RT}\right) \quad (19.106)$$

式中，

$$k_{\text{阴}} = \left(\frac{a_{\text{Li}_{1-x}\text{CoO}_2}a_{\text{Li}^+}^x}{a_{\text{LiCoO}_2}}\right)^{1/x}\exp\left(\frac{F\varphi_{\text{阴}}^{\ominus}}{RT}\right) \approx \left(\frac{c_{\text{Li}_{1-x}\text{CoO}_2}c_{\text{Li}^+}^x}{c_{\text{LiCoO}_2}}\right)^{1/x}\exp\left(\frac{F\varphi_{\text{阴}}^{\ominus}}{RT}\right)$$

（3）阴极过电势：

式（19.105）－式（19.104），得

$$\Delta\varphi_{\text{阴}} = \varphi_{\text{阴}} - \varphi_{\text{阴,e}} = \frac{T}{xF}\ln\frac{a_{\text{Li}_{1-x}\text{CoO}_2}a_{\text{Li}^+}^x a_{\text{LiCoO}_2,\text{e}}}{a_{\text{LiCoO}_2}a_{\text{Li}_{1-x}\text{CoO}_2}a_{\text{Li}^+,\text{e}}^x} - \frac{RT}{F}\ln i \qquad (19.107)$$

由式（19.107）得

$$\ln i = -\frac{F\Delta\varphi_{\text{阴}}}{RT} + \frac{1}{x}\ln\frac{a_{\text{Li}_{1-x}\text{CoO}_2}a_{\text{Li}^+}^x a_{\text{LiCoO}_2,\text{e}}}{a_{\text{LiCoO}_2}a_{\text{Li}_{1-x}\text{CoO}_2}a_{\text{Li}^+,\text{e}}^x}$$

则

$$i = \left(\frac{a_{\text{Li}_{1-x}\text{CoO}_2}a_{\text{Li}^+}^x a_{\text{LiCoO}_2,\text{e}}}{a_{\text{LiCoO}_2}a_{\text{Li}_{1-x}\text{CoO}_2}a_{\text{Li}^+,\text{e}}^x}\right)^{1/x}\exp\left(-\frac{F\Delta\varphi_{\text{阴}}}{RT}\right) = k_{\text{阴}}'\exp\left(-\frac{F\Delta\varphi_{\text{阴}}}{RT}\right) \quad (19.108)$$

式中，

$$k_{\text{阴}}' = \left(\frac{a_{\text{Li}_{1-x}\text{CoO}_2}a_{\text{Li}^+}^x a_{\text{LiCoO}_2,\text{e}}}{a_{\text{LiCoO}_2}a_{\text{Li}_{1-x}\text{CoO}_2}a_{\text{Li}^+,\text{e}}^x}\right)^{1/x} \approx \left(\frac{c_{\text{Li}_{1-x}\text{CoO}_2}c_{\text{Li}^+}^x c_{\text{LiCoO}_2,\text{e}}}{c_{\text{LiCoO}_2}c_{\text{Li}_{1-x}\text{CoO}_2}c_{\text{Li}^+,\text{e}}^x}\right)^{1/x}$$

2）阳极过程

阳极反应达平衡，

$$\text{Li}_x\text{C}_6 \Longrightarrow 6\text{C} + x\text{Li}^+ + x\text{e}$$

摩尔吉布斯自由能变化为

$$\Delta G_{m,阳,e} = 6\mu_C + x\mu_{Li^+} + x\mu_e - \mu_{Li_xC_6} = \Delta G_{m,阳}^{\ominus} + RT\ln\frac{a_{Li^+,e}^x}{a_{Li_xC_6,e}}$$

式中,

$$\Delta G_{m,阳}^{\ominus} = 6\mu_C^{\ominus} + x\mu_{Li^+}^{\ominus} + x\mu_e^{\ominus} - \mu_{Li_xC_6}^{\ominus}$$

$$\mu_C = \mu_C^{\ominus}$$

$$\mu_{Li^+} = \mu_{Li^+}^{\ominus} + RT\ln a_{Li^+,e}$$

$$\mu_e = \mu_e^{\ominus}$$

$$\mu_{Li_xC_6} = \mu_{Li_xC_6}^{\ominus} + RT\ln a_{Li_xC_6,e}$$

（1）阳极平衡电势：由

$$\varphi_{阳,e} = \frac{\Delta G_{m,阳,e}}{xF}$$

得

$$\varphi_{阳,e} = \varphi_{阳}^{\ominus} + \frac{RT}{xF}\ln\frac{a_{Li^+,e}^x}{a_{Li_xC_6,e}} \tag{19.109}$$

式中,

$$\varphi_{阳}^{\ominus} = \frac{\Delta G_{m,阳}^{\ominus}}{xF} = \frac{6\mu_C^{\ominus} + x\mu_{Li^+}^{\ominus} + x\mu_e^{\ominus} - \mu_{Li_xC_6}^{\ominus}}{xF}$$

电池输出电能, 阳极有电流通过, 阳极发生极化, 阳极反应为

$$Li_xC_6 == 6C + xLi^+ + xe$$

摩尔吉布斯自由能变化为

$$\Delta G_{m,阳} = 6\mu_C + x\mu_{Li^+} + x\mu_e - \mu_{Li_xC_6} = \Delta G_{m,阳}^{\ominus} + RT\ln\frac{a_{Li^+}^x}{a_{Li_xC_6}} + xRT\ln i$$

式中,

$$\Delta G_{m,阳}^{\ominus} = 6\mu_C^{\ominus} + x\mu_{Li^+}^{\ominus} + x\mu_e^{\ominus} - \mu_{Li_xC_6}^{\ominus}$$

$$\mu_C = \mu_C^{\ominus}$$

$$\mu_{Li^+} = \mu_{Li^+}^{\ominus} + RT\ln a_{Li^+}$$

$$\mu_e = \mu_e^{\ominus} + RT\ln i$$

$$\mu_{Li_xC_6} = \mu_{Li_xC_6}^{\ominus} + RT\ln a_{Li_xC_6}$$

（2）阳极电势：由

$$\varphi_{阳} = \frac{\Delta G_{m,阳}}{xF}$$

得

$$\varphi_{\text{阳}} = \varphi_{\text{阳}}^{\ominus} + \frac{RT}{xF} \ln \frac{a_{\text{Li}^+}^x}{a_{\text{Li}_xC_6}} + \frac{RT}{F} \ln i \tag{19.110}$$

式中，

$$\varphi_{\text{阳}}^{\ominus} = \frac{\Delta G_{\text{m,阳}}^{\ominus}}{xF} = \frac{6\mu_{\text{C}}^{\ominus} + x\mu_{\text{Li}^+}^{\ominus} + x\mu_{\text{e}}^{\ominus} - \mu_{\text{Li}_xC_6}^{\ominus}}{xF}$$

由式（19.110）得

$$\ln i = \frac{F\varphi_{\text{阳}}}{RT} - \frac{F\varphi_{\text{阳}}^{\ominus}}{RT} - \frac{1}{x} \ln \frac{a_{\text{Li}^+}^x}{a_{\text{Li}_xC_6}}$$

则

$$i = \left(\frac{a_{\text{Li}^+}^x}{a_{\text{Li}_xC_6}} \right)^{1/x} \exp\left(\frac{F\varphi_{\text{阳}}}{RT} \right) \exp\left(-\frac{F\varphi_{\text{阳}}^{\ominus}}{RT} \right) = k_{\text{阳}} \exp\left(\frac{F\varphi_{\text{阳}}}{RT} \right) \tag{19.111}$$

式中，

$$k_{\text{阳}} = \left(\frac{a_{\text{Li}^+}^x}{a_{\text{Li}_xC_6}} \right)^{1/x} \exp\left(-\frac{F\varphi_{\text{阳}}^{\ominus}}{RT} \right) \approx \left(\frac{c_{\text{Li}^+}^x}{c_{\text{Li}_xC_6}} \right)^{1/x} \exp\left(-\frac{F\varphi_{\text{阳}}^{\ominus}}{RT} \right)$$

（3）阳极过电势：

式（19.110）−式（19.109），得

$$\Delta\varphi_{\text{阳}} = \varphi_{\text{阳}} - \varphi_{\text{阳,e}} = \frac{RT}{xF} \ln \frac{a_{\text{Li}^+}^x a_{\text{Li}_xC_6,\text{e}}}{a_{\text{Li}_xC_6} a_{\text{Li}^+,\text{e}}^x} + \frac{RT}{F} \ln i \tag{19.112}$$

由上式得

$$\ln i = \frac{F\Delta\varphi_{\text{阳}}}{RT} - \frac{1}{x} \ln \frac{a_{\text{Li}^+}^x a_{\text{Li}_xC_6,\text{e}}}{a_{\text{Li}_xC_6} a_{\text{Li}^+,\text{e}}^x}$$

则

$$i = \left(\frac{a_{\text{Li}^+}^x a_{\text{Li}_xC_6,\text{e}}}{a_{\text{Li}_xC_6} a_{\text{Li}^+,\text{e}}^x} \right)^{1/x} \exp\left(\frac{F\Delta\varphi_{\text{阳}}}{RT} \right) = k_{\text{阳}}' \exp\left(\frac{F\Delta\varphi_{\text{阳}}}{RT} \right) \tag{19.113}$$

式中，

$$k_{\text{阳}}' = \left(\frac{a_{\text{Li}^+}^x a_{\text{Li}_xC_6,\text{e}}}{a_{\text{Li}_xC_6} a_{\text{Li}^+,\text{e}}^x} \right)^{1/x} \approx \left(\frac{c_{\text{Li}^+}^x c_{\text{Li}_xC_6,\text{e}}}{c_{\text{Li}_xC_6} c_{\text{Li}^+,\text{e}}^x} \right)^{1/x}$$

3）电池反应

电池反应达平衡，有

$$\text{Li}_{1-x}\text{CoO}_2 + \text{Li}_x\text{C}_6 \Longrightarrow \text{LiCoO}_2 + 6\text{C}$$

摩尔吉布斯自由能变化为

$$\Delta G_{m,e} = \mu_{LiCoO_2} + 6\mu_C - \mu_{Li_{1-x}CoO_2} - \mu_{Li_xC_6} = \Delta G_m^{\ominus} + RT \ln \frac{a_{LiCoO_2,e} a_{C,e}^6}{a_{Li_{1-x}CoO_2,e} a_{Li_xC_6,e}}$$

式中，

$$\Delta G_m^{\ominus} = \mu_{LiCoO_2}^{\ominus} + 6\mu_C^{\ominus} - \mu_{Li_{1-x}CoO_2}^{\ominus} - \mu_{Li_xC_6}^{\ominus}$$

$$\mu_{LiCoO_2} = \mu_{LiCoO_2}^{\ominus} + RT \ln a_{LiCoO_2,e}$$

$$\mu_C = \mu_C^{\ominus} + RT \ln a_{C,e}$$

$$\mu_{Li_{1-x}CoO_2} = \mu_{Li_{1-x}CoO_2}^{\ominus} + RT \ln a_{Li_{1-x}CoO_2,e}$$

$$\mu_{Li_xC_6} = \mu_{Li_xC_6}^{\ominus} + RT \ln a_{Li_xC_6,e}$$

（1）电池平衡电动势：由

$$E_e = -\frac{\Delta G_{m,e}}{xF}$$

得

$$E_e = E^{\ominus} + \frac{RT}{xF} \ln \frac{a_{Li_{1-x}CoO_2,e} a_{Li_xC_6,e}}{a_{LiCoO_2,e} a_{C,e}^6} \tag{19.114}$$

式中，

$$E^{\ominus} = -\frac{\Delta G_m^{\ominus}}{xF} = -\frac{\mu_{LiCoO_2}^{\ominus} + 6\mu_C^{\ominus} - \mu_{Li_{1-x}CoO_2}^{\ominus} - \mu_{Li_xC_6}^{\ominus}}{xF}$$

电池放电，有电流通过，发生极化，电池反应为

$$Li_{1-x}CoO_2 + Li_xC_6 === LiCoO_2 + 6C$$

摩尔吉布斯自由能变化为

$$\Delta G_m = \mu_{LiCoO_2} + 6\mu_C - \mu_{Li_{1-x}CoO_2} - \mu_{Li_xC_6} = \Delta G_m^{\ominus} + RT \ln \frac{a_{LiCoO_2} a_C^6}{a_{Li_{1-x}CoO_2} a_{Li_xC_6}}$$

式中，

$$\Delta G_m^{\ominus} = \mu_{LiCoO_2}^{\ominus} + 6\mu_C^{\ominus} - \mu_{Li_{1-x}CoO_2}^{\ominus} - \mu_{Li_xC_6}^{\ominus}$$

$$\mu_{LiCoO_2} = \mu_{LiCoO_2}^{\ominus} + RT \ln a_{LiCoO_2}$$

$$\mu_C = \mu_C^{\ominus} + RT \ln a_C$$

$$\mu_{Li_{1-x}CoO_2} = \mu_{Li_{1-x}CoO_2}^{\ominus} + RT \ln a_{Li_{1-x}CoO_2}$$

$$\mu_{Li_xC_6} = \mu_{Li_xC_6}^{\ominus} + RT \ln a_{Li_xC_6}$$

（2）电池电动势：由

$$E = -\frac{\Delta G_m}{xF}$$

得

$$E = E^{\ominus} + \frac{RT}{xF} \ln \frac{a_{Li_{1-x}CoO_2} a_{Li_xC_6}}{a_{LiCoO_2} a_C^6} \qquad (19.115)$$

式中，

$$E^{\ominus} = -\frac{\Delta G_m^{\ominus}}{xF} = -\frac{\mu_{LiCoO_2}^{\ominus} + 6\mu_C^{\ominus} - \mu_{Li_{1-x}CoO_2}^{\ominus} - \mu_{Li_xC_6}^{\ominus}}{xF}$$

（3）电池过电动势：

式（19.115）−式（19.114），得

$$\Delta E = E - E_e = \frac{RT}{xF} \ln \frac{a_{Li_{1-x}CoO_2} a_{Li_xC_6} a_{LiCoO_2,e} a_{C,e}^6}{a_{LiCoO_2} a_C^6 a_{Li_{1-x}CoO_2,e} a_{Li_xC_6,e}} \qquad (19.116)$$

$$\Delta E = E - E_e$$
$$= (\varphi_{阴} - \varphi_{阳}) - (\varphi_{阴,e} - \varphi_{阳,e})$$
$$= (\varphi_{阴} - \varphi_{阴,e}) - (\varphi_{阳} - \varphi_{阳,e})$$
$$= \Delta\varphi_{阴} - \Delta\varphi_{阳}$$
$$E = E_e + \Delta E = E_e + \Delta\varphi_{阴} - \Delta\varphi_{阳}$$

（4）电池端电压：

$$V = E - IR = E_e + \Delta E - IR = E_e + \Delta\varphi_{阴} - \Delta\varphi_{阳} - IR$$

（5）电池电流：

$$I = \frac{E - V}{R} = \frac{E_e + \Delta E - V}{R}$$

式中，R 为电池系统的电阻。

2. 钴酸锂电池充电

钴酸锂电池充电相当于电解，成为电解池。

阴极发生还原反应

$$xLi^+ + 6C + xe = Li_xC_6$$

阳极发生氧化反应

$$LiCoO_2 = Li_{1-x}CoO_2 + xLi^+ + xe$$

电解池反应

$$LiCoO_2 + 6C = Li_{1-x}CoO_2 + Li_xC_6$$

1）阴极过程

阴极反应达平衡，有

$$xLi^+ + xe + 6C \rightleftharpoons Li_xC_6$$

摩尔吉布斯自由能变化为

$$\Delta G_{m,阴,e} = \mu_{Li_xC_6} - x\mu_{Li^+} - x\mu_e - 6\mu_C = \Delta G_{m,阴}^{\ominus} + RT\ln\frac{a_{Li_xC_6,e}}{a_{Li^+,e}^x a_{C,e}^6}$$

式中,

$$\Delta G_{m,阴}^{\ominus} = \mu_{Li_xC_6}^{\ominus} - x\mu_{Li^+}^{\ominus} - x\mu_e^{\ominus} - 6\mu_C^{\ominus}$$

$$\mu_{Li_xC_6} = \mu_{Li_xC_6}^{\ominus} + RT\ln a_{Li_xC_6,e}$$

$$\mu_{Li^+} = \mu_{Li^+}^{\ominus} + RT\ln a_{Li^+,e}$$

$$\mu_e = \mu_e^{\ominus}$$

$$\mu_C = \mu_C^{\ominus} + RT\ln a_{C,e}$$

（1）阴极平衡电势：由

$$\varphi_{阴,e} = -\frac{\Delta G_{m,阴,e}}{xF}$$

得

$$\varphi_{阴,e} = \varphi_{阴}^{\ominus} + \frac{RT}{xF}\ln\frac{a_{Li^+,e}^x a_{C,e}^6}{a_{Li_xC_6,e}} \qquad （19.117）$$

式中,

$$\varphi_{阴}^{\ominus} = -\frac{\Delta G_{m,阴}^{\ominus}}{xF} = -\frac{\mu_{Li_xC_6}^{\ominus} - x\mu_{Li^+}^{\ominus} - x\mu_e^{\ominus} - 6\mu_C^{\ominus}}{xF}$$

阴极有电流通过, 阴极发生极化, 阴极反应为

$$xLi^+ + xe + 6C \Longrightarrow Li_xC_6$$

摩尔吉布斯自由能变化为

$$\Delta G_{m,阴} = \mu_{Li_xC_6} - x\mu_{Li^+} - x\mu_e - 6\mu_C = \Delta G_{m,阴}^{\ominus} + RT\ln\frac{a_{Li_xC_6}}{a_{Li^+}^x a_C^6} + xRT\ln i$$

式中,

$$\Delta G_{m,阴}^{\ominus} = \mu_{Li_xC_6}^{\ominus} - x\mu_{Li^+}^{\ominus} - x\mu_e^{\ominus} - 6\mu_C^{\ominus}$$

$$\mu_{Li_xC_6} = \mu_{Li_xC_6}^{\ominus} + RT\ln a_{Li_xC_6}$$

$$\mu_{Li^+} = \mu_{Li^+}^{\ominus} + RT\ln a_{Li^+}$$

$$\mu_e = \mu_e^{\ominus} - RT\ln i$$

$$\mu_C = \mu_C^{\ominus} + RT\ln a_C$$

（2）阴极电势：由

$$\varphi_{阴} = -\frac{\Delta G_{m,阴}}{xF}$$

得

$$\varphi_{阴} = \varphi_{阴}^{\ominus} + \frac{RT}{xF} \ln \frac{a_{Li^+}^x a_C^6}{a_{Li_xC_6}} - \frac{RT}{F} \ln i \qquad (19.118)$$

式中，

$$\varphi_{阴}^{\ominus} = -\frac{\Delta G_{m,阴}^{\ominus}}{xF} = -\frac{\mu_{Li_xC_6}^{\ominus} - x\mu_{Li^+}^{\ominus} - x\mu_e^{\ominus} - 6\mu_C^{\ominus}}{xF}$$

由式（19.118）得

$$\ln i = -\frac{F\varphi_{阴}}{RT} + \frac{F\varphi_{阴}^{\ominus}}{RT} + \frac{1}{x} \ln \frac{a_{Li^+}^x a_C^6}{a_{Li_xC_6}}$$

则

$$i = \left(\frac{a_{Li^+}^x a_C^6}{a_{Li_xC_6}} \right)^{1/x} \exp\left(-\frac{F\varphi_{阴}}{RT} \right) \exp\left(\frac{F\varphi_{阴}^{\ominus}}{RT} \right) = k_{阴} \exp\left(\frac{F\varphi_{阴}}{RT} \right) \qquad (19.119)$$

式中，

$$k_{阴} = \left(\frac{a_{Li^+}^x a_C^6}{a_{Li_xC_6}} \right)^{1/x} \exp\left(\frac{F\varphi_{阴}^{\ominus}}{RT} \right) \approx \left(\frac{c_{Li^+}^x c_C^6}{c_{Li_xC_6}} \right)^{1/x} \exp\left(\frac{F\varphi_{阴}^{\ominus}}{RT} \right)$$

（3）阴极过电势：

式（19.119）–式（19.117），得

$$\Delta\varphi_{阴} = \varphi_{阴} - \varphi_{阴,e} = \frac{RT}{xF} \ln \frac{a_{Li^+}^x a_C^6 a_{Li_xC_6,e}}{a_{Li_xC_6} a_{Li^+,e}^x a_{C,e}^6} - \frac{RT}{F} \ln i \qquad (19.120)$$

由上式得

$$\ln i = -\frac{F\Delta\varphi_{阴}}{RT} + \frac{1}{x} \ln \frac{a_{Li^+}^x a_C^6 a_{Li_xC_6,e}}{a_{Li_xC_6} a_{Li^+,e}^x a_{C,e}^6}$$

则

$$i = \left(\frac{a_{Li^+}^x a_C^6 a_{Li_xC_6,e}}{a_{Li_xC_6} a_{Li^+,e}^x a_{C,e}^6} \right)^{1/x} \exp\left(-\frac{F\Delta\varphi_{阴}}{RT} \right) = k'_{阴} \exp\left(-\frac{F\Delta\varphi_{阴}}{RT} \right) \qquad (19.121)$$

式中，

$$k'_{阴} = \left(\frac{a_{Li^+}^x a_C^6 a_{Li_xC_6,e}}{a_{Li_xC_6} a_{Li^+,e}^x a_{C,e}^6} \right)^{1/x} \approx \left(\frac{c_{Li^+}^x c_C^6 c_{Li_xC_6,e}}{c_{Li_xC_6} c_{Li^+,e}^x c_{C,e}^6} \right)^{1/x}$$

2）阳极过程

阳极反应达平衡，有

$$\text{LiCoO}_2 \rightleftharpoons \text{Li}_{1-x}\text{CoO}_2 + x\text{Li}^+ + xe$$

摩尔吉布斯自由能变化为

$$\Delta G_{\text{m,阳,e}} = \mu_{\text{Li}_{1-x}\text{CoO}_2} + x\mu_{\text{Li}^+} + x\mu_{\text{e}} - \mu_{\text{LiCoO}_2} = \Delta G_{\text{m,阳}}^{\ominus} + RT \ln \frac{a_{\text{Li}_{1-x}\text{CoO}_2,\text{e}} a_{\text{Li}^+,\text{e}}^x}{a_{\text{LiCoO}_2,\text{e}}}$$

式中,

$$\Delta G_{\text{m,阳}}^{\ominus} = \mu_{\text{Li}_{1-x}\text{CoO}_2}^{\ominus} + x\mu_{\text{Li}^+}^{\ominus} + x\mu_{\text{e}}^{\ominus} - \mu_{\text{LiCoO}_2}^{\ominus}$$

$$\mu_{\text{Li}_{1-x}\text{CoO}_2} = \mu_{\text{Li}_{1-x}\text{CoO}_2}^{\ominus} + RT \ln a_{\text{Li}_{1-x}\text{CoO}_2,\text{e}}$$

$$\mu_{\text{Li}^+} = \mu_{\text{Li}^+}^{\ominus} + RT \ln a_{\text{Li}^+,\text{e}}$$

$$\mu_{\text{e}} = \mu_{\text{e}}^{\ominus}$$

$$\mu_{\text{LiCoO}_2} = \mu_{\text{LiCoO}_2}^{\ominus} + RT \ln a_{\text{LiCoO}_2,\text{e}}$$

(1)阳极平衡电势:由

$$\varphi_{\text{阳,e}} = \frac{\Delta G_{\text{m,阳,e}}}{xF}$$

得

$$\varphi_{\text{阳,e}} = \varphi_{\text{阳}}^{\ominus} + \frac{RT}{xF} \ln \frac{a_{\text{Li}_{1-x}\text{CoO}_2,\text{e}} a_{\text{Li}^+,\text{e}}^x}{a_{\text{LiCoO}_2,\text{e}}} \qquad (19.122)$$

式中,

$$\varphi_{\text{阳}}^{\ominus} = \frac{\Delta G_{\text{m,阳}}^{\ominus}}{xF} = \frac{\mu_{\text{Li}_{1-x}\text{CoO}_2}^{\ominus} + x\mu_{\text{Li}^+}^{\ominus} + x\mu_{\text{e}}^{\ominus} - \mu_{\text{LiCoO}_2}^{\ominus}}{xF}$$

电池输出电能,阳极有电流通过,发生极化,阳极反应为

$$\text{LiCoO}_2 \rightleftharpoons \text{Li}_{1-x}\text{CoO}_2 + x\text{Li}^+ + xe$$

摩尔吉布斯自由能变化为

$$\Delta G_{\text{m,阳}} = \mu_{\text{Li}_{1-x}\text{CoO}_2} + x\mu_{\text{Li}^+} + x\mu_{\text{e}} - \mu_{\text{LiCoO}_2} = \Delta G_{\text{m,阳}}^{\ominus} + RT \ln \frac{a_{\text{Li}_{1-x}\text{CoO}_2} a_{\text{Li}^+}^x}{a_{\text{LiCoO}_2}} + xRT \ln i$$

式中,

$$\Delta G_{\text{m,阳}}^{\ominus} = \mu_{\text{Li}_{1-x}\text{CoO}_2}^{\ominus} + x\mu_{\text{Li}^+}^{\ominus} + x\mu_{\text{e}}^{\ominus} - \mu_{\text{LiCoO}_2}^{\ominus}$$

$$\mu_{\text{Li}_{1-x}\text{CoO}_2} = \mu_{\text{Li}_{1-x}\text{CoO}_2}^{\ominus} + RT \ln a_{\text{Li}_{1-x}\text{CoO}_2}$$

$$\mu_{\text{Li}^+} = \mu_{\text{Li}^+}^{\ominus} + RT \ln a_{\text{Li}^+}$$

$$\mu_{\text{e}} = \mu_{\text{e}}^{\ominus} + RT \ln i$$

$$\mu_{\text{LiCoO}_2} = \mu_{\text{LiCoO}_2}^{\ominus} + RT \ln a_{\text{LiCoO}_2}$$

（2）阳极电势：由

$$\varphi_{阳} = \frac{\Delta G_{m,阳}}{xF}$$

得

$$\varphi_{阳} = \varphi_{阳}^{\ominus} + \frac{RT}{xF} \ln \frac{a_{\mathrm{LiCoO_2}}}{a_{\mathrm{Li_{1-x}CoO_2}} a_{\mathrm{Li^+}}^x} + \frac{RT}{F} \ln i \qquad (19.123)$$

式中，

$$\varphi_{阳}^{\ominus} = \frac{\Delta G_{m,阳}^{\ominus}}{xF} = \frac{\mu_{\mathrm{Li_{1-x}CoO_2}}^{\ominus} + x\mu_{\mathrm{Li^+}}^{\ominus} + x\mu_{\mathrm{e}}^{\ominus} - \mu_{\mathrm{LiCoO_2}}^{\ominus}}{xF}$$

由式（19.123）得

$$\ln i = \frac{F\varphi_{阳}}{RT} - \frac{F\varphi_{阳}^{\ominus}}{RT} - \frac{1}{x} \ln \frac{a_{\mathrm{Li_{1-x}CoO_2}} a_{\mathrm{Li^+}}^x}{a_{\mathrm{LiCoO_2}}}$$

则

$$i = \left(\frac{a_{\mathrm{LiCoO_2}}}{a_{\mathrm{Li_{1-x}CoO_2}} a_{\mathrm{Li^+}}^x} \right)^{1/x} \exp\left(\frac{F\varphi_{阳}}{RT} \right) \exp\left(-\frac{F\varphi_{阳}^{\ominus}}{RT} \right) = k_{阳} \exp\left(\frac{F\varphi_{阳}}{RT} \right) \quad (19.124)$$

式中，

$$k_{阳} = \left(\frac{a_{\mathrm{LiCoO_2}}}{a_{\mathrm{Li_{1-x}CoO_2}} a_{\mathrm{Li^+}}^x} \right)^{1/x} \exp\left(-\frac{F\varphi_{阳}^{\ominus}}{RT} \right) \approx \left(\frac{c_{\mathrm{LiCoO_2}}}{c_{\mathrm{Li_{1-x}CoO_2}} c_{\mathrm{Li^+}}^x} \right)^{1/x} \exp\left(-\frac{F\varphi_{阳}^{\ominus}}{RT} \right)$$

（3）阳极过电势：

式（19.123）–式（19.122），得

$$\Delta\varphi_{阳} = \varphi_{阳} - \varphi_{阳,e} = \frac{RT}{xF} \ln \frac{a_{\mathrm{Li_{1-x}CoO_2}} a_{\mathrm{Li^+}}^x a_{\mathrm{LiCoO_2},e}}{a_{\mathrm{LiCoO_2}} a_{\mathrm{Li_{1-x}CoO_2}} a_{\mathrm{Li^+},e}^x} + \frac{RT}{F} \ln i \qquad (19.125)$$

由上式得

$$\ln i = \frac{F\Delta\varphi_{阳}}{RT} - \frac{1}{x} \ln \frac{a_{\mathrm{Li_{1-x}CoO_2}} a_{\mathrm{Li^+}}^x a_{\mathrm{LiCoO_2},e}}{a_{\mathrm{LiCoO_2}} a_{\mathrm{Li_{1-x}CoO_2}} a_{\mathrm{Li^+},e}^x}$$

则

$$i = \left(\frac{a_{\mathrm{Li_{1-x}CoO_2}} a_{\mathrm{Li^+}}^x a_{\mathrm{LiCoO_2},e}}{a_{\mathrm{LiCoO_2}} a_{\mathrm{Li_{1-x}CoO_2}} a_{\mathrm{Li^+},e}^x} \right)^{1/x} \exp\left(-\frac{F\Delta\varphi_{阳}}{RT} \right) = k_{阳}' \exp\left(-\frac{F\Delta\varphi_{阳}}{RT} \right) \quad (19.126)$$

式中，

$$k_{阳}' = \left(\frac{a_{\mathrm{Li_{1-x}CoO_2}} a_{\mathrm{Li^+}}^x a_{\mathrm{LiCoO_2},e}}{a_{\mathrm{LiCoO_2}} a_{\mathrm{Li_{1-x}CoO_2}} a_{\mathrm{Li^+},e}^x} \right)^{1/x} \approx \left(\frac{c_{\mathrm{Li_{1-x}CoO_2}} c_{\mathrm{Li^+}}^x c_{\mathrm{LiCoO_2},e}}{c_{\mathrm{LiCoO_2}} c_{\mathrm{Li_{1-x}CoO_2}} c_{\mathrm{Li^+},e}^x} \right)^{1/x}$$

3）电解池过程

电解池反应达平衡，有

$$LiCoO_2 + 6C \rightleftharpoons Li_{1-x}CoO_2 + Li_xC_6$$

摩尔吉布斯自由能变化为

$$\Delta G_{m,e} = \mu_{Li_{1-x}CoO_2} + \mu_{Li_xC_6} - \mu_{LiCoO_2} - 6\mu_C = \Delta G_m^\ominus + RT \ln \frac{a_{Li_{1-x}CoO_2,e} a_{Li_xC_6,e}}{a_{LiCoO_2,e} a_{C,e}^6}$$

式中，

$$\Delta G_m^\ominus = \mu_{Li_xC_6}^\ominus + \mu_{Li_{1-x}CoO_2}^\ominus - \mu_{LiCoO_2}^\ominus - 6\mu_C^\ominus$$

$$\mu_{Li_{1-x}CoO_2} = \mu_{Li_{1-x}CoO_2}^\ominus + RT \ln a_{Li_{1-x}CoO_2,e}$$

$$\mu_{Li_xC_6} = \mu_{Li_xC_6}^\ominus + RT \ln a_{Li_xC_6,e}$$

$$\mu_{LiCoO_2} = \mu_{LiCoO_2}^\ominus + RT \ln a_{LiCoO_2,e}$$

$$\mu_C = \mu_C^\ominus + RT \ln a_{C,e}$$

（1）电解池平衡电动势：由

$$E_e = -\frac{\Delta G_{m,e}}{xF}$$

得

$$E_e = E^\ominus + \frac{RT}{xF} \ln \frac{a_{LiCoO_2,e} a_{C,e}^6}{a_{Li_{1-x}CoO_2,e} a_{Li_xC_6,e}} \tag{19.127}$$

式中，

$$E^\ominus = -\frac{\Delta G_m^\ominus}{xF} = -\frac{\mu_{Li_xC_6}^\ominus + \mu_{Li_{1-x}CoO_2}^\ominus - \mu_{LiCoO_2}^\ominus - 6\mu_C^\ominus}{xF}$$

并有

$$E_e = E_e'$$

E_e' 为外加平衡电动势。

电解池充电，有电流通过，发生极化，电解池反应为

$$LiCoO_2 + 6C = Li_{1-x}CoO_2 + Li_xC_6$$

摩尔吉布斯自由能变化为

$$\Delta G_m = \mu_{Li_{1-x}CoO_2} + \mu_{Li_xC_6} - \mu_{LiCoO_2} - 6\mu_C = \Delta G_m^\ominus + RT \ln \frac{a_{Li_{1-x}CoO_2} a_{Li_xC_6}}{a_{LiCoO_2} a_C^6}$$

式中，

$$\Delta G_m^\ominus = \mu_{Li_{1-x}CoO_2}^\ominus + \mu_{Li_xC_6}^\ominus - \mu_{LiCoO_2}^\ominus - 6\mu_C^\ominus$$

$$\mu_{Li_{1-x}CoO_2} = \mu_{Li_{1-x}CoO_2}^\ominus + RT \ln a_{Li_{1-x}CoO_2}$$

$$\mu_{\mathrm{Li}_x\mathrm{C}_6} = \mu^{\ominus}_{\mathrm{Li}_x\mathrm{C}_6} + RT \ln a_{\mathrm{Li}_x\mathrm{C}_6}$$

$$\mu_{\mathrm{LiCoO}_2} = \mu^{\ominus}_{\mathrm{LiCoO}_2} + RT \ln a_{\mathrm{LiCoO}_2}$$

$$\mu_{\mathrm{C}} = \mu^{\ominus}_{\mathrm{C}} + RT \ln a_{\mathrm{C}}$$

（2）电解池电动势：由

$$E = -\frac{\Delta G_{\mathrm{m}}}{xF}$$

得

$$E = E^{\ominus} + \frac{RT}{xF} \ln \frac{a_{\mathrm{LiCoO}_2} a_{\mathrm{C}}^6}{a_{\mathrm{Li}_{1-x}\mathrm{CoO}_2} a_{\mathrm{Li}_x\mathrm{C}_6}} \tag{19.128}$$

式中，

$$E^{\ominus} = -\frac{\Delta G_{\mathrm{m}}^{\ominus}}{xF} = -\frac{\mu^{\ominus}_{\mathrm{Li}_{1-x}\mathrm{CoO}_2} + \mu^{\ominus}_{\mathrm{Li}_x\mathrm{C}_6} - \mu^{\ominus}_{\mathrm{LiCoO}_2} - 6\mu^{\ominus}_{\mathrm{C}}}{xF}$$

$$E = E'$$

E' 为外加电动势。

（3）电解池过电动势：

式（19.128）−式（19.127），得

$$\Delta E' = E' - E'_{\mathrm{e}} = \frac{RT}{xF} \ln \frac{a_{\mathrm{LiCoO}_2} a_{\mathrm{C}}^6 a_{\mathrm{Li}_{1-x}\mathrm{CoO}_2,\mathrm{e}} a_{\mathrm{Li}_x\mathrm{C}_6,\mathrm{e}}}{a_{\mathrm{Li}_{1-x}\mathrm{CoO}_2} a_{\mathrm{Li}_x\mathrm{C}_6} a_{\mathrm{LiCoO}_2,\mathrm{e}} a_{\mathrm{C,e}}^6} \tag{19.129}$$

$$\Delta E' = E' - E'_{\mathrm{e}}$$

$$= (\varphi_{阳} - \varphi_{阴}) - (\varphi_{阳,\mathrm{e}} - \varphi_{阴,\mathrm{e}})$$

$$= (\varphi_{阳} - \varphi_{阳,\mathrm{e}}) - (\varphi_{阴} - \varphi_{阴,\mathrm{e}})$$

$$= \Delta\varphi_{阳} - \Delta\varphi_{阴}$$

$$E' = E'_{\mathrm{e}} + \Delta E' = E'_{\mathrm{e}} + \Delta\varphi_{阳} - \Delta\varphi_{阴}$$

（4）电解池端电压：
$$V' = E' + IR = E'_{\mathrm{e}} + \Delta E' + IR = E'_{\mathrm{e}} + \Delta\varphi_{阳} - \Delta\varphi_{阴} + IR$$

（5）电解池电流：

$$I = \frac{V' - E'}{R} = \frac{V' - E'_{\mathrm{e}} - \Delta E'}{R}$$

19.4.2　磷酸铁锂电池

磷酸铁锂电池正极材料为 $LiFePO_4$，负极材料为 C，电解质为 LiPF。电池组成为

$$LiFePO_4 \,|\, 电解液 \,|\, C$$

1. 磷酸铁锂电池放电

阴极反应

$$\text{Li}_{1-x}\text{FePO}_4 + x\text{Li}^+ + xe \Longrightarrow \text{LiFePO}_4$$

阳极反应

$$\text{Li}_x\text{C}_6 \Longrightarrow 6\text{C} + x\text{Li}^+ + xe$$

电池反应

$$\text{Li}_{1-x}\text{FePO}_4 + \text{Li}_x\text{C}_6 \Longrightarrow \text{LiFePO}_4 + 6\text{C}$$

1）阴极过程

阴极反应达平衡，

$$\text{Li}_{1-x}\text{FePO}_4 + x\text{Li}^+ + xe \Longrightarrow \text{LiFePO}_4$$

摩尔吉布斯自由能变化为

$$\Delta G_{m,阴,e} = \mu_{\text{LiFePO}_4} - \mu_{\text{Li}_{1-x}\text{FePO}_4} - x\mu_{\text{Li}^+} - x\mu_e = \Delta G_{m,阴}^{\ominus} + RT \ln \frac{a_{\text{LiFePO}_4,e}}{a_{\text{Li}_{1-x}\text{FePO}_4,e} a_{\text{Li}^+,e}^x}$$

式中，

$$\Delta G_{m,阴}^{\ominus} = \mu_{\text{LiFePO}_4}^{\ominus} - \mu_{\text{Li}_{1-x}\text{FePO}_4}^{\ominus} - x\mu_{\text{Li}^+}^{\ominus} - x\mu_e^{\ominus}$$

$$\mu_{\text{LiFePO}_4} = \mu_{\text{LiFePO}_4}^{\ominus} + RT \ln a_{\text{LiFePO}_4,e}$$

$$\mu_{\text{Li}_{1-x}\text{FePO}_4} = \mu_{\text{Li}_{1-x}\text{FePO}_4}^{\ominus} + RT \ln a_{\text{Li}_{1-x}\text{FePO}_4,e}$$

$$\mu_{\text{Li}^+} = \mu_{\text{Li}^+}^{\ominus} + RT \ln a_{\text{Li}^+,e}$$

$$\mu_e = \mu_e^{\ominus}$$

（1）阴极平衡电势：由

$$\varphi_{阴,e} = -\frac{\Delta G_{m,阴,e}}{xF}$$

得

$$\varphi_{阴,e} = \varphi_阴^{\ominus} + \frac{RT}{xF} \ln \frac{a_{\text{Li}_{1-x}\text{FePO}_4,e} a_{\text{Li}^+,e}^x}{a_{\text{LiFePO}_4,e}} \tag{19.130}$$

式中，

$$\varphi_阴^{\ominus} = -\frac{\Delta G_{m,阴}^{\ominus}}{xF} = -\frac{\mu_{\text{LiFePO}_4}^{\ominus} - \mu_{\text{Li}_{1-x}\text{FePO}_4}^{\ominus} - x\mu_{\text{Li}^+}^{\ominus} - x\mu_e^{\ominus}}{xF}$$

阴极有电流通过，发生极化，阴极反应为

$$\text{Li}_{1-x}\text{FePO}_4 + x\text{Li}^+ + xe \Longrightarrow \text{LiFePO}_4$$

摩尔吉布斯自由能变化为

$$\Delta G_{m,阴} = \mu_{LiFePO_4} - \mu_{Li_{1-x}FePO_4} - x\mu_{Li^+} - x\mu_e = \Delta G_{m,阴}^{\ominus} + RT\ln\frac{a_{LiFePO_4}}{a_{Li_{1-x}FePO_4}a_{Li^+}^x} + xRT\ln i$$

式中,

$$\Delta G_{m,阴}^{\ominus} = \mu_{LiFePO_4}^{\ominus} - \mu_{Li_{1-x}FePO_4}^{\ominus} - x\mu_{Li^+}^{\ominus} - x\mu_e^{\ominus}$$

$$\mu_{LiFePO_4} = \mu_{LiFePO_4}^{\ominus} + RT\ln a_{LiFePO_4}$$

$$\mu_{Li_{1-x}FePO_4} = \mu_{Li_{1-x}FePO_4}^{\ominus} + RT\ln a_{Li_{1-x}FePO_4}$$

$$\mu_{Li^+} = \mu_{Li^+}^{\ominus} + RT\ln a_{Li^+}$$

$$\mu_e = \mu_e^{\ominus} - RT\ln i$$

（2）阴极电势：由

$$\varphi_阴 = -\frac{\Delta G_{m,阴}}{xF}$$

得

$$\varphi_阴 = \varphi_阴^{\ominus} + \frac{RT}{xF}\ln\frac{a_{Li_{1-x}FePO_4}a_{Li^+}^x}{a_{LiFePO_4}} - \frac{RT}{F}\ln i \qquad （19.131）$$

式中,

$$\varphi_阴^{\ominus} = -\frac{\Delta G_{m,阴}^{\ominus}}{xF} = -\frac{\mu_{LiFePO_4}^{\ominus} - \mu_{Li_{1-x}FePO_4}^{\ominus} - x\mu_{Li^+}^{\ominus} - x\mu_e^{\ominus}}{xF}$$

由式（19.131）得

$$\ln i = -\frac{F\varphi_阴}{RT} + \frac{F\varphi_阴^{\ominus}}{RT} + \frac{1}{x}\ln\frac{a_{Li_{1-x}FePO_4}a_{Li^+}^x}{a_{LiFePO_4}}$$

则

$$i = \left(\frac{a_{Li_{1-x}FePO_4}a_{Li^+}^x}{a_{LiFePO_4}}\right)^{1/x}\exp\left(-\frac{F\varphi_阴}{RT}\right)\exp\left(\frac{F\varphi_阴^{\ominus}}{RT}\right) = k_阴\exp\left(-\frac{F\varphi_阴}{RT}\right) \quad （19.132）$$

式中,

$$k_阴 = \left(\frac{a_{Li_{1-x}FePO_4}a_{Li^+}^x}{a_{LiFePO_4}}\right)^{1/x}\exp\left(\frac{F\varphi_阴^{\ominus}}{RT}\right) \approx \left(\frac{c_{Li_{1-x}FePO_4}c_{Li^+}^x}{c_{LiFePO_4}}\right)^{1/x}\exp\left(\frac{F\varphi_阴^{\ominus}}{RT}\right)$$

（3）阴极过电势：

式（19.131）–式（19.130），得

$$\Delta\varphi_阴 = \varphi_阴 - \varphi_{阴,e} = \frac{RT}{xF}\ln\frac{a_{Li_{1-x}FePO_4}a_{Li^+}^x a_{LiFePO_4,e}}{a_{LiFePO_4}a_{Li_{1-x}FePO_4,e}a_{Li^+,e}^x} - \frac{RT}{F}\ln i \qquad （19.133）$$

移项得

$$\ln i = -\frac{F\Delta\varphi_{\text{阴}}}{RT} + \frac{1}{x}\ln\frac{a_{\text{Li}_{1-x}\text{FePO}_4}a_{\text{Li}^+}^x a_{\text{LiFePO}_4,\text{e}}}{a_{\text{LiFePO}_4}a_{\text{Li}_{1-x}\text{FePO}_4,\text{e}}a_{\text{Li}^+,\text{e}}^x}$$

则

$$i = \left(\frac{a_{\text{Li}_{1-x}\text{FePO}_4}a_{\text{Li}^+}^x a_{\text{LiFePO}_4,\text{e}}}{a_{\text{LiFePO}_4}a_{\text{Li}_{1-x}\text{FePO}_4,\text{e}}a_{\text{Li}^+,\text{e}}^x}\right)^{1/x}\exp\left(-\frac{F\Delta\varphi_{\text{阴}}}{RT}\right) = k_{\text{阴}}'\exp\left(-\frac{F\Delta\varphi_{\text{阴}}}{RT}\right) \quad (19.134)$$

式中，

$$k_{\text{阴}}' = \left(\frac{a_{\text{Li}_{1-x}\text{FePO}_4}a_{\text{Li}^+}^x a_{\text{LiFePO}_4,\text{e}}}{a_{\text{LiFePO}_4}a_{\text{Li}_{1-x}\text{FePO}_4,\text{e}}a_{\text{Li}^+,\text{e}}^x}\right)^{1/x} \approx \left(\frac{c_{\text{Li}_{1-x}\text{FePO}_4}c_{\text{Li}^+}^x c_{\text{LiFePO}_4,\text{e}}}{c_{\text{LiFePO}_4}c_{\text{Li}_{1-x}\text{FePO}_4,\text{e}}c_{\text{Li}^+,\text{e}}^x}\right)^{1/x}$$

2）阳极过程

阳极反应达平衡，

$$\text{Li}_x\text{C}_6 \Longleftrightarrow 6\text{C} + x\text{Li}^+ + xe$$

摩尔吉布斯自由能变化为

$$\Delta G_{\text{m,阳,e}} = 6\mu_{\text{C}} + x\mu_{\text{Li}^+} + x\mu_{\text{e}} - \mu_{\text{Li}_x\text{C}_6} = \Delta G_{\text{m,阳}}^{\ominus} + RT\ln\frac{a_{\text{Li}^+,\text{e}}^x a_{\text{C,e}}^6}{a_{\text{Li}_x\text{C}_6,\text{e}}}$$

式中，

$$\Delta G_{\text{m,阳}}^{\ominus} = 6\mu_{\text{C}}^{\ominus} + x\mu_{\text{Li}^+}^{\ominus} + x\mu_{\text{e}}^{\ominus} - \mu_{\text{Li}_x\text{C}_6}^{\ominus}$$

$$\mu_{\text{C}} = \mu_{\text{C}}^{\ominus} + RT\ln a_{\text{C,e}}$$

$$\mu_{\text{Li}^+} = \mu_{\text{Li}^+}^{\ominus} + RT\ln a_{\text{Li}^+,\text{e}}$$

$$\mu_{\text{e}} = \mu_{\text{e}}^{\ominus}$$

$$\mu_{\text{Li}_x\text{C}_6} = \mu_{\text{Li}_x\text{C}_6}^{\ominus} + RT\ln a_{\text{Li}_x\text{C}_6,\text{e}}$$

（1）阳极平衡电势：由

$$\varphi_{\text{阳,e}} = \frac{\Delta G_{\text{m,阳,e}}}{xF}$$

得

$$\varphi_{\text{阳,e}} = \varphi_{\text{阳}}^{\ominus} + \frac{RT}{xF}\ln\frac{a_{\text{Li}^+,\text{e}}^x a_{\text{C,e}}^6}{a_{\text{Li}_x\text{C}_6,\text{e}}} \quad (19.135)$$

式中，

$$\varphi_{\text{阳}}^{\ominus} = \frac{\Delta G_{\text{m,阳}}^{\ominus}}{xF} = \frac{6\mu_{\text{C}}^{\ominus} + x\mu_{\text{Li}^+}^{\ominus} + x\mu_{\text{e}}^{\ominus} - \mu_{\text{Li}_x\text{C}_6}^{\ominus}}{xF}$$

阳极有电流通过，阳极发生极化，阳极反应为

$$\text{Li}_x\text{C}_6 = 6\text{C} + x\text{Li}^+ + xe$$

摩尔吉布斯自由能变化为

$$\Delta G_{\text{m,阳}} = 6\mu_{\text{C}} + x\mu_{\text{Li}^+} + x\mu_{\text{e}} - \mu_{\text{Li}_x\text{C}_6} = \Delta G_{\text{m,阳}}^{\ominus} + RT\ln\frac{a_{\text{Li}^+}^x a_{\text{C}}^6}{a_{\text{Li}_x\text{C}_6}} + xRT\ln i$$

式中，

$$\Delta G_{\text{m,阳}}^{\ominus} = 6\mu_{\text{C}}^{\ominus} + x\mu_{\text{Li}^+}^{\ominus} + x\mu_{\text{e}}^{\ominus} - \mu_{\text{Li}_x\text{C}_6}^{\ominus}$$

$$\mu_{\text{C}} = \mu_{\text{C}}^{\ominus} + RT\ln a_{\text{C}}$$

$$\mu_{\text{Li}^+} = \mu_{\text{Li}^+}^{\ominus} + RT\ln a_{\text{Li}^+}$$

$$\mu_{\text{e}} = \mu_{\text{e}}^{\ominus} + RT\ln i$$

$$\mu_{\text{Li}_x\text{C}_6} = \mu_{\text{Li}_x\text{C}_6}^{\ominus} + RT\ln a_{\text{Li}_x\text{C}_6}$$

（2）阳极电势：由

$$\varphi_{\text{阳}} = \frac{\Delta G_{\text{m,阳}}}{xF}$$

得

$$\varphi_{\text{阳}} = \varphi_{\text{阳}}^{\ominus} + \frac{RT}{xF}\ln\frac{a_{\text{Li}^+}^x a_{\text{C}}^6}{a_{\text{Li}_x\text{C}_6}} + \frac{RT}{F}\ln i \tag{19.136}$$

式中，

$$\varphi_{\text{阳}}^{\ominus} = \frac{\Delta G_{\text{m,阳}}^{\ominus}}{xF} = \frac{6\mu_{\text{C}}^{\ominus} + x\mu_{\text{Li}^+}^{\ominus} + x\mu_{\text{e}}^{\ominus} - \mu_{\text{Li}_x\text{C}_6}^{\ominus}}{xF}$$

由式（19.136）得

$$\ln i = \frac{F\varphi_{\text{阳}}}{RT} - \frac{F\varphi_{\text{阳}}^{\ominus}}{RT} - \frac{1}{x}\ln\frac{a_{\text{Li}^+}^x a_{\text{C}}^6}{a_{\text{Li}_x\text{C}_6}}$$

则

$$i = \left(\frac{a_{\text{Li}_x\text{C}_6}}{a_{\text{Li}^+}^x a_{\text{C}}^6}\right)^{1/x} \exp\left(\frac{F\varphi_{\text{阳}}}{RT}\right)\exp\left(-\frac{F\varphi_{\text{阳}}^{\ominus}}{RT}\right) = k_{\text{阳}}\exp\left(\frac{F\varphi_{\text{阳}}}{RT}\right) \tag{19.137}$$

式中，

$$k_{\text{阳}} = \left(\frac{a_{\text{Li}_x\text{C}_6}}{a_{\text{Li}^+}^x a_{\text{C}}^6}\right)^{1/x}\exp\left(-\frac{F\varphi_{\text{阳}}^{\ominus}}{RT}\right) \approx \left(\frac{c_{\text{Li}_x\text{C}_6}}{c_{\text{Li}^+}^x c_{\text{C}}^6}\right)^{1/x}\exp\left(-\frac{F\varphi_{\text{阳}}^{\ominus}}{RT}\right)$$

（3）阳极过电势：

式（19.135）－式（19.134），得

$$\Delta\varphi_{\text{阳}} = \varphi_{\text{阳}} - \varphi_{\text{阳,e}} = \frac{RT}{xF}\ln\frac{a_{\text{Li}^+}^x a_{\text{C}}^6 a_{\text{Li}_x\text{C}_6,\text{e}}}{a_{\text{Li}_x\text{C}_6} a_{\text{Li}^+,\text{e}}^x a_{\text{C,e}}^6} + \frac{RT}{F}\ln i \qquad (19.138)$$

由上式得

$$\ln i = \frac{F\Delta\varphi_{\text{阳}}}{RT} - \frac{1}{x}\ln\frac{a_{\text{Li}^+}^x a_{\text{C}}^6 a_{\text{Li}_x\text{C}_6,\text{e}}}{a_{\text{Li}_x\text{C}_6} a_{\text{Li}^+,\text{e}}^x a_{\text{C,e}}^6}$$

则

$$i = \left(\frac{a_{\text{Li}_x\text{C}_6} a_{\text{Li}^+,\text{e}}^x a_{\text{C,e}}^6}{a_{\text{Li}^+}^x a_{\text{C}}^6 a_{\text{Li}_x\text{C}_6,\text{e}}}\right)^{1/x} \exp\left(\frac{F\Delta\varphi_{\text{阳}}}{RT}\right) = k'_{\text{阳}}\exp\left(\frac{F\Delta\varphi_{\text{阳}}}{RT}\right) \qquad (19.139)$$

式中,

$$k'_{\text{阳}} = \left(\frac{a_{\text{Li}_x\text{C}_6} a_{\text{Li}^+,\text{e}}^x a_{\text{C,e}}^6}{a_{\text{Li}^+}^x a_{\text{C}}^6 a_{\text{Li}_x\text{C}_6,\text{e}}}\right)^{1/x} \approx \left(\frac{c_{\text{Li}^+}^x c_{\text{C}}^6 c_{\text{Li}_x\text{C}_6,\text{e}}}{c_{\text{Li}_x\text{C}_6} c_{\text{Li}^+,\text{e}}^x c_{\text{C,e}}^6}\right)^{1/x}$$

3) 电池反应

电池反应达平衡,有

$$\text{Li}_{1-x}\text{FePO}_4 + \text{Li}_x\text{C}_6 \Longrightarrow \text{LiFePO}_4 + 6\text{C}$$

摩尔吉布斯自由能变化为

$$\Delta G_{\text{m,e}} = \mu_{\text{LiFePO}_4} + 6\mu_{\text{C}} - \mu_{\text{Li}_{1-x}\text{FePO}_4} - \mu_{\text{Li}_x\text{C}_6} = \Delta G_{\text{m}}^{\ominus} + RT\ln\frac{a_{\text{LiFePO}_4,\text{e}} a_{\text{C,e}}^6}{a_{\text{Li}_{1-x}\text{FePO}_4,\text{e}} a_{\text{Li}_x\text{C}_6,\text{e}}}$$

式中,

$$\Delta G_{\text{m}}^{\ominus} = \mu_{\text{LiFePO}_4}^{\ominus} + 6\mu_{\text{C}}^{\ominus} - \mu_{\text{Li}_{1-x}\text{FePO}_4}^{\ominus} - \mu_{\text{Li}_x\text{C}_6}^{\ominus}$$

$$\mu_{\text{LiFePO}_4} = \mu_{\text{LiFePO}_4}^{\ominus} + RT\ln a_{\text{LiFePO}_4,\text{e}}$$

$$\mu_{\text{C}} = \mu_{\text{C}}^{\ominus} + RT\ln a_{\text{C,e}}$$

$$\mu_{\text{Li}_{1-x}\text{FePO}_4} = \mu_{\text{Li}_{1-x}\text{FePO}_4}^{\ominus} + RT\ln a_{\text{Li}_{1-x}\text{FePO}_4,\text{e}}$$

$$\mu_{\text{Li}_x\text{C}_6} = \mu_{\text{Li}_x\text{C}_6}^{\ominus} + RT\ln a_{\text{Li}_x\text{C}_6,\text{e}}$$

(1) 电池平衡电动势:由

$$E_{\text{e}} = -\frac{\Delta G_{\text{m,e}}}{xF}$$

得

$$E_{\text{e}} = E^{\ominus} + \frac{RT}{xF}\ln\frac{a_{\text{Li}_{1-x}\text{FePO}_4,\text{e}} a_{\text{Li}_x\text{C}_6,\text{e}}}{a_{\text{LiFePO}_4,\text{e}} a_{\text{C,e}}^6} \qquad (19.140)$$

式中,

$$E^{\ominus} = -\frac{\Delta G_m^{\ominus}}{xF} = -\frac{\mu_{LiFePO_4}^{\ominus} + 6\mu_C^{\ominus} - \mu_{Li_{1-x}FePO_4}^{\ominus} - \mu_{Li_xC_6}^{\ominus}}{xF}$$

电池放电，有电流通过，发生极化，电池反应为

$$Li_{1-x}FePO_4 + Li_xC_6 \rightleftharpoons LiFePO_4 + 6C$$

摩尔吉布斯自由能变化为

$$\Delta G_m = \mu_{LiFePO_4} + 6\mu_C - \mu_{Li_{1-x}FePO_4} - \mu_{Li_xC_6} = \Delta G_m^{\ominus} + RT \ln \frac{a_{LiFePO_4} a_C^6}{a_{Li_{1-x}FePO_4} a_{Li_xC_6}}$$

式中，

$$\Delta G_m^{\ominus} = \mu_{LiFePO_4}^{\ominus} + 6\mu_C^{\ominus} - \mu_{Li_{1-x}FePO_4}^{\ominus} - \mu_{Li_xC_6}^{\ominus}$$

$$\mu_{LiFePO_4} = \mu_{LiFePO_4}^{\ominus} + RT \ln a_{LiFePO_4}$$

$$\mu_C = \mu_C^{\ominus} + RT \ln a_C$$

$$\mu_{Li_{1-x}FePO_4} = \mu_{Li_{1-x}FePO_4}^{\ominus} + RT \ln a_{Li_{1-x}FePO_4}$$

$$\mu_{Li_xC_6} = \mu_{Li_xC_6}^{\ominus} + RT \ln a_{Li_xC_6}$$

（2）电池电动势：由

$$E = -\frac{\Delta G_m}{xF}$$

得

$$E = E^{\ominus} + \frac{RT}{xF} \ln \frac{a_{Li_{1-x}FePO_4} a_{Li_xC_6}}{a_{LiFePO_4} a_C^6} \tag{19.141}$$

式中，

$$E^{\ominus} = -\frac{\Delta G_m^{\ominus}}{xF} = -\frac{\mu_{LiFePO_4}^{\ominus} + 6\mu_C^{\ominus} - \mu_{Li_{1-x}FePO_4}^{\ominus} - \mu_{Li_xC_6}^{\ominus}}{xF}$$

（3）电池过电动势：

式（19.141）–式（19.140），得

$$\Delta E = E - E_e = \frac{RT}{xF} \ln \frac{a_{Li_{1-x}FePO_4} a_{Li_xC_6} a_{LiFePO_4,e} a_{C,e}^6}{a_{LiFePO_4} a_C^6 a_{Li_{1-x}FePO_4,e} a_{Li_xC_6,e}} \tag{19.142}$$

$$\Delta E = E - E_e$$
$$= (\varphi_{阴} - \varphi_{阳}) - (\varphi_{阴,e} - \varphi_{阳,e})$$
$$= (\varphi_{阴} - \varphi_{阴,e}) - (\varphi_{阳} - \varphi_{阳,e})$$
$$= \Delta\varphi_{阴} - \Delta\varphi_{阳}$$
$$E = E_e + \Delta E = E_e + \Delta\varphi_{阴} - \Delta\varphi_{阳}$$

（4）电池端电压：

$$V = E - IR = E_e + \Delta E - IR = E_e + \Delta\varphi_{阴} - \Delta\varphi_{阳} - IR$$

式中，I 为电流；R 为系统的电阻。

（5）电池电流：

$$I = \frac{E - V}{R} = \frac{E_e + \Delta E - V}{R}$$

式中，R 为电池系统的电阻。

2. 磷酸铁锂电池充电

磷酸铁锂电池充电，相当于电解，成为电解池。阴极发生还原反应

$$xLi^+ + 6C + xe \Longrightarrow Li_xC_6$$

阳极发生氧化反应

$$LiFePO_4 \Longrightarrow Li_{1-x}FePO_4 + xLi^+ + e$$

电解池反应

$$LiFePO_4 + 6C \Longrightarrow Li_{1-x}FePO_4 + Li_xC_6$$

1）阴极过程

阴极反应达平衡，有

$$xLi^+ + xe + 6C \rightleftharpoons Li_xC_6$$

摩尔吉布斯自由能变化为

$$\Delta G_{m,阴,e} = \mu_{Li_xC_6} - x\mu_{Li^+} - x\mu_e - 6\mu_C = \Delta G_{m,阴}^{\ominus} + RT \ln \frac{a_{Li_xC_6,e}}{a_{Li^+,e}^x a_{C,e}^6}$$

式中，

$$\Delta G_{m,阴}^{\ominus} = \mu_{Li_xC_6}^{\ominus} - x\mu_{Li^+}^{\ominus} - x\mu_e^{\ominus} - 6\mu_C^{\ominus}$$

$$\mu_{Li_xC_6} = \mu_{Li_xC_6}^{\ominus} + RT \ln a_{Li_xC_6,e}$$

$$\mu_{Li^+} = \mu_{Li^+}^{\ominus} + RT \ln a_{Li^+,e}$$

$$\mu_e = \mu_e^{\ominus}$$

$$\mu_C = \mu_C^{\ominus} + RT \ln a_{C,e}$$

（1）阴极平衡电势：由

$$\varphi_{阴,e} = -\frac{\Delta G_{m,阴,e}}{xF}$$

得

$$\varphi_{阴,e} = \varphi_{阴}^{\ominus} + \frac{RT}{xF} \ln \frac{a_{Li^+,e}^x a_{C,e}^6}{a_{Li_xC_6,e}} \tag{19.143}$$

式中,

$$\varphi_{\text{阴}}^{\ominus} = -\frac{\Delta G_{\text{m,阴}}^{\ominus}}{xF} = -\frac{\mu_{\text{Li}_x\text{C}_6}^{\ominus} - x\mu_{\text{Li}^+}^{\ominus} - x\mu_{\text{e}}^{\ominus} - 6\mu_{\text{C}}^{\ominus}}{xF}$$

阴极有电流通过,发生极化,阴极反应为

$$x\text{Li}^+ + x\text{e} + 6\text{C} \Longrightarrow \text{Li}_x\text{C}_6$$

摩尔吉布斯自由能变化为

$$\Delta G_{\text{m,阴}} = \mu_{\text{Li}_x\text{C}_6} - x\mu_{\text{Li}^+} - x\mu_{\text{e}} - 6\mu_{\text{C}} = \Delta G_{\text{m,阴}}^{\ominus} + RT\ln\frac{a_{\text{Li}_x\text{C}_6}}{a_{\text{Li}^+}^x a_{\text{C}}^6} + xRT\ln i$$

式中,

$$\Delta G_{\text{m,阴}}^{\ominus} = \mu_{\text{Li}_x\text{C}_6}^{\ominus} - x\mu_{\text{Li}^+}^{\ominus} - x\mu_{\text{e}}^{\ominus} - 6\mu_{\text{C}}^{\ominus}$$

$$\mu_{\text{Li}_x\text{C}_6} = \mu_{\text{Li}_x\text{C}_6}^{\ominus} + RT\ln a_{\text{Li}_x\text{C}_6}$$

$$\mu_{\text{Li}^+} = \mu_{\text{Li}^+}^{\ominus} + RT\ln a_{\text{Li}^+}$$

$$\mu_{\text{e}} = \mu_{\text{e}}^{\ominus} - RT\ln i$$

$$\mu_{\text{C}} = \mu_{\text{C}}^{\ominus} + RT\ln a_{\text{C}}$$

（2）阴极电势:由

$$\varphi_{\text{阴}} = -\frac{\Delta G_{\text{m,阴}}}{xF}$$

得

$$\varphi_{\text{阴}} = \varphi_{\text{阴}}^{\ominus} + \frac{RT}{xF}\ln\frac{a_{\text{Li}^+}^x a_{\text{C}}^6}{a_{\text{Li}_x\text{C}_6}} - \frac{RT}{F}\ln i \qquad (19.144)$$

式中,

$$\varphi_{\text{阴}}^{\ominus} = -\frac{\Delta G_{\text{m,阴}}^{\ominus}}{xF} = -\frac{\mu_{\text{Li}_x\text{C}_6}^{\ominus} - x\mu_{\text{Li}^+}^{\ominus} - x\mu_{\text{e}}^{\ominus} - 6\mu_{\text{C}}^{\ominus}}{xF}$$

由式（19.144）得

$$\ln i = -\frac{F\varphi_{\text{阴}}}{RT} + \frac{F\varphi_{\text{阴}}^{\ominus}}{RT} + \frac{1}{x}\ln\frac{a_{\text{Li}^+}^x a_{\text{C}}^6}{a_{\text{Li}_x\text{C}_6}}$$

则

$$i = \left(\frac{a_{\text{Li}^+}^x a_{\text{C}}^6}{a_{\text{Li}_x\text{C}_6}}\right)^{1/x} \exp\left(-\frac{F\varphi_{\text{阴}}}{RT}\right)\exp\left(\frac{F\varphi_{\text{阴}}^{\ominus}}{RT}\right) = k_{\text{阴}}\exp\left(\frac{F\varphi_{\text{阴}}}{RT}\right) \qquad (19.145)$$

式中,

$$k_{\text{阴}} = \left(\frac{a_{\text{Li}^+}^x a_{\text{C}}^6}{a_{\text{Li}_x\text{C}_6}}\right)^{1/x} \exp\left(\frac{F\varphi_{\text{阴}}^{\ominus}}{RT}\right) \approx \left(\frac{c_{\text{Li}^+}^x c_{\text{C}}^6}{c_{\text{Li}_x\text{C}_6}}\right)^{1/x} \exp\left(\frac{F\varphi_{\text{阴}}^{\ominus}}{RT}\right)$$

（3）阴极过电势：

式（19.144）－式（19.143），得

$$\Delta\varphi_{阴} = \varphi_{阴} - \varphi_{阴,e} = \frac{RT}{xF}\ln\frac{a_{Li^+}^x a_C^6 a_{Li_xC_6,e}}{a_{Li_xC_6} a_{Li^+,e}^x a_{C,e}^6} - \frac{RT}{F}\ln i \tag{19.146}$$

由上式得

$$\ln i = -\frac{F\Delta\varphi_{阴}}{RT} + \frac{1}{x}\ln\frac{a_{Li^+}^x a_C^6 a_{Li_xC_6,e}}{a_{Li_xC_6} a_{Li^+,e}^x a_{C,e}^6}$$

则

$$i = \left(\frac{a_{Li^+}^x a_C^6 a_{Li_xC_6,e}}{a_{Li_xC_6} a_{Li^+,e}^x a_{C,e}^6}\right)^{1/x} \exp\left(-\frac{F\Delta\varphi_{阴}}{RT}\right) = k'_{阴}\exp\left(-\frac{F\Delta\varphi_{阴}}{RT}\right) \tag{19.147}$$

式中，

$$k'_{阴} = \left(\frac{a_{Li^+}^x a_C^6 a_{Li_xC_6,e}}{a_{Li_xC_6} a_{Li^+,e}^x a_{C,e}^6}\right)^{1/x} \approx \left(\frac{c_{Li^+}^x c_C^6 c_{Li_xC_6,e}}{c_{Li_xC_6} c_{Li^+,e}^x c_{C,e}^6}\right)^{1/x}$$

2）阳极过程

阳极反应达平衡，有

$$LiFePO_4 \rightleftharpoons Li_{1-x}FePO_4 + xLi^+ + xe$$

摩尔吉布斯自由能变化为

$$\Delta G_{m,阳,e} = \mu_{Li_{1-x}FePO_4} + x\mu_{Li^+} + x\mu_e - \mu_{LiFePO_4} = \Delta G_{m,阳}^{\ominus} + RT\ln\frac{a_{Li_{1-x}FePO_4,e} a_{Li^+,e}^x}{a_{LiFePO_4,e}}$$

式中，

$$\Delta G_{m,阳}^{\ominus} = \mu_{Li_{1-x}FePO_4}^{\ominus} + x\mu_{Li^+}^{\ominus} + x\mu_e^{\ominus} - \mu_{LiFePO_4}^{\ominus}$$

$$\mu_{Li_{1-x}FePO_4} = \mu_{Li_{1-x}FePO_4}^{\ominus} + RT\ln a_{Li_{1-x}FePO_4,e}$$

$$\mu_{Li^+} = \mu_{Li^+}^{\ominus} + RT\ln a_{Li^+,e}$$

$$\mu_e = \mu_e^{\ominus}$$

$$\mu_{LiFePO_4} = \mu_{LiFePO_4}^{\ominus} + RT\ln a_{LiFePO_4,e}$$

（1）阳极平衡电势：由

$$\varphi_{阳,e} = \frac{\Delta G_{m,阳,e}}{xF}$$

得

$$\varphi_{阳,e} = \varphi_{阳}^{\ominus} + \frac{RT}{xF}\ln\frac{a_{Li_{1-x}FePO_4,e} a_{Li^+,e}^x}{a_{LiFePO_4,e}} \tag{19.148}$$

式中，

$$\varphi_{\text{阳}}^{\ominus} = \frac{\Delta G_{\text{m,阳}}^{\ominus}}{xF} = \frac{\mu_{\text{Li}_{1-x}\text{FePO}_4}^{\ominus} + x\mu_{\text{Li}^+}^{\ominus} + x\mu_{\text{e}}^{\ominus} - \mu_{\text{LiFePO}_4}^{\ominus}}{xF}$$

阳极有电流通过，发生极化，阳极反应为

$$\text{LiFePO}_4 \Longrightarrow \text{Li}_{1-x}\text{FePO}_4 + x\text{Li}^+ + x\text{e}$$

摩尔吉布斯自由能变化为

$$\Delta G_{\text{m,阳}} = \mu_{\text{Li}_{1-x}\text{FePO}_4} + x\mu_{\text{Li}^+} + x\mu_{\text{e}} - \mu_{\text{LiFePO}_4} = \Delta G_{\text{m,阳}}^{\ominus} + RT \ln \frac{a_{\text{Li}_{1-x}\text{FePO}_4} a_{\text{Li}^+}^x}{a_{\text{LiFePO}_4}} + xRT \ln i$$

式中，

$$\Delta G_{\text{m,阳}}^{\ominus} = \mu_{\text{Li}_{1-x}\text{FePO}_4}^{\ominus} + x\mu_{\text{Li}^+}^{\ominus} + x\mu_{\text{e}}^{\ominus} - \mu_{\text{LiFePO}_4}^{\ominus}$$

$$\mu_{\text{Li}_{1-x}\text{FePO}_4} = \mu_{\text{Li}_{1-x}\text{FePO}_4}^{\ominus} + RT \ln a_{\text{Li}_{1-x}\text{FePO}_4}$$

$$\mu_{\text{Li}^+} = \mu_{\text{Li}^+}^{\ominus} + RT \ln a_{\text{Li}^+}$$

$$\mu_{\text{e}} = \mu_{\text{e}}^{\ominus} + RT \ln i$$

$$\mu_{\text{LiFePO}_4} = \mu_{\text{LiFePO}_4}^{\ominus} + RT \ln a_{\text{LiFePO}_4}$$

（2）阳极电势：由

$$\varphi_{\text{阳}} = \frac{\Delta G_{\text{m,阳}}}{xF}$$

得

$$\varphi_{\text{阳}} = \varphi_{\text{阳}}^{\ominus} + \frac{RT}{xF} \ln \frac{a_{\text{Li}_{1-x}\text{FePO}_4} a_{\text{Li}^+}^x}{a_{\text{LiFePO}_4}} + \frac{RT}{F} \ln i \qquad （19.149）$$

式中，

$$\varphi_{\text{阳}}^{\ominus} = \frac{\Delta G_{\text{m,阳}}^{\ominus}}{xF} = \frac{\mu_{\text{Li}_{1-x}\text{FePO}_4}^{\ominus} + x\mu_{\text{Li}^+}^{\ominus} + x\mu_{\text{e}}^{\ominus} - \mu_{\text{LiFePO}_4}^{\ominus}}{xF}$$

由式（19.149）得

$$\ln i = \frac{F\varphi_{\text{阳}}}{RT} - \frac{F\varphi_{\text{阳}}^{\ominus}}{RT} - \frac{1}{x} \ln \frac{a_{\text{Li}_{1-x}\text{FePO}_4} a_{\text{Li}^+}^x}{a_{\text{LiFePO}_4}}$$

则

$$i = \left(\frac{a_{\text{LiFePO}_4}}{a_{\text{Li}_{1-x}\text{FePO}_4} a_{\text{Li}^+}^x} \right)^{1/x} \exp\left(\frac{F\varphi_{\text{阳}}}{RT} \right) \exp\left(-\frac{F\varphi_{\text{阳}}^{\ominus}}{RT} \right) = k_{\text{阳}} \exp\left(\frac{F\varphi_{\text{阳}}}{RT} \right) \quad （19.150）$$

式中，

$$k_{\text{阳}} = \left(\frac{a_{\text{LiFePO}_4}}{a_{\text{Li}_{1-x}\text{FePO}_4} a_{\text{Li}^+}^x} \right)^{1/x} \exp\left(-\frac{F\varphi_{\text{阳}}^{\ominus}}{RT} \right) \approx \left(\frac{c_{\text{LiFePO}_4}}{c_{\text{Li}_{1-x}\text{FePO}_4} c_{\text{Li}^+}^x} \right)^{1/x} \exp\left(-\frac{F\varphi_{\text{阳}}^{\ominus}}{RT} \right)$$

（3）阳极过电势：

式（19.149）–式（19.148），得

$$\Delta\varphi_{阳} = \varphi_{阳} - \varphi_{阳,e} = \frac{RT}{xF}\ln\frac{a_{Li_{1-x}FePO_4}a_{Li^+}^x a_{LiFePO_4,e}}{a_{LiFePO_4}a_{Li_{1-x}FePO_4}a_{Li^+,e}^x} + \frac{RT}{F}\ln i \quad (19.151)$$

由上式得

$$\ln i = \frac{F\Delta\varphi_{阳}}{RT} - \frac{1}{x}\ln\frac{a_{Li_{1-x}FePO_4}a_{Li^+}^x a_{LiFePO_4,e}}{a_{LiFePO_4}a_{Li_{1-x}FePO_4}a_{Li^+,e}^x}$$

则

$$i = \left(\frac{a_{Li_{1-x}FePO_4}a_{Li^+}^x a_{LiFePO_4,e}}{a_{LiFePO_4}a_{Li_{1-x}FePO_4}a_{Li^+,e}^x}\right)^{1/x}\exp\left(-\frac{F\Delta\varphi_{阳}}{RT}\right) = k'_{阳}\exp\left(-\frac{F\Delta\varphi_{阳}}{RT}\right) \quad (19.152)$$

式中，

$$k'_{阳} = \left(\frac{a_{Li_{1-x}FePO_4}a_{Li^+}^x a_{LiFePO_4,e}}{a_{LiFePO_4}a_{Li_{1-x}FePO_4}a_{Li^+,e}^x}\right)^{1/x} \approx \left(\frac{c_{Li_{1-x}FePO_4}c_{Li^+}^x c_{LiFePO_4,e}}{c_{LiFePO_4}c_{Li_{1-x}FePO_4}c_{Li^+,e}^x}\right)^{1/x}$$

3）电解池过程

电解池反应达平衡，有

$$LiFePO_4 + 6C \rightleftharpoons Li_{1-x}FePO_4 + Li_x C_6$$

摩尔吉布斯自由能变化为

$$\Delta G_{m,e} = \mu_{Li_{1-x}FePO_4} + \mu_{Li_x C_6} - \mu_{LiFePO_4} - 6\mu_C = \Delta G_m^{\ominus} + RT\ln\frac{a_{Li_{1-x}FePO_4,e}a_{Li_x C_6,e}}{a_{LiFePO_4,e}a_{C,e}^6}$$

式中，

$$\Delta G_m^{\ominus} = \mu_{Li_x C_6}^{\ominus} + \mu_{Li_{1-x}FePO_4}^{\ominus} - \mu_{LiFePO_4}^{\ominus} - 6\mu_C^{\ominus}$$

$$\mu_{Li_{1-x}FePO_4} = \mu_{Li_{1-x}FePO_4}^{\ominus} + RT\ln a_{Li_{1-x}FePO_4,e}$$

$$\mu_{Li_x C_6} = \mu_{Li_x C_6}^{\ominus} + RT\ln a_{Li_x C_6,e}$$

$$\mu_{LiFePO_4} = \mu_{LiFePO_4}^{\ominus} + RT\ln a_{LiFePO_4,e}$$

$$\mu_C = \mu_C^{\ominus} + RT\ln a_{C,e}$$

（1）电解池平衡电动势：由

$$E_e = -\frac{\Delta G_{m,e}}{xF}$$

得

$$E_e = E^{\ominus} + \frac{RT}{xF}\ln\frac{a_{LiFePO_4,e}a_{C,e}^6}{a_{Li_{1-x}FePO_4,e}a_{Li_x C_6,e}} \quad (19.153)$$

式中,

$$E^{\ominus} = -\frac{\Delta G_m^{\ominus}}{xF} = -\frac{\mu_{Li_xC_6}^{\ominus} + \mu_{Li_{1-x}FePO_4}^{\ominus} - \mu_{LiFePO_4}^{\ominus} - 6\mu_C^{\ominus}}{xF}$$

并有

$$E_e = -E_e'$$

E_e' 为外加平衡电动势。

电解池充电,有电流通过,发生极化,电解池反应为

$$LiFePO_4 + 6C \rule[0.5ex]{1.5em}{0.4pt}\!\!=\!\!\rule[0.5ex]{1.5em}{0.4pt} Li_{1-x}FePO_4 + Li_xC_6$$

摩尔吉布斯自由能变化为

$$\Delta G_m = \mu_{Li_{1-x}FePO_4} + \mu_{Li_xC_6} - \mu_{LiFePO_4} - 6\mu_C = \Delta G_m^{\ominus} + RT\ln\frac{a_{Li_{1-x}FePO_4} a_{Li_xC_6}}{a_{LiFePO_4} a_C^6}$$

式中,

$$\Delta G_m^{\ominus} = \mu_{Li_{1-x}FePO_4}^{\ominus} + \mu_{Li_xC_6}^{\ominus} - \mu_{LiFePO_4}^{\ominus} - 6\mu_C^{\ominus}$$

$$\mu_{Li_{1-x}FePO_4} = \mu_{Li_{1-x}FePO_4}^{\ominus} + RT\ln a_{Li_{1-x}FePO_4}$$

$$\mu_{Li_xC_6} = \mu_{Li_xC_6}^{\ominus} + RT\ln a_{Li_xC_6}$$

$$\mu_{LiFePO_4} = \mu_{LiFePO_4}^{\ominus} + RT\ln a_{LiFePO_4}$$

$$\mu_C = \mu_C^{\ominus} + RT\ln a_C$$

（2）电解池电动势：由

$$E = -\frac{\Delta G_m}{xF}$$

得

$$E = E^{\ominus} + \frac{RT}{xF}\ln\frac{a_{LiFePO_4} a_C^6}{a_{Li_{1-x}FePO_4} a_{Li_xC_6}} \tag{19.154}$$

式中,

$$E^{\ominus} = -\frac{\Delta G_m^{\ominus}}{xF} = -\frac{\mu_{Li_{1-x}FePO_4}^{\ominus} + \mu_{Li_xC_6}^{\ominus} - \mu_{LiFePO_4}^{\ominus} - 6\mu_C^{\ominus}}{xF}$$

并有

$$E = -E'$$

E' 为外加电动势。

（3）电解池过电势：

式（19.154）-式（19.153）,得

$$\Delta E' = E' - E'_e = -E - (-E_e) = -E + E_e$$

$$= \frac{RT}{xF} \ln \frac{a_{\mathrm{LiFePO_4}} a_{\mathrm{C}}^6 a_{\mathrm{Li_{1-x}FePO_4,e}} a_{\mathrm{Li_xC_6,e}}}{a_{\mathrm{Li_{1-x}FePO_4}} a_{\mathrm{Li_xC_6}} a_{\mathrm{LiFePO_4,e}} a_{\mathrm{C,e}}^6} \qquad (19.155)$$

$$\Delta E' = E' - E'_e$$

$$= (\varphi_{阳} - \varphi_{阴}) - (\varphi_{阳,e} - \varphi_{阴,e})$$

$$= (\varphi_{阳} - \varphi_{阳,e}) - (\varphi_{阴} - \varphi_{阴,e})$$

$$= \Delta\varphi_{阳} - \Delta\varphi_{阴}$$

$$E' = E'_e + \Delta E' = E'_e + \Delta\varphi_{阳} - \Delta\varphi_{阴}$$

（4）电解池端电压：

$$V' = E' + IR = E'_e + \Delta E' + IR = E'_e + \Delta\varphi_{阳} - \Delta\varphi_{阴} + IR$$

式中，I 为电流；R 为系统电阻。

（5）电解池电流：

$$I = \frac{V' - E'}{R} = \frac{V' - E'_e - \Delta E'}{R}$$

19.4.3　三元材料电池

三元材料锂电池是指 Li-Ni-Co-Mn-O 电池。三元材料按其比例命名，分为以下几种：111-$\mathrm{LiNi_{1/3}Co_{1/3}Mn_{1/3}O_2}$、424-$\mathrm{LiNi_{0.4}Co_{0.2}Mn_{0.4}O_2}$、111-$\mathrm{LiNi_{0.5}Co_{0.2}Mn_{0.3}O_2}$ 等。电池组成为

$$\mathrm{LiNi_{1/3}Co_{1/3}Mn_{1/3}O_2} \,|\, 电解液 \,|\, \mathrm{C} \qquad (\text{i})$$

$$\mathrm{LiNi_{0.4}Co_{0.2}Mn_{0.4}O_2} \,|\, 电解液 \,|\, \mathrm{C} \qquad (\text{ii})$$

$$\mathrm{LiNi_{0.5}Co_{0.2}Mn_{0.3}O_2} \,|\, 电解液 \,|\, \mathrm{C} \qquad (\text{iii})$$

下面以电池（ⅰ）为例讨论。

锂离子电池电极材料：

研究表明，$\mathrm{Li_{1-x}Ni_{1/3}Co_{1/3}Mn_{1/3}O_2}$ 的脱锂过程分为三个阶段：

（1）$0 \leqslant x \leqslant 1/3$ 时，对应的反应是将 $\mathrm{Ni^{2+}}$ 氧化成 $\mathrm{Ni^{3+}}$，在充放电过程中的电化学反应式为

$$\mathrm{LiNi_{1/3}Co_{1/3}Mn_{1/3}O_2} \underset{放电}{\overset{充电}{\rightleftharpoons}} \mathrm{Li_{1-x}Ni_{1/3}Co_{1/3}Mn_{1/3}O_2} + \frac{1}{3}\mathrm{Li} + \frac{1}{3}e$$

（2）$1/3 \leqslant x \leqslant 2/3$ 时，对应的反应是将 $\mathrm{Ni^{3+}}$ 氧化成 $\mathrm{Ni^{4+}}$，在充放电过程中的电化学反应式为

$$\mathrm{Li_{2/3}Ni_{1/3}Co_{1/3}Mn_{1/3}O_2} \underset{放电}{\overset{充电}{\rightleftharpoons}} \mathrm{Li_{1/3}Ni_{1/3}Co_{1/3}Mn_{1/3}O_2} + \frac{1}{3}\mathrm{Li} + \frac{1}{3}e$$

（3）$2/3 \leqslant x \leqslant 1$ 时，对应的反应是将 Co^{3+} 氧化成 Co^{4+}，在充放电过程中的电化学反应式为

$$\text{Li}_{1/3}\text{Ni}_{1/3}\text{Co}_{1/3}\text{Mn}_{1/3}\text{O}_2 \underset{\text{放电}}{\overset{\text{充电}}{\rightleftharpoons}} \text{Li}_{1/3}\text{Ni}_{1/3}\text{Co}_{1/3}\text{Mn}_{1/3}\text{O}_2 + \frac{1}{3}\text{Li} + \frac{1}{3}\text{e}$$

电势为 $3.8 \sim 4.1\text{V}$ 区间内对应于 Ni^{2+}/Ni^{3+}（$0 \leqslant x \leqslant 1/3$）和 Ni^{3+}/Ni^{4+}（$1/3 \leqslant x \leqslant 2/3$）的转变；在 4.5V 左右对应于 Co^{3+}/Co^{4+}（$1/3 \leqslant x \leqslant 2/3$）的转变，当 Ni^{2+} 和 Co^{3+} 被完全氧化至 $+4$ 价时，其理论容量为 278mA·h/g。丘埃（Choi）等的研究表明，在 $\text{Li}_{1-x}\text{Ni}_{1/3}\text{Co}_{1/3}\text{Mn}_{1/3}\text{O}_2$ 中，当 $x \leqslant 0.65$ 时，O 的 -2 价保持不变；当 $x > 0.65$ 时，O 的平均价态有所降低，有晶格氧从结构中逃逸，化学稳定性遭到破坏。而 XRD 的分析结果表明，当 $x \leqslant 0.77$ 时，原有层状结构保持不变；但当 $x > 0.77$ 时，会观察到有 MnO_2 新相出现。因此可以推断，提高充放电的截止电压虽然能有效提高材料的比容量和能量密度，但是其循环稳定性必定会下降。

1. 三元锂电池放电

阴极反应

$$\text{Li}_{1-x}\text{Ni}_{1/3}\text{Co}_{1/3}\text{Mn}_{1/3}\text{O}_2 + x\text{Li}^+ + x\text{e} === \text{LiNi}_{1/3}\text{Co}_{1/3}\text{Mn}_{1/3}\text{O}_2$$

阳极反应

$$\text{Li}_x\text{C}_6 === 6\text{C} + x\text{Li}^+ + x\text{e}$$

电池反应

$$\text{Li}_{1-x}\text{Ni}_{1/3}\text{Co}_{1/3}\text{Mn}_{1/3}\text{O}_2 + \text{Li}_x\text{C}_6 === \text{LiNi}_{1/3}\text{Co}_{1/3}\text{Mn}_{1/3}\text{O}_2 + 6\text{C}$$

1）阴极过程

阴极反应达平衡，

$$\text{Li}_{1-x}\text{Ni}_{1/3}\text{Co}_{1/3}\text{Mn}_{1/3}\text{O}_2 + x\text{Li}^+ + x\text{e} \rightleftharpoons \text{LiNi}_{1/3}\text{Co}_{1/3}\text{Mn}_{1/3}\text{O}_2$$

摩尔吉布斯自由能变化为

$$\Delta G_{m,阴,e} = \mu_{\text{LiNi}_{1/3}\text{Co}_{1/3}\text{Mn}_{1/3}\text{O}_2} - \mu_{\text{Li}_{1-x}\text{Ni}_{1/3}\text{Co}_{1/3}\text{Mn}_{1/3}\text{O}_2} - x\mu_{\text{Li}^+} - x\mu_{\text{e}}$$

$$= \Delta G_{m,阴}^{\ominus} + RT\ln\frac{a_{\text{LiNi}_{1/3}\text{Co}_{1/3}\text{Mn}_{1/3}\text{O}_2,e}}{a_{\text{Li}_{1-x}\text{Ni}_{1/3}\text{Co}_{1/3}\text{Mn}_{1/3}\text{O}_2,e}\, a_{\text{Li}^+,e}^x}$$

式中，

$$\Delta G_{m,阴}^{\ominus} = \mu_{\text{LiNi}_{1/3}\text{Co}_{1/3}\text{Mn}_{1/3}\text{O}_2}^{\ominus} - \mu_{\text{Li}_{1-x}\text{Ni}_{1/3}\text{Co}_{1/3}\text{Mn}_{1/3}\text{O}_2}^{\ominus} - x\mu_{\text{Li}^+}^{\ominus} - x\mu_{\text{e}}^{\ominus}$$

$$\mu_{\text{LiNi}_{1/3}\text{Co}_{1/3}\text{Mn}_{1/3}\text{O}_2} = \mu_{\text{LiNi}_{1/3}\text{Co}_{1/3}\text{Mn}_{1/3}\text{O}_2}^{\ominus} + RT\ln a_{\text{LiNi}_{1/3}\text{Co}_{1/3}\text{Mn}_{1/3}\text{O}_2,e}$$

$$\mu_{\text{Li}_{1-x}\text{Ni}_{1/3}\text{Co}_{1/3}\text{Mn}_{1/3}\text{O}_2} = \mu_{\text{Li}_{1-x}\text{Ni}_{1/3}\text{Co}_{1/3}\text{Mn}_{1/3}\text{O}_2}^{\ominus} + RT\ln a_{\text{Li}_{1-x}\text{Ni}_{1/3}\text{Co}_{1/3}\text{Mn}_{1/3}\text{O}_2,e}$$

$$\mu_{\text{Li}^+} = \mu_{\text{Li}^+}^{\ominus} + RT\ln a_{\text{Li}^+,e}$$

$$\mu_{\text{e}} = \mu_{\text{e}}^{\ominus}$$

（1）阴极平衡电势：由

$$\varphi_{阴,e} = -\frac{\Delta G_{m,阴,e}}{xF}$$

得

$$\varphi_{阴,e} = \varphi_阴^\ominus + \frac{RT}{xF}\ln\frac{a_{Li_{1-x}Ni_{1/3}Co_{1/3}Mn_{1/3}O_2,e}\,a_{Li^+,e}^x}{a_{LiNi_{1/3}Co_{1/3}Mn_{1/3}O_2,e}} \qquad （19.156）$$

式中，

$$\varphi_阴^\ominus = -\frac{\Delta G_{m,阴}^\ominus}{xF} = -\frac{\mu_{LiNi_{1/3}Co_{1/3}Mn_{1/3}O_2}^\ominus - \mu_{Li_{1-x}Ni_{1/3}Co_{1/3}Mn_{1/3}O_2}^\ominus - x\mu_{Li^+}^\ominus - x\mu_e^\ominus}{xF}$$

阴极有电流通过，发生极化，阴极反应为

$$Li_{1-x}Ni_{1/3}Co_{1/3}Mn_{1/3}O_2 + xLi^+ + xe = LiNi_{1/3}Co_{1/3}Mn_{1/3}O_2$$

摩尔吉布斯自由能变化为

$$\Delta G_{m,阴} = \mu_{LiNi_{1/3}Co_{1/3}Mn_{1/3}O_2} - \mu_{Li_{1-x}Ni_{1/3}Co_{1/3}Mn_{1/3}O_2} - x\mu_{Li^+} - x\mu_e$$

$$= \Delta G_{m,阴}^\ominus + RT\ln\frac{a_{LiNi_{1/3}Co_{1/3}Mn_{1/3}O_2}}{a_{Li_{1-x}Ni_{1/3}Co_{1/3}Mn_{1/3}O_2}\,a_{Li^+}^x} + xRT\ln i$$

式中，

$$\Delta G_{m,阴}^\ominus = \mu_{LiNi_{1/3}Co_{1/3}Mn_{1/3}O_2}^\ominus - \mu_{Li_{1-x}FePO_4}^\ominus - x\mu_{Li^+}^\ominus - x\mu_e^\ominus$$

$$\mu_{LiNi_{1/3}Co_{1/3}Mn_{1/3}O_2} = \mu_{LiNi_{1/3}Co_{1/3}Mn_{1/3}O_2}^\ominus + RT\ln a_{LiNi_{1/3}Co_{1/3}Mn_{1/3}O_2}$$

$$\mu_{Li_{1-x}Ni_{1/3}Co_{1/3}Mn_{1/3}O_2} = \mu_{Li_{1-x}Ni_{1/3}Co_{1/3}Mn_{1/3}O_2}^\ominus + RT\ln a_{Li_{1-x}Ni_{1/3}Co_{1/3}Mn_{1/3}O_2}$$

$$\mu_{Li^+} = \mu_{Li^+}^\ominus + RT\ln a_{Li^+}$$

$$\mu_e = \mu_e^\ominus - RT\ln i$$

（2）阴极电势：由

$$\varphi_阴 = -\frac{\Delta G_{m,阴}}{xF}$$

得

$$\varphi_阴 = \varphi_阴^\ominus + \frac{RT}{xF}\ln\frac{a_{Li_{1-x}Ni_{1/3}Co_{1/3}Mn_{1/3}O_2}\,a_{Li^+}^x}{a_{LiNi_{1/3}Co_{1/3}Mn_{1/3}O_2}} - \frac{RT}{F}\ln i \qquad （19.157）$$

式中，

$$\varphi_阴^\ominus = -\frac{\Delta G_{m,阴}^\ominus}{xF} = -\frac{\mu_{LiNi_{1/3}Co_{1/3}Mn_{1/3}O_2}^\ominus - \mu_{Li_{1-x}FePO_4}^\ominus - x\mu_{Li^+}^\ominus - x\mu_e^\ominus}{xF}$$

由式（19.157）得

$$\ln i = -\frac{F\varphi_阴}{RT} + \frac{F\varphi_阴^\ominus}{RT} + \frac{1}{x}\ln\frac{a_{Li_{1-x}Ni_{1/3}Co_{1/3}Mn_{1/3}O_2}\,a_{Li^+}^x}{a_{LiNi_{1/3}Co_{1/3}Mn_{1/3}O_2}}$$

则

$$i = \left(\frac{a_{\mathrm{Li}_{1-x}\mathrm{Ni}_{1/3}\mathrm{Co}_{1/3}\mathrm{Mn}_{1/3}\mathrm{O}_2} a_{\mathrm{Li}^+}^x}{a_{\mathrm{LiNi}_{1/3}\mathrm{Co}_{1/3}\mathrm{Mn}_{1/3}\mathrm{O}_2}} \right)^{1/x} \exp\left(-\frac{F\varphi_\text{阴}}{RT} \right) \exp\left(\frac{F\varphi_\text{阴}^\ominus}{RT} \right) = k_\text{阴} \exp\left(-\frac{F\varphi_\text{阴}}{RT} \right)$$

$$（19.158）$$

式中，

$$k_\text{阴} = \left(\frac{a_{\mathrm{Li}_{1-x}\mathrm{Ni}_{1/3}\mathrm{Co}_{1/3}\mathrm{Mn}_{1/3}\mathrm{O}_2} a_{\mathrm{Li}^+}^x}{a_{\mathrm{LiNi}_{1/3}\mathrm{Co}_{1/3}\mathrm{Mn}_{1/3}\mathrm{O}_2}} \right)^{1/x} \exp\left(\frac{F\varphi_\text{阴}^\ominus}{RT} \right) \approx \left(\frac{c_{\mathrm{Li}_{1-x}\mathrm{Ni}_{1/3}\mathrm{Co}_{1/3}\mathrm{Mn}_{1/3}\mathrm{O}_2} c_{\mathrm{Li}^+}^x}{c_{\mathrm{LiNi}_{1/3}\mathrm{Co}_{1/3}\mathrm{Mn}_{1/3}}} \right)^{1/x} \exp\left(\frac{F\varphi_\text{阴}^\ominus}{RT} \right)$$

（3）阴极过电势：

式（19.157）–式（19.156），得

$$\Delta\varphi_\text{阴} = \varphi_\text{阴} - \varphi_\text{阴,e} = \frac{RT}{xF} \ln \frac{a_{\mathrm{Li}_{1-x}\mathrm{Ni}_{1/3}\mathrm{Co}_{1/3}\mathrm{Mn}_{1/3}\mathrm{O}_2} a_{\mathrm{Li}^+}^x a_{\mathrm{LiNi}_{1/3}\mathrm{Co}_{1/3}\mathrm{Mn}_{1/3}\mathrm{O}_2,\mathrm{e}}}{a_{\mathrm{LiNi}_{1/3}\mathrm{Co}_{1/3}\mathrm{Mn}_{1/3}\mathrm{O}_2} a_{\mathrm{Li}_{1-x}\mathrm{Ni}_{1/3}\mathrm{Co}_{1/3}\mathrm{Mn}_{1/3}\mathrm{O}_2,\mathrm{e}} a_{\mathrm{Li}^+,\mathrm{e}}^x} - \frac{RT}{F} \ln i$$

$$（19.159）$$

移项得

$$\ln i = -\frac{F\Delta\varphi_\text{阴}}{RT} + \frac{1}{x} \ln \frac{a_{\mathrm{Li}_{1-x}\mathrm{Ni}_{1/3}\mathrm{Co}_{1/3}\mathrm{Mn}_{1/3}\mathrm{O}_2} a_{\mathrm{Li}^+}^x a_{\mathrm{LiNi}_{1/3}\mathrm{Co}_{1/3}\mathrm{Mn}_{1/3}\mathrm{O}_2,\mathrm{e}}}{a_{\mathrm{LiNi}_{1/3}\mathrm{Co}_{1/3}\mathrm{Mn}_{1/3}\mathrm{O}_2} a_{\mathrm{Li}_{1-x}\mathrm{Ni}_{1/3}\mathrm{Co}_{1/3}\mathrm{Mn}_{1/3}\mathrm{O}_2,\mathrm{e}} a_{\mathrm{Li}^+,\mathrm{e}}^x}$$

则

$$i = \left(\frac{a_{\mathrm{Li}_{1-x}\mathrm{Ni}_{1/3}\mathrm{Co}_{1/3}\mathrm{Mn}_{1/3}\mathrm{O}_2} a_{\mathrm{Li}^+}^x a_{\mathrm{LiNi}_{1/3}\mathrm{Co}_{1/3}\mathrm{Mn}_{1/3}\mathrm{O}_2,\mathrm{e}}}{a_{\mathrm{LiNi}_{1/3}\mathrm{Co}_{1/3}\mathrm{Mn}_{1/3}\mathrm{O}_2} a_{\mathrm{Li}_{1-x}\mathrm{Ni}_{1/3}\mathrm{Co}_{1/3}\mathrm{Mn}_{1/3}\mathrm{O}_2,\mathrm{e}} a_{\mathrm{Li}^+,\mathrm{e}}^x} \right)^{1/x} \exp\left(-\frac{F\Delta\varphi_\text{阴}}{RT} \right) = k'_\text{阴} \exp\left(-\frac{F\Delta\varphi_\text{阴}}{RT} \right)$$

$$（19.160）$$

式中，

$$k'_\text{阴} = \left(\frac{a_{\mathrm{Li}_{1-x}\mathrm{Ni}_{1/3}\mathrm{Co}_{1/3}\mathrm{Mn}_{1/3}\mathrm{O}_2} a_{\mathrm{Li}^+}^x a_{\mathrm{LiNi}_{1/3}\mathrm{Co}_{1/3}\mathrm{Mn}_{1/3}\mathrm{O}_2,\mathrm{e}}}{a_{\mathrm{LiNi}_{1/3}\mathrm{Co}_{1/3}\mathrm{Mn}_{1/3}\mathrm{O}_2} a_{\mathrm{Li}_{1-x}\mathrm{Ni}_{1/3}\mathrm{Co}_{1/3}\mathrm{Mn}_{1/3}\mathrm{O}_2,\mathrm{e}} a_{\mathrm{Li}^+,\mathrm{e}}^x} \right)^{1/x}$$

$$\approx \left(\frac{c_{\mathrm{Li}_{1-x}\mathrm{Ni}_{1/3}\mathrm{Co}_{1/3}\mathrm{Mn}_{1/3}\mathrm{O}_2} c_{\mathrm{Li}^+}^x c_{\mathrm{LiNi}_{1/3}\mathrm{Co}_{1/3}\mathrm{Mn}_{1/3}\mathrm{O}_2,\mathrm{e}}}{c_{\mathrm{LiNi}_{1/3}\mathrm{Co}_{1/3}\mathrm{Mn}_{1/3}\mathrm{O}_2} c_{\mathrm{Li}_{1-x}\mathrm{Ni}_{1/3}\mathrm{Co}_{1/3}\mathrm{Mn}_{1/3}\mathrm{O}_2,\mathrm{e}} c_{\mathrm{Li}^+,\mathrm{e}}^x} \right)^{1/x}$$

2）阳极过程

阳极反应达平衡，有

$$\mathrm{Li}_x\mathrm{C}_6 \rightleftharpoons 6\mathrm{C} + x\mathrm{Li}^+ + xe$$

摩尔吉布斯自由能变化为

$$\Delta G_{\mathrm{m},\text{阳,e}} = 6\mu_\mathrm{C} + x\mu_{\mathrm{Li}^+} + x\mu_\mathrm{e} - \mu_{\mathrm{Li}_x\mathrm{C}_6} = \Delta G_{\mathrm{m},\text{阳}}^\ominus + RT \ln \frac{a_{\mathrm{Li}^+,\mathrm{e}}^x a_{\mathrm{C},\mathrm{e}}^6}{a_{\mathrm{Li}_x\mathrm{C}_6,\mathrm{e}}}$$

式中，

$$\Delta G_{\mathrm{m,阳}}^{\ominus} = 6\mu_{\mathrm{C}}^{\ominus} + x\mu_{\mathrm{Li}^+}^{\ominus} + x\mu_{\mathrm{e}}^{\ominus} - \mu_{\mathrm{Li}_x\mathrm{C}_6}^{\ominus}$$

$$\mu_{\mathrm{C}} = \mu_{\mathrm{C}}^{\ominus} + RT\ln a_{\mathrm{C,e}}$$

$$\mu_{\mathrm{Li}^+} = \mu_{\mathrm{Li}^+}^{\ominus} + RT\ln a_{\mathrm{Li}^+,\mathrm{e}}$$

$$\mu_{\mathrm{e}} = \mu_{\mathrm{e}}^{\ominus}$$

$$\mu_{\mathrm{Li}_x\mathrm{C}_6} = \mu_{\mathrm{Li}_x\mathrm{C}_6}^{\ominus} + RT\ln a_{\mathrm{Li}_x\mathrm{C}_6,\mathrm{e}}$$

（1）阳极平衡电势：由

$$\varphi_{\mathrm{阳,e}} = \frac{\Delta G_{\mathrm{m,阳,e}}}{xF}$$

得

$$\varphi_{\mathrm{阳,e}} = \varphi_{\mathrm{阳}}^{\ominus} + \frac{RT}{xF}\ln\frac{a_{\mathrm{Li}^+,\mathrm{e}}^x a_{\mathrm{C,e}}^6}{a_{\mathrm{Li}_x\mathrm{C}_6,\mathrm{e}}} \qquad (19.161)$$

式中，

$$\varphi_{\mathrm{阳}}^{\ominus} = \frac{\Delta G_{\mathrm{m,阳}}^{\ominus}}{xF} = \frac{6\mu_{\mathrm{C}}^{\ominus} + x\mu_{\mathrm{Li}^+}^{\ominus} + x\mu_{\mathrm{e}}^{\ominus} - \mu_{\mathrm{Li}_x\mathrm{C}_6}^{\ominus}}{xF}$$

电池输出电能，阳极有电流通过，阳极发生极化，阳极反应为

$$\mathrm{Li}_x\mathrm{C}_6 =\!=\!= 6\mathrm{C} + x\mathrm{Li}^+ + x\mathrm{e}$$

摩尔吉布斯自由能变化为

$$\Delta G_{\mathrm{m,阳}} = 6\mu_{\mathrm{C}} + x\mu_{\mathrm{Li}^+} + x\mu_{\mathrm{e}} - \mu_{\mathrm{Li}_x\mathrm{C}_6} = \Delta G_{\mathrm{m,阳}}^{\ominus} + RT\ln\frac{a_{\mathrm{Li}^+}^x a_{\mathrm{C,e}}^6}{a_{\mathrm{Li}_x\mathrm{C}_6}} + xRT\ln i$$

式中，

$$\Delta G_{\mathrm{m,阳}}^{\ominus} = 6\mu_{\mathrm{C}}^{\ominus} + x\mu_{\mathrm{Li}^+}^{\ominus} + x\mu_{\mathrm{e}}^{\ominus} - \mu_{\mathrm{Li}_x\mathrm{C}_6}^{\ominus}$$

$$\mu_{\mathrm{C}} = \mu_{\mathrm{C}}^{\ominus} + RT\ln a_{\mathrm{C,e}}$$

$$\mu_{\mathrm{Li}^+} = \mu_{\mathrm{Li}^+}^{\ominus} + RT\ln a_{\mathrm{Li}^+}$$

$$\mu_{\mathrm{e}} = \mu_{\mathrm{e}}^{\ominus} + RT\ln i$$

$$\mu_{\mathrm{Li}_x\mathrm{C}_6} = \mu_{\mathrm{Li}_x\mathrm{C}_6}^{\ominus} + RT\ln a_{\mathrm{Li}_x\mathrm{C}_6}$$

（2）阳极电势：由

$$\varphi_{\mathrm{阳}} = \frac{\Delta G_{\mathrm{m,阳}}}{xF}$$

得

$$\varphi_{\mathrm{阳}} = \varphi_{\mathrm{阳}}^{\ominus} + \frac{RT}{xF}\ln\frac{a_{\mathrm{Li}^+}^x a_{\mathrm{C}}^6}{a_{\mathrm{Li}_x\mathrm{C}_6}} + \frac{RT}{F}\ln i \qquad (19.162)$$

式中，

$$\varphi_{阳}^{\ominus} = \frac{\Delta G_{m,阳}^{\ominus}}{xF} = \frac{6\mu_C^{\ominus} + x\mu_{Li^+}^{\ominus} + x\mu_e^{\ominus} - \mu_{Li_xC_6}^{\ominus}}{xF}$$

由式（19.162）得

$$\ln i = \frac{F\varphi_{阳}}{RT} - \frac{F\varphi_{阳}^{\ominus}}{RT} - \frac{1}{x}\ln\frac{a_{Li^+}^x a_C^6}{a_{Li_xC_6}}$$

则

$$i = \left(\frac{a_{Li_xC_6}}{a_{Li^+}^x a_C^6}\right)^{1/x} \exp\left(\frac{F\varphi_{阳}}{RT}\right)\exp\left(-\frac{F\varphi_{阳}^{\ominus}}{RT}\right) = k_{阳}\exp\left(\frac{F\varphi_{阳}}{RT}\right) \qquad (19.163)$$

式中，

$$k_{阳} = \left(\frac{a_{Li_xC_6}}{a_{Li^+}^x a_C^6}\right)^{1/x} \exp\left(-\frac{F\varphi_{阳}^{\ominus}}{RT}\right) \approx \left(\frac{c_{Li_xC_6}}{c_{Li^+}^x c_C^6}\right)^{1/x} \exp\left(-\frac{F\varphi_{阳}^{\ominus}}{RT}\right)$$

（3）阳极过电势：

式（19.162）−式（19.161），得

$$\Delta\varphi_{阳} = \varphi_{阳} - \varphi_{阳,e} = \frac{RT}{xF}\ln\frac{a_{Li^+}^x a_C^6 a_{Li_xC_6,e}}{a_{Li_xC_6} a_{Li^+,e}^x a_{C,e}^6} + \frac{RT}{F}\ln i \qquad (19.164)$$

移项得

$$\ln i = \frac{F\Delta\varphi_{阳}}{RT} - \frac{1}{x}\ln\frac{a_{Li^+}^x a_C^6 a_{Li_xC_6,e}}{a_{Li_xC_6} a_{Li^+,e}^x a_{C,e}^6}$$

则

$$i = \left(\frac{a_{Li_xC_6} a_{Li^+,e}^x a_{C,e}^6}{a_{Li^+}^x a_C^6 a_{Li_xC_6,e}}\right)^{1/x} \exp\left(\frac{F\Delta\varphi_{阳}}{RT}\right) = k_{阳}'\exp\left(\frac{F\Delta\varphi_{阳}}{RT}\right) \qquad (19.165)$$

式中，

$$k_{阳}' = \left(\frac{a_{Li_xC_6} a_{Li^+,e}^x a_{C,e}^6}{a_{Li^+}^x a_C^6 a_{Li_xC_6,e}}\right)^{1/x} \approx \left(\frac{c_{Li^+}^x c_C^6 c_{Li_xC_6,e}}{c_{Li_xC_6} c_{Li^+,e}^x c_{C,e}^6}\right)^{1/x}$$

3）电池过程

电池反应达平衡，有

$$Li_{1-x}Ni_{1/3}Co_{1/3}Mn_{1/3}O_2 + Li_xC_6 \rightleftharpoons LiNi_{1/3}Co_{1/3}Mn_{1/3}O_2 + 6C$$

摩尔吉布斯自由能变化为

$$\Delta G_{m,e} = \mu_{LiNi_{1/3}Co_{1/3}Mn_{1/3}O_2} + 6\mu_C - \mu_{Li_{1-x}Ni_{1/3}Co_{1/3}Mn_{1/3}O_2} - \mu_{Li_xC_6}$$

$$= \Delta G_m^{\ominus} + RT\ln\frac{a_{LiNi_{1/3}Co_{1/3}Mn_{1/3}O_2,e}a_{C,e}^6}{a_{Li_{1-x}Ni_{1/3}Co_{1/3}Mn_{1/3}O_2,e}a_{Li_xC_6,e}}$$

式中，

$$\Delta G_m^{\ominus} = \mu_{LiNi_{1/3}Co_{1/3}Mn_{1/3}O_2}^{\ominus} + 6\mu_C^{\ominus} - \mu_{Li_{1-x}Ni_{1/3}Co_{1/3}Mn_{1/3}O_2}^{\ominus} - \mu_{Li_xC_6}^{\ominus}$$

$$\mu_{LiNi_{1/3}Co_{1/3}Mn_{1/3}O_2} = \mu_{LiNi_{1/3}Co_{1/3}Mn_{1/3}O_2}^{\ominus} + RT\ln a_{LiNi_{1/3}Co_{1/3}Mn_{1/3}O_2,e}$$

$$\mu_C = \mu_C^{\ominus} + RT\ln a_{C,e}$$

$$\mu_{Li_{1-x}Ni_{1/3}Co_{1/3}Mn_{1/3}O_2} = \mu_{Li_{1-x}Ni_{1/3}Co_{1/3}Mn_{1/3}O_2}^{\ominus} + RT\ln a_{Li_{1-x}Ni_{1/3}Co_{1/3}Mn_{1/3}O_2,e}$$

$$\mu_{Li_xC_6} = \mu_{Li_xC_6}^{\ominus} + RT\ln a_{Li_xC_6,e}$$

（1）电池平衡电动势：由

$$E_e = -\frac{\Delta G_{m,e}}{xF}$$

得

$$E_e = E^{\ominus} + \frac{RT}{xF}\ln\frac{a_{Li_{1-x}Ni_{1/3}Co_{1/3}Mn_{1/3}O_2,e}a_{Li_xC_6,e}}{a_{LiNi_{1/3}Co_{1/3}Mn_{1/3}O_2,e}a_{C,e}^6} \qquad (19.166)$$

式中，

$$E^{\ominus} = -\frac{\Delta G_m^{\ominus}}{xF} = -\frac{\mu_{LiNi_{1/3}Co_{1/3}Mn_{1/3}O_2}^{\ominus} + 6\mu_C^{\ominus} - \mu_{Li_{1-x}Ni_{1/3}Co_{1/3}Mn_{1/3}O_2}^{\ominus} - \mu_{Li_xC_6}^{\ominus}}{xF}$$

电池放电，有电流通过，发生极化，有

$$Li_{1-x}Ni_{1/3}Co_{1/3}Mn_{1/3}O_2 + Li_xC_6 \Longrightarrow LiNi_{1/3}Co_{1/3}Mn_{1/3}O_2 + 6C$$

摩尔吉布斯自由能变化为

$$\Delta G_m = \mu_{LiNi_{1/3}Co_{1/3}Mn_{1/3}O_2} + 6\mu_C - \mu_{Li_{1-x}Ni_{1/3}Co_{1/3}Mn_{1/3}O_2} - \mu_{Li_xC_6}$$

$$= \Delta G_m^{\ominus} + RT\ln\frac{a_{LiNi_{1/3}Co_{1/3}Mn_{1/3}O_2}a_C^6}{a_{Li_{1-x}Ni_{1/3}Co_{1/3}Mn_{1/3}O_2}a_{Li_xC_6}}$$

式中，

$$\Delta G_m^{\ominus} = \mu_{LiNi_{1/3}Co_{1/3}Mn_{1/3}O_2}^{\ominus} + 6\mu_C^{\ominus} - \mu_{Li_{1-x}Ni_{1/3}Co_{1/3}Mn_{1/3}O_2}^{\ominus} - \mu_{Li_xC_6}^{\ominus}$$

$$\mu_{LiNi_{1/3}Co_{1/3}Mn_{1/3}O_2} = \mu_{LiNi_{1/3}Co_{1/3}Mn_{1/3}O_2}^{\ominus} + RT\ln a_{LiNi_{1/3}Co_{1/3}Mn_{1/3}O_2}$$

$$\mu_C = \mu_C^{\ominus} + RT\ln a_C$$

$$\mu_{Li_{1-x}Ni_{1/3}Co_{1/3}Mn_{1/3}O_2} = \mu_{Li_{1-x}Ni_{1/3}Co_{1/3}Mn_{1/3}O_2}^{\ominus} + RT\ln a_{Li_{1-x}Ni_{1/3}Co_{1/3}Mn_{1/3}O_2}$$

$$\mu_{Li_xC_6} = \mu_{Li_xC_6}^{\ominus} + RT\ln a_{Li_xC_6}$$

（2）电池电动势：由

$$E = -\frac{\Delta G_m}{xF}$$

得

$$E = E^{\ominus} + \frac{RT}{xF} \ln \frac{a_{\mathrm{Li}_{1-x}\mathrm{Ni}_{1/3}\mathrm{Co}_{1/3}\mathrm{Mn}_{1/3}\mathrm{O}_2} a_{\mathrm{Li}_x\mathrm{C}_6}}{a_{\mathrm{LiNi}_{1/3}\mathrm{Co}_{1/3}\mathrm{Mn}_{1/3}\mathrm{O}_2} a_{\mathrm{C}}^6} \qquad （19.167）$$

式中，

$$E^{\ominus} = -\frac{\Delta G_m^{\ominus}}{xF} = -\frac{\mu_{\mathrm{LiNi}_{1/3}\mathrm{Co}_{1/3}\mathrm{Mn}_{1/3}\mathrm{O}_2}^{\ominus} + 6\mu_{\mathrm{C}}^{\ominus} - \mu_{\mathrm{Li}_{1-x}\mathrm{Ni}_{1/3}\mathrm{Co}_{1/3}\mathrm{Mn}_{1/3}\mathrm{O}_2}^{\ominus} - \mu_{\mathrm{Li}_x\mathrm{C}_6}^{\ominus}}{xF}$$

（3）电池过电动势：

式（19.167）–式（19.166），得

$$\Delta E = E - E_e = \frac{RT}{xF} \ln \frac{a_{\mathrm{Li}_{1-x}\mathrm{Ni}_{1/3}\mathrm{Co}_{1/3}\mathrm{Mn}_{1/3}\mathrm{O}_2} a_{\mathrm{Li}_x\mathrm{C}_6} a_{\mathrm{LiNi}_{1/3}\mathrm{Co}_{1/3}\mathrm{Mn}_{1/3}\mathrm{O}_2,e} a_{\mathrm{C},e}^6}{a_{\mathrm{LiNi}_{1/3}\mathrm{Co}_{1/3}\mathrm{Mn}_{1/3}\mathrm{O}_2} a_{\mathrm{C}}^6 a_{\mathrm{Li}_{1-x}\mathrm{Ni}_{1/3}\mathrm{Co}_{1/3}\mathrm{Mn}_{1/3}\mathrm{O}_2,e} a_{\mathrm{Li}_x\mathrm{C}_6,e}} \qquad （19.168）$$

$$\Delta E = (\varphi_{阴} - \varphi_{阳}) - (\varphi_{阴,e} - \varphi_{阳,e})$$
$$= (\varphi_{阴} - \varphi_{阴,e}) - (\varphi_{阳} - \varphi_{阳,e})$$
$$= \Delta\varphi_{阴} - \Delta\varphi_{阳}$$
$$E = E_e + \Delta E = E_e + \Delta\varphi_{阴} - \Delta\varphi_{阳}$$

（4）电池端电压：

$$V = E - IR = E_e + \Delta E - IR = E_e + \Delta\varphi_{阴} - \Delta\varphi_{阳} - IR$$

式中，I 为电流；R 为系统的电阻。

（5）电池电流：

$$I = \frac{E - V}{R} = \frac{E_e + \Delta E - V}{R}$$

2. 三元锂电池充电

三元锂电池充电，阴极发生还原反应

$$x\mathrm{Li}^+ + 6\mathrm{C} + xe = \mathrm{Li}_x\mathrm{C}_6$$

阳极发生氧化反应

$$\mathrm{LiNi}_{1/3}\mathrm{Co}_{1/3}\mathrm{Mn}_{1/3}\mathrm{O}_2 = \mathrm{Li}_{1-x}\mathrm{Ni}_{1/3}\mathrm{Co}_{1/3}\mathrm{Mn}_{1/3}\mathrm{O}_2 + x\mathrm{Li}^+ + xe$$

电解池反应

$$\mathrm{LiNi}_{1/3}\mathrm{Co}_{1/3}\mathrm{Mn}_{1/3}\mathrm{O}_2 + 6\mathrm{C} = \mathrm{Li}_{1-x}\mathrm{Ni}_{1/3}\mathrm{Co}_{1/3}\mathrm{Mn}_{1/3}\mathrm{O}_2 + \mathrm{Li}_x\mathrm{C}_6$$

1）阴极过程

阴极反应达平衡，有

$$x\mathrm{Li}^+ + 6\mathrm{C} + xe \rightleftharpoons \mathrm{Li}_x\mathrm{C}_6$$

摩尔吉布斯自由能变化为

$$\Delta G_{m,阴,e} = \mu_{Li_xC_6} - x\mu_{Li^+} - 6\mu_C - x\mu_e = \Delta G_{m,阴}^{\ominus} + RT \ln \frac{a_{Li_xC_6,e}}{a_{Li^+,e}^x a_{C,e}^6}$$

式中，

$$\Delta G_{m,阴}^{\ominus} = \mu_{Li_xC_6}^{\ominus} - 6\mu_C^{\ominus} - x\mu_{Li^+}^{\ominus} - x\mu_e^{\ominus}$$

$$\mu_{Li_xC_6} = \mu_{Li_xC_6}^{\ominus} + RT \ln a_{Li_xC_6,e}$$

$$\mu_{Li^+} = \mu_{Li^+}^{\ominus} + RT \ln a_{Li^+,e}$$

$$\mu_e = \mu_e^{\ominus}$$

$$\mu_C = \mu_C^{\ominus} + RT \ln a_{C,e}$$

（1）阴极平衡电势：由

$$\varphi_{阴,e} = -\frac{\Delta G_{m,阴,e}}{xF}$$

得

$$\varphi_{阴,e} = \varphi_{阴}^{\ominus} + \frac{RT}{xF} \ln \frac{a_{Li^+,e}^x a_{C,e}^6}{a_{Li_xC_6,e}} \tag{19.169}$$

式中，

$$\varphi_{阴}^{\ominus} = -\frac{\Delta G_{m,阴}^{\ominus}}{xF} = -\frac{\mu_{Li_xC_6}^{\ominus} - 6\mu_C^{\ominus} - x\mu_{Li^+}^{\ominus} - x\mu_e^{\ominus}}{xF}$$

阴极有电流通过，发生极化，阴极反应为

$$xLi^+ + xe + 6C \rlap{=\!=} \quad Li_xC_6$$

摩尔吉布斯自由能变化为

$$\Delta G_{m,阴} = \mu_{Li_xC_6} - 6\mu_C - x\mu_{Li^+} - x\mu_e = \Delta G_{m,阴}^{\ominus} + RT \ln \frac{a_{Li_xC_6}}{a_{Li^+}^x a_C^6} + xRT \ln i$$

式中，

$$\Delta G_{m,阴}^{\ominus} = \mu_{Li_xC_6}^{\ominus} - 6\mu_C^{\ominus} - x\mu_{Li^+}^{\ominus} - x\mu_e^{\ominus}$$

$$\mu_{Li_xC_6} = \mu_{Li_xC_6}^{\ominus} + RT \ln a_{Li_xC_6}$$

$$\mu_{Li^+} = \mu_{Li^+}^{\ominus} + RT \ln a_{Li^+}$$

$$\mu_e = \mu_e^{\ominus} - RT \ln i$$

$$\mu_C = \mu_C^{\ominus} + RT \ln a_C$$

（2）阴极电势：由

$$\varphi_{阴} = -\frac{\Delta G_{m,阴}}{xF}$$

得

$$\varphi_{阴} = \varphi_{阴}^{\ominus} + \frac{RT}{xF} \ln \frac{a_{Li^+}^x a_C^6}{a_{Li_xC_6}} - \frac{RT}{F} \ln i \qquad (19.170)$$

式中,

$$\varphi_{阴}^{\ominus} = -\frac{\Delta G_{m,阴}^{\ominus}}{xF} = -\frac{\mu_{Li_xC_6}^{\ominus} - 6\mu_C^{\ominus} - x\mu_{Li^+}^{\ominus} - x\mu_e^{\ominus}}{xF}$$

由式（19.170）得

$$\ln i = -\frac{F\varphi_{阴}}{RT} + \frac{F\varphi_{阴}^{\ominus}}{RT} + \frac{1}{x} \ln \frac{a_{Li^+}^x a_C^6}{a_{Li_xC_6}}$$

则

$$i = \left(\frac{a_{Li^+}^x a_C^6}{a_{Li_xC_6}} \right)^{1/x} \exp\left(-\frac{F\varphi_{阴}}{RT} \right) \exp\left(\frac{F\varphi_{阴}^{\ominus}}{RT} \right) = k_{阴} \exp\left(\frac{F\varphi_{阴}}{RT} \right) \qquad (19.171)$$

式中,

$$k_{阴} = \left(\frac{a_{Li^+}^x a_C^6}{a_{Li_xC_6}} \right)^{1/x} \exp\left(\frac{F\varphi_{阴}^{\ominus}}{RT} \right) \approx \left(\frac{c_{Li^+}^x c_C^6}{c_{Li_xC_6}} \right)^{1/x} \exp\left(\frac{F\varphi_{阴}^{\ominus}}{RT} \right)$$

（3）阴极过电势:

式（19.171）−式（19.170）, 得

$$\Delta\varphi_{阴} = \varphi_{阴} - \varphi_{阴,e} = \frac{RT}{xF} \ln \frac{a_{Li^+}^x a_C^6 a_{Li_xC_6,e}}{a_{Li_xC_6} a_{Li^+,e}^x a_{C,e}^6} - \frac{RT}{F} \ln i \qquad (19.172)$$

由上式得

$$\ln i = -\frac{F\Delta\varphi_{阴}}{RT} + \frac{1}{x} \ln \frac{a_{Li^+}^x a_C^6 a_{Li_xC_6,e}}{a_{Li_xC_6} a_{Li^+,e}^x a_{C,e}^6}$$

则

$$i = \left(\frac{a_{Li^+}^x a_C^6 a_{Li_xC_6,e}}{a_{Li_xC_6} a_{Li^+,e}^x a_{C,e}^6} \right)^{1/x} \exp\left(-\frac{F\Delta\varphi_{阴}}{RT} \right) = k_{阴}' \exp\left(-\frac{F\Delta\varphi_{阴}}{RT} \right) \qquad (19.173)$$

式中,

$$k_{阴}' = \left(\frac{a_{Li^+}^x a_C^6 a_{Li_xC_6,e}}{a_{Li_xC_6} a_{Li^+,e}^x a_{C,e}^6} \right)^{1/x} \approx \left(\frac{c_{Li^+}^x c_C^6 c_{Li_xC_6,e}}{c_{Li_xC_6} c_{Li^+,e}^x c_{C,e}^6} \right)^{1/x}$$

2）阳极过程

阳极反应达平衡, 有

$$LiNi_{1/3}Co_{1/3}Mn_{1/3}O_2 \Longrightarrow Li_{1-x}Ni_{1/3}Co_{1/3}Mn_{1/3}O_2 + xLi^+ + xe$$

摩尔吉布斯自由能变化为

$$\Delta G_{m,阳,e} = \mu_{Li_{1-x}Ni_{1/3}Co_{1/3}Mn_{1/3}O_2} + x\mu_{Li^+} + x\mu_e - \mu_{LiNi_{1/3}Co_{1/3}Mn_{1/3}O_2}$$

$$= \Delta G_{m,阳}^{\ominus} + RT\ln\frac{a_{Li_{1-x}Ni_{1/3}Co_{1/3}Mn_{1/3}O_2,e}a_{Li^+,e}^x}{a_{LiNi_{1/3}Co_{1/3}Mn_{1/3}O_2,e}}$$

式中,

$$\Delta G_{m,阳}^{\ominus} = \mu_{Li_{1-x}Ni_{1/3}Co_{1/3}Mn_{1/3}O_2}^{\ominus} + x\mu_{Li^+}^{\ominus} + x\mu_e^{\ominus} - \mu_{LiNi_{1/3}Co_{1/3}Mn_{1/3}O_2}^{\ominus}$$

$$\mu_{Li_{1-x}Ni_{1/3}Co_{1/3}Mn_{1/3}O_2} = \mu_{Li_{1-x}Ni_{1/3}Co_{1/3}Mn_{1/3}O_2}^{\ominus} + RT\ln a_{Li_{1-x}Ni_{1/3}Co_{1/3}Mn_{1/3}O_2,e}$$

$$\mu_{Li^+} = \mu_{Li^+}^{\ominus} + RT\ln a_{Li^+,e}$$

$$\mu_e = \mu_e^{\ominus}$$

$$\mu_{LiNi_{1/3}Co_{1/3}Mn_{1/3}O_2} = \mu_{LiNi_{1/3}Co_{1/3}Mn_{1/3}O_2}^{\ominus} + RT\ln a_{LiNi_{1/3}Co_{1/3}Mn_{1/3}O_2,e}$$

（1）阳极平衡电势：由

$$\varphi_{阳,e} = \frac{\Delta G_{m,阳,e}}{xF}$$

得

$$\varphi_{阳,c} = \varphi_{阳}^{\ominus} + \frac{RT}{xF}\ln\frac{a_{Li_{1-x}Ni_{1/3}Co_{1/3}Mn_{1/3}O_2,e}a_{Li^+,e}^x}{a_{LiNi_{1/3}Co_{1/3}Mn_{1/3}O_2,e}} \tag{19.174}$$

式中,

$$\varphi_{阳}^{\ominus} = \frac{\Delta G_{m,阳}^{\ominus}}{xF} = \frac{\mu_{Li_{1-x}Ni_{1/3}Co_{1/3}Mn_{1/3}O_2}^{\ominus} + x\mu_{Li^+}^{\ominus} + x\mu_e^{\ominus} - \mu_{LiNi_{1/3}Co_{1/3}Mn_{1/3}O_2}^{\ominus}}{xF}$$

阳极有电流通过，发生极化，阳极反应为

$$LiNi_{1/3}Co_{1/3}Mn_{1/3}O_2 \rule[0.5ex]{2em}{0.4pt} Li_{1-x}Ni_{1/3}Co_{1/3}Mn_{1/3}O_2 + xLi^+ + xe$$

摩尔吉布斯自由能变化为

$$\Delta G_{m,阳} = \mu_{Li_{1-x}Ni_{1/3}Co_{1/3}Mn_{1/3}O_2} + x\mu_{Li^+} + x\mu_e - \mu_{LiNi_{1/3}Co_{1/3}Mn_{1/3}O_2}$$

$$= \Delta G_{m,阳}^{\ominus} + RT\ln\frac{a_{Li_{1-x}Ni_{1/3}Co_{1/3}Mn_{1/3}O_2}a_{Li^+}^x}{a_{LiNi_{1/3}Co_{1/3}Mn_{1/3}O_2}} + xRT\ln i$$

式中,

$$\Delta G_{m,阳}^{\ominus} = \mu_{Li_{1-x}Ni_{1/3}Co_{1/3}Mn_{1/3}O_2}^{\ominus} + x\mu_{Li^+}^{\ominus} + x\mu_e^{\ominus} - \mu_{LiNi_{1/3}Co_{1/3}Mn_{1/3}O_2}^{\ominus}$$

$$\mu_{Li_{1-x}Ni_{1/3}Co_{1/3}Mn_{1/3}O_2} = \mu_{Li_{1-x}Ni_{1/3}Co_{1/3}Mn_{1/3}O_2}^{\ominus} + RT\ln a_{Li_{1-x}Ni_{1/3}Co_{1/3}Mn_{1/3}O_2}$$

$$\mu_{Li^+} = \mu_{Li^+}^{\ominus} + RT\ln a_{Li^+}$$

$$\mu_e = \mu_e^{\ominus} + RT\ln i$$

$$\mu_{\mathrm{LiNi_{1/3}Co_{1/3}Mn_{1/3}O_2}} = \mu_{\mathrm{LiNi_{1/3}Co_{1/3}Mn_{1/3}O_2}}^{\ominus} + RT \ln a_{\mathrm{LiNi_{1/3}Co_{1/3}Mn_{1/3}O_2}}$$

（2）阳极电势：由

$$\varphi_{阳} = \frac{\Delta G_{\mathrm{m,阳}}}{xF}$$

得

$$\varphi_{阳} = \varphi_{阳}^{\ominus} + \frac{RT}{xF} \ln \frac{a_{\mathrm{Li_{1-x}Ni_{1/3}Co_{1/3}Mn_{1/3}O_2}} a_{\mathrm{Li^+}}^{x}}{a_{\mathrm{LiNi_{1/3}Co_{1/3}Mn_{1/3}O_2}}} + \frac{RT}{F} \ln i \qquad （19.175）$$

式中，

$$\varphi_{阳}^{\ominus} = \frac{\Delta G_{\mathrm{m,阳}}^{\ominus}}{xF} = \frac{\mu_{\mathrm{Li_{1-x}Ni_{1/3}Co_{1/3}Mn_{1/3}O_2}}^{\ominus} + x\mu_{\mathrm{Li^+}}^{\ominus} + x\mu_{\mathrm{e}}^{\ominus} - \mu_{\mathrm{LiNi_{1/3}Co_{1/3}Mn_{1/3}O_2}}^{\ominus}}{xF}$$

由式（19.175）得

$$\ln i = \frac{F\varphi_{阳}}{RT} - \frac{F\varphi_{阳}^{\ominus}}{RT} - \frac{1}{x} \ln \frac{a_{\mathrm{Li_{1-x}Ni_{1/3}Co_{1/3}Mn_{1/3}O_2}} a_{\mathrm{Li^+}}^{x}}{a_{\mathrm{LiNi_{1/3}Co_{1/3}Mn_{1/3}O_2}}}$$

则

$$i = \left(\frac{a_{\mathrm{LiNi_{1/3}Co_{1/3}Mn_{1/3}O_2}}}{a_{\mathrm{Li_{1-x}Ni_{1/3}Co_{1/3}Mn_{1/3}O_2}} a_{\mathrm{Li^+}}^{x}} \right)^{1/x} \exp\left(\frac{F\varphi_{阳}}{RT} \right) \exp\left(-\frac{F\varphi_{阳}^{\ominus}}{RT} \right) = k_{阳} \exp\left(\frac{F\varphi_{阳}}{RT} \right) \quad （19.176）$$

式中，

$$k_{阳} = \left(\frac{a_{\mathrm{LiNi_{1/3}Co_{1/3}Mn_{1/3}O_2}}}{a_{\mathrm{Li_{1-x}Ni_{1/3}Co_{1/3}Mn_{1/3}O_2}} a_{\mathrm{Li^+}}^{x}} \right)^{1/x} \exp\left(-\frac{F\varphi_{阳}^{\ominus}}{RT} \right) \approx \left(\frac{c_{\mathrm{LiNi_{1/3}Co_{1/3}Mn_{1/3}O_2}}}{c_{\mathrm{Li_{1-x}Ni_{1/3}Co_{1/3}Mn_{1/3}O_2}} c_{\mathrm{Li^+}}^{x}} \right)^{1/x} \exp\left(-\frac{F\varphi_{阳}^{\ominus}}{RT} \right)$$

（3）阳极过电势：

式（19.171）–式（19.170），得

$$\Delta\varphi_{阳} = \varphi_{阳} - \varphi_{阳,\mathrm{e}} = \frac{RT}{xF} \ln \frac{a_{\mathrm{Li_{1-x}Ni_{1/3}Co_{1/3}Mn_{1/3}O_2}} a_{\mathrm{Li^+}}^{x} a_{\mathrm{LiNi_{1/3}Co_{1/3}Mn_{1/3}O_2},\mathrm{e}}}{a_{\mathrm{LiNi_{1/3}Co_{1/3}Mn_{1/3}O_2}} a_{\mathrm{Li_{1-x}Ni_{1/3}Co_{1/3}Mn_{1/3}O_2},\mathrm{e}} a_{\mathrm{Li^+},\mathrm{e}}^{x}} + \frac{RT}{F} \ln i$$

$$（19.177）$$

由上式得

$$\ln i = \frac{F\Delta\varphi_{阳}}{RT} - \frac{1}{x} \ln \frac{a_{\mathrm{Li_{1-x}Ni_{1/3}Co_{1/3}Mn_{1/3}O_2}} a_{\mathrm{Li^+}}^{x} a_{\mathrm{LiNi_{1/3}Co_{1/3}Mn_{1/3}O_2},\mathrm{e}}}{a_{\mathrm{LiNi_{1/3}Co_{1/3}Mn_{1/3}O_2} \, Li_{1-x}Ni_{1/3}Co_{1/3}Mn_{1/3}O_2,\mathrm{e}}} a_{\mathrm{Li^+},\mathrm{e}}^{x}$$

则

$$i = \left(\frac{a_{\mathrm{LiNi_{1/3}Co_{1/3}Mn_{1/3}O_2}} a_{\mathrm{Li_{1-x}Ni_{1/3}Co_{1/3}Mn_{1/3}O_2},\mathrm{e}} a_{\mathrm{Li^+},\mathrm{e}}^{x}}{a_{\mathrm{Li_{1-x}Ni_{1/3}Co_{1/3}Mn_{1/3}O_2}} a_{\mathrm{Li^+}}^{x} a_{\mathrm{LiNi_{1/3}Co_{1/3}Mn_{1/3}O_2},\mathrm{e}}} \right)^{1/x} \exp\left(-\frac{F\Delta\varphi_{阳}}{RT} \right) = k_{阳}' \exp\left(-\frac{F\Delta\varphi_{阳}}{RT} \right)$$

$$（19.178）$$

式中,

$$k'_{阳} = \left(\frac{a_{LiNi_{1/3}Co_{1/3}Mn_{1/3}O_2} a_{Li_{1-x}Ni_{1/3}Co_{1/3}Mn_{1/3}O_2,e} a_{Li^+,e}^x}{a_{Li_{1-x}Ni_{1/3}Co_{1/3}Mn_{1/3}O_2,e} a_{Li^+}^x a_{LiNi_{1/3}Co_{1/3}Mn_{1/3}O_2,e}} \right)^{1/x} \approx \left(\frac{c_{LiNi_{1/3}Co_{1/3}Mn_{1/3}O_2} c_{Li^+,e}^x c_{Li_{1-x}Ni_{1/3}Co_{1/3}Mn_{1/3}O_2,e}}{c_{Li_{1-x}Ni_{1/3}Co_{1/3}Mn_{1/3}O_2,e} c_{Li^+}^x c_{LiNi_{1/3}Co_{1/3}Mn_{1/3}O_2,e}} \right)^{1/x}$$

3）电解池过程

电解池反应达平衡,有

$$LiNi_{1/3}Co_{1/3}Mn_{1/3}O_2 + 6C \Longrightarrow Li_{1-x}Ni_{1/3}Co_{1/3}Mn_{1/3}O_2 + Li_xC_6$$

摩尔吉布斯自由能变化为

$$\Delta G_{m,e} = \mu_{Li_{1-x}Ni_{1/3}Co_{1/3}Mn_{1/3}O_2} + \mu_{Li_xC_6} - \mu_{LiNi_{1/3}Co_{1/3}Mn_{1/3}O_2} - 6\mu_C$$

$$= \Delta G_m^\ominus + RT \ln \frac{a_{Li_{1-x}Co_{1/3}Mn_{1/3}O_2,e} a_{Li_xC_6,e}}{a_{LiNi_{1/3}Co_{1/3}Mn_{1/3}O_2,e} a_{C,e}^6}$$

式中,

$$\Delta G_m^\ominus = \mu_{Li_xC_6}^\ominus + \mu_{Li_{1-x}Ni_{1/3}Co_{1/3}Mn_{1/3}O_2}^\ominus - \mu_{LiNi_{1/3}Co_{1/3}Mn_{1/3}}^\ominus - 6\mu_C^\ominus$$

$$\mu_{Li_{1-x}Ni_{1/3}Co_{1/3}Mn_{1/3}O_2} = \mu_{Li_{1-x}Ni_{1/3}Co_{1/3}Mn_{1/3}O_2}^\ominus + RT \ln a_{Li_{1-x}Ni_{1/3}Co_{1/3}Mn_{1/3}O_2,e}$$

$$\mu_{Li_xC_6} = \mu_{Li_xC_6}^\ominus + RT \ln a_{Li_xC_6,e}$$

$$\mu_{LiNi_{1/3}Co_{1/3}Mn_{1/3}} = \mu_{LiNi_{1/3}Co_{1/3}Mn_{1/3}}^\ominus + RT \ln a_{LiNi_{1/3}Co_{1/3}Mn_{1/3},e}$$

$$\mu_C = \mu_C^\ominus + RT \ln a_{C,e}$$

（1）电解池平衡电动势:由

$$E_e = -\frac{\Delta G_{m,e}}{xF}$$

得

$$E_e = E^\ominus + \frac{RT}{xF} \ln \frac{a_{LiNi_{1/3}Co_{1/3}Mn_{1/3},e} a_{C,e}^6}{a_{Li_{1-x}Ni_{1/3}Co_{1/3}Mn_{1/3}O_2,e} a_{Li_xC_6,e}} \tag{19.179}$$

式中,

$$E^\ominus = -\frac{\Delta G_m^\ominus}{xF} = -\frac{\mu_{Li_xC_6}^\ominus + \mu_{Li_{1-x}Ni_{1/3}Co_{1/3}Mn_{1/3}O_2}^\ominus - \mu_{LiNi_{1/3}Co_{1/3}Mn_{1/3}}^\ominus - 6\mu_C^\ominus}{xF}$$

并有

$$E_e = E'_e$$

E'_e 为外加平衡电动势。

电解池充电,有电流通过,发生极化,电解池反应为

$$LiNi_{1/3}Co_{1/3}Mn_{1/3}O_2 + 6C \Longrightarrow Li_{1-x}Ni_{1/3}Co_{1/3}Mn_{1/3}O_2 + Li_xC_6$$

摩尔吉布斯自由能变化为

$$\Delta G_{\mathrm{m}} = \mu_{\mathrm{Li}_{1-x}\mathrm{Ni}_{1/3}\mathrm{Co}_{1/3}\mathrm{Mn}_{1/3}\mathrm{O}_2} + \mu_{\mathrm{Li}_x\mathrm{C}_6} - \mu_{\mathrm{LiNi}_{1/3}\mathrm{Co}_{1/3}\mathrm{Mn}_{1/3}\mathrm{O}_2} - 6\mu_{\mathrm{C}}$$

$$= \Delta G_{\mathrm{m}}^{\ominus} + RT\ln \frac{a_{\mathrm{Li}_{1-x}\mathrm{Ni}_{1/3}\mathrm{Co}_{1/3}\mathrm{Mn}_{1/3}\mathrm{O}_2} a_{\mathrm{Li}_x\mathrm{C}_6}}{a_{\mathrm{LiNi}_{1/3}\mathrm{Co}_{1/3}\mathrm{Mn}_{1/3}\mathrm{O}_2} a_{\mathrm{C}}^6}$$

式中，

$$\Delta G_{\mathrm{m}}^{\ominus} = \mu_{\mathrm{Li}_x\mathrm{C}_6}^{\ominus} + \mu_{\mathrm{Li}_{1-x}\mathrm{Ni}_{1/3}\mathrm{Co}_{1/3}\mathrm{Mn}_{1/3}\mathrm{O}_2}^{\ominus} - \mu_{\mathrm{LiNi}_{1/3}\mathrm{Co}_{1/3}\mathrm{Mn}_{1/3}}^{\ominus} - 6\mu_{\mathrm{C}}^{\ominus}$$

$$\mu_{\mathrm{Li}_{1-x}\mathrm{Ni}_{1/3}\mathrm{Co}_{1/3}\mathrm{Mn}_{1/3}\mathrm{O}_2} = \mu_{\mathrm{Li}_{1-x}\mathrm{Ni}_{1/3}\mathrm{Co}_{1/3}\mathrm{Mn}_{1/3}\mathrm{O}_2}^{\ominus} + RT\ln a_{\mathrm{Li}_{1-x}\mathrm{Ni}_{1/3}\mathrm{Co}_{1/3}\mathrm{Mn}_{1/3}\mathrm{O}_2}$$

$$\mu_{\mathrm{Li}_x\mathrm{C}_6} = \mu_{\mathrm{Li}_x\mathrm{C}_6}^{\ominus} + RT\ln a_{\mathrm{Li}_x\mathrm{C}_6}$$

$$\mu_{\mathrm{LiNi}_{1/3}\mathrm{Co}_{1/3}\mathrm{Mn}_{1/3}} = \mu_{\mathrm{LiNi}_{1/3}\mathrm{Co}_{1/3}\mathrm{Mn}_{1/3}}^{\ominus} + RT\ln a_{\mathrm{LiNi}_{1/3}\mathrm{Co}_{1/3}\mathrm{Mn}_{1/3}}$$

$$\mu_{\mathrm{C}} = \mu_{\mathrm{C}}^{\ominus} + RT\ln a_{\mathrm{C}}$$

（2）电解池电动势：由

$$E = -\frac{\Delta G_{\mathrm{m}}}{xF}$$

得

$$E = E^{\ominus} + \frac{RT}{xF}\ln \frac{a_{\mathrm{LiNi}_{1/3}\mathrm{Co}_{1/3}\mathrm{Mn}_{1/3}\mathrm{O}_2} a_{\mathrm{C}}^6}{a_{\mathrm{Li}_{1-x}\mathrm{Ni}_{1/3}\mathrm{Co}_{1/3}\mathrm{Mn}_{1/3}\mathrm{O}_2} a_{\mathrm{Li}_x\mathrm{C}_6}} \tag{19.180}$$

式中，

$$E^{\ominus} = -\frac{\Delta G_{\mathrm{m}}^{\ominus}}{xF} = -\frac{\mu_{\mathrm{Li}_x\mathrm{C}_6}^{\ominus} + \mu_{\mathrm{Li}_{1-x}\mathrm{Ni}_{1/3}\mathrm{Co}_{1/3}\mathrm{Mn}_{1/3}\mathrm{O}_2}^{\ominus} - \mu_{\mathrm{LiNi}_{1/3}\mathrm{Co}_{1/3}\mathrm{Mn}_{1/3}}^{\ominus} - 6\mu_{\mathrm{C}}^{\ominus}}{xF}$$

并有

$$E = -E'$$

E' 为外加电动势。

（3）电解池过电动势：

式（19.180）−式（19.179），得

$$\Delta E' = E' - E_{\mathrm{e}}' = -E - (-E_{\mathrm{e}}) = -E + E_{\mathrm{e}}$$

$$= \frac{RT}{xF}\ln \frac{a_{\mathrm{LiNi}_{1/3}\mathrm{Co}_{1/3}\mathrm{Mn}_{1/3}\mathrm{O}_2} a_{\mathrm{C}}^6 a_{\mathrm{Li}_{1-x}\mathrm{Ni}_{1/3}\mathrm{Co}_{1/3}\mathrm{Mn}_{1/3}\mathrm{O}_2,\mathrm{e}} a_{\mathrm{Li}_x\mathrm{C}_6,\mathrm{e}}}{a_{\mathrm{Li}_{1-x}\mathrm{Ni}_{1/3}\mathrm{Co}_{1/3}\mathrm{Mn}_{1/3}\mathrm{O}_2} a_{\mathrm{Li}_x\mathrm{C}_6} a_{\mathrm{LiNi}_{1/3}\mathrm{Co}_{1/3}\mathrm{Mn}_{1/3},\mathrm{e}} a_{\mathrm{C},\mathrm{e}}^6} \tag{19.181}$$

$$\Delta E' = E' - E_{\mathrm{e}}'$$

$$= (\varphi_{阳} - \varphi_{阴}) - (\varphi_{阳,\mathrm{e}} - \varphi_{阴,\mathrm{e}})$$

$$= (\varphi_{阳} - \varphi_{阳,\mathrm{e}}) - (\varphi_{阴} - \varphi_{阴,\mathrm{e}})$$

$$= \Delta\varphi_{阳} - \Delta\varphi_{阴}$$

$$E' = E_{\mathrm{e}}' + \Delta E' = E_{\mathrm{e}}' + \Delta\varphi_{阳} - \Delta\varphi_{阴}$$

（4）电解池端电压：

$$V' = E' + IR = E'_e + \Delta E' + IR = E'_e + \Delta\varphi_{阳} - \Delta\varphi_{阴} + IR$$

式中，I 为电流；R 为系统电阻。

（5）电解池电流：

$$I = \frac{V' - E'}{R} = \frac{V' - E'_e - \Delta E'}{R}$$

19.5　钠离子电池

钠离子电池正极材料是层状过渡金属氧化物（镍、铁、锰基层状氧化物）、隧道型过渡金属氧化物、普鲁士蓝类化合物、聚阴离子型化合物（如氟磷酸钒钠）以及有机化合物。负极材料主要为硬炭。电解质为 1mol/L NaPF$_6$-EC/DMC、1mol/L NaClO$_6$-PC/EC/DMC 钠离子电池和锂离子电池工作原理和工作过程相同，只是钠离子代替了锂离子。

电池组成为

$$NaMeO_2\,|\,电解液\,|\,C$$

19.5.1　钠离子电池放电

阴极反应

$$Na_{1-x}MeO_2 + xNa^+ + xe \Longrightarrow NaMeO_2$$

阳极反应

$$Na_xC_6 \Longrightarrow 6C + xNa^+ + xe$$

电池反应

$$Na_{1-x}MeO_2 + Na_xC_6 \Longrightarrow NaMeO_2 + 6C$$

1. 阴极过程

阴极反应达平衡，

$$Na_{1-x}MeO_2 + xNa^+ + xe \Longrightarrow NaMeO_2$$

摩尔吉布斯自由能变化为

$$\Delta G_{m,阴,e} = \mu_{NaMeO_2} - \mu_{Na_{1-x}MeO_2} - x\mu_{Na^+} - x\mu_e = \Delta G_{m,阴}^{\ominus} + RT\ln\frac{a_{NaMeO_2,e}}{a_{Na_{1-x}MeO_2,e}\,a_{Na^+,e}^x}$$

式中，

$$\Delta G_{m,阴}^{\ominus} = \mu_{NaMeO_2}^{\ominus} - \mu_{Na_{1-x}MeO_2}^{\ominus} - x\mu_{Na^+}^{\ominus} - x\mu_e^{\ominus}$$

$$\mu_{\text{NaMeO}_2} = \mu_{\text{NaMeO}_2}^{\ominus} + RT \ln a_{\text{NaMeO}_2,\text{e}}$$

$$\mu_{\text{Na}_{1-x}\text{MeO}_2} = \mu_{\text{Na}_{1-x}\text{MeO}_2}^{\ominus} + RT \ln a_{\text{Na}_{1-x}\text{MeO}_2,\text{e}}$$

$$\mu_{\text{Na}^+} = \mu_{\text{Na}^+}^{\ominus} + RT \ln a_{\text{Na}^+,\text{e}}$$

$$\mu_{\text{e}} = \mu_{\text{e}}^{\ominus}$$

（1）阴极平衡电势：由

$$\varphi_{\text{阴},\text{e}} = -\frac{\Delta G_{\text{m},\text{阴},\text{e}}}{xF}$$

得

$$\varphi_{\text{阴},\text{e}} = \varphi_{\text{阴}}^{\ominus} + \frac{RT}{xF} \ln \frac{a_{\text{Na}_{1-x}\text{MeO}_2,\text{e}} a_{\text{Na}^+,\text{e}}^x}{a_{\text{NaMeO}_2,\text{e}}} \tag{19.182}$$

式中，

$$\varphi_{\text{阴}}^{\ominus} = -\frac{\Delta G_{\text{m},\text{阴}}^{\ominus}}{xF} = -\frac{\mu_{\text{NaMeO}_2}^{\ominus} - \mu_{\text{Na}_{1-x}\text{MeO}_2}^{\ominus} - x\mu_{\text{Na}^+}^{\ominus} - x\mu_{\text{e}}^{\ominus}}{xF}$$

阴极有电流通过，发生极化，阴极反应为

$$\text{Na}_{1-x}\text{MeO}_2 + x\text{Na}^+ + xe \Longrightarrow \text{NaMeO}_2$$

摩尔吉布斯自由能变化为

$$\Delta G_{\text{m},\text{阴},\text{e}} = \mu_{\text{NaMeO}_2} - \mu_{\text{Na}_{1-x}\text{MeO}_2} - x\mu_{\text{Na}^+} - x\mu_{\text{e}} = \Delta G_{\text{m},\text{阴}}^{\ominus} + RT \ln \frac{a_{\text{NaMeO}_2}}{a_{\text{Na}_{1-x}\text{MeO}_2} a_{\text{Na}^+}^x} + xRT \ln i$$

式中，

$$\Delta G_{\text{m},\text{阴}}^{\ominus} = \mu_{\text{NaMeO}_2}^{\ominus} - \mu_{\text{Na}_{1-x}\text{MeO}_2}^{\ominus} - x\mu_{\text{Na}^+}^{\ominus} - x\mu_{\text{e}}^{\ominus}$$

$$\mu_{\text{NaMeO}_2} = \mu_{\text{NaMeO}_2}^{\ominus} + RT \ln a_{\text{NaMeO}_2}$$

$$\mu_{\text{Na}_{1-x}\text{MeO}_2} = \mu_{\text{Na}_{1-x}\text{MeO}_2}^{\ominus} + RT \ln a_{\text{Na}_{1-x}\text{MeO}_2}$$

$$\mu_{\text{Na}^+} = \mu_{\text{Na}^+}^{\ominus} + RT \ln a_{\text{Na}^+}$$

$$\mu_{\text{e}} = \mu_{\text{e}}^{\ominus} - RT \ln i$$

（2）阴极电势：由

$$\varphi_{\text{阴}} = -\frac{\Delta G_{\text{m},\text{阴}}}{xF}$$

得

$$\varphi_{\text{阴}} = \varphi_{\text{阴}}^{\ominus} + \frac{RT}{xF} \ln \frac{a_{\text{Na}_{1-x}\text{MeO}_2} a_{\text{Na}^+}^x}{a_{\text{NaMeO}_2}} - \frac{RT}{F} \ln i \tag{19.183}$$

式中，

$$\varphi_{\text{阴}}^{\ominus} = -\frac{\Delta G_{\text{m,阴}}^{\ominus}}{xF} = -\frac{\mu_{\text{NaMeO}_2}^{\ominus} - \mu_{\text{Na}_{1-x}\text{MeO}_2}^{\ominus} - x\mu_{\text{Na}^+}^{\ominus} - x\mu_{\text{e}}^{\ominus}}{xF}$$

由式（19.183）得

$$\ln i = -\frac{F\varphi_{\text{阴}}}{RT} + \frac{F\varphi_{\text{阴}}^{\ominus}}{RT} + \frac{1}{x}\ln\frac{a_{\text{Na}_{1-x}\text{MeO}_2}a_{\text{Na}^+}^x}{a_{\text{NaMeO}_2}}$$

则

$$i = \left(\frac{a_{\text{Na}_{1-x}\text{MeO}_2}a_{\text{Na}^+}^x}{a_{\text{NaMeO}_2}}\right)^{1/x}\exp\left(-\frac{F\varphi_{\text{阴}}}{RT}\right)\exp\left(\frac{F\varphi_{\text{阴}}^{\ominus}}{RT}\right) = k_{\text{阴}}\exp\left(-\frac{F\varphi_{\text{阴}}}{RT}\right) \quad （19.184）$$

式中，

$$k_{\text{阴}} = \left(\frac{a_{\text{Na}_{1-x}\text{MeO}_2}a_{\text{Na}^+}^x}{a_{\text{NaMeO}_2}}\right)^{1/x}\exp\left(\frac{F\varphi_{\text{阴}}^{\ominus}}{RT}\right) \approx \left(\frac{c_{\text{Na}_{1-x}\text{MeO}_2}c_{\text{Na}^+}^x}{c_{\text{NaMeO}_2}}\right)^{1/x}\exp\left(\frac{F\varphi_{\text{阴}}^{\ominus}}{RT}\right)$$

（3）阴极过电势：

式（19.183）–式（19.182），得

$$\Delta\varphi_{\text{阴}} = \varphi_{\text{阴}} - \varphi_{\text{阴,e}} = \frac{RT}{xF}\ln\frac{a_{\text{Na}_{1-x}\text{MeO}_2}a_{\text{Na}^+}^x a_{\text{NaMeO}_2,e}}{a_{\text{NaMeO}_2}a_{\text{Na}_{1-x}\text{MeO}_2,e}a_{\text{Na}^+,e}^x} - \frac{RT}{F}\ln i \quad （19.185）$$

移项得

$$\ln i = -\frac{F\Delta\varphi_{\text{阴}}}{RT} + \frac{1}{x}\ln\frac{a_{\text{Na}_{1-x}\text{MeO}_2}a_{\text{Na}^+}^x a_{\text{NaMeO}_2,e}}{a_{\text{NaMeO}_2}a_{\text{Na}_{1-x}\text{MeO}_2,e}a_{\text{Na}^+,e}^x}$$

则

$$i = \left(\frac{a_{\text{Na}_{1-x}\text{MeO}_2}a_{\text{Na}^+}^x a_{\text{NaMeO}_2,e}}{a_{\text{NaMeO}_2}a_{\text{Na}_{1-x}\text{MeO}_2,e}a_{\text{Na}^+,e}^x}\right)^{1/x}\exp\left(-\frac{F\Delta\varphi_{\text{阴}}}{RT}\right) = k_{\text{阴}}'\exp\left(-\frac{F\Delta\varphi_{\text{阴}}}{RT}\right) \quad （19.186）$$

式中，

$$k_{\text{阴}}' = \left(\frac{a_{\text{Na}_{1-x}\text{MeO}_2}a_{\text{Na}^+}^x a_{\text{NaMeO}_2,e}}{a_{\text{NaMeO}_2}a_{\text{Na}_{1-x}\text{MeO}_2,e}a_{\text{Na}^+,e}^x}\right)^{1/x} \approx \left(\frac{c_{\text{Na}_{1-x}\text{MeO}_2}c_{\text{Na}^+}^x c_{\text{NaMeO}_2,e}}{c_{\text{NaMeO}_2}c_{\text{Na}_{1-x}\text{MeO}_2,e}c_{\text{Na}^+,e}^x}\right)^{1/x}$$

2. 阳极过程

阳极反应达平衡，有

$$\text{Na}_x\text{C}_6 \Longrightarrow 6\text{C} + x\text{Na}^+ + x\text{e}$$

摩尔吉布斯自由能变化为

$$\Delta G_{m,阳,e} = 6\mu_C + x\mu_{Na^+} + x\mu_e - \mu_{Na_xC_6} = \Delta G_{m,阳}^{\ominus} + RT\ln\frac{a_{Na^+,e}^x a_{C,e}^6}{a_{Na_xC_6,e}}$$

式中，

$$\Delta G_{m,阳}^{\ominus} = 6\mu_C^{\ominus} + x\mu_{Na^+}^{\ominus} + x\mu_e^{\ominus} - \mu_{Na_xC_6}^{\ominus}$$

$$\mu_C = \mu_C^{\ominus} + R\ln a_{C,e}$$

$$\mu_{Na^+} = \mu_{Na^+}^{\ominus} + RT\ln a_{Na^+,e}$$

$$\mu_e = \mu_e^{\ominus}$$

$$\mu_{Na_xC_6} = \mu_{Na_xC_6}^{\ominus} + RT\ln a_{Na_xC_6,e}$$

（1）阳极平衡电势：由

$$\varphi_{阳,e} = \frac{\Delta G_{m,阳,e}}{xF}$$

得

$$\varphi_{阳,e} = \varphi_{阳}^{\ominus} + \frac{RT}{xF}\ln\frac{a_{Na^+,e}^x a_{C,e}^6}{a_{Na_xC_6,e}} \qquad (19.187)$$

式中，

$$\varphi_{阳}^{\ominus} = \frac{\Delta G_{m,阳}^{\ominus}}{xF} = \frac{6\mu_C^{\ominus} + x\mu_{Na^+}^{\ominus} + x\mu_e^{\ominus} - \mu_{Na_xC_6}^{\ominus}}{xF}$$

阳极有电流通过，阳极发生极化，阳极反应为

$$Na_xC_6 = 6C + xNa^+ + xe$$

摩尔吉布斯自由能变化为

$$\Delta G_{m,阳} = 6\mu_C + x\mu_{Na^+} + x\mu_e - \mu_{Na_xC_6} = \Delta G_{m,阳}^{\ominus} + RT\ln\frac{a_{Na^+}^x a_{C,e}^6}{a_{Na_xC_6}} + xRT\ln i$$

式中，

$$\Delta G_{m,阳}^{\ominus} = 6\mu_C^{\ominus} + x\mu_{Na^+}^{\ominus} + x\mu_e^{\ominus} - \mu_{Na_xC_6}^{\ominus}$$

$$\mu_C = \mu_C^{\ominus} + RT\ln a_{C,e}$$

$$\mu_{Na^+} = \mu_{Na^+}^{\ominus} + RT\ln a_{Na^+}$$

$$\mu_e = \mu_e^{\ominus} + RT\ln i$$

$$\mu_{Na_xC_6} = \mu_{Na_xC_6}^{\ominus} + RT\ln a_{Na_xC_6}$$

（2）阳极电势：由

$$\varphi_{阳} = \frac{\Delta G_{m,阳}}{xF}$$

得

$$\varphi_{阳} = \varphi_{阳}^{\ominus} + \frac{RT}{xF} \ln \frac{a_{Na^+}^x a_C^6}{a_{Na_xC_6}} + \frac{RT}{F} \ln i \qquad (19.188)$$

式中，

$$\varphi_{阳}^{\ominus} = \frac{\Delta G_{m,阳}^{\ominus}}{xF} = \frac{6\mu_C^{\ominus} + x\mu_{Na^+}^{\ominus} + x\mu_e^{\ominus} - \mu_{Na_xC_6}^{\ominus}}{xF}$$

由式（19.188）得

$$\ln i = \frac{F\varphi_{阳}}{RT} - \frac{F\varphi_{阳}^{\ominus}}{RT} - \frac{1}{x} \ln \frac{a_{Na^+}^x a_C^6}{a_{Na_xC_6}}$$

则

$$i = \left(\frac{a_{Na_xC_6}}{a_{Na^+}^x a_C^6}\right)^{1/x} \exp\left(\frac{F\varphi_{阳}}{RT}\right) \exp\left(-\frac{F\varphi_{阳}^{\ominus}}{RT}\right) = k_{阳} \exp\left(\frac{F\varphi_{阳}}{RT}\right) \qquad (19.189)$$

式中，

$$k_{阳} = \left(\frac{a_{Na_xC_6}}{a_{Na^+}^x a_C^6}\right)^{1/x} \exp\left(-\frac{F\varphi_{阳}^{\ominus}}{RT}\right) \approx \left(\frac{c_{Na_xC_6}}{c_{Na^+}^x c_C^6}\right)^{1/x} \exp\left(-\frac{F\varphi_{阳}^{\ominus}}{RT}\right)$$

（3）阳极过电势：

式（19.188）-式（19.187），得

$$\Delta\varphi_{阳} = \varphi_{阳} - \varphi_{阳,e} = \frac{RT}{xF} \ln \frac{a_{Na^+}^x a_C^6 a_{Na_xC_6,e}}{a_{Na_xC_6} a_{Na^+,e}^x a_{C,e}^6} + \frac{RT}{F} \ln i \qquad (19.190)$$

由上式得

$$\ln i = \frac{F\Delta\varphi_{阳}}{RT} - \frac{1}{x} \ln \frac{a_{Na^+}^x a_C^6 a_{Na_xC_6,e}}{a_{Na_xC_6} a_{Na^+,e}^x a_{C,e}^6}$$

则

$$i = \left(\frac{a_{Na_xC_6} a_{Na^+,e}^x a_{C,e}^6}{a_{Na^+}^x a_C^6 a_{Na_xC_6,e}}\right)^{1/x} \exp\left(\frac{F\Delta\varphi_{阳}}{RT}\right) = k_{阳}' \exp\left(\frac{F\Delta\varphi_{阳}}{RT}\right) \qquad (19.191)$$

式中，

$$k_{阳}' = \left(\frac{a_{Na_xC_6} a_{Na^+,e}^x a_{C,e}^6}{a_{Na^+}^x a_C^6 a_{Na_xC_6,e}}\right)^{1/x} \approx \left(\frac{c_{Na^+}^x c_C^6 c_{Na_xC_6,e}}{c_{Na_xC_6} c_{Na^+,e}^x c_{C,e}^6}\right)^{1/x}$$

3. 电池过程

电池反应达平衡，有

$$Na_{1-x}MeO_2 + Na_xC_6 \Longrightarrow NaMeO_2 + 6C$$

摩尔吉布斯自由能变化为

$$\Delta G_{m,e} = \mu_{\mathrm{NaMeO_2}} + 6\mu_{\mathrm{C}} - \mu_{\mathrm{Na_{1-x}MeO_2}} - \mu_{\mathrm{Na_xC_6}} = \Delta G_m^{\ominus} + RT\ln\frac{a_{\mathrm{NaMeO_2,e}}a_{\mathrm{C,e}}^6}{a_{\mathrm{Na_{1-x}MeO_2,e}}a_{\mathrm{Na_xC_6,e}}}$$

式中,

$$\Delta G_m^{\ominus} = \mu_{\mathrm{NaMeO_2}}^{\ominus} + 6\mu_{\mathrm{C}}^{\ominus} - \mu_{\mathrm{Na_{1-x}MeO_2}}^{\ominus} - \mu_{\mathrm{Na_xC_6}}^{\ominus}$$

$$\mu_{\mathrm{NaMeO_2}} = \mu_{\mathrm{NaMeO_2}}^{\ominus} + RT\ln a_{\mathrm{NaMeO_2,e}}$$

$$\mu_{\mathrm{C}} = \mu_{\mathrm{C}}^{\ominus} + RT\ln a_{\mathrm{C,e}}$$

$$\mu_{\mathrm{Na_{1-x}MeO_2}} = \mu_{\mathrm{Na_{1-x}MeO_2}}^{\ominus} + RT\ln a_{\mathrm{Na_{1-x}MeO_2,e}}$$

$$\mu_{\mathrm{Na_xC_6}} = \mu_{\mathrm{Na_xC_6}}^{\ominus} + RT\ln a_{\mathrm{Na_xC_6,e}}$$

（1）电池平衡电动势：由

$$E_e = -\frac{\Delta G_{m,e}}{xF}$$

得

$$E_e = E^{\ominus} + \frac{RT}{xF}\ln\frac{a_{\mathrm{Na_{1-x}MeO_2,e}}a_{\mathrm{Na_xC_6,e}}}{a_{\mathrm{NaMeO_2,e}}a_{\mathrm{C,e}}^6} \qquad (19.192)$$

式中,

$$E^{\ominus} = -\frac{\Delta G_m^{\ominus}}{xF} = -\frac{\mu_{\mathrm{NaMeO_2}}^{\ominus} + 6\mu_{\mathrm{C}}^{\ominus} - \mu_{\mathrm{Na_{1-x}MeO_2}}^{\ominus} - \mu_{\mathrm{Na_xC_6}}^{\ominus}}{xF}$$

电池有电流通过，发生极化，有

$$\mathrm{Na_{1-x}MeO_2} + \mathrm{Na_xC_6} \Longrightarrow \mathrm{NaMeO_2} + 6\mathrm{C}$$

摩尔吉布斯自由能变化为

$$\Delta G_m = \mu_{\mathrm{NaMeO_2}} + 6\mu_{\mathrm{C}} - \mu_{\mathrm{Na_{1-x}MeO_2}} - \mu_{\mathrm{Na_xC_6}} = \Delta G_m^{\ominus} + RT\ln\frac{a_{\mathrm{NaMeO_2}}a_{\mathrm{C}}^6}{a_{\mathrm{Na_{1-x}MeO_2}}a_{\mathrm{Na_xC_6}}}$$

式中,

$$\Delta G_m^{\ominus} = \mu_{\mathrm{NaMeO_2}}^{\ominus} + 6\mu_{\mathrm{C}}^{\ominus} - \mu_{\mathrm{Na_{1-x}MeO_2}}^{\ominus} - \mu_{\mathrm{Na_xC_6}}^{\ominus}$$

$$\mu_{\mathrm{NaMeO_2}} = \mu_{\mathrm{NaMeO_2}}^{\ominus} + RT\ln a_{\mathrm{NaMeO_2}}$$

$$\mu_{\mathrm{C}} = \mu_{\mathrm{C}}^{\ominus} + RT\ln a_{\mathrm{C}}$$

$$\mu_{\mathrm{Na_{1-x}MeO_2}} = \mu_{\mathrm{Na_{1-x}MeO_2}}^{\ominus} + RT\ln a_{\mathrm{Na_{1-x}MeO_2}}$$

$$\mu_{\mathrm{Na_xC_6}} = \mu_{\mathrm{Na_xC_6}}^{\ominus} + RT\ln a_{\mathrm{Na_xC_6}}$$

（2）电池电动势：由

$$E = -\frac{\Delta G_m}{xF}$$

得

$$E = E^{\ominus} + \frac{RT}{xF} \ln \frac{a_{\mathrm{Na}_{1-x}\mathrm{MeO}_2} a_{\mathrm{Na}_x\mathrm{C}_6}}{a_{\mathrm{NaMeO}_2} a_{\mathrm{C}}^6} \tag{19.193}$$

式中,

$$E^{\ominus} = -\frac{\Delta G_{\mathrm{m}}^{\ominus}}{xF} = -\frac{\mu_{\mathrm{NaMeO}_2}^{\ominus} + 6\mu_{\mathrm{C}}^{\ominus} - \mu_{\mathrm{Na}_{1-x}\mathrm{MeO}_2}^{\ominus} - \mu_{\mathrm{Na}_x\mathrm{C}_6}^{\ominus}}{xF}$$

（3）电池过电势：

式（19.193）−式（19.192），得

$$\Delta E = E - E_{\mathrm{e}} = \frac{RT}{xF} \ln \frac{a_{\mathrm{Na}_{1-x}\mathrm{MeO}_2} a_{\mathrm{Na}_x\mathrm{C}_6} a_{\mathrm{NaMeO}_2,\mathrm{e}} a_{\mathrm{C},\mathrm{e}}^6}{a_{\mathrm{NaMeO}_2} a_{\mathrm{C}}^6 a_{\mathrm{Na}_{1-x}\mathrm{MeO}_2,\mathrm{e}} a_{\mathrm{Na}_x\mathrm{C}_6,\mathrm{e}}} \tag{19.194}$$

$$\Delta E = (\varphi_{\text{阴}} - \varphi_{\text{阳}}) - (\varphi_{\text{阴,e}} - \varphi_{\text{阳,e}})$$
$$= (\varphi_{\text{阴}} - \varphi_{\text{阴,e}}) - (\varphi_{\text{阳}} - \varphi_{\text{阳,e}})$$
$$= \Delta\varphi_{\text{阴}} - \Delta\varphi_{\text{阳}}$$
$$E = E_{\mathrm{e}} + \Delta E = E_{\mathrm{e}} + \Delta\varphi_{\text{阴}} - \Delta\varphi_{\text{阳}}$$

（4）电池端电压：
$$V = E - IR = E_{\mathrm{e}} + \Delta E - IR = E_{\mathrm{e}} + \Delta\varphi_{\text{阴}} - \Delta\varphi_{\text{阳}} - IR$$
式中，I 为电流；R 为系统的电阻。

（5）电池电流：
$$I = \frac{E - V}{R} = \frac{E_{\mathrm{e}} + \Delta E - V}{R}$$

19.5.2 钠离子电池充电

钠电池充电，相当于电解，电池成为电解池。阴极发生还原反应，阳极发生氧化反应。

阴极反应
$$x\mathrm{Na}^+ + 6\mathrm{C} + x\mathrm{e} = \mathrm{Na}_x\mathrm{C}_6$$
阳极反应
$$\mathrm{NaMeO}_2 = \mathrm{Li}_{1-x}\mathrm{MeO}_2 + x\mathrm{Na}^+ + x\mathrm{e}$$
电解池反应
$$\mathrm{NaMeO}_2 + 6\mathrm{C} = \mathrm{Li}_{1-x}\mathrm{MeO}_2 + \mathrm{Na}_x\mathrm{C}_6$$

1. 阴极过程

阴极反应达平衡，有

$$x\mathrm{Na^+} + 6\mathrm{C} + xe \Longleftrightarrow \mathrm{Na}_x\mathrm{C}_6$$

摩尔吉布斯自由能变化为

$$\Delta G_{\mathrm{m,\text{阴},e}} = \mu_{\mathrm{Na}_x\mathrm{C}_6} - x\mu_{\mathrm{Na^+}} - 6\mu_{\mathrm{C}} - x\mu_{\mathrm{e}} = \Delta G_{\mathrm{m,\text{阴}}}^{\ominus} + RT\ln\frac{a_{\mathrm{Na}_x\mathrm{C}_6,e}}{a_{\mathrm{Na^+},e}^{x} a_{\mathrm{C},e}^{6}}$$

式中，

$$\Delta G_{\mathrm{m,\text{阴}}}^{\ominus} = \mu_{\mathrm{Na}_x\mathrm{C}_6}^{\ominus} - 6\mu_{\mathrm{C}}^{\ominus} - x\mu_{\mathrm{Na^+}}^{\ominus} - x\mu_{\mathrm{e}}^{\ominus}$$

$$\mu_{\mathrm{Na}_x\mathrm{C}_6} = \mu_{\mathrm{Na}_x\mathrm{C}_6}^{\ominus} + RT\ln a_{\mathrm{Na}_x\mathrm{C}_6,e}$$

$$\mu_{\mathrm{Na^+}} = \mu_{\mathrm{Na^+}}^{\ominus} + RT\ln a_{\mathrm{Na^+},e}$$

$$\mu_{\mathrm{e}} = \mu_{\mathrm{e}}^{\ominus}$$

$$\mu_{\mathrm{C}} = \mu_{\mathrm{C}}^{\ominus} + RT\ln a_{\mathrm{C},e}$$

（1）阴极平衡电势：由

$$\varphi_{\text{阴},e} = -\frac{\Delta G_{\mathrm{m,\text{阴},e}}}{xF}$$

得

$$\varphi_{\text{阴},e} = \varphi_{\text{阴}}^{\ominus} + \frac{RT}{xF}\ln\frac{a_{\mathrm{Na^+},e}^{x} a_{\mathrm{C},e}^{6}}{a_{\mathrm{Na}_x\mathrm{C}_6,e}} \qquad (19.195)$$

式中，

$$\varphi_{\text{阴}}^{\ominus} = -\frac{\Delta G_{\mathrm{m,\text{阴}}}^{\ominus}}{xF} = -\frac{\mu_{\mathrm{Na}_x\mathrm{C}_6}^{\ominus} - 6\mu_{\mathrm{C}}^{\ominus} - x\mu_{\mathrm{Na^+}}^{\ominus} - x\mu_{\mathrm{e}}^{\ominus}}{xF}$$

阴极有电流通过，发生极化，阴极反应为

$$x\mathrm{Na^+} + xe + 6\mathrm{C} =\!=\!= \mathrm{Na}_x\mathrm{C}_6$$

摩尔吉布斯自由能变化为

$$\Delta G_{\mathrm{m,\text{阴}}} = \mu_{\mathrm{Na}_x\mathrm{C}_6} - 6\mu_{\mathrm{C}} - x\mu_{\mathrm{Na^+}} - x\mu_{\mathrm{e}} = \Delta G_{\mathrm{m,\text{阴}}}^{\ominus} + RT\ln\frac{a_{\mathrm{Na}_x\mathrm{C}_6}}{a_{\mathrm{Na^+}}^{x} a_{\mathrm{C}}^{6}} + xRT\ln i$$

式中，

$$\Delta G_{\mathrm{m,\text{阴}}}^{\ominus} = \mu_{\mathrm{Na}_x\mathrm{C}_6}^{\ominus} - 6\mu_{\mathrm{C}}^{\ominus} - x\mu_{\mathrm{Na^+}}^{\ominus} - x\mu_{\mathrm{e}}^{\ominus}$$

$$\mu_{\mathrm{Na}_x\mathrm{C}_6} = \mu_{\mathrm{Na}_x\mathrm{C}_6}^{\ominus} + RT\ln a_{\mathrm{Na}_x\mathrm{C}_6}$$

$$\mu_{\mathrm{Na^+}} = \mu_{\mathrm{Na^+}}^{\ominus} + RT\ln a_{\mathrm{Na^+}}$$

$$\mu_{\mathrm{e}} = \mu_{\mathrm{e}}^{\ominus} - RT\ln i$$

$$\mu_{\mathrm{C}} = \mu_{\mathrm{C}}^{\ominus} + RT\ln a_{\mathrm{C}}$$

（2）阴极电势：由

$$\varphi_{阴} = -\frac{\Delta G_{m,阴}}{xF}$$

得

$$\varphi_{阴} = \varphi_{阴}^{\ominus} + \frac{RT}{xF}\ln\frac{a_{Na^+}^x a_C^6}{a_{Na_xC_6}} - \frac{RT}{F}\ln i \qquad (19.196)$$

式中，

$$\varphi_{阴}^{\ominus} = -\frac{\Delta G_{m,阴}^{\ominus}}{xF} = -\frac{\mu_{Na_xC_6}^{\ominus} - 6\mu_C^{\ominus} - x\mu_{Na^+}^{\ominus} - x\mu_e^{\ominus}}{xF}$$

由式（19.196）得

$$\ln i = -\frac{F\varphi_{阴}}{RT} + \frac{F\varphi_{阴}^{\ominus}}{RT} + \frac{1}{x}\ln\frac{a_{Na^+}^x a_C^6}{a_{Na_xC_6}}$$

则

$$i = \left(\frac{a_{Na^+}^x a_C^6}{a_{Na_xC_6}}\right)^{1/x}\exp\left(-\frac{F\varphi_{阴}}{RT}\right)\exp\left(\frac{F\varphi_{阴}^{\ominus}}{RT}\right) = k_{阴}\exp\left(\frac{F\varphi_{阴}}{RT}\right) \qquad (19.197)$$

式中，

$$k_{阴} = \left(\frac{a_{Na^+}^x a_C^6}{a_{Na_xC_6}}\right)^{1/x}\exp\left(\frac{F\varphi_{阴}^{\ominus}}{RT}\right) \approx \left(\frac{c_{Na^+}^x c_C^6}{c_{Na_xC_6}}\right)^{1/x}\exp\left(\frac{F\varphi_{阴}^{\ominus}}{RT}\right)$$

（3）阴极过电势：

式（19.196）–式（19.195），得

$$\Delta\varphi_{阴} = \varphi_{阴} - \varphi_{阴,e} = \frac{RT}{xF}\ln\frac{a_{Na^+}^x a_C^6 a_{Na_xC_6,e}}{a_{Na_xC_6} a_{Na^+,e}^x a_{C,e}^6} - \frac{RT}{F}\ln i \qquad (19.198)$$

移项得

$$\ln i = -\frac{F\Delta\varphi_{阴}}{RT} + \frac{1}{x}\ln\frac{a_{Na^+}^x a_C^6 a_{Na_xC_6,e}}{a_{Na_xC_6} a_{Na^+,e}^x a_{C,e}^6}$$

则

$$i = \left(\frac{a_{Na^+}^x a_C^6 a_{Na_xC_6,e}}{a_{Na_xC_6} a_{Na^+,e}^x a_{C,e}^6}\right)^{1/x}\exp\left(-\frac{F\Delta\varphi_{阴}}{RT}\right) = k_{阴}'\exp\left(-\frac{F\Delta\varphi_{阴}}{RT}\right) \qquad (19.199)$$

式中，

$$k_{阴}' = \left(\frac{a_{Na^+}^x a_C^6 a_{Na_xC_6,e}}{a_{Na_xC_6} a_{Na^+,e}^x a_{C,e}^6}\right)^{1/x} \approx \left(\frac{c_{Na^+}^x c_C^6 c_{Na_xC_6,e}}{c_{Na_xC_6} c_{Na^+,e}^x c_{C,e}^6}\right)^{1/x}$$

2. 阳极过程

阳极反应达平衡，有

$$NaMeO_2 \rightleftharpoons Na_{1-x}MeO_2 + xNa^+ + xe$$

摩尔吉布斯自由能变化为

$$\Delta G_{m,阳,e} = \mu_{Na_{1-x}MeO_2} + x\mu_{Na^+} + x\mu_e - \mu_{NaMeO_2} = \Delta G_{m,阳}^\ominus + RT\ln\frac{a_{Na_{1-x}MeO_2,e}a_{Na^+,e}^x}{a_{NaMeO_2,e}}$$

式中，

$$\Delta G_{m,阳}^\ominus = \mu_{Na_{1-x}MeO_2}^\ominus + x\mu_{Na^+}^\ominus + x\mu_e^\ominus - \mu_{NaMeO_2}^\ominus$$

$$\mu_{Na_{1-x}MeO_2} = \mu_{Na_{1-x}MeO_2}^\ominus + RT\ln a_{Na_{1-x}MeO_2,e}$$

$$\mu_{Na^+} = \mu_{Na^+}^\ominus + RT\ln a_{Na^+,e}$$

$$\mu_e = \mu_e^\ominus$$

$$\mu_{NaMeO_2} = \mu_{NaMeO_2}^\ominus + RT\ln a_{NaMeO_2,e}$$

（1）阳极平衡电势：由

$$\varphi_{阳,e} = \frac{\Delta G_{m,阳,e}}{xF}$$

得

$$\varphi_{阳,e} = \varphi_{阳}^\ominus + \frac{RT}{xF}\ln\frac{a_{Na_{1-x}MeO_2,e}a_{Na^+,e}^x}{a_{NaMeO_2,e}} \tag{19.200}$$

式中，

$$\varphi_{阳}^\ominus = \frac{\Delta G_{m,阳}^\ominus}{xF} = \frac{\mu_{Na_{1-x}MeO_2}^\ominus + x\mu_{Na^+}^\ominus + x\mu_e^\ominus - \mu_{NaMeO_2}^\ominus}{xF}$$

阳极有电流通过，发生极化，阳极反应为

$$NaMeO_2 \rightleftharpoons Na_{1-x}MeO_2 + xNa^+ + xe$$

摩尔吉布斯自由能变化为

$$\Delta G_{m,阳} = \mu_{Na_{1-x}MeO_2} + x\mu_{Na^+} + x\mu_e - \mu_{NaMeO_2} = \Delta G_{m,阳}^\ominus + RT\ln\frac{a_{Na_{1-x}MeO_2}a_{Na^+}^x}{a_{NaMeO_2}} + xRT\ln i$$

式中，

$$\Delta G_{m,阳}^\ominus = \mu_{Na_{1-x}MeO_2}^\ominus + x\mu_{Na^+}^\ominus + x\mu_e^\ominus - \mu_{NaMeO_2}^\ominus$$

$$\mu_{Na_{1-x}MeO_2} = \mu_{Na_{1-x}MeO_2}^\ominus + RT\ln a_{Na_{1-x}MeO_2}$$

$$\mu_{Na^+} = \mu_{Na^+}^\ominus + RT\ln a_{Na^+}$$

$$\mu_e = \mu_e^\ominus + RT\ln i$$

$$\mu_{\mathrm{NaMeO_2}} = \mu_{\mathrm{NaMeO_2}}^{\ominus} + RT\ln a_{\mathrm{NaMeO_2}}$$

（2）阳极电势：由

$$\varphi_{阳} = \frac{\Delta G_{\mathrm{m,阳}}}{xF}$$

得

$$\varphi_{阳} = \varphi_{阳}^{\ominus} + \frac{RT}{xF}\ln\frac{a_{\mathrm{Na_{1-x}MeO_2}}a_{\mathrm{Na^+}}^x}{a_{\mathrm{NaMeO_2}}} + \frac{RT}{F}\ln i \qquad （19.201）$$

式中，

$$\varphi_{阳}^{\ominus} = \frac{\Delta G_{\mathrm{m,阳}}^{\ominus}}{xF} = \frac{\mu_{\mathrm{Na_{1-x}MeO_2}}^{\ominus} + x\mu_{\mathrm{Na^+}}^{\ominus} + x\mu_{\mathrm{e}}^{\ominus} - \mu_{\mathrm{NaMeO_2}}^{\ominus}}{xF}$$

由式（19.201）得

$$\ln i = \frac{F\varphi_{阳}}{RT} - \frac{F\varphi_{阳}^{\ominus}}{RT} - \frac{1}{x}\ln\frac{a_{\mathrm{Na_{1-x}MeO_2}}a_{\mathrm{Na^+}}^x}{a_{\mathrm{NaMeO_2}}}$$

则

$$i = \left(\frac{a_{\mathrm{NaMeO_2}}}{a_{\mathrm{Na_{1-x}MeO_2}}a_{\mathrm{Na^+}}^x}\right)^{1/x}\exp\left(\frac{F\varphi_{阳}}{RT}\right)\exp\left(-\frac{F\varphi_{阳}^{\ominus}}{RT}\right) = k_{阳}\exp\left(\frac{F\varphi_{阳}}{RT}\right)$$

式中，

$$k_{阳} = \left(\frac{a_{\mathrm{NaMeO_2}}}{a_{\mathrm{Na_{1-x}MeO_2}}a_{\mathrm{Na^+}}^x}\right)^{1/x}\exp\left(-\frac{F\varphi_{阳}^{\ominus}}{RT}\right) \approx \left(\frac{c_{\mathrm{NaMeO_2}}}{c_{\mathrm{Na_{1-x}MeO_2}}c_{\mathrm{Na^+}}^x}\right)^{1/x}\exp\left(-\frac{F\varphi_{阳}^{\ominus}}{RT}\right)$$

（3）阳极过电势：

式（19.201）–式（19.200），得

$$\Delta\varphi_{阳} = \varphi_{阳} - \varphi_{阳,\mathrm{e}} = \frac{RT}{xF}\ln\frac{a_{\mathrm{Na_{1-x}MeO_2}}a_{\mathrm{Na^+}}^x a_{\mathrm{NaMeO_2,e}}}{a_{\mathrm{NaMeO_2}}a_{\mathrm{Na_{1-x}MeO_2,e}}a_{\mathrm{Na^+,e}}^x} + \frac{RT}{F}\ln i \qquad （19.202）$$

由上式得

$$\ln i = \frac{xF\Delta\varphi_{阳}}{RT} - \frac{1}{x}\ln\frac{a_{\mathrm{Na_{1-x}MeO_2}}a_{\mathrm{Na^+}}^x a_{\mathrm{NaMeO_2,e}}}{a_{\mathrm{NaMeO_2}}a_{\mathrm{Na_{1-x}MeO_2,e}}a_{\mathrm{Na^+,e}}^x}$$

则

$$i = \left(\frac{a_{\mathrm{NaMeO_2}}a_{\mathrm{Na_{1-x}MeO_2,e}}a_{\mathrm{Na^+,e}}^x}{a_{\mathrm{Na_{1-x}MeO_2}}a_{\mathrm{Na^+}}^x a_{\mathrm{NaMeO_2,e}}}\right)^{1/x}\exp\left(\frac{xF\Delta\varphi_{阳}}{RT}\right) = k_{阳}'\exp\left(\frac{xF\Delta\varphi_{阳}}{RT}\right) \qquad （19.203）$$

式中，

$$k'_{阳} = \left(\frac{a_{NaMeO_2} a_{Na_{1-x}MeO_2,e} a_{Na^+,e}^x}{a_{Na_{1-x}MeO_2} a_{Na^+}^x a_{NaMeO_2,e}} \right)^{1/x} \approx \left(\frac{c_{NaMeO_2} c_{Na^+,e}^x c_{Na_{1-x}MeO_2,e}}{c_{Na_{1-x}MeO_2} c_{Na^+}^x c_{LMeO_2,e}} \right)^{1/x}$$

3. 电解池过程

电解池反应达平衡，有

$$NaMeO_2 + 6C \Longrightarrow Na_{1-x}MeO_2 + Na_xC_6$$

摩尔吉布斯自由能变化为

$$\Delta G_{m,e} = \mu_{Na_{1-x}MeO_2} + \mu_{Na_xC_6} - \mu_{NaMeO_2} - 6\mu_C = \Delta G_m^\ominus + RT \ln \frac{a_{Na_{1-x}MeO_2,e} a_{Na_xC_6,e}}{a_{NaMeO_2,e} a_{C,e}^6}$$

式中，

$$\Delta G_m^\ominus = \mu_{Na_{1-x}MeO_2}^\ominus + \mu_{Na_xC_6}^\ominus - \mu_{NaMeO_2}^\ominus - 6\mu_C^\ominus$$

$$\mu_{Na_{1-x}MeO_2} = \mu_{Na_{1-x}MeO_2}^\ominus + RT \ln a_{Na_{1-x}MeO_2,e}$$

$$\mu_{Na_xC_6} = \mu_{Na_xC_6}^\ominus + RT \ln a_{Na_xC_6,e}$$

$$\mu_{NaMeO_2} = \mu_{NaMeO_2}^\ominus + RT \ln a_{NaMeO_2,e}$$

$$\mu_C = \mu_C^\ominus + RT \ln a_{C,e}$$

（1）电解池平衡电动势：由

$$E_e = -\frac{\Delta G_{m,e}}{xF}$$

得

$$E_e = E^\ominus + \frac{RT}{xF} \ln \frac{a_{NaMeO_2,e} a_{C,e}^6}{a_{Na_{1-x}MeO_2,e} a_{Na_xC_6,e}} \tag{19.204}$$

式中，

$$E^\ominus = -\frac{\Delta G_m^\ominus}{xF} = -\frac{\mu_{Na_{1-x}MeO_2}^\ominus + \mu_{Na_xC_6}^\ominus - 6\mu_C^\ominus - \mu_{NaMeO_2}^\ominus}{xF}$$

并有

$$E_e = E_e'$$

E_e' 为外加平衡电动势。

电解池有电流通过，发生极化，电解池反应为

$$NaMeO_2 + 6C \Longrightarrow Na_{1-x}MeO_2 + Na_xC_6$$

摩尔吉布斯自由能变化为

$$\Delta G_m = \mu_{Na_{1-x}MeO_2} + \mu_{Na_xC_6} - \mu_{NaMeO_2} - 6\mu_C = \Delta G_m^\ominus + RT \ln \frac{a_{Na_{1-x}MeO_2} a_{Na_xC_6}}{a_{NaMeO_2} a_C^6}$$

式中，

$$\Delta G_{\mathrm{m}}^{\ominus} = \mu_{\mathrm{Na}_{1-x}\mathrm{MeO}_2}^{\ominus} + \mu_{\mathrm{Na}_x\mathrm{C}_6}^{\ominus} - \mu_{\mathrm{NaMeO}_2}^{\ominus} - 6\mu_{\mathrm{C}}^{\ominus}$$

$$\mu_{\mathrm{Na}_{1-x}\mathrm{MeO}_2} = \mu_{\mathrm{Na}_{1-x}\mathrm{MeO}_2}^{\ominus} + RT\ln a_{\mathrm{Na}_{1-x}\mathrm{MeO}_2}$$

$$\mu_{\mathrm{Na}_x\mathrm{C}_6} = \mu_{\mathrm{Na}_x\mathrm{C}_6}^{\ominus} + RT\ln a_{\mathrm{Na}_x\mathrm{C}_6}$$

$$\mu_{\mathrm{NaMeO}_2} = \mu_{\mathrm{NaMeO}_2}^{\ominus} + RT\ln a_{\mathrm{NaMeO}_2}$$

$$\mu_{\mathrm{C}} = \mu_{\mathrm{C}}^{\ominus} + RT\ln a_{\mathrm{C}}$$

（2）电解池电动势：由

$$E = -\frac{\Delta G_{\mathrm{m}}}{xF}$$

得

$$E = E^{\ominus} + \frac{RT}{xF}\ln\frac{a_{\mathrm{NaMeO}_2}a_{\mathrm{C}}^6}{a_{\mathrm{Na}_{1-x}\mathrm{MeO}_2}a_{\mathrm{Na}_x\mathrm{C}_6}} \qquad (19.205)$$

式中，

$$E^{\ominus} = -\frac{\Delta G_{\mathrm{m}}^{\ominus}}{xF} = -\frac{\mu_{\mathrm{Na}_{1-x}\mathrm{MeO}_2}^{\ominus} + \mu_{\mathrm{Na}_x\mathrm{C}_6}^{\ominus} - 6\mu_{\mathrm{C}}^{\ominus} - \mu_{\mathrm{NaMeO}_2}^{\ominus}}{xF}$$

并有

$$E = -E' = -(\varphi_{\text{阳}} - \varphi_{\text{阴}})$$

E' 为外加电动势。

（3）电解池过电动势：

式（19.205）-式（19.204），得

$$\Delta E' = E' - E_{\mathrm{e}}' = \frac{RT}{xF}\ln\frac{a_{\mathrm{NaMeO}_2}a_{\mathrm{C}}^6 a_{\mathrm{Na}_{1-x}\mathrm{MeO}_2,\mathrm{e}} a_{\mathrm{Na}_x\mathrm{C}_6,\mathrm{e}}}{a_{\mathrm{Na}_{1-x}\mathrm{MeO}_2}a_{\mathrm{Na}_x\mathrm{C}_6}a_{\mathrm{NaMeO}_2,\mathrm{e}}a_{\mathrm{C},\mathrm{e}}^6} \qquad (19.206)$$

$$\Delta E' = E' - E_{\mathrm{e}}'$$

$$= (\varphi_{\text{阳}} - \varphi_{\text{阴}}) - (\varphi_{\text{阳,e}} - \varphi_{\text{阴,e}})$$

$$= (\varphi_{\text{阳}} - \varphi_{\text{阳,e}}) - (\varphi_{\text{阴}} - \varphi_{\text{阴,e}})$$

$$= \Delta\varphi_{\text{阳}} - \Delta\varphi_{\text{阴}}$$

$$E' = E_{\mathrm{e}}' + \Delta E' = E_{\mathrm{e}}' + \Delta\varphi_{\text{阳}} - \Delta\varphi_{\text{阴}}$$

（4）电解池端电压：

$$V' = E' + IR = E_{\mathrm{e}}' + \Delta E' + IR = E_{\mathrm{e}}' + \Delta\varphi_{\text{阳}} - \Delta\varphi_{\text{阴}} + IR$$

式中，I 为电流；R 为电解池系统电阻。

（5）电解池电流：

$$I = \frac{V' - E'}{R} = \frac{V' - E_{\mathrm{e}}' - \Delta E'}{R}$$

参 考 文 献

阿伦.J. 巴德，拉里.R. 福克纳. 2005. 电化学方法——原理和应用[M]. 2 版. 邵元华，朱果逸，
    董献堆，等译. 北京：化学工业出版社

傅鹰. 1962. 化学热力学[M]. 北京：科学出版社

郭鹤桐，覃奇贤. 2000. 电化学教程[M]. 天津：天津大学出版社

蒋汉瀛. 1983. 冶金电化学[M]. 北京：冶金工业出版社

赖纳·科特豪尔. 2018. 锂离子电池手册[M]. 陈晨，廖帆，闫小峰，等译. 北京：机械工业
    出版社

李汝雄. 2004. 绿色溶剂——离子液体的合成与应用[M]. 北京：化学工业出版社

陆天虹. 2014. 能源电化学[M]. 北京：化学工业出版社

吴浩青，李永舫. 1998. 电化学动力学[M]. 北京：高等教育出版社

衣宝廉. 2003. 燃料电池：原理·技术·应用[M]. 北京：化学工业出版社

义夫正树，拉尔夫·J. 布拉德，小泽昭弥，等. 2015. 锂离子电池——科学与技术[M]. 苏金
    然，汪继强，等译. 北京：化学工业出版社

翟玉春. 2018. 冶金动力学[M]. 北京：冶金工业出版社

翟玉春. 2018. 冶金热力学[M]. 北京：冶金工业出版社

翟玉春. 2020. 冶金电化学[M]. 北京：冶金工业出版社

张明杰，王兆文. 2006. 熔盐电化学原理与应用[M]. 北京：化学工业出版社